Wilfried Staudt

KRAFTFAHRZEUG TECHNIK

Die Autoren:

Dipl.-Ing. (FH) *Wilfried Staudt*
ist Oberstudiendirektor und Leiter der Friedrich-Ebert-Schule Wiesbaden.

Dipl.-Ing. (FH) *Dieter Moos*
ist Oberstudienrat an der Friedrich-Ebert-Schule in Wiesbaden.

Wilfried Staudt

KRAFTFAHRZEUG TECHNIK

Technologie für Automobil- und Kraftfahrzeugmechaniker

Unter Mitarbeit von Dieter Moos

mit über 2000 Bildern

Friedr. Vieweg & Sohn Braunschweig/Wiesbaden

Der Verlag Vieweg ist ein Unternehmen der Verlagsgruppe Bertelsmann.

Umschlaggestaltung: Ludwig Markgraf, Wiesbaden
Satz: Vieweg Braunschweig
Lithographie: CWNiemeyer, Hameln
Schütte & Behling, Berlin
Druck: CWNiemeyer, Hameln
Buchbinderische Verarbeitung: Hunke & Schröder, Iserlohn
Printed in Germany

ISBN 3-528-04302-4

Vorwort

Das Buch will den Kfz-Mechaniker bzw. Automobilmechaniker unterstützen, Fachkompetenz für den Beruf zu erwerben. Fachkompetenz bedeutet,

- daß sich die Schüler selbständig neue Kenntnisse und Fertigkeiten aneignen,
- daß sie selbst Lern- und Lösungswege finden, und
- daß sie die erworbenen Kenntnisse auf andere Aufgaben übertragen.

Entsprechend dieser Zielsetzung ist das vorliegende Buch konzipiert. Es besteht aus

- einem Informationsteil mit Problemstellung, Sachinhalt und Zusammenfassung,
- einem Arbeitsteil mit Analyse, Arbeitsplanung und Gesamtzusammenfassung.

Beim Arbeiten mit dem Buch sind nachfolgende Punkte zu beachten.

Informationsteil

Problemstellung

Jedes Kapitel beginnt mit einer Problemstellung aus der täglichen Arbeit. Die Problemstellung soll die Schüler motivieren, sich mit dem Thema zu befassen und gleichzeitig anregen, die gestellte Aufgabe aufgrund ihrer bisherigen Kenntnisse und Erfahrungen zu lösen.

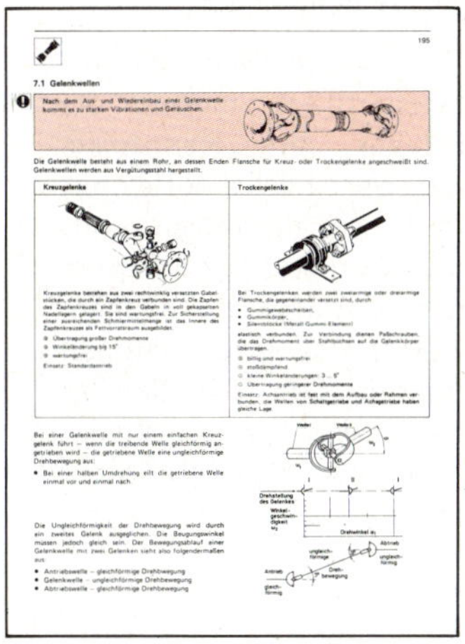

Kfz-Meßtechnik

Ein Schwerpunkt der Tätigkeit des Kfz-Mechanikers ist die systematische Fehlersuche an komplexen mechanischen, pneumatischen, hydraulischen, elektrischen und elektronischen Systemen von Kraftfahrzeugen mit Hilfe von Meßgeräten. Dieses Buch berücksichtigt die heutigen Erfordernisse und stellt eine Auswahl von Meßgeräten zur Diskussion, die die Schüler mit den im Betrieb verwendeten Prüf- und Meßgeräten in bezug auf Aufbau, Meßbereiche und Meßvorgang vergleichen sollten.

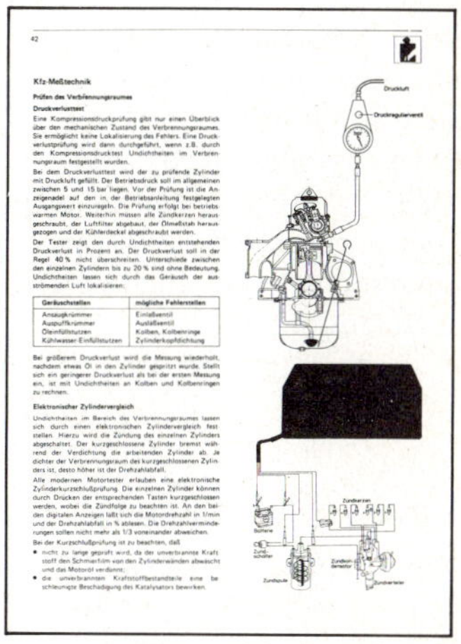

Sachinhalt

Dieser Teil steht in einem engen Zusammenhang zur Problemstellung und soll den Schülern helfen, die Problemlösung fachtheoretisch und fachpraktisch zu erarbeiten.

Der Sachinhalt wird in einer strukturierten Form dargestellt. Das umfangreiche Bildmaterial im Industriestandard und ein klarer, knapper Text unterstützen die Schüler beim Erarbeiten der Daten und Informationen. Durch die Gegenüberstellung der Bauelemente, Baugruppen, Baueinheiten bzw. Systemen wird den Schülern der direkte Vergleich erleichtert und damit die Möglichkeit gegeben, die Besonderheiten besser zu erkennen.

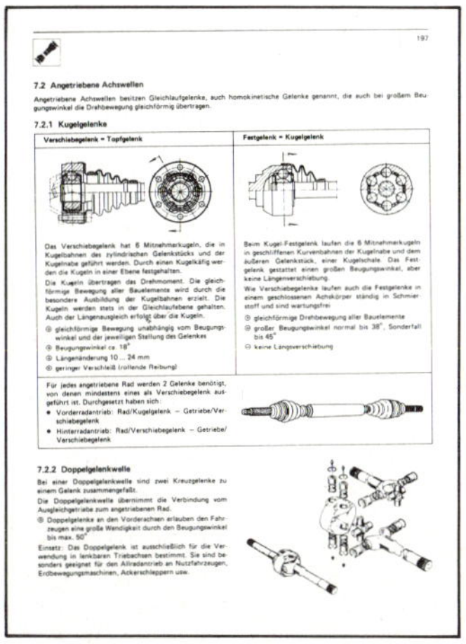

Zusammenfassung

In der Zusammenfassung werden die wichtigsten Ergebnisse auf einer Seite strukturiert und übersichtlich dargestellt. Das zeitaufwendige Erstellens eines Tafelanschriebs durch den Lehrer und das Abschreiben durch die Schüler kann entfallen.

Die Zusammenfassung erleichtert den Schülern die Vorbereitung auf Klassenarbeiten und Prüfungen und dient weiterhin der schnellen Information und Wiederholung. Sie verdeutlicht aber auch das Zusammenwirken der einzelnen Bauelemente, Baugruppen, Baueinheiten bzw. Systemen und fördert damit das Verständnis von Funktionsabläufen.

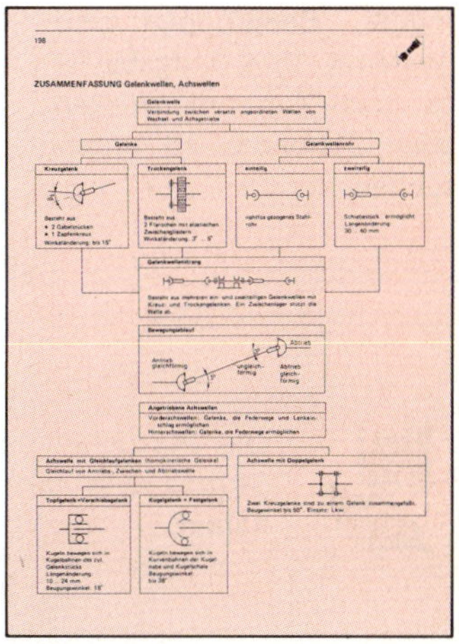

Arbeitsteil

Der Arbeitsteil, bestehend aus Analyse, Arbeitsplanung und Gesamtzusammenfassung, eignet sich besonders zum Einsatz bei Gruppen- oder Partnerarbeit.

Analyse

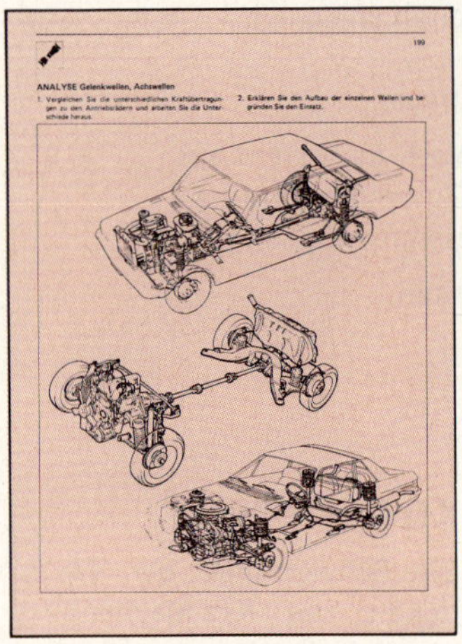

Die Analyse enthält bebilderte Arbeitsaufträge, in denen die Schüler das bisher Gelernte auf neue oder ähnliche Bauelemente, Baueinheiten bzw. Systeme übertragen sollen. Die Arbeitsaufträge sind offen formuliert, d.h. die Schüler müssen selbst eine Strategie entwickeln, wie sie den Arbeitsauftrag lösen können. Je nach Arbeitsauftrag können sie die Bauelemente nach Aufgabe — Aufbau — Wirkungsweise — Herstellung — Werkstoff — Beanspruchung — Eigenschaften — Vorteile — Nachteile untersuchen und stichwortartig oder in Form eines Fachaufsatzes beschreiben.

Gesamtwiederholung

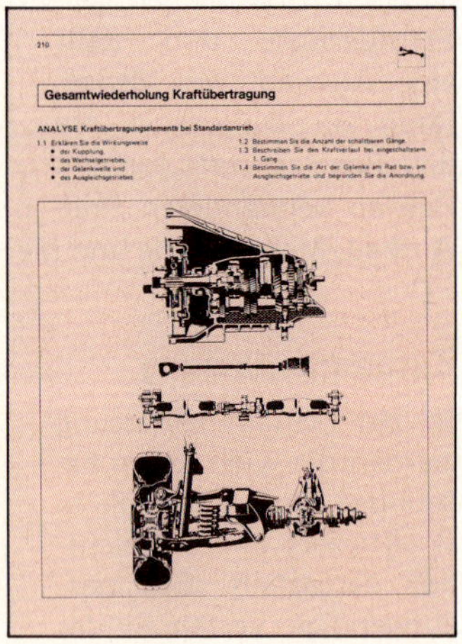

Nach jedem Großkapitel folgen jeweils 6 bis 10 Seiten Gesamtwiederholung. Dieser Teil ist ähnlich wie der Teil Analyse aufgebaut und umfaßt die Baueinheit einschließlich aller Bauelemente, Baugruppen und Systeme. Ihre Aufgabe ist es, das Zusammenwirken aller Elemente zu untersuchen.

Arbeitsplanung

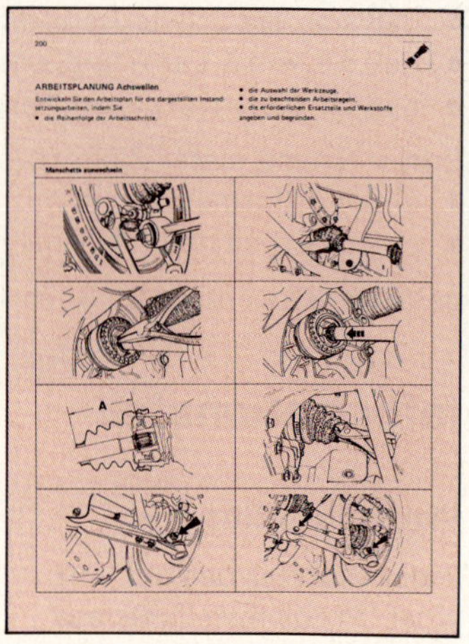

Die Arbeitsplanung umfaßt bebilderte Arbeitsaufträge aus der Werkstattpraxis. Sie stehen in engem Zusammenhang mit dem vorhergehenden Kapitel. Die praktischen Beispiele zeigen den Arbeitsvorgang bildlich ohne Text und stellen eine Leitlinie für die Schüler dar.

Zur Bearbeitung der Arbeitsaufträge müssen die Schüler ihre Kenntnisse aus der Fachtheorie mit ihren Erfahrungen aus der Werkstatt verknüpfen und Lösungswege suchen. Zusätzliche Informationen müssen sich die Schüler aus den Werkstatthandbüchern, Produktionsbeschreibungen und Sicherheitsvorschriften der Betriebe beschaffen.

Ein wichtiges Hilfsmittel der Arbeitsplanung ist der Arbeitsplan, in dem die Schüler festlegen,

- in welcher Reihenfolge
- an welcher Stelle
- mit welchen Mitteln
- nach welchen Regeln

die Arbeitsvorgänge zu verrichten sind.

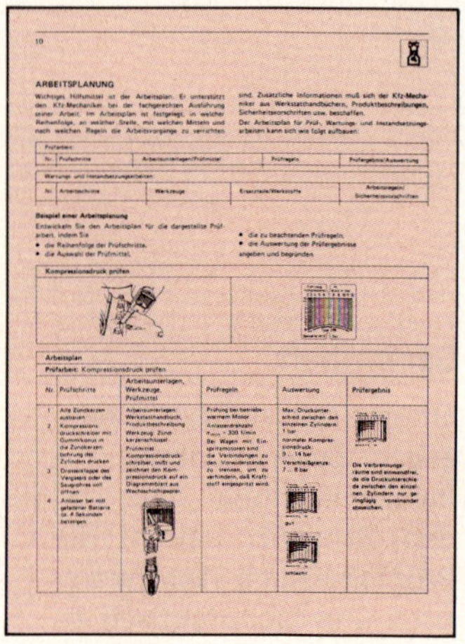

Die Piktogramme dienen zur Gliederung des Stoffes und dem leichten Auffinden von Inhalten.

Alle Sachinhalte entsprechen dem neuesten Entwicklungsstand des Kraftfahrzeugs. Die Auswahl orientiert sich am Rahmenlehrplan der Kultusministerkonferenz und den Rahmenlehrplänen der Bundesländer. Autoren, Herausgeber und Verlag danken allen Firmen, die bei der Beschaffung des Bildmaterials behilflich waren.

Inhaltsverzeichnis

Motor

Kraftübertragung

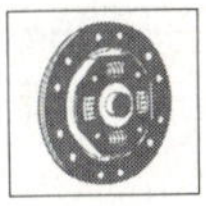

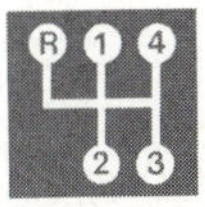

Fahrwerk

Elektrotechnik, Elektronik, Steuerungs- und Regelungstechnik

Motor

Erster Otto-Viertaktmotor (1876)

Zylinderzahl	1
Hubraum	6,1 *l*
Bohrung	161 mm
Hub	300 mm
Leistung	3 PS (2,2 kW)
bei einer Drehzahl	180 1/min

Erster Dieselmotor (1897)

Zylinderzahl	1
Hubraum	20 *l*
Bohrung	250 mm
Hub	400 mm
Leistung	20 PS (14,7 kW)
bei einer Drehzahl	172 1/min

Moderner Reihenmotor (1980)

Zylinderzahl	4
Hubraum	1,6 *l*
Bohrung	79,96 mm
Hub	79,52 mm
Leistung	58 kW (79 PS)
bei einer Drehzahl	5800 1/min

Moderner Pkw-Dieselmotor (1980)

Zylinderzahl	4
Hubraum	1,47 *l*
Bohrung	76,5 mm
Hub	80 mm
Leistung	37 kW (50 PS)
bei einer Drehzahl	5000 1/min
Verdichtung	23,5

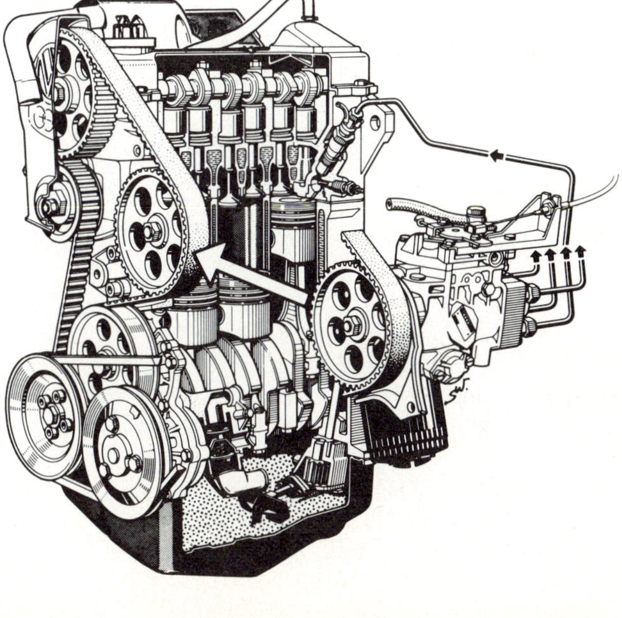

1 Otto-Viertaktmotor

1.1 Viertaktverfahren

1.1.1 Einzylindermotor

Der Kolben gleitet im Zylinder auf und ab. Die Pleuelstange und die Kurbelwelle wandeln die hin- und hergehende Bewegung des Kolbens in eine Drehbewegung um.

Im Vergaser werden Kraftstoff und Luft im richtigen Verhältnis gemischt. Das Mischungsverhältnis beträgt 14 : 1, d.h. 14 kg Luft sind zur Verbrennung von 1 kg Kraftstoff erforderlich. Die Zufuhr des Luft-Kraftstoffgemisches wird durch das Einlaßventil (EV), das Ausstoßen der verbrannten Gase durch das Auslaßventil (AV) gesteuert. Die Ventile werden von der Nockenwelle betätigt, die über eine Kette oder einen Zahnriemen von der Kurbelwelle angetrieben wird. Die Zündanlage entzündet das Luft-Kraftstoffgemisch im richtigen Zeitpunkt durch einen elektrischen Zündfunken an der Zündkerze.

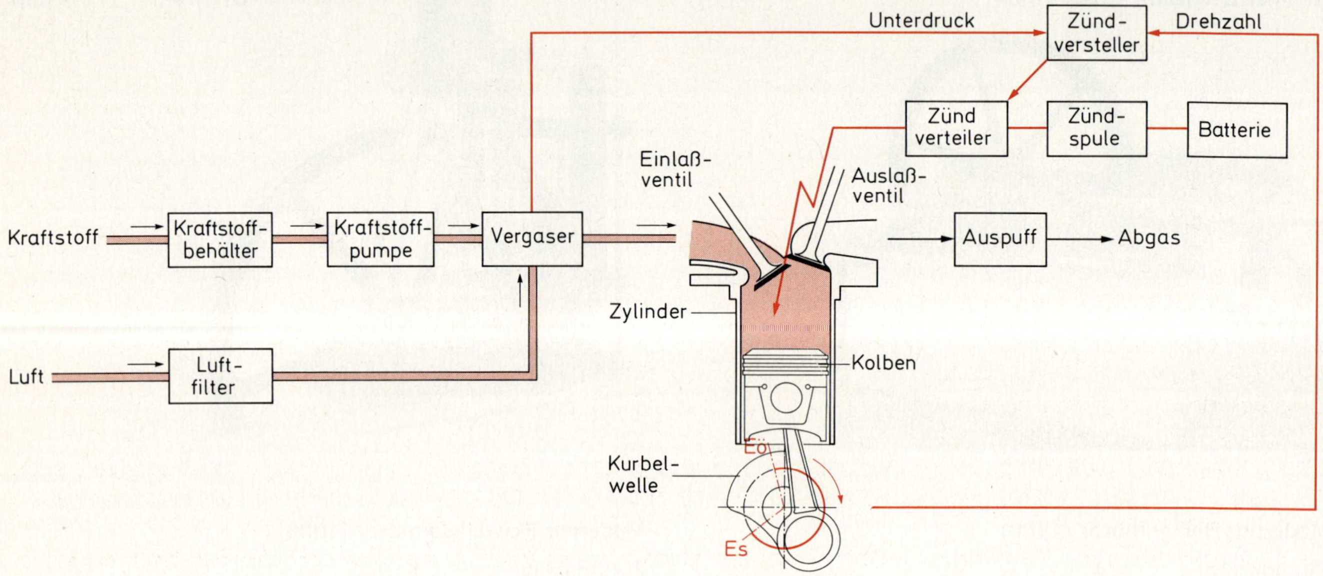

Um die Funktion des Motors zu beschreiben, benötigt der Kfz-Mechaniker eine Reihe motortechnischer Begriffe.

Motortechnische Begriffe			
Totpunkt	**Hub**	**Hubraum Verdichtungsraum**	**Kurbelwinkel**
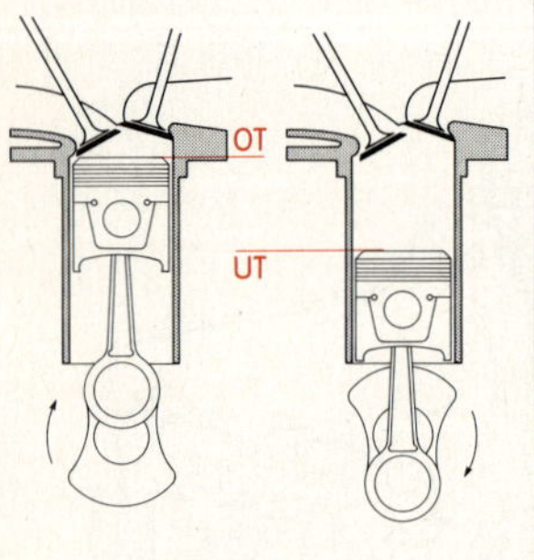	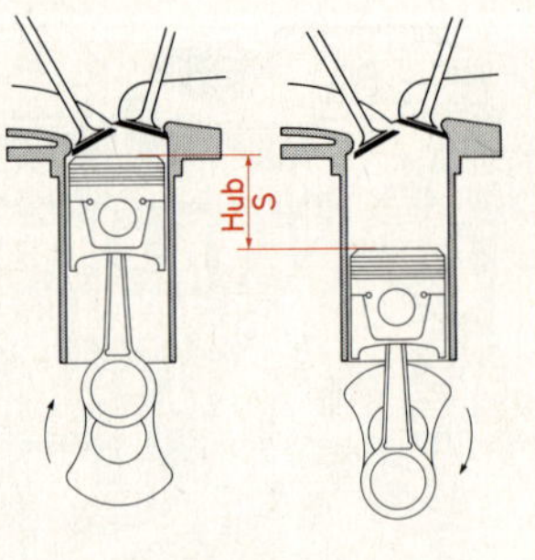	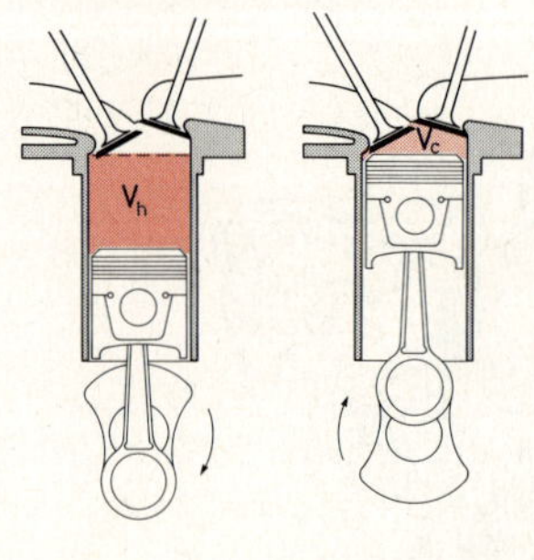	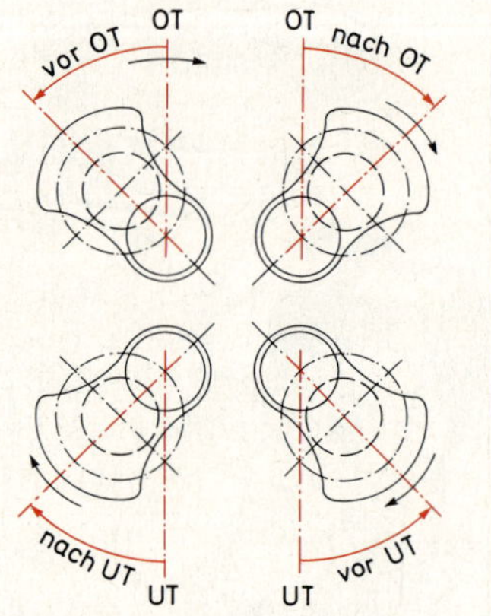
Totpunkte sind die Umkehrpunkte des Kolbens: Oberer Totpunkt (OT) Unterer Totpunkt (UT)	Der Hub s ist der Weg des Kolbens zwischen OT und UT.	Der Hubraum V_h ist der Raum zwischen OT und UT. Der Verdichtungsraum V_c ist der Raum oberhalb OT.	Der Kurbelwinkel gibt die Stellung des Kurbelzapfens der Kurbelwelle zum OT bzw. UT in Grad Kurbelwinkel (°KW) an.

1. Takt: Ansaugen

Ansaugtakt

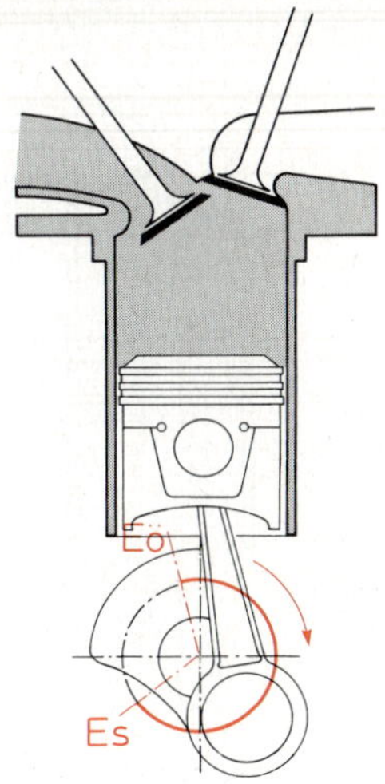

Arbeitsdiagramm

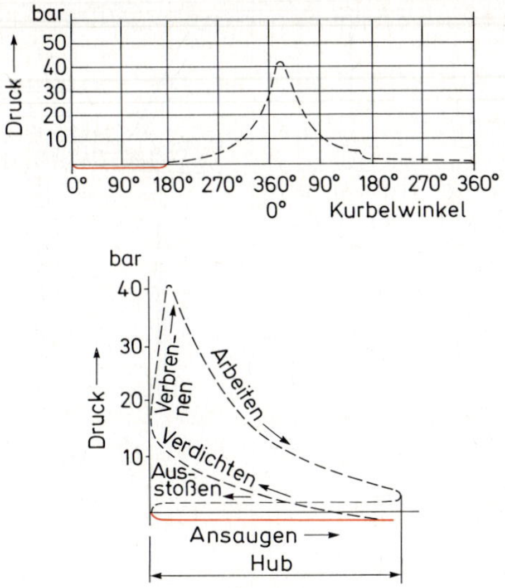

Füllung des Zylinders

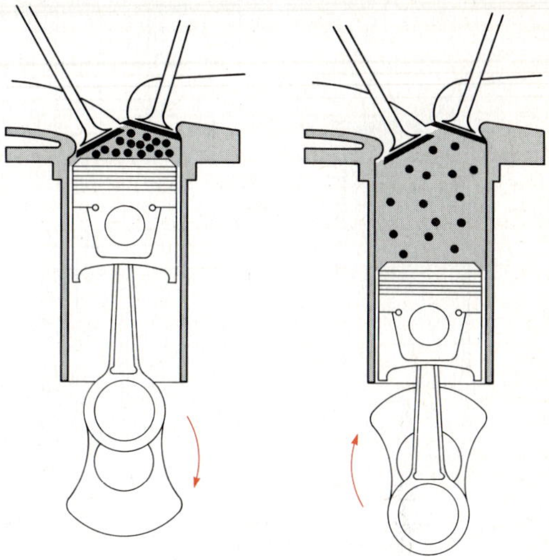

Der Kolben bewegt sich von OT nach UT. Das Einlaßventil (EV) ist geöffnet, das Auslaßventil (AV) ist geschlossen. Durch den abwärtsgehenden Kolben entsteht infolge Raumvergrößerung ein Unterdruck von 0,1 ... 0,2 bar. Er bewirkt, daß im Vergaser ein Luft-Kraftstoff-Gemisch (Frischgase) gebildet und in den Zylinder gesaugt wird.

Der Druck im Zylinder während des Ansaugens wird im Arbeitsdiagramm des Motors (Druck-Weg-Diagramm) als eine gerade Linie im Unterdruckbereich dargestellt, da der Unterdruck in etwa gleichbleibend ist.

Die Motorleistung ist von der Füllung des Zylinders mit Frischgasen abhängig. Eine vollständige Füllung des Zylinders mit Frischgasen ist besonders bei hohen Drehzahlen des Motors aufgrund der kurzen Ventilöffnungszeit nicht möglich. Es befinden sich noch immer Abgasreste im Zylinder. Die Füllung beträgt beim Ottomotor maximal 80 %, d.h. der Zylinder ist nur zu 80 % mit Frischgasen gefüllt.

Die Füllung des Zylinders wird durch folgende Maßnahmen verbessert

- Verlängerung der Ventilöffnungszeit
  Das Einlaßventil öffnet (Eö) 10 ... 30° vor OT. Das Auslaßventil ist noch geöffnet. Die ausströmenden Gase erzeugen im Zylinder einen Unterdruck, der die Frischgase im Ansaugkanal in Strömung versetzt, bevor der Kolben sich abwärtsbewegt. Das Auslaßventil schließt (As) 5 ... 20° nach OT. Von OT bis UT ist das Einlaßventil voll geöffnet. Während des eigentlichen Ansaugtaktes strömen die Frischgase aufgrund des entstehenden Unterdrucks mit einer Geschwindigkeit von 100 m/s in den Zylinderraum. Das Einlaßventil schließt (Es) 40 ... 60° nach UT. Obwohl sich der Kolben wieder aufwärts bewegt, strömen die Frischgase aufgrund ihrer Trägheit weiterhin durch das noch offene Einlaßventil, bis der ansteigende Druck die Bewegung bremst und das Einlaßventil schließt.
  Das Einlaßventil ist also maximal 270° (30° vor OT + 180° + 60° nach UT) und damit länger als der Ansaughub geöffnet.
- Geringe Strömungswiderstände in den Ansaugwegen
  Die Ansaugwege müssen möglichst glatt, kurz, wenig gekrümmt, die Einlaßventil- und Ansaugkanalquerschnitte möglichst groß ausgeführt werden.
- Gute Kühlung der Zylinderwände
  An den Zylinderwänden erwärmen sich die Frischgase. Sie dehnen sich aus, ihre Luftdichte wird geringer, die angesaugte Gasmenge ist kleiner.
- Kompakter Verdichtungsraum
- Aufladung mit dem Turbolader

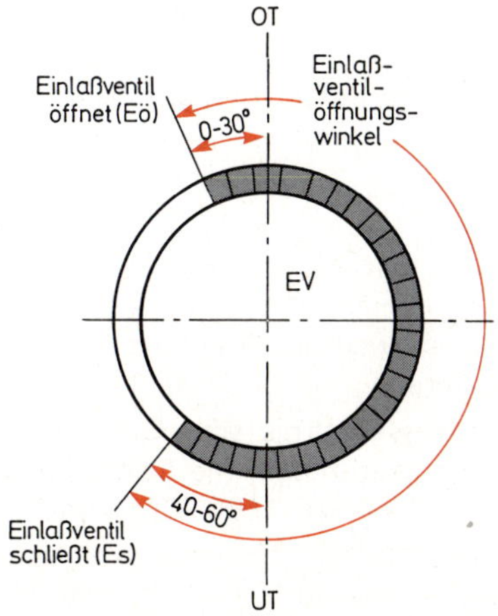

2. Takt: Verdichten

Verdichtungstakt	Arbeitsdiagramm	Verdichtungsverhältnis
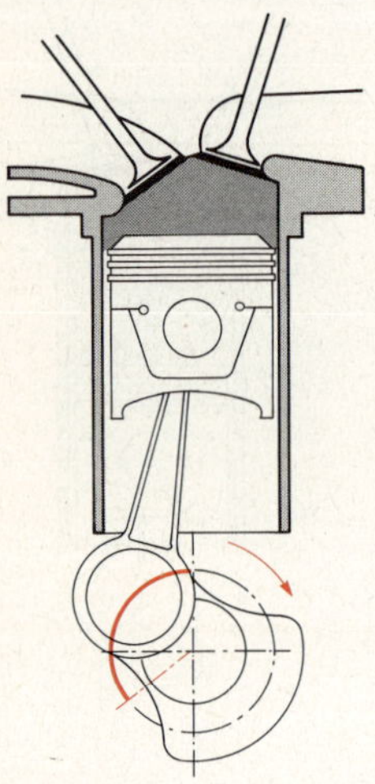	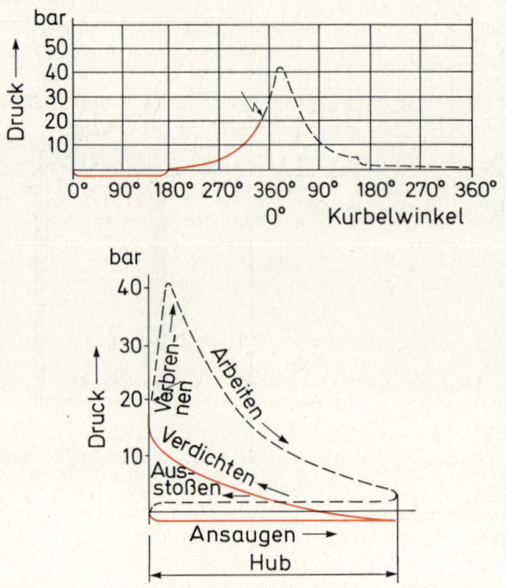	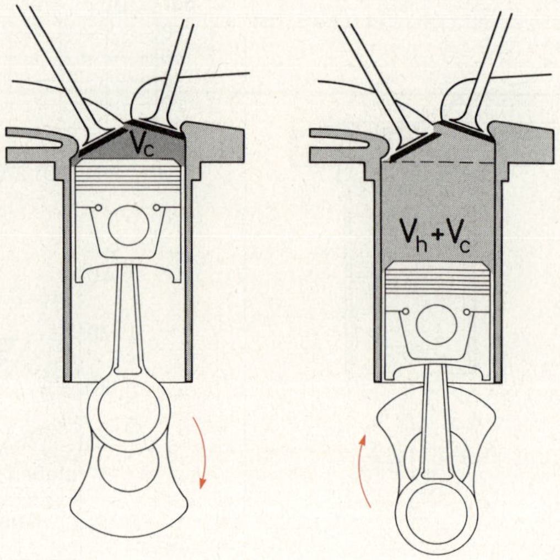

Der Kolben bewegt sich von UT nach OT, Einlaß- und Auslaßventil sind geschlossen. Der Kolben drückt das Luft-Kraftstoffgemisch auf den Verdichtungsraum V_c zusammen. Der Druck steigt auf 10 ... 15 bar, die Temperatur auf 400 ... 500 °C. Durch den höheren Druck werden die Kraftstoff- und Luftteilchen dichter zusammengebracht. Die hohe Temperatur unterstützt die restlose Vergasung des Kraftstoffs. Die Verdichtung fördert außerdem die Verwirbelung des Gemisches und damit eine innige Vermischung von Kraftstoff und Luft. Die Höhe der Verdichtung wird durch das Verdichtungsverhältnis ϵ angegeben.

$$\text{Verdichtungsverhältnis } \epsilon = \frac{\text{Hubraum } V_h + \text{Verdichtungsraum } V_c}{\text{Verdichtungsraum } V_c}$$

Das Verdichtungsverhältnis beträgt beim Otto-Viertaktmotor $\epsilon = 7:1 \dots 10:1$.

Die Erhöhung des Verdichtungsverhältnisses bringt eine Leistungssteigerung.

- Je höher der Verdichtungsenddruck ist, desto höher ist der Verbrennungshöchstdruck, desto mehr können sich die Verbrennungsgase während des Arbeitstaktes ausdehnen.
- Je höher die Verdichtung ist, desto kleiner ist die wärmeaufnehmende Oberfläche des Verbrennungsraumes, desto weniger Wärmeenergie geht durch Kühlung verloren.

Dem Verdichtungsverhältnis sind Grenzen gesetzt. Die Verdichtungstemperatur darf die Selbstzündungstemperatur des Kraftstoffs (480 ... 500 °C) nicht überschreiten, da sich sonst der Kraftstoff selbst entzündet. Es kommt zu einer explosionsartigen Verbrennung mit Flammgeschwindigkeiten von 250 ... 300 m/s. Die entstehenden Druckwellen erzeugen beim Auftreffen auf Zylinderwände und Kolben ein klopfendes Geräusch. Wir sprechen von Kraftstoffklopfen.

Die klopfende Verbrennung hat zur Folge:

- Der Motor wird schnell heiß.
- Die Lager werden stark belastet.
- Der Kraftstoffverbrauch ist höher.
- Die Motorleistung wird geringer, da die entsprechende Druckwelle den Kolben vor OT erreicht und abbremst.

3. Takt: Arbeiten

Arbeitstakt

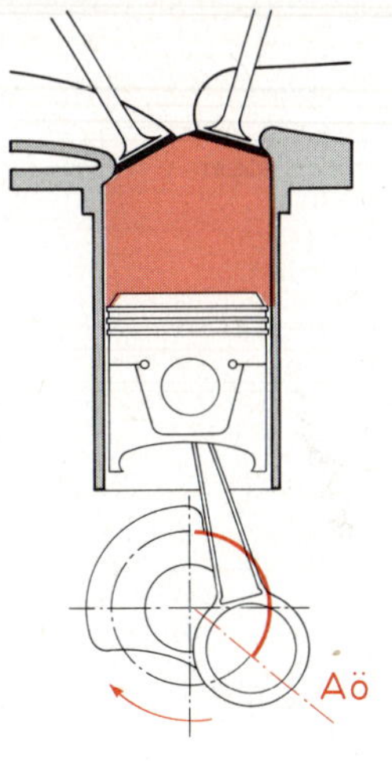

Arbeitsdiagramm

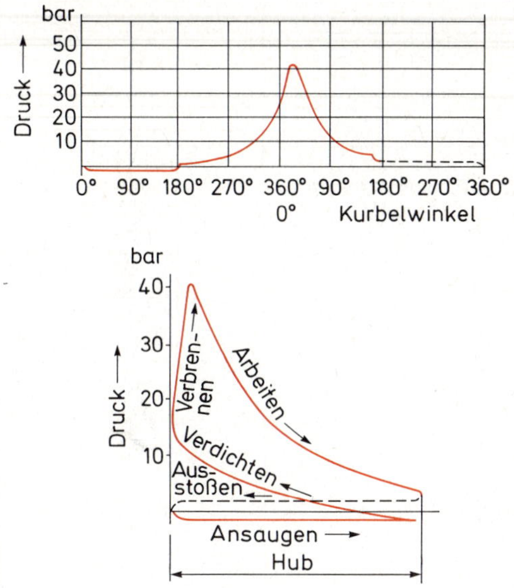

Motordrehmoment

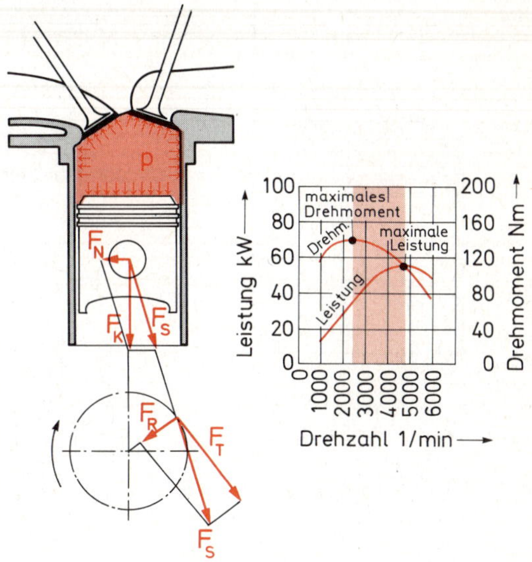

Während des Arbeitstaktes sind Auslaß- und Einlaßventil geschlossen. Die Verbrennung des verdichteten Luft-Kraftstoffgemisches wird durch den Zündfunken eingeleitet. Bis zur vollständigen Verbrennung sind ca. 1/1000 Sekunde erforderlich. Daher muß das Gemisch schon vor OT gezündet werden, damit kurz nach OT der Verbrennungshöchstdruck von 40 ... 60 bar herrscht. Die Temperatur steigt auf 2000 ... 2500 °C. Die Flammenfront breitet sich bei normaler Verbrennung mit einer Geschwindigkeit von 15 ... 30 m/s im Verbrennungsraum aus.

Während der Verbrennung verbinden sich die Bestandteile des Kraftstoffs – Kohlenstoff und Wasserstoff – mit dem Sauerstoff der Luft.

- Vollständige Verbrennung, d.h. es ist genügend Sauerstoff vorhanden:

  $C + O_2 \rightarrow CO_2$ + Wärme

- Unvollständige Verbrennung, d.h. es besteht Sauerstoffmangel:

  $2C + O_2 \rightarrow 2CO$ + Wärme

- Der Wasserstoff des Kraftstoffs verbindet sich mit dem Luftsauerstoff zu Wasser:

  $2H_2 + O_2 \rightarrow 2H_2O$ + Wärme

- Der Stickstoff N, der mit der angesaugten Luft in den Verbrennungsraum gelangt, reagiert mit dem Luftsauerstoff O bei hohen Verbrennungstemperaturen zu Stickoxiden NO_x. Folgende Reaktionen können ablaufen:

  $N_2 + O \rightarrow NO + N$
  $O_2 + N \rightarrow NO + O$
  $OH + N \rightarrow NO + H$

Der bei der Verbrennung entstehende Gasdruck p wirkt auf die Kolbenfläche A_K und erzeugt die Kolbenkraft F_K:

Kolbenkraft F_K = Gasdruck $p \times$ Kolbenfläche A_K

Die Kolbenkraft F_K zerlegt sich in die Seitenkraft F_N und die Pleuelstangenkraft F_S.

- Die senkrecht zur Bolzenachse wirkende Seitenkraft F_N drückt den Kolben an die Zylinderwand. Wir bezeichnen diese Seite des Kolbens als Druckseite.
- Die Pleuelstangenkraft F_S wirkt auf den Kurbelzapfen der Kurbelwelle. Hier zerlegt sich die Pleuelstangenkraft F_S in die in Richtung des Kurbelwellenlagerzapfens wirkende Lagerkraft F_R und in die senkrecht zur Kurbelwelle wirkende Drehkraft F_T. Die Drehkraft F_T erzeugt am Kurbelradius r ein Drehmoment M:

  Motordrehmoment M = Drehkraft $F_T \times$ Kurbelradius r

Die Charakteristik eines Motors, d.h. sein Betriebsverhalten wird auf einem Prüfstand ermittelt. Dabei wird der betriebswarme Motor bei voll geöffneter Drosselklappe mit einer Wasserwirbel- oder Elektrobremse abgebremst.

Aus den über dem gesamten Drehzahlbereich bei verschiedener Last ermittelten Meßwerten bestimmt man die Kennlinien (Vollastkennlinien) für das Drehmoment und die Leistung. Aus den Kennlinien läßt sich das maximale Drehmoment und die maximale Leistung mit den zugehörigen Drehzahlen ablesen. Zwischen maximalem Drehmoment und maximaler Leistung liegt der elastische Bereich des Motors.

4. Takt: Ausstoßen

Auspufftakt	Arbeitsdiagramm	Schadstoffemission
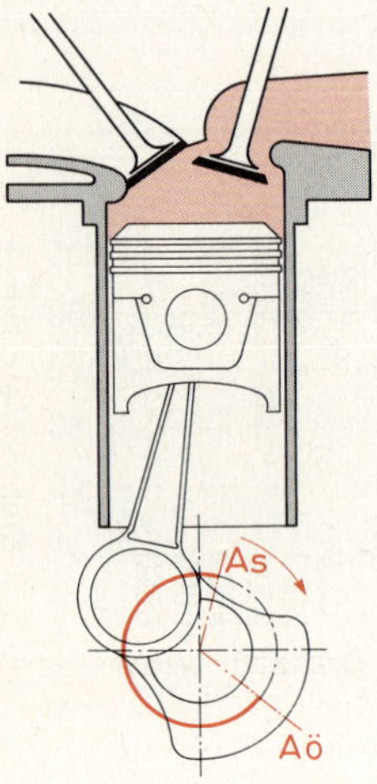	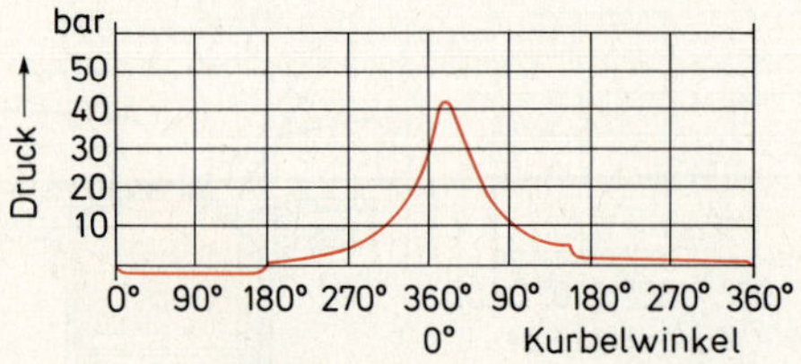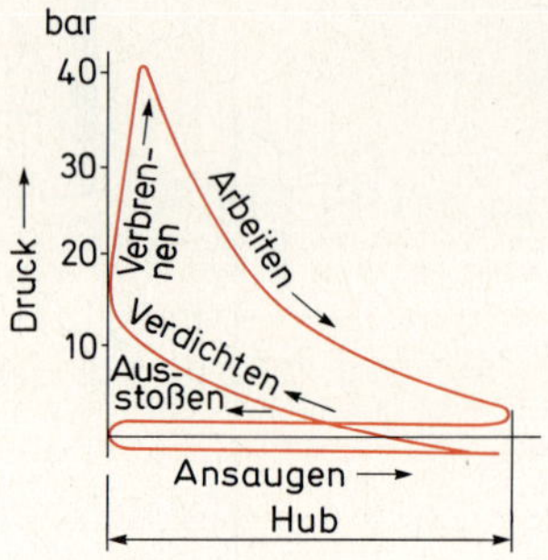	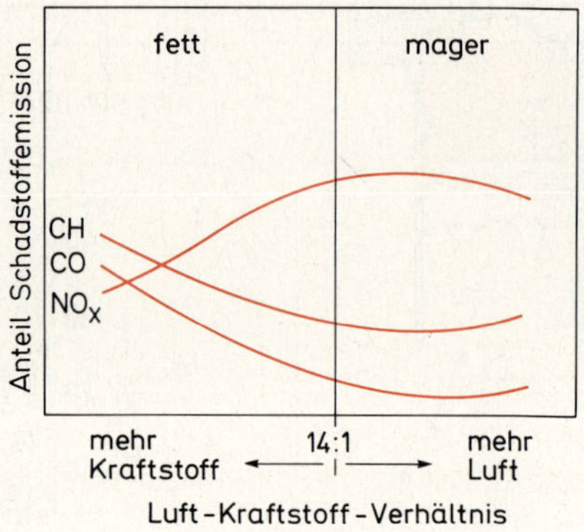

Das Auslaßventil öffnet (Aö) 40 ... 60° vor UT. Die unter 4 ... 7 bar Druck stehenden Gase strömen mit hoher Geschwindigkeit aus dem Zylinder. Die entstehende Druckwelle verursacht starke Schallwellen, die in der Auspuffanlage gedämpft werden müssen. Die Restgase werden vom aufwärts gehenden Kolben ausgestoßen. Die Motorabgase bestehen aus den unschädlichen Stoffen – Kohlendioxid und Wasser – und den in der Tabelle angegebenen Schadstoffen.

Schadstoffe im Abgas

Schadstoff	Wirkungen
Kohlenmonoxid CO	Kohlenmonoxid ist ein farbloses, geruchloses, aber sehr giftiges Gas. Eingeatmet behindert CO die Sauerstoffaufnahme in das Blut und gefährdet damit Herz und Kreislauf. 500 cm^3/m^3 sind bei mehrstündiger Einwirkung lebensgefährdend, Kinder und Herzkranke sind bei einem Daueraufenthalt schon ab 10 cm^3/m^3 in der Luft gefährdet. Bei ungünstigen Verhältnissen des Massenverkehrs – Stauungen, Verkehrsknotenpunkt – steigen die Abgaskonzentrationen auf Werte über 100 cm^3/m^3, im dichten Straßenverkehr liegen die Werte oft bei 40 cm^3/m^3.
Kohlenwasser-stoffe CH	Unter den Kohlenwasserstoffen, die dem Auspuff entweichen, ist neben einigen unschädlichen Anteilen eine besonders giftige Substanz, die ein Krebserreger ist: Benzpyren.
Stickoxide NO_x	Stickoxid NO ist ein farbloses Gas. Es ist ein schweres Blutgift und bewirkt schnelle zentrale Lähmungserscheinungen. NO oxidiert in der Luft zu Stickstoffdioxid NO_2, ein rot-braunes Gas mit einem scharfen stechenden Geruch. NO_2 ist ein starkes Lungenreizgas, das Gewebeanätzungen verursacht. Die Stickoxide sind in Verbindung mit dem Schwefeldioxid der Kraftwerke Hauptverursacher für den sauren Regen und greifen darüber hinaus die Bäume direkt aus der Luft an. Weiterhin tragen sie zur Smogbildung bei. Da verschiedene giftige Verbindungen – NO und NO_2 – möglich sind, bezeichnet man die Stickoxide allgemein mit NO_x.
Blei Pb (bis 31.12.87)	Eine Gefährdung entsteht durch Einatmen des Bleistaubs und durch bleihaltige Niederschläge, die zum Teil über die Nahrung in den Menschen geraten. Blei ist ein schweres Stoffwechselgift und führt zu chronischen Knochenschäden und Störungen des Nervensystems.

1.1.2 Mehrzylindermotoren

Der Einzylindermotor hat einen unruhigen Lauf, da auf zwei Kurbelwellenumdrehungen nur ein Arbeitstakt kommt. Für größere Leistungen werden Motoren mit mehreren Zylindern gebaut. Mehrzylindermotoren werden nach der Anordnung der Zylinder unterschieden.

Motorbauarten nach der Anordnung der Zylinder

Reihenmotoren

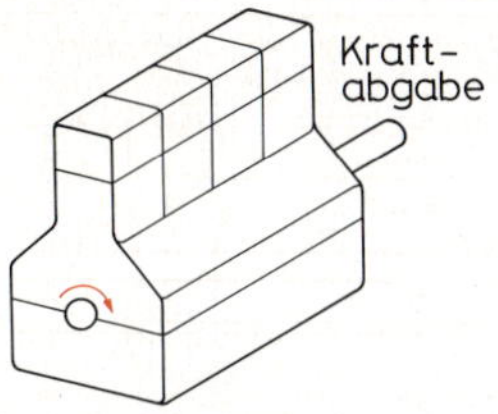

Die Zylinder sind in Reihe hintereinander angeordnet.

Boxermotoren

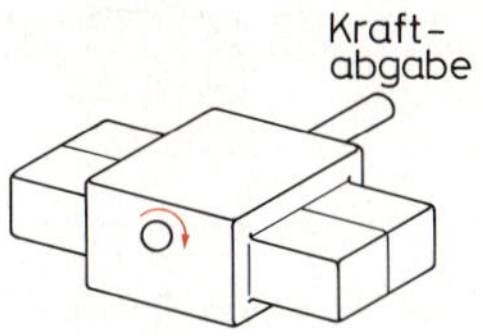

Die Zylinder sind paarweise gegenüber angeordnet.

V-Motoren

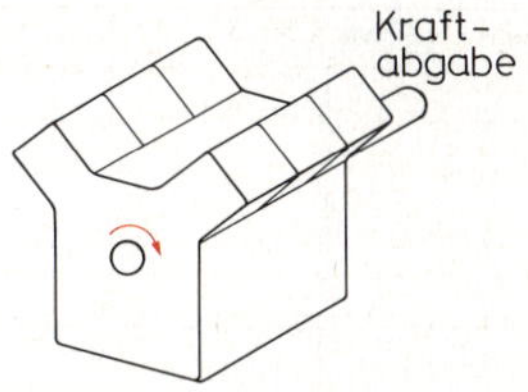

Die Zylinder stehen unter einem bestimmten Winkel zueinander.

Die Bezeichnung der Zylinder erfolgt nach DIN 73021. Die Zählung der Zylinder beginnt bei der der Kraftabgabe gegenüberliegenden Seite. Bei Boxermotoren und V-Motoren beginnt man dabei mit der linken Zylinderreihe und zählt die Reihe durch.

Bezeichnung der Zylinder nach DIN 73021

Reihenmotoren

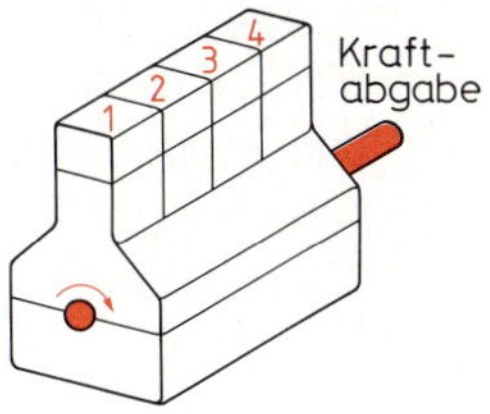

Boxermotoren

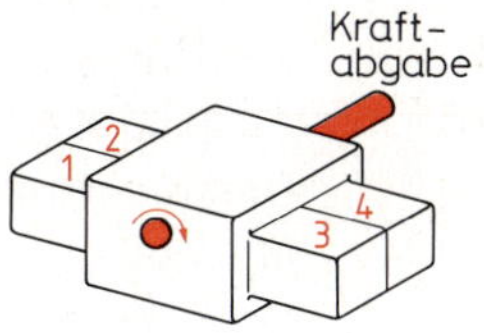

V-Motoren

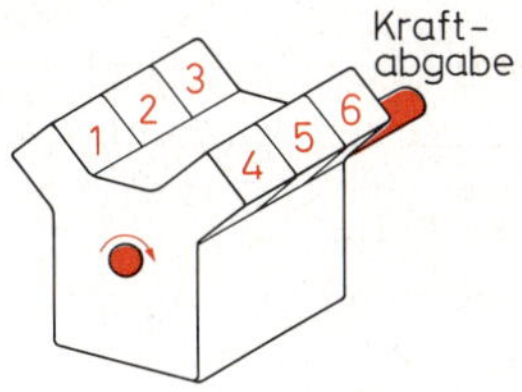

Bei Mehrzylindermotoren werden die Arbeitstakte der einzelnen Zylinder gleichmäßig auf die zwei Kurbelwellenumdrehungen verteilt, so daß der Motorlauf ruhiger ist als beim Einzylindermotor. Zylinderanordnung und Kurbelwellenkröpfung bestimmen den Zündabstand und die Reihenfolge, in der die Zylinder nacheinander gezündet werden (Zündfolge).

Zylinderanordnung und Kurbelwellenkröpfung

Vierzylinder-Reihenmotor

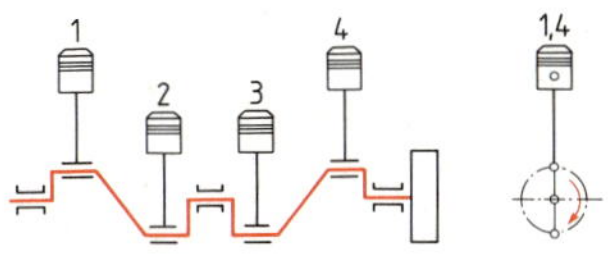

Zylinder	Takte			
1	Arb.	Ausst.	Ansau.	Verd.
2				
3				
4				

Zündabstand: 180°
Zündfolge: 1–3–4–2 oder
1–2–4–3

Vierzylinder-Boxermotor

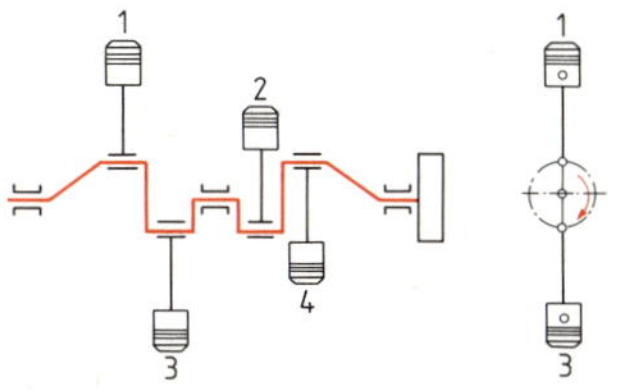

Zylinder	Takte			
1	Arb.	Ausst.	Ansau.	Verd.
2				
3				
4				

Zündabstand: 180°
Zündfolge: 1–4–3–2

Sechszylinder-V-Motor

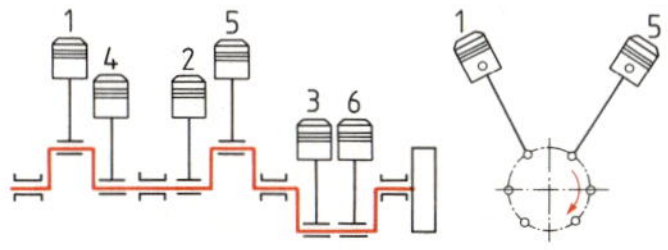

Zylinder	Takte			
1	Arb.	Ausst.	Ansau.	Verd.
2				
3				
4				
5				
6				

Zündabstand: 120°
Zündfolge: 1–4–2–5–3–6

ZUSAMMENFASSUNG Otto-Viertaktmotor

Otto-Viertaktmotor			
1. Takt: Ansaugen	**2. Takt: Verdichten**	**3. Takt: Arbeiten**	**4. Takt: Ausstoßen**
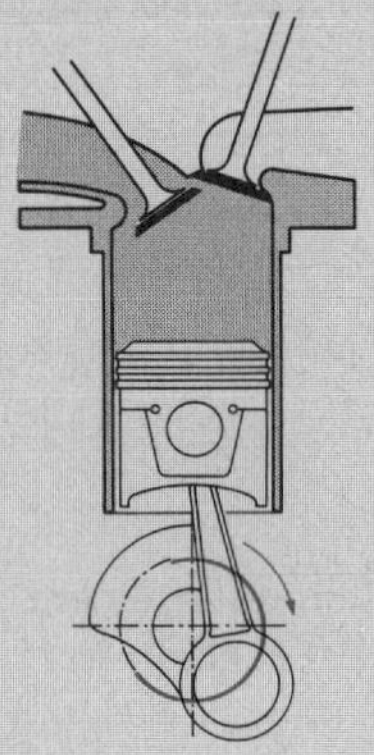	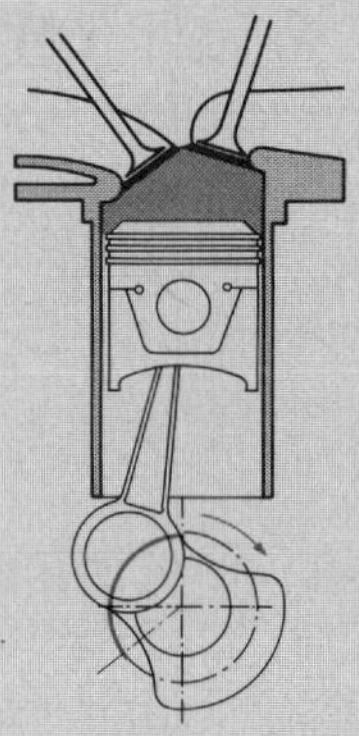	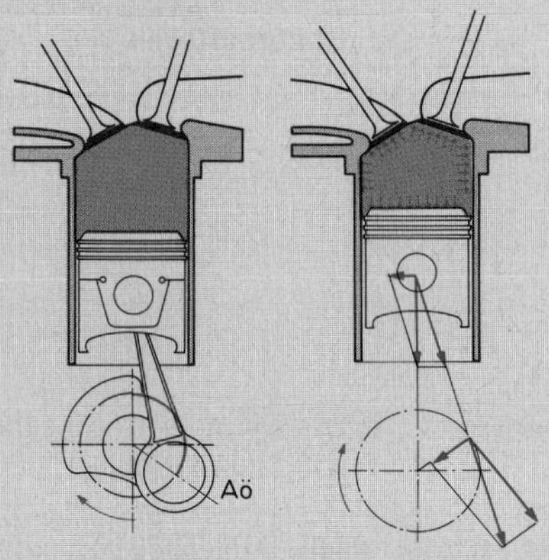	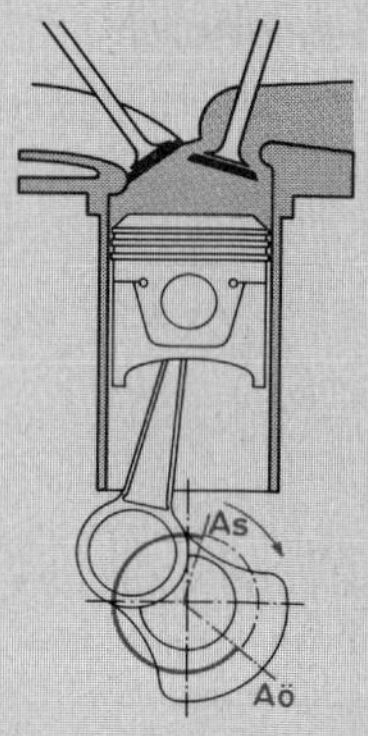
Kolben: OT → UT AV offen, schließt kurz nach OT EV öffnet vor OT, schließt nach UT, bessere Füllung (max. 80 %) **Unterdruck:** 0,1 ... 0,2 bar **Luft-Kraftstoff-Verhältnis:** 14 : 1 Füllung verbessert durch längere Ventilöffnungszeit, geringe Strömungswiderstände, gute Kühlung, kompakter Verdichtungsraum, Turboladung	**Kolben:** UT → OT AV und EV geschlossen **Verdichtungsenddruck:** 10 ... 15 bar **Verdichtungstemperatur:** 400 ... 500 °C **Verdichtungsverhältnis:** $\epsilon = \frac{V_h + V_c}{V_c}$ $\epsilon = 7:1 \ldots 10:1$ Verdichtungsverhältnis begrenzt durch Selbstzündungstemperatur des Kraftstoffs: klopfende Verbrennung	**Kolben:** UT → OT AV und EV geschlossen **Verbrennungsdruck:** 40 ... 60 bar **Verbrennungstemperatur:** 2000 ... 2500 °C **Kolbenkraft:** $F_K = A_K \times p$ **Drehmoment:** $M = F_T \times r$ **Vollständige Verbrennung:** $C + O_2 \rightarrow CO_2$ **Unvollständige Verbrennung:** $2C + O_2 \rightarrow 2CO$	**Kolben:** UT → OT EV geschlossen, AV öffnet kurz vor UT **Abgasdruck:** 4 ... 7 bar **Abgase:** **Unschädliche Stoffe** Kohlendioxid und Wasser **Schadstoffe:** Kohlenmonoxid Stickoxide Kohlenwasserstoffe Blei
Während eines Arbeitsspieles führt die Kurbelwelle zwei Umdrehungen aus.			

Arbeitsdiagramm

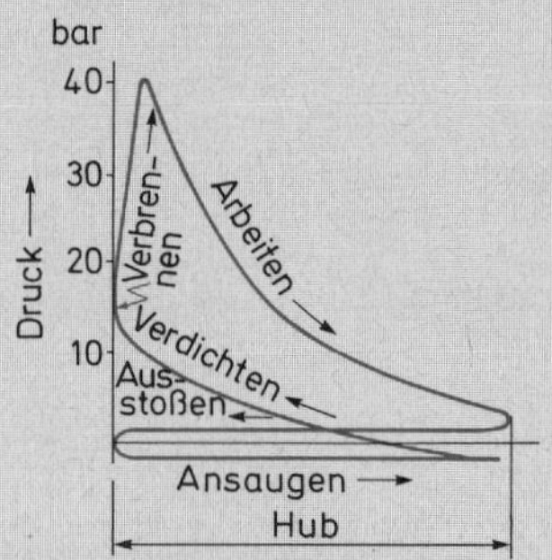

Mehrzylindermotoren			
DIN 73021: Die Numerierung der Zylinder beginnt mit der der Kraftabgabe gegenüberliegenden Seite			
Motor	Reihenmotor	Boxermotor	V-Motor
Zylinderzahl Zündabstand Zündfolge	4 180° 1–3–4–2 oder 1–2–4–3	4 180° 1–4–3–2	6 120° 1–4–2–5–3–6

ANALYSE Motor

1. Vergleichen Sie das Normaldiagramm mit dem Fehlerdiagramm und versuchen Sie die Ursachen der Abweichungen zu ermitteln.
2. Bestimmen Sie die Motorbauart.
3. Ermitteln Sie die Taktfolge.

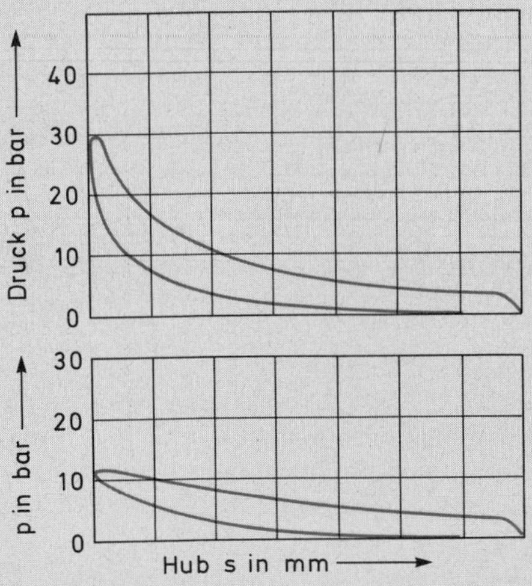

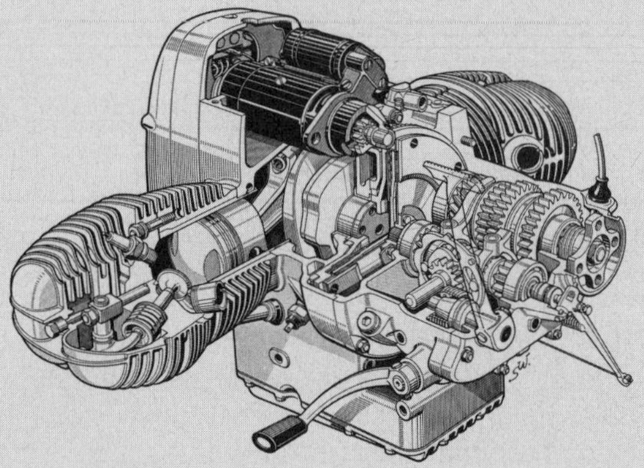

Zündfolge: 1–2–4–5–3

Zündfolge: 1–2–4–3

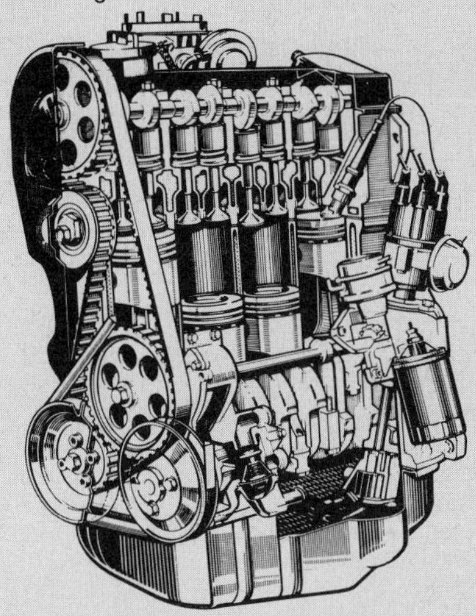

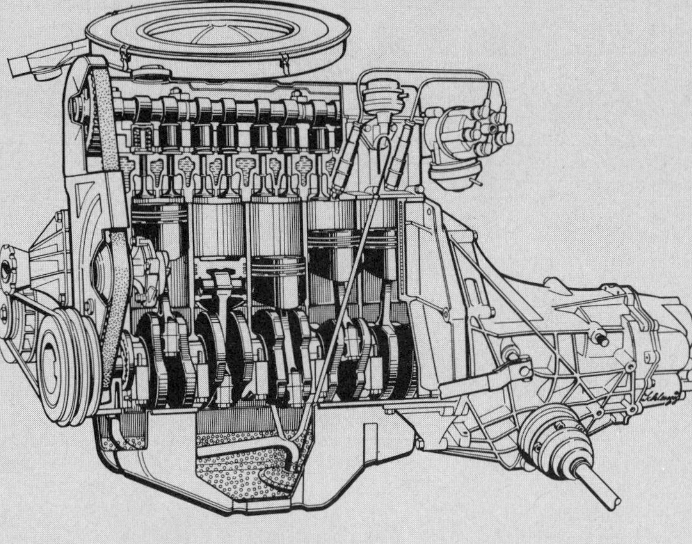

Zündfolge: 1–4–2–5–3–6

Zündfolge: 1–5–3–6–2–4

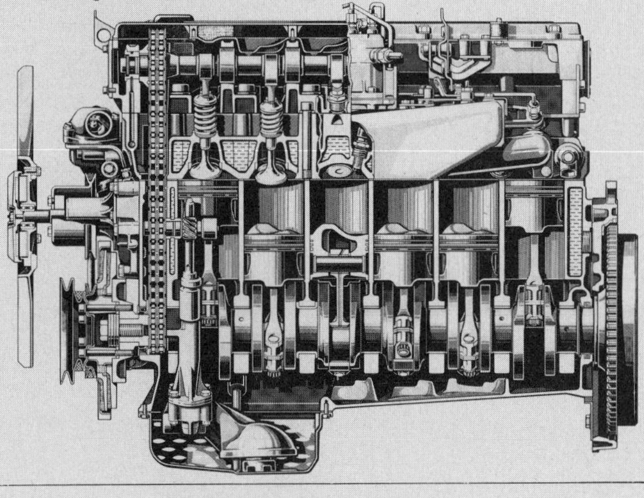

ARBEITSPLANUNG

Wichtiges Hilfsmittel ist der Arbeitsplan. Er unterstützt den Kfz-Mechaniker bei der fachgerechten Ausführung seiner Arbeit. Im Arbeitsplan ist festgelegt, in welcher Reihenfolge, an welcher Stelle, mit welchen Mitteln und nach welchen Regeln die Arbeitsvorgänge zu verrichten sind. Zusätzliche Informationen muß sich der Kfz-Mechaniker aus Werkstatthandbüchern, Produktbeschreibungen, Sicherheitsvorschriften usw. beschaffen.

Der Arbeitsplan für Prüf-, Wartungs- und Instandsetzungsarbeiten kann sich wie folgt aufbauen:

Prüfarbeit:				
Nr.	Prüfschritte	Arbeitsunterlagen/Prüfmittel	Prüfregeln	Prüfergebnis/Auswertung

Wartungs- und Instandsetzungsarbeiten:				
Nr.	Arbeitsschritte	Werkzeuge	Ersatzteile/Werkstoffe	Arbeitsregeln/ Sicherheitsvorschriften

Beispiel einer Arbeitsplanung

Entwickeln Sie den Arbeitsplan für die dargestellte Prüfarbeit, indem Sie

- die Reihenfolge der Prüfschritte,
- die Auswahl der Prüfmittel,
- die zu beachtenden Prüfregeln,
- die Auswertung der Prüfergebnisse

angeben und begründen.

Kompressionsdruck prüfen

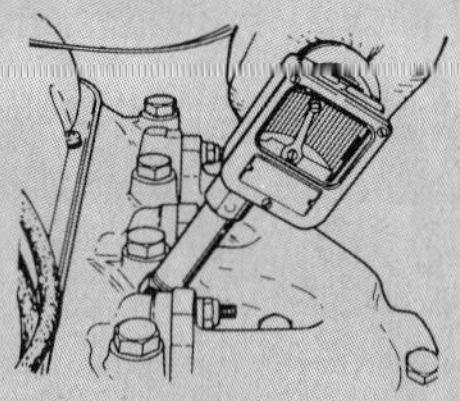

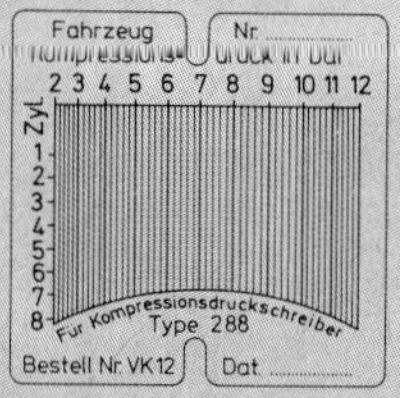

Arbeitsplan					
Prüfarbeit: Kompressionsdruck prüfen					
Nr.	Prüfschritte	Arbeitsunterlagen, Werkzeuge, Prüfmittel	Prüfregeln	Auswertung	Prüfergebnis
1 2 3 4	Alle Zündkerzen ausbauen Kompressionsdruckschreiber mit Gummikonus in die Zündkerzenbohrung des Zylinders drücken Drosselklappe des Vergasers oder des Saugrohres voll öffnen Anlasser bei voll geladener Batterie ca. 4 Sekunden betätigen	Arbeitsunterlagen: Werkstatthandbuch, Produktbeschreibung Werkzeug: Zündkerzenschlüssel Prüfmittel: Kompressionsdruckschreiber, mißt und zeichnet den Kompressionsdruck auf ein Diagrammblatt aus Wachsschichtpapier. 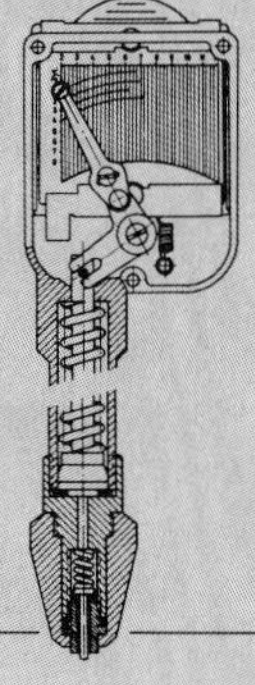	Prüfung bei betriebswarmem Motor Anlasserdrehzahl n_{min} = 300 1/min Bei Wagen mit Einspritzmotoren sind die Verbindungen zu den Vorwiderständen zu trennen, um zu verhindern, daß Kraftstoff eingespritzt wird.	Max. Druckunterschied zwischen den einzelnen Zylindern: 1 bar normaler Kompressionsdruck: 9 ... 14 bar Verschleißgrenze: 7 ... 8 bar 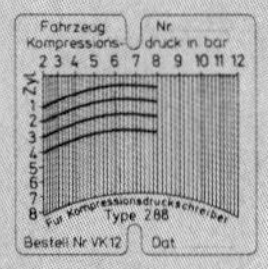 gut 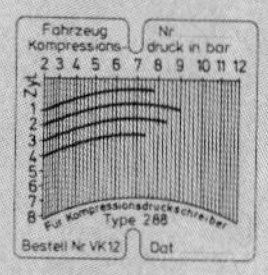 schlecht	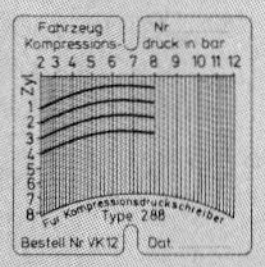 Die Verbrennungsräume sind einwandfrei, da die Druckunterschiede zwischen den einzelnen Zylindern nur geringfügig voneinander abweichen.

Anstelle des Arbeitsplanes kann ein Arbeitsablaufplan treten, der dem Programmablaufplan zur grafischen Darstellung des Algorithmus (Folge der Anweisungen zur Lösung einer Aufgabe) ähnlich ist. Der Arbeitsablaufplan zeigt in grafischer Darstellung die logische Reihenfolge der einzelnen Arbeitsschritte. Zur grafischen Darstellung können die Sinnbilder des Programmablaufplanes, die in der DIN 66 001 festgelegt sind, verwendet werden.

Sinnbilder				
Programmablaufplan (DIN 66 001)		**Arbeitsablaufplan**		
Sinnbild	Bedeutung	Sinnbild	Bedeutung	
	Allgemeine Verarbeitung (auch Ein- und Ausgabe)		Prüfschritte Arbeitsschritte	
			Vergleich und Entscheidung	
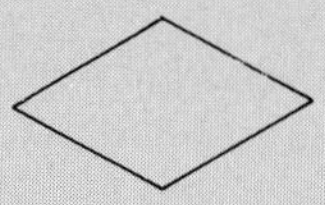	Verzweigung	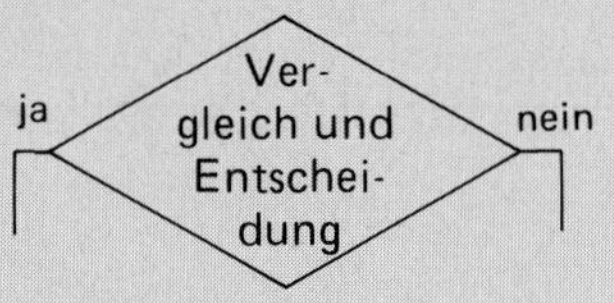	größer gleich gleich Unter-brechung leuchtet in Ordnung Anzeige $R = 0\,\Omega$	kleiner größer kleiner keine Unter-brechung leuchtet nicht defekt Anzeige $R = \infty\,\Omega$
———	Verbindungslinie	———	Verbindungslinie	
– – – – –[	Bemerkung	– – – – – –[	Bemerkung	

Arbeitsablaufplan	
Allgemein	**Kompressionsdruck prüfen**

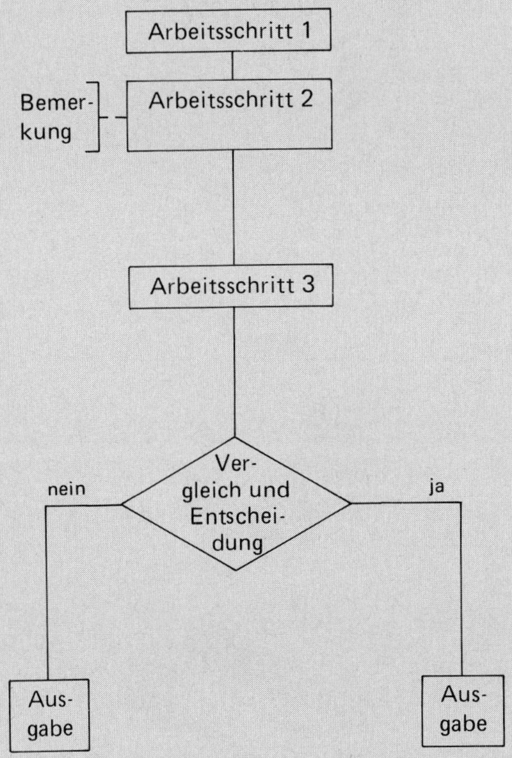

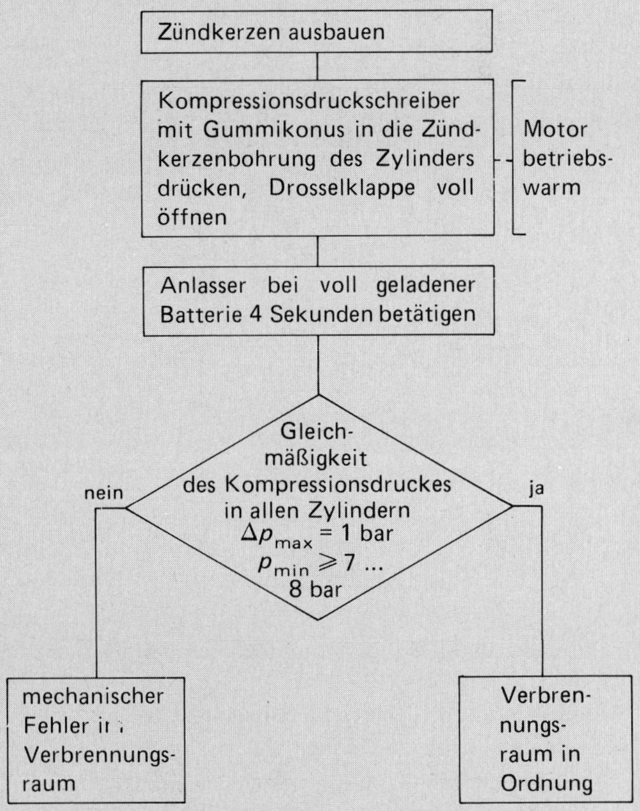

1.2 Bauteile des Motors

1.2.1 Motorgehäuse

Um die Druckverhältnisse in den einzelnen Verbrennungsräumen des Motors zu vergleichen, wird ein Kompressionsdruck-Diagramm mit dem Kompressionsdruck-Schreiber aufgenommen.

Das Diagramm zeigt bei zwei nebeneinanderliegenden Zylindern einen gleich großen, aber wesentlich geringeren Kompressionsdruck als bei den anderen Zylindern des Motors.

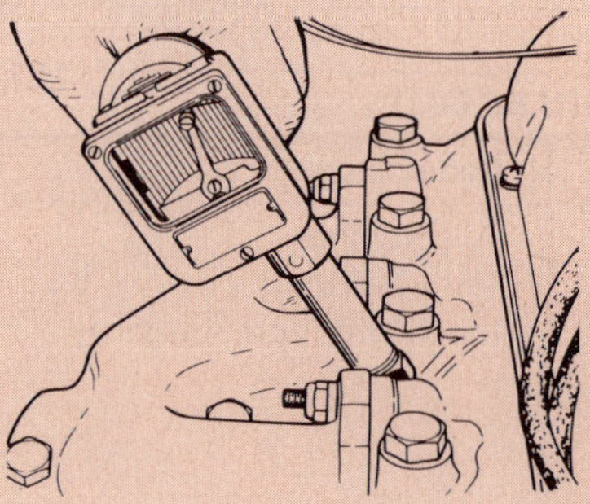

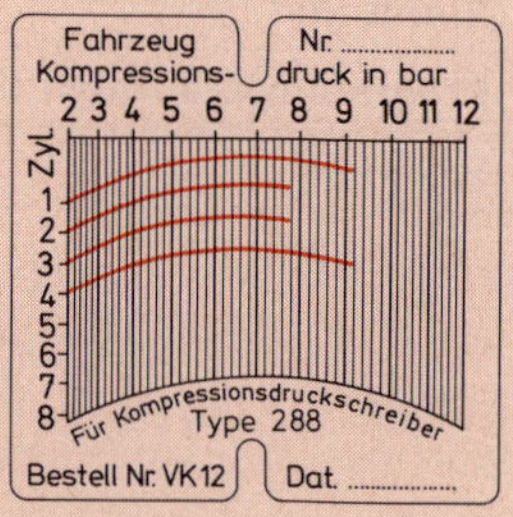

Im Motorgehäuse, auch Motorblock genannt, sind alle sich bewegenden Teile gelagert. Weiterhin ist es Träger von Zusatzaggregaten wie Lichtmaschine, Anlasser und Zündanlage.

Das Motorgehäuse besteht aus folgenden Teilen:

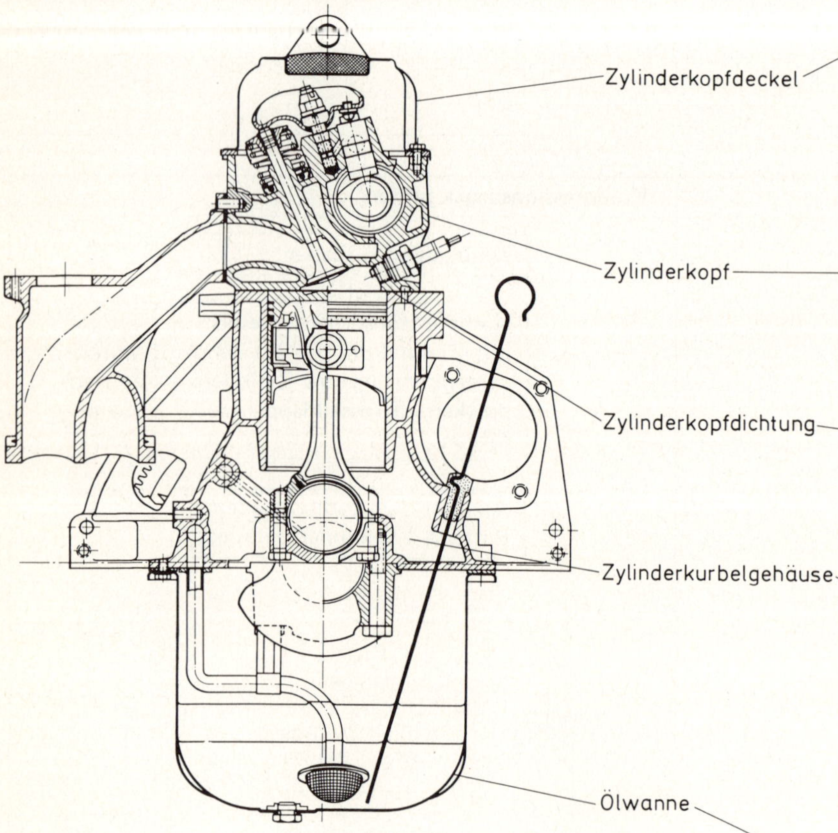

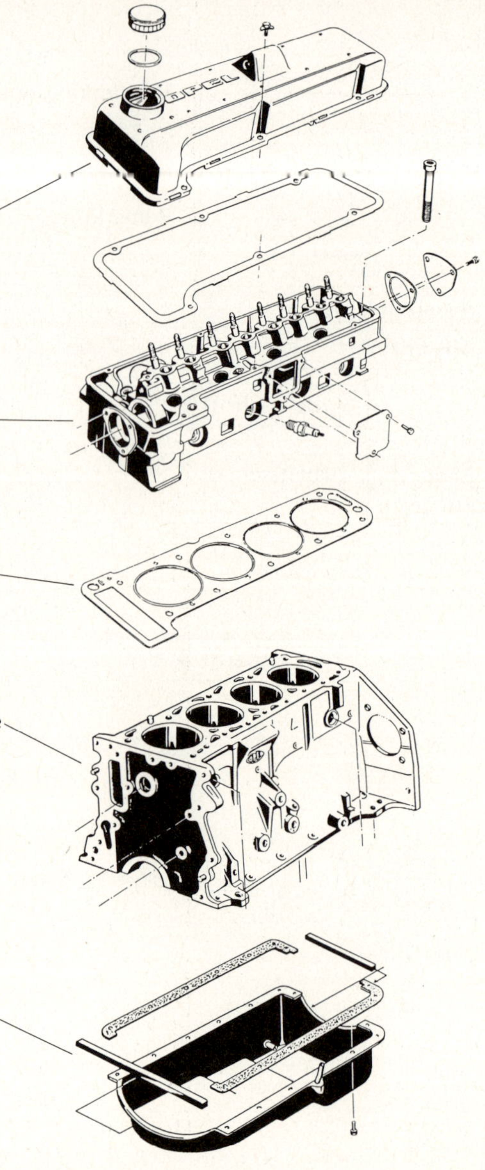

Die einzelnen Bauteile des Motorgehäuses bestehen entweder aus

- Gußeisen mit Lamellengraphit (Grauguß) oder aus einer
- Aluminium-Silizium-Legierung.

In der heute üblichen Bauweise besteht das Motorgehäuse aus Grauguß und der Zylinderkopf aus einer Leichtmetall-Legierung.

1.2.1.1 Zylinderkopf

Der Zylinderkopf schließt den Zylinder gasdicht nach oben ab.

Er enthält:

- Frischgas- und Abgaskanäle einschließlich der Ventilsitze
- Lagerungen und Führungen für Teile der Ventilsteuerung
- Zündkerzengewinde
- Wasserkanäle
- Brennraum

Von der optimalen Brennraumgestaltung hängt die Qualität der Verbrennung, das Lauf- und Leistungsverhalten des Motors ab.

An den Brennraum werden folgende Anforderungen gestellt:

- Kompakt und glatt
  Der Brennraum soll ein kompakter Raum mit kleiner Oberfläche sein. Kompakte Brennräume verlangen eine kleine Bohrung im Verhältnis zum Hub (Langhuber).
- Zentrale Zündkerzenlage
  Die zentrale Zündkerzenlage ermöglicht eine ungehinderte Flammenausbreitung und kurze Flammwege.
- Verlustarme Frischgas-Einströmung
  Große Einlaßventile ermöglichen eine gute Füllung.
- Gute Gemischverwirbelung
  Die Gemischverwirbelung wird durch Quetschflächen verbessert. Im oberen Totpunkt verengt sich der Abstand der Quetschflächen auf einen Spalt von wenigen Zehntel Millimeter. Das Gemisch wird schußartig aus der Quetschzone herausgepreßt und trägt zur Turbulenz im Brennraum bei. Die Gemischverwirbelung bewirkt eine weiche Verbrennung und sorgt dafür, daß auch eine hohe Verdichtung nicht zu Klopferscheinungen führt.

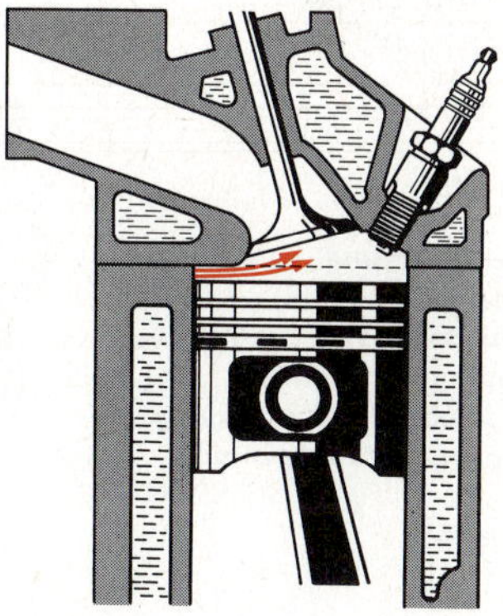

Die Brennraumgestaltung wird in erster Linie von der Stellung der Ventile bestimmt.

Wannenförmiger Brennraum	**Kugelförmiger Brennraum**	**Dachförmiger Brennraum**
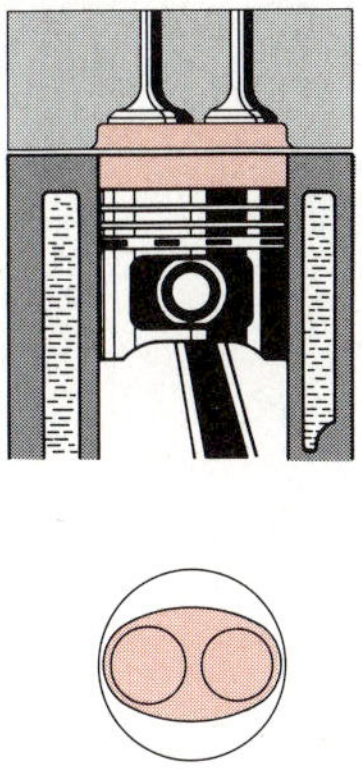 Die Ventile hängen senkrecht in einer Mulde im Zylinderkopf, dem wannenförmigen Brennraum.	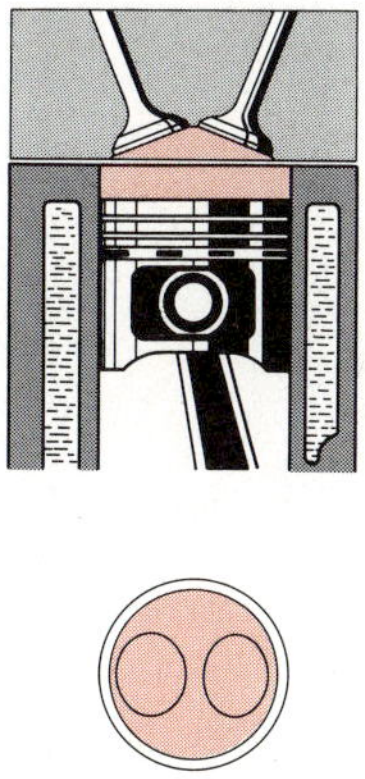 Der kugelförmige Brennraum hat die kleinste Oberfläche bei größtem Rauminhalt.	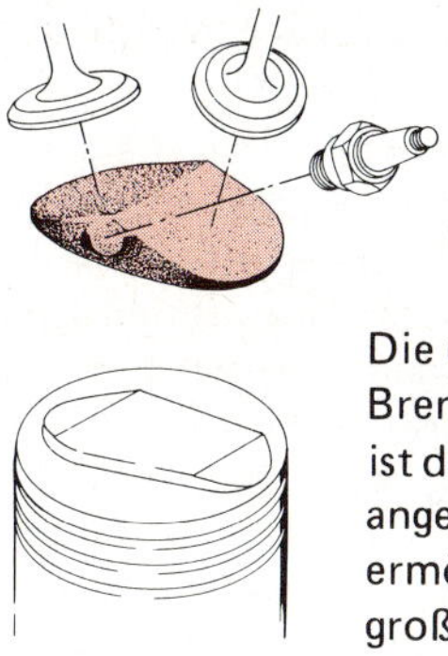 Die dachförmige Brennraumform ist der Kugelform angenähert und ermöglicht ein großes Einlaßventil.
Keilförmiger Brennraum	**Wirbelwannenförmiger Brennraum**	**Heron-Brennraum**
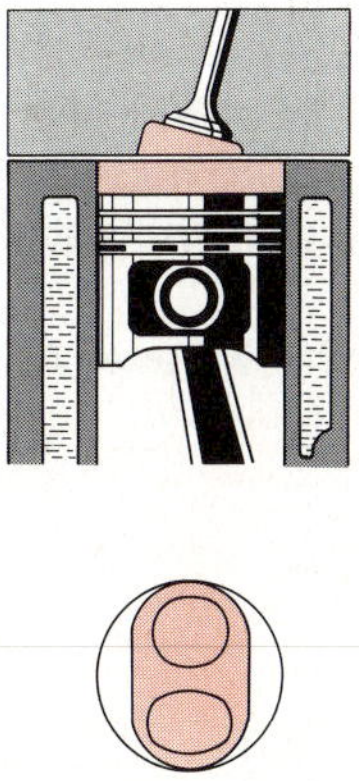 Beim keilförmigen Brennraum liegt eine keilförmige Wanne im Zylinderkopf.	 Der Brennraum besteht aus 3 kugelförmigen Abschnitten: die gesamte Zylinderwand und die Wand hinter den Ventilen.	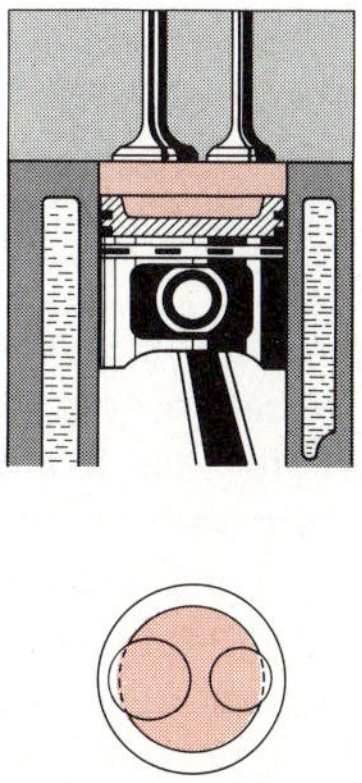 Der Brennraum ist in den Kolben – eine Mulde im Kolbenboden – verlegt.

1.2.1.2 Dichtungen am Motor

Dichtungen am Motor verhindern, daß Frisch- und Abgase, Öl oder Wasser aus dem Motorgehäuse austreten.

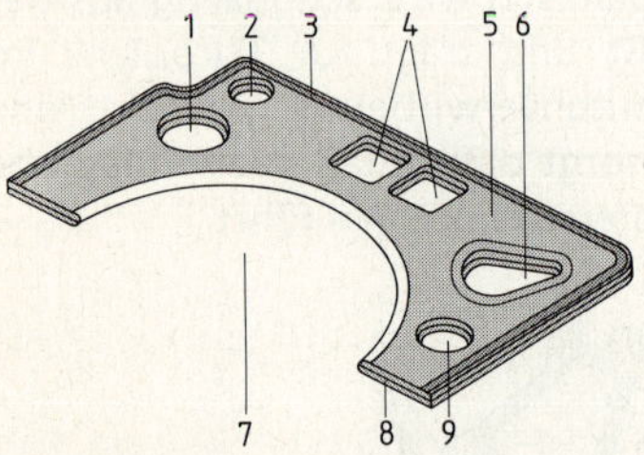

1 Schraubendurchgang
2 Ölrücklauf
3 partielle Zusatzbeschichtung
4 Kühlmitteldurchgang
5 vollflächige Beschichtung
6 Drucköldurchgang mit Elastomer-Dichtelement und Schraubendurchgang
7 Brennraumdurchgang mit Einfassung
8 Trägerblech
9 Kühlmitteldurchgang

Die Zylinderkopfdichtung soll die metallischen Flächen von Zylinderkopf und Zylinderblock so abdichten, daß

- keine Falschluft während des Ansaugtaktes angesaugt wird,
- keine Druckverluste während des Verdichtungs- und Arbeitstaktes entstehen,
- kein Kühlwasser nach außen und in den Zylinder eintritt.

Die Dichtung muß dabei den hohen Beanspruchungen durch Druck und Temperatur und den chemischen Einwirkungen von Kraftstoff, Abgas, Motorenöl und Kühlmittel standhalten. Dazu kommt noch, daß sich die Dichtung plastisch und elastisch den Dichtflächen anpaßt. Die plastische Anpassungsfähigkeit ist notwendig, um die durch die Bearbeitung gegebenen Unregelmäßigkeiten der Dichtflächen sowie stufenförmig ausgebildete Abdichtpartien, z.B. eingesetzte Zylinderlaufbuchsen, auszugleichen. Das elastische Verhalten, d.h. das Rückstellvermögen der Dichtung ist erforderlich, um eine Abdichtung des durch den Verbrennungsdruck sich ändernden Dichtspalts zu gewährleisten.

Die Zylinderkopfdichtungen für Ottomotoren bestehen aus drei Elementen:

- Trägerblech
- Weichstoffauflage aus Asbest oder asbestfreiem Weichstoff
- Brennraumeinfassung

Das metallische Trägerblech ist auf beiden Seiten mit Verklammerungszacken versehen, die die Weichstoffauflagen halten. Als Werkstoff für die Brennraumeinfassung wird aluminiumplattiertes oder verzinktes Stahlblech verwendet. Flüssigkeitsdurchgänge und Schraubenlöcher erhalten Einfassungen aus Nichteisenmetallen. Zur besseren Oberflächenabdichtung können die Dichtflächen an Flüssigkeitsdurchgängen mit einer Dichtmasse aus Kunststoff (Elastomer-Dichtelement) beschichtet werden.

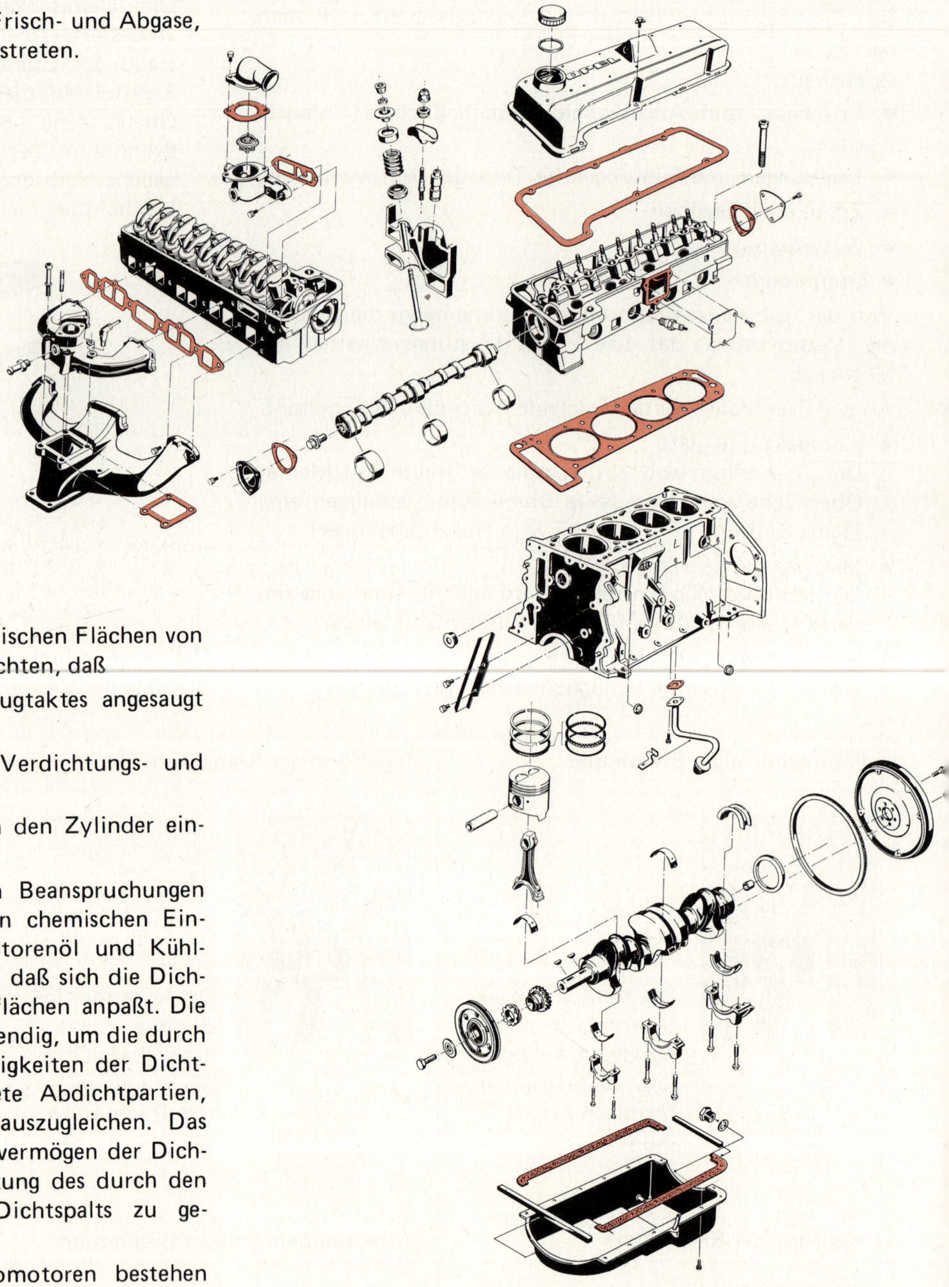

Die Form der Dichtung muß der Dichtfläche entsprechen. Sie darf weder in den Verbrennungsraum ragen, noch darf sie die Kühlmittel-, Schrauben- und Drucköldurchgänge verdecken.

Neben der Zylinderkopfdichtung bestehen weitere Abdichtstellen

- Auspuffkrümmer: Asbestdichtung
- Zylinderkopfhaube, Ölwanne: Preßkork- oder Kork-Kunststoffdichtung
- Vergaser: Flachdichtung
- Kurbelwellen: Radialdichtung aus Kunststoff
- Nockenwellen: Flachdichtungen

1.2.1.3 Zylinder

Der Zylinder

- bildet zusammen mit dem Zylinderkopf den Verbrennungsraum,
- nimmt den Verbrennungsdruck auf,
- führt den Kolben,
- dient der Ableitung der Verbrennungswärme.

Zylinderarten

Wassergekühlte Zylinder

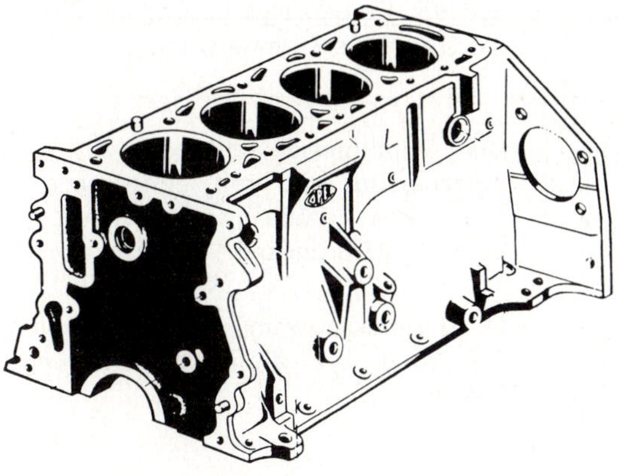

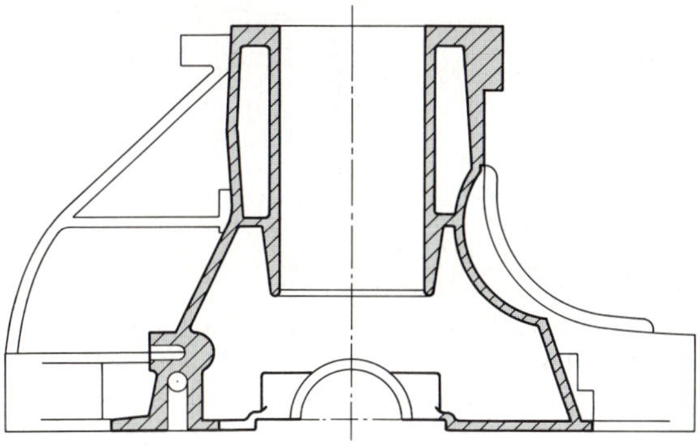

Die Zylinder sind in einem Block, dem Zylinderblock zusammengefaßt. Der Zylinderblock ist doppelwandig ausgeführt und wird von Kühlkanälen durchzogen.

Meist bestehen Zylinderblock und Kurbelgehäuseoberteil aus einem Stück. Man nennt diese Bauform Zylinderkurbelgehäuse.

Am Zylinderkurbelgehäuse wird der Motor über Gummi-Metall-Verbindungen elastisch am Fahrgestell befestigt.

Als Zylinderwerkstoff verwendet man Gußeisen mit Lamellengraphit, z.B. GG25, oder eine Aluminium-Silizium-Legierung, z.B. Gk-AlSi6Cu4.

⊕ steifes und verwindungssteifes Gehäuse

⊕ geringe Baulänge (Blockbauform)

⊖ bei Störungen muß der Zylinderblock abgenommen werden

Luftgekühlte Zylinder

Luftgekühlte Motoren besitzen meist Einzelzylinder, die mit dem Kurbelgehäuse verschraubt werden. Zur Verbesserung der Kühlwirkung sind die Oberflächen durch Kühlrippen vergrößert. Weil im oberen Teil mehr Wärme abgeleitet werden muß, sind die Kühlrippen oben größer als unten.

Die Zylinder bestehen aus einer Leichtmetall-Legierung z.B. Gk-AlSi17Cu4Mg.

⊕ gute Wärmeleitfähigkeit

⊕ geringes Gewicht

⊕ bei Schäden ist nur der schadhafte Zylinder auszutauschen

⊖ größere Baulänge bei Reihenanordnung der Zylinder (wird vermieden durch Boxermotor)

⊖ geringere Festigkeit der Leichtmetall-Legierung

⊖ schlechtere Gleiteigenschaften.

<table>
<tr><th colspan="3">Betriebsbedingungen</th></tr>
<tr><th>Beanspruchung</th><th>Betriebsbedingung</th><th>Folgen</th></tr>
<tr><td>Temperatur</td><td>Die Temperatur schwankt im Zylinderraum zwischen 100° und 2500 °C.</td><td>Die Zylinderwände nehmen bei wassergekühlten Motoren
Temperaturen von 80 ... 120 °C,
bei luftgekühlten Motoren
Temperaturen von 100 ... 200 °C an.</td></tr>
<tr><td>Druck</td><td>Der Druck schwankt zwischen einem Unterdruck von 0,1 bar und einem Verbrennungshöchstdruck von 40 ... 60 bar.</td><td>Durch den hohen Verbrennungsdruck werden die Kolbenringe besonders im Bereich des OT an die Zylinderwand gepreßt.</td></tr>
<tr><td>Reibung
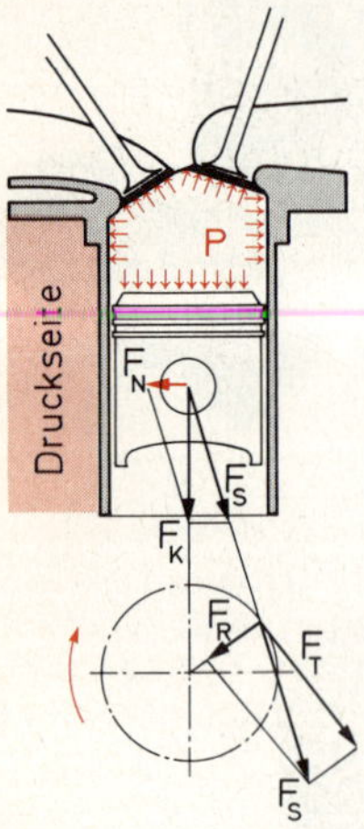
</td><td>Starke Reibung tritt vor allem in Richtung der Seitenkraft F_N auf. Durch die schrägstehende Pleuelstange wird der Kolben besonders in der Mittelstellung stark an die Zylinderwandung gepreßt.
Die Reibung ist infolge des hohen Verbrennungsdruckes im Bereich des OT groß (siehe bei Druck).
Die Schmierung ist im oberen Zylinderteil schlechter, da weniger Öl an diese Stelle gelangt und z.T. noch verbrennt.
Beim Kaltstart wird besonders bei tiefen Temperaturen der Ölfilm durch den sich niederschlagenden Kraftstoff abgewaschen.
Das bei der Verbrennung entstehende Schwefeldioxid bildet mit dem Wasserdampf schweflige Säure.</td><td>Der Durchmesser senkrecht zur Kolbenbolzenachse wird mit zunehmender Betriebsdauer größer, d.h. die Zylinderbohrung wird unrund.
Die Zylinderbohrung wird im Bereich des OT größer, d.h. die Zylinderbohrung wird kegelig.
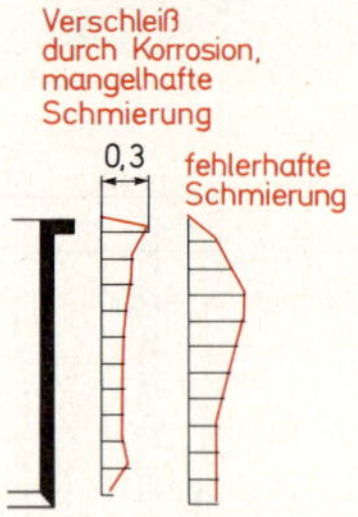
</td></tr>
<tr><td></td><td colspan="2">Durch den Zylinderverschleiß dichtet der Kolben nicht mehr gut. Die Folgen sind Druckverluste und damit geringere Leistung und höherer Ölverbrauch.
Der normale Verschleiß beträgt ca. 0,01 mm auf 10 000 km. Bei fehlerbedingtem Verschleiß ist der Bohrungsdurchmesser in der Mitte des Zylinders am größten. Ursachen können unzureichende Schmierung, schmirgelnde Bestandteile im Schmierfilm, festsitzender Kolbenbolzen sein.
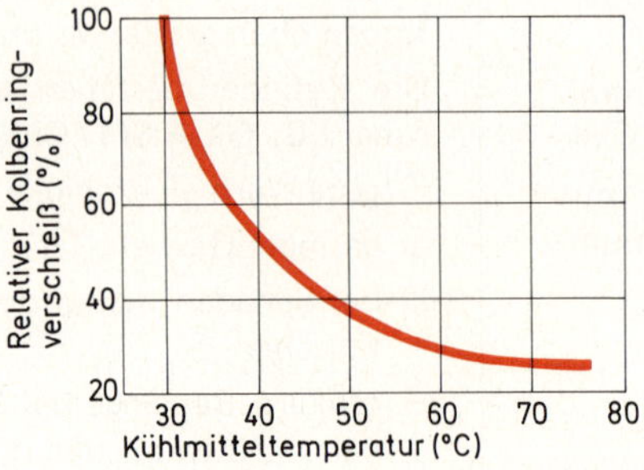

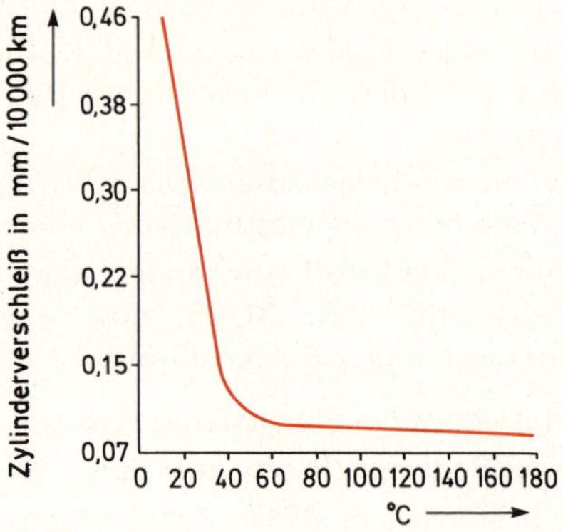
</td></tr>
</table>

Zylinderbauarten bei Motoren aus Grauguß

Bei den meisten Otto-Viertaktmotoren besteht der Zylinderblock aus Grauguß. Grauguß eignet sich als Werkstoff besonders für Zylinderlaufbahnen wegen seines Graphitgehaltes und der hierdurch gegebenen guten Gleiteigenschaften. Im modernen Motorenbau findet man vielfach die getrennte Bauweise, Zylinderblock aus Normalguß und Zylinderlaufbuchsen aus Spezialguß.

Zylinderbauarten

Zylinderblock mit eingearbeiteten Bohrungen

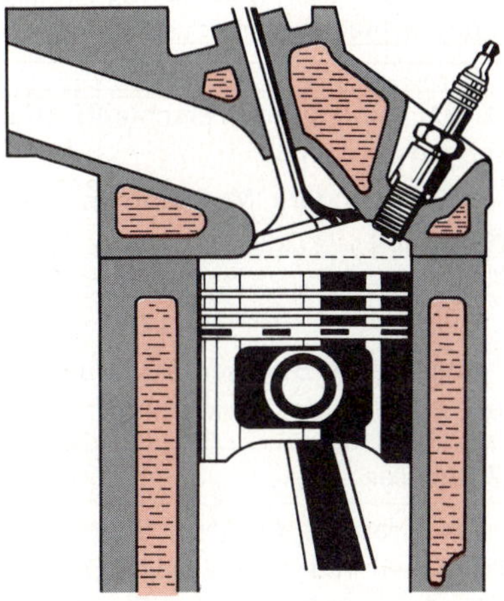

Die Bohrungen sind in den Zylinblock eingearbeitet. Der Zylinderblock wird in einem Stück gegossen.
Als Werkstoff verwendet man legierten Grauguß oder Gußeisen mit Lamellengraphit.

⊕ gute Gleiteigenschaft

⊖ der gesamte Zylinderblock besteht aus hochwertigem Gußeisen

⊖ nach mehrmaligem Ausschleifen ist der Zylinderblock unbrauchbar

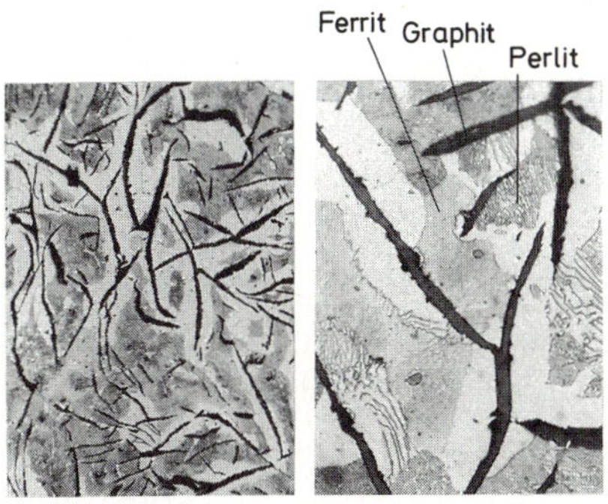

Gußeisen mit Lamellengraphit

Zylinderblock mit nassen Zylinderlaufbuchsen

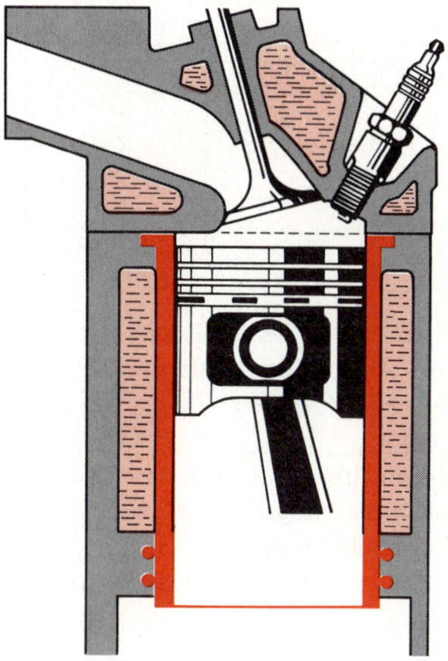

In den Zylinderblock sind Zylinderlaufbuchsen eingesetzt. Die Laufbuchse wird vom Kühlwasser direkt umspült. Sie hat an ihrem oberen Ende einen Bund. Die Abdichtung erfolgt durch die Zylinderkopfdichtung. Am unteren Ende schließen Dichtringe den Kühlmantel gegen das Kurbelgehäuse ab.
Die Laufbuchse besteht aus hochwertigem feinkörnigem Schleuderguß.

⊕ Der Zylinderblock kann aus weniger hochwertigem Werkstoff hergestellt werden.

⊕ intensive Kühlung

⊕ vereinfachte Motorüberholung durch Auswechseln der Laufbuchsen

⊖ geringere Steifigkeit des Zylinderblocks

⊖ Bei nicht einwandfreier Abdichtung gelangt Kühlwasser in das Kurbelgehäuse.

Zylinderblock mit trockenen Laufbuchsen

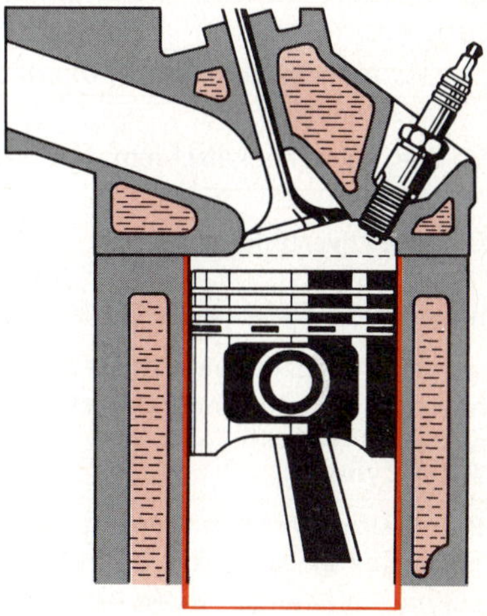

Die Zylinderlaufbuchse wird in die Zylinderbohrung eingepreßt. Sie wird vom Kühlwasser nicht direkt umspült. Die Laufbuchse hat eine Wandstärke von 1 ... 2 mm. Sie wird eingesetzt in

- Zylindern aus Leichtmetall-Legierungen
- Zylindern aus Gußeisen, deren Wandstärke infolge wiederholten Aufbohrens zu einer weiteren Überarbeitung nicht mehr ausreicht (Reparaturbuchse)

Die trockene Zylinderlaufbuchse besteht aus hochwertigem, feinkörnigem Schleuderguß.

⊕ Der Zylinderblock kann aus weniger hochwertigem Werkstoff hergestellt werden.

⊖ Der Wärmeübergang auf das Kühlmittel ist schlechter.

Zylinderbauarten bei Leichtmetall-Motoren

Leichtmetall-Legierungen haben schlechte Gleit- und Verschleißeigenschaften. Sie machen einen anderen Werkstoff für die Zylinderlaufbahn erforderlich.

Zylinder mit beschichteter Lauffläche

Auf die Zylinderlauffläche wird eine verschleißfeste Schicht elektrolytisch aufgebracht.

Lauffläche aus einer Nickel-Siliziumschicht	Lauffläche aus einer Hartchromschicht
In eine elektrolytisch aufgebrachte Nickelschicht sind gleichmäßig verteilt, große Siliziumkarbidteilchen eingebettet. ⊕ Das eingebettete Siliziumkarbid ist äußerst hart und verschleißfest. ⊕ Die zähe Nickelschicht hat sehr gute Notlaufeigenschaften. ⊕ gute Ölverteilung	Die Lauffläche ist mit einer Chromschicht versehen. Eine Randrierung der Lauffläche ist notwendig, da die glatte Chromschicht ein schlechtes Haftvermögen für Öl hat. ⊕ Die Chromschicht hat eine gute Verschleißfestigkeit und gute Gleiteigenschaften. ⊖ Zur Ölverteilung sind besondere Maßnahmen, z.B. Randrierung erforderlich.

Zylinder mit eingegossener Gußeisenbuchse

Da Aluminium eine wesentlich höhere Wärmedehnung als Gußeisen hat, lockern sich eingepreßte Buchsen im Aluminium-Gehäuse. Durch besondere Verfahren müssen Aluminium-Legierung und Gußwerkstoff miteinander verklammert werden.

Alfin-Zylinder	Zylinder mit Rauhgußbuchse
Beim Alfin-Verfahren, einem Eisen-Aluminium-Verbundgußverfahren wird die Zylinderlaufbuchse aus Grauguß außen mit einer Eisen-Aluminium-Schicht überzogen und dann mit dem Al-Werkstoff umgossen. ⊕ fugenfreie Verbindung ⊕ festhaftende Verbindung ⊕ sehr guter Wärmeübergang	Die Zylinderbuchse aus Grauguß wird im Schleudergußverfahren mit besonders rauher Mantelfläche gefertigt. Die Rauhgußbuchse wird dann im Druckgußverfahren mit einer Aluminium-Legierung umgossen. ⊕ innige Verbindung der Rauhgußbuchse mit der Alu-Legierung ⊖ schlechterer Wärmeübergang als beim Alfin-Zylinder

1.2.1.4 Kurbelgehäuse

Das Kurbelgehäuse dient der Lagerung der Kurbelwelle. Es ist in Lagermitte der Kurbelwelle geteilt. Das Kurbelgehäuseoberteil enthält die Lagerstühle für die Kurbelwelle. Die Lagerdeckel werden von unten mit Schrauben befestigt. Das Kurbelgehäuseunterteil ist als Ölwanne gestaltet und wird öldicht mit dem Oberteil verschraubt.

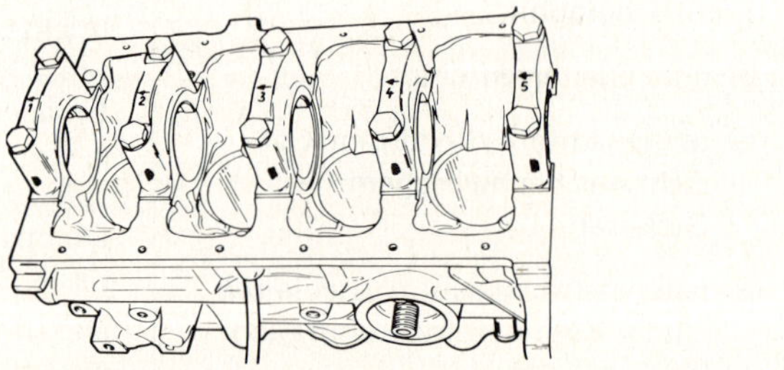

Damit im Kurbelgehäuse kein Unterdruck bzw. Überdruck entsteht, muß es entlüftet werden. Die Entlüftung darf jedoch nicht ins Freie erfolgen. Die Motoren besitzen daher ein geschlossenes Durchlüftungssystem, bei dem die Dämpfe aus dem Kurbelgehäuse über den Ansaugkrümmer wieder zur Verbrennung in den Zylinder gelangen. Der Drosselklappenstellung entsprechend werden die Gase entweder durch einen kalibrierten Durchlaß (Leerlauf oder halbgeschlossene Drosselklappe) oder zusätzlich durch den Ansauggeräuschdämpfer (geöffnete Drosselklappe) aus dem Zylinderdeckel abgesaugt.

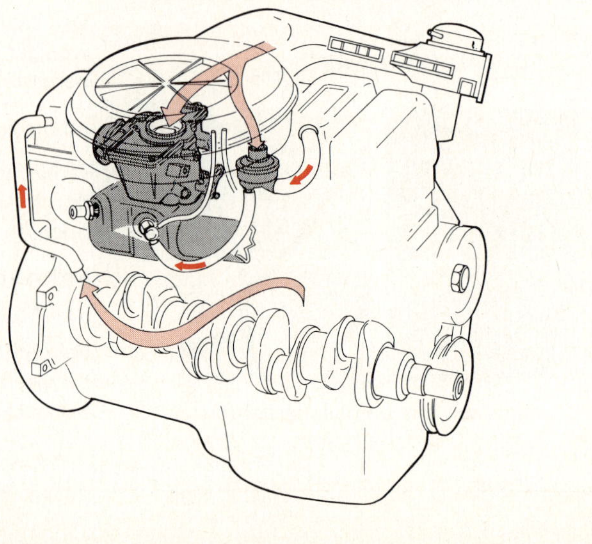

ZUSAMMENFASSUNG Bauteile des Motors

Zylinderkopf

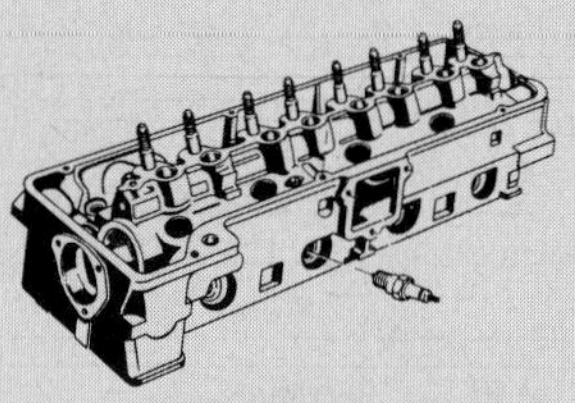

- schließt Zylinder gasdicht ab
- enthält Frischgas- und Abgaskanäle, Lagerungen für Ventilsteuerung, Wasserkanäle, Brennraum, Zündkerzengewinde

Brennraum

- kompakt und glatt mit zentraler Zündkerzenlage, verlustarme Frischgaseinströmung, gute Gemischverwirbelung (Quetschzonen)
- Ausführung als wannenförmiger, kugelförmiger, dachförmiger, keilförmiger, wirbelwannenförmiger, Heron Brennraum

Zylinderkopfdichtung

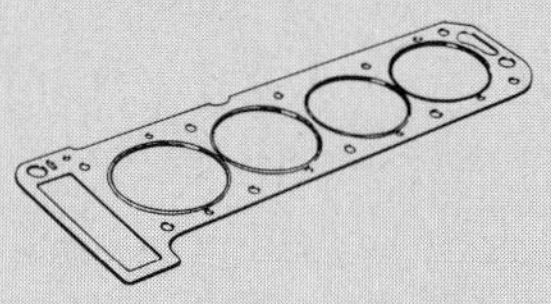

- verhindert Falschluft, Druckverluste, Kühlwasseraustritt
- besteht aus Trägerblech, Weichstoffauflage und Einfassungen für Brennraum, Flüssigkeits- und Schraubendurchgänge

Zylinder und Zylinderkurbelgehäuse

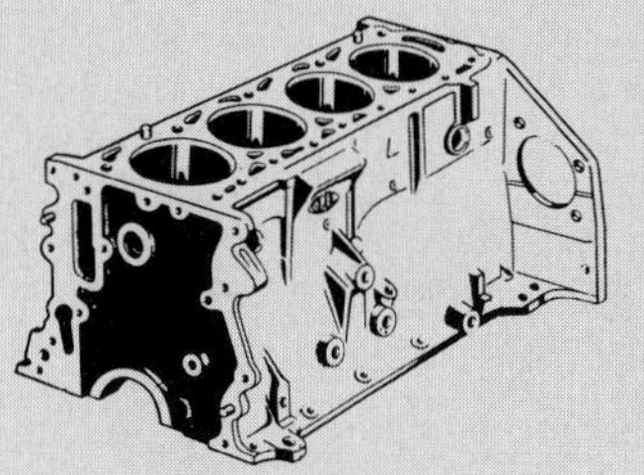

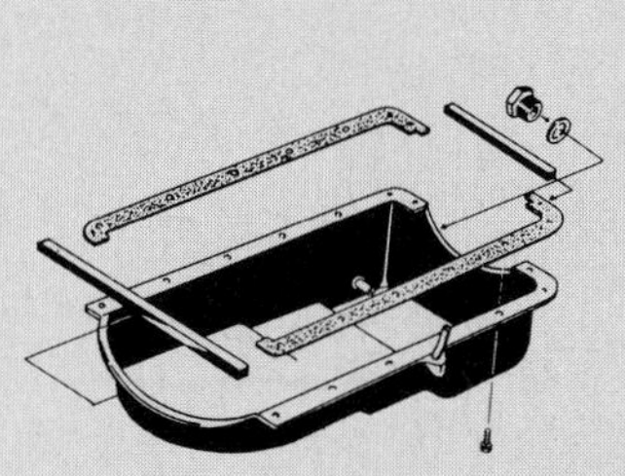

- Teil des Brennraums, führt den Kolben, leitet die Wärme ab
- Zylinderverschleiß
  Zylinder wird oval durch Reibung (Seitenkraft)
  Zylinder wird kegelig durch ungünstige Schmierung, Abwaschen des Ölfilmes bei Kaltstart, Korrosion durch schwefelige Säure, größten Verbrennungsdruck im Bereich OT

Wassergekühlter Zylinder

Zylinder sind im Zylinderblock zusammengefaßt:
Zylinderblock + Kurbelgehäuse = Zylinderkurbelgehäuse

Graugußzylinderblock:

- eingearbeitete Bohrungen
  gesamter Zylinderblock aus hochwertigem Werkstoff
- nasse Zylinderlaufbuchse
  Laufbuchse vom Kühlwasser umspült
  vereinfachte Motorüberholung,
  Zylinderblock aus weniger hochwertigem Werkstoff
- trockene Laufbuchse
  Laufbuchse in Zylinderbohrung eingepreßt,
  Reparaturbuchse
  Zylinder aus LM-Legierung

Luftgekühlter Zylinder

Einzelzylinder (Leichtmetall)
mit Kurbelgehäuse verschraubt,
Kühlrippen, schlechte Laufeigenschaften der LM-Legierung verbessert durch

- Zylinder mit beschichteter Lauffläche: Nickel-Silizium-Schicht oder Hartchromschicht
- Zylinder mit eingegossener Laufbuchse
  - Alfin-Zylinder
  - Zylinder mit Rauhgußbuchse

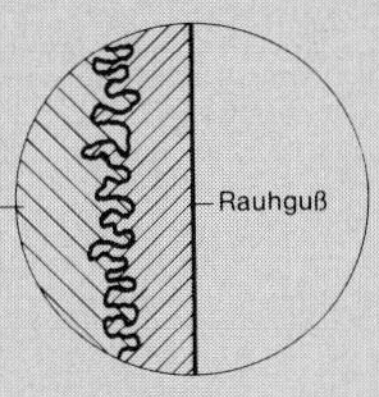

ANALYSE Motorgehäuse

1. Bestimmen Sie die Motorbauart.
2. Vergleichen Sie bei beiden Motoren
   - die Motorgehäusekonstruktion,
   - die Zylinderbauart,
   - die Brennraumgestaltung.

Motor 1912

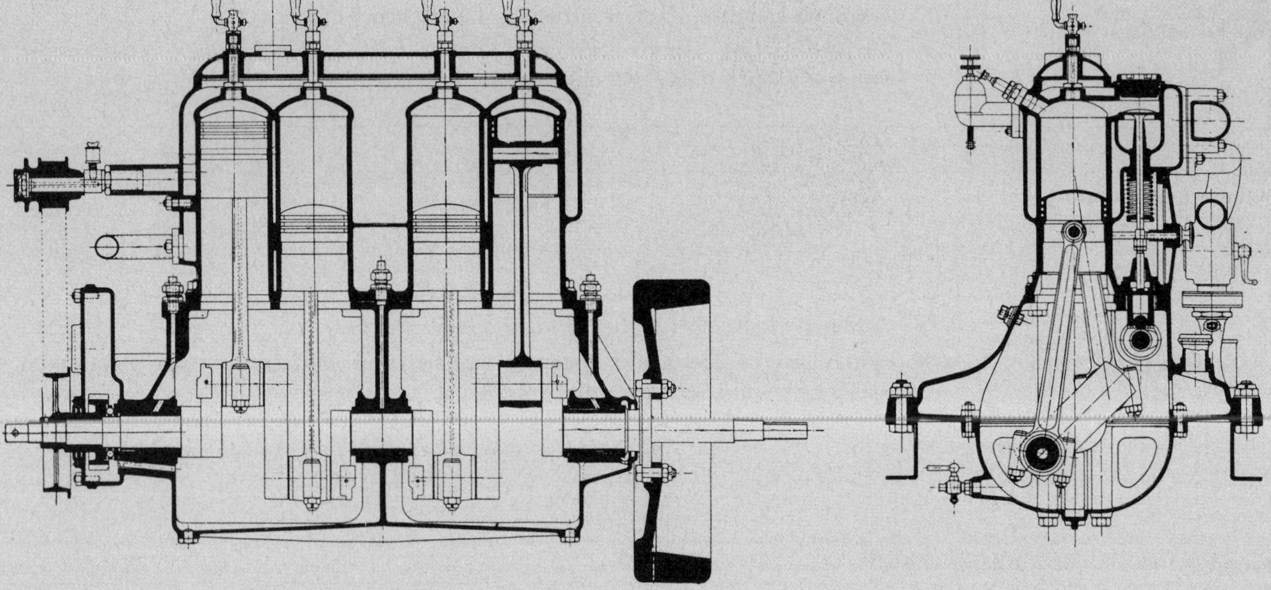

Motor 1985

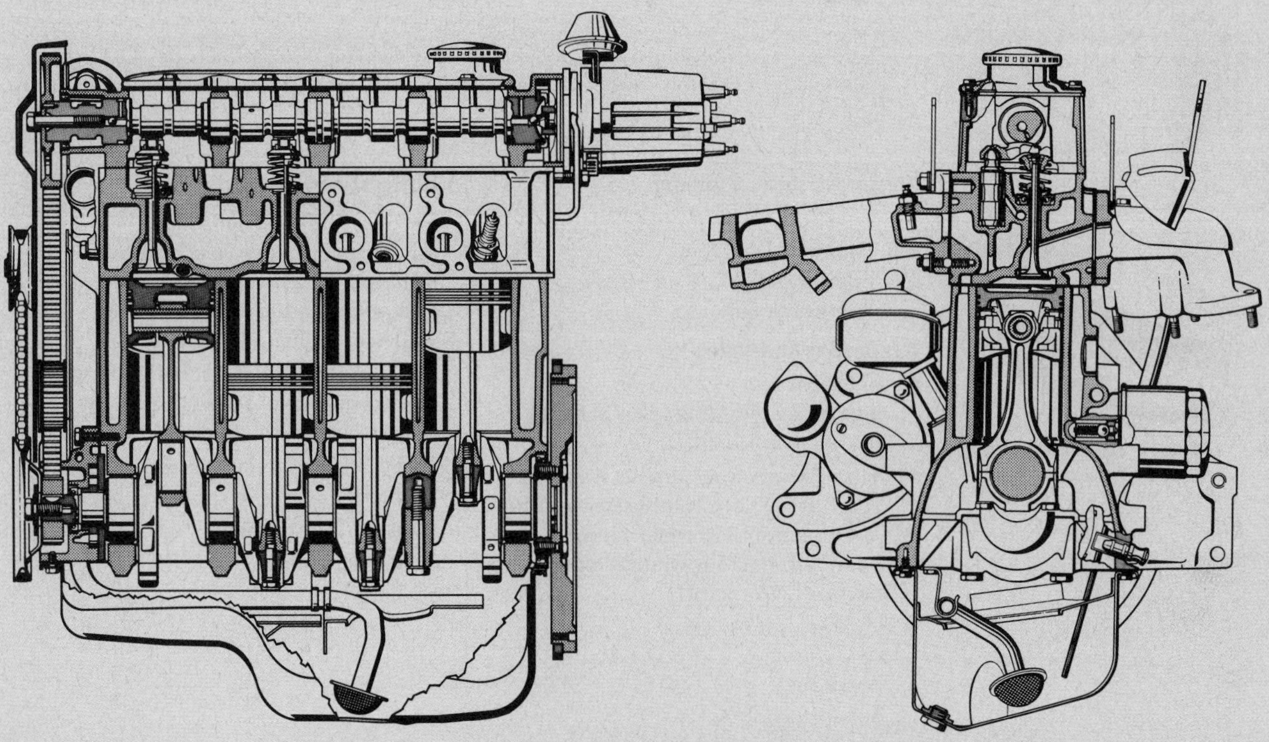

ARBEITSPLANUNG Motorgehäuse

Entwickeln Sie den Arbeitsplan für die dargestellten Prüf- und Instandsetzungsarbeiten, indem Sie

- die Reihenfolge der Prüf- bzw. Arbeitsschritte,
- die Auswahl der Prüfmittel bzw. Werkzeuge,
- die zu beachtenden Prüf- bzw. Arbeitsregeln/Sicherheitsvorschriften,
- die Auswertung der Prüfergebnisse,
- die erforderlichen Ersatzteile bzw. Werkstoffe

angeben und begründen.

Kompressionsdruck-Schreiber

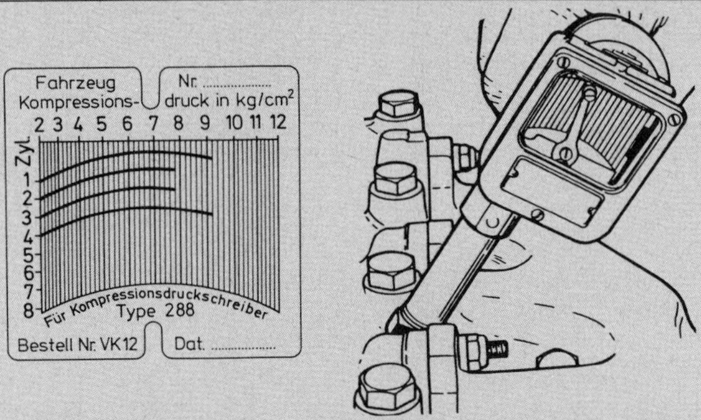

Auseinander- und Zusammenbau des Motorgehäuses

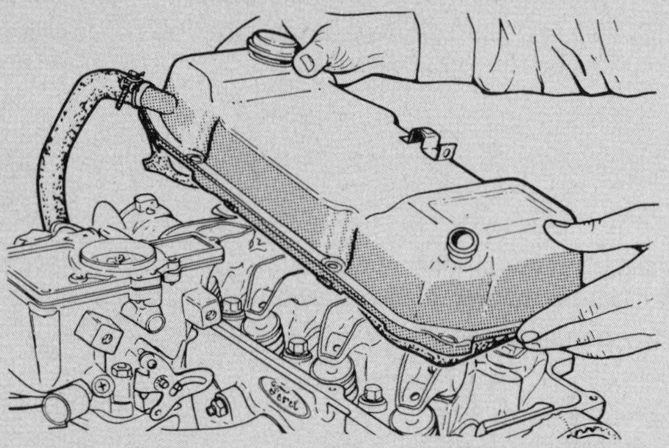

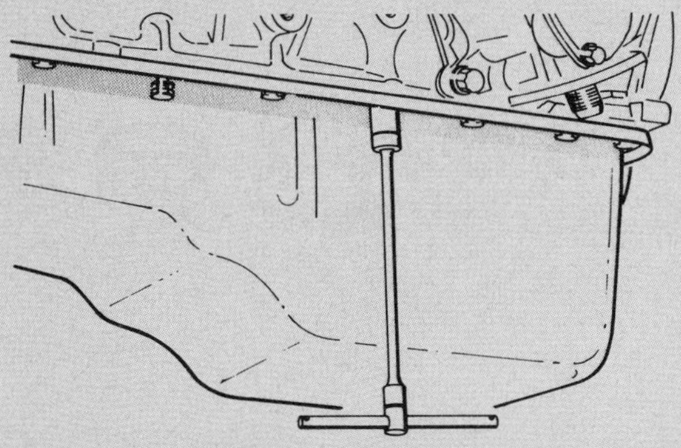

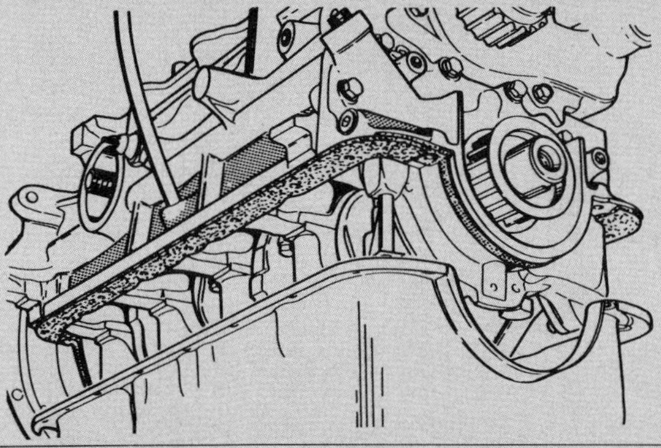

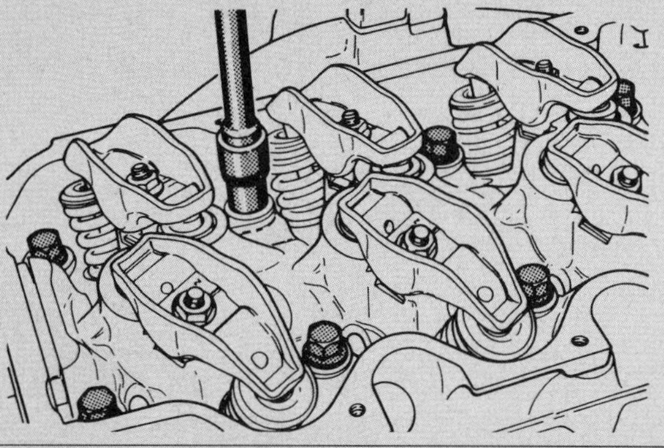

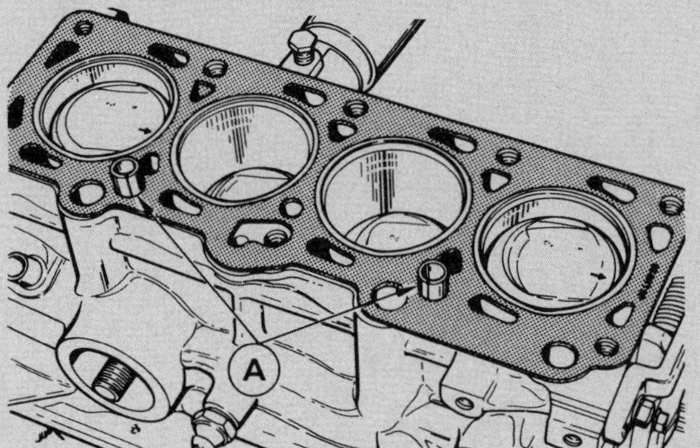

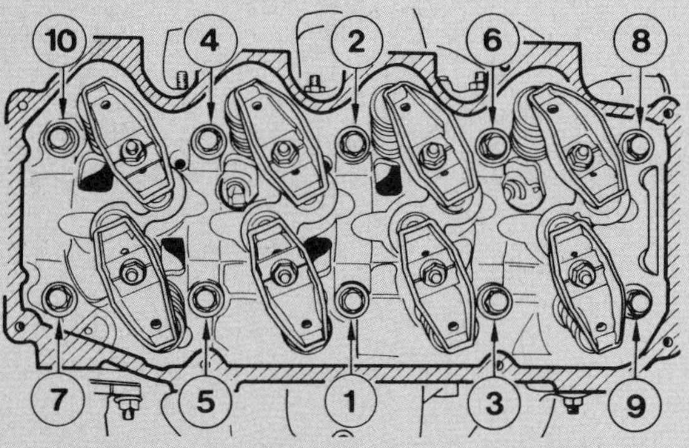

1.2.2 Kurbeltrieb

Die Kompressionsdruckprüfung ergibt bei dem 3. Zylinder des Motors einen unzulässig hohen Druckverlust (> 2 bar) gegenüber den anderen Zylindern. Um den Fehler einzugrenzen, wird die Messung wiederholt. Zuvor spritzt man etwas Öl durch die Zündkerzenbohrung in den Brennraum und dreht den Motor kurz durch. Der Meßwert des 3. Zylinders ergibt bei der 2. Messung einen wesentlich höheren Wert.

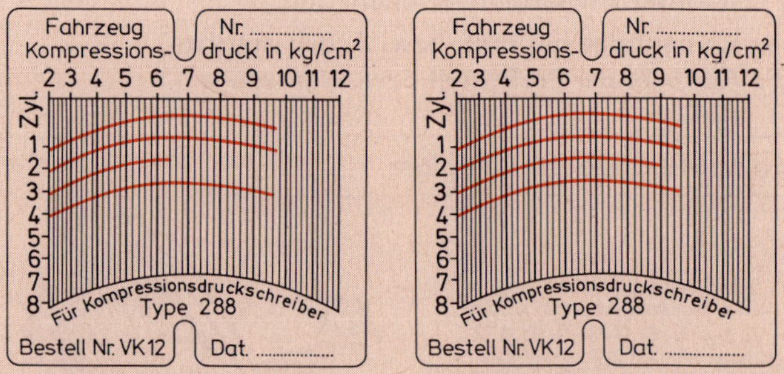

Der Kurbeltrieb wandelt die geradlinige Kolbenbewegung in eine Drehbewegung der Kurbelwelle um.

Der Kurbeltrieb besteht aus

- dem Kolben und Kolbenzubehör,
- der Pleuelstange und
- der Kurbelwelle mit den Lagern.

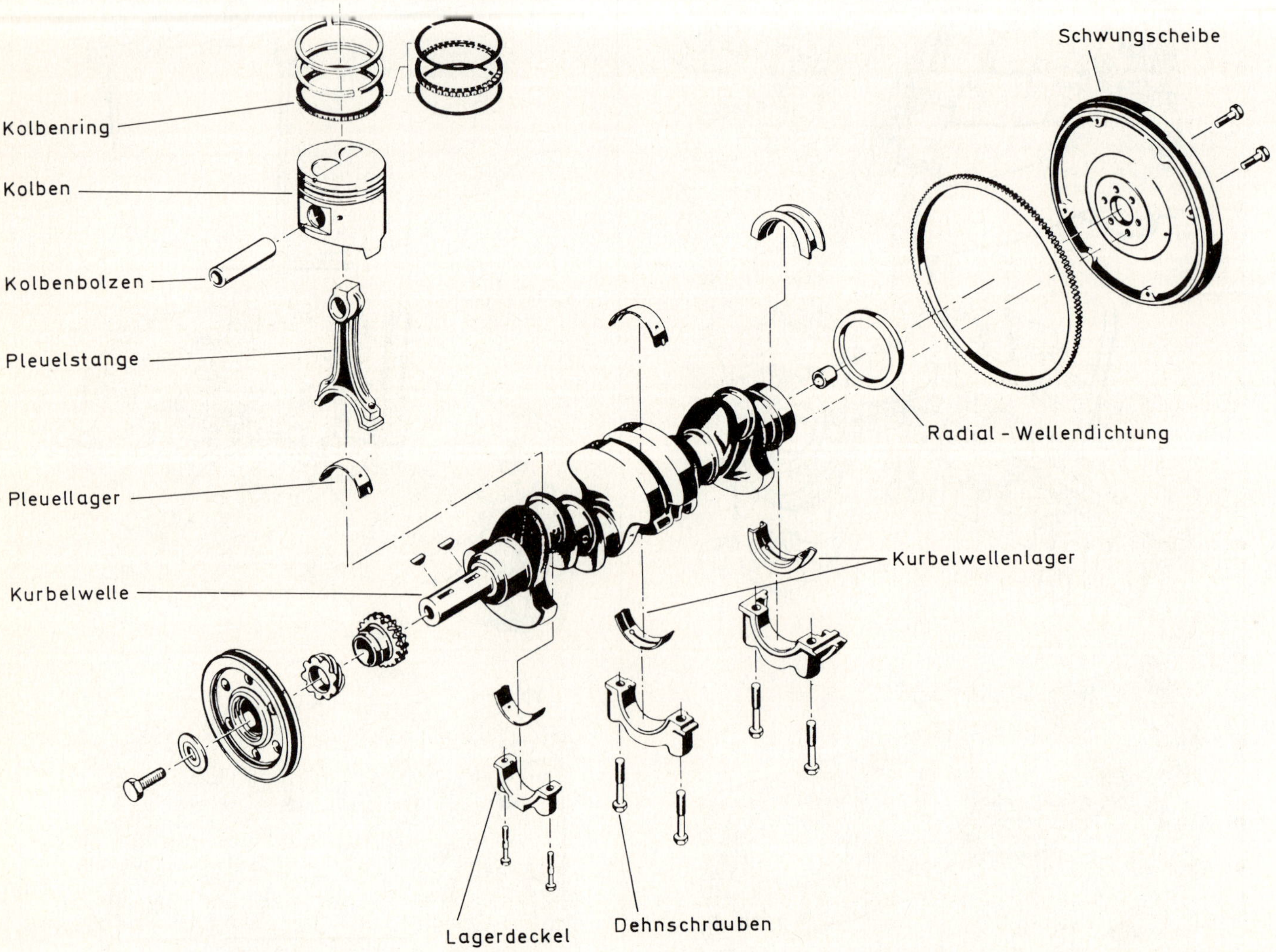

1.2.2.1 Kolben

Aufgabe des Kolbens ist es,

- den bei der Verbrennung entstehenden Gasdruck aufzunehmen und über den Kolbenbolzen auf die Pleuelstange zu übertragen;
- die Verbrennungswärme über die Kolbenringe an die Zylinderwand abzuleiten;
- den Verbrennungsraum gasdicht und beweglich gegen das Kurbelgehäuse abzudichten.

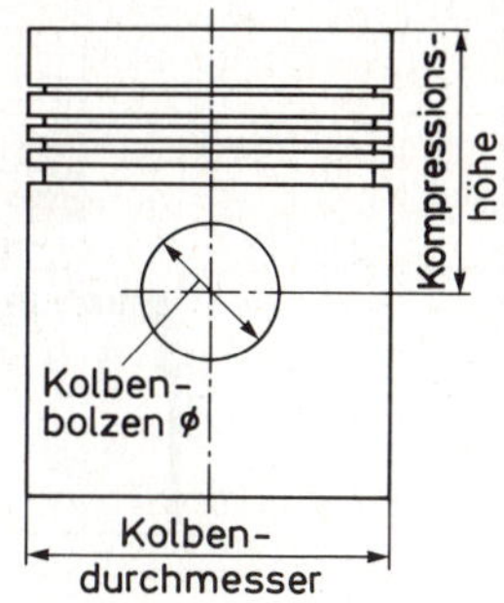

Der Kolben besteht aus den Teilen:

- **Kolbenboden**
  Die Stärke des Kolbenbodens ist vom Verbrennungsdruck abhängig. Der Kolbenboden ist bei Ottomotoren flach oder leicht gewölbt. Es gibt aber auch Kolben mit Erhöhungen und Aussparungen zur besseren Verwirbelung des Luft-Kraftstoffgemischs.

- **Feuersteg**
  Der Feuersteg ist der Teil zwischen Kolbenboden und Kolbenring. Er dient dem Schutz des ersten Kolbenringes.

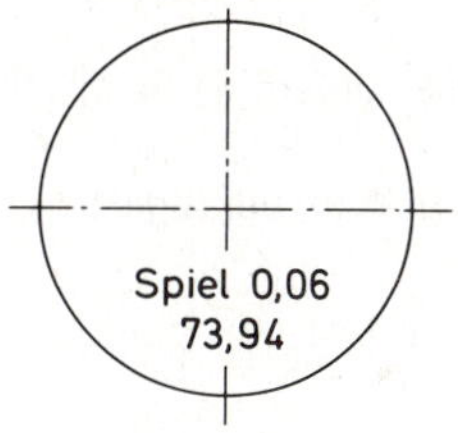

- **Ringzone**
  Die Kolbenringzone ermöglicht die bewegliche Abdichtung. Ihre Höhe richtet sich nach der Zahl und Höhe der Kolbenringe.

- **Kolbenschaft**
  Der Kolbenschaft übernimmt die Führung des Kolbens im Zylinder und überträgt bei Schräglage der Pleuelstange die Seitenkräfte auf die Zylinderwand.

- **Bolzenauge**
  Die Bolzenaugen leiten die Kräfte vom Kolben auf den Kolbenbolzen. Sie sind daher gut gegen den Kolbenboden und den Schaft abgestützt.

Die Hauptabmessungen sind:

- **Kolbendurchmesser**
  Er wird am Schaft senkrecht zur Bolzenachse gemessen und auf den Kolbenboden eingeschlagen.

- **Kompressionshöhe**
  Sie bestimmt die Höhe der Verdichtung.

- **Kolbenlänge**
  Die Kolbenlänge beeinflußt die Führung des Kolbens

- **Kolbenbolzendurchmesser**

- **Augenabstand**
  Der Augenabstand muß etwas größer als die Breite des Pleuelauges sein, damit sich der Kolben auf Zylindermitte einstellen kann.

Der Kolben wird mit Spiel in den Zylinder eingebaut. Es wird unterschieden:

- **Einbauspiel**
  Das Einbauspiel ist der Unterschied zwischen größtem Kolbendurchmesser und kleinstem Zylinderdurchmesser bei 20 °C. Seine Größe wird auf dem Kolbenboden eingeschlagen.

- **Laufspiel**
  Das Laufspiel ist das Spiel im betriebswarmen Zustand. Es soll möglichst klein sein, ohne daß es zu Kolbenklemmen führt.

<table>
<tr><th colspan="3">Betriebsbedingungen</th></tr>
<tr><th>Beanspruchung</th><th>Betriebsbedingung</th><th>Folgen</th></tr>
<tr><td>Druck</td><td>Der Kolbenboden wird durch den Verbrennungshöchstdruck von 40 ... 60 bar stark belastet.</td><td>Die auf den Kolben wirkenden Kräfte verformen den Kolben und den Kolbenbolzen.</td></tr>
<tr><td>Temperatur</td><td>Im Verbrennungsraum entstehen Temperaturen bis 2500 °C. Am Kolben eines Ottomotors ergeben sich bei Vollast Temperaturen von ca. 120 °C am Kolbenschaft, ca. 240 °C im Bereich des Feuerstegs, ca. 280 °C in der Mitte des Kolbenbodens.
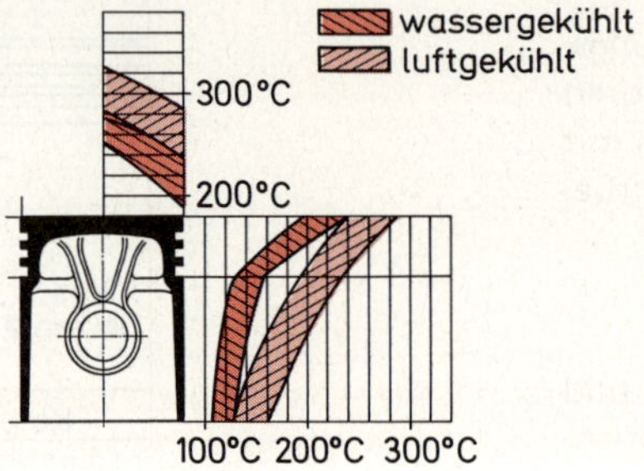
</td><td>Die Wärmeausdehnung ist am Kolbenboden infolge höherer Temperatur und Materialanhäufung größer als am Kolbenschaft.
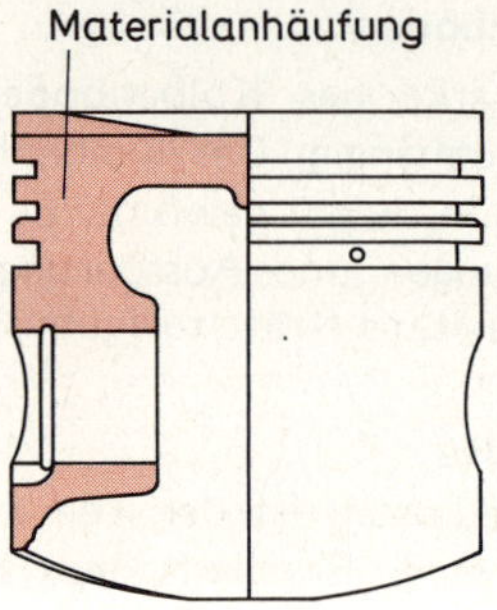
</td></tr>
<tr><td>Massenkräfte</td><td>Bei jedem Hub des Kolbens wird er von der Geschwindigkeit Null bis zu einem Höchstwert beschleunigt und wieder auf Null verzögert.
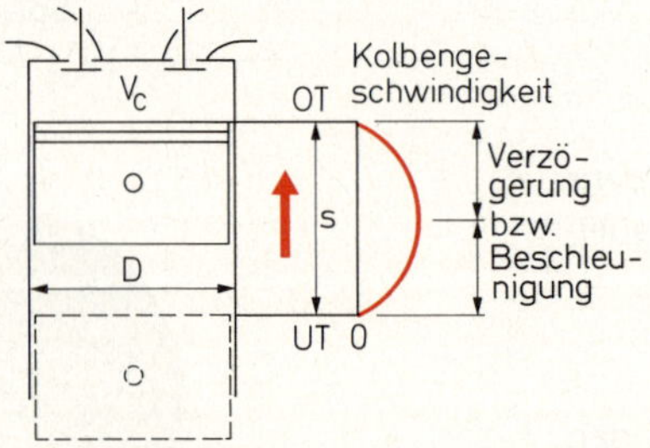
</td><td>Durch das Beschleunigen und Verzögern des Kolbens entstehen Massenkräfte, die den Motor in senkrechter Richtung zum Schwingen bringen und Massenmomente, die ihn um den Schwerpunkt drehen oder kippen. Die Massenkräfte führen zu Vibrationen und zu Brummgeräuschen, wenn kein Massenausgleich stattfindet. Die Massenkräfte bzw. Massenmomente sind umso größer, je größer die Masse des Kolbens ist.</td></tr>
<tr><td>Reibung</td><td>Kolbenschaft und Kolbenringnuten werden durch Reibung beansprucht. Am Kolbenschaft verursacht die bei Schräglage der Pleuelstange wirkende Seitenkraft F_N Verschleiß.</td><td>Bei ungünstigen Schmierverhältnissen – Kaltstart oder Überlastung – besteht die Gefahr der metallischen Berührung und damit des Fressens.</td></tr>
<tr><td>Anlageseiten-Wechsel</td><td>Beim Verdichtungshub liegt der Kolben bei rechtsdrehendem Motor an der rechten Zylinderseite an. Im oberen Totpunkt wird der Kolben plötzlich zur linken Seite gedrückt. Beim Arbeitshub kippt der Kolben wieder zur rechten Seite hin.
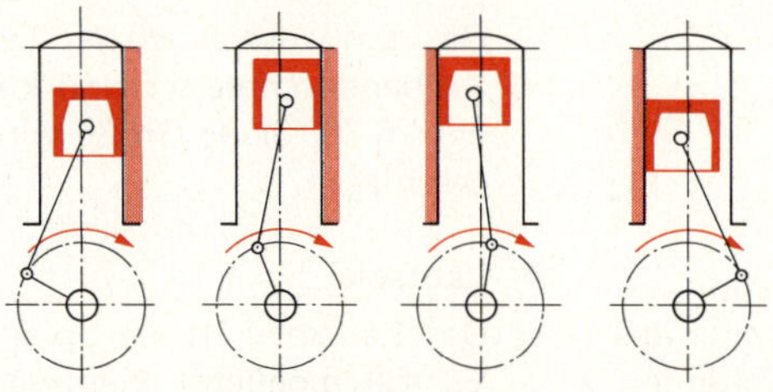</td><td>Das Kolbenkippen verursacht Kolbengeräusche.</td></tr>
</table>

Aufgrund der Betriebsbedingungen werden an den Kolbenwerkstoff und die Kolbenkonstruktion folgende Anforderungen gestellt:

- geringes Gewicht
- hohe Festigkeit
- gute Wärmeleitfähigkeit
- geringe Wärmeausdehnung
- gute Laufeigenschaften
- hohe Verschleißfestigkeit

Ein Teil der Anforderungen wird durch den Kolbenwerkstoff – eine Aluminium-Silizium-Legierung – erfüllt.

Grundwerkstoff	
Aluminium	**Silizium**
⊕ geringes Gewicht ⊕ gute Wärmeleitfähigkeit ⊕ gute Korrosionsbeständigkeit ⊖ hohe Wärmedehnung ⊖ geringe Festigkeit ⊖ geringe Verschleißbeständigkeit	⊕ verbessert die Festigkeit ⊕ erhöht den Verschleißwiderstand ⊕ verringert die Wärmedehnung ⊖ verringert die Bearbeitbarkeit und Verformbarkeit
Kolbenlegierung	
Für Kolben von Ottomotoren (Viertakt) werden Al-Si-Legierungen mit 12 % Silizium verwendet. Die am häufigsten verwendete Kolbenlegierung ist AlSi 12 CuNi. Je höher der Silizium-Gehalt ist, • desto geringer ist die Wärmedehnung, • desto geringer ist der Verschleiß, • desto ungünstiger ist die Bearbeitbarkeit.	

Um den Einlaufvorgang zu beschleunigen und um die Gefahr des Fressens bei ungünstiger Schmierung – Kaltstart oder Überlastung – zu vermeiden, wird der Kolbenschaft

- verzinnt oder
- verbleit oder
- grafitiert oder
- eloxiert.

Werkstoff	Längenänderung	Längen-ausdehnungszahl α
GG		$9 \cdot 10^{-6} \frac{1}{K}$
Al		$24 \cdot 10^{-6} \frac{1}{K}$
Al-Si-Legierung		$17 \cdot 10^{-6} \frac{1}{K}$

Bei Erwärmung dehnt sich der Kolben aus der Alu-Legierung mehr aus als der Zylinder aus Grauguß aufgrund der unterschiedlichen Längenausdehnungszahlen. Um bei allen Betriebstemperaturen möglichst geringe Laufspiele zu erreichen, sind bauliche Maßnahmen am Kolben erforderlich.

Bauliche Maßnahmen

- **gegen Geräuschbildung beim Kolbenkippen**

  Die Geräuschbildung wird durch den Kolben mit versetzter Bolzenachse (Desachsierung) vermieden. Die Bolzenmitte wird etwa 1 bis 2 mm nach der Druckseite des Kolbens verschoben. Hierdurch findet der Anlagenwechsel des Kolbens kurz vor OT statt, die Kippbewegung ist weniger geräuschvoll.

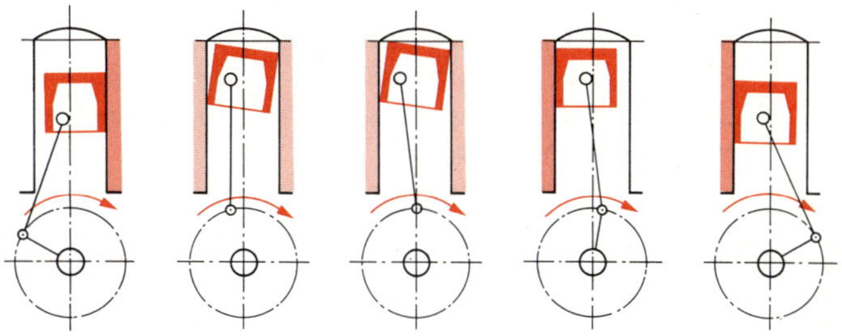

- **zur Wärmeentlastung und Erhöhung der Elastizität des Kolbenschaftes**

  Die Kolben für Ottomotoren besitzen vielfach in der Nut für den Ölabstreifring einen Querschlitz, der Kolbenschaft und Ringzone teilweise trennt. Die Verbindung zwischen Kolbenboden und Schaft erfolgt über kräftige Stützrippen der Bolzenaugen. Durch den Querschlitz erreicht man

  - ○ eine größere Elastizität des Schaftes und damit eine bessere Anpassung des Schaftes an die Zylinderwandung,
  - ○ eine Drosselung der Wärmeströmung vom Kolbenboden zum Kolbenschaft.

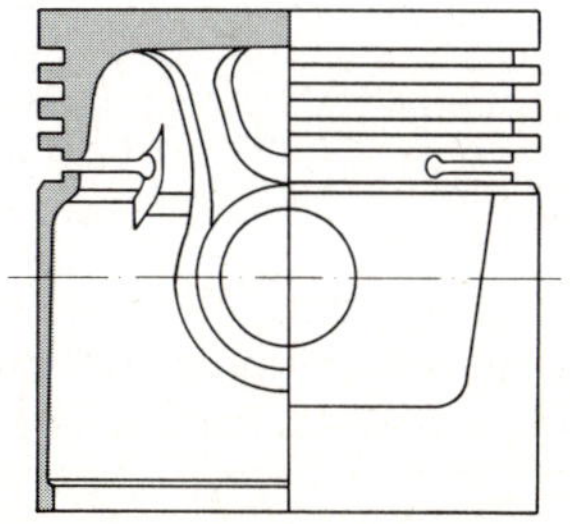

- **gegen unterschiedliche Wärmedehnung**
  - ○ besondere Kolbenform

    Die unterschiedliche Wärmeausdehnung von Kolbenboden und Kolbenschaft wird durch eine besondere Kolbenform ausgeglichen.
    - ○ Der Kolbenkopf ist konisch.
    - ○ Der Kolbenschaft ist ballig.
    - ○ Der Kolbenschaftdurchmesser ist in Bolzenrichtung geringfügig kleiner.

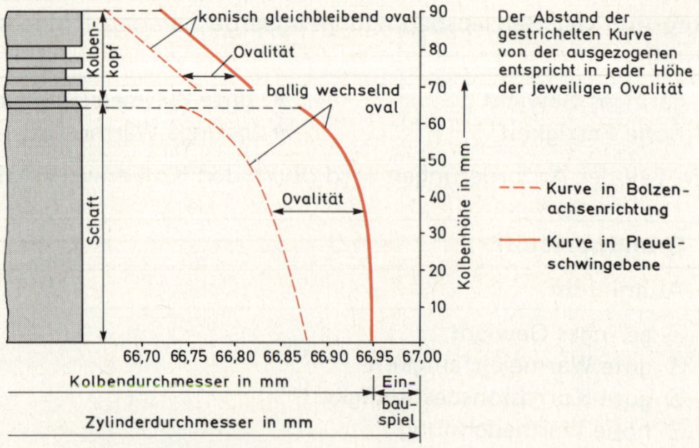

- ○ eingegossene Stahlringe

  Unmittelbar unterhalb der Nut für den Ölabstreifring wird ein geschlossener, außen verzahnter Stahlring eingegossen. Dieser Teil des Kolbens wird besonders wirksam dehnungshemmend beeinflußt.

  Häufig wird im unteren Schaftteil des Kolbens ein geöffneter Stahlring eingegossen. Dieser Ring bewirkt eine Dehnungshemmung in der Schaftpartie.

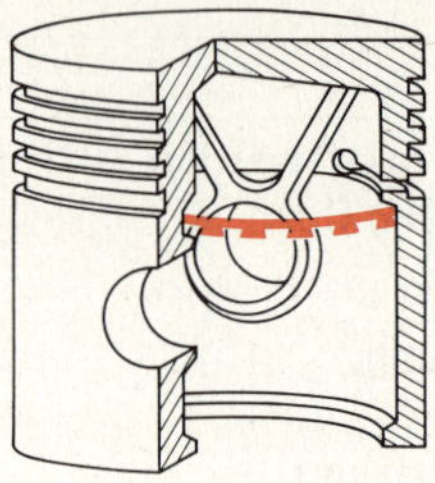

- ○ eingegossene Stahlstreifen

  Im Bereich der Bolzenaugen werden Stahlblechteile eingegossen. Sie bilden zusammen mit dem aufgeschrumpften Leichtmetall ein Bimetall.

  Bei Erwärmung krümmt sich das Bimetall aufgrund der verschiedenen Längenausdehnungszahlen von Aluminium und Stahl. Das Maß c verändert sich dabei nur unbedeutend. Lediglich die Maße a und b ändern sich entsprechend der Wärmeausdehnung des Kolbenwerkstoffs.

  Da der Kolbenschaft einerseits in Laufrichtung durch Schlitze vom Kopf getrennt ist, andererseits in der Bolzenebene durch Rippen fest mit dem Kolbenkopf verbunden ist, wird erreicht, daß der Schaft, entsprechend der größeren Erwärmung und Ausdehnung des Kopfes, in Bolzenrichtung auseinandergezogen wird. Der Durchmesser senkrecht zur Bolzenachse verändert sich nur wenig.

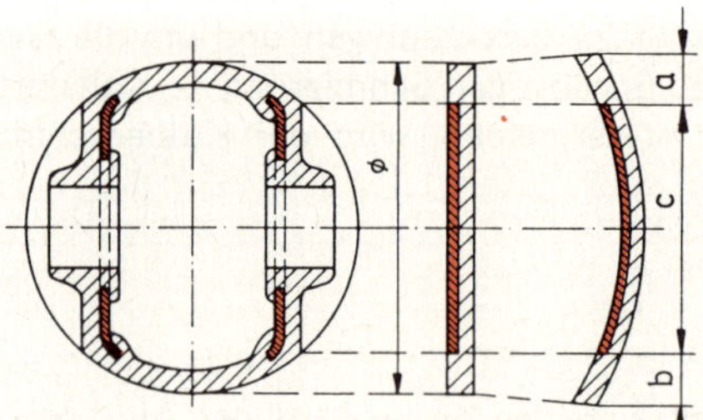

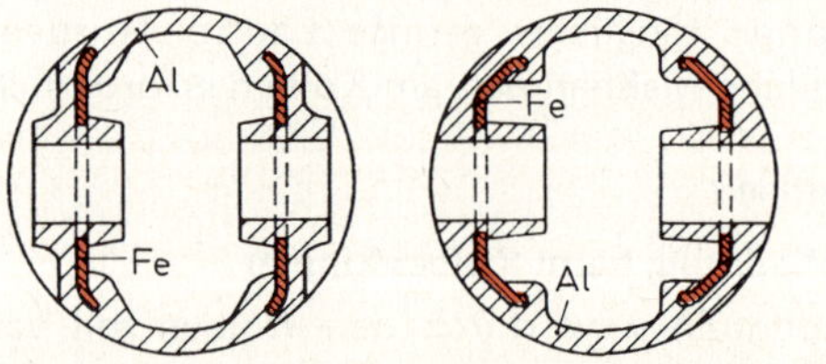

Einmetallkolben

Einmetallkolben besitzen einen

- konischen Kolbenkopf
- balligen Kolbenschaft
- ovalen Kolbenquerschnitt.

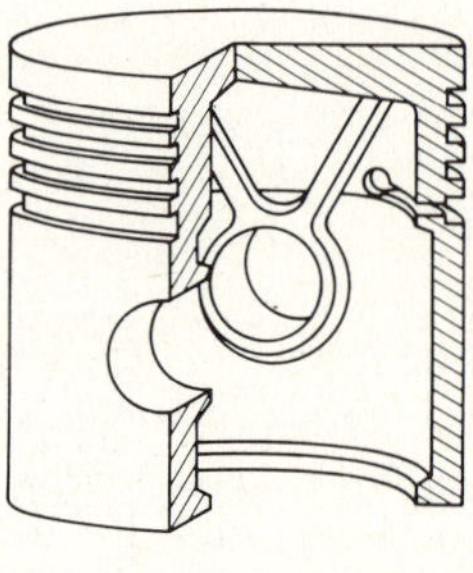

Zur Erzielung einer hohen Schaftelastizität sind die Kolben von Otto-Viertaktmotoren mit Querschlitzen in der Nut für die Ölabstreifringe versehen.

Regelkolben (Bimetallkolben)

Bei Regelkolben wird die Schaftausdehnung entweder

- durch im unteren Schaftteil eingegossene Stahlringe oder
- durch Stahlblechstreifen im Bereich der Bolzenaugen

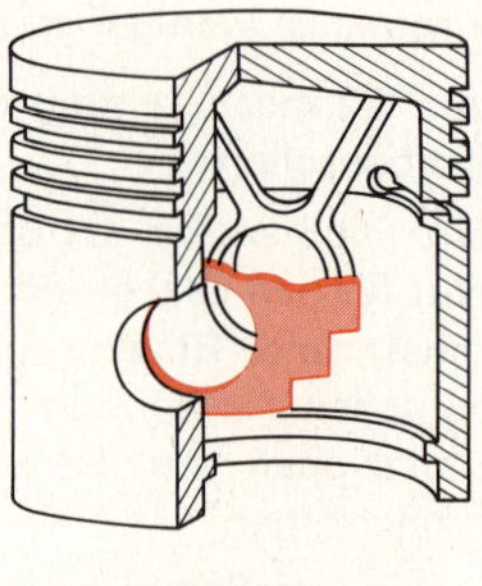

so beeinflußt, daß in der Laufrichtung eine etwa gleichgroße Wärmeausdehnung wie bei Graugußzylindern erzwungen wird.

1.2.2.2 Kolbenringe

Die Kolbenringe sollen

- den Verbrennungsraum nach unten gegen das Kurbelgehäuse feinabdichten, um so das Durchblasen von Luft und Verbrennungsgasen zu verhindern;
- einen Teil der Wärme vom Kolben zum gekühlten Zylinder ableiten;
- überschüssiges Öl abstreifen und in den Ölsumpf zurückführen.

Entsprechend den Aufgaben unterscheiden wir:

- Verdichtungsringe
- Ölabstreifringe

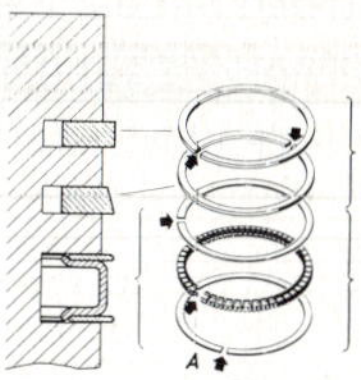

Kolbenringarten

Verdichtungsringe

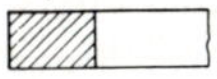
Rechteckring

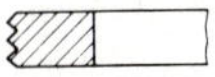
Rechteckring mit grobem Vorschub

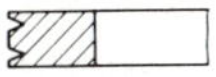
Rechteckring mit Ölhalterillen

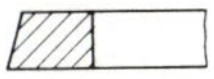
Minutenring

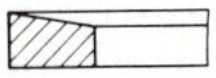
einseitiger Trapezring

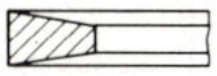
(Doppel-) Trapezring

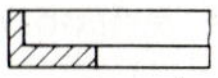
L-Ring

Nasenring

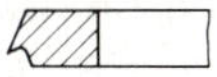
Nasen-Minutenring

Die Verdichtungsringe haben zylindrische und konische Laufflächenformen. Sie sind elastisch und liegen durch die Vorspannung an der Zylinderwand an. Beim Ausbau des Kolbens springen sie auf. Im eingebauten Zustand muß ein Stoßspiel vorhanden sein, damit die Ringe sich ausdehnen können. Es beträgt etwa 0,3 ... 0,6 mm. Auch das Höhenspiel darf einen bestimmten Wert nicht überschreiten, da sonst die Ringe Öl in den Verbrennungsraum pumpen.

Ölabstreifringe

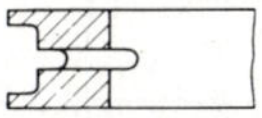
Ölschlitzring

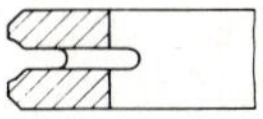
Dachfasenring

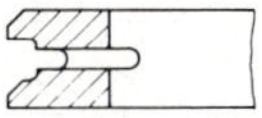
Gleichfasenring

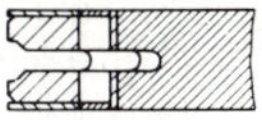
Paßform-Ölring

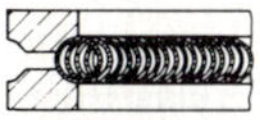
Dachfasenring mit Schlauchfeder

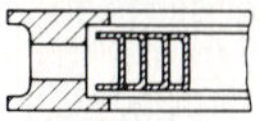
Ölschlitzring mit U-Flexfeder

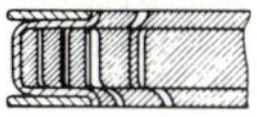
dreiteiliger Stahl-Ölring

Ölabstreifringe besitzen in der Mitte ihrer zylindrischen Gleitfläche eine umlaufende Rille, die das überschüssige Öl über gefräste Schlitze oder Bohrungen zum Nutengrund und von hier durch Rückführungsöffnungen zum Kolbeninnern leitet.

Durch Spannfederelemente, die sich gegen den Grund der Ringnut abstützen, läßt sich der Anpreßdruck erhöhen. Bei anderen Bauarten sind die Spannfederelemente in den Ölschlitzring eingebettet.

Kolbenringe bestehen aus folgenden Werkstoffen:

- Grauguß für Kolbenringe von normaler Beanspruchung
- vergütetem Grauguß für Kolbenringe von höher belasteten Motoren
- Gußeisen mit Kugelgraphit für Kolbenringe in Hochleistungsmotoren, speziell für die obersten Ringnuten
- hochlegiertem CrMoV-Stahl für Kolbenringe in Hochleistungsmotoren, speziell für die obersten Ringnuten

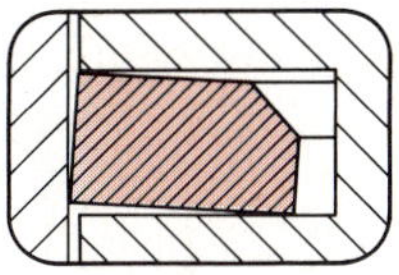

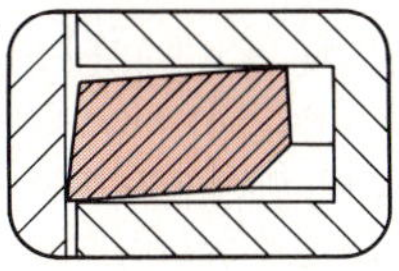

Positive oder negative Vertwistung wird durch unsymmetrische Gestaltung des Ringquerschnittes erreicht. Zweck der Vertwistung ist

- die untere Laufflächenkante des Ringes zur Anlage zu bringen, um schon beim Einlaufen eine gute Abdichtung zu erzielen;
- eine gute Flankendichtung in der Kolbennut zu erzeugen, um Gas- und Öldurchtritt zu unterbinden.

Um die Verschleißgefahr zu verringern, den Einlaufvorgang zu beschleunigen, dem Entstehen von Brandflecken vorzubeugen, werden die Kolbenringe oberflächenbehandelt. Die Lauffläche oder der gesamte Kolbenring wird

- verzinnt, phosphatiert, verkupfert oder
- ferrooxidiert oder
- verchromt oder
- mit Molybdän überzogen.

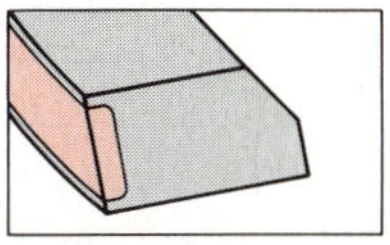

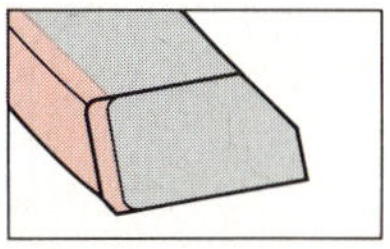

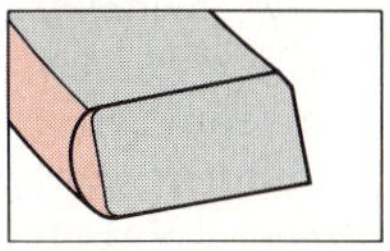

Die mechanisch, thermisch und chemisch besonders hoch beanspruchten Ringe der obersten Kolbennut benötigen in den meisten Fällen eine Bewehrung der am Zylinder gleitenden Lauffläche. Metallische Schichten, die im Flammspritzverfahren, oder keramische Schichten, die im Plasmaverfahren aufgebracht werden, ersetzen immer mehr die bisher übliche Verchromung. Der Vorteil dieser Schichten liegt in dem höheren Schmelzpunkt und einer gewissen Porosität.

1.2.2.3 Kolbenbolzen

Der Kolbenbolzen

- verbindet den Kolben mit der Pleuelstange,
- überträgt die Kolbenkraft auf die Pleuelstange.

Er übt zusammen mit den Lagerstellen im Pleuel und in den Bolzenaugen die Funktion eines Gelenkes aus.

Kolbenbolzen

Beanspruchung		Maßnahmen, um den Beanspruchungen standzuhalten
Biegung, hervorgerufen durch • Kolbenkraft • Massenkraft	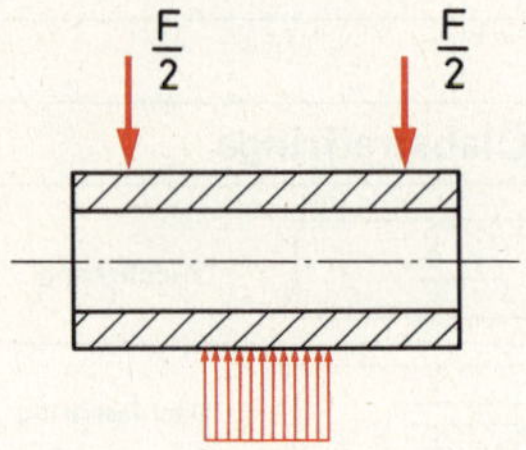	Damit der Kolbenbolzen biegesteif ist und ein geringes Gewicht hat, wird er hohlgebohrt. 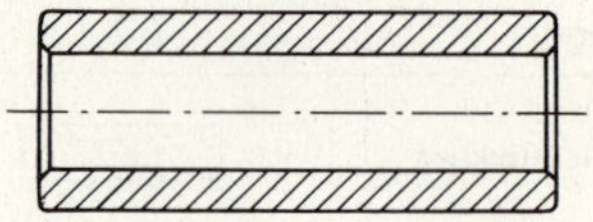
schlagartige Belastungen aus wechselnden Richtungen		Kolbenbolzen verlangen • eine harte und verschleißfeste Oberfläche und • einen zähen Kern.
Verschleiß durch kleine und langsame Gleitbewegung bei hoher Flächenpressung und kleinen Spielen unter ungünstigen Schmierbedingungen	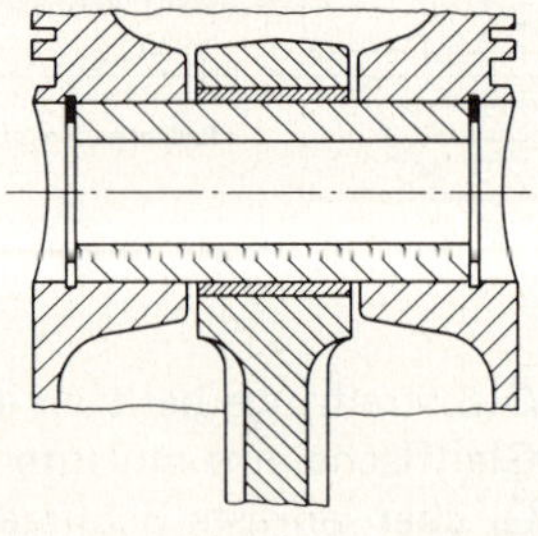	Als Werkstoff eignen sich oberflächenhärtbare Stähle: • Einsatzstahl, z.B. Ck 15 oder 15Cr 3 • Nitrierstähle, z.B. 34CrAl6 Gute Gleiteigenschaften werden durch höchste Oberflächengüte erreicht. Der Kolbenbolzen wird daher feingeschliffen und dann meist noch geläppt. Die nötige Oberflächenhärte wird durch Einsatzhärten oder Nitrieren erreicht.

Für einen einwandfreien Lauf des Kolbens ist eine exakte Passung des Bolzens in den Bolzenaugen von Bedeutung. Bei Ottomotoren beträgt das Spiel zwischen Kolbenbolzen und Bolzenauge ca. 0,003 mm. Um dieses kleine Spiel zu erreichen, werden die Kolbenbolzen vom Hersteller nach der entsprechenden Passung ausgewählt und zur Vermeidung von Fehlkombinationen mit dem gleichen Farbzeichen wie der dazugehörige Kolben markiert.

Der Kolbenbolzen muß gegen seitliches Verschieben gesichert werden, um eine Beschädigung der Zylinderwände zu vermeiden.

Kolbenbolzenlagerung

Schwimmende Lagerung	Klemmpleuel
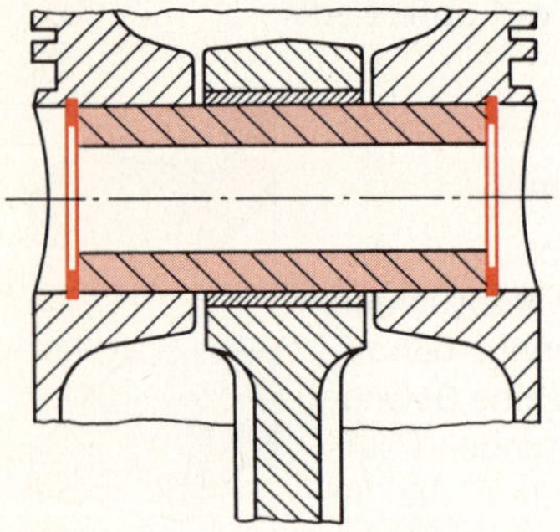 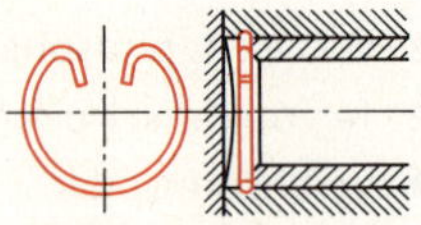 Runddrahtsicherung 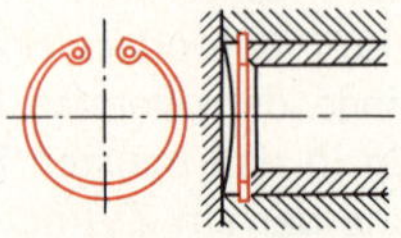 Stahlblech-Profilring (Seeger-Sicherung)	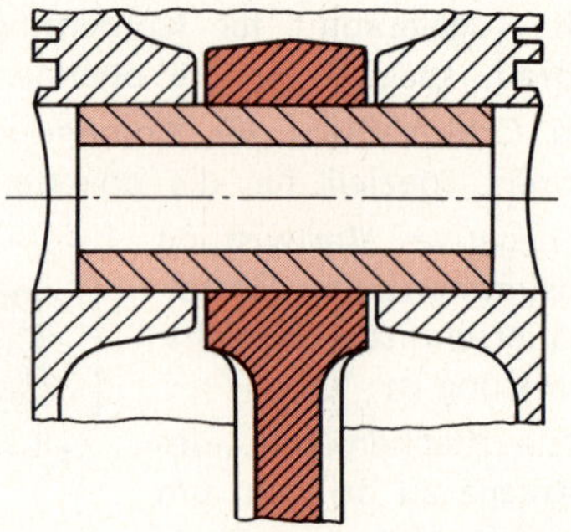
Der Kolbenbolzen kann sich in den Bolzenaugen des Kolbens oder in der Pleuelbuchse drehen. Er wird auf beiden Seiten durch Sicherungsringe (Seegerring) oder Drahtsprengringe gesichert. Der Kolbenbolzen wird über eine Bohrung im Pleuelkopf durch Tropföl vom Kolbenboden geschmiert.	Der Kolbenbolzen sitzt im Schrumpfsitz im Pleuelkopf und hat eine Spielpassung im Bolzenauge des Kolbens. Sicherungsringe und Pleuelbuchse entfallen.

1.2.2.4 Pleuelstange

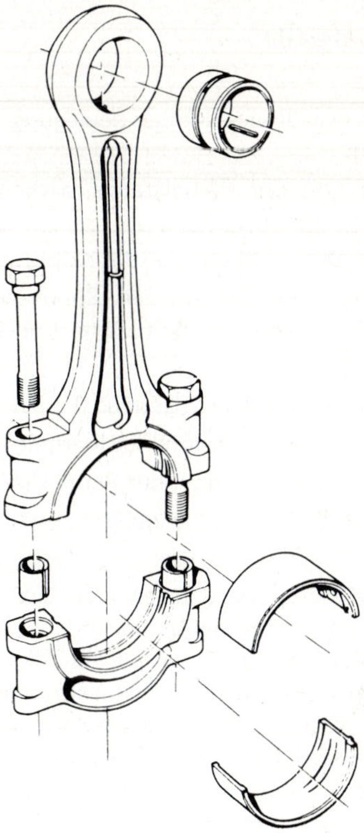

Die Pleuelstange

- verbindet den Kolben mit der Kurbelwelle,
- überträgt die Kolbenkraft auf die Kurbelwelle,
- erzeugt an der Kurbelwelle ein Drehmoment,
- wandelt die geradlinige Bewegung des Kolbens in eine Drehbewegung der Kurbelwelle um.

Die Pleuelstange besteht aus den Teilen

- **Pleuelkopf**
  Im Pleuelkopf ist der Kolbenbolzen gelagert.
- **Pleuelschaft**
- **Pleuelfuß und Pleueldeckel**
  Pleuelfuß und Pleueldeckel umschließen das Pleuellager. Der Pleueldeckel wird mit Dehnschrauben befestigt. Sie zentrieren als Paßschrauben den Pleueldeckel.

Die Pleuelstange ist hohen, ständig wechselnden Beanspruchungen ausgesetzt. Am Pleuelkopf führt sie die Längsbewegung des Kolbens, am Pleuelfuß die Drehbewegung der Kurbelwelle aus.

Pleuelstange		
Beanspruchung		**Maßnahmen, um den Beanspruchungen standzuhalten**
Druck und Zug Die hohen Kolbenkräfte erzeugen große Druckkräfte in Längsrichtung der Pleuelstange. Die hohen Massenkräfte des Kolbens verursachen Zugkräfte.	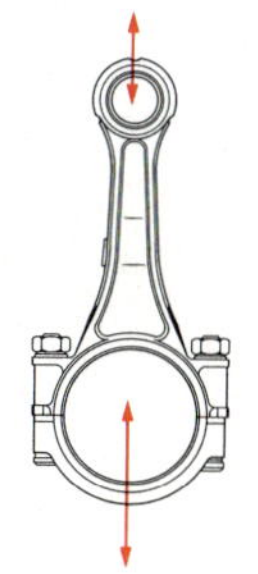	Die Pleuelstange muß eine hohe Festigkeit aufweisen. Sie besteht daher aus hochwertigem Vergütungsstahl (0,35 ... 0,45 % C), der mit Chrom und Molybdän bzw. Mangan legiert ist. Durch die im Gesenk geschmiedete Pleuelstange wird die Festigkeit zusätzlich verbessert. Zur Erhöhung der Knickfestigkeit und der Biegefestigkeit wird der Pleuelschaft mit einem Doppel-T-Querschnitt ausgeführt.
Knickung Infolge der Länge der Pleuelstange besteht die Gefahr des Ausknickens.	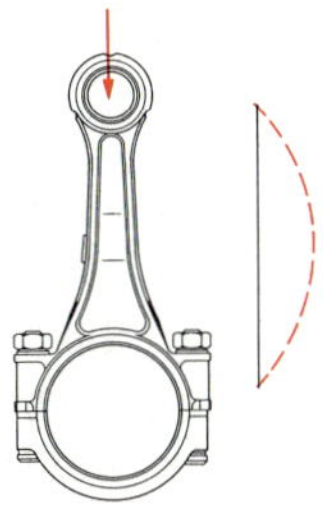	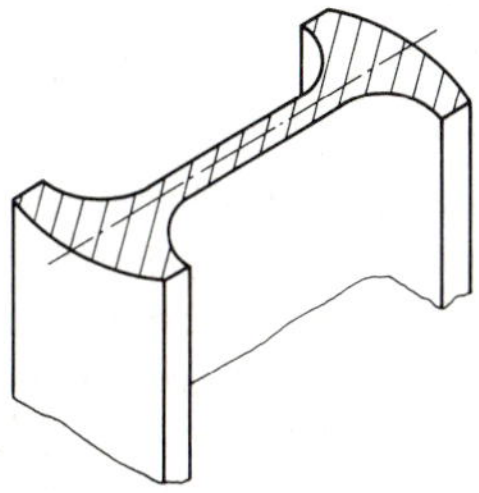
Biegung Durch die Pendelbewegung der Pleuelstange entstehen Fliehkräfte, die den Schaft auf Biegung beanspruchen.	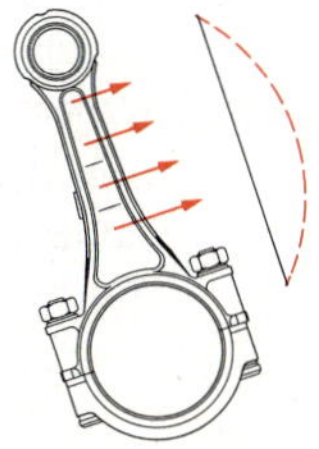	

1.2.2.5 Kurbelwelle

Die Kurbelwelle

- wandelt die geradlinige Kolbenbewegung in eine Drehbewegung um,
- wandelt die von der Pleuelstange wirkende Drehkraft in ein Drehmoment um,
- überträgt das Drehmoment auf die Kupplung,
- treibt die Ventilsteuerung, den Zündverteiler, die Ölpumpe, die Wasserpumpe, den Lüfter und andere Nebenaggregate an.

Die Kurbelwelle besteht aus folgenden Teilen:

- Wellenzapfen für die Lagerung im Kurbelgehäuse
- Kurbelzapfen zur Aufnahme der Pleuellager
- Kurbelwangen, die Kurbelzapfen und Wellenzapfen verbindet

Auf der Abtriebsseite der Kurbelwelle wird das Schwungrad befestigt, auf der gegenüberliegenden Seite sitzen auf dem Wellenzapfen das Zahnrad oder die Zahnriemenscheibe für den Nockenwellenantrieb, das Schraubenrad für den Verteiler- und Ölpumpenantrieb, die Riemenscheibe für den Lüfter-, Wasserpumpenantrieb und den Antrieb anderer Nebenaggregate.

Die Form der Kurbelwelle ist abhängig von

- der Zylinderzahl,
- der Anordnung der Zylinder,
- der Zahl der Kurbelwellenlager,
- der Größe des Hubes und
- der Zündfolge.

Die Kurbelwelle muß bei jedem Hub den Kolben und die Pleuelstange beschleunigen und verzögern.

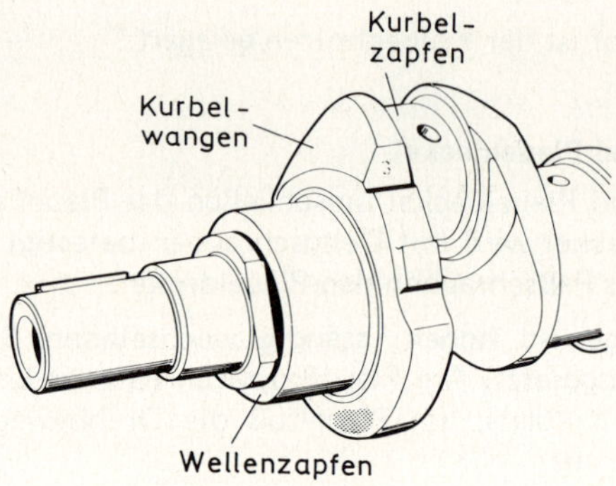

Beanspruchung		Maßnahmen, um den Beanspruchungen standzuhalten
Biegung Kolben- und Massenkräfte wirken über die Pleuelstange auf die Kurbelwelle und biegen sie durch. **Verdrehung** Die Kurbelwelle wird aufgrund der Elastizität des Werkstoffs durch die Kolbenkraft verdreht.	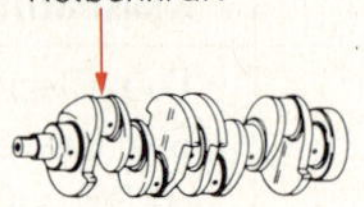 	Kurbelwellen müssen eine hohe Biegesteifigkeit und Verdrehsteifigkeit besitzen. Geschmiedete Kurbelwellen bestehen aus • Vergütungsstahl oder • Nitrierstahl. Gegossene Kurbelwellen bestehen aus • Gußeisen mit Kugelgraphit.
Verschleiß An allen Lagerstellen der Kurbelwelle entsteht Reibung.		Um den Verschleiß gering zu halten, werden die Lagerstellen der Kurbelwelle oberflächengehärtet und dann geschliffen.
Drehschwingungen Die stoßartig wirkende Kolbenkraft verdreht die Kurbelwelle. Nachdem die Kraft im Leerhub aufhört, schwingt die Kurbelwelle zurück. Hierdurch entstehen Drehschwingungen. Bei einer bestimmten Drehzahl überlagern sich die durch die Kolbenkraft verursachten Drehschwingungen mit den Eigenschwingungen der Kurbelwelle. Diese Drehzahl verursacht einen äußerst unruhigen Lauf des Motors. Im ungünstigen Fall können sich die Schwingungen so aufschaukeln, daß die Kurbelwelle bricht.	 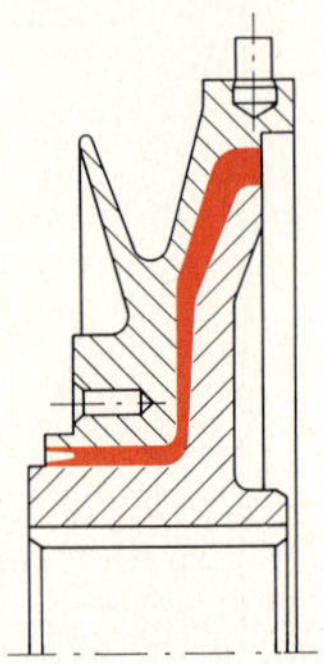	Schwingungsdämpfer dämpfen die Drehschwingungen, um die Gefahr von Kurbelwellenbrüchen und die Geräuschentwicklung herabzusetzen. Sie bestehen aus einem Schwungring, der durch Gummi mit der Nabe verbunden ist. Die federnd gelagerte Schwungmasse wirkt aufgrund der Massenträgheit den Drehschwingungen der Kurbelwelle entgegen und vernichtet durch innere Reibung des Gummis die Schwingungsenergie. Schwingungsdämpfer werden an dem der Schwungscheibe gegenüberliegenden Ende der Kurbelwelle befestigt.

Ungleichmäßige Gewichtsverteilung verursacht bei hohen Drehzahlen einen unrunden Lauf und hohe Lagerbelastung. Die Kurbelwelle muß daher ausgewuchtet werden.

Statisches Auswuchten

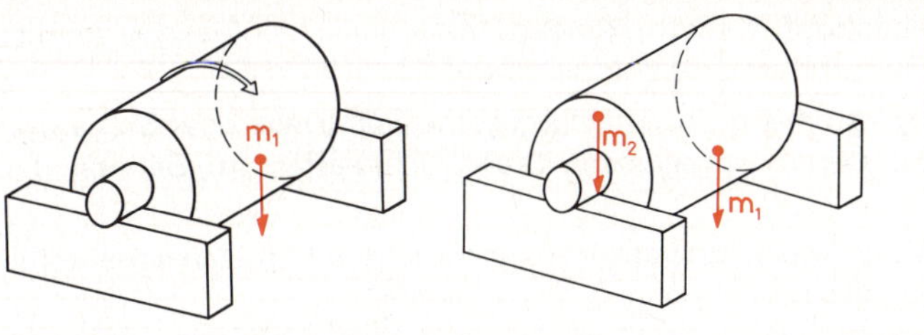

Eine statische Unwucht läßt sich durch Auspendeln feststellen. Beim Auslauf pendelt sich die Kurbelwelle so ein, daß die schwerste Stelle unten ist.

Dynamisches Auswuchten

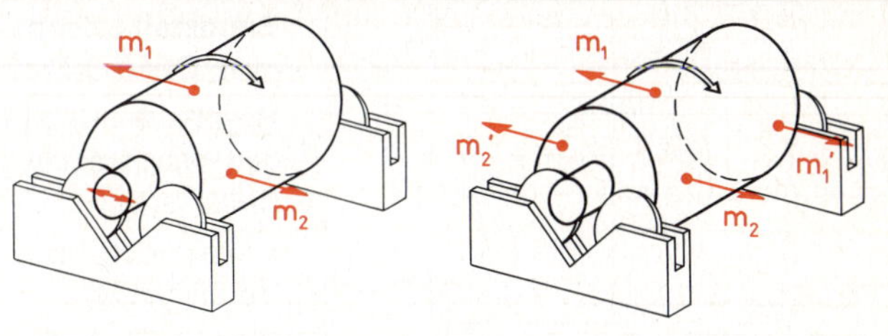

Dynamische Unwuchten treten erst bei der Drehbewegung auf. Sie verursachen ein Taumeln der Kurbelwelle.

Größe und Lage der Unwuchten werden auf Unwuchtmaschinen ermittelt und durch Ausgleichsbohrungen an den Ausgleichsmassen beseitigt.

1.2.2.6 Pleuellager und Kurbelwellenlager

Als Pleuel- bzw. Kurbelwellenlager werden geteilte Dreischicht- oder Dreistoff-Lager verwendet. Ein Lager besteht aus:

- Stahlstützschale
- Tragschicht aus Bleibronze (0,5 mm) (75 % Cu, 23,5 % Pb, 1,5 % Sn)
- Laufschicht aus Weißmetall (0,02 mm)

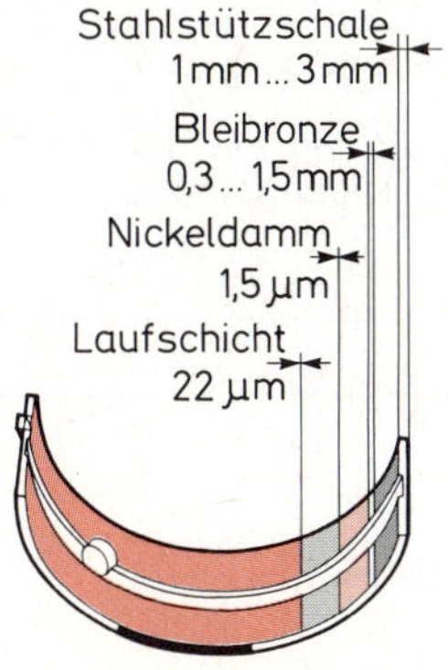

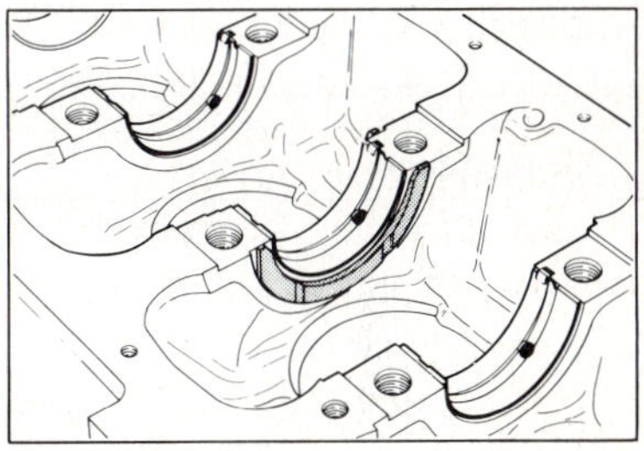

Zwischen Trag- und Laufschicht befindet sich ein Nickeldamm (0,001 mm), der verhindert, daß das Zinn aus der Weißmetall-Laufschicht in die darunterliegende Bleibronze abwandert. Die Tragschicht besitzt Notlaufeigenschaften bei Abnutzung der Laufschicht.

Die Kurbelwelle besitzt ein Hauptlager (auch Paßlager oder Führungslager genannt), das die beim Betätigen der Kupplung auftretenden Längskräfte aufnehmen und ein Verschieben der Kurbelwelle in Längsrichtung verhindern soll.

Hauptlager

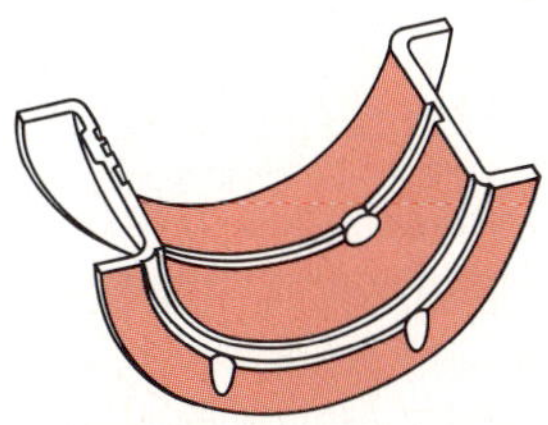

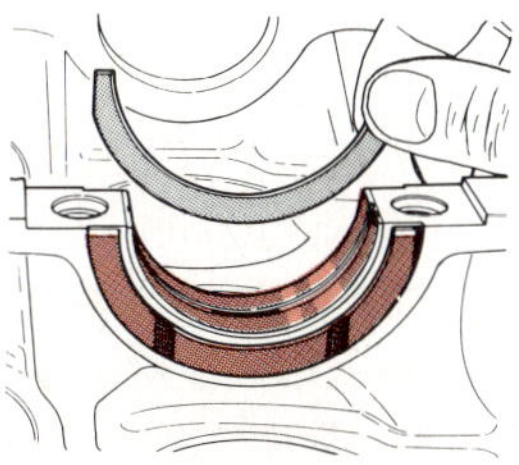

Das Hauptlager wird in zwei Ausführungen gebaut:

- Das Gleitlager besitzt auf beiden Seiten einen Bund, der ebenfalls wie die Lauffläche beschichtet ist.
- In Aussparungen des Zylinderblockes sitzen Anlaufhalbringe.

Jede Kurbelwelle besitzt nur ein Hauptlager. Es ist entweder an der Kraftabgabeseite oder in der Kurbelwellenmitte angeordnet.

Radiallager

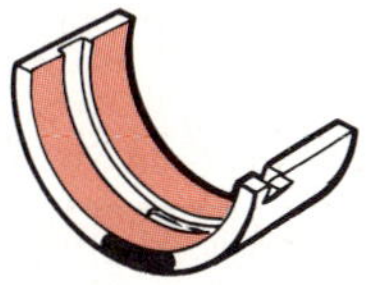

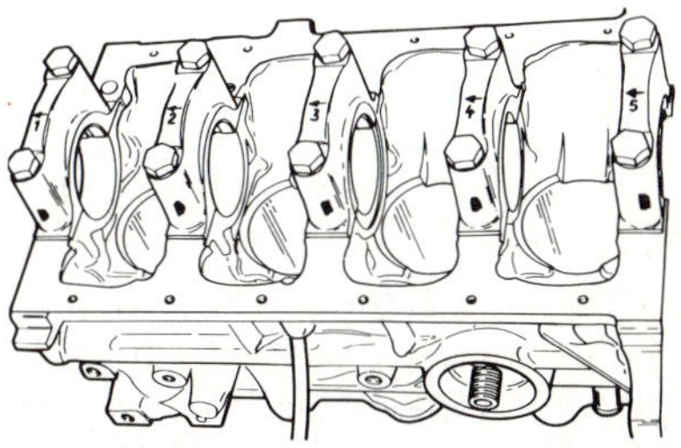

Die Lagerschalen ohne Bund nehmen nur Radialkräfte auf. Die Lager sind geteilt. Lagerstuhl im Kurbelgehäuse und Lagerdeckel bilden die Grundbohrung, in welche die Lagerschalen eingelegt werden. Zur Ölaufnahme besitzt das Lager Ringrillen. Haltenasen sichern das Lager gegen Verdrehen und Verschieben. Die Lager haben seitliches Spiel, damit sich die Kurbelwelle bei Erwärmung ungehindert in der Länge ausdehnen kann.

ZUSAMMENFASSUNG Kurbeltrieb

Kolben

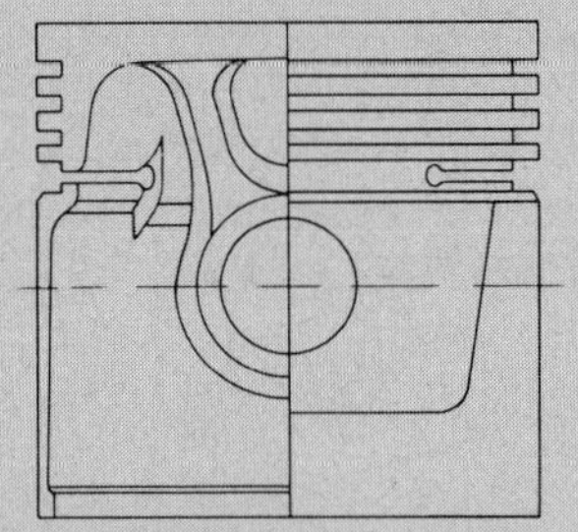

Versetzte Bolzenachse (Desachsierung) gegen Kolbengeräusche, Schaft oberflächenbehandelt zum besseren Einlaufen, Querschlitze zur Erhöhung der Schaftelastizität

Einmetallkolben: Kolbenkopf konisch, Kolbenschaft ballig, Kolbenquerschnitt oval, Querschlitze

Regelkolben: Dehnungshemmung durch eingegossene Stahlringe oder Steuerung der Wärmeausdehnung durch eingegossene Stahlblechstreifen im Bereich der Bolzenaugen:

Schaft in Bolzenrichtung auseinandergezogen, senkrecht zur Bolzenachse keine Veränderung

Werkstoff: Al-Si-Legierung

Kolbenzubehör

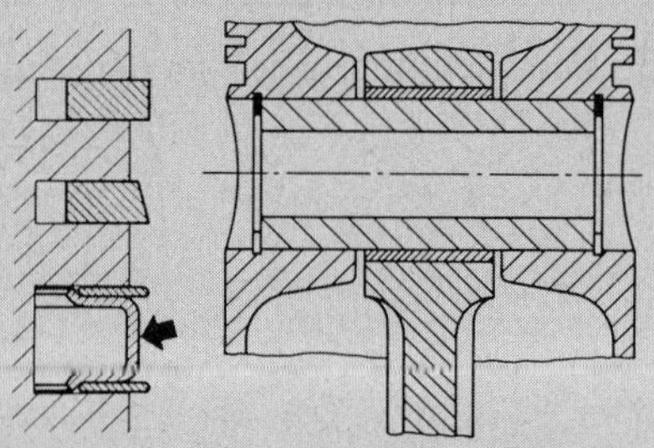

Kolbenringe zum Feinabdichten, Öl abstreifen, Wärme ableiten

Verdichtungsringe: üblich sind Minutenringe (Topring) und Rechteckringe

Ölabstreifringe: umlaufende Rille leitet überschüssiges Öl über Schlitze und Bohrungen in das Kolbeninnere ab

Werkstoff: Vergüteter Grauguß, Gußeisen mit Kugelgraphit, CrMoV-Stahl, Lauffläche gegen Verschleiß oberflächenbehandelt

Kolbenbolzen überträgt die Kolbenkraft auf die Pleuelstange

Werkstoff: Einsatz- oder Vergütungsstahl

Schwimmende Lagerung: Kolbenbolzen im Bolzenauge und im Pleuelkopflager drehbar, Sicherungsringe

Klemmpleuel: Kolbenbolzen sitzt im Schrumpfsitz im Pleuelkopf, Spielpassung im Bolzenauge

Pleuelstange

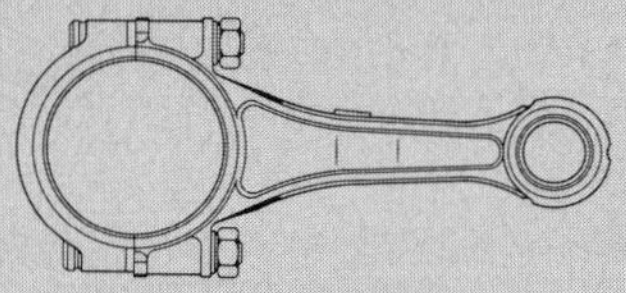

Pleuelstange überträgt Kolbenkraft

Kolbenbolzen im Pleuelkopf schwimmend gelagert oder eingeschrumpft

Pleuelschaft mit Doppel-T-Querschnitt

Pleuelfuß und Pleueldeckel umfassen Pleuellager, Pleueldeckel mit Dehnschrauben befestigt

Werkstoff: Vergütungsstahl mit Cr und Mo bzw. Mn legiert

Kurbelwelle

wandelt Drehkraft in Drehmoment und überträgt es auf Kupplung

Werkstoff: Geschmiedete Kurbelwelle aus Vergütungsstahl, gegossene Kurbelwelle aus Gußeisen mit Kugelgraphit, Kurbelwelle ist statisch und dynamisch ausgewuchtet

Pleuel- und Kurbelwellenlager

Dreischichtlager

- Stahlstützschale
- Tragschicht aus Bleibronze
- Laufschicht aus Weißmetall

Hauptlager der Kurbelwelle

Aufnahme von Radial- und Axialkräften

- Bundlager
- Gleitlager mit Anlaufhalbringen

ANALYSE Ausgeführte Kolbenkonstruktionen

1. Ordnen Sie die dargestellten Kolben den Einmetall- bzw. den Regelkolben zu.
2. Begründen Sie Ihre Zuordnung.
3. Erklären Sie die Wirkungsweise der unterschiedlichen konstruktiven Elemente der Kolben.

Schaftlappenkolben	**Elastic-Kolben**	**Ringstreifen-Kolben**
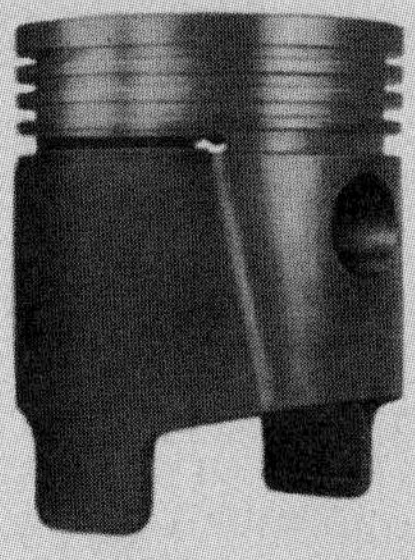		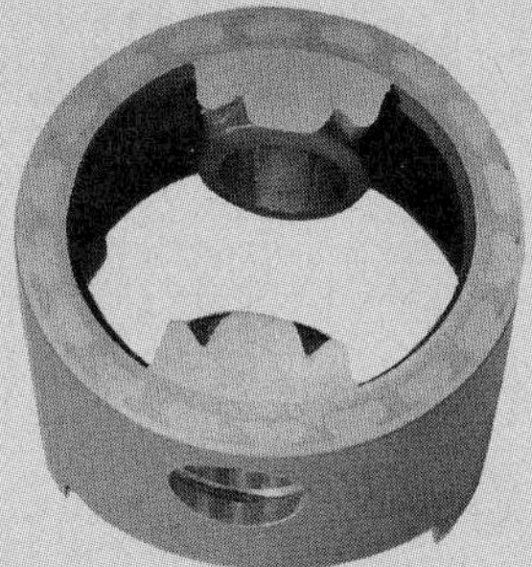
Duroflex-Kolben	**Autothermik-Kolben**	**Autothermatik-Kolben**
	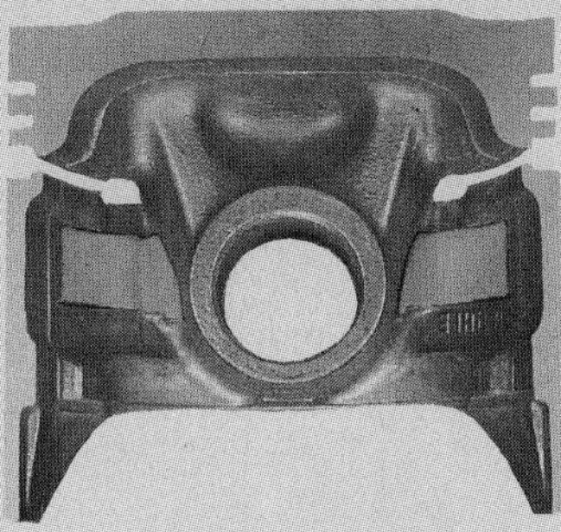	
Formstreifen-Kolben	**Lochstreifen-Kolben**	**Duotherm-Kolben**
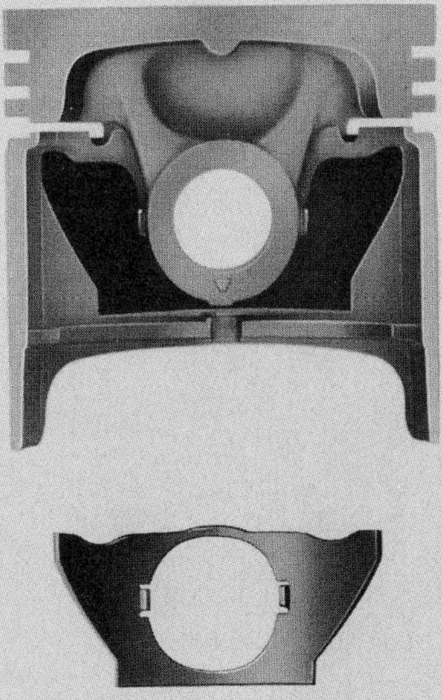	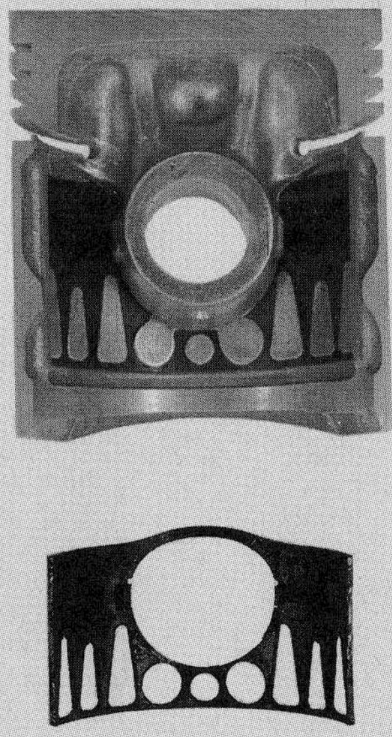	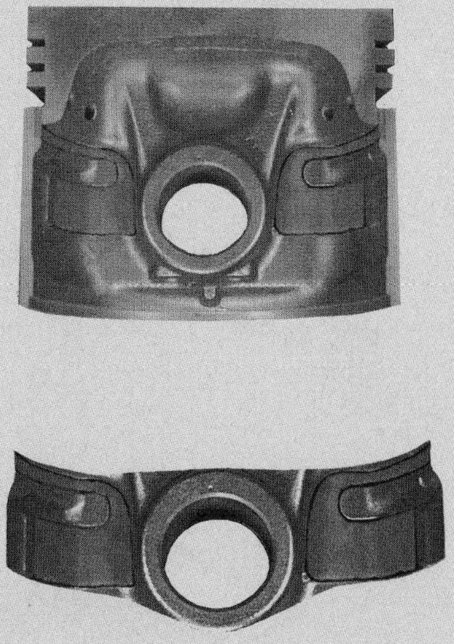

ANALYSE Kurbeltrieb

1. Ermitteln Sie bei den Rohkurbelwellen
   - die Anzahl der Wellenzapfen,
   - die Anzahl der Kurbelzapfen.

2. Teilemotoren
   - Vergleichen Sie die Lagerung von Kolbenbolzen bzw. Kurbelwelle.
   - Benennen Sie die Kolbenringe und erklären Sie die Funktion.

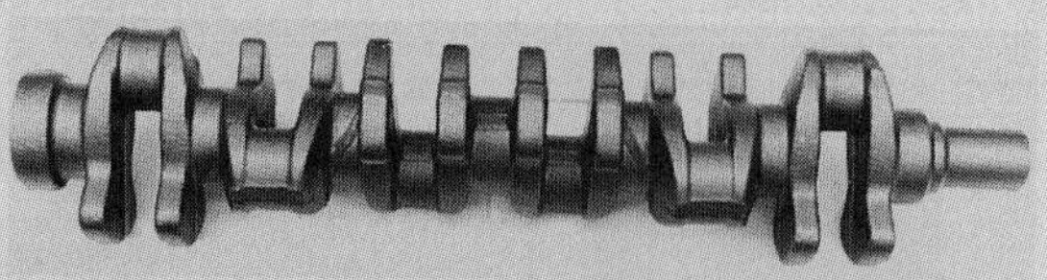

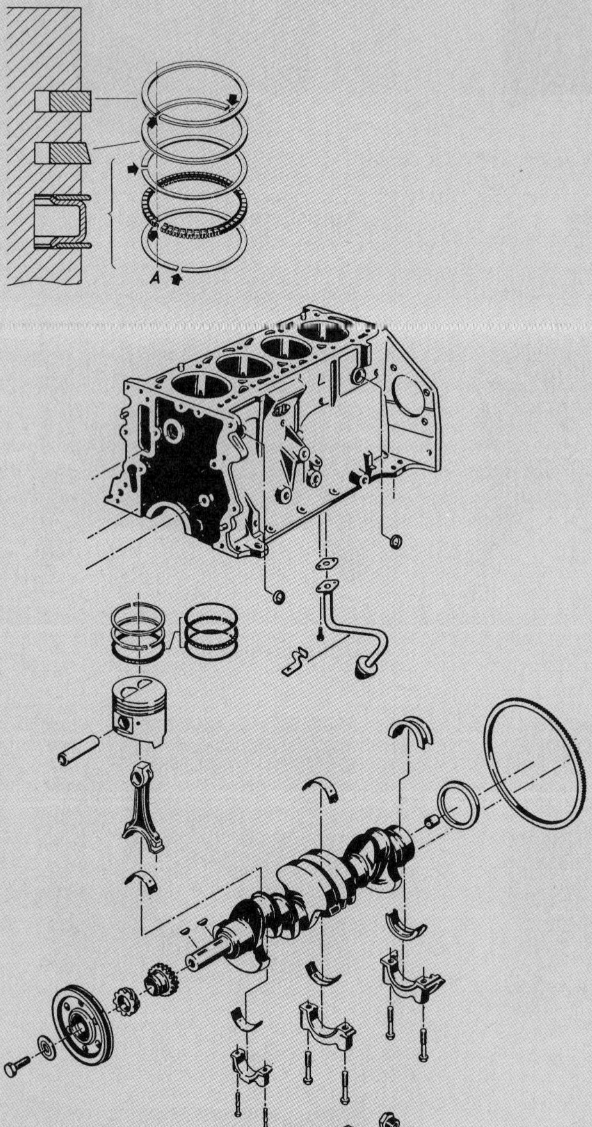

ARBEITSPLANUNG Kurbeltrieb

Entwickeln Sie den Arbeitsplan für die dargestellten Prüf- bzw. Instandsetzungsarbeiten, indem Sie

- die Reihenfolge der Prüf- bzw. Arbeitsschritte,
- die Auswahl der Prüfmittel bzw. Werkzeuge,
- die zu beachtenden Prüf- bzw. Arbeitsregeln/Sicherheitsvorschriften,
- die Auswertung der Prüfergebnisse (nur Kompressionsdruck-Diagramm),
- die erforderlichen Ersatzteile und Werkstoffe

angeben und begründen.

Kompressions-Druckdiagramm

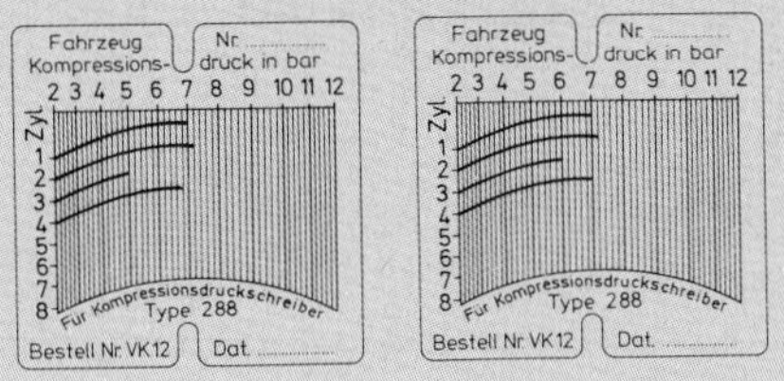

Kolbenringe überprüfen

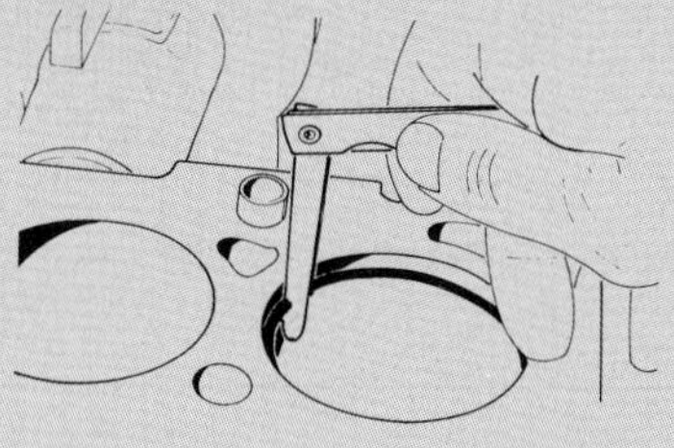

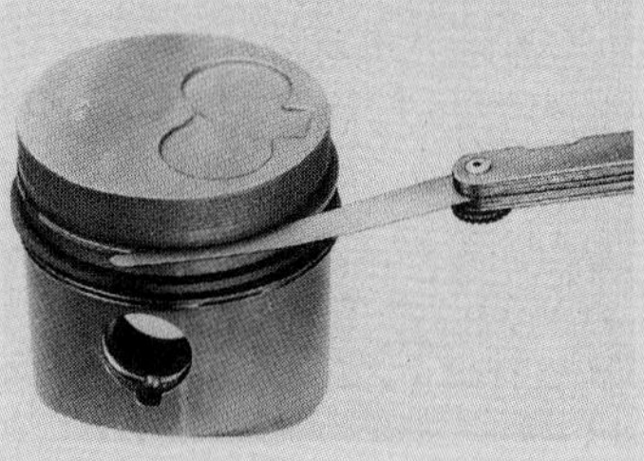

Kolben ein- und ausbauen

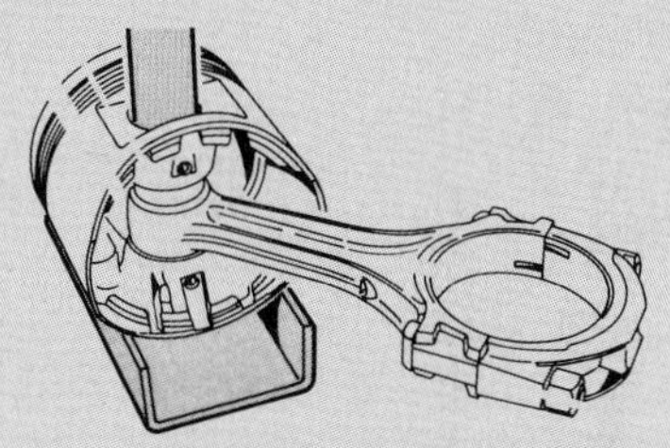

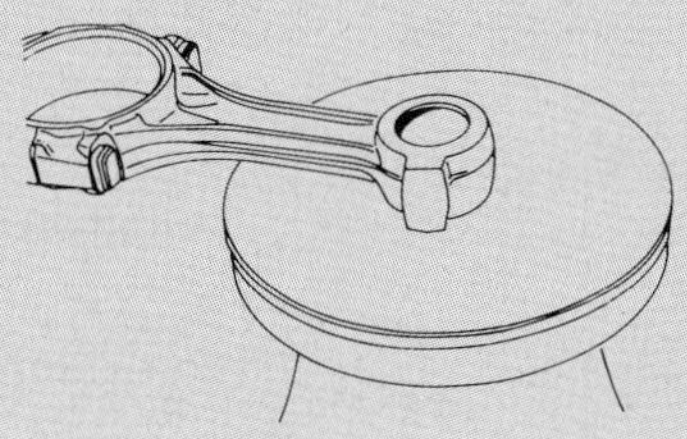

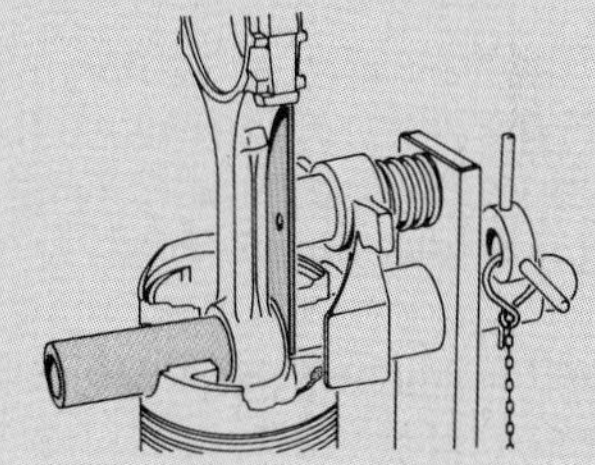

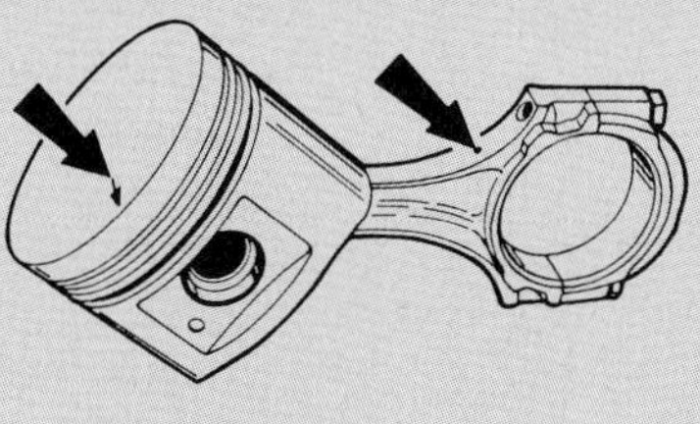

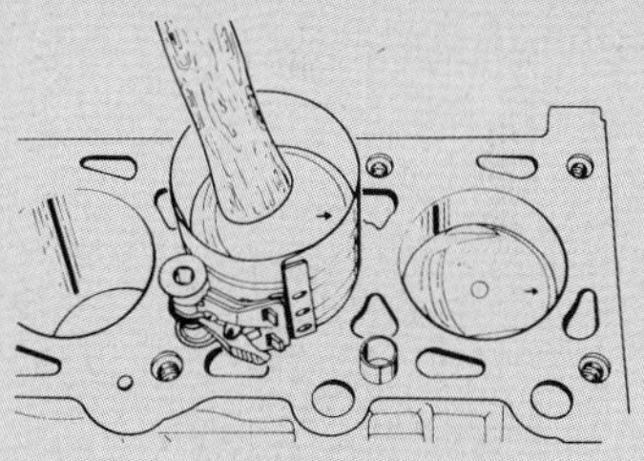

Axial- und Lagerspiel überprüfen

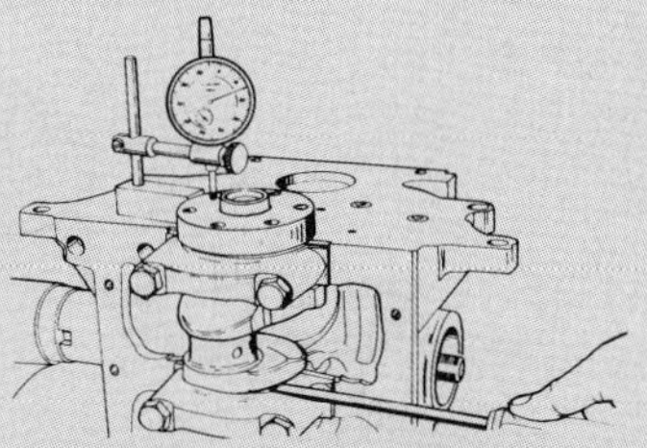

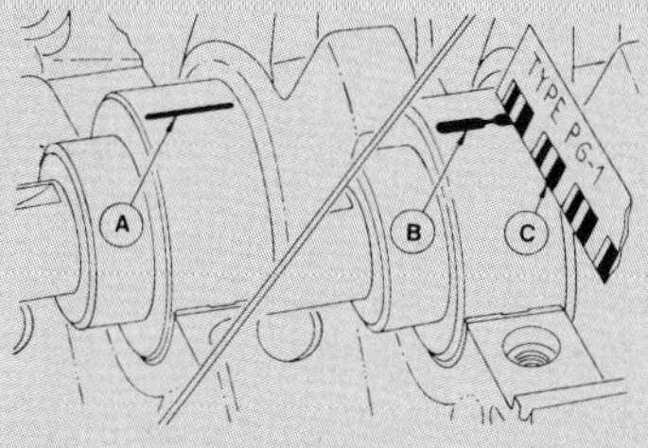

Lager aus- und einbauen

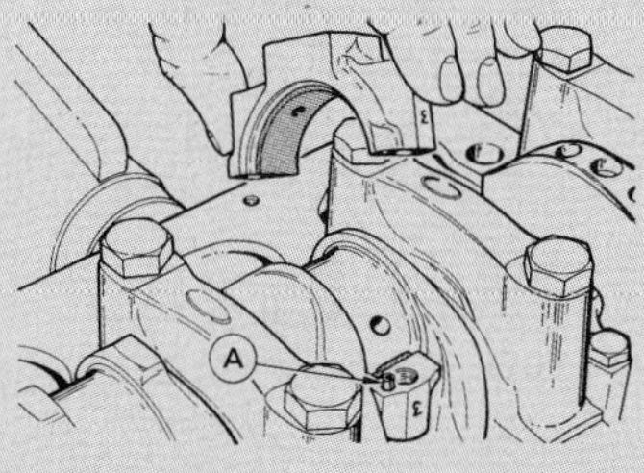

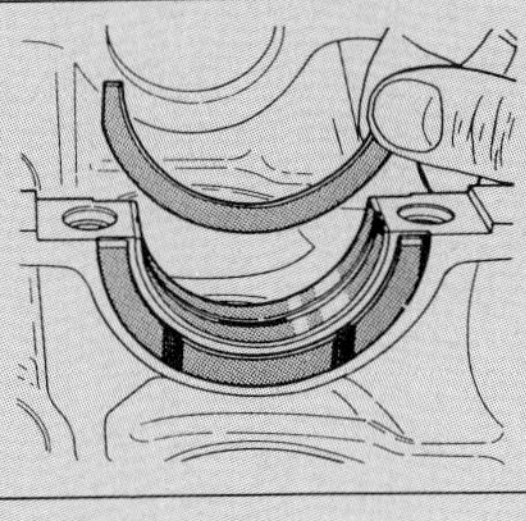

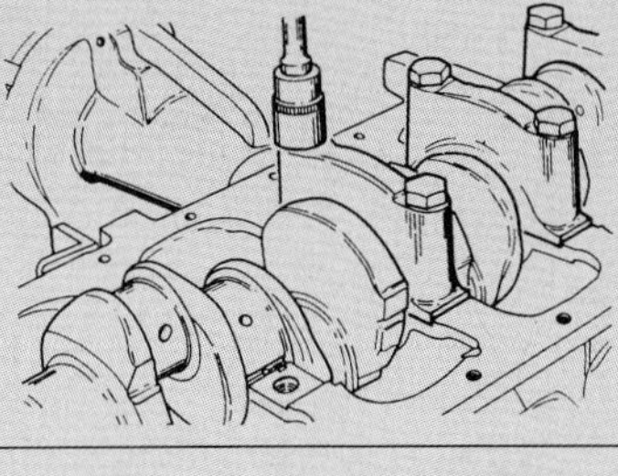

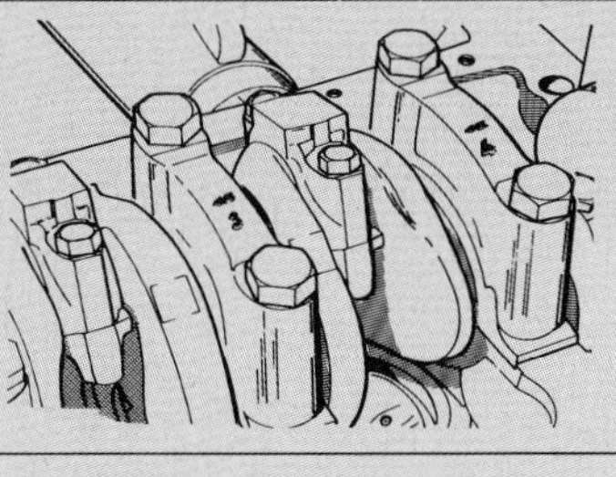

1.3 Steuerung des Viertaktmotors

1.3.1 Motorsteuerung

Durch eine Kompressionsdruckprüfung wird beim 3. und 4. Zylinder ein erheblich geringerer Druck gemessen. Mit der zweiten Messung werden – nachdem etwas Öl in den Zylinder gespritzt wurde – die gleichen Meßwerte erreicht.

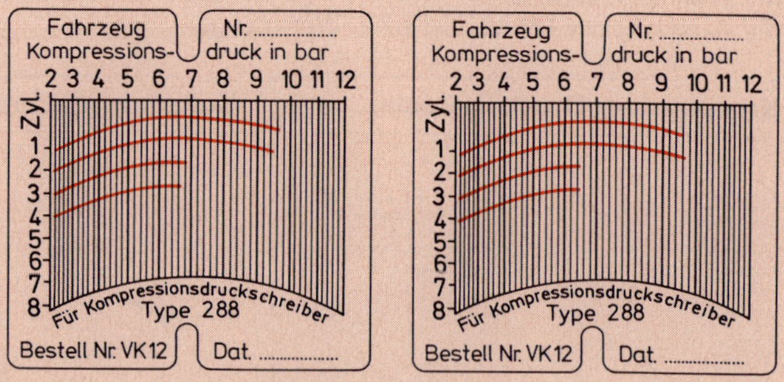

Aufgabe der Motorsteuerung ist es, den Gaswechsel zu steuern:

- Einströmbeginn und Einströmende der Frischgase aus dem Zylinder über das Einlaßventil
- Ausströmbeginn und Ausströmende der Abgase aus dem Zylinder über das Auslaßventil

Die Motorsteuerung besteht aus folgenden Elementen:

- Baueinheit Ventil
- Ventilbetätigungselemente
- Nockenwelle
- Nockenwellenantrieb

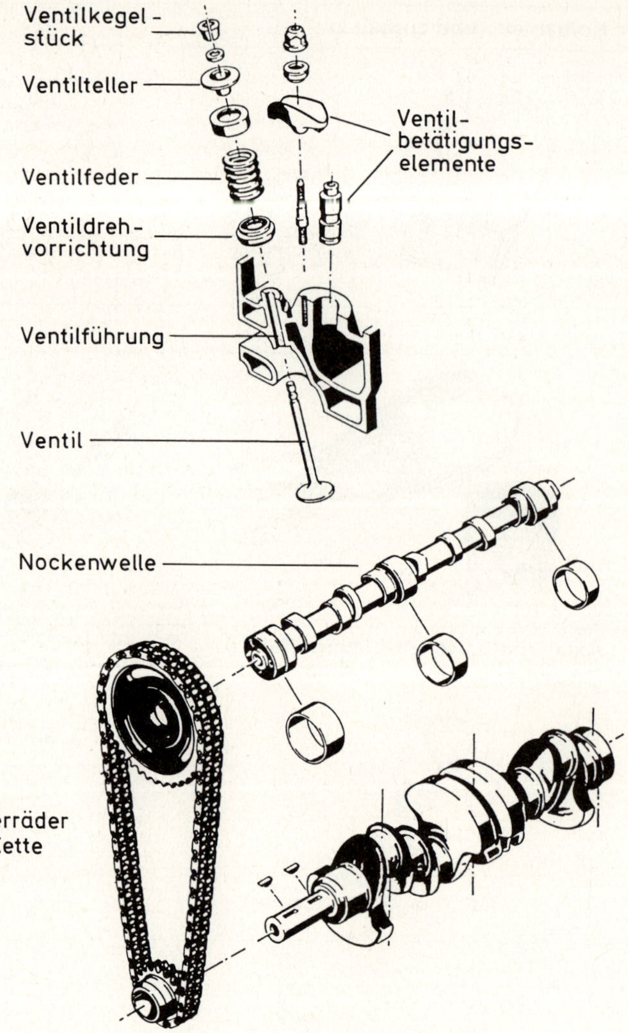

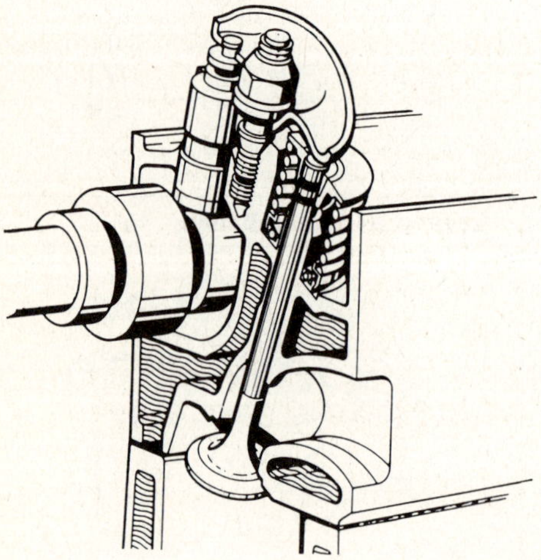

1.3.2 Steuerdiagramm

Die Öffnungs- und Schließzeiten des Einlaß- und Auslaßventils werden im Steuerdiagramm als Drehwinkel der Kurbelwelle in Grad aufgetragen.

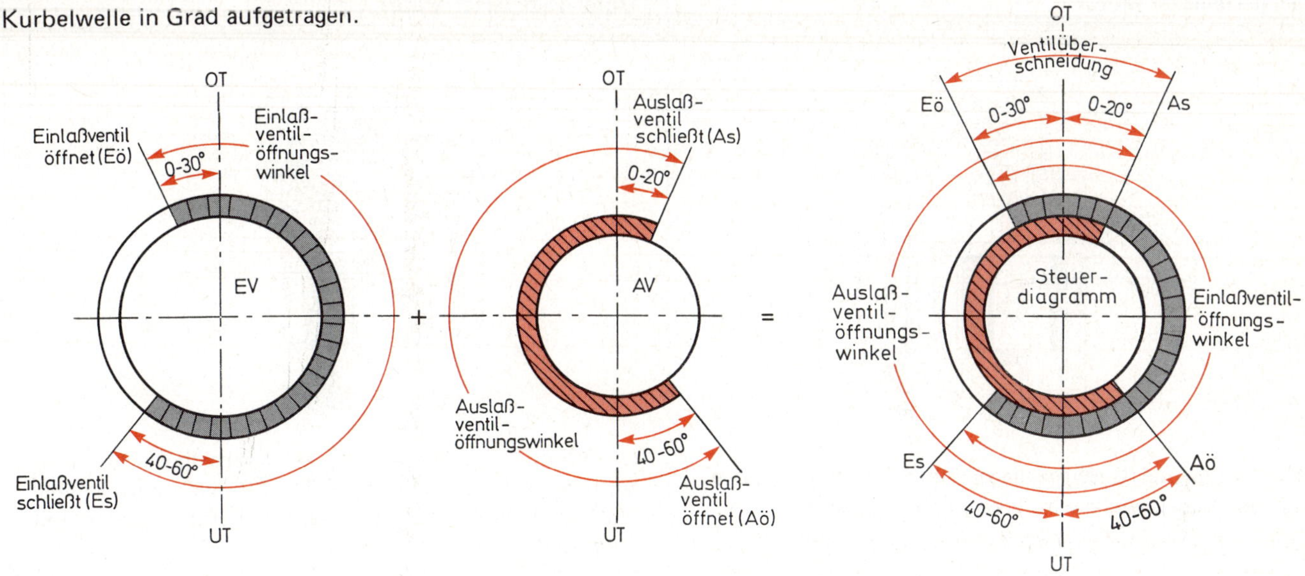

Öffnungs- und Schließzeiten der Ventile	
Einlaßventil	
Voreinlaß: Einlaßventil öffnet vor OT	**Nacheinlaß:** Einlaßventil schließt nach UT
Für eine gute Füllung des Zylinders mit Frischgas ist es notwendig, daß während des gesamten Saughubs der größtmögliche Einlaßquerschnitt zur Verfügung steht. Da es eine bestimmte Zeit dauert, bis der volle Ventilhub erreicht ist, muß das Einlaßventil vor OT öffnen.	Beim Ansaugen wird die vorher ruhende Frischgassäule in Bewegung versetzt. Diese Bewegung hält aufgrund der Trägheit der Gassäule noch an, wenn der Kolben den UT erreicht hat. Daher bleibt das Einlaßventil noch eine gewisse Zeit offen. Die Füllung des Zylinders wird verbessert.
Auslaßventil	
Vorauslaß: Auslaßventil öffnet vor UT	**Nachauslaß:** Auslaßventil schließt nach OT
Öffnet das Auslaßventil erst im UT, entsteht beim Ausschieben ein Gegendruck. Daher öffnet das Auslaßventil schon vor UT, so daß sich die Gase auf den Luftdruck entspannen können und beim Ausschieben der Abgase kein zusätzlicher Widerstand entsteht.	Hinter den ausströmenden Abgasen entsteht ein Sog, der die Frischgase durch das gleichzeitig offene Einlaßventil ansaugt. Der Verbrennungsraum wird auf diese Art von den Restgasen gut ausgespült. Frischgasverluste treten nicht auf, da beide Gassäulen entgegengesetzte Strömungsrichtung haben.
Ventilüberschneidung	
Einlaß- und Auslaßventil sind eine bestimmte Zeit gleichzeitig offen. Die Überschneidung der Ein- und Ausströmzeiten dient • dem besseren Entleeren des Zylinders von Abgasen, • dem Beschleunigen der stehenden Frischgassäule durch den Sog der ausströmenden Abgase, • der besseren Spülung des Zylinders.	

Ventilanordnung und Lage der Nockenwelle bestimmen die Art der Motorsteuerung:

Ventilanordnung

Obengesteuerter Motor

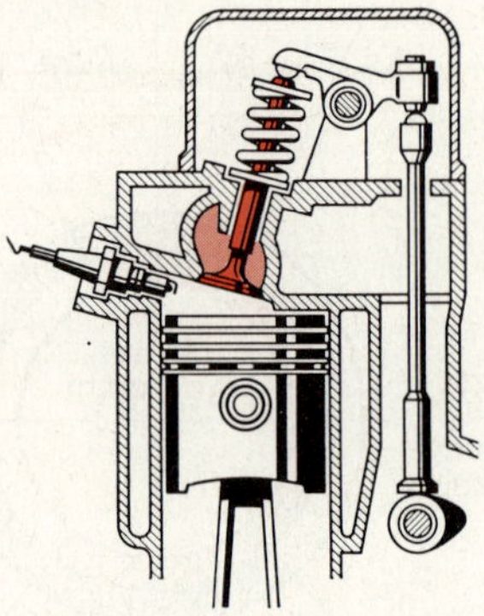

Die Ventile und Gaswege liegen oberhalb des OT. Die Lage der Nockenwelle wird nicht berücksichtigt.

Die Ventile sind hängend im Zylinder angeordnet.

Untengesteuerter Motor

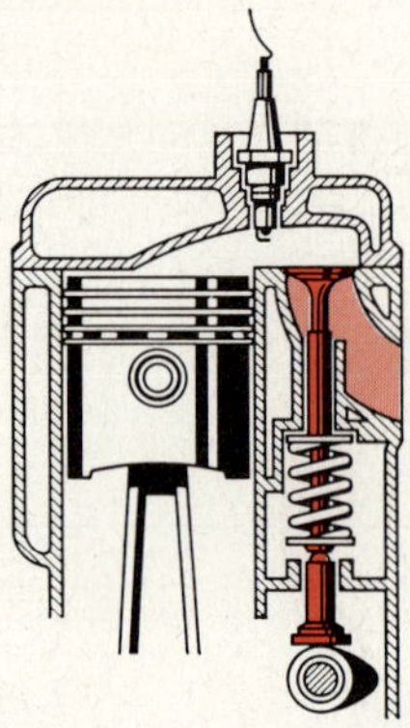

Die Ventile und Gaswege liegen unterhalb des OT. Die Ventile sind stehend neben dem Zylinder angeordnet. Untengesteuerte Motoren werden heute kaum noch hergestellt.

Lage der Nockenwelle

OHV-Motor

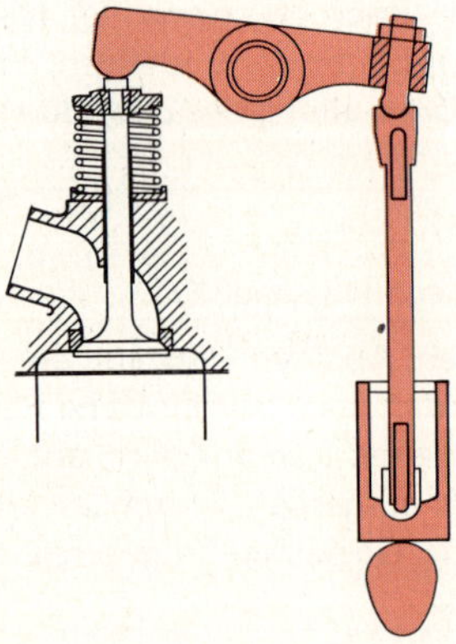

OHV bedeutet:

Over-head-valve = Über-Kopf-Ventile

Die Nockenwelle liegt unten im Kurbelgehäuse. Die Ventile werden über Stößel, Stößelstangen und Kipphebel betätigt.

⊖ große Massenkräfte, da die Masse der bewegten Teile groß ist

⊖ Drehzahl begrenzt

OHC-Motor

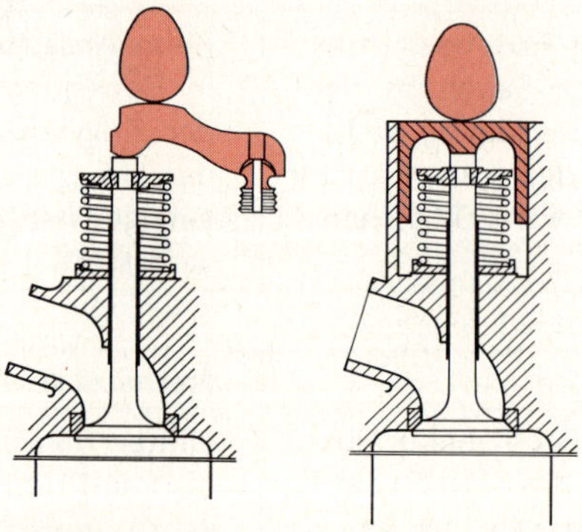

OHC bedeutet:

Over-head-camshaft = Über-Kopf-Nockenwelle

Die Nockenwelle liegt über oder zwischen den Ventilen. Die Ventile werden durch

- Schwinghebel oder
- Tassenstößel

betätigt.

⊕ Einsatz von hydraulischen Stößeln möglich

⊕ geringe Massenkräfte

⊕ günstige Brennraumform möglich

CIH-Motor

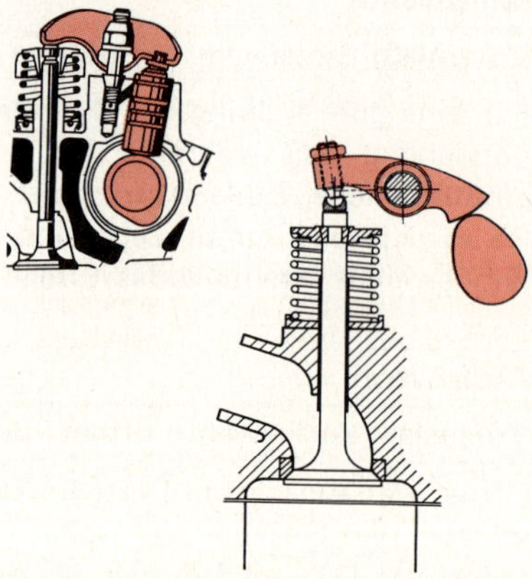

CIH bedeutet:

camshaft in head = Nockenwelle im Kopf

Die Nockenwelle liegt im Zylinderkopf. Die Ventile werden über kurze Stößel und Kipphebel oder nur über Kipphebel betätigt.

⊕ geringere Massenkräfte

⊕ Einsatz von hydraulischen Stößeln möglich

1.3.3 Teile der Motorsteuerung

1.3.3.1 Baueinheit Ventil

Das Ventil besteht aus dem Ventilteller und dem Ventilschaft. Das Schaftende besitzt einen Einstich, in den die Ventilkegelstücke eingelegt werden, die den Federteller halten. Der Federteller überträgt die Schließkraft der Ventilfeder über die Ventilkegelstücke auf das Ventil.

Die Ventilfeder hat die Aufgabe, das Ventil schnell zu schließen. Häufig werden zwei Ventilfedern verwendet, um zu verhindern, daß bei Bruch der äußeren Feder das Ventil in den Zylinder fällt bzw. frühzeitiges Ventilflattern entsteht.

Die Ventilführung führt das Ventil und leitet die Wärme an den Zylinderkopf ab. Bei GG-Zylindern werden die Ventile direkt im Zylinder geführt. Bei Zylinderköpfen aus Al-Legierung werden auswechselbare Ventilführungen aus Sondergußeisen oder Cu-Sn-Legierung in den Zylinderkopf eingepreßt. Ventilschaftabdichtungen verhindern zu hohen Ölverbrauch.

Der Ventilsitz wird bei GG-Zylindern direkt eingefräst. Bei Leichtmetall-Zylinderköpfen werden Ventilsitzringe aus Sondergußeisen oder Cr-Mn-Stahl eingepreßt oder eingeschrumpft.

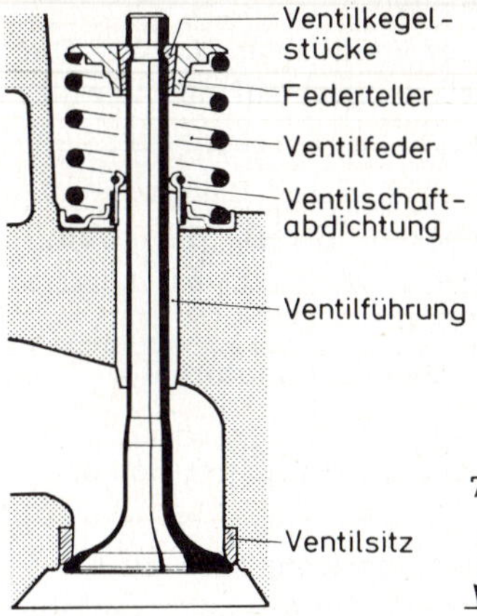

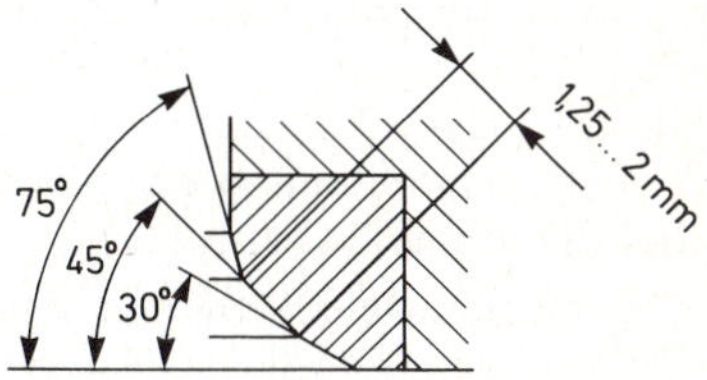

Beanspruchung	Maßnahmen, um den Beanspruchungen standzuhalten
Die Ventile sind einer hohen thermischen, chemischen und mechanischen Beanspruchung ausgesetzt. Das Einlaßventil erreicht Betriebstemperaturen bis 550 °C, das Auslaßventil erhitzt sich auf über 800 °C. Das Auslaßventil ist zusätzlich einer hohen Korrosion ausgesetzt. Hinzu kommt eine schlagartige mechanische Dauerbeanspruchung, Verschleiß am Schaftende, am Ventilschaft und am Ventilsitz.	Die Werkstoffe besitzen eine hohe Warmfestigkeit, Zunderbeständigkeit und Korrosionsbeständigkeit. EV: Chrom-Silizium-Stahl (X45 CrSi 9 3) AV: Chrom-Mangan-Stahl als Kopfstück (X53 CrMnNiN 21 9) Chrom-Silizium-Stahl für den Schaft Die Ventilsitze von Auslaßventilen werden mit Stelliten (= gegossene Hartmetalle) gepanzert, von Einlaßventilen oberflächengehärtet. Das Schaftende wird ebenfalls gehärtet oder mit Stellit gepanzert. Zur Verbesserung der Gleiteigenschaften verchromt man den Schaft von Cr-Mn-Ventilen.

Einmetallventile	Bimetallventile	Hohlventile
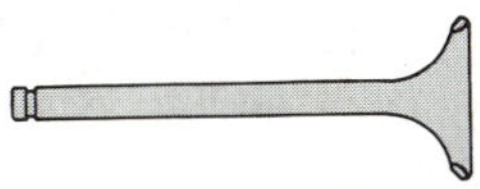	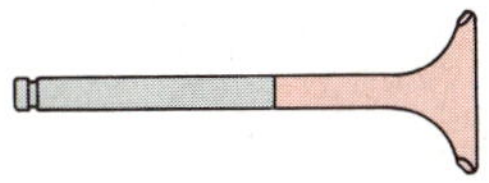	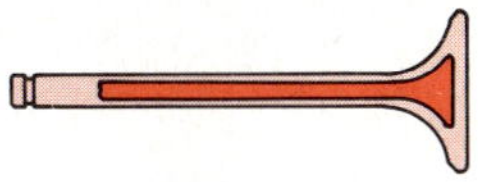
Einlaßventile sind meist Einmetallventile aus Chrom-Silizium-Stahl. Die Lebensdauer des Ventils wird durch Panzerung oder Härten von Sitz und Schaftende verbessert.	Auslaßventile werden als Bimetallventile ausgeführt. Das Kopfstück besteht aus Cr-Mn-Stahl (hohe Warmfestigkeit), das Schaftstück aus Cr-Si-Stahl (gute Gleiteigenschaften).	Der Hohlraum des Ventils ist teilweise mit metallischem Natrium gefüllt, das bei ca. 100 °C schmilzt. Durch die Ventilbewegung wird es im Schaft hin- und hergeschleudert und führt die Wärme vom Ventilteller ab.

Eine Ventildrehvorrichtung vermeidet durch Drehen des Ventils eine ungleichmäßige Erwärmung des Ventiltellers, Verzug und Undichtigkeiten sowie Hochtemperatur-Korossion an den heißen Stellen und abblätternde Verbrennungsrückstände.

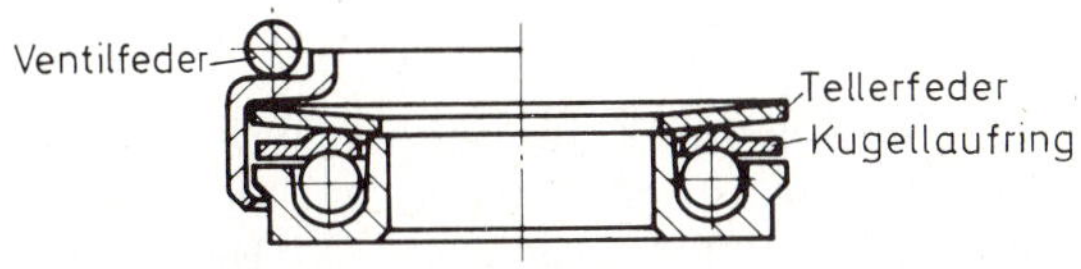

<table>
<tr><th>Öffnen des Ventils</th><th>Schließen des Ventils</th></tr>
<tr><td>Öffnet das Ventil, so drückt die Tellerfeder auf die Kugeln und zwingt sie zum Abrollen auf den schrägen Laufbahnen. Mit der Tellerfeder verdreht sich das gesamte Ventil.
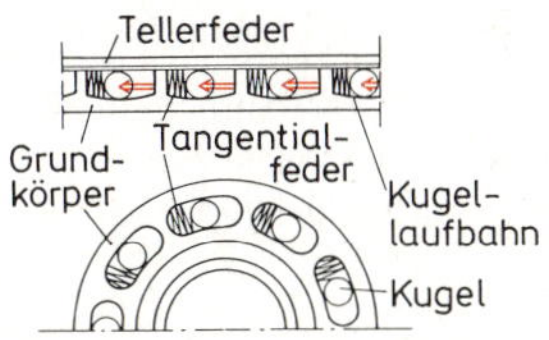
</td><td>Beim Schließen des Ventils wird die Tellerfeder entlastet und damit auch die Kugeln. Die Tangentialfedern schieben die Kugeln in ihre Ausgangslage zurück.
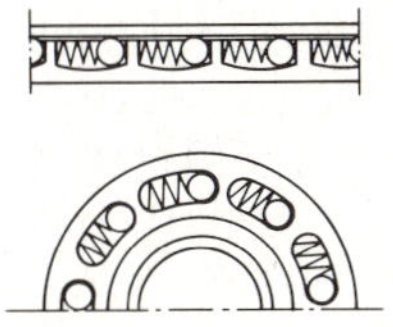</td></tr>
</table>

1.3.3.2 Nockenwelle und Nockenwellenantrieb

Die Nockenwelle hat die Aufgabe, die Ventile

- im richtigen Zeitpunkt zu öffnen und zu schließen,
- um das richtige Maß zu heben und
- eine bestimmte Zeit offenzuhalten.

Die Nockenwelle besitzt für jedes Ventil einen Nocken. Die Nockenform bestimmt den Bewegungsablauf der Ventile.

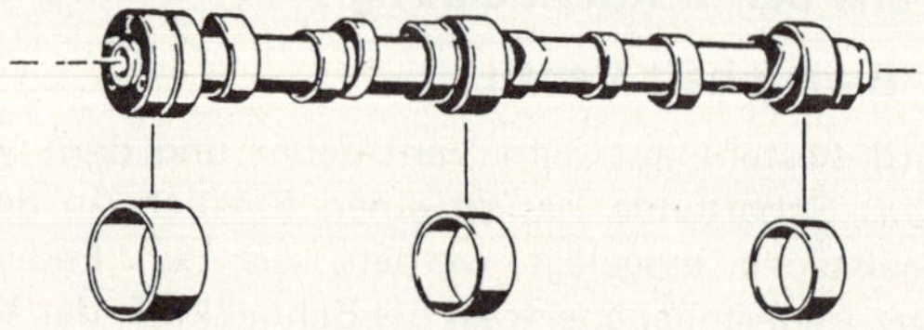

Schlanker Nocken		Breiter Nocken	
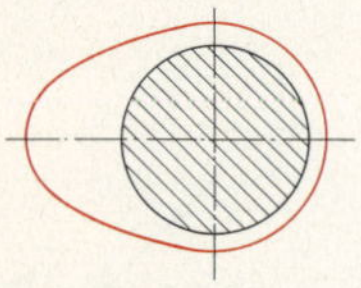	Der Nocken öffnet das Ventil langsamer und hält es kürzere Zeit offen. Einsatz: Gebrauchsmotoren	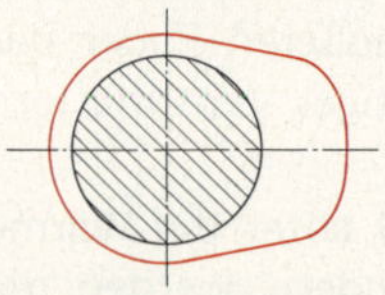	Der Nocken öffnet das Ventil schnell und hält es längere Zeit offen. Einsatz: Hochleistungsmotoren

Die jeweilige Stellung eines Nockenpaares richtet sich nach der Zündfolge.

Die Nockenwellen werden meist gegossen, aber auch im Gesenk geschmiedet. Die gegossene Nockenwelle besteht aus Gußeisen mit Kugelgraphit, Schalen-Hartguß oder schwarzem Temperguß. Geschmiedete Nockenwellen werden aus legiertem Stahl hergestellt. Nockenbahnen und Lagerstellen sind oberflächengehärtet.

Die Nockenwelle wird von der Kurbelwelle angetrieben. Die Übersetzung ist 2 : 1, d.h. die Nockenwelle läuft mit der halben Kurbelwellendrehzahl:

$$n_{NW} = 1/2\ n_{KW}$$

Die Art des Antriebs ist von der Lage der Nockenwelle abhängig.

Antriebsarten der Nockenwelle

Zahnräder	Rollenkette	Zahnriemen
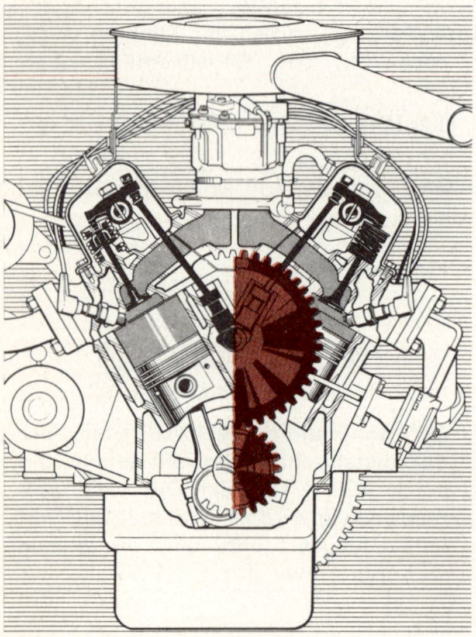	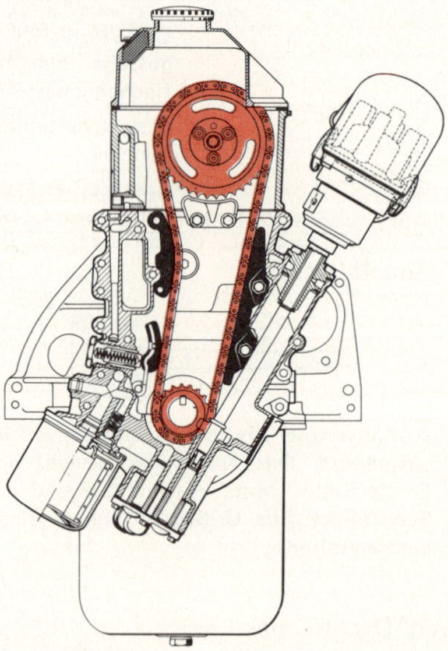	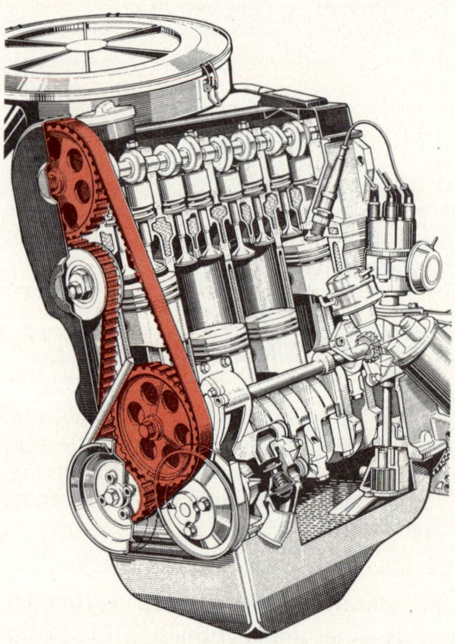
Der Abstand zwischen Kurbelwelle und Nockenwelle ist meist gering. Die Zahnräder sind schrägverzahnt, damit sie geräuscharm laufen. Zahnräder werden überwiegend bei unten liegender Nockenwelle eingesetzt. Einsatz: V-Motoren, Boxermotoren	Der Abstand zwischen Kurbelwelle und Nockenwelle ist meist groß. Die Ketten sind einfache oder doppelte Rollenketten. Sie laufen im Kurbelgehäuse und werden durch Spritzöl geschmiert. Kettenspanner (federbetätigt oder hydraulisch) sorgen für eine Kettenspannung und einen schwingungsarmen Lauf.	Der Abstand zwischen Kurbelwelle und Nockenwelle ist groß. Der Zahnriemen dient zum Antrieb von obenliegenden Nockenwellen. Er besteht aus Kunststoff mit Stahldrahteinlagen und läuft außerhalb des Kurbelgehäuses. ⊕ geräuscharmer Lauf ⊕ geringe Kosten

1.3.4 Ventilspiel

Alle Teile der Motorsteuerung dehnen sich im Betrieb durch die Temperatursteigerung aus und verändern ihre Länge. Eine weitere Längenänderung tritt durch Verschleiß auf. Diese Längenänderungen werden durch

- Ventilspiel oder
- hydraulische Spielausgleichselemente

aufgefangen, damit ein sicheres Schließen des Ventils bei jedem Betriebszustand gewährleistet ist.

1.3.4.1 Steuerungen mit Ventilspiel

Damit das Ventil auch im warmen Zustand einwandfrei schließt, ist zwischen den Übertragungsteilen ein Spiel vorgesehen. Da sich auch Zylinderkopf und Zylinderblock durch Wärme ausdehnen, bewirkt die Längenänderung je nach Ventilkonstruktion eine Verkleinerung oder Vergrößerung des Ventilspiels. Das Ventilspiel ist daher je nach Fabrikat und Typ unterschiedlich und wird vom Hersteller vorgeschrieben.

Ventilspiel: EV 0,1 ... 0,25 mm
AV 0,1 ... 0,4 mm

Ventilspiel

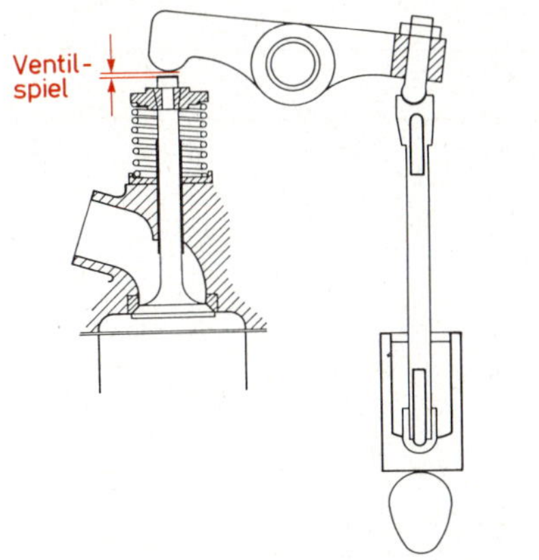

Ventilspiel zwischen Ventilschaft und Kipphebel

Einstellung durch Verstellschraube am Kipphebel

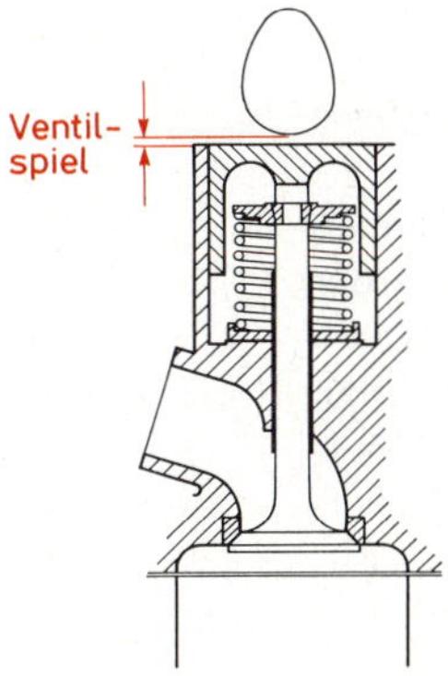

Ventilspiel zwischen Nocken und Ausgleichsscheibe

Einstellung durch Ausgleichsscheiben zwischen Nocken und Tassenstößel

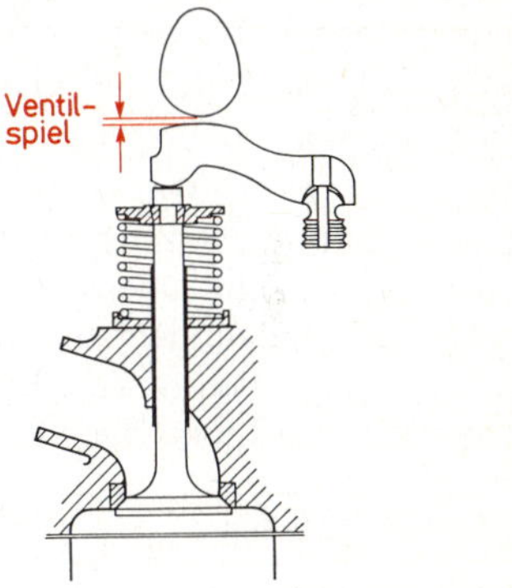

Ventilspiel zwischen Nocken und Schwinghebel

Einstellung über Verstellschraube an Auflager des Schwinghebels

Ventilspiel zu klein	Ventilspiel zu groß
Die Ventile sitzen nicht auf dem Ventilsitz auf, ein kleiner Spalt bleibt offen. ⊖ Wärmeabfuhr unterbrochen Überhitzung des AV Rißgefahr ⊖ schlechte Verdichtung Leistungsabfall ⊖ Vergaserbrand	Die Ventile öffnen später, geben nicht den vollen Einlaßquerschnitt frei und schließen früher. ⊖ kürzere Öffnungszeiten kleinere Öffnungsquerschnitte ⊖ schlechte Zylinderfüllung geringere Motorleistung ⊖ Ventilgeräusche

1.3.4.2 Spielfreie Ventilsteuerung

Eine spielfreie Ventilsteuerung wird durch Spielausgleichselemente ermöglicht. Sie sichern ein spielfreies Arbeiten der Steuerung unter allen Betriebsbedingungen und kompensieren auch Längenänderungen, die durch Verschleiß hervorgerufen werden.

Ein häufig verwendetes Spielausgleichselement ist der hydraulische Stößel. Er besteht im wesentlichen aus einem Gehäuse und einem Kolben.

Bei laufendem Motor fließt Öl vom Ölkreislauf des Motors über ringförmige Öl-Sammelnuten und Bohrungen in das Kolbeninnere. Ist der Innenraum gefüllt, öffnet das Kugelventil des Stößelkolbens. Der Druckraum unterhalb des Kolbens füllt sich mit Öl.

Eine Spielausgleichsfeder drückt den Kolben nach oben und beseitigt das Ventilspiel. Sobald der Nocken den Stössel anhebt, wird der Kolben durch den Ventilfederdruck belastet, so daß im Druckraum ein Überdruck gegenüber dem oberen Kolbeninnenraum entsteht, der das sofortige Schließen des Kugelventils bewirkt. Die Ölfüllung des Druckraums wirkt als „hydraulisch starre Verbindung".

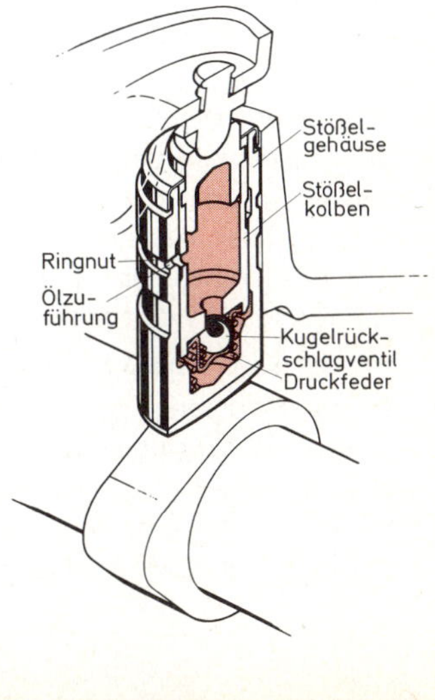

Kfz-Meßtechnik

Prüfen des Verbrennungsraumes

Druckverlusttest

Eine Kompressionsdruckprüfung gibt nur einen Überblick über den mechanischen Zustand des Verbrennungsraumes. Sie ermöglicht keine Lokalisierung des Fehlers. Eine Druckverlustprüfung wird dann durchgeführt, wenn z.B. durch den Kompressionsdrucktest Undichtheiten im Verbrennungsraum festgestellt wurden.

Bei dem Druckverlusttest wird der zu prüfende Zylinder mit Druckluft gefüllt. Der Betriebsdruck soll im allgemeinen zwischen 5 und 15 bar liegen. Vor der Prüfung ist die Anzeigenadel auf den in der Betriebsanleitung festgelegten Ausgangswert einzuregeln. Die Prüfung erfolgt bei betriebswarmen Motor. Weiterhin müssen alle Zündkerzen herausgeschraubt, der Luftfilter abgebaut, der Ölmeßstab herausgezogen und der Kühlerdeckel abgeschraubt werden.

Der Tester zeigt den durch Undichtheiten entstehenden Druckverlust in Prozent an. Der Druckverlust soll in der Regel 40 % nicht überschreiten. Unterschiede zwischen den einzelnen Zylindern bis zu 20 % sind ohne Bedeutung. Undichtheiten lassen sich durch das Geräusch der ausströmenden Luft lokalisieren:

Geräuschstellen	mögliche Fehlerstellen
Ansaugkrümmer	Einlaßventil
Auspuffkrümmer	Auslaßventil
Öleinfüllstutzen	Kolben, Kolbenringe
Kühlwasser-Einfüllstutzen	Zylinderkopfdichtung

Bei größerem Druckverlust wird die Messung wiederholt, nachdem etwas Öl in den Zylinder gespritzt wurde. Stellt sich ein geringerer Druckverlust als bei der ersten Messung ein, ist mit Undichtheiten an Kolben und Kolbenringen zu rechnen.

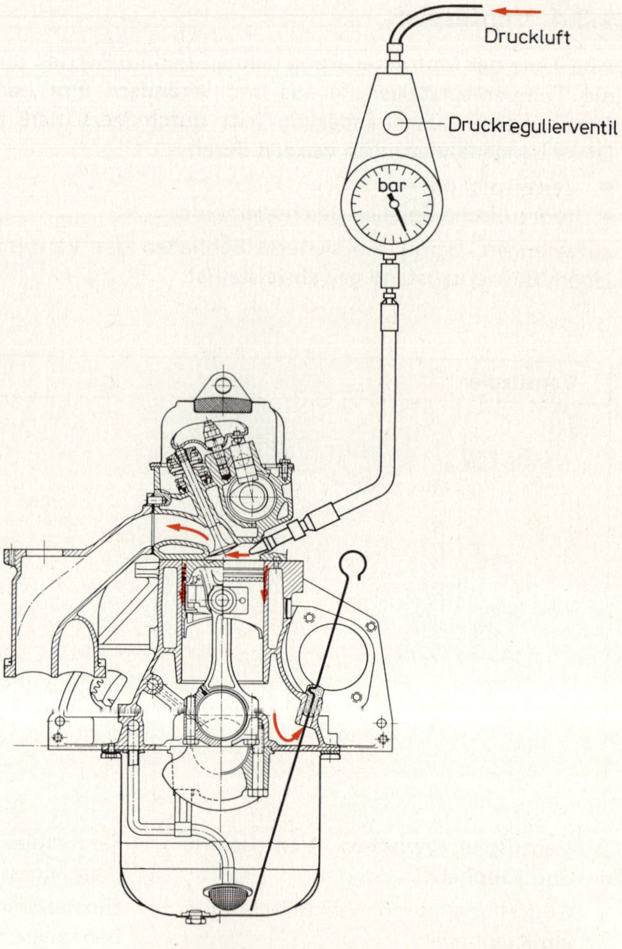

Elektronischer Zylindervergleich

Undichtheiten im Bereich des Verbrennungsraumes lassen sich durch einen elektronischen Zylindervergleich feststellen. Hierzu wird die Zündung des einzelnen Zylinders abgeschaltet. Der kurzgeschlossene Zylinder bremst während der Verdichtung die arbeitenden Zylinder ab. Je dichter der Verbrennungsraum des kurzgeschlossenen Zylinders ist, desto höher ist der Drehzahlabfall.

Alle modernen Motortester erlauben eine elektronische Zylinderkurzschlußprüfung. Die einzelnen Zylinder können durch Drücken der entsprechenden Tasten kurzgeschlossen werden, wobei die Zündfolge zu beachten ist. An den beiden digitalen Anzeigen läßt sich die Motordrehzahl in 1/min und der Drehzahlabfall in % ablesen. Die Drehzahlverminderungen sollen nicht mehr als 1/3 voneinander abweichen.

Bei der Kurzschlußprüfung ist zu beachten, daß

- nicht zu lange geprüft wird, da der unverbrannte Kraftstoff den Schmierfilm von den Zylinderwänden abwäscht und das Motoröl verdünnt;
- die unverbrannten Kraftstoffbestandteile eine beschleunigte Beschädigung des Katalysators bewirken.

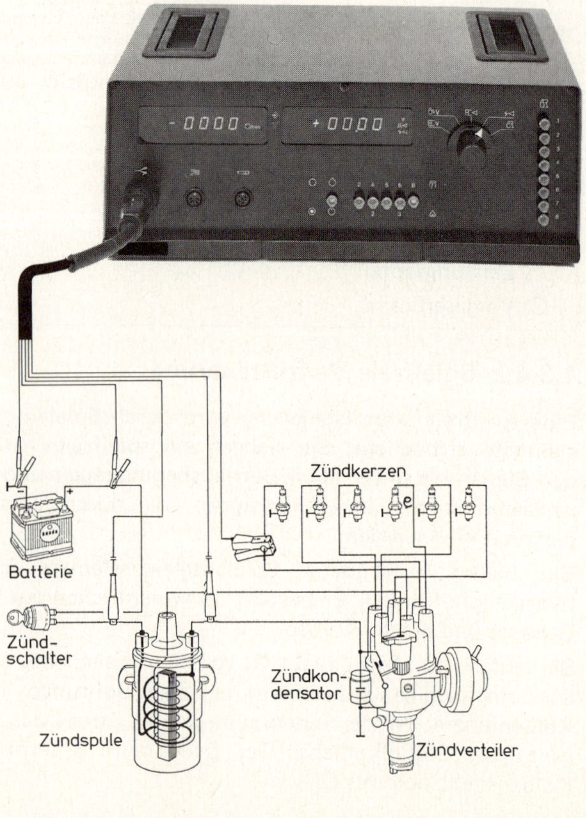

ZUSAMMENFASSUNG Motorsteuerung

Motorsteuerung

Obengesteuerter Motor

Ventile und Gaswege liegen oberhalb des OT. Ventile sind hängend eingebaut.

OHV-Motor	OHC-Motor	CIH-Motor
Nockenwelle liegt unten Stößel-Stößelstange-Kipphebel	Nockenwelle liegt über den Ventilen Schwinghebel oder Tassenstößel	Nockenwelle liegt im Zylinderkopf Stößel-Kipphebel

Steuerdiagramm

Einlaßventil (EV)

Voreinlaß: EV öffnet vor OT

Nachauslaß: EV schließt nach UT

Füllung des Zylinders wird verbessert

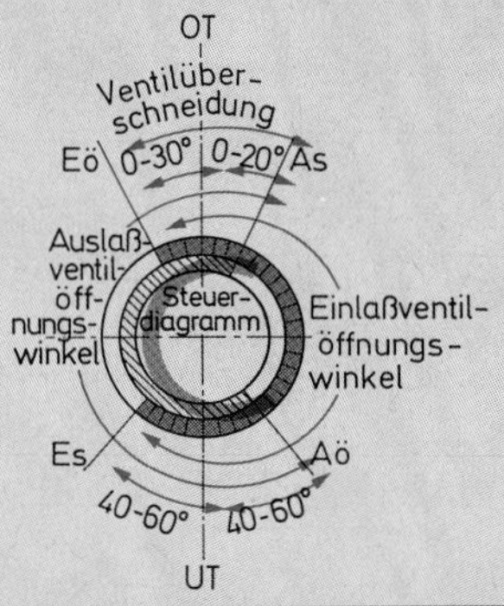

Steuerdiagramm

Auslaßventil (AV)

Vorauslaß: AV öffnet vor UT: Gase sind entspannt, bevor Kolben die Abgase ausschiebt.

Nachauslaß: AV schließt nach OT: bessere Spülung, da EV gleichzeitig offen (Ventilüberschneidung)

Motorsteuerung

Baueinheit Ventil

Ventilteller:
Kegeliger Sitz zentriert das Ventil. Sitzwinkel 45°. $\varnothing$ EV > $\varnothing$ AV zur besseren Zylinderfüllung

Schaftende:
Einstich für Ventilkegelstücke

Ventilarten:
- Einmetallventil
- Bimetallventil aus warmfesten Stahl (Kopf) und Ventilstahl (Schaft)
- Hohlventil, hohler Schaft mit Natriumfüllung für gute Wärmeableitung vom Ventilteller

Werkstoff:
EV: Cr-Ni-Stahl
AV: Cr-Mn-Stahl (Kopf)
Cr-Ni-Stahl (Schaft)

Federteller:
überträgt die Schließkraft der Ventilfeder auf Ventil

Ventilfeder:
äußere Ventilfeder schließt Ventil, innere Ventilfeder verhindert bei Federbruch das Hineinfallen des Ventils in den Zylinder

Ventildrehvorrichtung:
verdreht bei jedem Hub das Ventil und verhindert das Festsetzen von Rückständen am Ventilsitz

Ventilführung:
führt das Ventil und leitet Wärme ab. Zylinderkopf aus GG mit direkter Ventilführung, Zylinderkopf aus Al-Legierung mit auswechselbarer Ventilführung aus Sondergußeisen oder Cu-Sn-Legierung

Ventilsitz:
in GG-Zylinder direkt eingefräst oder Ventilsitzring bei Leichtmetall-Zylinderkopf

Nockenwelle (NW)

- öffnet und schließt die Ventile
- hebt sie um den Hub an
- hält sie eine bestimmte Zeit offen

Öffnungszeitpunkt hängt von der Stellung der NW zur KW ab.

Nockenhöhe bestimmt Ventilhub, Nockenform bestimmt Öffnungs- und Schließgeschwindigkeit des Ventils.

Gegossene NW: GGG
GTS

Geschmiedete NW:
Legierter Stahl

Antrieb der NW:

$$n_{NW} = 1/2\, n_{KW}$$

Zahnräder bei geringem Abstand zwischen NW und KW

Rollenkette bei großem Abstand zwischen NW und KW

Zahnriemen bei großen Abstand zwischen NW und KW

Alle Teile der Motorsteuerung dehnen sich im Betrieb durch Wärme aus.

Damit das Ventil sicher schließt, muß Spiel vorhanden sein.
EV: 0,1 ... 0,25 mm
AV: 0,1 ... 0,4 mm

Die Längenänderung wird durch einen hydraulischen Stößel oder ein Spielausgleichelement aufgefangen. Die Steuerung arbeitet spielfrei.

ANALYSE Ausgeführte Motorsteuerungen

Vergleichen Sie die Steuerung eines Motors aus dem Jahre 1912 mit einer Steuerung eines modernen Motors und arbeiten Sie die Unterschiede heraus.

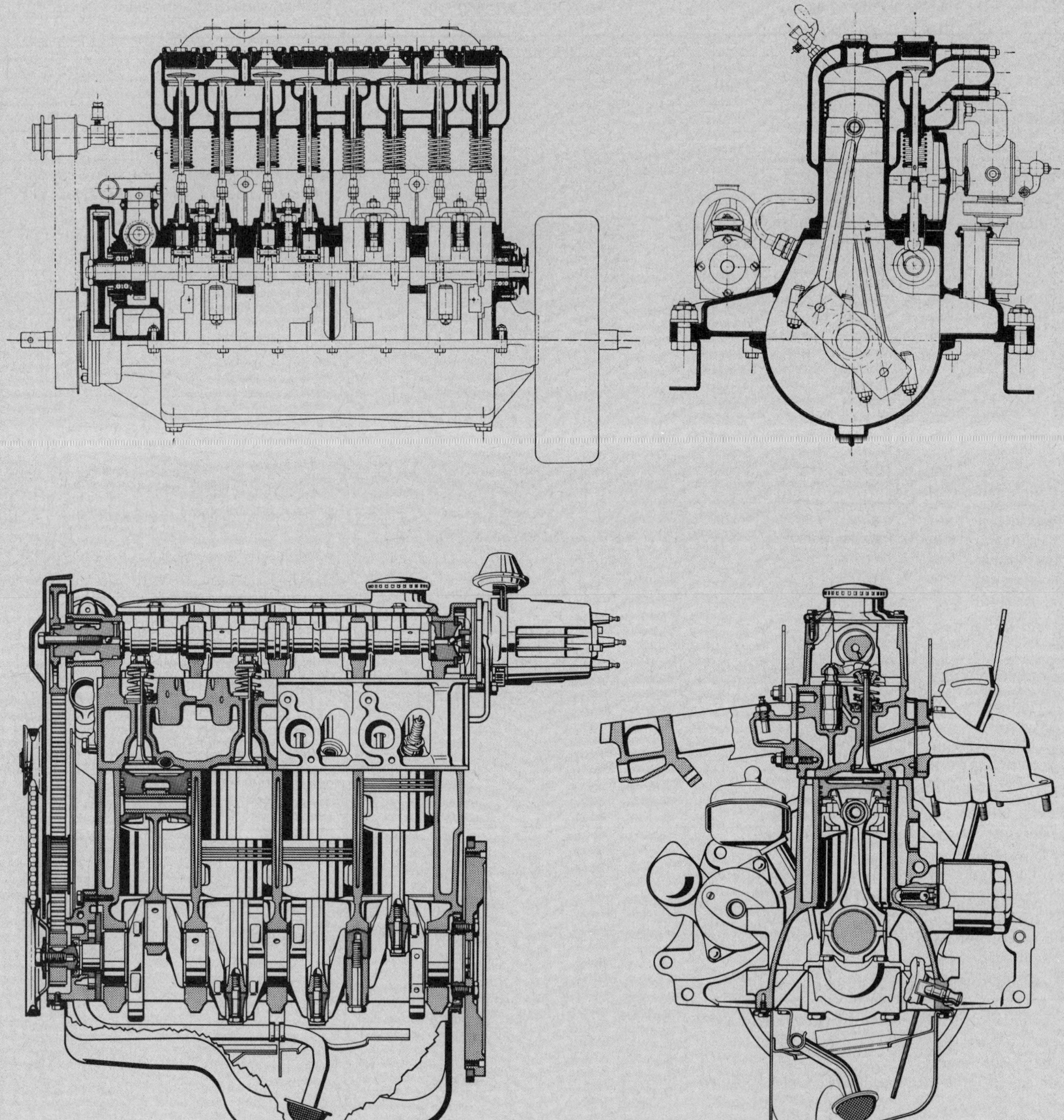

ANALYSE Ausgeführte Motorsteuerungen

1. Bestimmen Sie die Art der Motorsteuerung.
2. Erklären Sie die Wirkungsweise der dargestellten Ventilsteuerungen (einschl. Antrieb).
3. Erklären Sie die Einstellung des Ventilspiels.
4. Erklären Sie die Wirkungsweise der unten dargestellten Ventilsteuerungen und Spielausgleichselementen.

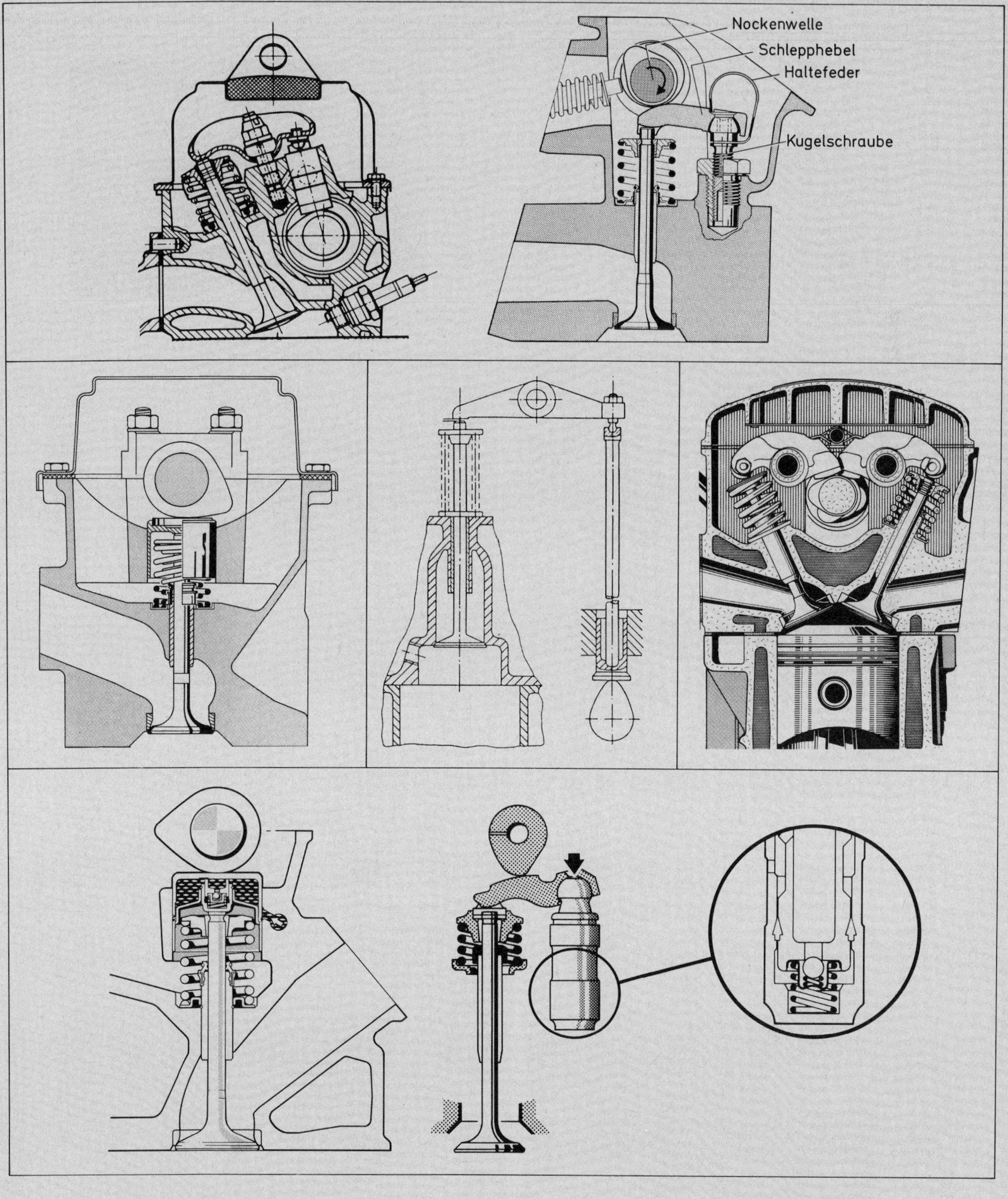

ARBEITSPLANUNG Motorsteuerung

Entwickeln Sie den Arbeitsplan für die dargestellten Prüf- und Instandsetzungsarten, indem Sie

- die Reihenfolge der Prüf- bzw. Arbeitsschritte,
- die Auswahl der Prüfmittel bzw. Werkzeuge,
- die zu beachtenden Prüf- bzw. Arbeitsregeln/Sicherheitsvorschriften,
- die Auswertung der Prüfergebnisse (nur Kompressionsdruck-Diagramm),
- die erforderlichen Ersatzteile und Werkstoffe

angeben und begründen.

Kompressionsdruck-Diagramm

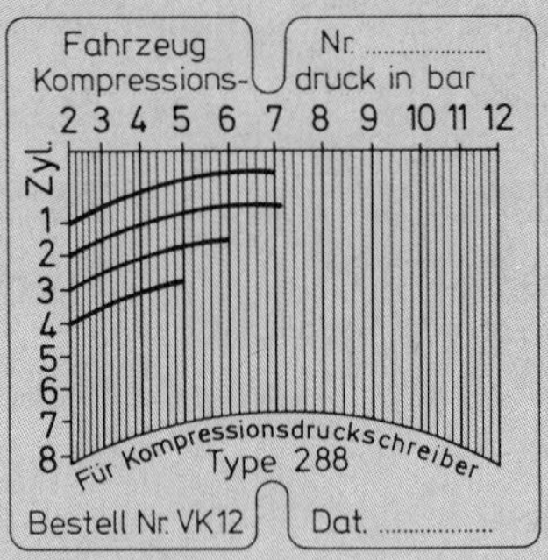

Ventilspiel einstellen

Ventilfederdemontage

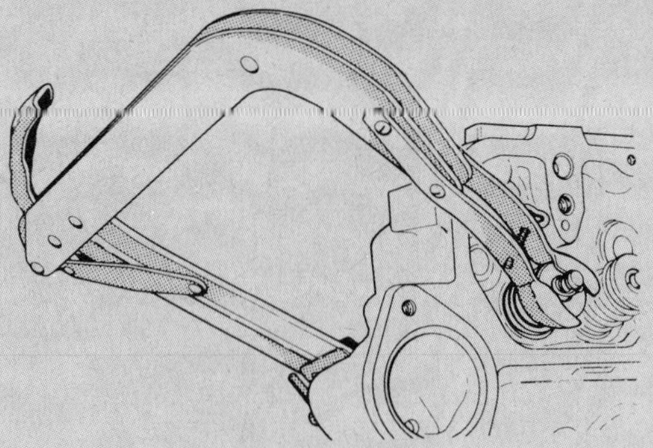

Ventil einschleifen

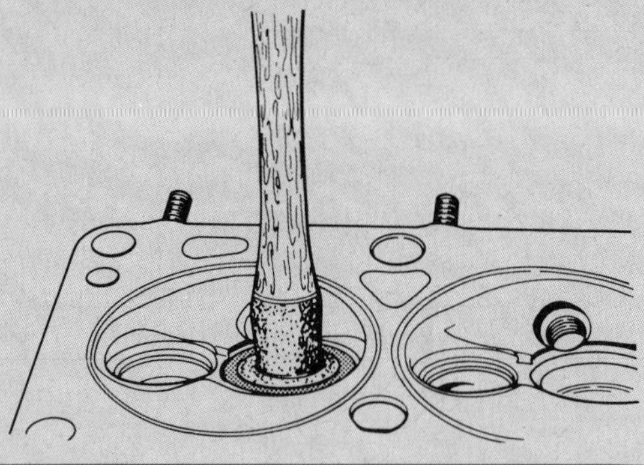

Ventilführung prüfen und instandsetzen

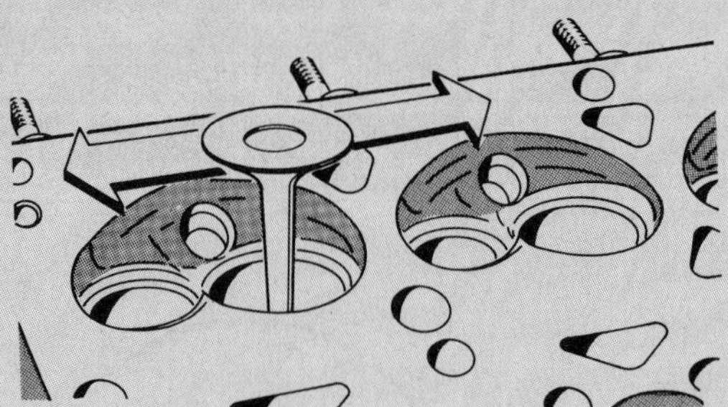

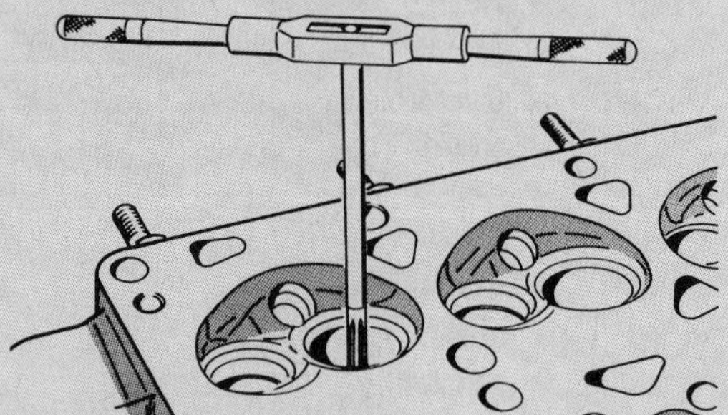

Ventilsitz fräsen

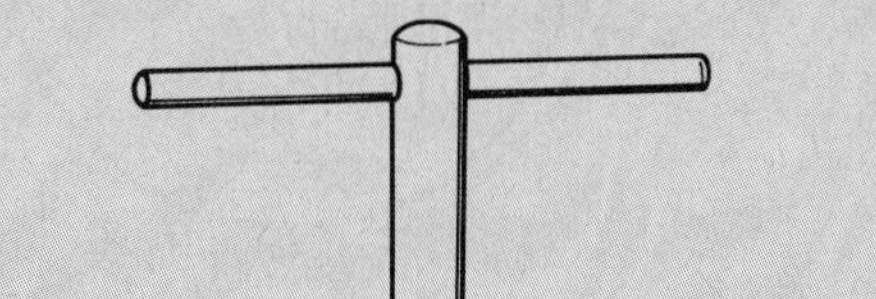

Kettenräder einstellen

1.4 Gemischbildung beim Ottomotor

1.4.1 Kraftstoffe

Der Kraftstoffbehälter eines Kfz wird nach einer längeren Fahrt vollgetankt. Es herrschen hohe Außentemperaturen. Unter dem Kraftfahrzeug bildet sich, nachdem der Kraftstoffbehälter gefüllt und das Auto anschließend in der Sonne geparkt wurde, eine Kraftstoffpfütze.

Beim anschließenden Starten springt der Motor nicht an.

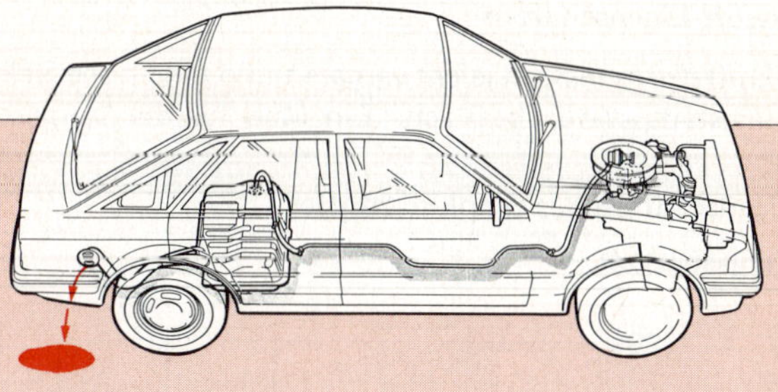

Kraftstoffe sind Kohlenwasserstoff-Verbindungen. Darin ist der Kohlenstoff ein vierwertiges Element, d.h. er kann vier Bindungen eingehen. Der Wasserstoff ist dagegen einwertig. Er hat nur eine Bindungsmöglichkeit. Ein C-Atom kann 4 H-Atome binden.

Die Anzahl der möglichen Kohlenwasserstoffverbindungen ist sehr groß, denn die C-Atome haben die Fähigkeit, mit ihresgleichen Ketten und Ringe zu bilden. Die Kohlenwasserstoffe des Kraftstoffs sind in geraden oder verzweigten Ketten oder ringförmig angeordnet.

Gerade Ketten	**Verzweigte Ketten**	**Ringförmiger Aufbau**
Oktan C_8H_{18} 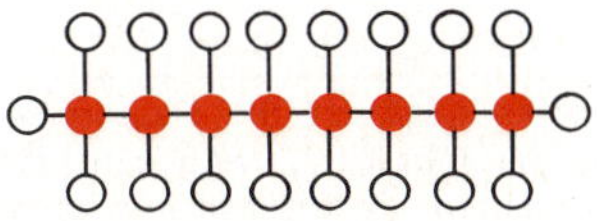 Bestandteile des Benzins wenig klopffest	Isooktan C_8C_{18} 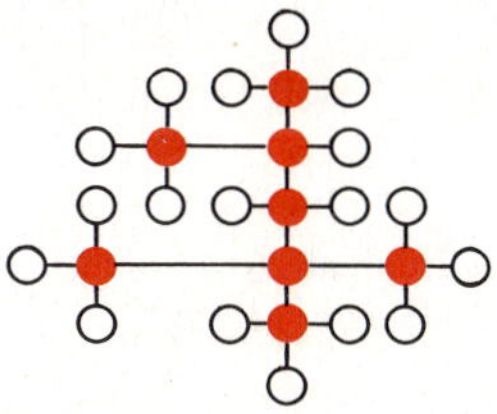 Bestandteile des Benzins sehr klopffest	Reinbenzol C_6H_6 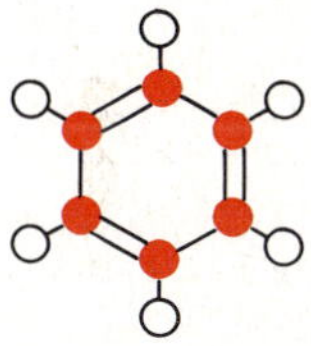 Reinbenzol sehr klopffest

Verarbeitung des Rohöls

Benzinherstellung		
Atmosphärische Destillation	**Reformieren**	**Cracken**
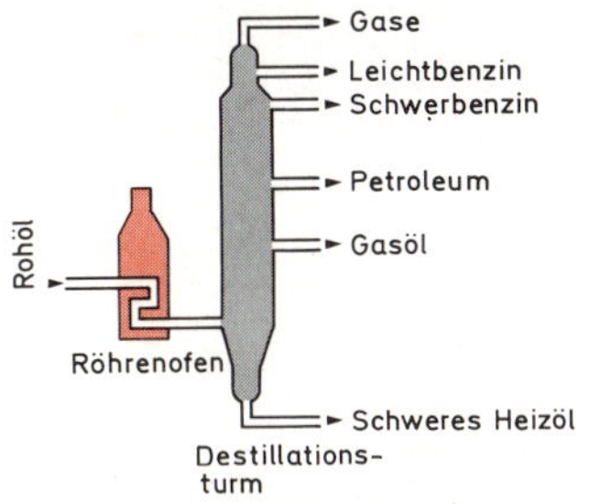 	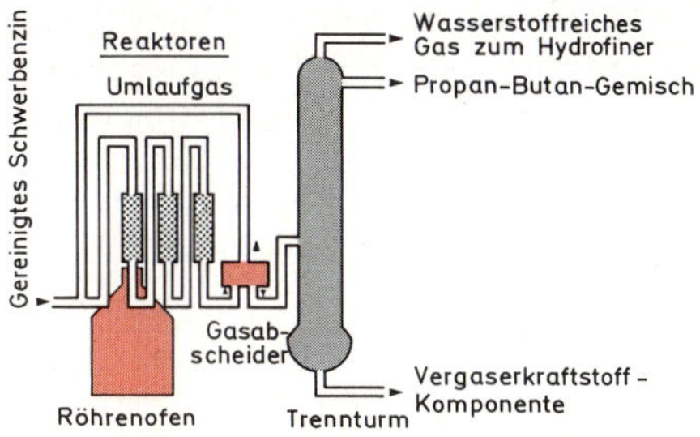 	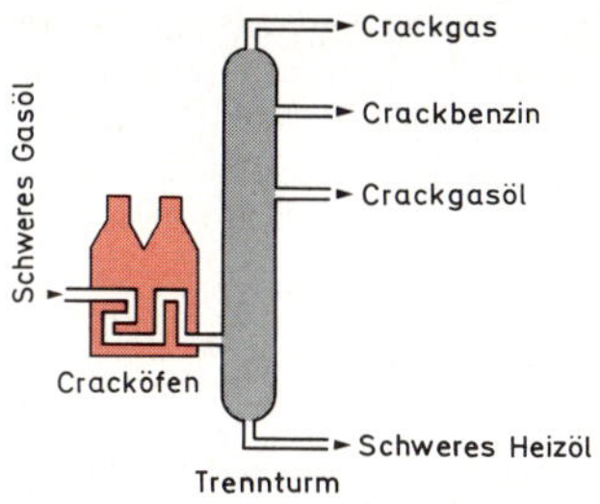
Das auf 350 °C erhitzte Rohöl wird als Öldampf in den Destillationsturm mit normalem atmosphärischen Druck geleitet. Der Turm ist von durchlöcherten Glockenböden in Stockwerke unterteilt. Der Rohöldampf steigt im Turm empor, kühlt ab und kondensiert etwas unterhalb seiner Siedetemperatur in den einzelnen Stockwerken. Das Sammeln der Kraftstoffe nach ihren Siedebereichen bezeichnet man als fraktionierende Destillation. Der anfallende Anteil des Benzins ist für den heutigen Bedarf zu gering. Auch genügt es nicht den Qualitätsanforderungen des Marktes. Die Ausbeute an Benzin und seine Qualität müssen in weiteren Anlagen verbessert werden.	Das Destillationsbenzin ist nicht klopffest. Beim Reformieren werden die kettenförmigen Moleküle des Rohbenzins in ringförmige und verzweigte Verbindungen umgebaut und damit klopffeste Vergaserkraftstoffanteile erzeugt. Beim Platforming-Verfahren wird zum Molekülumbau Platin als Katalysator verwendet. Der Katalysator ermöglicht bzw. beschleunigt den chemischen Prozeß ohne sich selbst dabei zu verändern.	Beim Cracken werden die größeren Kohlenstoffwasserstoff-Moleküle des schweren Gasöls in die kleineren Molekülgrößen des Benzins aufgespalten. Das Cracken erfolgt bei Temperaturen zwischen 500 °C und 600 °C mit einem staubförmigen Katalysator, ein Aluminium-Hydrosilikat. Das Crackbenzin ist sehr klopffest. Durch Cracken läßt sich die Benzinausbeute wesentlich steigern.

Kraftstoff-Eigenschaften

Ottokraftstoffe müssen leicht vergasen und eine hohe Selbstzündungstemperatur besitzen. Ein Maß für die Vergasbarkeit ist die Siedekurve, für die Selbstzündungstemperatur und damit Klopffestigkeit die Oktanzahl.

Dieselkraftstoffe müssen im Gegensatz zu den Ottokraftstoffen besonders zündwillig sein.

Eigenschaften des Ottokraftstoffes

Vergasbarkeit

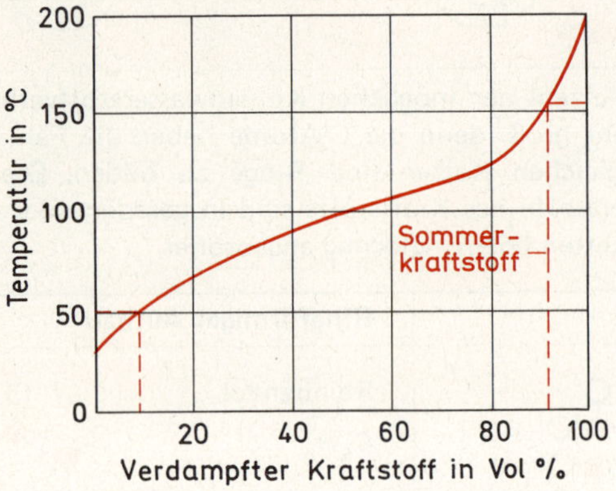

Benzin hat keinen festen Siedepunkt, sondern einen Siedebereich, d.h. die Anteile verdampfen bei verschiedenen Temperaturen.

- Normalbenzin: 60 ... 120 °C
- Superbenzin: 60 ... 200 °C

Leichtsiedende Bestandteile erleichtern im Winter das Anlassen des Motors, führen aber im Sommer bei hohen Temperaturen zur Dampfblasenbildung in den Leitungen, in der Förderpumpe und im Vergaser.

Ein Maß für die Vergasbarkeit des Benzins ist die Siedekurve. Maßgebend für einen einwandfreien Betrieb ist der 10 %-Punkt. Er gibt die Temperatur an – sie liegt bei 50 °C – bei der 10 % des Kraftstoffes verdampft sind. Der 90 %-Punkt ist die Temperatur – sie liegt bei 180 °C – bei der 90 % des Kraftstoffs verdampft ist. Schwer siedende Bestandteile, die erst bei 200 °C verdampfen, sollten vermieden werden, da sie den Ölfilm im Zylinder wegspülen.

Die mittlere Temperatur zwischen 5 % und 95 % ist die Siedekennziffer, ein vereinfachtes Maß für die Vergasbarkeit des Kraftstoffs.

Siedekennziffern:

- Benzin: 110
- Benzol: 100
- Benzin-Benzol-Gemisch: 105

Klopffestigkeit

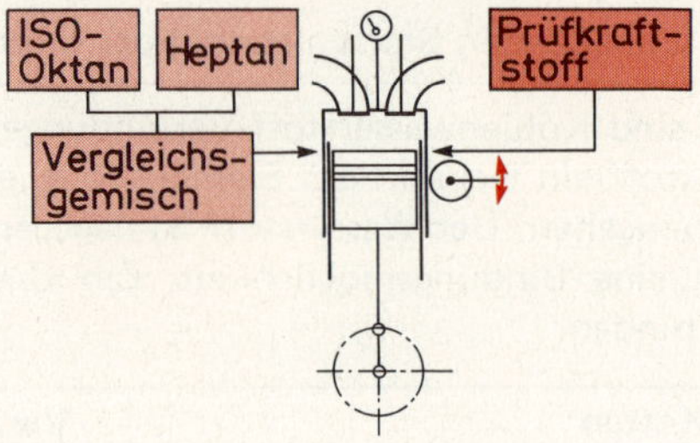

	ROZ	MOZ
Motordrehzahl	600 1/min	900 1/min
Gemischtemp.	–	149 °C
Einlaßluft	52 °C	38 °C

Ein Maß für die Klopffestigkeit ist die Research-Oktanzahl (ROZ). Zur Ermittlung der Oktanzahl vergleicht man den zu prüfenden Kraftstoff in einem Prüfmotor mit veränderlicher Verdichtung mit einer Vergleichsmischung aus Isooktan und Heptan. Isooktan ist sehr klopffest und hat die Oktanzahl 100. Heptan klopft leicht und hat die Oktanzahl 0.

ROZ 90: Der zu prüfende Kraftstoff ist so klopffest wie ein Vergleichsgemisch von 90 % Isooktan und 10 % Heptan.

Die Motoroktanzahl (MOZ) ist etwa 10 Einheiten kleiner als die ROZ. Sie ist ein Maß für Hochdrehzahlklopfen, d.h. Klopfen unter konstanter Last und Drehzahl.

Die Klopffestigkeit des Kraftstoffs wird durch Zusätze oder klopffeste Kraftstoffe erhöht.

Zusätze

- Bleitetraäthyl
  Es ist flüssig und sehr giftig.

Klopffeste Kraftstoffe

- Xylol
- Toluol
- Äthylbenzol

Klopffestigkeit		
DIN	DIN 51 600 verbleit (0,15 g/l)	DIN 51 607 unverbleit
Normal	ROZ 91	ROZ 92,5
Super	ROZ 97,4	ROZ 96

Eigenschaften des Dieselkraftstoffes

Zündwilligkeit

Dieselkraftstoffe müssen im Gegensatz zu den Ottokraftstoffen besonders zündwillig sein. Ein Maß für die Zündwilligkeit ist die Cetanzahl (CZ). Sie wird in einem Prüfmotor ermittelt, indem der Dieselkraftstoff mit einem Vergleichskraftstoff aus dem sehr zündwilligen Cetan (100 CZ) und dem sehr zündträgen Methylnaphthalin (0 CZ) verglichen wird. Je höher die Cetanzahl, desto zündwilliger ist der Kraftstoff. Die Cetanzahl soll über 45 CZ betragen. Sie liegt bei 50 ... 55 CZ.

Kältebeständigkeit

Bei niedrigen Temperaturen können durch Paraffinausscheidungen Leitungen und Filter der Einspritzanlage verstopfen. Die Kältebeständigkeit des Kraftstoffs wird durch den Zusatz bestimmter Wirkstoffe und Kraftstoff mit weniger Paraffin erhöht. Bei tiefen Temperaturen unter – 25 °C setzt man dem Dieselkraft bis zu 50 % Petroleum oder Benzin zu.

Ottokraftstoffe fallen entsprechend der „Verordnung über brennbare Flüssigkeiten" in die Gruppe A, Gefahrenklasse I (Flammpunkt unter 21 °C), Dieselkraftstoffe in die Gruppe A, Gefahrenklasse III (Flammpunkt 55 ... 100 °C).

1.4.2 Kraftstoffsysteme

1.4.2.1 Kraftstoffsysteme ohne Rücklauf

Das Kraftstoffsystem besteht aus

- Kraftstoffbehälter,
- Kraftstoffpumpe,
- Kraftstoffilter.

Die Kraftstoffpumpe saugt eine dem Bedarf des Motors angepaßte Kraftstoffmenge aus dem Kraftstoffbehälter an und fördert sie zur Schwimmerkammer des Vergasers.

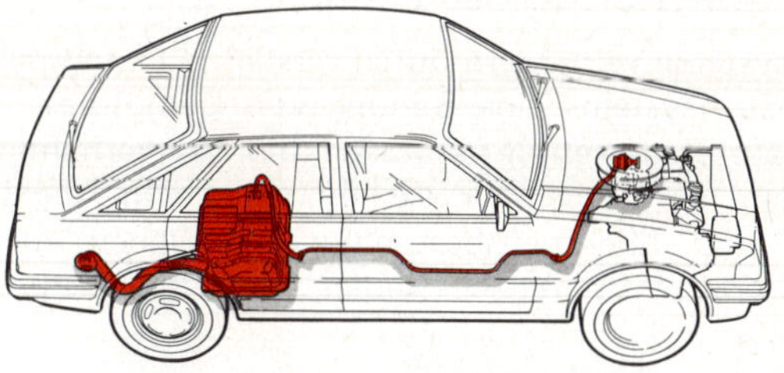

Kraftstoffbehälter

Der Kraftstoffbehälter besteht aus verzinktem Stahlblech, das innen lackiert ist. Im Innern des Kraftstoffbehälters befinden sich gelochte Querbleche, die ein Schlingern des Kraftstoffs bei Kurvenfahrten oder beim Bremsen verhindern. Der Kraftstoffbehälter liegt in der stabilen Fahrgastzelle vor oder über der Hinterachse.

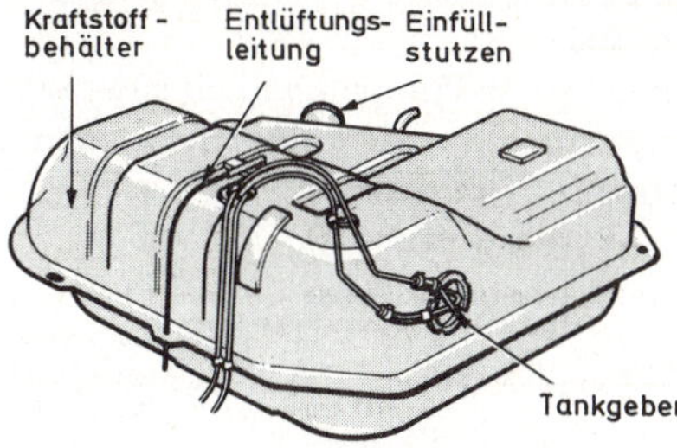

Der Kraftstoffbehälter besitzt ein aufwendiges Be- und Entlüftungssystem. Beim Einfüllen von Kraftstoff mit der Zapfpistole muß durch ein Schnellentlüftungsrohr eine entsprechende Luftmenge aus dem Tank entweichen. Das geht solange, bis der Kraftstoffspiegel die Rohrmündung verschließt. Da aus dem Tank nun keine Luft mehr entweichen kann, entsteht ein Rückstau. Dieser Rückstau schließt das Ventil der Zapfpistole.

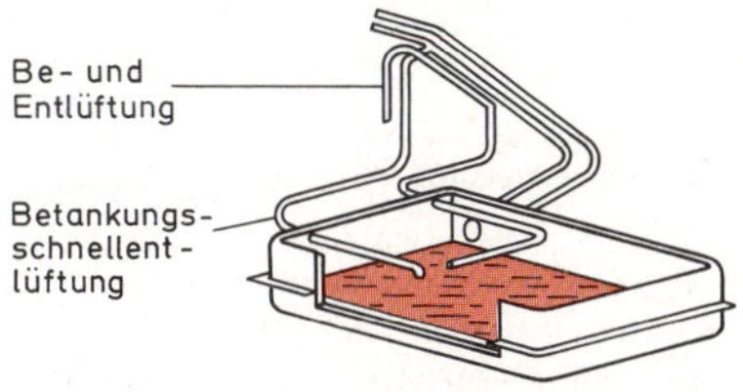

Ein zweites Entlüftungsrohr mündet an der Oberseite des Kraftstoffbehälters. Es leitet die Benzindämpfe ab, die sich durch Verdunstung des Kraftstoffs bilden. Durch das zweite Entlüftungsrohr kann gleichzeitig während der Fahrt entsprechend der verbrauchten Kraftstoffmenge Luft nachströmen. Damit kann sich im Kraftstoffbehälter kein Unterdruck bilden, der ein Absaugen des Kraftstoffs durch die Kraftstoffpumpe verhindern würde.

Der Kraftstoffvorrat wird durch den Kraftstoff-Vorratsanzeiger am Armaturenbrett angezeigt. Der Vorratsanzeiger wird von einem Geber im Kraftstoffbehälter gesteuert. Bei steigendem oder fallendem Kraftstoffspiegel verändert sich entsprechend die Stellung des Geberschwimmers und damit der Drehwiderstand.

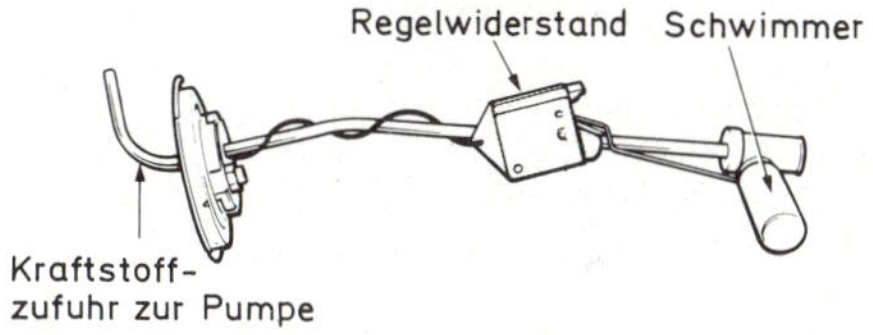

Mechanische Kraftstoffpumpe

Die Kraftstoffpumpe wird von einem Exzenter auf der Nockenwelle angetrieben. Der Förderdruck beträgt etwa 0,2 ... 0,4 bar.

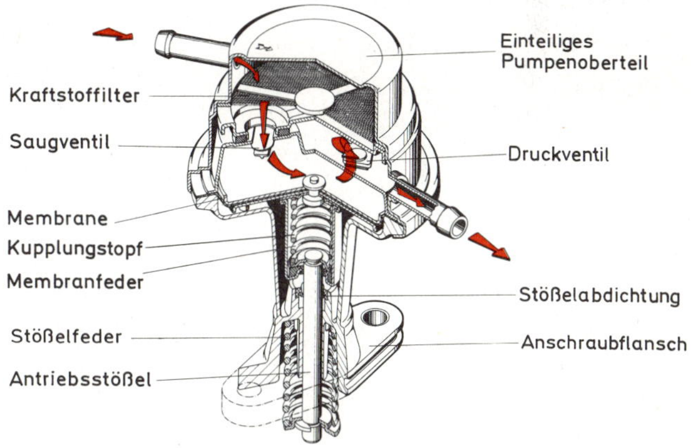

Saughub: Wenn der Stößel am Exzenter abläuft, zieht er über den Kupplungstopf gegen die Kraft der Membranfeder die Pumpenmembran nach unten. Das Einlaßventil öffnet und Kraftstoff wird in den Membranraum angesaugt.

Druckhub: Wenn der Stößel am Exzenter aufläuft, wird die Pumpenmembran nur durch die Kraft der Membranfeder bewegt. Das Auslaßventil öffnet, Kraftstoff wird zum Vergaser gefördert.

Leerhub: Bei geschlossenem Schwimmernadelventil entsteht ein Gegendruck, den die Membranfeder nicht überwinden kann. Die Membran bleibt stehen. Der Stößel löst sich und läuft frei, d.h. er bewegt sich im Kupplungstopf ohne die Membran zu bewegen.

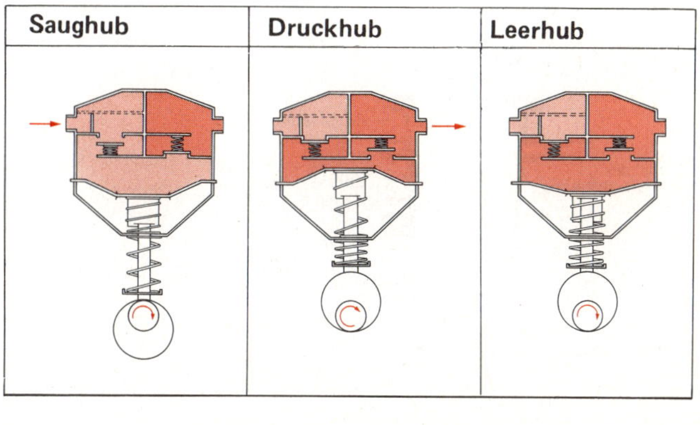

1.4.2.2 Kraftstoffrücklaufsystem

Rücklaufsysteme verhindern durch verstärkte Durchspülung des Kraftstoffsystems eine Bildung von Dampfblasen bei Heißbetrieb. Steuerventile verbessern das Fahrverhalten bei Heißbetrieb und sorgen für das Einhalten von Abgasvorschriften und Dichtheitsbestimmungen. Neben mechanischen Kraftstoffpumpen finden elektrische Pumpen Anwendung:

- In-Tank-Pumpe: Sie wird im Tank eingebaut und ist von Kraftstoff umspült.
- In-Line-Pumpe: Diese Pumpe kann an einer kühlen Stelle eingebaut werden, so daß keine Störungen bei Heißbetrieb entstehen.

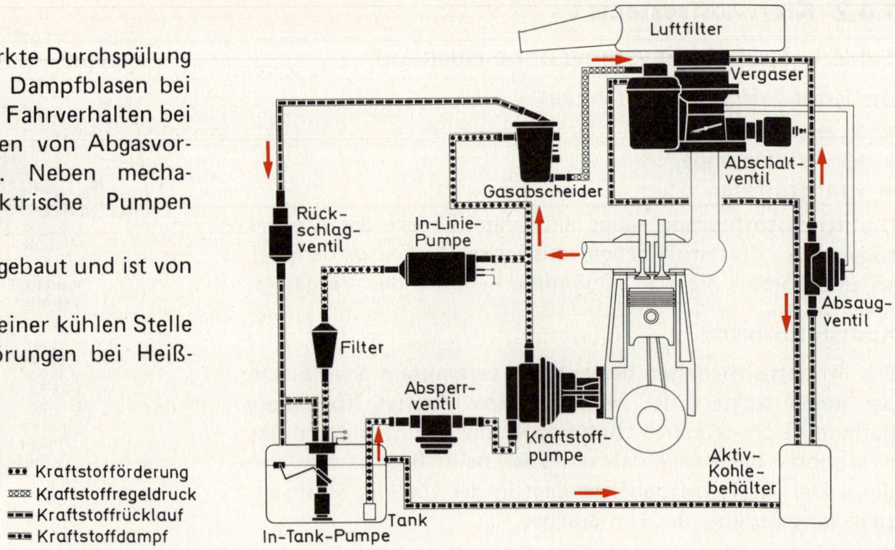

Kraftstoffventile

Verbesserung des Fahrverhaltens im Heißbetrieb

Bei hohen Außentemperaturen kann sich bei abgestellten heißen Motor durch Verdampfen von Kraftstoff der Druck in der Pumpe erhöhen und zwangsweise über die Kraftstoffleitung das Schwimmernadelventil im Vergaser öffnen. Die Schwimmerkammer läuft über und durch Überfettung des Gemischs kann der Heißstart des Motors erschwert werden.

Kraftstoffpumpe mit Heißstartventil

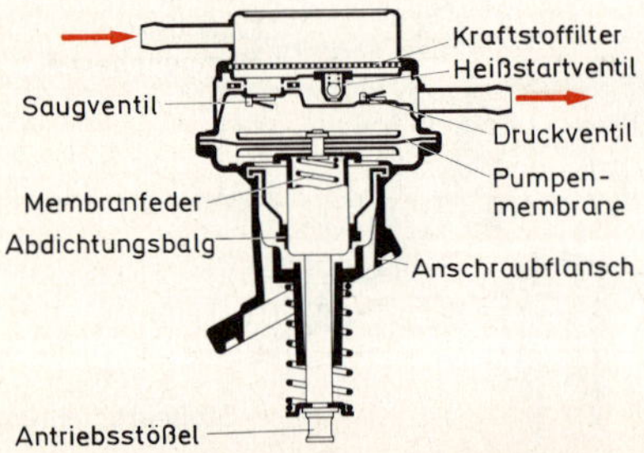

Durch das integrierte Heißstartventil wird der erhöhte Druck in der Pumpe abgebaut, indem sich das Heißstartventil zur Saugseite öffnet.

Gasabschneider

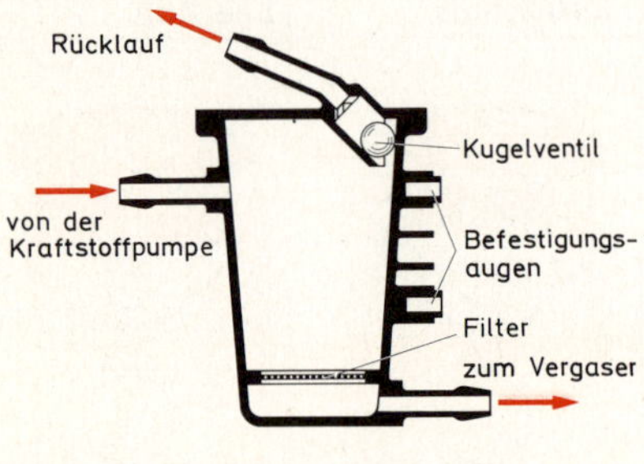

Der Gasabschneider besitzt ein Kugelventil, durch das Kraftstoffdampf zum Tank strömen kann.

Einhalten der Abgasvorschriften

Bei stehendem Motor verdampfen Kraftstoffbestandteile. Die verschärften Abgasvorschriften fordern eine Begrenzung der Verdampfungsverluste aus dem Kraftstoffsystem.

Aktiv-Kohlebehälter mit Absaugventil

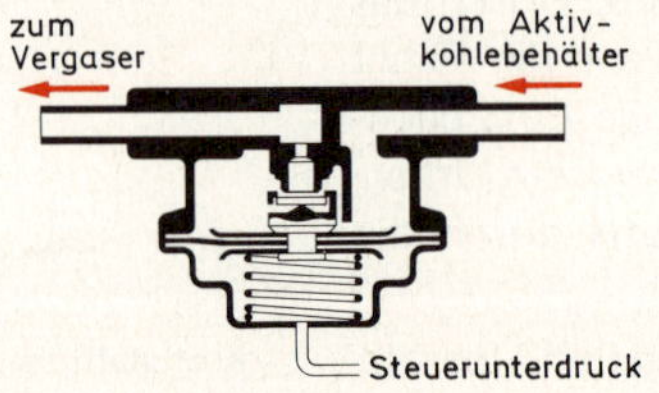

Die aus dem Kraftstoffbehälter und der Schwimmerkammer des Vergasers verdampfenden Kraftstoffanteile (Kohlenwasserstoffe) werden bei stillstehendem Motor in einem sich immer wieder regenerierenden Aktiv-Kohlebehälter gespeichert. Bei laufendem Motor wird durch den anliegenden Unterdruck auf der Membrane das Absaugventil geöffnet, so daß Kraftstoffdampf aus dem Aktiv-Kohlebehälter abgesaugt werden kann. Bei Stillstand des Motors wird das Ventil durch Federkraft geschlossen, so daß keine Dämpfe aus dem Aktiv-Kohlebehälter entweichen können.

Einhalten der Dichtheitsbestimmung

Die Dichtheitsbestimmungen des Crash- und Rollover-Testes der USA fordern bei Stillstand des Motors einen festen Abschluß der Kraftstoffleitung zwischen Tank und Vergaser.

Kraftstoffpumpe mit Membranabsperrventil

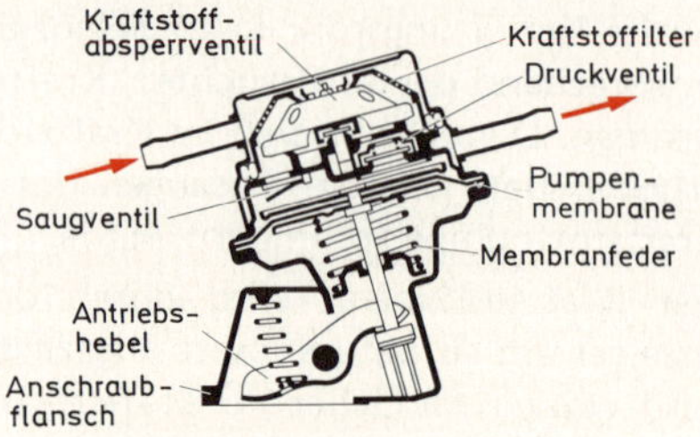

Das integrierte Membranabsperrventil verschließt bei Stillstand des Motors durch Federkraft und zusätzlich durch den Druck in der Saugleitung den Zufluß zum Vergaser. Weiterhin verhindert es das Überlaufen des Vergasers bei höherliegendem Tank.

Kraftstoffabsperrventil

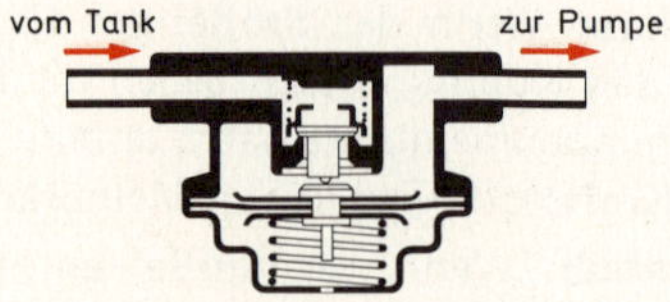

Bei bestimmten Kraftstoffsystemen ist anstelle des Membranabsperrventils in der Pumpe der Einbau eines Absperrventils in die Saugleitung erforderlich.

ZUSAMMENFASSUNG Kraftstoffe

Kraftstoff

Verbindung von C und H
Molekülaufbau:
kettenförmig
verzweigt
ringförmig

Atmosphärische Destillation

Rohöl erhitzt und verdampft, Öldampf kühlt im Destillationsturm ab und Bestandteile kondensieren

→ geringe Ausbeute an Benzin
nicht klopffest

Reformieren

kettenförmige, nicht klopffeste Moleküle des Rohbenzins in ringförmige, klopffeste Kraftstoffanteile umgesetzt

→ sehr klopffest

Cracken

große Kohlenstoffmoleküle des schweren Gasöls in kleine Moleküle des Benzins aufgespalten

→ sehr klopffest

Eigenschaften

Benzin		Diesel	
Vergasbarkeit	**Klopffestigkeit**	**Zündwilligkeit**	**Kälteverhalten**
Maß für die Vergasbarkeit ist die Siedekurve: Verdampfung des Kraftstoffs bis 50 °C – – – 10 % 180 °C – – – 90 %	Maß für die Klopffestigkeit: Oktanzahl ROZ 90: Der zu prüfende Kraftstoff ist so klopffest wie ein Vergleichsgemisch von 90 % Isooktan und 10 % Heptan. Normal: ROZ 91 Super: ROZ 97,4	Maß für die Zündwilligkeit ist die Cetanzahl CZ. Je höher CZ, desto höher die Zündwilligkeit CZ 50 ... 55	bei niedrigen Temperaturen: Parafinausscheidungen, im Winter durch Zusätze verhindert

ZUSAMMENFASSUNG Kraftstoffsystem, Kraftstoffrücklaufsystem

Kraftstoffbehälter

Er besitzt 2 Ent- bzw. Belüftungsleitungen:

- Entlüftungsleitungen zum Entlüften beim Füllen mit Kraftstoff
- Entlüftungs- bzw. Belüftungsleitung zum Entlüften der Benzindämpfe und zum Belüften bei Kraftstoffentnahme

→ **Kraftstoffpumpe**

Membranpumpe, angetrieben durch Exzenter auf der NW
Förderdruck: 0,2 ... 0,4 bar

Saughub
Stößel zieht Membran nach unten, Saugventil öffnet, Druckventil schließt

Druckhub
Membranfeder bewegt Membran nach oben, Druckventil öffnet, Saugventil schließt

Leerlauf
bei geschlossenem Schwimmernadelventil ist der Antrieb gelöst, keine Förderung

→ **Schwimmereinrichtung**

hält Füllstand in der Schwimmerkammer konstant; regelt mit dem Schwimmernadelventil den Kraftstoffzufluß; Ventilstellungen geöffnet – geschlossen beeinflussen Fördermenge der Kraftstoffpumpe

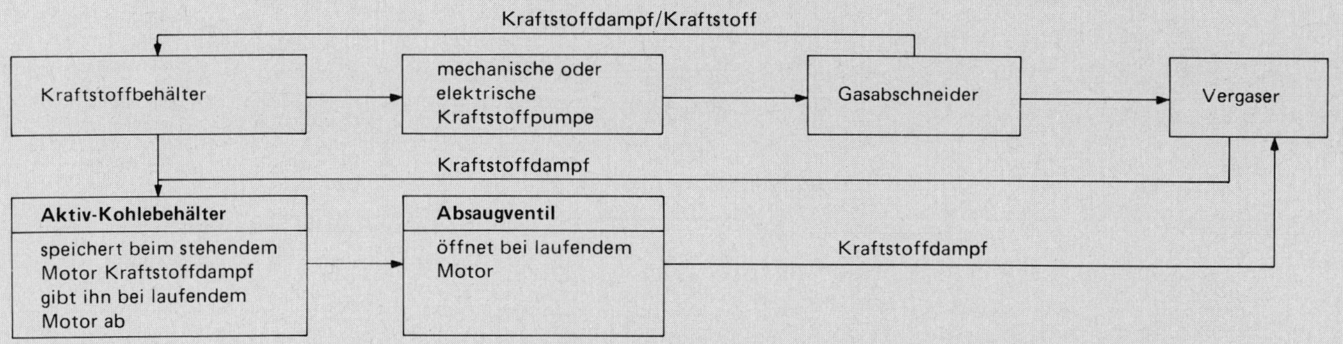

ANALYSE Kraftstoffsysteme

1. Erklären Sie den Aufbau und die Wirkungsweise der dargestellten Kraftstoffsysteme.
2. Erklären Sie die Wirkungsweise der dargestellten Kraftstoffpumpen.

Elektronische Benzineinspritzung (L-Jetronic)

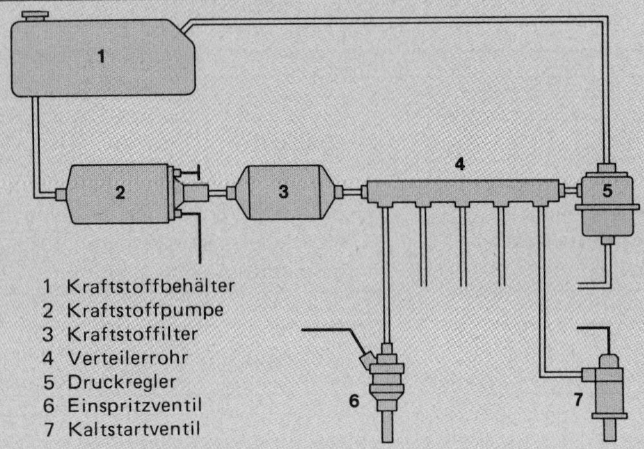

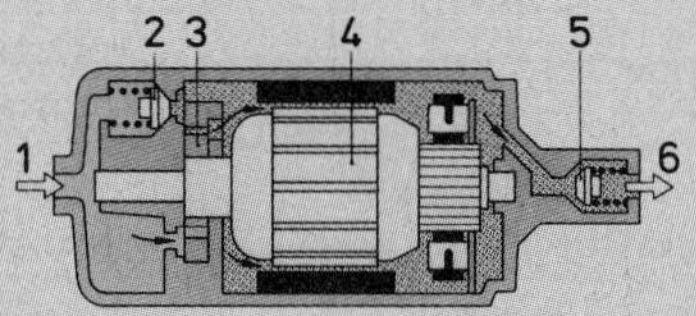

1 Saugseite
2 Druckbegrenzer
3 Rollenzellenpumpe
4 Motoranker
5 Rückschlagventil
6 Druckseite

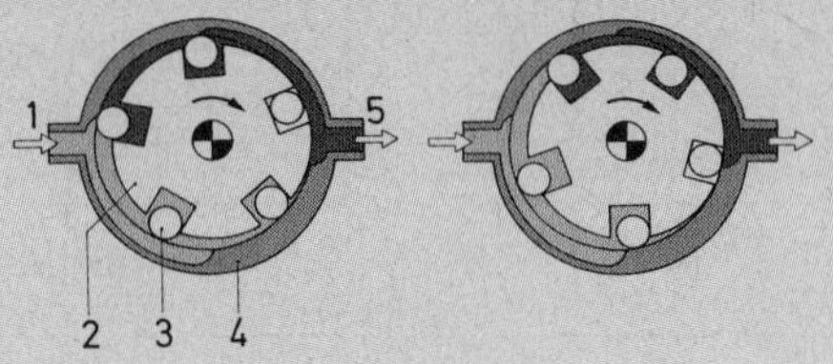

1 Saugseite
2 Läuferscheibe
3 Rolle
4 Pumpengehäuse
5 Druckseite

Elektronische Zentraleinspritzung (Multec)

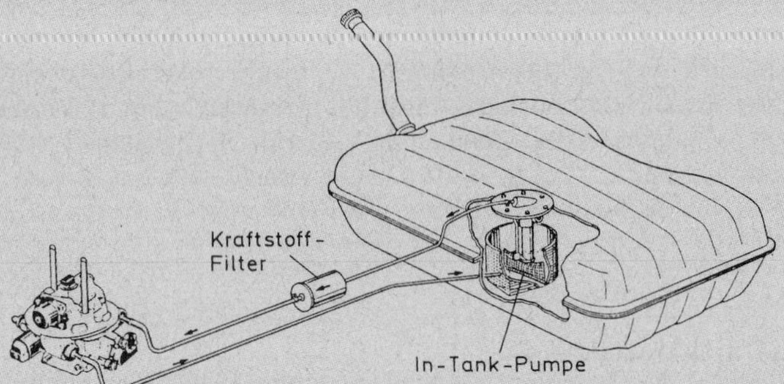

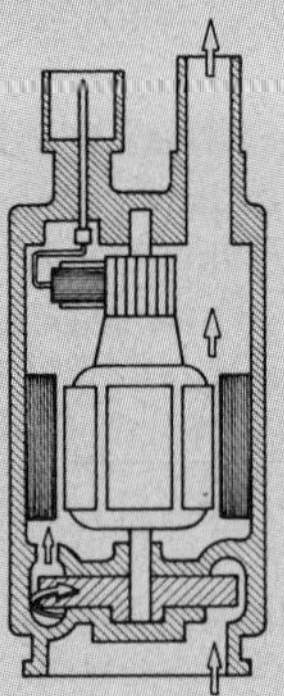

Elektrische Kraftstoffpumpe (In-Tank-Pumpe) mit/ohne Tankgeber, für Druckbereiche: 0,1 bar bis 0,6 bar, 12 V

Dieselkraftstoffsystem

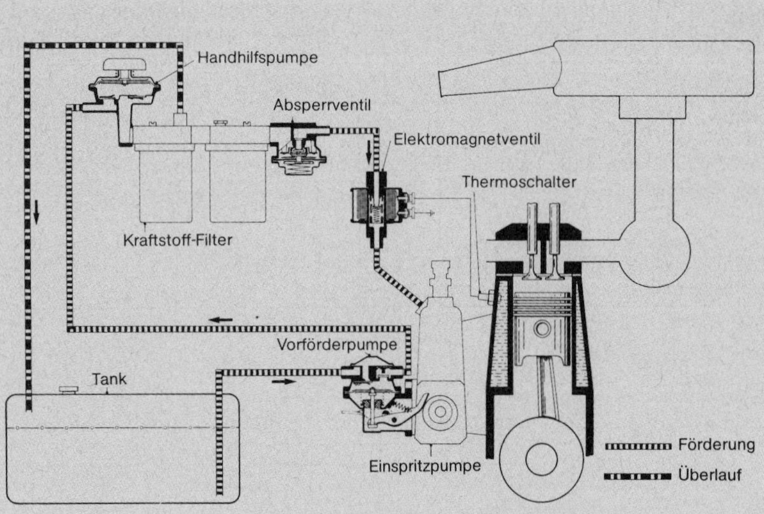

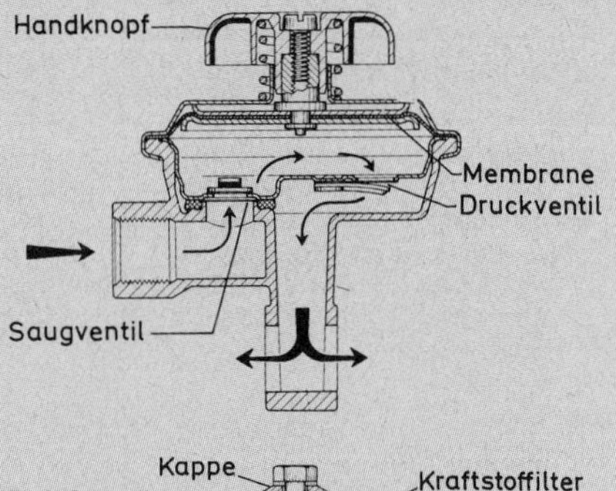

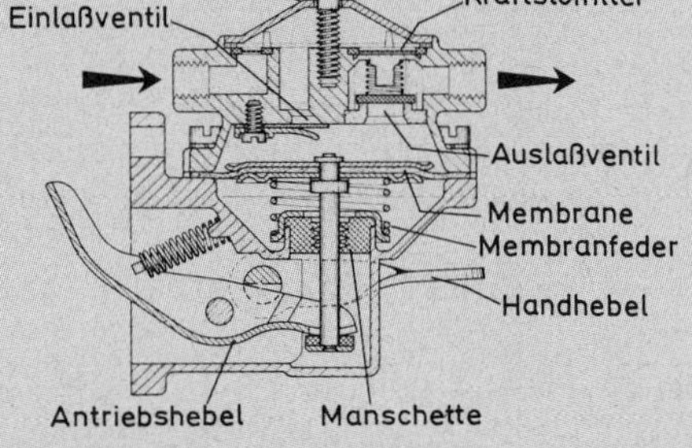

ARBEITSPLANUNG Kraftstoffsysteme

Entwickeln Sie den Arbeitsplan für die dargestellten Prüf- und Instandsetzungsarbeiten, indem Sie

- die Reihenfolge der Prüf- bzw. Arbeitsschritte,
- die Auswahl der Prüfmittel bzw. Werkzeuge,
- die zu beachtenden Prüf- bzw. Arbeitsregeln/Sicherheitsvorschriften,
- die erforderlichen Ersatzteile und Werkstoffe

angeben und begründen.

Kraftstoffpumpendruck prüfen

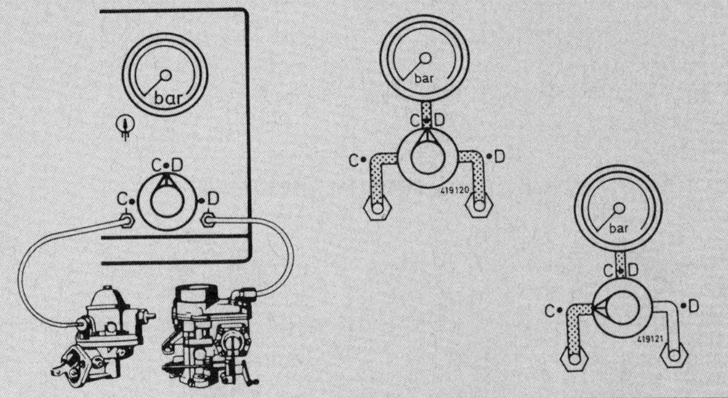

Kraftstoffbehälter aus- und einbauen

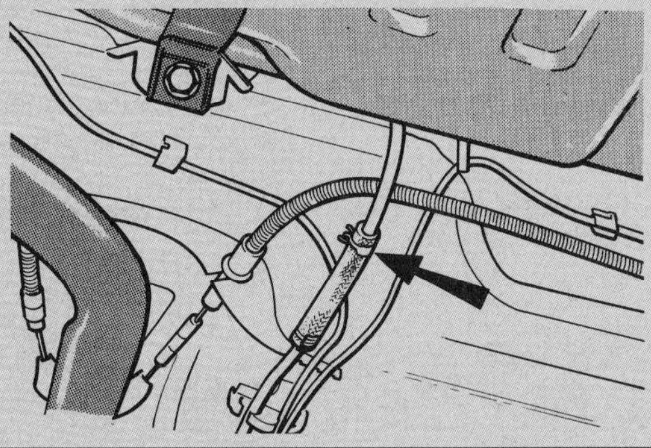

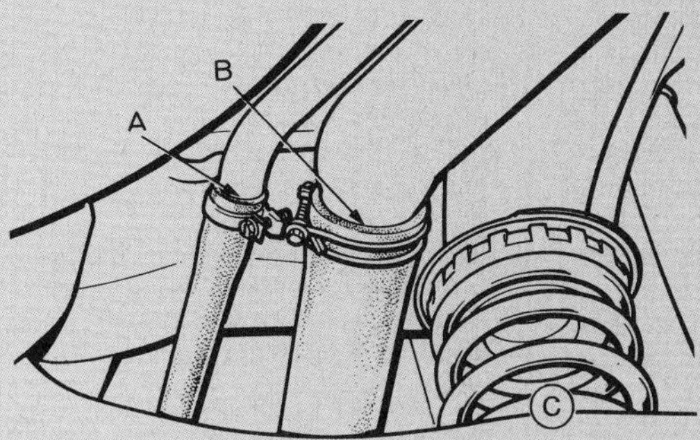

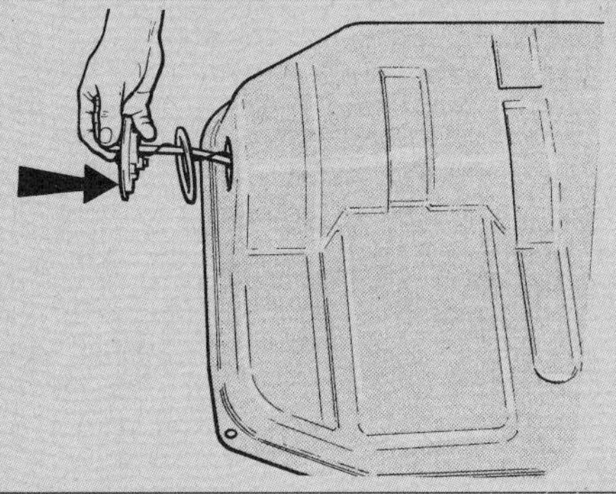

Kraftstoffleitung – Kraftstoffpumpe zum Vergaser ein- und ausbauen

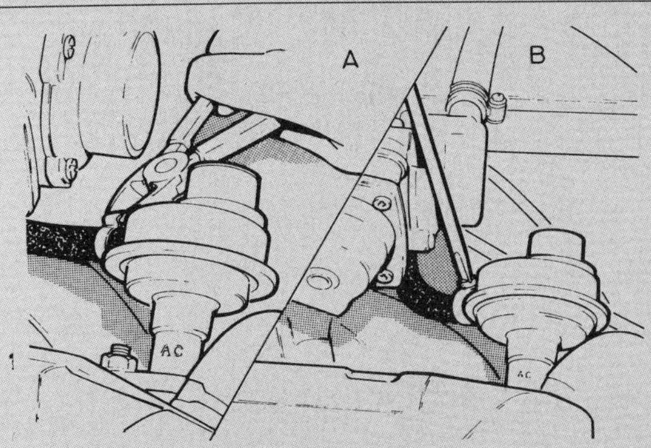

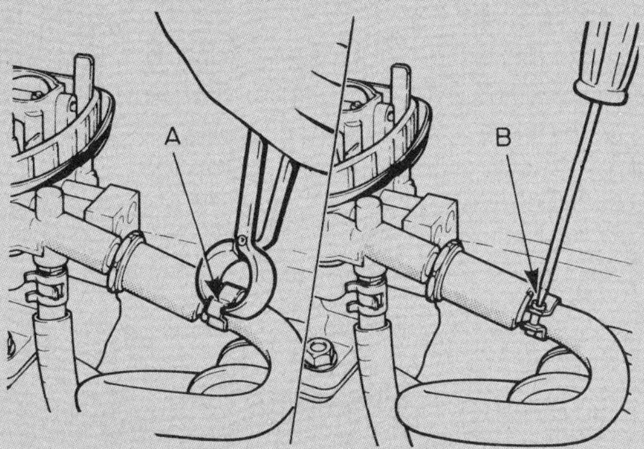

Kraftstoffpumpe aus- und einbauen

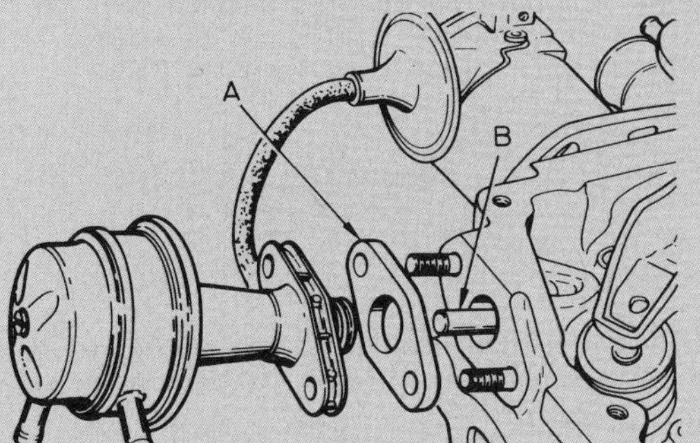

Kraftstoffpumpe reinigen

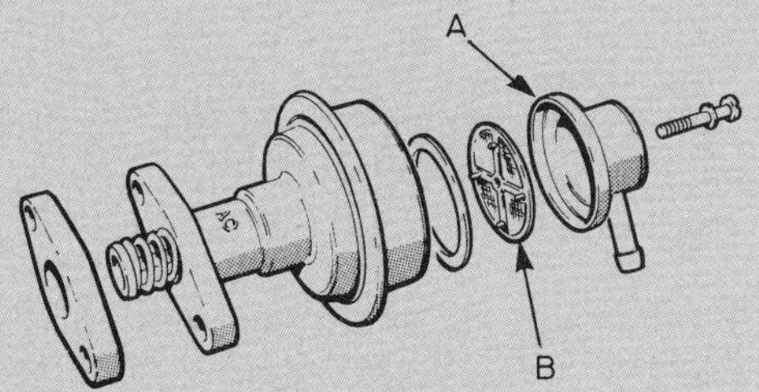

1.4.3 Luftfilterung

Mit einem CO-Meßgerät wird der CO-Wert bei abgenommenem und aufgesetztem Luftfilter geprüft. Der Unterschiedsbetrag der beiden Meßwerte beträgt etwas mehr als 1 Prozent.

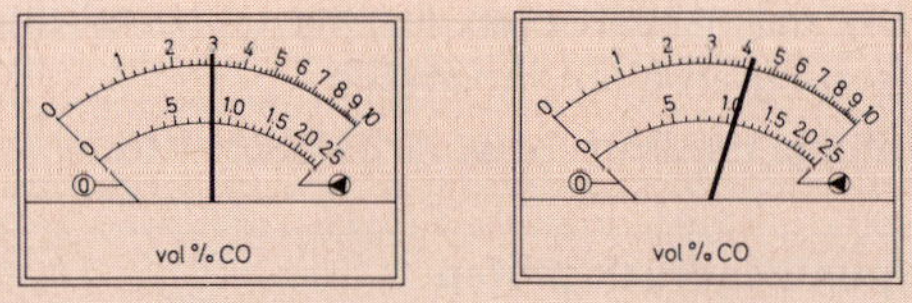

1.4.3.1 Luftfilter

Aufgabe des Luftfilters ist es,

- die Staubteilchen von der Ansaugluft zu trennen und
- die Ansauggeräusche zu dämpfen.

Trockenluftfilter mit Luftfilter-Papiereinsatz	**Ölbadluftfilter**	**Schleuderluftfilter**
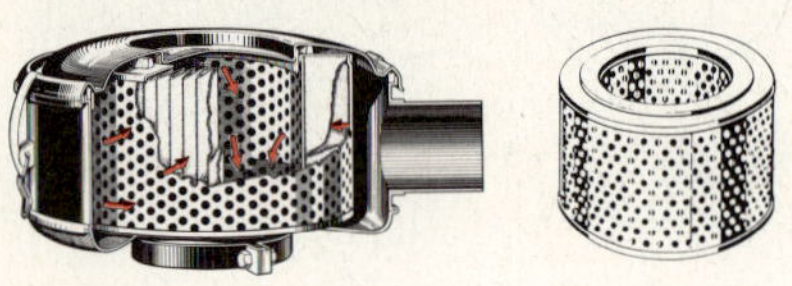	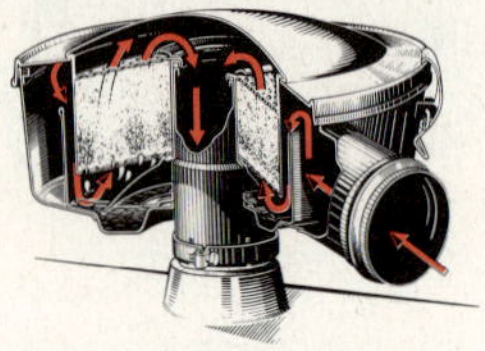	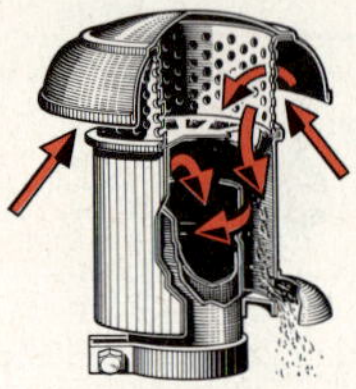
Das Trockenluftfilter besteht aus dem Filtergehäuse mit einem Filtereinsatz aus imprägniertem, sternförmig gefaltetem Papier. Wenn der Filtereinsatz verschmutzt ist, wird er ausgetauscht. Die Standzeit des Filters hängt vom Staubgehalt der Luft ab. Normalerweise sind die Filtereinsätze nach 10000 ... 20000 km auszuwechseln. Einsatz: Pkw	Unter dem Filtereinsatz aus Metallgewebe befindet sich ein Raum für eine Ölfüllung. Die eintretende Luft trifft zuerst auf das Ölbad und reißt dabei Öltröpfchen mit, die den Filtereinsatz benetzen. Die Staubteilchen bleiben im benetzten Filtereinsatz hängen. Das abtropfende Öl nimmt den Staub mit in das Ölbad. Der Filtereinsatz muß von Zeit zu Zeit mit Dieselkraftstoff ausgewaschen und die Ölfüllung erneuert werden. Einsatz: Lkw, Busse	Die Luft wird durch Leitbleche in Drehung versetzt. Die schweren Staubteilchen werden durch die Fliehkraft nach außen geschleudert. Der ausgeschiedene Staub kreist an der Innenwand des Schleuderfilters und wird durch einen Schlitz entweder direkt ins Freie oder in einem Staubsammelbehälter ausgestoßen. Ein Schleuderfilter scheidet nur gröbere Teilchen aus und wird daher nur in Verbindung mit einem anderen Filter eingesetzt (Vorfilter).

1.4.3.2 Ansaugluftvorwärmung

Um die Ansaugluft auf konstanter Temperatur zu halten, sind thermostatgeregelte Ansauggeräuschdämpfer eingebaut. Damit werden das Fahrverhalten während der Warmlaufzeit und die Abgaswerte verbessert.

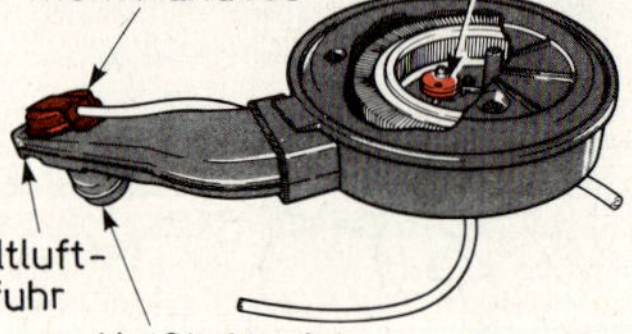

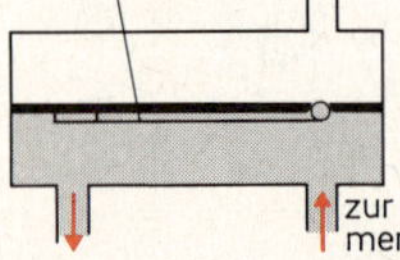

Das Bimetall reagiert auf die Temperatur der Luft, die in den Vergaser eintritt. Wenn der Luftstrom am Bimetallstreifen kalt ist, schließt sich das Ventil und der volle Unterdruck vom Krümmer wirkt auf die Membran.

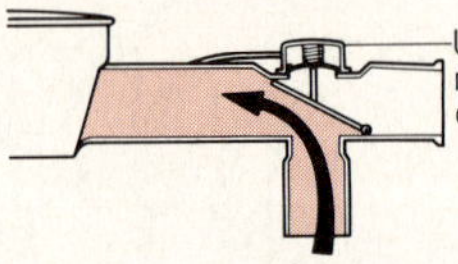

Das Klappenventil wird von der Unterdruckmembran geöffnet. Es gelangt vorgewärmte Luft aus dem Vorwärmbehälter des Auspuffs in den Ansauggeräuschdämpfer.

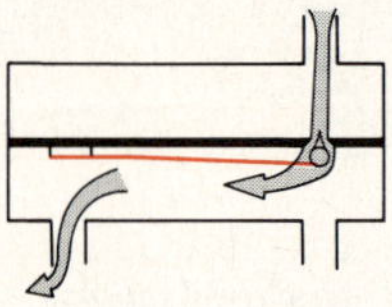

Steigt die Temperatur über einen bestimmten Wert, öffnet das Kugelventil und läßt die Luft in den Ansaugkrümmer entweichen. Die Unterdruckwirkung nimmt ab.

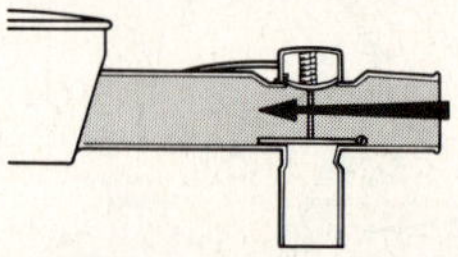

Je mehr der Unterdruck fällt, desto mehr schließt das Klappenventil. Kühle Luft strömt in den Ansauggeräuschdämpfer.

1.4.4 Vergaser

Beim Messen der CO-Konzentration im Abgas eines Ottomotors mit Hilfe eines Abgastesters wird ein CO-Gehalt von 5 Volumenprozent festgestellt. Auch durch eine Einstellung mit der Zusatzgemisch-Regulierschraube läßt sich der vorgeschriebene CO-Wert nicht erreichen.

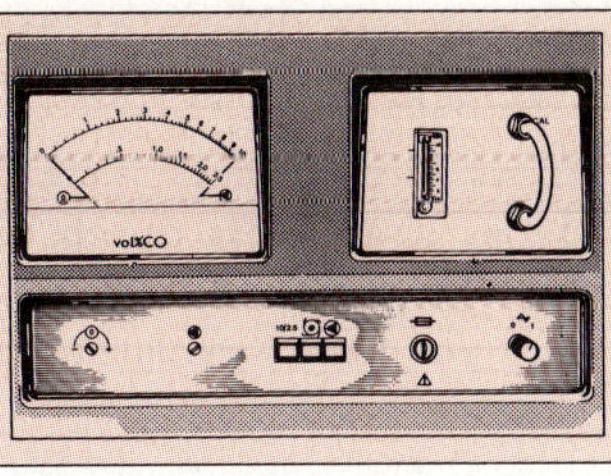

Mischungsverhältnis

Leistung, Verbrauch und Abgaszusammensetzung eines Ottomotors sind im wesentlichen vom Mischungsverhältnis von Kraftstoff und Luft abhängig. Eine einwandfreie Zündung und Verbrennung eines Luft-Kraftstoffgemischs kann nur innerhalb eines bestimmten Mischungsverhältnisses erfolgen. Zur vollkommenen Verbrennung von 1 kg Kraftstoff sind 14,7 kg Luft erforderlich, anders ausgedrückt 1 Liter Benzin benötigt 11 500 Liter Luft.

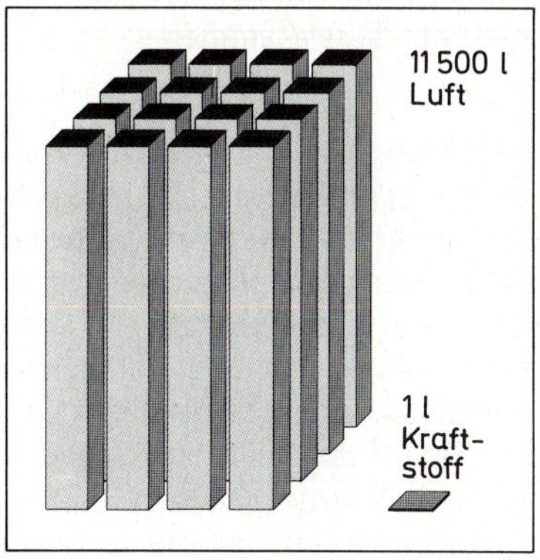

Das Verhältnis der der Verbrennung zugeführten Luftmenge zum theoretischen Luftbedarf bezeichnet man als Luftverhältnis λ.

$$\lambda = \frac{\text{zugeführte Luftmenge}}{\text{theoretischer Luftbedarf}}$$

Es gilt

- **λ = 1**
  Die zugeführte Luftmenge entspricht dem theoretischen Luftbedarf. Dies ist beim idealen, theoretischen Luft-Kraftstoffgemisch von 14,7 : 1 (auch stöchiometrisches Luft-Kraftstoff-Verhältnis genannt) der Fall.
- **λ < 1**
  Luftmangel ergibt fettes Gemisch – erhöhte Leistung
- **λ > 1**
  Luftüberschuß ergibt mageres Gemisch – verringerter Kraftstoffverbrauch, geringere Leistung
- **λ > 1,2**
  Das Gemisch ist nicht mehr zündwillig.

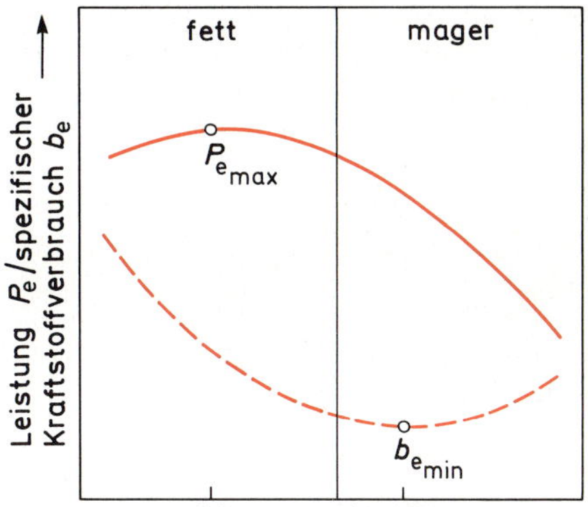

Die unterschiedlichen Betriebszustände verlangen unterschiedliche Gemischzusammensetzungen:

- Kaltstart: 3 : 1
- Warmlauf: 8 : 1
- Leerlauf: 10 : 1
- Teillast: 17 : 1
- Vollast: 13 : 1

Um saubere Abgase zu erreichen, sind folgende Mischungsverhältnisse anzustreben:

- geringer CO-Gehalt: 14 : 1
- geringer CH-Anteil: 16 : 1
- wenig Stickoxide: 17 : 1 oder 12 : 1

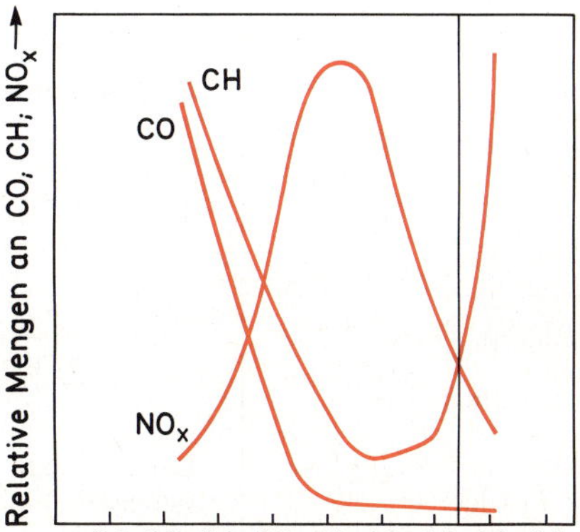

Die Straßenverkehrs-Zulassungs-Ordnung (StVZO) schreibt vor, daß der CO-Gehalt im Abgas von Ottomotoren im Leerlauf 4,5 Volumenprozent nicht übersteigen darf.

Da alle Forderungen nicht erfüllt werden können, müssen Kompromisse geschlossen werden.

1.4.4.1 Grundvergaser

Vor der Verbrennung muß der flüssige Kraftstoff in den gasförmigen Zustand übergeführt werden. Die Umwandlung erfolgt in zwei Stufen:

- Feine Zerstäubung des Kraftstoffs durch den Vergaser
- Umwandlung des feinzerstäubten Kraftstoffs in den gasförmigen Zustand im warmen Ansaugrohr und warmen Zylinder

Der Grundvergaser setzt sich aus folgenden Einrichtungen zusammen:

- Schwimmereinrichtung
- Hauptdüsensystem mit Mischkammer
- Drosselklappe

Die Schwimmereinrichtung hält das Kraftstoffniveau in der Schwimmerkammer bei allen Betriebszuständen des Motors konstant. Der von der Kraftstoffpumpe geförderte Kraftstoff gelangt durch das Schwimmernadelventil in die Schwimmerkammer. Mit ansteigendem Kraftstoffniveau steigt der Schwimmer nach oben und drückt die Schwimmernadel auf ihren Sitz. Das Ventil öffnet erst dann wieder, wenn bei laufendem Motor das Kraftstoffniveau sinkt. Eine Innenbelüftung des Schwimmergehäuses sorgt dafür, daß beim Füllen der Schwimmerkammer die Luft entweichen, bei Entnahme Luft eintreten kann.

Die Zerstäubung des Kraftstoffs und damit die Vermischung mit Luft erfolgt in der Mischkammer. Der Saughub des Kolbens erzeugt einen Unterdruck, der jedoch für eine Kraftstoffförderung zu klein ist. Der Unterdruck muß erhöht werden. Dies wird durch eine Verengung der Mischkammer, dem sogenannten Lufttrichter, erreicht. Im Lufttrichter wird

- die Luftgeschwindigkeit und damit
- der Unterdruck erhöht.

Eine Kraftstoffdüse mit festem Querschnitt, die Hauptdüse, dosiert die Kraftstoffmenge, die von der Schwimmerkammer zum Austrittsarm fließt. Die Mündung des Spritzrohrs ist an der engsten Stelle des Lufttrichters angeordnet.

- Durch den Unterdruck wird der Kraftstoff aus dem Spritzrohr angesaugt.
- Die hohe Luftgeschwindigkeit sorgt für eine gute Zerstäubung des Kraftstoffs und eine gute Vermischung mit der Luft.

Die zum Zylinder strömende Gemischmenge wird durch die drehbare Drosselklappe bestimmt. Sie ändert den Durchgangsquerschnitt zum Ansaugkrümmer des Motors. Die Drosselklappenwelle ist über Gasgestänge mit dem Gaspedal verbunden.

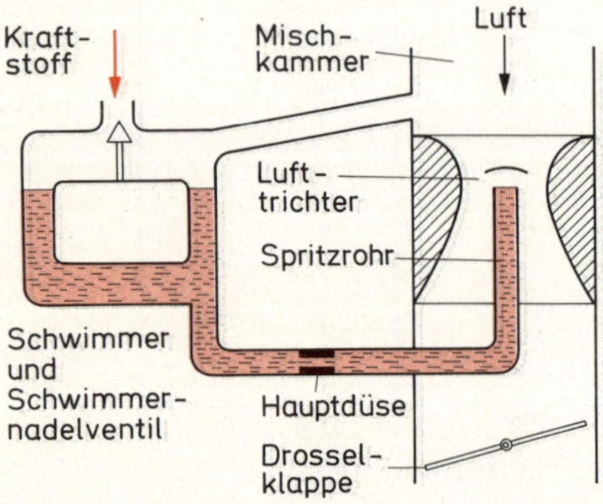

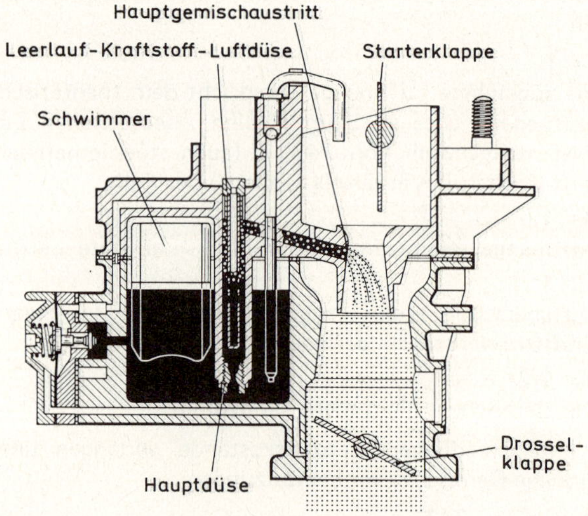

Vergaserbauarten nach der Richtung des Gemischstromes

Fallstromvergaser

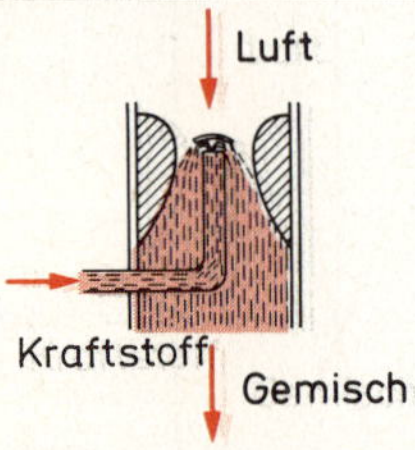

Das Gemisch fällt in Richtung der Schwerkraft zum Zylinder.

Einsatz: Pkw-Motoren

Flachstromvergaser

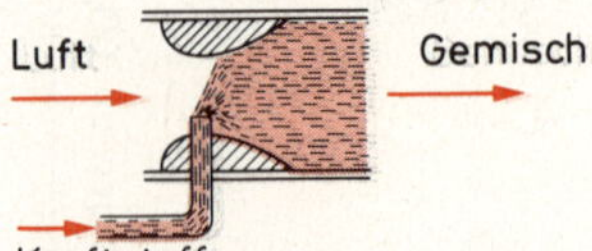

Das Gemisch strömt waagerecht durch den Vergaser.

Einsatz: Krafträder und Sportmotoren

Schrägstromvergaser

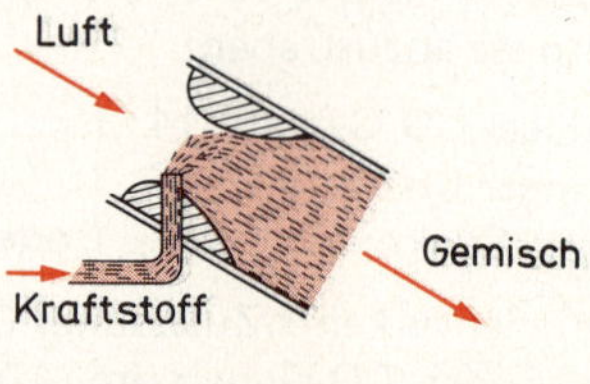

Das Gemisch strömt schräg nach unten durch den Vergaser.

Einsatz: Krafträder und Sportmotoren

Vergaserbauarten

Fallstromvergaser

Einfach-Fallstromvergaser

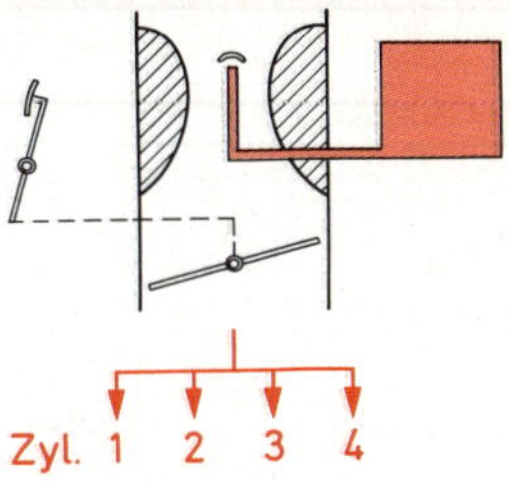

Der Einfach-Vergaser besitzt eine Mischkammer und versorgt über einen Saugkanal alle Zylinder. Die Drosselklappe wird durch das Fahrpedal vom Fahrer betätigt.

Der Vergaser eignet sich für kleine und mittlere Motoren bis 4 Zylinder.

⊕ einfache Bauart
⊕ gute Unterbringung und Montagemöglichkeit
⊕ gute Einstellung
⊖ Füllung der Zylinder ungleich, da die Saugleitungen ungleich lang sind
⊖ Luftdurchsatz durch Querschnitt des Saugkanals begrenzt

Doppel-Fallstromvergaser

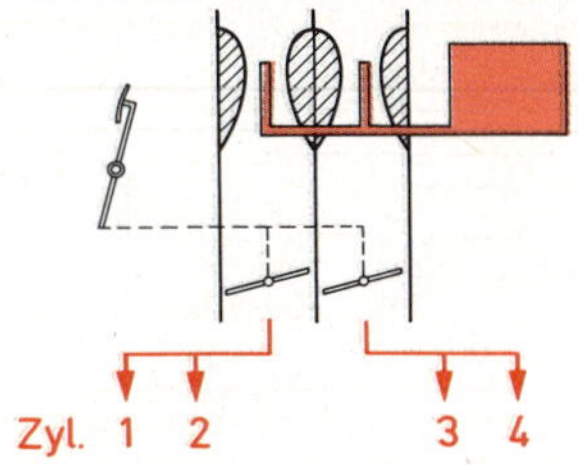

Der Doppel-Vergaser besitzt 2 Mischkammern. Sie münden in 2 getrennte Ansaugrohre, von denen jedes jeweils die Hälfte der Zylinder versorgt.

Beide Drosselklappen werden vom Fahrpedal betätigt und öffnen gleichzeitig.

⊕ größerer Ansaugquerschnitt
⊕ bessere Strömungsverhältnisse und bessere Füllung, da Längen und Krümmungen der Saugleitungen gleich sind
⊖ Einstellschwierigkeiten

Fallstrom-Registervergaser

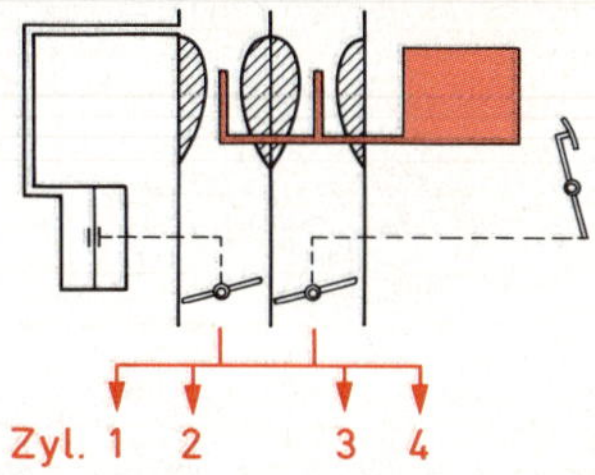

Der Register- oder Stufenvergaser besitzt 2 Mischkammern = 2 Stufen. Sie münden in ein Ansaugrohr zur Versorgung aller Zylinder. Die Stufen arbeiten hintereinander.

Die 1. Stufe wird vom Fahrpedal betätigt, die 2. Stufe öffnet selbsttätig durch Unterdruck, der auf eine Unterdruckdose wirkt.

⊕ größere Ansaugquerschnitte
⊕ gleichmäßiges Mischungsverhältnis bei allen Betriebszuständen
⊕ bessere Füllung bei großvolumigen Motoren

Flachstromvergaser

Flachstrom-Gleichdruckvergaser

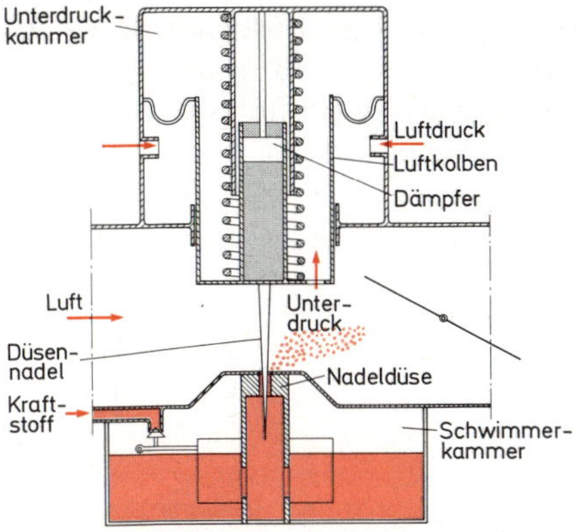

Beim Gleichdruckvergaser wird der Lufttrichter von einem Luftkolben, der Durchflußquerschnitt der Nadeldüse durch eine konische Düsennadel verändert. Die Steuerung des Luftkolbens erfolgt durch Unterdruck in Abhängigkeit von der Drosselklappenöffnung, der Motordrehzahl und der Motorbelastung. Der Saugrohrdruck wirkt durch eine Bohrung im Boden des Luftkolbens in eine Unterdruckkammer.

Am Kraftstoffaustritt herrscht bei verschiedenen Motordrehzahlen ein nahezu gleichbleibender Unterdruck (daher Gleichdruckvergaser). Das veränderliche Düsensystem regelt den Gemischbedarf des Motors vom Leerlauf bis zur Vollast.

Flachstrom-Schiebervergaser

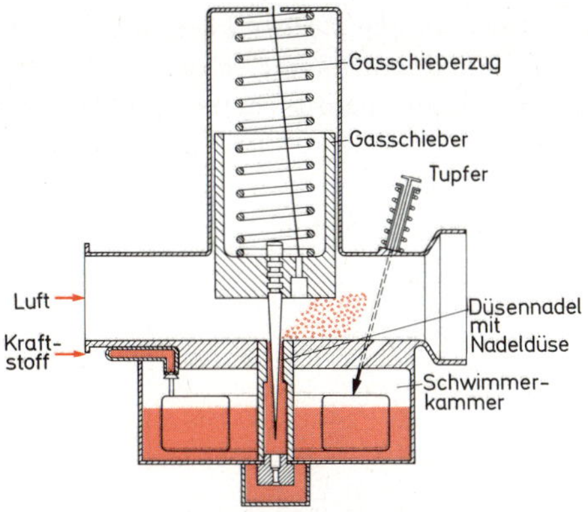

Der Schiebervergaser besitzt einen Gasschieber, an dem eine konische Düsennadel befestigt ist. Sie taucht in eine Nadeldüse ein. Der Gasschieber ist über einen Gasschieberzug mit dem Gasdrehgriff verbunden.

Der Gasschieber verändert den Mischkammerquerschnitt, die Düsennadel den Nadeldüsenquerschnitt.

Der Schiebervergaser gewährleistet eine gleichbleibende Gemischzusammensetzung bei unterschiedlichen Drehzahlen. Zum Starten kann ein Tupfer dienen, mit dem der Schwimmer nach unten gedrückt wird, so daß Kraftstoff aus der Nadeldüse austritt.

Schiebervergaser werden vorwiegend bei Krafträdern verwendet.

1.4.4.2 Fallstromvergaser

Der Fallstromvergaser setzt sich aus dem Grundvergaser und den Zusatzeinrichtungen zusammen. Während der Grundvergaser mit dem Hauptdüsensystem nur bei Teillast das richtige Luft-Kraftstoffgemisch bildet, sorgen die Zusatzeinrichtungen bei allen Betriebszuständen des Motors für das richtige Mischungsverhältnis.

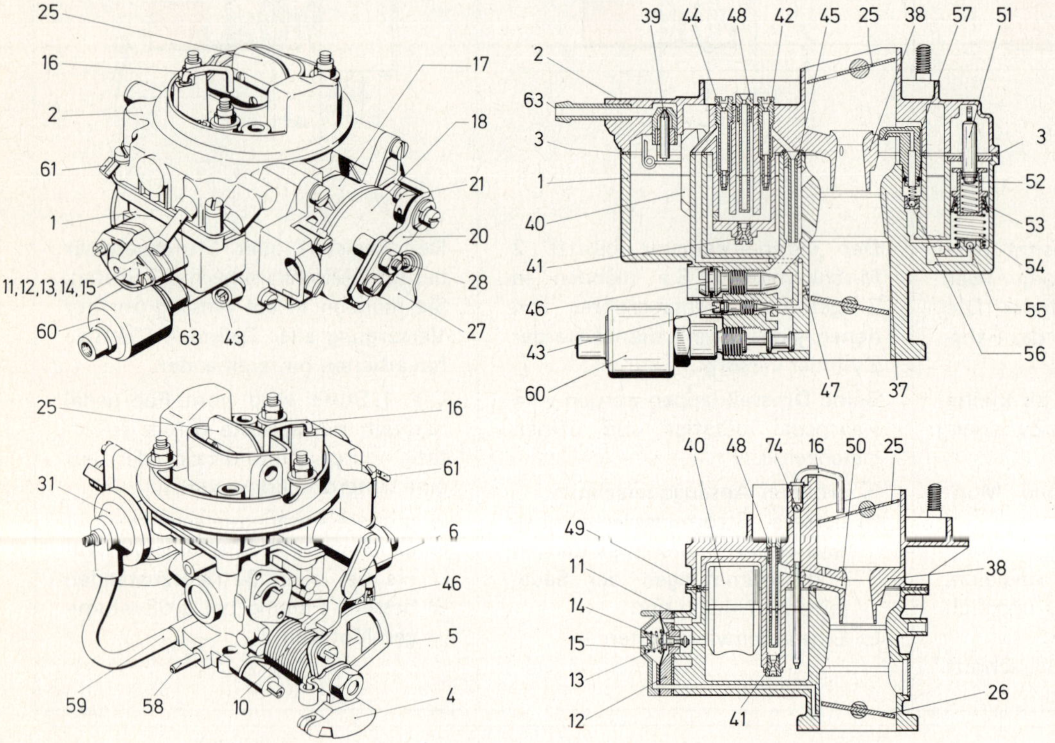

1 Vergasergehäuse
2 Vergaserdeckel
3 Vergaserdeckeldichtung
11 Dichtung
12 Zwischenstück
13 Anreicherungsventil
14 Anreicherungsfeder
15 Deckel
16 Vollastanreicherung
25 Starterklappe
26 Drosselklappe
28 Vorzerstäuber
39 Schwimmernadelventil
40 Schwimmer
41 Hauptdüse
42 Leerlaufkraftstoff-Luftdüse
43 Grundleerlauf-Gemischregulierschraube
44 Zusatzkraftstoff-Luftdüse
45 Mischrohr für Zusatzgemisch
46 Zusatzgemischregulierschraube
47 Übergangsbohrungen
48 Luftkorrekturdüse mit Mischrohr
49 Anreicherungsdüse
50 Hauptgemischaustritt
51 Pumpenstößel
52 Pumpenkolben
53 Pumpenmanschette
54 Pumpenfeder
55 Pumpensaugventil
56 Pumpendruckventil
57 Einspritzrohr
60 Leerlaufabschaltventil
61 Masseanschluß
63 Kraftstoffzufluß

Kaltstart und Warmlauf

Beim Starten eines kalten Motors kann der Kraftstoff im kalten Zylinder nicht vollständig vergasen. Da außerdem die Startdrehzahl relativ gering ist, entsteht in der Mischkammer nur ein geringer Unterdruck, der nicht ausreicht, Kraftstoff aus den Austrittsöffnungen im Vergaser anzusaugen. Das Gemisch ist zu mager und daher nicht zündfähig. Zum Starten ist ein fettes Gemisch erforderlich, das mit Hilfe der Starteinrichtung erzeugt wird.

Kühlmittel- und Starterdeckel	**Stufenscheibe und Schnelleerlaufhebel**	**Pulldown-Einrichtung**
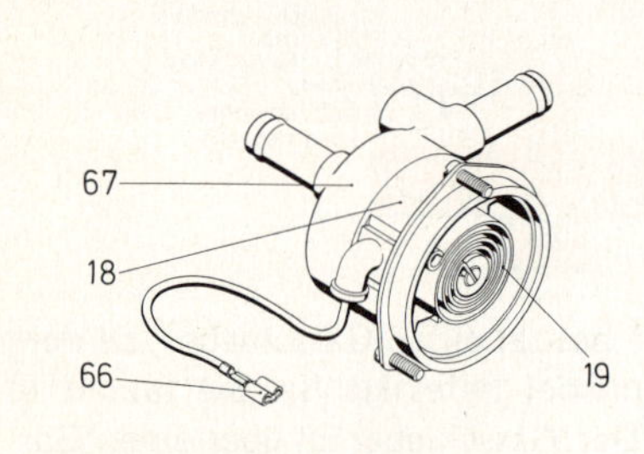 Der Kühlmitteldeckel (67) besitzt einen Anschluß zum Kühlmittelkreislauf, der Starterdeckel eine Bimetallfeder (19) mit Heizspirale. Die Starterklappenwelle steht bei kaltem Motor unter Spannung der Bimetallfeder. Bei Erwärmung läßt ihre Schließkraft nach und die Starterklappe öffnet.	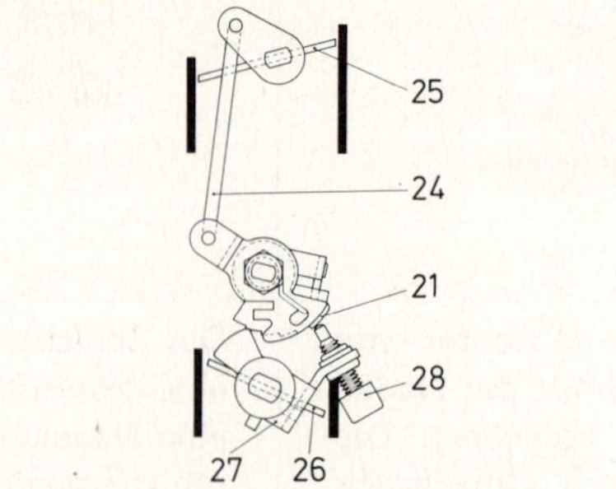 Die Stufenscheibe (21) besitzt eine Startstufe und Durchlaufstufen. Sie ist über die Starterverbindungsstange (24) mit der Starterklappe (25) verbunden. Die Stellung der Starterklappe beeinflußt über die Einstellschraube (28) für den Schnelleerlauf und Schnelleerlaufhebel die Stellung der Drosselklappe (26).	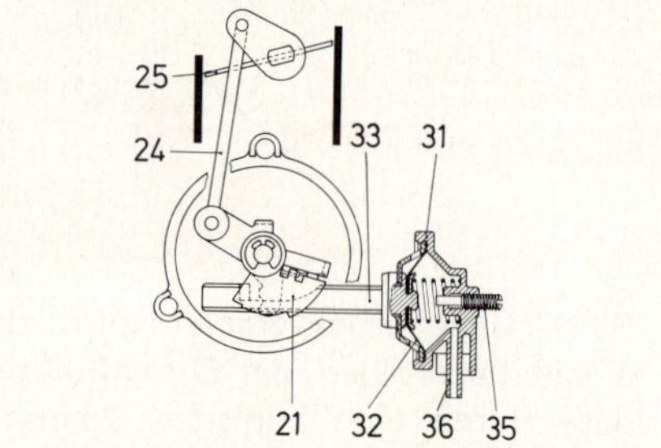 Die Pulldown-Dose (31) besitzt eine Membran (32), die über die Membranstange (33) auf das Hebelsystem der Starterklappe (25) wirkt. Der Unterdruckanschluß (36) ist mit dem Ansaugrohr unterhalb der Drosselklappe verbunden. Die Einstellschraube (35) begrenzt die Längsbewegung der Membranstange.

Kaltstart

Mischungsverhältnis: 3:1
Drehzahl: 1600 1/min

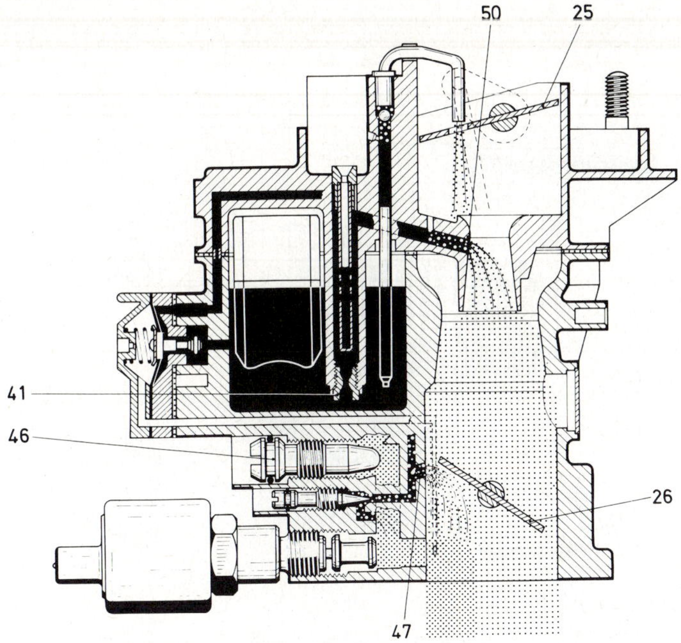

Warmlauf

Mischungsverhältnis: 8:1

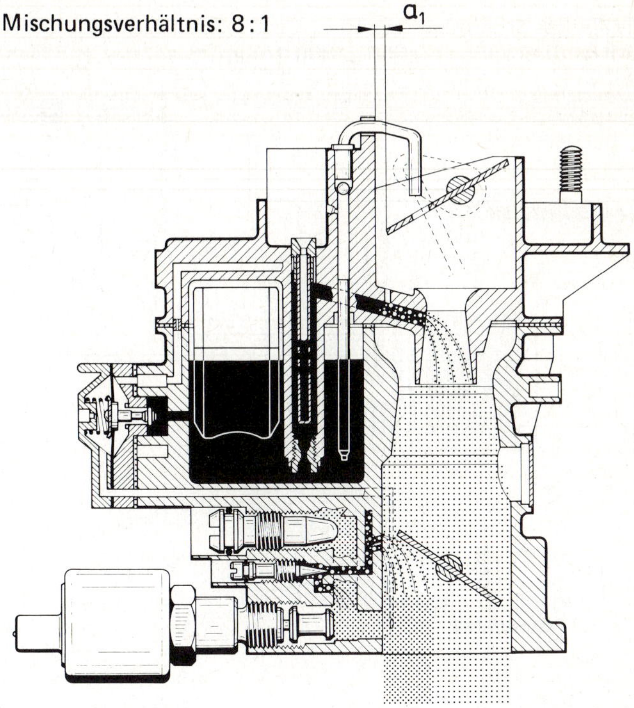

25 Starterklappe
26 Drosselklappe
41 Hauptdüse
46 Zusatzgemischregulierschraube
47 Übergangsbohrungen
50 Hauptgemischaustritt

Eine Starterklappe versperrt oder gibt der Luft den Zufluß frei in die Mischkammer des Vergasers. Beim Startvorgang muß die Drosselklappe etwas geöffnet werden. Starterklappen- und Drosselklappenwelle sind daher mechanisch durch die Starterverbindungsstange miteinander verbunden.

Der Startvorgang besteht aus 2 Phasen

- **Betätigen des Fahrpedals**
  Die Stufenscheibe wird freigegeben. Die Starterklappe gelangt durch die Bimetallfeder in die Kaltstartposition. Nach Zurücknahme des Fahrpedals gelangt auch die Drosselklappe in die von der Bimetallfeder beeinflußte Kaltstartposition. Die Einstellschraube für den Schnellleerlauf liegt auf der höchsten Stufe und bestimmt durch ihre Stellung die Drosselklappenanstellung
- **Anlassen des Motors**
  Unterhalb der Drosselklappe baut sich ein Unterdruck auf. Dadurch wird aus sämtlichen unter Unterdruck stehenden Kanälen Kraftstoff angesaugt. Der in der Mischkammer wirkende Unterdruck veranlaßt die exzentrisch gelagerte Starterklappe gegen die Schließkraft der Bimetallfeder etwas zu öffnen. Damit kann Luft für das Startgemisch einströmen, ein Überfetten wird vermieden

Durch den Unterdruck im Ansaugrohr und die Schließkraft der Bimetallfeder flattert die Starterklappe während des Kaltstarts und der anschließenden Warmlaufphase.

- **Abmagerung des Gemischs durch Pulldown**
  Nach dem Anspringen des Motors wirkt nun der erhöhte Unterdruck im Membranraum der Pulldown-Dose. Die Membran zieht über die Membranstange, Mitnehmerhebel und Gestänge die Starterklappe auf ein bestimmtes Spaltmaß auf. Das Gemisch magert ab. Der Motor läuft mit erhöhter Drehzahl, dem Schnellleerlauf. Die Einstellschraube liegt auf der Startstufe der Stufenscheibe.
- **Vermindern der Drehzahl**
  Um die Drehzahl zu vermindern, muß die Drosselklappe zurückgestellt werden. Durch kurzzeitiges Betätigen des Fahrpedals wird der Schnelleerlaufhebel geschwenkt und damit die Einstellschraube von der Stufenscheibe abgehoben. Die Stufenscheibe wird freigegeben und folgt durch eine Biegefeder der Membranstangenbewegung. Bei Gasrücknahme trifft die Einstellschraube auf die Durchlaufstufe der Stufenscheibe. Dadurch wird die Drosselklappe weiter in Schließrichtung geschwenkt und die Leerlaufdrehzahl vermindert.
- **Öffnen der Starterklappe durch die Bimetallfeder**
  Mit weiterer Erwärmung öffnet die Bimetallfeder über den Mitnehmerhebel langsam die Starterklappe. Das Gemisch wird gleichmäßig abgemagert. Die Abmagerung schreitet so lange fort, bis die Starterklappe ihre senkrechte Stellung erreicht hat. Gleichzeitig gelangt die Stufenscheibe und damit die Drosselklappe in ihre Grundstellung.

Leerlauf und Übergang

Mischungsverhältnis: 10:1
Leerlaufdrehzahl: 600 ... 800 1/min

Abgase: CO-Begrenzung unter 4,5 Vol-%

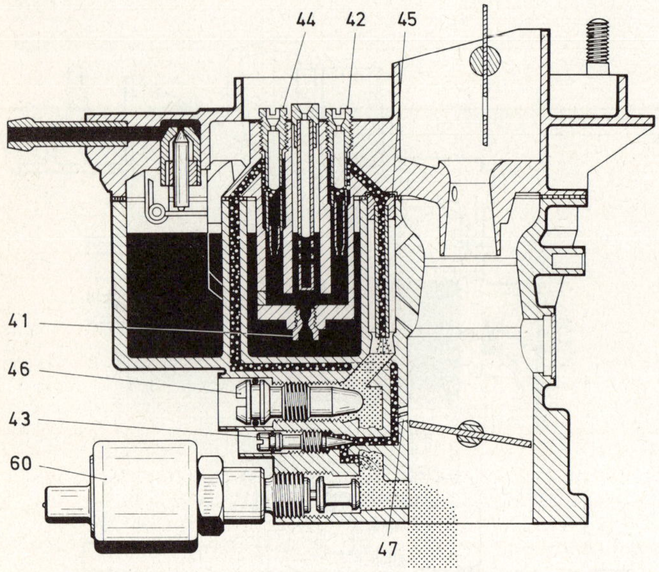

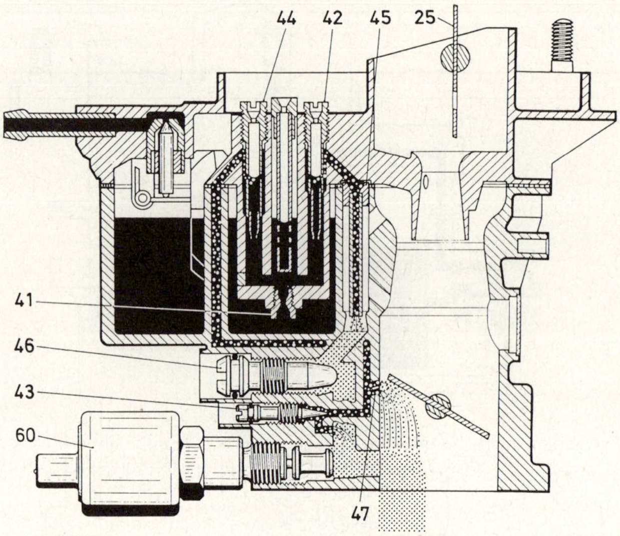

25 Starterklappe
41 Hauptdüse
42 Zusatzkraftstoff-Luftdüse
43 Grundleerlauf-Gemischregulierschraube
44 Mischrohr für Zusatzgemisch
45 Mischrohr für Zusatzgemisch
46 Zusatzgemisch-Regulierschraube
47 Übergangsbohrungen
60 Leerlaufabschaltventil

Beim **Leerlauf** ist die Starterklappe geöffnet, die Drosselklappe nahezu geschlossen. Der Unterdruck im Lufttrichter reicht nicht aus, Kraftstoff aus dem Hauptdüsensystem anzusaugen. Um den Motor mit dem richtigen Leerlaufgemisch zu versorgen, ist eine Leerlaufeinrichtung notwendig. Eine Zusatzgemischeinrichtung sorgt dafür, daß die Abgasvorschriften eingehalten werden.

Am Drosselklappenspalt entsteht eine hohe Luftgeschwindigkeit und damit ein hoher Unterdruck. Im Bereich des größten Unterdrucks – etwas unterhalb der Drosselklappe – mündet der Leerlaufkanal. Das Leerlaufgemisch setzt sich zusammen aus:

- **Grundleerlaufgemisch**
  Die Leerlauf-Kraftstoffluftdüse bildet das Vorgemisch für den Grundleerlauf. Die Grundleerlauf-Gemischregulierschraube dosiert die Vorgemischmenge. Der Kanal für das Grundleerlaufgemisch mündet in den vom Abschaltventil verschließbaren Kanal.
- **Zusatzgemisch**
  Die Zusatzkraftstoff-Luftdüse bildet das Vorgemisch für das Zusatzgemisch. Diese Emulsion wird mit Luft, die durch Bohrungen aus dem Lufttrichter eintritt, zum Zusatzgemisch verschäumt. Die Zusatzgemisch-Regulierschraube regelt die Zusatzgemischmenge. Das Gemisch wird dem Leerlaufkanal zugeführt.

Grundleerlaufgemisch und Zusatzgemisch ergeben die für den Leerlauf benötigte Gemischmenge.

Mit der Zusatzgemischschraube läßt sich die Leerlaufdrehzahl einstellen. Eine Erhöhung oder Absenkung der Drehzahl mit der Zusatzgemischschraube ist ohne Einfluß auf die Zusammensetzung des Luft-Kraftstoffgemisches für den Leerlaufbetrieb.

Das Abschaltventil schließt nach Abschalten der Zündung den Kanal, um ein Weiterlaufen des Motors zu verhindern. Zur Einhaltung der durch die Abgasgesetze festgelegten Emissionswerte werden die Grundleerlauf-Gemischregulierschraube und die Leerlaufeinstellschraube mit Sicherungen versehen. Notwendige Nachregulierungen dürfen nur von autorisierten Werkstätten vorgenommen werden. Zur Sicherung werden Kunststoffkappen oder -stopfen verwendet.

Beim **Übergang** vom Leerlauf auf Teillast wird die Drosselklappe etwas geöffnet. Der Sog am Leerlaufkanal läßt nach. Damit der Motor genügend Kraftstoff erhält und kein „Loch" im Übergang entsteht, ist eine Übergangseinrichtung erforderlich.

Zum besseren Übergang vom Leerlauf auf Teillast besitzt der Vergaser Übergangsbohrungen, die sich oberhalb der geschlossenen Drosselklappe befinden. Es sind entweder 2 oder 3 Bohrungen. Sie werden auch Bypass-Bohrungen genannt.

Beim Öffnen der Drosselklappe wandert der engste Querschnitt zu den Übergangsbohrungen. An der Mündung des Leerlaufkanals nimmt der Unterdruck ab, an den Übergangsbohrungen nimmt er zu. Damit wird zusätzlich Kraftstoff aus den Übergangsbohrungen angesaugt. Mit weiterer Öffnung der Drosselklappe vergrößert sich der Unterdruck am Austrittsarm des Hauptdüsensystems, im Leerlaufsystem nimmt er ab. Die Förderung im Leerlaufsystem wird unterbrochen. Das Hauptdüsensystem setzt ein.

Teillast

41 Hauptdüse
48 Luftkorrekturdüse
50 Hauptgemischaustritt

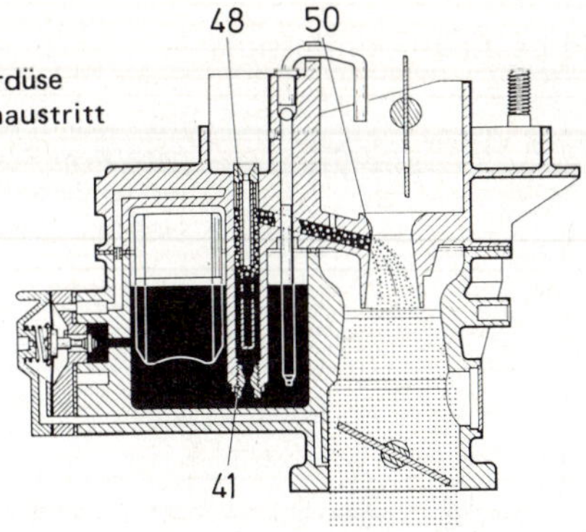

Bei dem ausgeführten Vergaser mündet der Austrittsarm in einen Vorzerstäuber, der den Sog und die Zerstäubung verstärkt. Die Kraftstoffdüse mit festem Querschnitt liefert nur für eine bestimmte Motordrehzahl das richtige Mischungsverhältnis. Mit steigender Drehzahl wird das Gemisch überfettet. Um über den gesamten Drehzahlbereich ein gleichbleibendes Mischungsverhältnis zu erzielen, arbeitet die Hauptdüse mit der Luftkorrekturdüse zusammen. Durch die steigende Unterdruckwirkung bei höheren Drehzahlen sinkt der Kraftstoffstand innerhalb des Mischrohres ab, die Querbohrungen im Mischrohr werden frei. Die durch die Luftkorrekturdüse eintretende Ausgleichsluft strömt durch die Bohrungen und verschäumt bei höheren Drehzahlen den Kraftstoff im Mischrohrschacht zu einer Emulsion. Je höher die Drehzahl, desto mehr Luft wird mit dem Kraftstoff vermengt. Eine Überfettung wird so vermieden.

Teillastanreicherung

13 Anreicherungsventil
49 Anreicherungsdüse

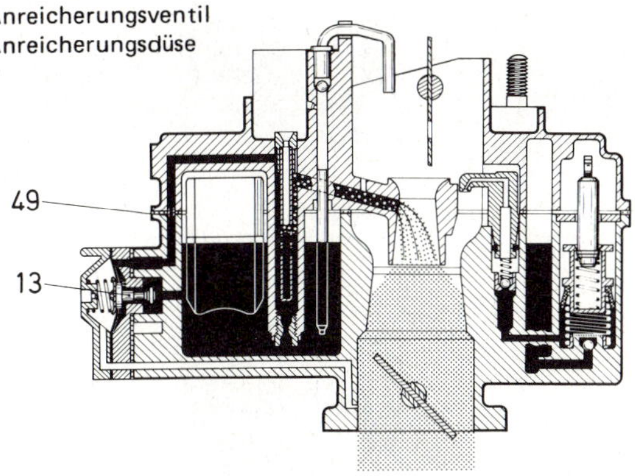

Mit zunehmener Drosselklappenöffnung wird mehr Kraftstoff aus dem Austrittsarm des Hauptdüsensystems angesaugt, als die Hauptdüse nachfließen läßt. Der Kraftstoffstand im Mischrohr sinkt hierdurch so stark ab, daß alle Luftbohrungen frei werden. Der notwendige Zusatzkraftstoff wird durch die Teillastanreicherung geliefert.

Das Teillastanreicherungsventil wird durch eine unterdruckgesteuerte Membran betätigt. Der Unterdruck wird dem Saugrohr entnommen. Mit zunehmender Drosselklappenöffnung und dem damit abnehmenden Unterdruck wird das Ventil von der Feder geöffnet. Zusätzlicher Kraftstoff fließt vom Schwimmergehäuse in das Hauptdüsensystem.

Vollast

16 Vollastanreicherung
74 Gewicht der Vollastanreicherung (Kugel)

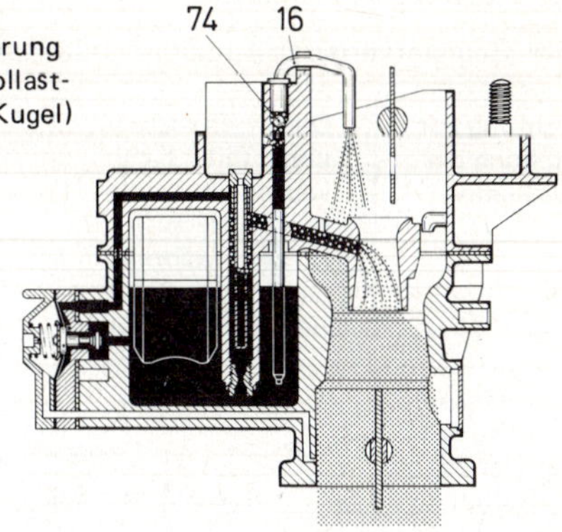

Bei weit geöffneter Drosselklappe stellt sich bei geringer Motorbelastung eine hohe Drehzahl, bei hoher Belastung eine geringe Drehzahl ein. Den erforderlichen Zusatzkraftstoff liefert die Vollastanreicherung.

Das Anreicherungsrohr ist ein kalibriertes Rohr (= Rohr mit genauem Innenquerschnitt), das in die Schwimmerkammer eintaucht und dessen Mündung oberhalb des Lufttrichters in der Zone des abgeschwächten Unterdrucks liegt. Erst bei Vollgas ist der Unterdruck so groß, daß der Kraftstoff aus dem Rohr austritt.

Beschleunigung

51 Pumpenstößel
52 Pumpenkolben
53 Pumpenmanschette
54 Pumpenfeder
55 Pumpensaugventil
56 Pumpendruckventil
57 Einspritzrohr

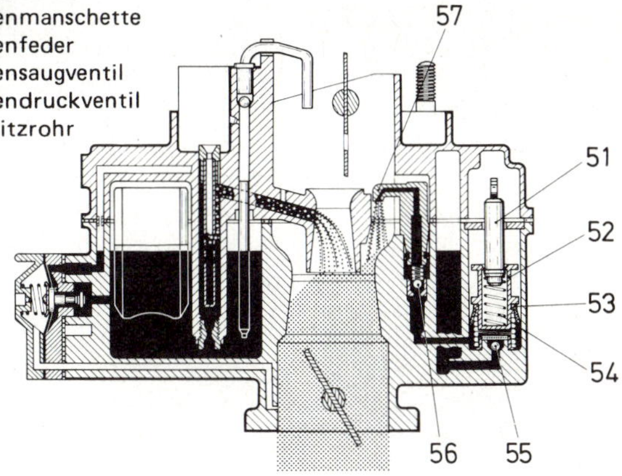

Beim Beschleunigen reicht die Kraftstoffzufuhr aus dem Hauptdüsensystem nicht aus. Dem Motor muß daher zusätzlich Kraftstoff über die Beschleunigungseinrichtung zugeführt werden.

Die Beschleunigungspumpe ist eine Kolbenpumpe, die mechanisch betätigt wird. Das Pumpensaugventil schließt beim Einspritzen und verhindert ein Zurückfließen des Kraftstoffs in die Schwimmerkammer. Das Pumpendruckventil schließt beim Saughub, so daß keine Luft über das Einspritzrohr in den Pumpenraum eindringen kann.

1.4.4.3 Fallstrom-Registervergaser mit Schubabschaltung

Moderner Registervergaser mit Startvollautomatik, Schubabschaltung und Leerlaufbeeinflussung

Einrichtung zur Verstellung der Starterklappe	Die elektrisch und mit Kühlwasser beheizte Bimetallfeder öffnet während des Warmlaufs die Starterklappe. 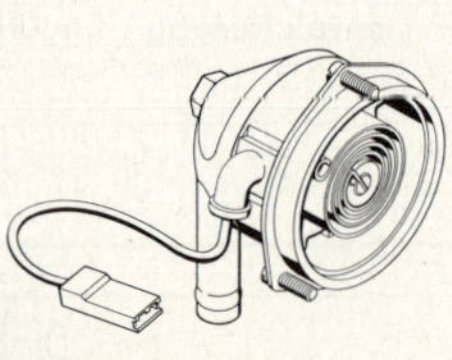	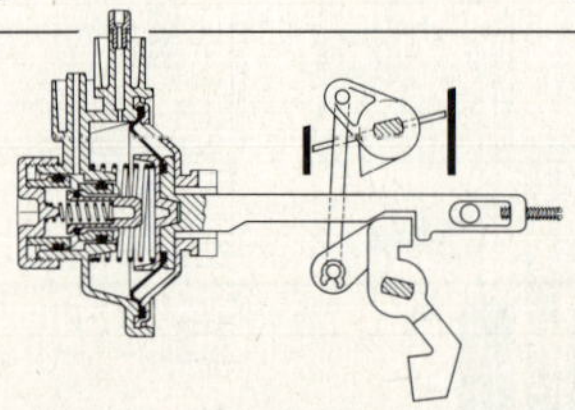 Die Pulldown-Dose zieht nach dem Starten die Starterklappe auf ein bestimmtes Spaltmaß auf.
Einrichtung zur Verstellung der Drosselklappe der 1. Stufe (Teillast, Leerlauf)	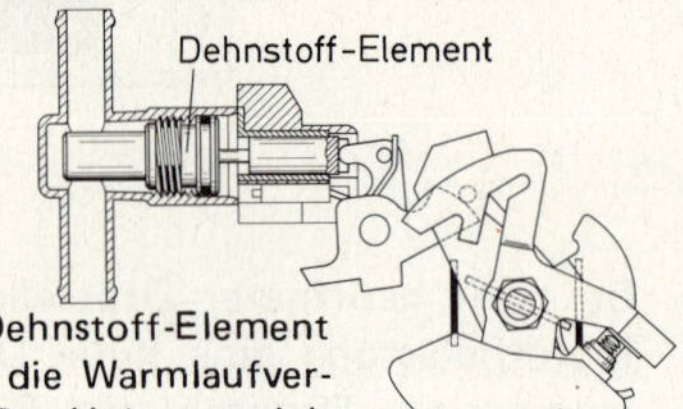 Das Dehnstoff-Element sorgt für die Warmlaufverstellung. Der Hub entspricht der Kühlmitteltemperatur.	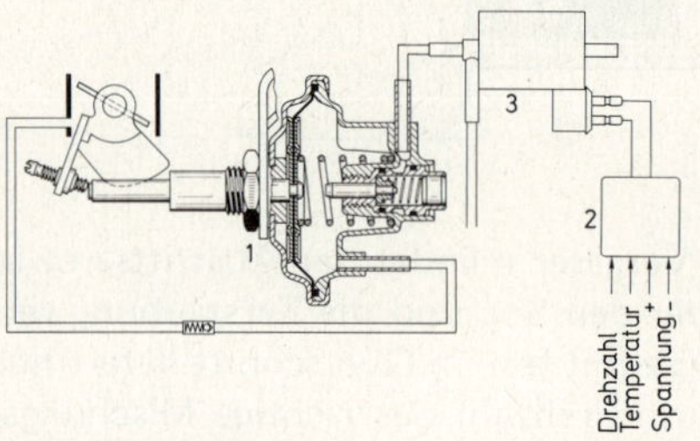 Die 3-Punkt-Dose (1) sorgt für Kaltstart, Leerlauf und Schiebebetrieb. Ein Schaltgerät (2) steuert über ein elektrisches Umschaltventil (3) die Funktion der 3-Punkt-Dose.
Einrichtung zur Verstellung der Drosselklappe der 2. Stufe (Vollast, ohne Leistung)	Die von der Membrandose betätigte Drosselklappe der 2. Stufe kann erst nach der halbgeöffneten Drosselklappe der 1. Stufe in Abhängigkeit von der Stellung des Betätigungshebels der 2. Stufe öffnen. Der zum Öffnen notwendige Luftdruck wird den Lufttrichtern der 1. und 2. Stufe entnommen.	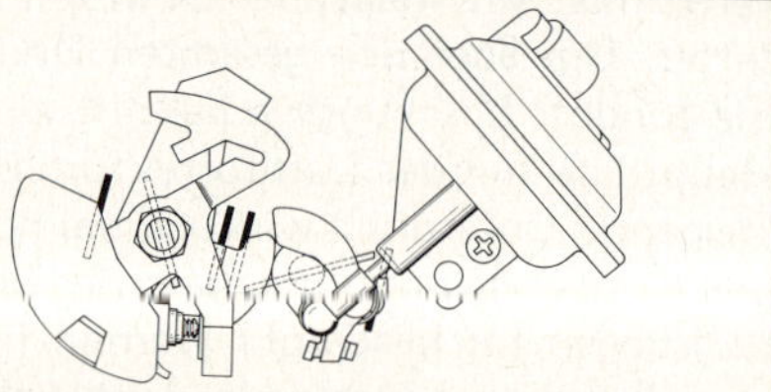

Kaltstart	**Leerlauf**	**Übergang 1. Stufe**
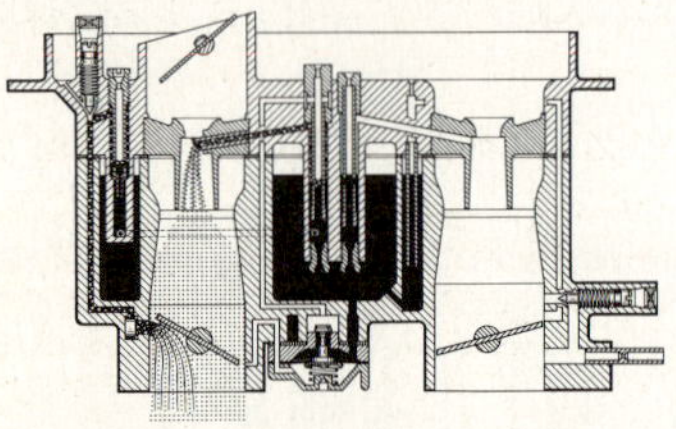	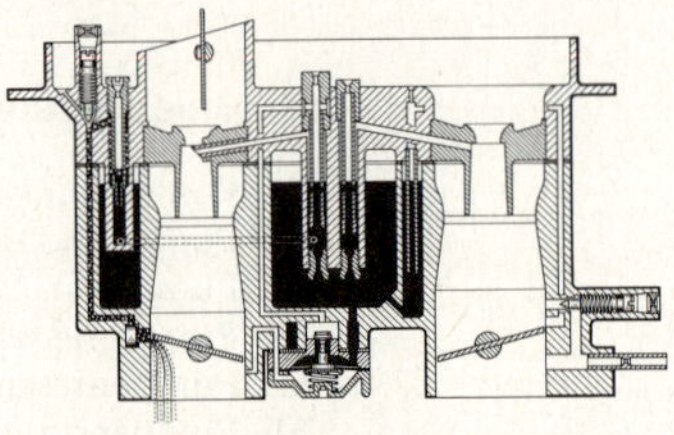	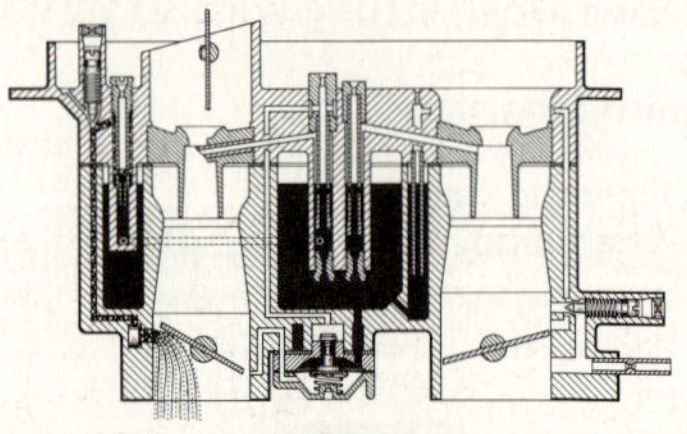
Teillast	**Teillastanreicherung**	**Beschleunigen**
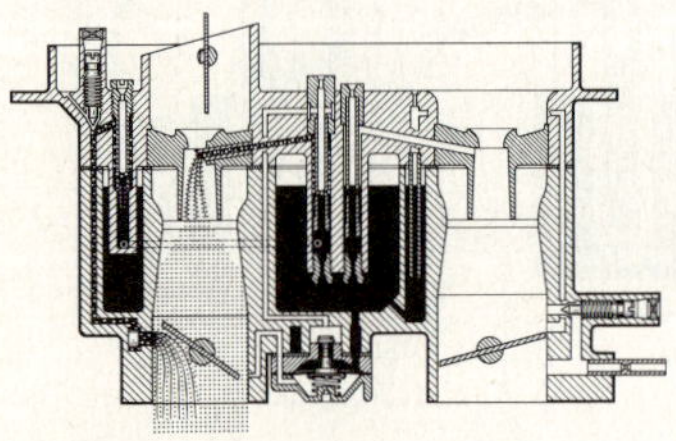	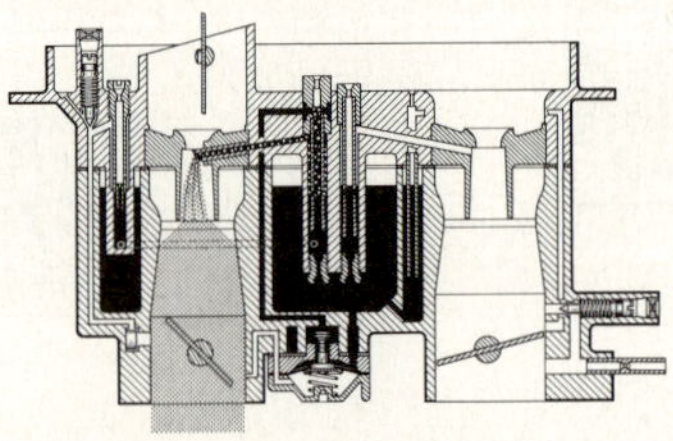	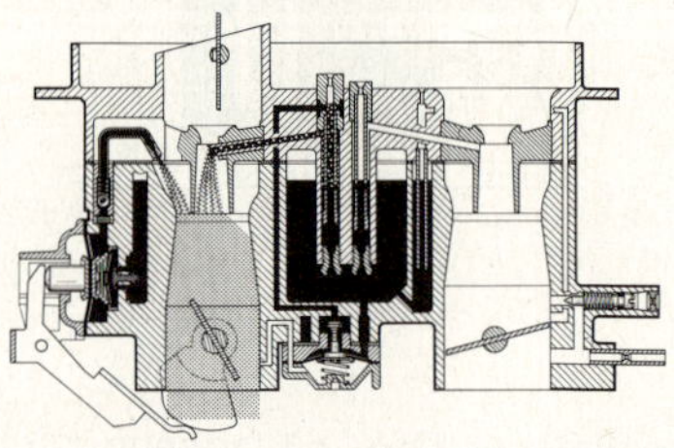
Übergang 2. Stufe	**Vollast**	**Schiebebetrieb**
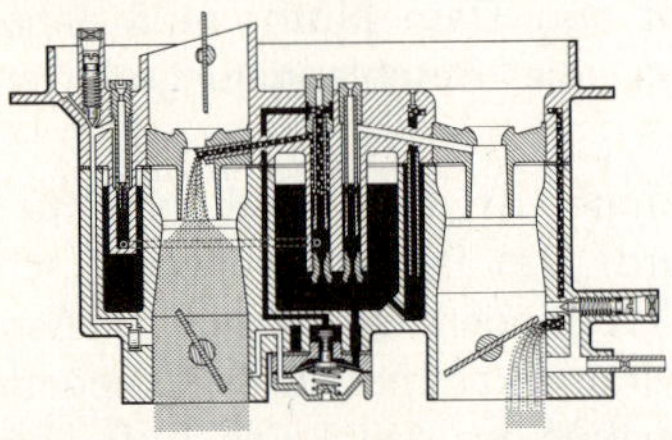	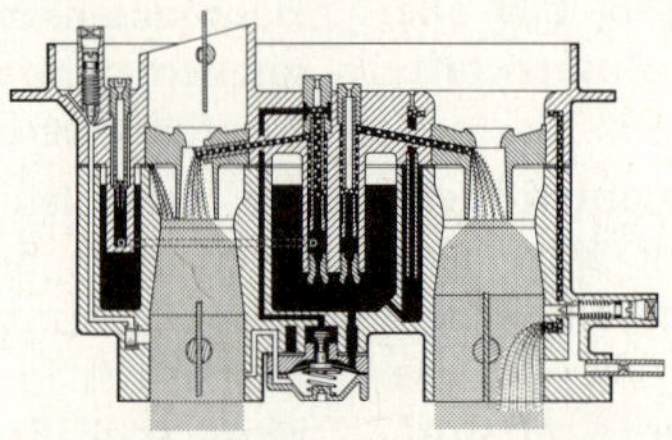	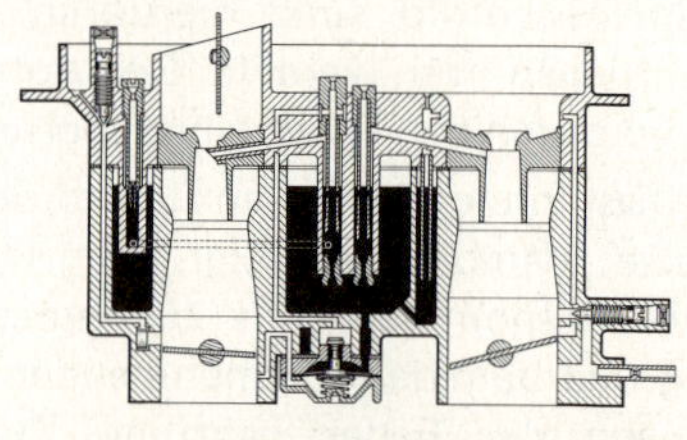

1.4.4.4 Elektronisch geregelter Vergaser (Ecotronic)

Der elektronisch geregelte Vergaser besteht aus einem auf seine Grundfunktionen vereinfachten Vergaser mit Stellgliedern, einem elektronischen Steuergerät und Sensoren.

1 Vordrossel
2 Drosselklappenteil
3 Betätigungshebel
4 Gaszug
5 Drosselklappenansteller
6 Kabelanschluß Leerlaufschalter
7 Schwimmergehäuse
8 Membrandose II. Stufe
9 Vergaserdeckel
10 Vordrosselsteller
11 Drosselklappenpotentiometer
12 zum Thermoventil

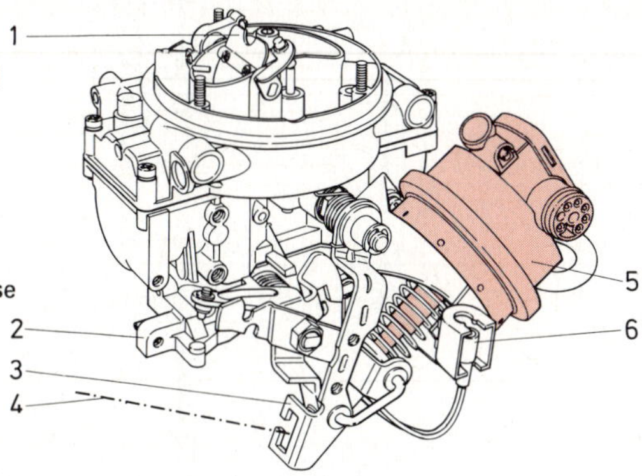

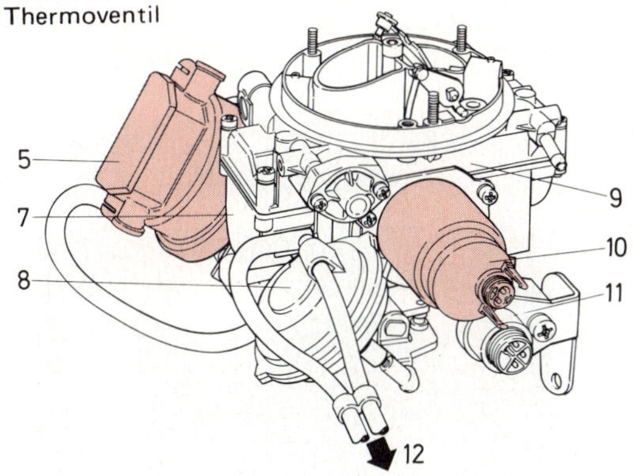

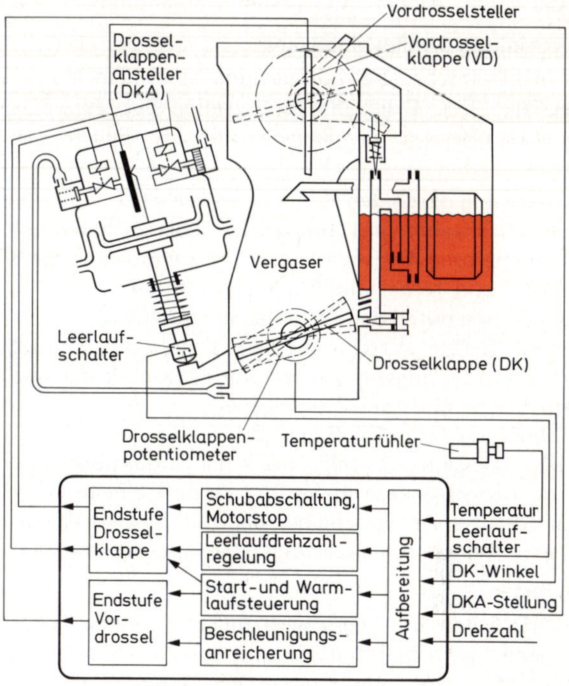

Das Vergasersystem besteht aus folgenden Bauteilen

- **Drosselklappenpotentiometer**
  Das Drosselklappenpotentiometer erfaßt die Stellung und den Bewegungsablauf der Drosselklappe. Das Signal des Potentiometers wird dem Steuergerät zugeteilt.
- **Vordrosselsteller**
  Der Vordrosselsteller ist ein Stellmotor, der die Vordrosselklappe und eine Düsennadel in der Luftkorrekturluftdüse steuert.
- **Drosselklappenansteller**
  Der Drosselklappenansteller ist ein elektropneumatischer Steller zur Betätigung der Drosselklappe. Der Stellerstößel wird von einer unterdruckbeaufschlagten Membran gegen die Kraft einer Rückstellfeder bewegt. Der Arbeitsdruck – Saugrohrdruck oder Luftdruck – wird mit Hilfe von zwei Elektromagnetventilen gesteuert. Im Stößel des Stellers sitzt ein Leerlaufschalter, der die Berührung des Drosselklappenhebels am Stößel meldet. Im Steller ist weiterhin ein Potentiometer zur Stellungsrückmeldung des Stößels integriert.
- **Steuergerät**
  Das Steuergerät verarbeitet die Eingangsgrößen nach fest programmierten Funktionsabläufen und berechnet die Ausgabewerte zur Steuerung der einzelnen Steller.
- **Temperaturfühler**
  Der Temperaturfühler erfaßt eine Mischtemperatur von Saugrohrwand und Motor.

Folgende Funktionen werden elektronisch beeinflußt:

- **Leerlaufdrehzahlregelung**
  Die Leerlaufdrehzahl wird ständig mit einem vorgegebenen Sollwert verglichen. Bei Abweichungen wird die Stellung der Drosselklappe mit dem Drosselklappenansteller korrigiert.
- **Steuerung der Gemischanreicherung bei Start, Warmlauf und Beschleunigung**
  Beim Kaltstart, während des Warmlaufs und beim Beschleunigen benötigt der Motor ein fetteres Gemisch. Das elektronische Steuergerät berechnet in Abhängigkeit von Drehzahl, Drosselklappenstellung, Laufzeit des Motors nach dem Kaltstart, Motortemperatur und Öffnungsgeschwindigkeit der Drosselklappe die erforderliche Anreicherungsmenge und steuert entsprechend die Vordrosselung.
- **Steuerung der Gemischmenge bei Start und Hochlauf**
  Eine temperatur- und drehzahlabhängige Steuerung der Drosselklappe sorgt für die erforderliche Gemischmenge beim Start und spontanen Hochlauf.
- **Schubabschaltung**
  Während der Schubphase, in der der Motor keine Leistung abgeben muß, wird dem Motor mit Hilfe der Schubabschaltung kein Kraftstoff, jedoch Zusatzluft zugeführt. In dieser Betriebsphase erfolgt oberhalb einer Schubdrehzahlschwelle von 1400 1/min
  - eine Kraftstoffabschaltung durch Schließen der Drosselklappe,
  - eine Füllungserhöhung durch Schubluftzufuhr über ein Schubluftventil.

Beim Durchlaufen der Schubdrehzahlschwelle erfolgt ein gesteuertes Wiedereinsetzen der Kraftstofförderung und damit eine weitgehend ruckfreie Verbrennungsaufnahme.

Kfz-Meßtechnik

Prüfen des Vergasers

Die Leerlaufgrundeinstellung muß mit einem Drehzahlmesser und einem CO-Tester vorgenommen werden.

Elektronische Drehzahlmessung

Die elektronische Drehzahlmessung ist in dem Motortester integriert. Der Drehzahlmesser verwendet entweder die Steuerimpulse der Zündanlage oder die Signale des OT-Gebers.

- Steuerung durch den Primärstromkreis (1)
  Der Drehzahlmesser besitzt für jede Zylinderzahl eine Umschaltung. Die Kabel des Testers werden an die Klemmen 1 und 15 der Zündspule angeschlossen.
- Steuerung durch den Sekundärstromkreis (2)
  Diese Geräte werden von dem Zündimpuls eines Zylinders (1. Zylinder) gesteuert. Zur Erzeugung des Impulses dient ein induktiver Zangengeber.
- Steuerung durch OT-Geber (3)
  Der OT-Geber besteht aus einer Induktionsspule, die am Kurbelgehäuse befestigt ist und einem Geberstift an der Keilriemenscheibe, der mit Motordrehzahl umläuft. Der Anschluß erfolgt über eine Zentralsteckdose

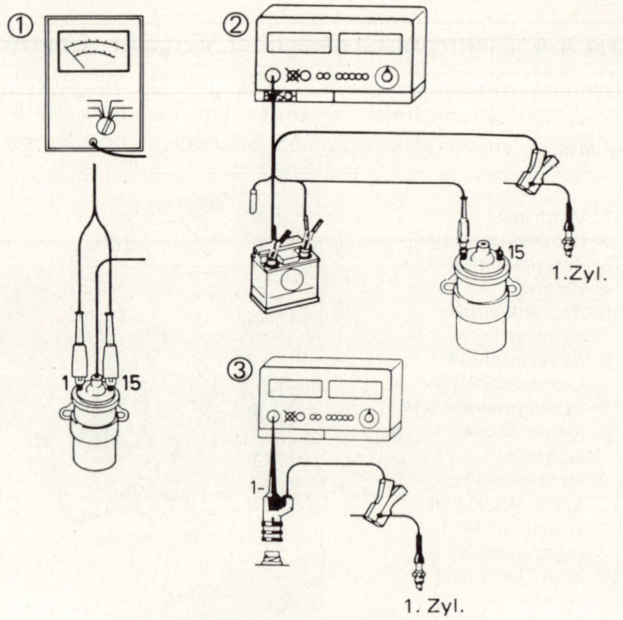

CO-Tester

Der CO-Anteil im Abgas wird mit Hilfe eines CO-Testers gemessen. Er arbeitet nach dem Infrarot-Absorptionsverfahren (s. S. 85). Die Programmsteuerung und Meßwertverarbeitung übernimmt ein Mikroprozessor.

Die eingebaute Membranpumpe saugt das Abgas aus dem Auspuff (mindestens 30 cm im Auspuffendrohr) über eine Entnahmesonde an und fördert es zur Meßkammer. Entsprechend dem CO-Anteil wird ein elektrisches Signal erzeugt, das elektronisch verstärkt wird. Am Anzeigeinstrument kann der CO-Anteil in Vol.% abgelesen werden. Voraussetzung für einen einwandfreien Abgastest ist ein betriebswarmer Motor, eine dichte Auspuffleitung, eine geöffnete Starterklappe und eine einwandfreie Zündeinstellung.

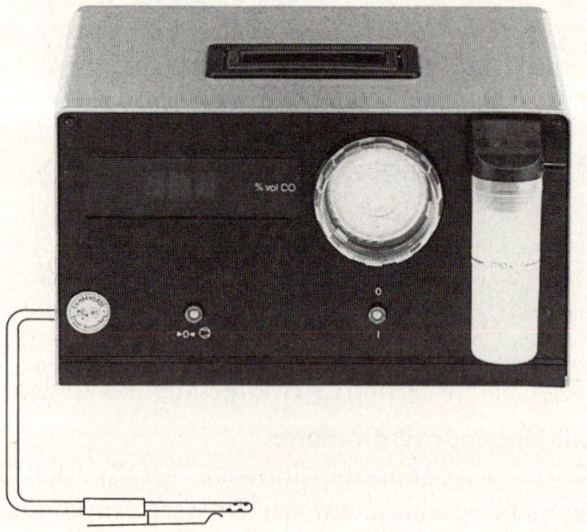

Zur Kontrolle des Luftfilters ist die Drehzahl auf 2/3 der Motordrehzahl zu erhöhen und dann der CO-Wert abzulesen. Die Prüfung wird mit abgenommenen Luftfiltereinsatz wiederholt. Weicht der Wert gegenüber der ersten Messung deutlich ab, ist der Luftfiltereinsatz zu erneuern.

Druck – Unterdrucktester

Mit dem Druck – Unterdrucktester werden die Istwerte für Druck bzw. Unterdruck gemessen. Diese Istwerte müssen mit den Sollwerten verglichen werden.

Der erzeugte Unterdruck wird über die parallel geschalteten Unterdruckmanometer (0 ... 130 und 0 ... 800 mbar) angezeigt. Durch Zufuhr von Außenluft über das Regelventil kann ein bestimmter Unterdruckwert eingestellt werden. Mit dem Umschalthahn wird die Meßart eingestellt.

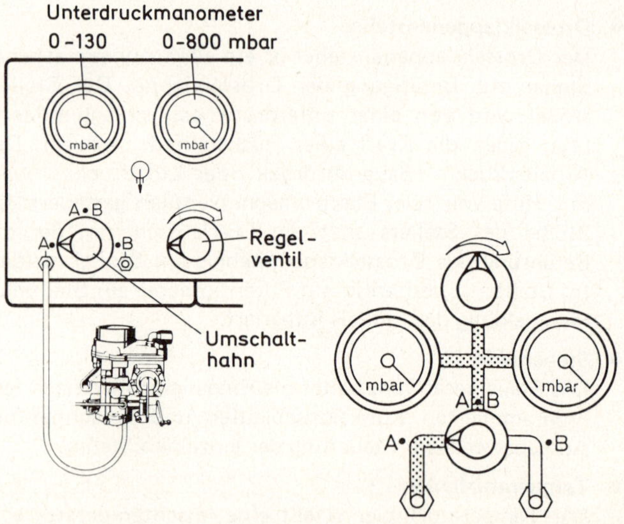

Bei Vergasern mit Umgemischsystem muß die Drosselklappe nach den vom Hersteller angegebenen Unterdruckwerten eingestellt werden. Hierzu wird nach Anschluß des Testers an den vorgesehenen Vergaserstutzen der Motor bei geschlossenem Regelventil und Umschalthahn auf Stellung A gestartet. In dieser Schaltstellung ist der Eingang A offen, der Eingang B geschlossen. Der erzeugte, bei A anliegende Unterdruck wird an den Instrumenten angezeigt.

Über die Unterdruckmessung wird die Drosselklappe und die Zusatzgemisch-Regulierschraube in die vom Kfz-Hersteller vorgeschriebene Stellung gebracht.

ZUSAMMENFASSUNG Vergaser

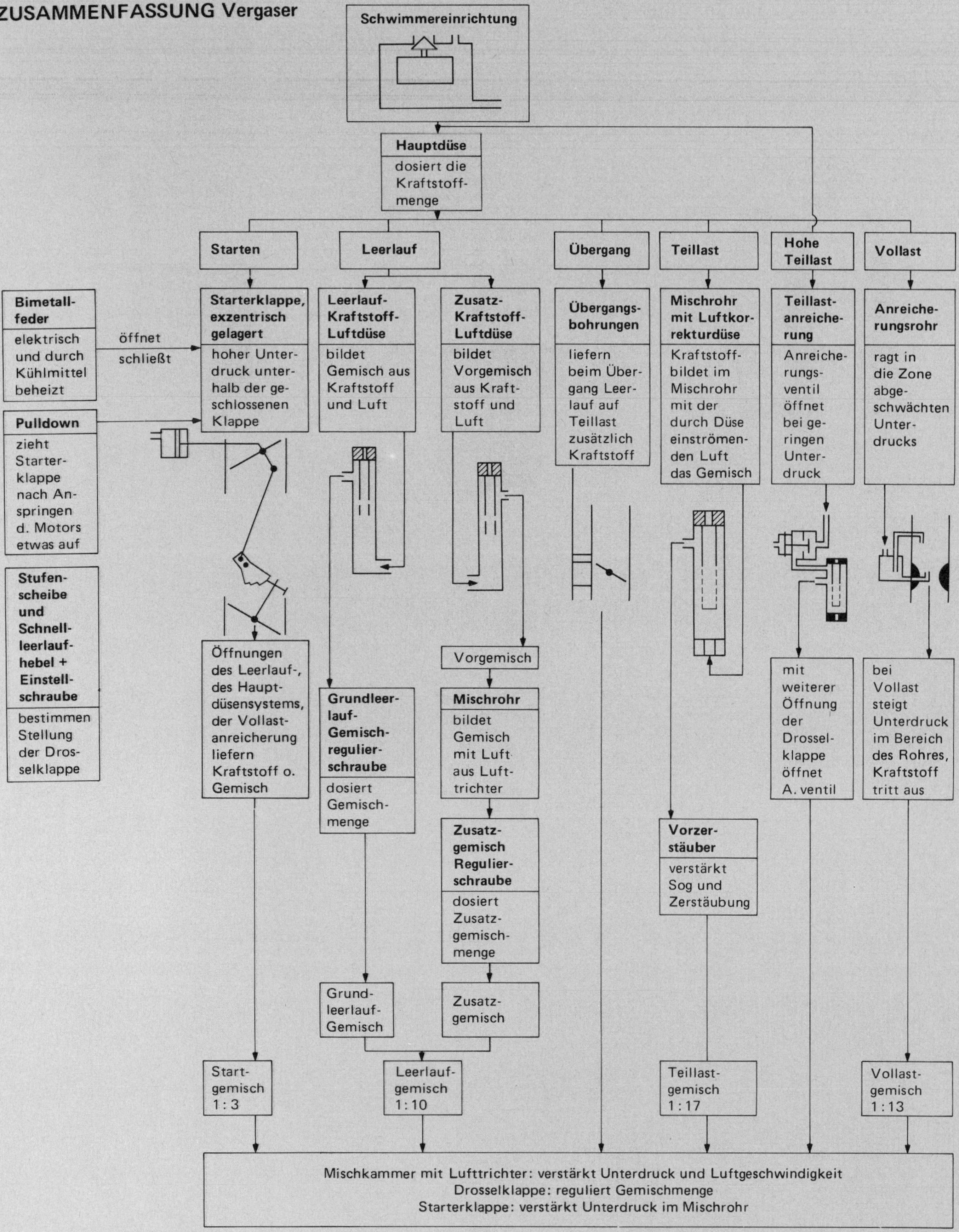

ANALYSE Luftfilter und Luftfilteranlage

Erklären Sie Aufbau und Wirkungsweise der einzelnen Luftfilter und der Luftfilteranlage.

Ölbadluftfilter	Kombinationsluftfilter	Naßluftfilter
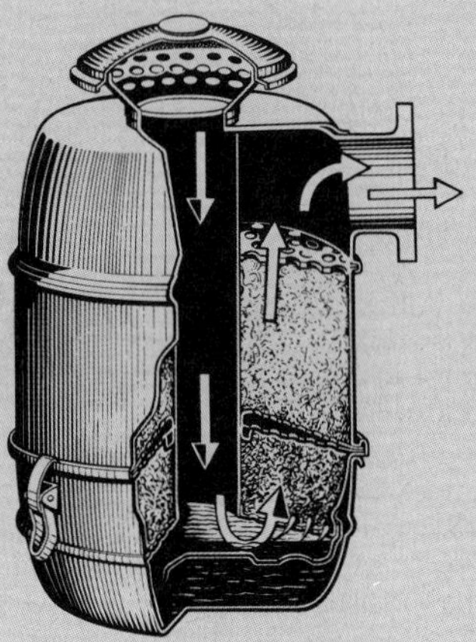	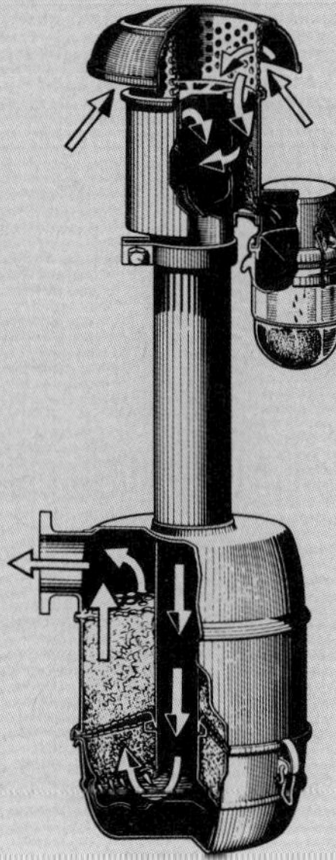	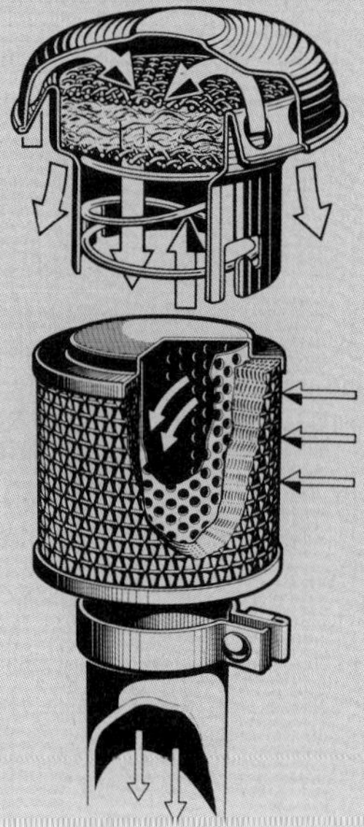

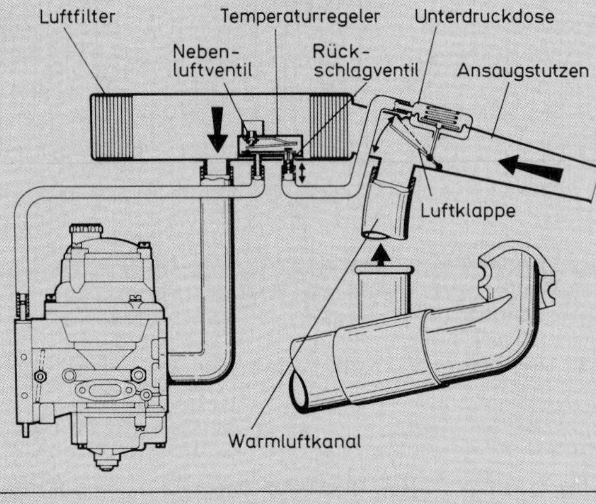

ANALYSE Historische Vergaser

Erklären Sie die Wirkungsweise der dargestellten Vergaser.

Dochtvergaser 1883	Oberflächenvergaser 1885	Spritzdüsenvergaser 1893
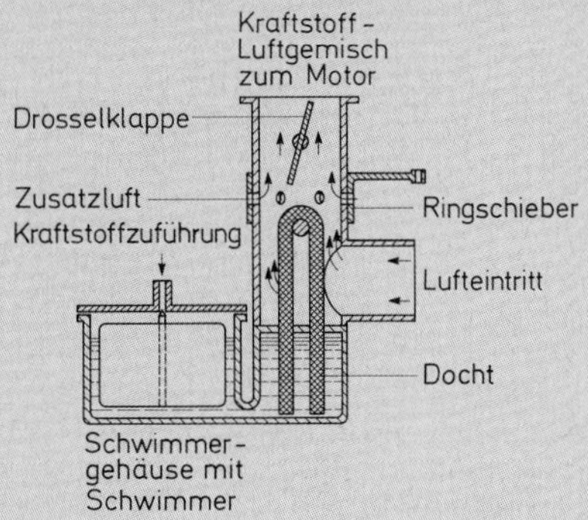	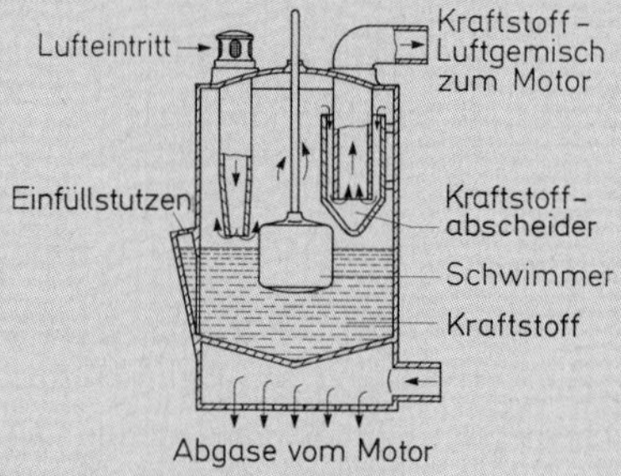	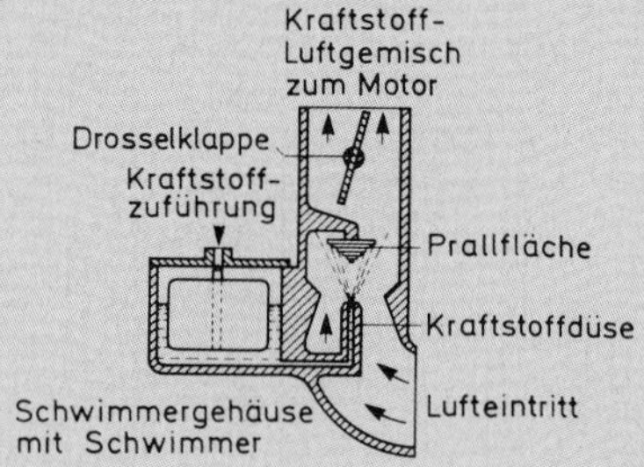

ANALYSE Ausgeführte Vergaser

Beschreiben Sie die Gemischbildung bei der dargestellten Drosselklappenstellung.

Cudell-Vergaser 1906 in Opel-Motor

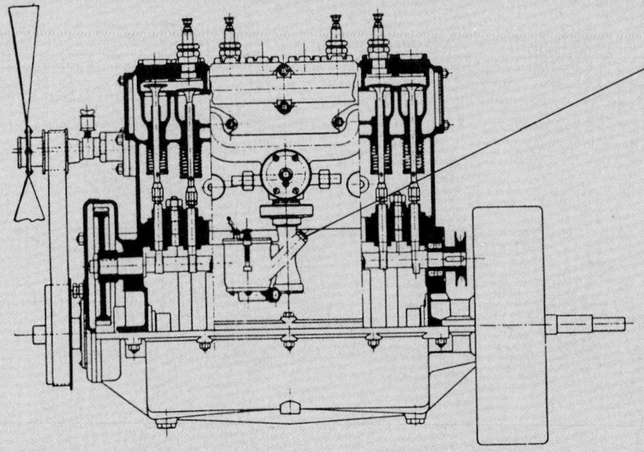

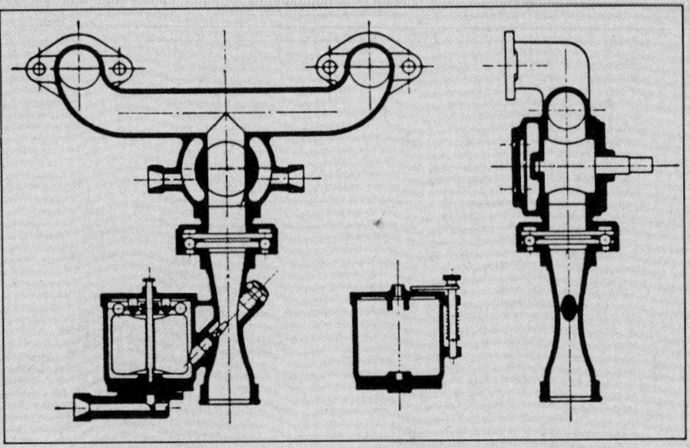

Fallstrom-Registervergaser

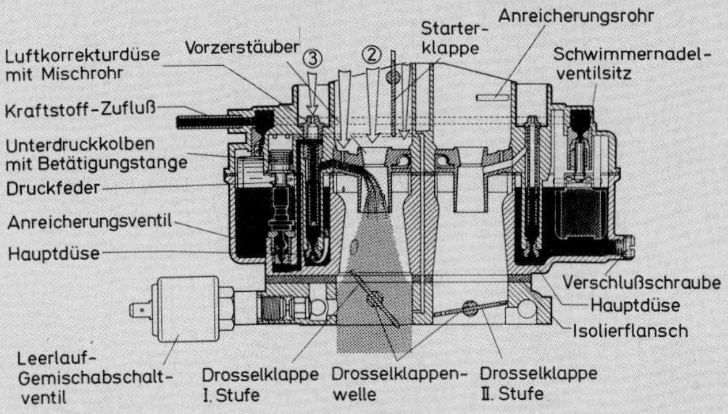

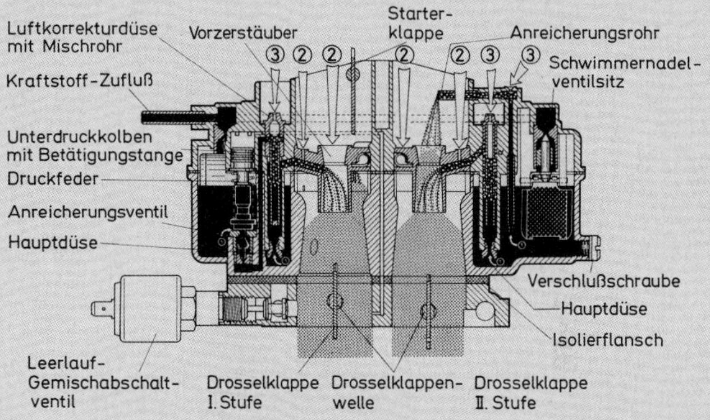

② Zustrom der Hauptluft ③ Zustrom der Korrekturluft

Gleichdruckvergaser

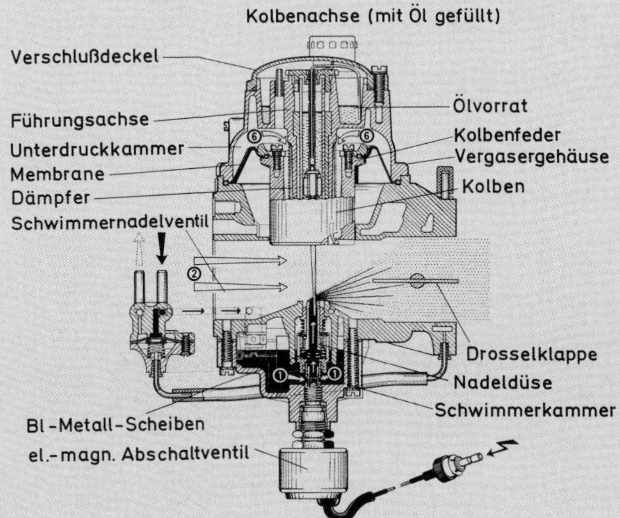

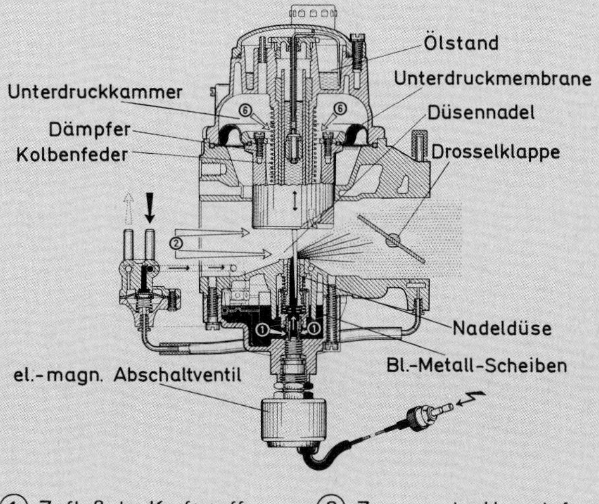

① Zufluß des Kraftstoffes ② Zustrom der Hauptluft

⑥ Unterdruck

ARBEITSPLANUNG Vergaser

Entwickeln Sie den Arbeitsplan für die dargestellten Prüf- und Einstellarbeiten, indem Sie

- die Reihenfolge der Prüf- bzw. Einstellarbeiten,
- die Auswahl der Prüfmittel bzw. Werkzeuge,
- die zu beachtenden Prüf- bzw. Arbeitsregeln/Sicherheitsvorschriften,
- die Auswertung der Prüfergebnisse

angeben und begründen.

Prüfen und Austauschen des Luftfilters	Klappenventil überprüfen
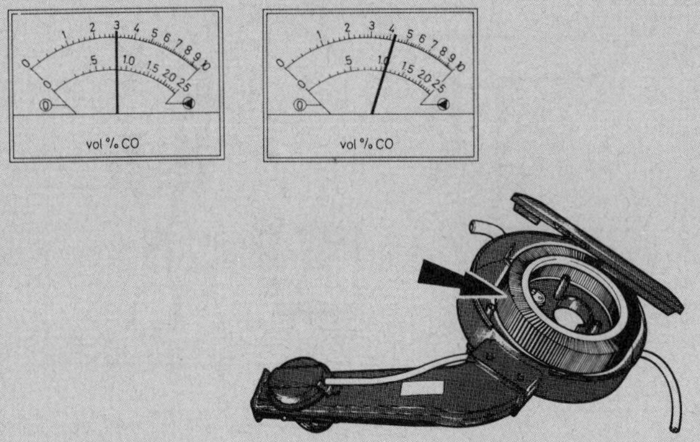	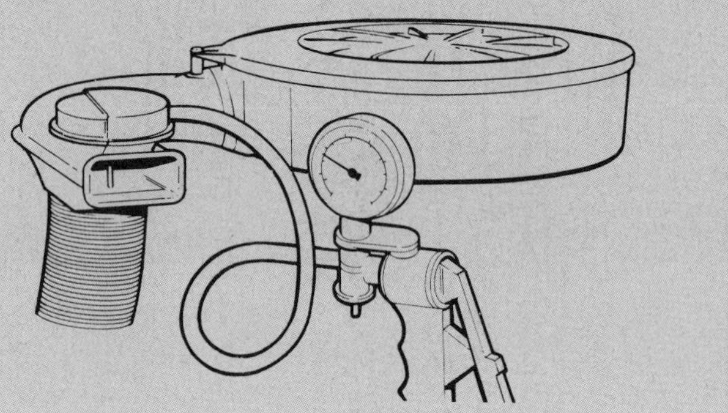
Leerlaufeinstellung	**Grundeinstellung der Drosselklappe**
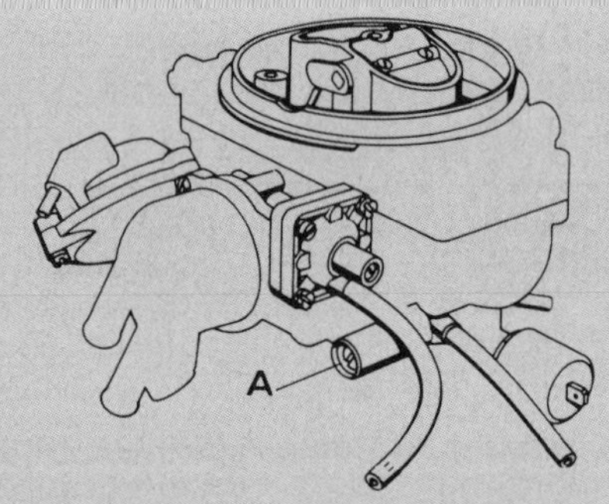	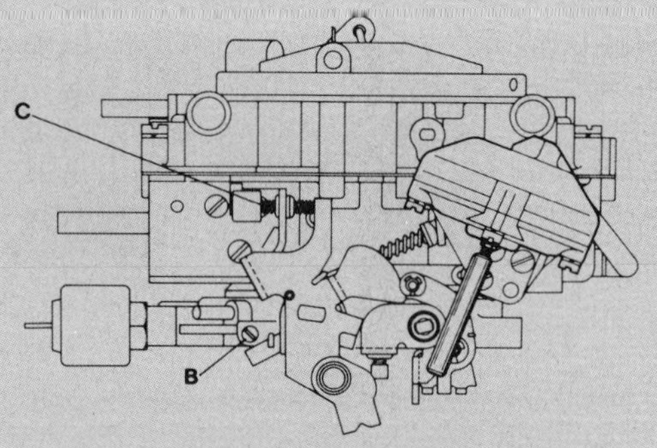
Einstellung des Starterklappenspaltes	**Einspritzmenge der Beschleunigungspumpe**
	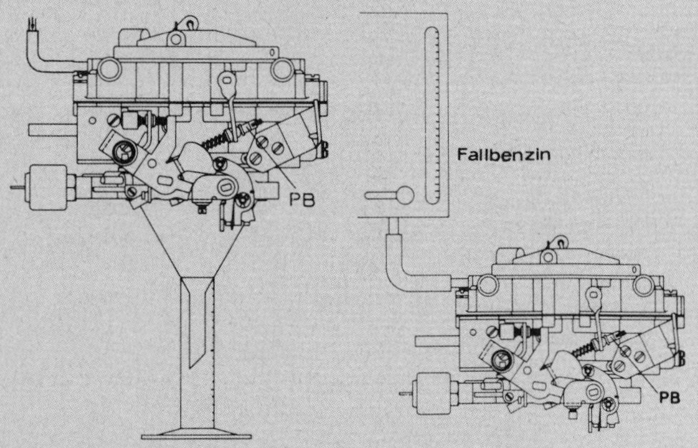
Einstellung des Schnelleerlaufs	**Grundeinstellung des Drosselklappenspaltes**
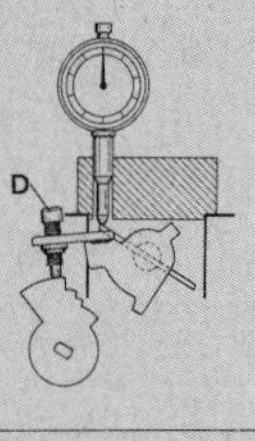	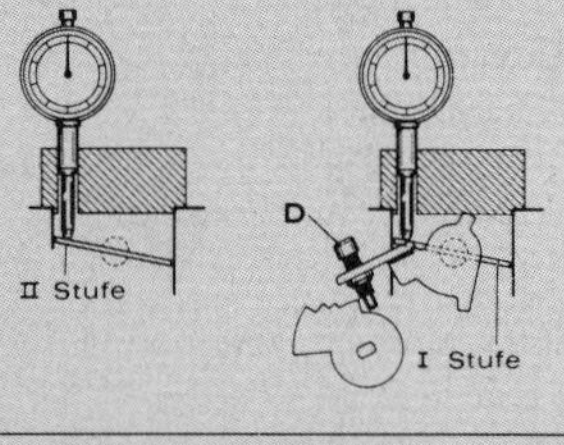

1.4.5 Benzineinspritzung

Die schärfer werdenden Bestimmungen zur Verringerung der Schadstoffemission und der Einsatz von Katalysatoren zwingen zu einer sehr genauen Gemischzumessung in Abhängigkeit vom Betriebs- und Lastzustand des Motors unter Berücksichtigung der Umwelteinflüsse. Diesen Anforderungen genügt am besten eine elektronische Benzineinspritzung.

1.4.5.1 Elektronisch gesteuerte Benzineinspritzung mit Luftmengenmessung (L-Jetronic)

Ein Motor mit einer Benzineinspritzung L-Jetronic springt im kalten Zustand schlecht an.

Bei der Fehlersuche wird u.a. der Zusatzluftschieber überprüft. Hierzu wird bei eingeschalteter Zündung der Motor gestartet und mit der Prüflampe eine Funktionsprüfung durchgeführt. Die Prüflampe brennt nicht.

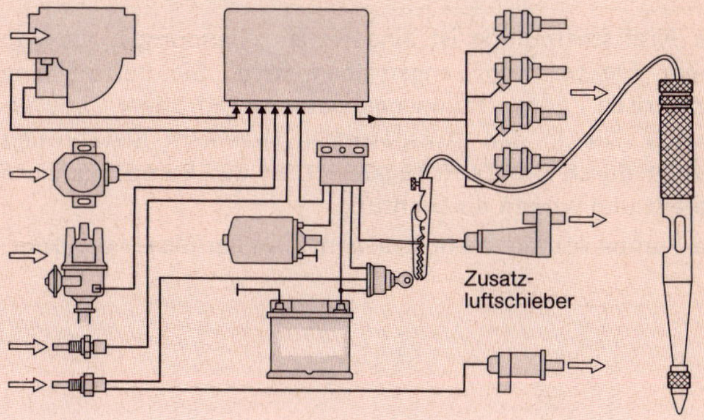

Die elektronisch gesteuerte Benzineinspritzung ist eine intermittierende Benzineinspritzung, d.h. der Kraftstoff wird den Zylindern über die Einspritzventile taktweise zugeteilt. Die Anlage ist „luftmengengesteuert". Daher kommt die Bezeichnung Benzineinspritzanlage L-Jetronic.

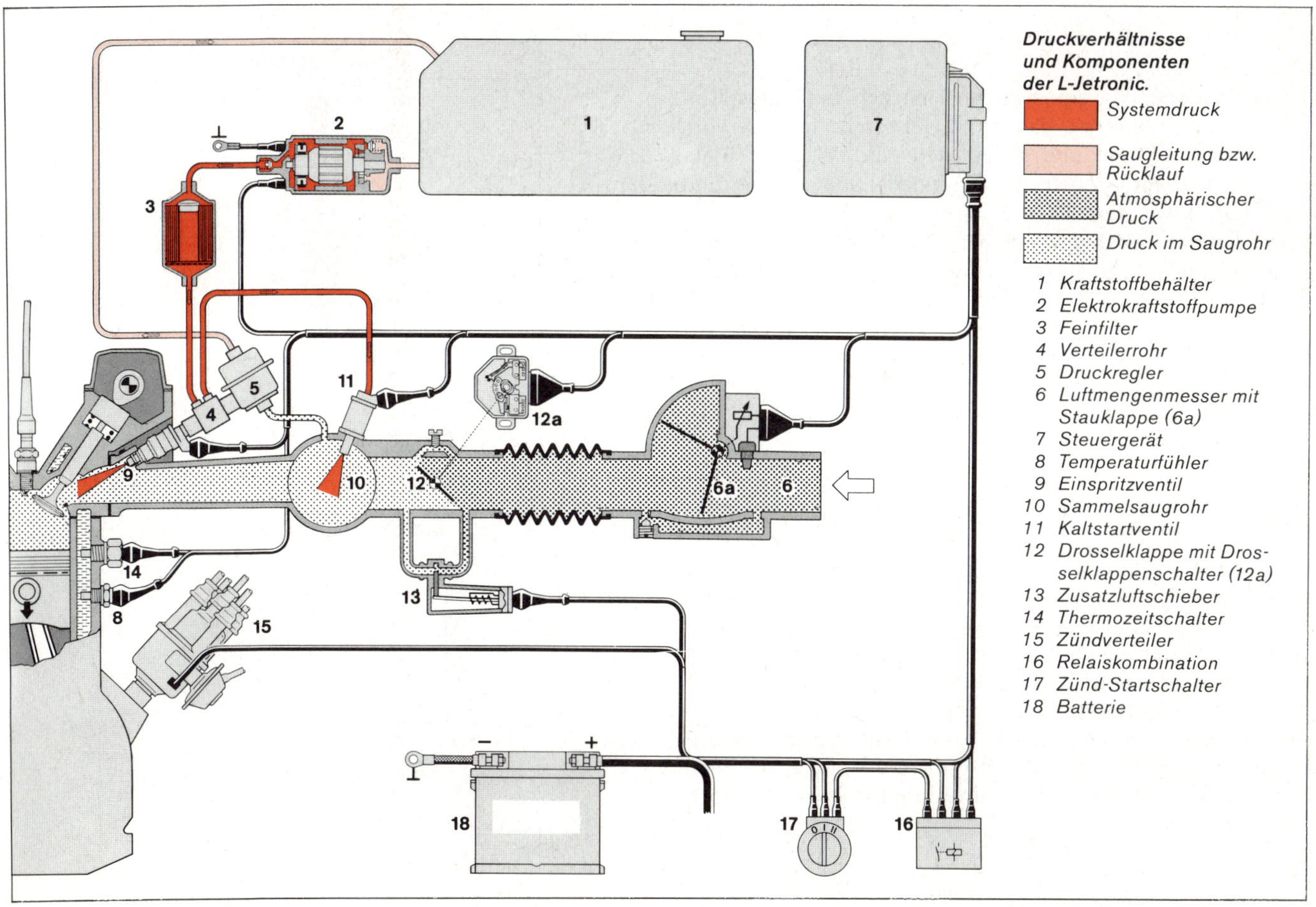

Kraftstoffsystem

Das Kraftstoffsystem fördert den Kraftstoff vom Vorratsbehälter zu den Einspritzventilen. Zum Kraftstoffsystem gehören:

- Kraftstoffpumpe
- Verteilerrohr mit Druckregler
- Einspritzventil

Kraftstoffbehälter

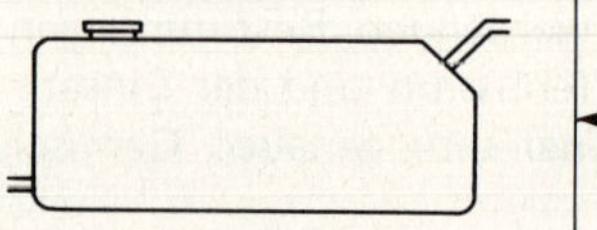

Die Kraftstoffpumpe ist eine Rollenzellenpumpe, die von einem Elektromotor angetrieben wird. Sie besitzt eine exzentrisch zum Pumpengehäuse angeordnete Läuferscheibe. Die in den Aussparungen sitzenden Metallrollen werden durch die Zentrifugalkraft an das Pumpengehäuse gepreßt und wirken als Dichtung.

Die Pumpe fördert mehr Kraftstoff, als der Motor benötigt.

Kraftstoffpumpe

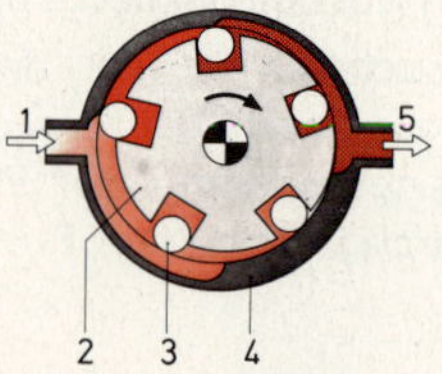

1 Saugseite
2 Läuferscheibe
3 Rolle
4 Pumpengehäuse
5 Druckseite

Das Verteilerrohr hat eine Speicherfunktion und gewährleistet gleichen Kraftstoffdruck an allen Einspritzventilen. Am Ende des Verteilerrohres sitzt ein Druckregler, der den Kraftstoffdruck auf 2,5 bar regelt.

Verteilerrohr mit Druckregler

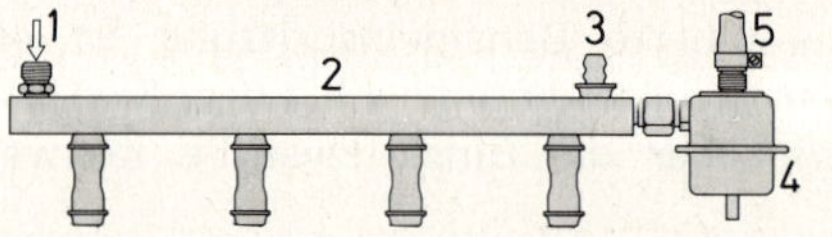

1 Kraftstoffzulauf
2 Verteilerrohr
3 Anschluß für Kaltstartventil
4 Druckregler
5 Rücklauf

Jedem Zylinder ist ein elektromagnetisch betätigtes Einspritzventil zugeordnet, das durch elektrische Impulse vom Steuergerät geöffnet und geschlossen wird. Wird der Elektromagnet erregt, so hebt die Düsennadel vom Sitz ab und Kraftstoff kann durch den Ringspalt austreten. Bei stromloser Magnetwicklung wird die Düsennadel durch eine Schraubenfeder auf ihren Dichtsitz am Ventilauslaß gedrückt.

Einspritzventil

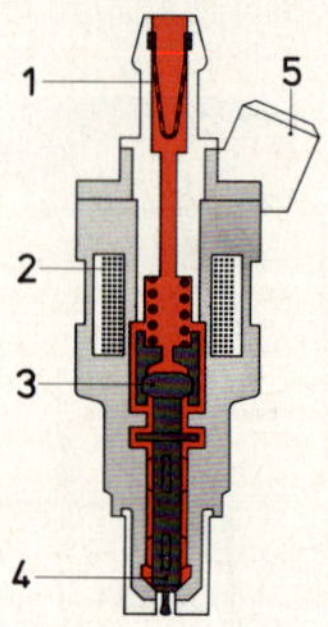

1 Filter
2 Magnetwicklung
3 Magnetanker
4 Düsennadel
5 elektr. Anschluß

Gemischbildung

Die Gemischbildung erfolgt im Saugrohr und im Zylinder des Motors. Das Einspritzventil spritzt den Kraftstoff vor das Einlaßventil (Saugrohreinspritzung). Alle Einspritzventile spritzen gleichzeitig ein, unabhängig von der Stellung des Einlaßventils. Bei geschlossenem Ventil wird der Kraftstoff vorgelagert. Beim nächsten Öffnen des Einlaßventils reißt die angesaugte Luftmenge die Kraftstoffwolke mit und bewirkt durch die Verwirbelung während des Ansaugtaktes die Bildung eines zündfähigen Kraftstoff-Luft-Gemisches.

Saugrohreinspritzung

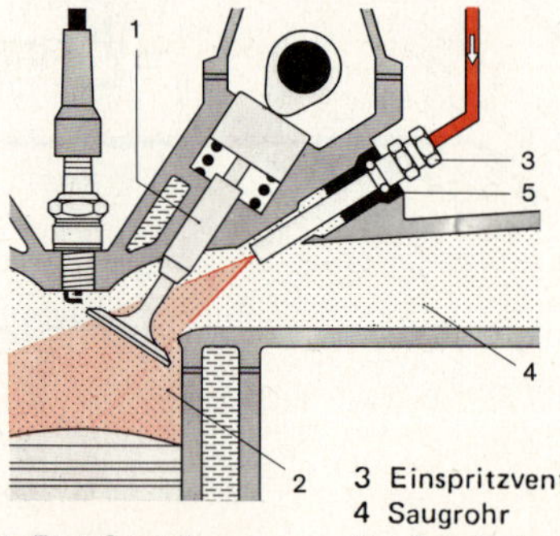

1 Einlaßventil
2 Verbrennungsraum
3 Einspritzventil
4 Saugrohr
5 wärmeisolierende Halterung

Steuersystem

Ermitteln der Meßgrößen

Mit Sensoren (Luftmengenmesser, Luft- und Motortemperaturfühler, Drosselklappenschalter) wird der Betriebszustand des Motors erfaßt und in Form elektrischer Signale in das Steuergerät eingegeben. Sensoren und Steuergerät bilden das Steuersystem.

Hauptmeßgrößen

Drehzahlerfassung

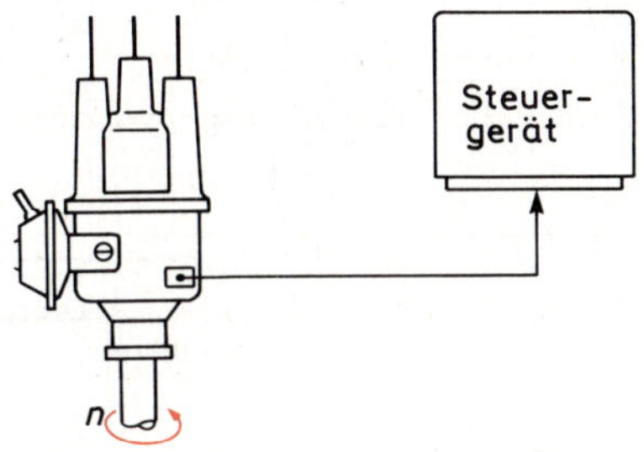

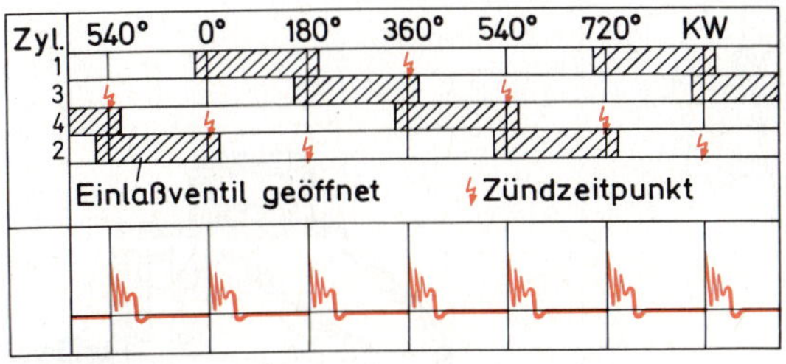

Als Drehzahlgeber dient die Zündanlage des Motors. Die Spannungsimpulse werden

- am Unterbrecher,
- an der Zündspule oder
- am Schaltgerät elektronischer Zündanlagen

abgenommen.

Bei einem Vierzylindermotor wird pro Kurbelwellenumdrehung an je 2 Zylindern ein Zündimpuls bereitgestellt, d.h. bei 180° Kurbelwellenumdrehung erfolgt der erste Zündimpuls, bei 360° der zweite Zündimpuls. Nach zwei Kurbelwellenumdrehungen (= eine Nockenwellenumdrehung) stehen damit insgesamt 4 Zündimpulse zur Verfügung. Die Zündimpulsfrequenz – auch Pulsfrequenz f genannt – ist beim Vierzylindermotor doppelt so hoch, beim Sechszylindermotor dreimal so hoch wie die Drehzahl.

Luftmengenmessung

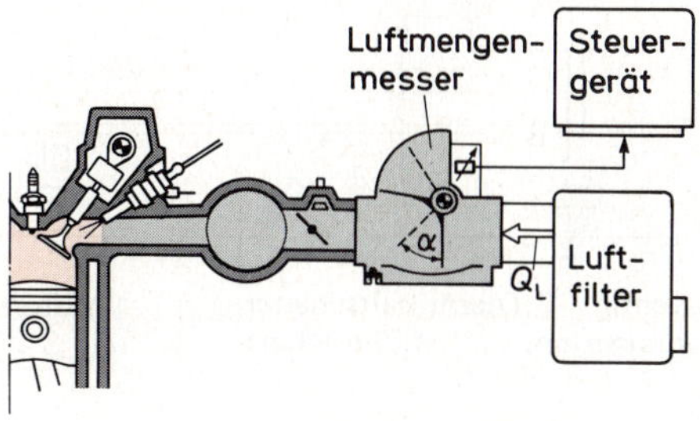

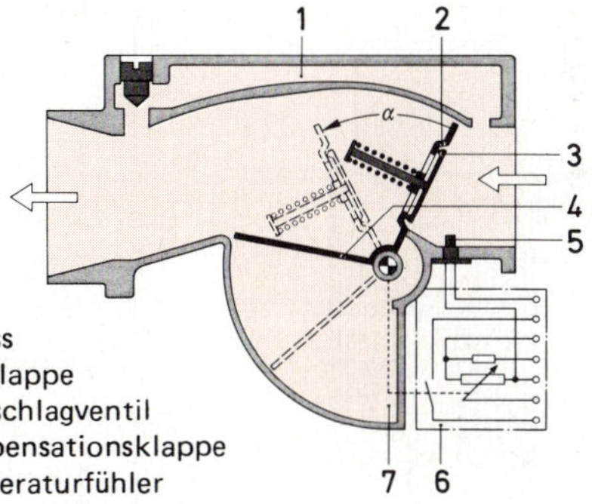

1 Bypass
2 Stauklappe
3 Rückschlagventil
4 Kompensationsklappe
5 Temperaturfühler
6 Potentiometerschaltung
7 Dämpfungsvolumen

Die in den Motor einströmende Luft übt eine Kraft auf die bewegliche Stauklappe des Luftmengenmessers aus und hält sie gegen die Kraft einer Feder in einer bestimmten Winkelstellung. Die Stellung der Stauklappe wird auf ein Potentiometer übertragen. Das Potentiometer ist ein einstellbarer elektrischer Widerstand, dessen Schleifkontakt mit der Drehachse der Stauklappe verbunden ist. Das Potentiometer liefert ein von der Winkelstellung der Stauklappe (= Ansaugmenge) abhängiges Spannungssignal an das Steuergerät.

Die Kompensationsklappe dient in Verbindung mit dem Dämpfungsvolumen zur Dämpfung der Stauklappe, die sonst im pulsierenden Luftstrom hin- und herschwingen würde.

Zur Einstellung des Gemischverhältnisses im Leerlauf ist eine einstellbare Umgehungsleitung (Bypass) vorgesehen, über die eine geringe Luftmenge die Stauklappe umgehen kann.

Die Leerlaufeinstellung erfolgt an der Bypass-Schraube der Drosselklappe.

Weitere Meßgrößen sind erforderlich, um das Gemisch an die Betriebszustände, die vom Normalbetrieb abweichen, den veränderten Bedingungen anzupassen. Meßgrößen zur Gemischanpassung sind die Motortemperatur und die Lastbereiche.

Meßgrößen zur Gemischanpassung

Kaltstart

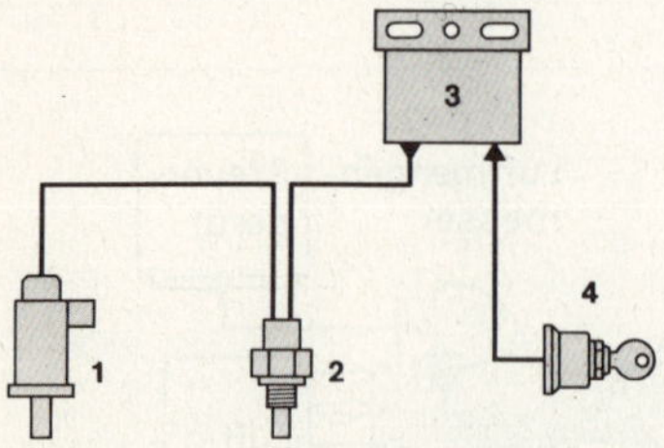

1 Kaltstartventil, 2 Thermozeitschalter, 3 Relaiskombination, 4 Zünd-Start-Schalter

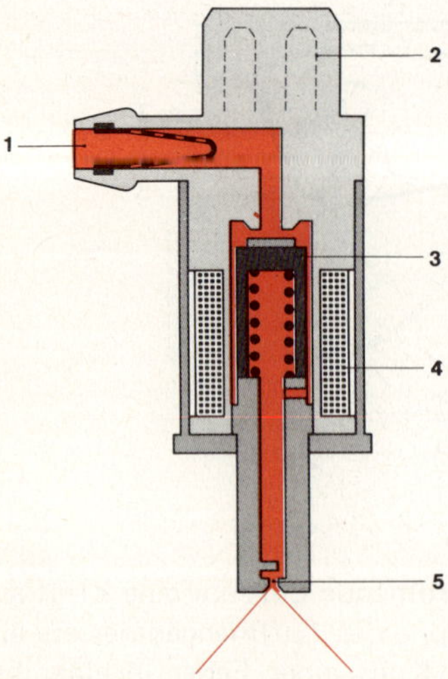

1 Kraftstoffzulauf, 2 elektr. Anschluß, 3 Magnetanker, 4 Magnetwicklung, 5 Dralldüse

Das Kaltstartventil spritzt während des Startvorgangs eine zusätzliche Kraftstoffmenge in das Sammelsaugrohr ein.

Der Thermozeitschalter bestimmt die Einschaltdauer des Kaltstartventils. Die Einschaltdauer ist abhängig von der Erwärmung des Thermozeitschalters, d.h. durch die Motorwärme und durch die in ihm befindliche elektrische Heizung.

Bei der LE-Jetronic entfallen Kaltstartventil und Thermozeitschalter. Die Startanreicherung erfolgt hier durch Veränderung der Einspritzdauer der Einspritzventile.

Warmlauf

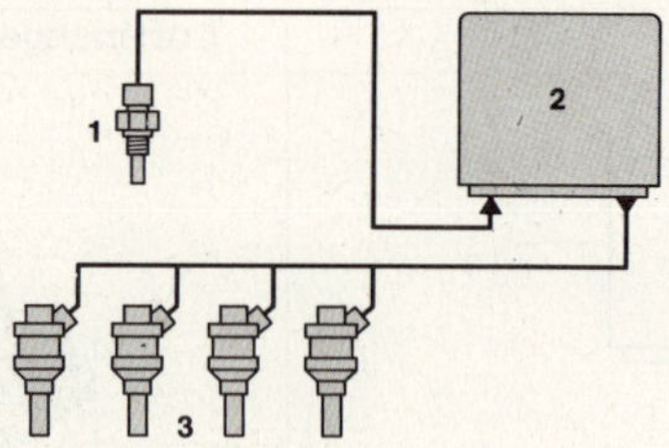

1 Motortemperaturfühler, 2 Steuergerät, 3 Einspritzventile

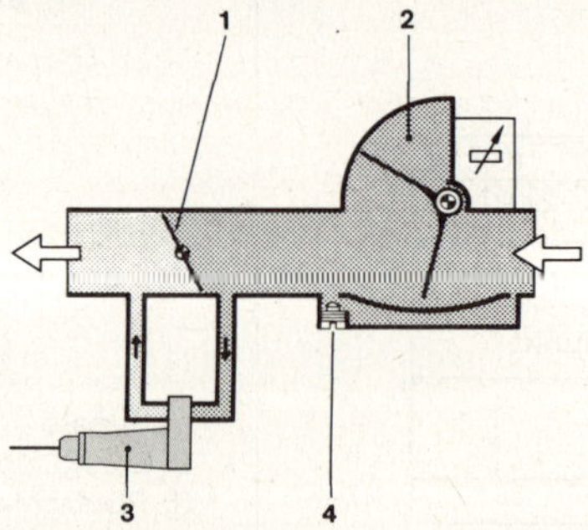

1 Drosselklappe, 2 Luftmengenmesser, 3 Zusatzluftschieber, 4 Leerlaufgemischeinstellschraube

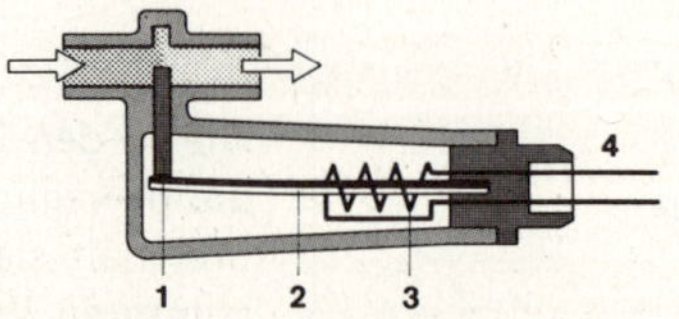

1 Lochblende, 2 Bimetall, 3 elektr. Heizung, 4 elektr. Anschluß

Die Erfassung des Warmlaufs erfolgt über einen Temperaturfühler, der so in den Motorblock eingebaut ist, daß er vom Kühlwasser umspült wird. Das Meßsignal wird dem Steuergerät zugeführt.

Während des Warmlaufs erhält der Motor über den Zusatzluftschieber mehr Gemisch, um die erhöhte Reibung im kalten Zustand zu überwinden und einen stabilen Leerlauf zu gewährleisten. Die Steuerung erfolgt über ein elektrisch beheiztes Bimetall.

Lastbereiche

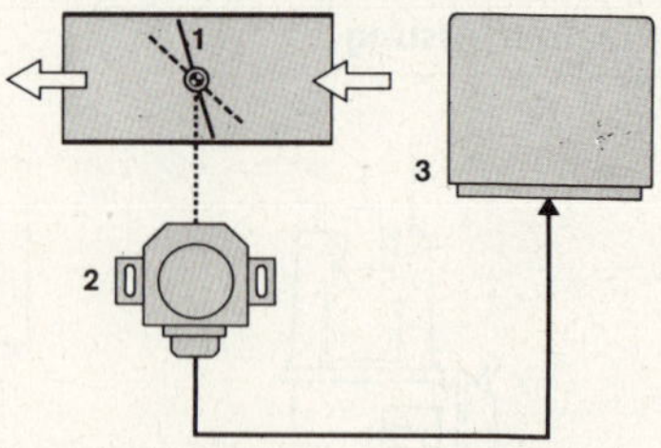

1 Drosselklappe, 2 Drosselklappenschalter, 3 Steuergerät

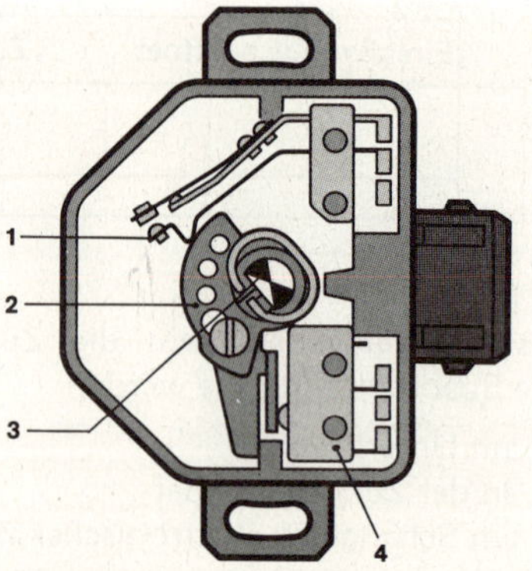

1 Vollastkontakt, 2 Schaltkulisse, 3 Drosselklappenwelle, 4 Leerlaufkontakt

Im Leerlauf- und Vollastbetrieb benötigt der Motor eine andere Gemischzusammensetzung als vom Luftmengenmesser vorgegeben wird.

Um den Leerlauf bzw. den Vollastbetrieb zu definieren, wird die Drosselklappenstellung herangezogen. Hierzu enthält der starr mit der Drosselklappenwelle verbundene Drosselklappenschalter zwei Kontakte, wovon der eine bei geschlossener, der andere bei vollgeöffneter Drosselklappe schließt und dem Steuergerät ein Signal zuführt.

Die o.a. Meßgrößen werden außerdem zur Optimierung des Fahrverhaltens herangezogen:

- Drehzahlbegrenzung: Beim Überschreiten der Höchstdrehzahl werden die Einspritzsignale unterdrückt.
- Schiebebetrieb: Beim Übergang in den Schiebebetrieb wird oberhalb einer bestimmten Drehzahl die Kraftstoffzufuhr gesperrt.

Das Steuergerät empfängt die von den Sensoren gelieferten Meßgrößen über den Betriebszustand des Motors, wertet die Informationen aus und bildet daraus Steuerimpulse für die Einspritzventile.

Das Steuergerät umfaßt Funktionsblöcke:

- Impulsumformer zur Bildung von verarbeitbaren Rechtecksignalen für die Elektronik
- Frequenzteiler zur Umwandlung des Drehzahlsignals
- Divisions-Steuermultivibrator zur Bildung der Grundeinspritzmenge
- Multiplizierstufe zur Anpassung der Grundeinspritzzeit an die verschiedenen Betriebsbedingungen
- Endstufe zur Ansteuerung der Einspritzventile

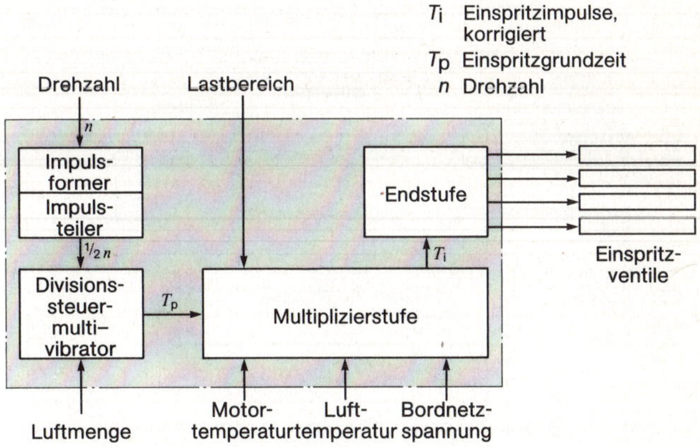

Einspritzzeitpunkt	Einspritzdauer
Alle Einspritzventile sind elektrisch parallel geschaltet und spritzen pro Nockenwellenumdrehung jeweils die Hälfte der benötigten Kraftstoffmenge ab. Die Steuerung der Einspritzimpulse erfolgt von der Zündung.	Die ausschlaggebende Größe für die Einspritzdauer ist die Luftmenge. Verschiedene Korrekturgrößen wie Vollast, Leerlauf, Motortemperatur ergeben zusammen mit dem Signal des Luftmengenmessers und der Einspritzfrequenz (aus der Drehzahl) die Einspritzdauer.

1.4.5.2 Elektronisch gesteuerte Benzineinspritzung mit Luftmassenmessung (LH-Jetronic)

Die LH-Jetronic entspricht im grundsätzlichen Aufbau der L-Jetronic. Anstelle des mechanischen Luftmengenmessers tritt ein Hitzdraht-Luftmassenmesser. Er liefert das Signal für den Luftmassendurchsatz.

Im Innern eines Meßrohres ist ein dünner Platindraht angeordnet. Die angesaugte Luft kühlt den vom elektrischen Strom erhitzten Draht ab, wodurch der Widerstand des Platindrahtes abnimmt. Ein Verstärkerteil stellt diese Veränderung fest und regelt den Heizstrom so nach, daß der Draht stets eine gleichmäßig hohe Temperatur hat. Der hierzu erforderliche Strom ist ein Maß für die angesaugte Luftmasse.

Um ein Verschmutzen des Drahtes und damit falsche Ausgangssignale zu vermeiden, wird der Draht nach Abschalten des Motors eine Sekunde auf erhöhte Temperatur gebracht. Durch Freiglühen wird der Draht von Verschmutzungen gereinigt.

⊕ genaueres Erfassen der Luftmasse

⊕ schnelles Ansprechen des Luftmassenmessers

⊕ keine Meßfehler beim Fahren in großer Höhe

⊕ keine Pulsationsfehler

⊕ keine bewegten Teile

⊕ einfacher Aufbau

⊕ keine Fehlerfassung durch unterschiedliche Ansaugluft-temperatur

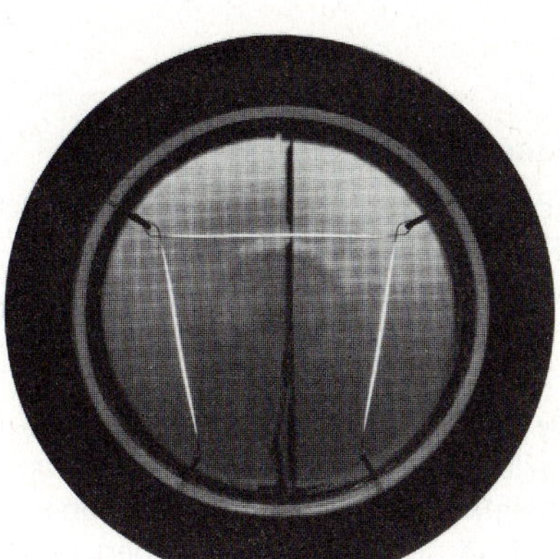

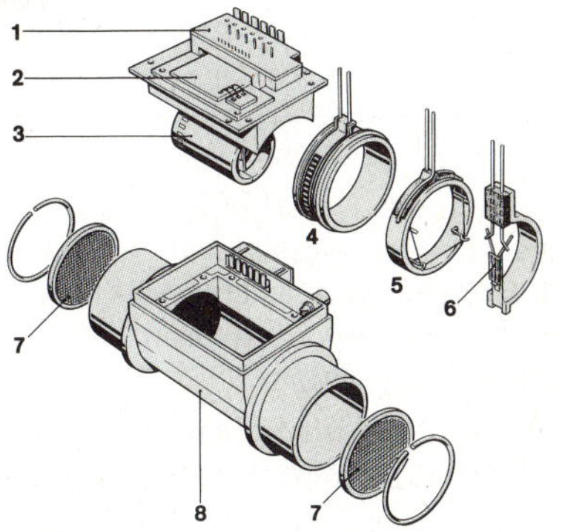

1 Leiterplatte
2 Hybridschaltung
3 Innenrohr
4 Präzisionsmeßwiderstand
5 Hitzdrahtelement
6 Temperatur-Kompensations-Widerstand
7 Schutzgitter
8 Gehäuse

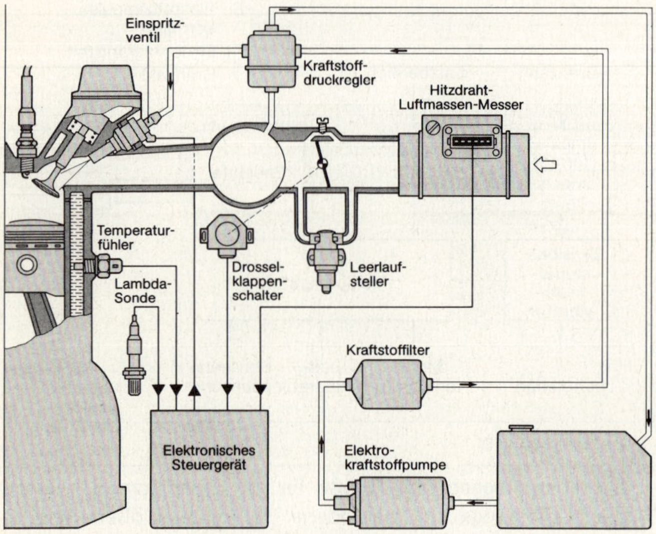

Komponenten der LH-Jetronic

Eingang	Steuergerätefunktion	Ausgang
	Startanreicherung	
Luftmasse	Startsteuerung	
Drehzahl/Trigger	Nachstartanreicherung	Elektro-Einspritzventile
Motortemperatur	Warmlaufanreicherung	
Versorgungsspannung	Beschleunigungsanreicherung	Elektro-Kraftstoffpumpe
Lambda-Sonde	Lambda-Kennfeld	
	Vollastanreicherung	
Additive Kennfeldverstellung	Schubabschaltung	Leerlaufsteller
	Drehzahlbegrenzung	
Leerlaufschalter	Impulszeitbegrenzung max/min	Freibrennen Hitzdrat-Luftmassenmesser
Vollastschalter	Antiruckelfunktion	
Startsignal (Kl. 50)	Lambda-Regelung	Kontrollampe Lambda-Regelung
Getriebestellung oder Klimaanlage	Leerlaufdrehzahlregelung	Kontrollampe Notlauf
Schubabschaltungsverbot	Freibrenn-Steuerung für Hitzdraht-Luftmassenmesser	Lastsignal tq
Leerlauf-Drehzahlregelungs-Prüfspin	Notlauffunktion für Hitzdraht-Luftmassenmesser	
Zündschalter (Kl. 15)	Additive Kennfeldverstellung	Prüfausgang Lambda-Regelung
2. Drehzahlbegrenzung	Lastsignal-Aufbereitung Elektro-Kraftstoffpumpen-Steuerung	

1.4.5.3 Leerlauf-Füllungsregelung

Unterschiedliche Motortemperaturen und die damit verbundene Änderung der Reibung im Motor, Verschmutzungen der Ansaugwege führen dazu, daß die Leerlaufdrehzahl bei unverändertem Öffnungsquerschnitt nicht konstant bleibt.

Die Leerlauf-Füllungsregelung regelt und stabilisiert die Leerlaufdrehzahl. Der Leerlauf-Drehsteller ist in die Bypass-Schlauchleitung zur Drosselklappe eingebaut und übernimmt zusätzlich die Funktion des Zusatzluftschiebers und des Unterdruckbegrenzers.

Die Regelung der Leerlauf-Drehzahl erfolgt durch das Regelgerät. Es erhält seine Informationen über die Ist-Drehzahl von der Zündanlage. Im Regelgerät wird die programmierte Soll-Drehzahl mit der Ist-Drehzahl verglichen. Der Leerlauf-Drehsteller verstellt über einen Drehschieber den Öffnungsquerschnitt. Er verändert solange den Luftdurchsatz, bis Soll-Drehzahl und Ist-Drehzahl übereinstimmen.

Weitere Informationen liefern der Temperaturfühler und der Drosselklappenschalter (Leerlaufkontakt).

⊕ Kraftstoffersparnis durch niedrigere Leerlaufdrehzahlen

⊕ keine Drehzahleinbrüche beim Zuschalten von Belastungen wie Klimaanlage, Fahrstufe beim Automatikgetriebe

⊕ Bei verschiedenen Bedingungen ist ein konstantes Leerlaufverhalten mit geringem Kraftstoffverbrauch und geringen Schadstoffemissionen gewährleistet.

⊕ Erhöhung oder Absenkung der Leerlaufdrehzahl mit eingeschalteter Klimaanlage oder Stellung „D" bei Automatikgetrieben

Leerlauf-Drehsteller

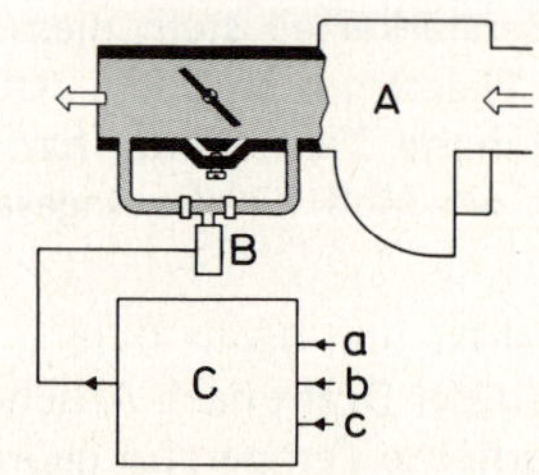

A Luftmengenmesser
B Leerlauf-Drehsteller
C Steuergerät

a Motordrehzahl
b Motortemperatur
c Leerlaufkontakt

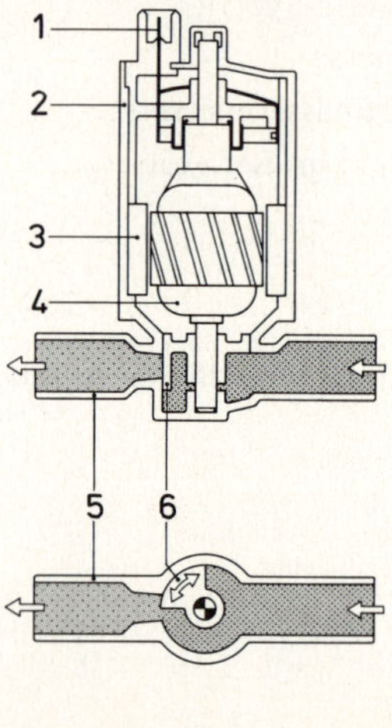

1 elektrischer Anschluß
2 Gehäuse
3 Dauermagnet
4 Anker
5 Luftkanal als Bypaß zur Drosselklappe
6 Drehschieber

1.4.5.4 Mechanische Benzineinspritzung (K-Jetronic)

Ein Motor mit der Benzineinspritzung K-Jetronic patscht in den Auspuff.

Nach der Suchtabelle für Störungen sind folgende Ursachen möglich:

- Steuerdruck „warm" zu niedrig
- Startventil undicht
- Kraftstoff-Gesamtsystem undicht
- Grundeinstellung (Leerlaufeinstellung) zu fett

Die Messung des Steuerdruckes ergibt einen Druck von 3,0 bar.

Die mechanische Benzineinspritzung ist ein antriebsloses Einspritzsystem. Dieses System spritzt aus allen Einspritzventilen kontinuierlich ein. Daher kommt die Bezeichnung K-Jetronic.

Das Einspritzsystem gliedert sich in drei Funktionsbereiche

- Kraftstoffversorgung
- Luftmengenmessung
- Gemischaufbereitung

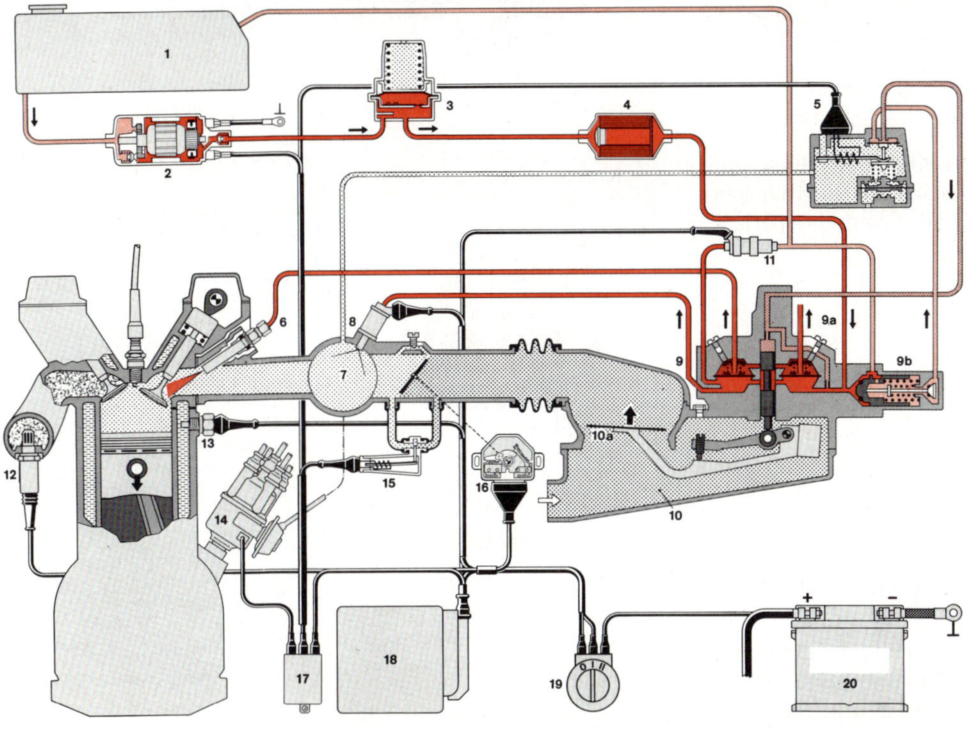

1 Kraftstoffbehälter
2 Elektrokraftstoffpumpe
3 Kraftstoffspeicher
4 Kraftstoffilter
5 Warmlaufregler
6 Einspritzventil
7 Sammelsaugrohr
8 Elektrisches Startventil
9 Gemischregler.
9a Kraftstoffmengenteiler
9b Systemdruckregler
10 Luftmengenmesser
10a Stauscheibe
11 Taktventil
12 Lambda-Sonde
13 Thermozeitschalter
14 Zündverteiler
15 Zusatzluftschieber
16 Drosselklappenschalter
17 Steuerrelais
18 Steuergerät
19 Zünd-Start-Schalter
20 Batterie

Kraftstoffversorgung

Der Kraftstoff wird von einer Kraftstoffpumpe aus dem Kraftstoffbehälter angesaugt und über Druckspeicher-Feinfilter – Kraftstoffmengenteiler den Einspritzventilen zugeführt.

Die Kraftstoffpumpe ist – wie bei der L-Jetronic – eine elektrisch betriebene Rollenzellenpumpe.

Der Kraftstoffspeicher hält nach dem Abstellen des Motors das Kraftstoffsystem unter Druck, so daß der Motor bei erneutem Starten leichter anspringt.

Der Systemdruckregler hält den Druck im Kraftstoffsystem auf ca. 5 bar konstant (Systemdruck).

Beim Abstellen des Motors sinkt der Systemdruck schnell unter den Öffnungsdruck der Einspritzventile. Der Druckregler schließt die Absteueröffnung und verhindert weiteren Druckabbau im Kraftstoffsystem.

Der Kraftstoffmengenteiler teilt die Kraftstoffmenge entsprechend der Stellung der Stauscheibe im Luftmengenmesser den einzelnen Zylindern zu (siehe Gemischregler).

Das Einspritzventil hat keine Zumeßfunktion, sondern dient nur der Zerstäubung des Kraftstoffs. Es spritzt den vom Kraftstoffmengenteiler zugemessenen Kraftstoff in die Ansaugrohre vor die Einlaßventile der Zylinder.

Die Einspritzventile öffnen selbsttätig, sobald der Öffnungsdruck 3,3 bar übersteigt. Der Kraftstoff wird durch Schwingbewegungen der Ventilnadel in das Saugrohr zerstäubt. Nach dem Abstellen des Motors schließt das Einspritzventil dicht ab, wenn der Druck im Kraftstoffsystem unter den Öffnungsdruck gesunken ist.

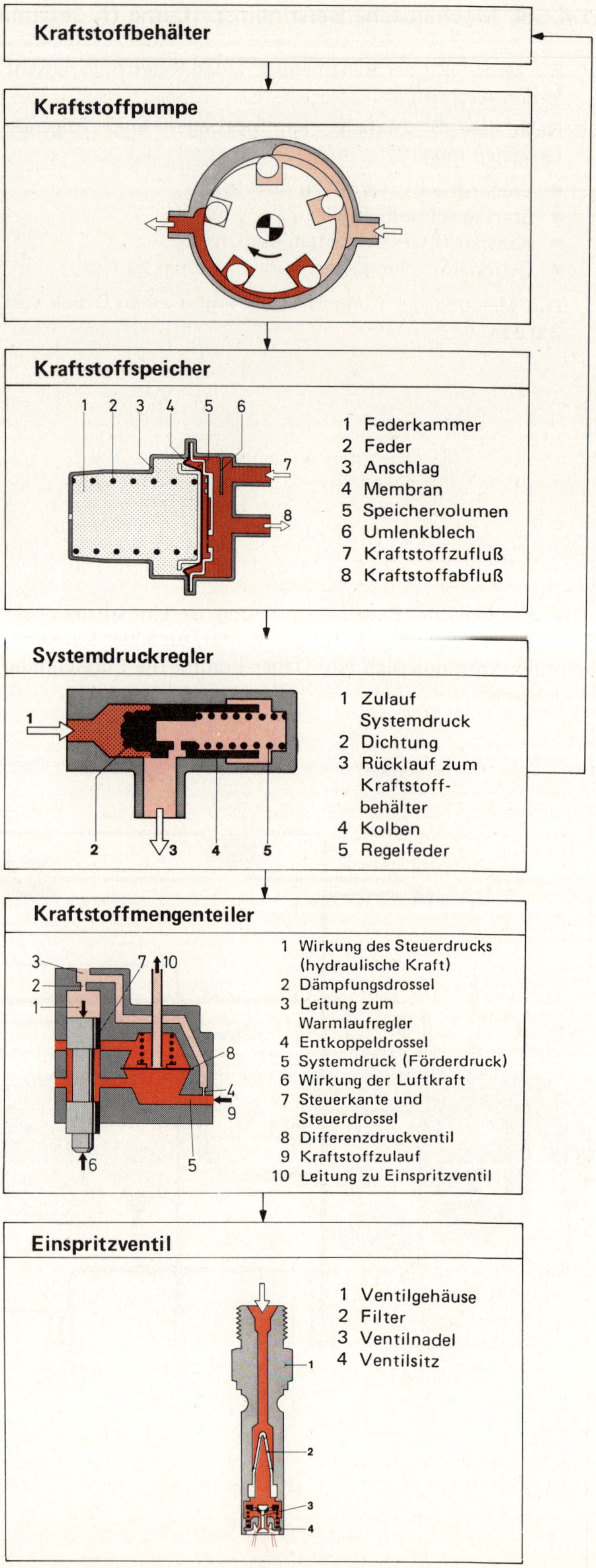

Gemischaufbereitung

Die Gemischaufbereitung erfolgt durch den Gemischregler. Er besteht aus Luftmengenmesser und Mengenteiler. Seine Aufgabe ist die genaue Zumessung einer Kraftstoffmenge, die der angesaugten Luftmenge entspricht.

1 Ansaugluft
2 Steuerdruck
3 Kraftstoffzulauf
4 zugemessene Kraftstoffmenge
5 Steuerkolben
6 Schlitzträger
7 Kraftstoffmengenteiler
8 Luftmengenmesser

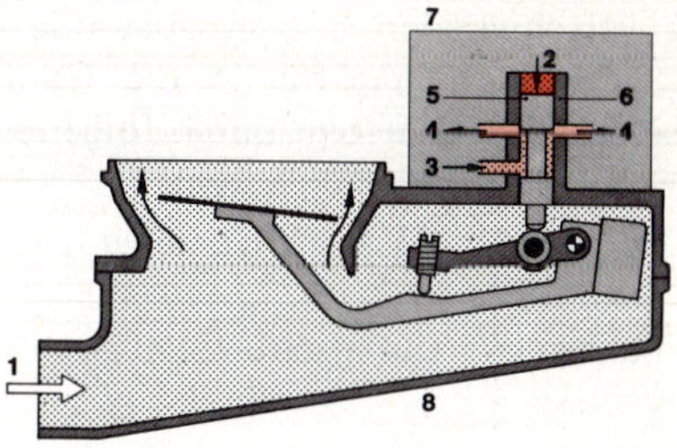

Luftmengenmessung

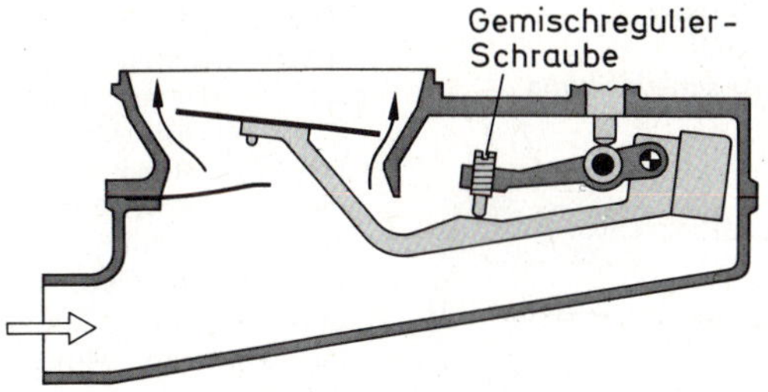

angesaugte Luftmenge groß

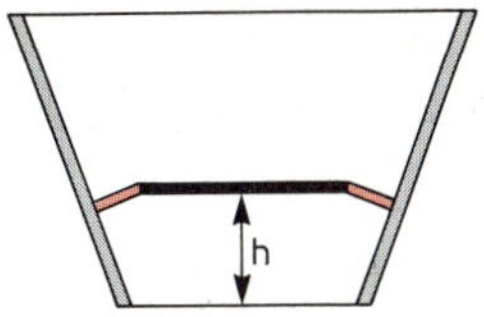

angesaugte Luftmenge klein

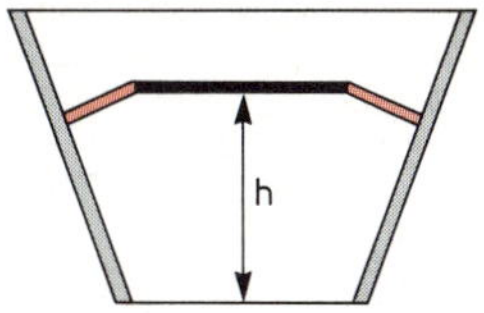

Der Luftmengenmesser besteht aus dem Lufttrichter und einer an einem Hebel beweglich gelagerten Stauscheibe. Der Hebel wirkt auf den Steuerkolben des Kraftstoffmengenteilers. Das Gewicht der Stauscheibe wird durch ein Gegengewicht am Hebel ausgeglichen. Eine Blattfeder sorgt für eine exakte Nullage bei Motorstillstand.

Die durch den Lufttrichter strömende Luft hebt die Stauscheibe an. Sie wird umso höher angehoben, je größer die angesaugte Luftmenge ist. Bei raschem Öffnen der Drosselklappe (Beschleunigen) durchströmt den Luftmengenmesser eine größere Luftmenge. Die Stauscheibe schwingt kurzzeitig über den Hub bei voller Drosselklappenöffnung hinaus.

Das Überschwingen führt zu einer höheren Kraftstoffzuteilung, mit der ein gutes Übergangsverhalten erzielt wird.

Der CO-Gehalt wird durch Verdrehen der Gemischregulierschraube im Luftmengenmesser eingestellt.

Kraftstoffzuteilung

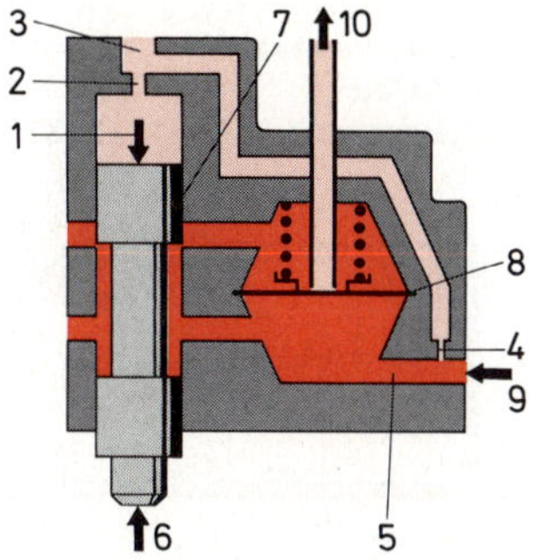

1 Wirkung des Steuerdrucks (hydraulische Kraft)
2 Dämpfungsdrossel
3 Leitung zum Warmlaufregler
4 Entkoppeldrossel
5 Systemdruck (Förderdruck)
6 Wirkung der Luftkraft
7 Steuerkante und Steuerdrossel
8 Differenzdruckventil
9 Kraftstoffzulauf
10 Leitung zu Einspritzventil

große Einspritzmenge

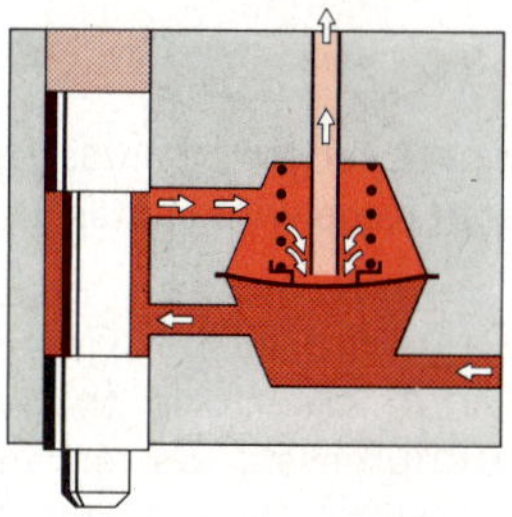

kleine Einspritzmenge

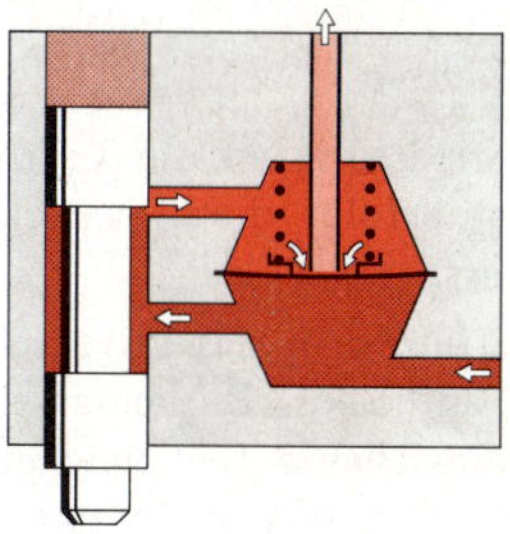

Die Bewegung der Stauscheibe wird über das Hebelsystem auf den Steuerkolben übertragen.

Der Steuerkolben gleitet in einem Schlitzträger. Der Schlitzträger besitzt für jeden Motorzylinder einen Steuerschlitz bzw. eine Steuerdrossel. Der Steuerkolben verkleinert oder vergrößert mit seiner Steuerkante die Öffnungen der Steuerschlitze und teilt so den Kraftstoff zu.

Auf den Steuerkolben wirkt der Steuerdruck. Der Steuerdruck wird über eine Drosselbohrung vom Systemdruck abgezweigt und wird vom Warmlaufregler in Abhängigkeit von der Motortemperatur verändert (kalter Motor – 0,5 bar, warmer Motor – 3,7 bar). Der Steuerdruck bildet eine Gegenkraft zur Luftkraft des Luftmengenmessers.

Jeder Steuerdrossel ist ein Differenzdruckventil nachgeschaltet. Es bewirkt, daß der Druckabfall an der Steuerdrossel unabhängig von Durchflußmenge und Systemdruck konstant bleibt. Die durchströmende Kraftstoffmenge ist nur vom freigegebenen Steuerdrosselquerschnitt abhängig.

Gemischanpassung

Die verschiedenen Betriebszustände des Motors erfordern korrigierende Eingriffe in die Gemischbildung. Die Gemischanpassung erfolgt durch folgende Einrichtungen:

- Kaltstart: Kaltstartventil
- Warmlauf: Zusatzluftschieber und Warmlaufregler
- Leerlauf, Teillast, Vollast } Lufttrichter

Elektrostartventil und Zusatzluftschieber entsprechen in ihren Ausführungen denen der L-Jetronic.

Warmlaufregler

Der Warmlaufregler regelt den Steuerdruck in Abhängigkeit vom Saugrohrdruck. Die Höhe des Steuerdrucks beeinflußt die Kraftstoffzuteilung

- niedriger Steuerdruck – höhere Kraftstoffzuteilung
- hoher Steuerdruck – niedrige Kraftstoffzuteilung

Der Warmlaufregler besteht aus einem federbelasteten Flachsitzmembranventil, das von einem elektrisch beheizten Bimetall gesteuert wird.

Kalter Motor

Die Bimetallfeder wirkt gegen die Ventilfeder und verringert die wirksame Kraft der Ventilfeder auf die Membranunterseite des Ventils. Das Ventil gibt einen größeren Absteuerquerschnitt frei, wodurch mehr Kraftstoff aus dem Steuerdruckkreis fließt und damit der Steuerdruck niedrig ist. Der Steuerdruck liegt bei kaltem Motor bei 0,5 bar.

1 Ventilmembran
2 Rücklauf
3 Steuerdruck

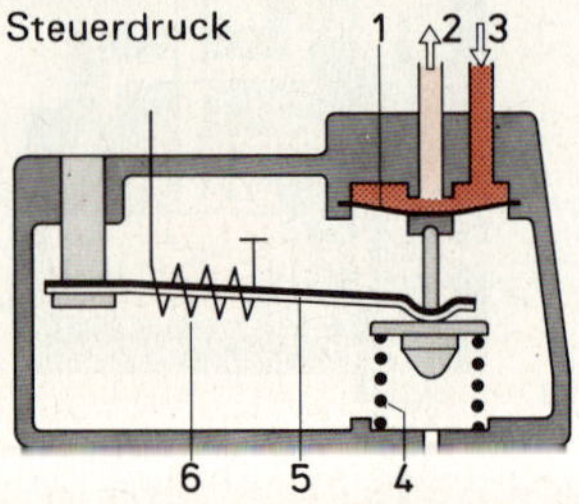

Betriebswarmer Motor

4 Ventilfeder
5 Bimetall
6 elektrische Heizung

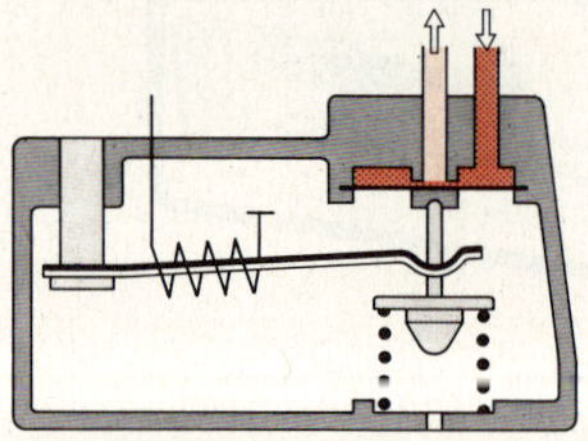

Mit dem Starten des Motors wird die Bimetallfeder elektrisch beheizt. Sie biegt sich und verringert die Kraft auf die Ventilfeder. Die Ventilfeder wirkt auf die Ventilmembran, die den Durchflußquerschnitt verkleinert. Der Steuerdruck erhöht sich. Er liegt bei warmem Motor bei 3,7 bar.

Lufttrichter

Die Anpassung an die Lastbereiche Leerlauf, Teillast und Vollast erfolgt durch verschiedene Kegelwinkel des Lufttrichters.

Die Grundform des Lufttrichters (a) wird für das Gemisch $\lambda = 1$ ausgelegt. Bei einer steileren Trichterform (b) wird die Stauscheibe bei gleichem Luftdurchsatz weiter angehoben. Dadurch mißt der Steuerkolben mehr Kraftstoff zu, das Gemisch wird fetter. Eine flachere Trichterform (c) führt bei gleichem Luftdurchsatz zu einem geringeren Hub der Stauscheibe und es ergibt sich ein mageres Gemisch.

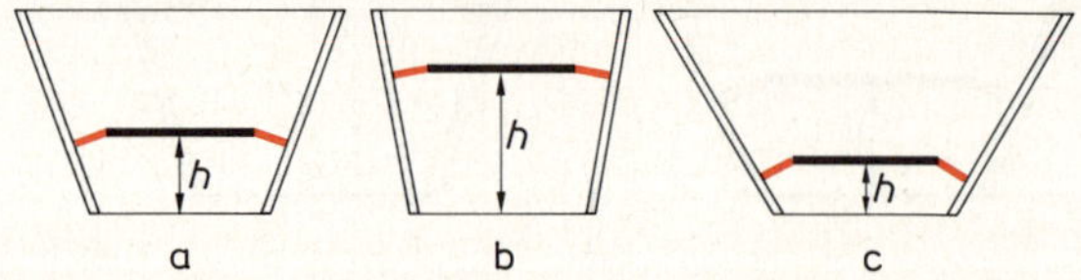

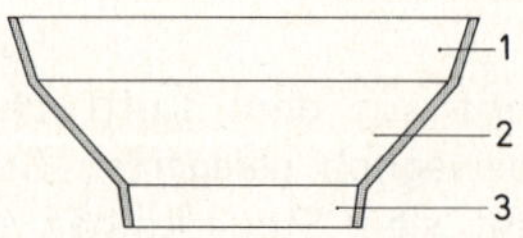

Trichterkorrekturen am Luftmengenmesser
1 für Höchstleistung
2 für Teillast
3 für Leerlauf

Schubabschaltung

Die Schubabschaltung unterbricht die Kraftstoffeinspritzung, wenn während der Fahrt der Fuß vom Gaspedal genommen wird. Im Schiebebetrieb wird bei geschlossener Drosselklappe das Schubabschaltventil geöffnet. Dadurch kann die vom Motor angesaugte Luft die Stauscheibe umströmen. Sie stellt sich in die Nullage ein und unterbricht die Kraftstoffeinspritzung. Betätigt der Fahrer wieder das Gaspedal, schließt das Schubabschaltventil, die Luft strömt wieder durch den Gemischregler und die Kraftstoffeinspritzung setzt wieder ein. Sinkt im Schiebebetrieb die Motordrehzahl auf die Leerlaufdrehzahl ab, setzt ebenfalls auch ohne Betätigung des Gaspedals die Kraftstoffeinspritzung ein.

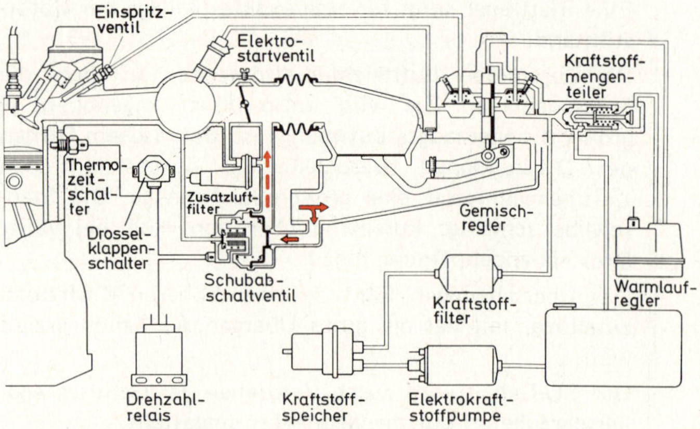

Kfz-Meßtechnik

Vereinfachter Schaltplan L-Jetronic

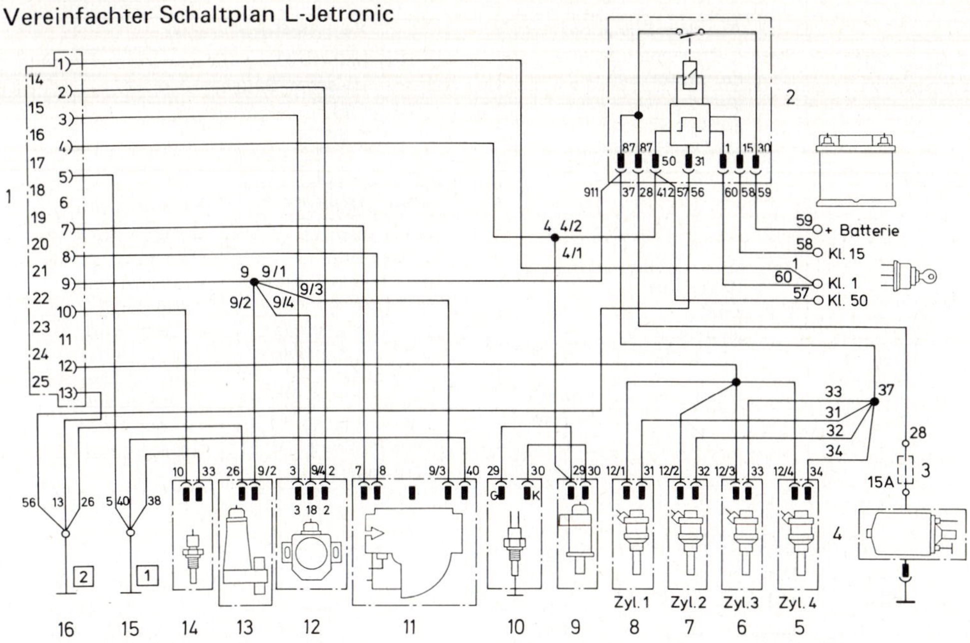

1	Steckerleiste Steuergerät
2	Steuerrelais
3	Sicherung
4	Kraftstoffpumpe
5–8	Einspritzventile
9	Kaltstartventil
10	Thermozeitschalter
11	Luftmengenmesser
12	Drosselklappenschalter
13	Zusatzluftschieber
14	Temperaturfühler (Kühlmittel)
15 u. 16	Masseklemme Kabelbaum

Prüfung mit Prüflampe, Ohmmeter und Drehzahlmesser

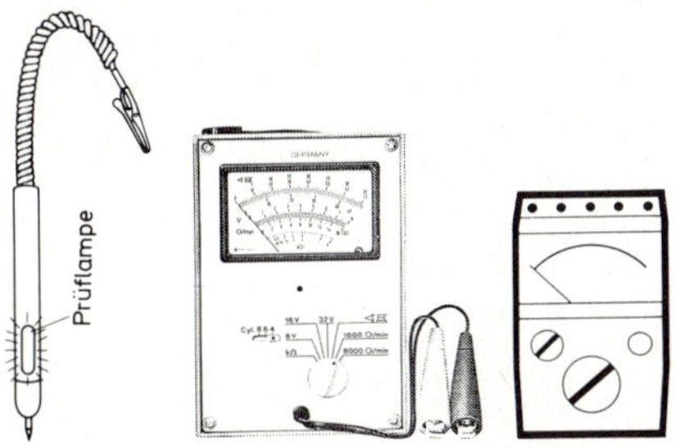

Mit der Prüflampe, bestehend aus der eigentlichen Lampe (12 Volt, 2 Watt) und zwei Prüfspitzen, lassen sich Unterbrechungen bzw. Masseschlüsse im Kabelbaum feststellen.

Zur Prüfung des Kabelbaums und einzelner Informationsgeber im Motor ist der Kabelbaumstecker vom Steuergerät zu trennen. Die Prüflampe wird entsprechend den Vorgaben des Herstellers zwischen die Kontaktklemmen der Steckerleiste geschaltet. Die Zündung wird zur Prüfung eingeschaltet, der Motor gestartet. Brennt die Prüflampe nicht, so ist der Kabelbaum unterbrochen oder das geprüfte Aggregat defekt.

Mit dem Ohmmeter lassen sich elektrische Widerstände wie Leitungswiderstände, Übergangswiderstände und Widerstände von Aggregaten bestimmen. Das Ohmmeter wird zwischen die Kontaktklemmen der Steckerleiste geschaltet und das einzelne Aggregat bei ausgeschalteter Zündung überprüft. Der Widerstand wird in Ohm (Ω) gemessen und muß mit dem Sollwert aus dem Werkstatthandbuch übereinstimmen.

Prüfung mit L-Jetronic-Testgerät, Spannungsmesser und Ohmmeter

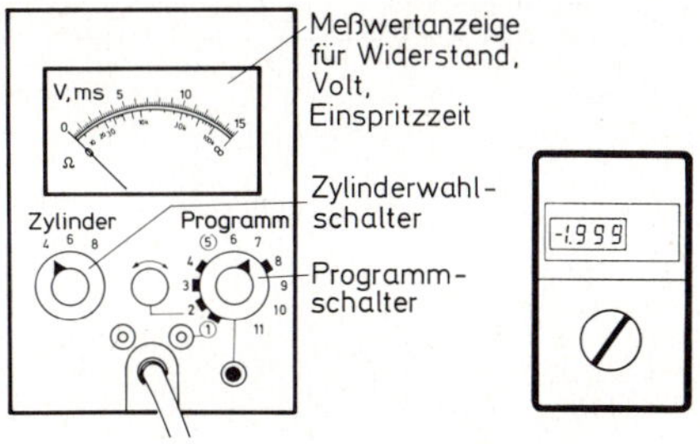

Mit einem speziell für die L-Jetronic konzipierten Prüfgerät lassen sich das Steuergerät, die im Fahrzeug eingebauten Sensoren und Geber, die Verkabelung, das Steuerrelais und die Pumpe auf Funktion prüfen. Hierzu wird der Tester zwischen Steuergerät und Kabelbaum angeschlossen. Den Betriebsbedingungen des Motors entsprechend wird eine statische und dynamische Kontrolle durchgeführt. Zur Prüfung des Steuergeräts simulieren Gebersignale die unterschiedlichen Betriebsbedingungen des Motors. Der vollständige Test der L-Jetronic umfaßt 11 Prüfschritte.

Das Anzeigeinstrument zeigt die Meßwerte in Volt bzw. Ohm, die Einspritzzeit in Millisekunden (ms) an. Eine rote Lampe gibt die Spannungsversorgung, eine grüne die Auslösung der Einspritzimpulse an.

Gibt es keine Anzeige oder eine Anzeige außerhalb der Toleranz, liegt eine Fehlfunktion vor. Die weitere Fehlereinkreisung muß mit dem Spannungsmesser bzw. dem Ohmmeter erfolgen.

Prüfung mit Prüfadapter und Vielfachmeßgerät

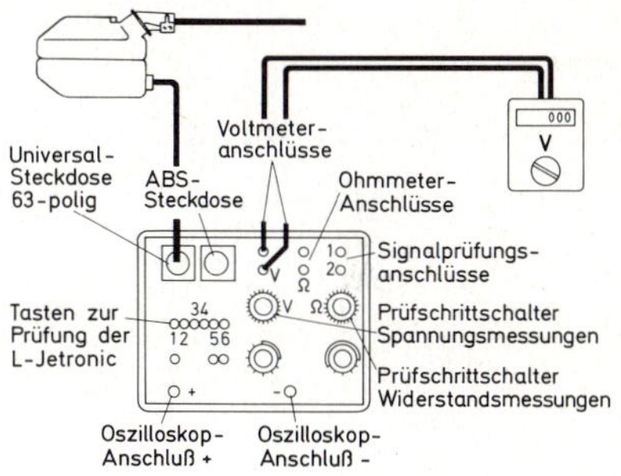

Wesentlich einfacher lassen sich alle Funktionen der L-Jetronic mit einem Vielfachmeßgerät in Verbindung mit einem Universal-Prüfadapter prüfen. Hierzu wird der Kabelbaumstecker vom Steuergerät abgezogen und mit einem Prüfkabel für den Prüfadapter verbunden. Die Prüfung erfolgt in einzelnen Prüfschritten mit einem Prüfschalter für Spannungsmessungen bzw. Widerstandsmessungen. Weiterhin lassen sich die Spannungsimpulse für die Zündspule mit Hilfe des Oszilloskops (s. S. 394) prüfen. Die Sollwerte sind den modellgebundenen Werkstatthandbüchern bzw. Mikroplanfilmen zu entnehmen.

Im Gegensatz zu dem L-Jetronic-Testgerät läßt sich der Universal-Prüfadapter in Verbindung mit einem Vielfachmeßgerät und einem Oszilloskop zur Überprüfung aller elektronischen Einrichtungen im Kfz verwenden.

ZUSAMMENFASSUNG Elektronische und mechanische Benzineinspritzung

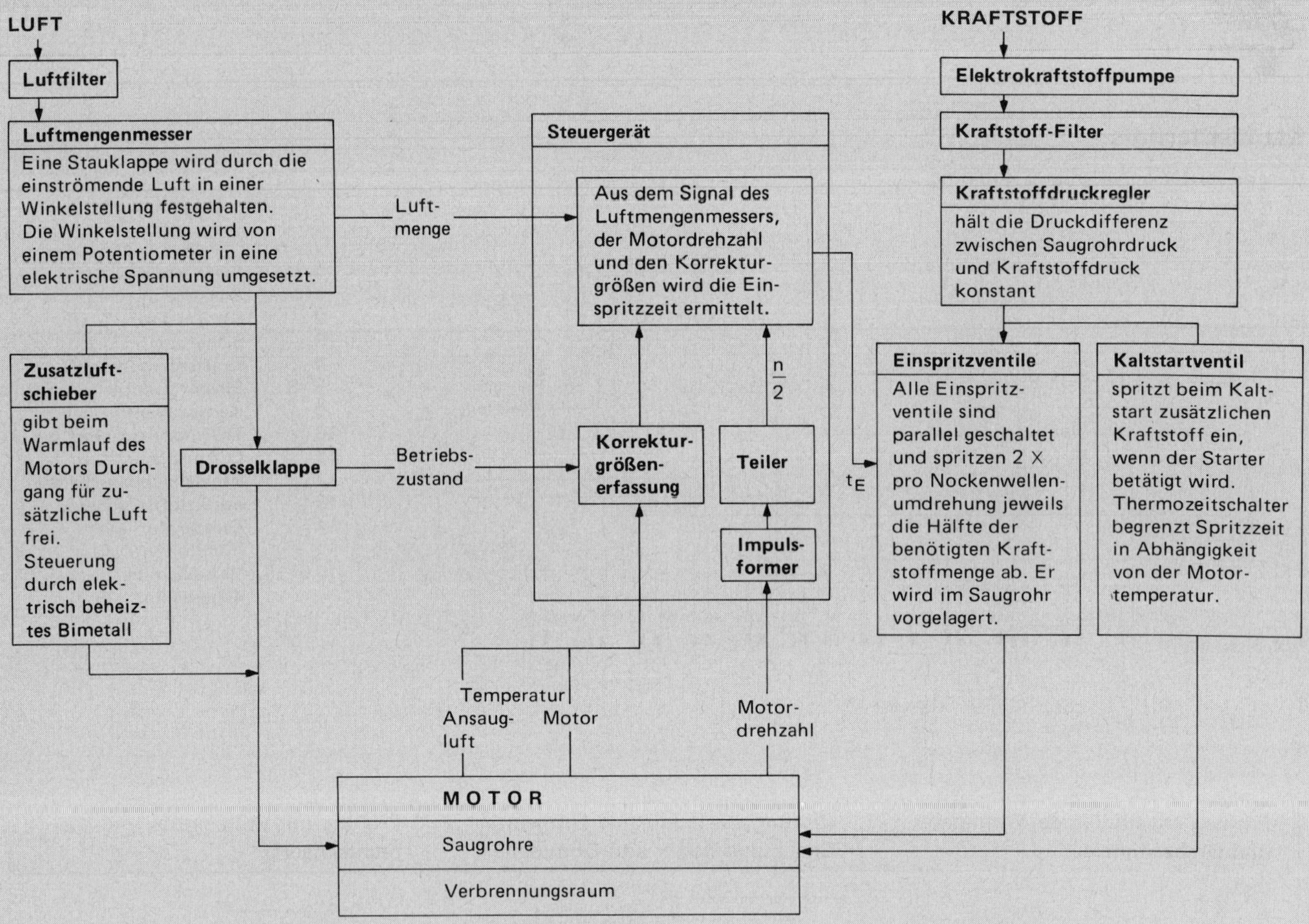

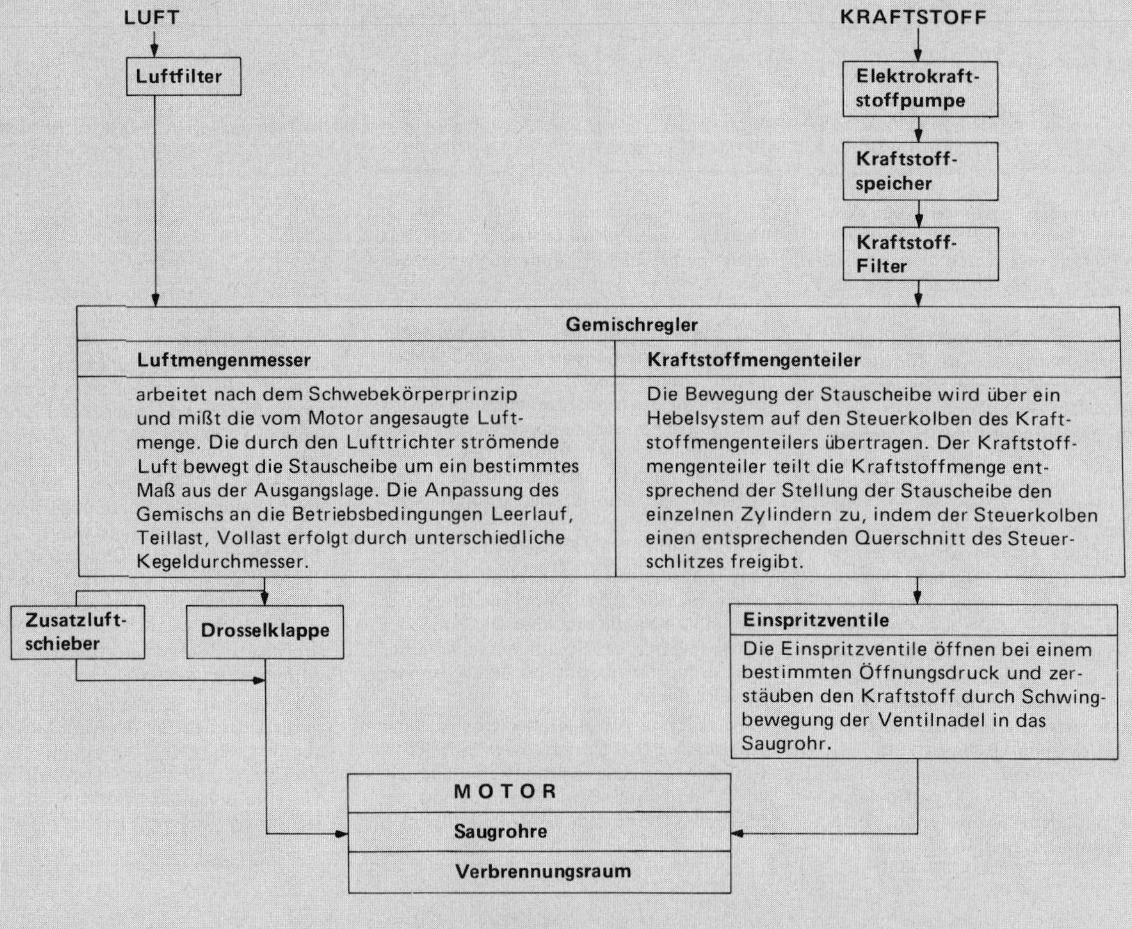

ANALYSE Ausgeführte Benzineinspritzung

1. Vergleichen Sie die dargestellte LE-Jetronic mit der L-Jetronic und arbeiten Sie die wesentlichen Unterschiede heraus.
2. Erklären Sie die Wirkungsweise der dargestellten Benzineinspritzung.

LE-Jetronic

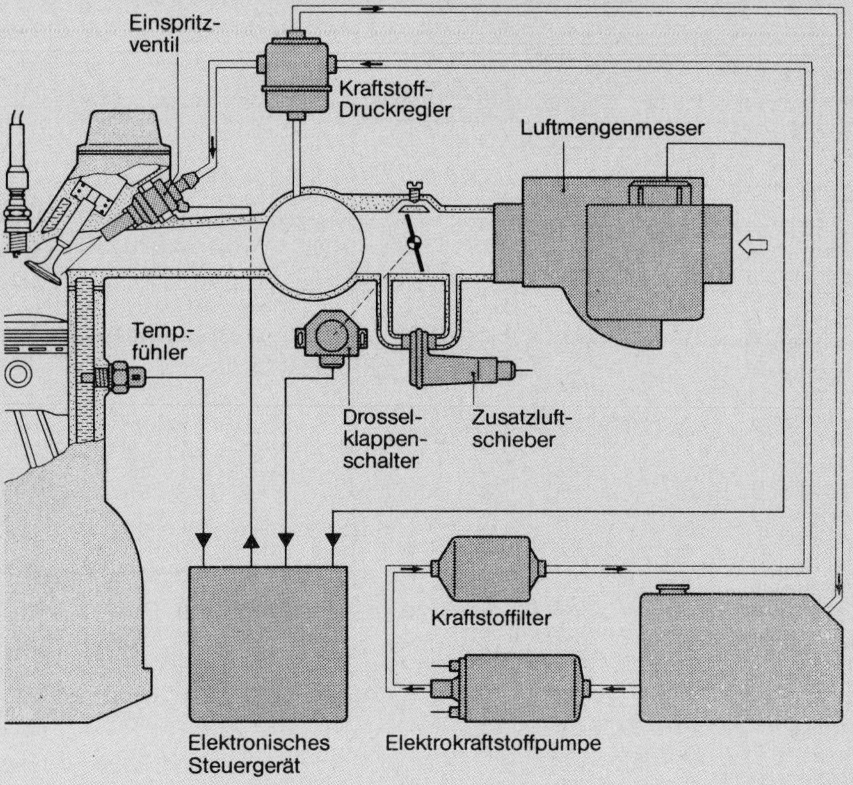

Blockschaltbild

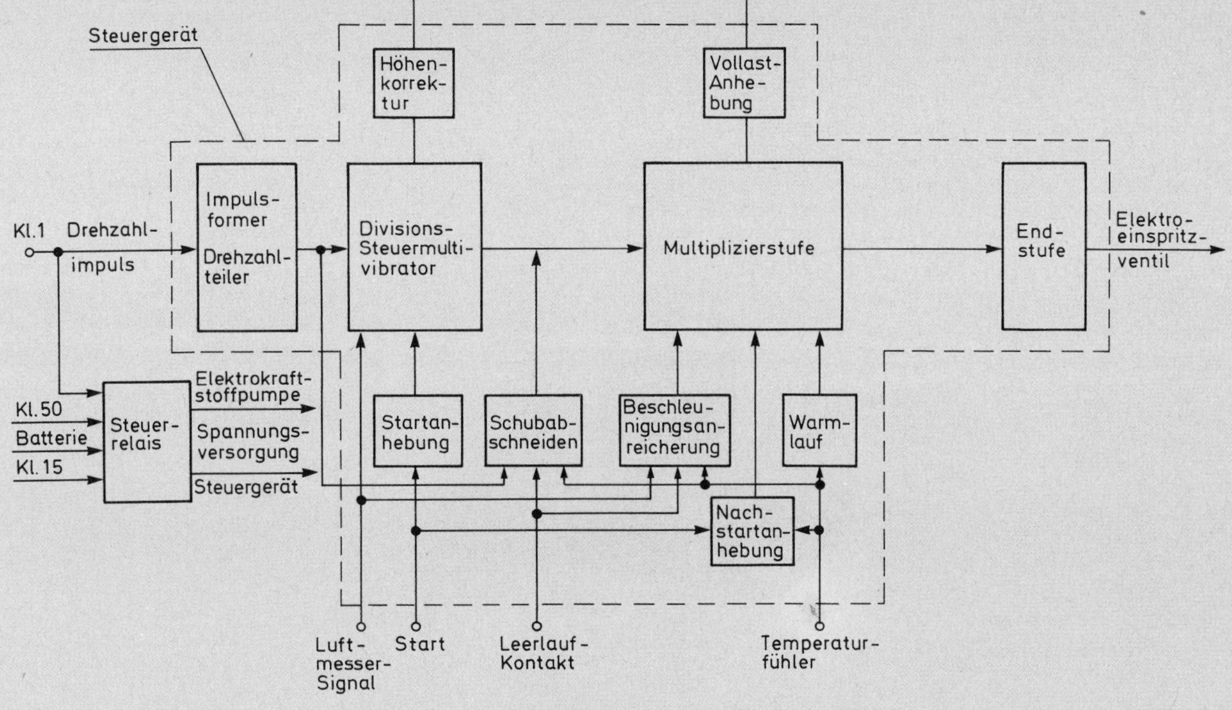

3. Vergleichen Sie die dargestellte KE-Jetronic mit der K-Jetronic und arbeiten Sie die wesentlichen Unterschiede heraus.

4. Erklären Sie die Wirkungsweise der dargestellten Benzineinspritzung.

KE-Jetronic-Systemübersicht

- Systemdruck
- Einspritzdruck
- Druck in Oberkammer
- Druck in Unterkammer
- Atmosphärischer Druck
- Druck im Saugrohr
- Saugleitung bzw. Rücklauf

1 Kraftstoffbehälter
2 Elektrokraftstoffpumpe
3 Kraftstoffspeicher
4 Kraftstoffilter
5 Systemdruckregler
6 Luftmengenmesser
6a Stauscheibe
6b Potentiometer
7 Kraftstoffmengenteiler
7a Steuerkolben
7b Steuerkante
7c Oberkammer
7d Unterkammer
8 Einspritzventil
9 Sammelsaugrohr
10 Kaltstartventil
11 Thermozeitschalter
12 Drosselklappe
13 Drosselklappenschalter
14 Zusatzluftschieber
15 Motortemperaturfühler
16 Elektronisches Steuergerät
17 Elektrohydraulischer Drucksteller
18 Lambda-Sonde
19 Zündverteiler
20 Steuerrelais
21 Zünd-Start-Schalter
22 Batterie

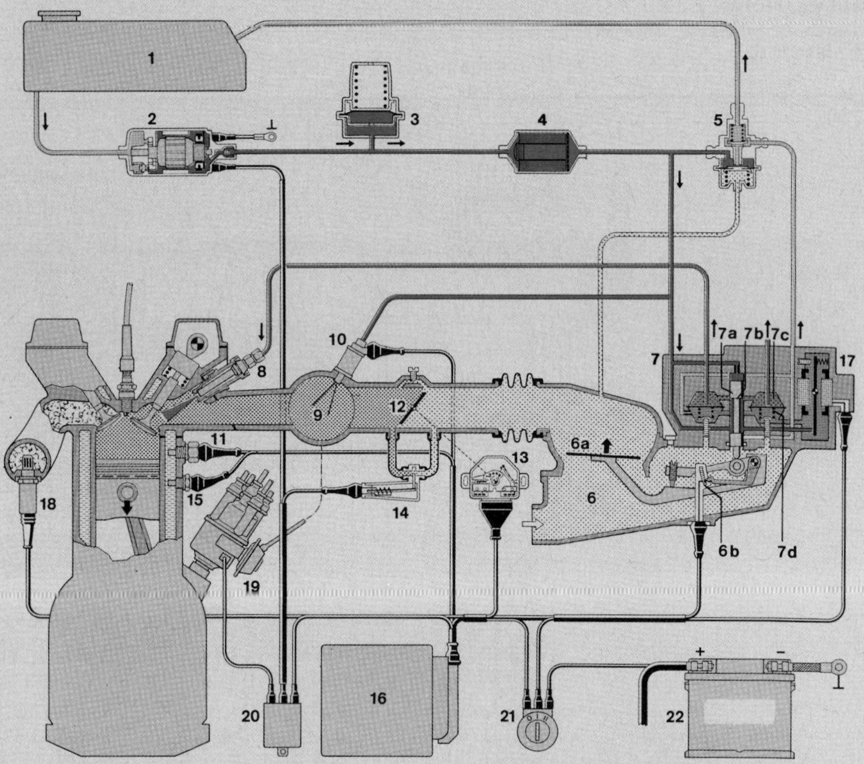

Elektrohydraulischer Drucksteller am Mengenteiler

Durch die vom Steuergerät erzielte Beeinflussung der Prallplatte (11) läßt sich der Kraftstoffdruck in den Oberkammern der Differenzdruckventile beeinflussen und somit die zugeteilte Kraftstoffmenge. Auf diese Weise sind Anpassungs- und Korrekturfunktionen möglich.

1 Stauklappe
2 Mengenteiler
3 Kraftstoffzufluß (Systemdruck)
4 Kraftstoff zu den Einspritzventilen
5 Kraftstoff-Rücklaufleitung zum Druckregler
6 Festdrossel
7 Oberkammer
8 Unterkammer
9 Membran
10 Drucksteller
11 Prallplatte
12 Düse
13 Magnetpol
14 Luftspalt

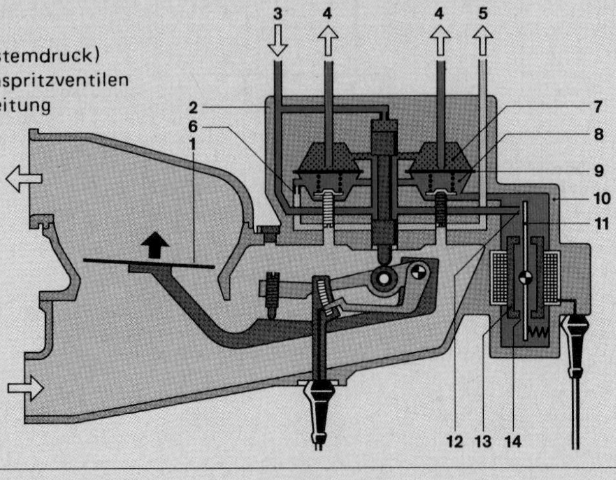

Blockschaltbild eines KE-Jetronic-Steuergerätes

Die Korrektursignale aus den verschiedenen Blöcken werden im Summierer zusammengefaßt, in der Endstufe verstärkt und dem elektrohydraulischen Drucksteller zugeleitet.

VK	Vollastkorrektur
SAS	Schubabschaltung
BA	Beschleunigungsanreicherung
NA	Nachstartanhebung
SA	Startanhebung
WA	Warmlaufanreicherung
SU	Summierer
ES	Endstufe

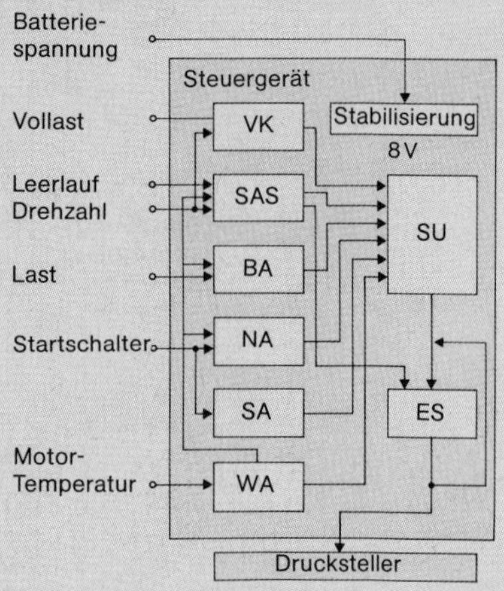

ARBEITSPLANUNG Benzineinspritzung

Entwickeln Sie den Arbeitsplan für die dargestellten Prüf- und Einstellarbeiten, indem Sie

- die Reihenfolge der Prüf- bzw. Einstellschritte,
- die Auswahl der Prüfmittel bzw. Werkzeuge,
- die zu beachtenden Prüf- bzw. Arbeitsregeln/Sicherheitsvorschriften,
- die Auswertung der Prüfergebnisse

angeben und begründen.

L-Jetronic	
Prüfen des Zusatzluftschiebers	**Luftmengenmesser aus- und einbauen**
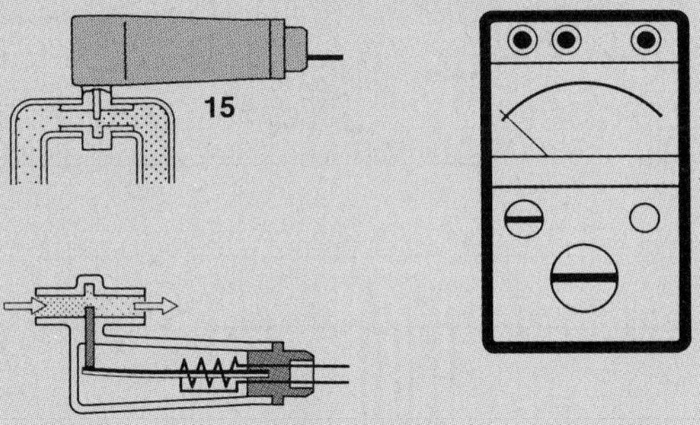	
Leerlaufdrehzahl einstellen	**CO-Wert einstellen**
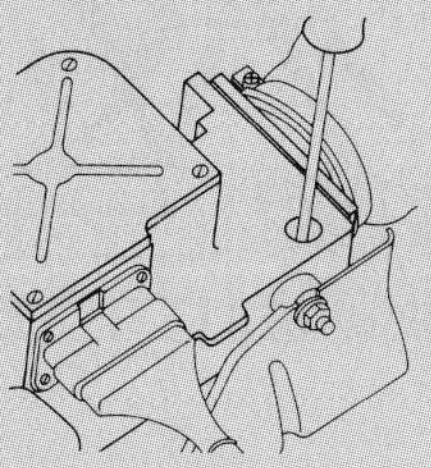	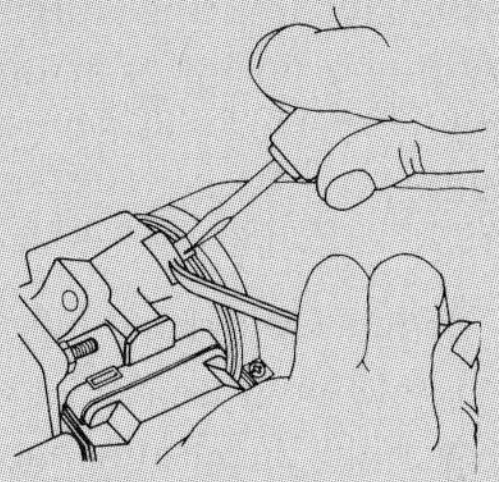
K-Jetronic	
Leerlaufdrehzahl und CO-Gehalt einstellen	**Kraftstoffpumpe prüfen**
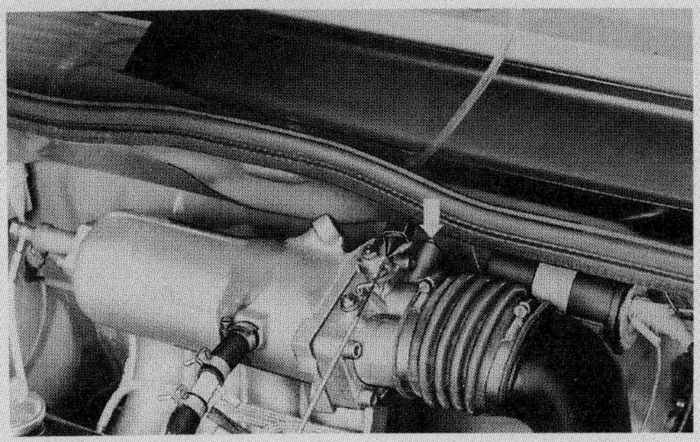	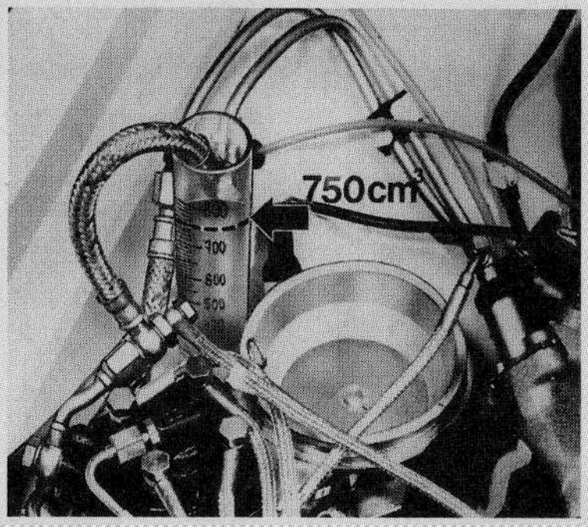
Steuerdruck prüfen	**Warmlaufregler prüfen**
	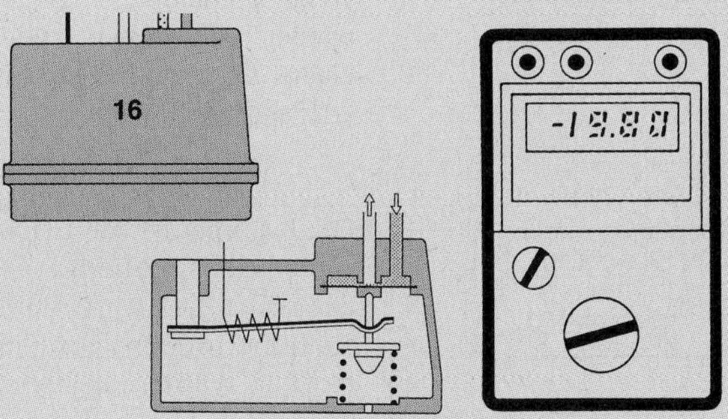

1.5 Abgasanlage

1.5.1 Schalldämpfungsanlage

Das vordere Auspuffrohr ist kurz vor dem Befestigungsflansch zum Auspuffkrümmer gerissen.

Der Kfz-Mechaniker muß die Anlage instandsetzen und gleichzeitig die Ursachen des Bruches ermitteln, um weitere Schäden zu vermeiden.

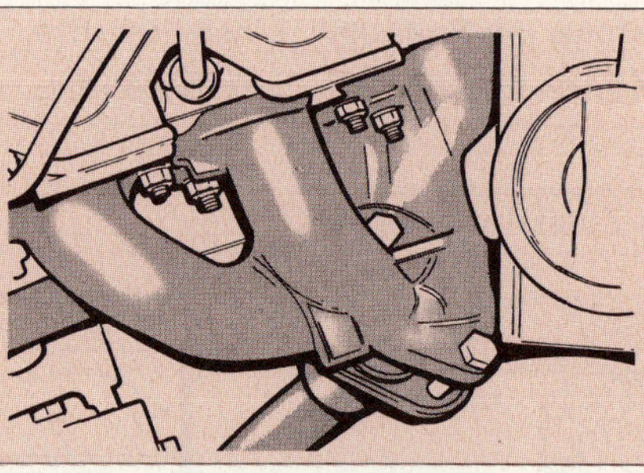

Aufgabe der Schalldämpfungsanlage ist es,

- die Schallenergie zu vernichten,
- die turbulente Strömung zu glätten und
- die Abgase an einer günstigen Stelle ins Freie zu leiten.

Es gibt zwei verschiedene Arten, die Schallausbreitung zu verhindern:

- **Schalldämmung**
  Behinderung der Schallausbreitung durch reflektierende Hindernisse und Löschung bestimmter Schallfrequenzen infolge Überlagerung (Interferenz) von vor- und rücklaufender Schallwelle.
- **Schalldämpfung**
  Schallenergie wird durch Reibung in einem geeigneten Schallschluckstoff in Wärme umgesetzt.

In der Schalldämpfertechnik arbeitet man mit verschiedenen Methoden um den Schall zu reduzieren.

Dämpfungselement	Wirkungsweise	Dämpfungselement	Wirkungsweise
Reflexion 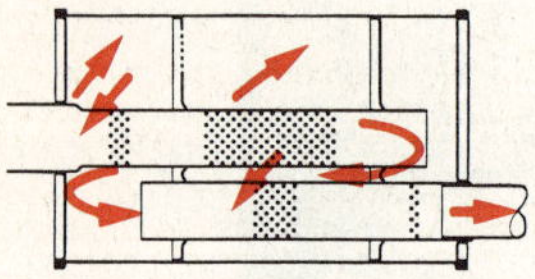	Der Schall wird an den Schallwellenwiderständen, z.B. Querschnittsänderungen reflektiert. Wie ein abklingendes Echo vernichtet sich ein Teil der Schallenergie von selbst.	Drossel 	Durch Rohrverengung und Lochungen (Perforation) wird die pulsierende Strömung fein zerteilt und geglättet.
Interferenz 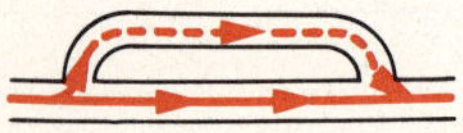	Der Abgasstrom wird geteilt. Die Schallwellen legen unterschiedlich lange Wege zurück. Treffen sie wieder zusammen, überlagern sie sich und löschen sich gegenseitig aus.	Resonator 	Der Resonator saugt die Rohrresonanz ab.
Absorption 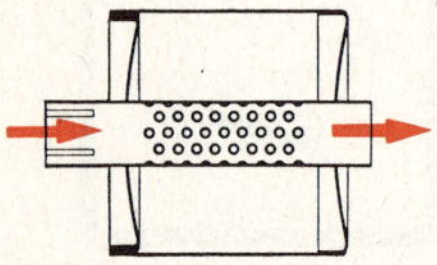	Die Kammer ist mit Schallschluckstoff gefüllt. Die Schallenergie wird durch Reibung im Schallschluckstoff in Wärme umgesetzt.	Kettenleiter 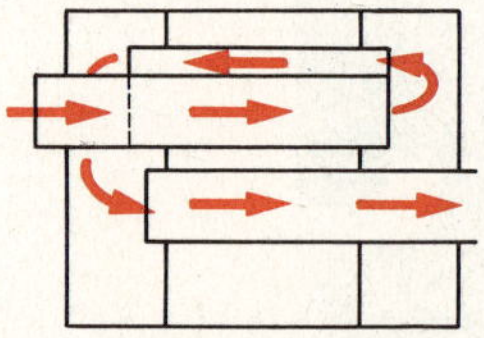	Durch lange Rohrmassen und entsprechende Kammervolumen werden die unteren und mittleren Frequenzen (Brummgeräusche) gedämpft.

Schalldämpferbauarten

Reflexions-Schalldämpfer

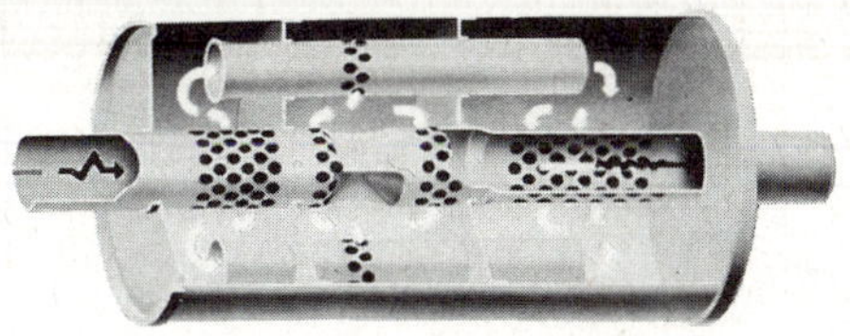

Der Reflexions-Schalldämpfer besteht aus mehreren, aufeinander abgestimmten Kammern, die durch gelochte (perforierte) Rohre verbunden sind. Die Schalldämpfung erfolgt durch

- Reflexion
- Interferenz

Diese Schalldämpfer eignen sich zur Dämpfung niedriger Frequenzen (= tiefe Töne).

Absorptions-Schalldämpfer

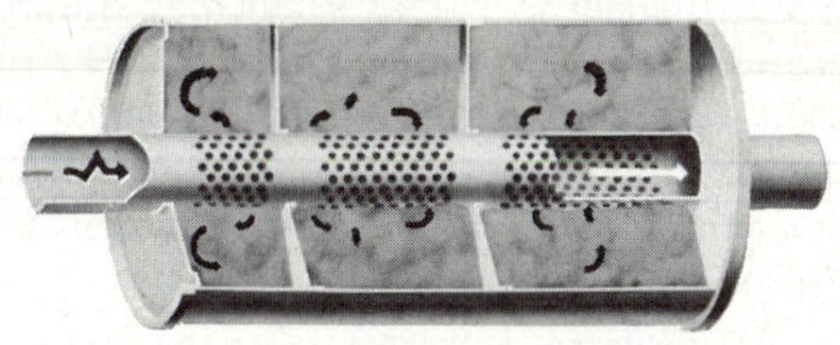

Der Absorptions-Schalldämpfer besteht aus mehreren Kammern, die mit Schallschluckstoffen — Mineral-, Fiberglas-, Metall- oder Asbestwolle gefüllt sind. Die Schalldämpfung erfolgt durch die Umwandlung der Schallenergie in Reibungswärme. Diese Schalldämpfer eignen sich zur Dämpfung hoher Schallfrequenzen (= hohe Töne).

Kombinierte Schalldämpfer

Die ausgeführten Schalldämpfer in Kfz bestehen meist aus der Kombination von Reflexions- und Absorptions-Schalldämpfer. Sie decken einen breiten Frequenzbereich ab.

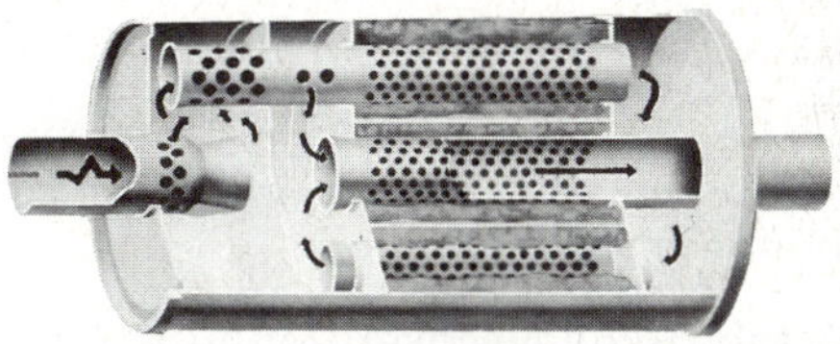

Innere Technik und Lage des Schalldämpfers in der Abgasanlage ist hinsichtlich Dämpfung und Leistung von wesentlichem Einfluß.

Der Strömungswiderstand des Schalldämpfers muß gering sein, da sonst der wieder aufwärtsgehende Kolben abgebremst wird und ein Teil der Leistung des Motors verloren geht.

Neben der sorgfältig auf den Motor abgestimmten inneren Technik des Schalldämpfers ist auch deren Lage in der Abgasanlage auf die Dämpfung und Leistung von wesentlichem Einfluß.

Es ist nicht gleichgültig, wie lang die Auspuffrohre vor, zwischen und hinter den Schalldämpfern sind. In einer gut abgestimmten Abgasanlage herrscht am Ende der Abgasleitung ein Schwingungsunterdruck, so daß die Abgase aus dem Zylinder gesaugt werden. Hierdurch wird eine bessere und schnellere Zylinderentleerung bei geöffnetem Auslaß und damit eine bessere Füllung und höhere Leistung erreicht.

Der Vorschalldämpfer dient hauptsächlich der Leistungsabstimmung des Motors, während der Hauptschalldämpfer für die eigentliche Schalldämpfung sorgt.

Die Zerstörung der Schalldämpfer erfolgt weniger durch äußere als durch innere Korrosion.

Bei der Verbrennung von Kraftstoff entsteht Wasser, das zum größten Teil als Wasserdampf unsichtbar durch den Auspuff ausgestoßen wird. 1 Liter Kraftstoff ergibt bei der Verbrennung etwa 1 Liter Wasser. Bei niedrigen Temperaturen kühlt ein Teil des Wasserdampfes so stark ab, daß er kondensiert. Das Kondenswasser setzt sich im Auspuff ab und bildet mit dem in den Abgasen enthaltenen Schwefel eine schweflige Säure. Sie zerstört den Auspuff von innen.

Als Werkstoff verwendet man daher einen hochwertigen, temperaturbeständigen Stahl, der je nach Beanspruchung aluminiumbeschichtet oder verzinkt ist.

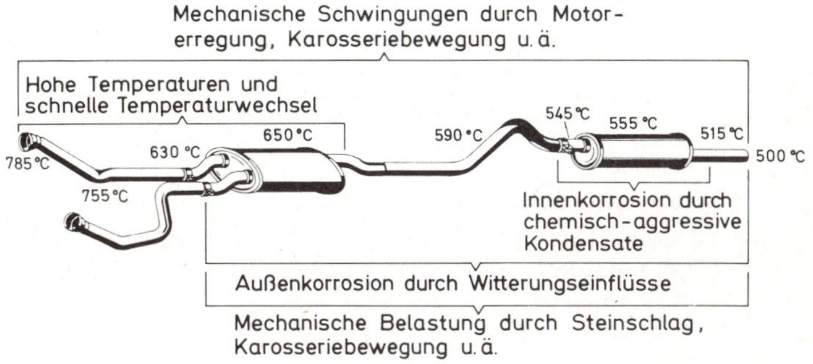

1.5.2 Abgasentgiftungsanlagen

Durch Ändern des Luftverhältnisses ist es unmöglich, die Abgaskomponenten CO, NO_x und CH auf ein Minimum zu bringen. Bei Luftmangel ($\lambda = 0{,}9$) erhält man durch unvollständige Verbrennung einen hohen CO- und CH-Anteil und einen geringen Stickoxid-Anteil. Bei Luftüberschuß ($\lambda = 1{,}05$) ergibt sich ein geringer CO- und CH-Anteil, aber ein Maximum an Stickoxiden. Mit abnehmendem CO-Gehalt nimmt der Anteil der Stickoxide zu.

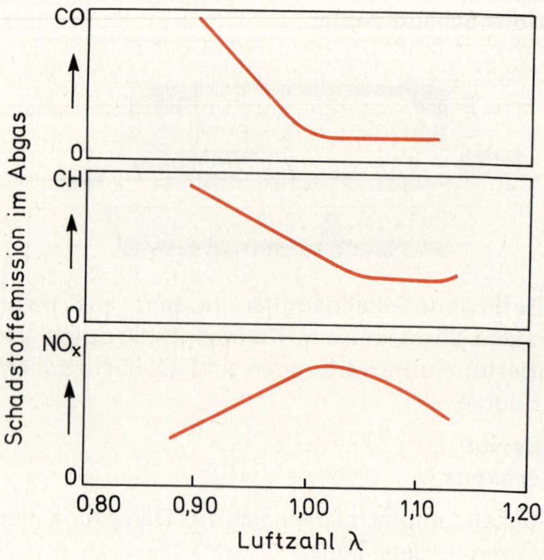

Abgase können wirksam entgiftet werden, wenn sie auf dem Weg zum Auspuff gereinigt werden.

Das Kohlenmonoxid (CO) und die unverbrannten Kohlenwasserstoffe (C_2H_6) kann man durch Verbrennung, also durch Oxidation in ungiftiges Kohlendioxid (CO_2) und in Wasser (H_2O) umwandeln:

$$2\,CO + O_2 \rightarrow 2\,CO_2$$
$$2\,C_2H_6 + 7\,O_2 \rightarrow 4\,CO_2 + 6\,H_2O$$

Bei Stickoxiden muß der gegenteilige Prozeß, die Reduktion (Aufspalten der Verbindung in Stickstoff N_2 und Sauerstoff O_2) ablaufen. Reduktionsmittel kann z.B. Kohlenmonoxid sein:

$$2\,NO + 2\,CO \rightarrow N_2 + 2\,CO_2$$

Damit diese Reaktionen unter den im Motorabgas vorliegenden Bedingungen schnell und gründlich ablaufen können, braucht man einen Katalysator.

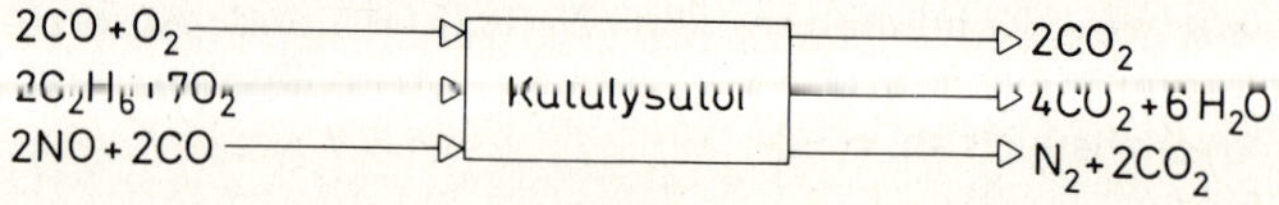

1.5.2.1 Katalytische Nachverbrennung

Abgaskatalysator

Katalysatoren sind Stoffe, die eine chemische Reaktion beschleunigen oder erleichtern, ohne daß sich die Stoffe selbst verbrauchen.

Der Grundkörper des Katalysators besteht aus hochtemperaturbeständigem Magnesium-Aluminium-Silikat in Form eines Zylinders von kreisförmigem oder ovalem Querschnitt. In Strömungsrichtung ist er von parallelen Kanälen durchzogen. Auf den Grundkörper werden die Edelmetalle Platin, Rhodium und Palladium aufgebracht, die ihn erst zu einem Katalysator machen.

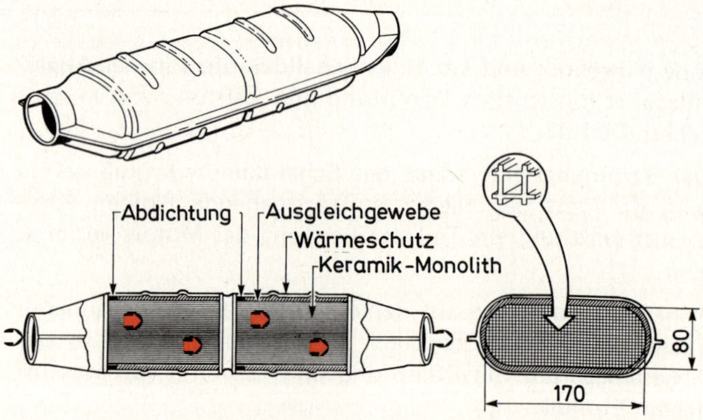

Der Katalysator wird in die Abgasleitung eingebaut.

Es gibt verschiedene Verfahren zur Reinigung der Abgase.

Einbett-Oxidationskatalysator	Doppelbett-Katalysator	Einbett-Dreiweg-Katalysator
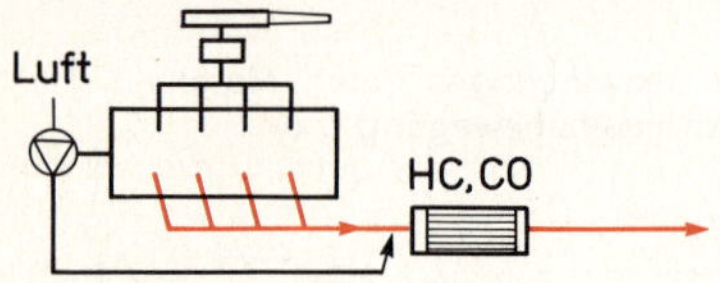	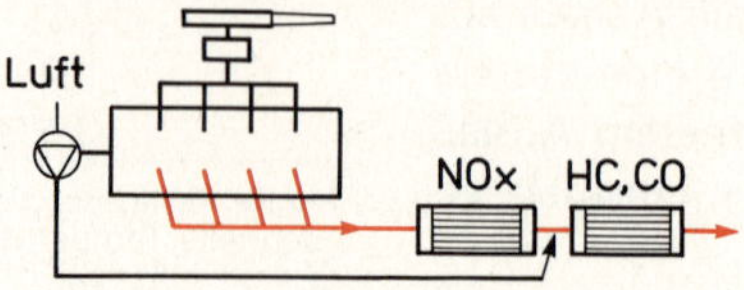	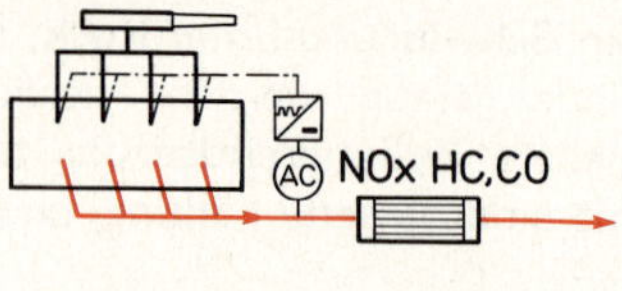
Nach der Zufuhr von Frischluft strömen die Motorabgase durch den Katalysator. In ihm werden die Kohlenwasserstoffe und das Kohlenmonoxid weitgehend nachverbrannt (oxidiert). Der Stickoxidgehalt wird nicht beeinflußt.	Die Motorabgase strömen zuerst durch einen Katalysator, der die Stickoxide bei Luftmangel reduziert. Nach Zumischen von Frischluft werden die Kohlenwasserstoffe und das Kohlenmonoxid in einem Oxidationskatalysator verbrannt.	Der Einbett-Dreiweg-Katalysator kann alle drei Schadstoffe gleichzeitig umsetzen. Voraussetzung ist, daß dem Motor stets ein gleichbleibendes Sollwertgemisch ($\lambda = 1$) aus Kraftstoff und Luft zugeführt werden. Für die Einhaltung des Sollwert-Gemischs sorgt eine in den Abgasstrom ragende Sauerstoff-Sonde (Lambda-Sonde).

Lambda-Regelkreis

Die von den Einbett-Katalysatoren geforderte engtolerierte Regelung der Gemischzusammensetzung auf das Luftverhältnis λ = 1 wird durch den Lambda-Regelkreis erreicht.

Wichtigstes Bauteil des Lambda-Regelkreises ist die Lambda-Sonde. Die Sonde besteht im Prinzip aus folgenden Teilen:

- poröse Elektrode aus Platin im Abgasstrom
- poröse Elektrode aus Platin an der Außenluft
- Elektrolyt aus fester Keramikmasse (Zirkonoxid)

Die Spannung der Sonde hängt davon ab, wieviel Sauerstoff sich an den beiden Elektroden befindet und wie stark sich der Sauerstoffgehalt in der Grenzzone unterscheidet. Je größer der Mengenunterschied, desto größer ist die Sondenspannung.

In der technischen Ausführung hat die Sonde etwa die Größe einer Zündkerze. Der äußere Teil des Keramikkörpers befindet sich im Abgasstrom, der innere Teil steht mit der Außenluft in Verbindung. Die Sonde wird möglichst nahe am Motor in das Auspuffrohr angeordnet.

Die Sonde mißt den Restsauerstoffgehalt des Abgases. Er ist abhängig von der Zusammensetzung des Kraftstoff-Luftgemischs, das dem Motor zur Verbrennung zugeführt wird. Diese Abhängigkeit ermöglicht es, den Sauerstoffanteil im Abgas als Maß für das Kraftstoff-Luftverhältnis und dessen Steuerung heranzuziehen. Abweichungen vom Luftverhältnis λ = 1 führen zu einer spontanen Änderung des Sondenausgangssignals.

Ein elektronisches Regelgerät verarbeitet das von der Lambda-Sonde kommende Signal. Als Ergebnis der Regelung erhält das Stellglied den Befehl zur Änderung des Kraftstoff-Luftverhältnisses in Richtung auf λ = 1,00.

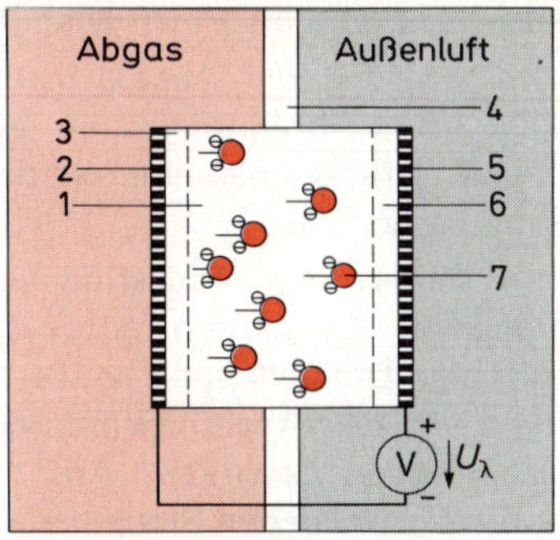

1 Festelektrolyt
2 Elektrode, abgasseitig
3 Grenzzone, abgasseitig
4 Trennwand (Abgasrohr)
5 Elektrode, luftseitig
6 Grenzzone, luftseitig
7 Sauerstoffion mit zweifach negativer Ladung

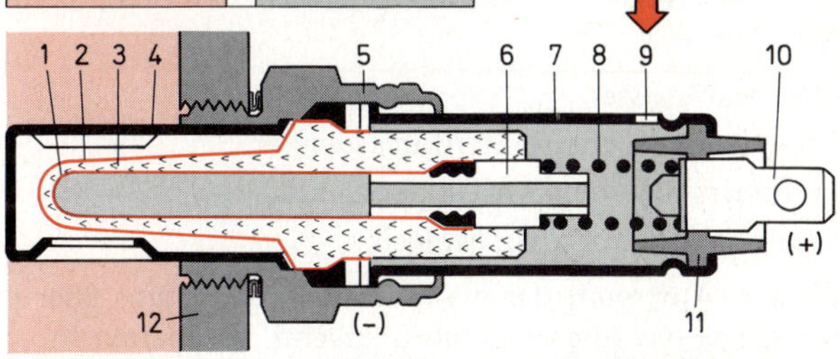

1 Elektrode (+)
2 Elektrode (–)
3 Sondenkeramik
4 Schutzrohr (abgasseitig)
5 Gehäuse (–)
6 Kontaktbuchse
7 Schutzhülse (luftseitig)
8 Kontaktfeder
9 Belüftungsöffnung
10 elektrischer Anschluß
11 Isolierteil
12 Abgasrohrwand

Lambda-Regelkreis

L-Jetronic

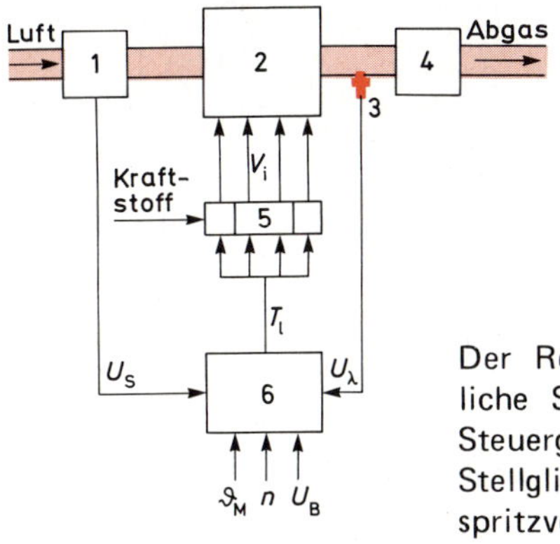

1 Luftmengenmesser
2 Motor
3 Lambda-Sonde
4 Katalysator
5 Einsprizventile
6 Steuergerät mit Regler

Der Regler ist als zusätzliche Schaltbaugruppe im Steuergerät untergebracht. Stellglieder sind die Einspritzventile.

K-Jetronic

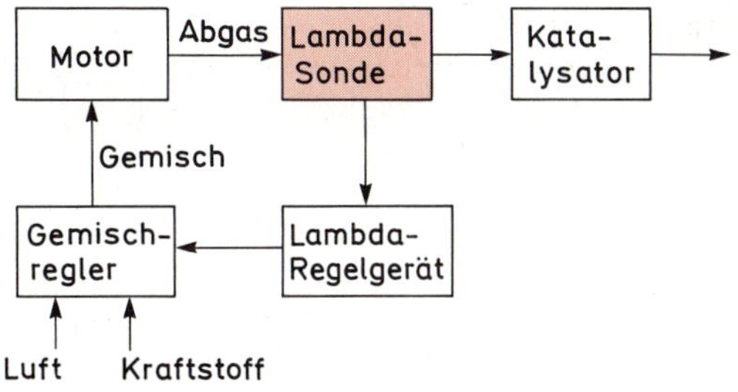

Das elektronische Regelgerät erzeugt bei Abweichungen Steuerimpulse für ein Taktventil, das den Mengenteiler im Gemischregler zur Korrektur des Gemisches veranlaßt.

Die Wirksamkeit der katalytischen Abgasentgiftung zeigen die dargestellten Kurven:

- Rote Kurven: Schadstoffanteil ohne Nachbehandlung
- Schwarze Kurven: Schadstoffanteil mit Nachbehandlung

Der Einbett-Dreiweg-Katalysator mit Lambda-Regelung reduziert die Schadstoffe um ca. 90 %, ist aber nur für bleifreies Benzin geeignet. Die in Europa noch verwendeten bleihaltigen Kraftstoffe machen die heute bekannten Oxidationskatalysatoren bereits nach kurzer Betriebszeit unwirksam.

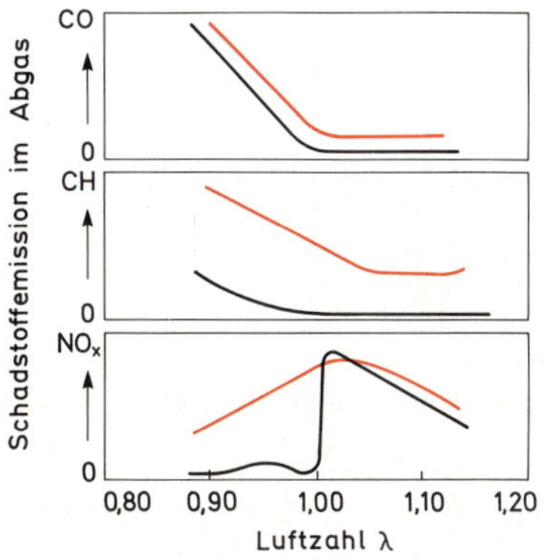

1.5.2.2 Abgasrückführung

Die in den Verbrennungsraum angesaugte Luft enthält Sauerstoff und einen hohen Anteil von Stickstoff. Bei hohen Temperaturen und unter hohem Druck bilden sich Stickoxide, die durch den Auspuff ins Freie gelangen.

Durch das Rückführen von etwa 15 % der Abgase in den Ansaugkrümmer können die im Verbrennungsraum auftretenden Temperaturen und Drücke gesenkt werden. Der Stickoxidgehalt nimmt bis zu 60 % ab.

Ein Abgasrückführungsventil steuert den Abgasfluß vom Auspuffkrümmer zum Ansaugrohr. Bei kaltem Motor und bei voll bzw. fast voll geöffneter Drosselklappe sowie bei Leerlauf oder Verzögerung kann das Abgasrückführungssystem ein schlechtes Fahrverhalten bewirken. Aus diesem Grund ist das System mit verschiedenen Steuergeräten ausgerüstet wie

- Drehzahlmesser,
- magnetgesteuerter Unterdruckschalter,
- unterdruckgesteuerter Unterdruckschalter,
- Unterdruckverzögerungsventil,

die beim Auftreten der o.a. Betriebsbedingungen über den Unterdruck das Abgasrückführungsventil abschalten.

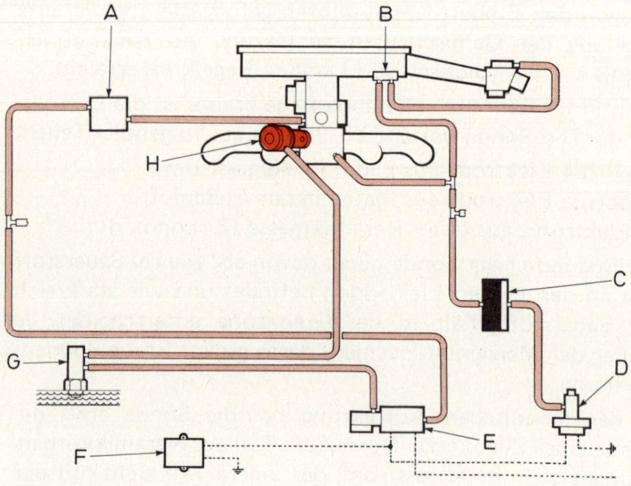

A Blasenabschneider
B Thermostatgeregelter Ansauggeräuschdämpfer
C Unterdruck-Verzögerungsventil
D Unterdruck betätigter Mikroschalter
E Zweiwege-Unterdruckschalter
F Drehzahlmesser
G Zweikanal Unterdruckschalter
H Abgasrückführungsventil

Abschaltung des Abgasrückführungsventils

bei niedrigen Drehzahlen

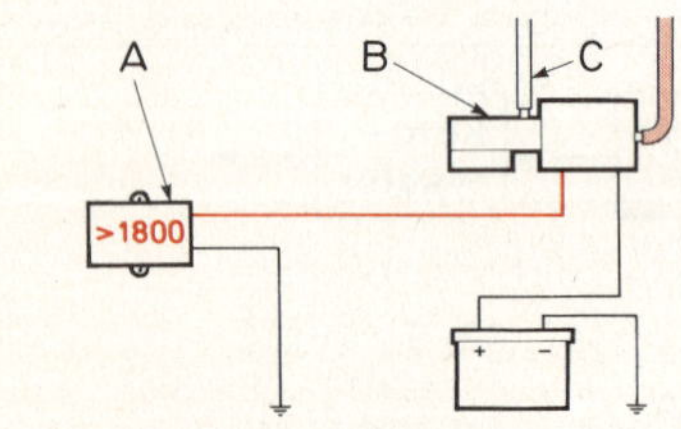

A Drehzahlmesser (erregt)
B Magnetschalter (erregt)
C Unterdruckanschluß an Abgasrückführungsventil (geschlossen)

bei hohen Drehzahlen

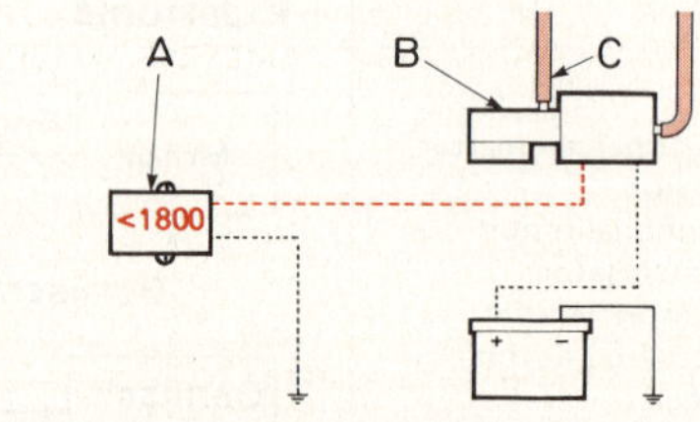

A Drehzahlmesser (Kontkate offen)
B Magnetschalter (nicht erregt)
C Unterdruckanschluß an Abgasrückführungsventil (offen)

bei hohem Druck

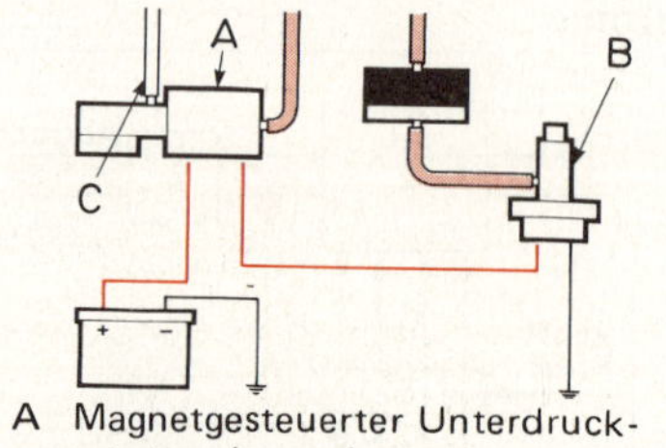

A Magnetgesteuerter Unterdruckschalter (erregt)
B Mikroschalter (erregt)
C Unterdruck an Abgasrückführungsventil (blockiert)

Abgasrückführungsventil bei

geringem Unterdruck

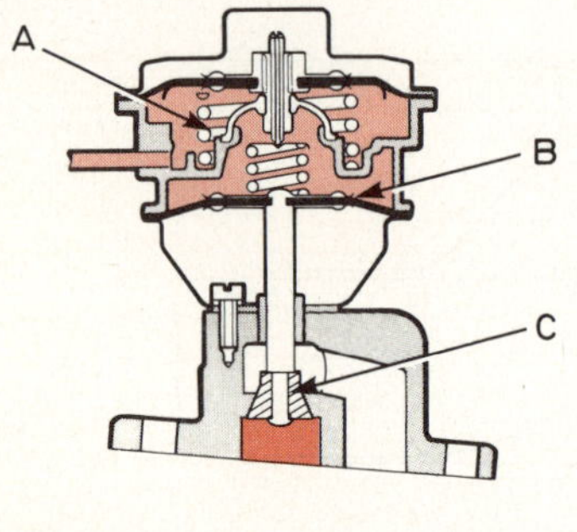

A Rückdruckfeder der oberen Membran
B Untere Membran
C Zapfenventil (geschlossen)

steigendem Unterdruck

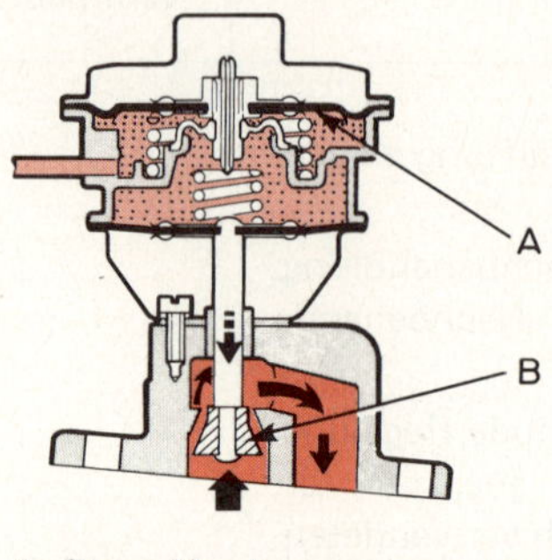

A Obere Membran
B Zapfenventil voll geöffnet
C Maximaler Abgaszustrom

hohem Unterdruck

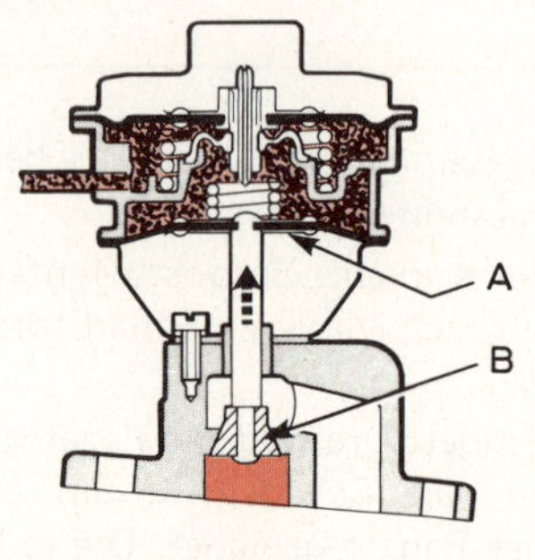

Ansaugkrümmer
A Untere Membran
B Zapfenventil (geschlossen)

Kfz-Meßtechnik

Abgasanalyse

Alle EG-Staaten führen eine CO-Messung durch. Zusätzlich messen Frankreich den CO_2-Gehalt und Griechenland den HC-Gehalt. Die schärfsten Abgasbestimmungen außerhalb der EG hat die Schweiz. Hier werden der CO-, HC- und CO_2-Gehalt der Abgase gemessen. In der BRD stehen zur Zeit zwei weitere Vorschläge zur Diskussion:

- Messung der Abgaskomponenten CO, HC, NO unter Last bei 7 kW Radleistung und 50 km/h mit anschließender CO/HC-Messung im Leerlauf
- Fehleranalyse der emissionsrelevanten Bauteile wie Abgasreinigungssysteme, Auspuffanlage einschließlich Katalysator, Lambda-Regelkreis auf Funktion und eine CO-Messung am Auspuffendrohr

Die Messung der Abgasbestandteile erfolgt nach dem Infrarot-Absorptionsverfahren. Es beruht auf der Eigenschaft von Gasen, Infrarotstrahlen (IR-Strahlen) zu schlucken, d.h. zu absorbieren. Jeder Abgasbestandteil besitzt einen ganz bestimmten Absorptionsbereich für infrarote Strahlen. Der Abgastester besitzt 2 Kammern (Analyse- und Vergleichskammer), von denen eine vom Abgas durchströmt wird, die andere mit einem neutralen Gas gefüllt ist. Beide Kammern werden von Infrarotstrahlen durchdrungen. Die Infrarotstrahlen werden in der Analysenkammer vom Schadstoff im Abgas teilweise absorbiert, während sie das neutrale Gas ungehindert durchdringen. Aus jeder Kammer erreicht eine ungleiche Menge von Strahlen den Empfänger. Der Unterschied ist ein genaues Maß für den Schadstoffanteil im Abgas.

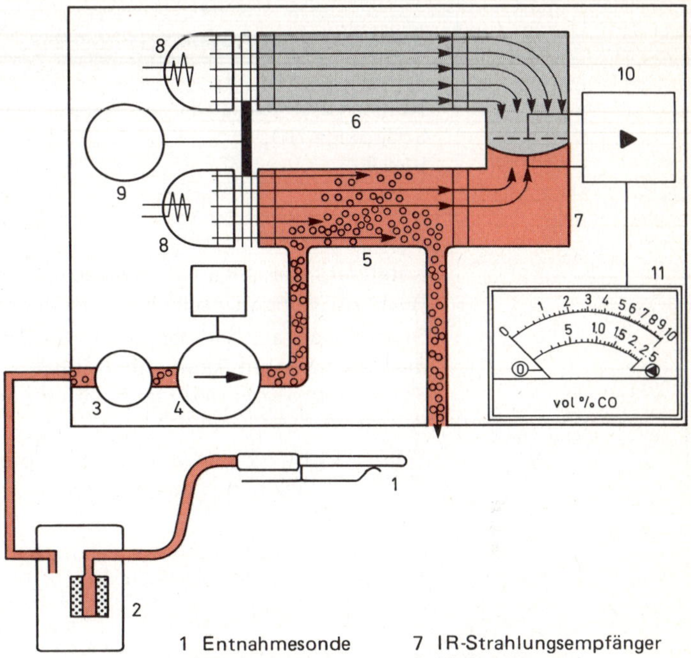

1 Entnahmesonde
2 Filter mit Kondensatabscheider
3 Feinfilter
4 Membranpumpe
5 Meßküvette
6 Vergleichsküvette
7 IR-Strahlungsempfänger
8 IR-Strahler mit Parabolspiegel
9 Blendenrad mit Motor
10 Verstärker
11 Anzeigegerät

CO-Meßgerät	HC-Meßgerät
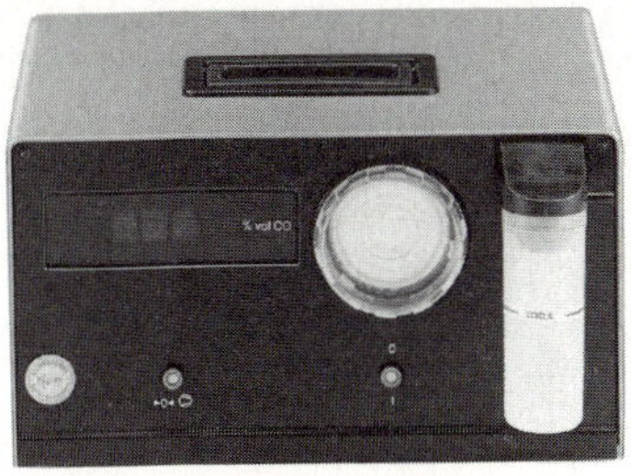	
Das CO-Meßgerät dient zum exakten Messen der Konzentration von CO in Abgasen von Ottomotoren. Gemessen wird der CO-Gehalt in Vol. %. Meßbedingungen: • betriebswarmer Motor • dichte Auspuffleitung • einwandfreie Zündeinstellung Abgasentnahme: Entnahmesonde mindestens 30 cm in das Auspuffendrohr oder in ein aufgestecktes Sammelrohr geführt. Grenzwert: Der Gehalt von CO im Abgas muß bei Leerlauf auf einen fahrtechnisch vertretbaren Wert eingestellt werden und soll nicht mehr als 4,5 Vol. % betragen.	Das HC-Meßgerät dient der exakten Messung der Konzentration von Kohlenwasserstoff (HC) in Abgasen von Ottomotoren. Gemessen wird der Anteil von HC in Teilen pro Million (ppm HC). Meßbedingungen: • betriebswarmer Motor • dichte Auspuffleitung • einwandfreie Zündeinstellung Abgasentnahme: Entnahmesonde mindestens 30 cm in das Auspuffendrohr oder in ein aufgestecktes Sammelrohr geführt. Grenzwert: Die vorgeschriebenen Werte des Fahrzeugherstellers sind zu beachten.

ZUSAMMENFASSUNG Abgasanlage

Abgase

Schadstoffe der Abgase

Kohlenmonoxid CO
Kohlenwasserstoffe CH
Stickoxide NO_x
Blei Pb

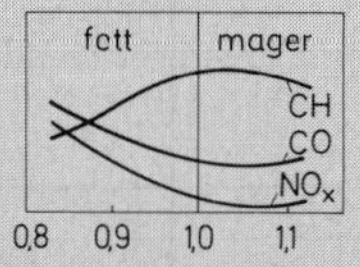

Abgaskatalysator

Katalysator beschleunigt chemische Reaktion, ohne sich selbst zu verbrauchen.

Grundkörper aus hochtemperaturbeständigem Magnesium-Aluminium-Silikat
Katalysator-Stoffe sind Platin, Rhodium, Palladium

CO und C_2H_6 werden verbrannt (oxidiert)
NO_x wird in O und N aufgespalten (reduziert)

Einbett-Dreiweg-Katalysator verringert Schadstoffe um 90 % (bleifreies Benzin)

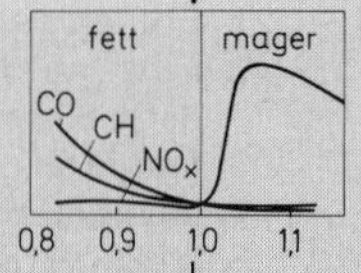

Lambda-Sonde

Die Sonde mißt den Restsauerstoff im Abgas = Maß für Gemischzusammensetzung.

Steuergerät mit Regler verarbeitet Sondensignal und sorgt für gleichbleibendes Sollwertgemisch ($\lambda = 1$, d.h. 14 kg Luft/1 kg Benzin)

Regelkreis (L-Jetronic)

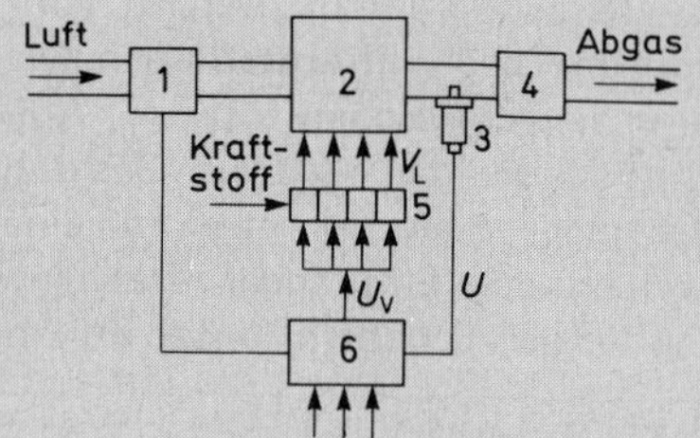

1 Luftmengenmesser
2 Motor
3 Lambda-Sonde
4 Katalysator
5 Einspritzventile
6 Steuergerät mit Regler

Abgasanlage

- Schallenergie vernichten
- turbulente Strömung glätten

Reflexions-Schalldämpfer

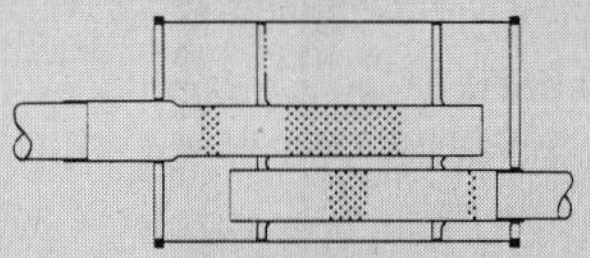

Kammern, durch gelochte Rohre verbunden.

Schalldämpfung durch

- Reflexion an Schallwiderständen
- Überlagerung und Auslöschen der Schallwellen

Dämpfung tiefer Töne

Absorptions-Schalldämpfer

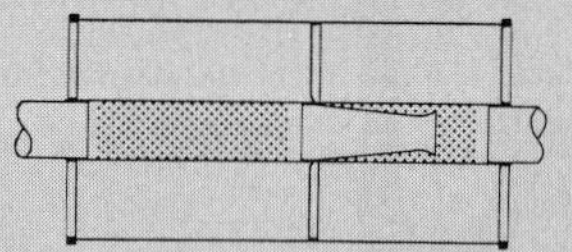

Kammern mit Schallschluckstoff gefüllt

Im Schallschluckstoff verlieren die Abgase ihre Schwingungsenergie.

Dämpfung hoher Töne

Kombinierter Schalldämpfer

Kombination von Reflexions- und Absorptions-Schalldämpfer

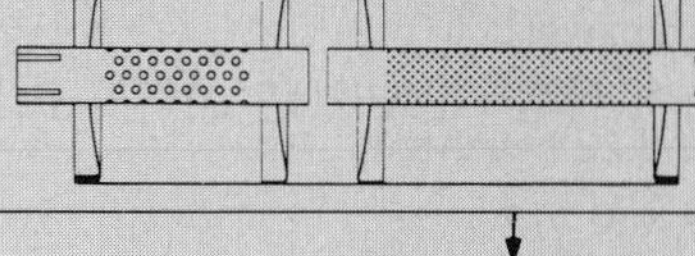

ins Freie

ANALYSE Ausgeführte Abgasanlage

1. Vergleichen Sie die Abgasanlage eines Motors aus dem Jahre 1912 mit der einer modernen Anlage und arbeiten Sie die Unterschiede heraus.

2. Erklären Sie den Aufbau und die Wirkungsweise
   - des Schalldämpfers,
   - des Katalysators,
   - der Lambda-Sonde.

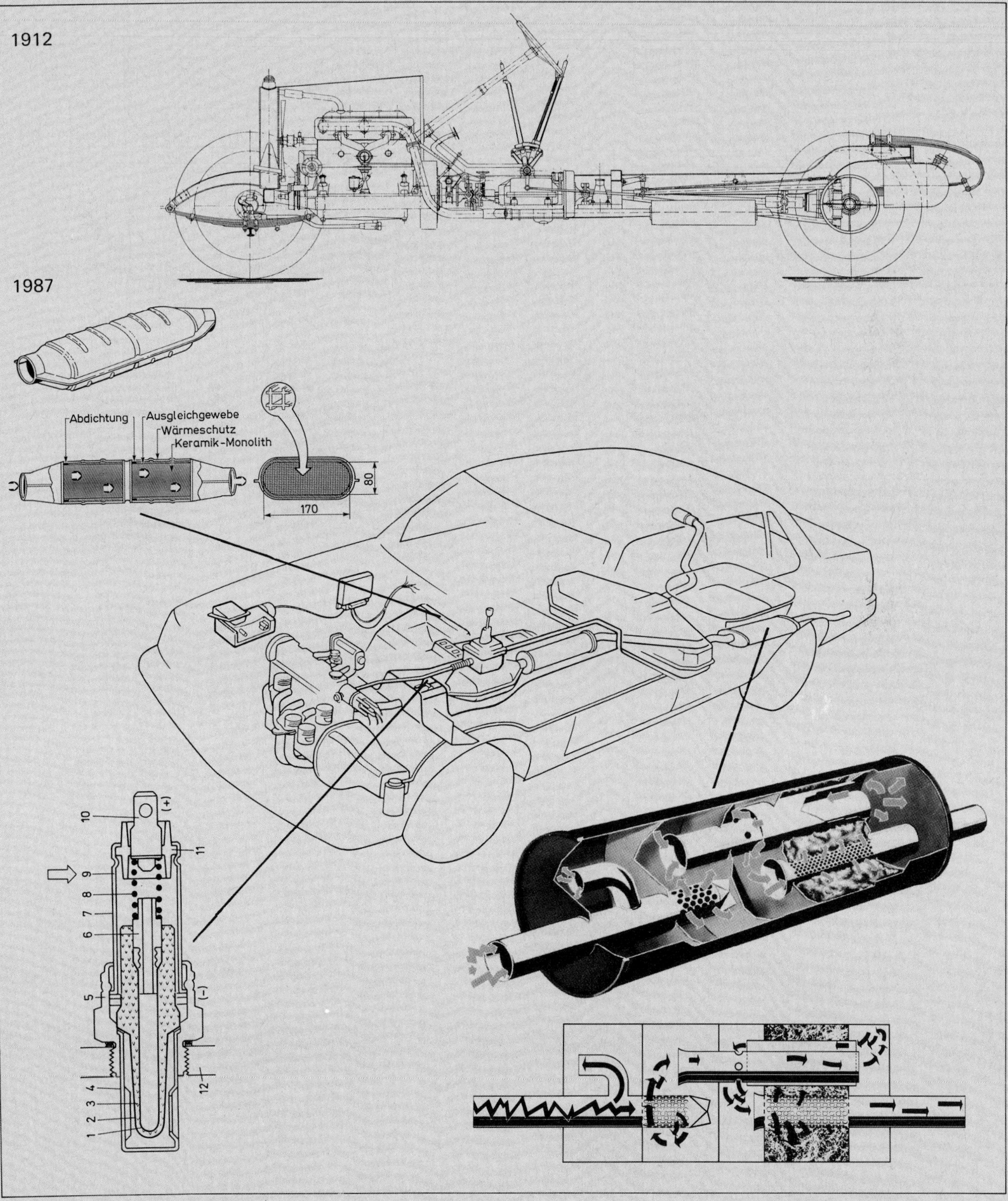

ARBEITSPLANUNG Abgasanlage

Entwickeln Sie den Arbeitsplan für die dargestellten Instandsetzungsarbeiten, indem Sie

- die Reihenfolge der Arbeitsschritte,
- die Auswahl der Werkzeuge
- die erforderlichen Ersatzteile bzw. Werkstoffe,
- die zu beachtenden Arbeitsregeln bzw. Sicherheitsvorschriften

angeben und begründen.

Vorschalldämpfer auswechseln

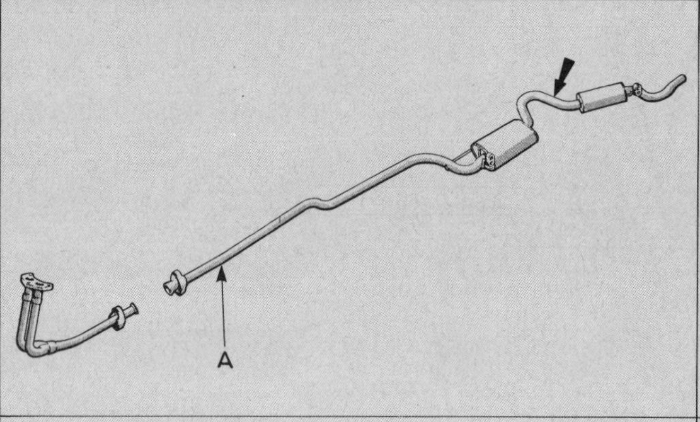

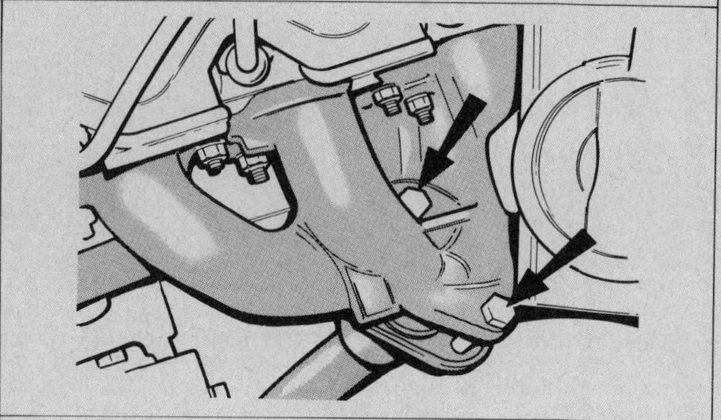

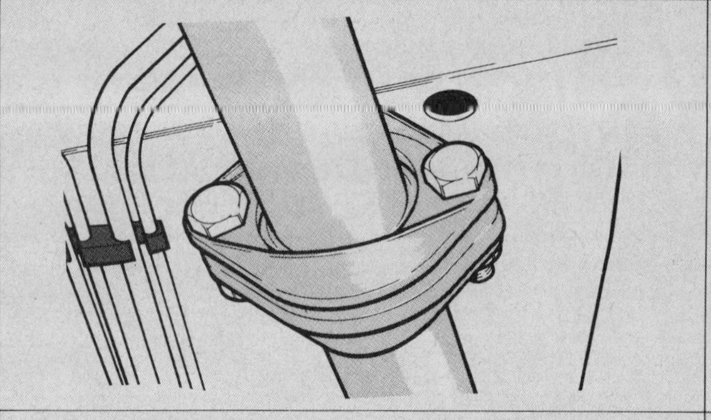

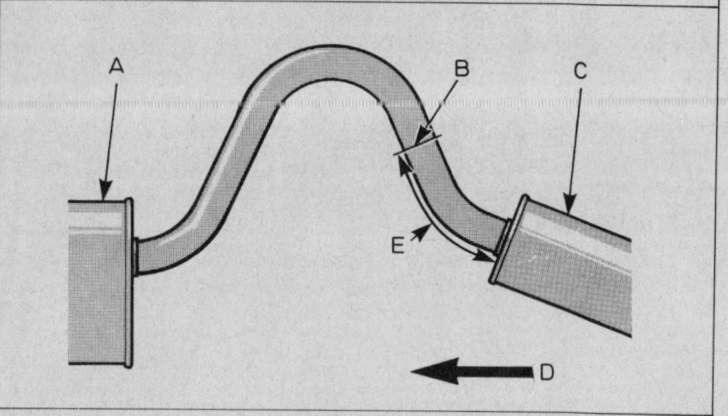

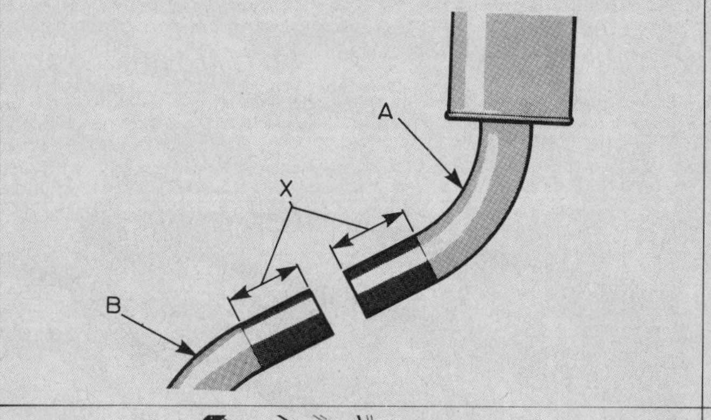

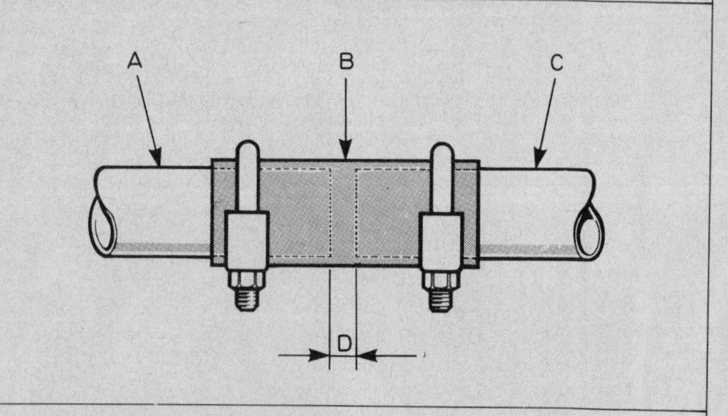

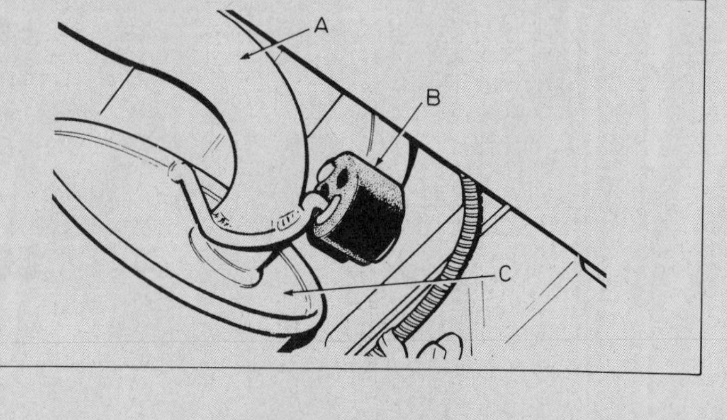

1.6 Motorschmierung

1.6.1 Schmieröle

Die Eigenschaften des Schmieröls werden von den Herstellern jeweils durch Kurzbezeichnungen angegeben.

1.6.1.1 Schmierölherstellung

Kohlenwasserstoffe sind nicht temperaturbeständig und zerfallen bei Temperaturen oberhalb 350 °C. Die Rückstände aus der atmosphärischen Destillation – schwer siedende Bestandteile – werden daher nach dem Erhitzen in einen Destillationsturm geleitet, in dem ein verminderter Druck, ein Vakuum herrscht. Bei verringertem Druck sieden die Rückstände schon bei niedrigeren Temperaturen, verdampfen ohne Zerfall, kühlen sich in den verschiedenen Stockwerken ab und werden wieder flüssig.

Die Schmieröldestillate werden in der Raffination von unerwünschten Bestandteilen gereinigt.

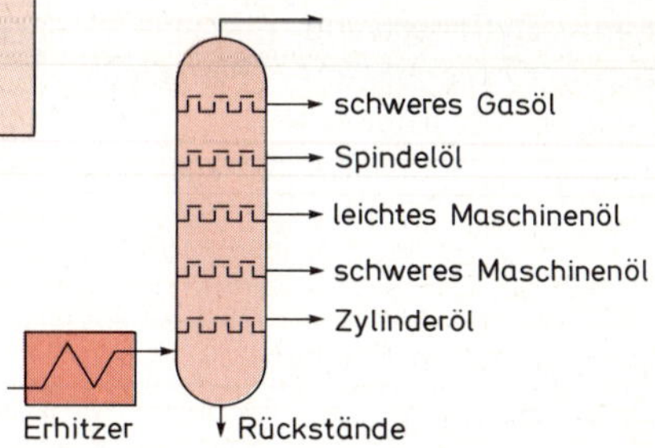

1.6.1.2 Schmierstoff-Eigenschaften

Das Schmieröl soll

- Reibung und Verschleiß vermindern,
- Lager- und Gleitflächen kühlen,
- Verbrennungsrückstände, Verunreinigungen und Abrieb wegschwemmen,
- zwischen Kolbenringen und Zylinderlaufflächen abdichten,
- den Werkstoff vor Korrosion schützen.

Die Eigenschaften des Schmieröls werden jeweils vom Hersteller angegeben.

Die Bezeichnungen geben Auskunft über die Eigenschaften des Motorenöls:

- **SAE-Viskositätsklassen (Society of Automotive Engineers)**

  Schmiermittel sollen einen zusammenhängenden Schmierfilm bilden, der auch bei Belastungen nicht abreißt. Diese Schmierfähigkeit hängt von der Zähflüssigkeit des Schmieröls ab. Diese Zähflüssigkeit wird als Viskosität bezeichnet. Die Viskosität ändert sich mit der Temperatur. Mit zunehmender Temperatur wird das Öl dünnflüssiger, mit abnehmender Temperatur dickflüssiger. Motorenöle werden nach der Viskosität in SAE-Klassen eingeteilt:

SAE-Klassen	Verwendung
SAE 10 W	Winteröl
SAE 20	Sommer- und Winteröl
SAE 30	Sommeröl
SAE 20 W/20	Sommer- und Winteröl
SAE 15 W/50	Mehrbereichsöl
SAE 80	Getriebeöl

Mehrbereichsöle decken mehrere Viskositätsklassen ab, z.B. erfüllt 15 W/50 die Forderungen an SAE 15 (Starterleichterung bei Kälte) und an SAE 50 (Temperaturfestigkeit bei Hitze).

- **HD-Öle**

  Durch Ölzusätze (Additive) verbesserte Öle bezeichnet man als legierte Öle und wegen des Einsatzes in Motoren unter schweren Arbeitsbedingungen als HD-Öle (heavy duty oil).

  Die Zusätze

  - verringern die Temperaturabhängigkeit,
  - setzen den Stockpunkt herab,
  - verbessern die Schmierfilmfestigkeit,
  - verhindern die Schaumbildung,
  - schützen die Motorenteile vor Ablagerungen, indem sie die Verunreinigungen im Öl in Schwebe halten,
  - verzögern die Oxidation (Alterung) des Öles,
  - vermindern die Korrosion.

- **Klassifikationssystem API (American Petrol Institut)**

  Das Klassifikationssystem nach API teilt die Motorenöle nach ihrem Leistungsvermögen ein.

API-Klasse	Einsatz
SD	Ottomotoren der Baujahre 1968 ... 1971; für hohe Beanspruchungen
SE	Ottomotoren ab Baujahr 1972; für sehr hohe Beanspruchungen
CC	Dieselmotoren, für mittlere bis schwere Betriebsbedingungen
CD	Hochbeanspruchte Dieselmotoren, z.B. Ladermotoren

Das Öl verschlechtert trotz der Zusätze im Laufe der Zeit seine Schmiereigenschaften:

- Staub, metallischer Abrieb, Verbrennungsrückstände führen in Verbindung mit Schwitzwasser im Motor zur Schlammbildung im Öl.
- Bei kaltem Motor kondensiert Kraftstoff an den Zylinderwänden. Schwersiedende Bestandteile des Kraftstoffes gelangen in das Kurbelgehäuse. Sie haben eine Ölverdünnung zur Folge.
- Bei Dieselmotoren tritt starke Oxidation infolge Luftüberschuß und durch Rußbildung eine Ölverdickung ein.
- Bestandteile des Öles verbinden sich bei höheren Temperaturen mit dem Sauerstoff der Luft. Das Öl altert, es verliert an Schmierfähigkeit.

Aufgrund der Ölverschlechterung muß das Öl in bestimmten Zeitabständen gewechselt werden.

1.6.2 Reibung im Motor

Zwischen den bewegten Teilen des Motors entsteht Gleitreibung:

- Kolben – Zylinderwand
- Kolben – Kolbenbolzen – Pleuellager
- Pleuellager – Kurbelwelle
- Kurbelwelle – Kurbelwellenlager
- Nockenwelle – Nockenwellenlager
- Nocken – Stößel
- Ventil – Ventilführung

Die Reibung wird durch Schmieröl verringert. Damit sich zwischen den aufeinander gleitenden Teilen ein Schmierfilm bilden kann, muß ein Spiel vorhanden sein.

Reibung zwischen Flächen

Trockene Reibung

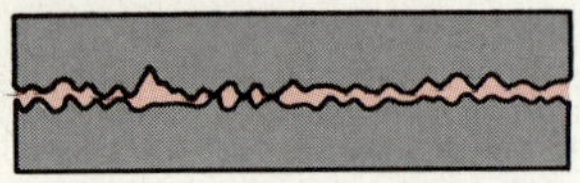

Es besteht metallische Berührung. Die Unebenheiten der Flächen greifen ineinander, so daß sich die Erhöhungen verformen. Durch die entstehenden hohen Temperaturen können sogar einzelne Stellen verschweißen und herausreißen. Der Kolben frißt.

⊖ hoher Verschleiß, u.U. Freßverschleiß
⊖ große Wärmeentwicklung
⊖ hoher Kraftverlust

Halbtrockene Reibung

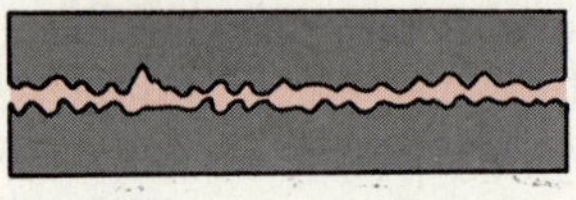

Zu Beginn der Bewegung hat sich noch kein zusammenhängender Schmierfilm bilden können. Es entsteht teilweise trockene und flüssige Reibung

⊖ Verschleiß
⊖ Kraftverlust
⊖ Wärmeentwicklung

Flüssige Reibung

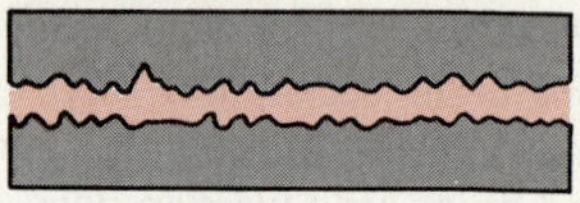

Ein Ölfilm trennt die beiden aufeinandergleitenden Flächen. Es tritt nur Reibung innerhalb der Flüssigkeit auf, die sehr gering ist.

⊕ geringer Kraftverlust
⊕ geringer Verschleiß
⊕ geringe Wärmeentwicklung

Reibung in Lagern

Anlauf – trockene Reibung

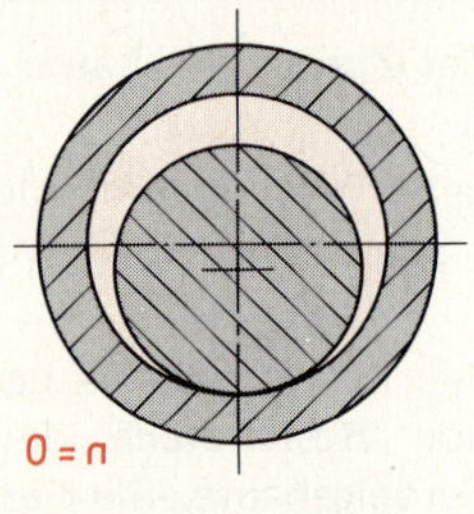

Im Stillstand ruht die Welle infolge ihres Eigengewichts auf dem tiefsten Punkt der Lagerschale. Beim Anlaufen wandert die Welle infolge Reibung in Richtung des Drehsinns in eine seitliche Lage. Zwischen den Gleitflächen ist noch kein Schmierfilm aufgebaut. Es herrscht trockene Reibung.

Steigende Drehzahl – Mischreibung

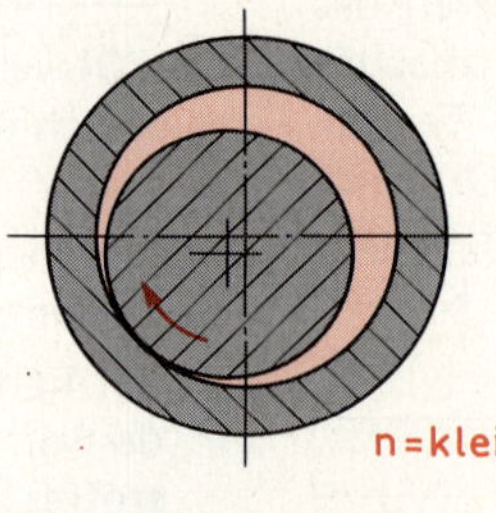

Das an der Welle haftende Öl wird mitgenommen und in den Keilraum hineingezogen. Eine vollkommene Trennung ist noch nicht vorhanden. Die Welle läuft im Gebiet der Mischreibung.

Volle Drehbewegung – flüssige Reibung

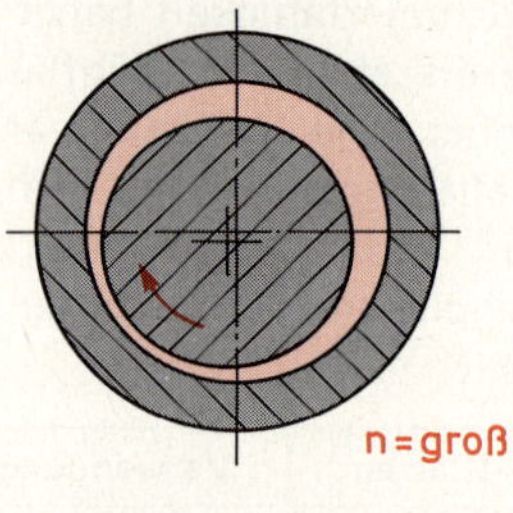

Bei höherer Drehzahl entsteht im Keilraum ein starker Öldruck, der die Welle von der Lagerschale abhebt. Die Welle schwimmt auf einem Ölfilm. Es besteht flüssige Reibung.

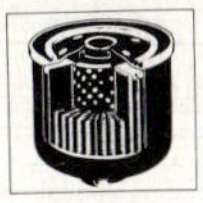

1.6.3 Schmiersysteme

Bei einer Öldruckmessung wird im gesamten Drehzahlbereich ein zu niedriger Öldruck gemessen.

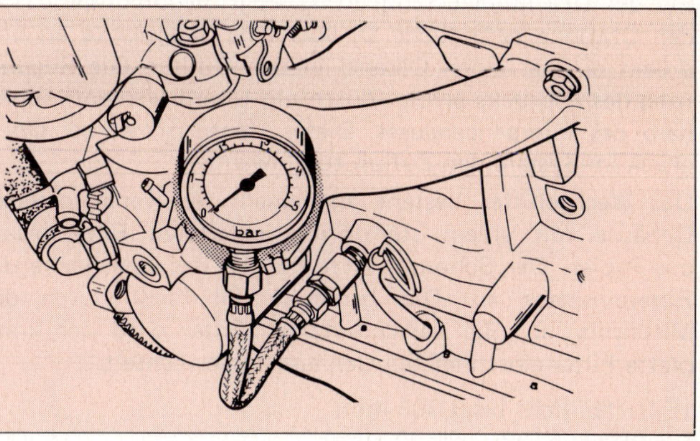

Die Schmierung soll

- die Reibung vermindern, damit möglichst wenig Motorleistung verloren geht;
- den Verschleiß verringern;
- die in Lagern und Gleitflächen entstehende Reibungswärme ableiten;
- den Verbrennungsraum und das Kurbelgehäuse durch den Schmierfilm zwischen Zylinderwand und Kolben feinabdichten;
- Verunreinigungen aus den Gleitflächen abführen und
- die Motorenteile vor Korrosion schützen.

Schmiersysteme		
Druckumlaufschmierung	**Trockensumpfschmierung**	**Mischungsschmierung**
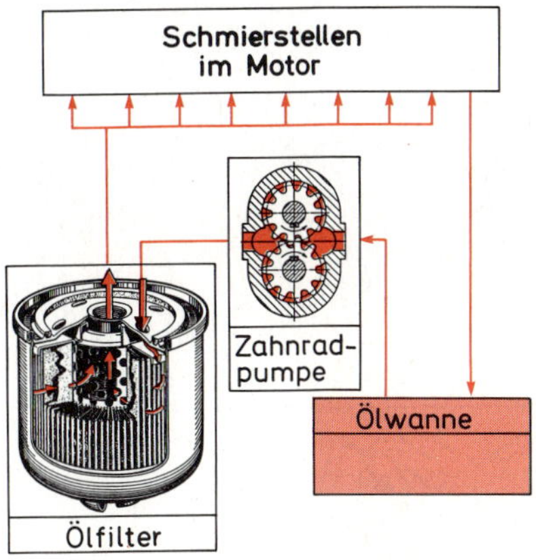 	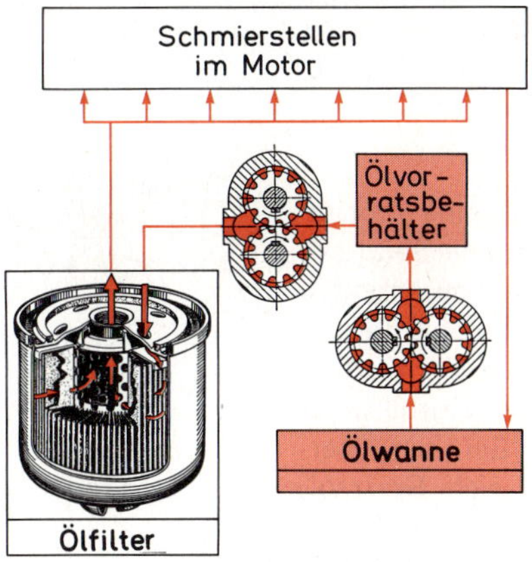 	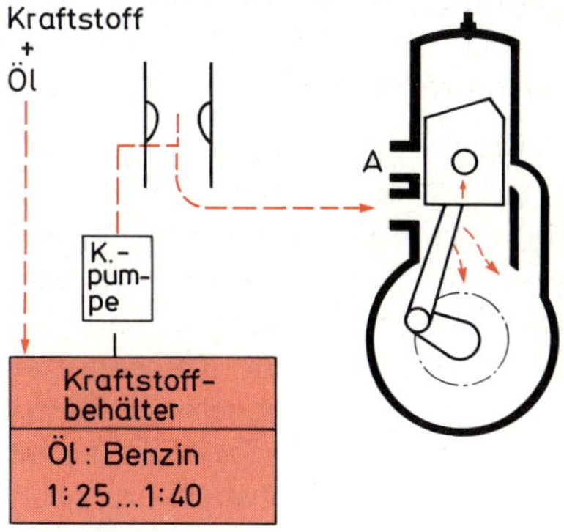
Die Ölpumpe saugt das Öl aus der Ölwanne an und fördert es über einen Filter zu den Schmierstellen. Von hier fließt das Öl in die Ölwanne zurück. Der Öldruck beträgt etwa 1 bar. Einsatz: Die meisten Fahrzeuge sind mit der Druckumlaufschmierung ausgerüstet.	Die Trockensumpfschmierung ist eine besondere Bauart der Druckumlaufschmierung. Eine Ölpumpe fördert das Öl von der Ölwanne in einen Ölvorratsbehälter. Eine zweite Pumpe drückt das Öl vom Ölvorratsbehälter zu den Schmierstellen. ⊕ auch bei starker Schräglage des Fahrzeugs ist eine einwandfreie Schmierung gewährleistet. Einsatz: Geländefahrzeuge, Sportwagen	Dem Kraftstoff wird Schmieröl beim Tanken oder durch eine Dosierpumpe aus einem Ölvorratsbehälter im Verhältnis 1:25 oder 1:40 beigemischt. Das Öl-Benzin-Gemisch gelangt in das Kurbelgehäuse und schmiert Lager und Kolben. ⊕ einfach und billig ⊖ geringe Innenkühlung ⊖ größerer Schmierölverbrauch Einsatz: Zweitaktmotoren

1.6.3.1 Druckumlaufschmierung

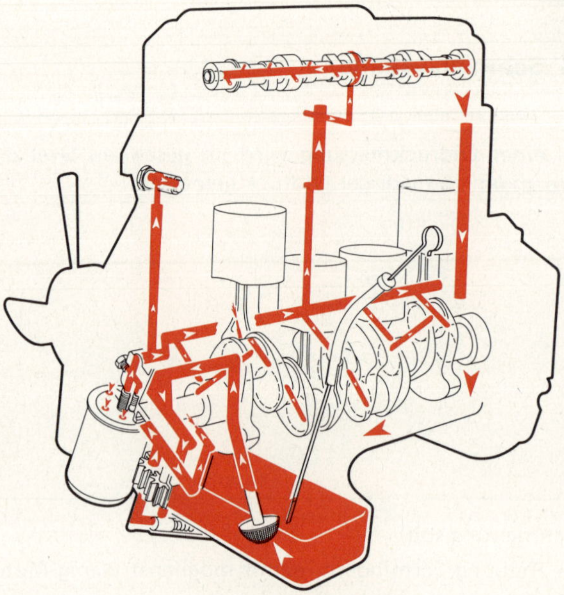

Bei der Druckumlaufschmierung saugt die Ölpumpe das in der Ölwanne befindliche Öl über eine Sauggglocke an und drückt es über einen Ölkanal in den Ölfilter. Die Regulierung des Öldrucks erfolgt durch ein Überdruckventil innerhalb des Pumpengehäuses. Dieses Ventil öffnet bei Überdruck im System den Zufluß zur Ölwanne.

Das Wechselfilter besteht aus einem fest verschlossenen Gehäuse mit einem sternförmig gefalteten Filtereinsatz aus Papier. Der Schmutz setzt sich an der Oberfläche des Filtereinsatzes ab. Das gereinigte Öl fließt durch das Mittelrohr ab. Bei verschmutztem Filter wird der komplette Filter einschließlich Gehäuse ausgewechselt.

(Filterfeinheit: bis 0,005 mm)
Standzeit: 6000 ... 20 000 km)

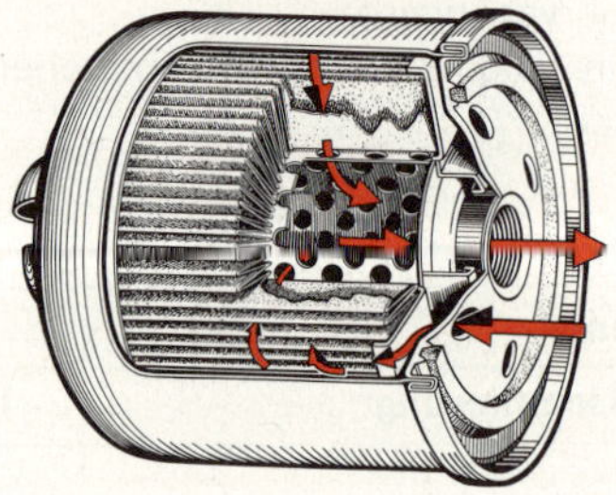

Vom Ölfilter gelangt das gefilterte Öl in den Hauptölkanal. Die einzelnen bewegten Teile werden entweder mit Druck- oder Spritzöl geschmiert:

- **Drucköl**

  Vom Hauptölkanal im Zylinderblock zweigen Bohrungen ab:

  Der Hauptölkanal ist über Bohrungen mit den Hauptlagern der Kurbelwelle verbunden. Bohrungen in der Kurbelwelle führen das Öl zu den Pleuellagern.

  Über einen senkrechten Kanal gelangt das Öl zum mittleren Nockenwellenlager. Der Ölstrom wird durch eine Nut im Nockenwellenlager dosiert. Durch eine in Längsrichtung der Nockenwelle angebrachte Bohrung fließt das Öl zu allen Nockenwellenlagern. Weitere Kanäle versorgen Stößel und Kipphebellagerung mit Öl.

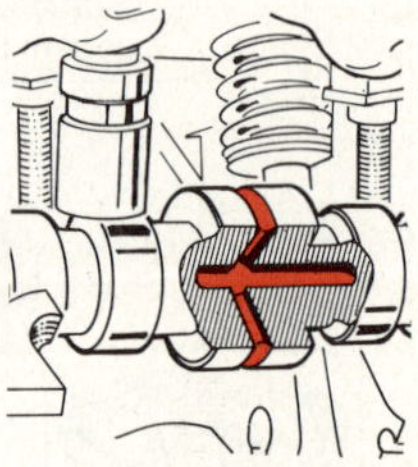

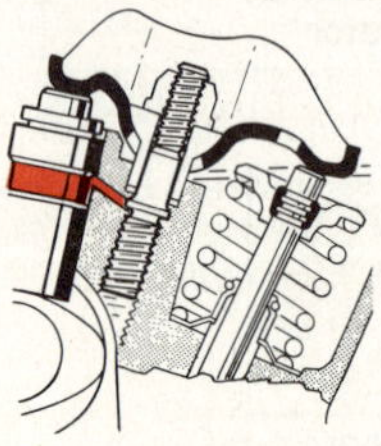

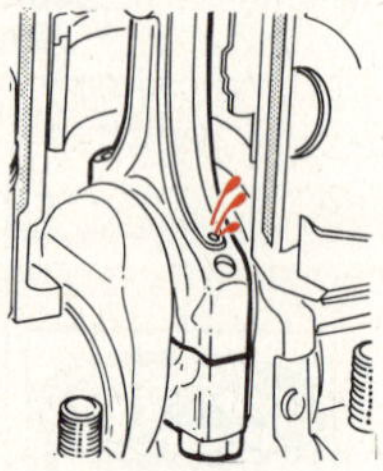

- **Spritzöl**

  Die Pleuelstangen haben im Pleuelfuß eine Spritzbohrung, durch die das Öl an die unbelastete Seite der Zylinder gespritzt wird. Das gegen den Kolbenboden geschleuderte Öl tropft ab und fließt durch eine Bohrung im Pleuelkopf zum Kolbenbolzen. Zusätzlich werden die Zylinderlaufbahnen von dem von der Kurbelwelle abgeschleuderten Spritzöl geschmiert. Bei der Versorgung der Kipphebelführungen bildet sich Spritzöl, das die Ventilschaftenden schmiert. Durch eine Bohrung wird die Steuerkette und der Kettenspanner mit Spritzöl geschmiert.

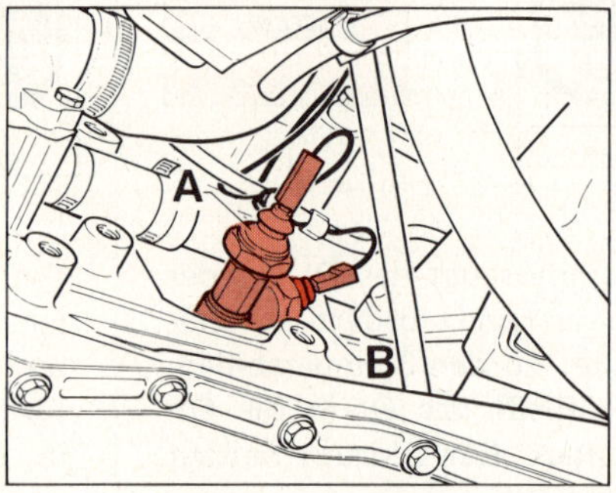

Der Öldruck wird durch eine Öldruckleuchte signalisiert. Sie erhält ihre Informationen von einem Öldruckschalter (A, B) der in die Druckleitung des Ölkreislaufes eingebaut ist. Sobald bei laufendem Motor der Öldruck erreicht ist, unterbricht der Öldruckschalter den Stromkreis und die Öldruckleuchte erlischt.

Bei der dynamischen Öldruckkontrolle sind zwei parallel geschaltete Öldruckschalter (0,3 bar und 1,8 bar) in der Druckleitung angeordnet. Hier leuchtet die Kontrollampe auf, wenn bei der Leerlaufdrehzahl der Öldruck unter 0,3 bar fällt bzw. bei einer Motordrehzahl von ca. 2000 1/min der Öldruck von 1,8 bar nicht erreicht wird. Häufig gibt ein Ölwarner ein akustisches Signal.

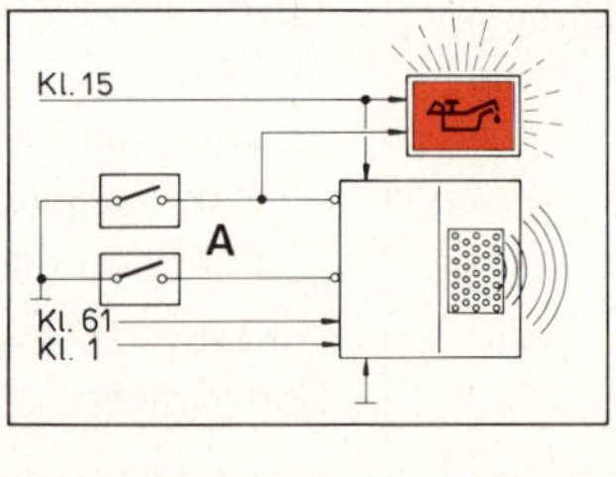

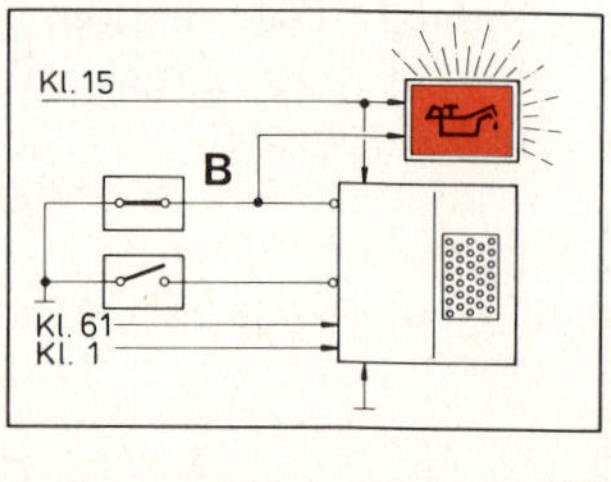

1.6.3.2 Aggregate der Motorschmierung

Ölpumpen in Kfz

Zahnradpumpe

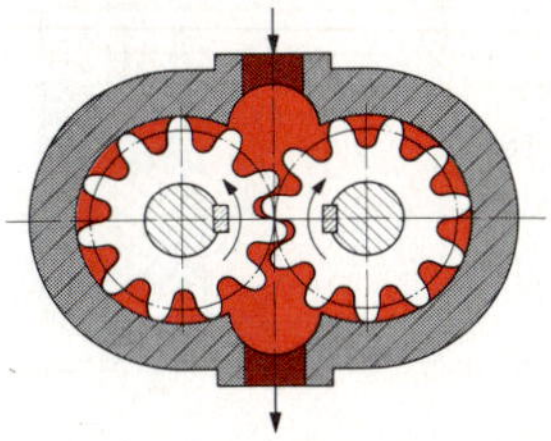

Die zwei miteinander im Eingriff stehenden Zahnräder laufen mit hohen Drehzahlen um. Die Zahnräder bilden außen mit der Gehäusewand Kammern, in denen das Öl vom Saug- zum Druckraum gefördert wird. Im Druckraum wird das Öl durch die einlaufenden Zähne des Gegenrades aus den Zahnlücken verdrängt. Durch den Zahneingriff wird ein Rücklauf des Öles vom Druck- zum Saugraum verhindert. Die Pumpe ist selbstansaugend. Um ihre Wirkung zu erhöhen, wird sie an der tiefstmöglichen Stelle angebracht.

Sichelpumpe

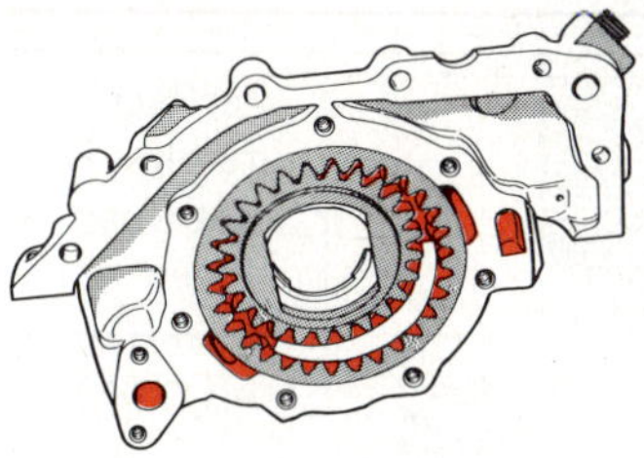

Die Sichelpumpe besitzt ein Innenzahnrad und ein exzentrisch angeordnetes Außenzahnrad. Ein sichelförmiger Körper trennt den Saugraum vom Druckraum. Die Kurbelwelle treibt das Innenzahnrad an. Das Öl wird in den Zahnlücken entlang der Ober- und Unterseite der Sichel gefördert. Der Eingriff von Innen- und Außenzahnrad verhindert den Öldurchfluß vom Druck- zum Saugraum.

⊕ gute Förderleistung bei niedriger Motordrehzahl

⊕ geräuscharm

Rotorpumpe

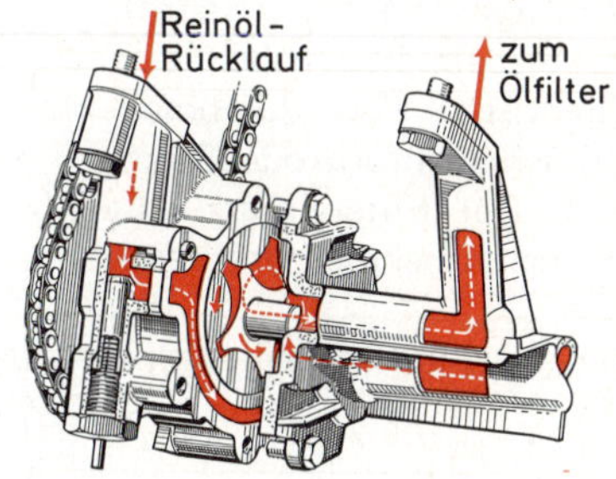

Die Rotorpumpe besitzt einen Außen- und Innenrotor. Der angetriebene Innenrotor ist exzentrisch im Gehäuse gelagert und besitzt einen Zahn weniger als der Außenrotor. Drehen sich Innen- und Außenrotor, so vergrößern sich die Pumpenräume auf der Saugseite und die Pumpe saugt an. Verkleinern sich die Pumpenräume auf der Druckseite, wird das Öl zu den Schmierstellen gefördert.

⊕ sehr geräuscharm

⊕ hohe Drücke

Ölfilter

Ölfilter reinigen den Ölstrom von mechanischen Verunreinigungen (Metallabrieb, Staub, Ruß) und Verbrennungsrückständen. Weiterhin verbessern sie die Kühlung des Öles.

Nach dem Einbau des Filters in den Ölkreislauf unterscheiden wir

- Hauptstromfilter,
- Nebenstomfilter,
- Hauptstrom-Nebenstrom-Filter.

Hauptstromfilterung

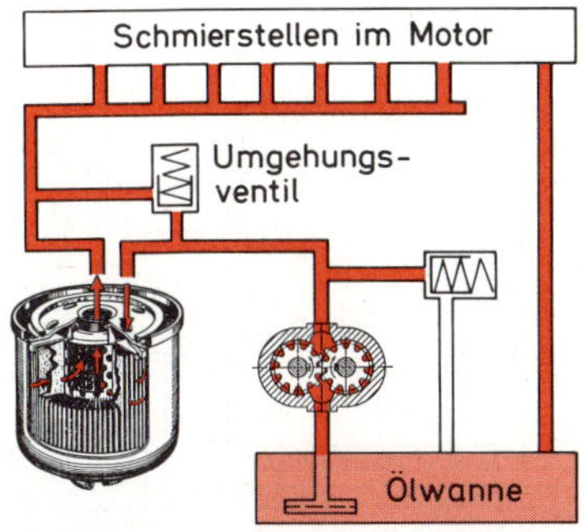

Das gesamte von der Ölpumpe geförderte Öl wird durch das Filter gepreßt und gelangt erst dann zu den Schmierstellen. Ein Umgehungsventil gewährleistet bei verstopftem Filter, daß das Öl über eine Umgehungsleitung zu den Schmierstellen fließen kann.

⊕ Verunreinigungen werden sofort aus dem Öl herausgefiltert

⊖ Die große durchfließende Ölmenge erfordert große Poren beim Filtereinsatz.

Einsatz: Heute übliche Schmierölfilterung beim Pkw

Nebenstromfilterung

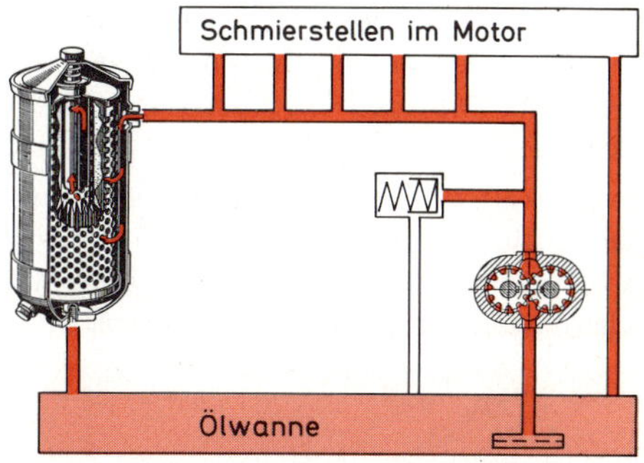

Nur etwa 5 ... 10 % der Gesamtölmenge fließt zum Filter, wird gereinigt und fließt in die Ölwanne zurück. Der überwiegende Teil des Öles gelangt direkt zu den Schmierstellen. Das gesamte Öl wird mehrmals in der Stunde durch das Filter gepumpt.

Das Ölfilter liegt im Nebenstrom, d.h. parallel zum Hauptstrom. Damit das gesamte Öl nicht den Weg des geringsten Widerstandes durch das Filter nimmt, ist der Ausgang des Nebenstromfilters mit einer Drosselbohrung versehen. Ein Umgehungsventil kann entfallen.

⊕ Gute Reinigung aufgrund größerer Filterfeinheit

⊖ Verschmutztes Öl gelangt zu den Schmierstellen

Hauptstromfilter

Siebfilter

Die Filtersiebe bestehen aus Phosphorbronze, Chromnickelstahl oder Kunststoff. Die Siebeinsätze haben eine zylindrische Form (Siebmantel), Scheibenform oder Sternform. Der Filtereinsatz läßt sich herausnehmen und reinigen.

Fillterfeinheit: bis 0,03 mm

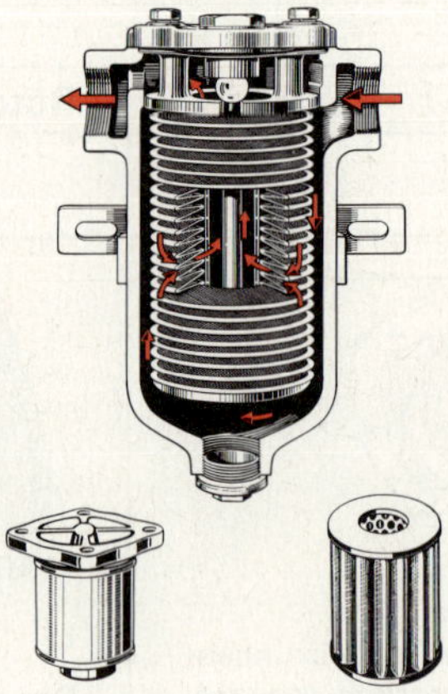

Spaltfilter

Spaltfilter bestehen aus Stahllamellen mit dazwischenliegenden Abstandscheiben und kammähnlichen Spalträumern. Das Reinigen erfolgt durch Drehen des Lamellenpaketes vom Kupplungs- oder Gaspedal.

Filterfeinheit: bis zu 0,1 mm

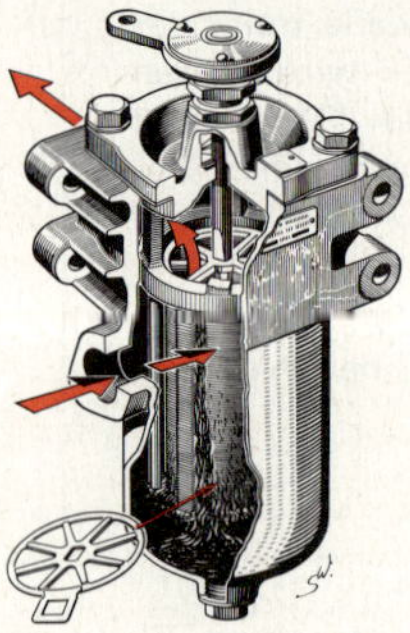

Nebenstromfilter

Papierfeinfilter

Papierfeinfilter besitzen Patronen aus einem spezialimprägnierten Papier, das zur Vergrößerung der Filterfläche sternförmig gefaltet ist. Verschmutzte Patronen werden einfach gegen neue ausgewechselt.

Filterfeinheit: bis 0,005 mm

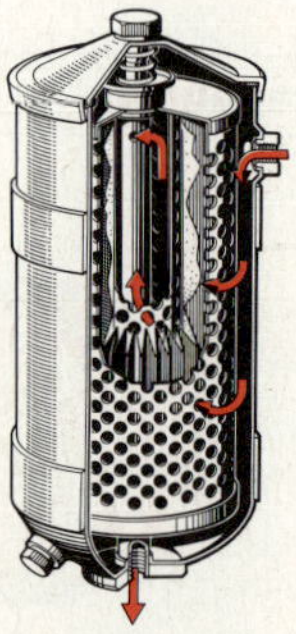

Freistrahlzentrifuge

Das Öl fließt von unten in die Hohlwelle des drehbar gelagerten Läufers. Von dort strömt es über den Trommelinnenraum zu den Düsen des Läufers. Beim Ausstromen aus den Düsen übt das Öl eine Rückstoßkraft aus, die den Läufer dreht. Durch die Fliehkraft wird der Schmutz an der Läuferwand ausgeschieden.

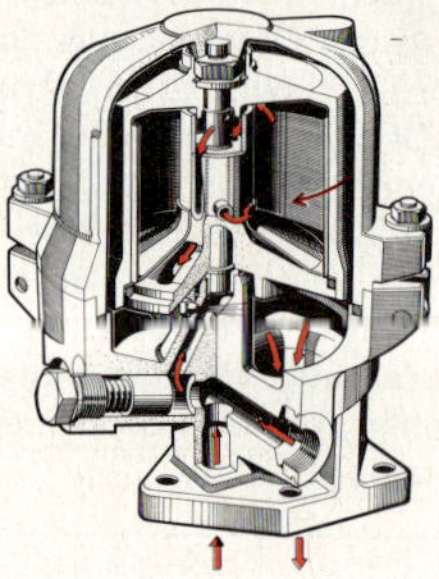

Ölkühler

Aufgabe des Schmieröls ist u.a. die Reibungs- und Verbrennungswärme abzuführen. Dabei kann das Öl so heiß werden, daß seine Schmierfähigkeit beeinträchtigt wird. Das Öl muß gekühlt werden. Bei den meisten Motoren reicht die Kühlung in der Ölwanne durch den Fahrtwind aus. Hochbelastete Motoren erfordern spezielle Ölkühler im Schmierkreislauf.

Solange das Öl kalt und zäh ist, verschließt ein Thermostatventil den Zufluß zum Ölkühler. Erst mit zunehmender Temperatur öffnet das Ventil. Die Ölpumpe kann nun das Öl von der Ölwanne zum Ölkühler fördern.

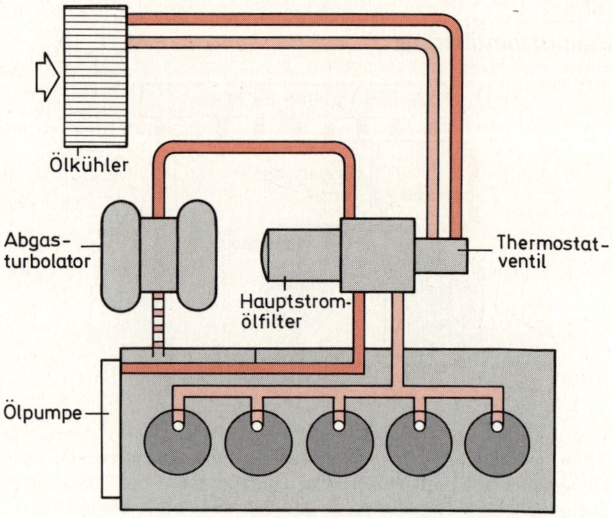

ZUSAMMENFASSUNG Motorschmierung

Reibung im Motor – Gleitreibung

trockene Reibung

metallische Berührung der aufeinander gleitenden Flächen

entsteht zu Beginn einer Bewegung

hoher Verschleiß
hoher Kraftverlust

Mischreibung

teilweise trockene, teilweise flüssige Reibung

entsteht bei sehr geringen Gleitgeschwindigkeiten

Verschleiß
Kraftverlust

flüssige Reibung

Ein Ölfilm trennt die aufeinander gleitenden Flächen.

geringer Verschleiß
geringer Kraftverlust

**Schmieröl = Mineralöl
Einteilung nach**

SAE-Klassen

Unterscheidungsmerkmal:
Viskosität = Zähflüssigkeit des Öles

SAE 10:	Winteröl
SAE 30:	Sommeröl
SAE 10 W/30:	Mehrbereichsöl
SAE 80:	Getriebeöl

HD-Öle

Ölzusätze (Additive) verbessern die Schmieröleigenschaften, z.B. geringere Temperaturabhängigkeit, bessere Schmierfilmfestigkeit, geringe Schaumbildung, Verunreinigungen in Schwebe halten

API-Klassifikation

Unterscheidungsmerkmal:
Leistungsvermögen

SD, SC } Ottomotor
CC, CD } Dieselmotor

Schmiersysteme

Druckumlaufschmierung

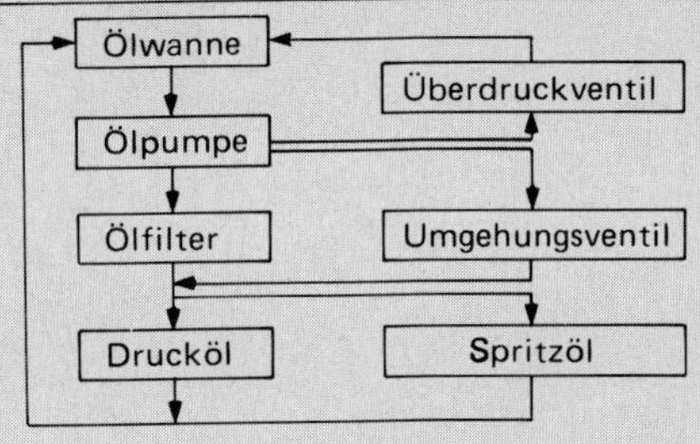

Trockensumpfschmierung

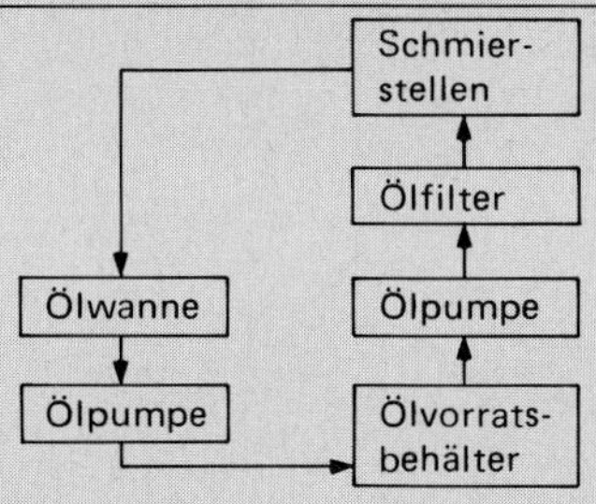

Mischungsschmierung

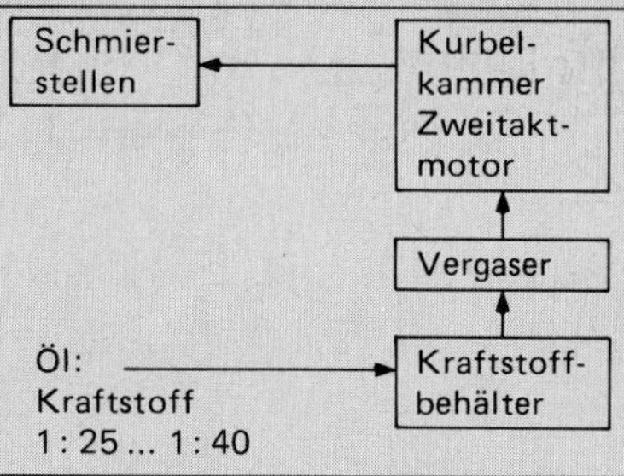

Luftgekühlter Ölkühler

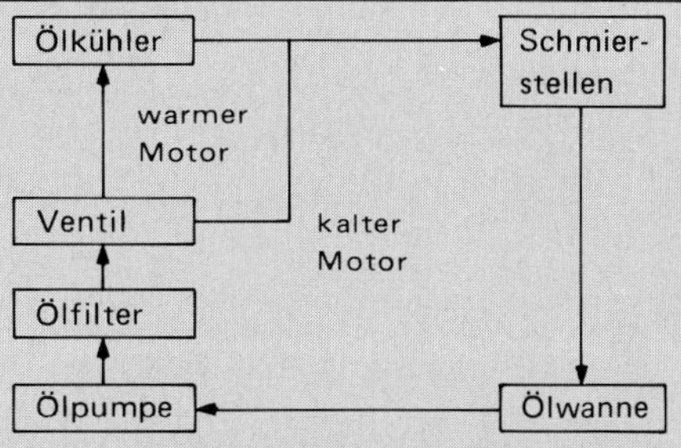

Einbau der Ölfilter

Hauptstrom

Das Ölfilter liegt im Hauptstrom. Die gesamte Fördermenge wird durch den Ölfilter gepreßt.

Vollfilterung = Grobfilterung

Nebenstom

Das Ölfilter liegt im Nebenstrom, d.h. parallel zum Hauptstrom. 5 ... 10 % der Gesamtölmenge fließt zum Ölfilter, der Rest zu den Schmierstellen.

Teilfilterung = Feinfilterung

ANALYSE Ausgeführte Schmiersysteme

1. Vergleichen Sie die Motorschmierung eines Motors aus dem Jahre 1912 mit einer modernen Motorschmierung aus dem Jahre 1985.
2. Geben Sie den Weg des Schmieröls durch die Schmieranlage an.

Motorschmierung 1912

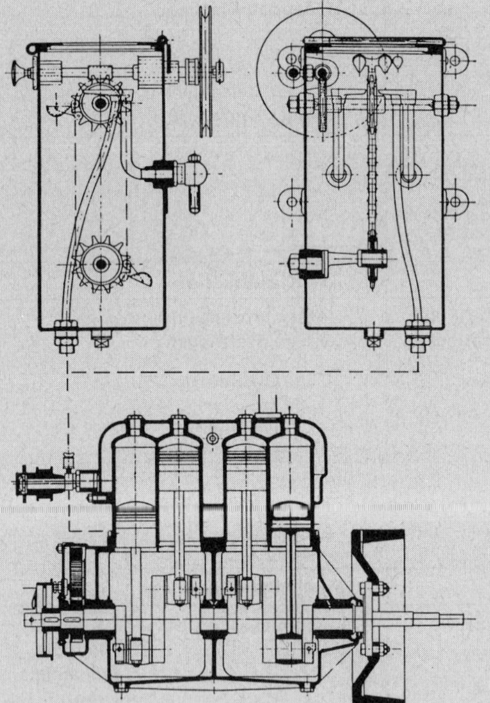

Motorschmierung 1985

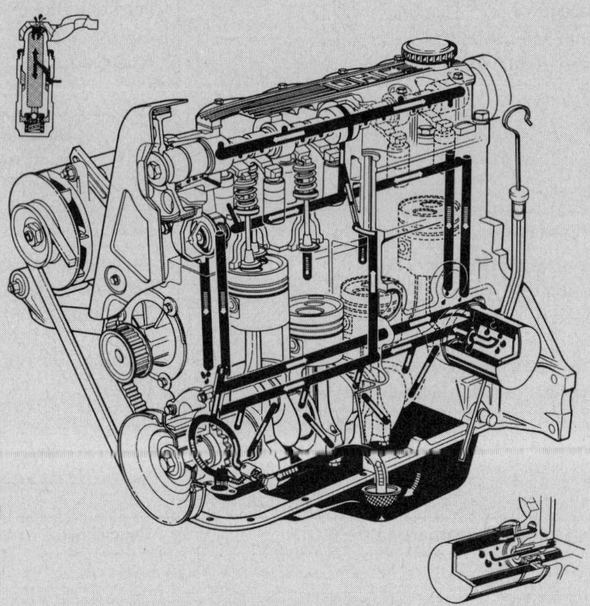

Ölkreislauf eines Turbo-Diesel-Motors

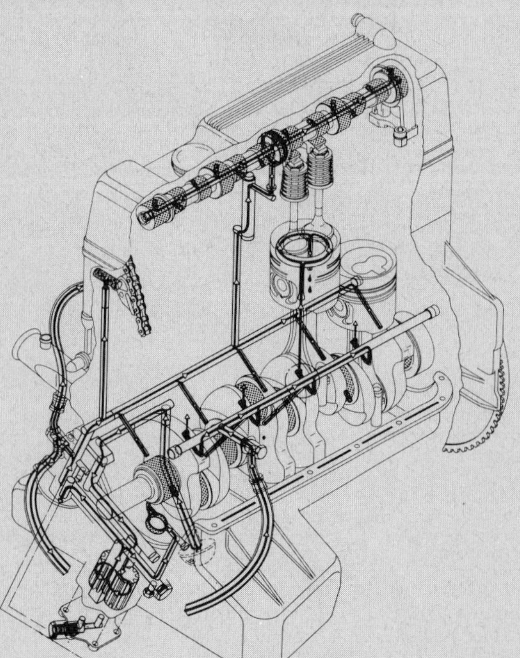

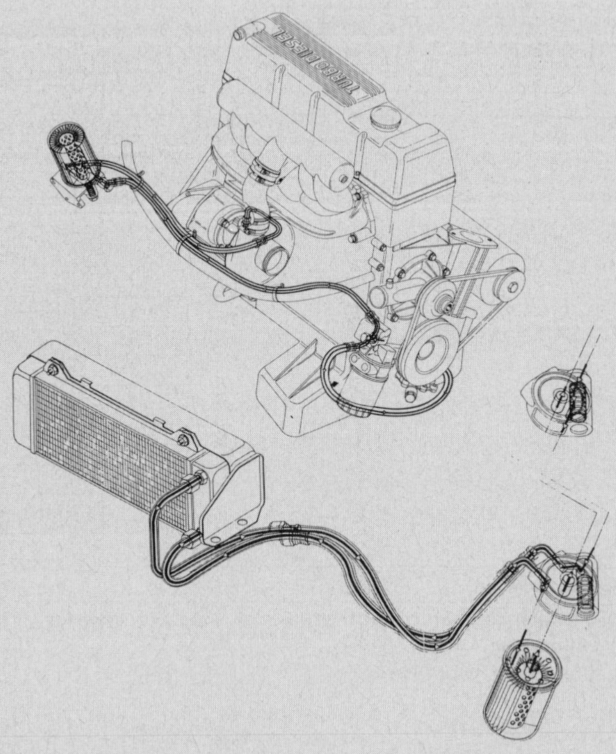

ARBEITSPLANUNG Motorschmierung

Entwickeln Sie den Arbeitsplan für die dargestellten Prüf- und Instandsetzungsarbeiten, indem Sie

- die Reihenfolge der Prüf- und Instandsetzungsarbeiten,
- die Auswahl der Prüfmittel bzw. Werkzeuge,
- die erforderlichen Ersatzteile bzw. Werkstoffe,
- die zu beachtenden Prüf- bzw. Arbeitsregeln,
- die Auswertung der Prüfergebnisse

angeben und begründen.

Öldruck prüfen

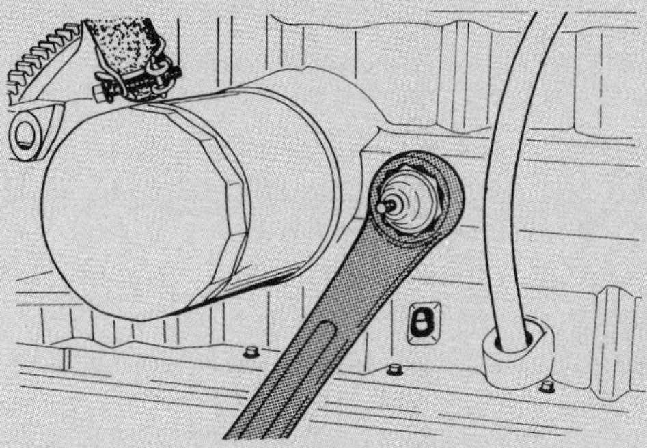

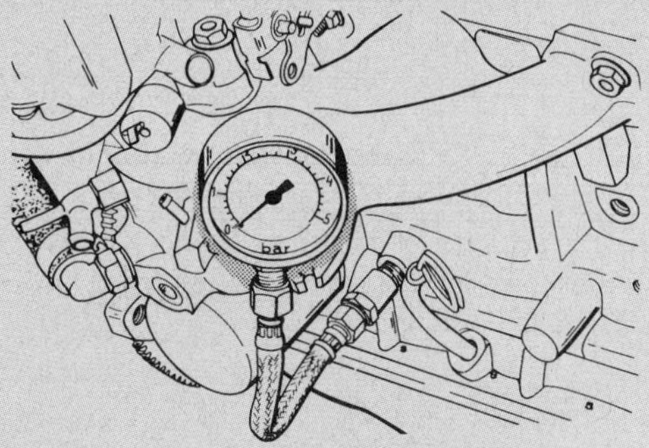

Filter wechseln

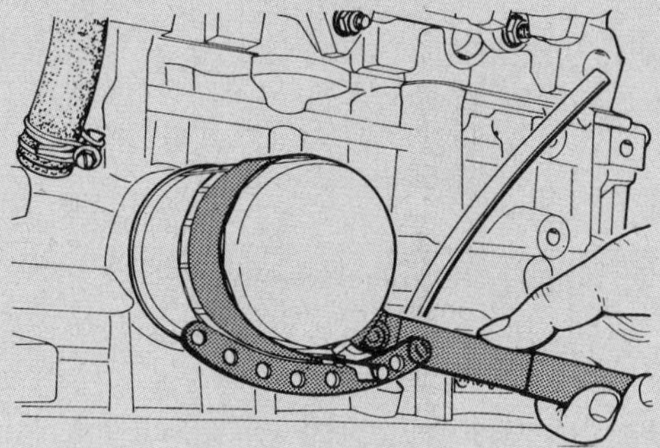

Ölpumpe zerlegen und zusammenbauen

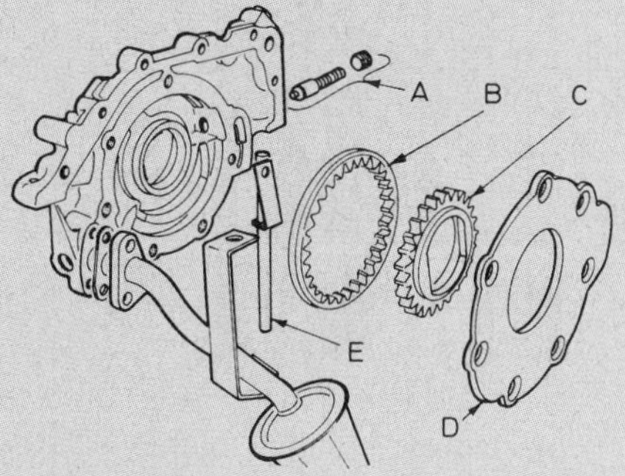

Axialspiel der Ölpumpe prüfen

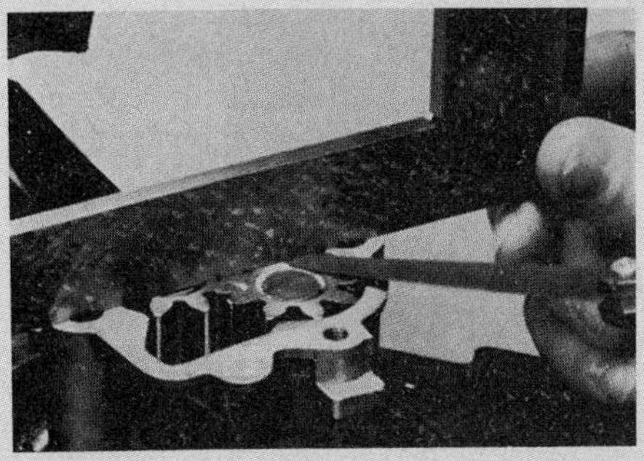

Flankenspiel der Ölpumpe prüfen

Ölstand prüfen

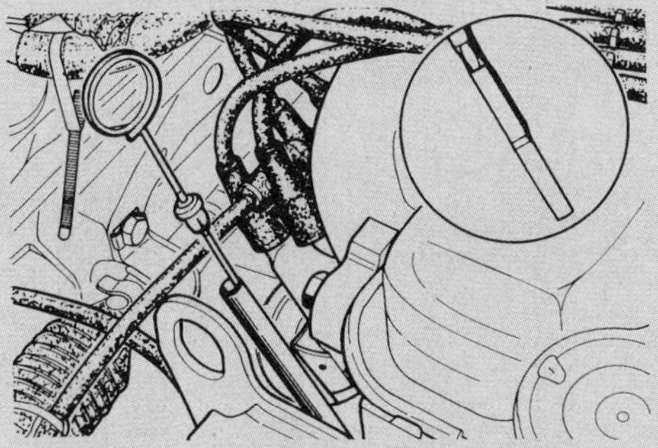

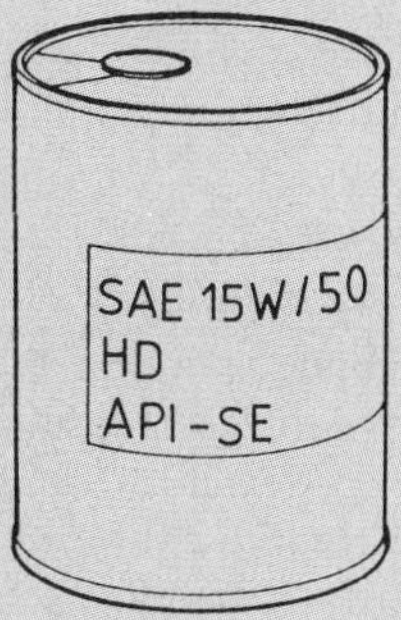

1.7 Motorkühlung

1.7.1 Außen- und Innenkühlung

Der Kühlmitteltemperaturanzeiger bewegt sich nach kurzer Fahrzeit im Warnbereich und zeigt an, daß der Motor zu heiß ist. Ein verschmutzter Kühler und zu wenig Kühlflüssigkeit scheiden nach erster Inspektion als Ursache aus.

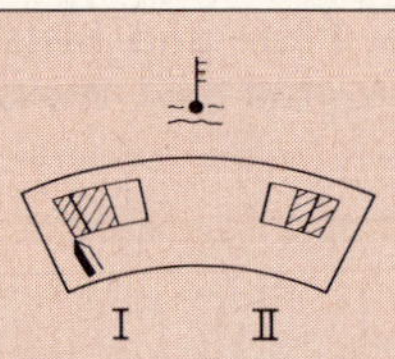

Die Motorkühlung soll die Betriebstemperatur in dem vorgesehenen Temperaturbereich halten, damit

- die Wärmebelastung der Motorteile wie Kolben, Zylinder, Zylinderkopf in Grenzen gehalten wird und keine Werkstoffschäden entstehen;
- das Schmieröl nicht an den heißen Motorteilen verdampft oder verbrennt und durch zu hohe Temperaturen seine Schmierfähigkeit verliert;
- der Kraftstoff sich nicht an den heißen Teilen selbst entzündet.

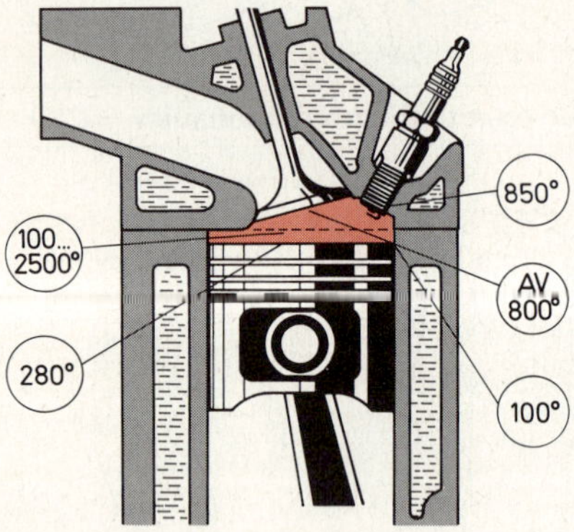

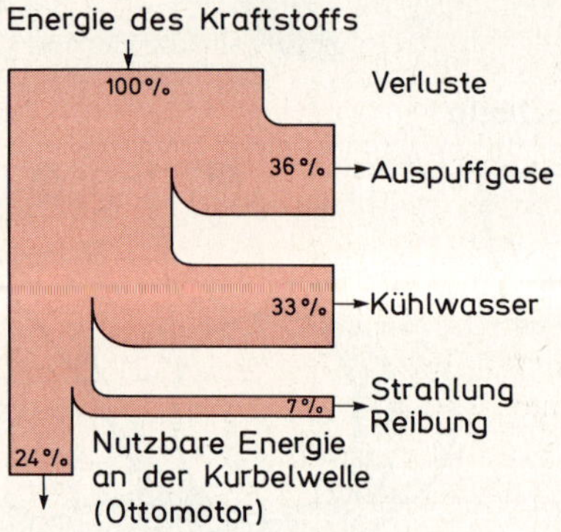

Damit die Betriebsfähigkeit erhalten bleibt, müssen rund 30 % der Verbrennungswärme abgeführt werden. Sie wird zum überwiegenden Teil durch Außenkühlung, zum kleineren Teil durch Innenkühlung entzogen.

Außenkühlung	Innenkühlung
Bei der Außenkühlung wird die überschüssige Wärme an die Umgebungsluft abgeführt. Die Außenkühlung erfolgt entweder durch Luft- oder Wasserkühlung.	Der Kraftstoff benötigt beim Übergang vom flüssigen in den gasförmigen Zustand Wärme (Verdampfungswärme). Sie wird den Zylinderwänden entzogen.

1.7.2 Wasserkühlung

Die Wasserkühlung ist eine indirekte Kühlung, d.h. die Verbrennungswärme des Motors wird vom Kühlwasser aufgenommen und im Kühler an die Kühlluft abgegeben.

Zylinder und Zylinderkopf sind doppelwandig ausgeführt. Der Hohlraum wird vom Kühlwasser durchströmt.

1.7.2.1 Wärmeumlaufkühlung

Die Wärmeumlaufkühlung arbeitet ohne Wasserpumpe und beruht auf dem Dichteunterschied von kaltem und warmem Wasser:

Wasser von 20 °C: 0,9982 kg/dm^3
Wasser von 80 °C: 0,9718 kg/dm^3

Warmes Wasser ist leichter als kaltes Wasser. Der Dichteunterschied bewirkt in dem geschlossenen Kühlsystem – Motor und Kühler – eine Zirkulation des Wassers. Das Kühlwasser steigt bei Erwärmung im Motorblock nach oben und strömt zum oberen Wasserkasten des Kühlers. Im Kühler gibt das Wasser seine Wärme an die Kühlluft ab. Das Wasser sinkt in den unteren Wasserkasten des Kühlers ab und fließt dann zum Motorblock zurück.

Die Zirkulation ist nur dann möglich, wenn das System vollständig gefüllt ist. Die Kühlwirkung ist gering, da das Wasser nur langsam umläuft. Die Wärmeumlaufkühlung ist daher im Kfz nicht üblich.

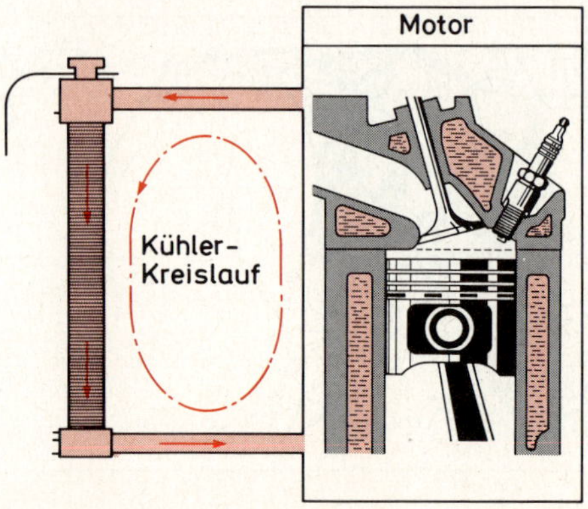

1.7.2.2 Pumpenumlaufkühlung

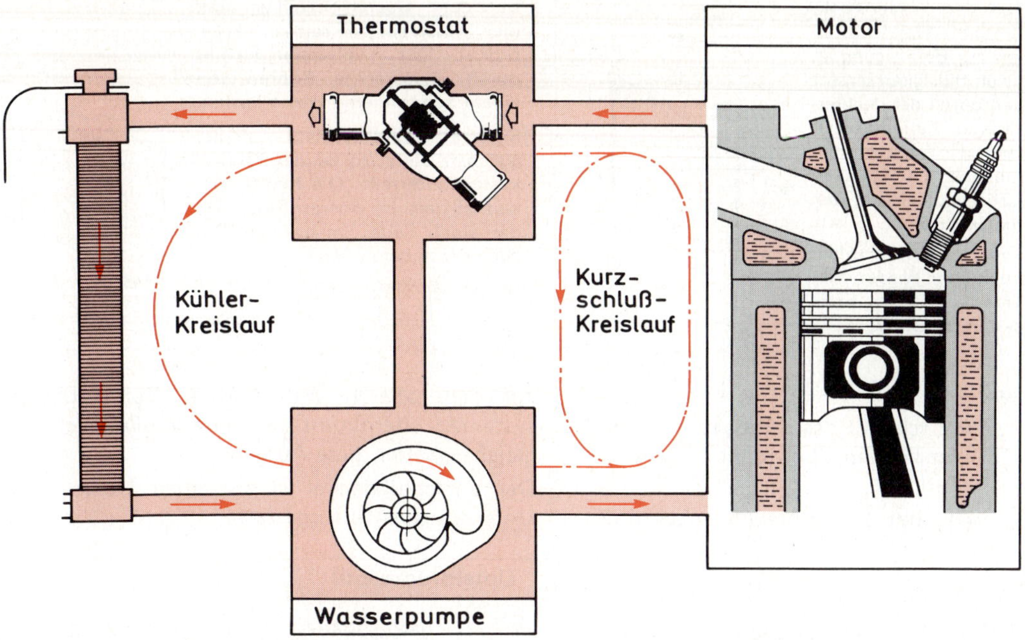

Zylinder und Zylinderkopf sind doppelwandig ausgeführt. Der Hohlraum wird vom Kühlwasser durchströmt.

Das Kühlwasser steigt bei Erwärmung im Motor nach oben, da es eine geringere Dichte (= leichter) als kaltes Wasser hat. Es strömt in den oberen Wasserkasten des Kühlers. Im Kühler gibt es seine Wärme an die Kühlluft ab. Da das kühlere Wasser schwerer ist, sinkt es in den unteren Wasserkasten des Kühlers ab. Die Wasserpumpe saugt das Wasser aus dem unteren Wasserkasten des Kühlers an und fördert es zum Motor.

In die obere Kühlwasserleitung zwischen Motorblock und dem oberen Wasserkasten ist ein Thermostat-Ventil eingebaut. Von ihm zweigt eine Kurzschlußleitung direkt zur Wasserpumpe ab.

Kurzschlußkreislauf: **Motor — Wasserpumpe — Motor**	**Kühlerkreislauf:** **Motor-Kühler-Wasserpumpe-Motor**
Solange der Motor seine Betriebstemperatur von 80 °C nicht erreicht hat, versperrt das thermostatisch gesteuerte Ventil den Weg zum Kühler. Das Kühlwasser strömt vom Motor direkt zur Wasserpumpe und von hier wieder zum Motor. Das Wasser wird nicht gekühlt und erreicht schnell seine Betriebstemperatur.	Bei Temperaturen über 80 °C öffnet das Ventil langsam den Kühlerkreislauf und schließt den Kurzschlußkreislauf. Bei 90 °C ist das Ventil vollständig geöffnet. Das Kühlwasser fließt nun über den Kühler.

1.7.2.3 Bauteile der Kühlanlage

Kühler

Der heute übliche Wasserröhren-Kühler besitzt dünnwandige Metallröhren aus Messing, die die Wasserkästen verbinden. Durch diese Röhren fließt die Kühlflüssigkeit. Um die Kühlfläche zu vergrößern, befinden sich zwischen den Röhren Kühlrippen aus Kupfer- oder Aluminiumblechen.

Kühlflüssigkeit

Das Kühlwasser soll möglichst kalkfrei sein. Bei höheren Temperaturen scheidet der Kalk aus dem Wasser aus und setzt sich in den Flachrohren ab. Der Kalk vermindert die Wärmeleitfähigkeit und verstopft im Laufe der Zeit die Rohre. Dem Kühlwasser wird Frostschutzmittel, das auch Korrosionsschutz beinhaltet, zugesetzt.

Wasserpumpe

Die Wasserpumpe ist eine Kreiselpumpe. Sie wird über einen Keilriemen von der Kurbelwelle angetrieben. Bei anderen Anlagen erfolgt der Antrieb über Zahnriemen von der Nockenwelle.

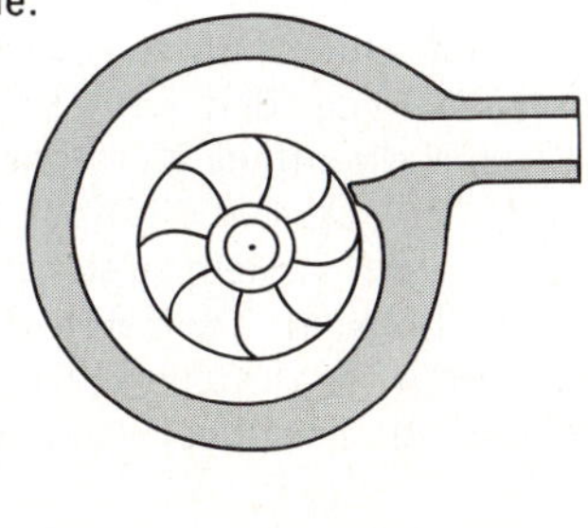

Kühler

Der Kühler besteht aus dem Kühlerblock, dem oberen und unteren Wasserkasten und den Seitenteilen zur Befestigung an der Karosserie. Die Kühlflüssigkeit strömt von oben nach unten durch den Kühler. Am oberen Wasserkasten befinden sich der Einlaufstutzen und der Wassereinfüllstutzen mit dem Kühlerverschlußdeckel. Der Kühlwasseraustrittsstutzen ist am unteren Wasserkasten angeordnet.

Ein Überlaufrohr ragt in den Einfüllstutzen. Bei Überdruck kann Wasser oder Dampf durch das Überlaufrohr ins Freie entweichen (offenes Kühlsystem).

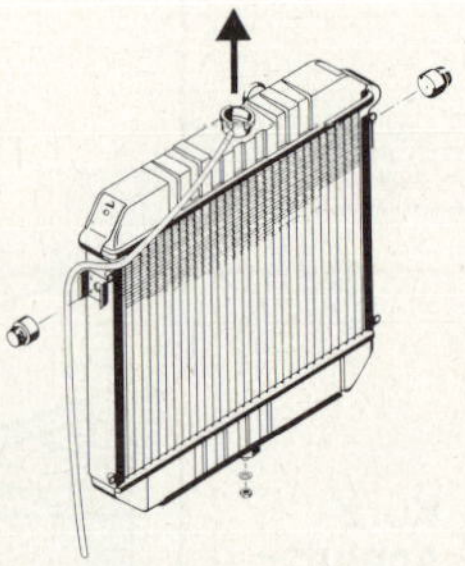

Querstromkühler

Bei dem Querstromkühler sind die Wasserkästen seitlich angeordnet. Das Kühlwasser strömt durch waagerechte Röhren von einem zum anderen Wasserkasten.

Sind Ein- und Auslauf auf der gleichen Seite, so ist der Wasserkasten unterteilt. Die Kühlflüssigkeit strömt im oberen Teil nach der einen Seite, im unteren Teil nach der anderen Seite.

⊕ geringe Einbauhöhe

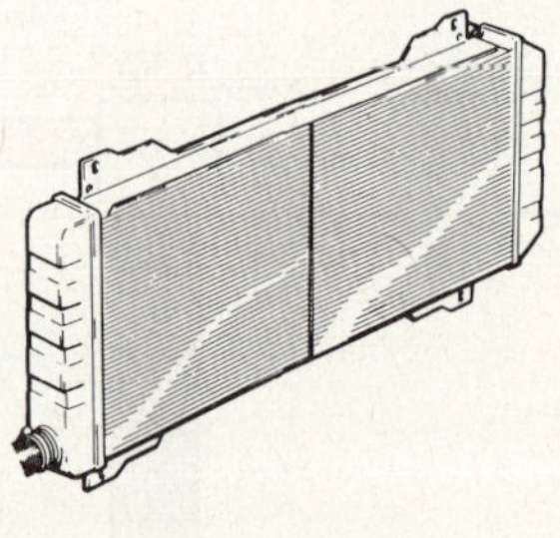

Kühlerverschlußdeckel

Der Kühlerverschlußdeckel schließt das Kühlsystem ab und öffnet, wenn in der Kühlanlage ein Über- oder Unterdruck entsteht.

Beim offenen Kühlsystem sitzt der Verschlußdeckel direkt auf dem oberen Wasserkasten. Bei geschlossenen Kühlsystemen übernimmt der Verschlußdeckel auf dem Ausgleichsbehälter diese Aufgabe.

Der Verschlußdeckel ist mit einem Überdruck- und einem Unterdruckventil ausgestattet.

Überdruckventil

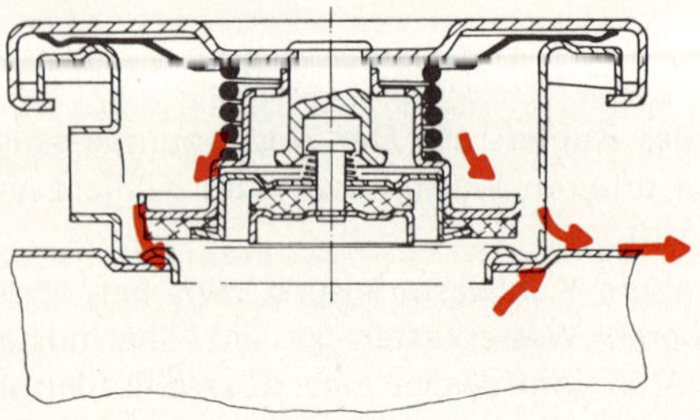

Das Überdruckventil hält einen Überdruck von 0,8 bar im Kühlsystem. Die Siedetemperatur der Kühlflüssigkeit wird auf 104 ... 108 °C erhöht. Die Kühlwirkung wird damit verbessert. Bei höherem Druck öffnet das Ventil und läßt den Überdruck ins Freie entweichen.

Unterdruckventil

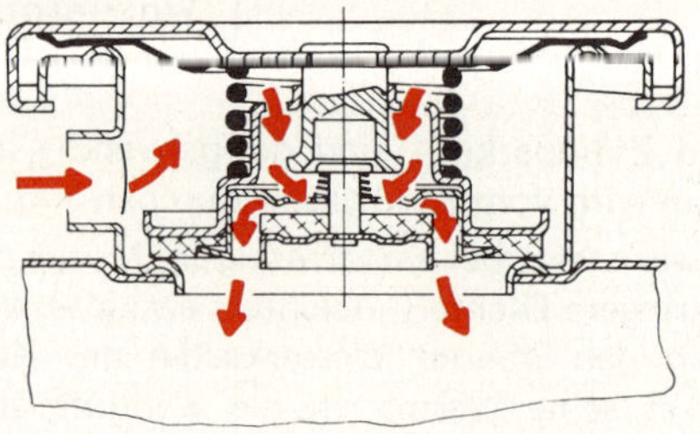

Beim Abkühlen des Wassers entsteht Unterdruck im Kühlsystem. Das Unterdruckventil öffnet und läßt Luft von außen einströmen. Damit wird vermieden, daß sich die Kühlmittelschläuche zusammenziehen.

Thermostat als Kurzschlußregler

Der Kühlwasserthermostat besteht aus dem Dehnstoffelement und einem Doppelventil. Das Dehnstoffelement steuert das Doppelventil.

Das Dehnstoffelement besteht aus einer Metalldose, die mit Wachs als Dehnstoff gefüllt ist. In die Wachsfüllung ist eine Gummimembran mit einem Arbeitskolben eingebettet.

Bei der Erwärmung über 80 °C schmilzt die Wachsfüllung. Durch die Volumenzunahme des Wachses verschiebt sich die Metalldose auf dem Arbeitskolben. Bei Temperaturabnahme erstarrt die Wachsfüllung. Eine Rückstellfeder drückt die Metalldose in die Ausgangsstellung zurück.

Bei Kühlwassertemperaturen unter 80 °C schließt der Thermostat durch die Feder den Zufluß zum Kühler. Das Kühlwasser fließt über die offene Kurzschlußleitung direkt zum Motor zurück. Bei ca. 80 °C öffnet der Thermostat den Kühlerkreislauf und schließt gleichzeitig den Kurzschlußkreislauf. Bei höheren Temperaturen (über 90 °C) öffnet der Thermostat den Kühlerkreis vollständig und schließt den Kurzschlußkreislauf vollkommen ab.

Dehnstoff-Thermostat mit Doppelventil

t < 80 °C	t > 80 °C

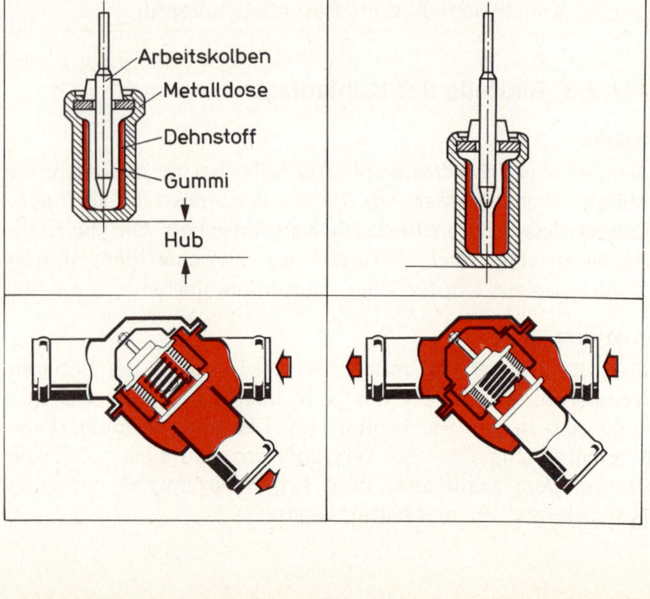

Lüfter

Der Lüfter sorgt für eine ausreichende Kühlluftmenge, wenn das Fahrzeug steht und der Motor läuft bzw. wenn die Fahrgeschwindigkeit sehr gering ist.

Zuschaltbare Lüfter

Der Lüfter wird nur dann zugeschaltet, wenn die Betriebstemperatur überschritten wird.

⊕ schnelleres Erreichen der Betriebstemperatur
⊕ Leistungsgewinn bzw. Kraftstoffersparnis

Elektrisch angetriebener Lüfter

Der Elektromotor treibt den Lüfter direkt an. Ein im Kühlwasser angeordneter Thermostat steuert das Ein- und Ausschalten des Elektromotors.

⊕ kein zusätzlicher Keilriementrieb
⊕ Einbau des Kühlers unabhängig vom Motor
⊖ begrenzte Leistung des E-Motors

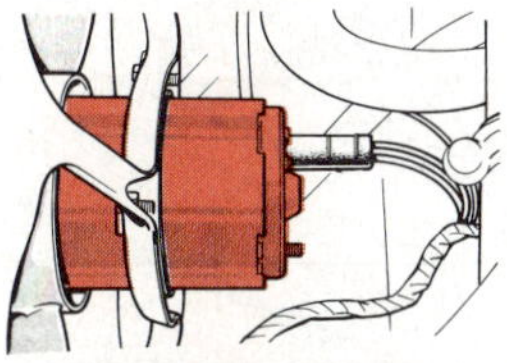

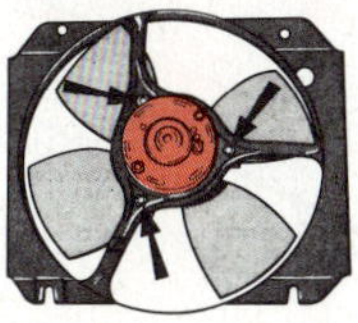

Elektromagnetische Lüfterkupplung

Der Lüfterflügel bewegt sich frei auf der Wasserpumpenwelle. Der Elektromagnet befindet sich auf der angetriebenen Keilriemenscheibe, der Magnetanker ist mit dem Lüfter verbunden. Die Stromzufuhr steuert ein im Kühlwasser sitzender Thermostat.

⊖ starke Beanspruchung des Keilriemens beim Einschalten

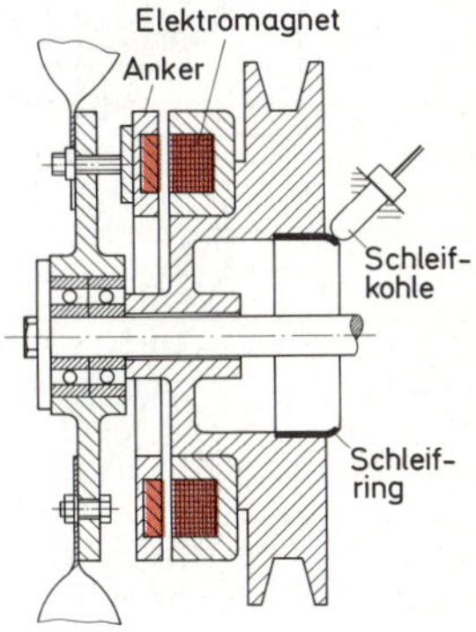

Drehzahlbegrenzter Lüfterantrieb

Die Kupplung überträgt das Drehmoment bis zu einer bestimmten Drehzahl ohne Schlupf. Bei höherer Drehzahl des Motors nimmt die Drehzahl des Lüfters ab, wobei eine bestimmte Höchstdrehzahl des Lüfters nicht überschritten wird.

⊕ geringere Lüftergeräusche ⊕ Leistungsgewinn im oberen Motordrehzahlbereich

Magnetkupplung

Der Lüfter bewegt sich frei auf der Antriebswelle, der Rotor ist fest mit ihr verbunden. Auf dem Lüfterflansch ist ein Dauermagnet angeordnet. Durch das magnetische Kraftfeld zwischen Lüftermagnet und Rotor ist der Lüfter mit der Antriebswelle verbunden.

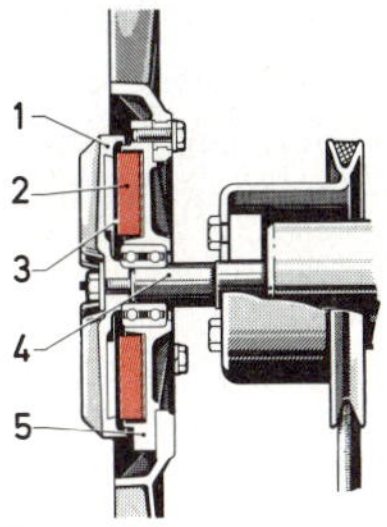

1 Rotor
2 Magnet
3 Luftspalt
4 Antriebswelle
5 Lüfterflansch

Hydraulische Lüfterkupplung

Die Lüfterkupplung ist mit einer konstanten Menge Öl gefüllt. Im Öl läuft die Antriebsscheibe um, die starr mit der Keilriemenscheibe verbunden ist. Der Lüfter wird aufgrund der inneren Reibung des Öls und dessen Haftung an den Wänden mitgenommen.

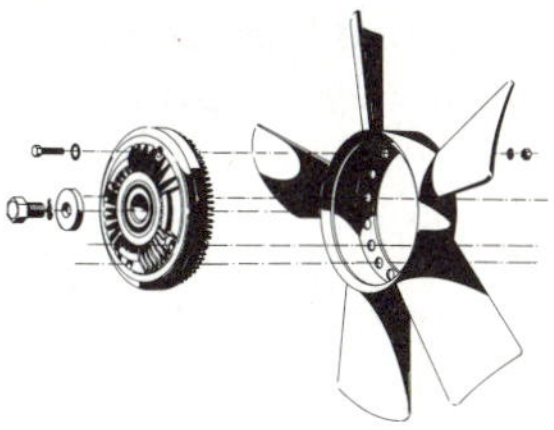

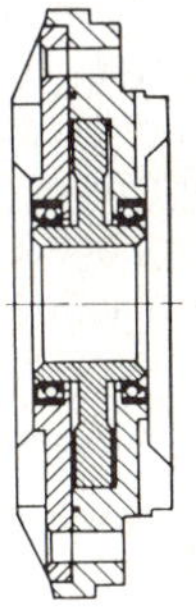

Thermostatisch geregelte Lüfterkupplung (Visco-Lüfterkupplung)

Der mit Silikonöl gefüllte Kupplungsinnenraum ist durch eine Zwischenscheibe in einen Vorrats- und Arbeitsraum unterteilt. Im Arbeitsraum läuft die Antriebsscheibe um, die starr mit der Keilriemenscheibe verbunden ist. Ein Bimetall, das von der aus dem Kühler austretenden Luft beaufschlagt wird, steuert über einen Ventilhebel den Zufluß des Silikonöls vom Vorrats- in den Arbeitsraum. Ein an der Zwischenscheibe angebrachter Pumpenkörper sorgt für eine Zirkulation des Öls vom Arbeitsraum zum Vorratsraum. Je nach Bimetalltemperatur und Ölfüllung im Arbeitsraum stellen sich unterschiedliche Lüfterdrehzahlen ein.

Bei gelöster Kupplung beträgt die Mindestdrehzahl noch etwa 25 % der Antriebsdrehzahl.

Kupplung voll zugeschaltet

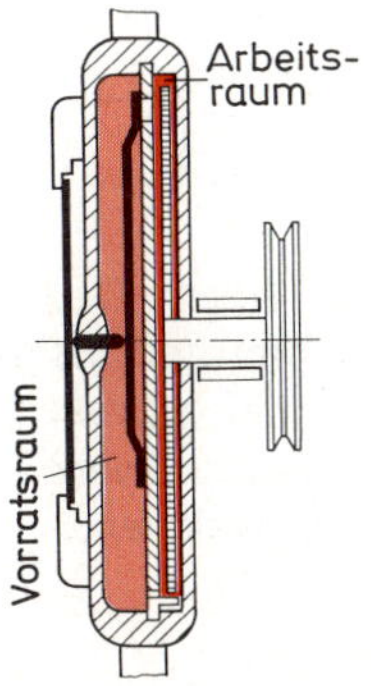

Kupplung abgeschaltet

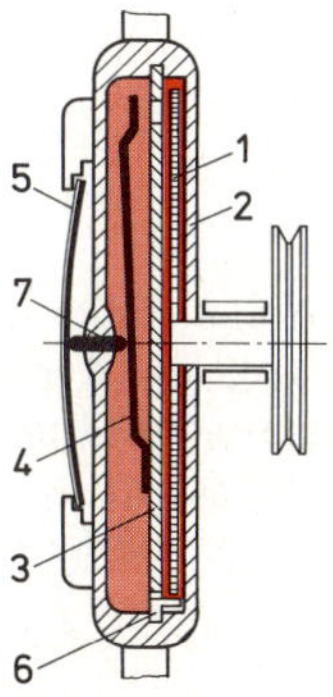

1 Antriebsscheibe
2 Deckel
3 Zwischenscheibe
4 Ventilhebel
5 Bimetall
6 Pumpkörper
7 Schaltstift

1.7.2.4 Pumpenumlaufkühlung mit geschlossenem Kreislauf

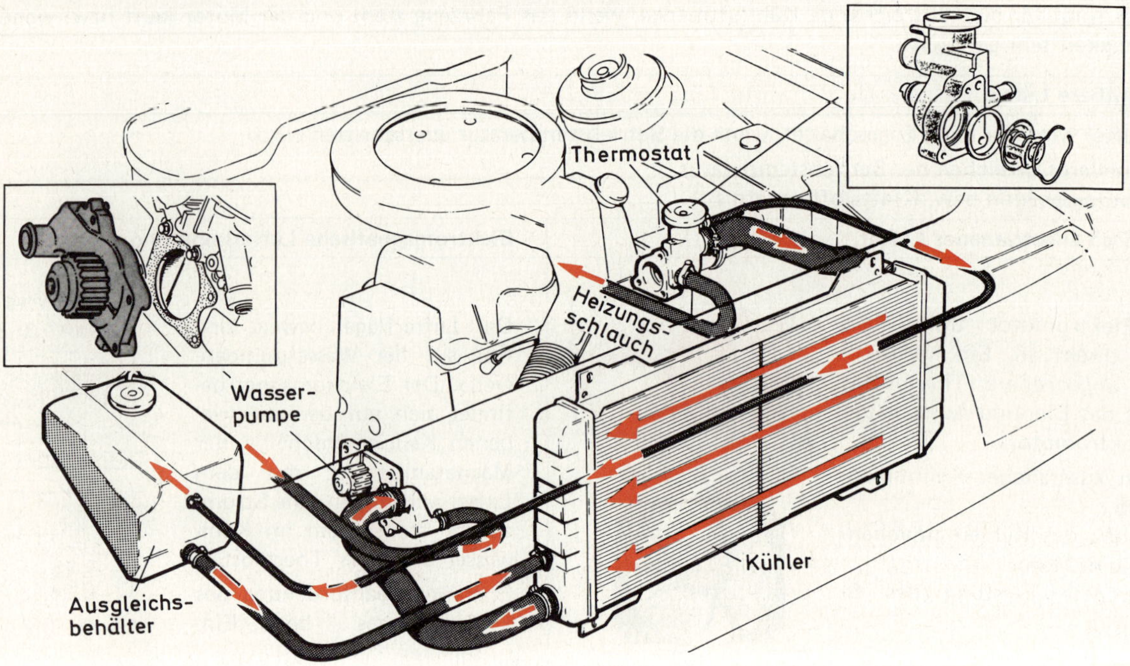

Das Kühlsystem besteht im wesentlichen aus dem Querstromkühler, der Wasserpumpe, dem Thermostatventil und einem elektrisch betriebenen Lüfter. Zusätzlich besitzt das System einen Überdruck-Ausgleichsbehälter. Die Wasserpumpe wird in obigem Beispiel über Zahnriemen von der Nockenwelle angetrieben.

Solange der Motor die Betriebstemperatur nicht erreicht hat, ist das Thermostatventil geschlossen. Das Kühlwasser zirkuliert innerhalb des Zylinderblockes, Zylinderkopfes, Ansaugkrümmers und Heizung. Das Kühlwasser erwärmt sich schnell auf Betriebstemperatur.

Bei normaler Betriebstemperatur des Motors fließt die Kühlflüssigkeit vom Motor – Thermostatgehäuse – Querstromkühler – Wasserpumpe – Motor. Im Kühler strömt die Kühlflüssigkeit von einer Seite zur anderen quer nach unten. Sie wird durch die Luft, die durch die Kühlrippen strömt, abgekühlt.

Ein Teil der Kühlflüssigkeit fließt durch einen kleinen Schlauch vom Thermostatgehäuse zum Ausgleichsbehälter und von hier zurück zum Kühler.

Ausgleichsbehälter

Hohe Kühlmitteltemperatur

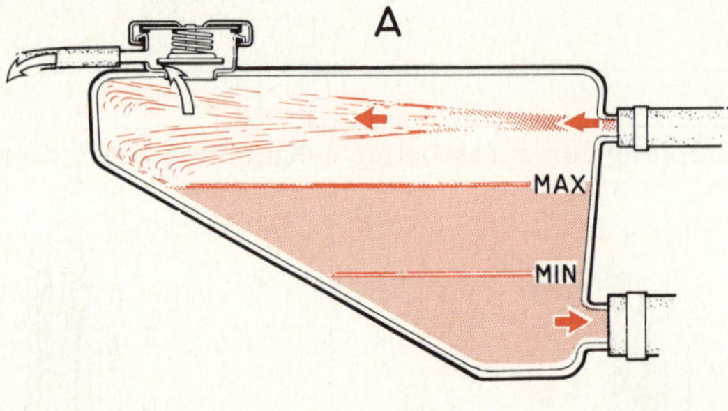

Hohe Kühlmitteltemperatur führt zu einem Druckanstieg im Kühlsystem, da sich die Kühlmittelflüssigkeit ausdehnt. Kühlmittel wird in den Behälter gepreßt. Der Druck im Behälter steigt an. Das Überdruckventil im Verschlußdeckel öffnet und läßt Luft entweichen.

Normalisierung der Kühlmitteltemperatur

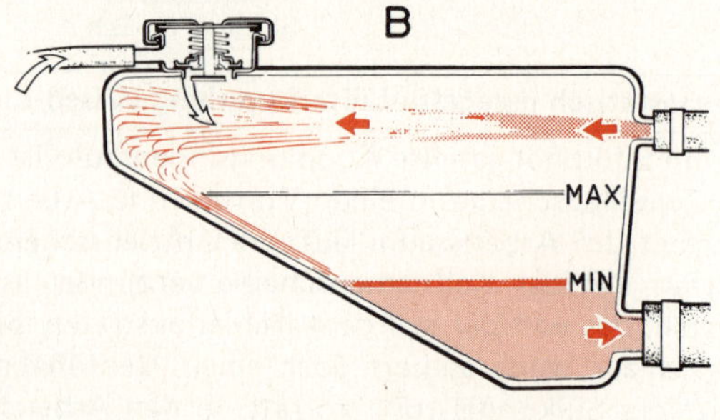

Bei Normalisierung der Kühlmitteltemperatur entsteht ein Unterdruck im Kühlsystem. Kühlmittel wird aus dem Behälter abgesaugt. Hierdurch entsteht im Behälter ebenfalls ein Unterdruck. Als Folge öffnet das Unterdruckausgleichs-Ventil im Verschlußdeckel des Behälters. Luft strömt in den Behälter, bis Druckausgleich erreicht ist.

1.7.3 Luftkühlung

Fahrtwindkühlung

Zylinder und Zylinderkopf sind zur Vergrößerung der wärmeabgebenden Oberfläche mit Kühlrippen versehen. Der Fahrtwind umströmt Zylinder und Kurbelgehäuse und nimmt die Wärme unmittelbar auf.

⊕ einfacher Aufbau
⊕ betriebssicher und wartungsfrei
⊕ Einzelzylinder, gute Austauschbarkeit
⊕ geringer Platzbedarf
⊖ Kühlung von der Fahrtgeschwindigkeit abhängig
⊖ lauter Motorlauf

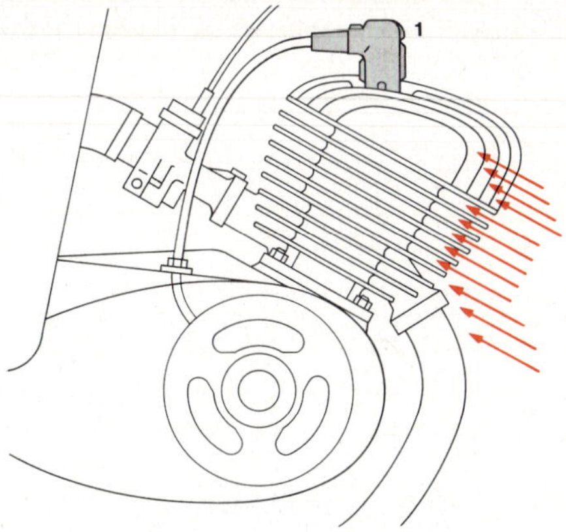

Gebläseluftkühlung

Pkw-Motor

Der kühlende Luftstrom wird durch ein Gebläse erzeugt. Das Gebläse saugt die Luft axial an und fördert sie radial nach außen. Luftleitbleche lenken die Luft zu den einzelnen Zylindern. Ein Thermostat regelt über einen Drosselring die Luftzufuhr.

⊕ geringes Leistungsgewicht
⊕ betriebssicher und wartungsfrei
⊕ schnelles Erreichen der Betriebstemperatur
⊕ kein Einfrieren
⊖ lauter Motorlauf
⊖ hoher Leistungsbedarf durch das Gebläse
⊖ größere Kolbenspiele

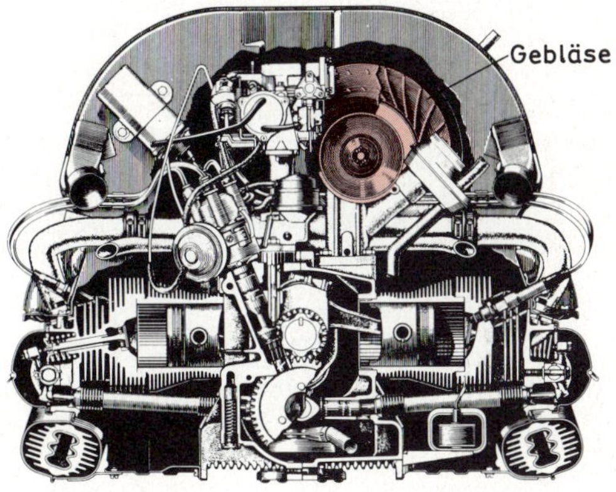

Luftgekühler Lkw-Motor

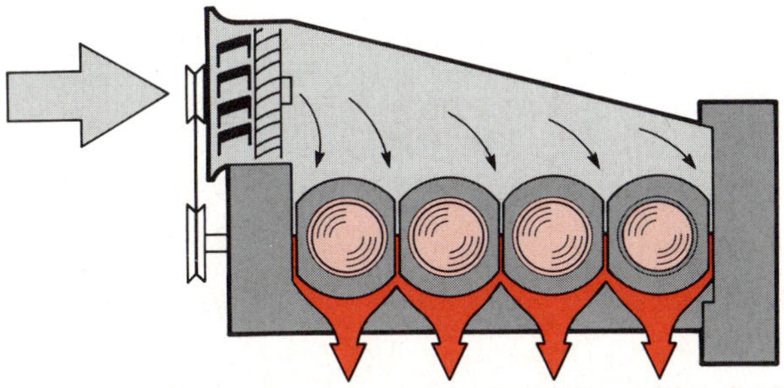

ZUSAMMENFASSUNG Kühlung

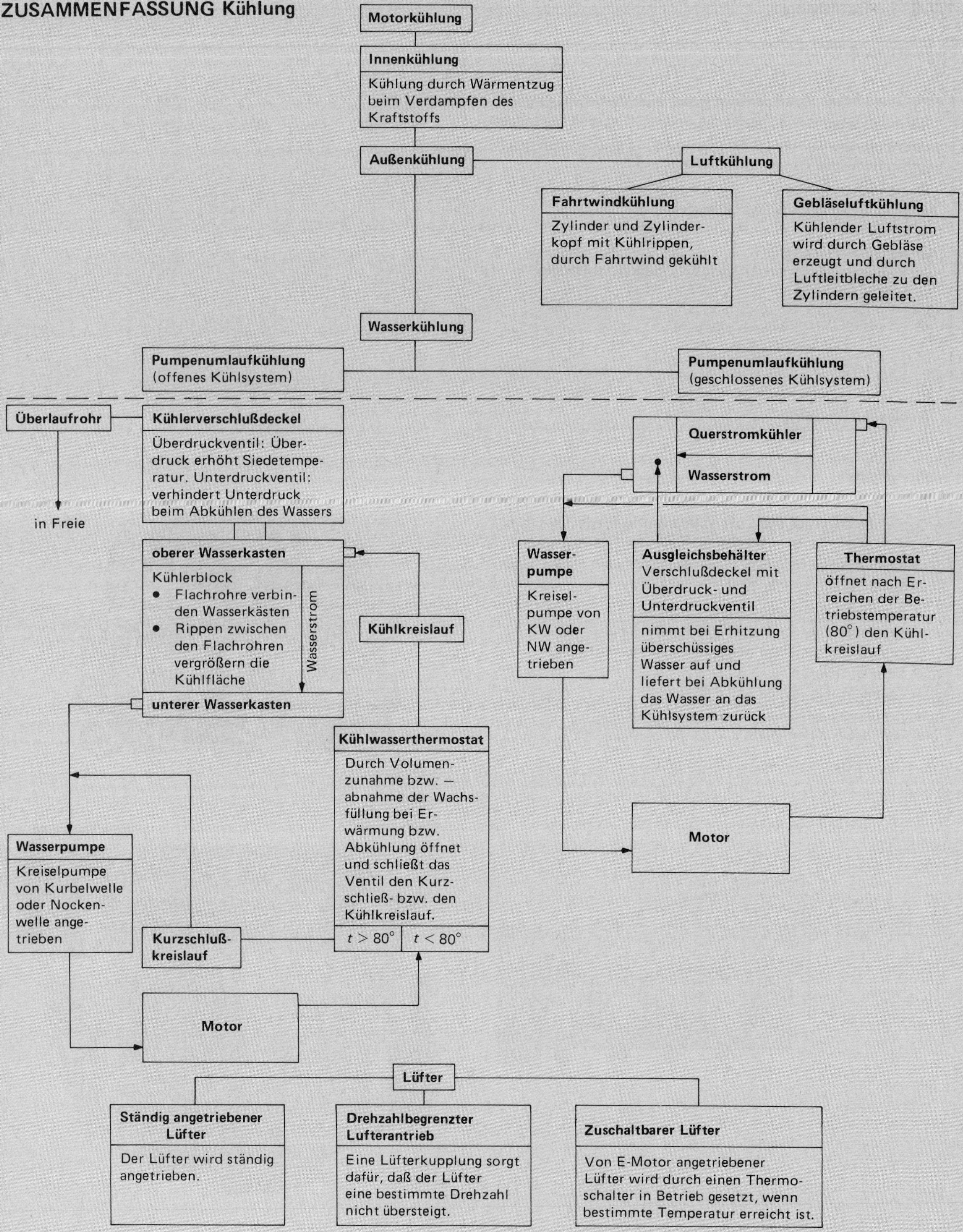

ANALYSE Ausgeführte Kühlsysteme

1. Beschreiben Sie die Aufgaben der Bauelemente.
2. Erklären Sie die Wirkungsweise der Gesamtanlage.
3. Vergleichen Sie die Kühlsysteme von 1912 und 1980 und arbeiten Sie die Unterschiede heraus.

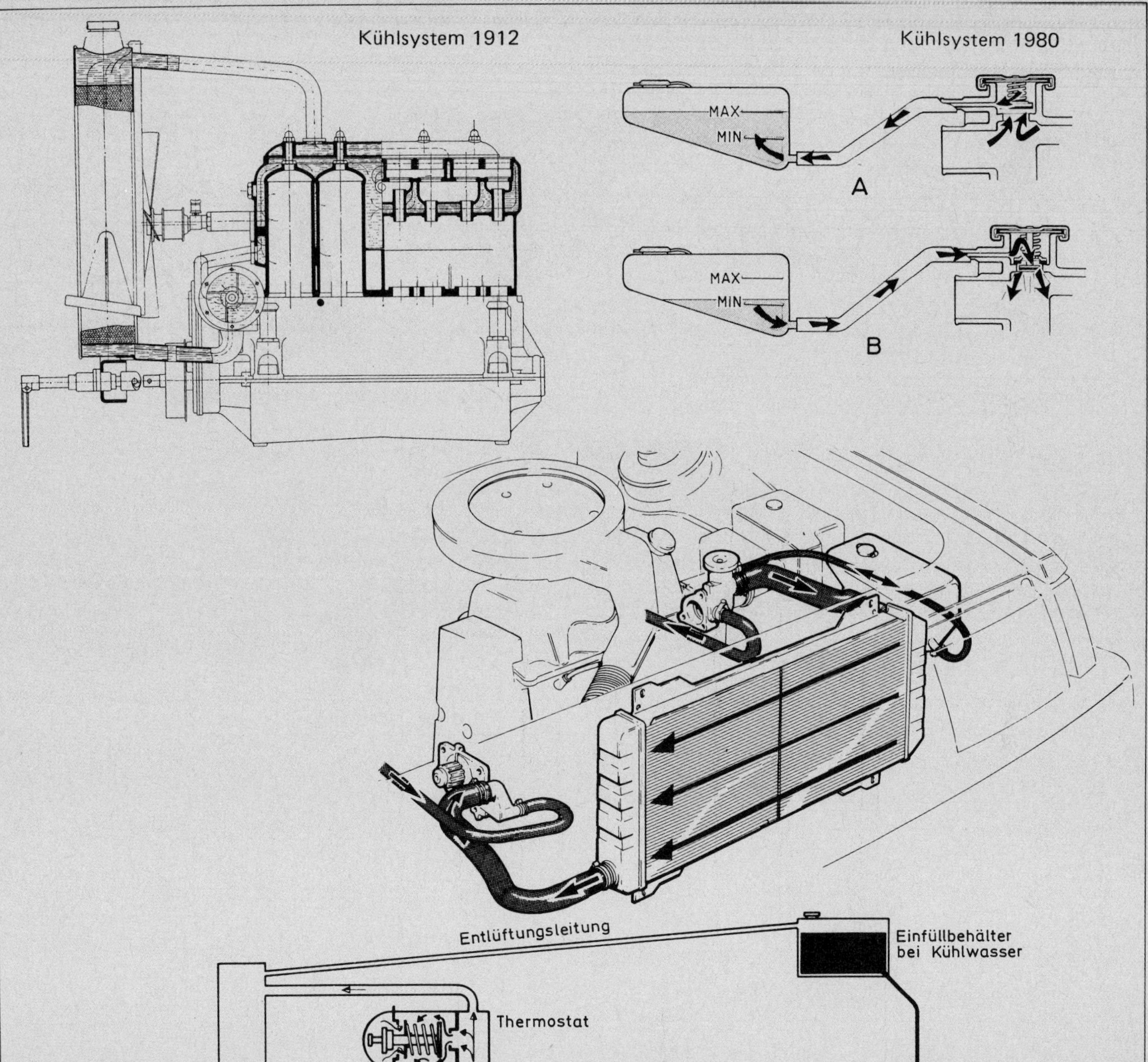

ARBEITSPLANUNG Kühlung

Entwickeln Sie den Arbeitsplan für die dargestellten Prüf- und Instandsetzungsarbeiten, indem Sie

- die Reihenfolge der Prüf- bzw. Arbeitsschritte,
- die Auswahl der Prüfmittel bzw. Werkzeuge,
- die zu beachtenden Prüf- bzw. Arbeitsregeln/Sicherheitsvorschriften,
- die Auswertung der Prüfergebnisse

angeben und begründen.

Kühler aus- und einbauen

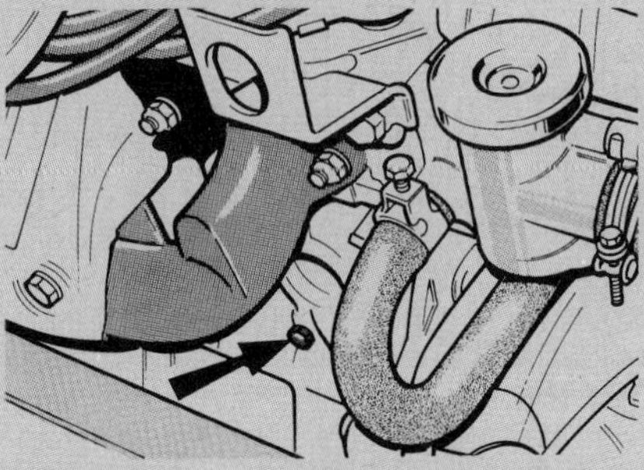
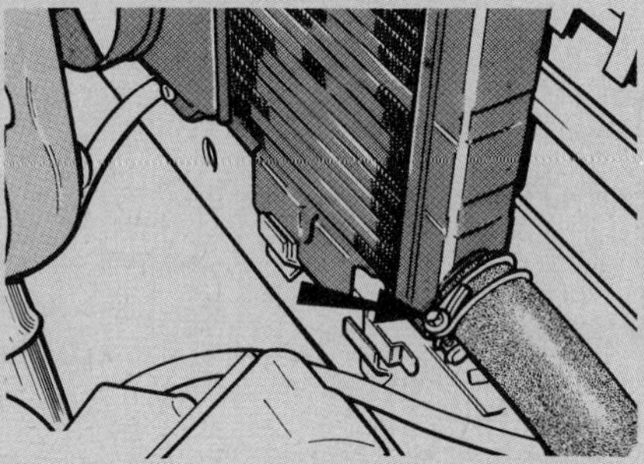
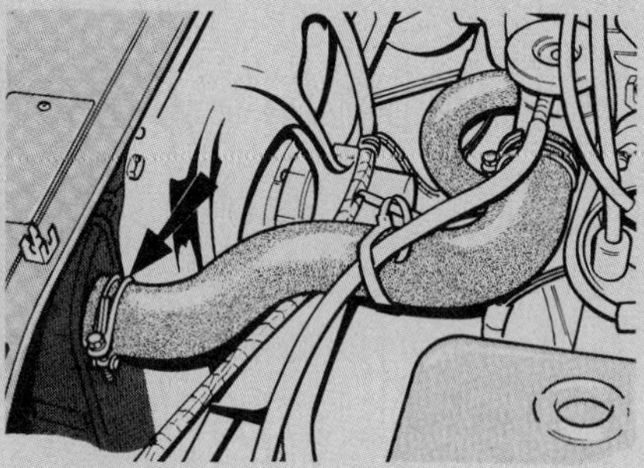

Kühler aus- und einbauen

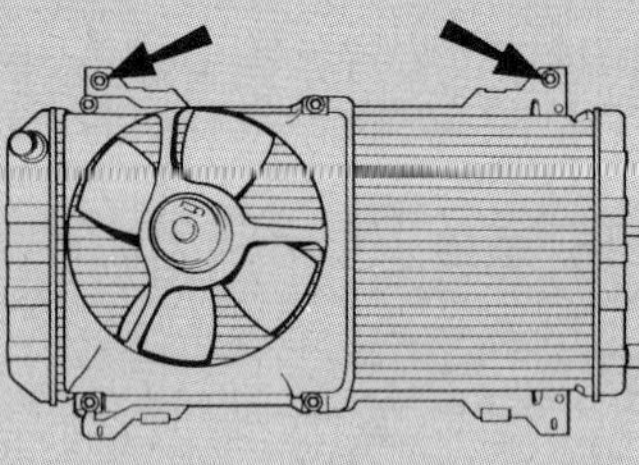
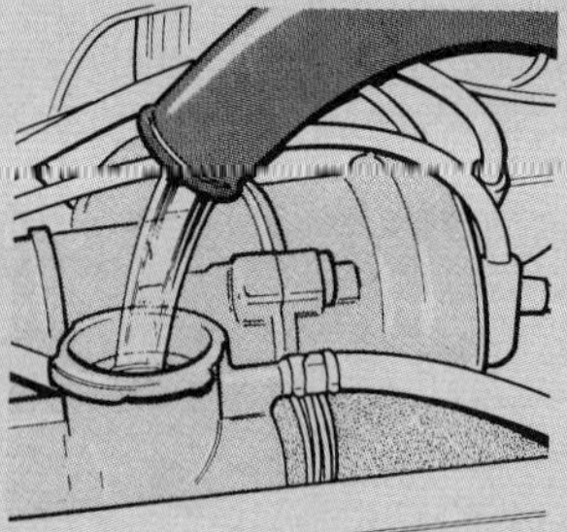

Thermostat ausbauen, prüfen, einbauen

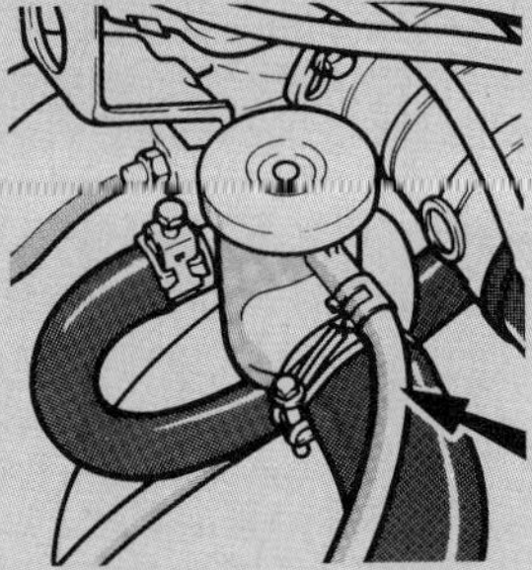
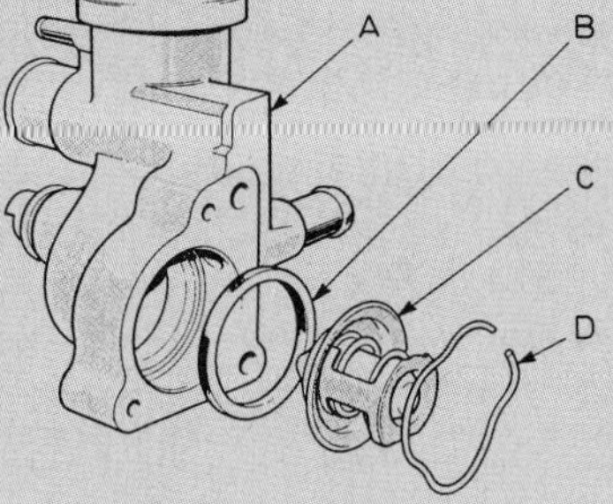

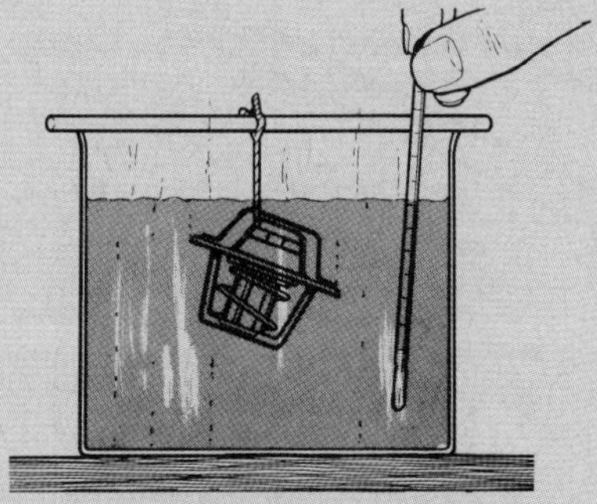

Keilenriemen spannen

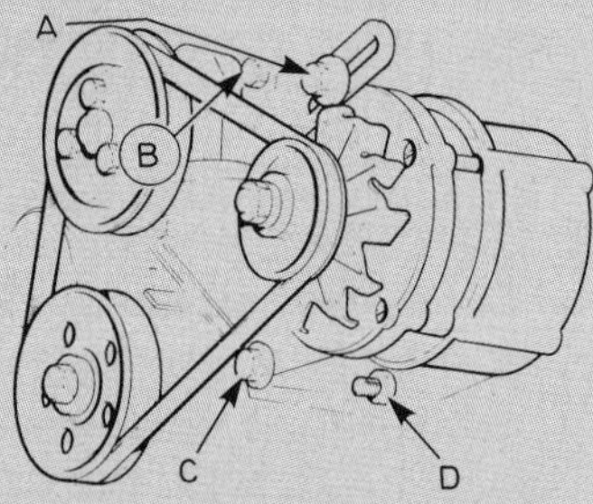

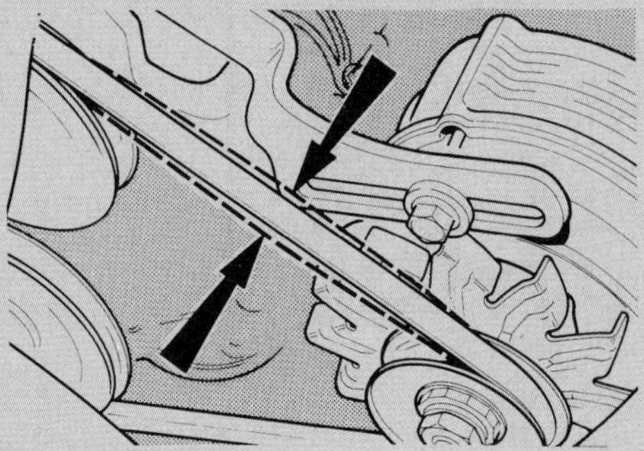

Kühlsystem auf Dichtheit prüfen

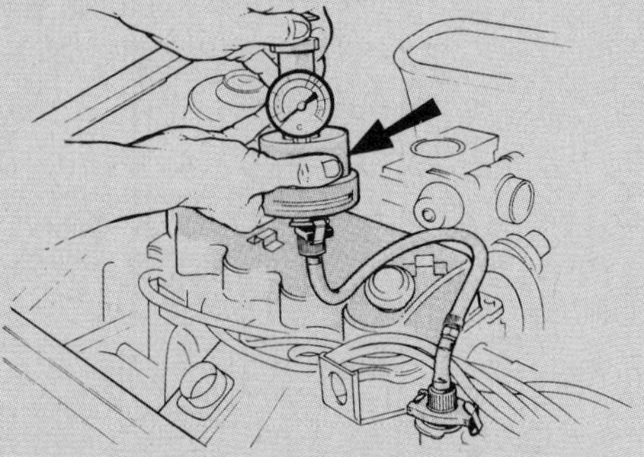

2 Zweitaktmotor

Nach einer Kollision eines Motorrades im Gelände ist ein deutlicher Leistungsabfall des Zweitakt-Motors festzustellen. Außer einer Quetschung am Auspuffrohr sind keine Beschädigungen zu finden.

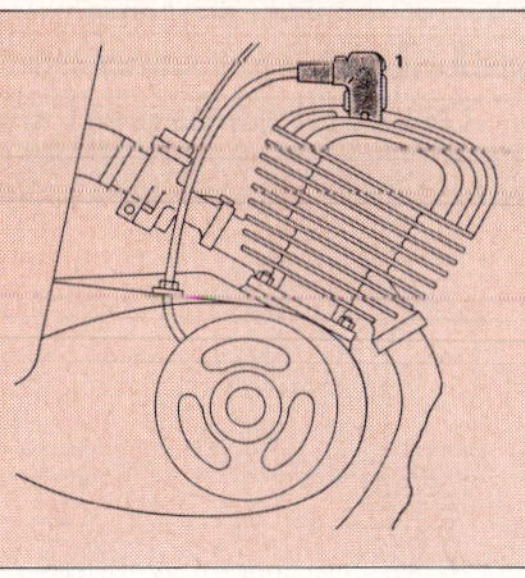

Beim Zweitaktmotor erfolgt der Gaswechsel durch Schlitze in den Zylinderwänden, die vom Kolben geöffnet und geschlossen werden. Es sind nur drei bewegliche Bauteile vorhanden:

- Kolben
- Pleuelstange
- Kurbelwelle

In den Zylinder münden drei Kanäle:

- Einlaßkanal mit Einlaßschlitz
- Auslaßkanal mit Auslaßschlitz
- Überströmkanal mit Überströmschlitz

Zylinder und Kurbelkammer wirken beim Zweitaktmotor zusammen. Die Frischgase strömen durch den Einlaßkanal und den Einlaßschlitz in die Kurbelkammer. Der abwärtsgehende Kolben verdichtet die Frischgase, die nach dem Öffnen des Überströmschlitzes durch den Überströmkanal in den Zylinderraum gelangen. Nach der Verbrennung verlassen die Abgase den Zylinderraum durch den Auslaßschlitz in den Auslaßkanal und den Auspuff.

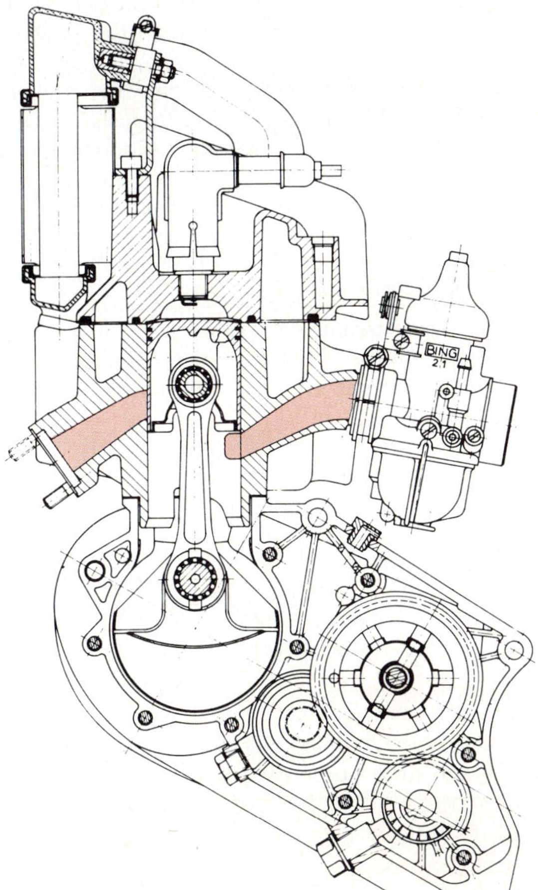

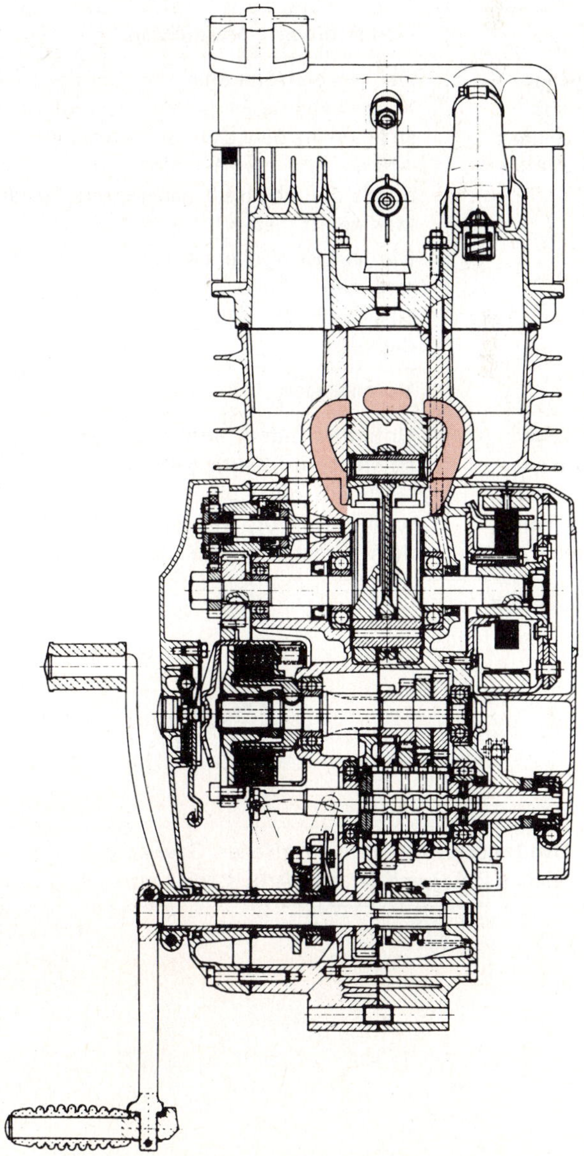

2.1 Zweitaktverfahren

	1. Takt Der Kolben bewegt sich von UT nach OT.	**2. Takt** Der Kolben bewegt sich von OT nach UT.
Arbeitsverfahren	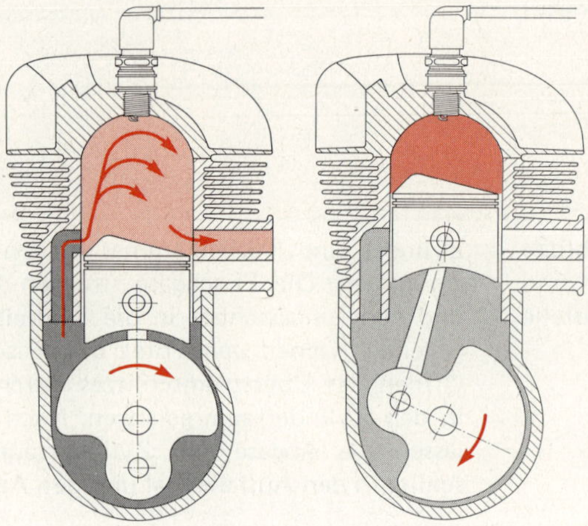	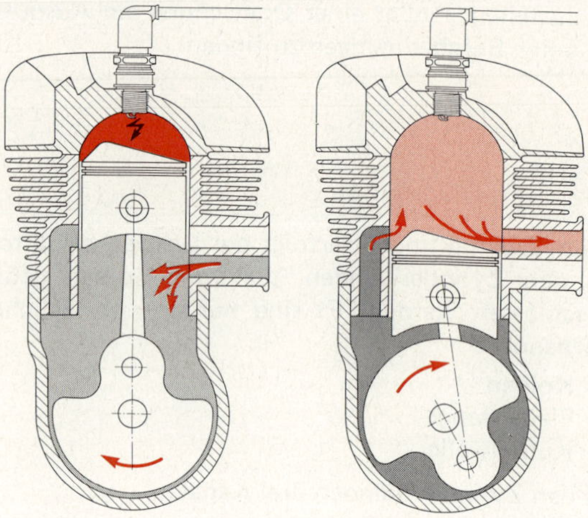
	Überströmen – Verdichten	**Arbeiten – Auslassen**
Vorgänge oberhalb des Kolbens im Zylinder	Der Überströmkanal ist geöffnet. Die im Kurbelgehäuse vorverdichteten Frischgase strömen in den Zylinder und verdrängen die Abgase der vorhergehenden Verbrennung durch den ebenfalls geöffneten Auslaßschlitz. Man nennt diesen Vorgang Spülen. Der aufwärtsgehende Kolben verschließt zuerst den Überströmschlitz und danach den Auslaßschlitz. Die Frischgase werden verdichtet.	Kurz vor OT zündet die Zündkerze das verdichtete Gemisch. Die verbrennenden Gase dehnen sich aus und drücken den Kolben nach unten. Es wird Arbeit verrichtet. Am Ende des Arbeitstaktes öffnet der Kolben zuerst den Auslaßschlitz (Vorauslaß). Der hohe Druck fällt schnell ab, bevor am Ende des sogenannten Vorauslaß der Überströmschlitz geöffnet wird. Auslaßschlitz und Überströmschlitz sind gleichzeitig offen.
	Voransaugen	**Vorverdichten**
Vorgänge unterhalb des Kolbens in der Kurbelkammer	Unterhalb des aufwärtsgehenden Kolbens entsteht im Kurbelgehäuse ein Unterdruck. Nachdem die Kolbenunterkante den Einlaßschlitz freigibt, strömen die Frischgase aus dem Vergaser in die Kurbelkammer.	Der abwärtsgehende Kolben verschließt mit seiner Kolbenunterkante den Einlaßschlitz. Die Frischgase im Kurbelgehäuse werden vorverdichtet.
Steuerzeiten	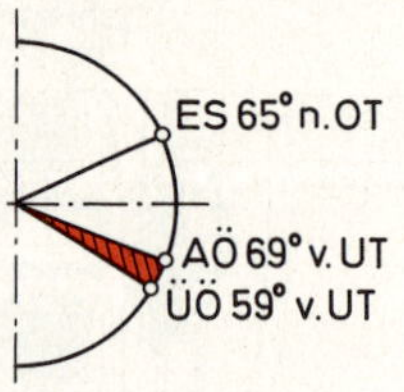	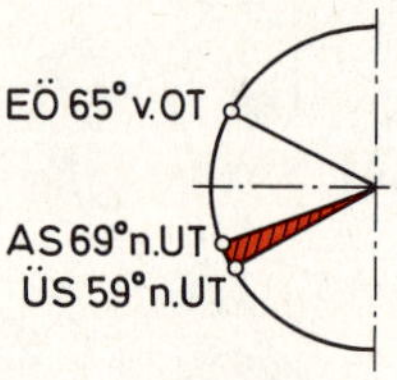

Der Zweitaktmotor hat einen offenen Gaswechsel, d.h. Auslaß- und Überströmschlitz sind während des Gaswechsels zur gleichen Zeit geöffnet. Ein Arbeitsspiel läuft beim Zweitaktmotor während einer Kurbelwellenumdrehung ab.

Das Steuerdiagramm des Einkolben-Zweitaktmotors mit Schlitzsteuerung durch den Arbeitskolben zeigt, daß alle Steuerwinkel symmetrisch zu den Kolbentotpunkten liegen. Man spricht von einem symmetrischen Steuerdiagrmm. Aus dem Steuerdiagramm läßt sich folgendes ablesen:

- Nach Überschreiten des OT werden beim Abwärtsgehen des Kolbens Frischgase durch den offenen Einlaßschlitz in den Vergaser zurückgeblasen und damit die Kurbelgehäusefüllung verschlechtert.
- Beim Abwärtsgehen des Kolbens öffnet der Auslaß einige Kurbelgrade vor dem Überströmschlitz, so daß Druck und Temperatur der Abgase gesenkt werden, damit sich die Frischgase nicht entzünden.
- Überström- und Auslaßschlitz sind über einen bestimmten Zeitraum gleichzeitig offen, so daß die Frischgase die Abgase in den Auspuff drängen können.
- Beim Aufwärtsgehen des Kolbens ist der Auslaßschlitz länger offen als der Überströmschlitz. Frischgase strömen nutzlos in den Auspuff.

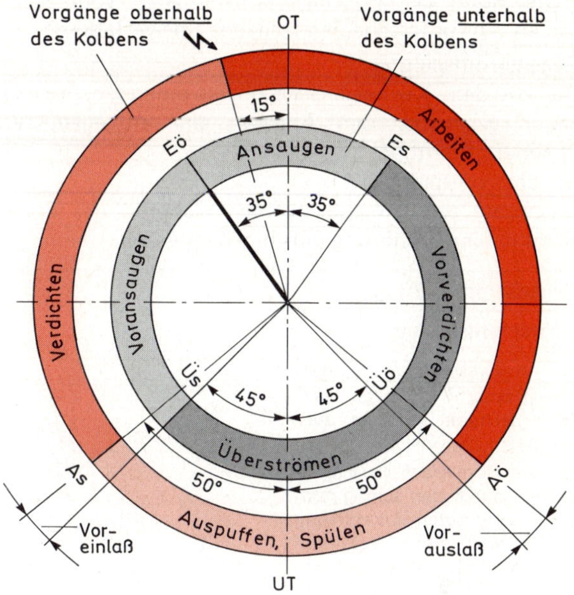

2.2 Schwingungssysteme beim Zweitaktmotor

Durch den stoßweisen Gaswechsel werden die Gassäulen in der Ansaug-, Überström- und Auspuffleitung zu Schwingungen angeregt. Die Gasschwingungen erschweren die Ansaug-, Spül- und Auspuffvorgänge. Um eine gute Leistung beim Zweitaktmotor zu erreichen, müssen die Schwingungen aufeinander abgestimmt werden.

Schwingungssysteme	
Ansaugen	**Spülen und Laden**
Die Frischgassäule schwingt zwischen Kurbelgehäuse und Ansaugleitung hin und her. Bei einem richtig abgestimmten Ansaugsystem schließt der Kolbenschaft den Einlaßschlitz in dem Augenblick, wo die Gassäule zum Kurbelgehäuse hinschwingt. Das Gemisch kann nicht mehr in die Ansaugleitung zurückströmen. Die bestmögliche Füllung des Kurbelgehäuses ist erreicht. ⊕ Der Vorverdichtungsdruck wird durch die Energie der einströmenden Gase erhöht. 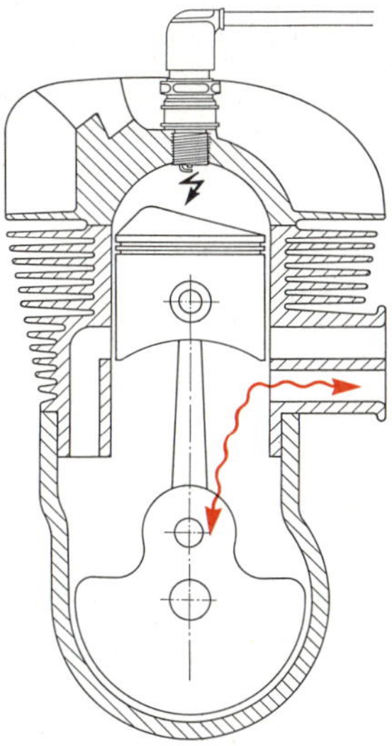	Das Spülen und Laden des Zylinders mit Frischgas ist ein Schwingungsvorgang der Systeme Auspuffleitung – Zylinder – Kurbelgehäuse. Bei einer gut abgestimmten Abgasanlage werden die ausströmenden Abgase im Vorschalldämpfer so reflektiert, daß die zurücklaufende Überdruckwelle die in den Auslaß strömenden Frischgase durch den offenen Auslaßschlitz in den Zylinder zurückdrängen. Der Kolben schließt den Auslaßschlitz in dem Augenblick, wo das gesamte Frischgas in den Zylinder zurückgedrängt ist. ⊕ Frischgasverluste werden verringert. 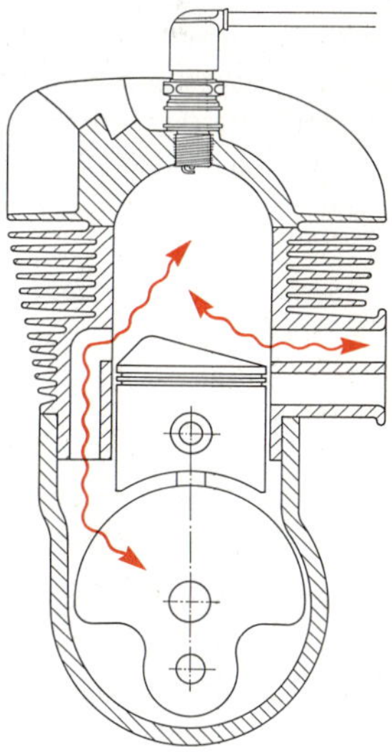

Die genaue Abstimmung der Schwingungssysteme läßt sich nur in einem eng begrenztem Drehzahlbereich erreichen (Resonanzdrehzahl). Bei kleineren oder größeren Drehzahlen wird die Füllung des Zylinders verringert durch

- das Wegströmen der Frischgase vom Einströmschlitz,
- das Zurückströmen der Abgase in den Zylinder.

Nachträgliche Änderungen am Auspuffsystem verschlechtern weiterhin den Spülvorgang und erhöhen den Kraftstoffverbrauch.

2.3 Spülverfahren

Durch den offenen Gaswechsel besteht bei geringen Drehzahlen die Gefahr von Frischgasverlusten. Ein Teil der Frischgase strömt in den Auspuff, die Füllung wird schlechter. Die Höhe der Frischgasverluste hängt vom Spülverfahren ab. Wir unterscheiden folgende Spülverfahren:

- Gegenstromspülung
  Die aus dem Kurbelgehäuse überströmenden Frischgase haben gegenüber den Abgasen eine entgegengesetzte Strömungsrichtung.
- Gleichstromspülung
  Frischgase und Abgase strömen während des Spülvorgangs in einer Richtung durch den Zylinder.

Gegenstromspülung	Gleichstromspülung
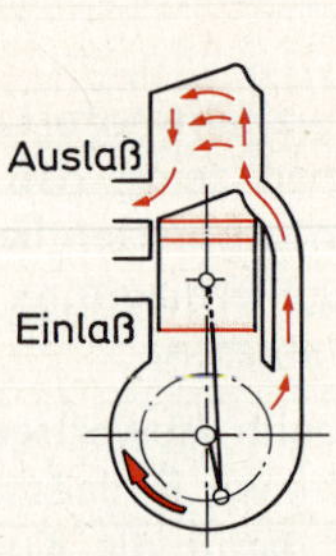	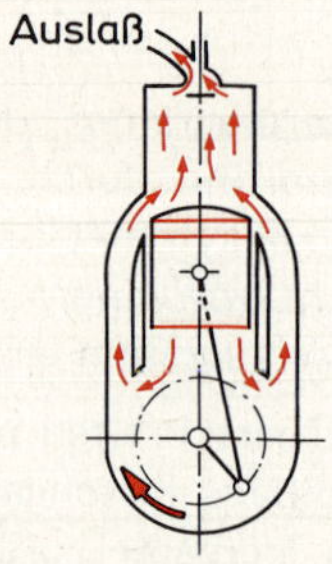

Gegenstromspülung

Querstromspülung

Der Auslaßschlitz liegt dem Überströmschlitz gegenüber. Die Frischgase strömen quer durch den Zylinder.

Die einströmenden Frischgase werden durch den schräg nach oben gerichteten Überströmschlitz oder einen Nasenkolben nach oben abgelenkt. Im Zylinderkopf kehrt der Frischgasstrom seine Richtung nach unten um und schiebt die Abgase zum Auslaßschlitz hinaus.

⊕ einfacher Aufbau
⊖ geringer Spüleffekt
⊖ Frischgasverluste, daher nur ausreichende Füllung
⊖ höherer Kraftstoffverbrauch

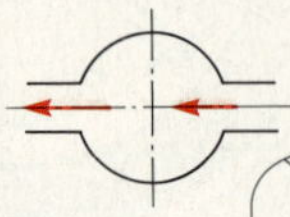

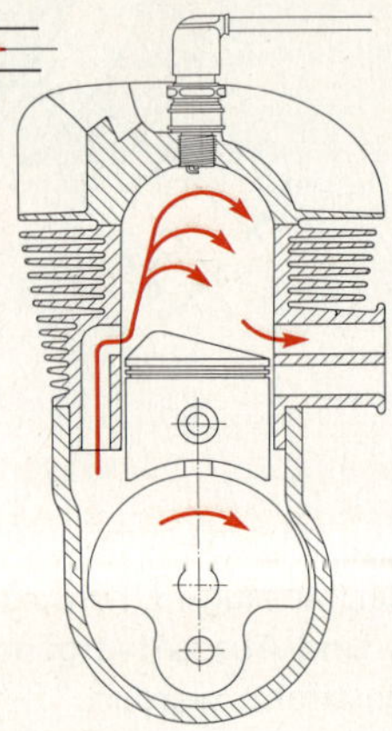

Umkehrspülung

Die Überströmschlitze liegen links und rechts neben dem Auslaßschlitz.

Die Frischgase strömen durch die tangential gerichteten Überströmschlitze in den Zylinderraum. Beide Spülluftströme treffen sich an der dem Auslaßschlitz gegenüberliegenden Zylinderwand, richten sich auf, kehren in Zylinderkopf um und drücken die Restgase durch den Auslaßschlitz hinaus.

⊕ bessere Spülung
⊕ bessere Füllung des Zylinders
⊕ geringerer Kraftstoffverbrauch

Einsatz: heute übliches Verfahren

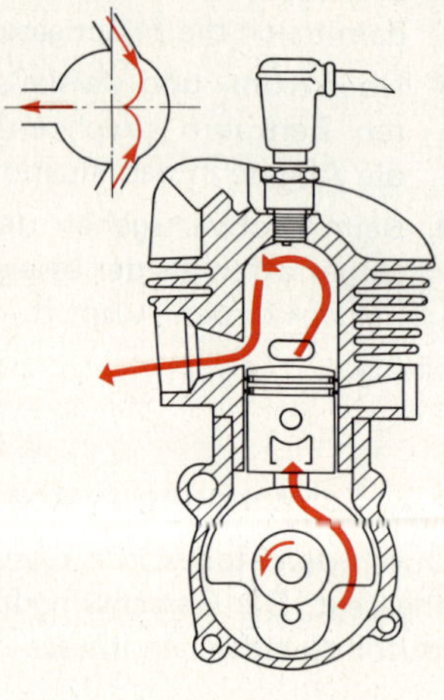

2.4 Kolbenunabhängige Einlaßsteuerungen

Die symmetrische Verteilung der Steuerwinkel führt durch die Frischgasverluste zu einem höheren Kraftstoffverbrauch und einer geringeren Leistung. Der Füllungsgrad des Kurbelgehäuses kann nur durch eine kolbenunabhängige Steuerung beeinflußt werden, die den Einlaß so früh wie möglich öffnet und ihn kurz nach OT wieder schließt. Eine weitere Leistungssteigerung ist durch eine Drehzahlerhöhung möglich, was aber eine Vergrößerung der Steuerschlitze, insbesondere der Höhe des Auslaßschlitzes erfordert.

Moderne Hochleistungs-Zweitaktmotoren besitzen eine kolbenunabhängige Einlaßsteuerung.

Einlaßsteuerung

Platten-Drehschiebersteuerung

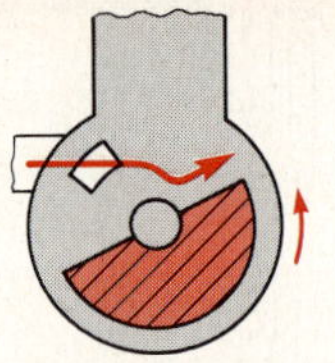

Der Plattendrehschieber sitzt auf der Kurbelwelle und schließt bzw. öffent die Einlaßöffnung in das Kurbelgehäuse. Er hat einen Ausschnitt, durch dessen Form und Lage der Einlaßwinkel bestimmt wird. Die Drehschiebersteuerung hat einen festliegenden Einlaßwinkel, jedoch ein unsymmetrisches Steuerdiagramm.

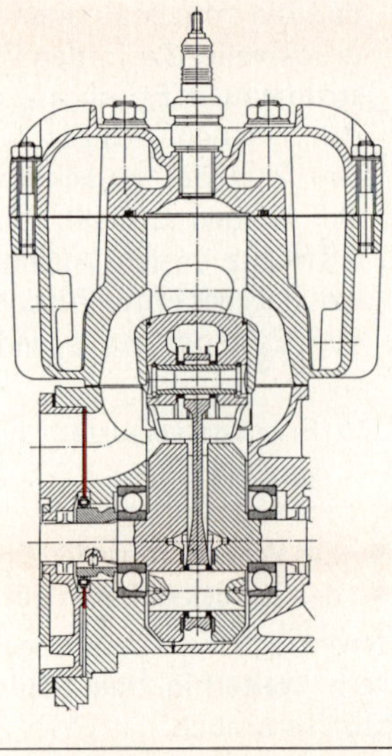

Membransteuerung

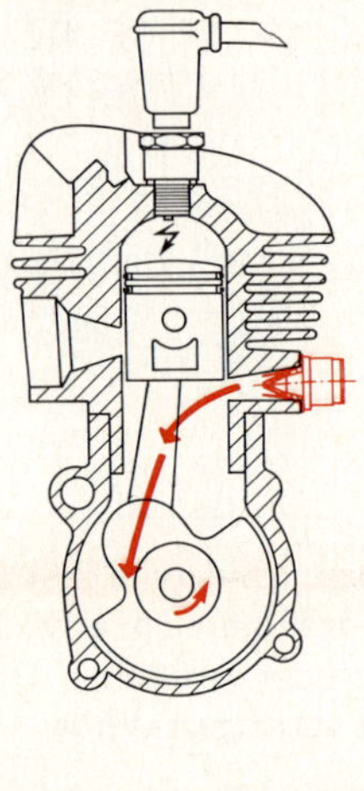

Das Membranventil arbeitet automatisch in Abhängigkeit vom Kurbelgehäuseunterdruck.

Sobald sich der Kolben in Richtung OT bewegt, hebt der entstehende Unterdruck die Membranplättchen von ihrem Sitz ab und Frischgase strömen in das Kurbelgehäuse. Hört der Unterdruck auf, schließt das Membranventil.

2.5 Bauteile des Zweitaktmotors

Zylinder

Der Zylinder besitzt bei der heute üblichen Umkehrspülung

- 2 Überströmschlitze,
- 1 Einlaßschlitz,
- 1 Auslaßschlitz.

Kurbelgehäuse

Im Kurbelgehäuse entsteht beim Ansaugen ein Unterdruck von 0,5 bar, beim Vorverdichten ein Überdruck von 0,3 bar. Das Kurbelgehäuse muß daher gasdicht abschließen. Bei Mehrzylindermotoren ist jede Kurbelkammer von der anderen abzudichten. Undichtigkeiten verändern beim Ansaugen das Mischungsverhältnis, beim Vorverdichten den Ladedruck.

Kolben mit Zubehör

Der Zweitaktkolben wird stark belastet, da jeder Abwärtshub ein Arbeitshub ist und keine kühlenden Leerhübe vorhanden sind. Eine zusätzliche Wärmebelastung bringt die Gassteuerung, insbesondere die Steuerung des Auslaßschlitzes. Der Kolben besteht aus einer hochsiliziumhaltigen Al-Si-Legierung (18 ... 24 % Si). Der Kolbenboden ist schwachgewölbt. Aussparungen und Fenster im Kolbenschaft dienen der Gassteuerung. Stifte in den Kolbenringnuten verhindern ein Verdrehen der Kolbenringe.

Da aufgrund der Mischungsschmierung nur wenig Öl anfällt, besitzt der Kolben keinen Ölabstreifring.

Die Kolbenbolzen sind einseitig oder in der Mitte geschlossen, um ein Durchströmen der Gase in die Schlitze zu verhindern.

Kurbelwelle und Pleuelstange

Zur Lagerung von Kurbelwelle und Pleuelstange werden Wälzlager verwendet. Die Kurbelwelle muß daher geteilt werden. Der Pleuelfuß ist ungeteilt.

Schmierung

Zweitaktmotoren haben eine Mischungsschmierung. Das Schmieröl wird dem Kraftstoff im Verhältnis 1 : 25 ... 1 : 100 beigemischt oder durch eine Schmierungspumpe dosiert. Das Gemisch gelangt in die Kurbelkammer. An den heißen Motorwänden vergast der Kraftstoff, das Öl wird ausgeschieden und schmiert die beweglichen Teile.

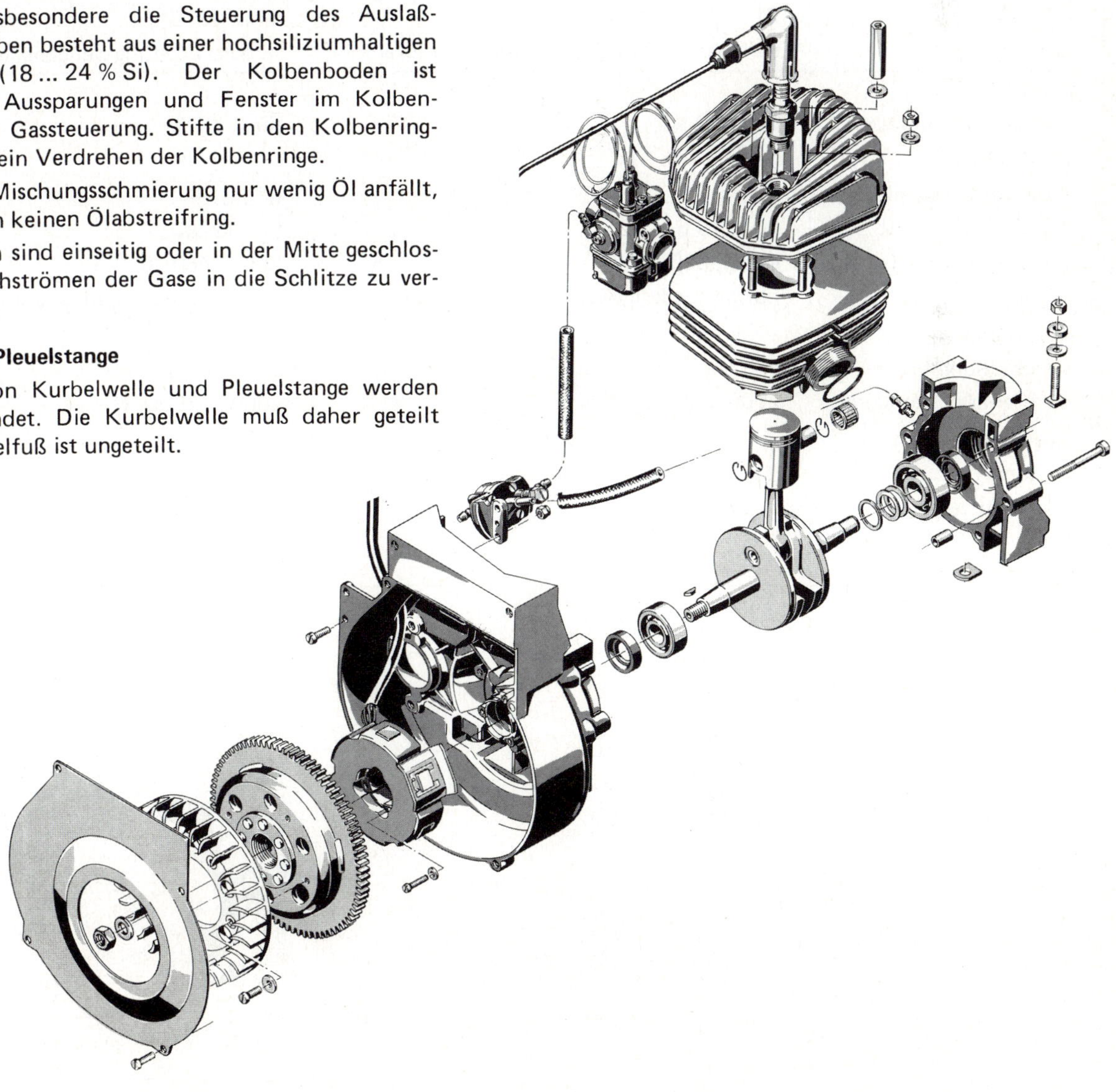

2.6 Vergleich Viertaktmotor – Zweitaktmotor

Merkmale	Viertaktmotor	Zweitaktmotor
	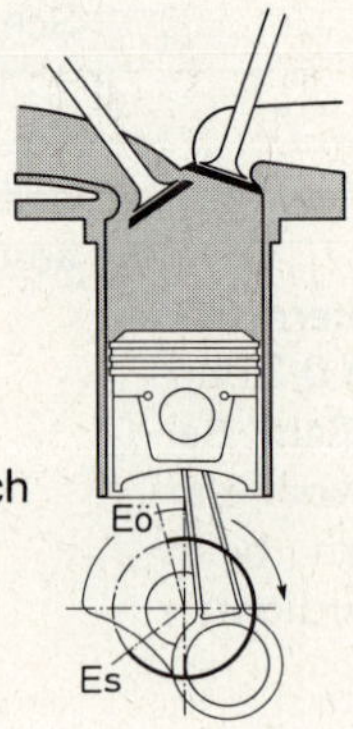 	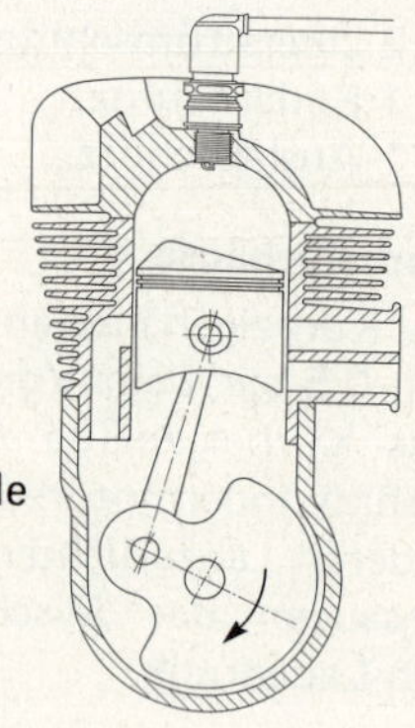
Aufbau	aufwendig, teurer, viel bewegliche Teile durch Ventilsteuerung	einfach, billig weniger bewegliche Teile
Steuerung	Ventilsteuerung	Schlitzsteuerung
Schmierung	Druckumlaufschmierung	Mischungsschmierung
Schmierölverbrauch	geringer	höher
Arbeitsspiel	bei jeder 2. Umdrehung	bei jeder Umdrehung
Drehmomentenverlauf	ungleichförmiger durch 2 U/Arbeitsspiel	gleichförmig durch 1 U/Arbeitsspiel
Kraftstoffverbrauch	geringer	höher
Wirkungsgrad	21 ... 29 %	17 ... 19 %
Leistung	geringere Leistung bei gleichem Hubraum	höhere Leistung bei gleichem Hubraum
Ansaugen		
Füllung des Zylinders	70 ... 90 %	50 ... 70 %
Verdichten		
Verdichtungsverhältnis	8 : 1 ... 11 : 1	6 : 1 ... 8 : 1
Verdichtungsdruck	10 ... 15 bar	8 ... 12 bar
Verdichtungstemperatur	400 ... 600 °C	300 ... 450 °C
Vorverdichtung	nur bei Ladermotor	0,3 ... 0,8 bar (Kurbelkammer)
Verbrennung		
Verbrennungsdruck	40 ... 60 bar	25 ... 40 bar
Verbrennungstemperatur	2000 ... 2500 °C	2000 ... 2500 °C
Ausstoßen		
Spülung	durch Kolben	durch Frischgase
Spülverluste	keine	Querspülung 30 ... 45 % Umkehrspülung 25 ... 30 % Gleichstromspülung 20 ... 25 %
Arbeitsdiagramm	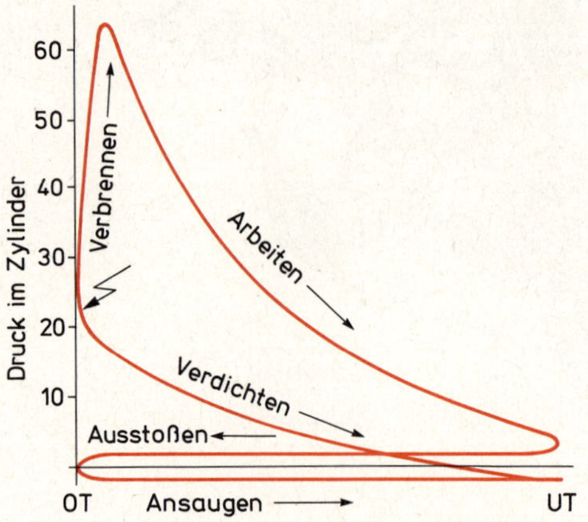 	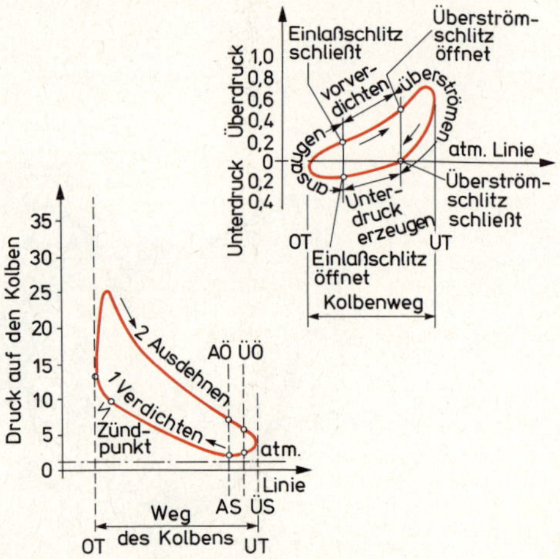

ZUSAMMENFASSUNG Otto-Zweitaktmotor

Zweitaktmotor
benötigt meist keine Steuerorgane für Gaswechsel: Gaswechsel von Kolben und Schlitzen gesteuert, z.T. auch von Drehschieber Einlaßkanal: Vergaser – Kurbelgehäuse Auslaßkanal: Zylinder – Auspuff Überströmkanal: Kurbelgehäuse – Zylinder offener Gaswechsel: Auslaß- und Überströmschlitz während Gaswechsel geöffnet

Vorgang	1. Takt	2. Takt
unterhalb des Kolbens in Kurbelkammer	Ansaugen	Vorverdichten
oberhalb des Kolbens im Zylinder	Verdichten	Arbeiten

Gasschwingungen
Durch den stoßweisen Gaswechsel entstehen beim Zweitaktmotor Gasschwingungen in den Systemen • Ansaugleitung – Kurbelgehäuse, • Auspuffleitung – Zylinder, • Zylinder – Kurbelgehäuse, die aufeinander abgestimmt werden müssen, um eine gute Füllung zu erreichen.

Spülverfahren		
Gegenstromspülung		**Gleichstromspülung**
Strömungsrichtung der Frisch- und Abgase entgegengesetzt		gleiche Strömungsrichtung der Frisch- und Abgase
Querstromspülung	**Umkehrspülung**	**Motor mit Auslaßventil**
Überströmschlitz und Auslaßschlitz liegen gegenüber. ⊖ geringer Spüleffekt ⊖ Frischgasverluste	Überströmschlitze liegen neben Auslaßschlitz ⊕ bessere Spülung ⊕ bessere Füllung	Ein Auslaßventil regelt den Auslaß ⊕ gute Spülung ⊕ gute Füllung

Kolbenunabhängige Einlaßsteuerungen	
Plattendrehschiebersteuerung	Membransteuerung
Ein auf der Kurbelwelle sitzender Platten-Drehschieber steuert den Einlaß zur Kurbelkammer.	Ein Membranventil öffnet und schließt den Einlaß in Abhängigkeit vom Kurbelgehäuseunterdruck.

Besondere Gestaltung der Bauteile

Zylinder	Kolben	Kurbelwelle	Pleuelstange
Schlitze in Zylinderwandung für • Einlassen • Überströmen • Auslassen Kurbelgehäuse gasdicht	Aussparungen und Fenster im Kolbenschaft Kolbenring verdrehfest durch Stift Kolbenbolzenbohrung geschlossen	in Wälzlagern gelagert, zur Lagerung der Pleuelstange teilbar gestaltet	Pleuelfuß ungeteilt, Lagerung in Wälzlagern

Schmierung
Mischungsschmierung 1:25 ... 1:100

ANALYSE Ausgeführte Motoren

1. Erklären Sie die Wirkungsweise des dargestellten Motors einschließlich des Kühlsystems.
2. Benennen Sie die Einzelteile.
3. Erklären Sie den Aufbau der Baugruppen:
   - Kurbeltrieb
   - Zylinder
   - Kurbelgehäuse

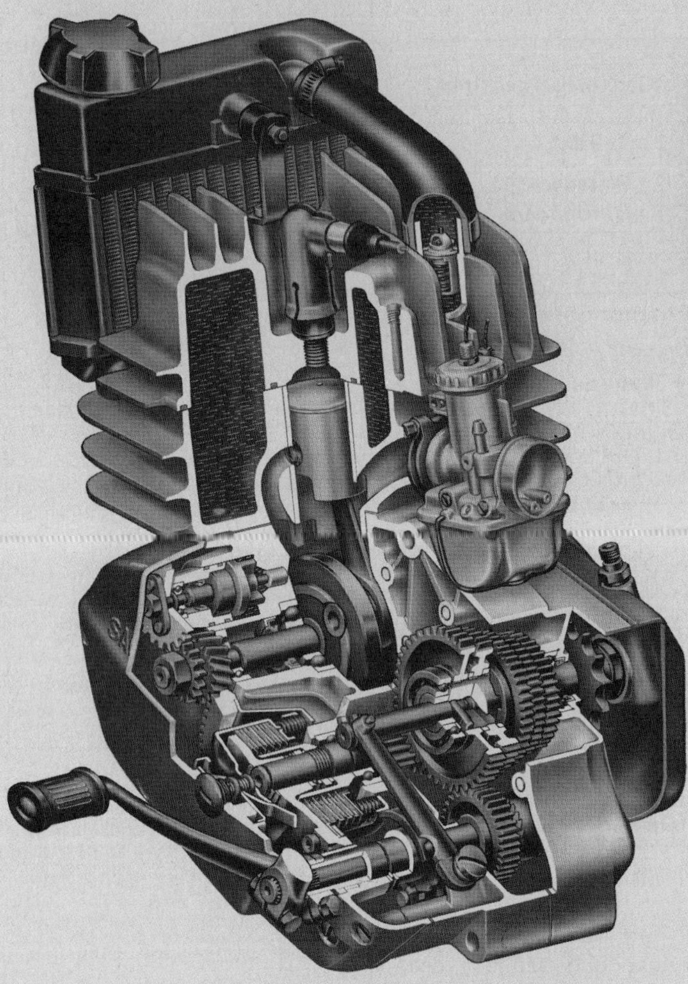

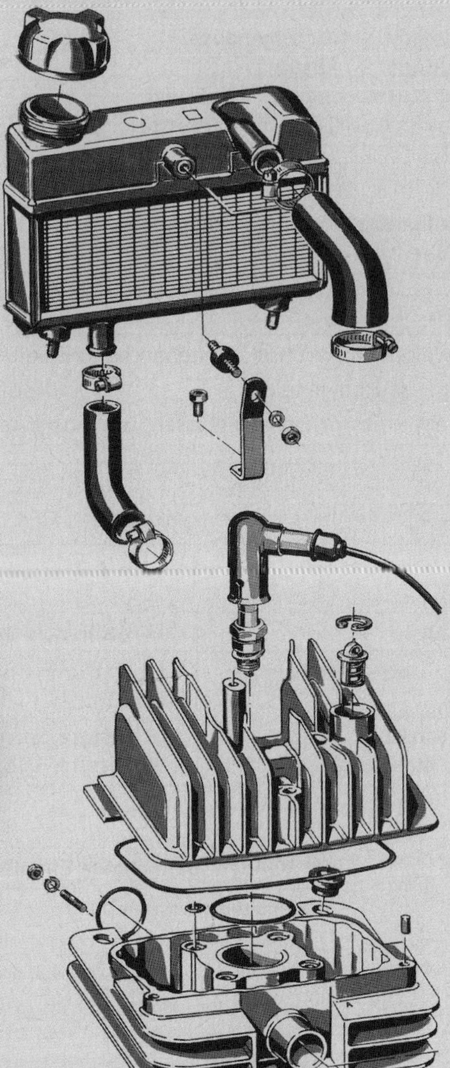

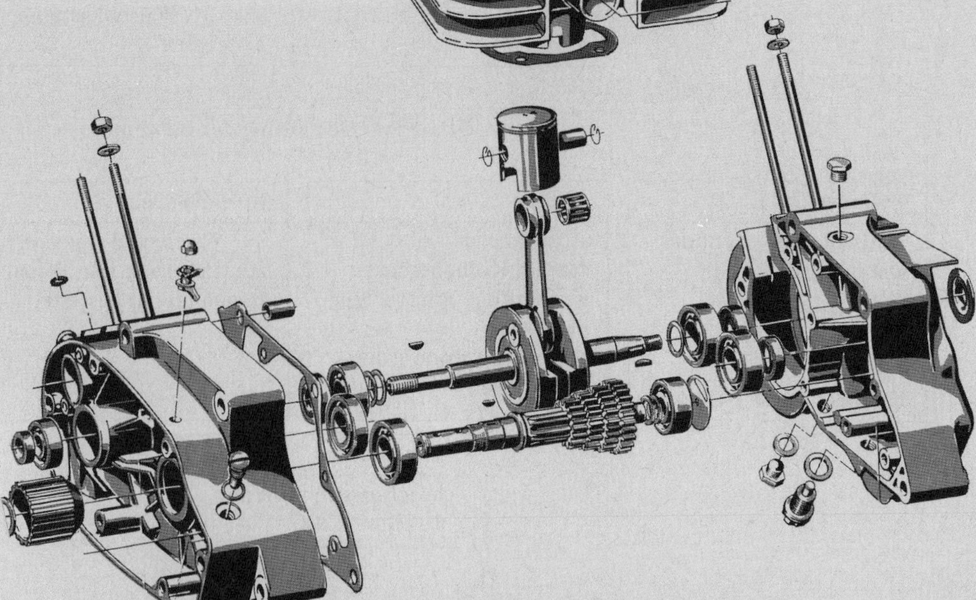

3 Dieselmotor

3.1 Arbeitsweise des Dieselmotors

Das Viertakt-Prinzip ist beim Dieselmotor das gleiche wie beim Ottomotor. Im Gegensatz zum Ottomotor saugt der Dieselmotor reine Luft an, die hoch verdichtet wird.

In die verdichtete, heiße Luft wird Kraftstoff eingespritzt und mit der Luft verwirbelt. Die Bildung des Luft-Kraftstoffgemischs erfolgt also im Zylinder. Man spricht von einer inneren Gemischbildung.

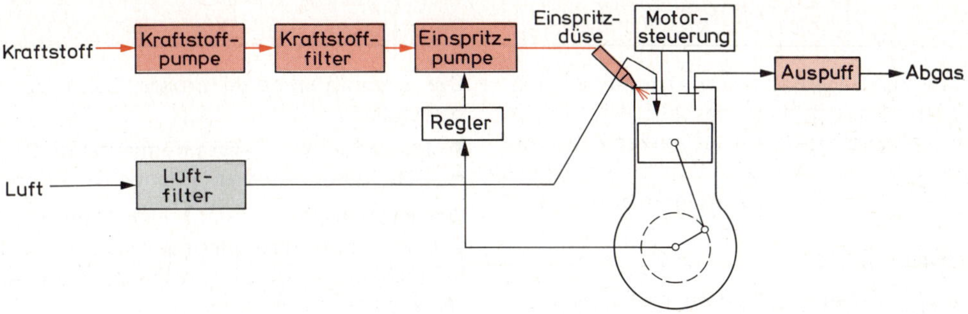

Dieselmotor

1. Takt: Ansaugen	2. Takt: Verdichten	3. Takt: Arbeiten	4. Takt: Ausstoßen
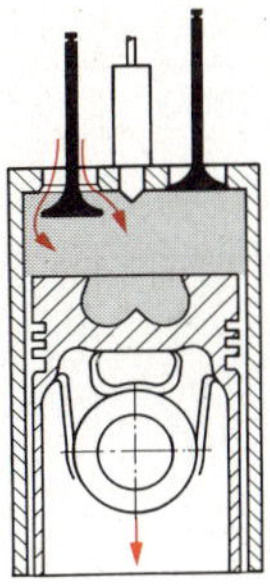	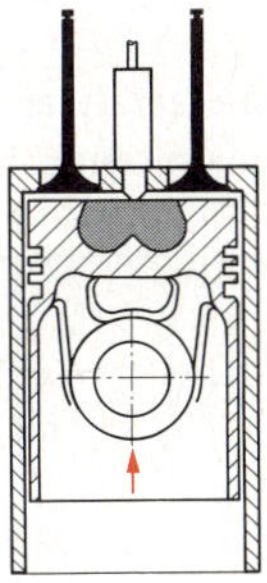	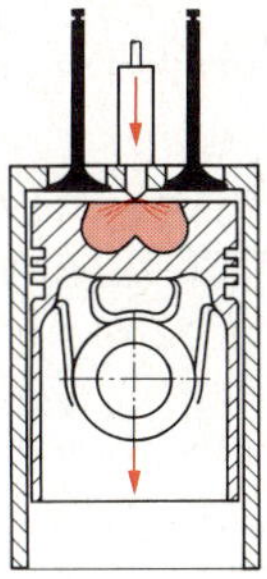	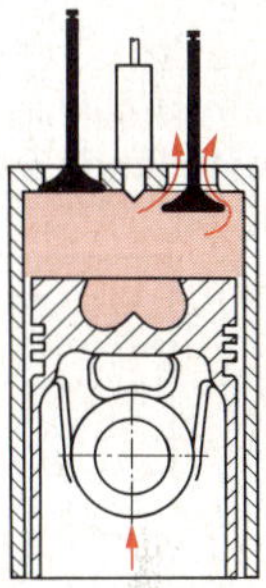
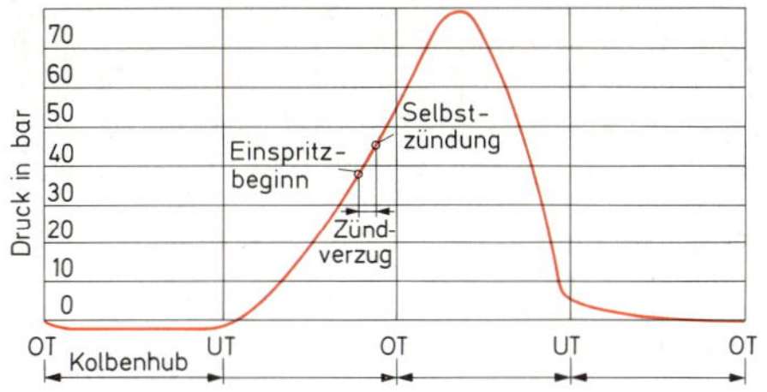			
Der Kolben bewegt sich vom OT zum UT. Durch das geöffnete Einlaßventil wird reine Luft angesaugt. Der Unterdruck beträgt etwa 0,1 ... 0,2 bar, die Ansaugtemperatur 70 ... 100 °C.	Die Luft wird im Verhältnis 14 : 1 ... 22 : 1 verdichtet. Der Druck steigt auf 30 ... 55 bar an, die Luft erwärmt sich auf 700 ... 900 °C. Die hohe Verdichtung verbessert den thermischen Wirkungsgrad des Dieselmotors.	Kurz vor OT wird Kraftstoff fein zerstäubt in die heiße Luft eingespritzt. Der Kraftstoff verdampft und entzündet sich von selbst. Bei der Verbrennung steigt der Druck auf 60 ... 80 bar, die Temperatur auf 2000 ... 2500 °C.	Kurz vor UT öffnet das Auslaßventil, die Abgase puffen mit großer Geschwindigkeit aus dem Zylinder. Die Abgastemperaturen liegen im Leerlauf bei 200 ... 300 °C, bei Vollast bei 500 ... 600 °C. Die Restgase werden vom aufwärtsgehenden Kolben ausgestoßen.

Bevor Selbstzündung eintreten kann, müssen erst einige Kraftstoffteilchen verdampfen. Die Zeit zwischen Einspritzbeginn und Selbstzünden bezeichnet man als Zündverzug. Ein normaler Zündverzug beträgt 0,001 ... 0,0015 s. Beim Dieselmotor ist ein kleiner Zündverzug erwünscht. Der Zündverzug ist umso kürzer,

- je heißer die Luft, d.h. je höher sie verdichtet ist,
- je feiner der Kraftstoff zerstäubt wird,
- je inniger die Luft und der Kraftstoff vermischt werden.

Bei zu großem Zündverzug sammelt sich eine große Kraftstoffmenge im Verbrennungsraum an, die plötzlich zündet und schlagartig verbrennt. Der Motor läuft hart. Dieser Zustand ist mit dem Klopfen des Ottomotors vergleichbar und wird als Nageln bezeichnet.

3.2 Gemischbildungsverfahren

Bei einem Kolben sind die oberen Ringstege auf der Einspritzseite ausgebrochen.

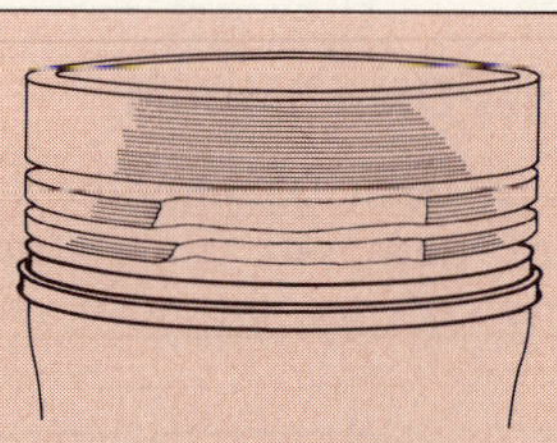

Der Dieselmotor hat im Gegensatz zum Ottomotor eine innere Gemischbildung. Die Bildung des Luft-Kraftstoffgemischs erfolgt also im Zylinder. Um in kurzer Zeit eine gute Durchmischung von Kraftstoff und Luft zu erreichen, wurden verschiedene Gemischbildungsverfahren entwickelt.

3.2.1 Direkte Einspritzung

Der Verbrennungsraum ist nicht unterteilt und liegt zum Teil im Kolbenboden in einer Kolbenmulde oder -kammer.

Die Brennraummulde erhöht beim Verdichten die Luftbewegung:

- flache Mulde – langsamumlaufende Dieselmotoren
- tiefe Mulde – schnellaufende Dieselmotoren

Der Kraftstoff wird durch eine Mehrlochdüse unter hohem Druck in den Verbrennungsraum eingespritzt. Es gibt zwei Möglichkeiten der Einspritzung: luftverteilende und wandverteilende Einspritzung.

Direkteinspritzung
(Luftverteilende Einspritzung)

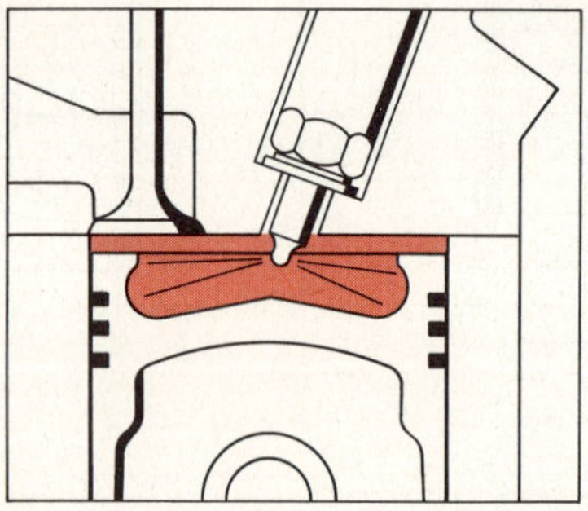

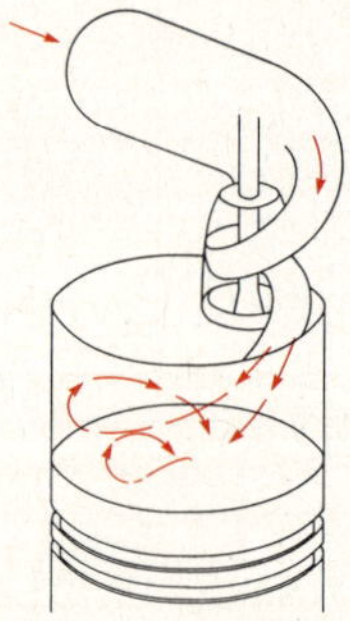

Im Kolbenboden befindet sich eine kreisförmige, zylindrische Brennraummulde. Das Einspritzventil ist aus der Zylindermitte versetzt. Der Ansaugkanal liegt drallförmig um das Einlaßventil.

Die angesaugte Luft wird durch den drallförmigen Einlaßkanal beim Einströmen in eine Drehbewegung versetzt. Diese Wirbelbewegung wird beim Verdichten durch die Brennraummulde verstärkt, da ihr Durchmesser kleiner als der Zylinderdurchmesser ist. In die verwirbelte Luft wird Kraftstoff durch eine Vierlochdüse mit einem Druck von 175 ... 200 bar eingespritzt.

⊕ gute Gemischbildung
⊕ hohe Drehzahlen, da gute Gemischbildung kurze Verbrennungszeiten zuläßt
⊕ geringer Kraftstoffverbrauch
⊖ hohe mechanische Belastung durch hohe Drücke
⊖ lauter Motorlauf
⊖ kraftstoffempfindlich

Einsatz: Lkw-Motoren

MAN-M-Verfahren (M = Mittenkugelverfahren)
(Wandverteilende Einspritzung)

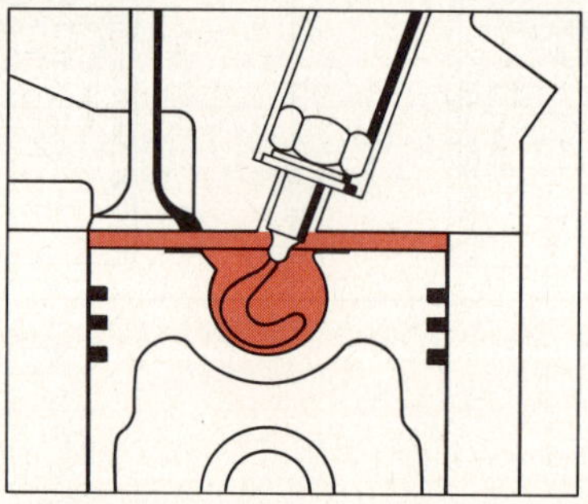

Der kugelförmige Brennraum liegt tief versenkt in der Kolbenmitte. Er wird von unten durch Öl gekühlt.

Durch den Drallkanal wird beim Ansaughub eine kreisende Luftbewegung im Zylinder erzeugt. Beim Verdichten wird fast die gesamte angesaugte Luft in den Kugelbrennraum gepreßt. Hierdurch wird die Geschwindigkeit des Luftwirbels erhöht. Die Einlochdüse spritzt etwa 95 % des Kraftstoffes auf die Kugelbrennraumwandung. Der Einspritzdruck beträgt 170 ... 200 bar. Der Kraftstoff verteilt sich filmartig auf der Wandung. Etwa 5 % des Kraftstoffs gelangt fein zerstäubt in die Luft, zündet und leitet die Verbrennung ein. Der heiße Luftwirbel dampft den Kraftstoff schichtweise ab.

⊕ weiche Verbrennung, leiser Motorlauf
⊕ kleinere Höchstdrücke
⊕ niedriger Kraftstoffverbrauch
⊕ kraftstoffunempfindlich

Einsatz: Lkw-Motoren

3.2.2 Indirekte Einspritzung

Der Verbrennungsraum ist unterteilt in

- Brennkammer im ungekühlten Teil des Zylinders und
- Hauptbrennkammer im Zylinder.

Der Kraftstoff wird durch eine Zapfendüse in die Brennkammer eingespritzt.

Vorkammerverfahren

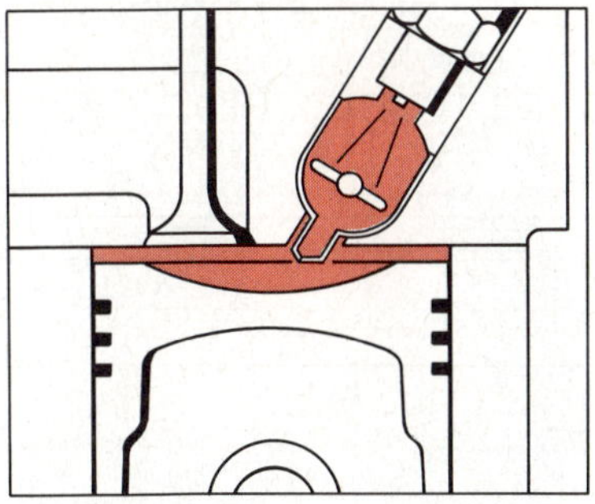

Die Vorkammer ist ein schlanker, länglicher Brennraum. Sie steht durch eine oder mehrere Bohrungen – Schußkanäle – mit dem Hauptbrennraum in Verbindung.

Der Kraftstoff wird am Ende des Verdichtungstaktes durch eine Zapfendrosseldüse in die Vorkammer eingespritzt. Der Einspritzdruck beträgt 120 ... 140 bar. Der in der Vorkammer vorhandene Sauerstoff reicht nur zu einer teilweisen Verbrennung aus. Der unverbrannte Teil des Kraftstoffs erhitzt sich und geht in gasförmigen Zustand über. Durch den Druckanstieg in der Vorkammer wird der gasförmige Kraftstoff durch die Schußkanäle in den Hauptbrennraum geblasen. Die Restverbrennung findet im Hauptbrennraum statt.

⊕ gute Gemischbildung bei allen Drehzahlen

⊕ weicher Motorlauf

⊕ hohe Drehzahlen

(±) Anlaßhilfe in Form einer Glühkerze nötig

⊖ höherer Kraftstoffverbrauch

Einsatz: Pkw-Dieselmotoren und Lkw-Motoren

Wirbelkammerverfahren

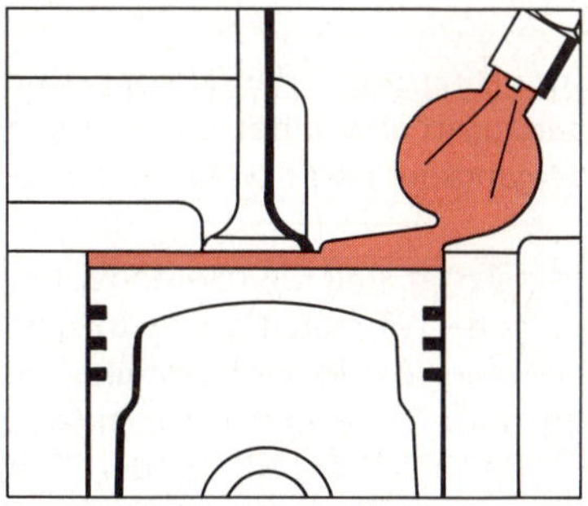

Die kugelförmige Wirbelkammer ist durch einen tangentialen Kanal mit dem Hauptbrennraum verbunden. Der Kanal hat einen relativ großen Querschnitt.

Beim Verdichten strömt der größte Teil der Verbrennungsluft in die Wirbelkammer. Hier entsteht ein starker Luftwirbel. In den heißen Luftwirbel wird Kraftstoff durch eine Zapfendüse eingespritzt. Der Einspritzdruck beträgt 100 ... 125 bar. Der Kraftstoff vermischt sich innig mit der verwirbelten Luft. Die Verbrennung setzt in der Wirbelkammer ein und greift auf den Hauptverbrennungsraum über.

⊕ weicher Motorlauf

⊕ gute Gemischbildung

⊕ hohe Drehzahlen

(±) Anlaßhilfe notwendig

⊖ höherer Kraftstoffverbrauch

Einsatz: Pkw-Dieselmotoren und Lkw-Motoren

3.2.3 Abgasreinigung

Durch Einbau eines Keramik-Filters in den Abgasstrom werden die Diesel-Abgase von den Rußbestandteilen weitgehend gereinigt. Der poröse Keramik-Filter hält etwa 90 % der Rußbestandteile fest. Unter bestimmten Fahrbedingungen werden die Rußbestandteile bei Temperaturen zwischen 550 °C und 700 °C ausgebrannt.

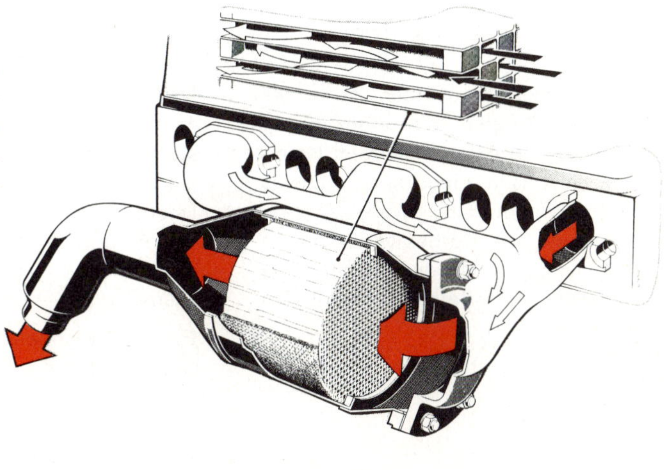

3.3 Bauteile des Dieselmotors

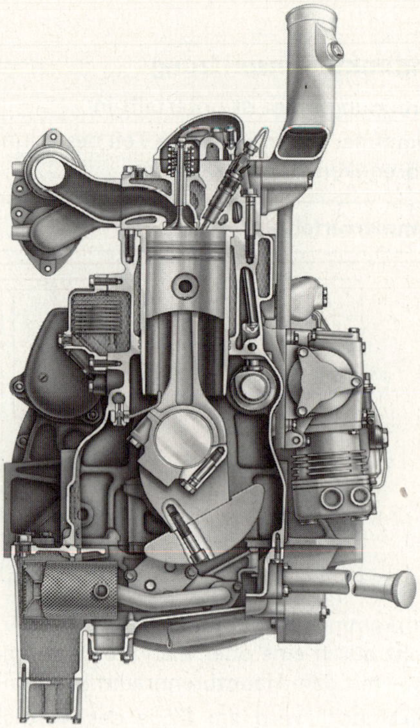

Die hohen Drücke erfordern eine stabilere Ausführung des Dieselmotors. Die Kurbelwelle ist meist nach jeder Kröpfung gelagert. Ihre Wellenzapfen besitzen einen größeren Querschnitt, was wiederum einen größeren Pleuellagerdurchmesser erfordert. Um die Pleuelstange durch den Zylinder ausbauen zu können, ist der Pleuelfuß schräg geteilt.

Die Boden- und Ringzonen der Kolben sind sehr kräftig gegen die Bolzenaugen abgestützt und durch ebenso kräftig bemessene Übergangsquerschnitte mit dem Schaft verbunden.

Besonders hoch belastet sind die oberen Nutenstege. Einmal tritt durch die hohe Wärmebelastung in dem Bereich der Nuten eine Minderung der Materialfestigkeit auf, zum anderen verursachen die z.T. beim Nageln auftretenden hohen Arbeitsdrücke eine hohe Belastung der Stege gerade zu dem Zeitpunkt, wo der Kolben einseitig an der Zylinderlaufbahn anliegt. Die an der Gegenseite halbmondförmig vorstehenden Kolbenringe werden dabei von dem überhöhten Verbrennungsdruck beaufschlagt.

Kolben für Dieselmotoren		
Ringträger-Kolben	**Kolben mit Armierung**	**Kühlkanal-Kolben**
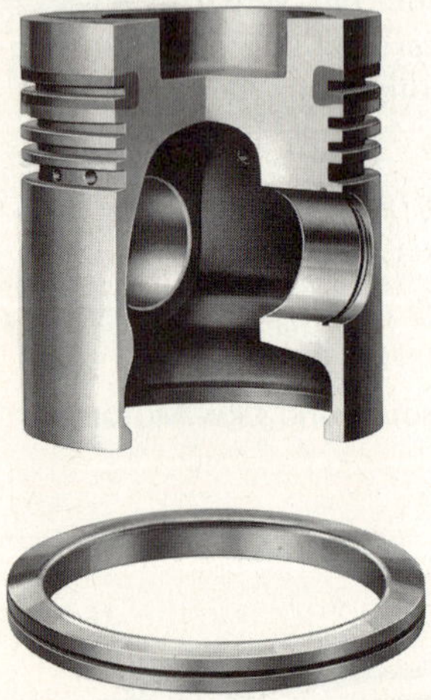	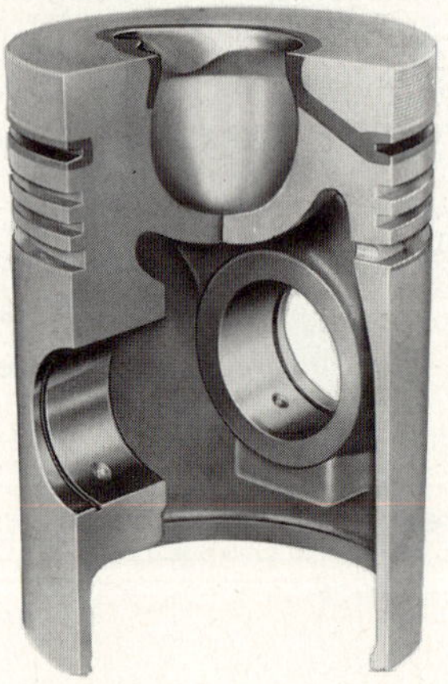	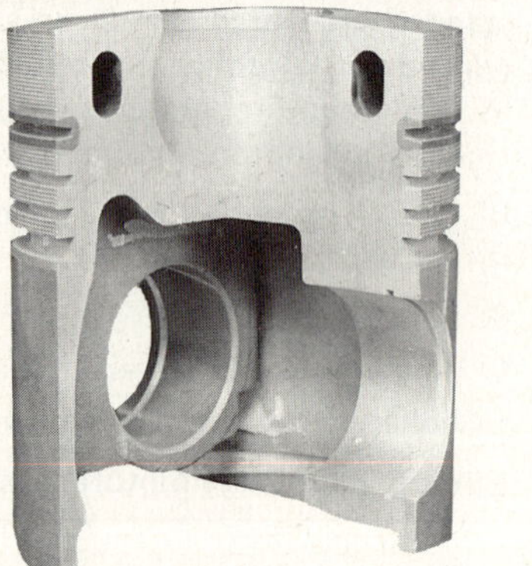
Beim Ringträger-Kolben ist in die oberste Ringnut ein allseitig bearbeiteter Ring aus speziell legiertem Gußeisen eingegossen. Dieses hat eine ähnliche Wärmeausdehnung wie der Kolbenwerkstoff, so daß ein Lösen des Ringträgers während des Betriebs vermieden wird. Einsatz: Dieselmotoren	Neben der Ringnut ist die Brennraumwand mit warmfestem Werkstoff bewehrt, um den durch den Verbrennungsvorgang auftretenden Wärmerissen zu begegnen. Ringträger und Muldenrandschutz bilden ein zusammenhängendes Element. Einsatz: hochbelastete Dieselmotoren	In den Kolbenkopf ist ein ringförmiger Kühlkanal eingegossen. Als Kühlmittel wird Öl verwendet. Das Öl wird durch eine Bohrung in den Kühlkanal gespritzt und fließt durch eine zweite Bohrung in das Kurbelgehäuse zurück. Einsatz: aufgeladene Dieselmotoren

3.4 Vergleich Ottomotor – Dieselmotor

Kenndaten	Ottomotor	Dieselmotor
Erfinder	Nikolaus Otto, 1876	Rudolf Diesel, 1892
Kraftstoffart	Benzin hohe Klopffestigkeit Normalbenzin: 92 OZ Superbenzin: 98 OZ Gefahrenklasse A 1 Flammpunkt: unter 21 °C	Diesel hohe Zündwilligkeit Diesel (Winter) 45 CaZ Diesel (Sommer) 55 CaZ Gefahrenklasse A 2 Flammpunkt: 55 ... 100 °C
Gemischbildung	äußere Gemischbildung im Vergaser	innere Gemischbildung im Zylinder
Luftbedarf	theoretisch 15 : 1 Leerlauf 10 : 1 Teillast 17 : 1 Vollast 13 : 1	theoretisch 16 : 1 Leerlauf, Teillast, Vollast } Luftüberschuß
Zündung	Fremdzündung	Selbstzündung
Drehzahl	3500 ... 4000 1/min	2000 ... 4000 1/min
Drehmoment	Pkw: 30 ... 60 Nm Lkw: 100 ... 150 Nm	Pkw: 100 ... 200 Nm Lkw: 100 ... 700 Nm
Kraftstoffverbrauch	285 ... 345 g/kWh	190 ... 285 g/kWh
Leistungsgewicht	4 ... 8 kg/kW	8 ... 13,5 kg/kW
Hubraumleistung	22 ... 48 kW/l	9,5 ... 19 kW/l
Ansaugen		
Unterdruck im Ansaugrohr	0,1 ... 0,2 bar	0,1 ... 0,2 bar
Ansaugtemperatur	50 ... 100 °C	70 ... 100 °C
Füllung des Zylinders	70 ... 90 %	80 ... 90 %
Verdichten		
Verdichtungsverhältnis	8 : 1 ... 11 : 1	14 : 1 ... 21 : 1
Enddruck	10 ... 15 bar	30 ... 50 bar
Höchsttemperatur nach Verdichtung	400 ... 600 °C	700 ... 900 °C
Arbeiten		
Zündzeitpunkt	5 ... 10° vor OT	–
Einspritzzeitpunkt	–	12 ... 25° vor OT
Zündung	Fremdzündung	Selbstzündung
Verbrennungshöchstdruck	40 ... 60 bar	60 ... 80 bar
Verbrennungshöchsttemperatur	2000 ... 2500 °C	2000 ... 2500 °C
mittlerer Arbeitsdruck	6 ... 10 bar	5 ... 8 bar
Ausstoßen		
Abgastemperatur	Vollast 700 ... 1000 °C Teillast 300 ... 500 °C	Vollast 500 ... 600 °C Teillast 200 ... 300 °C
Abgasdruck	0,2 ... 0,7 bar	0,2 ... 0,5 bar

Abgase	Ottomotor Leerlauf	Ottomotor Teillast	Ottomotor Vollast	Dieselmotor Leerlauf	Dieselmotor Teillast	Dieselmotor Vollast
CO	bis 4,5 %	1 ... 4 %	1 ... 3 %	bis 0,2 %	0,1 %	bis 0,3 %
CO_2	6,5 ... 8 %	7 ... 11 %	12 ... 13 %	3,5 %	5,5 %	7 %
H_2O	7 ... 10 %	9 ... 11 %	10 ... 11 %	3,5 %	5 %	5 %

Wirkungsgrad Energieverluste

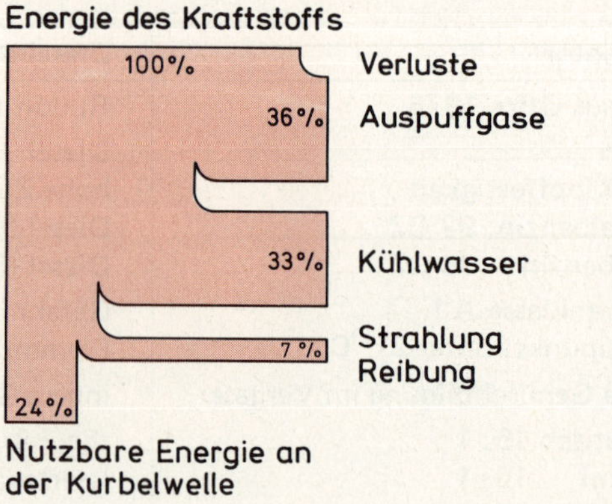

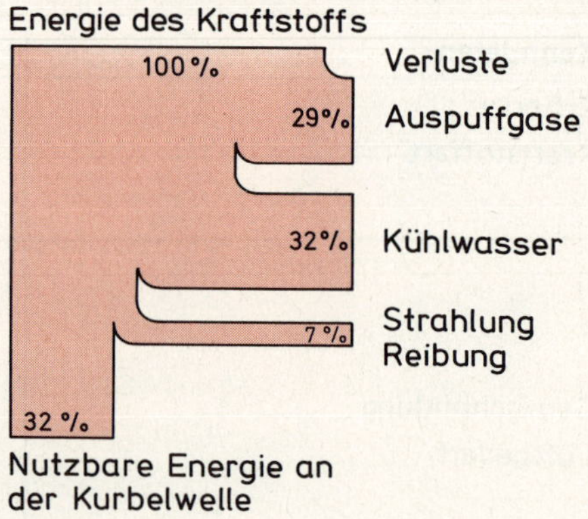

Arbeitsdiagramm

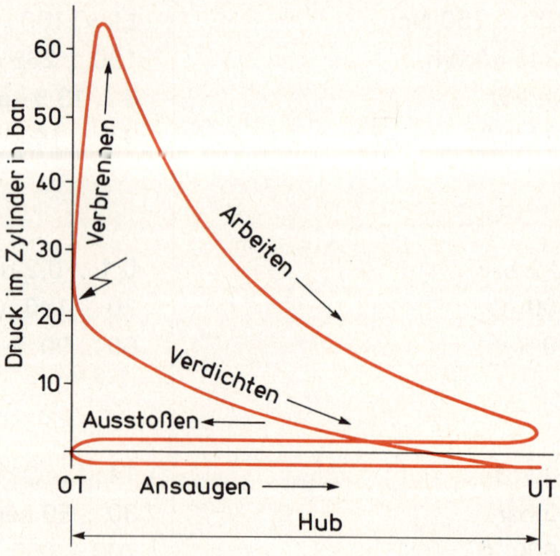

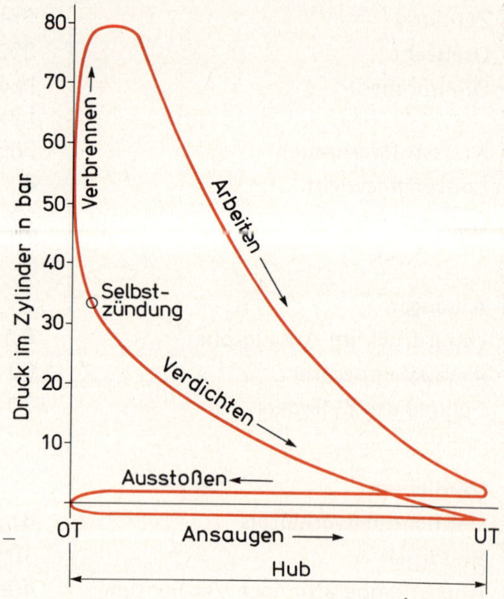

Drehmoment, Leistung

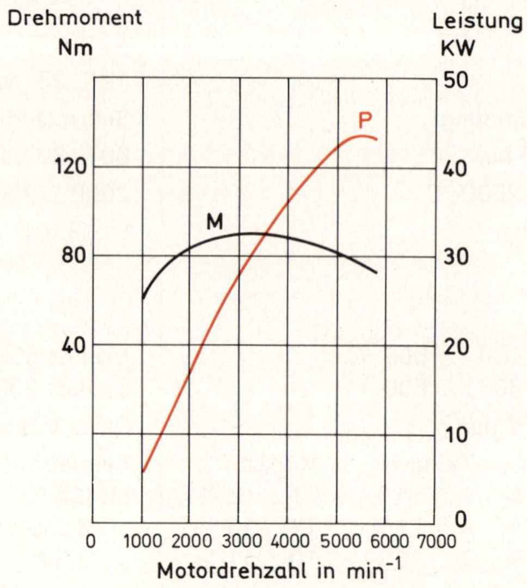

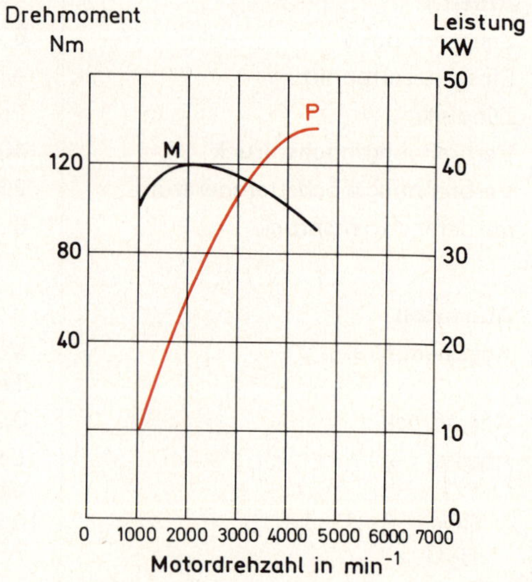

ZUSAMMENFASSUNG Dieselmotor und Gemischbildungsverfahren

Dieselmotor

1. Takt

Ansaugen

Reine Luft wird angesaugt.

2. Takt

Verdichten

Verdichtung:
14 : 1 ... 22 : 1

Verdichtungsenddruck:
30 ... 55 bar
Lufttemperatur:
700 ... 900 °C

Kurz vor OT wird Kraftstoff eingespritzt.

3. Takt

Arbeiten

Kraftstoff verdampft und verbrennt

Verbrennungshöchstdruck: 60 ... 80 bar

Verbrennungshöchsttemperatur:
2000 ... 2500 °C

4. Takt

Ausstoßen

Die Abgase puffen durch das offene Auslaßventil.

Zündverzug

Zeit zwischen Einspritzbeginn und Selbstzündung:
1/1000 ... 15/10 000 s.

Zündverzug ist um so kürzer,

- je höher verdichtet wird,
- je feiner der Kraftstoff zerstäubt wird,
- je inniger Luft und Kraftstoff vermischt sind.

Gemischbildungsverfahren

Gemischbildung

Gefördert durch

- Zerstäubung des Kraftstoffs
- Luft- bzw. Gemischverwirbelung im Verbrennungsraum

Direkte Einspritzung

- Verbrennungsraum nicht unterteilt
- Kraftstoff wird direkt mit einer Mehrlochdüse in den Brennraum gespritzt.

Indirekte Einspritzung

Verbrennungsraum ist unterteilt in

- Brennkammer und
- Hauptverbrennungsraum.

Kraftstoff wird in Brennkammer mit Zapfendüse eingespritzt.

Direkteinspritzung

Brennraum = kompakte Mulde im Kolben

Luftbewegung durch

- Einlaßdrallkanal
- Mulde beim Verdichten

Gemischbildung:
Mehrlochdüse spritzt Kraftstoff in verwirbelte Luft.

Einspritzdruck:
175 ... 200 bar

MAN-M-Verfahren

Brennraum = kugelförmige Brennraummulde im Kolben

Luftverwirbelung durch

- Einlaßdrallkanal
- Kugelbrennraum

Gemischbildung:
Einlochdüse spritzt Kraftstoff auf Brennraumwand.

Luftwirbel dampft Kraftstoff schichtweise ab.

Einspritzdruck: 175 bar

Vorkammer-Verfahren

Förderung der Gemischbildung durch

- Teilverbrennung des Kraftstoffs in Vorkammer infolge Sauerstoffmangel
- Restkraftstoff wird in Hauptbrennraum geblasen.
- Restverbrennung

Einspritzdruck:
100 ... 125 bar

Wirbelkammer-Verfahren

Luftbewegung durch

- Verwirbelung der Luft beim Verdichten in der Wirbelkammer

Gemischbildung:
Einspritzung des Kraftstoffs in den Luftwirbel

Einspritzdruck: 120 bar

Bauteile:

Kolben

- Ringträger-Kolben mit eingegossenem Ringträger in oberer Ringnut
- Kolben mit Armierung der ersten Ringnut und des Brennraumes
- Kühlkanal-Kolben

Pleuelstange
Schrägteilung des Pleuelfußes zum besseren Ausbau durch den Zylinder

ANALYSE Ausgeführte Dieselmotoren

1. Bestimmen Sie das Gemischbildungsverfahren.
2. Beschreiben Sie die Gemischbildung.

Pkw-Diesel

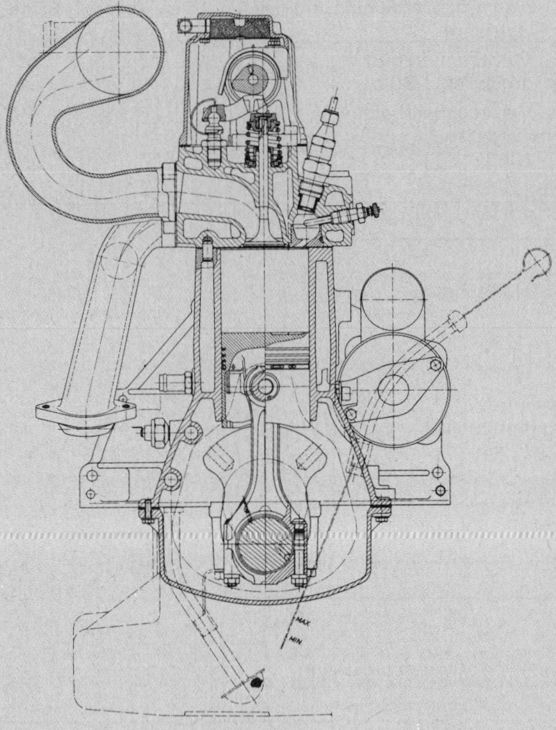

Pkw-Diesel

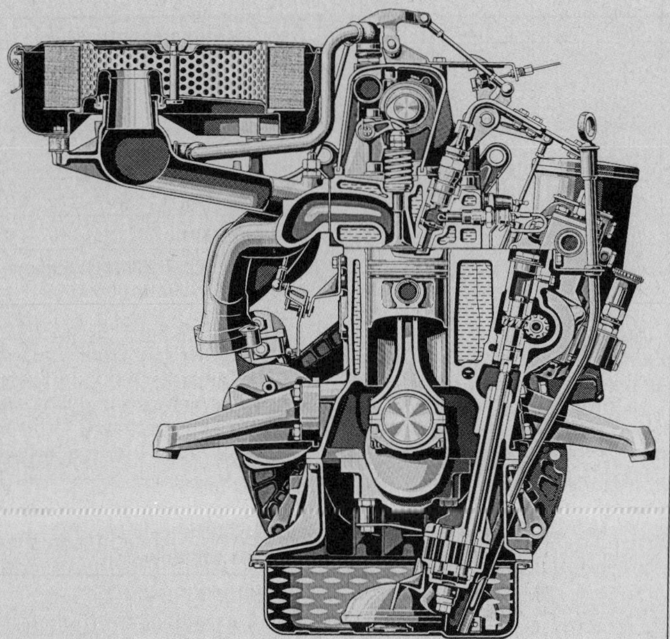

Lkw-Diesel

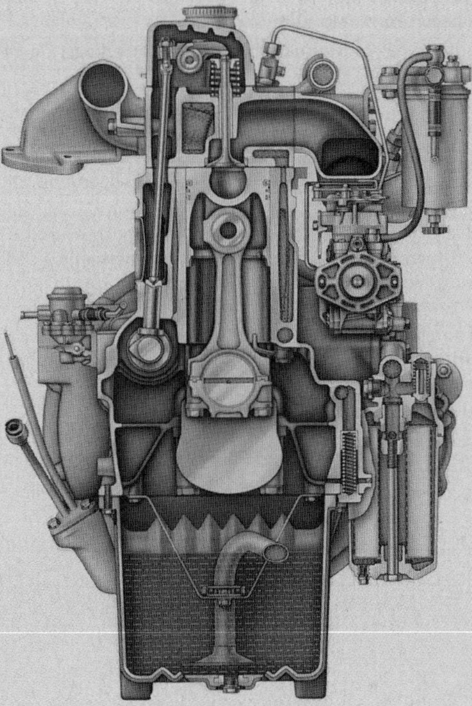

Lkw-Diesel

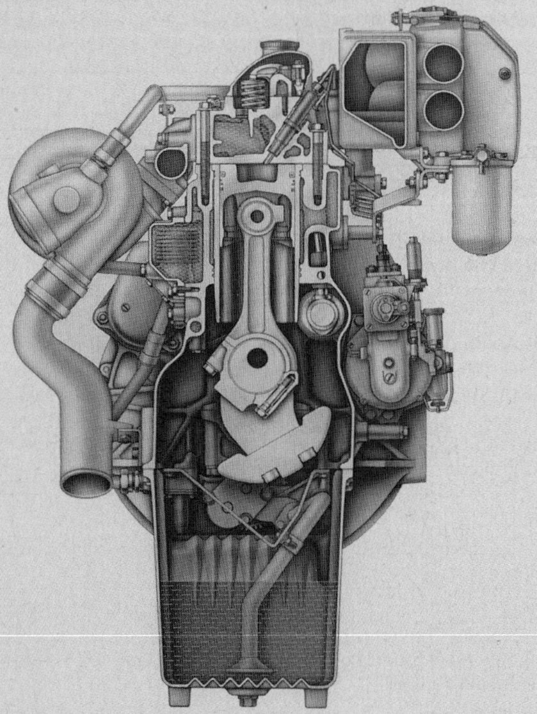

ARBEITSPLANUNG Dieselmotor

Entwickeln Sie den Arbeitsplan für die dargestellte Instandsetzungsarbeit, indem Sie

- die Reihenfolge der Arbeitsschritte,
- die Auswahl der Werkzeuge,
- die zu beachtenden Arbeitsregeln,
- die erforderlichen Ersatzteile

angeben und begründen.

3.5 Dieseleinspritzanlage

Ein Dieselmotor stößt schwarzen Dieselqualm aus.

Eine Einstellung des Regelstangenanschlags ergibt keine Besserung. Eine Prüfung des Öffnungsdruckes zeigt einen Wert von 80 bar.

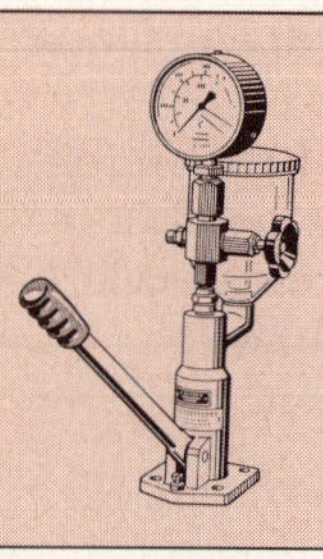

Aufgabe der Einspritzanlage ist es, den Kraftstoff in den Verbrennungsraum einzuspritzen und zwar

- in genau dosierter Menge entsprechend der Motorbelastung,
- zum richtigen Zeitpunkt,
- während eines genau festgelegten Zeitintervalls,
- mit dem notwendigen Druck.

Die Einspritzanlage besteht aus folgenden Aggregaten:

- Kraftstoff-Filter
- Kraftstoff-Förderpumpe
- Einspritzpumpe
- Regler
- Spritzversteller
- Düsenhalter und Einspritzdüsen

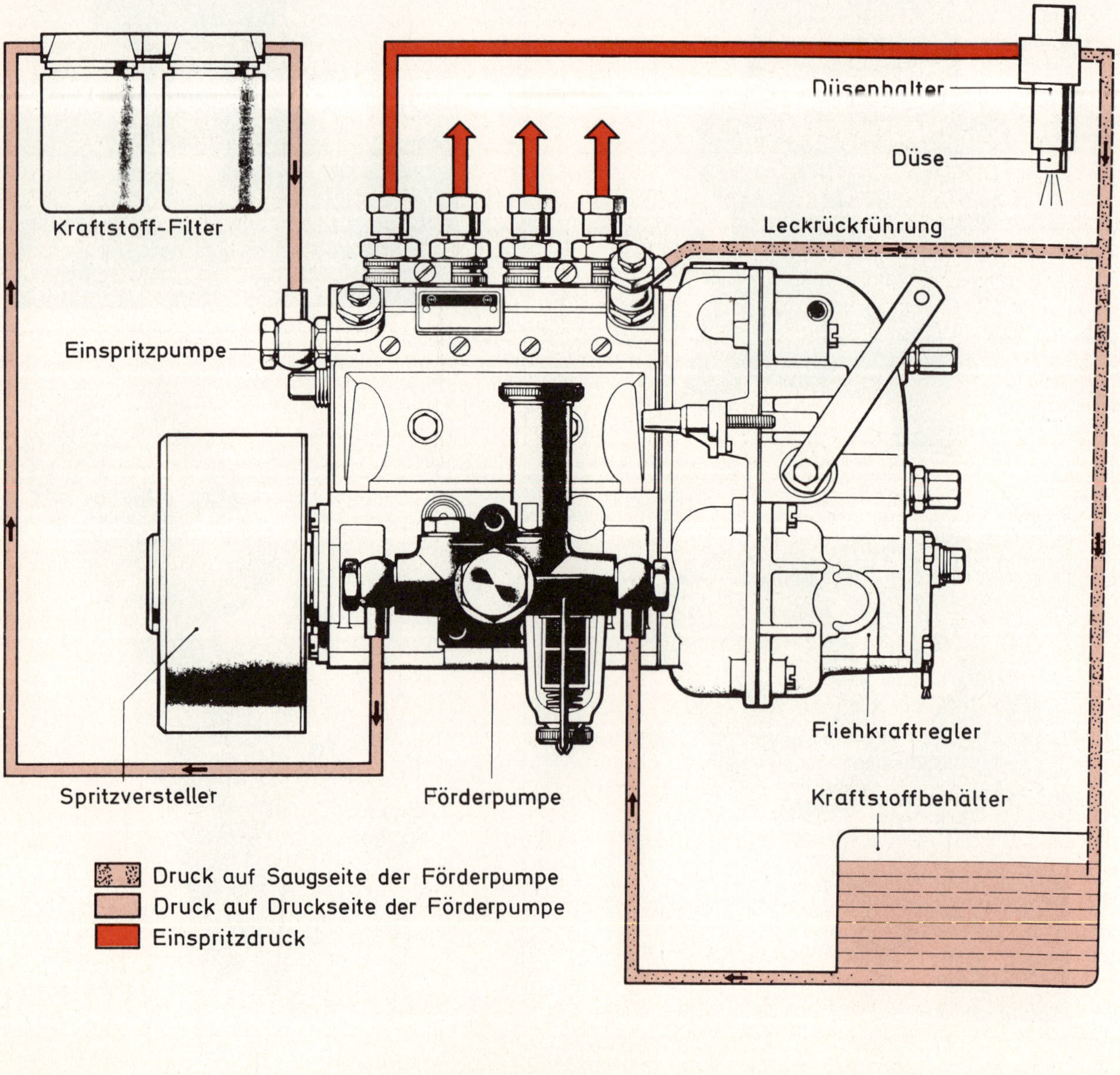

3.5.1 Kraftstoff-Förderpumpe

Die Kraftstoff-Förderpumpe saugt Kraftstoff aus dem Kraftstoffbehälter an und fördert ihn unter etwa 1 bar Überdruck durch das Kraftstoff-Filter in den Saugraum der Einspritzpumpe.

Der Kolben der Pumpe ist nicht starr mit dem Rollenstößel verbunden, d.h. Druckbolzen, Rollenstößel und Kolben liegen lose aufeinander. Die Pumpe wird von einem Antriebsexzenter, der auf der Nockenwelle der Einspritzpumpe sitzt, angetrieben. Die Kolbenfeder führt den Kolben in die OT-Stellung. Eine angebaute Handpumpe dient zum Füllen bzw. Entlüften der Anlage.

Die einfachwirkende Förderpumpe fördert nur nach jedem zweiten Hub.

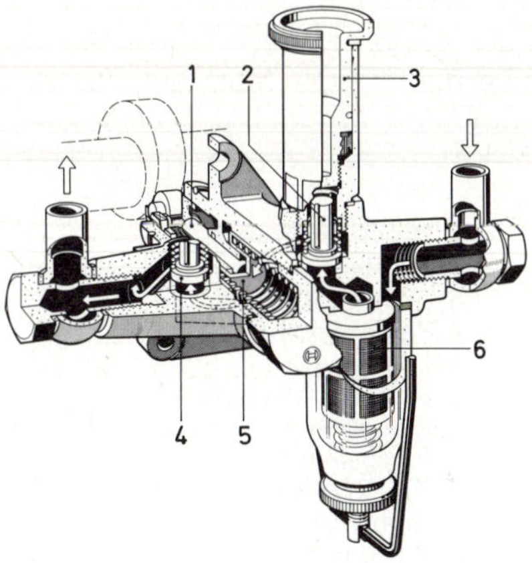

1 Stößel
2 Rückschlagventil (Saugseite)
3 Handpumpe
4 Rückschlagventil (Druckseite)
5 Kolben
6 Vorreiniger

Zwischenhub

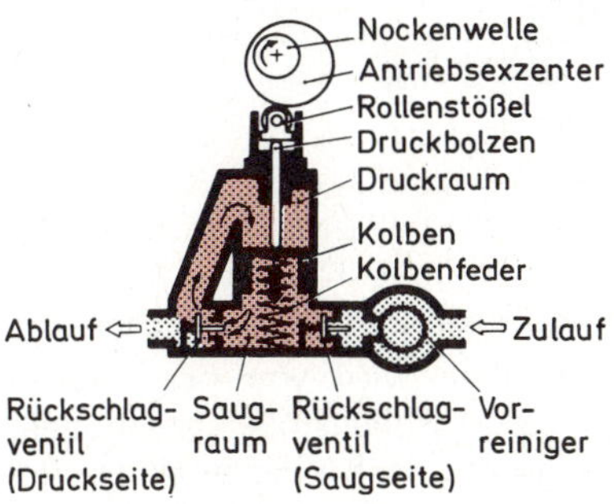

Der Antriebsexzenter drückt den Kolben über Rollenstößel und Druckbolzen nach unten. Der Kraftstoff strömt über das Rückschlagventil (Druckseite) aus dem Saugraum zum Druckraum. Das Rückschlagventil (Saugseite) ist geschlossen. Die Kolbenfeder wird gespannt.

Saug- und Förderhub

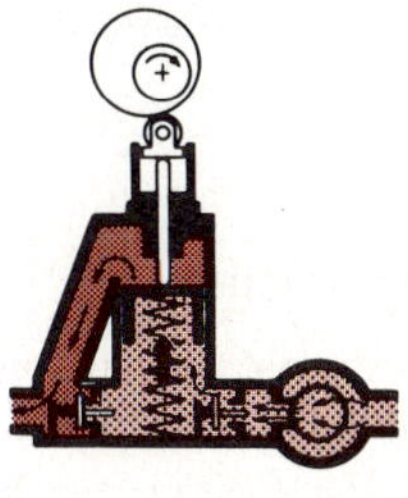

Nach Überschreiten des größten Exzenterhubes geht der Kolben durch die Kraft der gespannten Kolbenfeder nach oben. Dabei wird

- Kraftstoff aus dem Druckraum zur Einspritzpumpe gefördert,
- Kraftstoff aus dem Kraftstoff-Behälter über das Rückschlagventil (Saugseite) in den Saugraum angesaugt.

Wird von der Einspritzpumpe die geförderte Kraftstoffmenge nicht abgenommen, steigt der Druck in den Förderleitungen an. Dieser höhere Druck wirkt auf die Druckseite des Kolbens entgegen der Federkraft. Die Kolbenfeder schiebt den Kolben nur um einen Teil des vollen Hubes nach oben. Je größer der Druck in der Förderleitung ist, desto kleiner wird die Fördermenge. Die Fördermenge kann nahezu „Null" werden. Die Förderung ist also elastisch.

3.5.2 Kraftstoff-Filter

Die Bauelemente der Einspritzpumpe, die Einspritzdüsen sind mit größter Genauigkeit gefertigt und zusammengefügt. Kleinste Fremdkörper beeinträchtigen die Funktion der Elemente. Dieselmotoren stellen daher hohe Filteransprüche. Kraftstoff-Filter für Dieselmotoren sind Feinfilter. Die Filtereinsätze müssen in regelmäßigen Abständen erneuert werden (15 000 ... 20 000 Fahrkilometer).

Am einfachsten lassen sich Boxfilter austauschen. Der Boxfilter besteht aus dem Filterdeckel mit den Gewindebohrungen für Kraftstoffzu- und Kraftstoffabfluß und der angeschraubten Filterbox. Die Filterbox besteht aus einem Blechgehäuse mit eingebauten Papierfiltereinsatz.

Es ist zwischen folgenden Boxfiltern zu unterscheiden:

- **Einfachboxfilter**
  Der Kraftstoff fließt durch eine Filterbox.
- **Stufenboxfilter**
  Der Kraftstoff fließt durch zwei hintereinandergeschaltete Filterboxen.
- **Parallelboxfilter**
  Der Kraftstoff wird im Filterdeckel auf beide Filterboxen aufgeteilt.

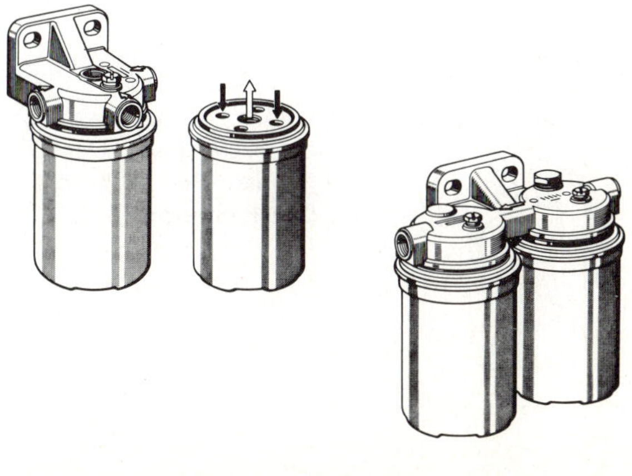

3.5.3 Reiheneinspritzpumpe

Wichtigstes Bauteil der Einspritzpumpe ist das Pumpenelement für die Kraftstoff-Förderung und die Kraftstoff-Regelung. Die Einspritzpumpe besitzt für jeden Motorzylinder ein Pumpenelement.

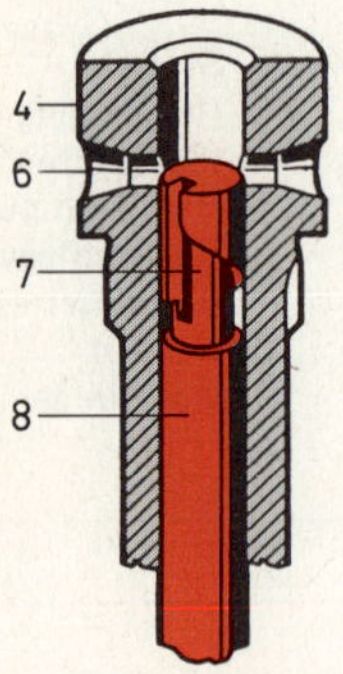

1 Druckventilhalter
2 Füllstück
3 Druckventilfeder
4 Pumpenzylinder
5 Druckventil
6 Saug- und Steuerbohrung
7 Steuerkante
8 Pumpenkolben
9 Regelbuchse
10 Kolbenfahne
11 Kolbenfeder
12 Federteller
13 Rollenstößel
14 Nocken
15 Regelstange

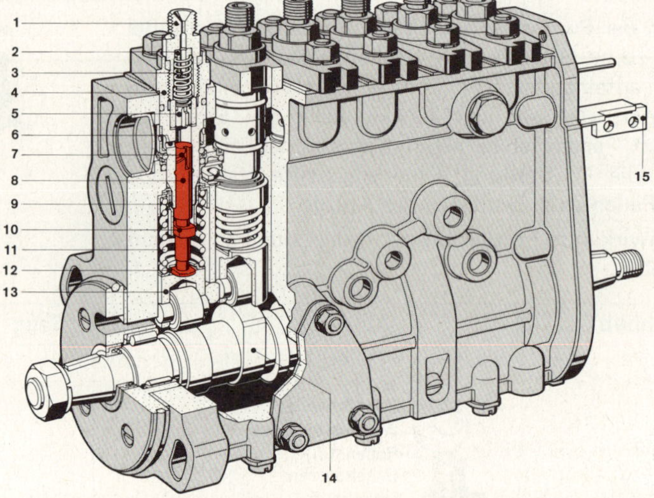

3.5.3.1 Pumpenelement

Das Pumpenelement besteht aus folgenden Bauteilen:

- **Pumpenzylinder**
  Der Pumpenzylinder besitzt zwei Bohrungen (Zweilochelement), durch die der Kraftstoff zufließt: Zulaufbohrung und Steuerbohrung.
- **Pumpenkolben**
  Der Kolben hat am oberen Ende eine Längsnut. Durch eine schraubenlinienförmige Ausfräsung wird eine schräge Kante gebildet. Sie heißt Steuerkante.

Der Pumpenkolben wird von der Nockenwelle der Einspritzpumpe über Rollenstößel angehoben. Die Rückführung erfolgt durch die Kolbenfeder. Der Hub des Kolbens ist immer gleich.

Kraftstoff strömt zu

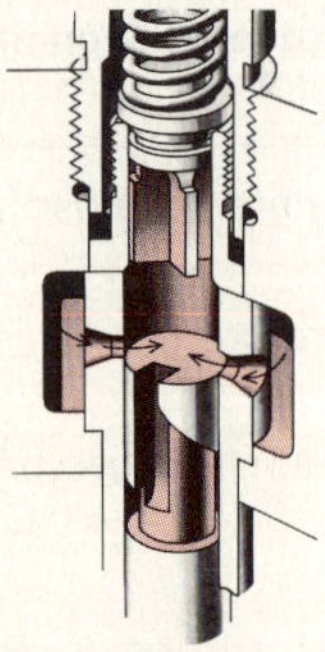

Der Kolben steht im unteren Totpunkt. Der Pumpenkolben gibt die Zulauf- und Steuerbohrung frei. Kraftstoff strömt zu.

Förderbeginn

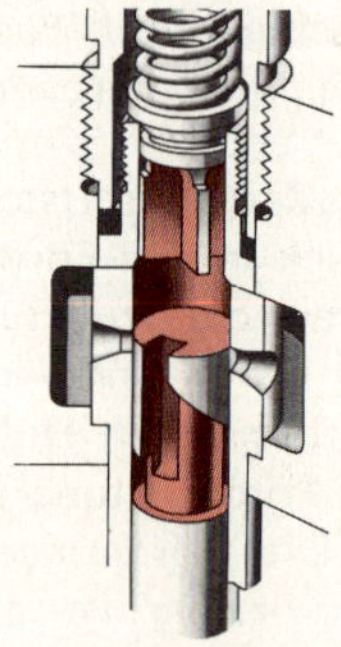

Der Kolben bewegt sich nach oben. Die Förderung beginnt, sobald die Kolbenoberkante die Steuerbohrung verschließt.

Förderung

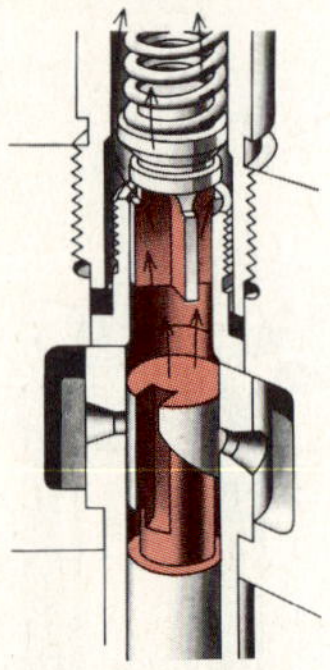

Der Kolben drückt das Fördervolumen nach oben. Das Druckventil öffnet. Der Kraftstoff wird in die Druckleitung gefördert.

Förderende

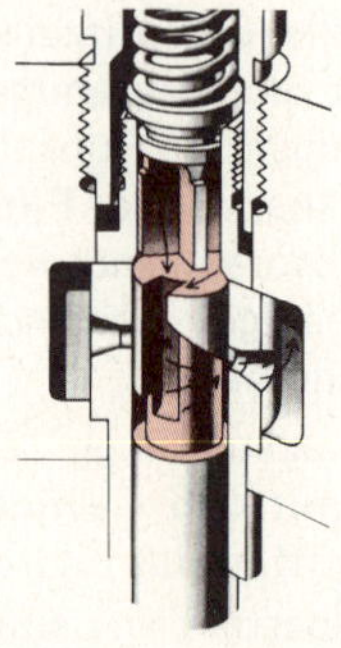

Die Förderung ist zu Ende, sobald die Steuerkante die Steuerbohrung freigibt. Hochdruckraum und Saugraum stehen über die Längsnut in Verbindung. Die Menge, die der Kolben bis zum OT verdrängt, strömt in den Saugraum zurück. Das Druckventil schließt.

Regelung der Fördermenge

Die Kraftstoffördermenge wird durch Verdrehen des Kolbens gesteuert. Um den Pumpenkolben verdrehen zu können, ist über den Pumpenzylinder eine Regelhülse mit aufgeklemmten Zahnsegment geschoben. Die Regelhülse besitzt am unteren Ende zwei Längsschlitze, in denen die Kolbenfahne gleitet. Die verzahnte Regelstange greift in die Verzahnungen aller Regelhülsen ein.

Beim Verschieben der Regelstange verdreht sich – über Zahnsegment, Regelhülse, Kolbenfahne – der Pumpenkolben.

Der Förderbeginn ist immer gleich, das Förderende wird durch die Stellung der Steuerkante bestimmt.

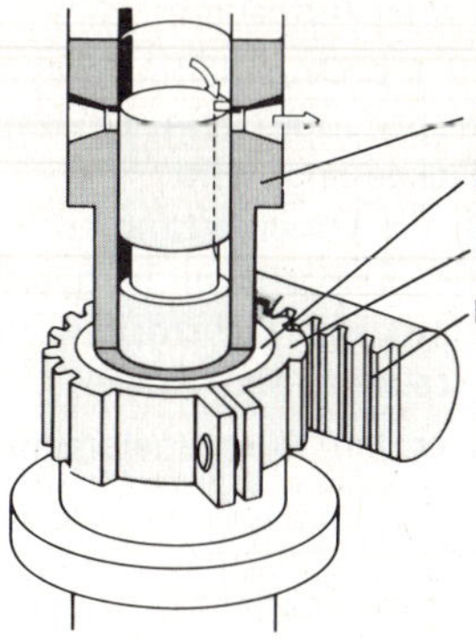

Vollförderung	Teilförderung	Nullförderung
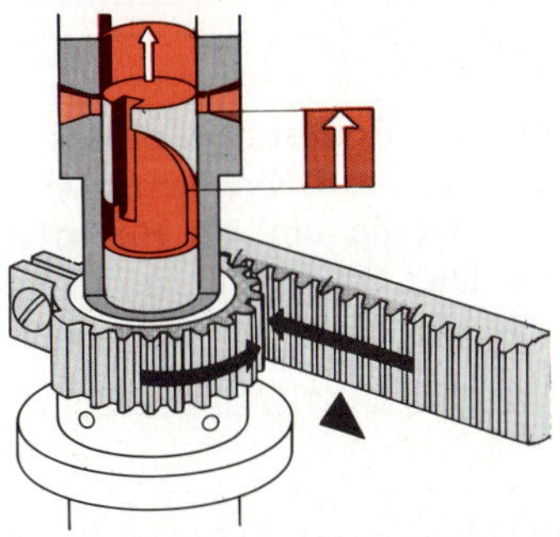	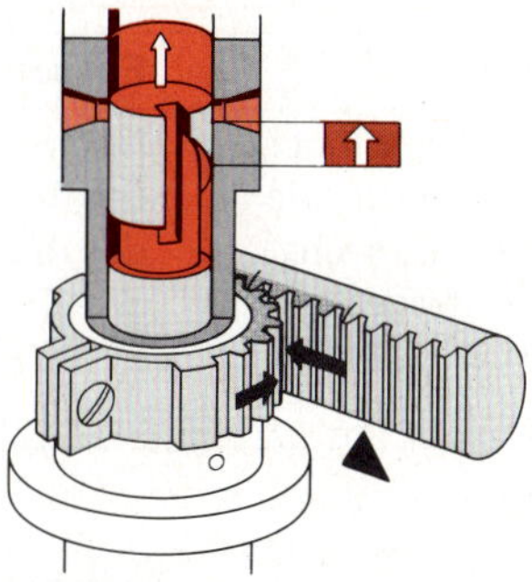	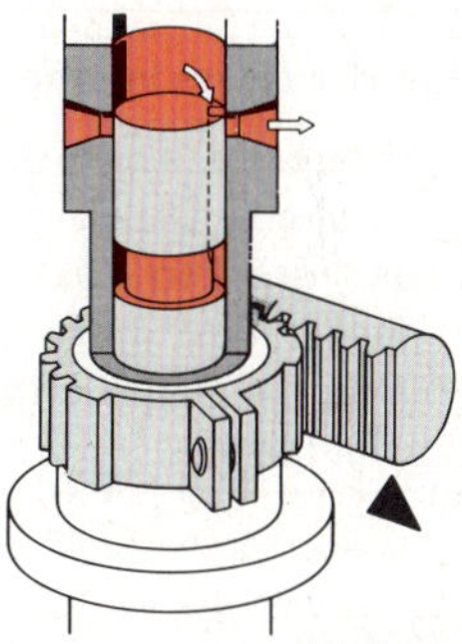
Der Kolben ist so verstellt, daß die schräge Steuerkante die Zulaufbohrung erst sehr spät freigibt. Der Förderhub und damit die Fördermenge ist groß.	Wird der Kolben weiter nach links verdreht, so gibt die Steuerkante die Zulaufbohrung und damit den Rücklauf früher frei. Der Förderhub und die Fördermenge sind geringer.	Wird der Kolben so weit verdreht, daß die Längsnut über der Zulaufbohrung steht, so fließt bei jedem Hub der Kraftstoff über die Längsnut zurück in den Saugraum. Es wird kein Kraftstoff gefördert.

Der Weg der Regelstange wird durch einen Anschlag begrenzt (Vollastmenge), um zu verhindern, daß zu viel Kraftstoff eingespritzt wird und der Motor raucht (schwarzer Auspuffqualm).

Fester Regelstangenanschlag

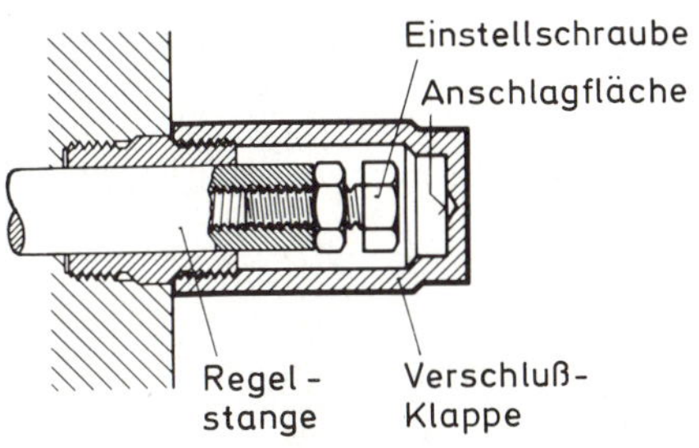

Der Weg der Regelstange wird durch die Verschlußkappe begrenzt. Der Anschlag ist durch eine Schraube, die mit einer Gegenmutter gesichert ist, auf Vollastmenge oder Startmenge eingestellt. Das hängt davon ab, wo die größere Kraftstoffmenge benötigt wird.

Federnder Regelstangenanschlag

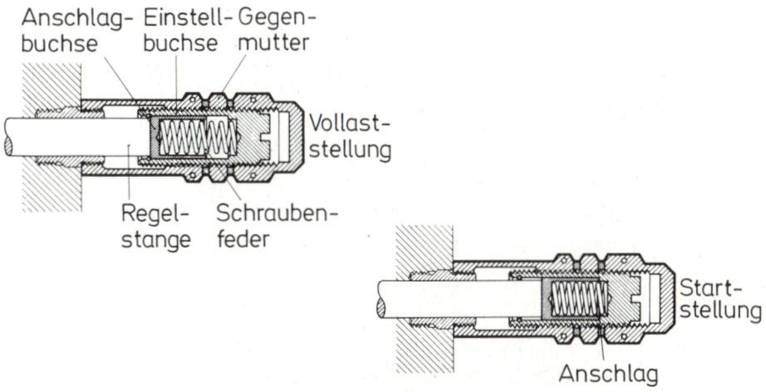

Der Anschlag begrenzt den geförderten Kraftstoff bei Pumpendrehzahlen über 400 ... 500 1/min auf Vollastmenge. Tritt der Fahrer beim Starten das Fahrpedal durch, gibt die Feder in der Anschlagbuchse nach. Der Regelstangenweg und damit die Fördermenge wird größer als bei Vollast. Ist der Motor angesprungen, zieht der Regler die Regelstange in die Leerlaufstellung zurück.

Druckventil

Das Druckventil erfüllt zwei Aufgaben:

- Das Druckventil soll die Druckleitung schließen, damit nach beendeter Einspritzung kein Kraftstoff von der Einspritzpumpe zurückgesaugt wird.
- Das Druckventil soll die Druckleitung entlasten, um ein rasches Schließen der Düsennadel in der Einspritzdüse zu erreichen und damit ein Nachtropfen von Kraftstoff in den Verbrennungsraum zu verhindern.

Das Druckventil sitzt über dem Pumpenelement. Das Druckventil besteht aus

- dem Ventilträger und
- dem Ventileinsatz.

Der Ventileinsatz besitzt einen Ventilkegel und einen Entlastungskolben, der saugend in den Ventilträger paßt.

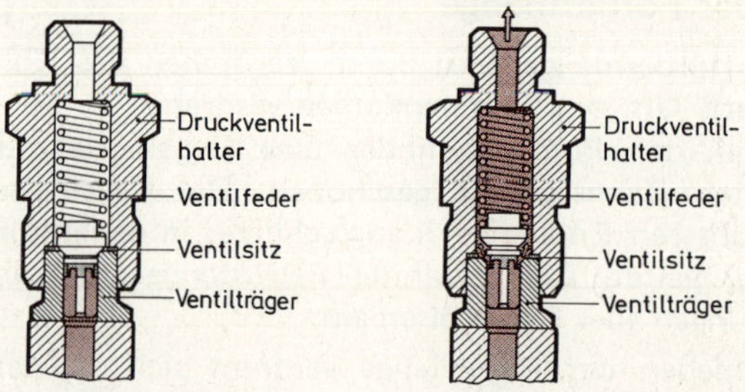

a) geschlossen b) bei Förderung

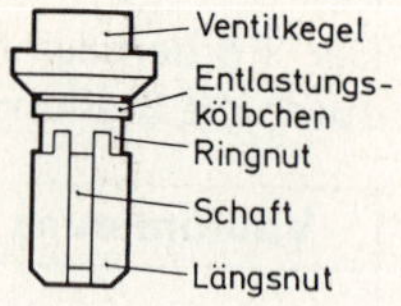

Abschluß der Druckleitung	Entlasten der Druckleitung
Nach Förderende sinkt der Druck im Pumpenzylinder ab. Der höhere Druck in der Druckleitung und die Ventilfeder drücken das Ventil nach unten. Zunächst taucht der Entlastungskolben in den Ventilträger ein und schließt die Druckleitung gegen den Druckraum der Einspritzpumpe ab.	Nach dem Eintauchen des Entlastungskolbens sinkt der Ventilkegel auf seinen Sitz. Dabei vergrößert sich das Volumen der Druckleitung um das Hubvolumen des Entlastungskolbens. Dies führt zu einem schnellen Druckabfall in der Druckleitung, die Einspritzdüse schließt sofort.

3.5.3.2 Regler

Dieselmotoren sind in ihrem Drehzahlverhalten nicht konstant. Sie haben das Bestreben

- im Leerlauf stehen zu bleiben,
- die höchstzulässige Drehzahl zu überschreiten, d.h. durchzugehen.

Aufgabe des Reglers ist es,

- die Leerlaufdrehzahl nach unten,
- die Höchstdrehzahl nach oben zu begrenzen.

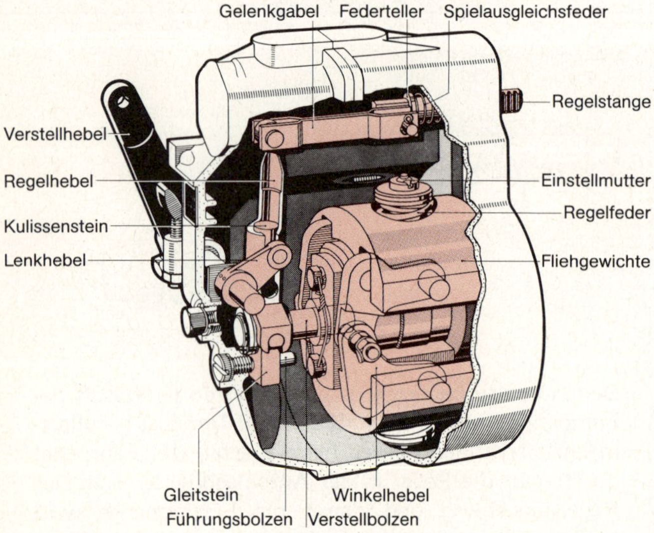

Zwischen Leerlauf- und Höchstdrehzahl ist der Regler nicht wirksam. In diesem Bereich erfolgt die Drehzahländerung durch den Fahrer mit dem Fahrpedal.

Der mechanische Regler besitzt 2 Fliehgewichte, die über ein Hebelsystem – Winkelhebel, Verstellbolzen, Gleitstein, Regelhebel – mit der Regelstange verbunden sind.

Das Fahrpedal ist ebenfalls über ein Hebelsystem – Verstellhebel, Lenkhebel, Kulissenstein, Regelhebel – mit der Regelstange verbunden.

Jedes Fliehgewicht verfügt über einen Federsatz:

- Leerlauffeder (äußere Feder)
- Endregelfedern (zwei innere Federn)

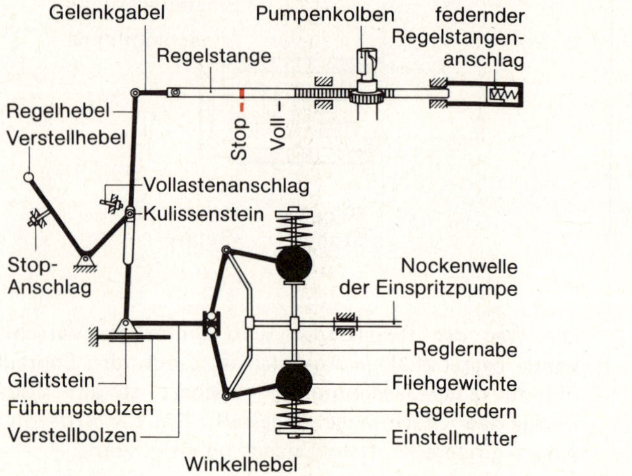

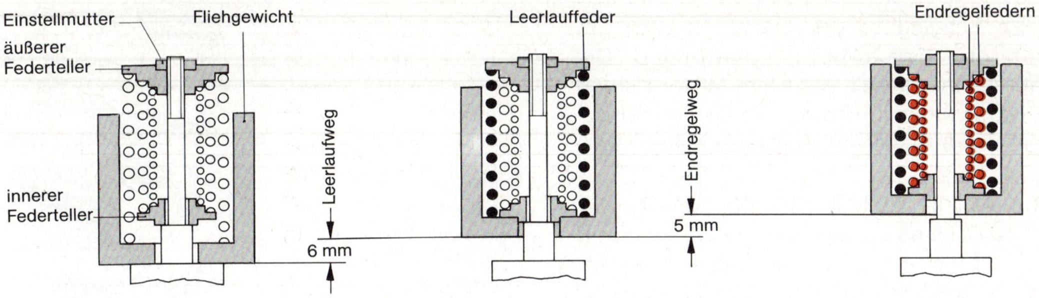

Stillstand des Motors	Leerlauf/Teillast	Vollast
Die Leerlauffeder stützt sich zwischen Fliehgewicht und äußerem Federteller ab. Die Endregelfedern liegen zwischen dem äußeren und inneren Federteller.	Im Leerlauf nehmen die Fliehgewichte die Stellung ein, in der die Fliehkraft und die Federkraft der Leerlauffeder sich gegenseitig aufheben. Mit zunehmender Drehzahl liegen die Fliehgewichte nach Überwindung des Leerlaufweges am inneren Federteller an. In dieser Stellung bleiben sie, bis die Enddrehzahl erreicht ist.	Überschreitet der Motor die Höchstdrehzahl, wandern die Fliehgewichte gegen die Federspannung aller Federn nach außen.

Die Bewegung der Fliehgewichte wird über das Hebelsystem auf die Regelstange übertragen.

Starten

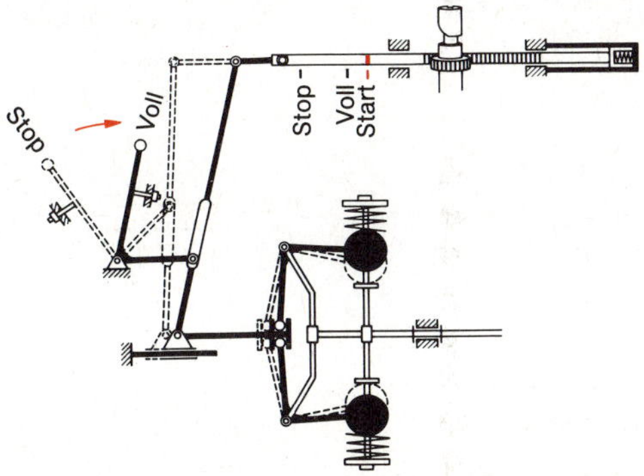

Das Fahrpedal wird bis zum Anschlag durchgetreten. Die Regelstange geht nach Überwindung der Schraubenfeder im federnden Regelstangenanschlag in Startstellung.

Leerlaufstellung

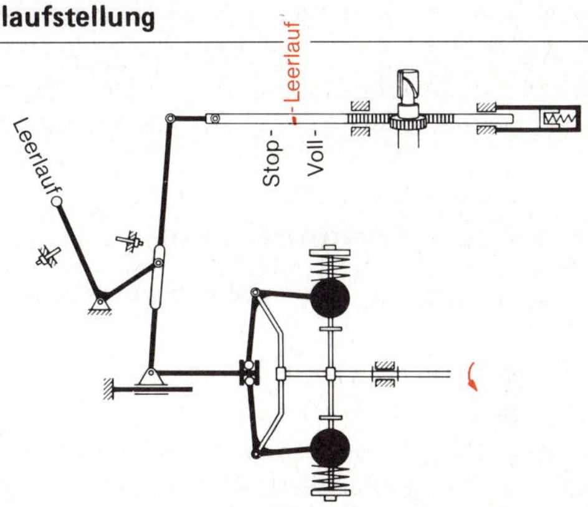

Nachdem der Motor angesprungen und das Fahrpedal losgelassen ist, geht die Regelstange in Leerlaufstellung. Nimmt die Leerlaufdrehzahl ab, überwiegt die Federkraft gegenüber der Fliehkraft. Die Fliehgewichte wandern nach innen und verschieben über das Hebelsystem die Regelstange in Richtung „Voll". Die Einspritzmenge und damit die Motordrehzahl nehmen zu.

Teillaststellung

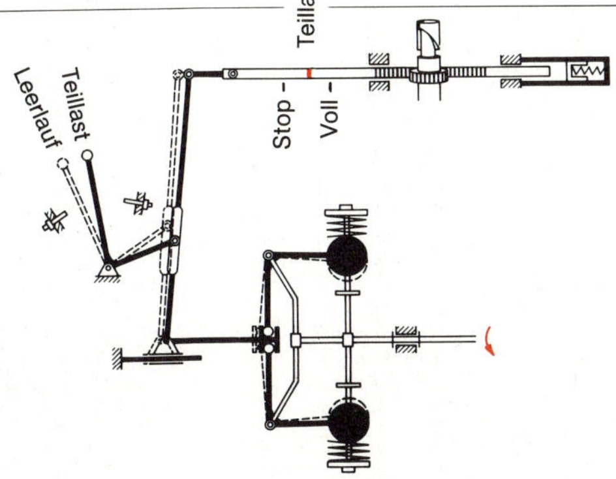

Zwischen Leerlaufdrehzahl und Höchstdrehzahl ist der Regler unwirksam. Die Fliehgewichte liegen am Federteller der Endregelfedern an. Die Regelstange kann vom Fahrer mit dem Fahrpedal verschoben werden.

Enddrehzahlregelung

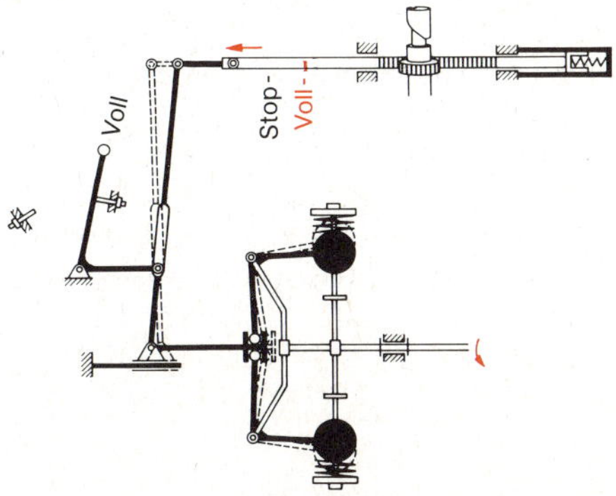

Überschreitet der Motor die Höchstdrehzahl, wandern die Fliehgewichte gegen die Federspannung der Endregelfedern nach außen. Über das Hebelsystem wird die Regelstange in Richtung „Stop" verschoben. Die Einspritzmenge wird geringer, die Motordrehzahl nimmt ab.

3.5.3.3 Spritzversteller

Bei hohen Drehzahlen macht sich der Zündverzug besonders bemerkbar, weil die Entzündung des Kraftstoffs nicht im richtigen Moment der Kolbenstellung stattfindet. Die Folgen sind Geräuschentwicklung, geringere Motorleistung und ungünstige Abgaszusammensetzung. Durch den Spritzversteller kann der Einspritzbeginn drehzahlabhängig vorverlegt werden.

Der Exzenterspritzversteller sitzt auf der Nockenwelle der Einspritzpumpe. Das Gehäuse des Spritzverstellers ist durch eine Schraubenverbindung mit einem Zahnrad verbunden. In Bohrungen der Verstellscheibe sind Exzenter gelagert. Verstell- und Ausgleichsexzenter werden von einem Bolzen geführt, der mit dem Gehäuse verbunden ist. Bolzen der Fliehgewichte greifen in die Bohrung der Verstellexzenter ein.

Der Exzenterspritzversteller wird über Zahnräder vom Motor angetrieben. Die Antriebsbewegung wird durch die Bolzen vom Gehäuse auf die Nabe übertragen. Bei steigender Drehzahl wandern die Fliehgewichte durch die Fliehkraft nach außen. Sie verdrehen dabei die Exzenter. Durch die Drehbewegung der Exzenter wird die Nabe gegen das Gehäuse verstellt.

Der Exzenter-Spritzversteller erlaubt einen maximalen Verstellwinkel bis 30° gegenüber der Motorkurbelwelle.

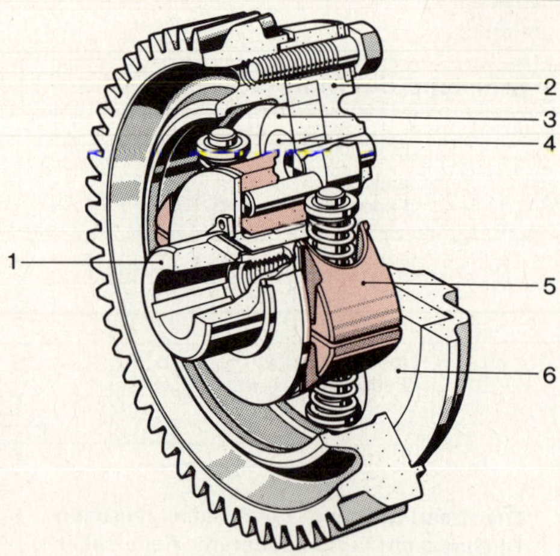

1 Nabe
2 Gehäuse
3 Verstellexzenter
4 Angleichexzenter
5 Fliehgewicht
6 Verstellscheibe

Ruhestellung	hohe Drehzahl
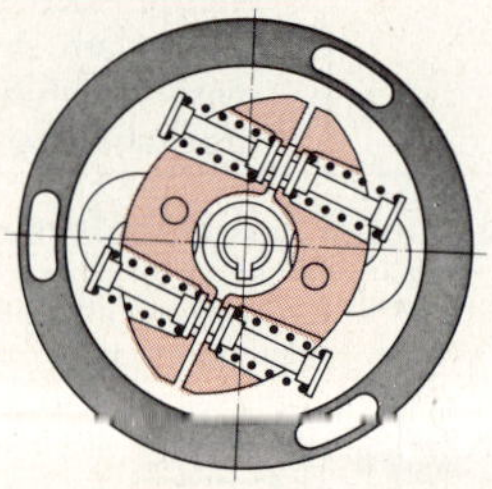	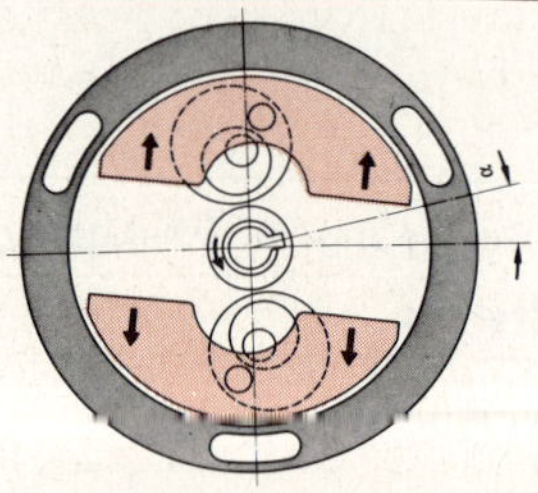

3.5.4 Pumpen für Mehrstoffmotoren

Mehrstoffmotoren können mit verschiedenen Kraftstoffen betrieben werden.

Besondere Merkmale der Einspritzpumpe sind:

- Lecksperre
  Sie soll Leckverluste bei geringerer Kraftstoffviskosität verhindern. Im Pumpenzylinder sind zwei Ringnuten angeordnet. Die obere Nut ist durch eine Bohrung mit dem Saugraum der Pumpe verbunden. Der bei Druckhub zwischen Kolben und Zylinder durchleckende Kraftstoff entspannt sich in dieser Nut und fließt durch die Bohrung in den Saugraum zurück. Die untere Nut mit Zulaufbohrung für Drucköl dient als Lecksperre. In diese Nut wird Öl aus dem Schmierkreislauf des Motors hineingepreßt.
- Rückschlagventil
  Es ist am Eintritt des Sperröls in die Einspritzpumpe angebracht und verhindert das Übertreten von Kraftstoff über die Sperrölleitung in den Schmierkreislauf des Motors.
- Fixierung der Pumpenzylinder durch Sicherungsschrauben, die zugleich als Prallschrauben dienen.

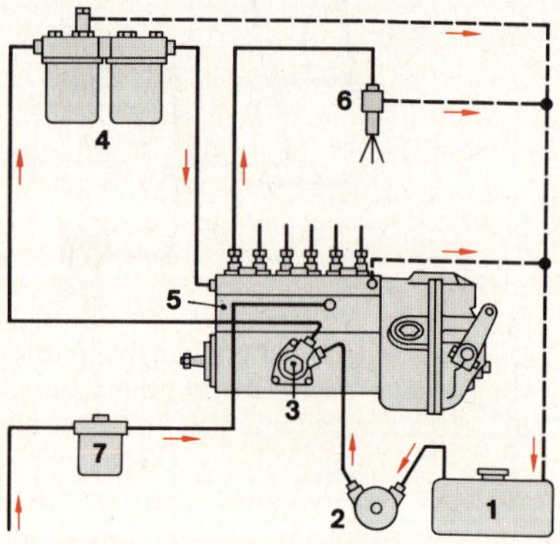

1 Kraftstoffbehälter
2 Vorförderpumpe
3 Förderpumpe
4 Kraftstoffilter
5 Einspritzpumpe
6 Einspritzdüse
7 Schmierölfilter
—— druckführend
– – – drucklos

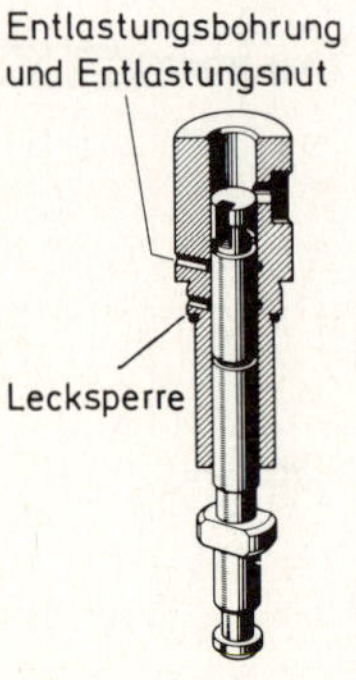

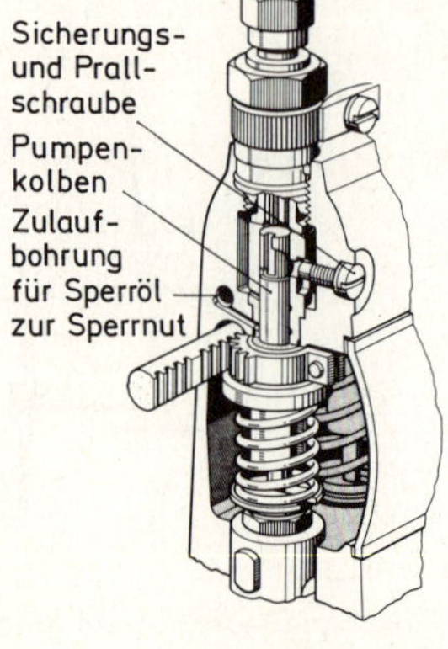

3.5.5 Verteilereinspritzpumpe

Die Verteilerspritzpumpe besitzt im Gegensatz zur Reiheneinspritzpumpe auch für Mehrzylindermotoren nur einen Pumpenzylinder und einen Pumpenkolben. In dem geschlossenen Gehäuse sind folgende Baugruppen vereint:

- Flügelzellen-Förderpumpe (1)
- Hochdruckpumpe mit Verteiler (2)
- mechanischer Drehzahlregler (3)
- elektromagnetisches Abstellventil (4)
- Spritzversteller (5)

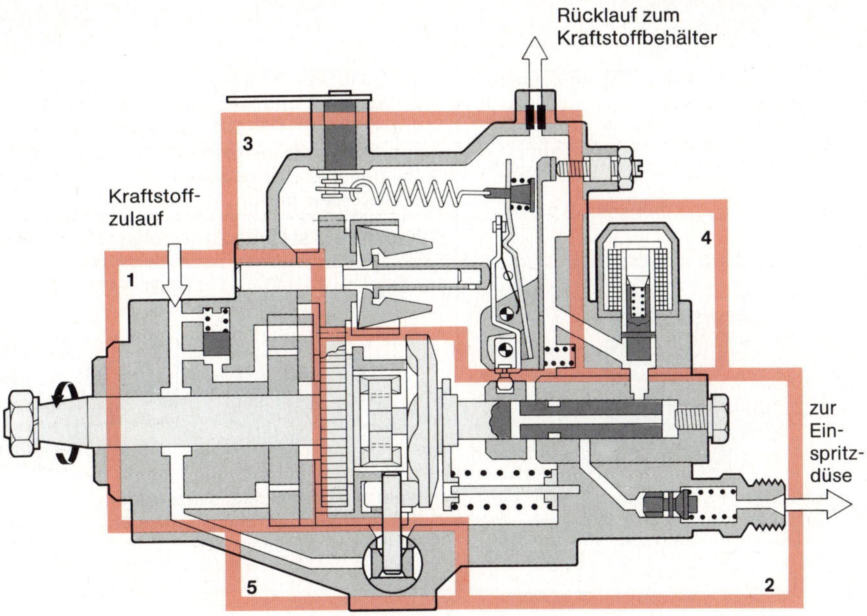

Die Antriebswelle treibt eine Flügelzellen-Förderpumpe an, die den Kraftstoff aus dem Kraftstoff-Behälter ansaugt und in den Pumpeninnenraum fördert. Ein Drucksteuerventil steuert den Pumpeninnenraumdruck in Abhängigkeit von der Drehzahl so, daß mit zunehmender Drehzahl der Druck steigt. Ein Teil des geförderten Kraftstoffs fließt über das Drucksteuerventil zur Saugseite zurück.

Über eine Kreuzscheibe treibt die Antriebswelle die Hubscheibe an. Sie hat so viel Nockenerhebungen wie der Motor Einspritzdüsen hat. Die Nockenbahn der Hubscheibe läuft auf den Rollen des Rollenringes ab. In der Hubscheibe ist der Verteilerkolben mit seinem zylindrischen Paßstück eingesetzt. Die Hubscheibe wandelt die Drehbewegung der Antriebswelle in eine Dreh- und Hubbewegung des Verteilerkolbens um.

Der zum Einspritzen notwendige Druck wird vom Verteilerkolben erzeugt. Bei der Kraftstoffzumessung steht bei einem Vierzylindermotor für einen Hub eine Viertel Umdrehung des Verteilerkolbens zur Verfügung.

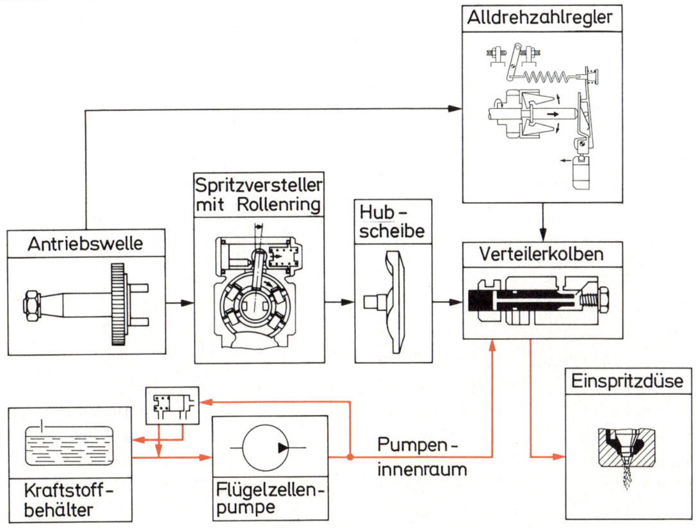

Kraftstoff-Zumessung durch Verteilerkolben

Kraftstoff strömt zu

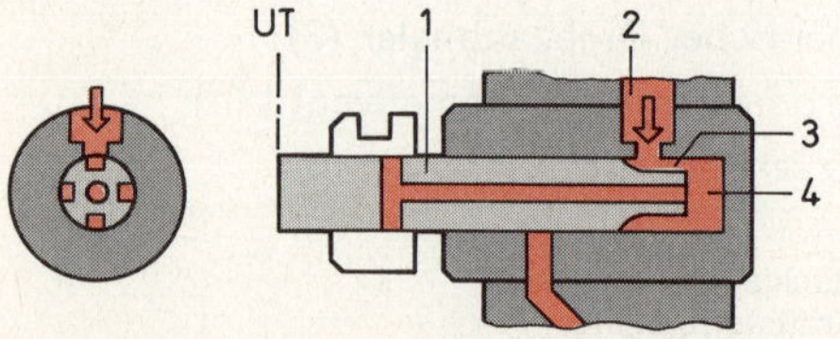

Der Kraftstoff strömt über den Zulaufkanal (2) und einen Steuerschlitz (3) in den Hochdruckraum (4).

Förderbeginn

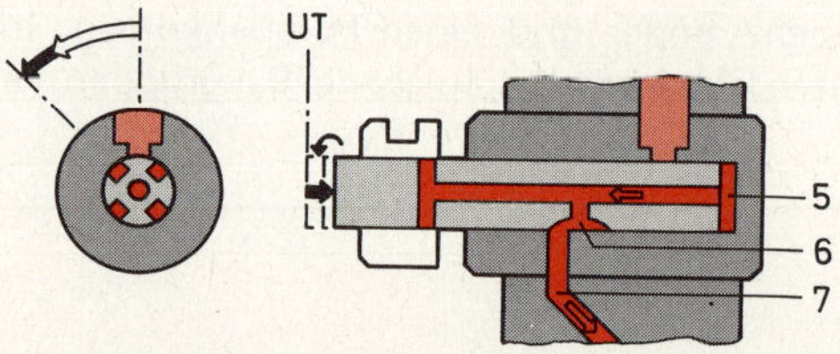

Während der Hubbewegung schließt der Verteilerkolben den Zulaufkanal und setzt den Kraftstoff im Hochdruckraum (5) unter Druck. Die Drehbewegung bewirkt, daß der Kraftstoff zur Einspritzdüse gefördert wird, wenn sich die Verteilernut (6) des Verteilerkolbens mit der Auslaßbohrung (7) des Verteilerkörpers deckt.

Förderende

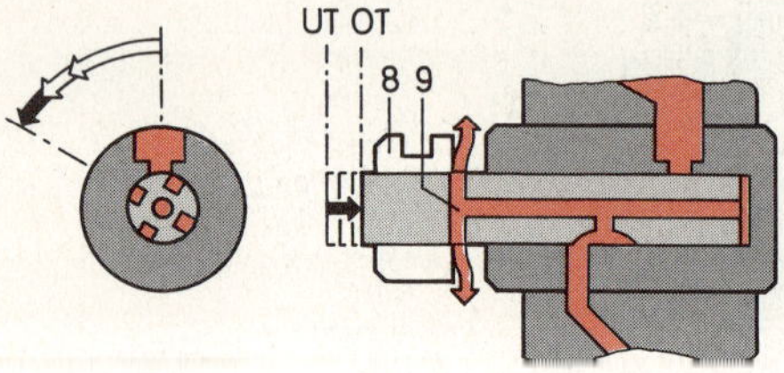

Das Einspritzende und damit die Fördermenge ist von der Stellung des Regelschiebers (8) abhängig. Er gibt über die Absteuerbohrung (9) den Weg vom Pumpendruckraum in den Pumpeninnenraum frei.

Kraftstoff strömt zu (nächster Zylinder)

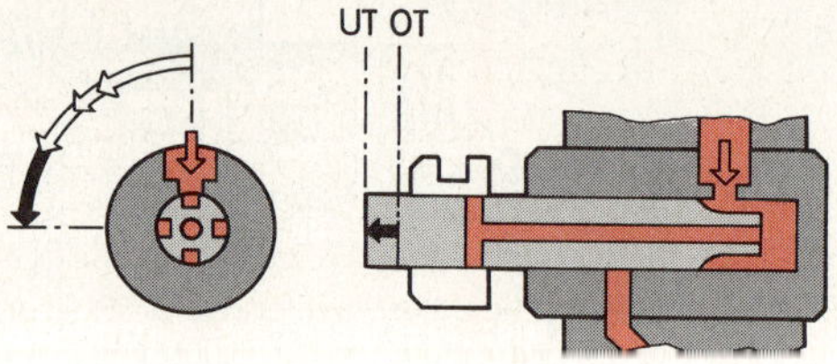

Beim Kolbenrücklauf wird durch die Dreh- und Hub-Bewegung die Absteuerbohrung geschlossen. Durch den nächsten Steuerschlitz im Verteilerkolben strömt Kraftstoff in den Hochdruckraum.

Der Alldrehzahlregler regelt alle Drehzahlen zwischen der Startdrehzahl und der Enddrehzahl.

Der Fahrer bringt den Drehzahl-Verstellhebel über das Fahrpedal in eine bestimmte Stellung, die einer gewünschten Geschwindigkeit entspricht. Infolge dieser Verstellbewegung wird die Regelfeder um einen bestimmten Betrag gespannt. Die Fliehgewichte des Drehzahlreglers wandern mit zunehmender Drehzahl nach außen und drücken über die Reglermuffe gegen die Hebelmechanik des Regelschiebers. Durch das Zusammenwirken der Federkraft und Muffenkraft stellt sich der Regelschieber auf eine bestimmte Stellung ein.

Alldrehzahlregler

Startstellung

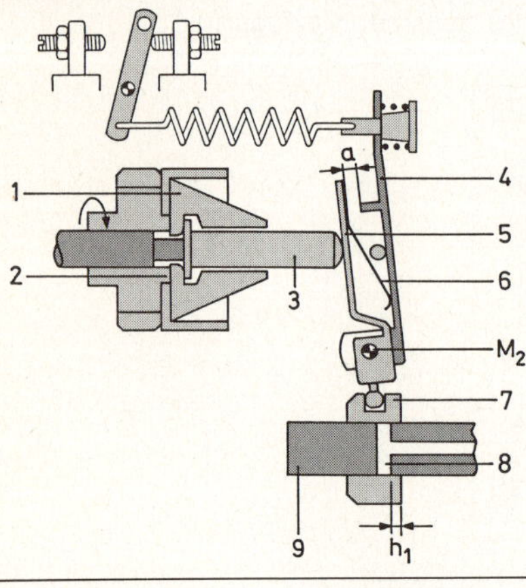

Leerlaufstellung

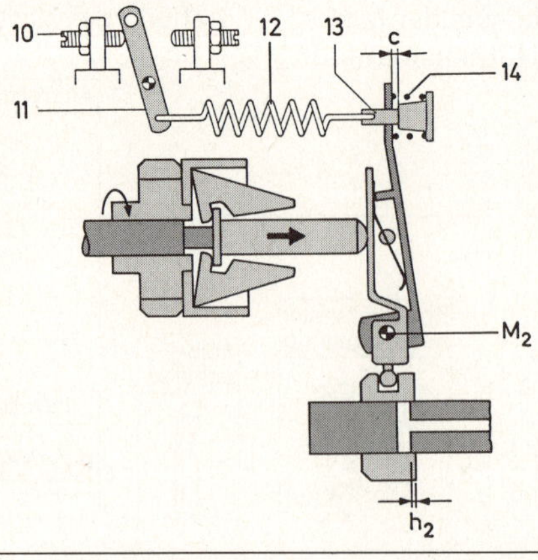

Steigende Drehzahl

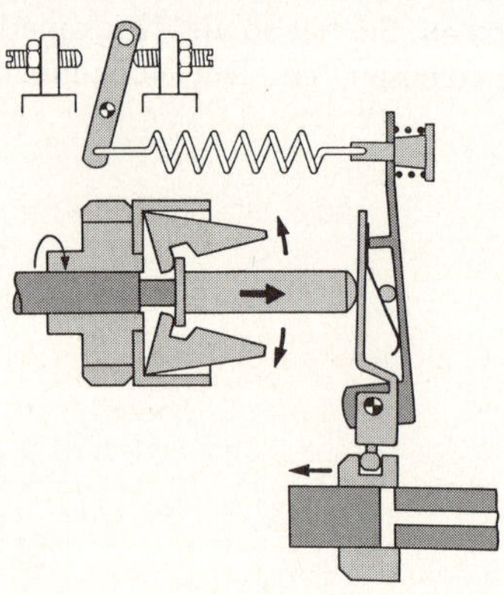

1,2 Fliegewichte
3 Regelmuffe
4 Spannhebel
5 Starthebel
6 Startfeder
7 Regelschieber
8 Steuerbohrung des Verteilerkolbens
9 Verteilerkolben
10 Einstellschraube, Leerlaufdrehzahl
11 Drehzahl-Verstellhebel
12 Regelfeder
13 Haltebolzen
14 Leerlauffeder
a Weg der Startfeder
c Weg der Leerlauffeder
h_1 max. Nutzhub, Start
h_2 min Nutzhub, Leerlauffeder
M_2 Drehpunkt

Der Spritzversteller verstellt den Förderbeginn in Abhängigkeit von der Drehzahl, um den Einspritz- und Zündverzug auszugleichen.
Der Spritzverstellerkolben (7) wird ab einer bestimmten Drehzahl vom Kraftstoffdruck im Pumpeninnenraum gegen die Vorspannkraft der Spritzverstellerfeder verschoben. Er verstellt dabei über einen Gleitstein und einen Bolzen den drehbar gelagerten Rollenring, so daß die sich drehende Hubscheibe von den Rollen des Rollenrings zu einem früheren Zeitpunkt angehoben wird.

Spritzversteller

Ruhestellung

1 Pumpengehäuse
2 Rollenring
3 Rollen des Rollenrings
4 Bolzen
5 Bohrung im Spritzverstellerkolben
6 Deckel
7 Spritzverstellerkolben
8 Gleitstein
9 Spritzverstellerfeder

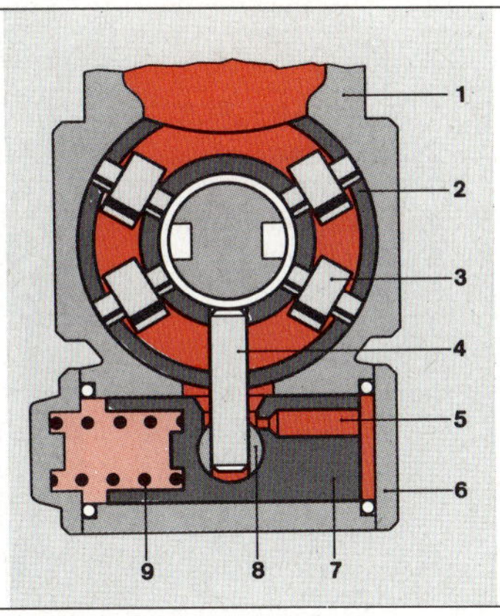

Betriebsstellung

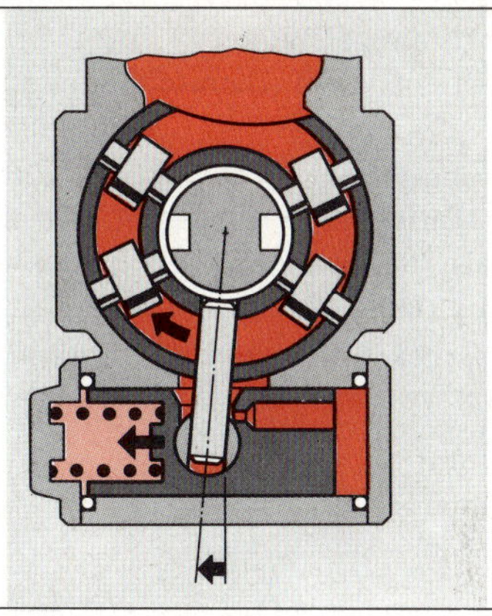

3.5.6 Elektronische Einspritzregelung

Bei der elektronischen Einspritzregelung übernimmt ein Steuergerät die Aufgabe, die richtige Einspritzmenge für jeden Betriebszustand des Motors zu ermitteln.

Die Eingangsgrößen werden von Sensoren ermittelt und in elektrische Signale umgewandelt. Die Übertragung des elektrischen Signals in ein mechanisches Signal wird über ein Stellwerk vorgenommen.

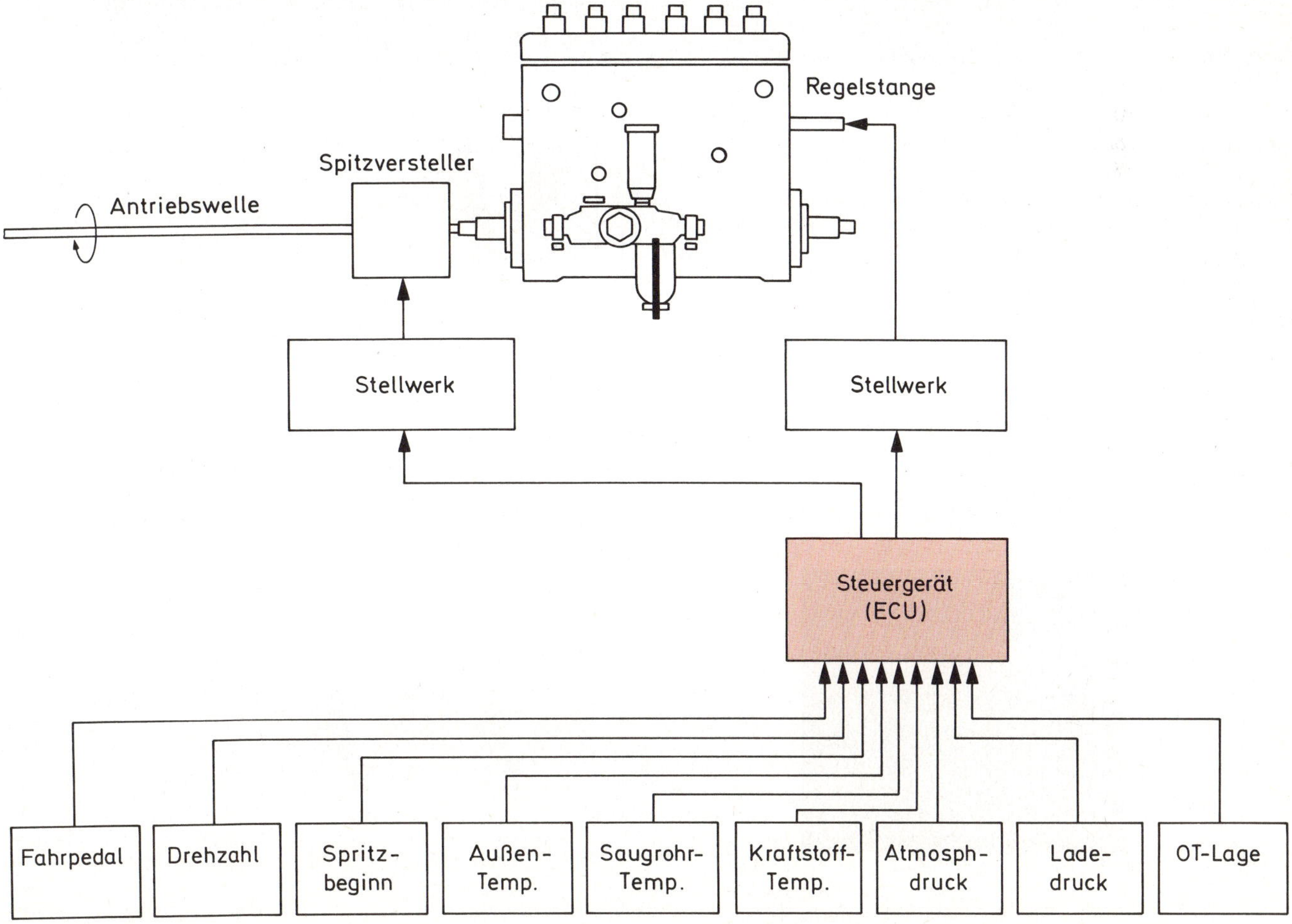

3.5.7 Düsenhalter und Einspritzdüsen

Der Düsenhalter

- dient zur Befestigung der Einspritzdüse im Zylinderkopf,
- stellt die Verbindung zu den Kraftstoffleitungen her,
- enthält eine Feder, die den Düsenöffnungsdruck bestimmt.

Die Einspritzdüse soll

- den Kraftstoff fein zerstäuben
- und entsprechend dem Gemischbildungsverfahren verteilen.

Der Düsenöffnungsdruck wird von der Vorspannung der Druckfeder im Düsenhalter bestimmt. Ist der Kraftstoffdruck größer als die Spannung der Druckfeder, wird die Düsennadel von ihrem Sitz angehoben.

Kraftstofffluß: Druckrohrstutzen des Düsenhalters – Stabfilter – Zulaufbohrungen – Druckkammer – Spritzöffnung.

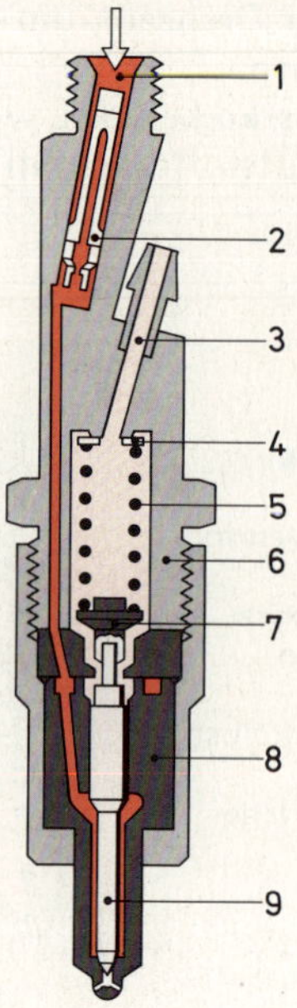

1 Kraftstoffzufluß
2 Stabfilter
3 Kraftstoffrücklauf
4 Einstellscheibe
5 Druckfeder
6 Haltekörper
7 Druckbolzen
8 Düsenkörper
9 Düsennadel

Lochdüsen

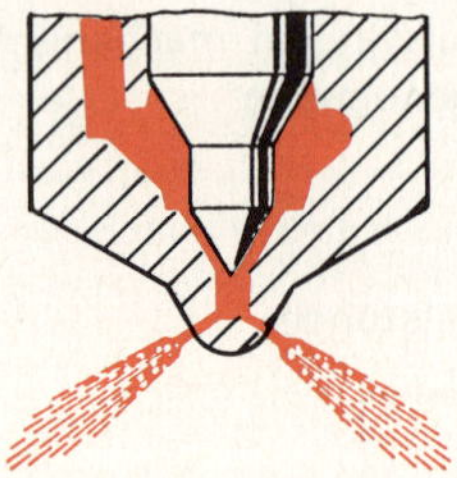

Die Düsennadel besitzt an ihrem Ende einen Kegel, der auf die kegelige Sitzfläche im Düsenkörper paßt. Wir unterscheiden:

- Einlochdüsen
- Mehrlochdüsen mit bis 12 Spritzlöchern

Größe, Anzahl und Strahlrichtung der Spritzlöcher werden durch die Brennraumgestaltung, die Einspritzmenge und die Strömungsverhältnisse im Motor bestimmt.

Der Düsenöffnungsdruck beträgt 150 ... 250 bar.

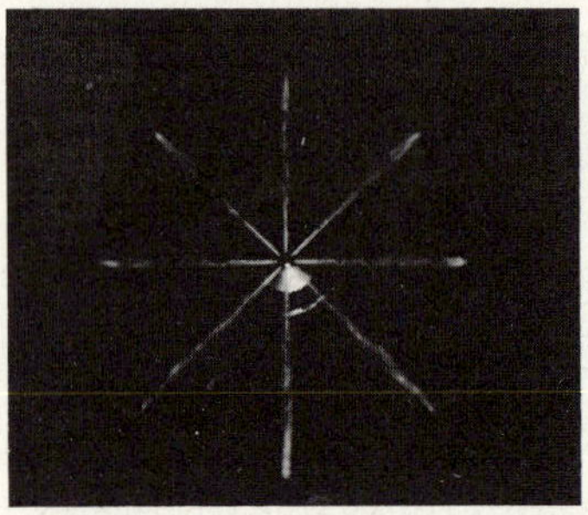

Zapfendüsen

Die Zapfendüse hat an ihrem Ende einen Zapfen, der mit geringem Spiel in das Spritzloch des Düsenkörpers hineinragt. Durch verschiedene Formen des Spritzzapfens läßt sich der Einspritzstrahl verändern.

Der Düsenöffnungsdruck beträgt 110 ... 135 bar.

Zylindrisches Zapfenende

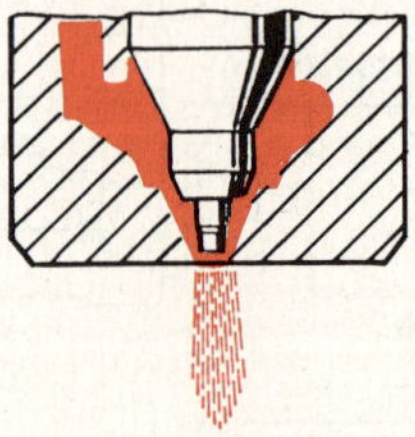

Der Strahl ist schmal

Kegeliges Zapfenende

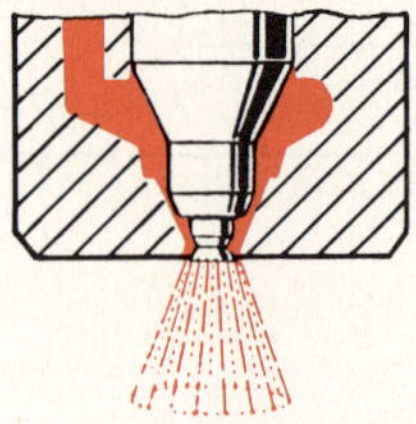

Der Strahl ist breit

Drosselzapfen

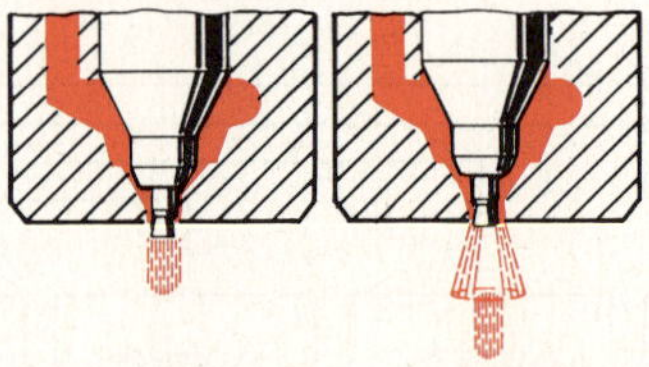

Die Nadel gibt zuerst einen sehr kleinen Ringspalt frei: Vorstrahl. Mit zunehmendem Nadelhub wächst der Durchflußquerschnitt: Hauptstrahl.

Kfz-Meßtechnik

Prüfen der Einspritzdüsen

Zum Prüfen der Einspritzdüsen dient ein Einspritzdüsengerät, das aus einer Handpumpe, einem Absperrventil, einem Manometer und einem Prüfölbehälter besteht. Die ausgebaute Düse wird an die Druckleitung des Gerätes angeschlossen und durch Betätigen der Handpumpe geprüft. Folgende Prüfungen können durchgeführt werden:

- Öffnungsdruck
  Handhebel bei eingeschalteten Manometer langsam durchdrücken bis die Düse unter leichtem Schnarren abspritzt. Das Manometer zeigt den Öldruck an.
- Dichtheit
  Der Handhebel wird so lange betätigt, bis das Manometer 20 bar unterhalb des vorgeschriebenen Öffnungsdruckes anzeigt. Die Düse ist dicht, wenn sie innerhalb von 10 Sekunden nicht tropft.
- Schnarrverhalten und Strahlprüfung
  Bei diesen Prüfungen ist das Manometer abgeschaltet. Die einwandfreie Düse schnarrt bei langsamer Hebelbewegung. Das Strahlbild läßt sich nur bei schneller Hebelbewegung feststellen. Bei Zapfen- und Drosseldüsen soll der Strahl geschlossen und gut zerstäubt, bei Lochdüsen voll und fein zerstäubt sein.

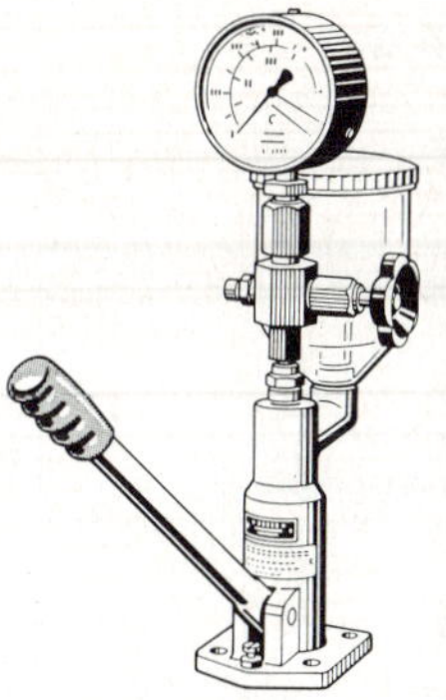

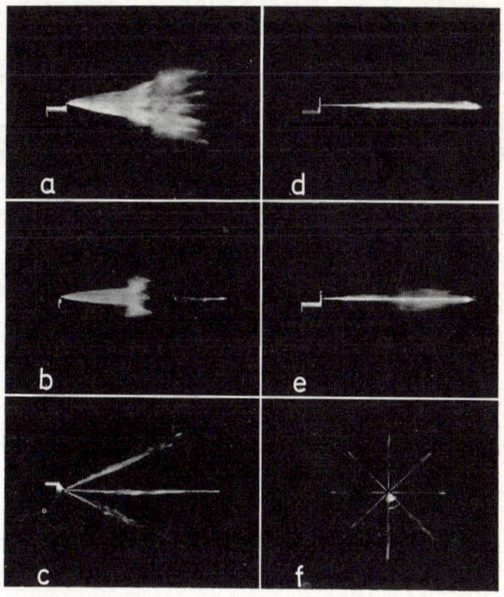

Strahlbilder:
a Zapfendüse
b Drosselzapfendüse
c Dreilochdüse
d Zapfendüse
e Drosselzapfendüse
f Achtlochdüse

Dieselrauchgastest

Starke Rauchentwicklung entsteht beim Dieselmotor durch unvollständige Verbrennung des Kraftstoffs. Er wird durch Luftmangel oder Kraftstoff-Überschuß hervorgerufen. Schwarzer Dieselrauch kann wegen der Sichtbehinderung verkehrsgefährend sein. Für die Dieselrauch-Kontrolle gibt es zwei verschiedene Tests:

Test bei konstanter Belastung des Motors

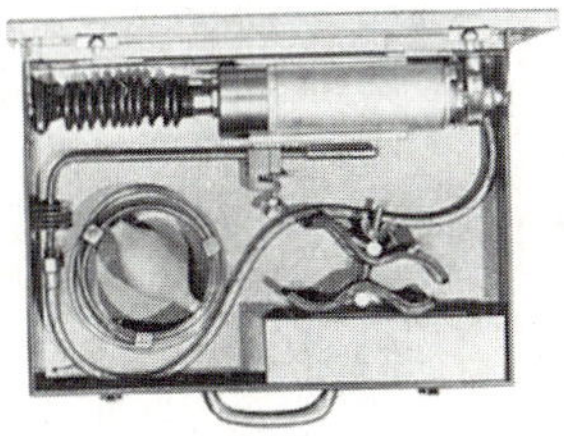

Mit Hilfe einer Saugpumpe wird der Auspuffanlage eine Dieselrauchgasprobe entnommen. Der Ruß in den Dieselabgasen schlägt sich auf einem Filterpapierblättchen nieder und schwärzt es mehr oder weniger. Zum Auswerten wird ein Adapter auf das geschwärzte Papier gesetzt. Das Auswertgerät zeigt die Schwärzungszahl (0 ... 10) digital an.

Test bei freier Beschleunigung des Motors

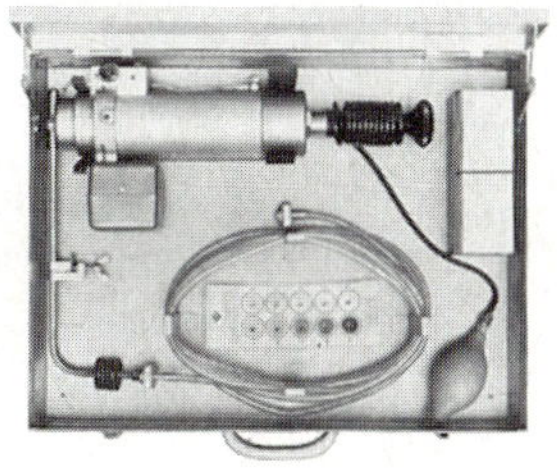

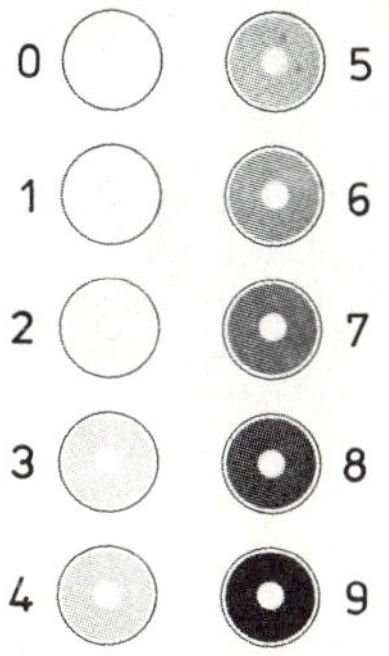

Mit der Saugpumpe wird der Auspuffleitung eine bestimmte Menge Abgas entnommen und durch einen Filterpapierstreifen gesaugt. Für einen Test sind drei getrennte Entnahmeproben erforderlich. Der Filterstreifen wird von Hand weitertransportiert. Die Auswertung des geschwärzten Filterpapiers erfolgt durch visuellen Vergleich mit der Rußzahl-Vergleichsskala. Schwärzung 0 gilt für rußfreies Abgas, 9 entspricht einem Abgas mit hohem Rußgehalt.

Dieselmotortester

Der Dieselmotortester erlaubt, ohne eine Hochdruckleitung zu öffnen, folgende Funktionen dynamisch bei laufenden Motor zu messen:

- Förderbeginn
- Spritzverstellung
- Drehzahl

Die Ermittlung der o.a. Funktionen erfolgt entweder über

- Aufklemmgeber und Stroboskoplampe oder
- Aufklemmgeber und OT-Geber
  und bei neuen Reihenpumpen mit Förderbeginngebersystem über
- Förderbeginngeber und OT-Geber.

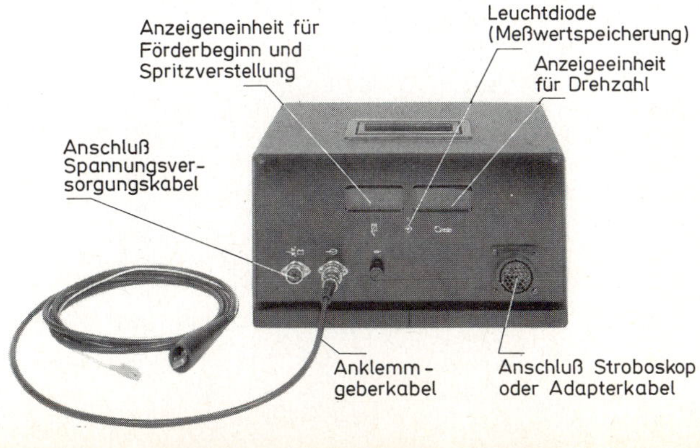

ZUSAMMENFASSUNG Einspritzanlage

Diesel
niedrige Zündtemperatur
gute Zündwilligkeit
Maß: Cetanzahl, je höher CZ, desto geringer der Zündverzug

Tank

Kraftstoff-Förderpumpe
einfachwirkend: jeder 2. Hub = Förderhub
doppeltwirkend: jeder Hub = Förderhub

Kraftstoff-Filter
Boxfilter
- Filterdeckel
- Filterbox

Einfachbox-
Stufenbox-
Parallelbox-Filter

Reiheneinspritzpumpe

Jedem Motorzylinder ist ein Pumpenelement zugeordnet.

gleichbleibender Förderhub, Förderbeginn immer gleich, Förderende durch Stellung der schrägen Steuerkante bestimmt

Nullförderung = Längsnut über Steuerbohrung

Pumpenkolben über Regelhülse, Zahnrad, Regelstange verschoben

Verteilereinspritzpumpe

zentrales Pumpenelement für alle Motorzylinder

Hubscheibe mit Nocken für jeden Zylinder wälzt sich auf Rollen des Rollenringes ab.

Verteilerkolben führt aus:
Hubbewegung = Förderbewegung
Drehbewegung = Verteilung des Kraftstoffs

Fahrpedal

Regler
Fliehkraft- bzw. pneumatische Regler begrenzen die Höchstdrehzahl nach oben und die Leerlaufdrehzahl nach unten.

Druckventil
verschließt, entlastet bei Förderende die Druckleitung

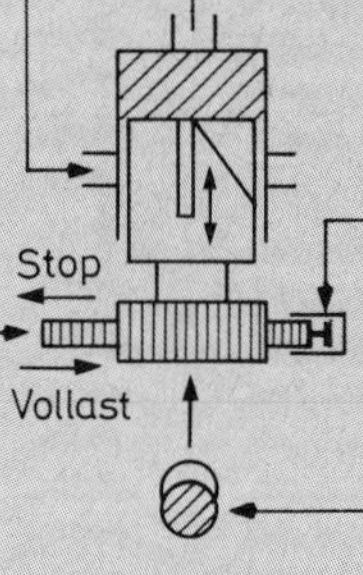

Regelstangenanschlag
begrenzt die größte Fördermenge

Spritzversteller
verdreht Nockenwelle und verlegt Einspritzbeginn mit steigender Drehzahl

Fahrpedal

Fliehkraftregler
verstellt Regelschieber und bestimmt Förderende

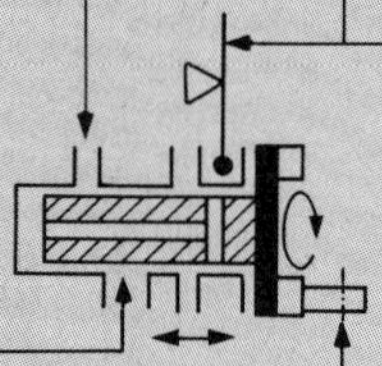

Spritzverstellerkolben
verdreht den Rollenring und verlegt den Einspritzbeginn

Lochdüse

Zapfendüse

ANALYSE Einspritzanlagen

1. Vergleichen Sie die 3 verschiedenen Einspritzanlagen und arbeiten Sie die Unterschiede heraus.
2. Erklären Sie Aufbau und Wirkungsweise der Einspritzpumpen.

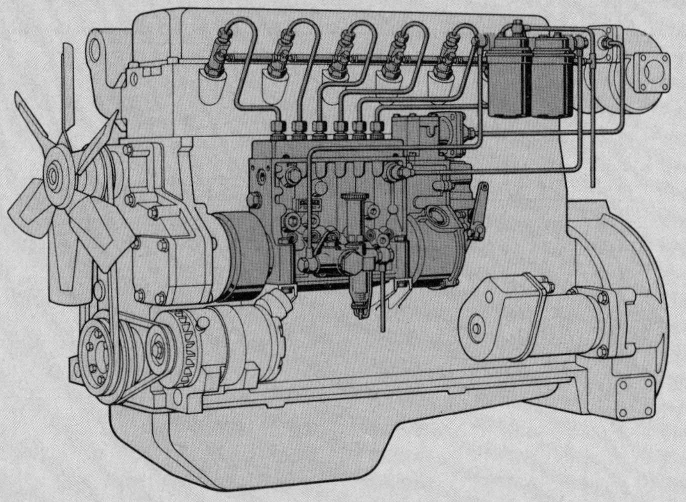

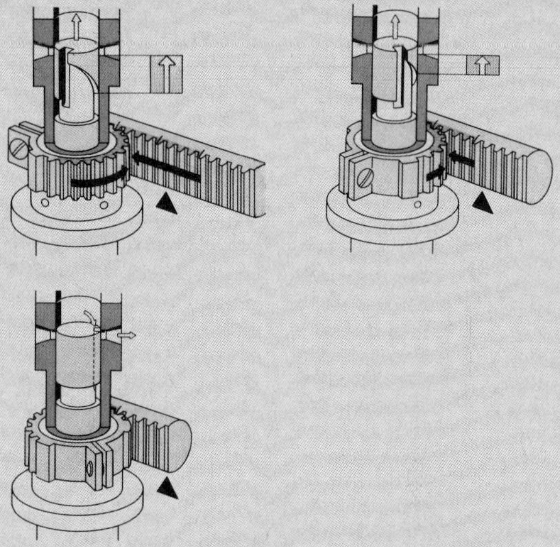

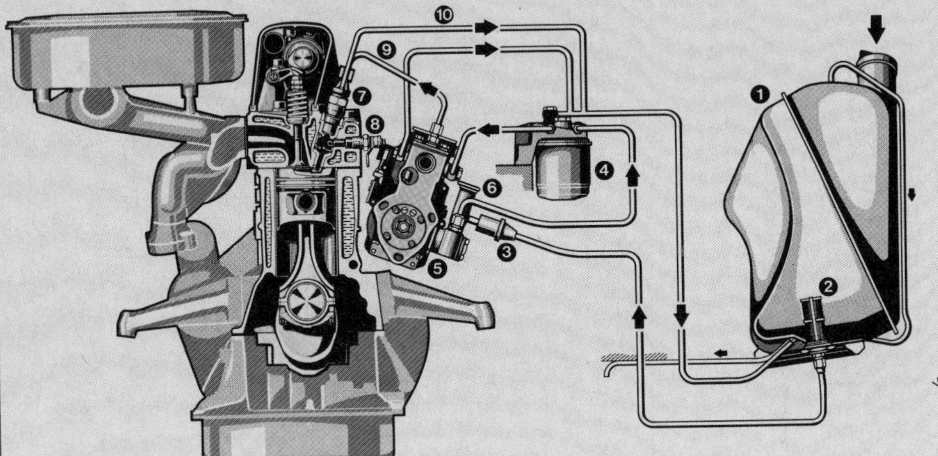

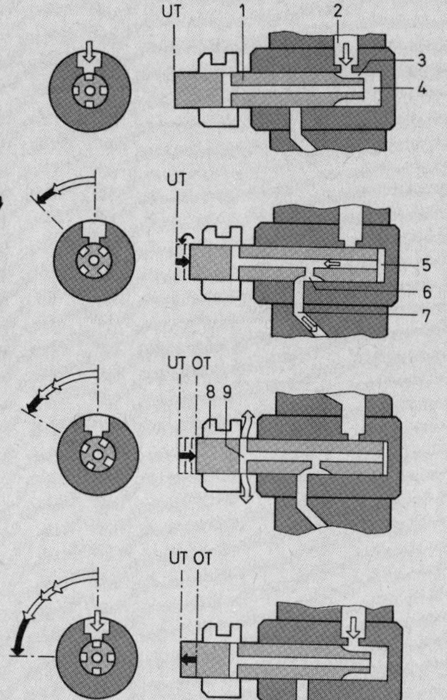

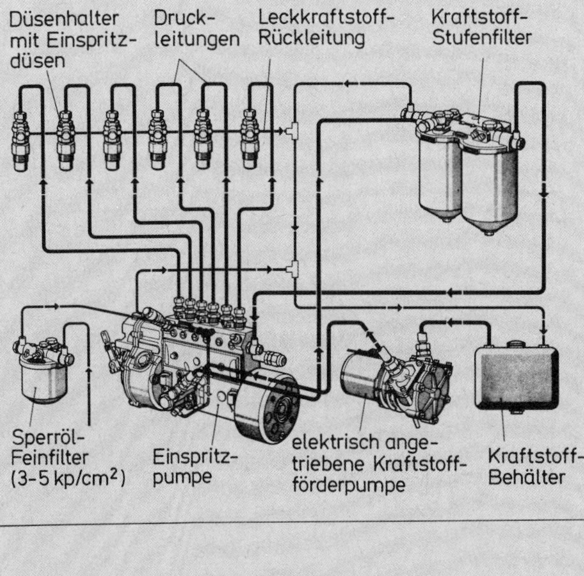

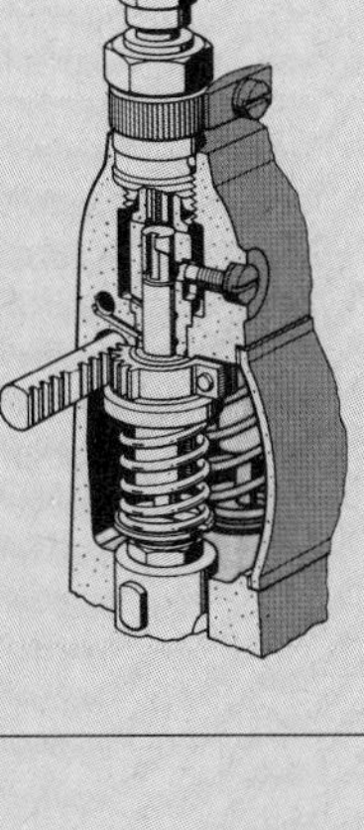

ANALYSE Pneumatische Regler

Erklären Sie die Wirkungsweise des pneumatischen Reglers und bestimmen Sie den dargestellten Arbeitsbereich der Einspritzpumpe bzw. des Motors.

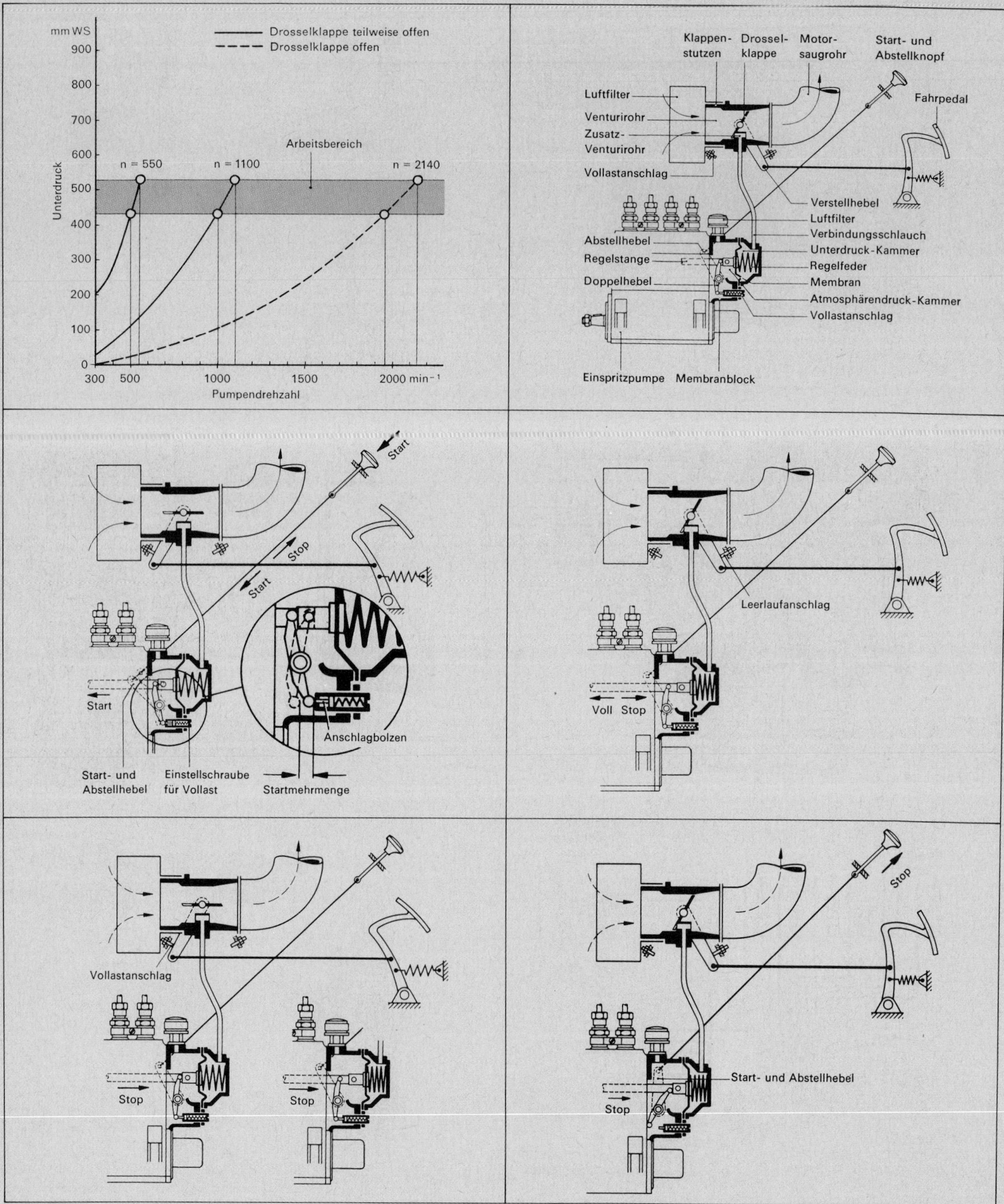

ARBEITSPLANUNG Dieseleinspritzanlage

Entwickeln Sie den Arbeitsplan für die dargestellten Prüf- und Instandsetzungsarbeiten, indem Sie

- die Reihenfolge der Prüf- bzw. Arbeitsschritte,
- die Auswahl der Prüfmittel bzw. Werkzeuge,
- die zu beachtenden Prüf- bzw. Arbeitsregeln/Sicherheitsvorschriften,
- die Auswertung der Prüfergebnisse,
- die erforderlichen Ersatzteile

angeben und begründen.

Kraftstoffilter ersetzen und entwässern

Entlüften der Einspritzanlage

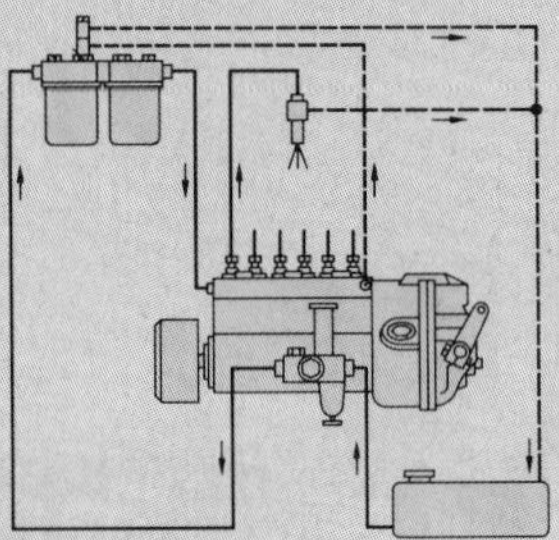

Einstellen der Einspritzpumpe

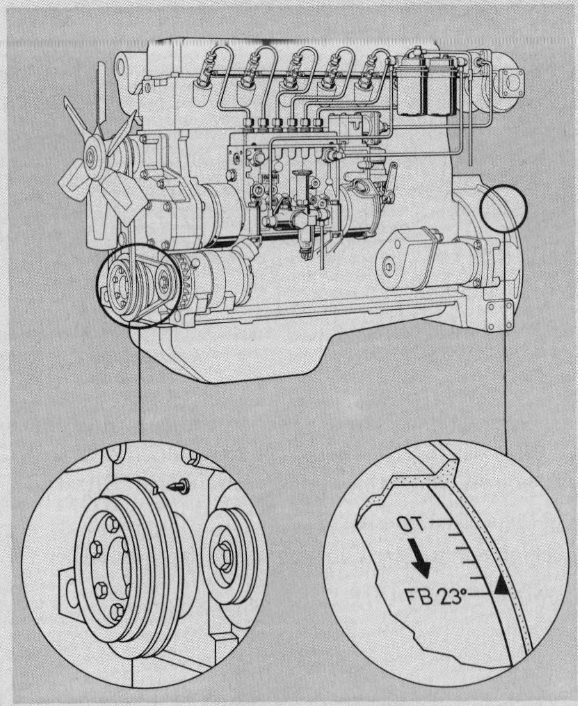

Prüfen und Einstellen des Düsenöffnungsdruckes
Beurteilen des Strahlbildes

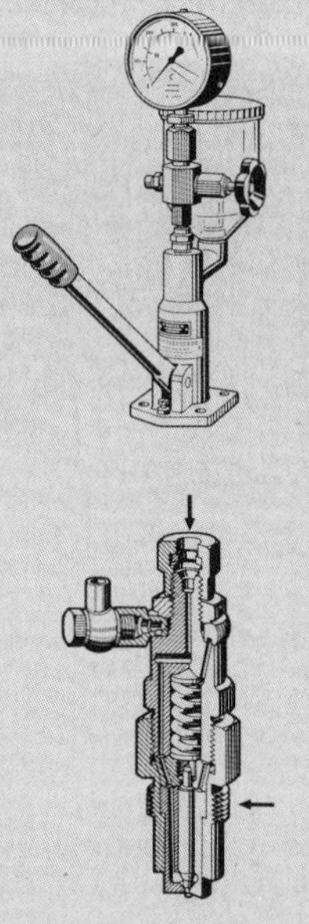

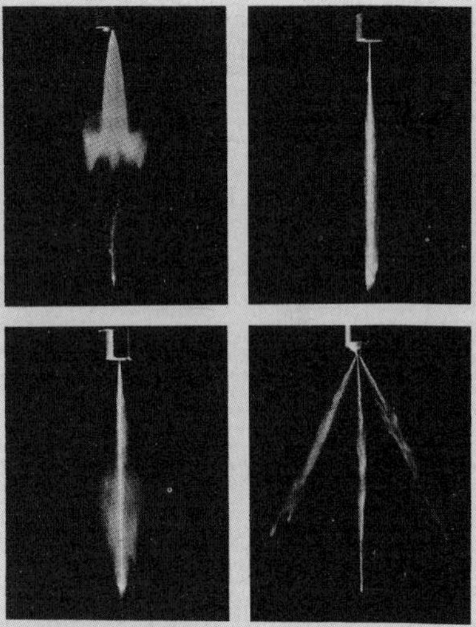

Dieselrauchgastest

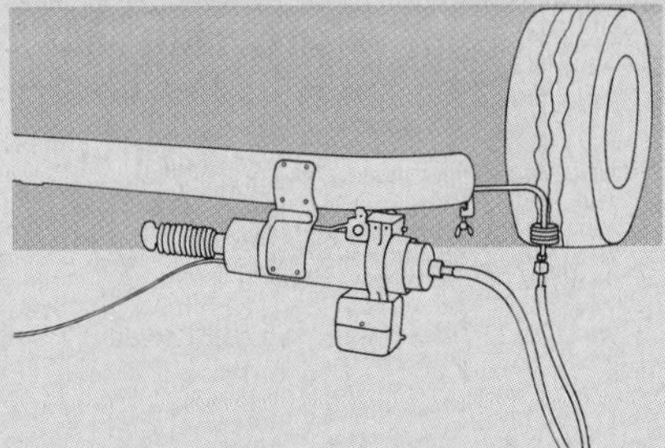

Einstellen der Fördermenge

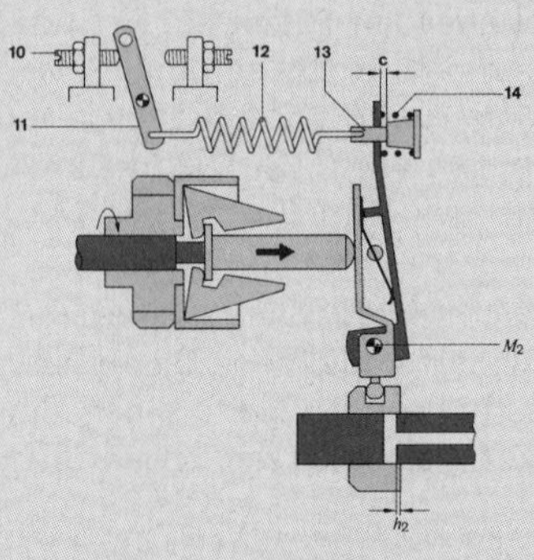

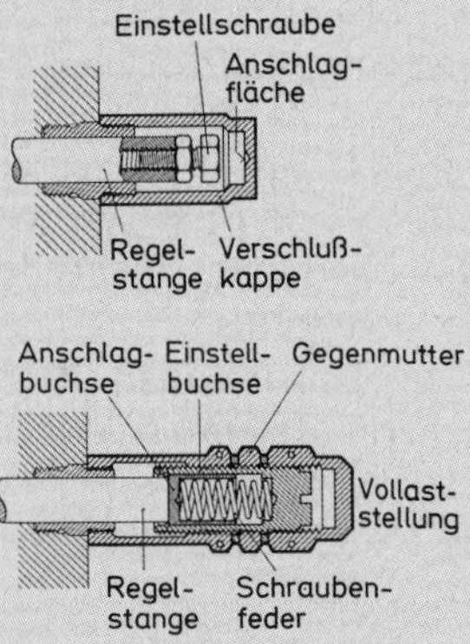

4 Sondermotoren

4.1 Wankel-Kreiskolbenmotor

Der Wankel-Kreiskolbenmotor wurde 1954 von Felix Wankel entwickelt. Der Motor lief 1957 zum erstenmal auf einem Prüfstand der Firma NSU in Neckarsulm. 1963 wurde der Motor in ein Fahrzeug (NSU Spider) eingebaut. 1967 erhielt der NSU Ro 80 einen Zweischeiben-Kreiskolbenmotor. Der Motor hatte ein Kammervolumen von 2 × 497,5 cm^3. Er leistete bei einer Drehzahl von 5500 1/min 85 kW. Das Verdichtungsverhältnis betrug 9 : 1. Heute werden Wankel-Kreiskolbenmotoren nur noch in Japan und England in Fahrzeuge eingebaut.

Der Kreiskolbenmotor besitzt nur zwei sich bewegende Teile:

- Kreiskolben
- Exzenterwelle

Die Motorsteuerung erfolgt über Schlitze im Gehäuse. Der Kreiskolben, der die Form eines Bogendreiecks hat, ist auf einem Exzenter der Exzenterwelle gelagert. Ein im Gehäuse feststehendes Ritzel steht mit dem innenverzahnten Rad des Kolbens im Eingriff. Der Kolben rollt mit dem innenverzahnten Rad auf dem feststehenden Ritzel ab. Er stützt sich dabei mit dem Hohlrad auf dem Ritzel ab und übt eine Drehkraft auf die Exzenterwelle aus. Die Zähnezahlen von Hohlrad und Ritzel verhalten sich wie 3 : 2. Die Exzenterwelle übernimmt die Aufgabe der Kurbelwelle des Otto-Viertaktmotors.

In den Kolbenkanten sitzen Dichtleisten, die die drehsichelförmigen Kammern gegeneinander abdichten. Das wassergekühlte Motorgehäuse hat auf der einen Seite einen Ein- und Auslaßkanal und gegenüber Zündkerzen angeordnet.

Die Gehäuseinnenkontur (Peritrochoide) entsteht durch Abrollen des Kreiskolbens mit dem innenverzahnten Rad auf dem mit dem Gehäuse fest verbundenen Ritzel.

⊕ geringer Raumbedarf

⊕ schwingungsfreier Lauf, da nur rotierende Teile

⊕ wenig bewegte Teile

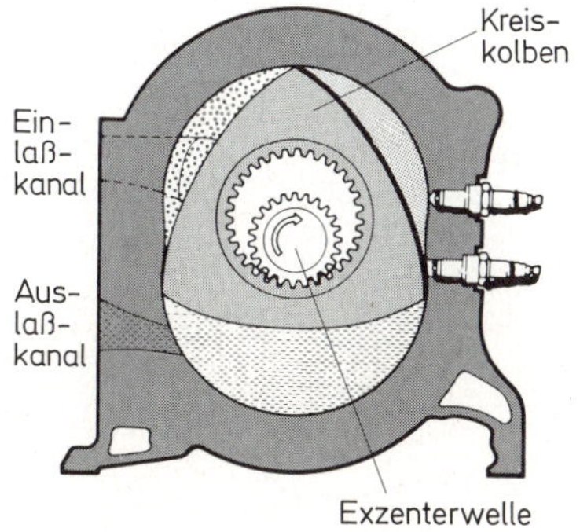

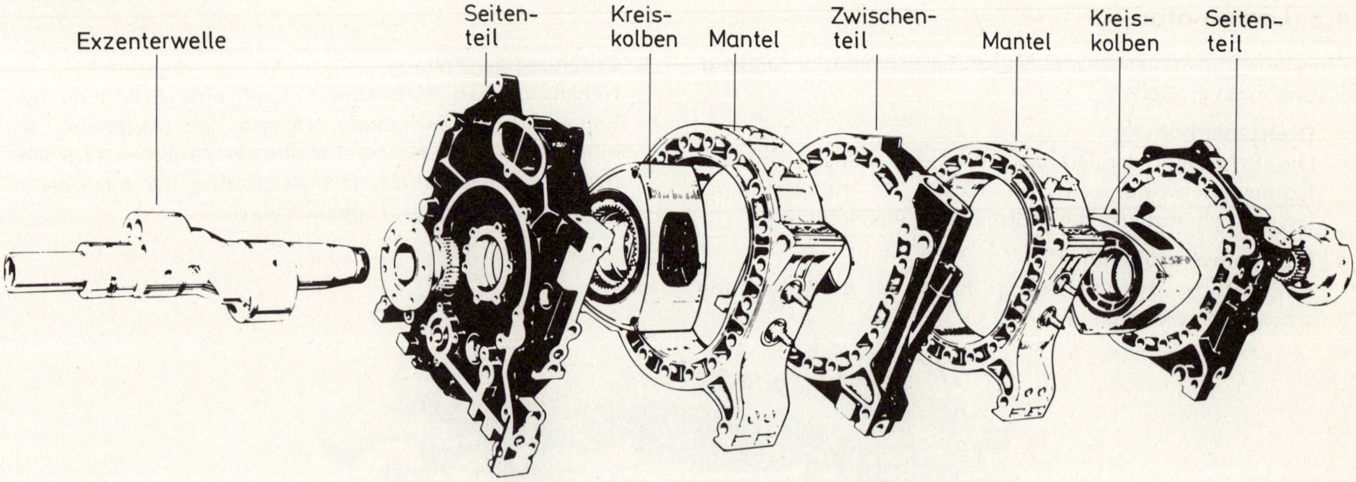

Der Kreiskolbenmotor arbeitet nach dem Viertaktverfahren. Bei einer Umdrehung des Dreieckkolbens findet in jeder Kammer ein Arbeitsspiel nach dem Viertaktverfahren statt. Die Exzenterwelle hat dabei 3 Umdrehungen durchgeführt.

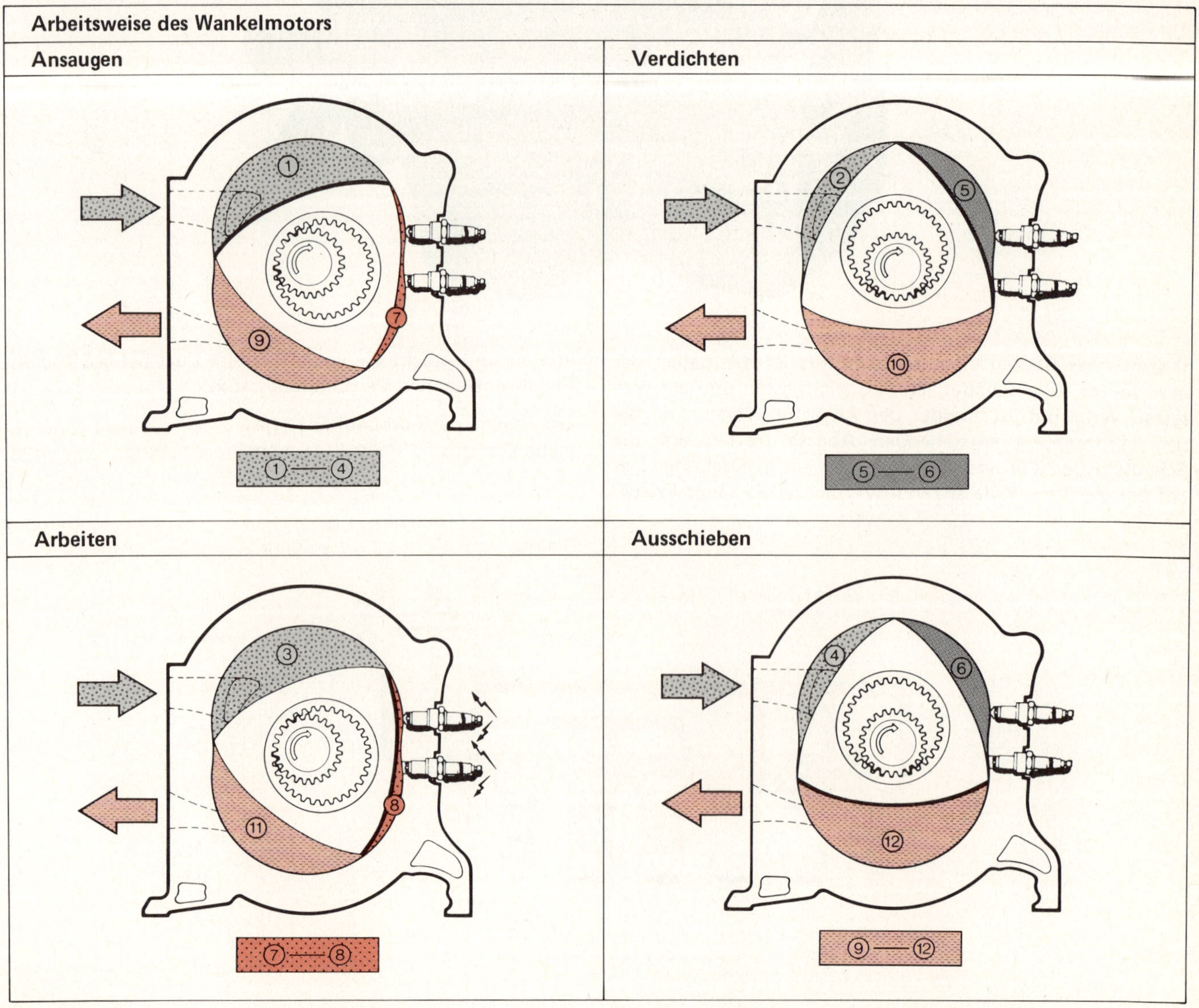

4.2 Ladermotor

Eine Leistungssteigerung des Motors läßt sich durch folgende Maßnahmen erreichen:

- **Drehzahlerhöhung**
  Die Erhöhung der Drehzahl darf die zulässige mittlere Kolbengeschwindigkeit von 16 m/s im Interesse einer langen Lebensdauer des Motors nicht überschreiten.
- **Hubraumvergrößerung**
  Eine Hubraumvergrößerung führt zu größeren und schwereren Motoren.
- **Erhöhung der Füllung**
  Neben anderen Maßnahmen kann eine Erhöhung der Füllung durch Aufladung erfolgen. Die Aufladung ermöglicht, daß ein kleinerer Motor die Arbeit eines größeren Motors verrichtet und gleichzeitig bei niedrigeren Abgaswerten Kraftstoff gespart wird.

Wesentliches Bauteil eines Ladermotors ist der Lader, der dem Motor vorgeschaltet ist. Am wichtigsten und am weitesten verbreitet ist hierbei der Abgasturbolader. Die bei der Verbrennung entstehenden Abgase treffen auf die Schaufeln der Turbine und versetzen sie in Drehung. Das auf der gleichen Welle sitzende Verdichterrad saugt Frischluft an und drückt die vorverdichtete Luft bei geöffnetem Einlaßventil in den Verbrennungsraum.

Das Prinzip der Turboaufladung ist:
mehr Kraftstoff + mehr Luft = höhere Leistung

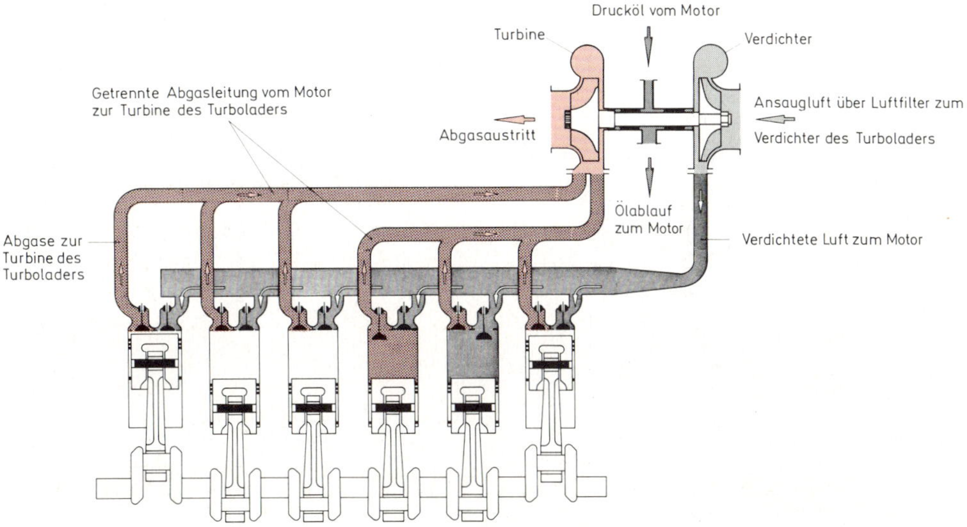

Aggregate des Ladermotors

Förderung und Regelung der Ladeluft

Turbolader

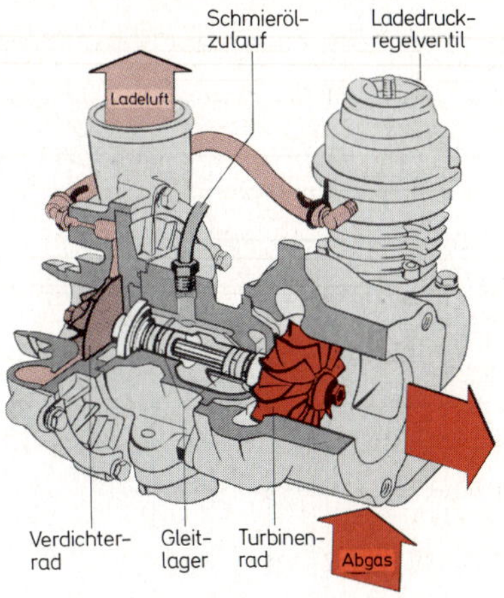

Abgasturbine und Strömungsverdichter sind auf einer gemeinsamen Welle angeordnet. Die Turbine nutzt die im Abgas enthaltene Energie zum Antrieb des Verdichters aus. Die Turbine hat etwa einen Raddurchmesser von 60 mm und läuft mit einer Drehzahl bis 100 000 1/min um.

Ein ungeregelter Turbolader liefert nur im Nennleistungspunkt – bei maximalem Abgasmassestrom und maximaler Abgastemperatur – den vollen Ladedruck.

- ⊕ Von der Motorleistung geht kein Anteil für den Verdichterantrieb verloren.
- ⊕ dämpft Auspuffgeräusche
- ⊕ zuverlässig
- ⊖ reagiert träge auf Lastwechsel, weil sich erst ein Ladedruck aufbauen muß (Turboloch)
- ⊖ magere Ladeleistung bei niedrigen Motordrehzahlen
- ⊖ aufwendige Werkstoffe

Ladedruckregelventil

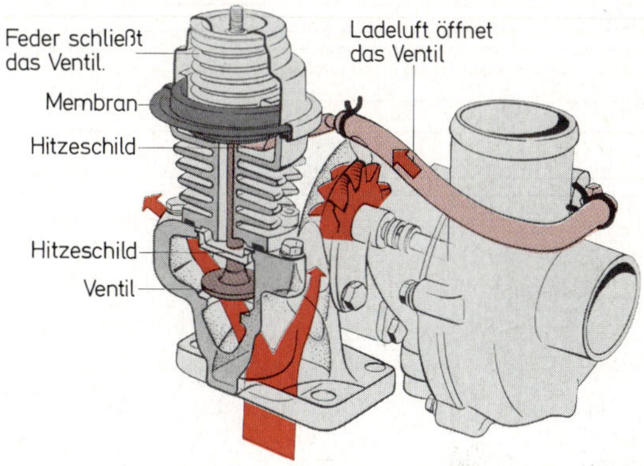

Das Aufstauverhalten einer geregelten Abgasturbine wird so gewählt, daß bereits bei niedrigen Motordrehzahlen und kleinen Massenströmen der volle Ladedruck aufgebaut wird. Mit zunehmender Motordrehzahl muß dann ein zunehmender Teilmassenstrom über das Ladedruckregelventil um die Turbine herumgeführt werden, damit eine hohe Lebensdauer des Motors gewährleistet werden kann.

Der Ladeluftdruck wirkt auf die Unterseite der Membran des Ladedruckregelventils. Das Ventil öffnet oberhalb des zulässigen Ladedrucks und der Abgasstrom teilt sich. Ein Teil geht über die Turbine, ein anderer Teil geht ungenutzt über das Ladedruckregelventil zum Auspuff.

Das Ladedruckregelventil begrenzt den Ladedruck

- beim Dieselmotor auf maximal 0,7 bar,
- beim Ottomotor mit Ladeluftkühler auf maximal 1,8 ... 1,9 bar.

Steuerung der Kraftstoffzufuhr

Turbo-Dieselmotor

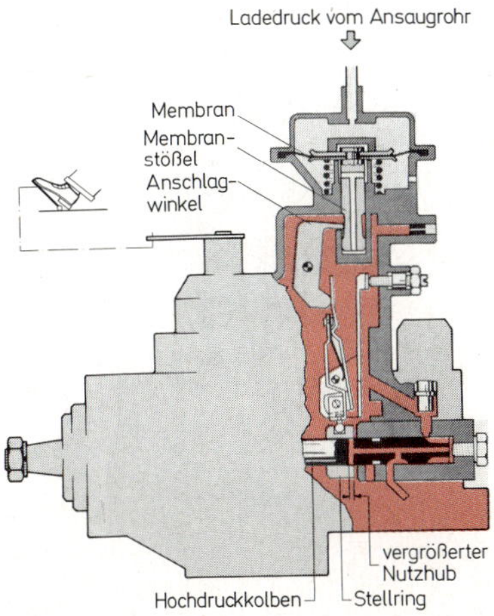

Die Verteilereinspritzpumpe besitzt eine Druckdose mit einer Membran, die vom Ladedruck des Ansaugrohres beaufschlagt wird. Ein Konus am Membranstößel steuert den Hebelmechanismus des Regelschiebers am Verteilerkolben.

Turbo-Ottomotor

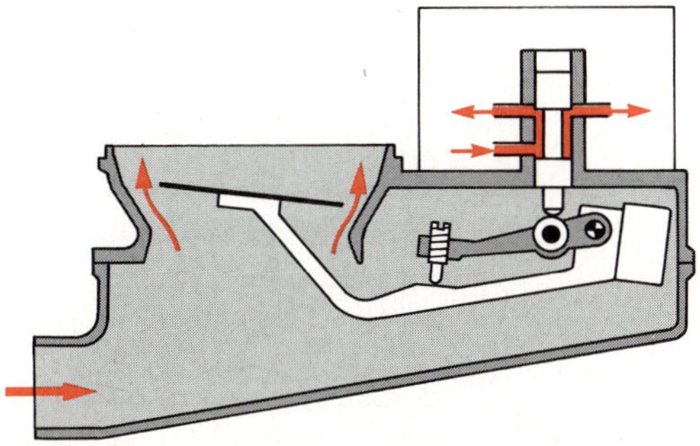

Durch den höheren Luftdurchsatz wird die Stauscheibe um ein größeres Maß aus der Ruhelage bewegt und entsprechend mehr Kraftstoff durch den Kraftstoffmengenteiler zugeteilt.

ANALYSE Turbo-Ottomotor/Turbo-Dieselmotor

1. Benennen Sie die einzelnen Teile des Ladermotors.
2. Erklären Sie die Förderung und Regelung der Ladeluft und die Steuerung der Kraftstoffzufuhr.
3. Vergleichen Sie die Kennlinien des Saug- und Ladermotors und arbeiten Sie die Unterschiede heraus.

Ottomotor	
Saugmotor	**Turbomotor**
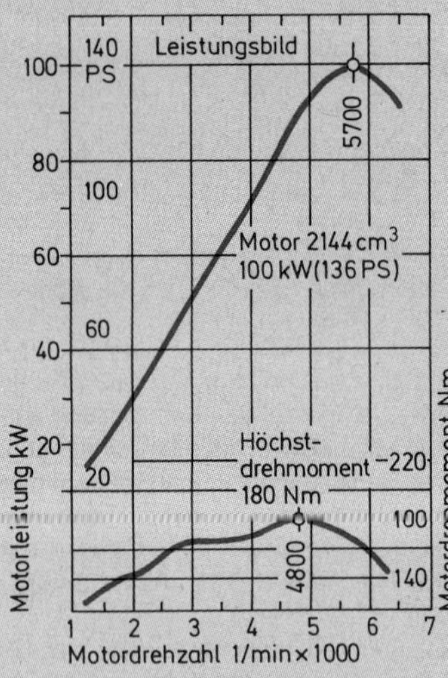	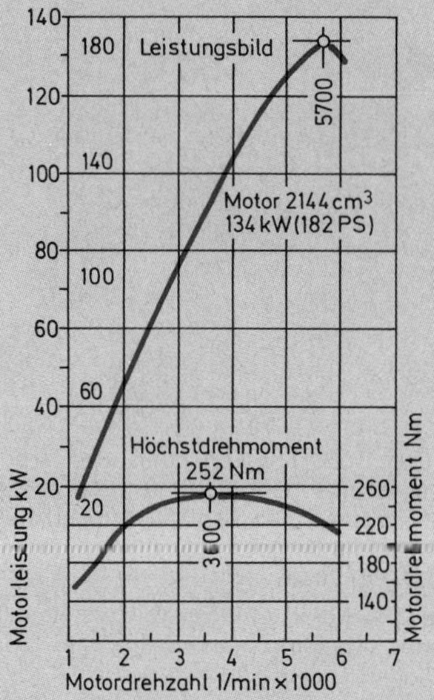

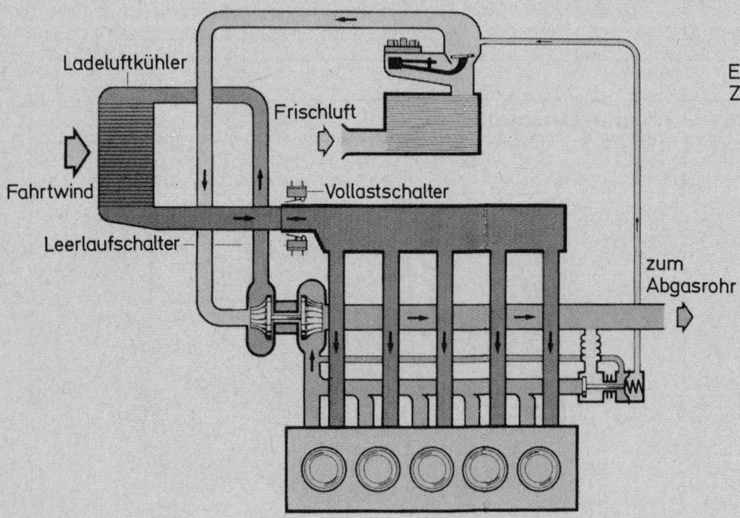

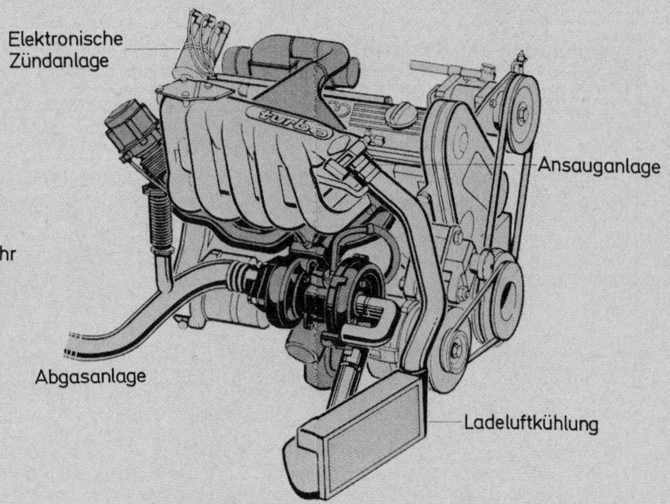

Dieselmotor

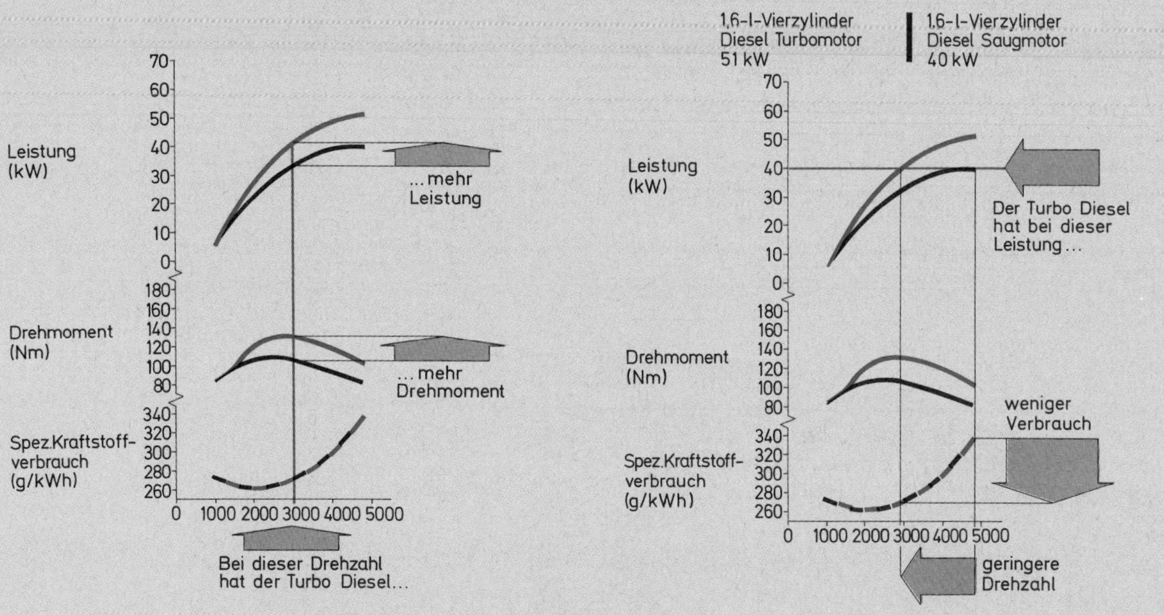

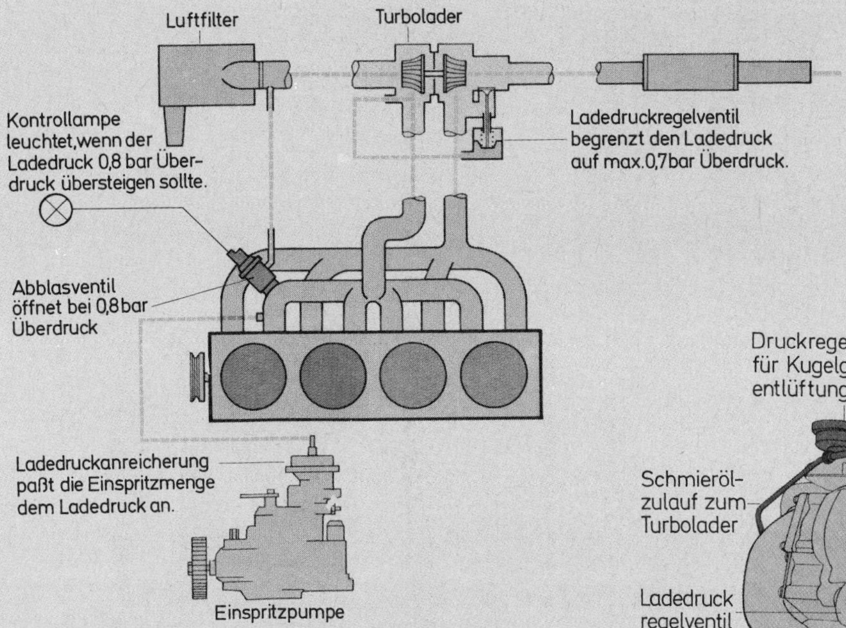

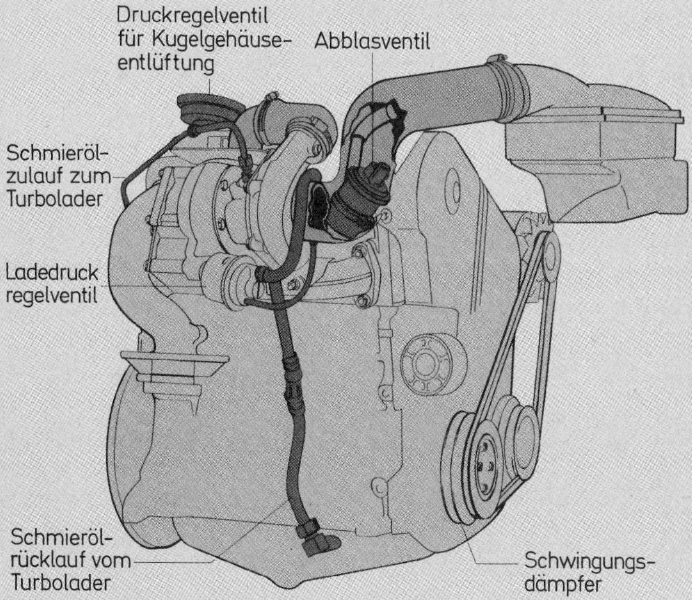

Gesamtwiederholung Motor

1.1 Untersuchen Sie den Aufbau des Motorgehäuses (einschließlich Zylinderkopf) des Kurbeltriebs und der Motorsteuerung und geben Sie die baulichen Besonderheiten an.

1.2 Bestimmen Sie Luftfilterart, Ölfilterart, Bauart der Ölpumpe, Lüfterantrieb und erklären Sie die Wirkungsweise.

1.3 Begründen Sie den Einsatz von Teil A.

1.4 Wie unterscheiden sich die beiden dargestellten Motoren?

1.5 Vergleichen Sie Drehmoment und Leistung der beiden Motoren und bestimmen Sie das maximale Drehmoment und die maximale Leistung und die zugehörigen Drehzahlen.

1.6 Bestimmen Sie die Gemischbildungssysteme und benennen Sie die Elemente.

1.7 Erklären Sie die Wirkungsweise der Gemischbildungssysteme.

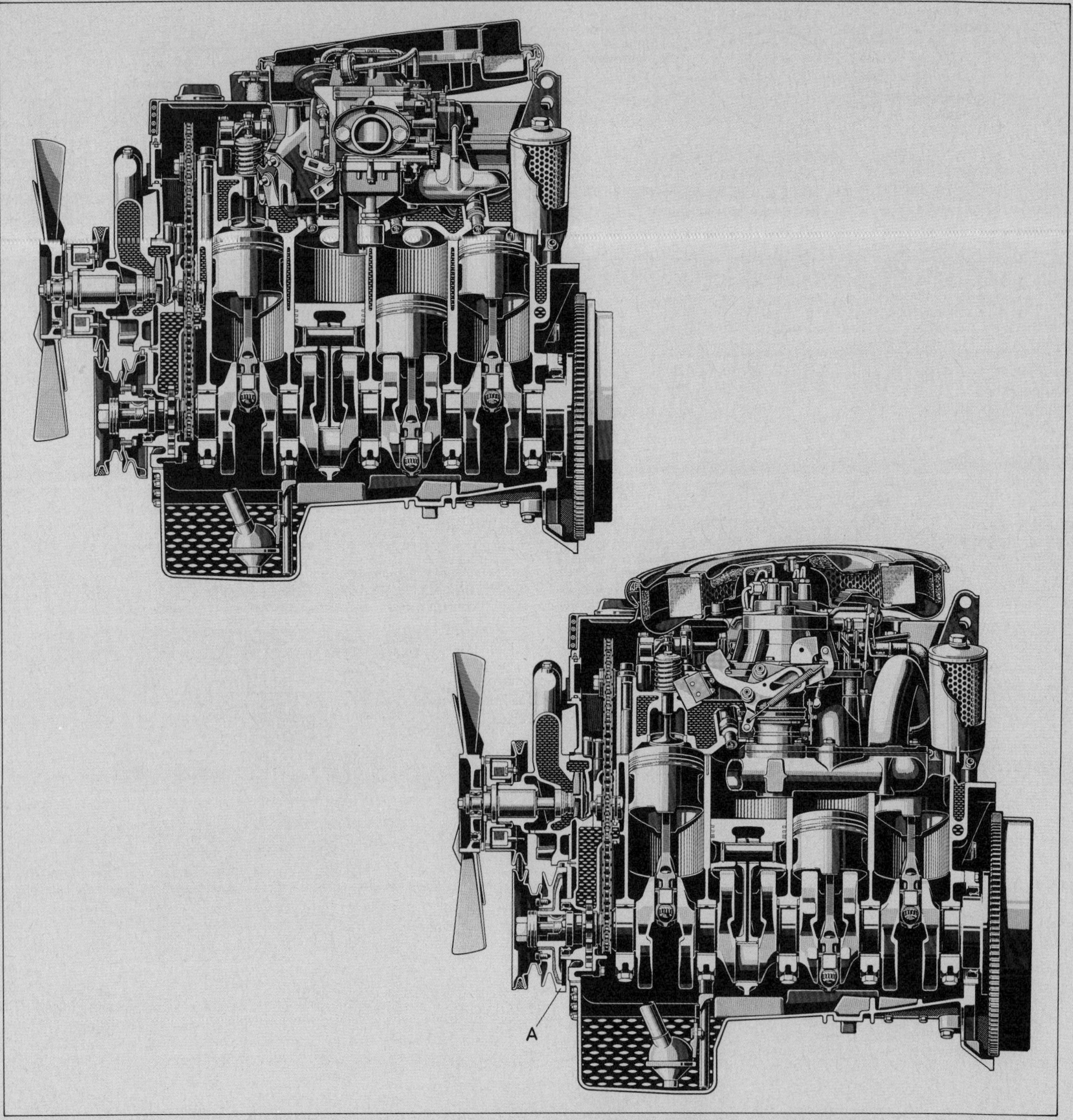

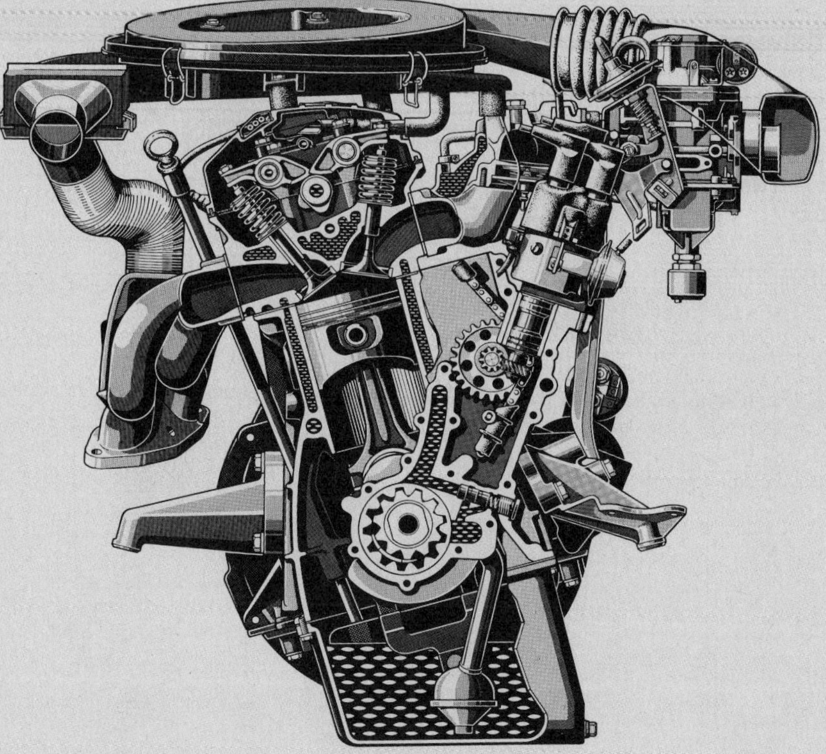

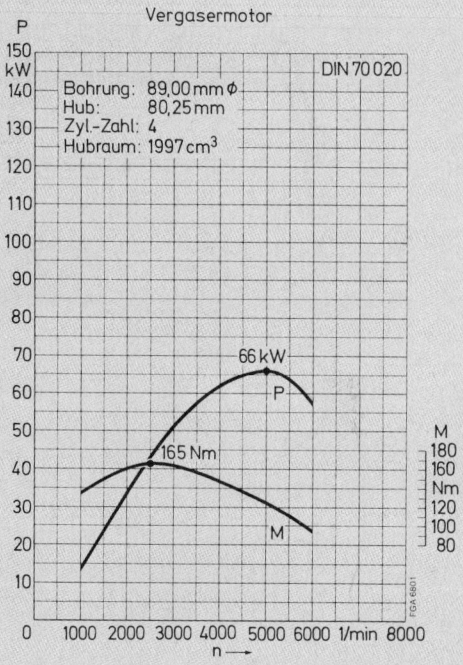
Vergasermotor
P
kW
DIN 70 020
Bohrung: 89,00 mm ϕ
Hub: 80,25 mm
Zyl.-Zahl: 4
Hubraum: 1997 cm³
66 kW
P
165 Nm
M
M
Nm
150
140
130
120
110
100
90
80
70
60
50
40
30
20
10
0
180
160
120
100
80
1000 2000 3000 4000 5000 6000 1/min 8000
n ⟶
FGA 6801

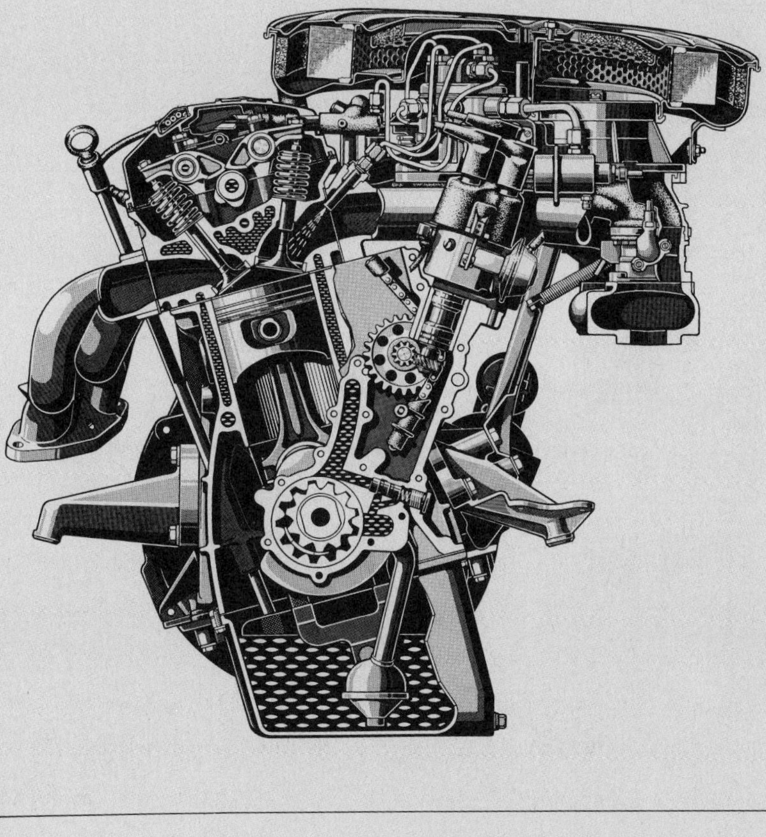

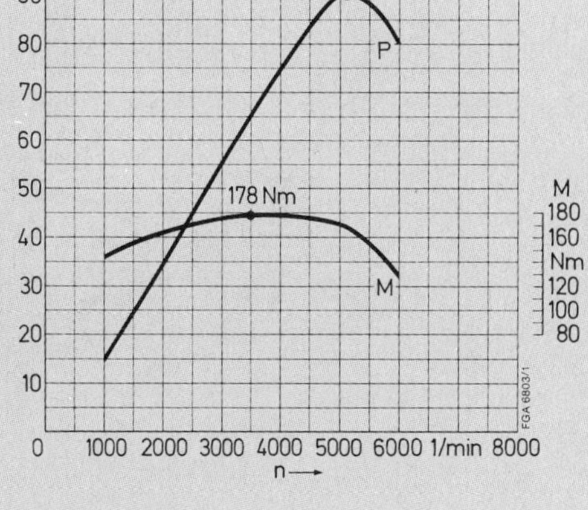
Einspritzmotor
P
kW
DIN 70020
Bohrung: 89,00 mm ϕ
Hub: 80,25 mm
Zyl.-Zahl: 4
Hubraum: 1997 cm³
90 kW
P
178 Nm
M
M
Nm
150
140
130
120
110
100
90
80
70
60
50
40
30
20
10
0
180
160
120
100
80
1000 2000 3000 4000 5000 6000 1/min 8000
n ⟶
FGA 6803/1

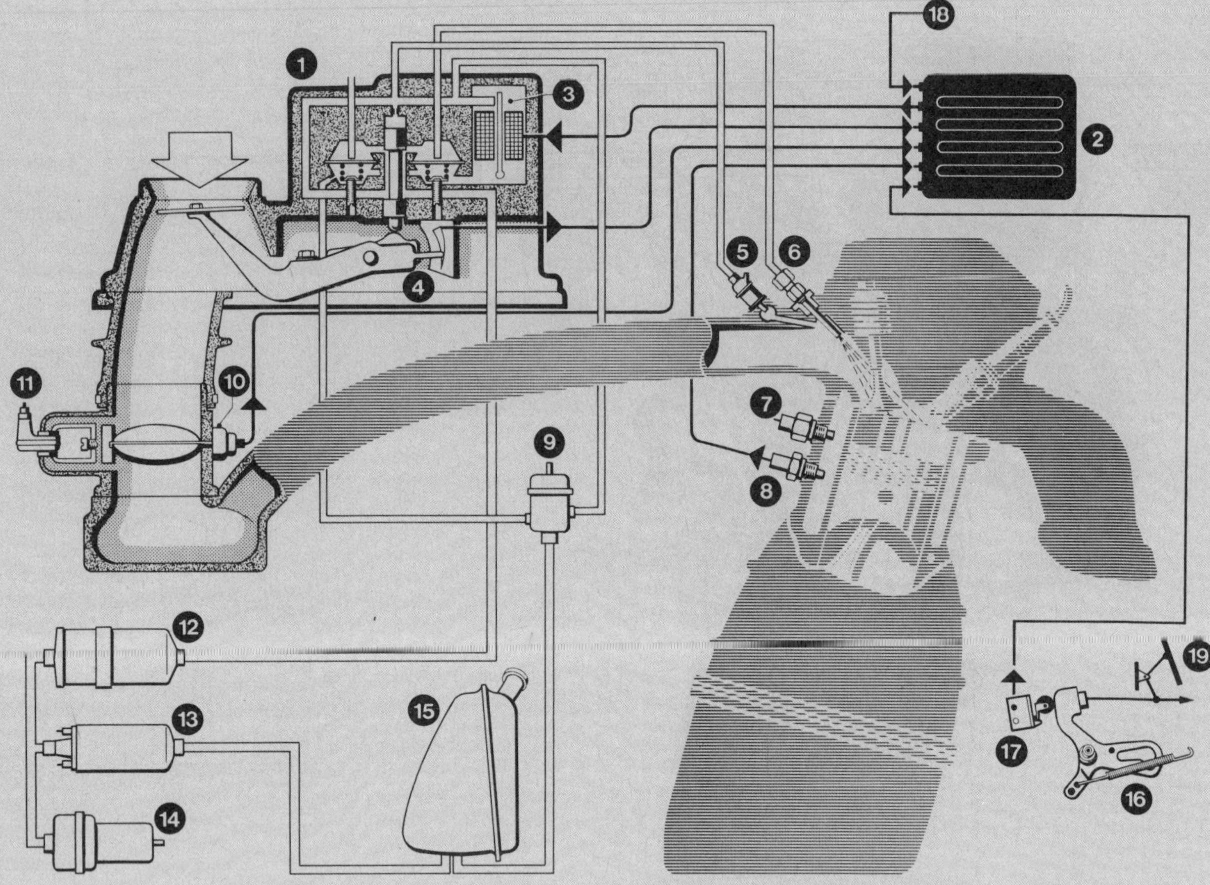
1
2
3
4
5
6
7
8
9
10
11
12
13
14
15
16
17
18
19

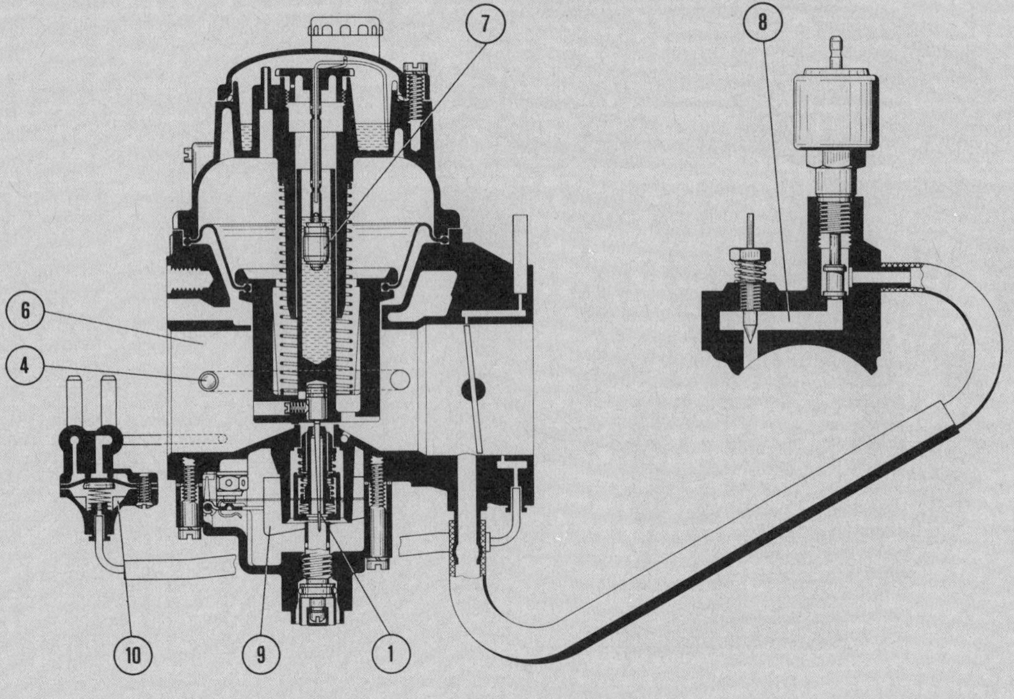
7
8
6
4
10
9
1

2.1 Untersuchen Sie den Aufbau des Motorgehäuses (einschließlich Zylinderkopf) und geben Sie die baulichen Besonderheiten an.

2.2 Erklären Sie den Aufbau und die Wirkungsweise der Motorsteuerung.

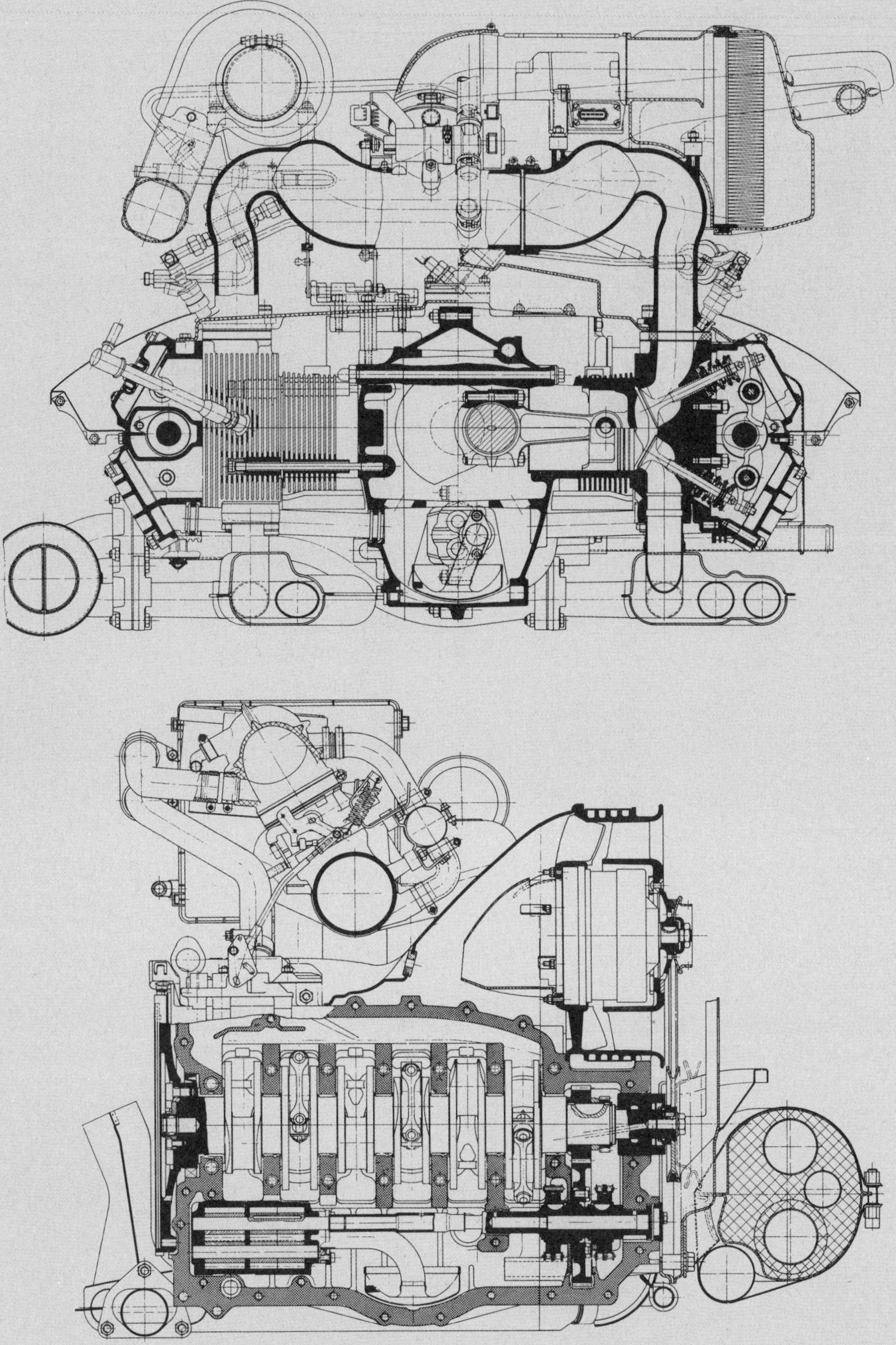

3.1 Erklären Sie Aufbau und Wirkungsweise der Motorsteuerung.

3.2 Bestimmen Sie das maximale Drehmoment, die maximale Leistung und die zugehörigen Drehzahlen.

3.3 Erklären Sie die Wirkungsweise des Vergasers, der Motorschmierung, der Kühlung.

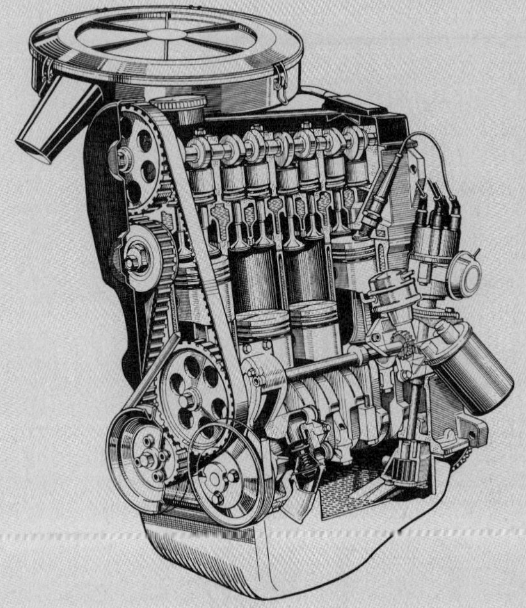
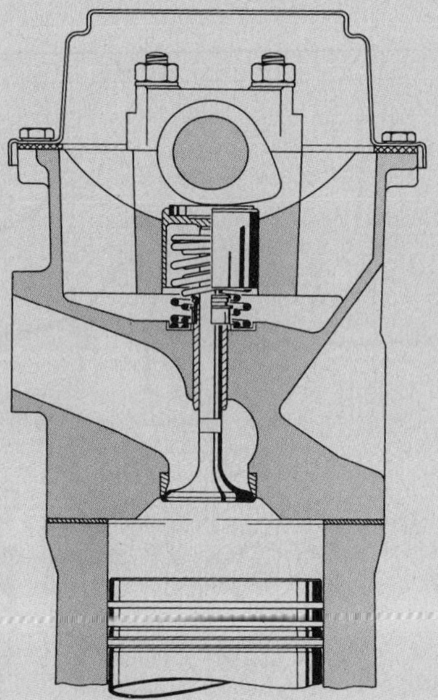
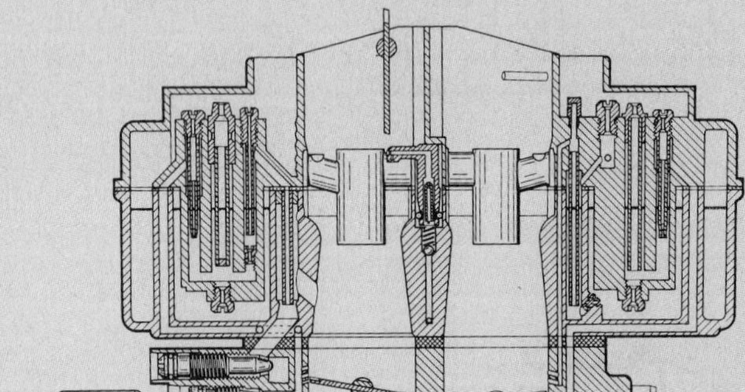
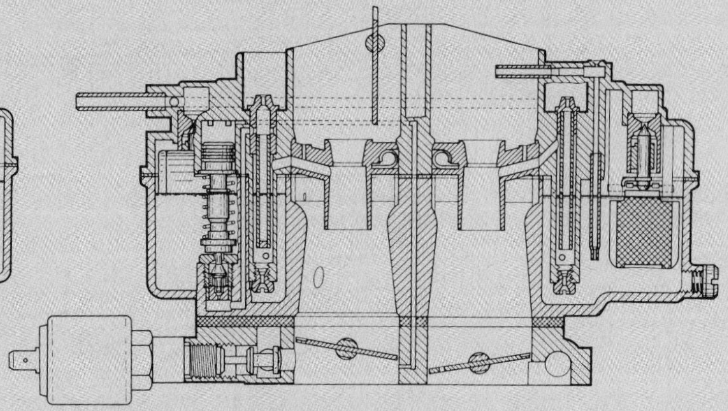
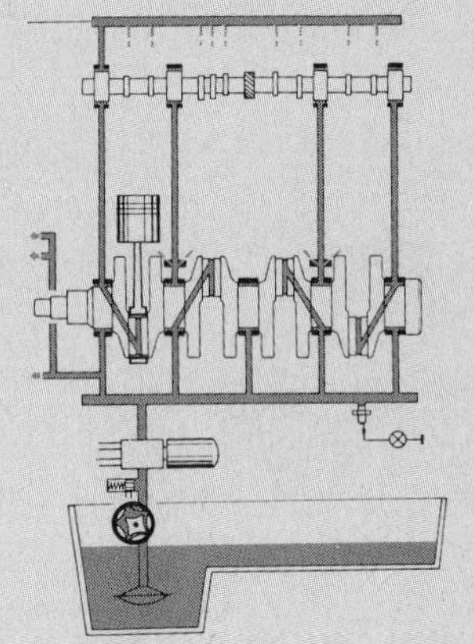
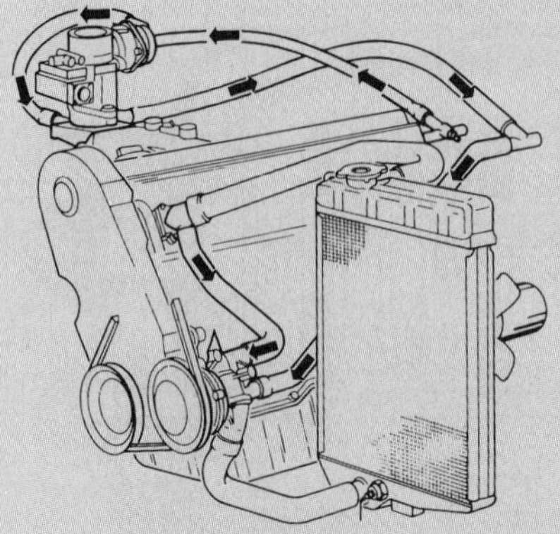
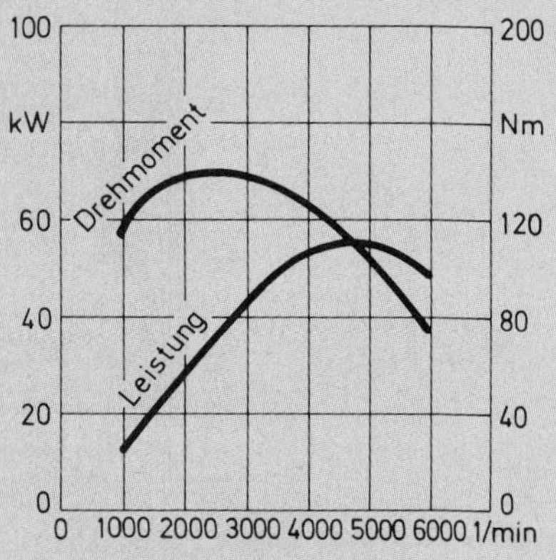

4.1 Erklären Sie die Arbeitsweise des dargestellten Motors.

4.2 Erklären Sie den konstruktiven Aufbau der Baugruppen und Einzelteile des Motors.

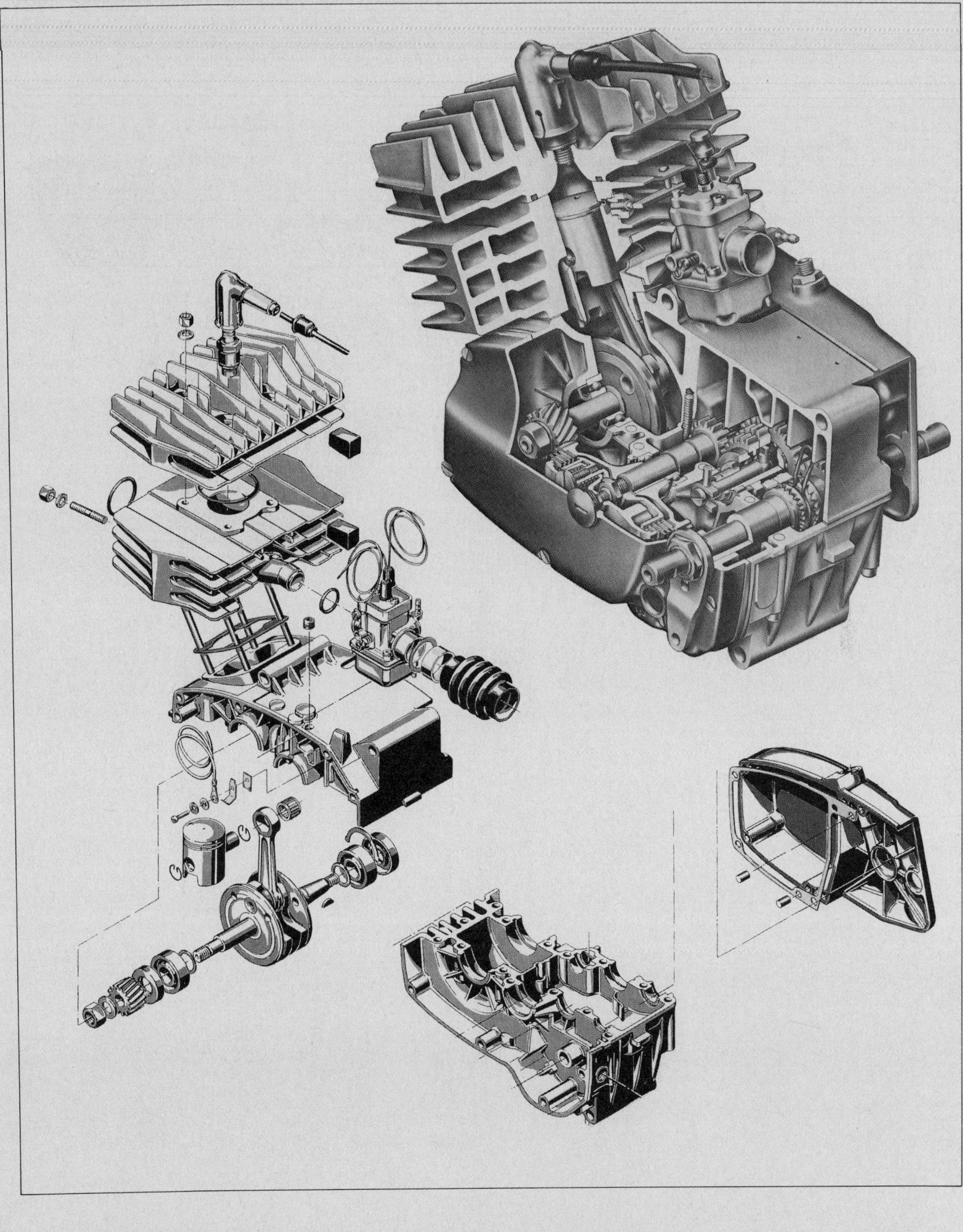

5.1 Erklären Sie die Arbeitsweise des Motors.
5.2 Bestimmen Sie das Gemischbildungsverfahren.
5.3 Erklären Sie die Gemischbildung.
5.4 Bestimmen Sie das maximale Drehmoment, die maximale Leistung und die zugehörigen Drehzahlen.
5.5 Vergleichen Sie den Drehmoment- und Leistungskurvenverlauf des Dieselmotors mit dem des Ottomotors und arbeiten Sie die Unterschiede heraus.
5.6 Erklären Sie den Aufbau und die Wirkungsweise der Einspritzpumpe.
5.7 Bestimmen Sie die eingestellte Förderung.

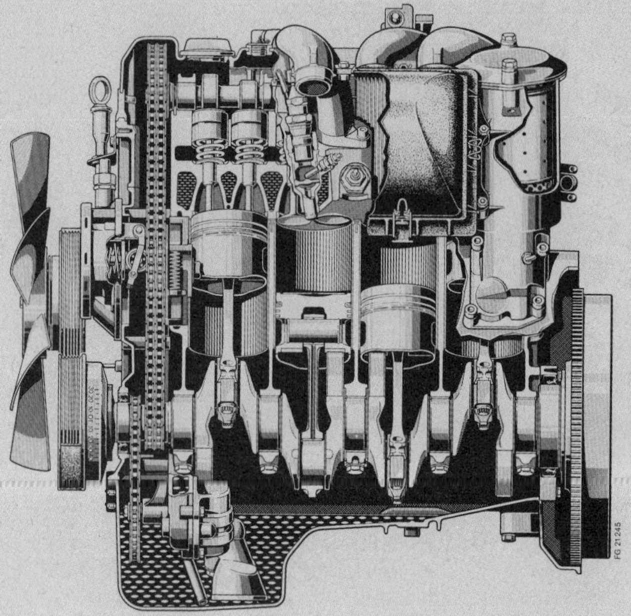

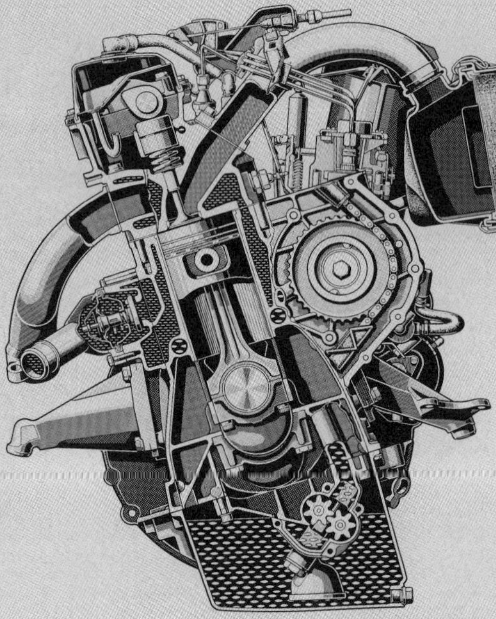

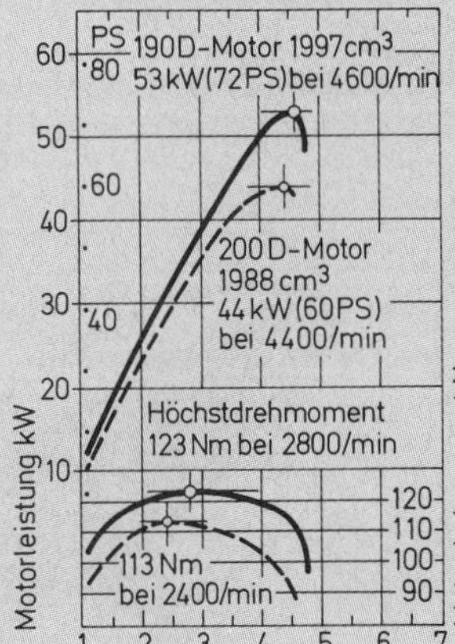

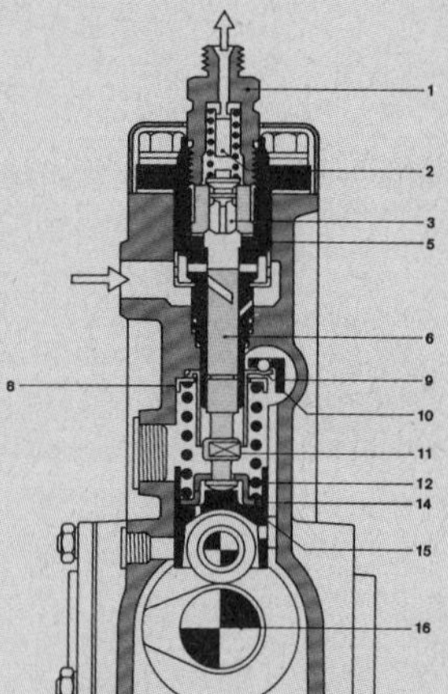

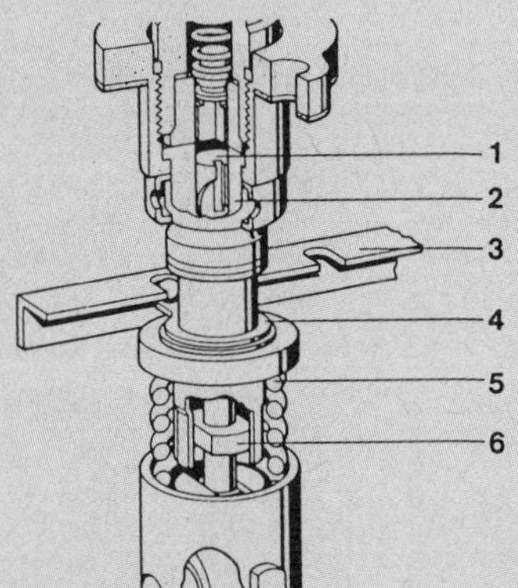

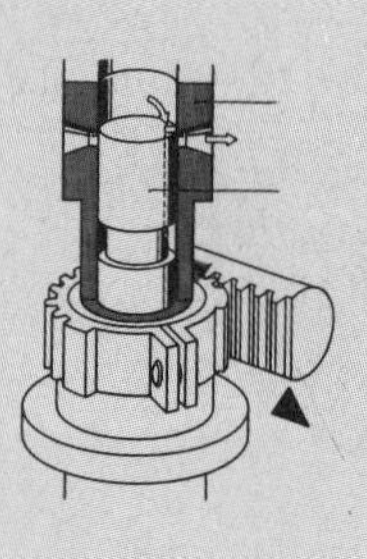

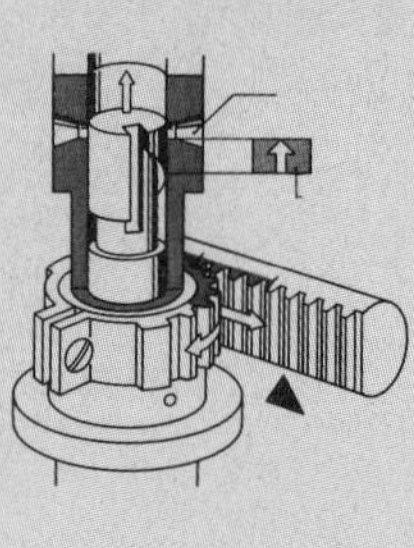

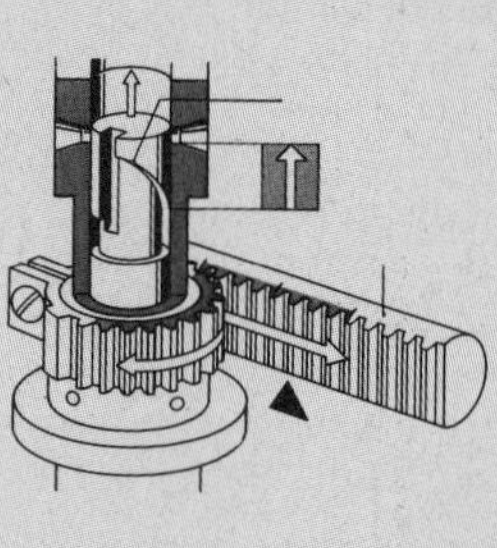

6.1 Erklären Sie den Aufbau des dargestellten Motors und benennen Sie die Einzelteile.

6.2 Erklären Sie die Wirkungsweise des Motors.

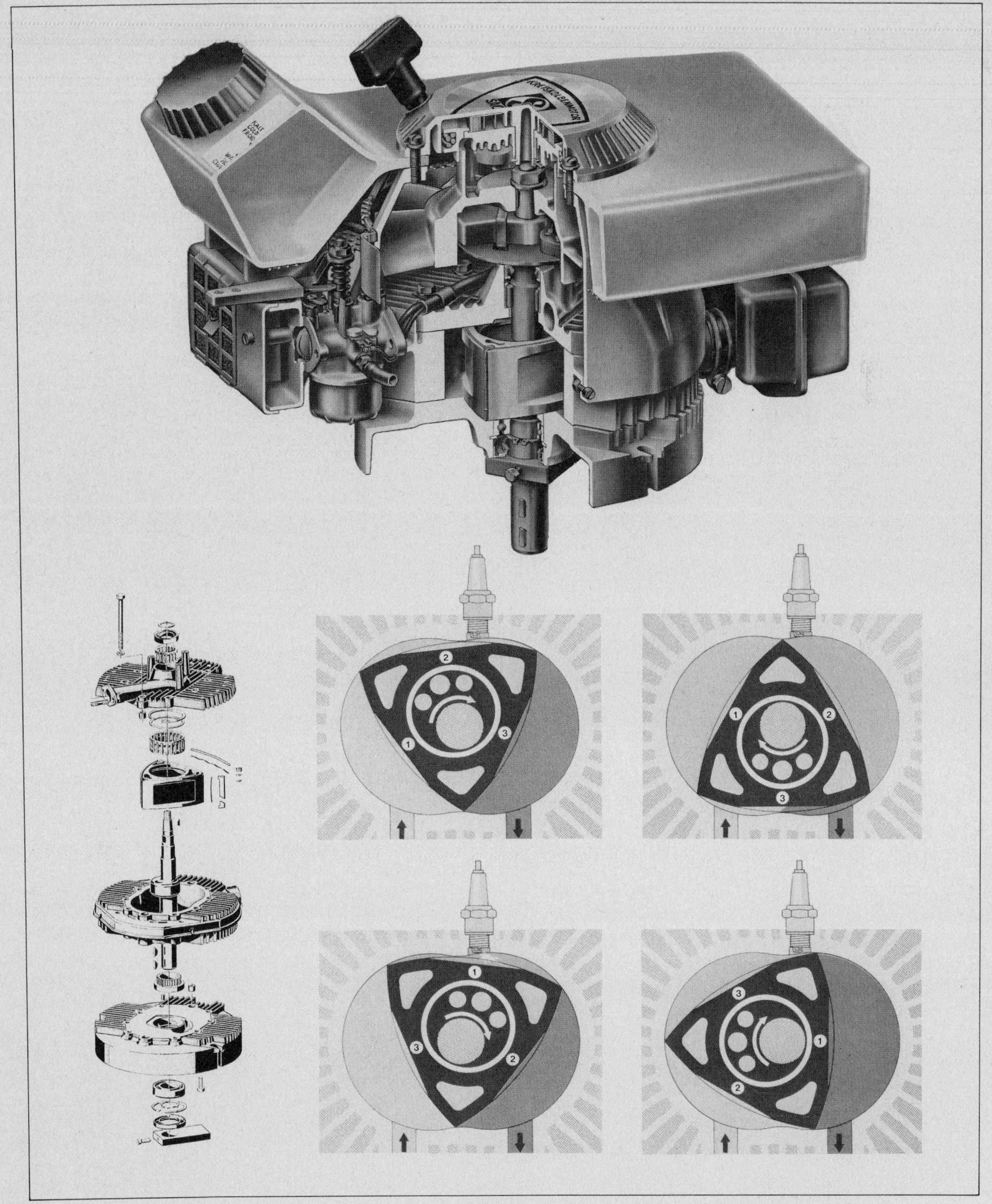

7.1 Erklären Sie die Wirkungsweise des Motors.

7.2 Erklären Sie die Wirkungsweise
- des Turboladers,
- des Ladedruckregelventils,
- der Ladedruckbegrenzung.

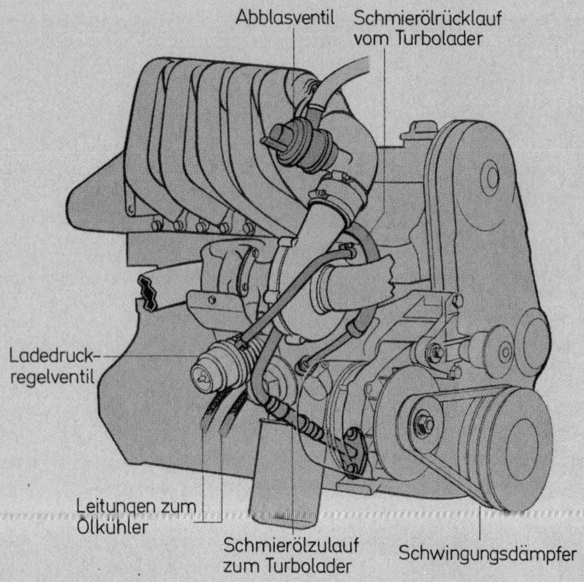

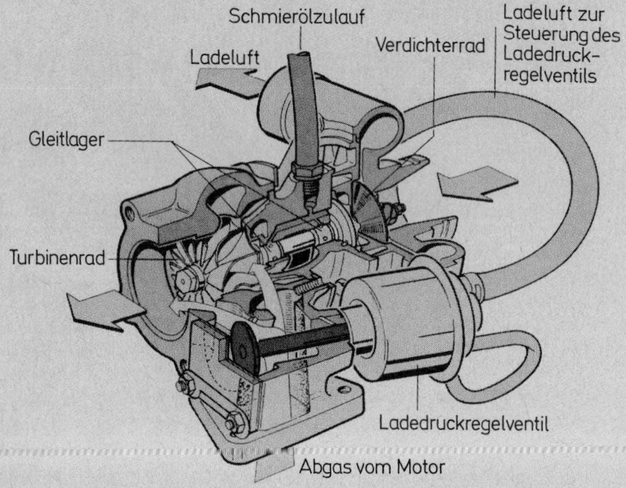

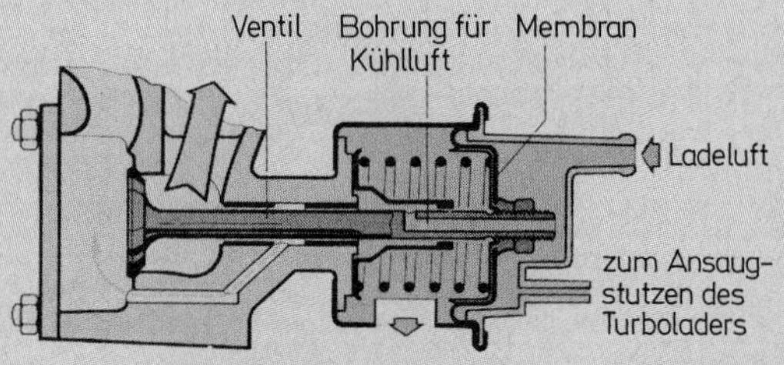

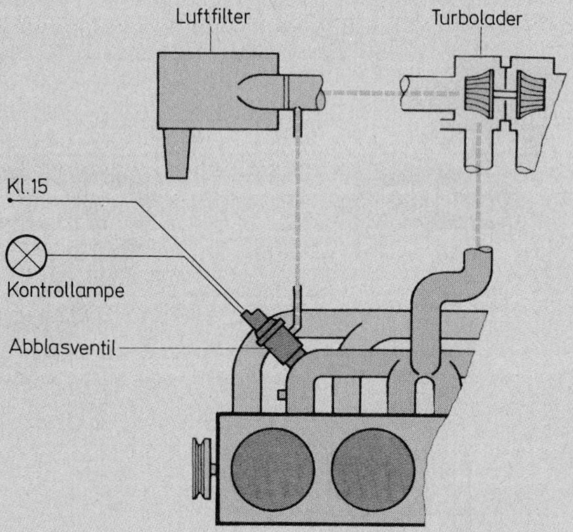

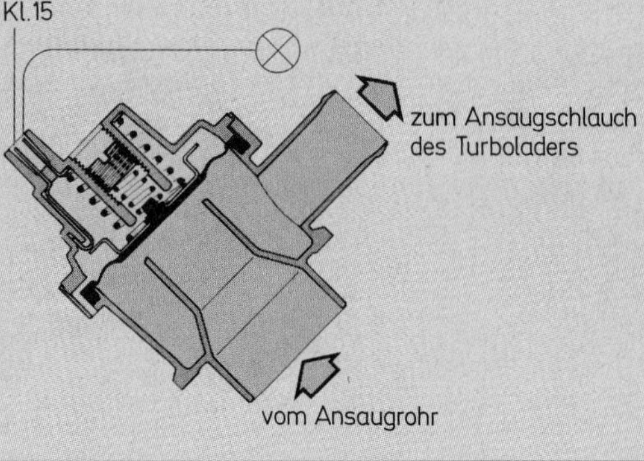

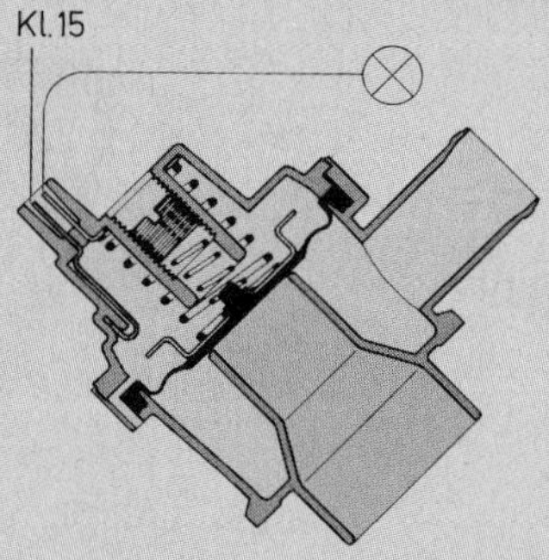

8.1 Erklären Sie die Aufgaben und die Wirkungsweise der verschiedenen Filtersysteme.

8.2 Erklären Sie die Wirkungsweise der Ölschmierung bei einem luftgekühlten 8-Zylinder-Dieselmotor.

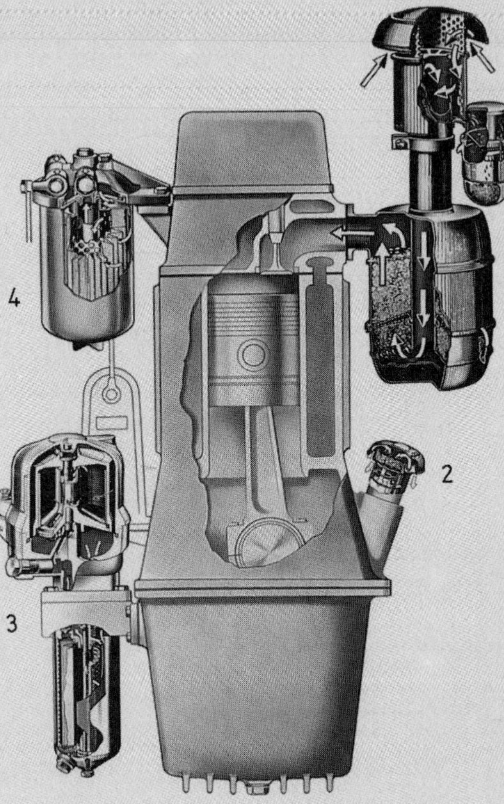

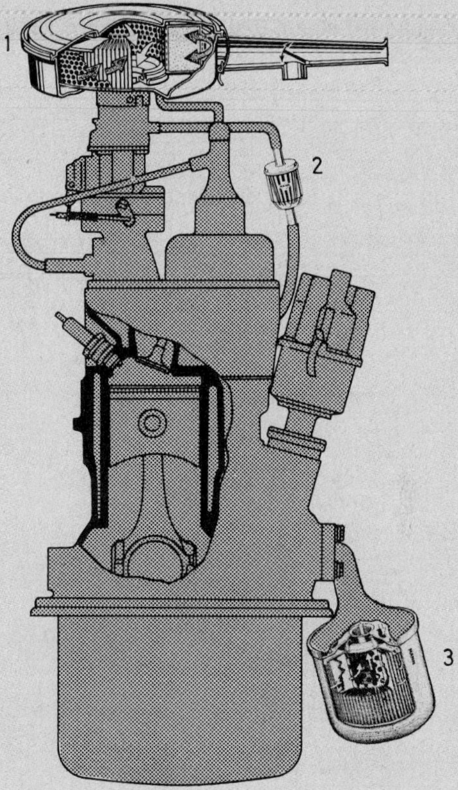

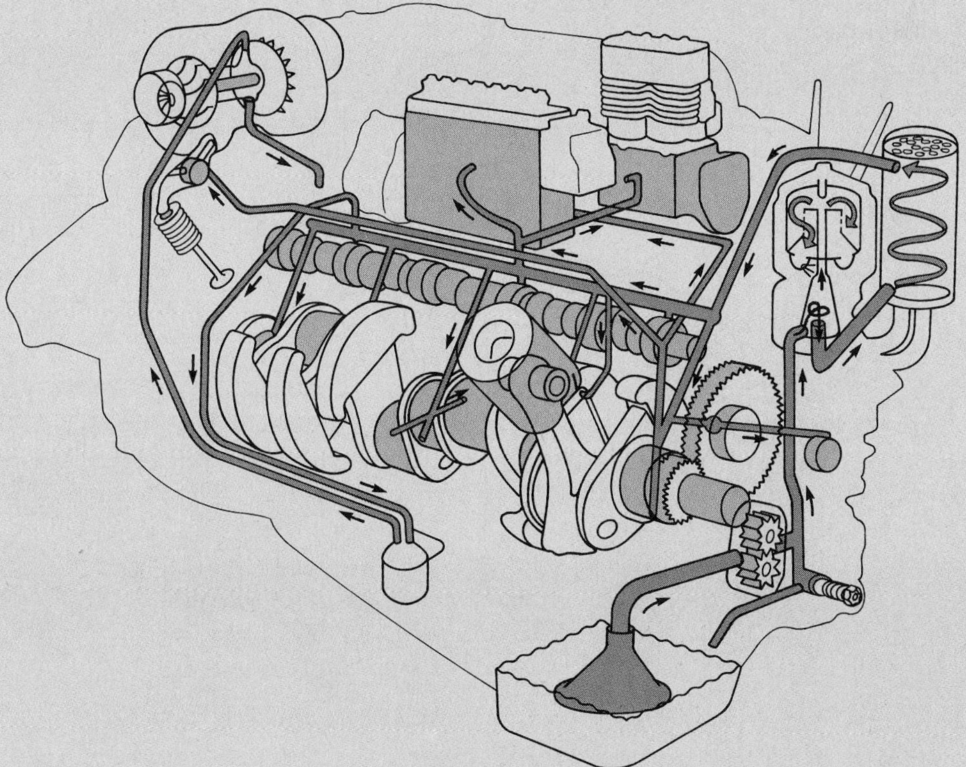

Kraftübertragung

Kraftübertragung bei einem Pkw aus dem Jahre 1912

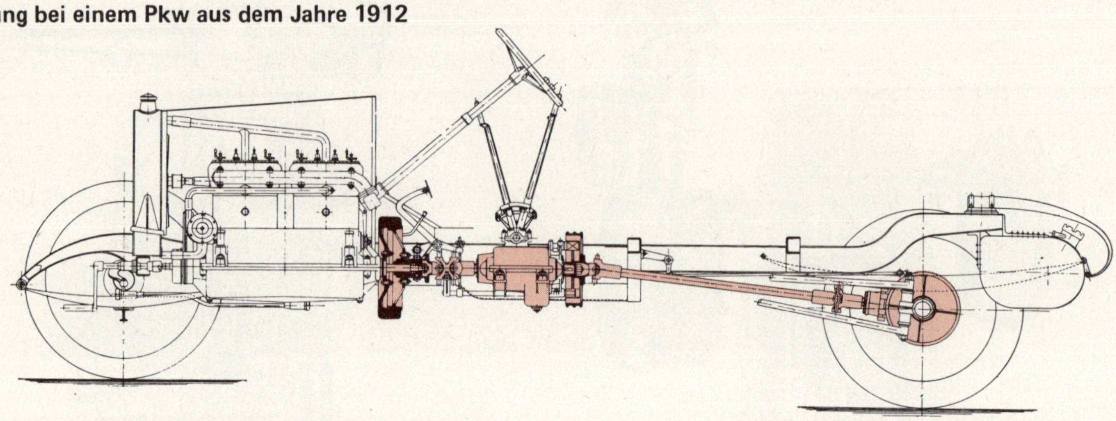

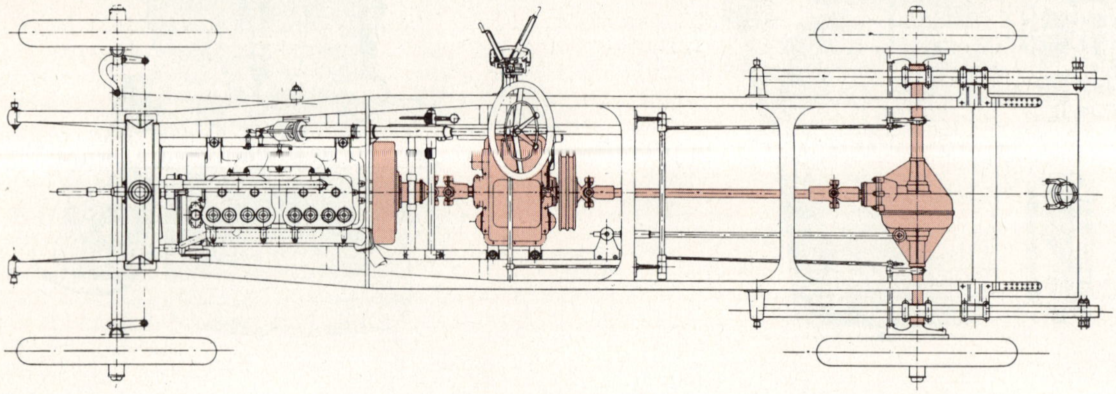

Moderne Kraftübertragungen

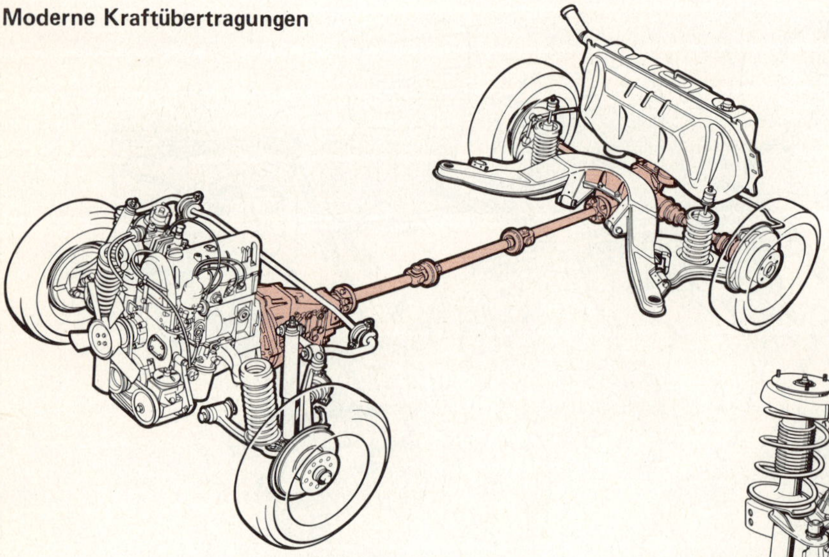

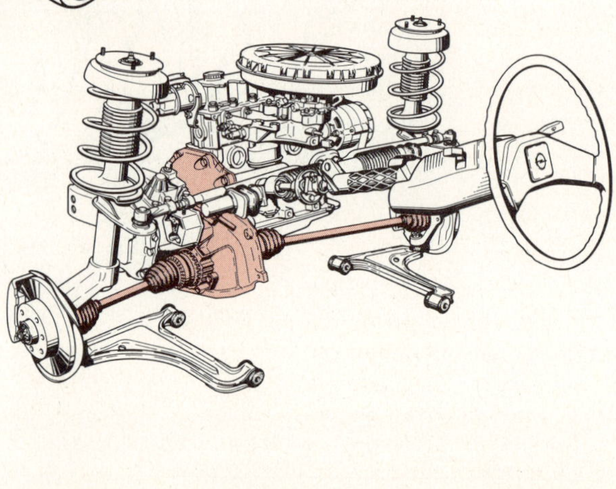

5 Kupplung

5.1 Reibungskupplung

5.1.1 Einscheiben-Trockenkupplung

Bei einer Prüfung der Kupplungsscheibe wird ein Seitenschlag von 0,5 mm festgestellt.

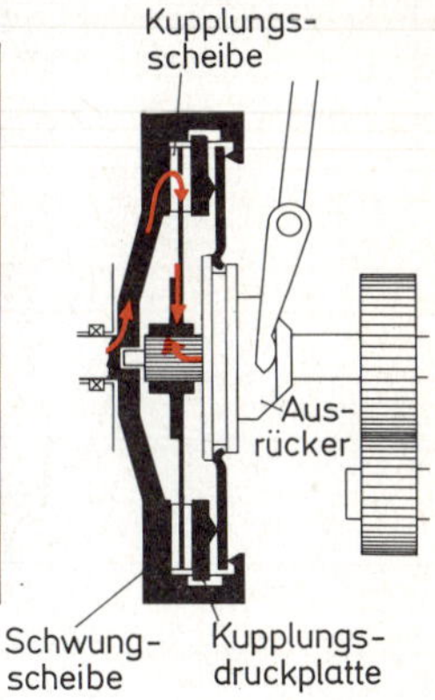

Die Kupplung hat folgende Aufgaben:

- Anfahrhilfe
  Der Motor gibt erst bei einer Drehzahl von 800 ... 1000 1/min ein brauchbares Drehmoment ab. Beim Abfahren muß die Kupplung eine kurze Zeit schleifen, um den Drehzahlunterschied zwischen Motorkurbelwelle und Antriebswelle des Getriebes auszugleichen.
- Übertragung des Drehmoments
  Die Kupplung muß das Drehmoment schlupffrei übertragen.
- Überlastungsschutz
  Sie schützt die Teile der Kraftübertragung vor Überlastung, z.B. beim Blockieren des Motors, indem sie durchrutscht.
- Gangwechsel
  Die Kupplung trennt zum Wechsel der Gänge den Kraftfluß zwischen Motor und Getriebe.
- Schwingungsdämpfer
  Sie dämpft die Torsionsschwingungen.

Einscheiben-Trockenkupplung		
Schwungscheibe **Kupplungsdruckplatte**	**Kupplungsscheibe**	**Ausrücker**
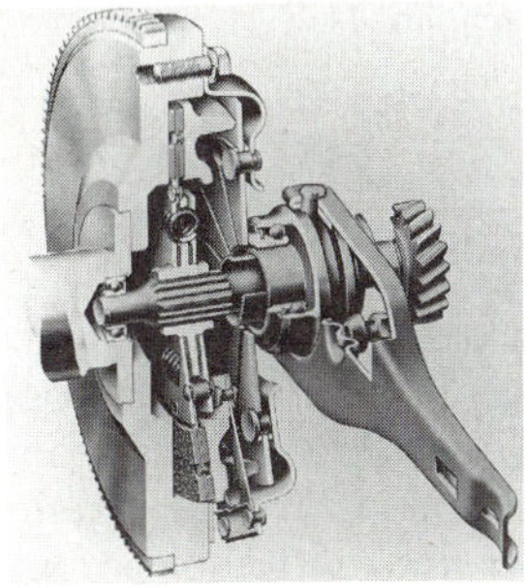 Das Gehäuse der Druckplatte ist mit der Schwungscheibe verschraubt. Im Schwungrad sitzt das Führungslager (Pilotlager), das die Getriebewelle führt. Die Kupplungsdruckplatte besteht aus • Kupplungsdeckel, • Membranfeder, • Anpreßplatte. Die Anpreßplatte wird durch 3 Blattfedern am Gehäuse zentriert. Sie übertragen das Drehmoment und dienen gleichzeitig als Rückzugfedern beim Auskuppelvorgang.	 Auf beiden Seiten der Kupplungsscheibe sind Beläge aufgenietet oder aufgeklebt. Die Kupplungsscheibe sitzt mit ihrer Nabe auf der Keilwelle des Getriebes und ist axial auf ihr verschiebbar. Die Anfahreigenschaften werden durch einen Kranz mit elastischen Segmenten verbessert, welcher am Umfang des Trägerbleches angeordnet ist. Zwischen den Belägen und der Nabe angeordnete Torsionsdämpfer haben die Aufgabe, Getriebegeräusche zu vermeiden.	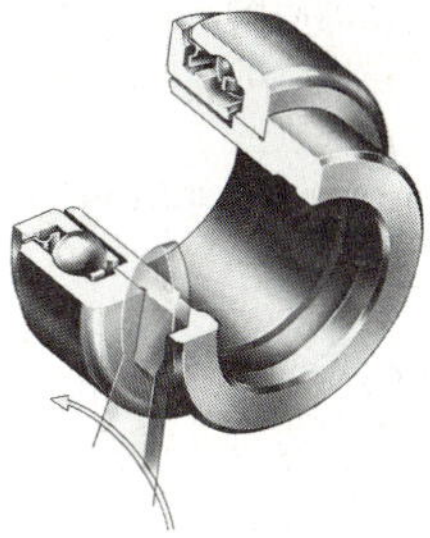 Der Ausrücker besteht aus einem gekapselten Kugellager. Der Außenring ist feststehend, der Innenring mitlaufend. Er wird auf einer Schiebehülse zentralgeführt. Die Schiebehülse ist mit dem Getriebegehäuse verbunden. Der Ausrücker ermöglicht in Verbindung mit einer besonders ausgelegten Kupplungsbetätigung eine spielfreie Einstellung des Ausrückers. Der Innenring liegt bei laufendem Motor ständig an den Ausrückhebeln oder Membranfederzungen an und rotiert mit.

Kupplung eingerückt

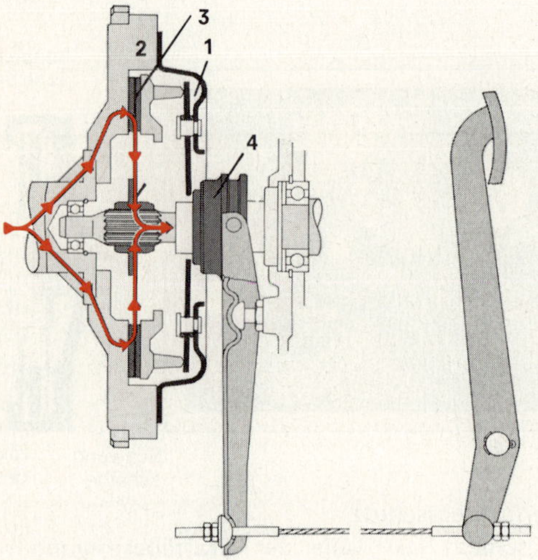

Die Membranfeder (1) drückt über die Anpreßplatten die Kupplungsscheibe (3) gegen die Reibfläche der Schwungscheibe (2). Die vom Motor angetriebene Schwungscheibe ist durch Reibung kraftschlüssig über die Kupplungsscheibe mit dem Getriebe verbunden.

Kupplung ausgerückt

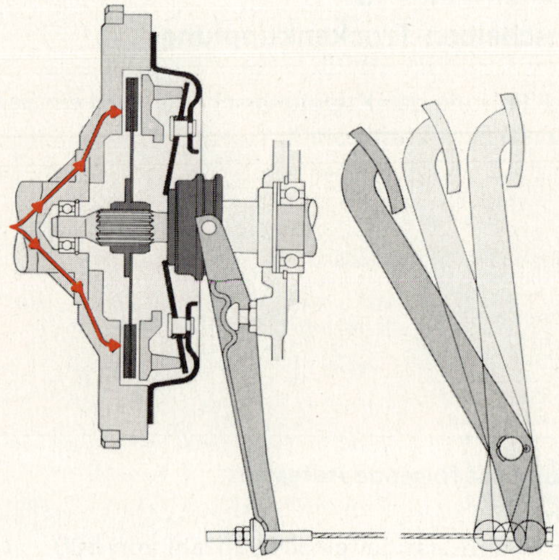

Beim Treten des Kupplungspedals drückt der Ausrücker (4) gegen die Membranfederzungen und bewegt sie um den Ausrückweg. Die Anpreßplatte wird von der Kupplungsscheibe abgehoben. Die Kupplungsscheibe löst sich von den Reibflächen und läuft frei. Die Kraftübertragung ist unterbrochen.

Übertragung des Drehmomentes

Das übertragbare Drehmoment ist um so größer, je größer

- die Anpreßkraft F der Anpreßplatte,
- der mittlere Reibradius r_m,
- der Reibwert μ und
- die Anzahl der Reibflächen z.

ist. Die Einscheiben-Trockenkupplung besitzt 2 Reibflächen.

Membranfederkupplung

Die Anpreßkraft wird durch eine tellerförmige, geschlitzte Feder – Membranfeder – aufgebracht. Die Membranfeder ist ein zweiseitiger Hebel, der zwischen zwei Kippringe gespannt ist.

Beim Auskuppeln drückt der Ausrücker gegen die Membranfederzungen. Bis zu einem bestimmten Punkt steigt die Pedalkraft an, dann kippt die Membranfeder in ihre neue Stellung. Die Pedalkraft nimmt ab.

⊕ unempfindlich gegen hohe Drehzahlen

⊕ niedrige Bauhöhe

⊕ geringere Pedalkraft gegen Ende des Ausrückweges

⊕ einfacher Aufbau

Kupplung mit Schraubenfedern

Bei der Schraubenfederkupplung sind 6 bis 12 Druckfedern am Umfang der Anpreßplatte verteilt und bringen den notwendigen Anpreßdruck auf.

Beim Auskuppeln drückt der Ausrücker gegen die Ausrückhebel. Diese heben gegen die Kraft der Schraubenfedern die Anpreßplatte von der Kupplungsscheibe ab.

⊖ Die Pedalkraft zum Auskuppeln ist umso größer, desto weiter ausgekuppelt wird.

⊖ größere Bauhöhe

⊖ mehr Bauteile

⊕ Die Anpreßkraft kann durch die Wahl der Federgruppen verschiedener Kraftwirkung sehr leicht verändert werden.

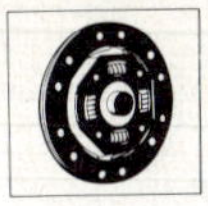

5.1.1.1 Kupplungsscheiben

Die Kupplungsscheibe besteht aus der Nabe, dem Mitnehmerblech und den paarweise aufgenieteten oder aufgeklebten Belägen. Damit die Kupplung nicht rupft, muß der Seitenschlag der Scheibe sehr gering sein.

Der Kupplungsbelag setzt sich aus folgenden Teilen zusammen:

- Asbestgewebe mit Metalldrahteinlagen aus Stahl und Messing. Asbest hat einen hohen Reibwert und ist hitzebeständig. Die Metalldrähte verbessern die Wärmeleitfähigkeit und die Festigkeit. Die Asbestbeläge werden in Zukunft durch asbestfreie Beläge auf Kunststoffbasis abgelöst.
- Kunstharz
  Er dient als Bindemittel der anderen Bestandteile.
- Füllstoffe

Bei extrem hohen Wärmebeanspruchungen werden metallkeramische Reibplatten verwendet.

Kupplungsscheibe ohne Belagfederung

Die Kupplungsbeläge sind direkt auf das Mitnehmerblech aufgenietet.

Schlitze in der Scheibe sollen den Verzug infolge hoher Reibungswärme verhindern.

⊕ billig
⊖ ruckartiges Einkuppeln

Einsatz: im Pkw nicht üblich

Kupplungsscheibe mit Belagfederung

Die Beläge sind auf dünne, gewellte Federblech-Segmente aufgenietet. Beim Einkuppeln geben die elastischen Segmente federnd nach, bis sie durch die Anpreßkraft plan anliegen.

⊕ weiches, rupffreies Anfahren
⊕ geringerer Verschleiß

Einsatz: Pkw

Kupplungsscheibe ohne Torsionsdämpfer

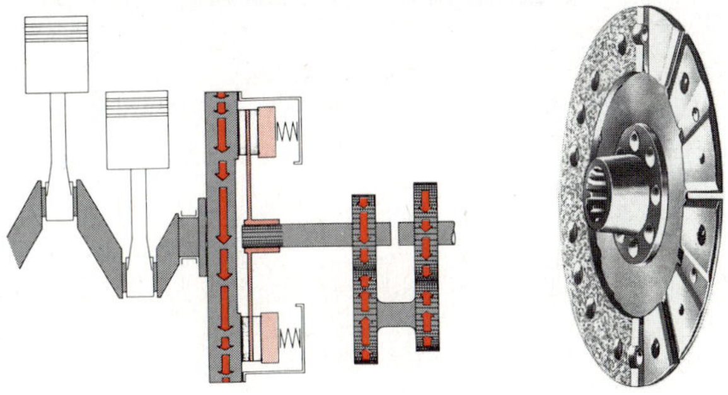

Durch den ungleichförmigen Lauf des Motors entstehen Drehschwingungen (Torsionsschwingungen), die sich auf das Getriebe übertragen und dort zu starken Geräuschen führen.

Kupplungsscheibe mit Torsionsdämpfer

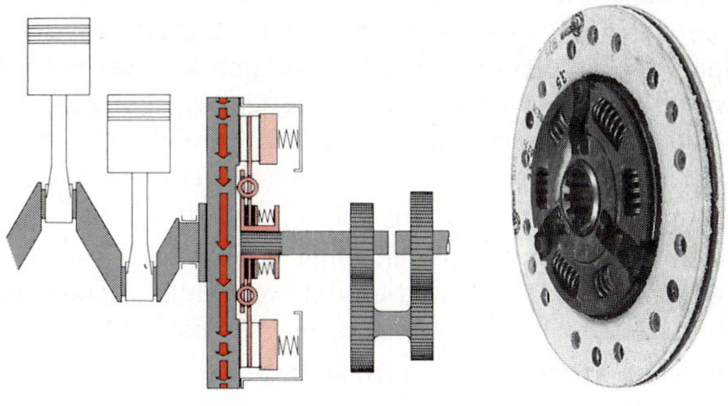

Nabenteil und belagtragender Scheibenteil sind geteilt und nur durch Schraubenfedern verbunden. Zwischen beiden Teilen ist eine leichte Verdrehung möglich. Die Federn nehmen die Schwingungen auf. Reibscheiben im Nabenteil dämpfen dann die Drehschwingungen.

⊕ weicher Abtrieb

5.1.1.2 Kupplungsspiel

Bei Kupplungen mit Kupplungsspiel darf der Ausrücker nur beim Auskuppeln gegen die Membranfederzungen bzw. die Ausrückplatte drücken. Im eingekuppelten Zustand muß zwischen

- Ausrücker und Ausrückplatte,
- Ausrücker und Membranfederzungen

ein Spiel von 2 bis 3 mm sein. Am Kupplungspedal entspricht dies einem Leerweg von 20 ... 30 mm.

Durch die Abnutzung der Beläge verschiebt sich die Anpreßplatte in Richtung der Schwungscheibe. Damit rücken die Membranfederzungen bzw. die Ausrückplatte näher an den Ausrücker. Das Spiel wird also kleiner.

Laufen die Membranfederzungen bzw. die Ausrückplatte auf den Ausrücker auf, kann sich der Anpreßdruck der Federn nicht mehr voll auswirken. Die Kupplung rutscht.

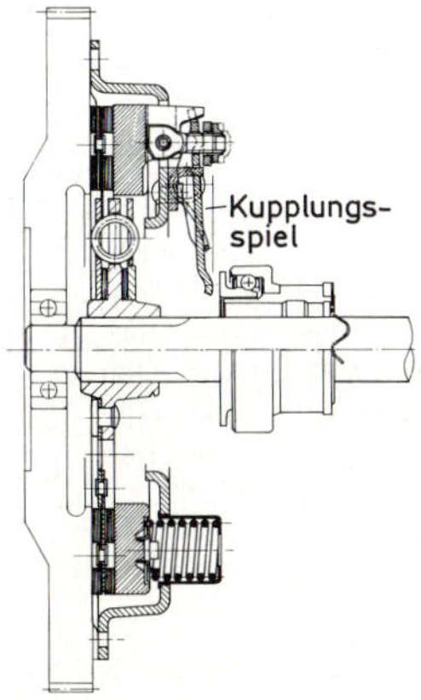

5.1.2 Wandler-Schaltkupplung (WSK)

Die Wandler-Schaltkupplung wird im Lkw eingebaut. Sie ergibt in Verbindung mit einem Synchron-Getriebe ein halbautomatisches Getriebe.

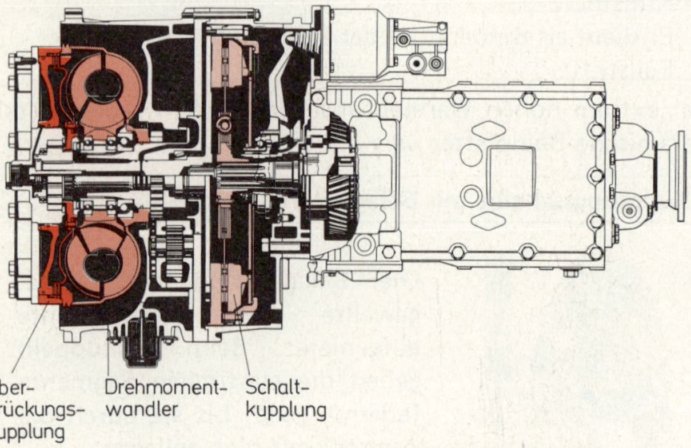

Wesentliches Bauteil ist der Drehmomentwandler, ein hydraulisches Bauteil zwischen Motor und Getriebe.

Der Drehmomentwandler besteht aus dem Pumpenrad, dem Turbinenrad und dem Leitrad und ist mit Öl gefüllt.

Das Pumpenrad wird direkt vom Motor angetrieben. Durch die Drehbewegung des Pumpenrades wird das zwischen den Schaufeln befindliche Öl zum Turbinenrad gefördert. In den Schaufeln des Turbinenrades wird die Strömungsenergie in eine Drehbewegung umgewandelt. Zwischen Pumpen- und Turbinenrad liegt das Leitrad, das den Ölstrom umlenkt und unter einem günstigen Winkel wieder in das Pumpenrad zurückführt. Diese Umleitung des Ölstromes ermöglicht dem Wandler, das eingeleitete Drehmoment zu verstärken, beim Anfahren bis zum 2,5fachen.

Die Überbrückungskupplung, eine Lamellen- oder Einscheibenkupplung wird hydraulisch von einer Steuerungsanlage geschaltet und überbrückt den Wandler mechanisch.

Die Schaltkupplung wird mechanisch betätigt und dient dem Gangwechsel.

Die Wandler-Schaltkupplung besteht aus 3 Baugruppen

- Überbrückungskupplung
- Drehmomentwandler
- Schaltkupplung

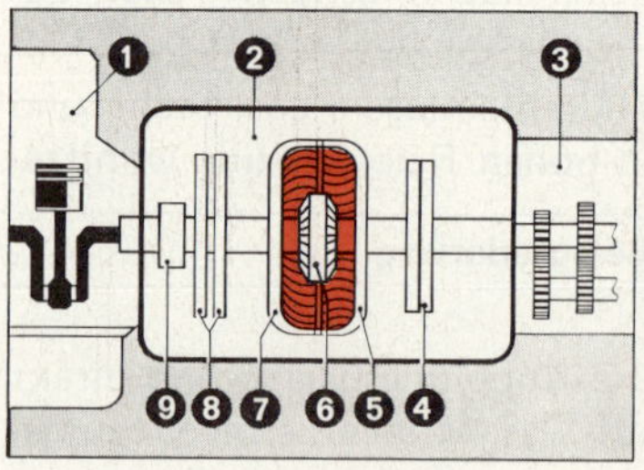

1. Motor
2. Wandler-Schaltkupplung (WSK)
3. Schaltgetriebe
4. Schaltkupplung
5. Turbinenrad
6. Reaktionsglied (Leitrad) mit Freilauf
7. Pumpenrad
8. Überbrückungskupplung
9. Brems- bzw. Schubfreilauf

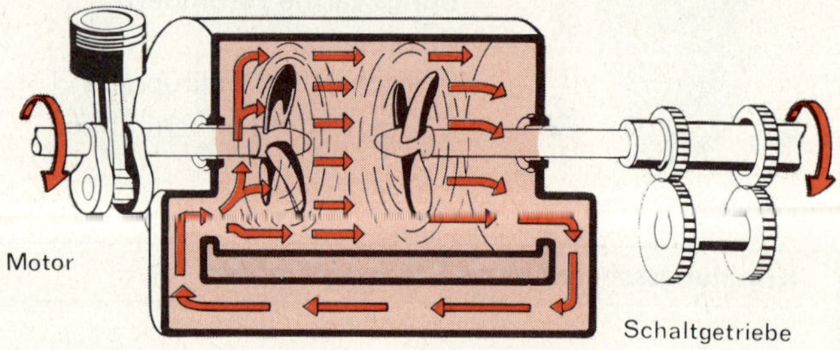

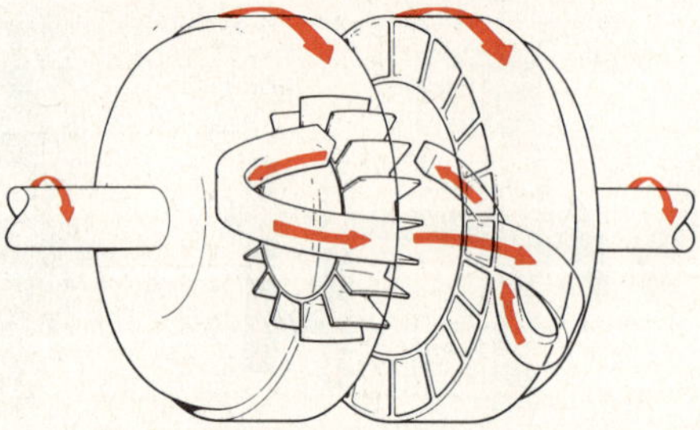

Anfahren

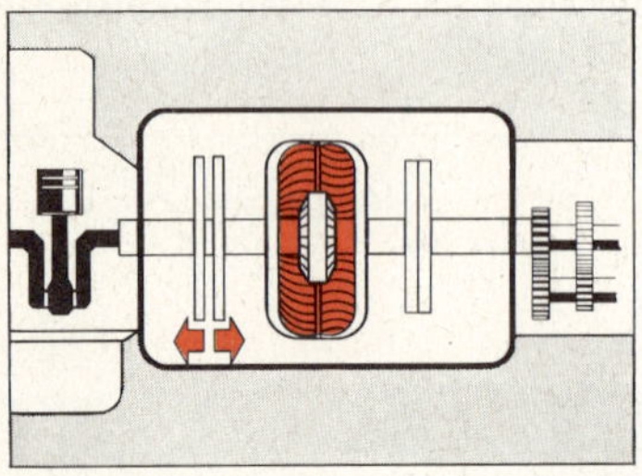

Beim Anfahren wird die Kraft rein hydraulisch übertragen. Der Wandler übernimmt die Drehzahlangleichung und nicht wie sonst üblich die Kupplung. Die Übersetzung zwischen Motor und Getriebe ist stufenlos und paßt sich den Belastungen an. Der Wandler ist „offen".

Fahren

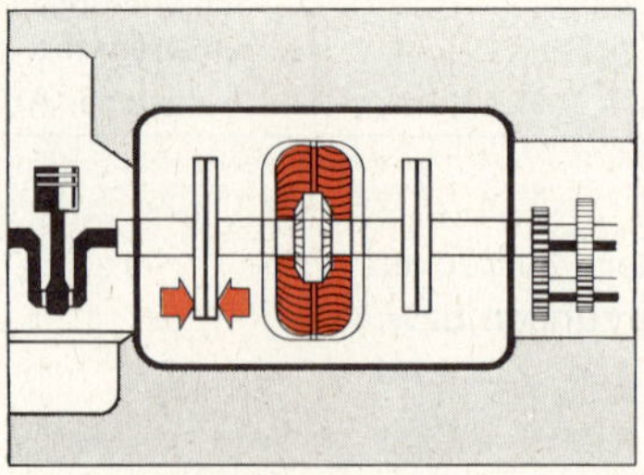

Haben mit steigender Fahrgeschwindigkeit Turbinen- und Pumpenrad gleiche Drehzahl, wird die Überbrückungskupplung automatisch geschaltet, der Wandler ist geschlossen. Zwischen Motor und Getriebe besteht eine direkte Verbindung. Wenn nötig, wird während der Fahrt wie bei einem normalen Getriebe geschaltet.

Kick-down

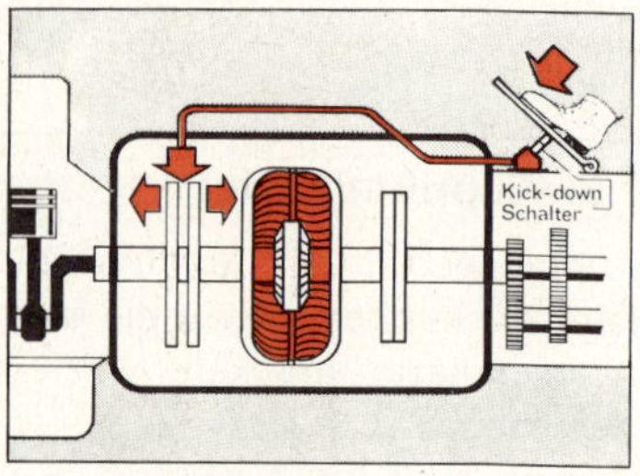

Wenn der Motor keine Reserven mehr hat (z.B. unterhalb 1500 1/min), bleibt ein Gangwechsel in die nächstniedere Stufe erspart. Hierzu muß das Gaspedal über den Vollgasanschlag durchgetreten werden. Der Wandler öffnet sofort und liefert eine erhöhte Zugkraft.

ZUSAMMENFASSUNG
Kupplung

Einscheiben-Trockenkupplung

- Anfahrhilfe
- Übertragen des Drehmoments
- Überlastungsschutz
- Gangwechsel
- Schwingungsdämpfer

Membranfederkupplung

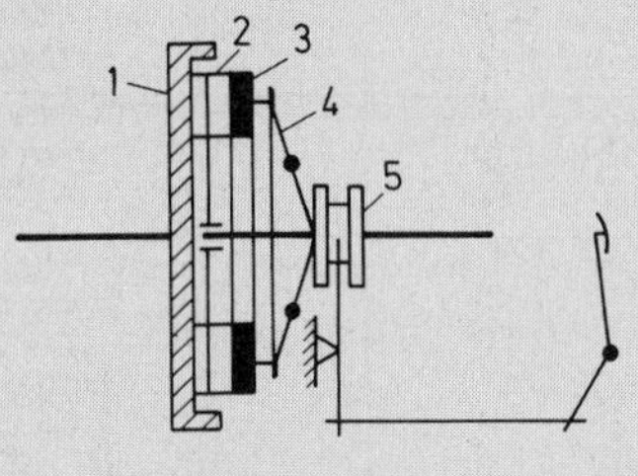

Schwungscheibe (1)
Kupplungsscheibe (2)
Anpreßplatte (3)
Membranfeder (4)
Ausrücker (5)

geringe Pedalkraft gegen Ende des Ausrückweges

Schraubenfederkupplung

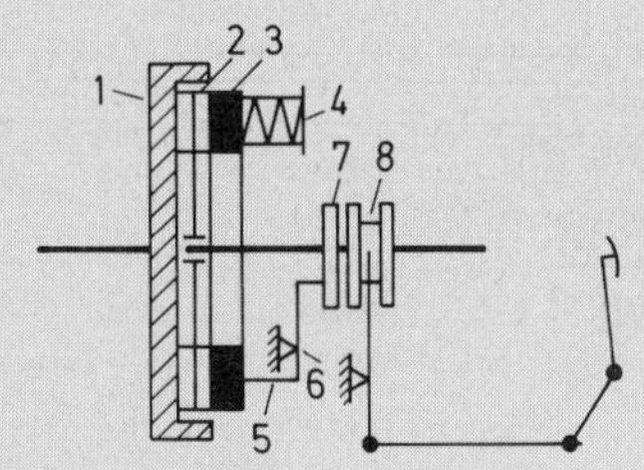

Schwungscheibe (1)
Kupplungsscheibe (2)
Anpreßplatte (3)
Schraubenfedern (4)
Abzugsbolzen (5)
Ausrückhebel (6)
Ausrückplatte (7)
Ausrücker (8)

je größer der Ausrückweg, desto größer die Pedalkraft

Eingekuppelt	Auskuppeln
Die Kupplungsscheibe wird von der unter Federkraft – Membranfeder oder Schraubenfeder – stehenden Anpreßplatte gegen die Schwungscheibe gedrückt.	Zum Unterbrechen des Kraftflusses wird die Anpreßplatte entgegen der Federkraft von der Kupplungsscheibe abgehoben. Die Kupplungsscheibe läuft frei.

Kupplungsscheibe

Belag: Asbestgewebe mit Metalldrahteinlage, Kunstharz, Füllstoffe
Kupplungsscheibe mit Belagfederung: weiches und rupffreies Anfahren
Kupplungsscheibe mit Torsionsdämpfern: Dämpfen von Motordrehschwingungen

Wandler-Schaltkupplung (WSK)

Überbrückungskupplung

Sie überbrückt den Wandler und stellt eine direkte Verbindung Motor – Getriebe her.

Sie wird automatisch gesteuert und überbrückt Wandler bei

- Kick-down,
- Turbinendrehzahl = Pumpendrehzahl.

Drehmomentwandler

Das Öl strömt vom Pumpenrad ins Turbinenrad und über das Leitrad zurück in das Pumpenrad.

Der Drehmomentwandler verstärkt das eingeleitete Drehmoment bzw. die Drehzahl bis zum 2,5fachen Wert.

Schaltkupplung

Die Schaltkupplung wird mechanisch über das Fußpedal betätigt und dient dem Gangwechsel.

ANALYSE Ausgeführte Kupplungen

1. Vergleichen Sie die dargestellten Kupplungen und arbeiten Sie die Unterschiede heraus.
2. Erklären Sie die Wirkungsweise der unterschiedlichen Kupplungen.
3. Vergleichen Sie die dargestellten Kupplungsscheiben und arbeiten Sie die Unterschiede heraus.
4. Erklären Sie die Wirkungsweise der Kupplungsbetätigungen.

Kupplung 1912	Einscheibenkupplung	Zweischeibenkupplung	Zweimassenkupplung
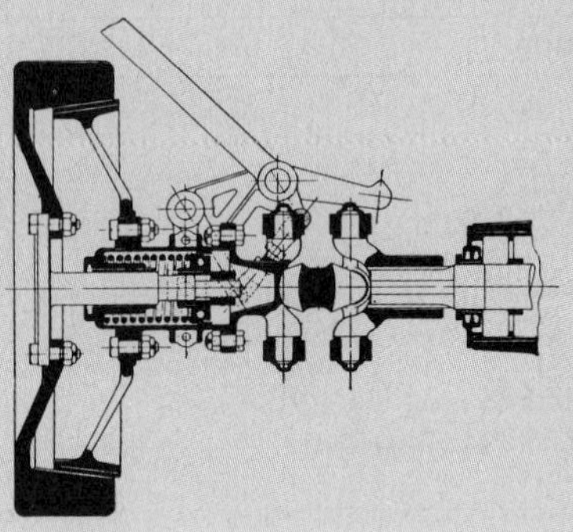	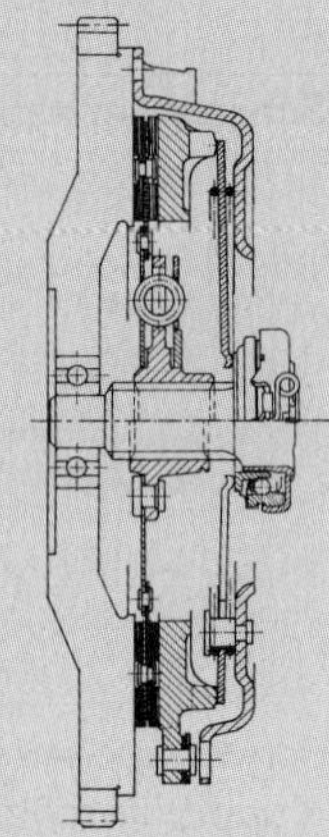	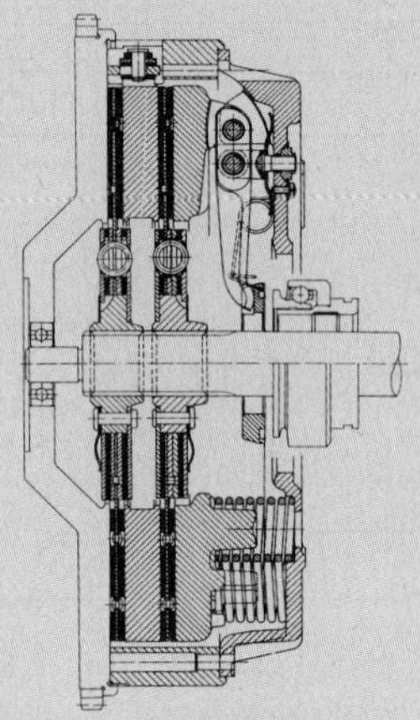	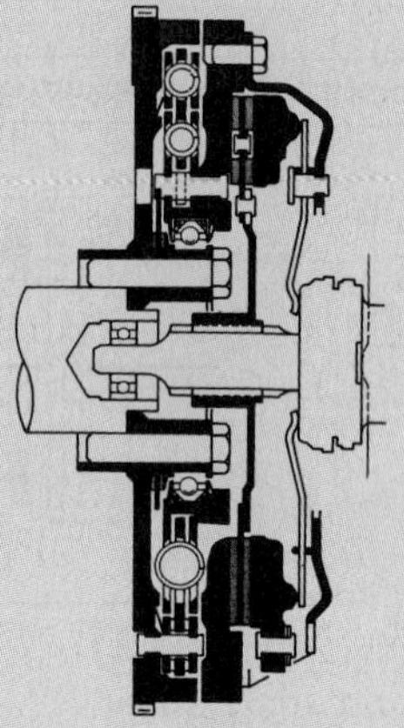

Kupplungsscheiben

Kupplungsbetätigungen

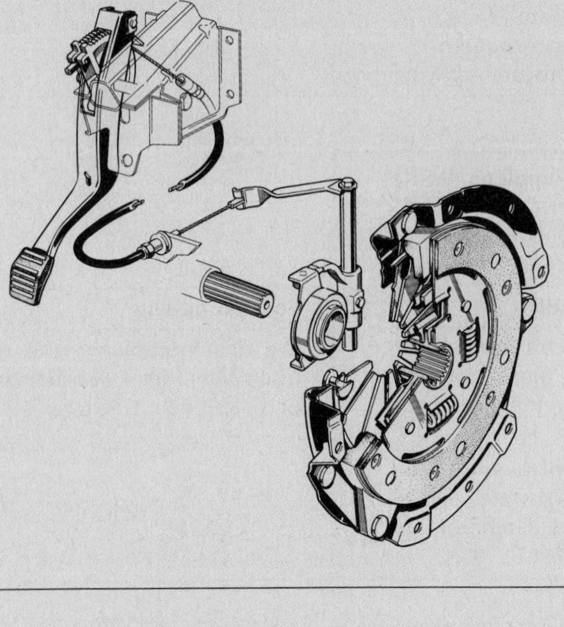

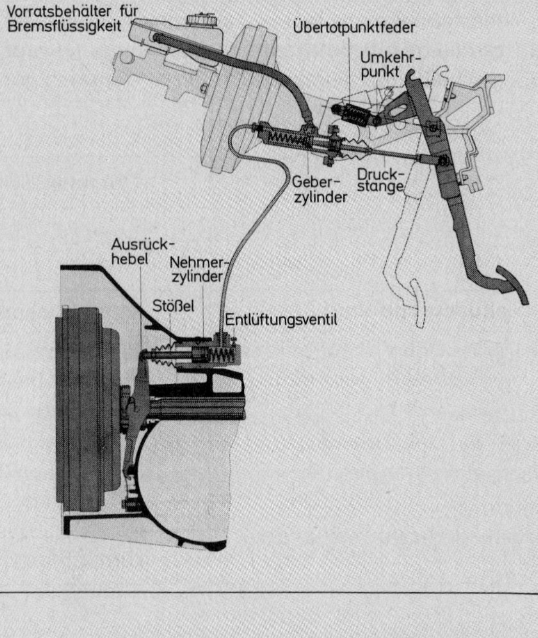

ARBEITSPLANUNG Kupplung

Entwickeln Sie den Arbeitsplan für die dargestellten Prüf- bzw. Instandsetzungsarbeiten, indem Sie

- die Reihenfolge der Prüf- bzw. Arbeitsschritte,
- die Auswahl der Prüfmittel bzw. Werkzeuge,
- die zu beachtenden Prüf- bzw. Arbeitsregeln/Sicherheitsvorschriften,
- die Auswertung der Prüfergebnisse und
- die erforderlichen Ersatzteile und Werkstoffe

angeben und begründen.

Kupplungsbeläge auswechseln

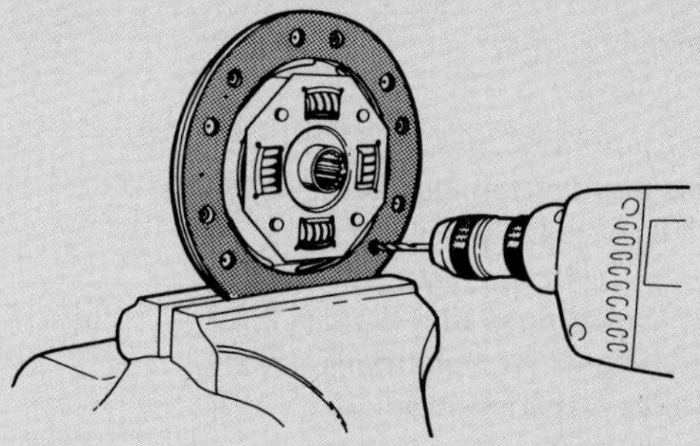

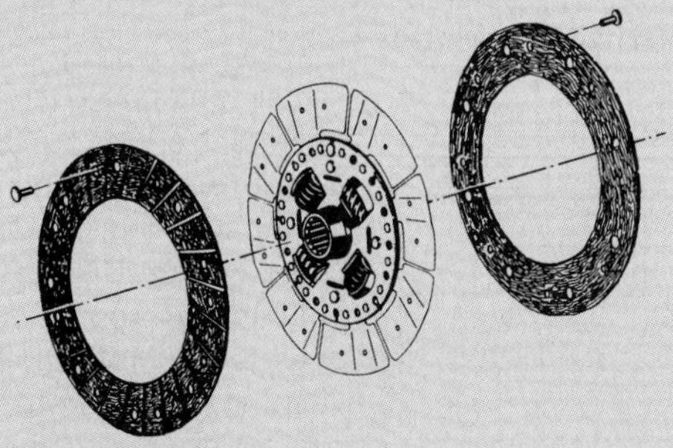

Kupplung zusammenbauen

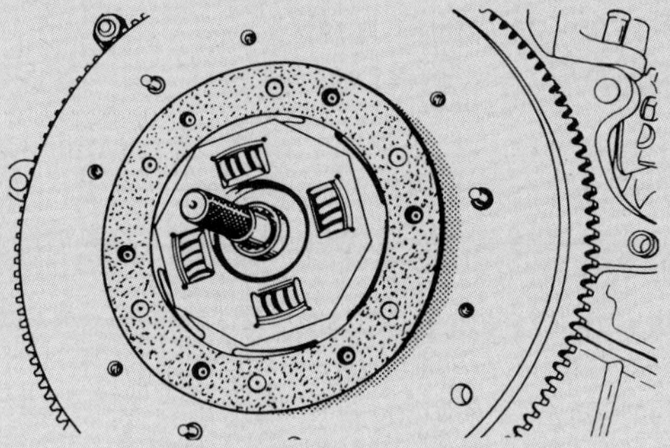

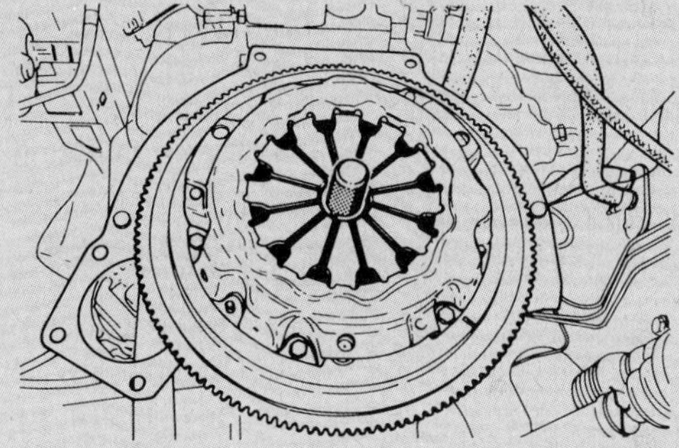

Zahnkranz auswechseln

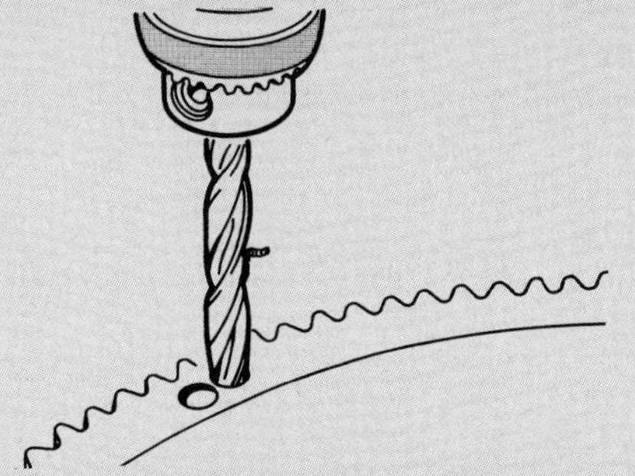

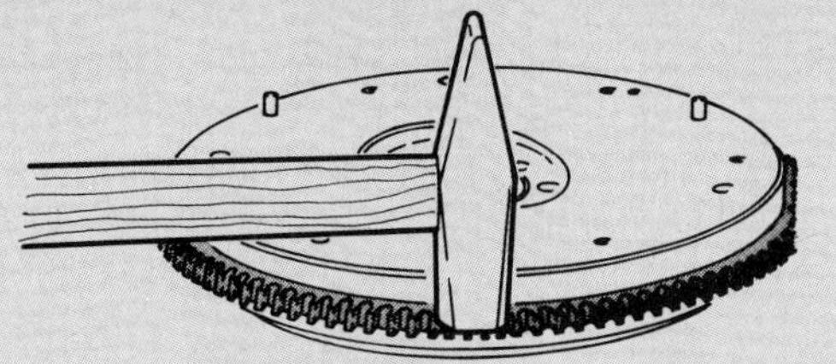

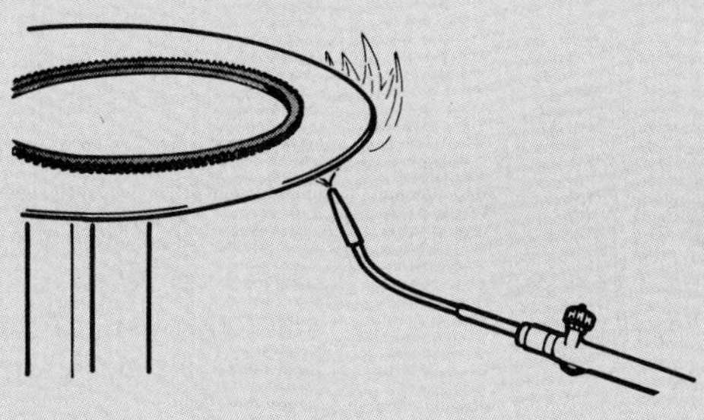

Seitenschlag prüfen

6 Getriebe

Bei einem Getriebe entstehen während des Schaltens vom 2. in den 3. Gang trotz getrennter Kupplung Kratzgeräusche.

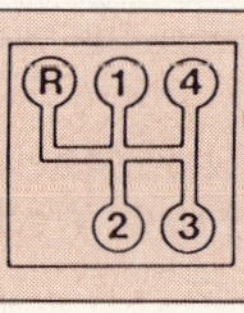

6.1 Anpassung Motor – Fahrbetrieb durch Getriebe

Charakteristik des Motors	Fahrbetrieb
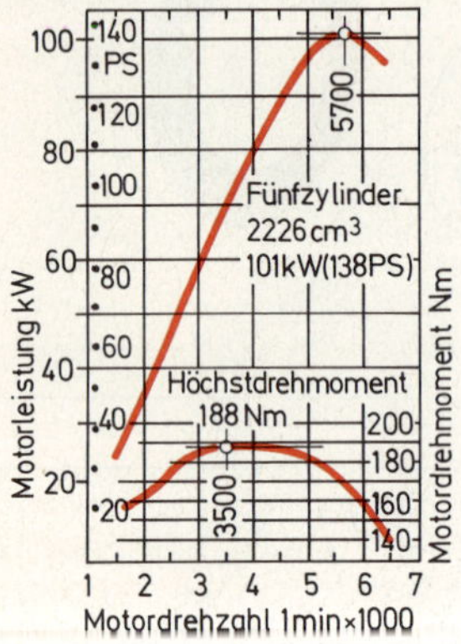 Leistung und Drehmoment eines Verbrennungsmotors sind drehzahlabhängig. Sie sind bei niedrigen Drehzahlen gering. Unterhalb einer Drehzahl von 1000 1/min gibt der Motor keine Leistung ab. Der Motor hat nur einen schmalen Bereich, in dem er eine brauchbare Leistung abgibt. Dieser Drehzahlbereich liegt zwischen dem maximalen Drehmoment und der maximalen Leistung.	Beim Anfahren ist das größte Antriebsmoment an den Antriebsrädern bei gleichzeitig niedriger Drehzahl erforderlich. An Steigungen und beim Beschleunigen ist ebenfalls ein großes Antriebsmoment an den Rädern erforderlich. In der Ebene kann das Antriebsmoment gering sein, die Drehzahl der Räder muß aber groß sein. 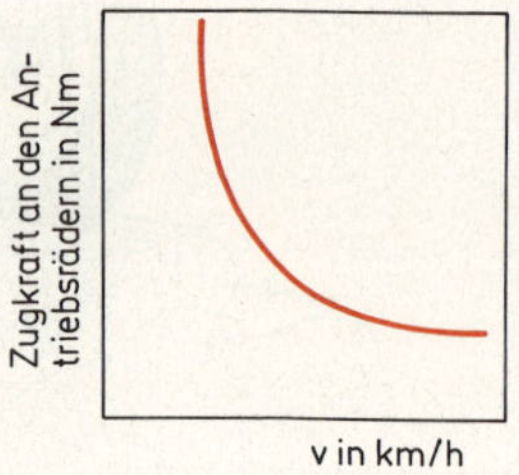

Aufgabe des Getriebes

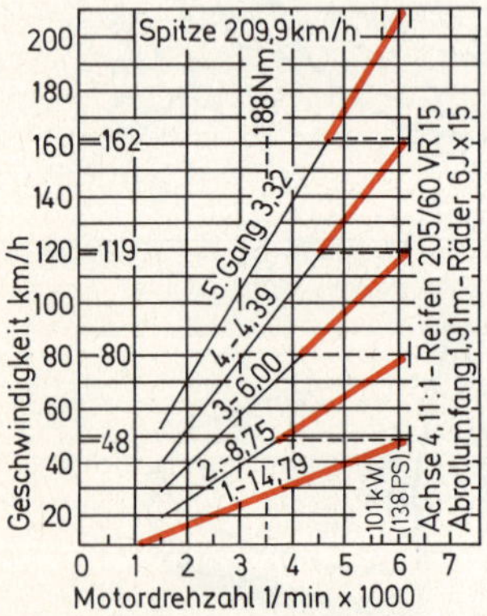

Um die Eigenschaften des Motors mit den Erfordernissen des Fahrbetriebs in Einklang zu bringen, muß ein Getriebe zwischen Motor und Antriebsrädern geschaltet werden. Das Getriebe sorgt dafür, daß

- der Motor bei allen Fahrzuständen im leistungsfähigen Drehzahlbereich bleibt,
- zum Anfahren, Beschleunigen, zum Fahren in der Ebene und auf Steigungen ein entsprechendes Antriebsmoment an den Rädern zur Verfügung steht,
- das Fahrzeug rückwärts fahren kann.

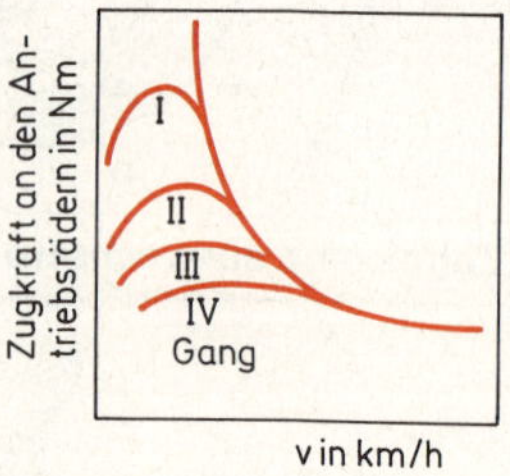

6.2 Grundgetriebe

Das Wechselgetriebe verändert die Übersetzung zwischen Motor und Achsantrieb

Übersetzung ins Langsame	Übersetzung ins Schnelle
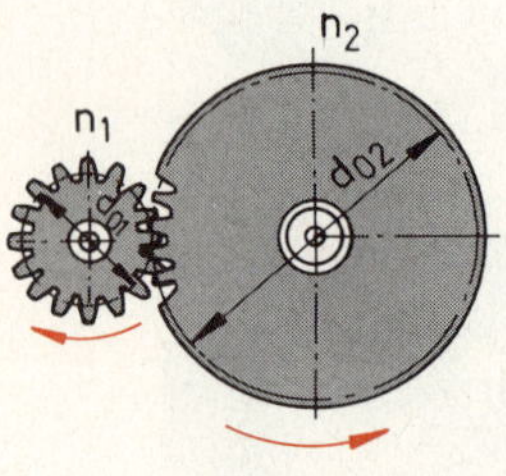 Das treibende Zahnrad besitzt weniger Zähne als das getriebene Zahnrad. Das getriebene Zahnrad dreht sich daher langsamer als das treibende Rad. Bei einer Übersetzung ins Langsame ist der Nenner (= 1) kleiner als der Zähler, z.B. $i = 2:1$.	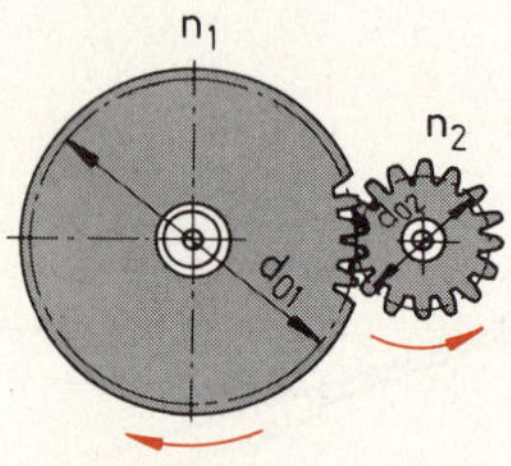 Das treibende Zahnrad besitzt mehr Zähne als das getriebene Zahnrad. Das getriebene Zahnrad dreht sich daher schneller als das treibende Zahnrad. Bei einer Übersetzung ins Schnelle ist der Nenner größer als der Zähler, z.B. $i = 1:2$.

Übersetzung $i = n_1/n_2 = d_{02}/d_{01}$

Das Getriebe ist ein Drehmomentwandler.	
Vergrößern des Drehmoments	**Verkleinern des Drehmoments**
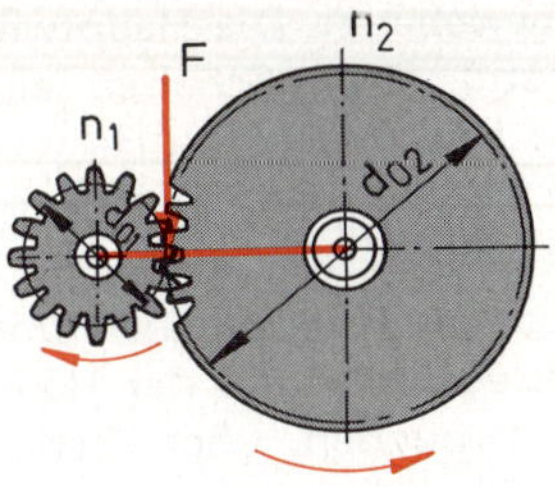 Das Zahnrad ist ein rotierender Hebel. Die Umfangskraft wirkt am größeren Hebelarm $d_{02}/2$ des getriebenen Zahnrades. Somit wird das Drehmoment M_{d2} im Verhältnis der Zahnraddurchmesser vergrößert.	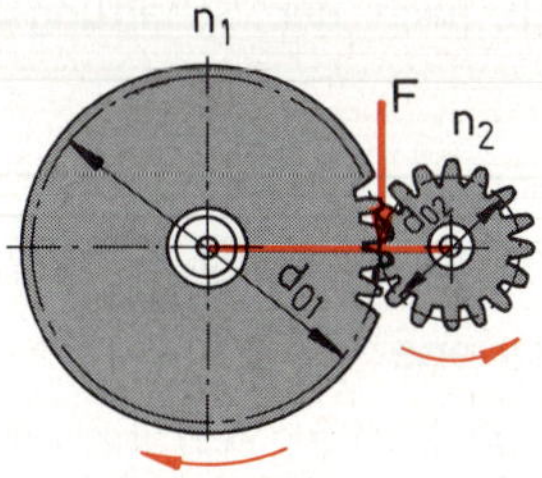 Die Umfangskraft wirkt am kleineren Hebelarm $d_{02}/2$ des getriebenen Zahnrades. Somit wird das Drehmoment M_{d2} im Verhältnis der Zahnrad-Durchmesser verkleinert.
$M_{d2} = d_{02}/d_{01} \cdot M_{d1}$	

Das Getriebe ändert den Drehsinn der Abtriebswelle	
Vorwärtsgang	**Rückwärtsgang**
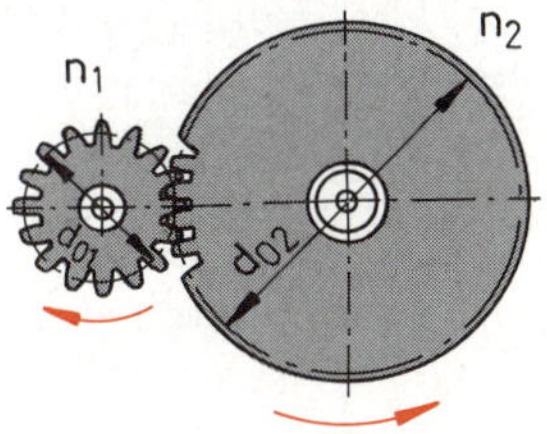 Drehsinn des treibenden und getriebenen Zahnrades sind entgegengesetzt.	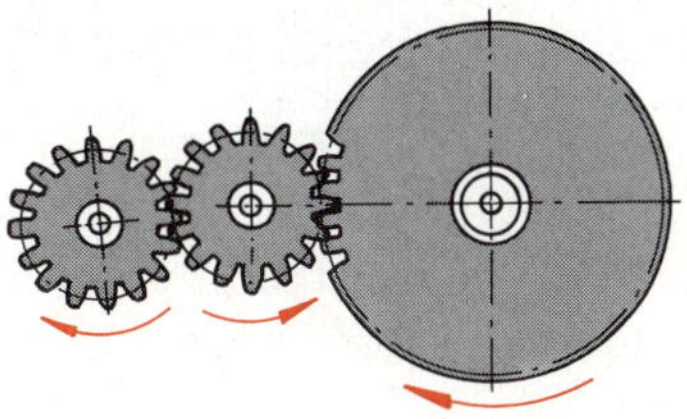 Drehsinn des treibenden und getriebenen Zahnrades sind gleich. Das Zwischenrad ändert nur die Drehrichtung, es ändert nicht die Übersetzung.

6.2.1 Einfacher Zahnradtrieb

Der einfache Zahnradtrieb besteht aus zwei im Eingriff stehenden Zahnrädern.

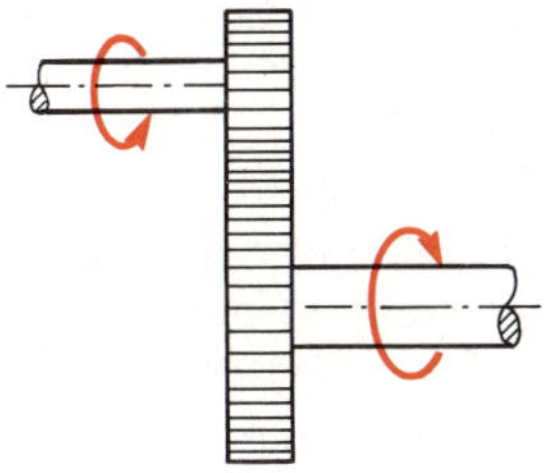

6.2.2 Doppelter Zahnradtrieb

Wird dem Zahnradpaar ein weiteres Zahnradpaar hinzugefügt, entsteht ein doppelter Zahnradtrieb.

Das Getriebe hat 3 Wellen. Die Drehzahl wird vom ersten Zahnradpaar entsprechend der Übersetzung herabgesetzt, das Drehmoment vergrößert. Das zweite Zahnradpaar verringert nochmals die Drehzahl und vergrößert erneut das Drehmoment. Die Gesamtübersetzung ergibt sich aus der Multiplikation der Einzelübersetzungen:

$$i_{ges} = i_1 \cdot i_2$$

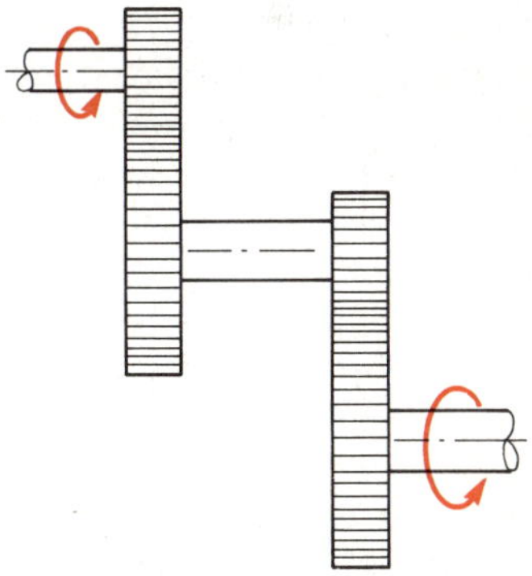

6.2.3 Grundaufbau eines Kfz-Getriebes

Um Raum zu sparen, wird die dritte Welle über der zweiten Welle angeordnet. Hierdurch ergibt sich zudem der Vorteil, daß die erste und dritte Welle in einer Ebene liegen. Diese Anordnung der Wellen entspricht vereinfacht dem Grundaufbau eines Kfz-Getriebes.

Die Zahnräder in Kfz-Getrieben sind schrägverzahnt. Schrägverzahnte Räder besitzen eine größere Laufruhe, da mehrere Zähne gleichzeitig im Eingriff sind und der Zahneingriff allmählich erfolgt.

Der Rückwärtsgang ist mit geradverzahnten Zahnrädern ausgestattet.

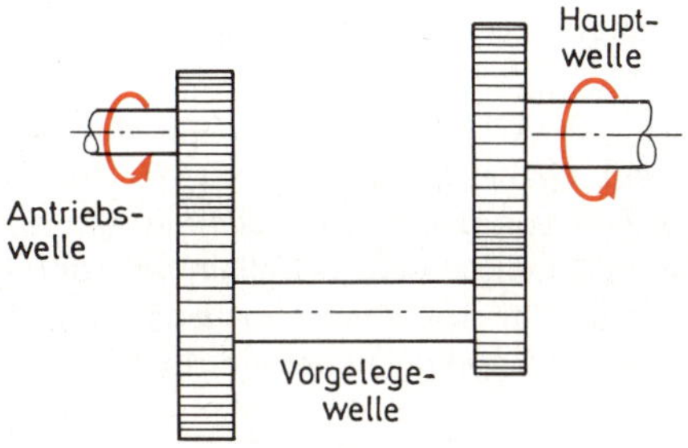

6.3 Wechselgetriebe

Bei einem Wechselgetriebe wird durch Schalten der Gänge die Übersetzung zwischen Motor und Achsantrieb geändert. Die Wechselgetriebe lassen sich nach der Schaltungsart einteilen:

- Schieberadgetriebe
- Schaltmuffengetriebe
- Wechselgetriebe mit Synchronisiereinrichtung

6.3.1 Schieberad-Wechselgetriebe

Die Hauptwelle ist als Keilwelle ausgeführt. Auf ihr lassen sich die Zahnräder seitlich verschieben. Auf der Vorgelegewelle sind die Zahnräder verdrehfest angeordnet. Alle Zahnräder sind geradverzahnt.

Die Antriebswelle läuft mit Motordrehzahl um. Das Antriebszahnrad treibt die Vorgelegewelle an. Die Hauptwelle mit den Schieberädern steht still. Zum Schalten eines Ganges wird ein Zahnrad auf der Hauptwelle mit Hilfe von Schaltgabeln verschoben und mit dem entsprechenden Zahnrad der Vorgelegewelle zum Eingriff gebracht.

Ein Gangwechsel ist aufgrund der unterschiedlichen Drehzahlen der Zahnräder der Vorgelegewelle und der Hauptwelle mit Schaltgeräuschen verbunden. Schieberäder werden im Pkw nur noch für den Rückwärtsgang verwendet.

Schieberad-Wechselgetriebe			
1. Gang	2. Gang	3. Gang	Rückwärtsgang
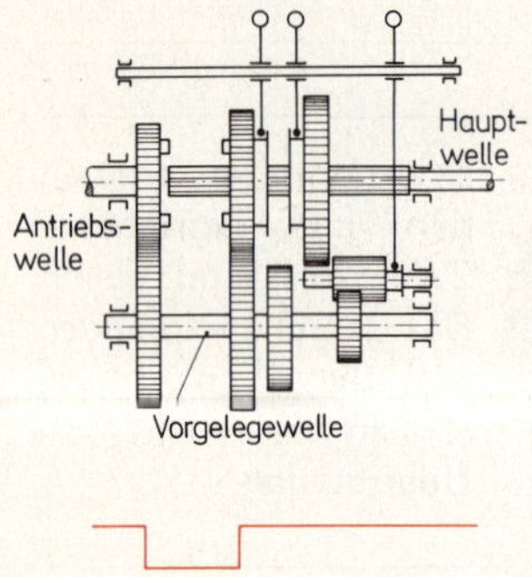	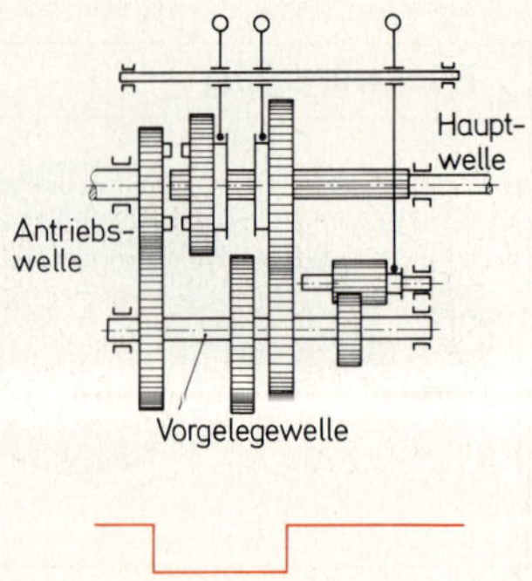	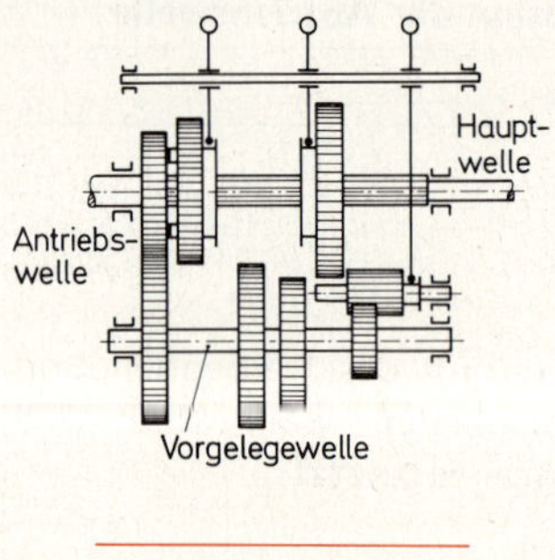	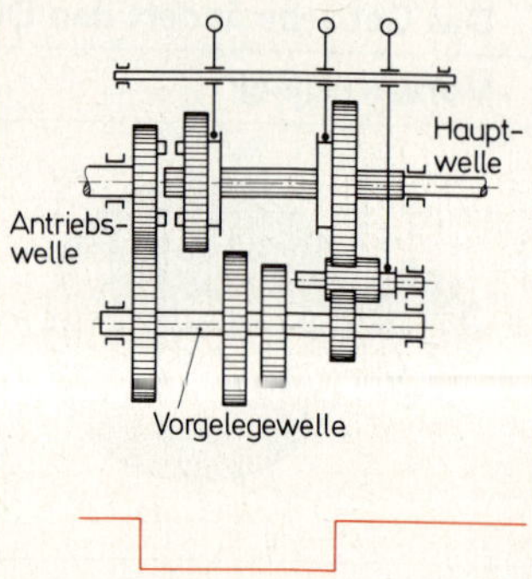

6.3.2 Schaltmuffen-Wechselgetriebe

Beim Schaltmuffen-Wechselgetriebe befinden sich die Zahnräder ständig im Eingriff. Die Zahnräder der Vorgelegewelle sind verdrehfest mit der Welle verbunden, die Zahnräder der Hauptwelle laufen auf Nadellagern lose mit.

Die Schaltmuffe der Klauenkupplung ist über eine Nabe fest mit der Hauptwelle verbunden. Beim Schalten wird die Schaltmuffe über die Schaltverzahnung des Gangrades geschoben. Dabei greifen die Innenklauen der Schaltmuffe in die Außenklauen des Zahnrades ein.

Zum Schalten der Gänge wird die Schaltmuffe auf der Hauptwelle verschoben. Es kann nur dann geräuschlos geschaltet werden, wenn Gleichlauf zwischen Hauptwelle und den auf ihre lose gelagerten Zahnrädern herrscht:

- Beim Heraufschalten muß das Losrad durch Zwischenkuppeln abgebremst,
- beim Herunterschalten durch Zwischengas beschleunigt werden.

Bei den Gängen 1 bis 5 verläuft der Kraftfluß über die Vorgelegewelle zur Hauptwelle. Der 6. Gang ist der direkte Gang. Der Kraftfluß geht von der Antriebswelle direkt auf die Hauptwelle. Die Verbindung beider Wellen wird durch eine Schaltmuffe hergestellt. Im Rückwärtsgang verläuft der Kraftfluß von der Vorgelegewelle über ein Zwischenrad auf die Hauptwelle.

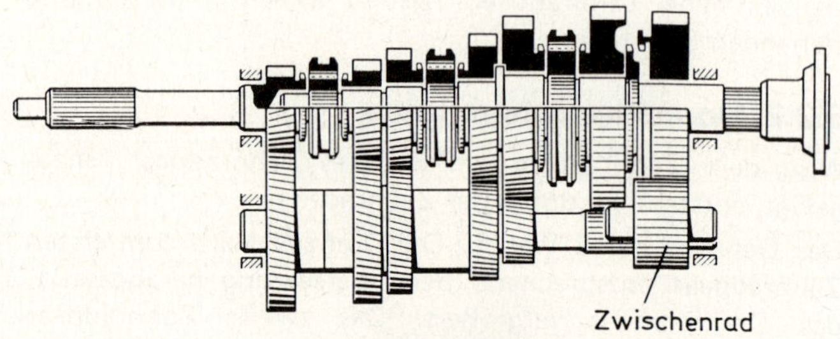

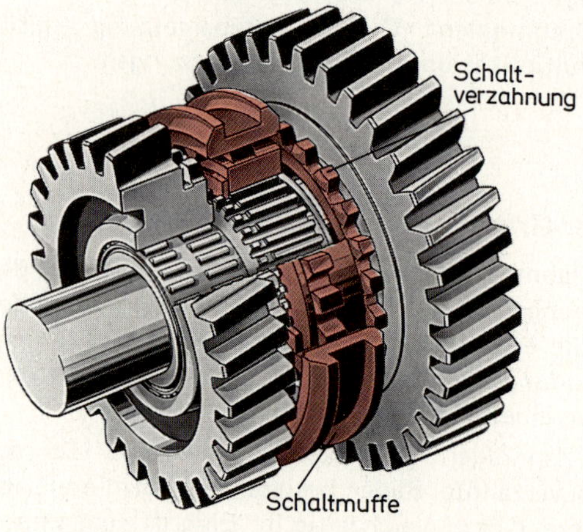

6.3.3 Synchrongetriebe

Bei Synchrongetrieben stellt eine Synchronisiereinrichtung Gleichlauf zwischen Hauptwelle und Gangzahnrad her. Damit entfällt das Zwischenkuppeln und das Zwischengas beim Schalten. Das Schalten wird erleichtert, das Getriebe geschont.

Nach dem Aufbau der Synchronisiereinrichtung unterscheiden wir Synchrongetriebe und Sperrsynchrongetriebe.

Synchrongetriebe	**Sperrsynchrongetriebe**
Beim Synchrongetriebe wird eine Schaltmuffe mit dem Synchronkörper durch eine Schaltgabel gegen das Zahnrad gedrückt. Durch Reibung tritt Gleichlauf ein. Der Fahrer muß beim Schalten eine kurze Pause einlegen, um der Synchroneinrichtung Zeit für die Drehzahlangleichung zu lassen. Synchrongetriebe sind in Pkw heute nicht mehr üblich.	Sperrsynchrongetriebe besitzen neben der Synchronisiereinrichtung Sperrteile, die ein Schalten des Ganges vor erreichtem Gleichlauf von Schaltmuffe und Zahnrad verhindern. Die Sperrung hört erst bei Gleichlauf auf und der Gang kann eingelegt werden. Bei einem vollsynchronisierten Getriebe sind außer dem Rückwärtsgang alle Vorwärtsgänge mit einer Sperrsynchronisierung versehen.

6.3.3.1 Sperrsynchrongetriebe (ZF-B)

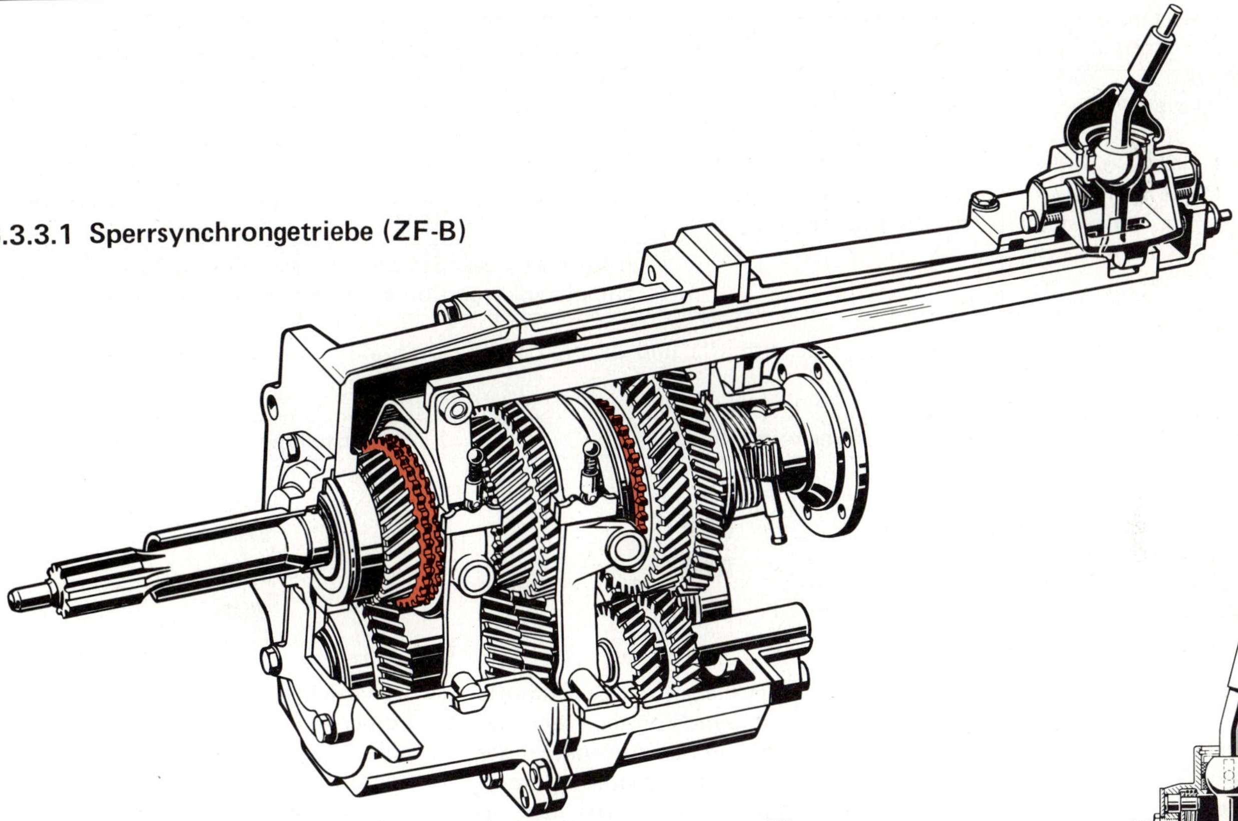

1 Synchronring
2 Druckstück
3 Kupplungskörper
4 Synchronkörper
5 Schiebemuffe

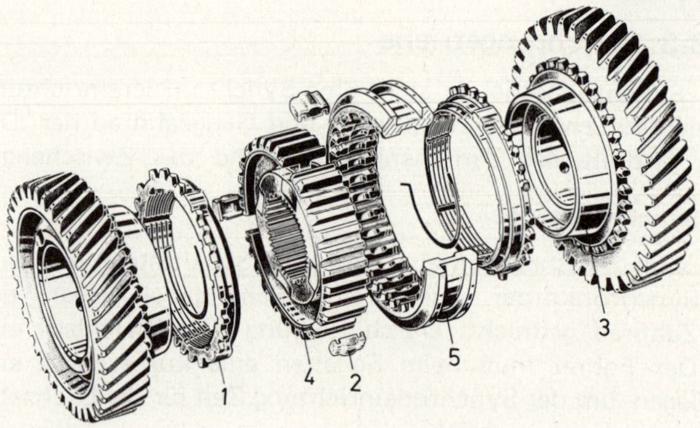

Synchronkörper ④②	Schaltmuffe ⑤	Synchronring ①	Kupplungskörper Zahnrad ③
Der Synchronkörper sitzt verdrehfest auf der getriebenen Welle. Federbelastete Kugelbolzen mit Druckstücken halten u.a. die Schaltmuffe bei Leerlauf in der Mittelstellung.	Die Schaltmuffe ist verdrehfest mit dem Synchronkörper verbunden, läßt sich aber seitlich verschieben. Die Klauen der Innenschaltverzahnung sind an den Stirnflächen abgeschrägt.	Der Synchronring besitzt einen Innenkegel als Reibfläche. Er besteht aus Sondermessing. Die Klauen der Außenschaltverzahnung sind an den Stirnseiten angeschrägt.	Zahnrad und Kupplungskörper bilden eine Einheit. Das Zahnrad ist nadelgelagert und läuft lose auf der Welle. Der Außenkegel des Kupplungskörpers ist gehärtet und geschliffen.
		Innenkegel des Synchronringes und Außenkegel des Kupplungskörpers bilden zusammen eine Kegelkupplung.	

Um geräuschlos schalten zu können, müssen Schaltmuffe und Zahnrad gleiche Drehzahl haben. Die Kegelkupplung stellt den Gleichlauf her.

Leerlauf	Synchronstellung	Schaltstellung
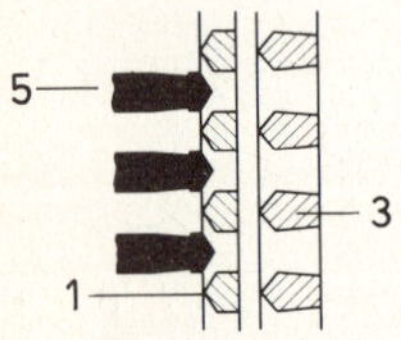 1 Synchronring 2 Druckstück 3 Kupplungskörper 4 Synchronkörper 5 Schiebemuffe Im Leerlauf steht die Schaltmuffe in der Mittellage und hat keine Verbindung zu den Kupplungskörpern. Die Zahnräder drehen sich frei auf der Welle. 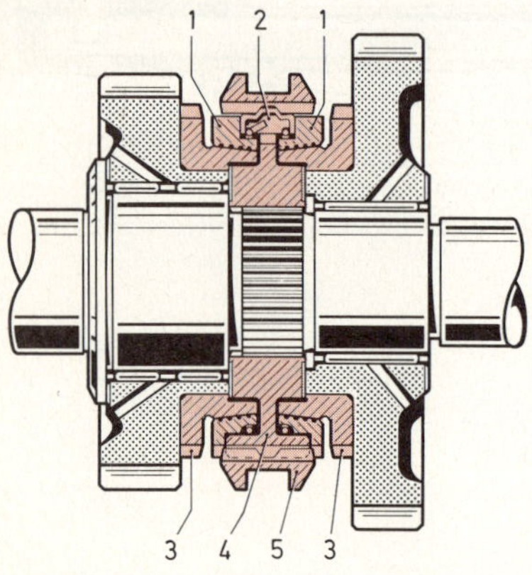 	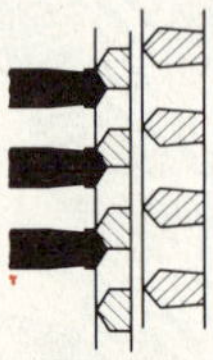 Beim Verschieben der Schaltmuffe wird der Synchronring über das Druckstück an den Außenkegel des Kupplungskörpers gepreßt. Infolge des Drehzahlunterschieds der zu verbindenden Teile verdreht sich der Synchronring bis zu einem Anschlag am Synchronkörper. Durch diese Drehung kommen die angeschrägten Zahnflanken von Synchronring und Schaltmuffe zur Anlage und werden mit einer Kraft aneinandergepreßt. Die Schaltmuffe kann nicht weitergeschaltet werden, da die Zahnflanken des Synchronringes das Weiterschieben sperren.	 Ist Gleichlauf zwischen Kupplungskörper und Schaltmuffe erreicht, hört die Umfangskraft an den Zahnflanken von Synchronring und Schaltmuffe auf. Die anhaltende Kraft auf die Schaltmuffe bewirkt, daß der Synchronring zurückgedreht wird. Die Sperrung ist aufgehoben. Die Schaltmuffe kann über die Schaltverzahnung des Kupplungskörpers geschoben werden.

6.3.3.2 Sperrsynchrongetriebe (Porsche)

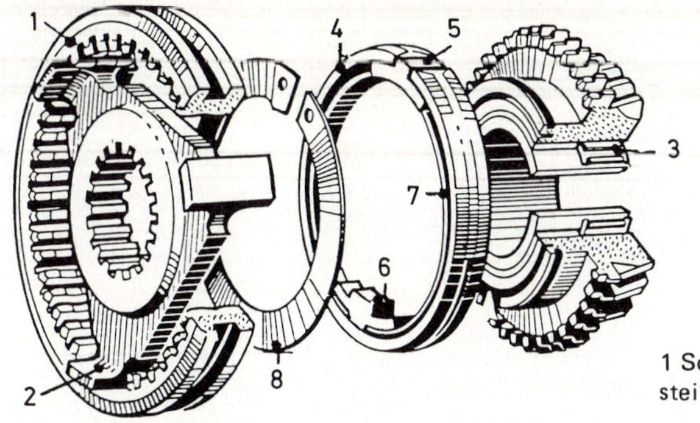

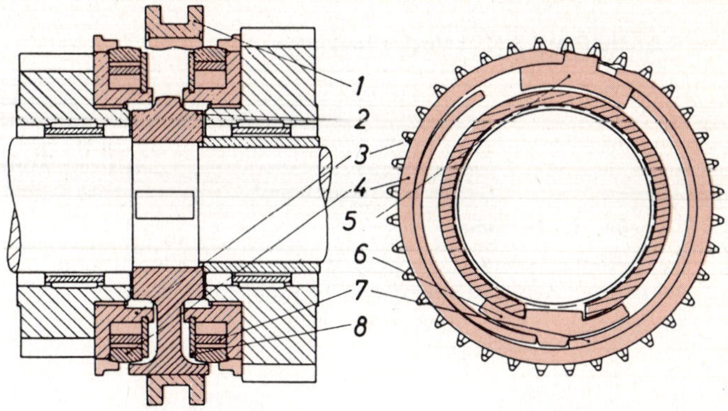

1 Schaltmuffe, 2 Führungsmuffe, 3 Kupplungskörper, 4 Synchronring, 5 Sperrstein, 6 Anschlagstein, 7 Sperrband, 8 Sicherungsring

Schalt- und Führungsmuffe	Federnder Synchronring	Zahnrad und Kupplungskörper
Die Schaltmuffe sitzt verdrehfest auf der Führungsmuffe und ist seitlich verschiebbar. Die Führungsmuffe ist verdrehfest mit der Welle verbunden. Die Schaltmuffe besitzt eine Innenschaltverzahnung.	Der federnde Synchronring ist geteilt. Zwischen den Ringenden ist ein Sperrstein angeordnet. Innen liegen zwei Sperrbänder, die sich mit einem Ende am Sperrstein, mit dem anderen Ende am Anschlagstein abstützen. Der Anschlagstein sitzt in einer Ausfräsung des Kupplungskörpers. Ein Sicherungsring, der in einer Nut des Kupplungskörpers sitzt, sichert die Lage der beweglichen Teile.	Der Kupplungskörper ist entweder auf das Zahnrad gepreßt oder mit dem Zahnrad aus einem Stück gefertigt. Am Kupplungskörper befindet sich eine Außenschaltverzahnung.

Die Porsche-Sperrsynchronisierung arbeitet mit Selbstverstärkung (Servowirkung).

Leerlauf	Synchronstellung	Schaltstellung
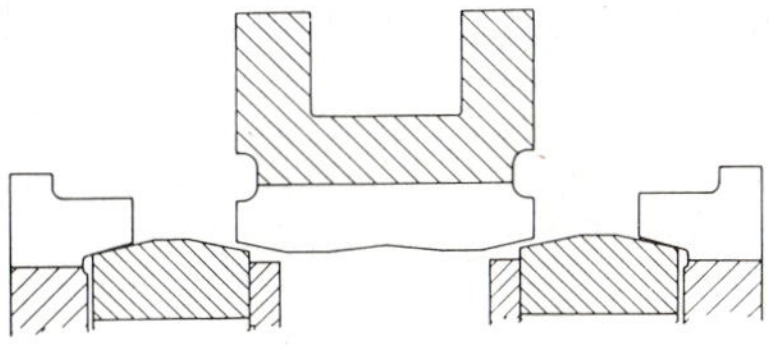	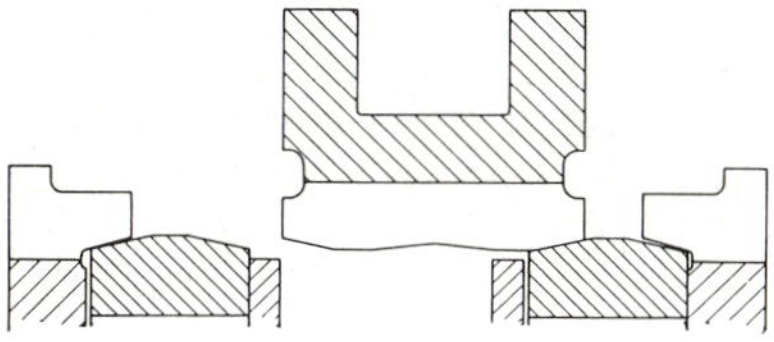	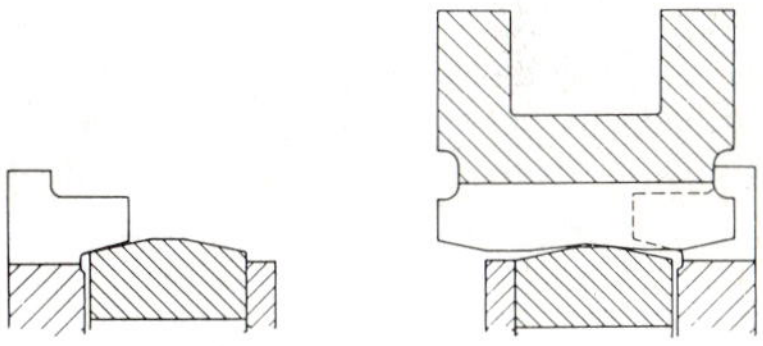
Die Schaltmuffe befindet sich in der Ruhestellung. Zwischen ihr und dem Kupplungskörper besteht keine Verbindung. Das Zahnrad bewegt sich frei auf der Welle.	Beim Schalten legt sich die Schaltmuffe an die konische Fläche des außen leicht gewölbten Synchronrings. Zwischen Schaltmuffe und Synchronring entsteht Reibung. Die Reibungskraft verdreht den Synchronring. Er stützt sich am Sperrstein ab, der wiederum gegen das Sperrband drückt. Das Sperrband wird gespreizt und gegen die Innenseite des Synchronringes gepreßt. Die Reibung zwischen Synchronring und Schaltmuffe wird verstärkt (Servowirkung). Die erhöhten Reibungskräfte bewirken, • daß sich die Schaltmuffe nicht weiterschieben läßt und • daß sich die Drehzahlen von Zahnrad und Schaltmuffe schnell angleichen.	Ist Gleichlauf zwischen Schaltmuffe und Kupplungskörper hergestellt, wird das Sperrsystem entlastet. Der Synchronring wird nicht mehr auseinandergedrückt. Die Schaltmuffe kann die Eigenspannung des Synchronringes überwinden und über den Synchronring in die Schaltverzahnung des Kupplungskörpers verschoben werden. Der Synchronring rastet dabei in die dachförmige Nut der Schaltmuffe.

ZUSAMMENFASSUNG Getriebe

Wechselgetriebe

Grundlagen

Aufgaben des Getriebes

Das Getriebe verändert die Übersetzung zwischen Motor und Achsantrieb. Das Getriebe ist ein Drehmomentwandler.

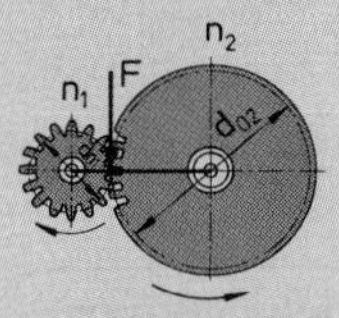

Übersetzung ins Langsame
Verstärkung des Drehmoments

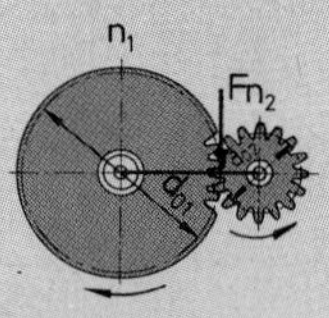

Übersetzung ins Schnelle
Verringerung des Drehmoments

Das Getriebe ändert durch ein Zwischenrad den Drehsinn der Abtriebswelle.

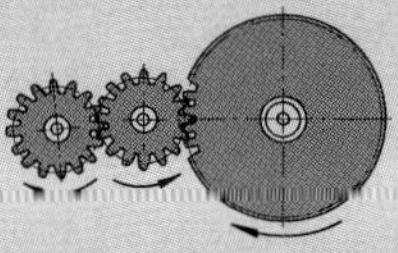

Grundgetriebe

Einfacher Zahnradtrieb

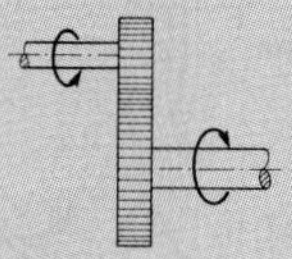

Doppelter Zahnradtrieb

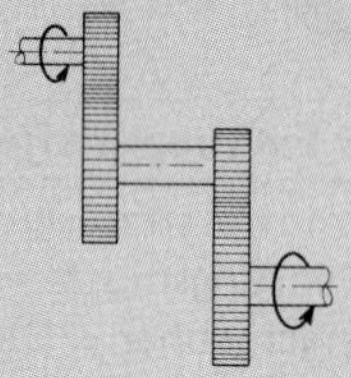

Grundaufbau eines Kfz-Getriebes

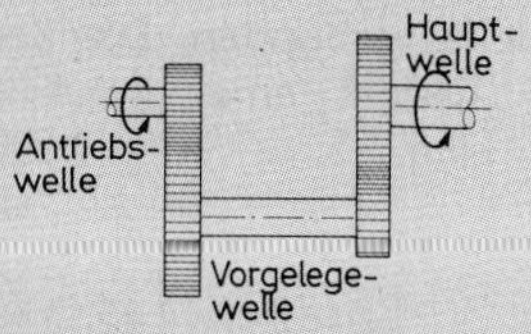

Getriebearten

Schieberadgetriebe	Schaltmuffengetriebe	Synchrongetriebe	Sperrsynchrongetriebe
Durch Verschieben der Zahnräder auf Hauptwelle (Keilwelle) werden die verschiedenen Übersetzungen erreicht.	Alle Zahnräder sind im Eingriff. Das Getriebe wird durch Verschieben einer Schaltmuffe geschaltet.	Alle Zahnräder sind im Eingriff. Durch eine Synchronisiereinrichtung wird Gleichlauf zwischen Hauptwelle und Gangrad hergestellt. Dann erst kann die Schaltmuffe in die Schaltverzahnung des Gangrades eingerückt werden.	Sperrsynchrongetriebe besitzen neben der Synchronisiereinrichtung Sperrteile, die ein Schalten des Ganges vor erreichten Gleichlauf von Schaltmuffe und Gangrad verhindern.

Sperrsynchrongetriebe (ZF-B-Sperrsynchronisierung)

Schaltbeginn	Drehzahlangleichung	Drehzahlgleichheit
Die Schaltmuffe drückt über das Druckstück den Synchronring an den Reibkegel des Kupplungskörpers.	Der Synchronring verdreht sich. Die angeschrägten Zahnflanken von Synchronring und Schaltmuffe kommen zur Anlage. Ein Weiterschieben der Schaltmuffe wird verhindert.	Bei Drehzahlgleichheit wird durch die anhaltende Kraft auf die Schaltmuffe der Sychronring zurückgedreht. Die Schaltmuffe kann in die Verzahnung des Kupplungskörpers geschoben werden.

Sperrsynchrongetriebe (Porsche Sperrsynchronisierung)

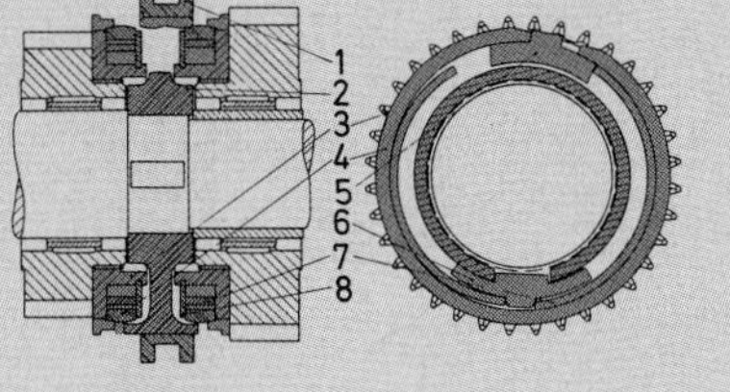

Synchronstellung	Schaltstellung
Beim Schalten wirken auf den Synchronring von den Sperrteilen Servokräfte, die ihn auseinander drücken und gegen die Schaltmuffe pressen. Die Schaltmuffe kann nicht weitergeschoben werden.	Bei Gleichlauf werden die Sperrteile entlastet und drücken den Synchronring nicht mehr auseinander. Die Schaltmuffe kann über den Synchronring und in die Schaltverzahnung des Kupplungskörpers geschoben werden.

ANALYSE Ausgeführte Getriebe

1. Bestimmen Sie die Anzahl der schaltbaren Gänge.
2. Stellen Sie fest, welcher Gang geschaltet ist.

1. Getriebe 1912

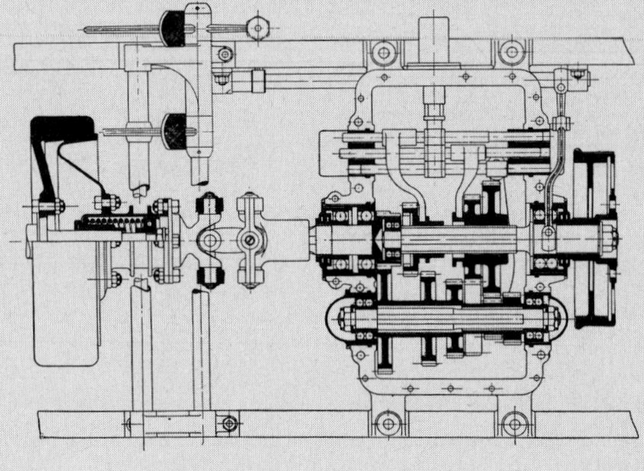

Modernes Getriebe

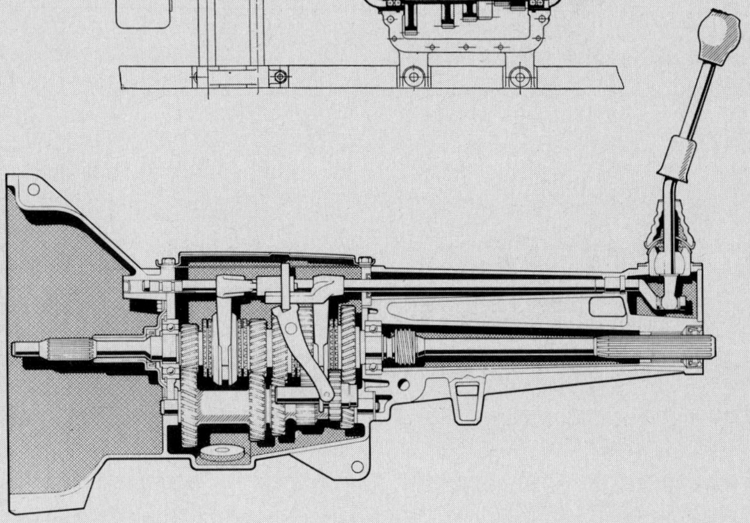

2.

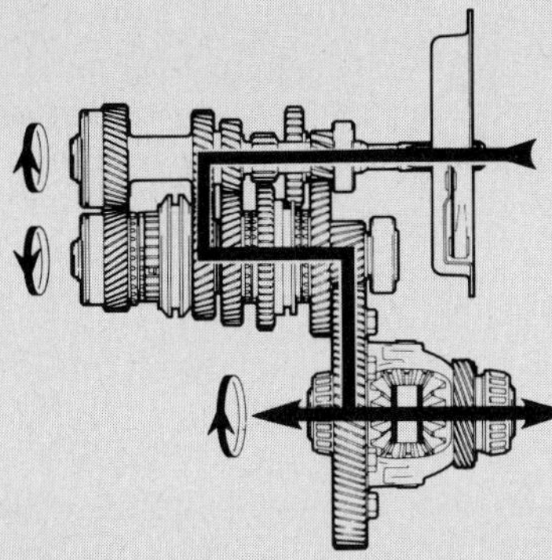

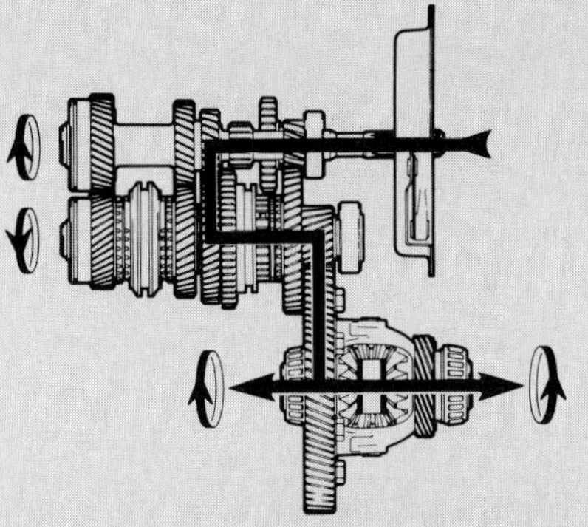

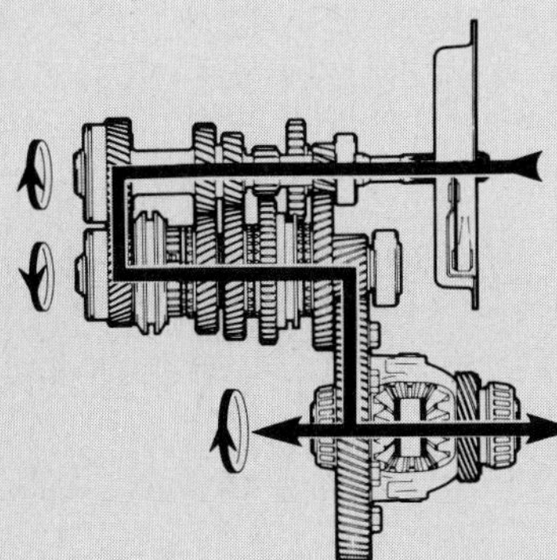

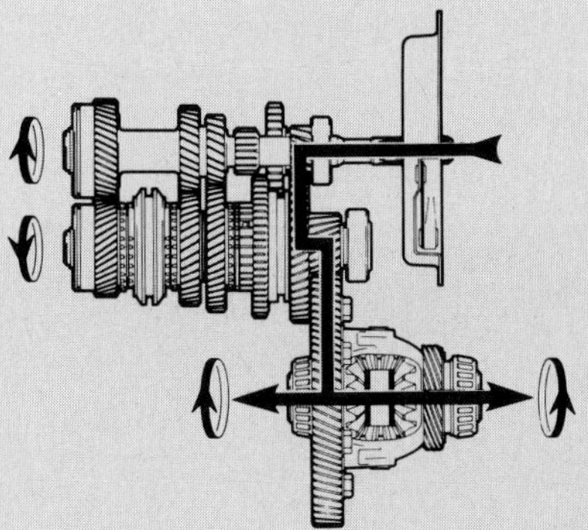

ARBEITSPLANUNG Getriebe

Entwickeln Sie den Arbeitsplan für die dargestellten Instandsetzungsarbeiten, indem Sie

- die Reihenfolge der Arbeitsschritte,
- die Auswahl der Werkzeuge,
- die zu beachtenden Arbeitsregeln,
- die erforderlichen Ersatzteile und Werkstoffe

angeben und begründen.

Synchronringe ersetzen

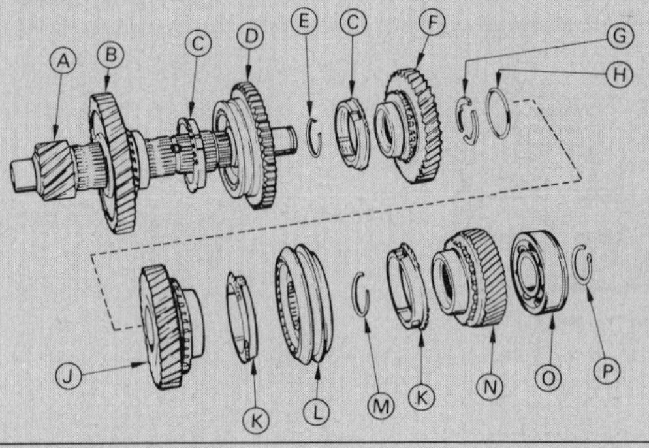

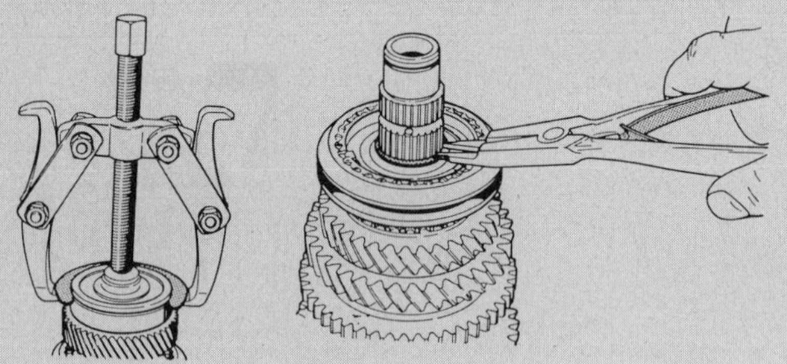

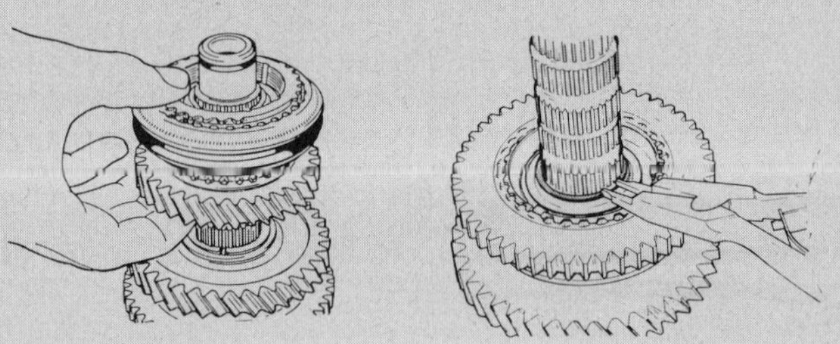

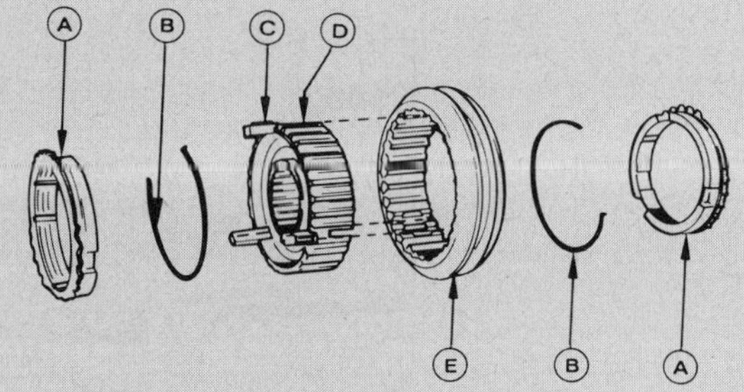

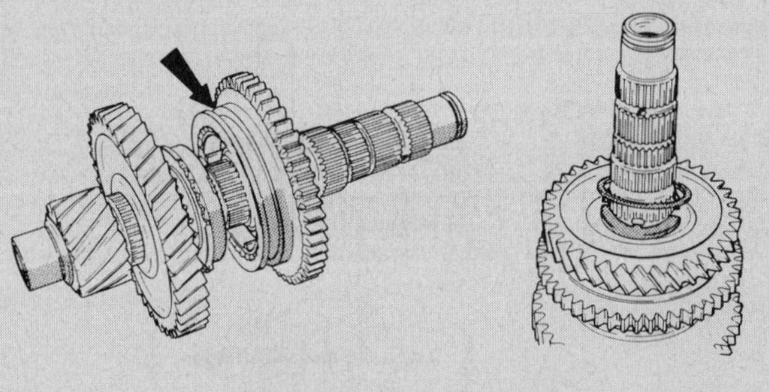

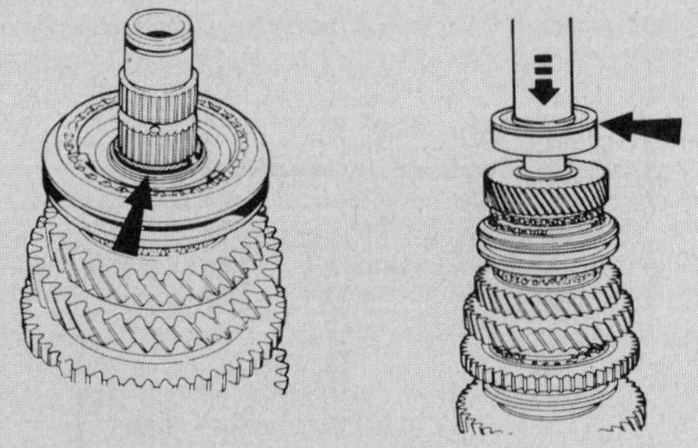

Lager der Antriebswelle austauschen

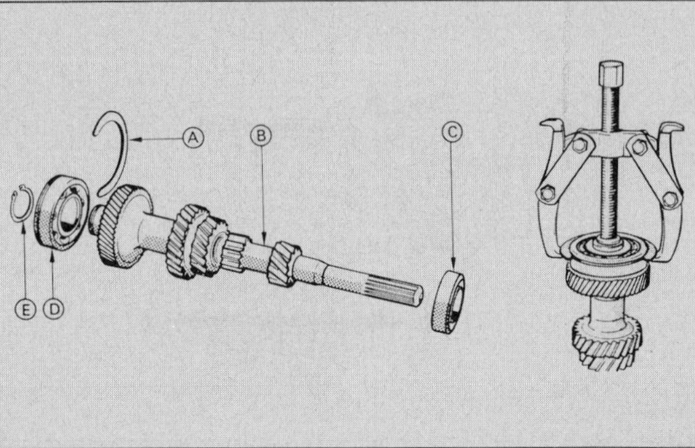

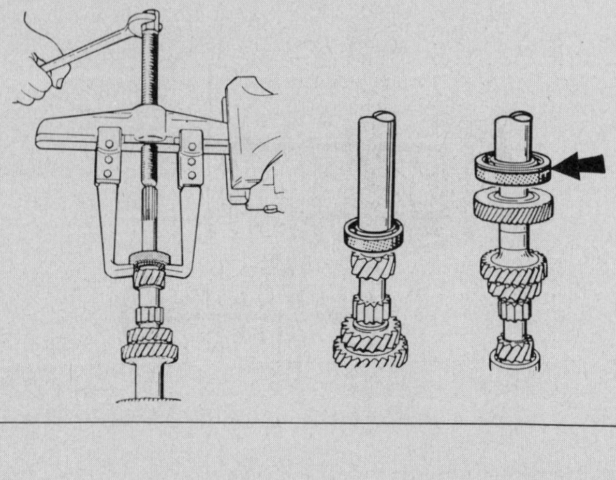

6.4 Automatisches Getriebe

Bei einem automatischen Getriebe erfolgt keine Kick-down-Rückschaltung 4-3, 3-2, 2-1. Außerdem schaltet das Getriebe zu früh oder zu spät in den nächsten Gang.

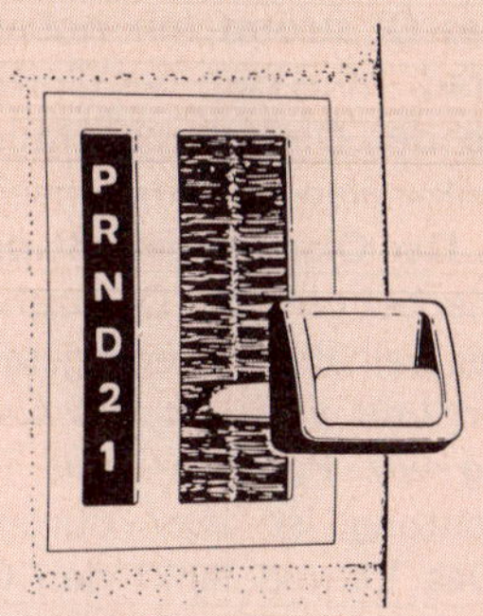

Ein modernes automatisches Getriebe besteht aus drei wesentlichen Baueinheiten:

- Drehmomentwandler (1)
- Planetengetriebe (2)
- Hydraulische Steuerung (3)

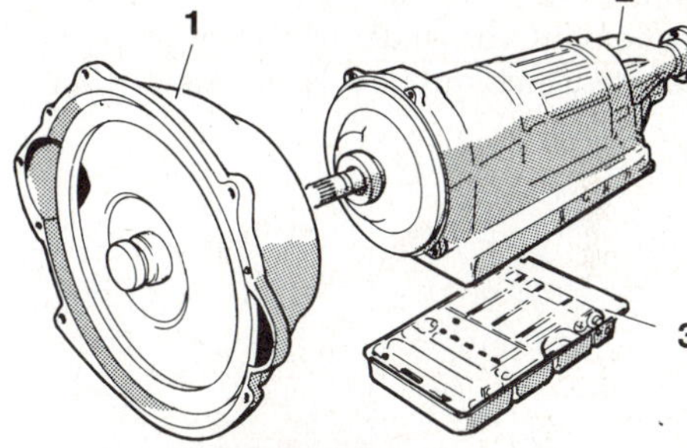

6.4.1 Drehmomentwandler

Der Drehmomentwandler besteht aus

- Pumpenrad,
- Turbinenrad und
- Leitrad.

Man bezeichnet diese Ausführung als Trilok-System. Die drei Räder sind in einem Gehäuse untergebracht, das mit Hydrauliköl = Automatic Transmission Fluid (ATF) gefüllt ist.

Das Öl besteht aus Mineralöl mit 10 bis 25 % Additiven. Es dient

- als Kraftübertragungsmedium im Drehmomentwandler,
- zur Schmierung von Lagern und Zahnrädern,
- zur Wärmeableitung bzw. -verteilung,
- als Hydraulikflüssigkeit für die Steuerung des Getriebes.

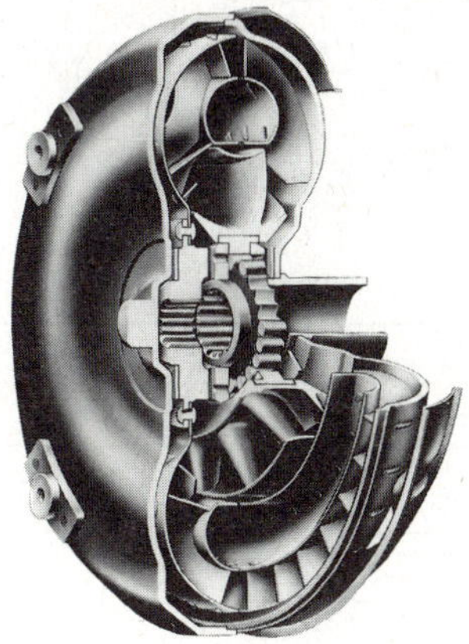

Pumpenrad	**Leitrad**	**Turbinenrad**

Das Pumpenrad ist der treibende Teil und steht mit der Kurbelwelle in Verbindung.	Das Leitrad ist mit einem Einweg-Freilauf auf einer fest mit dem Getriebegehäuse verbundenen Hohlwelle gelagert. Das Leitrad dreht sich nur in Motordrehrichtung. In entgegengesetzter Richtung sperrt der Freilauf.	Das Turbinenrad ist der getriebene Teil und ist mit dem Planetengetriebe verbunden.

Das vom Motor angetriebene Pumpenrad drückt das zwischen den Schaufeln der Pumpe befindliche Öl durch die Fliehkraft nach außen. Das Öl strömt mit hoher Geschwindigkeit in das Turbinenrad. Innerhalb des Turbinenrades wird die Strömungsenergie des Öles durch Umlenkung in den gekrümmten Schaufelkanälen in eine mechanische Drehbewegung umgesetzt. Der Ölstrom verläßt das Turbinenrad in einer Richtung, die bei geringer Drehzahl der Drehrichtung des Pumpenrades beinahe entgegengesetzt ist. Er trifft auf die Leitschaufeln und versucht das Leitrad in umgekehrter Drehrichtung wie Pumpen- und Turbinenrad zu drehen. Die Drehrichtung ist aber durch den Einweg-Freilauf blockiert. Das Leitrad lenkt den Ölstrom erneut um und leitet ihn unter einem günstigen Winkel in das Pumpenrad.

Eine Drehmomentenwandlung ist nur dann möglich, wenn ein Abstützmoment vorhanden ist. Dem besseren Verständnis dient der Vergleich mit dem Zahnradgetriebe.

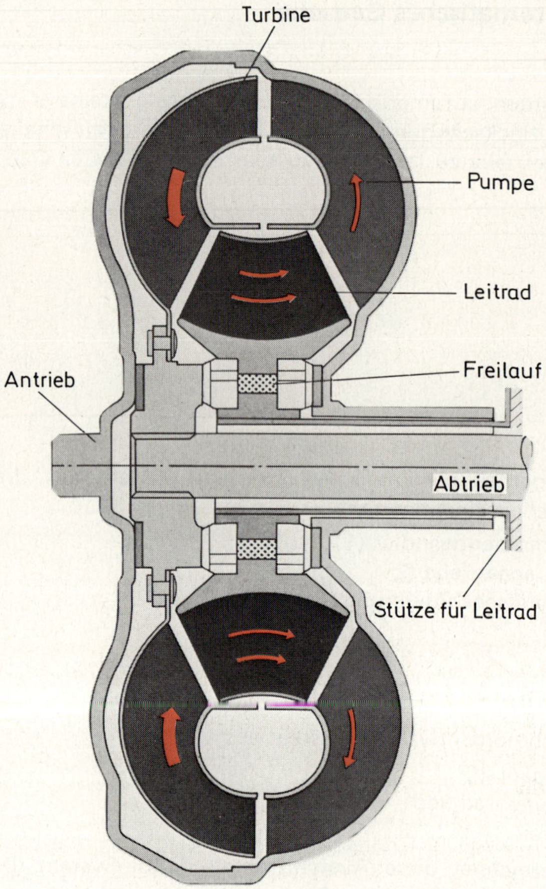

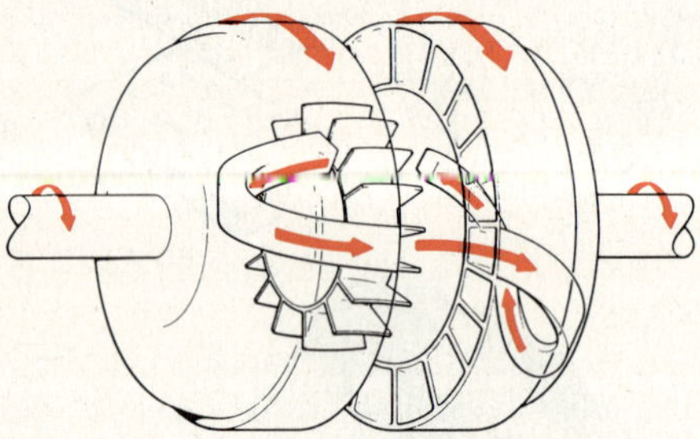

Vergleich

Zahnradgetriebe	**Drehmomentwandler**
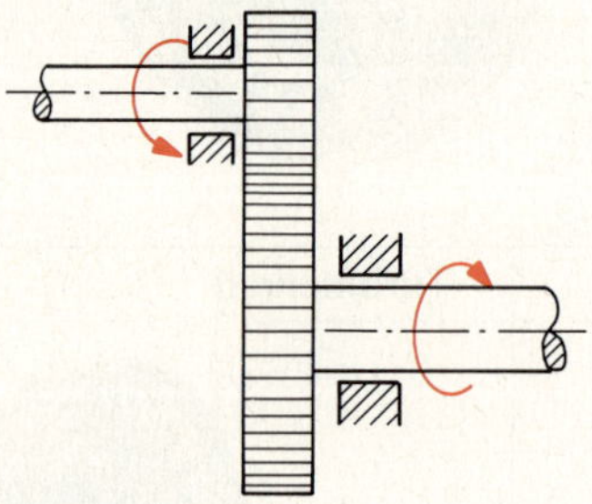	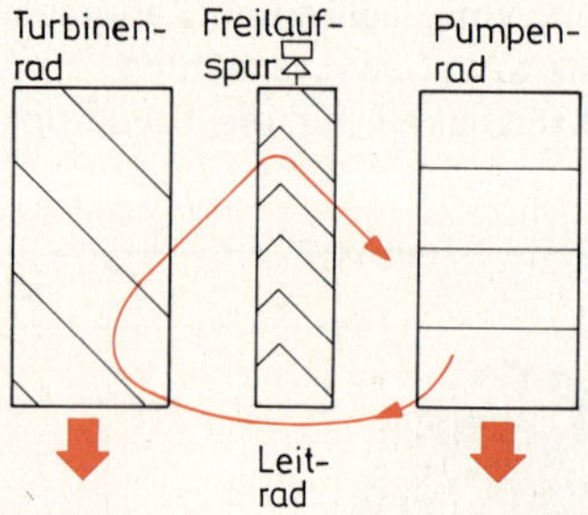
Beim Zahnradgetriebe wird das Abstützmoment durch die Lagerung der An- und Abtriebswelle im Getriebegehäuse erzeugt. Fehlt eine Abstützung (= Lagerung), so dreht sich das eine Zahnrad um das andere Zahnrad. Eine Drehmomentwandlung findet nicht statt.	Beim Drehmomentwandler übernimmt das Leitrad die Aufgabe des Abstützens. Es stützt sich über den Freilauf gegen das Getriebegehäuse ab. Der Ölstrom stützt sich auf den Schaufeln des Leitrades ab und bewirkt einen starken Rückstau. Fehlt der Einweg-Freilauf, dreht sich das Leitrad rückwärts. Eine Drehmomentwandlung findet nicht statt.

Der Drehmomentwandler arbeitet in zwei Bereichen:

- Wandlungsbereich: Eine Drehmomentwandlung findet statt
- Kupplungsbereich: Der Drehmomentwandler arbeitet als Flüssigkeitskupplung.

<table>
<tr><th colspan="2">Wandlungsbereich</th><th>Kupplungsbereich</th></tr>
<tr><th>Anfahren</th><th>Zunehmende Fahrgeschwindigkeit</th><th>Pumpenraddrehzahl ~ Turbinendrehzahl</th></tr>
<tr><td>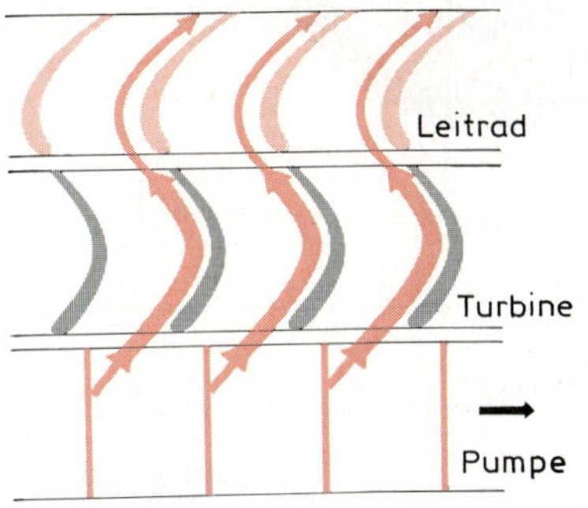
</td><td>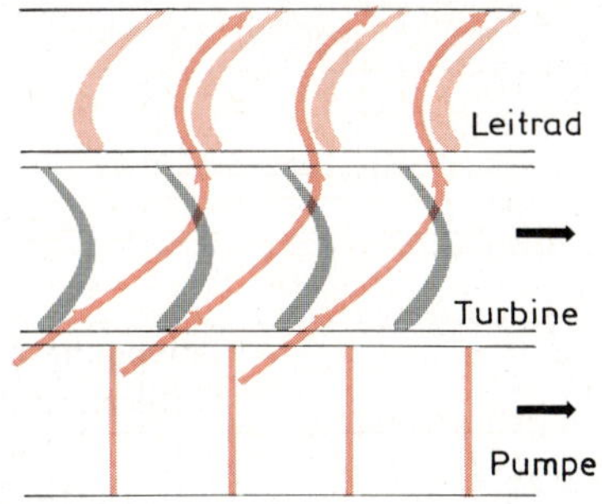
</td><td>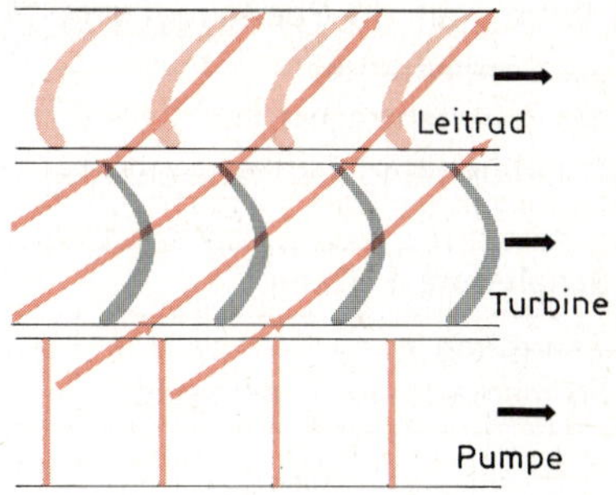
</td></tr>
<tr><td>Beim Anfahren steht die Turbine zunächst still. Der Ölstrom wird durch die Schaufeln des Turbinenrades stark umgelenkt. Er trifft voll auf die Schaufeln des Leitrades wie auf ein Wehr und wird gestaut. Durch den starken Rückstau beginnt die Turbine zu drehen.
Im Moment des Anfahrens erreicht die Drehmomentsteigerung ihren Höchstwert: Das 2 bis 2,5fache des Motordrehmoments.</td><td>Mit zunehmender Drehzahl der Turbine erfolgt eine Streckung des Strömungsverlaufes, da sich der Einströmrichtung des Öles noch die Drehrichtung der Turbine überlagert. Die Umlenkung des Ölstromes durch die Turbinenschaufeln wird geringer. Der Ölstrom trifft nicht mehr voll auf die Schaufeln des Leitrades. Der Rückstau und damit die Abstützkraft des Ölstromes verringert sich. Die Drehmomentübersetzung nimmt ab.</td><td rowspan="2">Drehen sich Pumpen- und Turbinenrad fast gleich schnell, wird der Ölstrom durch die Turbinenschaufeln nicht mehr umgelenkt. Der Ölstrom trifft nicht mehr auf die Vorderseite der Leitradschaufeln. Die Leitradschaufeln werden von der Rückseite angeströmt. Das Leitrad löst sich vom Freilauf und dreht sich ebenfalls in gleicher Richtung wie Pumpen- und Turbinenrad. Der Wandlungsbereich ist beendet. Der Drehmomentwandler arbeitet als Flüssigkeitskupplung. Vom „Kupplungspunkt" an wird das Drehmoment nicht mehr verstärkt, sondern nur im Verhältnis 1 : 1 weitergegeben.</td></tr>
<tr><td colspan="2">Je größer der Drehzahlunterschied zwischen Pumpen- und Turbinenrad, desto größer ist die Umlenkung des Ölstromes durch die Turbinenschaufeln, desto voller trifft der Ölstrom auf die Leitschaufeln, desto größer ist die Drehmomentsteigerung.</td></tr>
</table>

6.4.2 Planetengetriebe

6.4.2.1 Einfacher Planetenradsatz

Der Planetenradsatz hat seinen Namen von seinem Aufbau. Um ein zentrales Rad – das Sonnenrad – kreisen mehrere Zahnräder (Planetenräder) wie Planeten um die Sonne.

Der einfache Planetenradsatz besteht aus

- dem Sonnenrad,
- 3 oder 4 Planetenrädern,
- dem Hohlrad und
- dem Planetenträger, der die Achsen der Planetenräder trägt.

Alle Zahnräder sind drehbar auf Wellen gelagert und stehen ständig miteinander im Einsatz. Zur Herstellung einer Übersetzung muß eines der Getriebeglieder festgehalten werden. Die Größe der Übersetzung hängt davon ab, welches Getriebeteil festgehalten wird.

⊕ kurze Bauweise

⊕ Es ermöglicht kupplungsfreie Schaltvorgänge, ohne daß die Zahnräder aus ihrer Lage bewegt werden müssen.

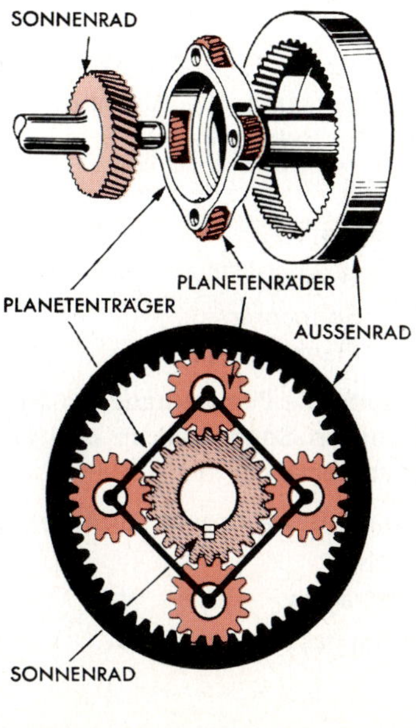

Schaltstufe 1. Gang

Antrieb: Sonnenrad
festgebremst: Hohlrad
Abtrieb: Planetenträger

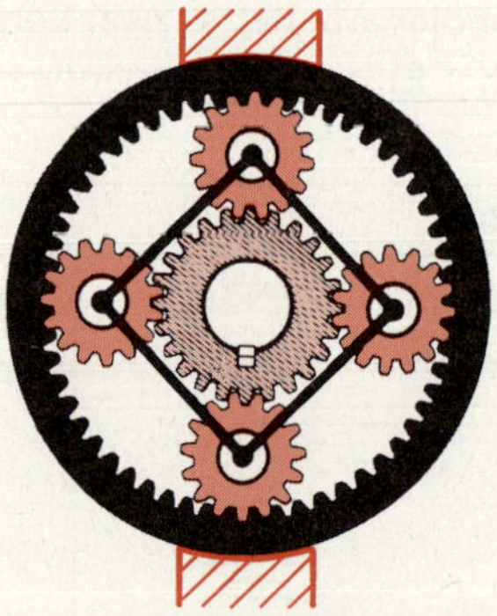

Das Sonnenrad treibt die Planetenräder an. Sie wälzen sich im festgebremsten Hohlrad ab und nehmen den mit der Abtriebswelle verbundenen Planetenträger mit.

Wir betrachten die Bewegungsverhältnisse

- des Sonnenrades,
- des Planetenträgers

bei 1 Umdrehung des Planetenrades.

Schaltstufe 1. Gang

Bewegung 1
Sonnenrad und Planetenrad

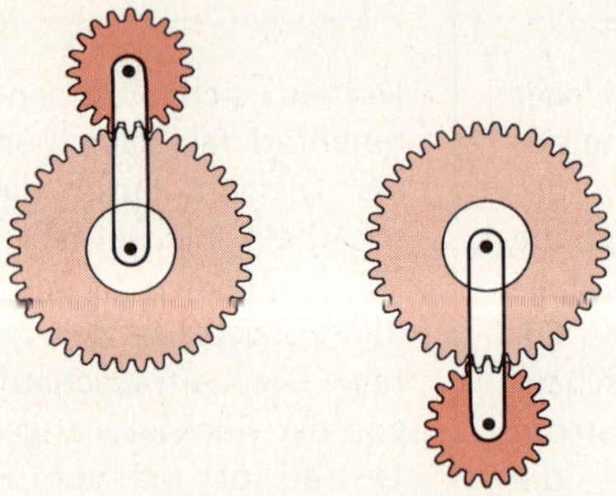

Bei 1 Umdrehung des Planetenrades ($z = 20$) führt das Sonnenrad ($z = 40$) 1/2 Umdrehung durch.

Bewegung 2
Hohlrad und Planetenträger

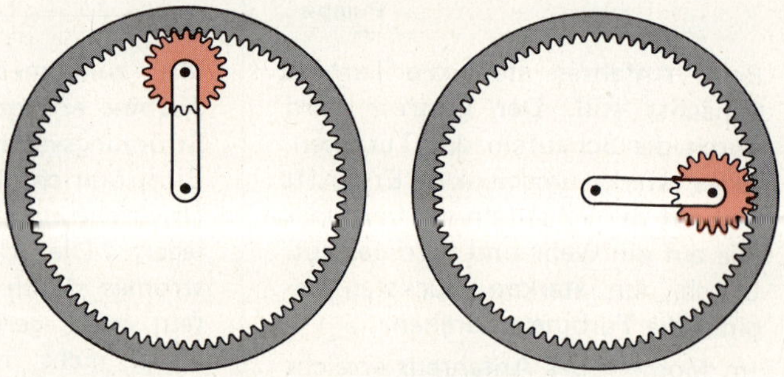

Im festgebremsten Hohlrad wälzen sich die 20 Zähne des Planetenrades auf 20 Zähnen des Hohlrades ab. Der Planetenträger führt eine 1/4 Umdrehung aus.

Gesamtbewegung Sonnenrad — Planetenträger

Werden die obigen Bewegungen zusammengefaßt, so führt

- der Planetenträger 1/4 Umdrehung,
- das Sonnenrad 1/2 Umdrehung der Bewegung 1 und 1/4 Umdrehung der Bewegung 2 aus.

Die Übersetzung beträgt $i = \frac{\frac{3}{4}}{\frac{1}{4}} = \frac{3}{1}$.

In der Schaltstufe 1. Gang entsteht eine große Übersetzung ins Langsame, die Abtriebswelle dreht sich im Drehsinn der Antriebswelle.

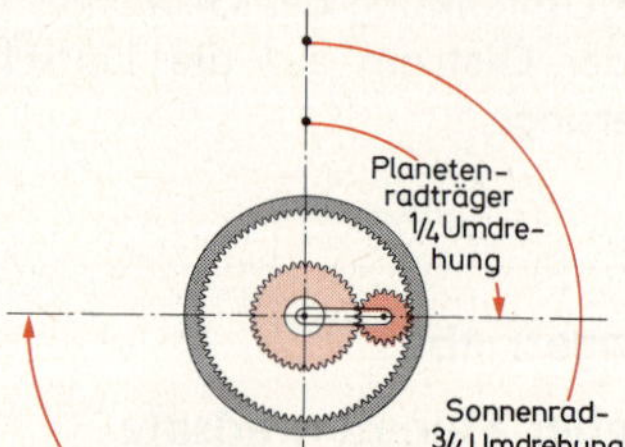

Schaltstufe 2. Gang

Antrieb: Hohlrad
festgebremst: Sonnenrad
Abtrieb: Planetenträger

Das Hohlrad treibt die Planetenräder an. Sie wälzen sich auf dem festgebremsten Sonnenrad ab und nehmen über ihre Achsen den Planetenträger mit.

Wir betrachten die Bewegungsverhältnisse

- des Hohlrades,
- des Planetenträgers

bei 1 Umdrehung des Planetenrades.

Schaltstufe 2. Gang

Bewegung 1
Sonnenrad und Planetenrad

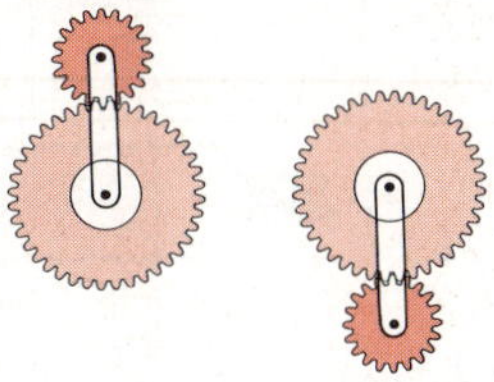

Bei 1 Umdrehung des Planetenrades um das festgebremste Sonnenrad führt der Planetenträger 1/2 Umdrehung aus.

Bewegung 2
Hohlrad und Planetenrad

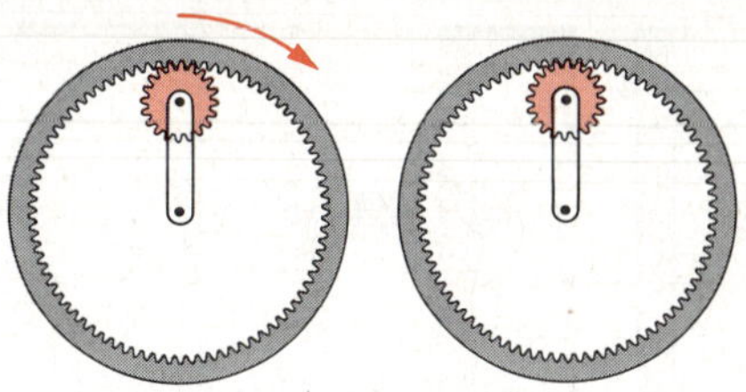

Das Hohlrad führt 1/4 Umdrehung aus, wenn sich das Planetenrad 1 mal dreht.

Gesamtbewegung Hohlrad – Planetenträger

Eine Zusammenfassung der obigen Bewegungen ergibt folgende Gesamtbewegung:

- Planetenträger
  1/2 Umdrehung
- Hohlrad
  1/4 Umdrehung der Bewegung 1 und
  1/2 Umdrehung der Bewegung 2

Die Übersetzung beträgt $i = \frac{\frac{3}{4}}{\frac{1}{2}} = 1{,}5$.

In der Schaltstufe 2. Gang entsteht eine kleinere Übersetzung ins Langsame als in der Schaltstufe 1. Gang. Die Abtriebswelle dreht sich im Drehsinn der Antriebswelle.

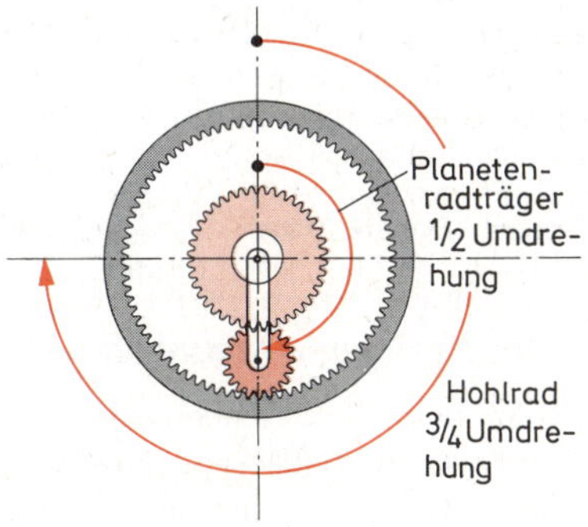

Schaltstufe 3. Gang

Antrieb: Sonnenrad
festgebremst: Das Sonnenrad wird mit dem Hohlrad gekoppelt.
Abtrieb: Planetenträger

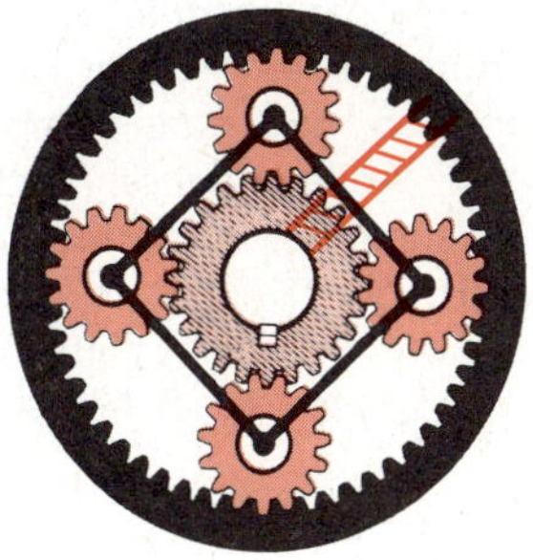

Die Planetenräder wälzen sich nicht ab, sie wirken nur als Mitnehmer zwischen Sonnenrad und Hohlrad. Sonnenrad, Planetenräder, Planetenträger und Hohlrad laufen als starre Einheit um.

Der direkte Gang (1 : 1) ist geschaltet, wenn 2 Getriebeteile starr miteinander verbunden sind.

Schaltstufe Rückwärtsgang

Antrieb: Sonnenrad
festgebremst: Planetenträger
Abtrieb: Hohlrad

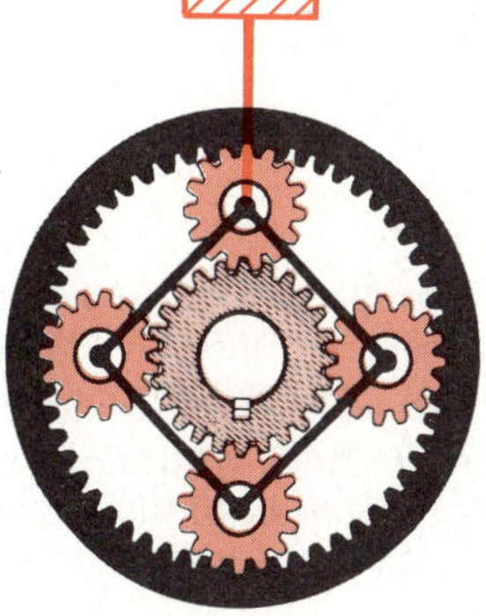

Das Sonnenrad treibt die Planetenräder an, die sich um ihre Achse drehen, ohne ihre Lage zu ändern, da der Planetenträger festgehalten wird. Die Planetenräder treiben das Hohlrad an, das sich gegenläufig zum Sonnenrad dreht.

6.4.2.2 Zusammengesetzte Planetengetriebe

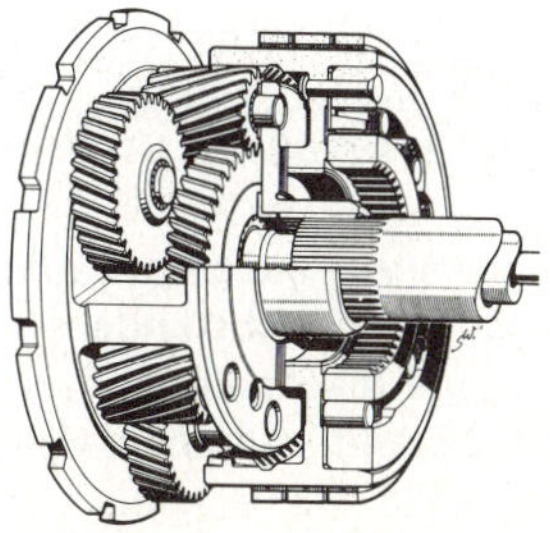

Der einfache Planetenradsatz erfordert mehrere Antriebs- und Abtriebswellen. Für den Einsatz als Kfz-Getriebe ist er nicht geeignet. Durch Kombination und Verknüpfung zweier oder mehrerer einfacher Planetenradsätze läßt sich das Getriebe konstruktiv günstiger gestalten.

Planetengetriebe		
Hintereinandergeschaltete Planetenradsätze	**Ravigneaux-Satz**	**Simpson-Satz**
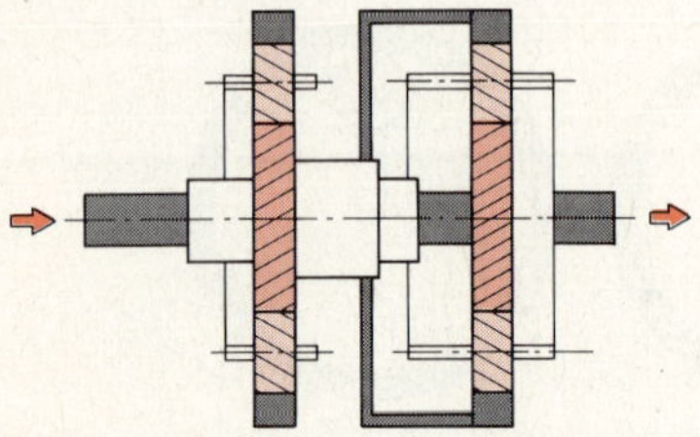	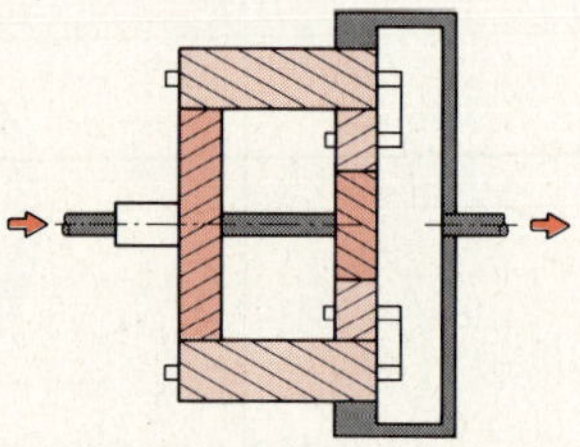	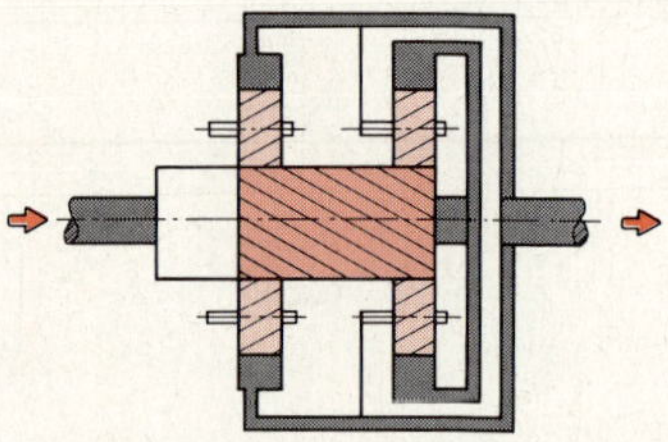
Das Planetengetriebe besteht aus zwei hintereinandergeschalteten einfachen Planetensätzen. Das vordere Sonnenrad ist mit dem hinteren Hohlrad, der vordere Planetenträger mit dem hinteren Planetenträger verbunden. Das Sonnenrad des hinteren Planetensatzes ist mit der Getriebehauptwelle, der hintere Planetenräder mit der Abtriebswelle verbunden. Das vordere Sonnenrad ist frei auf der Hohlwelle gelagert, die die beiden Planetenträger trägt.	Der Ravigneaux-Satz besteht aus zwei einfachen Planetenradsätzen und setzt sich aus • 2 Sonnenrädern, • 2 Planetenradsätzen, • 1 Hohlrad zusammen. Der Antrieb erfolgt über die Welle des zweiten Sonnenrades. Die Abtriebswelle ist mit dem Hohlrad verbunden.	Der Simpson-Satz setzt sich aus zwei einfachen Planetenradsätzen zusammen, die ein gemeinsames Sonnenrad besitzen. Die Planetenräder sind gleich groß. Die Antriebswelle treibt das erste Hohlrad an, der Abtrieb erfolgt über das zweite Hohlrad.

6.4.2.3 Mechanische Kraftübertragungsteile

Der Gangwechsel erfolgt beim Planetengetriebe durch das Festbremsen verschiedener Getriebeteile. Hierzu dienen folgende mechanische Kraftübertragungsteile:

- **Lamellenkupplungen**

  Eine Lamellenkupplung besteht aus außen- und innenverzahnten Scheiben, die abwechselnd im Außengehäuse und auf der Innennabe verschiebbar angeordnet sind. Die Lamellenscheiben werden durch einen Kolben hydraulisch gegeneinander gepreßt, so daß eine kraftschlüssige Verbindung zwischen Außengehäuse und Innennabe hergestellt werden kann. Bei entlastetem Kolben drücken Entlastungsfedern den Kolben in die ausgekuppelte Stellung. Der auf die Lamellenscheiben wirkende Druck wird aufgehoben und die Scheiben laufen frei.

  Bei Lamellenbremsen ist das Kupplungsgehäuse feststehend.

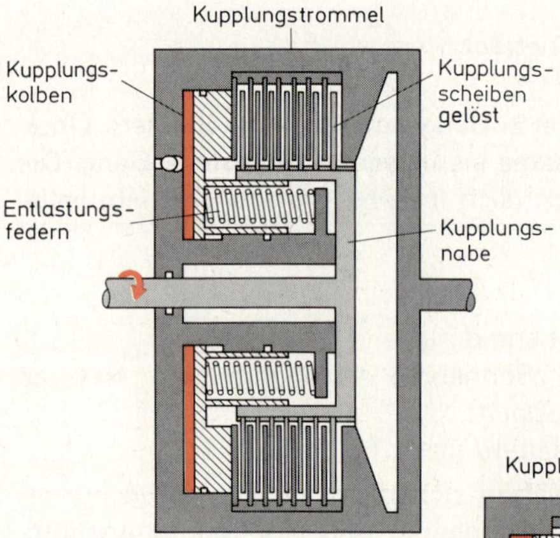

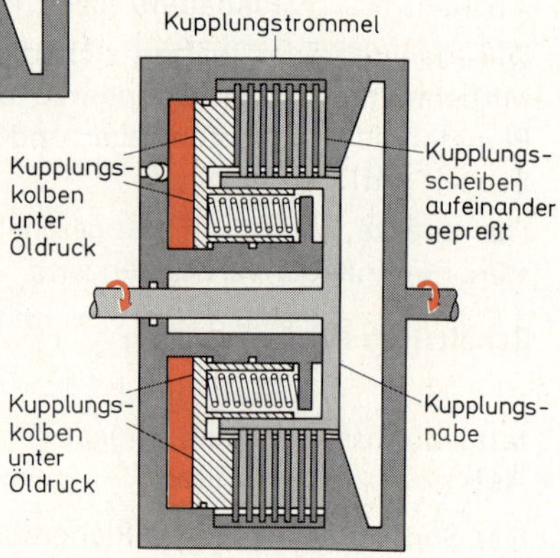

- **Bremsband**

  Ein Bremsband wird verwendet, um ein Planetensatzteil gegenüber den anderen Planetensatzteilen festzuhalten.

  Ein Ende des Bremsbandes ist am Gehäuse verankert, das andere Ende wird durch einen Servokolben betätigt. Druckölzufuhr bewirkt, daß der Servokolben das Bremsband zusammenzieht und das entsprechende Teil festbremst.

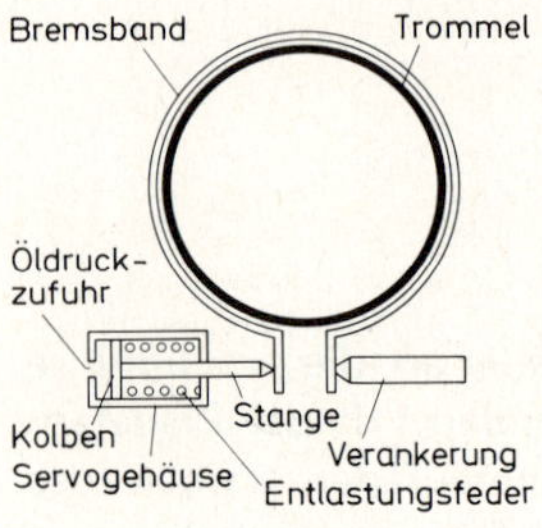

- **Freilaufkupplung**

  Eine Freilaufkupplung erlaubt eine Drehung nur in einer Richtung.

  Sie besteht aus einem inneren und einem äußeren Laufring, zwischen denen Keile in regelmäßigen Abständen in Käfigen angeordnet sind. Da die eine diagonale Abmessung der Keile größer als der Abstand zwischen den beiden Ringen ist, sperren die Keile die Drehung in einer Richtung.

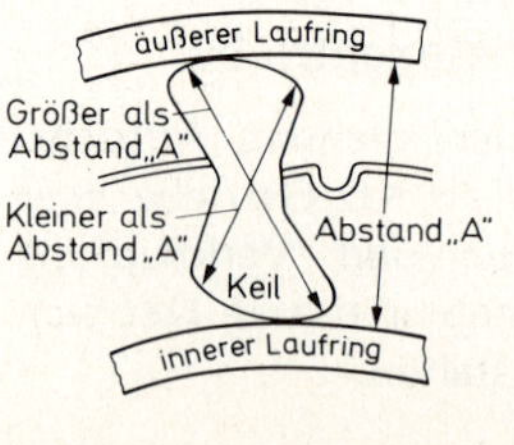

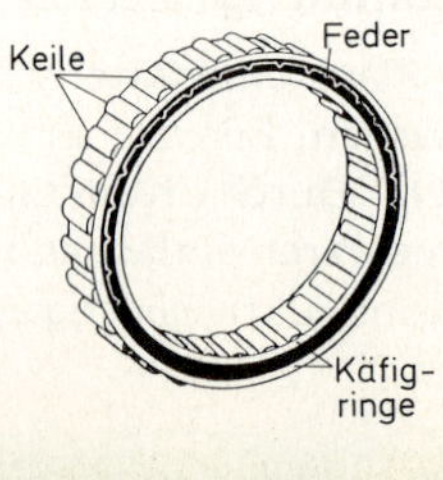

6.4.3 Hydraulische Steueranlage

Die hydraulische Steueranlage ist im unteren Teil des Getriebegehäuses untergebracht. Sie erledigt die eigentliche Schaltarbeit im Planetengetriebe und wählt für jeden Betriebszustand den richtigen Gang. Die Steueranlage enthält eine Vielzahl von Steuerelementen.

Steueranlage

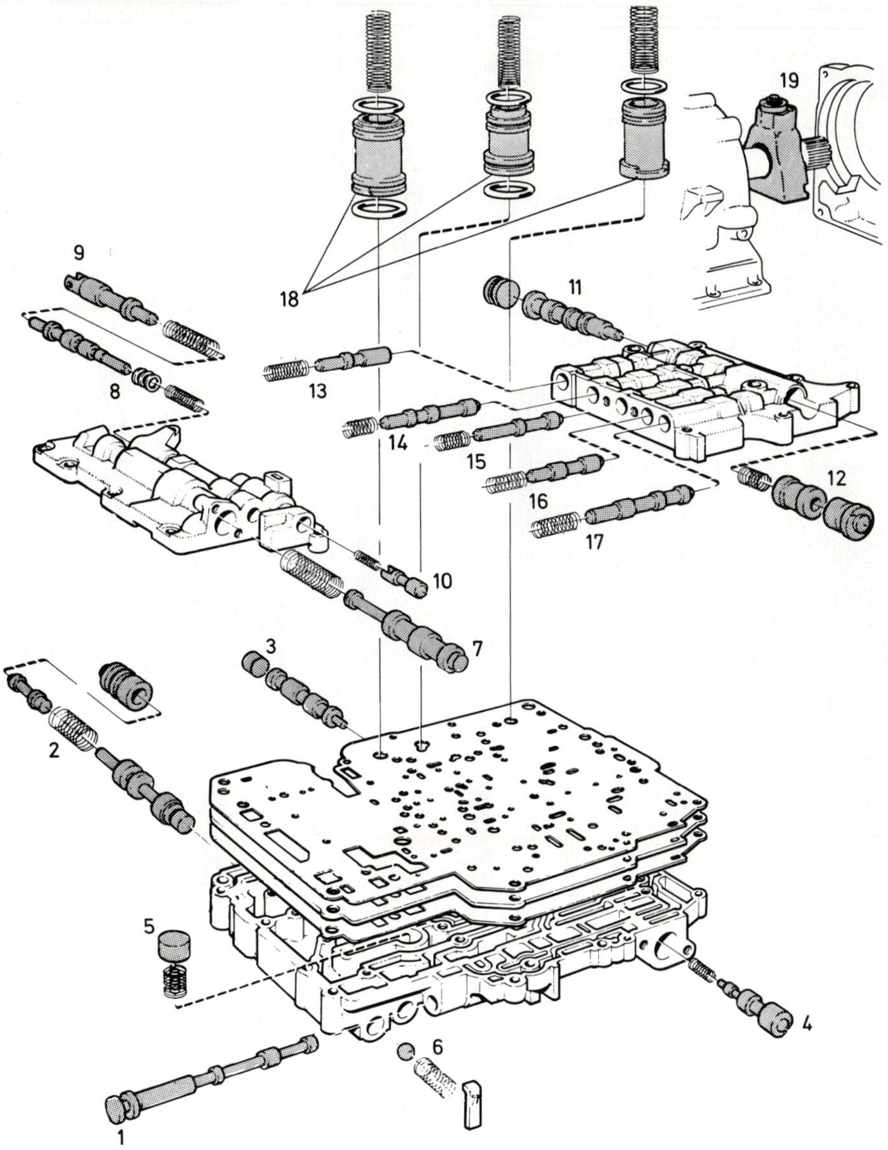

Steuerelemente

Unteres Ventilgehäuse

1 Umschaltschieber
2 Primär-Druckregelventil
3 Schaltventil 1. – 2. Gang
4 Handgesteuertes Abwärtsschaltventil 2.–1. Gang
5 Überströmventil
6 Druckbegrenzungsventil

Vorderes, oberes Ventilgehäuse

7 Sekundär-Druckregelventil
8 Drosselventil
9 Kick-down-Ventil
10 Reduzierventil

Hinteres, oberes Ventilgehäuse

11 Schaltventil 2.–3. Gang
12 Handgesteuertes Abwärtsschaltventil 3.–2. Gang
13 Sperrventil
14 Handgesteuertes Modulatorventil 3.–2. Gang
15 Steuerventil für hintere Lamellenkupplung
16 Modulatorventil für Druckminderung
17 Handgesteuertes Modulatorventil 2.–1. Gang
18 Druckspeicherkolben
19 Fliehkraftregler

Hydraulische Steuerung

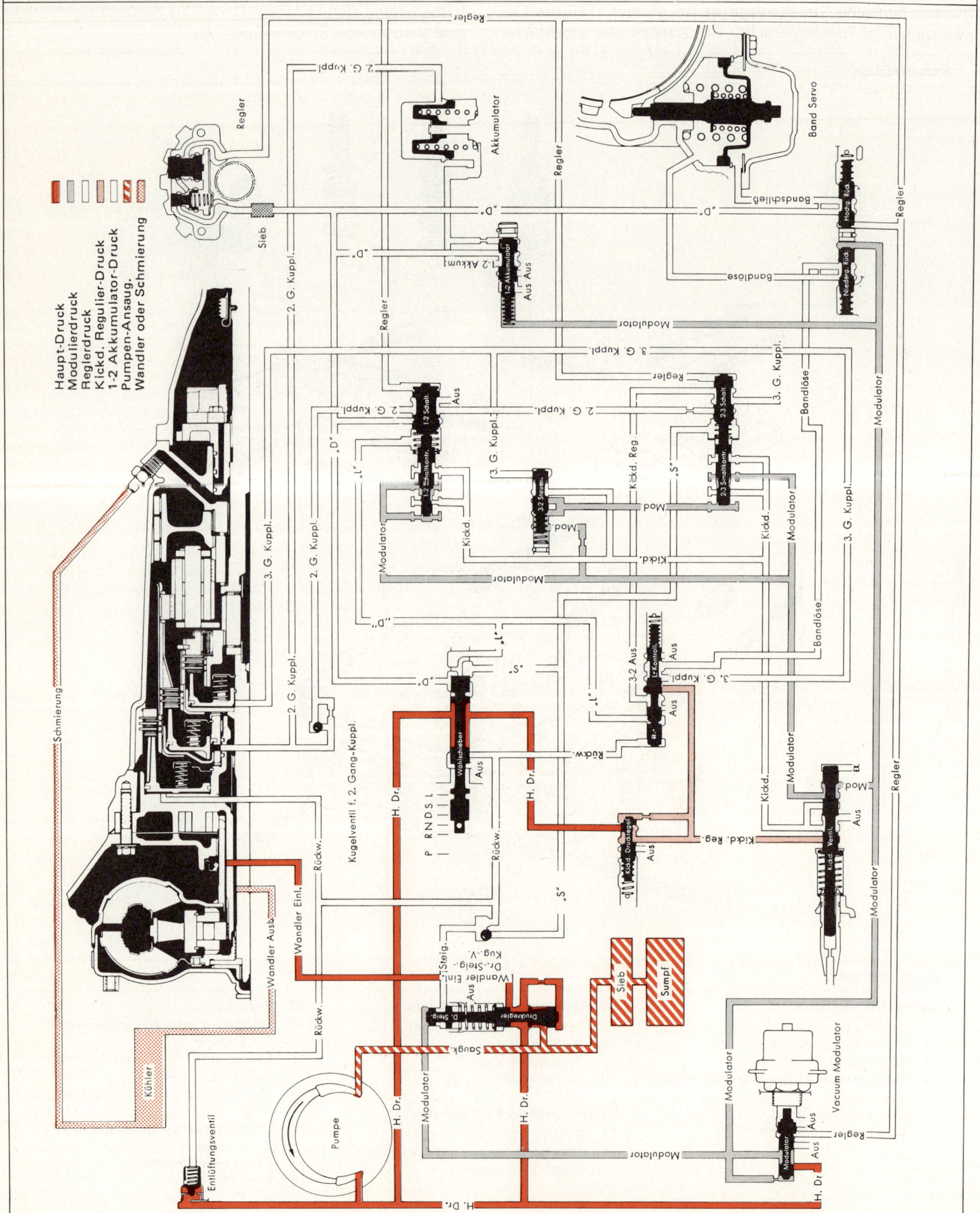

6.4.4 Schaltvorgänge

Die Steuerung des Getriebes erfolgt über das Gaspedal in Verbindung des Drossel/Kick-down-Seilzuges. Über eine Kurvenscheibe wird das Drosselventil (siehe unten) in die erforderliche Schaltstellung gebracht und bestimmt damit die Schaltpunkte. Daher ist von größter Bedeutung, daß der Drossel/Kick-down-Seilzug immer richtig eingestellt ist.

Da die hydraulische Gesamtanlage sehr kompliziert und funktionell nicht leicht zu verstehen ist, werden die Schaltungen im Folgenden an einem vereinfachten Funktionsschema dargestellt, d.h. die hydraulische Anlage enthält nur die wesentlichen Steuerorgane.

Eine Sichelpumpe, die vom Wandler angetrieben wird, erzeugt den Arbeitsdruck für das hydraulische System. Sie übernimmt weiterhin die Ölversorgung für den Wandler und die Schmierung.

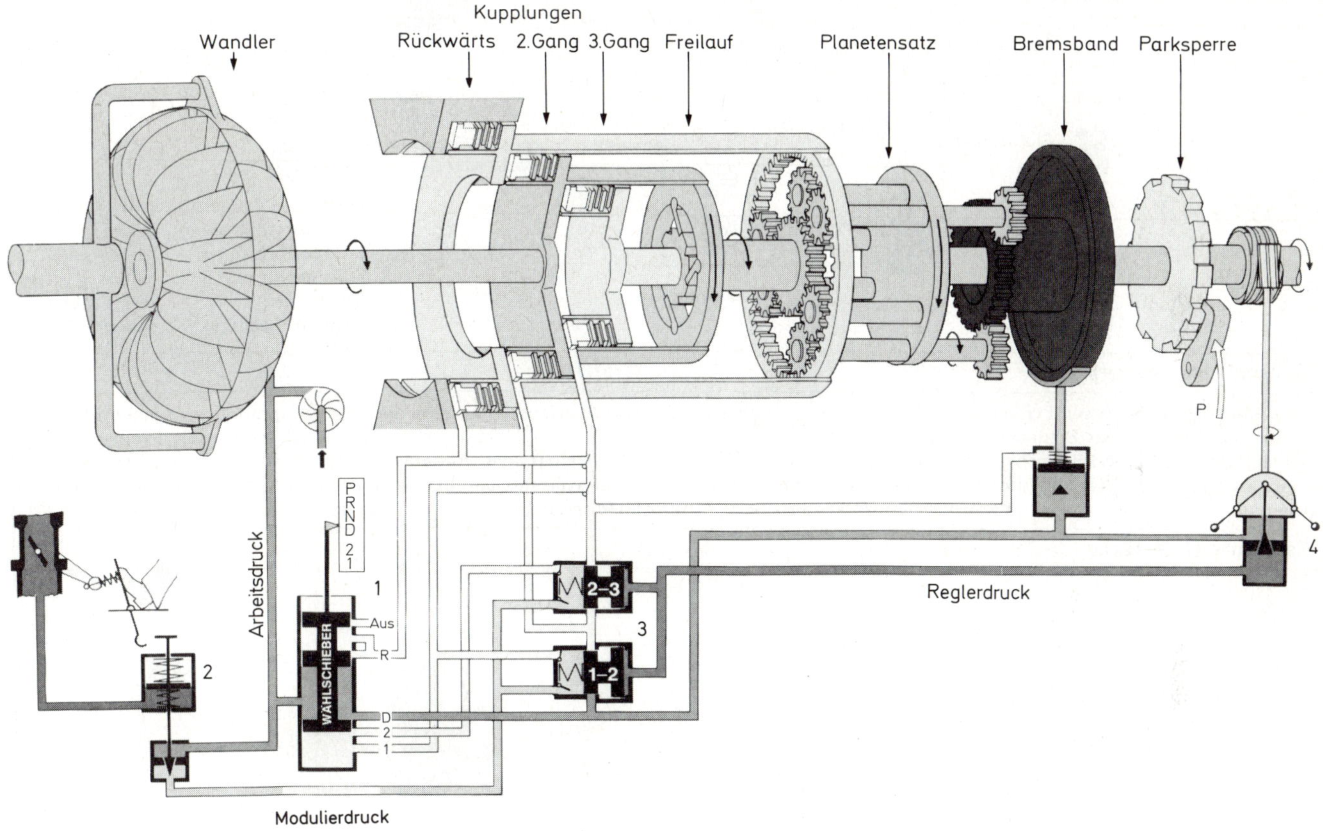

Wählschieber (1)	**Schaltventil (3)**
Der Wählschieber wird direkt vom Handwählhebel betätigt und bestimmt, in welcher Schaltstellung das Getriebe arbeitet: D: Vorwärtsbereich mit 3 Gängen 1: Berg- und Bremsgang in der 1. und 2. Schaltstufe 2: Langsamer Berg- und Bremsgang in der 1. Schaltstufe N: Leerlaufstellung, alle Kupplungen sind geöffnet R: Rückwärtsgang P: Parkstellung	Das Schaltventil öffnet und schließt den Durchfluß für das unter Arbeitsdruck stehende Drucköl zu den Ringkolben der Lamellenkupplungen und leitet das Schalten der Gänge ein. Auf die eine Seite des Kolbenschiebers des Schaltventils wirkt der geschwindigkeitsabhängige Reglerdruck, auf die andere Seite wirkt der lastabhängige Modulierdruck und die gleichbleibende Kraft einer Feder. Soll das Ventil öffnen, muß der Reglerdruck den auf die gegenüberliegende Ventilseite wirkende Modulierdruck un die Federkraft überwinden.
Drosselventil (2)	**Fliehkraftregler (4)**
Das Drosselventil wandelt den Arbeitsdruck in Abhängigkeit von der Motorbelastung in den Modulierdruck um. Es wird durch den Unterdruck im Ansaugrohr des Motors gesteuert. Je tiefer das Gaspedal durchgetreten ist, bzw. je höher die Motorbelastung ist, desto höher wird der Drosseldruck.	Der Fliehkraftregler wandelt den Arbeitsdruck in Abhängigkeit von der Drehzahl in den Reglerdruck um. Er sitzt auf der Getriebeabtriebswelle und verändert den Durchflußquerschnitt der Reglerdruckleitung. Je höher die Drehzahl bzw. die Fahrgeschwindigkeit ist, desto höher ist der Reglerdruck.

Schaltung eines automatischen Getriebes

Fahrstufe D: 1. Gang

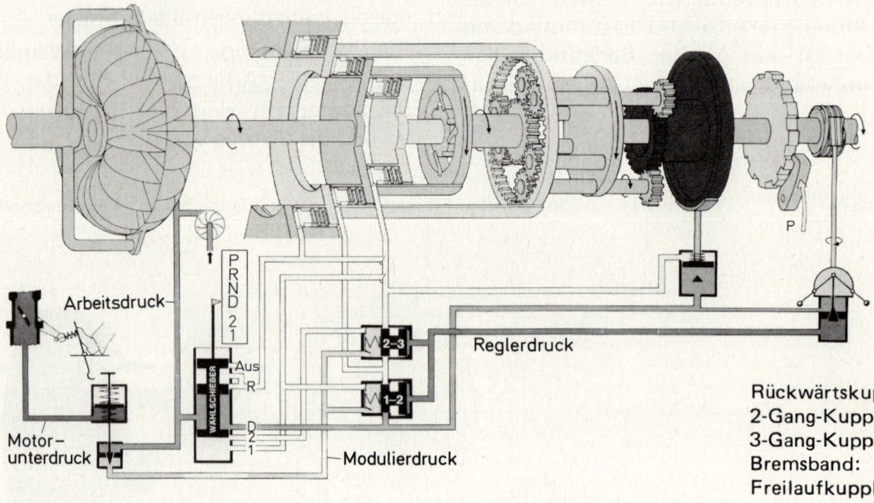

Rückwärtskupplung:	gelöst
2-Gang-Kupplung:	gelöst
3-Gang-Kupplung:	gelöst
Bremsband:	festgezogen
Freilaufkupplung:	sperrt

Hydraulische Steuerung

Der Handwählschieber wird durch den Wählhebel in die Schaltstellung D bewegt. Der Schieber gibt den Durchfluß zum 1-2-Schaltventil, Regler und Bremsbandservokolben frei. Der Arbeitsdruck wirkt auf den Bremsbandservokolben und zieht das Bremsband an.

Kraftfluß

Die Antriebswelle dreht die 3-Gangkupplungstrommel und den Freilauf im Uhrzeigersinn. Hierdurch sperren die Freilaufkeile und treiben das vordere Sonnenrad an. Die langen Planetenräder wälzen sich auf dem hinteren Sonnenrad ab und drehen über den Planetensatz die Abtriebswelle.

Fahrstufe D: 2. Gang

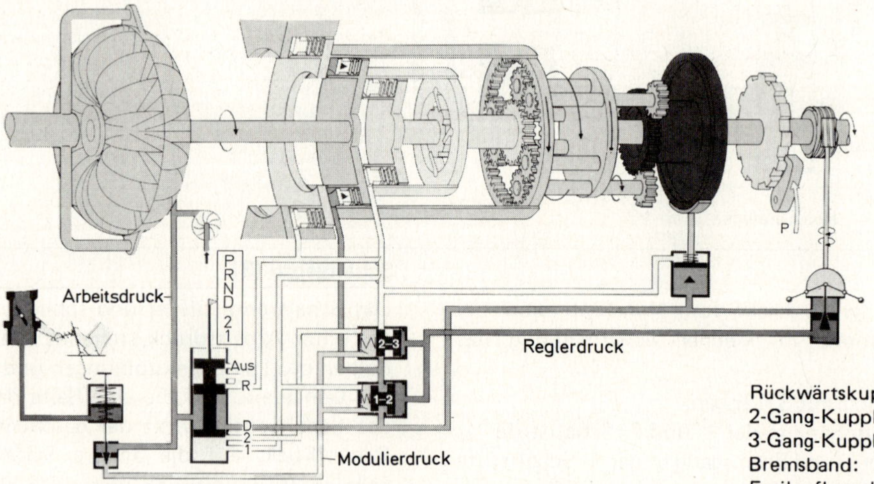

Rückwärtskupplung:	gelöst
2-Gang-Kupplung:	eingerückt
3-Gang-Kupplung:	gelöst
Bremsband:	festgezogen
Freilaufkupplung:	gelöst

Hydraulische Steuerung

Mit zunehmender Fahrgeschwindigkeit nimmt die Motordrehzahl zu, der Unterdruck im Saugrohr ab. Bei höherer Motordrehzahl öffnet der Regler zunehmend den Durchflußquerschnitt, der Reglerdruck nimmt zu. Durch den geringeren Unterdruck verringert sich der Drosselquerschnitt und der Modulierdruck nimmt ab.

Modulierdruck und Reglerdruck wirken auf die Kolbenflächen des 1-2-Schaltventils. Ab einer bestimmten Drehzahl des Motors überwindet der Reglerdruck den Modulierdruck und die Federkraft. Das 1-2-Schaltventil öffnet den Durchfluß des Arbeitsdruckes zur 2-Gang-Kupplung.

Kraftfluß

Die Antriebswelle treibt über die 2-Gang-Kupplung und die Trommel das Außenrad im Uhrzeigersinn an. Das Außenrad wiederum treibt die langen Planetenräder an, die sich auf dem abgebremsten hinteren Sonnenrad abwälzen. Über den Planetensatz wird die Abtriebswelle bewegt. Die langen Planetenräder treiben auch die kurzen Planetenräder an, die ihrerseits das vordere Sonnenrad im Uhrzeigersinn drehen, so daß die Freilaufkupplung zur Sperr-Richtung frei mitläuft.

Fahrstufe D: 3. Gang

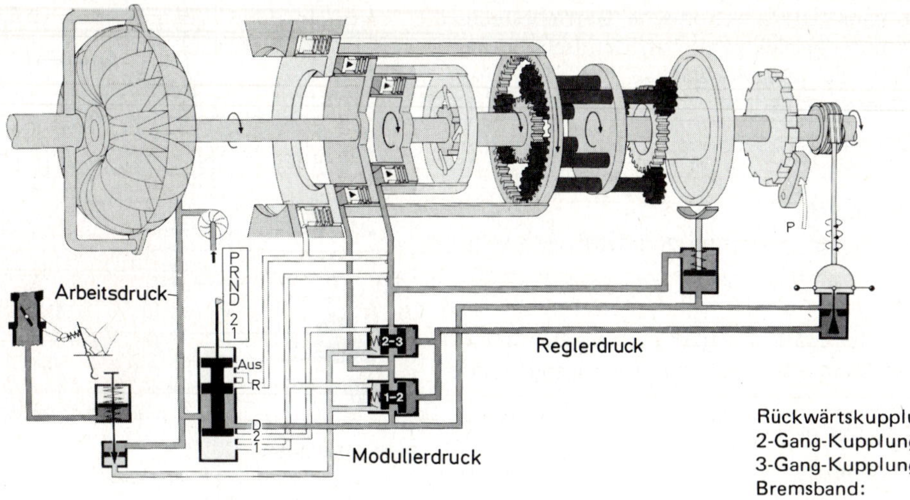

Rückwärtskupplung:	gelöst
2-Gang-Kupplung:	eingerückt
3-Gang-Kupplung:	eingerückt
Bremsband:	gelöst
Freilaufkupplung:	sperrt

Hydraulische Steuerung

Die 2-Gang-Kupplung bleibt eingerückt. Mit steigender Fahrgeschwindigkeit erhöht sich der Ölfluß durch den Regler. Der Reglerdruck steigt an und überwindet schließlich die Federkraft des 2-3-Schaltventils und öffnet es. Der Arbeitsdruck bewirkt das Einrücken der 3-Gang-Kupplung. Das Bremsband wird bei ausgleichendem Öldruck auf den Servokolben durch die Feder gelöst.

Kraftfluß

Das Außenrad ist mit dem vorderen Sonnenrad durch die 3-Gang-Kupplung verriegelt. Der Antrieb vom Wandler zum Planetensatz erfolgt verzweigt:

- Das Außenrad wird über die eingerückte 2-Gang-Kupplung angetrieben.
- Das vordere Sonnenrad wird durch die eingerückte 3-Gang-Kupplung mit gleicher Geschwindigkeit angetrieben.

Da Außenrad und vorderes Sonnenrad mit gleicher Geschwindigkeit angetrieben werden, wirken die stillstehenden Planetenräder wie Keile. Der gesamte Planetensatz und die Abtriebswelle drehen sich als Einheit. Die Übersetzung beträgt 1 : 1.

Fahrstufe D: 3-2-Kick-down-Rückschaltung

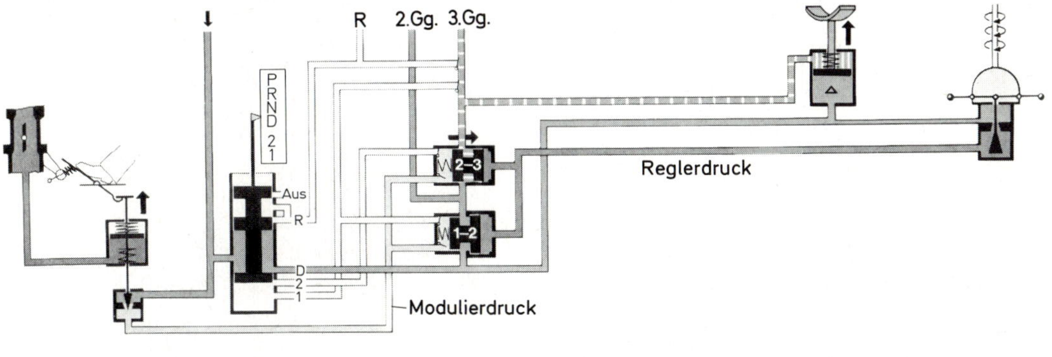

Hydraulische Steuerung

Bei vollem Niedertreten des Gaspedals über die Vollgasstellung hinaus verstärkt der mechanisch betätigte Kick-down-Schalter den Modulierdruck. Das 2-3-Schaltventil wird entgegen dem Reglerdruck in Schließstellung geschoben, da im Kick-downbereich der Reglerdruck geringer ist als der Modulierdruck. Die Umschaltung des 2-3-Schaltventils sperrt die Zufuhr zur oberen Kammer des Bremsbandservokolbens.

Kraftfluß

Die 2-Gang-Kupplung bleibt eingerückt, die 3-Gang-Kupplung gelöst, das Bremsband wird festgezogen, d.h. der 2. Gang ist geschaltet.

Beim Durchtreten des Gaspedals erfolgt durch den Kick-down-Schalter ein Zwangsrückschalten in den nächstniedrigeren Gang.

6.4.5 Elektronische Getriebesteuerung

Als Basis dient ein hydraulisch gesteuertes 4-Gang-Automatikgetriebe, das durch eine elektronische Getriebesteuerung ergänzt wird. Die elektronische Getriebesteuerung ist wiederum mit der elektronischen Gemischbildung und Zündung (Motronic) zusammengefaßt, so daß eine gemeinsame Nutzung verschiedener Sensoren möglich ist.

Der Fahrer kann zwischen verschiedenen Schaltprogrammen wählen:

- **Energiesparprogramm (E)**
  Das Programm ist auf geringsten Kraftstoffverbrauch ausgelegt.
- **Sportprogramm (S)**
  Das Getriebe schaltet später hoch, so daß sportlich zügig gefahren werden kann. Der 4. Gang (Schongang) wird nicht geschaltet.
- **Direktschaltprogramm (3-2-1)**
  Es kann nur in dem jeweils gewählten Gang gefahren werden.

Sensoren ermitteln die Getriebeabtriebsdrehzahl, die Motordrehzahl und den Lastzustand des Motors. Weiterhin werden die Stellung des Wählhebels, das Fahrprogramm am Programmschalter und die Stellung des Kick-down-Schalters erfaßt. Aus diesen Informationen ermittelt das elektronische Steuergerät den jeweils optimalen Gang. Magnetventile setzen die elektronischen Schaltbefehle in hydraulische Funktionen um, indem sie den Ölstrom freigeben oder sperren.

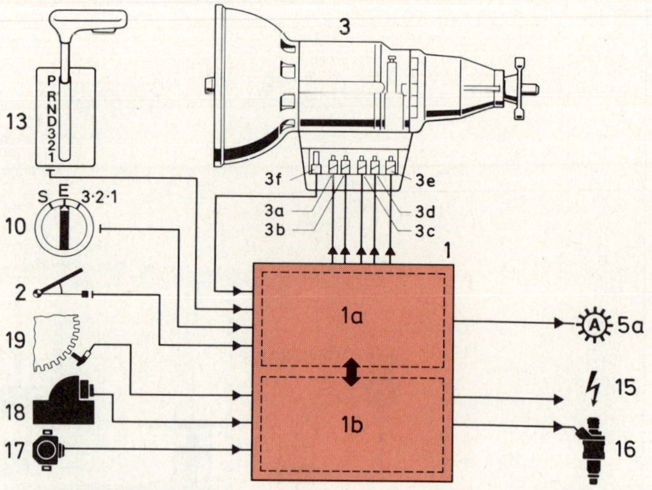

Prinzip-Schaltbild

1 Elektronisches Steuergerät
1a Getriebesteuerung
1b Motronic
2 Kick-down-Schalter
3 Getriebe
3a, 3b Magnetventile für Gangschaltung
3c Magnetventil Rückwärtsgangsperre
3d Magnetventil Wandlerkupplung
3e Druckregler
3f Abtriebs-Drehzahlfühler
5 Störanzeige für elektronische Getriebesteuerung
10 Programmschalter
13 Wählhebel mit Positionsschalter
15 Zündung
16 Einspritzung
17 Drosselklappenschalter
18 Luftmengenmesser
19 Motordrehzahlfühler

6.4.6 Stufenlose Getriebeautomatik

Das stufenlose automatische Getriebe besitzt zwei Kegelscheibenpaare, von denen jeweils eine Scheibenhälfte mit der Antriebs- bzw. Abtriebsachse verbunden ist, die anderen Scheibenhälften axial verschiebbar sind. Zwischen den Kegelscheiben mit glatten Scheibenflanken läuft ein Schubgliederband in einem Ölbad (ATF). Es besteht aus Stahlgliedern, die auf zwei Endlosbändern aufgereiht sind.

Dem stufenlosen Getriebe ist ein einfaches Planetengetriebe mit zwei hydraulisch betätigten Mehrscheibenkupplungen – eine für Vorwärts-, eine zweite für Rückwärtsfahrt – vorgeschaltet. Zwei schrägverzahnte Stirnradpaare übertragen die Drehbewegung auf das Ausgleichsgetriebe.

Durch gegenseitiges Verschieben der losen Kegelscheibenhälften wird der Ablaufradius des Schubgliederbandes auf dem einen Scheibenpaar vergrößert, auf dem anderen verkleinert. Einer Durchmesservergrößerung der einen Scheibe entspricht ein Verkleinern des wirksamen Durchmessers der anderen Scheibe. Der wirksame Abrolldurchmesser der beiden Scheiben ist stufenlos veränderbar. Die Kraft wird vom Gliederband durch Schub übertragen und nicht wie beim Keilriemen durch Zug.

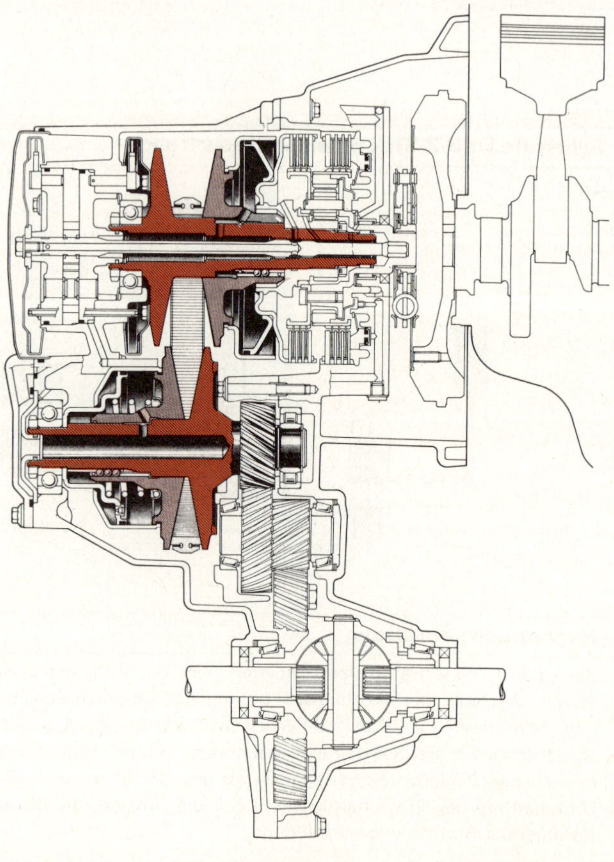

kleinste Übersetzung = erster Gang	größte Übersetzung = höchster Gang
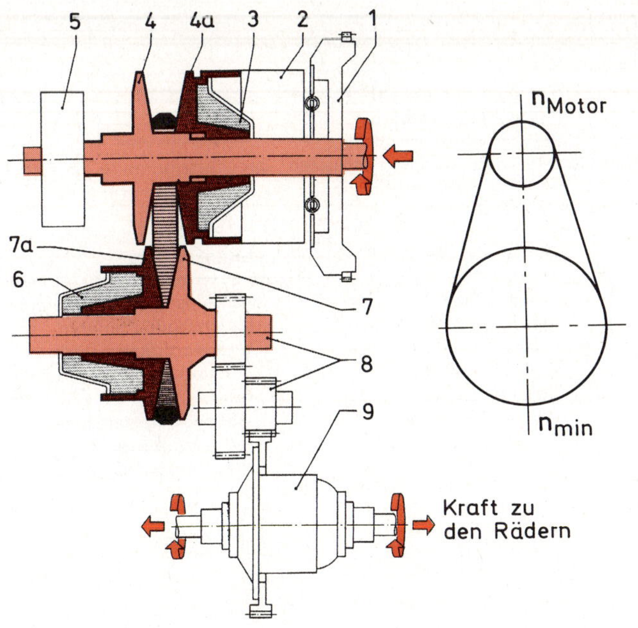	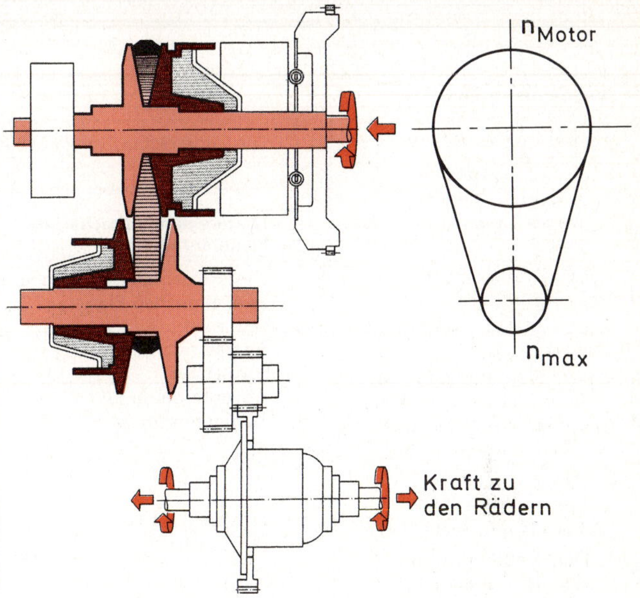

1 Motorschwungrad
2 Anfahr-Kupplung
3 Öl für die Steuerhydraulik des Haupt-Kegelscheibenpaares
4 Haupt-Kegelscheibenpaar
4a bewegliche Haupt-Kegelscheibe
5 Ölpumpe
6 Öl für die Steuerhydraulik des Neben-Kegelscheibenpaares
7 Neben-Kegelscheibenpaar
7a bewegliche Neben-Kegelscheibe
8 Achsuntersetzung
9 Ausgleichsgetriebe

Das Öffnen und Schließen der beiden Kegelscheiben erfolgt durch eine hydraulische Steuereinheit in Abhängigkeit

- vom momentanen Übersetzungsverhältnis,
- der Gaspedalstellung,
- der Drehzahl des Motors und
- der Wahlhebelstellung.

Die hydraulische Steuerung wird von einer vom Motor angetriebenen Zahnradpumpe versorgt.

Bei Vorwärtsfahrt blockiert die eine Kupplung den Planetenradträger mit dem Sonnenrad. Motordrehzahl und -drehmoment werden im Verhältnis 1 : 1 auf das Antriebskegelscheibenpaar übertragen. Beim Anfahren ist die Antriebsscheibe völlig geöffnet – der wirksame Abrolldurchmesser ist auf dem kleinsten Wert – die Abtriebsscheiben sind dagegen ganz geschlossen.

Mit zunehmender Geschwindigkeit und abnehmendem Drehmoment wandert das Gliederband zwischen den Antriebsscheiben vom kleinsten zum größten Wirkdurchmesser hoch und gleichzeitig zwischen den Abtriebsscheiben auf den kleinsten Wirkdurchmesser herunter.

Mit der zweiten Kupplung wird das Außenrad des Planetengetriebes abgebremst. Das Getriebe läuft im Rückwärtsgang. Die Übersetzung beträgt 1 : 1, die hydraulische Steuerung verhindert eine Änderung des Übersetzungsverhältnisses.

ZUSAMMENFASSUNG Automatisches Getriebe

Motor → **Automatisches Getriebe** → **Achsantrieb**

Drehmomentwandler

arbeitet in 2 Bereichen

- Wandlungsbereich
  Anfahren, zunehmende Geschwindigkeit
  Das Drehmoment wird verstärkt.
  Je größer der Drehzahlunterschied zwischen Pumpen- und Turbinenrad ist, desto größer ist die Drehmomentenverstärkung.
- Kupplungsbereich
  Pumpendrehzahl = Turbinendrehzahl
  Der Drehmomentenwandler arbeitet als Flüssigkeitskupplung.

Planetengetriebe

Die unterschiedlichen Übersetzungen werden durch Festhalten der Getriebeteile erreicht.

Planetengetriebebauarten in automatischen Getrieben

Hintereinandergeschaltete Planetenradsätze	Ravigneaux-Satz	Simpson-Satz
Hintereinanderschaltung von zwei einfachen Planetengetrieben Antrieb: vorderes Sonnenrad Abtrieb: hinterer Planetenradträger	großes und kleines Sonnenrad, gemeinsamer Planetenradträger Antrieb: hinteres Sonnenrad Abtrieb: Hohlrad	gemeinsames Sonnenrad, gleichgroße Planeten- und Hohlräder Antrieb: hinteres Hohlrad Abtrieb: vorderes Hohlrad bzw. hinterer Planetenradträger

Hydraulische Steuerung

Fahrgeschwindigkeit

Fliehkraftregler

liefert den von der Fahrgeschwindigkeit abhängigen REGLERDRUCK

hohe Fahrgeschwindigkeit = hoher Reglerdruck
niedrige Fahrgeschwindigkeit = niedriger Reglerdruck

Wählhebel

Umschaltschieber

P = Parksperre
R = Rückwärtsgang
N = Leerlauf
D = Dauerfahrstufe
2 = Berg-, Bremsgang
1 = Langsamer Berg- und Bremsgang

Motorbelastung/Gaspedalstellung

Drosselventil

liefert den von der Gaspedalstellung abhängigen MODULIERDRUCK

viel Gas = hoher Drosseldruck
wenig Gas = niedriger Drosseldruck

Kick-down-Ventil

schaltet bei plötzlichem Durchtreten über den Druckpunkt in den nächstniedrigen Gang zurück

→ verstärkt den Modulierdruck

Drucköl unter ARBEITSDRUCK

Reglerdruck

verschiebt den Kolbenschieber

hohe Reglerdruck = Hochschalten
kleiner Reglerdruck = Zurückschalten

Schaltventil

öffnet und sperrt den Druckölzufluß zum Ringkolben der Lamellenkupplung

Regler- und Drosseldruck zusammen ergeben für die jeweilige Fahrgeschwindigkeit und Gaspedalstellung die erforderliche Schaltung.

Modulierdruck

wirkt dem Reglerdruck entgegen und verzögert das Hochschalten

ANALYSE Automatisches Getriebe

1. Erklären Sie den Aufbau des automatischen Getriebes.
2. Bestimmen Sie für die einzelnen Gänge den Kraftverlauf und geben Sie die beteiligten Kupplungen und Freiläufe in der von Ihnen zu erstellenden Tabelle an (siehe Beispiel).

Wählhebel	Gang	Eingerückte Kupplung		Eingerückte Bremse			Freilauf		Motorbremswirkung
		3	4	5	6	7	10	11	

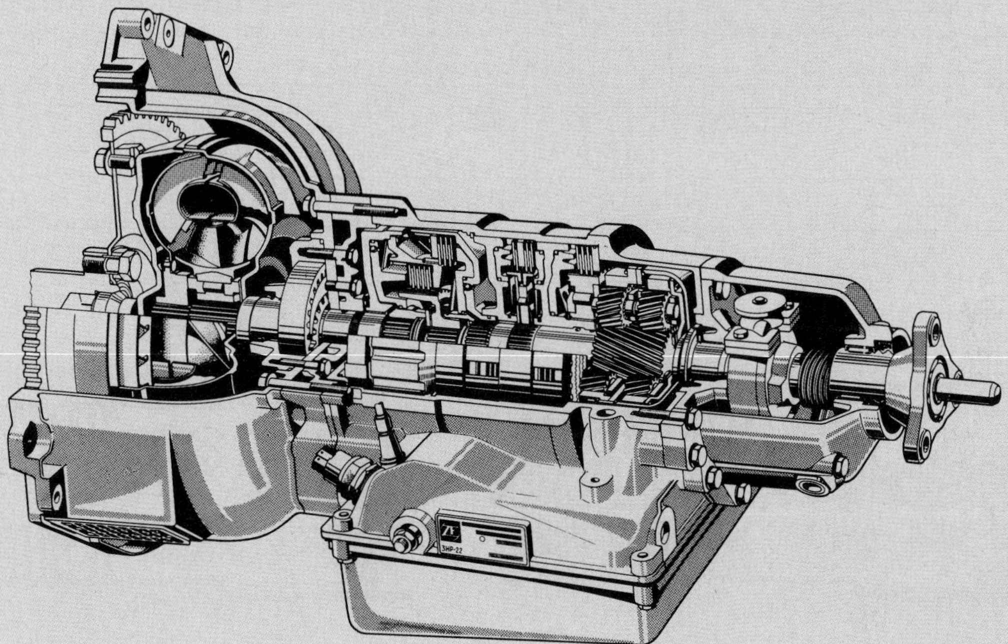

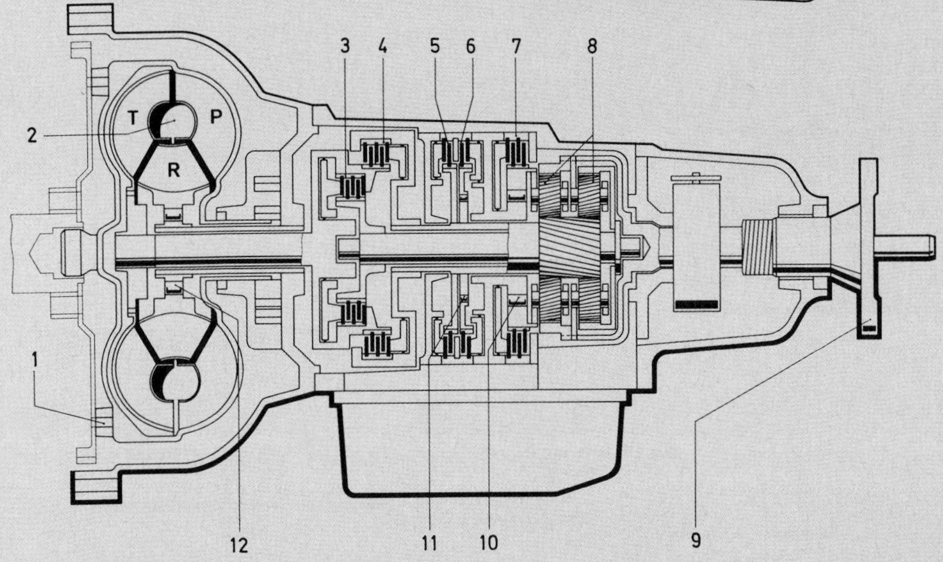

1 Antrieb
2 Hydrodynamischer Drehmomentwandler
P = Pumpenrad
R = Reaktionsglied (Leitrad)
T = Turbinenrad
3, 4 Umlaufende Lamellenkupplungen
5, 6, 7 Feststehende Lamellenkupplungen
8 Planetenradsatz
9 Abtrieb
10, 11, 12 Freiläufe

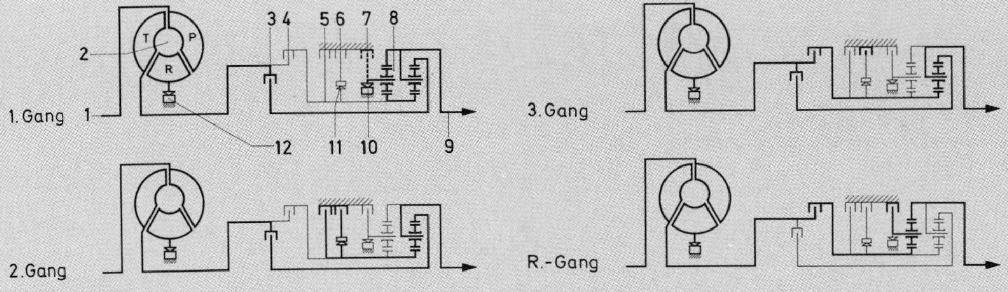

Der Kraftfluß im 1., 2., 3. und R.-Gang erfolgt über die hervorgehobenen Teile.

ANALYSE Automatisches Getriebe

Bestimmen Sie den Kraftfluß bei den eingeschalteten Gängen und tragen Sie das Ergebnis in die von Ihnen zu erstellenden Tabelle ein (siehe Beispiel).

Fahrstufe	Gang	4. Gang Kuppl. C_0	Vordere Kuppl. C_1	Hintere Kuppl. C_2	4. Gang Bremse B_0	Bremse Nr. : 1 B_1	Bremse Nr. : 2 B_2	Bremse Nr.: 3 B_3	Freilauf (4. Gang Kuppl.) F_0	Freilauf (Bremse Nr.: 2) F_1	Freilauf (Bremse Nr.: 3) F_2	Motor-brems-wirkung
P N	Parken Neutral											
R	Rück-wärts											
D	erster zweiter dritter vierter											
2	erster zweiter											
1	erster											

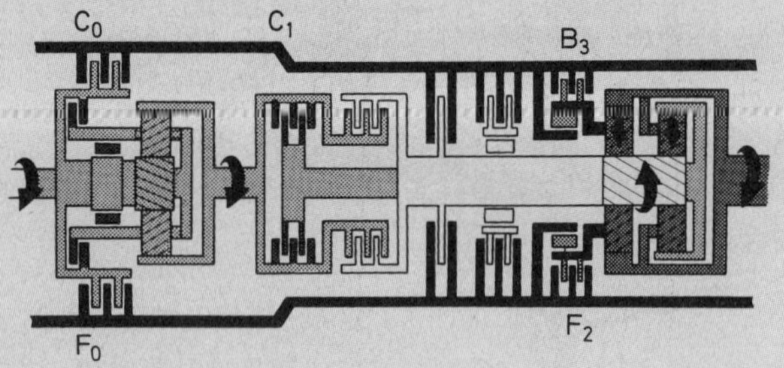

1. Gang

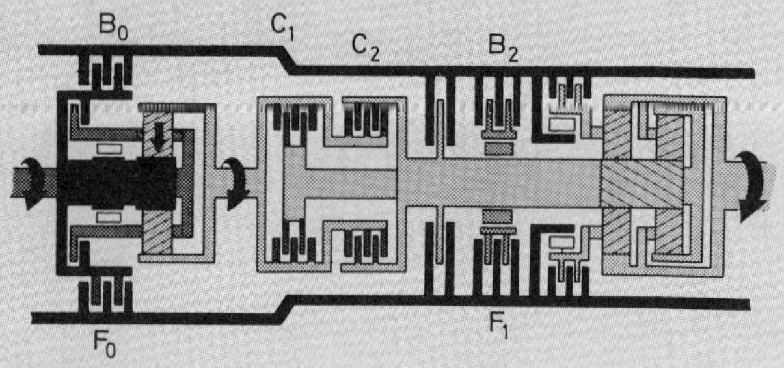

4. Gang

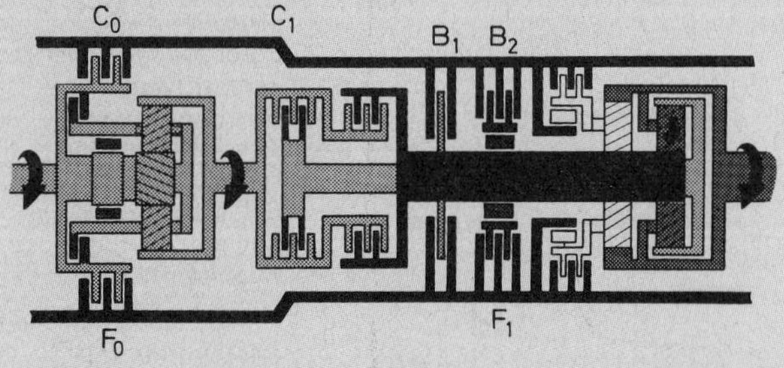

2. Gang

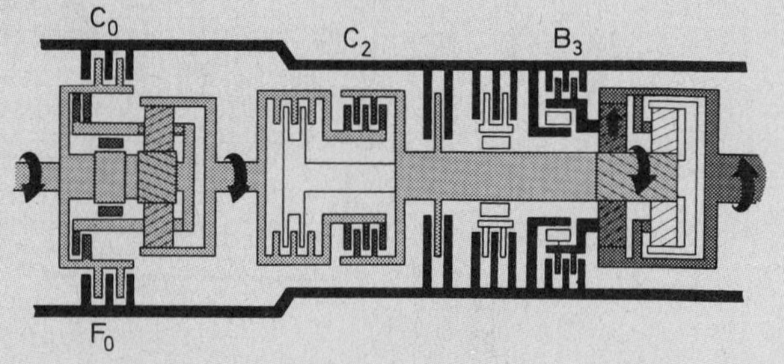

Rückwärtsgang

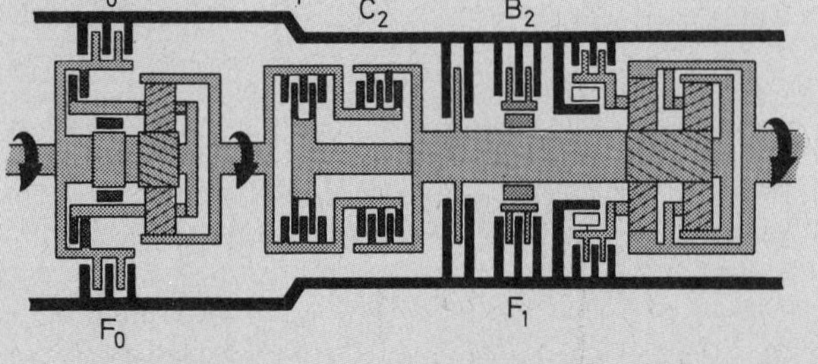

3. Gang

ARBEITSPLANUNG Automatisches Getriebe

Entwickeln Sie den Arbeitsplan für die dargestellten Prüf- und Instandsetzungsarbeiten, indem Sie

- die Reihenfolge der Prüf- bzw. Arbeitsschritte,
- die Auswahl der Prüfmittel bzw. Werkzeuge,
- die zu beachtenden Prüf- bzw. Arbeitsregeln,
- die Auswertung der Prüfergebnisse,
- die erforderlichen Ersatzteile und Werkstoffe

angeben und begründen.

Kick-down-Seilzug einstellen

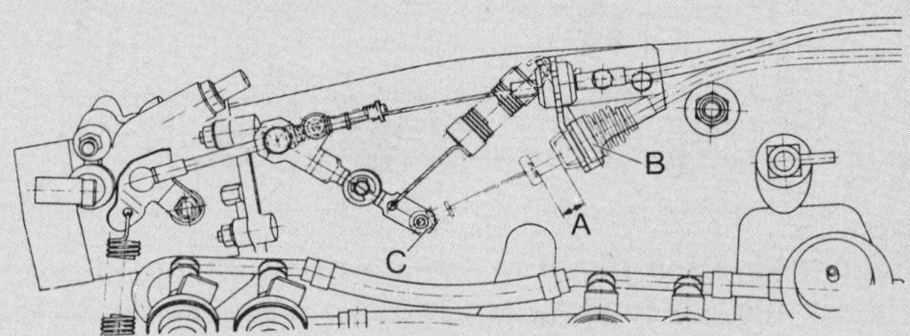

Ölpumpe ausbauen, Teile auf Verschleiß prüfen und gegebenenfalls ersetzen

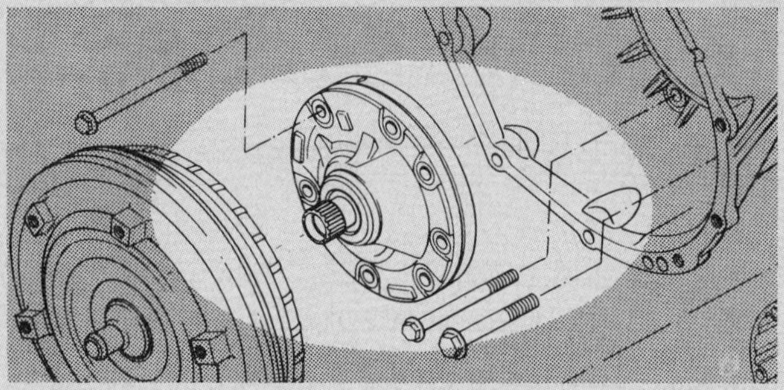

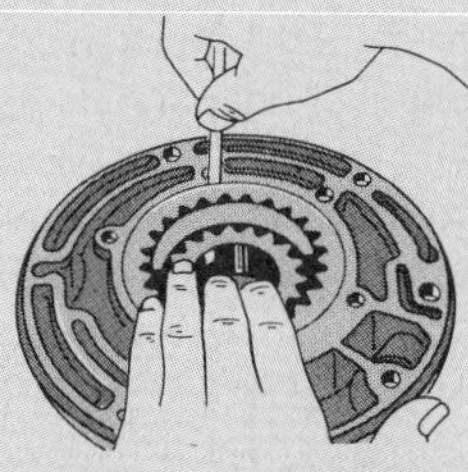

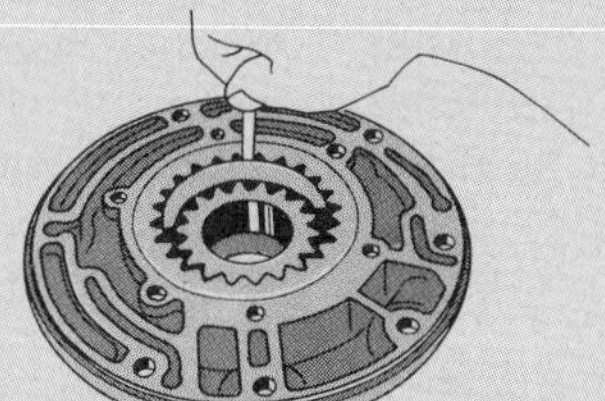

Bremse zerlegen, Teile auf Verschleiß prüfen, gegebenenfalls ersetzen

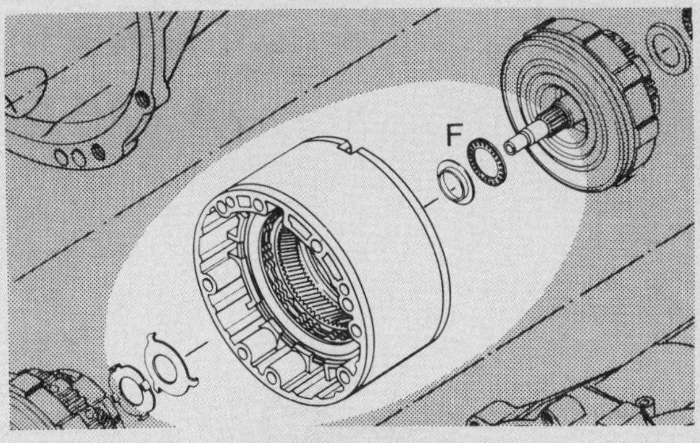

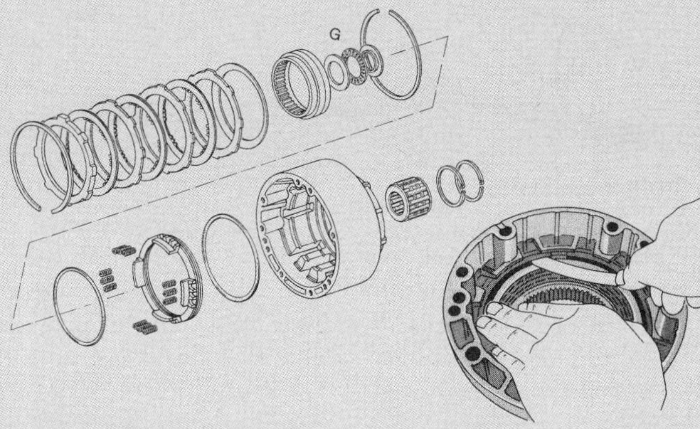

Kupplung zerlegen, Teile auf Verschleiß prüfen, gegebenenfalls ersetzen

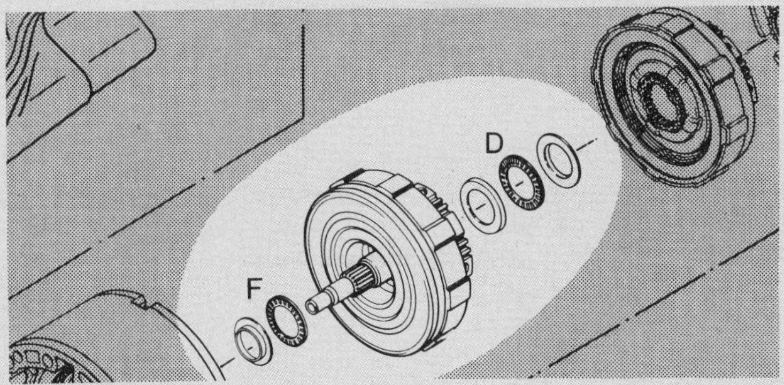

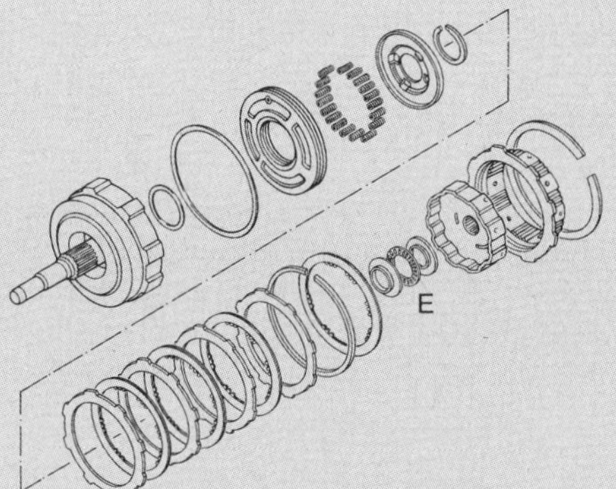

7 Wellen und Gelenke

Um das Drehmoment vom Wechselgetriebe zu den Antriebsrädern zu übertragen, sind Wellen und Gelenke erforderlich.

Standardantrieb

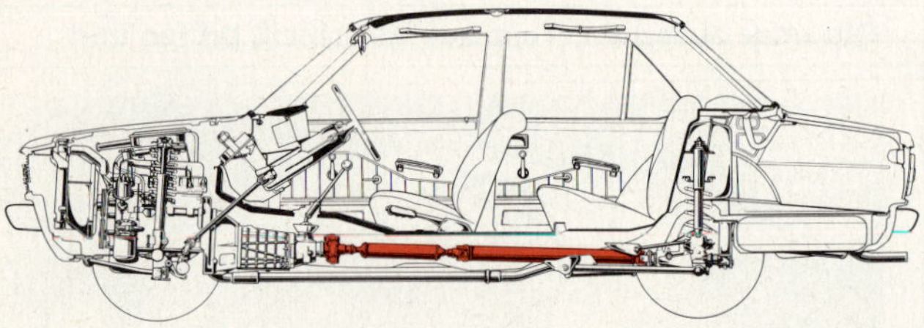

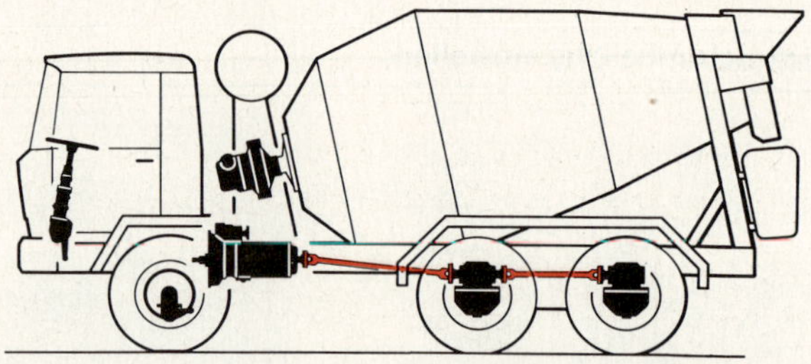

Beim Standardantrieb – Motor vorn, Antriebsräder hinten – überträgt eine Gelenkwelle das Drehmoment vom Wechselgetriebe auf das Achsgetriebe. Da das Achsgetriebe tiefer liegt, läuft die Welle schräg nach unten. Bei der starren Hinterachse überträgt eine Welle das Drehmoment zum Achsgetriebe und über das Ausgleichsgetriebe zu den Hinterachswellen, die in der starren Hinterachse laufen und die Räder antreiben. Die Hinterachse schwingt um die Festaufhängung der Lenker oder Blattfedern. Durch Unebenheiten der Fahrbahn und durch wechselnde Belastungen ändert die Hinterachse ständig ihre Lage.

Die Welle kann mit Hilfe von Gelenken die Ausschläge der Hinterachse mitmachen und durch ein Schiebestück Längenänderungen ausgleichen.

Bei einzeln aufgehängten Antriebsrädern ist das Achsgetriebe fest mit dem Aufbau verbunden. Die Achswellen müssen die Federungsausschläge der Räder mitmachen. Für jedes angetriebene Rad werden 2 Gelenke benötigt. Gleichzeitig müssen Längenänderungen ausgeglichen werden.

Beim Hinterradantrieb ist noch eine Gelenkwelle erforderlich, um Einbaudifferenzen, Getriebeschwingungen und Verformungen des Fahrzeugs im Fahrbetrieb auszugleichen.

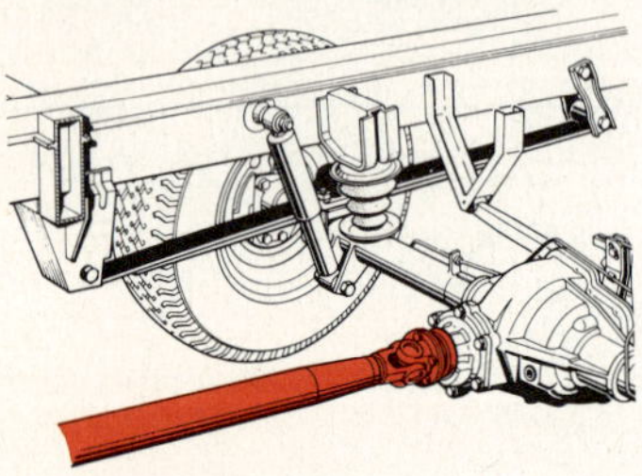

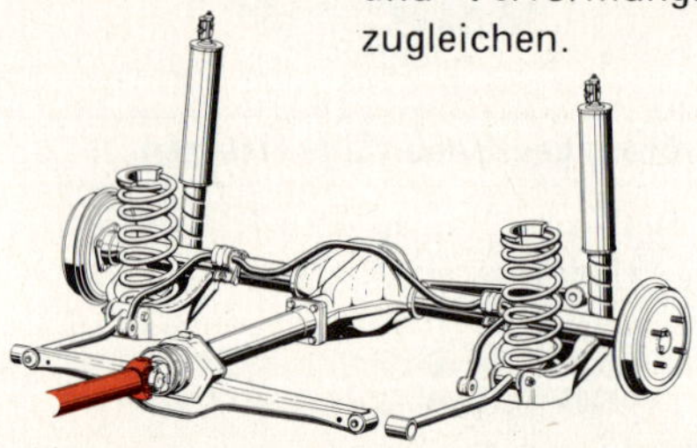

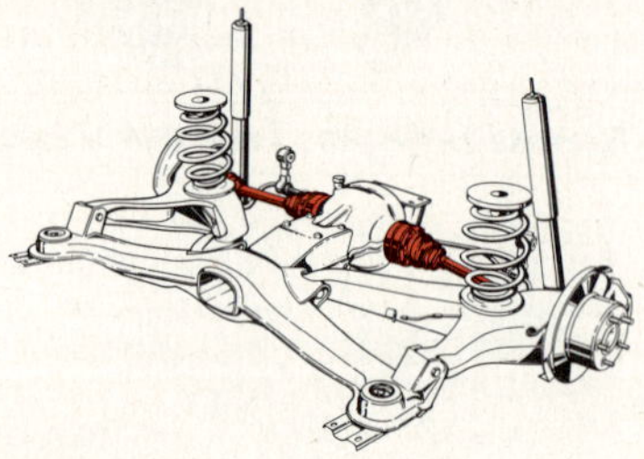

Vorderradantrieb

Beim Vorderradantrieb werden an die Achswellen zusätzliche Forderungen gestellt:

- Die Vorderachswelle muß große Beugungswinkel zulassen, um Lenkeinschlag und Federungswege aufzunehmen.
- Die Drehbewegung der Achswellen muß auch bei großem Lenkeinschlag gleichförmig sein, damit die Lenkung durch Schwingungen nicht beeinflußt wird.

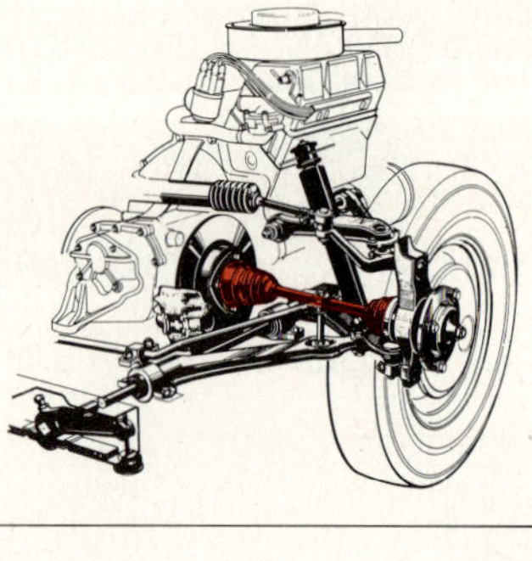

Allradantrieb

Fahrzeuge, die im Gelände eingesetzt werden, sind häufig mit Allradantrieb ausgerüstet. Wir unterscheiden Fahrzeuge mit zuschaltbarem Allradantrieb (Vorder- oder Hinterachse) oder permanentem Allradantrieb, bei dem immer alle Räder angetrieben werden.

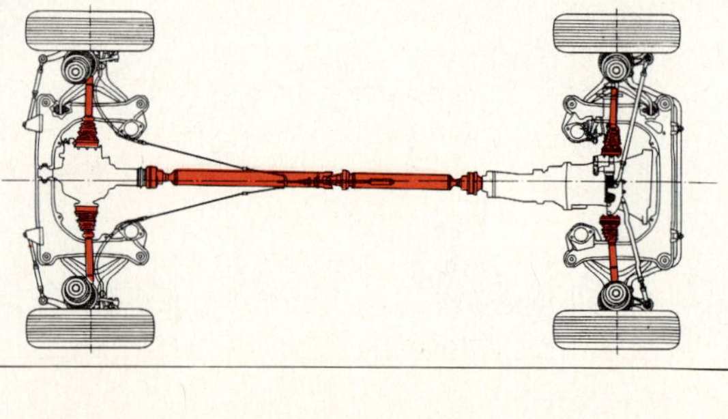

7.1 Gelenkwellen

Nach dem Aus- und Wiedereinbau einer Gelenkwelle kommt es zu starken Vibrationen und Geräuschen.

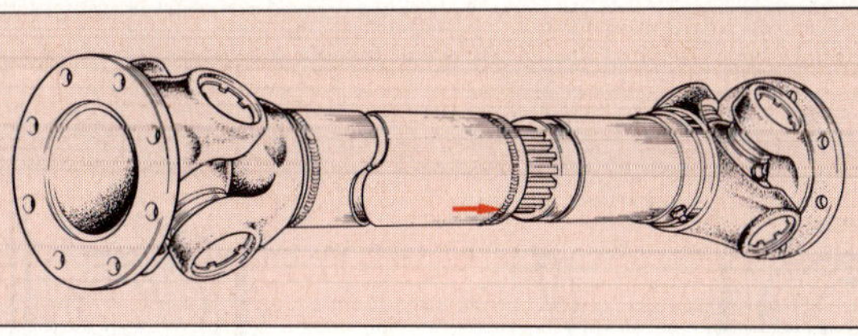

Die Gelenkwelle besteht aus einem Rohr, an dessen Enden Flansche für Kreuz- oder Trockengelenke angeschweißt sind. Gelenkwellen werden aus Vergütungsstahl hergestellt.

Kreuzgelenke	**Trockengelenke**
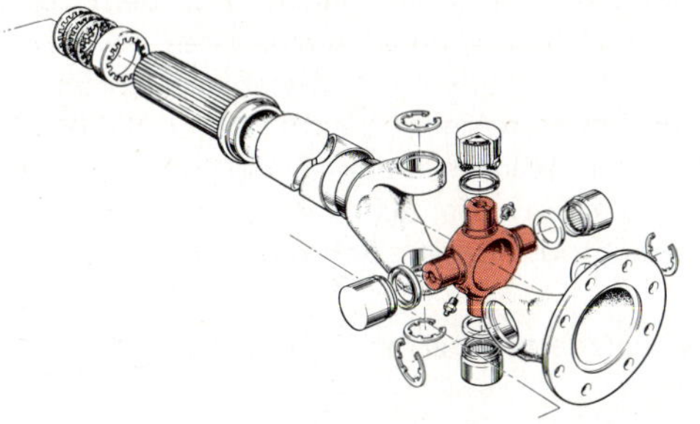	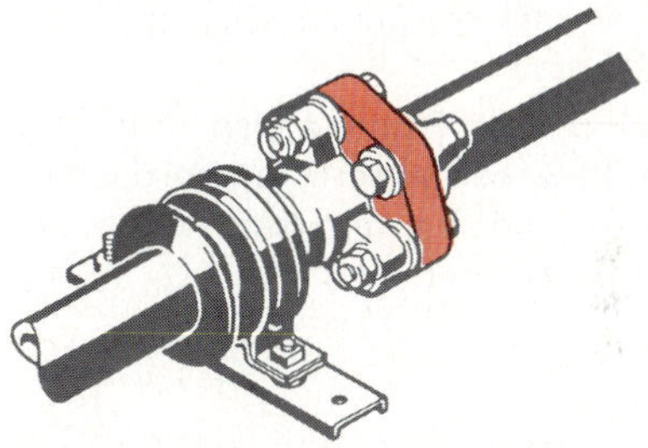
Kreuzgelenke bestehen aus zwei rechtwinklig versetzten Gabelstücken, die durch ein Zapfenkreuz verbunden sind. Die Zapfen des Zapfenkreuzes sind in den Gabeln in voll gekapselten Nadellagern gelagert. Sie sind wartungsfrei. Zur Sicherstellung einer ausreichenden Schmiermittelmenge ist das Innere des Zapfenkreuzes als Fettvorratsraum ausgebildet. ⊕ Übertragung großer Drehmomente ⊕ Winkeländerung bis 15° ⊕ wartungsfrei Einsatz: Standardantrieb	Bei Trockengelenken werden zwei zweiarmige oder dreiarmige Flansche, die gegeneinander versetzt sind, durch • Gummigewebescheiben, • Gummikörper, • Silentblöcke (Metall-Gummi-Element) elastisch verbunden. Zur Verbindung dienen Paßschrauben, die das Drehmoment über Stahlbüchsen auf die Gelenkkörper übertragen. ⊕ billig und wartungsfrei ⊕ stoßdämpfend ⊖ kleine Winkeländerungen: 3 ... 5° ⊖ Übertragung geringerer Drehmomente Einsatz: Achsantrieb ist fest mit dem Aufbau oder Rahmen verbunden, die Wellen von Schaltgetriebe und Achsgetriebe haben gleiche Lage.

Bei einer Gelenkwelle mit nur einem einfachen Kreuzgelenk führt – wenn die treibende Welle gleichförmig angetrieben wird – die getriebene Welle eine ungleichförmige Drehbewegung aus:

- Bei einer halben Umdrehung eilt die getriebene Welle einmal vor und einmal nach.

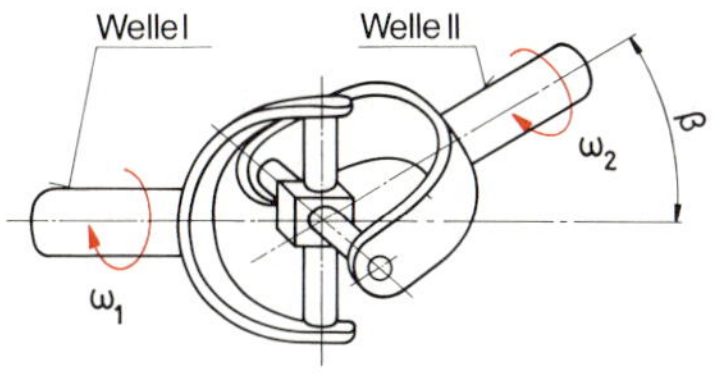

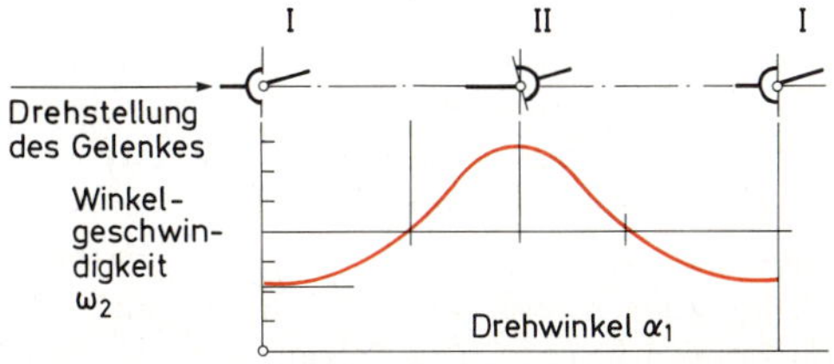

Die Ungleichförmigkeit der Drehbewegung wird durch ein zweites Gelenk ausgeglichen. Die Beugungswinkel müssen jedoch gleich sein. Der Bewegungsablauf einer Gelenkwelle mit zwei Gelenken sieht also folgendermaßen aus:

- Antriebswelle – gleichförmige Drehbwegung
- Gelenkwelle – ungleichförmige Drehbewegung
- Abtriebswelle – gleichförmige Drehbewegung

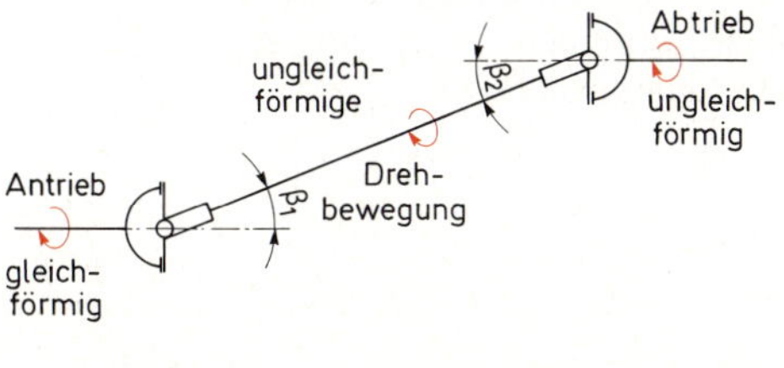

Einteilige Gelenkwelle

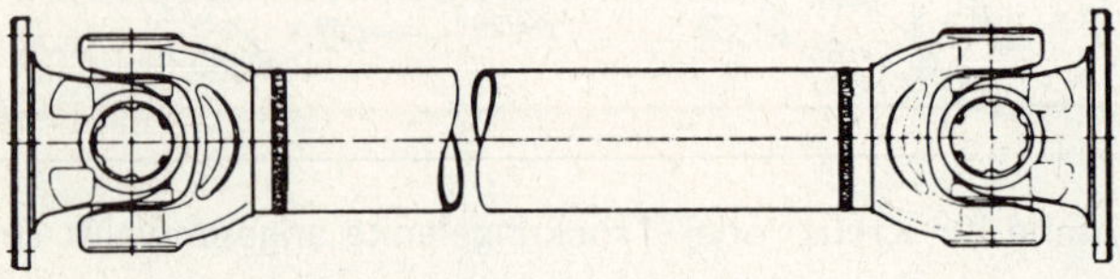

Die Gelenkwelle besteht aus einem nahtlos gezogenen Stahlrohr, an dessen Enden Gelenke bzw. Flansche angeschweißt sind.

Einsatz: Einteilige Gelenkwellen mit Kreuzgelenken werden im Pkw bei versetzt angeordneten Wellen des Schaltgetriebe und fest mit dem Aufbau verbundenem Achsantrieb verwendet.

Zweiteilige Gelenkwelle

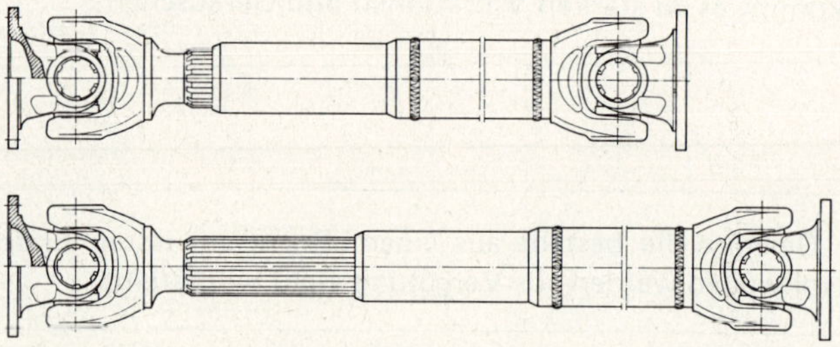

Die zweiteilige Gelenkwelle besteht aus dem Gelenkwellenrohr und dem Gelenkwellenzapfen mit Verbindungsrohr und 2 Gelenken. Gelenkwellenrohr und Wellenzapfen besitzen Keilnutprofil. Durch die profilierten Schiebestücke werden Längenänderungen von 30 bis 40 mm ausgeglichen. Die Schiebestücke werden durch eine Radialdichtung gegen Schmutz und Wasser gesichert.

Einsatz: Bei gefederten starren Hinterachsen (Lkw, Pkw) erforderlich

Gelenkwellenstrang

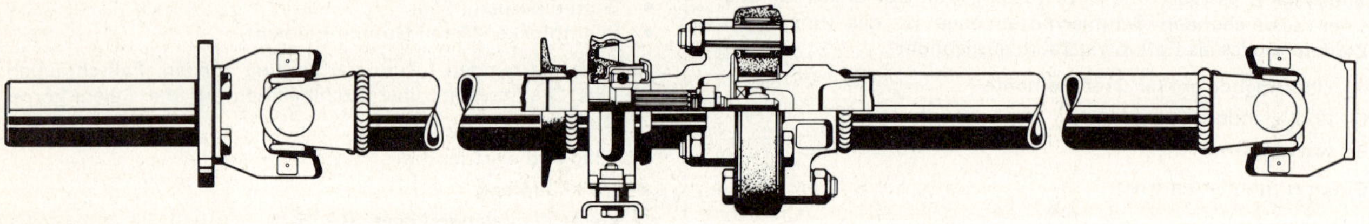

Bei großem Abstand zwischen Wechsel- und Achsgetriebe werden Gelenkwellenstränge von 2 oder mehr Gelenkwellen verwendet. Der Gelenkwellenstrang setzt sich aus ein- und zweiteiligen Gelenkwellen mit Kreuz- und Trockengelenken zusammen. Die Gelenkwellen werden durch Zwischenlager abgestützt. Das Zwischenlager besteht aus einem Wälzlager, das in weichem Gummi gelagert und am Aufbau befestigt ist.

⊕ Die einzelne Gelenkwelle ist kürzer und läuft ruhiger.

⊕ Die Gelenkwelle kann tiefer gelagert werden. Damit kann der Fahrzeugboden tiefer gestaltet werden.

⊕ Das Zwischenlager verhindert Dröhngeräusche.

Jede Gelenkwelle ist statisch und dynamisch ausgewuchtet, um Vibrationen zu vermeiden. Hierzu werden kleine Blechteile elektrisch aufgepunktet. Damit eine zweiteilige Gelenkwelle nach dem Zerlegen wieder in der alten Lage zusammengebaut werden kann, hat der Hersteller die Schiebestücke mit Markierungen (2) versehen. Die Gelenkgabeln müssen immer in der gleichen Ebene (1) liegen. Bei Schäden schreiben die Hersteller meist den Austausch der ganzen Gelenkwelle vor.

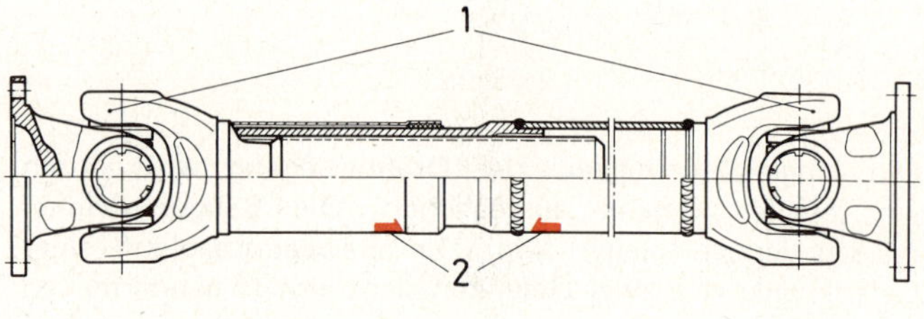

7.2 Angetriebene Achswellen

Angetriebene Achswellen besitzen Gleichlaufgelenke, auch homokinetische Gelenke genannt, die auch bei großem Beugungswinkel die Drehbewegung gleichförmig übertragen.

7.2.1 Kugelgelenke

Verschiebegelenk = Topfgelenk

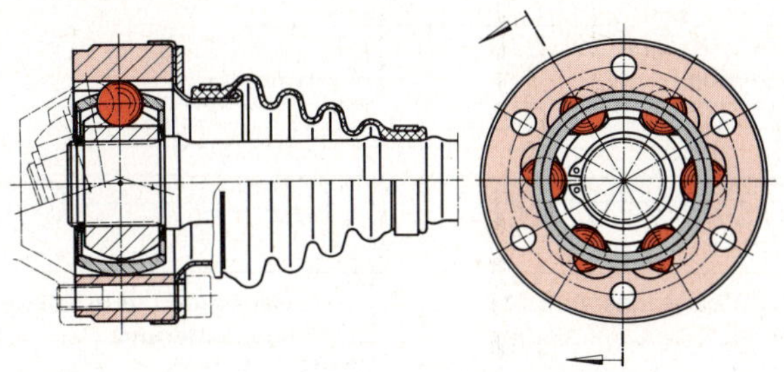

Das Verschiebegelenk hat 6 Mitnehmerkugeln, die in Kugelbahnen des zylindrischen Gelenkstücks und der Kugelnabe geführt werden. Durch einen Kugelkäfig werden die Kugeln in einer Ebene festgehalten.

Die Kugeln übertragen das Drehmoment. Die gleichförmige Bewegung aller Bauelemente wird durch die besondere Ausbildung der Kugelbahnen erzielt. Die Kugeln werden stets in der Gleichlaufebene gehalten. Auch der Längenausgleich erfolgt über die Kugeln.

⊕ gleichförmige Bewegung unabhängig vom Beugungswinkel und der jeweiligen Stellung des Gelenkes

⊕ Beugungswinkel ca. 18°

⊕ Längenänderung 10 ... 24 mm

⊕ geringer Verschleiß (rollende Reibung)

Festgelenk = Kugelgelenk

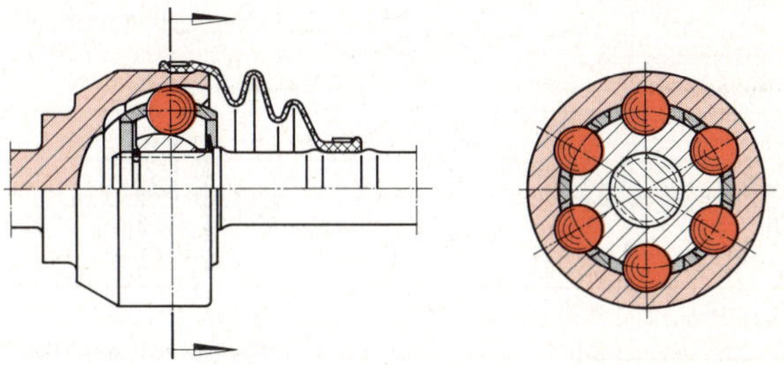

Beim Kugel-Festgelenk laufen die 6 Mitnehmerkugeln in geschliffenen Kurvenbahnen der Kugelnabe und dem äußeren Gelenkstück, einer Kugelschale. Das Festgelenk gestattet einen großen Beugungswinkel, aber keine Längenverschiebung.

Wie Verschiebegelenke laufen auch die Festgelenke in einem geschlossenen Achskörper ständig in Schmierstoff und sind wartungsfrei

⊕ gleichförmige Drehbewegung aller Bauelemente

⊕ großer Beugungswinkel normal bis 38°, Sonderfall bis 45°

⊖ keine Längsverschiebung

Für jedes angetriebene Rad werden 2 Gelenke benötigt, von denen mindestens eines als Verschiebegelenk ausgeführt ist. Durchgesetzt haben sich:

- Vorderradantrieb: Rad/Kugelgelenk – Getriebe/Verschiebegelenk
- Hinterradantrieb: Rad/Verschiebegelenk – Getriebe/Verschiebegelenk

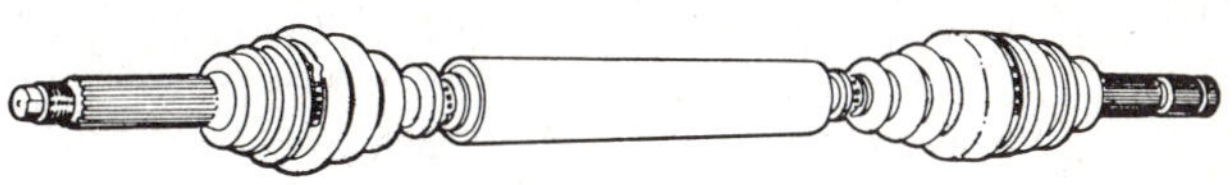

7.2.2 Doppelgelenkwelle

Bei einer Doppelgelenkwelle sind zwei Kreuzgelenke zu einem Gelenk zusammengefaßt.

Die Doppelgelenkwelle übernimmt die Verbindung vom Ausgleichgetriebe zum angetriebenen Rad.

⊕ Doppelgelenke an den Vorderachsen erlauben den Fahrzeugen eine große Wendigkeit durch den Beugungswinkel bis max. 50°

Einsatz: Das Doppelgelenk ist ausschließlich für die Verwendung in lenkbaren Triebachsen bestimmt. Sie sind besonders geeignet für den Allradantrieb an Nutzfahrzeugen, Erdbewegungsmaschinen, Ackerschleppern usw.

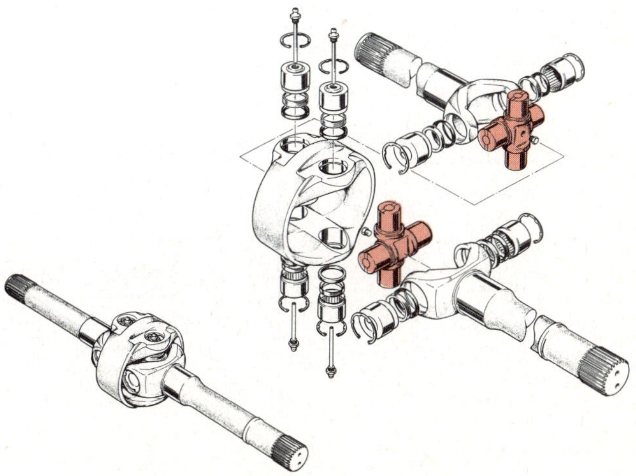

ZUSAMMENFASSUNG Gelenkwellen, Achswellen

Gelenkwelle

Verbindung zwischen versetzt angeordneten Wellen von Wechsel- und Achsgetriebe

Gelenke

Kreuzgelenk

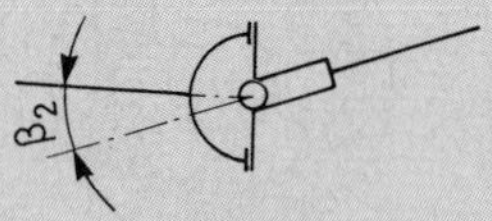

Besteht aus

- 2 Gabelstücken
- 1 Zapfenkreuz

Winkeländerung: bis 15°

Trockengelenk

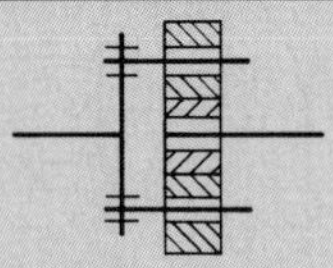

Besteht aus
2 Flanschen mit elastischen Zwischengliedern
Winkeländerung: 3° ... 5°

Gelenkwellenrohr

einteilig

nahtlos gezogenes Stahlrohr

zweiteilig

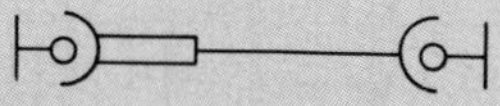

Schiebestück ermöglicht Längenänderung: 30 ... 40 mm

Gelenkwellenstrang

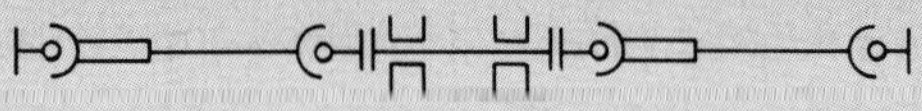

Besteht aus mehreren ein- und zweiteiligen Gelenkwellen mit Kreuz- und Trockengelenken. Ein Zwischenlager stützt die Welle ab.

Bewegungsablauf

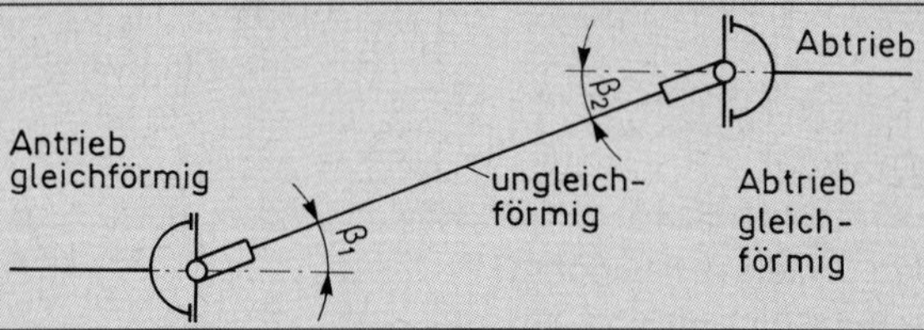

Angetriebene Achswellen

Vorderachswellen: Gelenke, die Federwege und Lenkeinschlag ermöglichen
Hinterachswellen: Gelenke, die Federwege ermöglichen

Achswelle mit Gleichlaufgelenken (homokinetische Gelenke)

Gleichlauf von Antriebs-, Zwischen- und Abtriebswelle

Topfgelenk = Verschiebegelenk

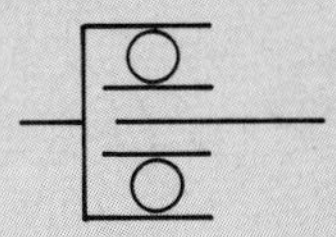

Kugeln bewegen sich in Kugelbahnen des zyl. Gelenkstücks
Längenänderung: 10 ... 24 mm
Beugungswinkel: 18°

Kugelgelenk = Festgelenk

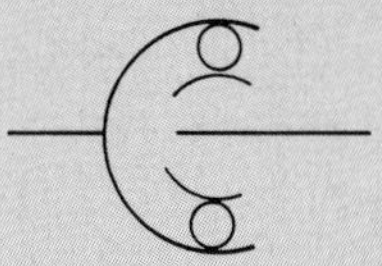

Kugeln bewegen sich in Kurvenbahnen der Kugelnabe und Kugelschale
Beugungswinkel: bis 38°

Achswelle mit Doppelgelenk

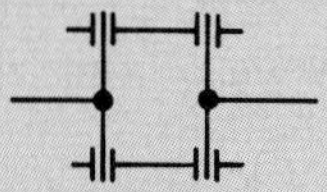

Zwei Kreuzgelenke sind zu einem Gelenk zusammengefaßt. Beugewinkel bis 50°. Einsatz: Lkw

ANALYSE Gelenkwellen, Achswellen

1. Vergleichen Sie die unterschiedlichen Kraftübertragungen zu den Antriebsrädern und arbeiten Sie die Unterschiede heraus.
2. Erklären Sie den Aufbau der einzelnen Wellen und begründen Sie den Einsatz.

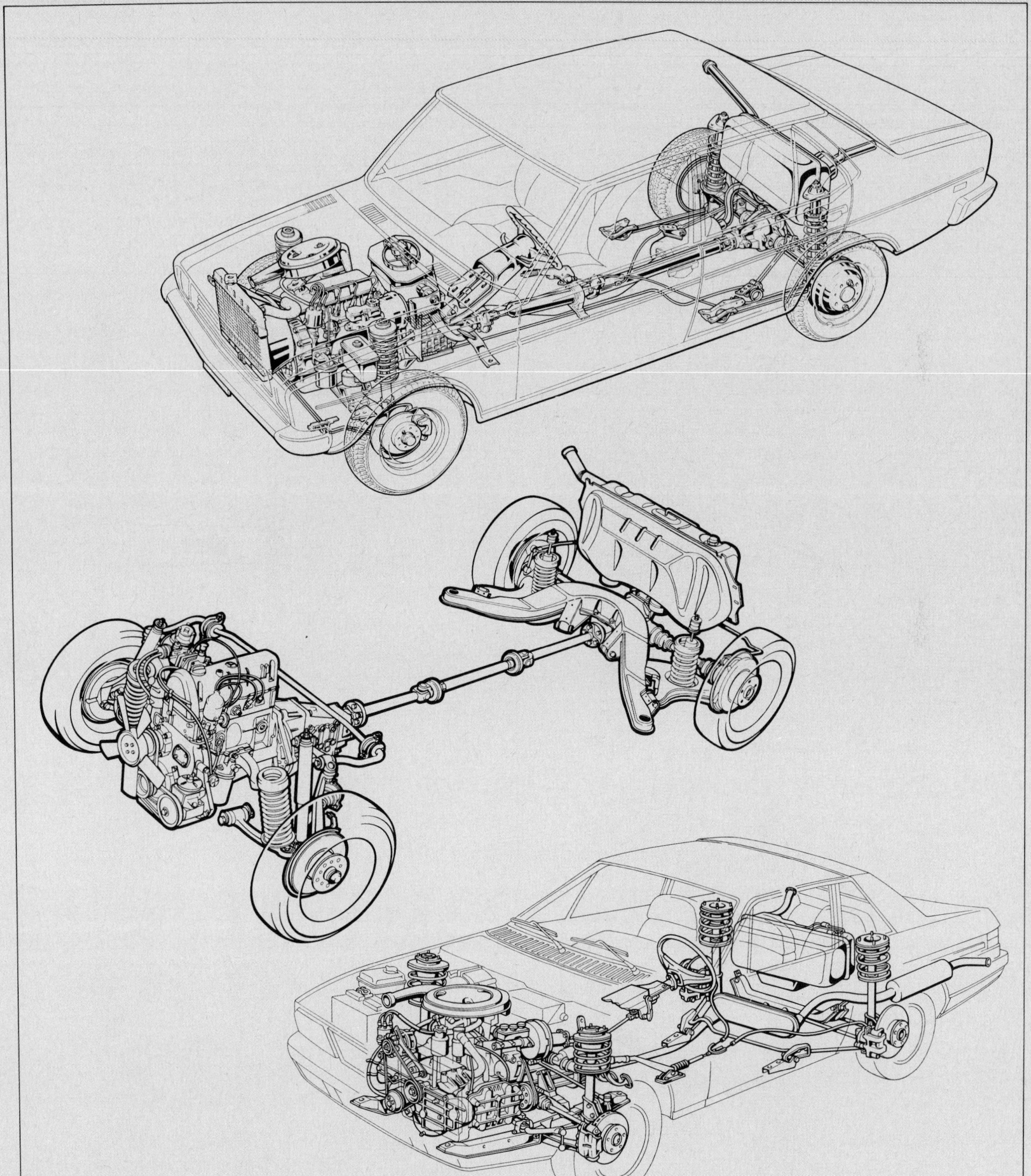

ARBEITSPLANUNG Achswellen

Entwickeln Sie den Arbeitsplan für die dargestellten Instandsetzungsarbeiten, indem Sie

- die Reihenfolge der Arbeitsschritte,
- die Auswahl der Werkzeuge,
- die zu beachtenden Arbeitsregeln,
- die erforderlichen Ersatzteile und Werkstoffe

angeben und begründen.

Manschette auswechseln

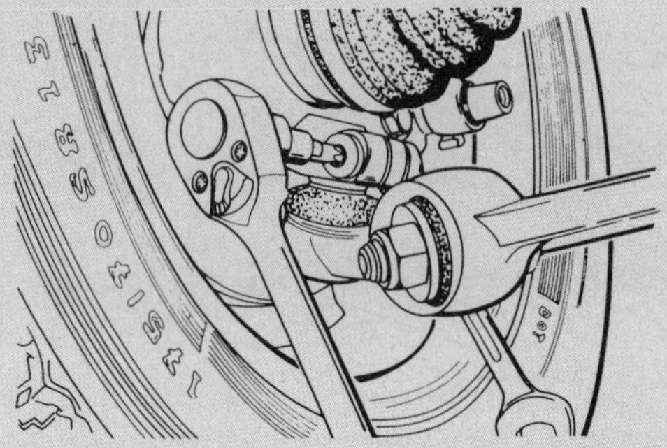

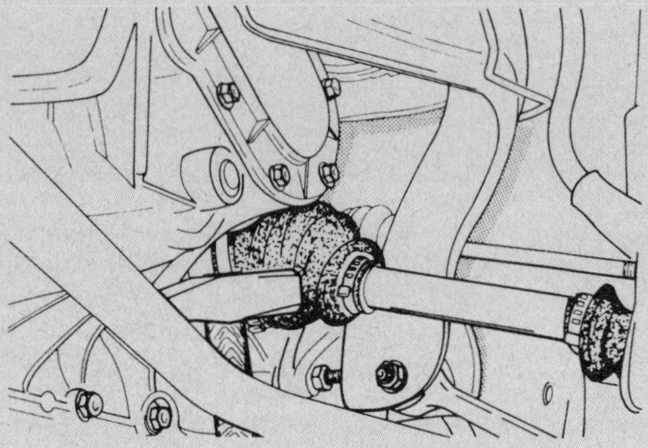

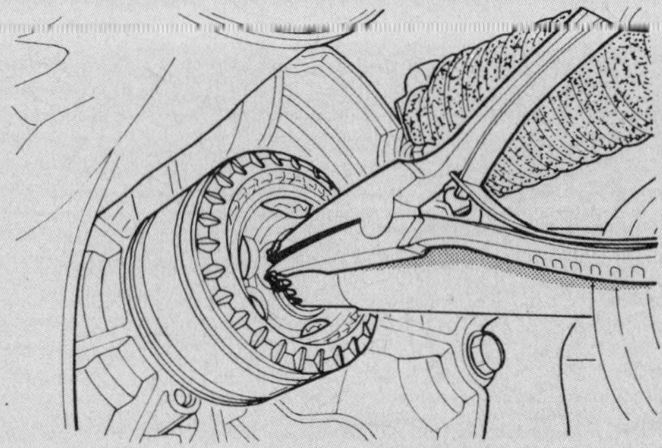

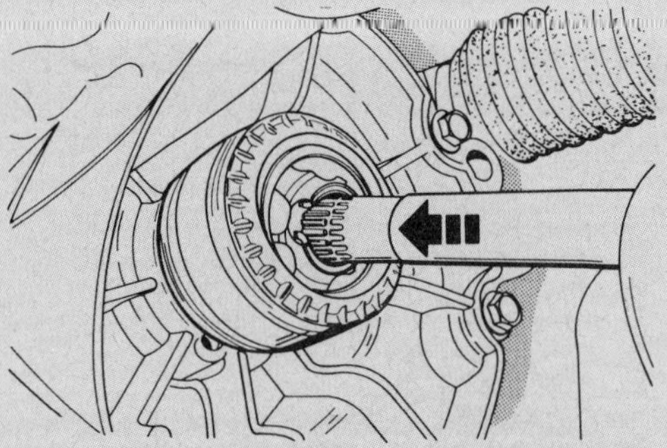

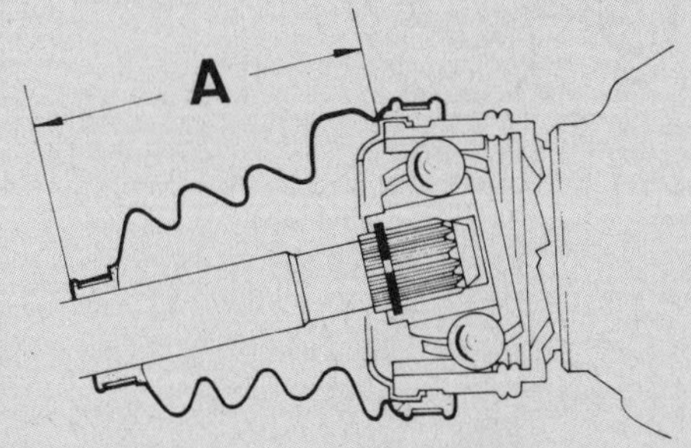

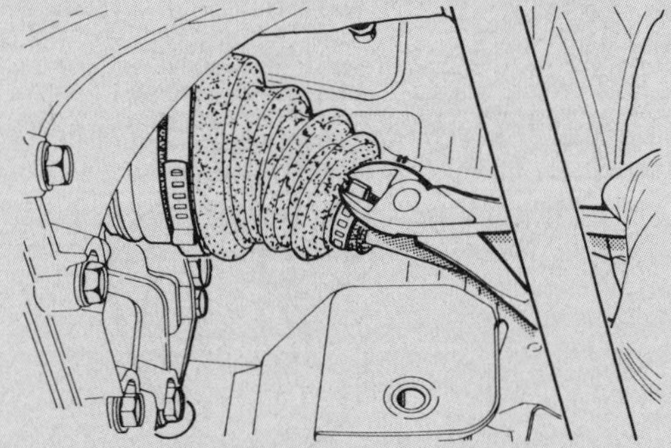

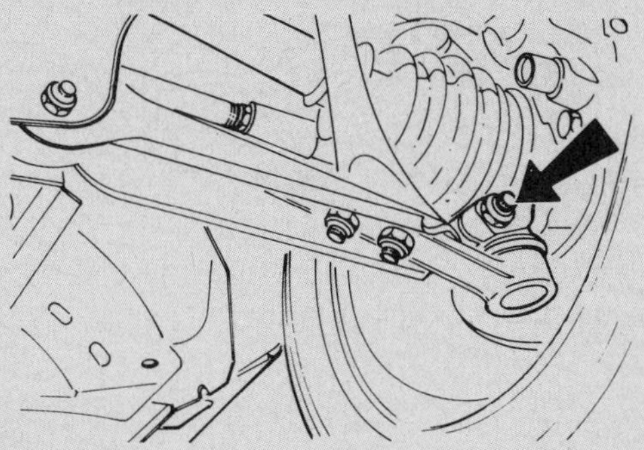

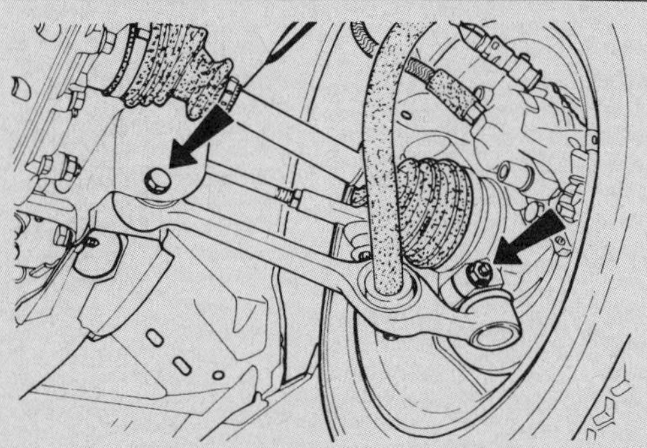

8 Baueinheit Ausgleichsgetriebe, Allradantrieb

Bei einem Ausgleichsgetriebe sind Korrekturmaße auf dem Kegel- bzw. Tellerrad nicht mehr lesbar. Die Einstellung von Kegel- und Tellerrad wird daher über das Tragbild vorgenommen. Hierzu werden die Zahnflanken mit Tuschierpaste eingestrichen. Nach mehrmaligem Durchdrehen in beiden Drehrichtungen wird das Tragbild sichtbar.

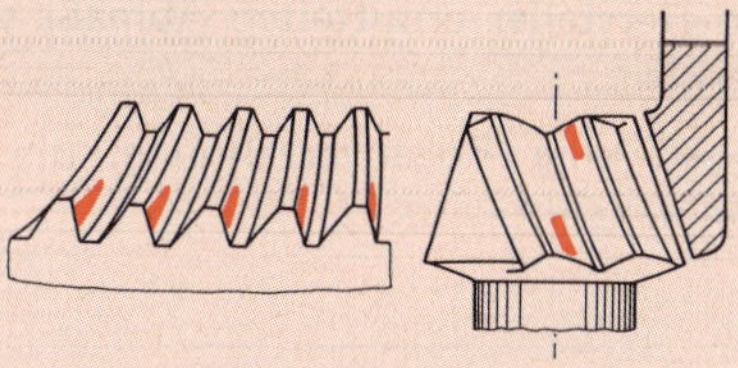

Beim Pkw besteht die Baueinheit „Ausgleichsgetriebe" aus dem Achsgetriebe und dem eigentlichen Ausgleichsgetriebe. Beide Getriebe sind zusammenarbeitende Funktionseinheiten, die ein gemeinsames Gehäuse besitzen. Im allgemeinen Sprachgebrauch spricht man vom Ausgleichsgetriebe (Differential).

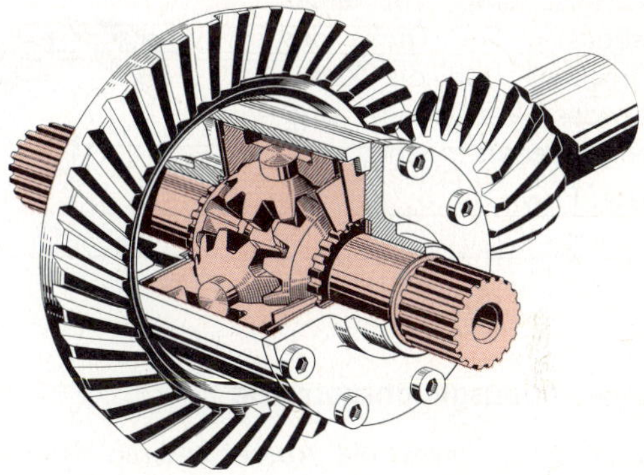

8.1 Achsgetriebe

Das Achsgetriebe verringert mit einem festen Übersetzungsverhältnis die vom Wechselgetriebe kommenden Drehzahlen bzw. erhöht das Drehmoment und gibt die Drehbewegung an die Antriebsräder weiter. Die Übersetzung beträgt: Pkw 4:1, Lkw 5 bis 10:1.

Kegelradgetriebe	**Stirnradgetriebe**
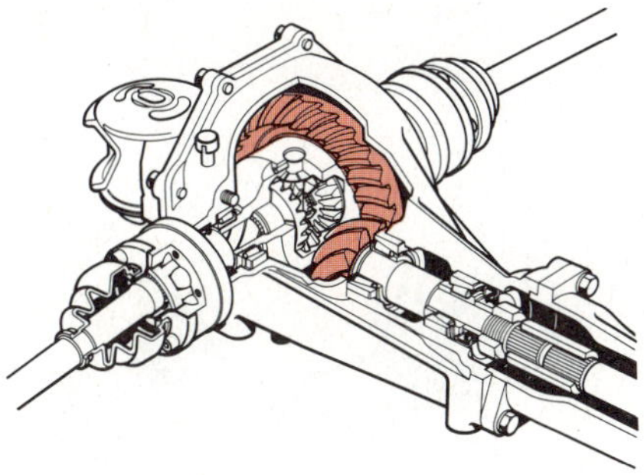 Bei längsliegendem Motor findet das Kegelradgetriebe Anwendung. Es lenkt die Drehbewegung der Gelenkwelle um 90° um.	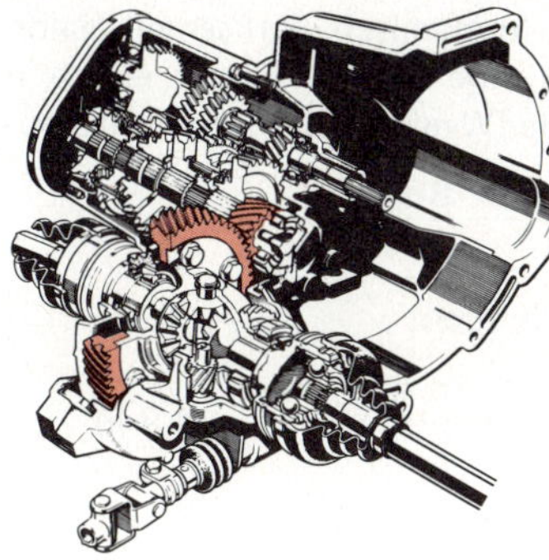 Bei Vorderradantrieb mit querliegendem Motor besteht das Achsgetriebe aus einem schrägverzahnten Stirnradpaar.

Das Kegelradgetriebe besteht aus

- dem Antriebskegelrad (kleines Kegelrad) und
- dem Tellerrad (großes Kegelrad).

Die Achse des Antriebskegelrades ist gegenüber der Achse des Tellerrades nach unten versetzt. Dieser Antrieb wird Hypoidantrieb genannt.

Wegen der hohen Zahndrücke sind Hypoidöle erforderlich.

⊕ Durch die Achsversetzung ergeben sich größere Zahnflankenberührungsflächen. Damit lassen sich größere Kräfte übertragen.

⊕ große Laufruhe

⊕ Der Gelenktunnel kann niedriger gehalten werden.

Die Zahnflanken müssen sich in den Teilkreisen der Räder berühren, um einen geräuschlosen Lauf bei geringstem Verschleiß zu erreichen.

Bei richtiger Einstellung der Räder liegt das Tragbild in der Zahnmitte des Antriebskegelrades.

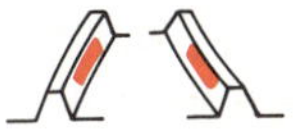

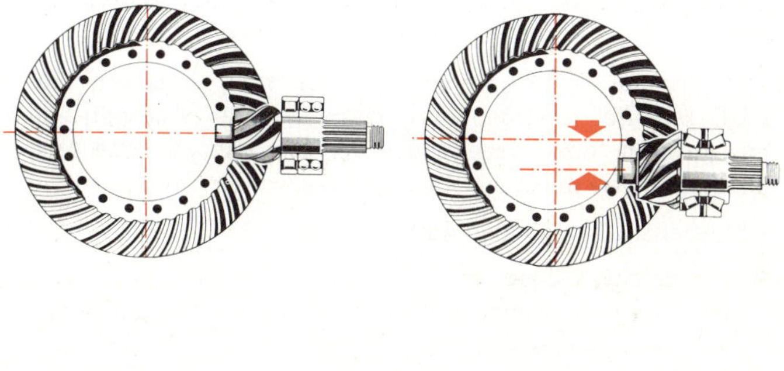

Antriebskegelrad und Tellerrad sind vom Hersteller paarweise auf einwandfreien Lauf abgestimmt. Beide Räder werden nur paarweise ausgetauscht. Die beim Einlaufen der Räder vom Hersteller ermittelten Abmaße werden auf den Rädern markiert.

Kegelräder haben eine Bogenverzahnung, die nach den Herstellerfirmen benannt wird.

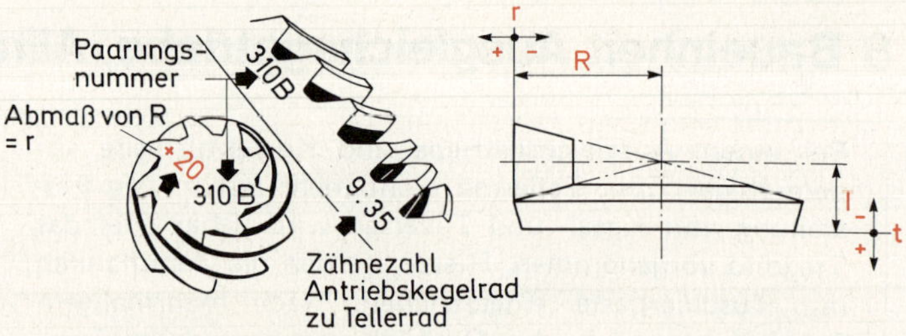

Gleasonverzahnung	Klingelnbergverzahnung
Die Zähne sind Teil eines Kreisbogens. Die Dicke des Zahnrückens und die Zahnhöhe des Tellerrades sind außen größer als innen. Einsatz: Pkw 	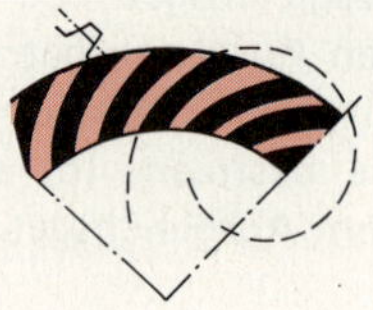 Die Zahnform ist Teil einer Spirale. Die Dicke des Zahnrückens und die Zahnhöhe des Tellerrades sind über die ganze Zahnbreite gleich.

8.2 Kegelradausgleichsgetriebe

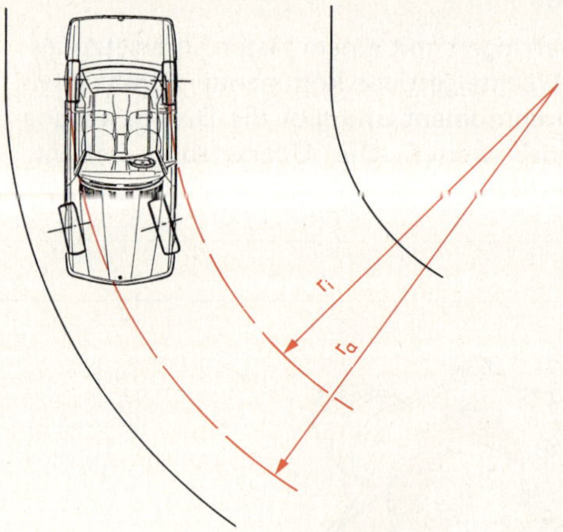

Bei Kurvenfahrt legen die kurvenäußeren Räder einen größeren Weg zurück als die kurveninneren Räder.

Das Beispiel zeigt den Unterschied:

Fährt ein Pkw mit einer Spurweite $s = 1{,}5$ m und den Reifen 155 SR 13 (dynamisch wirksamer Halbmesser $r_{dyn} = 273$ mm) durch eine 90°-Kurve mit einem Innenradius r_i von 8 m, so ist der Weg, den das innere Rad zurücklegt,

$$s_1 = \frac{2 \times r_i \times \pi}{4} = \frac{2 \times 8 \times 3{,}14}{4} = 12{,}6 \text{ m.}$$

Das äußere Rad braucht

$$s_2 = \frac{2 \times r_a \times \pi}{4} = \frac{2 \times 9{,}5 \times 3{,}14}{4} = 14{,}9 \text{ m.}$$

Bei einem Radumfang von

$$U = 2 \times r_{dyn} \times \pi = 2 \times 0{,}273 \times 3{,}14 = 1{,}71 \text{ m}$$

macht das innere Rad 12,6/1,71 = 7,37 Umdrehungen, das äußere Rad 14,9/1,71 = 8,71 Umdrehungen.

Das kurvenäußere Rad muß also 1,3 Umdrehungen mehr ausführen als das kurveninnere Rad. Ohne einen Ausgleich der unterschiedlichen Drehzahlen würde das innere Rad bzw. das äußere Rad, auf der Fahrbahn radieren.

Gemeinsam angetriebene Räder dürfen daher nicht starr verbunden sein, sondern müssen geteilte Achswellen haben.

Achsgetriebe und Ausgleichsgetriebe sind in einem Getriebegehäuse untergebracht. Während das Achsgetriebe ein Stirnrad- oder Kegelradgetriebe sein kann, ist das Ausgleichsgetriebe meist ein Kegelradausgleichsgetriebe.

Es besteht aus folgenden Teilen:

- **Ausgleichsgehäuse**
  Das Ausgleichsgehäuse ist mit dem Tellerrad des Achsgetriebes verschraubt.

- **zwei Ausgleichskegelräder**
  Im Ausgleichsgehäuse sind zwei Ausgleichskegelräder auf der Ausgleichsradachse gelagert.
- **zwei Achswellenkegelräder**
  Die Achswellenkegelräder sind im Ausgleichsgehäuse gelagert und stehen mit den beiden Ausgleichskegelrädern im Eingriff. Die Achswellenräder besitzen zur Aufnahme der Achsantriebswellen eine Innenprofilverzahnung.

Das Antriebskegelrad treibt das Tellerrad mit dem Ausgleichsgehäuse an. Das Ausgleichsgehäuse nimmt die Ausgleichsachse mit den Ausgleichskegelrädern mit.

Geradeausfahrt:
Beide Räder drehen sich mit gleicher Drehzahl.

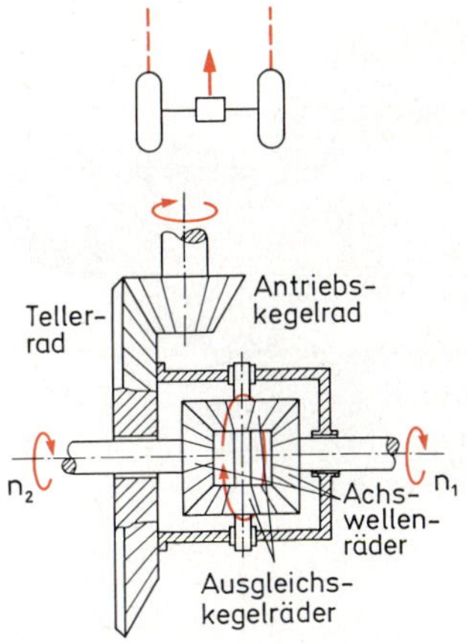

Die beiden Achswellenräder haben gleiche Drehzahl. Die Ausgleichsräder stehen still, kreisen aber mit dem Ausgleichsgehäuse um dessen Mittelachse und nehmen die Achswellenräder mit. Die Ausgleichsräder wirken als Mitnehmer.

Kurvenfahrt:
Das kurvenäußere Rad dreht sich schneller als das kurveninnere Rad.

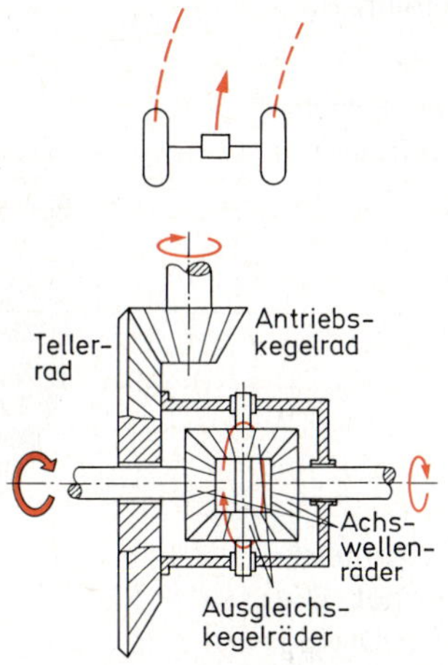

Das Achswellenrad für das kurvenäußere Rad dreht schneller als das Achswellenrad für das kurveninnere Rad. Das Ausgleichsgehäuse dreht sich entsprechend der Antriebsdrehzahl. Die Ausgleichsräder drehen sich um ihre eigene Achse und kreisen gleichzeitig mit dem Ausgleichsgehäuse um dessen Mittelachse. Die Ausgleichsräder gleichen den Drehzahlunterschied aus.

Einseitiges Durchdrehen:
Ein Rad hat Bodenhaftung, das andere Rad steht auf glattem Untergrund.

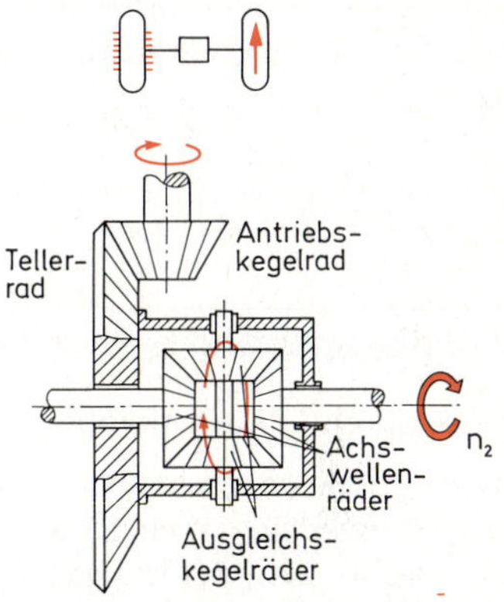

Ein Achswellenrad steht still. Die Ausgleichsräder drehen sich um ihre Achse und wälzen sich auf dem stillstehenden Achswellenrad ab. Das gesamte Drehmoment geht über das andere Achswellenrad auf das Antriebsrad. Es dreht mit doppelter Eingangsdrehzahl durch.

Die Ausgleichskegelräder bewirken, daß die Drehzahlzunahme des kurvenäußeren Rades genau der Drehzahlminderung des kurveninneren Rades entspricht: Was auf der einen Seite weggenommen wird, muß auf der anderen Seite hinzugefügt werden.

Tellerrad	linkes Achswellenrad	rechtes Achswellenrad	
500 1/min	515 1/min	485 1/min	Rechtskurve
500 1/min	480 1/min	520 1/min	Linkskurve
500 1/min	steht still	1000 1/min	Rad dreht durch
500 1/min	500 1/min	500 1/min	Geradeausfahrt

⊖ Steht ein Antriebsrad auf festem, trockenem Boden und das andere Rad auf vereistem, weichem oder sandigem Untergrund, so bleibt das Rad mit großer Bodenhaftung stehen, während das Rad mit geringer Bodenhaftung bei doppelter Drehzahl durchdreht und sich in den z.B. weichen Untergrund einwühlt.

⊖ Beim Überfahren von Unebenheiten, Schlaglöchern usw. beschleunigt das abhebende Rad.

⊖ Bei sportlicher Fahrweise entlasten die bei Kurvenfahrt auftretenden Fliehkräfte das kurveninnere Rad, das durchrutschen kann (Schleudergefahr).

Abhilfe schafft hier eine Ausgleichssperre, auch Differentialsperre genannt.

8.3 Ausgleichssperren

8.3.1 Schaltbare Ausgleichssperre

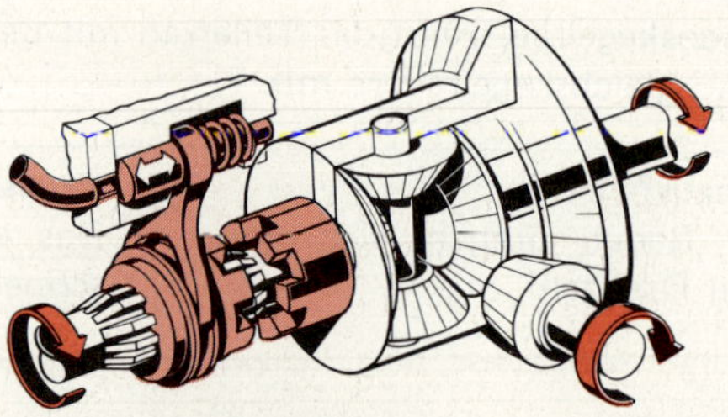

Die schaltbare Ausgleichssperre besitzt eine Klauenkupplung, die eine Achswelle mit dem Ausgleichsgehäuse verbinden kann. Der gesamte Radantrieb ist ein starres System, die Ausgleichswirkung ist aufgehoben. Die Klauenkupplung wird bei Bedarf von Hand oder mit einem Fußhebel eingerückt.

Bei normalen Straßenverhältnissen muß die Ausgleichssperre gelöst bleiben, damit die Räder in den Kurven nicht radieren.

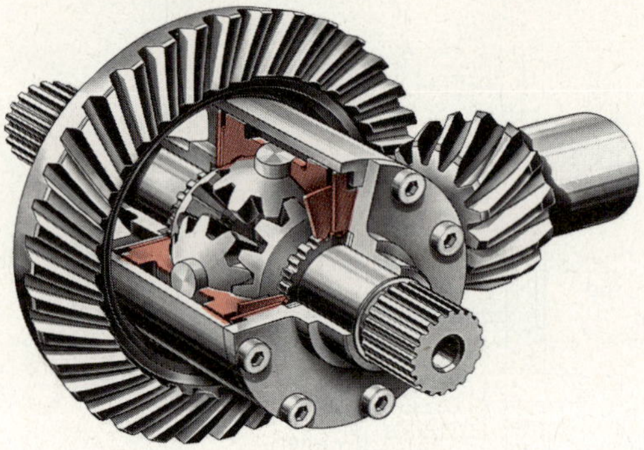

8.3.2 Selbstsperrendes Ausgleichsgetriebe

Teilsperre durch Lamellenkupplung

Die vier Ausgleichskegelräder sind paarweise gegenüberliegend auf zwei sich kreuzenden Achsen angeordnet. Die Achsen sind in prismenförmigen Aussparungen von Druckringen gelagert. Die Nocken der Druckringe sitzen verdrehfest, aber axial verschiebbar in Nuten des Ausgleichsgehäuses. Zwischen den Druckringen und den Wänden des Ausgleichsgehäuses befinden sich Lamellenkupplungen. Die Außenlamellen sind verdrehfest und axial verschiebbar im Ausgleichsgehäuse, die Innenlamellen entsprechend in Nuten der Achswellen angeordnet.

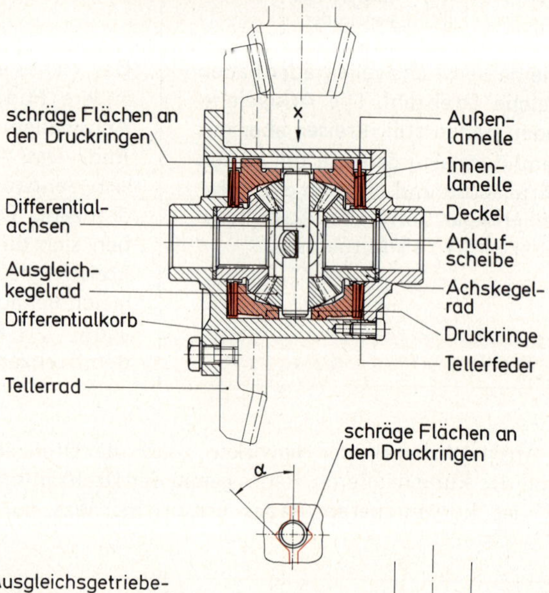

Das Drehmoment wird vom Ausgleichsgehäuse über die Druckringe der beiden Lamellenkupplungen in die Achsen der Ausgleichskegelräder eingeleitet. Bei Belastung werden die Druckringe nach außen gedrückt. Durch Schließen der Kupplungen wird eine Teilsperrung des Ausgleichsgetriebes erreicht.

Die Anpressung ist so bemessen, daß ein Ausgleich zwischen kurveninnerem und kurvenäußerem Rad möglich ist.

Die Ausgleichssperre ist so ausgelegt, daß maximal 75 % des Eingangsdrehmomentes dem Rad mit größerer Bodenhaftung, 25 % dem entlasteten Rad zugeführt wird.

Teilsperre durch Viskosekupplung

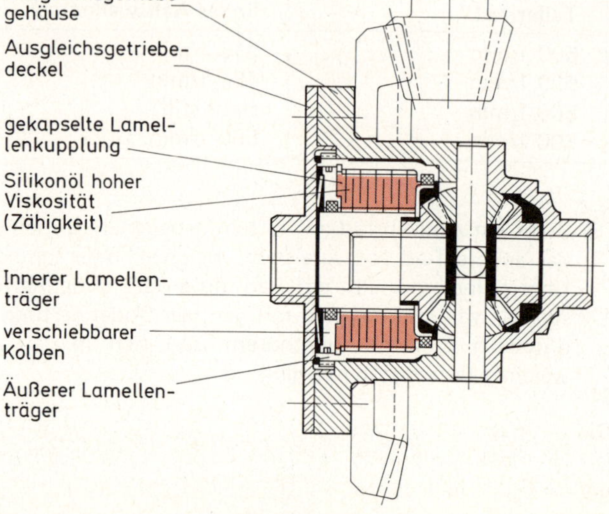

Die Viskosekupplung besteht aus einer gekapselten Lamellenkupplung, die mit Silikonöl hoher Viskosität (Zähigkeit) gefüllt ist.

Dreht ein Rad durch, so entsteht zwischen den Innen- und Außenlamellen eine Drehzahldifferenz. Durch die Reibung zwischen den Lamellen und dem zähen Silikonöl wird das durchdrehende Rad abgebremst und ein Teil des Drehmoments an das andere Rad weitergegeben.

⊕ keine Verschleißteile

⊕ Sperrcharakteristik bleibt über die gesamte Lebensdauer des Getriebes unverändert

Automatisches Sperrdifferential (ASD)

Hauptkomponenten des automatischen Sperrdifferentials sind

- das elektronische Steuersystem,
- die Hydraulikeinheit und
- ein Ausgleichsgetriebe mit hydraulisch vorspannbaren Lamellen.

In seiner Grundfunktion besitzt das Sperrdifferential eine Selbstsperrwirkung von ca. 35 %.

Sensoren an beiden Vorderrädern und am Hinterachsmittelstück melden die Drehzahlinformationen an das Steuergerät. Drehzahldifferenzen zwischen Vorder- und Hinterrädern erkennt das Steuergerät als Schlupf. Bei Überschreiten eines festgelegten Grenzwertes gibt das Steuergerät ein Schaltsignal an das Magnetventil der Hydraulikeinheit. Durch das hydraulische Vorspannen der Sperrlamellen wird die Ausgleichsbewegung zwischen den beiden Hinterrädern gehemmt. Das vom durchdrehenden Rad nicht mehr auf die Straße übertragbare Antriebsmoment wird auf das andere Rad geleitet. Der Sperrgrad kann sich bis 100 % erhöhen.

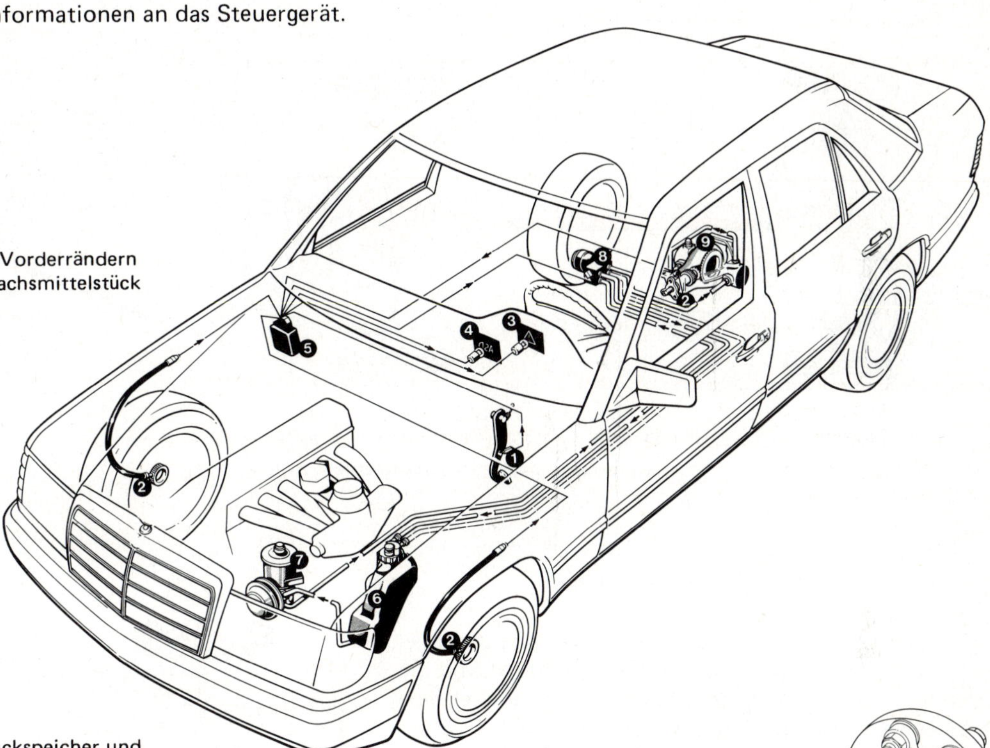

ELEKTRIK/ELEKTRONIK

1 Bremsschalter
2 { Drehzahlfühler an beiden Vorderrändern / Drehzahlfühler am Hinterachsmittelstück
3 Funktionsanzeige ASD
4 Störungsanzeige ASD
5 Steuergerät ASD

HYDRAULIK

6 Ölbehälter
7 Hydraulikpumpe
8 Hydraulikeinheit mit Druckspeicher und Magnetventil

MECHANIK

9 Differential mit hydraulisch vorspannbaren Lamellen

8.4 Allradantrieb

Auf dem Markt werden nicht nur Geländefahrzeuge sondern auch normale Straßenfahrzeuge mit Allradantrieb angeboten.

Zuschaltbarer Allradantrieb und sperrbares Ausgleichsgetriebe

Die Fahrzeuge besitzen ein Verteilergetriebe, von dem jeweils eine Gelenkwelle nach hinten bzw. nach vorne geht und in ein Ausgleichsgetriebe einmündet.

Der Grundantrieb erfolgt entweder über die Vorder- oder Hinterachse. Die zuschaltbare Achse besitzt Freilaufnaben, die bei überwiegendem Gebrauch auf normalen Straßen den Antriebsstrang stillegen. Wird der Allradantrieb zugeschaltet, besteht zwischen Vorder- und Hinterachse eine starre und drehfeste Verbindung. Das Verteilergetriebe liefert jeder Gelenkwelle die Hälfte der anfallenden Kraft.

Permanenter Allradantrieb

Beim permanenten Allradantrieb werden immer alle vier Räder angetrieben. Vorder- und Hinterachse sind durch ein sperrbares „Zwischendifferential" verbunden.

- **Permanenter Allradantrieb mit Visco-Kupplung**

Bei dieser Antriebsart entspricht dem sperrbaren Differential eine Visco-Kupplung, die im Vorderachsgetriebe untergebracht ist.

Der Kraftfluß geht vom Motor über ein 4-Gang-Schaltgetriebe einmal zum Hinterachsantrieb, zum andern über eine Gelenkwelle zum Vorderachsantrieb. Im Normalbetrieb werden alle 4 Räder angetrieben. Die Visco-Kupplung läßt bei geringen Drehzahlunterschieden zwischen Antrieb und Abtrieb einen gewissen Schlupf zu. Die Visco-Kupplung sperrt sofort, wenn die Räder der Hinterachse durchzurutschen beginnen. Ein Eingriff des Fahrers ist nicht erforderlich.

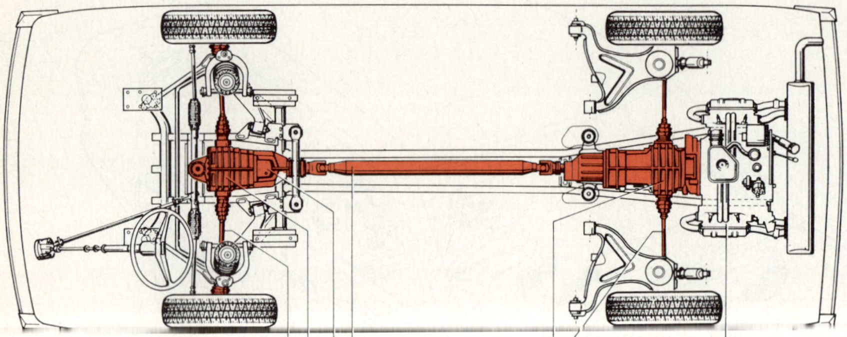

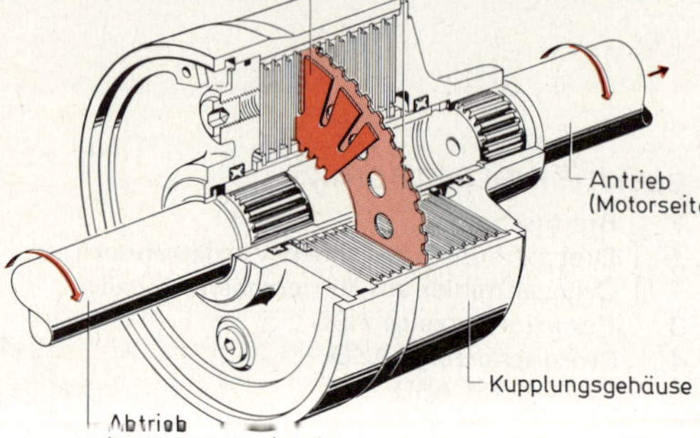

- **Permanenter Allradantrieb mit sperrbarem Mitteldifferential**

Die Kraftübertragung erfolgt über ein 5-Gang-Schaltgetriebe und von hier über das Mittel-Differential und die Gelenkwelle auf den Hinterachsantrieb sowie über eine Getriebewelle auf den Vorderachsantrieb. Für das Mittel- und Hinterachs-Differential ist jeweils eine Differentialsperre eingebaut, die sich bei Stillstand, aber auch während der Fahrt schalten lassen. Damit kann der Fahrer das Mittel- und Hinterachs-Differential einzeln bzw. gemeinsam sperren.

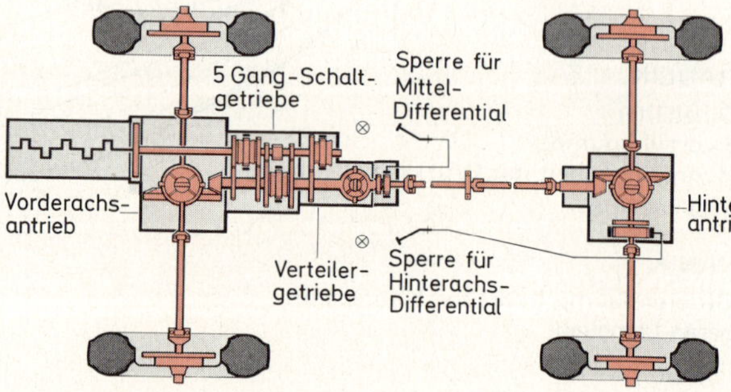

Mittel-Differentialsperre eingeschaltet		Mittel- und Hinterachs-Differentialsperre eingeschaltet	
	Vorder- und Hinterachse werden gleichmäßig angetrieben. Drehzahlausgleich erfolgt über das jeweilige Differential, d.h. wenn ein Rad durchdreht, wird das Fahrzeug nicht mehr angetrieben.		Ein Drehzahlausgleich zwischen dem Mittel- unter Hinterachs-Differential ist nicht mehr möglich. Das Fahrzeug hat jetzt seine beste Vortriebseigenschaften. Zum Rutschen müßten mindestens 3 Räder leer durchdrehen.

8.4.1 Automatisch schaltender Vierradantrieb (4MATIC)

Der automatisch schaltende Vierradantrieb wird elektronisch geregelt. Abhängig von den Straßenverhältnissen und dem jeweiligen Fahrzustand treten an 4 Rädern Schlupfzustände auf, die von Sensoren erfaßt werden:

- je 1 Drehzahlsensor an beiden Vorderrädern
- 1 Drehzahlsensor am Hinterachsmittelstück
- Lenkwinkelsensor am Lenkrad

Ein Bremsschalter liefert Signale beim Betätigen der Bremse. Die Informationen werden im Steuergerät verarbeitet. Es wählt aufgrund eines Programms den jeweiligen Schaltzustand aus und gibt Signale zum Zu- und Abschalten des Vorderradantriebs und zum Einschalten bzw. Lösen der Sperren:

- Hinterradantrieb (Grundantrieb)
- ausgeglichener Vierradantrieb mit 35/65 % Drehmomentaufteilung vorn/hinten
- längsgesperrter Vierradantrieb
- längs- und quergesperrter Vierradantrieb

Die Zu- und Abschaltung erfolgt nach folgenden Kriterien:

- Schlupf
- Fahrgeschwindigkeit
- Lenkwinkel
- Beschleunigung
- Zeit
- Betätigen der Betriebsbremse

⊕ herkömmlicher Antrieb bei normalen Straßenverhältnissen

⊕ optimale Traktion durch automatische Schaltung des Vierradantriebs und der Sperren nur wenn es die Situation tatsächlich erfordert

⊕ Information des Fahrers über das Zuschalten des Vierradantriebs durch Leuchtanzeige

⊕ volles Erhalten der Richtungsstabilität und der ABS-Funktion beim Bremsen.

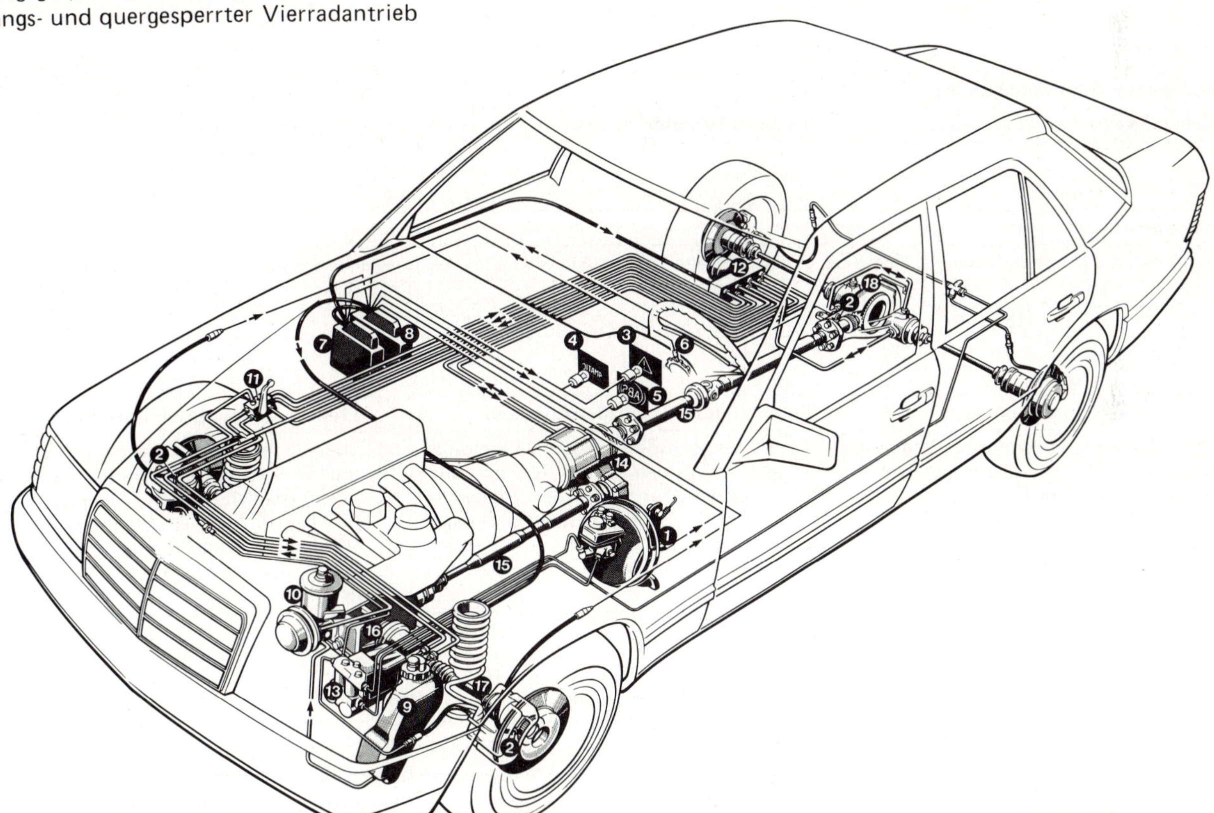

ELEKTRIK/ELEKTRONIK

1 Bremsschalter
2 Drei Drehzahlfühler (zwei Vorderrad-, ein Hinterachsfühler)
3 Funktionsanzeige
4 Störungsanzeige 4MATIC
5 Störungsanzeige ABS
6 Lenkwinkelsensor
7 Steuergerät 4MATIC
8 Steuergerät ABS

HYDRAULIK

9 Ölbehälter
10 Druckölpumpe am Motor
11 Serviceventil
12 Hydraulikeinheit mit Druckspeicher, Speicherladeventil und drei Magnetventilen 4MATIC
13 Hydraulikeinheit ABS

MECHANIK

14 Verteilergetriebe (an Handschalt- oder Automatik-Getriebe angeflanscht) mit Planetensatz und zwei Servoelementen für Vorderradantrieb und sperrbares Zentraldifferential
15–17 Vorderer Antriebsstrang mit Gelenkwelle, Differential und Antriebswellen
18 Sperrbares Hinterachsdifferential

ZUSAMMENFASSUNG Ausgleichsgetriebe

Ausgleichsgetriebe

Achsantrieb

Hypoidantrieb:
Achse des Antriebskegelrades gegenüber Achse des Tellerrades nach unten versetzt

Verzahnung: Gleason Verzahnung

Schmierung: Hypoidöl

Ausgleichsgetriebe

Besteht aus
- Ausgleichsgehäuse mit Tellerrad
- 2 Ausgleichskegelräder
- 2 Achswellenräder

Geradeausfahrt

Die Ausgleichskegelräder wirken als Mitnehmer.

Kurvenfahrt

Die Ausgleichskegelräder gleichen den Drehzahlunterschied zwischen den beiden Achswellenrädern aus.

Bewegungen im Ausgleichsgetriebe

Drehzahlzunahme des kurvenäußeren Rades (Achswellenrades) $\hat{=}$ Drehzahlminderung des kurveninneren Rades (Achswellenrades)

Ausgleichssperre

Sie verhindert das Durchdrehen eines Rades bei geringer Bodenhaftung. Sie verbindet das Ausgleichsgehäuse mit dem Achswellenrädern.

Sperrung durch Klauenkupplung

Eine Klauenkupplung verbindet die eine Achswelle mit dem Ausgleichsgehäuse. Sie wird von Hand betätigt.

Sperrung durch Lamellenkupplung

Die Achsenden der Ausgleichskegelräder spreizen Druckringe, die die im Ausgleichsgehäuse und auf der Achswelle sitzenden Lamellen zusammenpressen. Eine Bewegung zwischen Achswellen und Ausgleichsgehäuse wird erschwert.

Elektronisches Sperrdifferential

Sperrung elektronisch geregelt, hydraulisches Vorspannen der Sperrlamellen im Ausgleichsgetriebe, Sperrwirkung bis 100 %, drei Drehzahlsensoren an Vorderachse und Hinterachsmittelstück liefern Informationen an das Steuergerät.

Allradantrieb

Zuschaltbarer Allradantrieb mit sperrbarem Ausgleichsgetriebe

Grundantrieb: Vorderachsantrieb oder Hinterachsantrieb, zuschaltbare Achse besitzt Freilaufnaben für Normalbetrieb

Permanenter Allradantrieb

Alle Räder werden dauernd angetrieben.

- Antrieb mit Visco-Kupplung
  Visco-Kupplung läßt geringe Drehzahlunterschiede der Räder zu, sperrt aber sofort bei durchrutschenden Rädern.
- Antrieb mit sperrbarem Mitteldifferential
  Drehzahlausgleich bei eingeschaltetem Mitteldifferential, kein Ausgleich bei eingeschaltetem Mittel- und Hinterachsdifferential

Automatisch schaltender Allradantrieb

elektronisch schaltender Vierradantrieb

Drei Drehzahlsensoren an Vorderrädern und am Hinterachsmittelstück und ein Lenkwinkelsensor am Lenkrad ermitteln Informationen, Steuergerät wertet die Informationen aus und gibt Schaltbefehle zum Zu- und Abschalten des Vorderradantriebs und dem Einschalten und Lösen der Sperren.

ARBEITSPLANUNG Ausgleichsgetriebe

Entwickeln Sie den Arbeitsplan für die dargestellten Prüf- und Instandsetzungsarbeiten, indem Sie

- die Reihenfolge der Prüf- bzw. Arbeitsschritte,
- die Auswahl der Prüfmittel bzw. Werkzeuge,
- die zu beachtenden Prüf- bzw. Arbeitsregeln,
- die Auswertung der Prüfergebnisse,
- die erforderlichen Ersatzteile und Werkstoffe

angeben und begründen.

Ausgleichsgetriebe ausbauen, zerlegen, zusammenbauen und einbauen

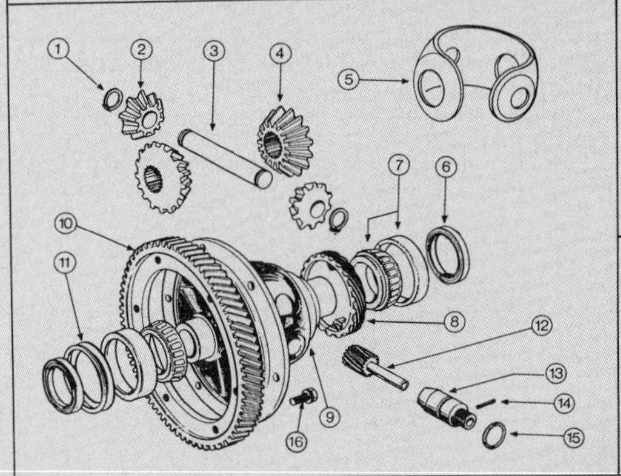

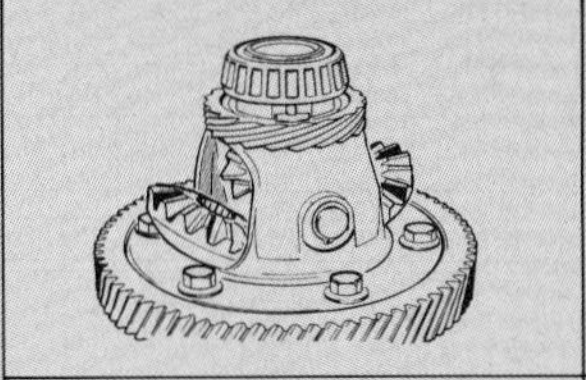

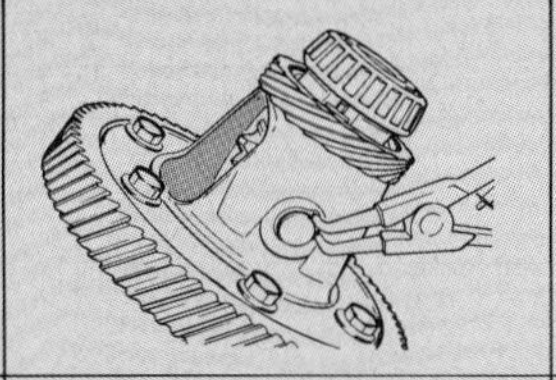

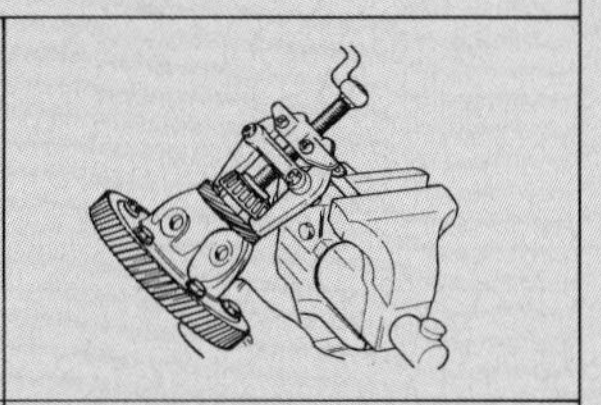

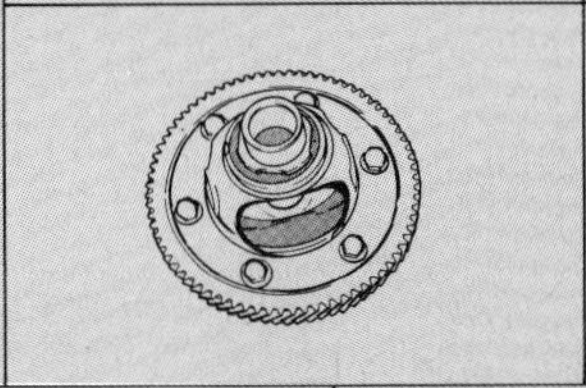

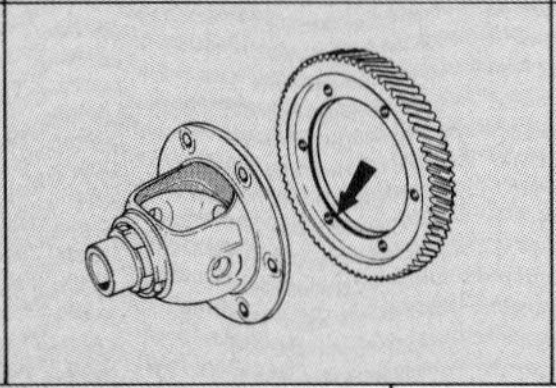

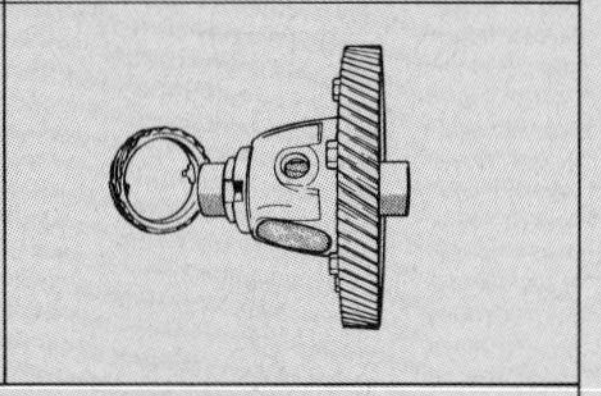

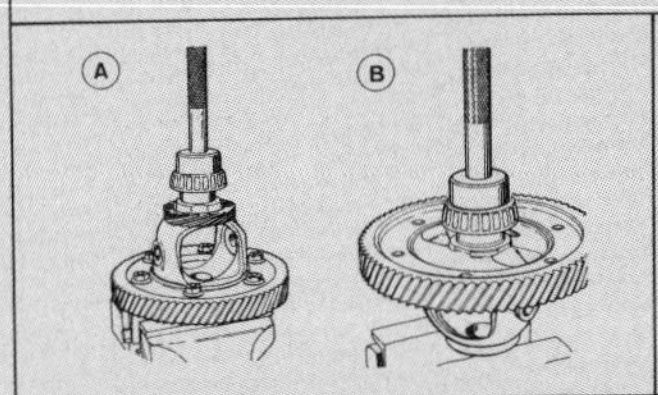

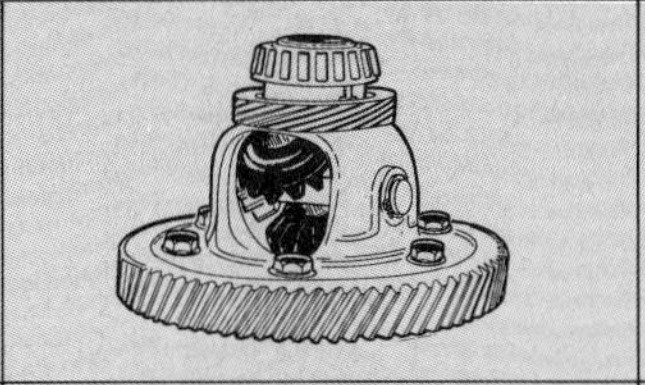

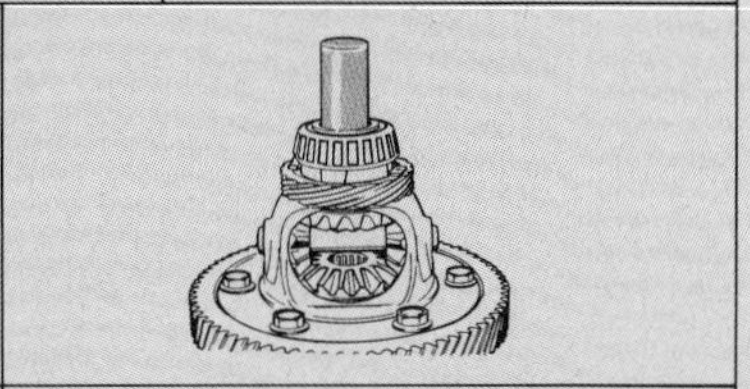

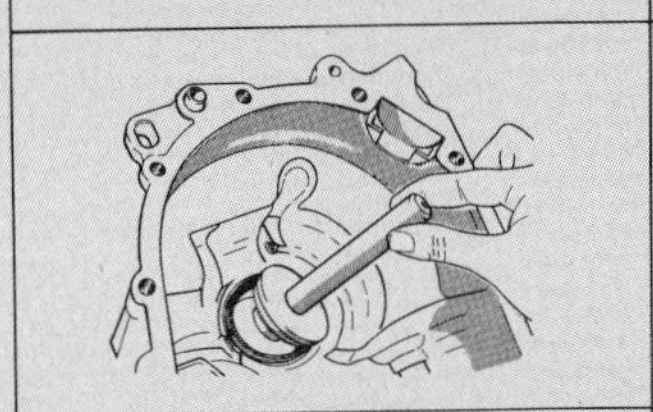

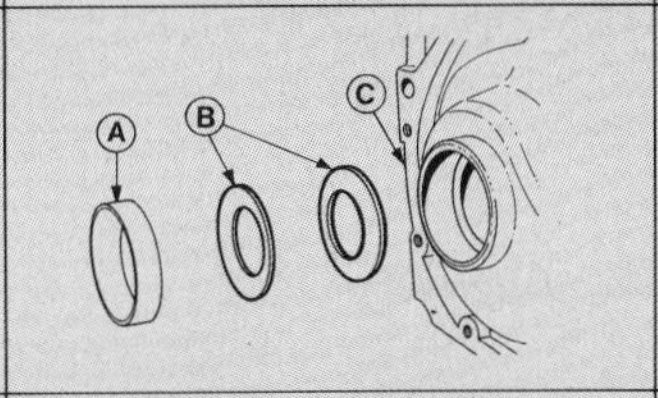

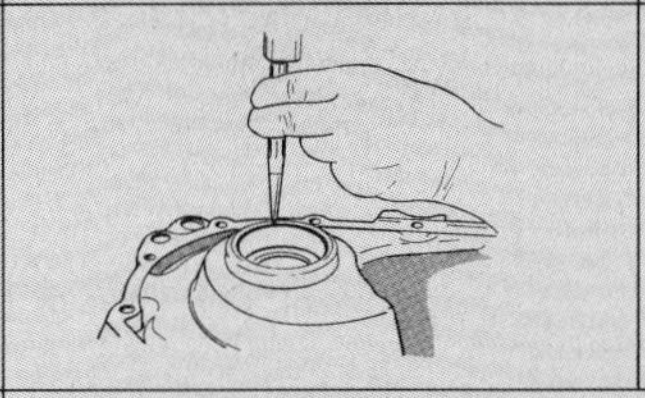

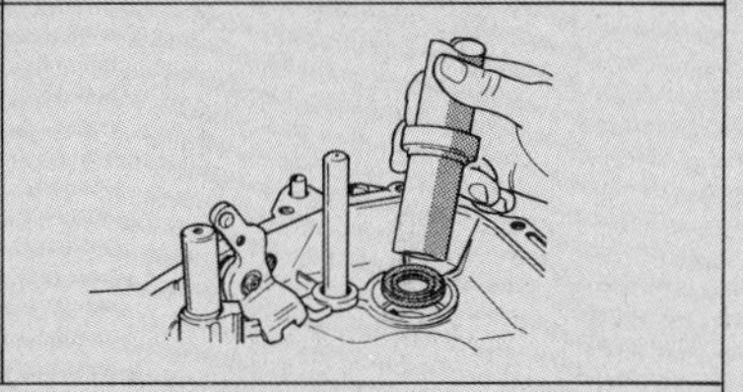

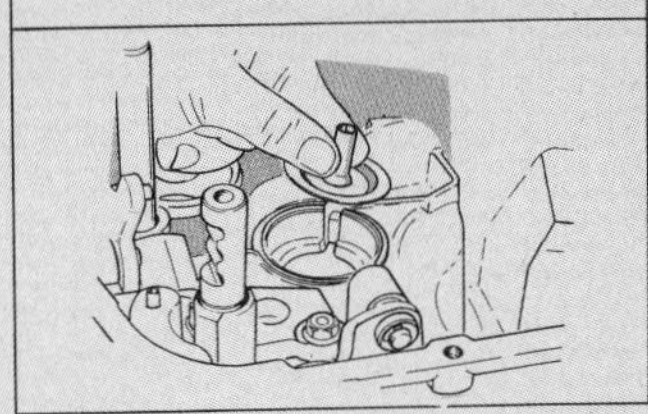

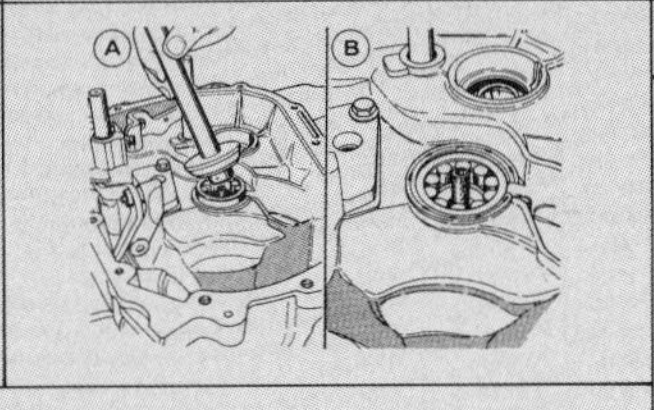

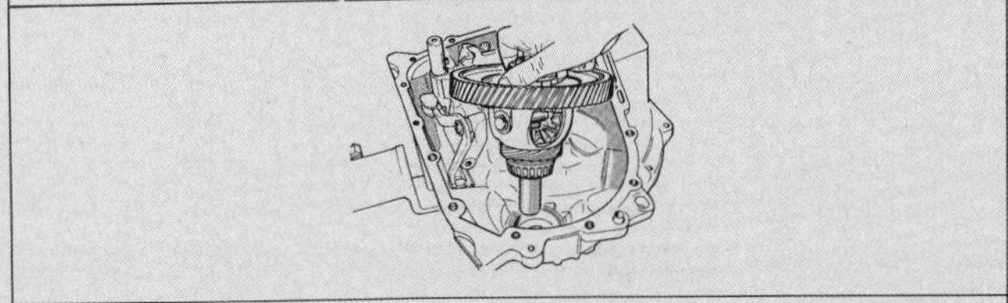

Einstellen von Antriebskegelrad und Tellerrad

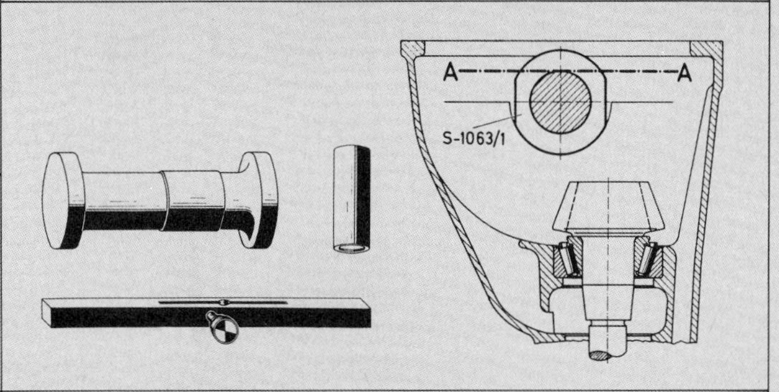

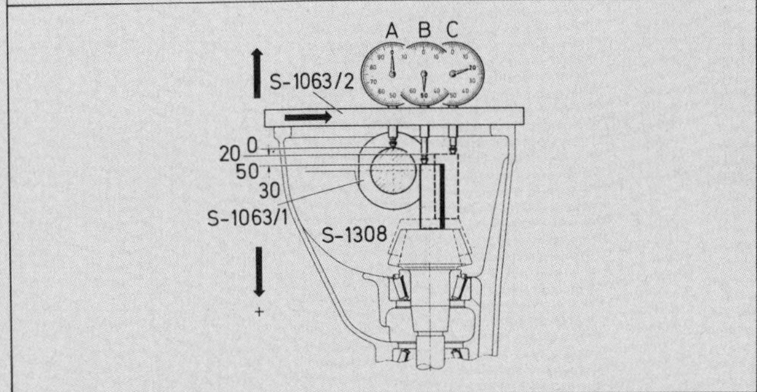

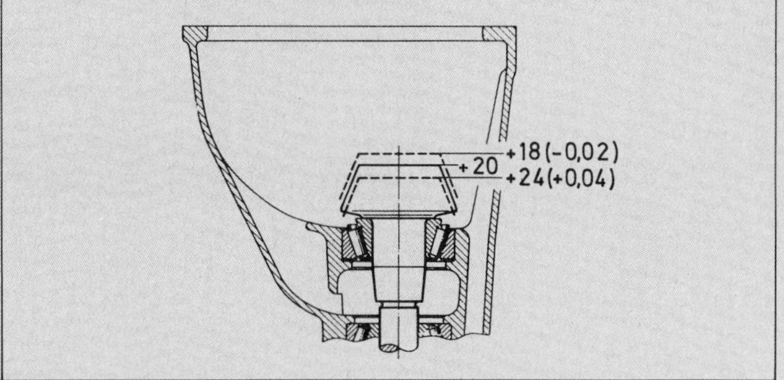

Gesamtwiederholung Kraftübertragung

ANALYSE Kraftübertragungselemente bei Standardantrieb

1.1 Erklären Sie die Wirkungsweise
- der Kupplung,
- des Wechselgetriebes,
- der Gelenkwelle und
- des Ausgleichsgetriebes.

1.2 Bestimmen Sie die Anzahl der schaltbaren Gänge.

1.3 Beschreiben Sie den Kraftverlauf bei eingeschaltetem 1. Gang.

1.4 Bestimmen Sie die Art der Gelenke am Rad bzw. am Ausgleichsgetriebe und begründen Sie die Anordnung.

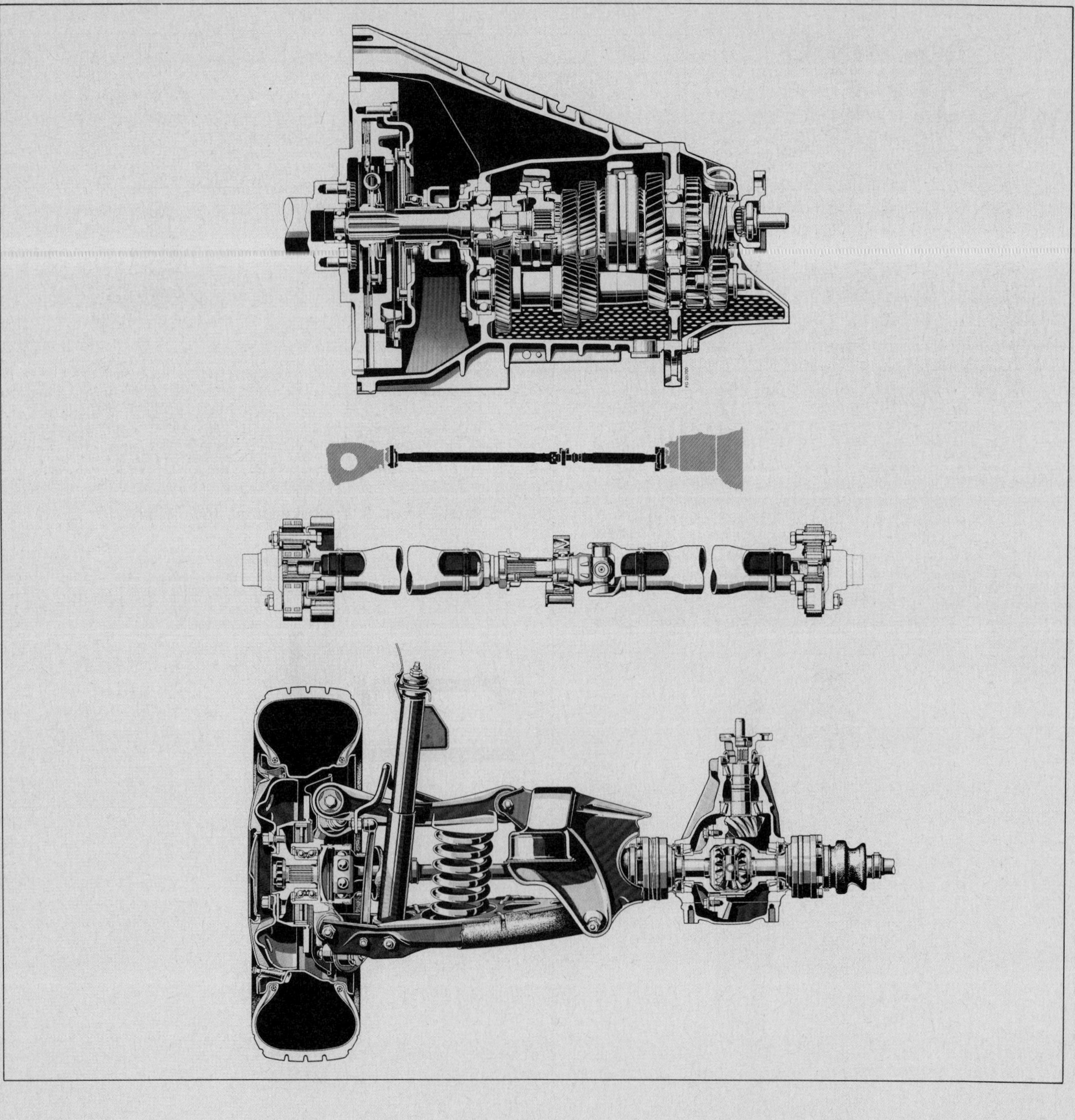

2.1 Erklären Sie die Wirkungsweise
- der Kupplung,
- des Wechsel- und Ausgleichsgetriebes,
- der dargestellten Gelenke.

2.2 Bestimmen Sie die Anzahl der schaltbaren Vorwärtsgänge.

2.3 Beschreiben Sie den Kraftverlauf bei eingeschaltetem 3. Gang.

2.4 Welche Gelenke sind am Rad bzw. Ausgleichsgetriebe angeordnet? Begründen Sie die Anordnung.

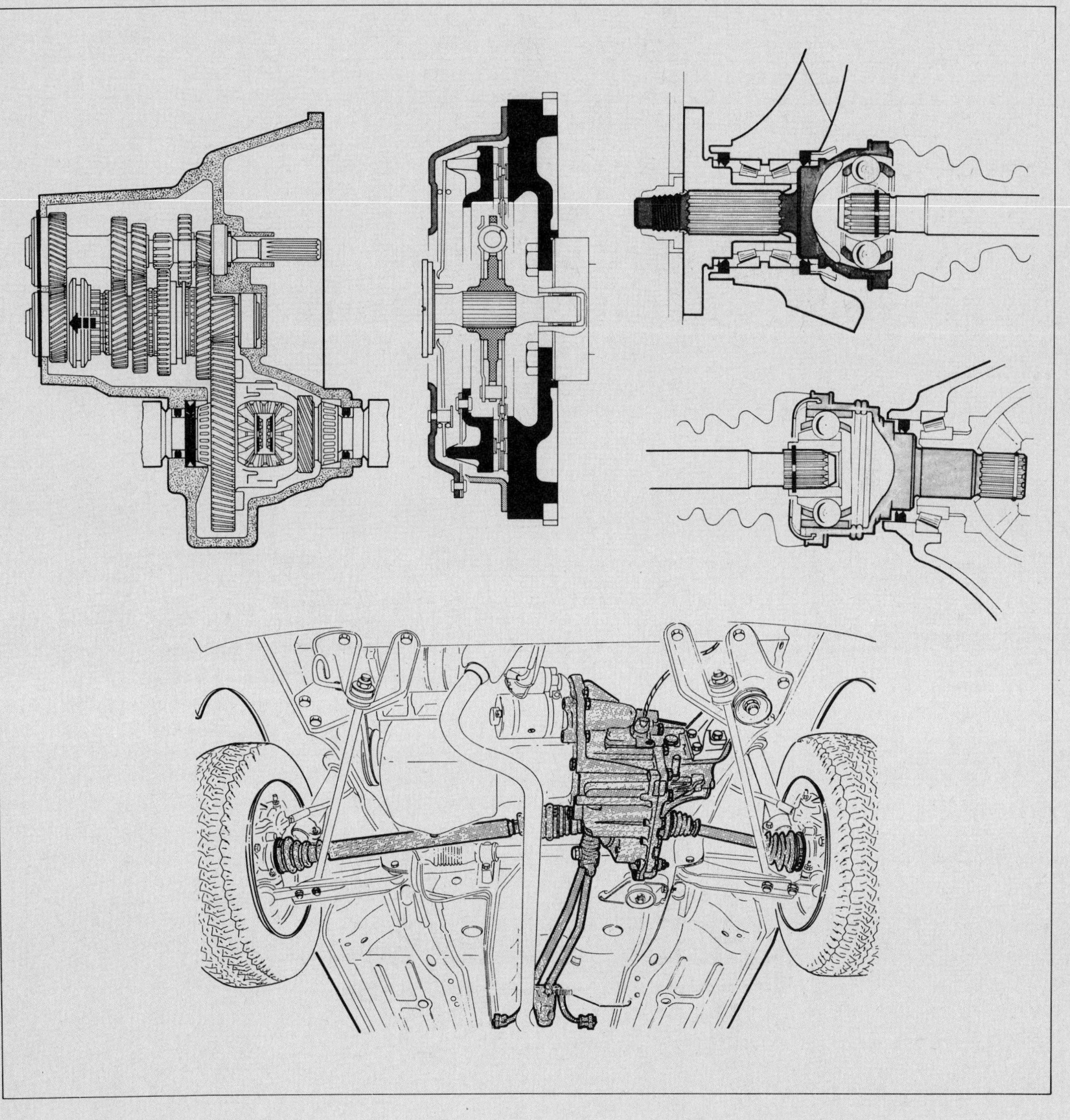

3.1 Beschreiben Sie den Kraftverlauf.

3.2 Erklären Sie die Wirkungsweise der Kupplung, des Wechselgetriebes, des Ausgleichsgetriebes.

3.3 Bestimmen Sie die Anzahl der schaltbaren Vorwärtsgänge bei einem Pkw aus dem Jahre 1912.

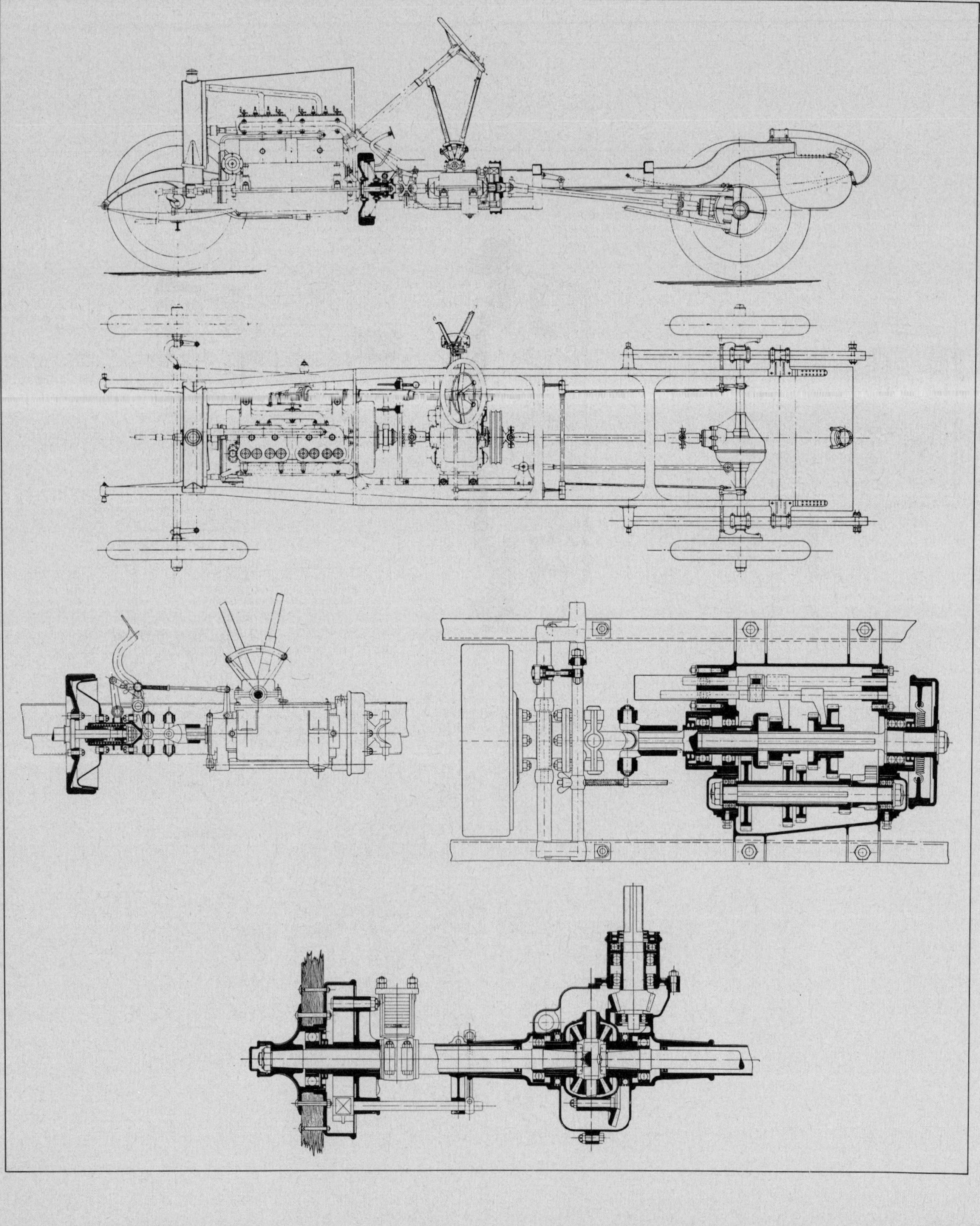

4.1 Benennen Sie die wichtigsten Teile der Kupplung, des Wechsel- und Ausgleichsgetriebes.

4.2 Zeichnen Sie mit Hilfe der symbolhaften Darstellung

- das Wechselgetriebc,
- Gelenkwelle, Ausgleichsgetriebe und Hinterachswellen.

4.3 Beschreiben Sie den Kraftverlauf bei eingeschaltetem 2. Gang von der Kupplung bis zur Hinterachswelle.

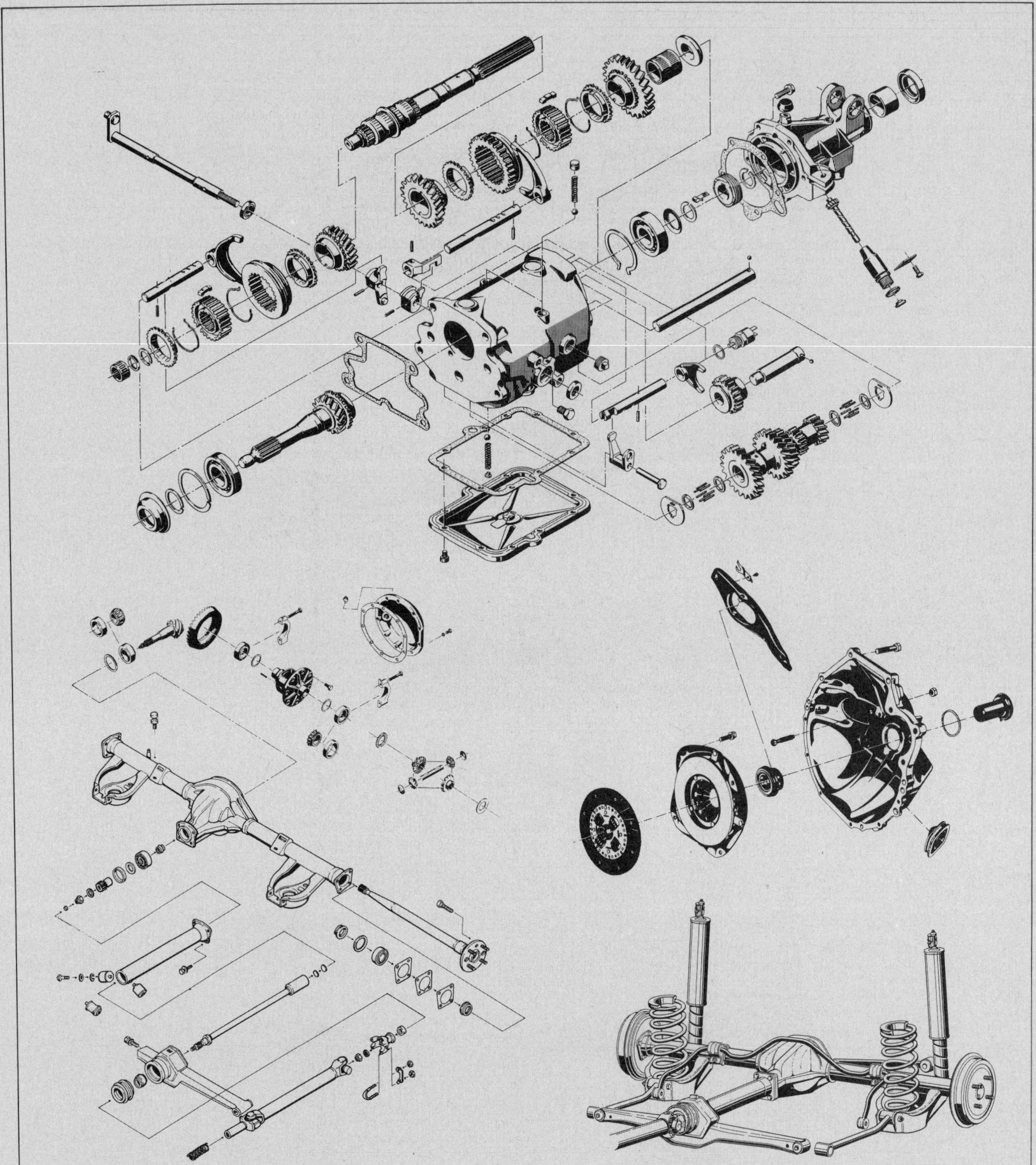

5.1 Erklären Sie den Kraftverlauf im Wechselgetriebe bei geöffneter und eingeschalteter Ausgleichssperre.

5.2 Bestimmen Sie die Anzahl der schaltbaren Gänge.

5.3 Begründen Sie die konstruktive Gestaltung der Gelenkwelle.

5.4 Erklären Sie die Wirkungsweise des Hinterachs-Ausgleichsgetriebes.

5.5 Beschreiben Sie den Kraftverlauf

- bei eingeschalteter Mittel-Ausgleichssperre,
- bei eingeschalteter Mittel- und Hinterachs-Ausgleichssperre.

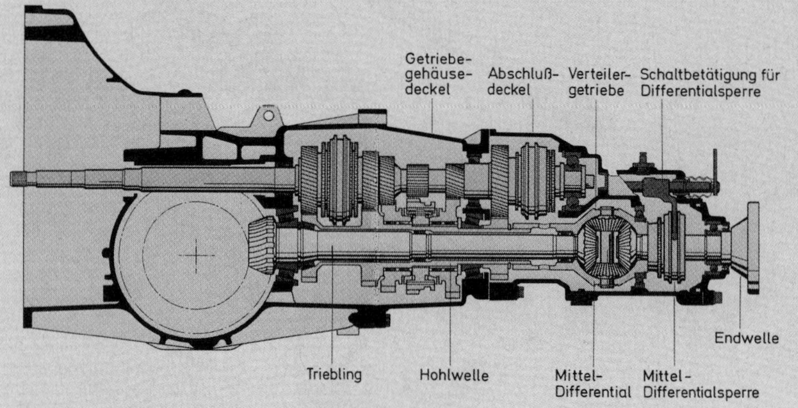

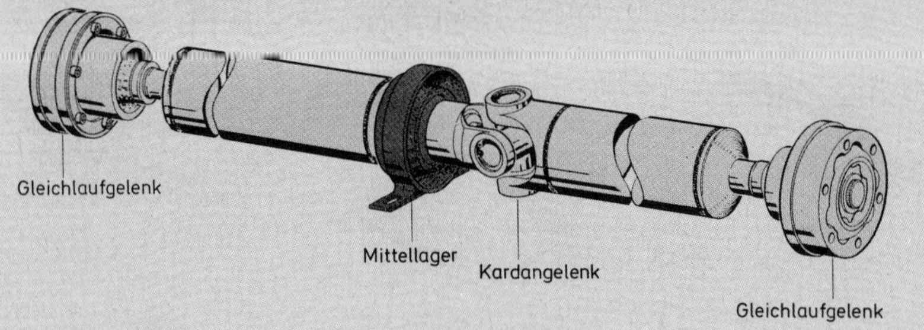

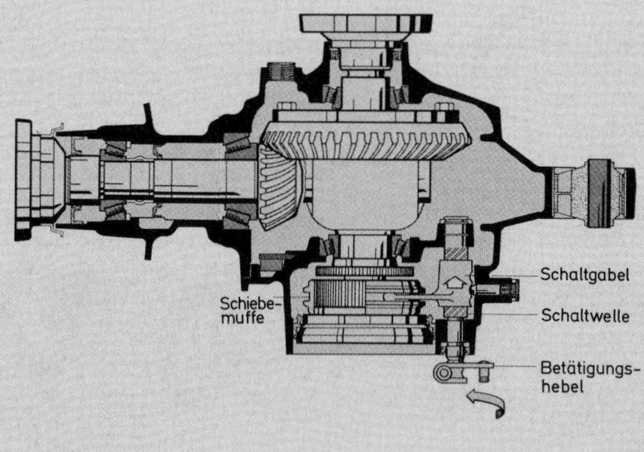

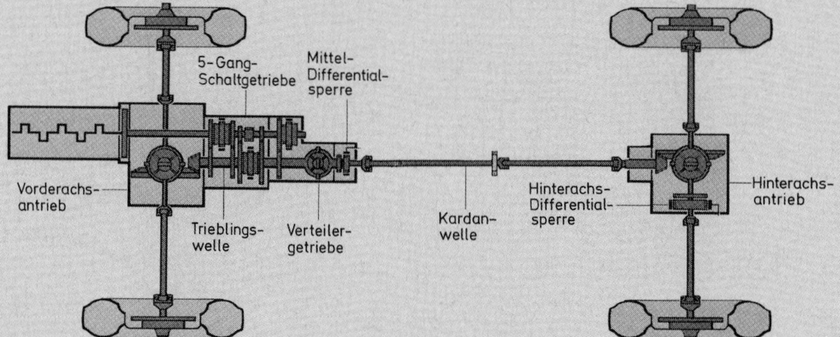

6.1 Erklären Sie den Kraftverlauf bei Allradantrieb und Normalantrieb.

6.2 Bestimmen Sie die Anzahl der schaltbaren Gänge des Wechselgetriebes.

6.3 Erklären Sie die Kraftübertragung auf die Räder.

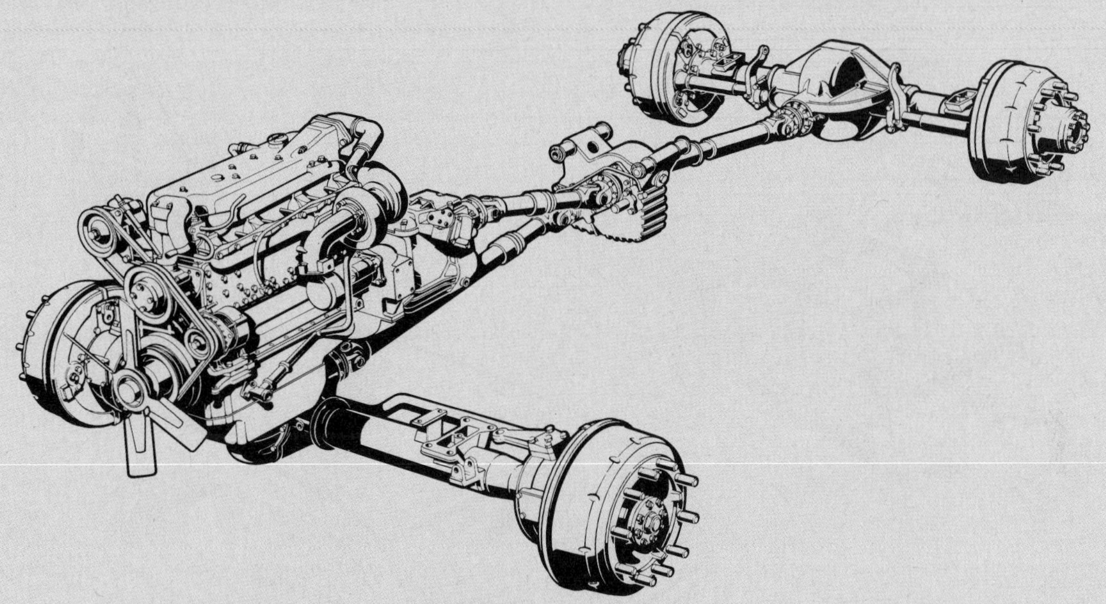

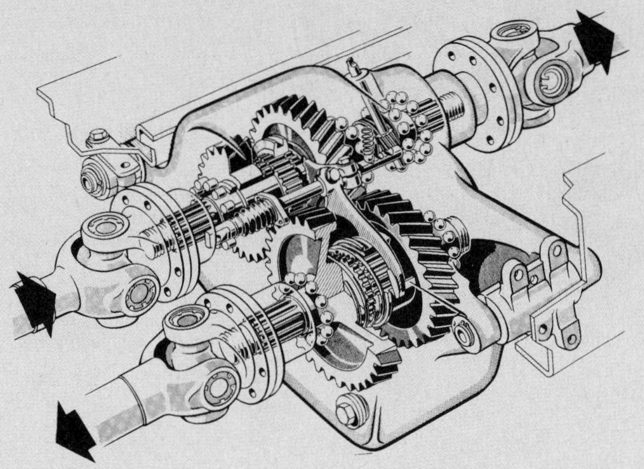

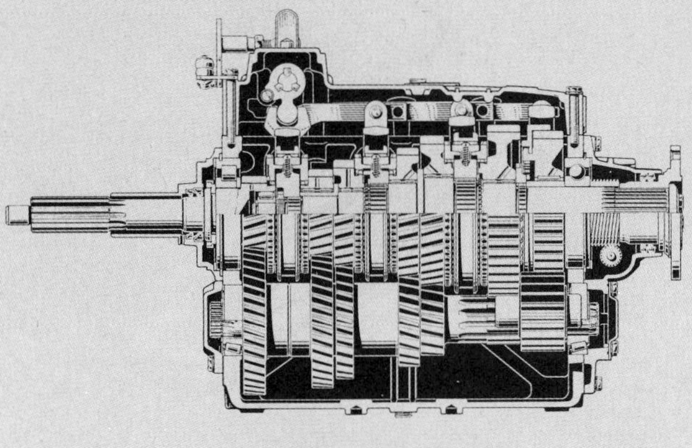

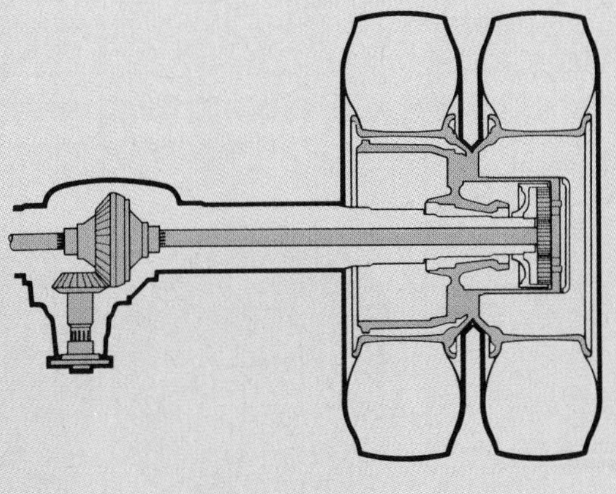

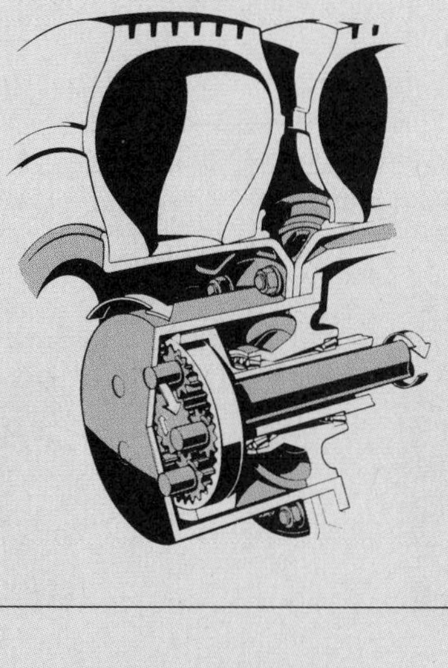

Fahrwerk

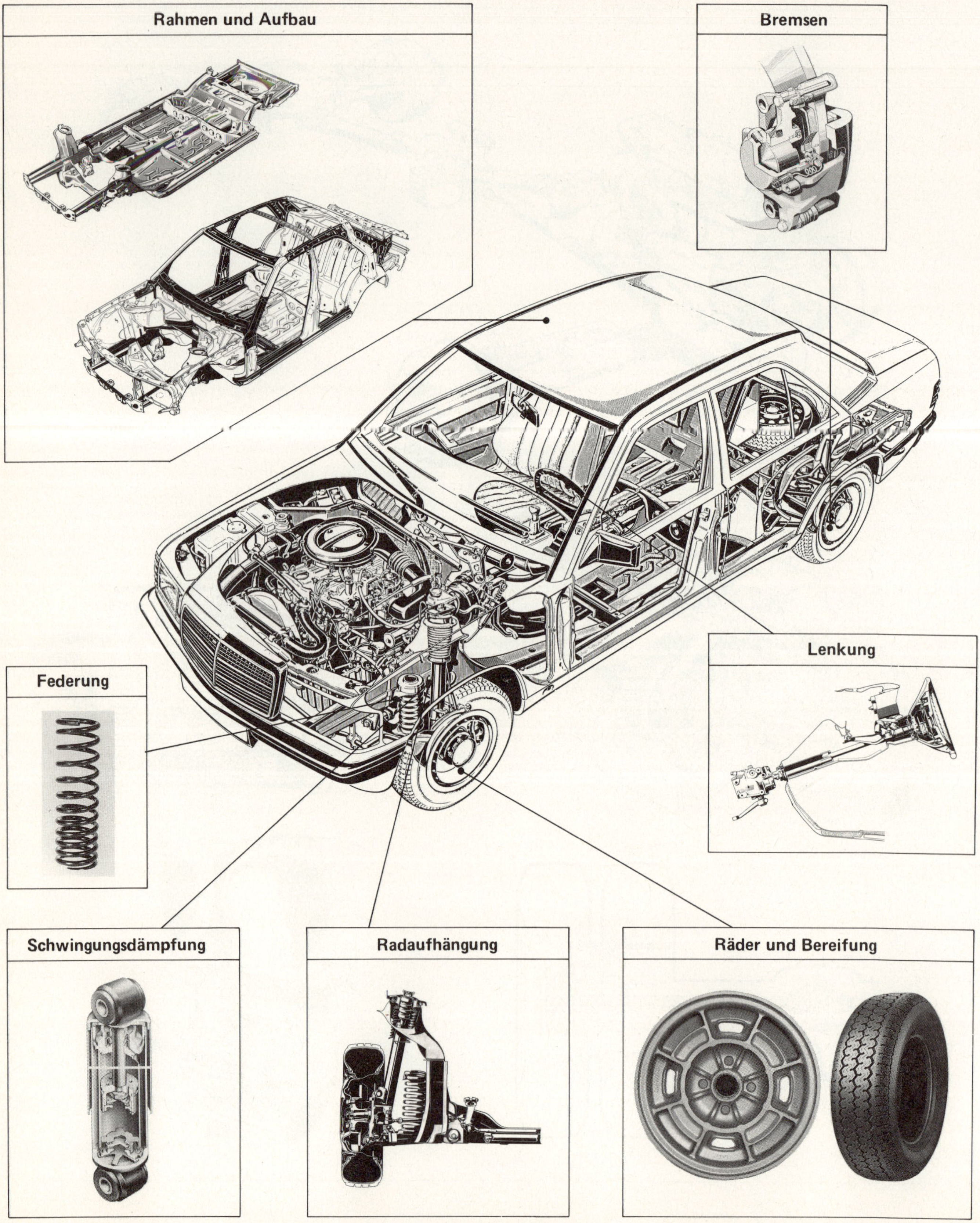
Rahmen und Aufbau
Bremsen
Lenkung
Federung
Schwingungsdämpfung
Radaufhängung
Räder und Bereifung

9 Radaufhängung

Die Fahrzeugreifen sind einseitig abgenutzt. Während einer Probefahrt stellt sich heraus, daß das Kraftfahrzeug nach einer Seite zieht.

9.1 Fahrverhalten bei Kurvenfahrt

Beim Durchfahren einer Kurve wird durch die Lenkbewegung das Fahrzeug in die Kurve hineingezwungen. Dabei entsteht am Fahrzeugschwerpunkt *S* eine Fliehkraft F_F, die das Fahrzeug quer zur Fahrtrichtung aus der Kurve schieben will. Die Größe dieser Fliehkraft ist von der Fahrzeugmasse, der Fahrgeschwindigkeit und dem Kurvenradius abhängig.

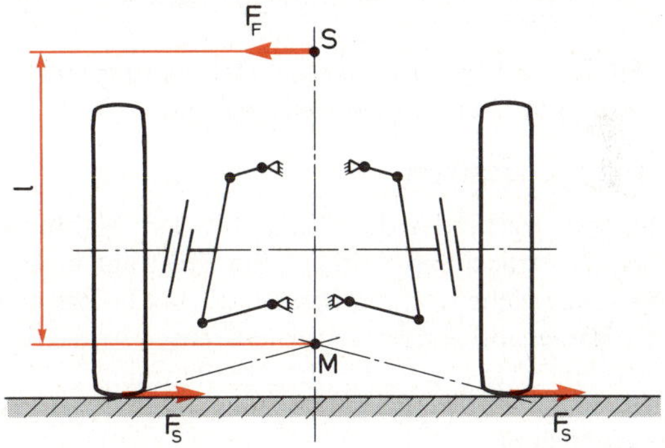

Beträgt beispielsweise die Masse eines Pkw 1500 kg, die Fahrgeschwindigkeit 108 km/h und der Kurvenradius 90 m, dann entsteht eine Fliehkraft (Zentrifugalkraft) von 15 000 N.

Diese große Kraft drückt das Fahrzeug nach außen, so daß es, wenn die Seitenführungskraft der Reifen überschritten wird, wegrutscht. Wird die Seitenführungskraft nicht überschritten, so versucht die Fliehkraft das Fahrzeug zu kippen bzw. zu neigen.

Maßgebend für die Größe der Neigung sind

- die Federung,
- die Fliehkraft und
- der Hebelarm, an dem die Fliehkraft angreift. (Der Hebelarm *l* ist der Abstand zwischen dem Schwerpunkt *S* und dem Momentanzentrum *M*.)

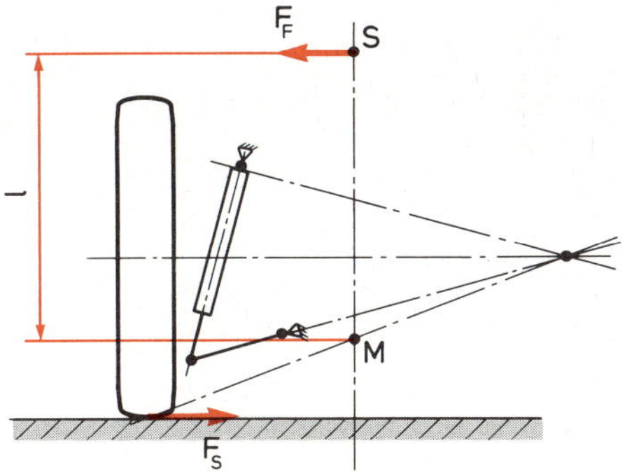

Das Momentanzentrum ist der Punkt um den sich das Fahrzeug neigt. Die Lage des Momentanzentrums ist abhängig von der Achskonstruktion (Radaufhängung).

Je tiefer das Momentanzentrum liegt,

⊖ desto größer ist die Seitenneigung des Aufbaus,
⊕ desto geringer sind die Radlaständerungen,
⊕ desto besser ist die Seitenführung der Reifen,
⊕ desto größer ist die Sicherheit bei Kurvenfahrt.

Der größeren Seitenneigung wird durch Drehstabilisatoren entgegengewirkt.

Die Verbindungslinie zwischen dem Momentanzentrum der Vorderachse und dem an der Hinterachse ist die Rollachse. Je höher diese Rollachse liegt, desto eher rutscht das Fahrzeug seitlich weg.

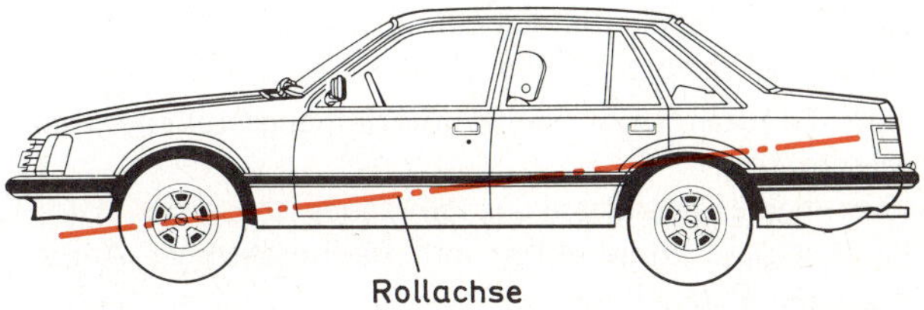

Seitenführung

Durch die Fliehkraft bei Kurvenfahrt oder (und) durch Seitenwind wirken Seitenkräfte auf das Fahrzeug ein. Sie haben das Bestreben, das Fahrzeug seitlich zu verschieben. Die Seitenführung des Fahrzeugs wird von folgenden Faktoren beeinflußt:

- **Radstellung und Radaufhängung**
  Negativer Sturz ergibt bessere Seitenführung.
- **Elastizität der Reifen**
  Durch die Elastizität der Reifen wird beim Angreifen einer Seitenkraft das seitliche Gleiten zunächst verhindert. Statt dessen tritt Schräglauf auf.
  Der Schräglaufwinkel ist der Winkel zwischen Radebene und Fahrtrichtung.
- **Reibungskraft zwischen Reifen und Fahrbahn**
  Sie ist abhängig von der Anpreßkraft und dem Reibungsbeiwert.
  Wird die Seitenkraft größer als die Haftreibungskraft, dann tritt seitliches Gleiten (Gleitreibung) ein.

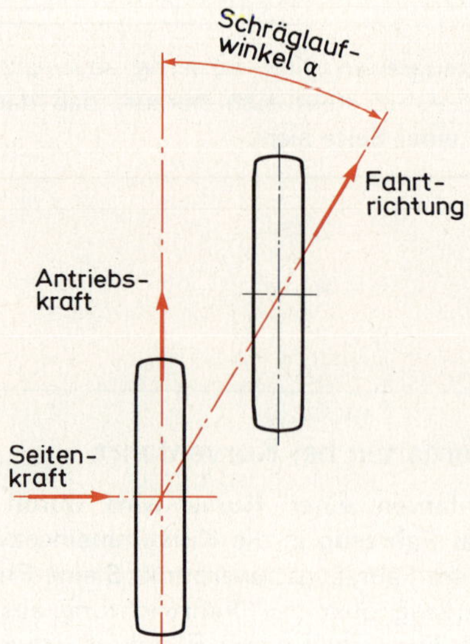

9.2 Radaufhängungsarten

Die Radaufhängung verbindet die Räder mit dem Rahmen bzw. mit dem selbsttragenden Aufbau. Sie überträgt einerseits das Fahrzeuggewicht und die Massenkräfte (Trägheitskräfte) auf die Räder und andererseits die Brems-, Antriebs- und Seitenführungskräfte der Räder auf den Rahmen.

Einzelradaufhängung	**Starrachse**
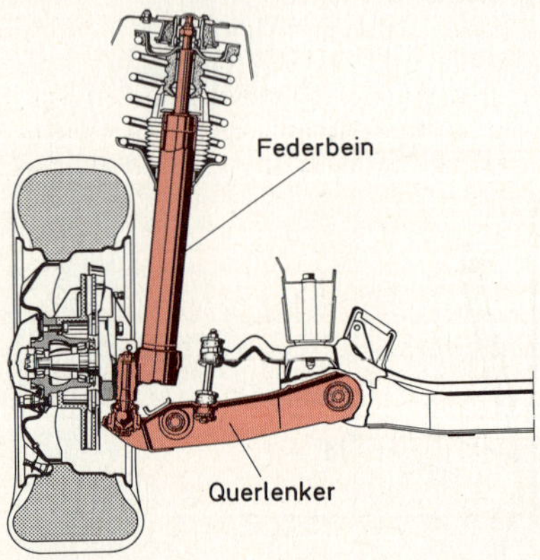	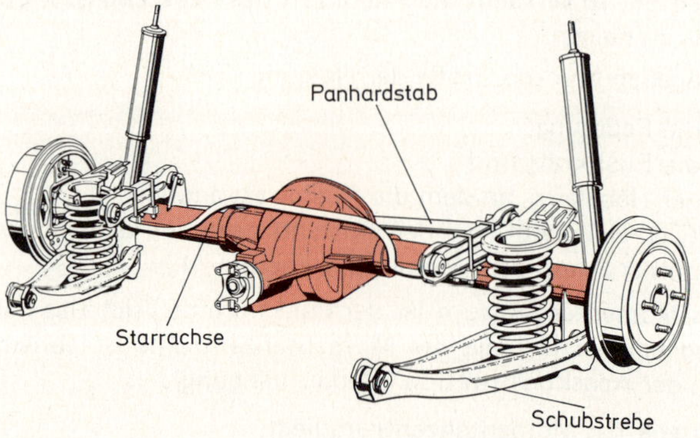
Beide Räder einer Achse sind getrennt (einzeln) über Lenker bzw. Federbein mit dem Rahmen (Aufbau) verbunden. Die Lenker übertragen die Schubkräfte. Lenker sind Hebel, die aus Stahlblech gepreßt oder im Gesenk geschmiedet werden. ⊕ Ein Fahrbahnstoß bleibt auf das angestoßene Rad beschränkt. ⊕ Die ungefederte Masse des Fahrzeugs ist klein. ⊖ aufwendige Konstruktion mit häufig geringer Änderung der Radstellung.	Beide Räder sind durch einen starren Achskörper miteinander verbunden. Sie werden gemeinsam gegen das Fahrgestell abgefedert. Schwere Starrachsen werden meist aus Stahlguß gegossen. Leichtere Ausführungen, sogenannte Banjoachsen, bestehen aus gezogenen Stahlblechen, die zusammengeschweißt werden. ⊕ einfache und stabile Bauart mit gleichbleibender Radstellung. ⊖ Ein Fahrbahnstoß wirkt sich auf die ganze Achse, also auch auf das andere Rad aus. Straßenkontakt unbefriedigend ⊖ Die ungefederte Masse des Fahrzeugs ist groß.

9.3 Stellung der Vorderräder

Die Stellung der gelenkten Vorderräder beeinflußt in großem Maße das Fahrverhalten des Fahrzeugs. Um den Rädern einen möglichst ruhigen Lauf zu geben, sind sie nicht parallel zueinander angeordnet, sondern sie sind in den verschiedenen Radebenen geneigt.

Außer dem Fahrverhalten wird durch die Radstellung auch die Lenksicherheit und der Reifenverschleiß beeinflußt.

Vorspur

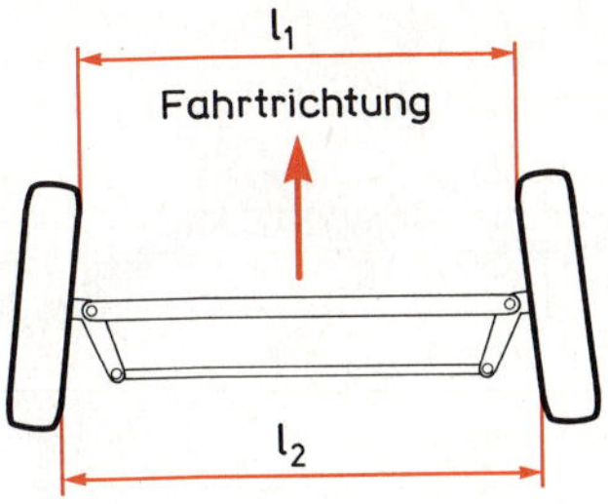

Die Vorspur

- gibt die Schrägstellung der Räder zur Fahrtrichtung (Fahrzeuglängsachse)
  bzw.
  den Unterschied zwischen dem Felgenhornabstand vorne und hinten, gemessen in Höhe der Radmitte, an,
- beträgt etwa 0 ... 8 mm,
- ist bei Vorderradantrieb Null oder sogar negativ.

⊕ Das Gelenkspiel wird beseitigt.
⊕ Das Flattern der Räder wird vermindert.
⊕ Die Spurhaltung wird verbessert.
⊖ Bei zu großer Vorspur tritt erhöhter Reifenverschleiß auf.

Sturz

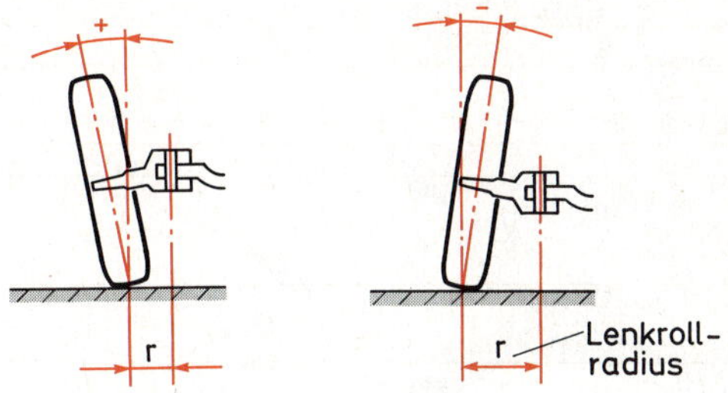

Der Sturz

- gibt die Neigung der Radebene zur Senkrechten an,
- beträgt etwa 0,5 ... 2°,
- kann positiv (meist an den Vorderrädern) oder negativ (meist an den Hinterrädern) sein.

positiv (+)

- kleiner Lenkrollradius
- Auflaufen des Rades auf den Achsschenkel

negativ (−)

- tiefer Schwerpunkt des Fahrzeugs
- gute Seitenführung

⊕ geringes Lenkdrehmoment durch kleinen Lenkrollradius
⊕ Durch das Auflaufen des Rades wird das Radlagerspiel beseitigt und die Radmutter entlastet.
⊖ Die Sturzänderung beim Lenkeinschlag erzeugt ein Kreiselmoment. (Die Räder wollen nach außen laufen.)
⊖ Bei zu großem Sturz werden die Reifen einseitig abgenutzt.

Spreizung

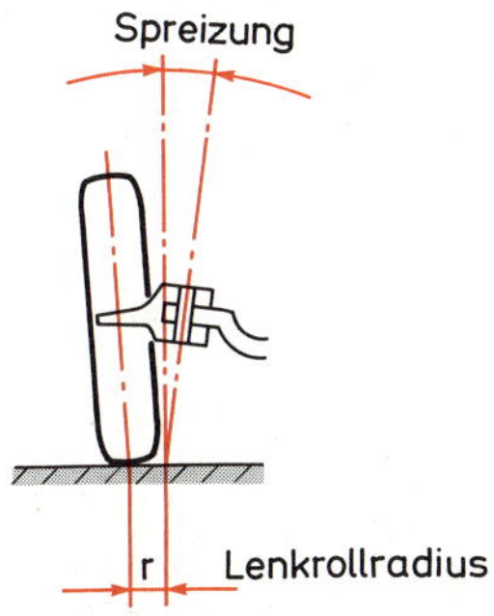

Die Spreizung

- gibt die Neigung des Achsschenkelbolzens zur Senkrechten an,
- beträgt etwa 2 ... 8°,
- verkleinert den Lenkrollradius.

⊕ geringes Lenkdrehmoment durch kleinen Lenkrollradius
⊕ Beim Radeinschlag müßten sich die Räder senken! Da dies nicht möglich ist, wird das Fahrzeug vorne angehoben! Dadurch entstehen Rückstellkräfte, die das selbsttätige Rückstellen der Räder nach Kurvenfahrt bewirken.

Nachlauf

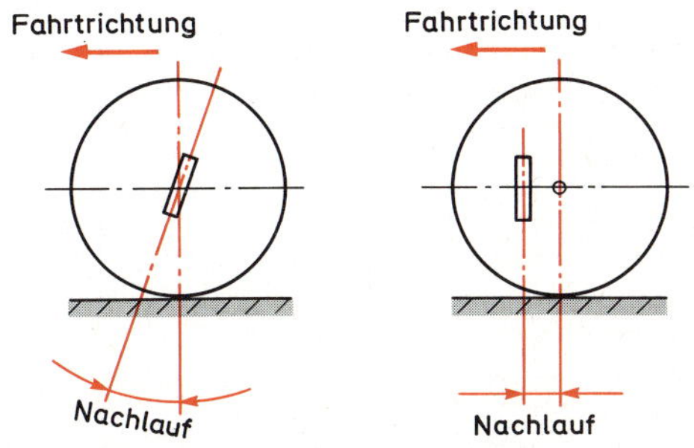

Der Nachlauf

- gibt die Neigung des Achsschenkelbolzens zur Senkrechten in der Fahrzeuglängsachse (oben nach hinten)
  oder
  die Verlegung des Achsschenkelbolzens vor die Radaufstandsfläche (bei senkrechter Anordnung) an,
- beträgt etwa 0 ... 6°.

⊕ selbsttätiges Rückstellen der Räder nach Kurvenfahrt. Die Räder werden gezogen.
⊕ Das Flattern der Räder wird vermindert.
⊖ höhere Seitenwindempfindlichkeit.

9.4 Einzelradaufhängung

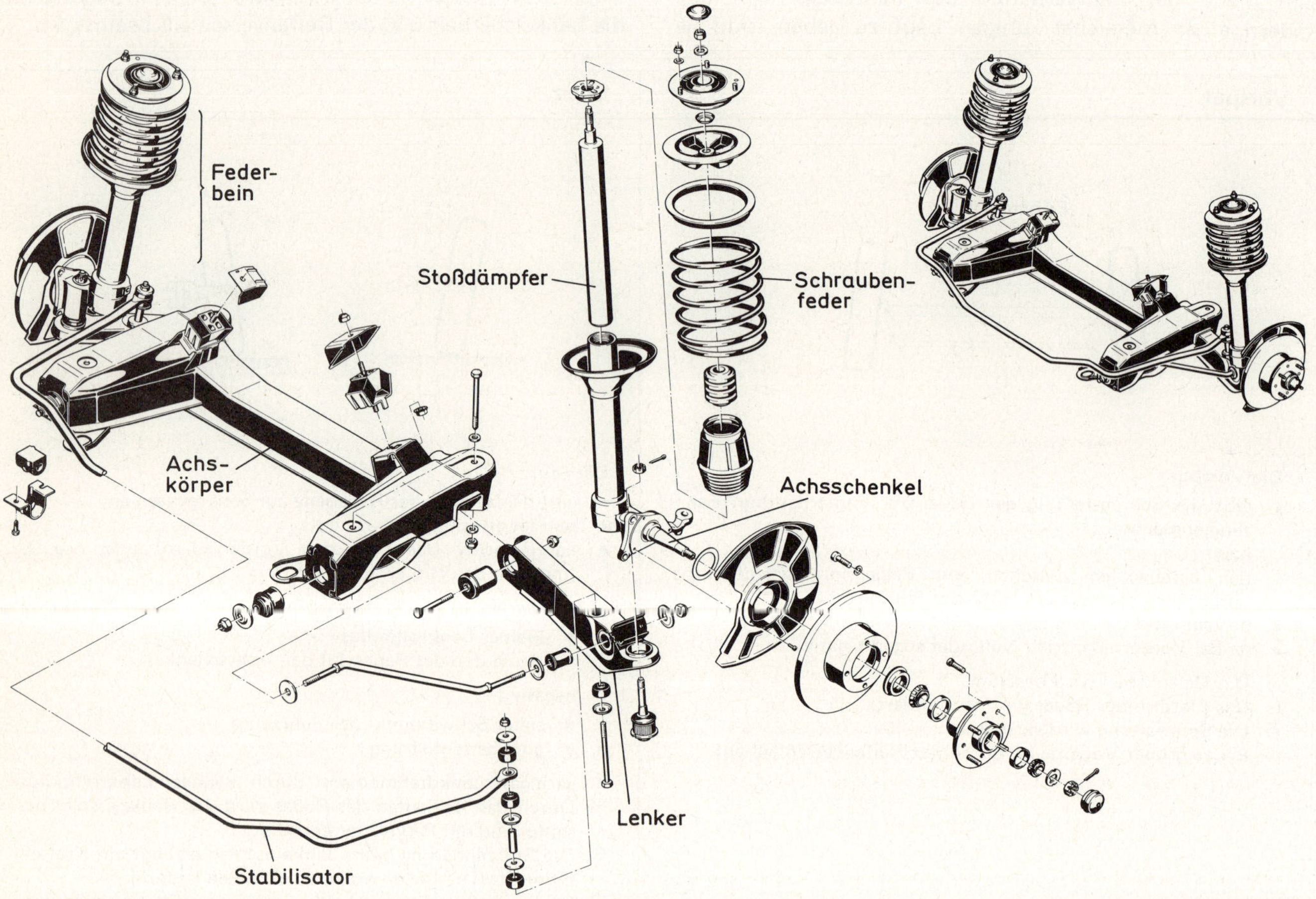

Bei Einzelradaufhängungen werden Hebel alleine oder in Kombination mit anderen Bauteilen verwendet.

Diese Hebel werden Lenker genannt. Lenker werden nach der Lage ihrer Drehachse unterschieden.

Längslenker	**Querlenker**	**Schräglenker**
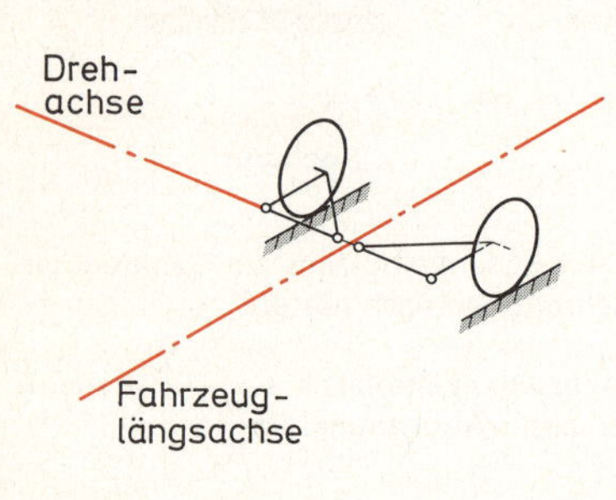	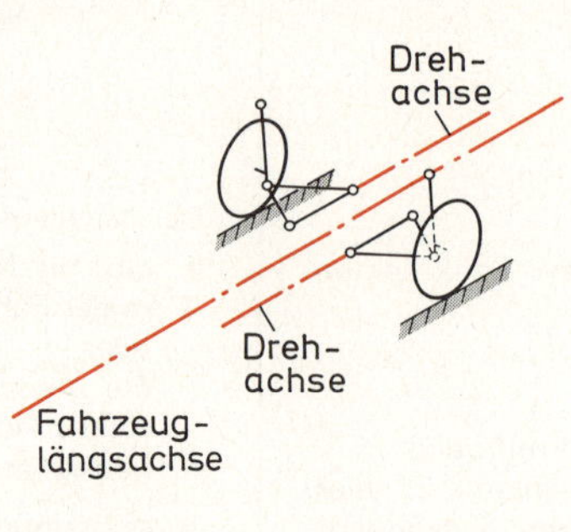	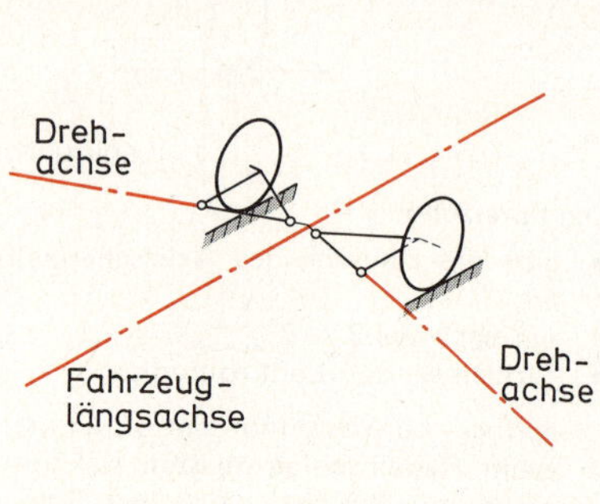
Die Drehachse verläuft unter einem Winkel von 90° zur Fahrzeuglängsachse.	Die Drehachse verläuft parallel zur Fahrzeuglängsachse.	Die Drehachse verläuft schräg zur Fahrzeuglängsachse.

Einzelradaufhängungen werden als Lenkachsen und als Antriebsachsen beim Pkw verwendet. Vier gebräuchliche Einzelradaufhängungen sind im folgenden dargestellt.

Doppelquerlenker

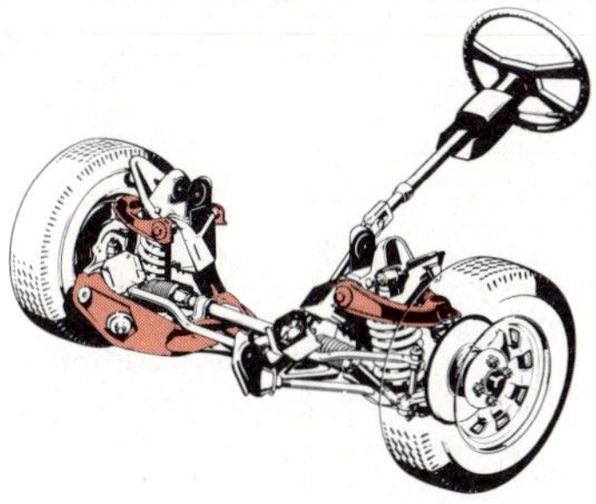

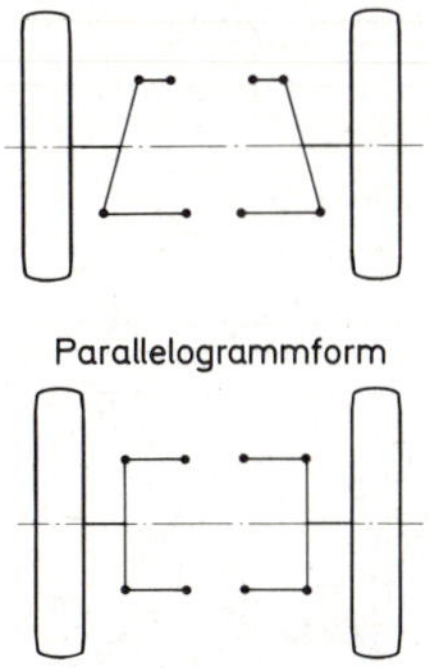

Zwei Querlenker (von oben gesehen meist Dreiecksform) nehmen je ein Rad auf.

⊕ geringe Einbauhöhe

⊕ Straßenkontakt und Straßenlage gut

⊖ viele Gelenkpunkte

⊖ Antidiveeffekt (= beim Bremsen in die Knie gehen) bewirkt Schrägfederung

- Trapezform
  - ⊕ nur geringe Spur- und Sturzänderung
- Parallelogrammform
  - ⊕ keine Sturzänderung
  - ⊖ Spuränderung

Einsatz: Bei Pkw häufig verwendete Lenkachse. Sie wird auch als Antriebsachse bei Sport- und Rennfahrzeugen verwendet.

Federbein mit Querlenker

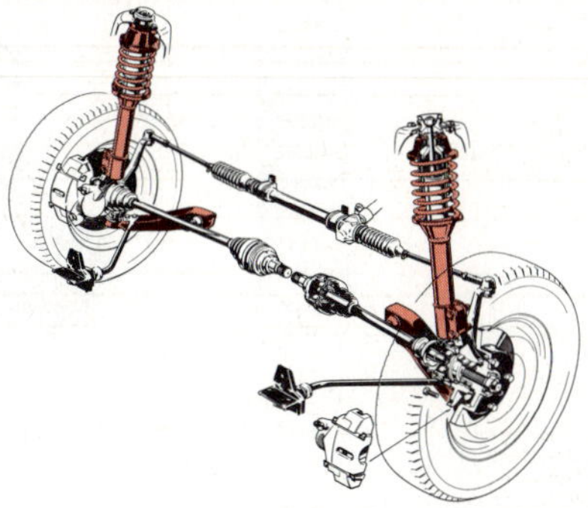

Jedes Rad wird von einem Federbein und einem Querlenker geführt.

⊕ geringe Spur- und Sturzänderung

⊕ Straßenkontakt und Straßenlage sehr gut

⊖ Kräfte und Geräusche werden direkt auf den Aufbau übertragen.

⊖ große Einbauhöhe

Einsatz: Häufig verwendet als Pkw-Lenkachse (auch bei Vorderradantrieb)

Schräglenker

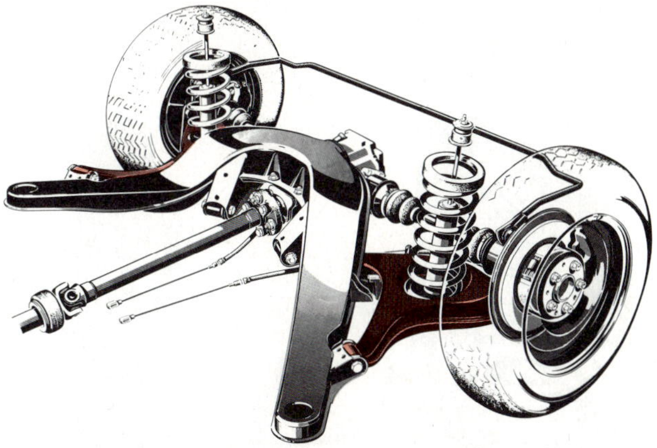

Die Schräglenker sind als Dreieckslenker ausgeführt. Jeder Schräglenker ist in zwei Anlenklagern drehbar mit dem Hinterachsträger verbunden. Die Drehachse liegt schräg zur Fahrzeuglängsachse und ist oft zur Fahrzeugmitte leicht geneigt.

⊕ Straßenkontakt und Straßenlage sehr gut

⊕ gute Aufnahme der Längs- und Querkräfte

⊕ Spur- und Sturzänderung gering

Einsatz: Pkw-Antriebsachse (Hinterradaufhängung)

Längslenker (Torsionskurbelachse mit Panhardstab)

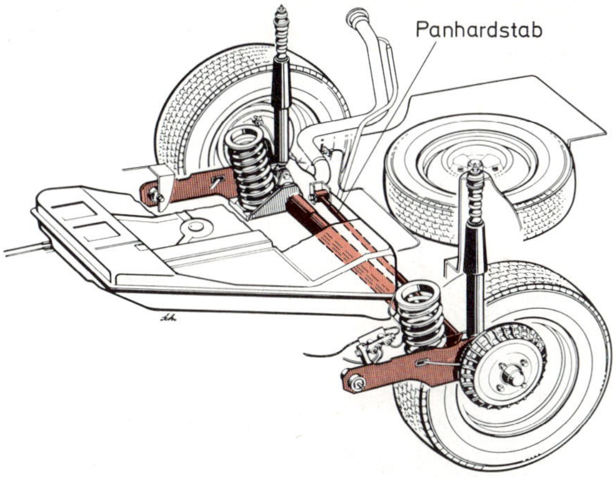

Zwei Längslenker sind mit dem Achskörper (U-Profil) verschweißt. Der Stabilisator ist in dem Achskörper angeschweißt. Der Panhardstab nimmt die Querkräfte auf.

⊕ keine Veränderung von Spurweite und Sturz

⊕ Straßenkontakt und Straßenlage gut

⊖ geringe Änderung des Radstandes beim Einfedern

Einsatz: Hinterradaufhängung bei Pkw mit Vorderradantrieb

9.5 Starrachsen

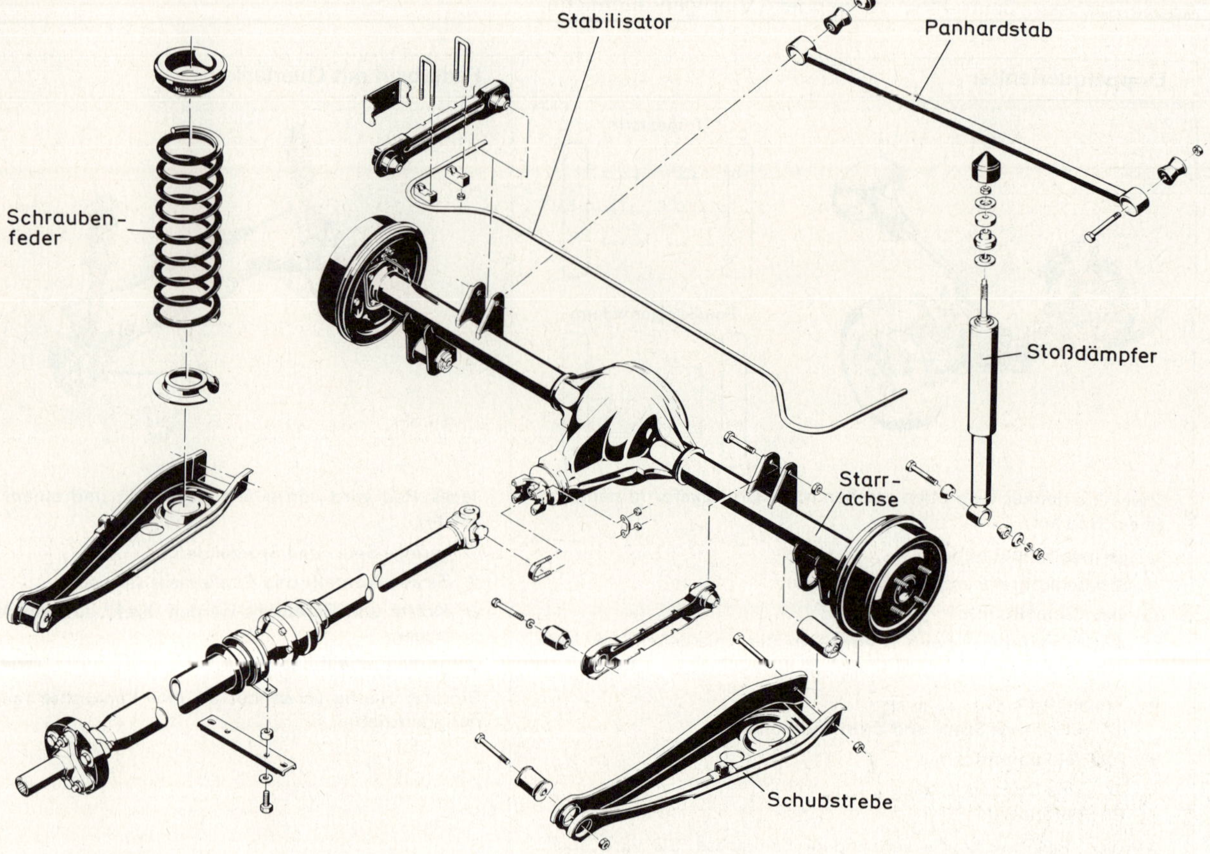

Starrachsen werden bei Nutzfahrzeugen als Lenk- und als Antriebsachse verwendet, während beim Pkw die Starrachse in leichter Ausführung (Banjoachse) nur noch selten als Antriebsachse eingesetzt wird.

Antriebsachse	Lenkachse
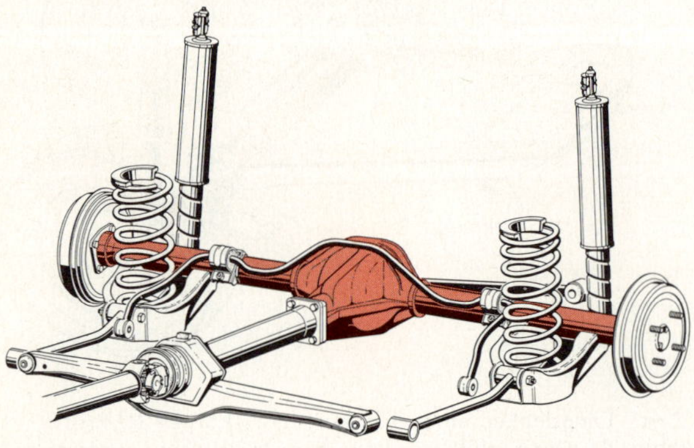	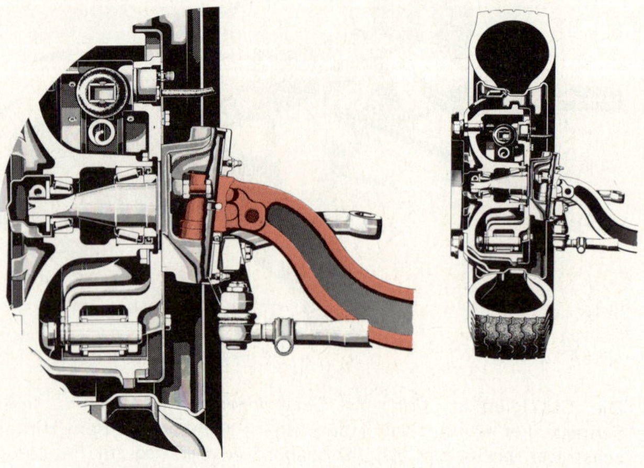
Die Hinterachswellen und das Gehäuse des Achsantriebes sind in einer Baueinheit zusammengefaßt. Längslenker (bei Lkw hauptsächlich Blattfedern) übertragen die Radkräfte und ein Querstab (Panhardstab) die Querkräfte auf den Aufbau.	Da Faustachsen in der Herstellung billiger als Gabelachsen sind, werden sie als Lenkachse bevorzugt. Die Achse besitzt meist einen I-förmigen Querschnitt. Der mittlere Teil der Achse ist nach unten gekröpft, um den Schwerpunkt möglichst tief zu legen.

Kfz-Meßtechnik
Achsvermessung

Durch Überbeanspruchung der Radaufhängung (z.B. durch Anfahren einer Bordsteinkante) kann sich die Stellung der Räder verändern und dadurch das Fahrverhalten des Fahrzeugs und den Reifenverschleiß stark beeinflussen.

Die fehlerhafte Radstellung wird in der Kfz-Werkstatt durch die Achsvermessung festgestellt. Bei der Vermessung muß das Fahrzeug auf einer waagerechten und ebenen Fläche oder auf auf einem Achsmeßstand stehen.

Bevor die eigentliche Achsvermessung beginnt, ist zu prüfen, ob die folgenden für jedes Fahrzeug vorgeschriebenen Bedingungen eingehalten sind:

- Radlagerspiel
- Lenkungsspiel
- Achsschenkelspiel
- Reifenluftdruck
- Gleichmäßige Abnutzung der Reifen
- Einwandfreier Zustand der Federung und der Stoßdämpfer

Nach DIN soll die Achsvermessung bei belastetem Fahrzeug (zulässige Gesamtmasse) durchgeführt werden. Im einzelnen sind jedoch die Belastungsvorschriften der jeweiligen Automobilfirmen genauestens zu beachten.

In den vergangenen Jahren wurde eine Vielzahl von Achsmeßgeräten entwickelt. Es gibt mechanische und optische bzw. kombinierte (mechanisch/optisch) Achsmeßgeräte. Optische Geräte werden als Einzelgeräte und in Verbindung mit Achsmeßständen verwendet.

Mit dem im folgenden dargestellten Achsmeßgerät können folgende Messungen durchgeführt werden:

optisch	mechanisch
• Fahrt geradeaus • Gesamtvorspur oder geteilte Vorspur • Hinterradstellung	• Sturz • Nachlauf • Spreizung • Spurdifferenzwinkel

Geradeausstellung der Vorderräder

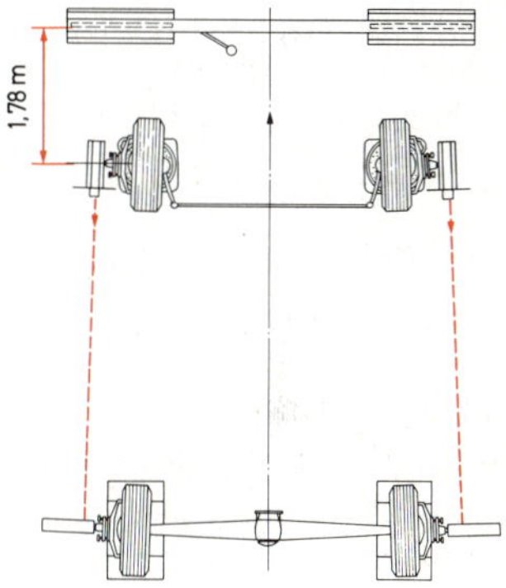

Ausgangsstellung für jede Vermessung ist die Geradeausstellung der Vorderräder. Die Räder stehen gerade, wenn die Lichtstrahlen der Projektoren auf den Meßskalen der Hinterachsreflektoren den gleichen Wert anzeigen.

Vorspur

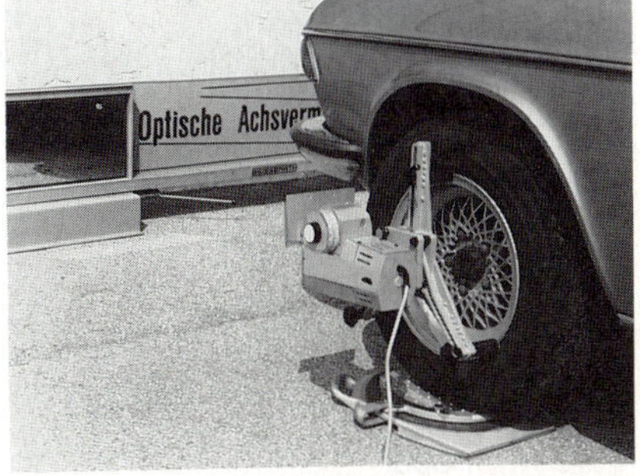

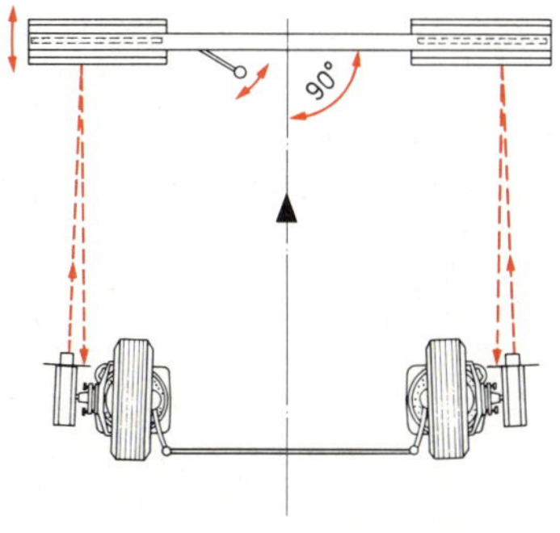

Durch rechtwinkliges Ausrichten des Spurreflektors werden die Lichtstrahlen der Projektoren so reflektiert, daß sie auf den Projektorenskalen die gleichen Werte anstrahlen. Die angezeigten Werte (linker Wert plus rechter Wert) ergeben die Gesamtvorspur in Winkelgrad.

Sturz und Nachlauf

Für die Sturz- und Nachlaufmessung ist in den Projektor ein zusätzliches Gerät eingebaut. Wird die Sturz-Skalenscheibe so gedreht, daß sich die Luftblase der Libelle zwischen den beiden Mittelstrichen befindet, dann kann an der inneren Skala der Sturz abgelesen werden.

Bei der Nachlaufmessung muß das Rad zunächst um 20° nach außen eingeschlagen werden. In dieser Position wird die Nachlauf-Skalenscheibe auf „Null" eingestellt. Danach wird das Rad 20° nach innen eingeschlagen. Wenn sich die Luftblase in Mittelstellung befindet, kann der Nachlauf abgelesen werden.

Spreizung

Anstelle des Projektors wird der Spreizungsprüfer (Einzelgerät) verwendet. Der Meßvorgang entspricht dem der Nachlaufmessung.

Spurdifferenzwinkel

Der Spurdifferenzwinkel wird mit Hilfe der Drehplatten, auf denen das Fahrzeug steht, ermittelt. Schlägt man das rechte Rad um 20° nach rechts ein, dann kann an der Drehplatte des linken Rades ein anderer Winkel abgelesen werden. Die Differenz dieser beiden Winkel ist der Spurdifferenzwinkel. Der Spurdifferenzwinkel muß bei Links- und Rechtseinschlag gleich groß sein.

Vorspurmessung der Hinterräder

Zunächst muß auf der zu vermessenden Fahrzeugseite das Vorderrad parallel zur Fahrzeuglängsachse gestellt werden. Wird dann der Lichtstrahl auf den Spiegel des Hinterradreflektors gelenkt, so zeigt der reflektierte Lichtstrahl auf der Projektorenskala die Vorspur an.

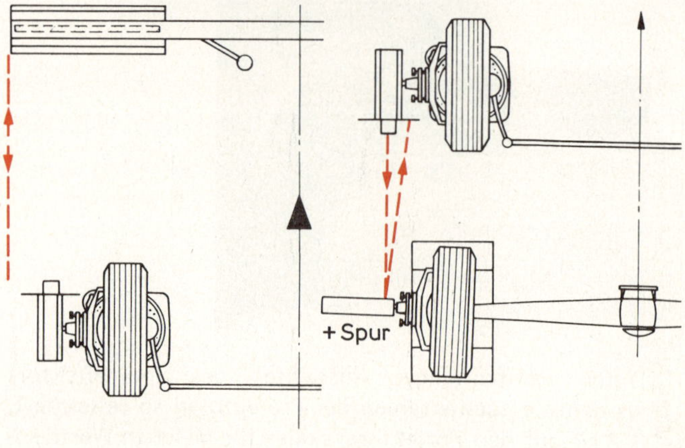

ZUSAMMENFASSUNG Radaufhängung

Radaufhängung

Einzelradaufhängung

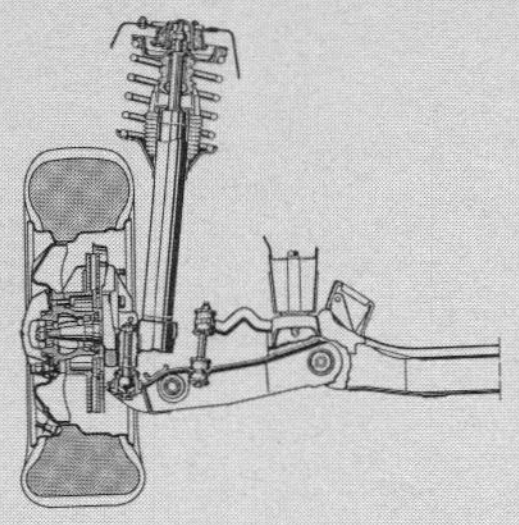

Beide Räder einer Achse sind getrennt (einzeln) mit dem Rahmen (Aufbau) verbunden.

Doppelquerlenker

Zwei Querlenker (meist Dreiecksform) führen das Rad. Die Lenkerdrehachse verläuft parallel zur Fahrzeuglängsachse.

Federbein mit Querlenker

Jedes Rad wird von einem Federbein und einem Querlenker geführt. Die Lenkerdrehachse verläuft parallel zur Fahrzeuglängsachse.

Schräglenker

Die Lenkerdrehachse verläuft schräg zur Fahrzeuglängsachse. Sie ist oft zur Fahrzeugmitte leicht geneigt.

Längslenker (Torsionskurbelachse)

Zwei Längslenker sind mit dem Achskörper verschweißt. Die Lenkerdrehachse verläuft rechtwinklig zur Fahrzeuglängsachse.
Der Stabilisator ist in dem Achskörper angeschweißt.

- ⊕ Kleine ungefederte Masse
- ⊕ Fahrbahnstoß beeinflußt nur das angestoßene Rad
- ⊖ Aufwendige Konstruktion
- ⊖ Häufig Änderung der Radstellung

Starrachse

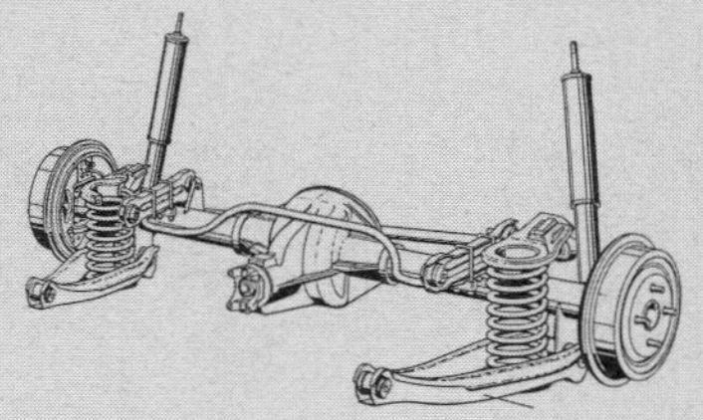

Beide Räder sind durch einen starren Achskörper miteinander verbunden. Sie werden gemeinsam abgefedert.

Antriebsachse

Achswellen und Achsgetriebe sind in einer Baueinheit zusammengefaßt. Blatt- oder Schraubenfedern stützen gegen den Rahmen (Aufbau) ab. Bei Schraubenfedern übertragen Längslenker und Panhardstab die Kräfte.

Lenkachse

Ausführung als Faustachse, selten als Gabelachse. Die Achse besitzt meist einen I-förmigen Querschnitt.

- ⊕ Keine Änderung der Radstellung
- ⊕ Einfache Ausführung
- ⊖ Große ungefederte Masse
- ⊖ Fahrbahnstoß wird auf die gesamte Achse übertragen

Stellung der gelenkten Räder

- Spur: Schrägstellung der Räder zur Fahrzeuglängsachse
- Sturz: Neigung der Radebene zur Senkrechten
- Spreizung: Neigung des Achsschenkelbolzens zur Senkrechten quer zur Fahrtrichtung
- Nachlauf: Neigung des Achsschenkelbolzens zur Senkrechten in Fahrtrichtung

ANALYSE Radaufhängung

1. Bestimmen Sie die Bauart der Radaufhängungen.
2. Ermitteln Sie die Drehachse der verwendeten Lenker und bestimmen Sie die Lenkerbauart.
3. Ordnen Sie die Radaufhängungen der Vorder- bzw. der Hinterachse zu.
4. Ordnen Sie die Radaufhängungen der Antriebs- bzw. Lenkachse zu.
5. Erklären Sie die Vor- und Nachteile.

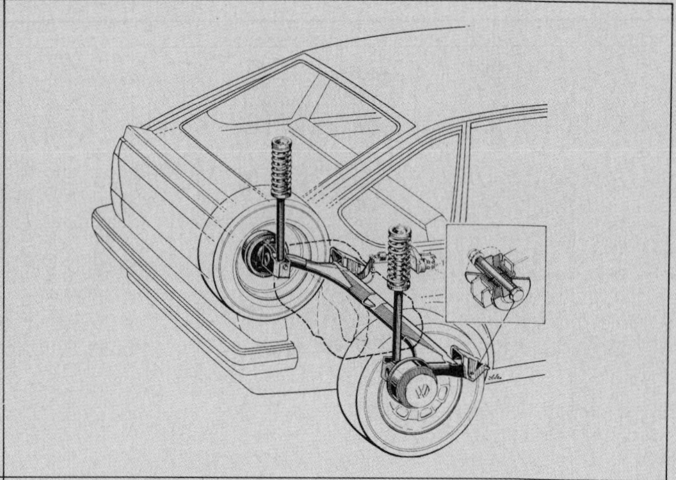

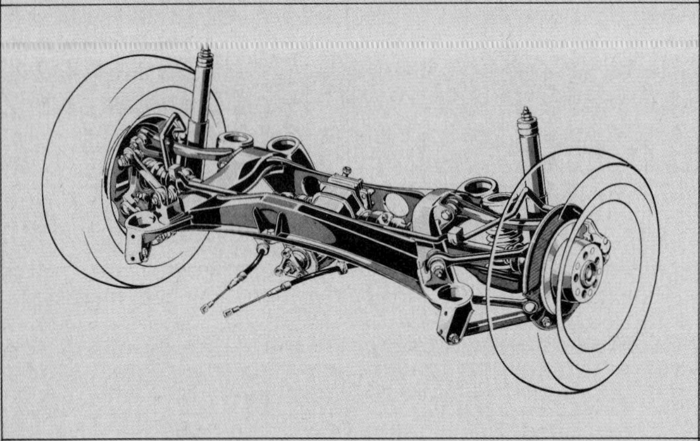

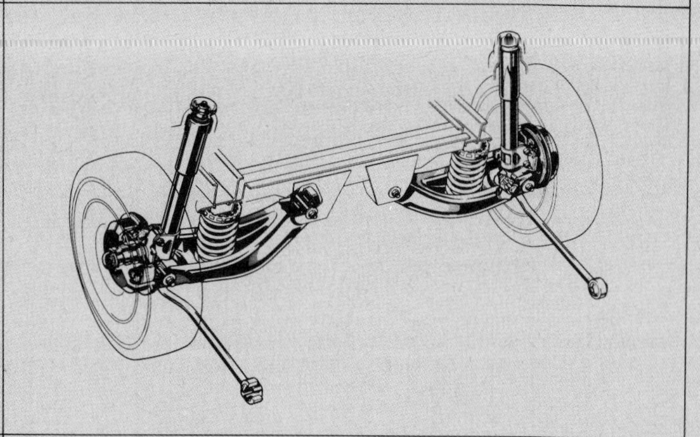

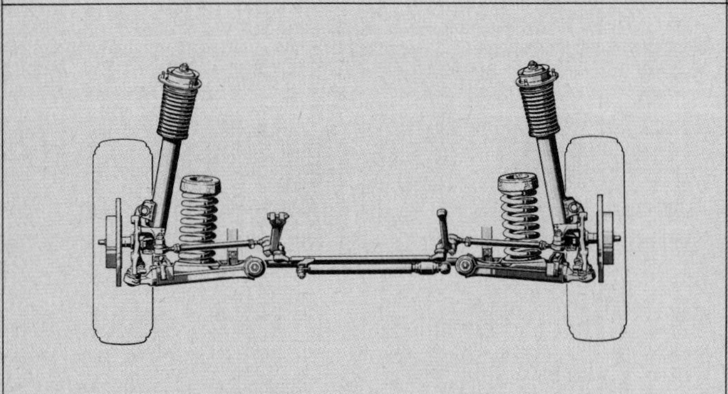

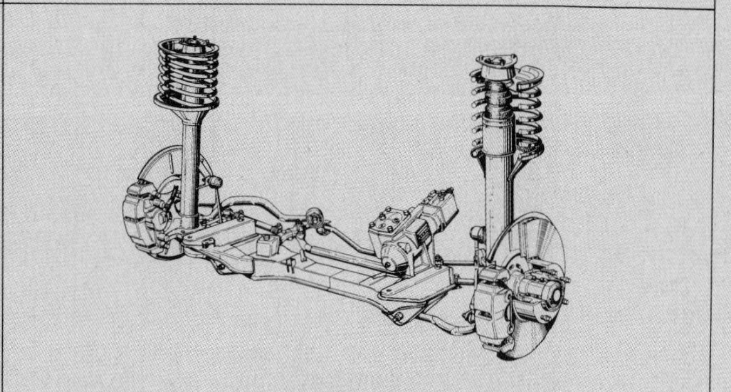

ARBEITSPLANUNG Radaufhängung

Entwickeln Sie den Arbeitsplan für die dargestellten Prüf- und Instandsetzungsarbeiten, indem Sie

- die Reihenfolge der Prüf- und Instandsetzungsarbeiten,
- die Auswahl der Prüfmittel bzw. Werkzeuge,
- die zu beachtenden Prüf- bzw. Arbeitsregeln/Sicherheitsvorschriften,
- die Auswertung der Prüfergebnisse,
- die erforderlichen Ersatzteile

angeben und begründen.

Radaufhängung prüfen

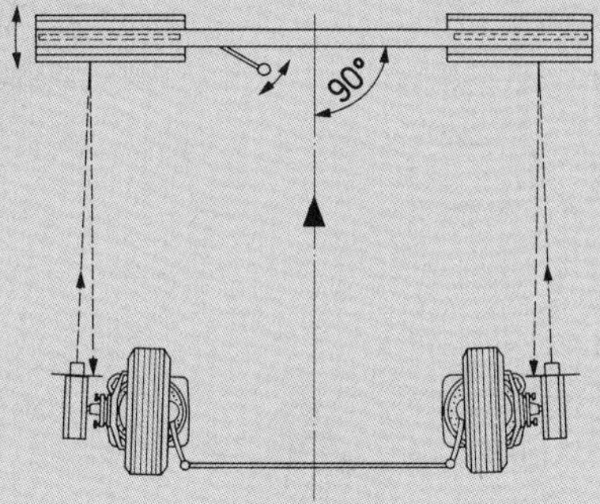

Radlager auswechseln

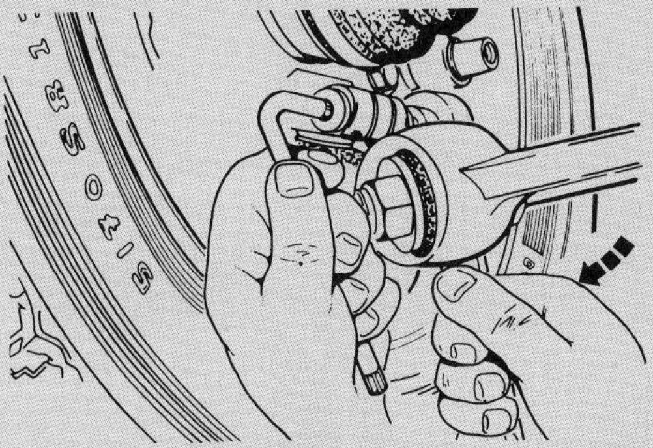

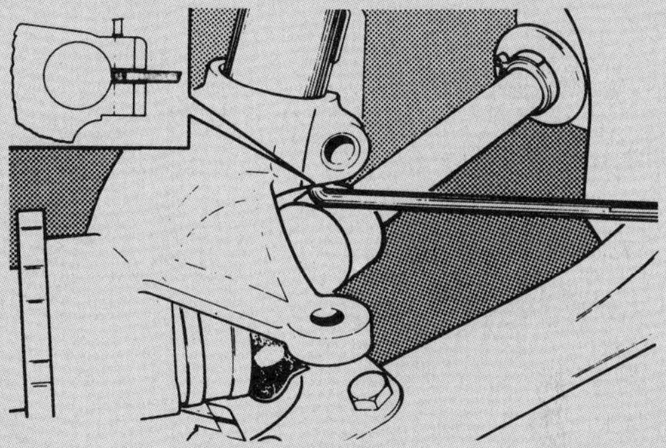

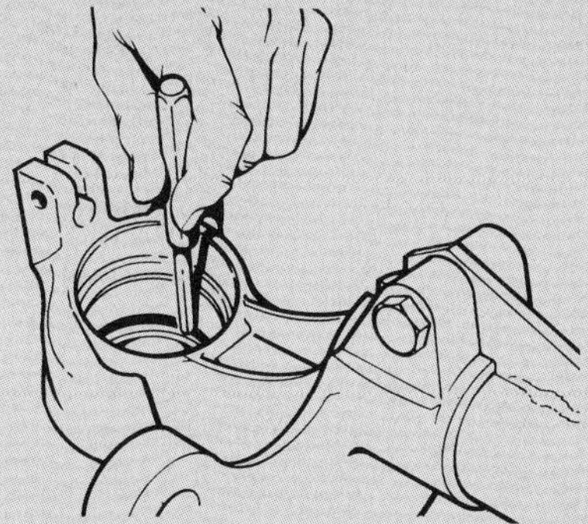

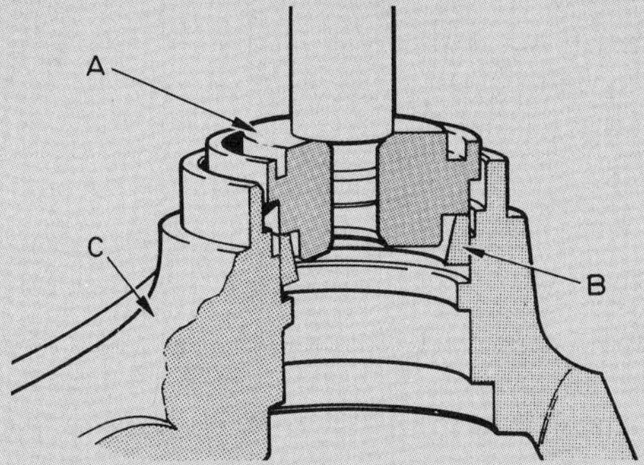

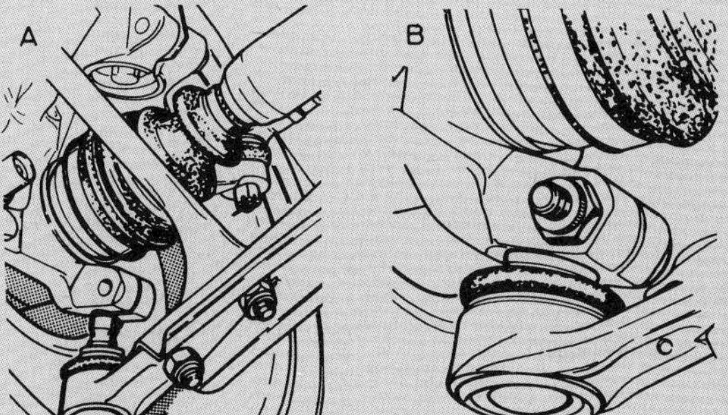

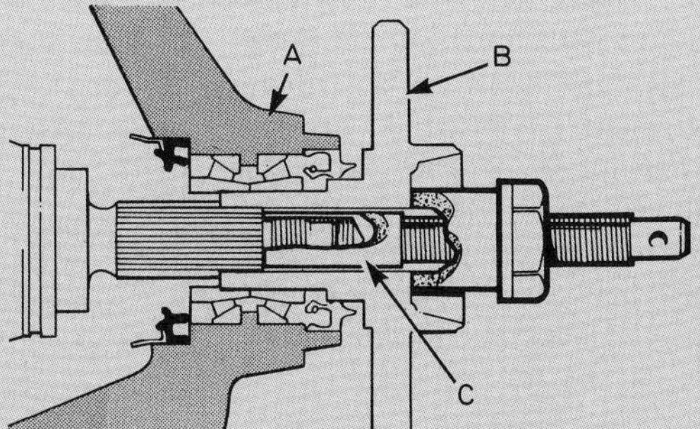

10 Räder und Bereifung

Bei einer Inspektion werden die dargestellten Schäden an der Radschüssel und am Reifen festgestellt.

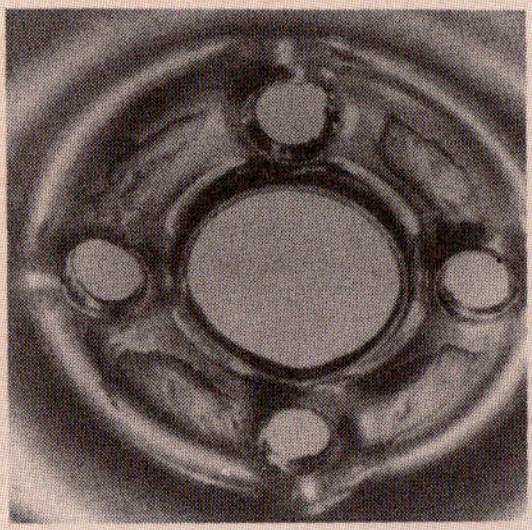

10.1 Räder

Ein Rad besteht aus folgenden Teilen:

- **Radnabe**
  Dient der Radlagerung. Die Flanschnabe ist auf dem Achsschenkelzapfen der Vorderachse bzw. auf der Antriebswelle der Hinterachse gelagert. Bremstrommel und Radkörper werden zentrisch an dem Flansch befestigt.

- **Radkörper**
  Verbindung der Nabe mit der Felge
- **Felge**
  Sie nimmt den Reifen auf.

Radkörperbauarten

Scheibenrad	**Gegossenes Speichenrad** (Radstern)	**Drahtspeichenrad**
	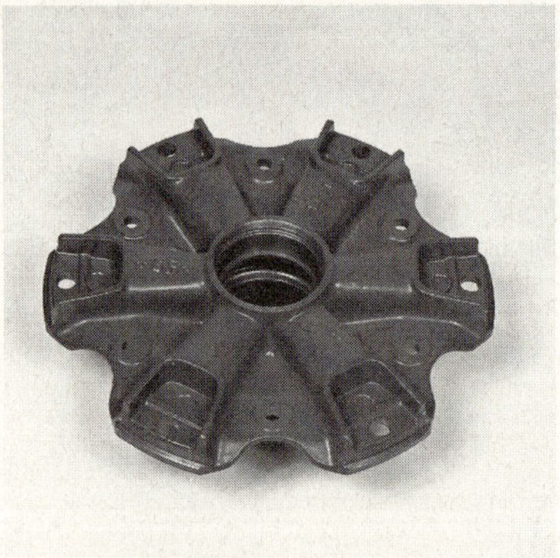	
Der Radkörper (die Scheibe) ist meist schüsselförmig gewölbt (deshalb auch der Name ,,Radschüssel''). Zur Befestigung an der Radnabe dienen Radbolzen mit kegeligem Sitz (zum Zentrieren) und Muttern. Scheibenräder werden aus Stahlblech oder Leichtmetall gepreßt. Die Scheibe wird mit der Felge verschweißt oder vernietet. Durch besondere Formgebung (z.B. Rippen) wird die Steifigkeit erhöht. ⊕ ausreichende Formsteifigkei bei geringem Gewicht ⊕ gute Wärmeableitung ⊕ leichte Reinigung Einsatz: Pkw, Lkw, Busse und Landmaschinen	Der Radkörper ist mit der Radnabe zum Radstern vereinigt. Die Felge (Trilex-) wird auf dem Radstern durch Klemmplatten und Bolzen befestigt. Der Radstern wird aus Stahlguß oder Leichtmetall gegossen. ⊕ hohe Festigkeit ⊕ gute Belüftung der Bremstrommel ⊖ schlechte Wärmeableitung ⊖ ungünstige Reinigung Einsatz: Schwere Lastkraftwagen und Omnibusse	Nabe und Felge werden durch Drahtspeichen verbunden. Die Drahtspeichen sind in mehreren Ebenen angeordnet um die erforderliche Steifigkeit zu erzielen. Die Speichen bestehen aus Stahl. ⊕ geringes Gewicht ⊕ gute Elastizität ⊕ gute Belüftung der Bremstrommel ⊖ schlechte Wärmeableitung ⊖ schlechte Reinigung ⊖ teuer Einsatz: Zweiräder und Sportwagen

Felgenbauarten

Tiefbettfelge

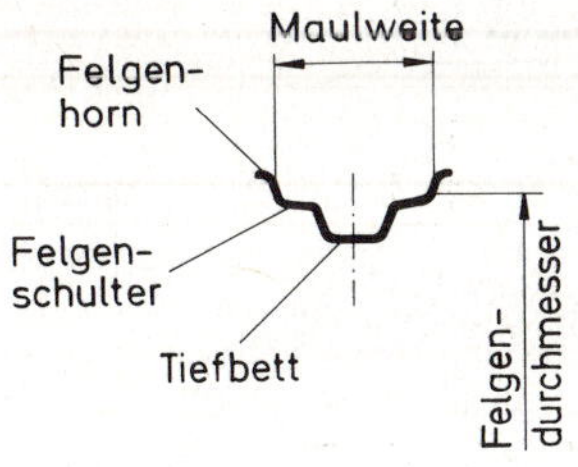

Symmetrische Tiefbettfelge

Unsymmetrische Doppel-Hump-Tiefbettfelge

Tiefbettfelgen sind ungeteilte Felgen, deren Felgenschultern wegen des besseren Reifensitzes um 5° nach innen geneigt sind. Sie werden symmetrisch oder unsymmetrisch ausgeführt. Das Tiefbett ist wegen der Reifenmontage erforderlich. Moderne Tiefbettfelgen erhalten zusätzlich an einer oder an beiden Felgenschultern eine höckerartige Ausbildung (genannt „Hump").

Felgen werden aus Stahl oder Leichtmetall hergestellt.

Einsatz: Bei Pkw, leichten Nutzfahrzeugen und Zweirädern (mit rundem Tiefbett).

Tiefbettfelgen mit Sicherheitsschulter (Hump-Felgen) werden bei Fahrzeugen mit schlauchlosen Reifen verwendet.

Normungsbeispiel: $4\frac{1}{2}$ J X 13 – S

$4\frac{1}{2}$ = Maulweite in Zoll
J = Felgenhornform
X = Tiefbett
13 = Felgendurchmesser in Zoll
–S = symmetrisch

Schrägschulterfelge

Ringgeteilt

- zweiteilig

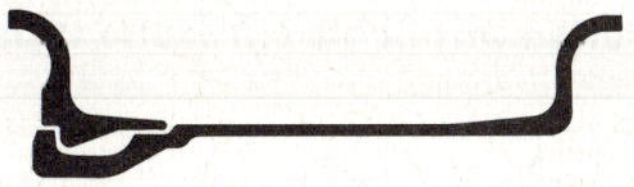

- dreiteilig

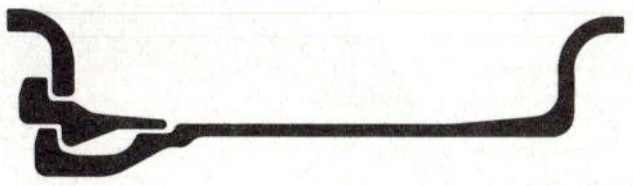

- vierteilig

Umfanggeteilt (Trilexfelge)

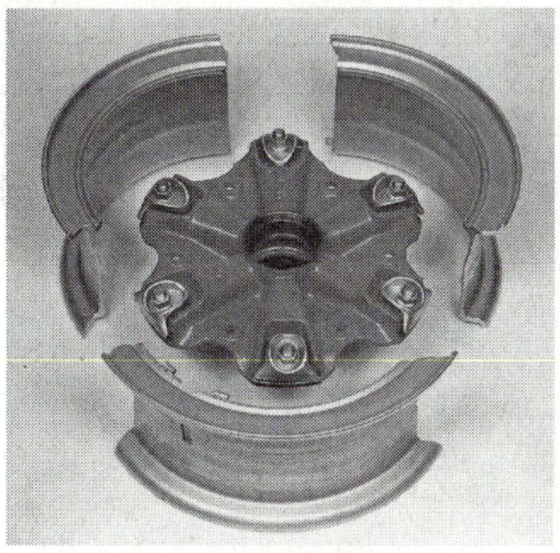

Schrägschulterfelgen sind geteilte Felgen (ring- oder umfanggeteilt) mit flachem Bett und einer um 5° geneigten Schulter.

Einsatz: Lkw, Busse und Anhänger

Normungsbeispiel: 6,5–15

6,5 = Maulweite in Zoll
– = Schrägschulterflege
15 = Felgendurchmesser in Zoll

Außer diesen Felgenbauarten gibt es noch Steilschulter-, Breit-, Flachbett- und Halbtiefbettfelgen.

Steilschulterfelge	Breitfelge	Flachbettfelge	Halbtiefbettfelge
			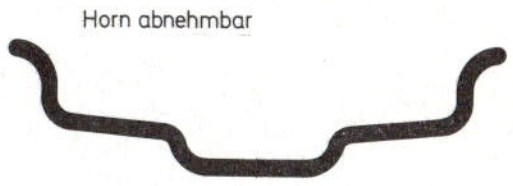
11,75 X 22,5	W 12 X 30 DW 12 X 30	5,00 S – 20	6,00 G – 16 SDC
Die Maulweite ist ein Vielfaches von 0,25. Der Felgendurchmesser wird in einer durch 0,5 Zoll ausgedrückten Schreibweise angegeben.	Die Maulweite ist ohne Dezimalstelle. W: Normales Tiefbett (wide base = breite Grundlage) DW: Abgesetztes Tiefbett	Die Maulweite hat zwei Dezimalstellen.	Die Maulweite hat zwei Dezimalstellen SDC: semi-drop-center

Aus Gründen der Verkehrssicherheit dürfen Räder nicht instandgesetzt werden, sondern müssen durch neue Räder ersetzt werden. Durch Instandsetzungsschweißen erlischt die Bauartgenehmigung.

10.2 Bereifung

Die Bereifung soll die Brems-, Seitenführungs- und Antriebskräfte übertragen und außerdem eine gewisse Federwirkung gewährleisten.

Diagonalreifen mit Schlauch (tube type)	Radialreifen ohne Schlauch (tubeless)
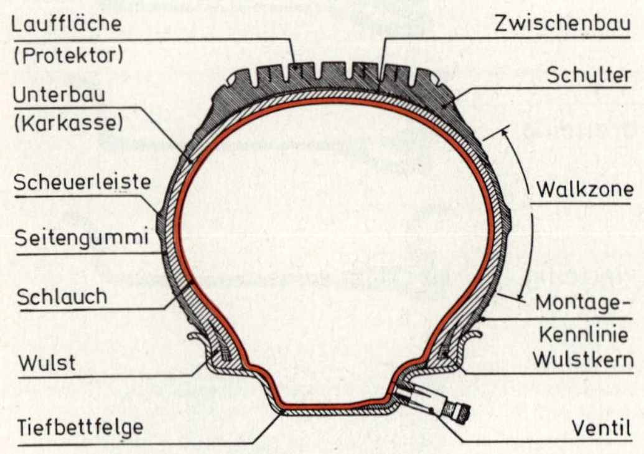	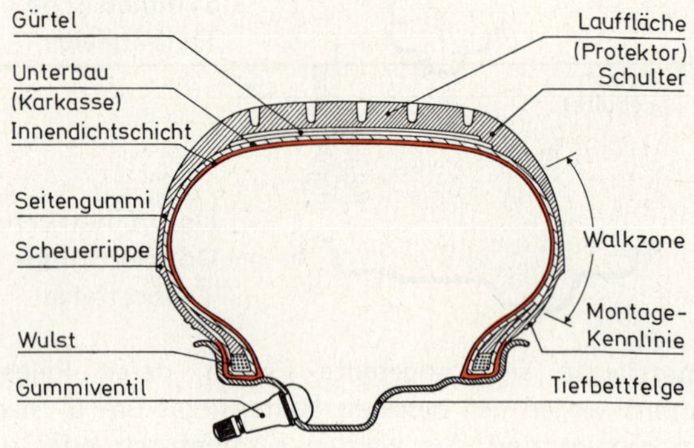

Die Bereifung besteht aus:

- **Gewebeunterbau (Karkasse)**
  Er besteht aus mehreren gummierten Cordgewebelagen mit Fäden aus Reyon, Nylon, Polyester oder Stahl. (Cord ist die Bezeichnung für eine bestimmte Fadenkonstruktion.)
  Er bestimmt alleine oder zusammen mit dem Zwischenbau die Tragfähigkeit des Reifens.
- **Zwischenbau**
  Er liegt zwischen Unterbau und Lauffläche und besteht aus gummiertem Cordgewebe.
  Er besitzt gute Wärmeleitfähigkeit.
  Er schützt die Karkasse.
- **Gürtel**
  Bei Reifen in Gürtelbauart bildet der Gürtel den Zwischenbau.
- **Wulst mit Wulstkern**
  Er besteht aus einem oder mehreren Drahtkernen. Er dient der Verankerung der Gewebelagen (Karkasse). Er sorgt für festen Sitz des Reifens auf der Felge (Kraftschluß).
  Abdichtung bei schlauchlosen Reifen
- **Seitengummi (Walkzone)**
  Gummischicht auf dem Gewebeunterbau, die den Gewebeunterbau schützt. Leitet die Wärme ab, die durch die Walkarbeit entsteht.
  Mit oder ohne Scheuerleisten und Montagelinien
- **Lauffläche (Protektor)**
  Sie schützt den Gewebeunterbau und trägt das Profil. Sie besteht aus gut haftendem Material (Kunstgummi, z.B. Buna, Perbunan). Kunstgummi ist abriebfester als Naturgummi.
  Sie überträgt die Reibungskräfte.
- **Schlauch bzw. luftdichte Gummischicht**
  Der Schlauch ist ein endloser dünnwandiger Gummischlauch mit aufgesetztem Ventil. Er dient als Luftspeicher.
  Der schlauchlose Reifen enthält eine luftundurchlässige Weichgummischicht im Innern des Reifens und an den Seitenflächen der Wülste. Ein Gummiventil ermöglicht einwandfreie Abdichtung.

Am Reifen sind folgende Abmessungen von Bedeutung

- **Reifenbreite** B
  Breite des aufgepumpten, unbelasteten Reifens
- **Reihenhöhe** H
  Abstand zwischen Lauffläche (Protektor) und Felgenschulter
- **Reifeninnendurchmesser** d
  $\hat{=}$ Felgendurchmesser
- **Reifendurchmesser** D
  Außendurchmesser des aufgepumpten, unbelasteten Reifens
- **Reifenhalbmesser** r
  Abstand zwischen Lauffläche und Radmitte
  ($\hat{=}$ halber Reifenaußendurchmesser D)
- **Statischer Halbmesser** r_{stat}
  Abstand zwischen Radmitte und Standebene. Der Reifen ist dabei der höchst zulässigen Belastung ausgesetzt und mit dem vorgeschriebenen Druck aufgepumpt ($r_{stat} < r$).
- **Dynamischer Halbmesser** r_{dyn}
  Abstand zwischen Radmitte und Fahrebene bei einer Fahrzeuggeschwnidigkeit von 60 km/h. Der Reifen ist dabei der höchstzulässigen Belastung ausgesetzt und mit dem vorgeschriebenen Druck aufgepumpt. Durch die Fliehkraft ist $r_{dyn} > r_{stat}$.

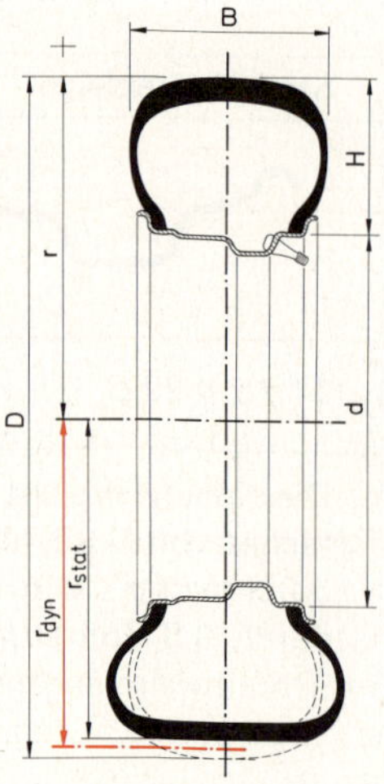

Der schlauchlose Reifen besitzt gegenüber dem Reifen mit Schlauch folgende Vorteile

⊕ größere Fahrsicherheit
Platzen des Reifens ist unwahrscheinlich. Die Luft entweicht nur langsam, so daß Druckverluste frühzeitig erkannt werden.

⊕ geringere Wärmeentwicklung
Reibung zwischen Reifen und Schlauch entfällt

⊕ geringeres Gewicht

⊕ einfachere Montage

Diagonalreifen	**Radialreifen (Gürtelreifen)**
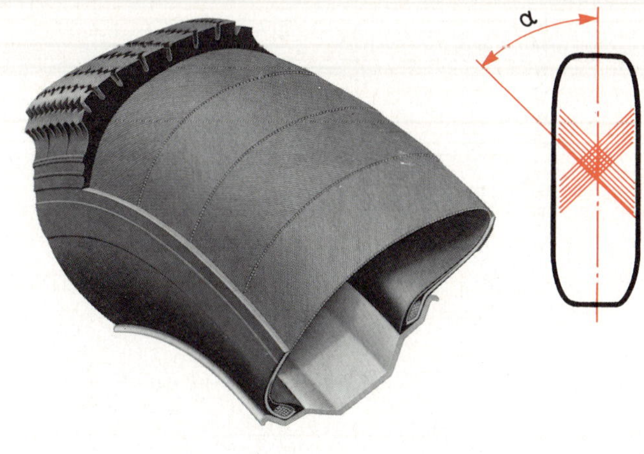	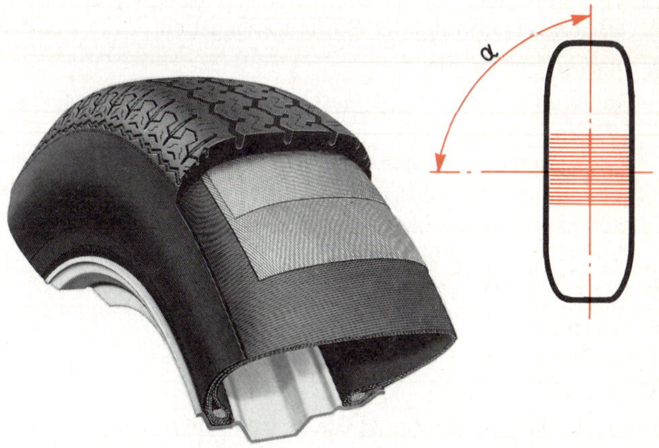

Diagonalreifen

Der Gewebeunterbau besteht aus mehreren Gewebelagen. Die Fäden der verschiedenen Lagen überkreuzen sich (diagonaler Fadenverlauf). Der Fadenwinkel α beträgt bei

- Normalreifen 35 ... 38°,
- Sportreifen 30 ... 34°.

⊕ hohe Eigendämpfung
⊕ billig
⊖ höherer Rollwiderstand
⊖ geringere Bodenhaftung durch unerwünschte Längs- und Querbewegungen der Profilelemente

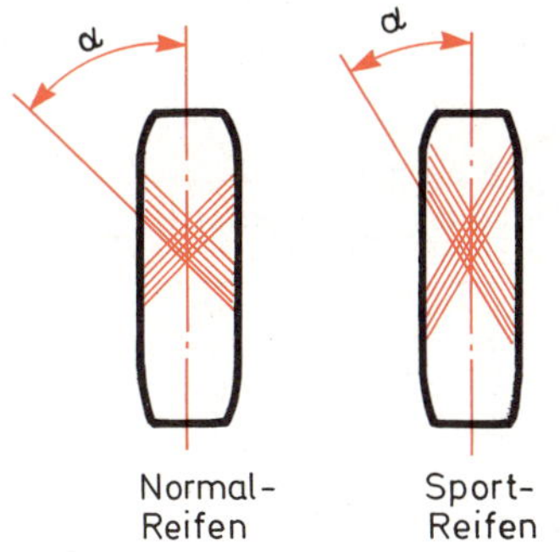

Radialreifen (Gürtelreifen)

Der Gewebeunterbau besteht aus mehreren Gewebelagen. Die Fäden der verschiedenen Lagen verlaufen quer (radial) von Wulst zu Wulst.

Über dem Unterbau ist der Gürtel angeordnet. Er besteht aus mehreren Lagen in Gummi eingebetteter feiner Stahldrähte, die sich unter spitzem Winkel kreuzen.

Der Fadenwinkel α beträgt beim

- Unterbau 85 ... 90°,
- Gürtel 0 ... 30°.

Für die verschiedenen Reifen werden je nach Einsatz unterschiedliche Gürtelkonstruktionen verwendet. Der Gürtel besteht aus Textilcord (Reyon, Polyester, Nylon), Glasfiber- oder Stahlcord (heute vorwiegend!).

⊕ Lange Lebensdauer, da durch den Gürtel die unerwünschten Bewegungen der Profilelemente verhindert werden.
⊕ Die Karkasse ist geschmeidiger.
⊕ geringerer Rollwiderstand
⊕ bessere Bodenhaftung und dadurch kürzerer Bremsweg
⊕ kühler Lauf (geringere Walkarbeit)
⊖ geringere Eigendämpfung
⊖ härterer Lauf im unteren Geschwindigkeitsbereich (vor allem bei älteren Fahrzeugen)

10.2.1 Aqua planing

Seitdem Kraftfahrzeuge für höhere Geschwindigkeiten gebaut werden, kennt man das Problem „Aqua planing" (auch „Wasserglätte" genannt). Dabei bildet sich auf regennasser Fahrbahn ein Wasserkeil zwischen Reifen und Fahrbahn (vor allem bei abgefahrenen Reifen), auf dem das Fahrzeug aufschwimmt (wie ein Wasserskifahrer). Gefährlich dabei ist, daß ein solchermaßen „aufgeschwommenes" Fahrzeug völlig manövrierunfähig ist. Der Kraftschluß zwischen Reifen und Fahrbahn ist unterbrochen, so daß das Fahrzeug weder lenk-, brems- noch antriebsfähig ist. Vor allem bei Kurvenfahrten können dadurch katastrophale Unfälle entstehen.

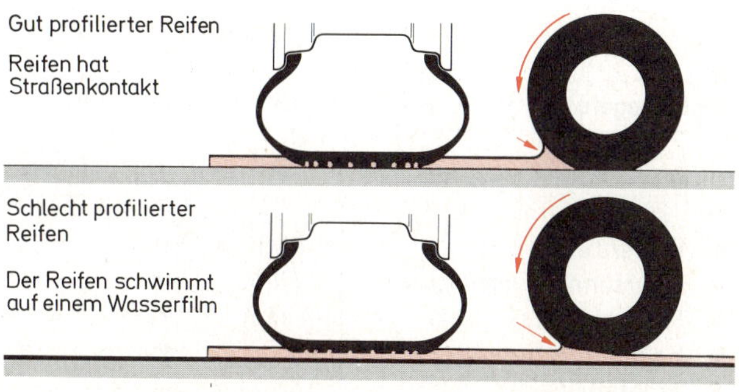

10.2.2 Reifennormung

Die zulässige Höchstgeschwindigkeit bei allen Pkw- und Kraftradreifen wird nach der alten Norm verschlüsselt in der Größenbezeichnung des Reifens angegeben.

Für Diagonalreifen gilt:

S = Sportreifen (**s**peed = Geschwindigkeit), zulässig bis 175 km/h

H = Hochgeschwindigkeitsreifen (**h**igh speed = hohe Geschwindigkeit), zulässig bis 200 km/h

V = Höchstgeschwindigkeitsreifen (**v**ery high speed = sehr hohe Geschwindigkeit), zulässig über 200 km/h

Für Gürtelreifen gilt:

SR bis 180 km/h
HR bis 210 km/h
VR über 210 km/h

Die neue ECE-Regelung (ECE = Economy Counceil for Europe) gibt für Gürtelreifen die zulässige Höchstgeschwindigkeit durch einen Kennbuchstaben zusammen mit der Tragfähigkeitskennzahl an.

Mit der Reifentragfähigkeit werden die Reifen nach ihrer Beanspruchungsfähigkeit unterschieden.

- **Diagonalreifen**
  Die Tragfähigkeit der Karkasse wird durch die PR Kennziffer (PR = Ply Rating) ausgedrückt (z.B.: 7,00–13/4 PR). Die PR-Kennziffer ist ein Maß für die Karkassenfestigkeit. Sie gibt nicht die Anzahl der Cordlagen an!
- **Radialreifen**
  Die ECE-Regelung sieht eine Tragfähigkeitskennzahl vor. Mit Hilfe dieser Kennzahl kann die Tragfähigkeit des Reifens bestimmt werden (z.B.: Kennzahl 76 → Tragfähigkeit = 400 kg).

Kennbuchstaben (neue Norm)	Höchstgeschwindigkeit in km/h
L	120
M	130
N	140
O	entfällt
P	150
Q	160
R	170
S	180
T	190
U	200
H	210

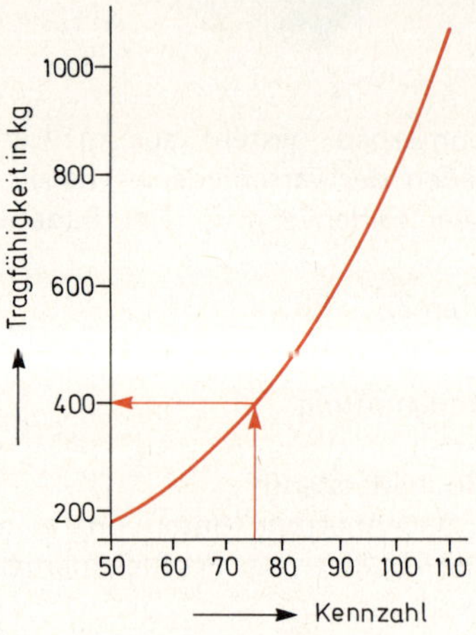

Auf dem Seitengummi der Reifen befinden sich u.a. folgende Angaben:

Alte Norm (Gültig für Diagonalreifen! Während einer Übergangszeit noch zulässig für Gürtelreifen!)

	7,50 – 14/4 PR	185/70 VR 15
Reifenbreite	7,5″	185 mm
Querschnittsverhältnis	88 %	70 %
Höchstgeschwindigkeit	150 km/h	> 210 km/h
Reifenbauart	Diagonal	Gürtel
Felgendurchmesser	14″	15″
Karkassenfestigkeit	≙ der Festigkeit von 4 Baumwollcordlagen	

ECE-Regelung (Gültig seit 1.1.1978 für Gürtelreifen!)

	185/70 R 15 89 T
Reifenbreite	185 mm
Querschnittsverhältnis	70 %
Reifenbauart	Gürtel
Felgendurchmesser	15″
Tragfähigkeit	580 kg
Höchstgeschwindigkeit	190 km/h

10.2.3 Lebensdauer der Reifen

Die Lebensdauer der Reifen wird durch folgende Größen beeinflußt:

- Reifendruck (Luftdruck)
- Belastung (Beladung) des Fahrzeugs
- Fahrweise
- Geschwindigkeit
- Radstellung

Regelmäßige Luftdruckkontrollen helfen Reifenschäden zu vermeiden. Die Luftdruckkontrollen sind grundsätzlich am kalten Reifen durchzuführen. Reifen, die einige Zeit gefahren wurden, weisen durch Erwärmung (Walkarbeit) einen höheren Druck auf.

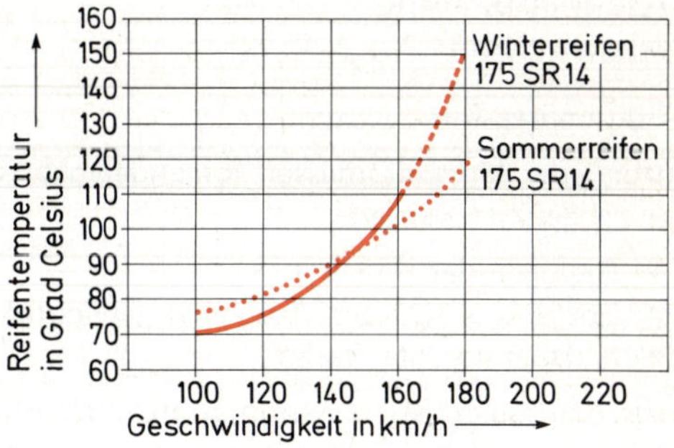

Der Reifen liegt mit der ganzen Laufflächenbreite auf der Fahrbahn auf.

⊕ Der Reifen erfüllt die an ihn gestellten Anforderungen.

richtiger Luftdruck 100% Lebensdauer	
20% zu geringer Luftdruck 85% Lebensdauer	Verlust 15%
40% zu geringer Luftdruck 60% Lebensdauer	Verlust 40%
60% zu geringer Luftdruck 25% Lebensdauer	Verlust 75%

Die Reifenfläche wölbt sich nach außen.

⊖ Die Federungseigenschaften werden schlechter.

⊖ Der Reifen nutzt sich vorwiegend in der Mitte ab.

Die Reifenlauffläche wölbt sich nach innen.

⊖ Durch verstärkte Walkarbeit erhöht sich die Reifentemperatur. Der Gewebeunterbau nimmt Schaden.

⊖ Rollwiderstand und Verschleiß werden größer. Der Reifen nutzt sich hauptsächlich außen ab.

⊖ Die Fahrstabilität wird erheblich beeinträchtigt.

10.2.4 Unwucht

Bei allen drehenden Teilen tritt eine herstellungs- oder montagebedingte Unwucht auf, die den Rundlauf stört und den Verschleiß der Räder und Bereifung, der Radaufhängung und der Lenkungsteile erhöht.

Man unterscheidet zwischen statischer und dynamischer Unwucht, die jedoch meist zusammen auftreten.

Statische Unwucht

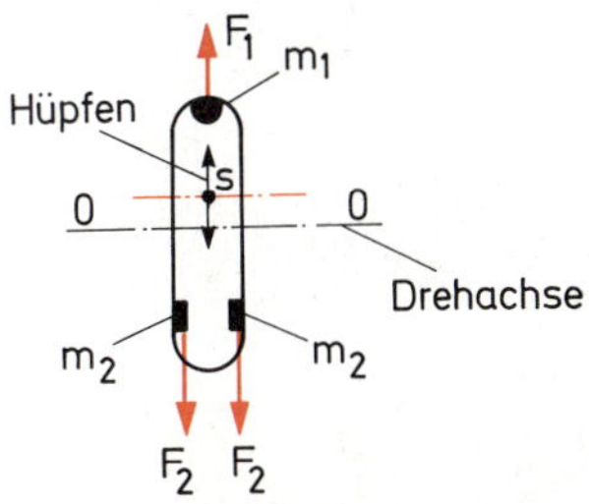

Durch ungleiche Massenverteilung zur Drehachse 0—0 entsteht eine statische Unwucht. Der Schwerpunkt des Rades liegt außerhalb der Drehachse. Dadurch entsteht bei der Drehung des Rades eine Fliehkraft, die die Drehachse verschieben will. Das Rad hüpft!

Die statische Unwucht wird beseitigt, indem man gegenüber der Schwerpunktsverlagerung an beiden Felgenhörnern entsprechend große Ausgleichsmassen m_2 befestigt. Damit wird der Schwerpunkt auf die Drehachse verschoben. Die Masse m_2 wird auf beide Felgenhörner aufgeteilt, damit keine dynamische Unwucht entsteht.

Dynamische Unwucht

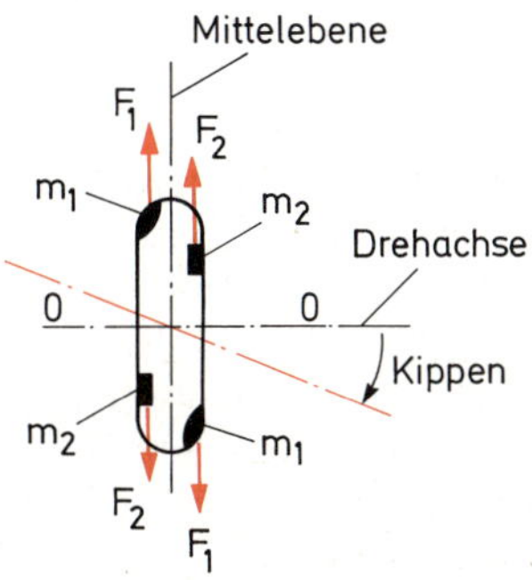

Durch ungleiche Massenverteilung zur Mittelebene (sie steht senkrecht auf der Drehachse) entsteht die dynamische Unwucht. Die Unwuchtstelle liegt außerhalb der Mittelebene, so daß bei der Drehung des Rades eine Fliehkraft entsteht, die die Drehachse kippen will. Das Rad taumelt!

Die dynamische Unwucht wird beseitigt, indem man gegenüber den Massenverlagerungen zwei gleichgroße Ausgleichsmassen m_2 an den Felgenhörnern befestigt.

Kfz-Meßtechnik
Auswuchten

Stationäres Auswuchten

Vor jeder Messung müssen folgende vorbereitende Arbeiten durchgeführt werden:

- Reinigen des Rades
- Entfernen der alten Ausgleichsgewichte (-massen)
- Aufspannen des Rades

Bei der abgebildeten Automatik-Digital-Radwuchtmaschine werden alle Meßwerte in einem Meßlauf ermittelt. Die Größe der Unwucht beider Ebenen wird durch zwei Meßinstrumente und die Ausgleichsstellen beider Ebenen durch die Digital-Richtungsanzeigen angezeigt und gespeichert. Sind die Werte gespeichert, dann bremst die Maschine automatisch ab.

Das auf dem Meßinstrument angezeigte Ausgleichsgewicht muß an der angezeigten Ausgleichsstelle am Felgenhorn befestigt werden.

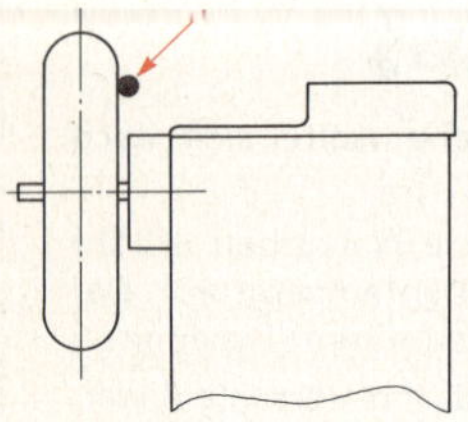

1 Einstellknopf für die Felgenbreite
2 Einstellknopf für den Felgendurchmesser
3 Einstellknopf für offene bzw. geschlossene Räder
4 Start-Taste
5 Stop-Taste
6 Hauptschalter
7 Meßinstrument für die Unwuchtgröße der äußeren Ebene
8 Meßinstrument für die Unwuchtgröße der inneren Ebene
9 Digital-Richtungsanzeige der äußeren Ebene
10 Digital-Richtungsanzeige der inneren Ebene
11 Elektronik-Sicherung
12 Kontrolleuchte für den Hauptschalter
13 Anzeigefenster für die Ausgleichsstelle der Unwucht

Auswuchten am Fahrzeug

Mit der fahrbaren Radwuchtmaschine mit Wagenheber als Unwuchtgeber können die Räder direkt am Fahrzeug ausgewuchtet werden. Im Wagenheber ist ein piezoelektrischer Kraftmesser eingebaut, der die von der Unwucht erzeugten Schwingungen registriert und sie an die Wuchtmaschine weitergibt.

Während das Rad von der Antriebsrolle auf ca. 150 km/h beschleunigt wird, ist die Elektronik ausgeschaltet. Dadurch werden Unwucht- und Richtungsanzeige durch die Antriebserschütterungen nicht beeinflußt.

Ist die max. Drehzahl des Rades erreicht, dann wird die Wuchtmaschine zurückgezogen (der Motor wird abgeschaltet). Die Größe der Unwucht wird an dem max. Zeigerausschlag des Anzeigeinstrumentes abgelesen.

Die Lage der Unwuchtstelle wird durch das Anblitzen einer Markierung ermittelt. Scheint die markierte Stelle beim Anblitzen stillzustehen, dann befindet sich die Ausgleichsstelle senkrecht über der Radmitte.

Bei diesem Verfahren wird nicht nur das Rad selbst, sondern auch Radnabe und Bremstrommel bzw. Bremsscheibe ausgewuchtet.

ZUSAMMENFASSUNG Räder und Bereifung

Rad

Radnabe

Dient der Radlagerung

- Flanschnabe
- Zweiradnabe

Radkörper

Verbindet Nabe mit Felge

- Scheibenrad (Voll-, Rippen-, Loch-)
- Drahtspeichenrad

(Radnabe und Radkörper:)

- Radstern

Felge

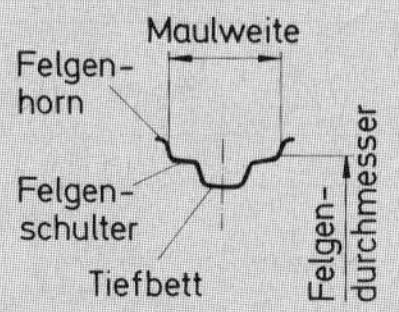

Nimmt den Reifen auf

- Tiefbettfelge (mit Sicherheitsschulter ≙ Humpfelge)
- Halbtiefbettfelge
- Steilschulterfelge
- Breitfelge
- Schrägschulterfelge (ringgeteilt, umfanggeteilt)
- Flachbettfelge

Unwucht

statisch	dynamisch
Ungleiche Massenverteilung zur Drehachse	Ungleiche Massenverteilung zur Mittelebene
Das Rad hüpft!	Das Rad taumelt!

Diagonalreifen

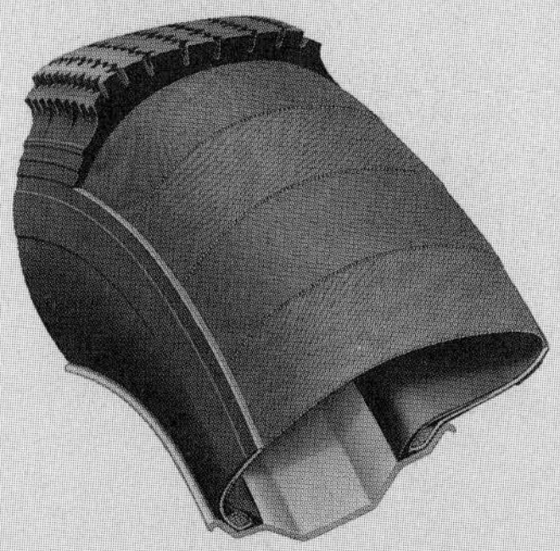

Fadenwinkel des Unterbaus

- Normalreifen 35 ... 38°
- Sportreifen 30 ... 34°

Bereifung

Übeträgt die Kräfte auf die Fahrbahn

Besteht aus

- Gewebeunterbau (Karkasse)
- Zwischenbau
- Wulst mit Wulstkern
- Seitengummi
- Lauffläche (Protektor)
- mit Schlauch oder schlauchlos

Nach dem Profil werden unterschieden

- Sommerreifen
- Winterreifen

Gürtelreifen

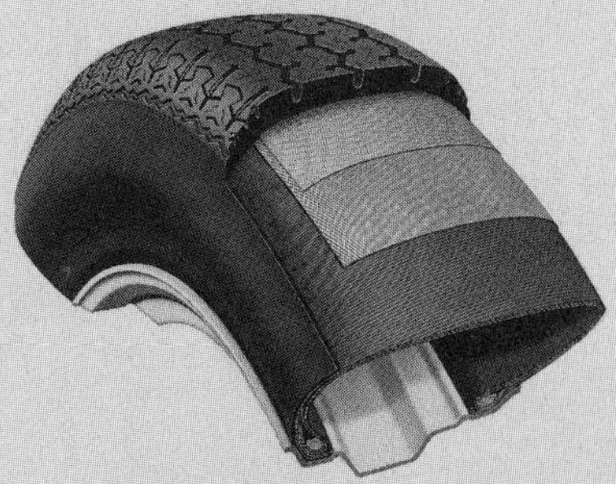

Über dem Unterbau ist zusätzlich ein Gürtel angeordnet.

Fadenwinkel

- Unterbau 85 ... 90°
- Gürtel 0 ... 30°

ANALYSE Räder

Bestimmen Sie

- die Bauart der Räder,
- die Felgenart und deren Normungsmerkmale.

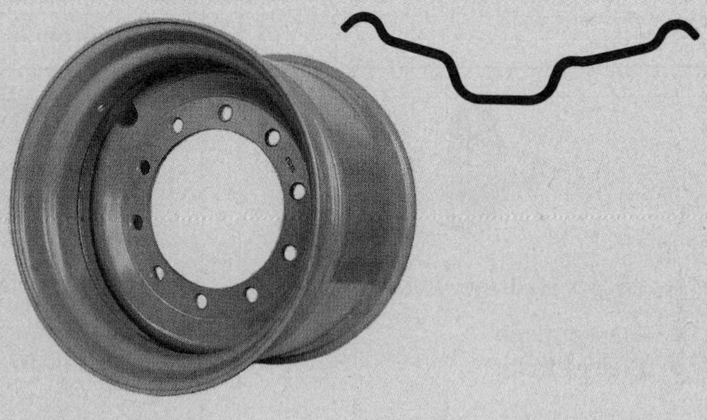

ANALYSE Bereifung

1. Erklären Sie die auf dem Seitengummi der Reifen vorhandenen Angaben.
2. Bestimmen Sie
   - den Fadenverlauf der Karkasse,
   - die Bauart der Reifen,
   - das Reifenprofil.
3. Beurteilen Sie die Entwicklung des Reifenquerschnitts.

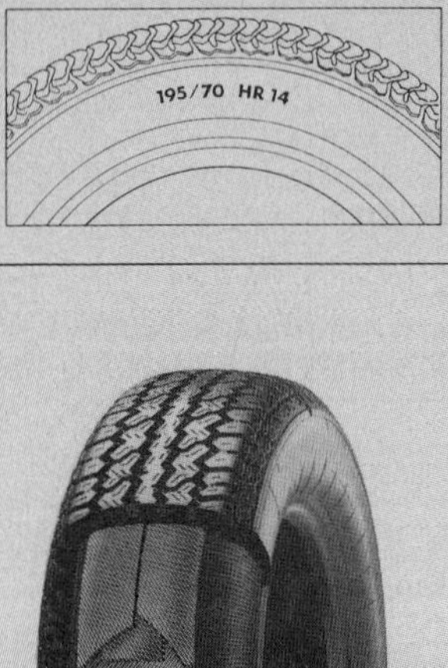

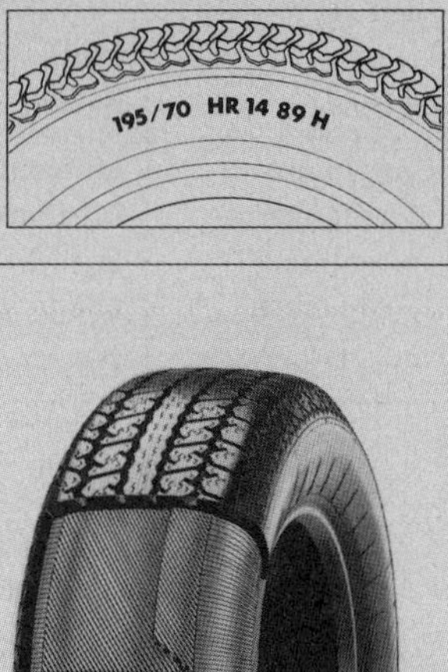

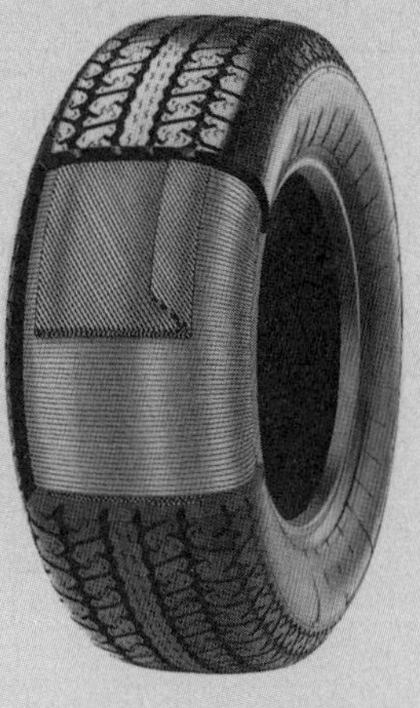

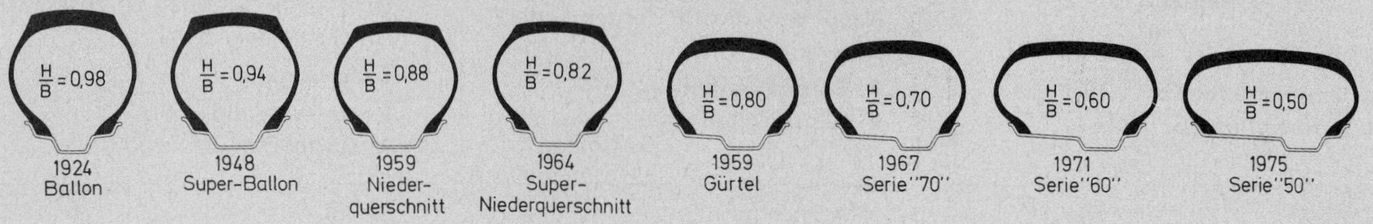

ARBEITSPLANUNG Räder und Bereifung

Entwickeln Sie den Arbeitsplan für die dargestellten Prüf- und Instandsetzungsarbeiten, indem Sie

- die Reihenfolge der Prüf- und Instandsetzungsarbeiten,
- die Auswahl der Prüfmittel bzw. Werkzeuge,
- die zu beachtenden Prüf- bzw. Arbeitsregeln/Sicherheitsvorschriften,
- die Auswertung der Prüfergebnisse,
- die erforderlichen Ersatzteile

angeben und begründen.

Räder auswuchten

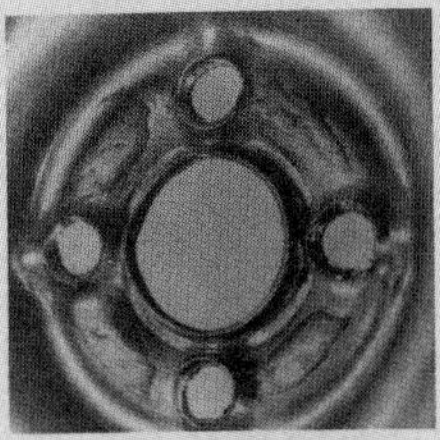
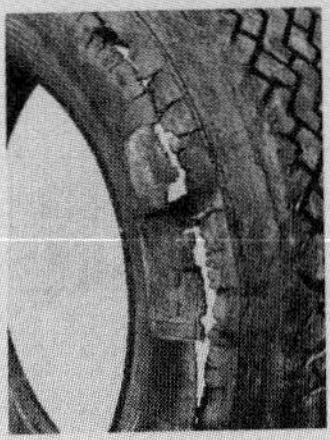

Reifen wechseln

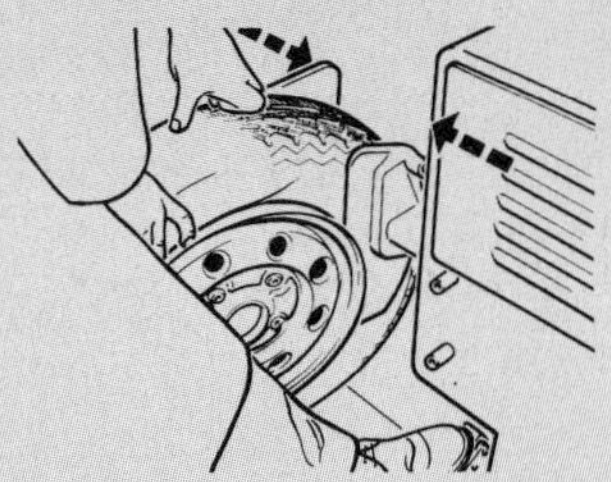
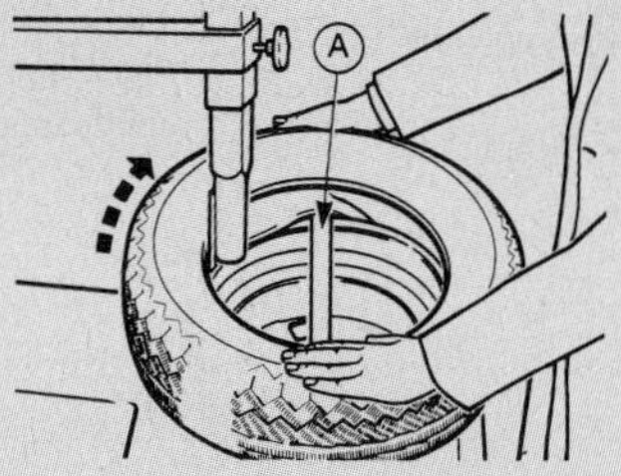

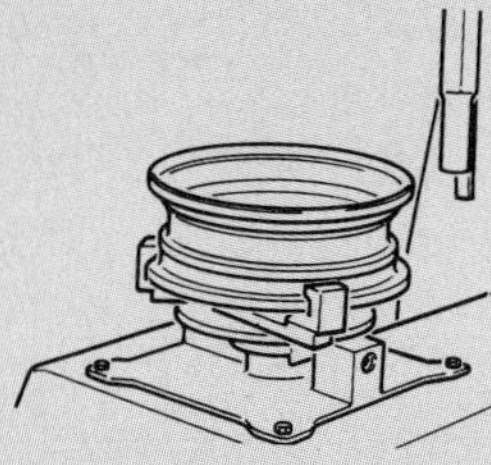
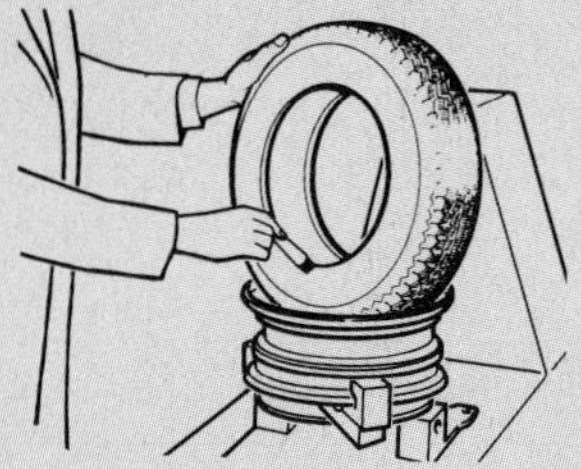
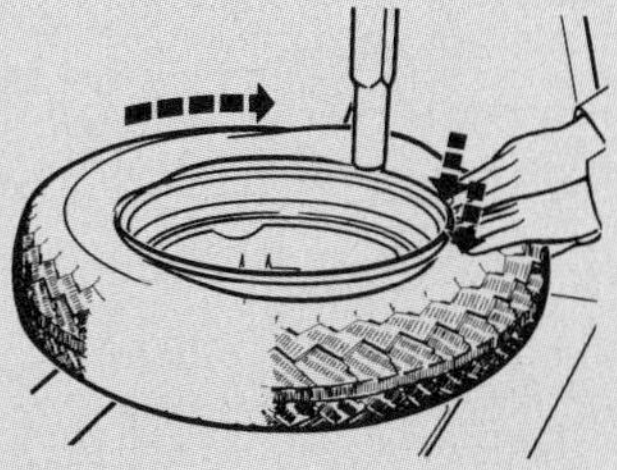

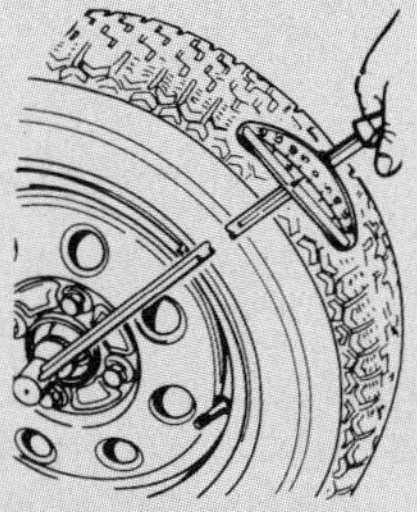
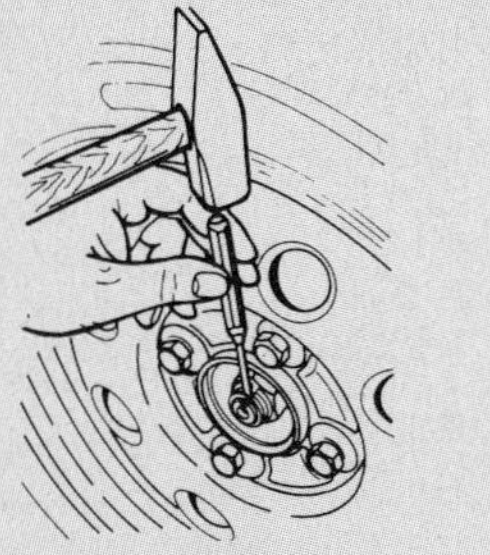

Felgen montieren

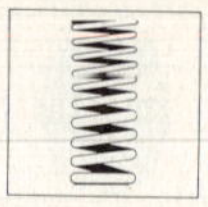

11 Federung

Bei mittleren Geschwindigkeiten treten bereits bei geringen Fahrbahnunebenheiten starke Fahrbahnstöße auf. Das Fahrzeug läßt sich schlechter manövrieren, da die Räder den Fahrbahnkontakt leicht verlieren.

11.1 Grundlagen

11.1.1 Schwingungen

Wird eine Masse an einer Feder durch eine Kraft aus ihrer Ruhelage ausgelenkt, so entsteht in der Feder eine Rückstellkraft, die das System zurückschwingen läßt. Die Masse schwingt dabei jedoch über ihre Ruhelage hinaus, so daß erneut eine Rückstellkraft entsteht. Dieser Vorgang wiederholt sich so lange, bis die durch die Auslenkkraft zugeführte Schwingungsenergie durch die innere Reibung (Molekularreibung) vollständig in Wärme umgewandelt ist.

Blattfeder

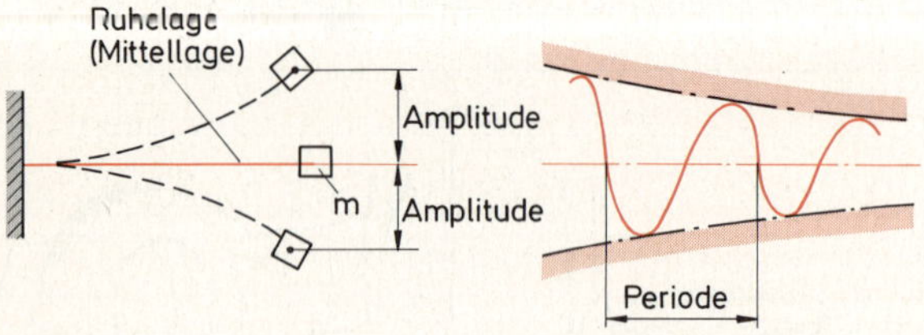

Schraubenfeder

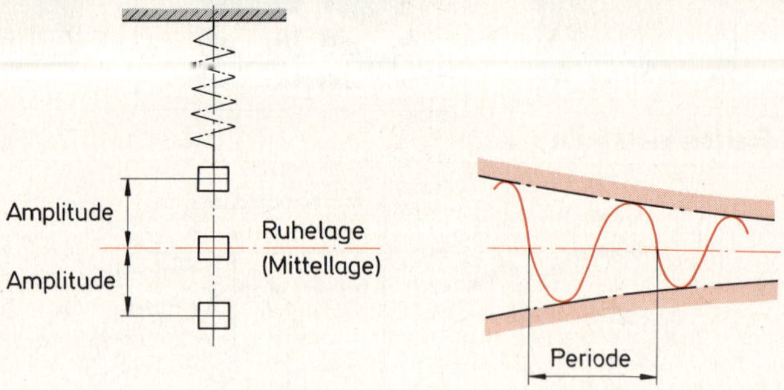

Wir unterscheiden folgende Begriffe:

Schwingung	Amplitude	Periode	Frequenz	Resonanz
Hin- und Herbewegung der Masse	Größter Abstand der schwingenden Masse zur Ruhelage (Mittellage)	Schwingzeit für eine Schwingung	Anzahl der Schwingungen in einer Sekunde Kleine Frequenz wird durch große Masse und weiche Federn erzielt. Große Frequenz wird durch kleine Masse und harte Federn erzielt.	Masse wird im Rhythmus ihrer Schwingung durch eine Kraft angestoßen. Amplitude wird dadurch größer (Aufschaukeln).

Am Kraftfahrzeug können Schwingungen um die drei Raumachsen bzw. in Längsrichtung der drei Raumachsen auftreten.

Meist treten jedoch Überlagerungen dieser Einzelschwingungen auf.

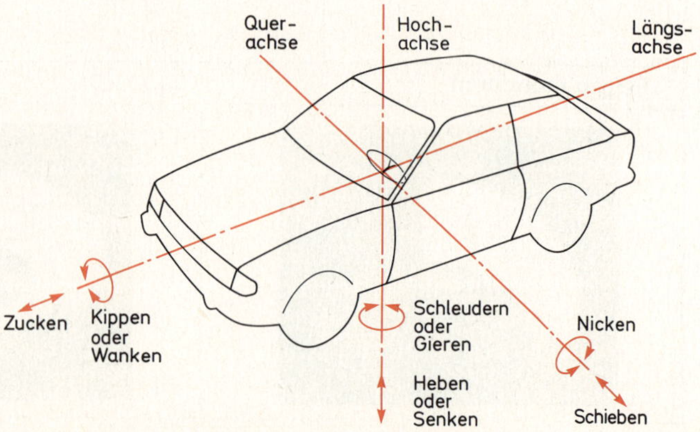

11.1.2 Federkennlinien

Wird eine Feder belastet, dann tritt eine Längenänderung, Verdrehung bzw. Durchbiegung der Feder ein. Der Betrag der Längenänderung, Verdrehung bzw. Durchbiegung (≙ Größe des Federweges) ist abhängig von der Belastung (≙ Federkraft) und der Art der Feder.

Das Verhältnis aus Federkraft und Federweg wird Federrate genannt. Eine Feder mit einer kleinen Federrate ist eine weiche Feder.

Trägt man die Federkraft in Abhängigkeit des Federweges in ein Diagramm ein, dann ergibt sich eine Kennlinie, die eine Beurteilung des Federverhaltens ermöglicht.

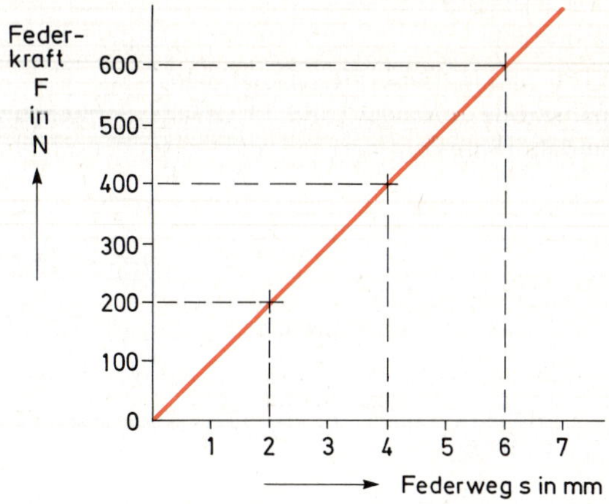

Lineare Kennlinie

flach verlaufend

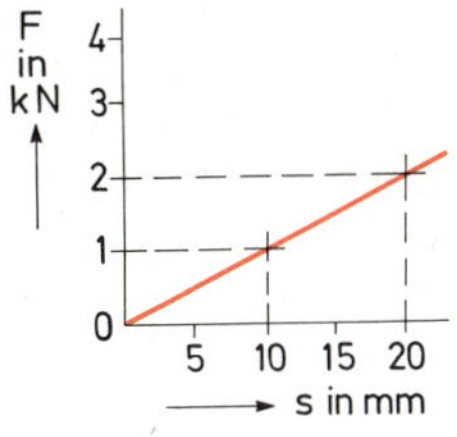

Entsteht bei dünnem Draht und (oder) großem Windungsdurchmesser

- ⊕ Fahrzeug erhält eine geringe Frequenz (Fahrkomfort).
- ⊖ starkes Einfedern
- ⊖ unbeladenes Fahrzeug erscheint hochbeinig
- ⊖ großer Niveauunterschied bei Beladung
- ⊖ Bodenhaftung der Räder sowie Seitenneigung bei Kurvenfahrt werden ungünstig beeinflußt.

steil verlaufend

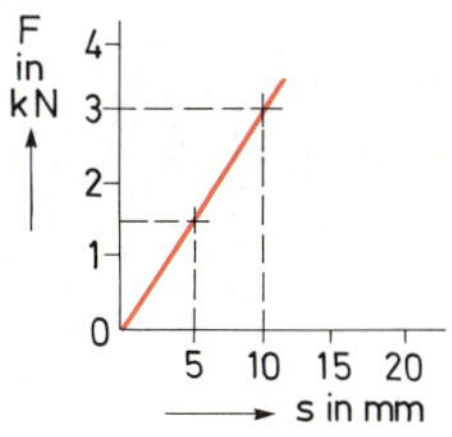

Entsteht bei dickem Draht und (oder) kleinem Windungsdurchmesser

- ⊕ Fahrsicherheit des Fahrzeugs wird erhöht.
- ⊕ Federweg ist klein.
- ⊖ Fahrkomfort nimmt ab, da jede kleine Fahrbahnunebenheit auf den Aufbau übertragen wird.

Progressive Kennlinie

gekrümmt

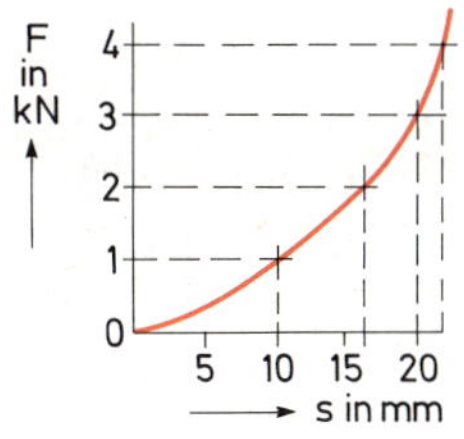

Entsteht durch besondere Formgebung der Federn (z.B. unterschiedlicher Windungsmesser bzw. Drahtdurchmesser)

gestuft

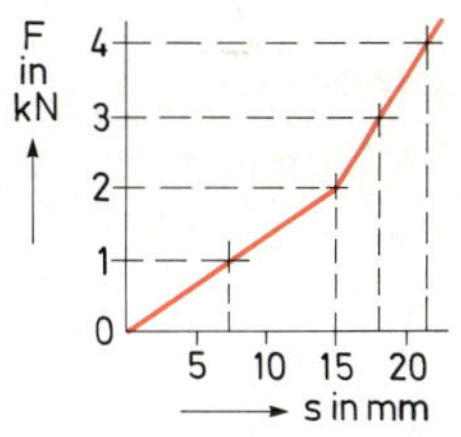

Entsteht durch Verwendung mehrerer Federelemente die erst bei einer bestimmten Belastung wirksam werden (Federpaket)

Eine Feder mit progressiver Kennlinie stellt eine Kombination zwischen einer weichen und einer harten Feder dar.

- ⊕ Verhält sich zunächst wie eine weiche Feder, so daß kleine Fahrbahnstöße gut aufgenommen werden.
- ⊕ Mit zunehmender Belastung wird die Feder härter, so daß das Durchschlagen der Feder vermieden wird.

11.2 Fahrzeugfederung

Die Federung soll

- Gewichts- und Massenkräfte aufnehmen,
- Fahrbahnstöße abfangen und in weiche Schwingungen umwandeln (Fahrkomfort),
- gute Bodenhaftung der Räder auf der Fahrbahn gewährleisten (Fahrsicherheit).

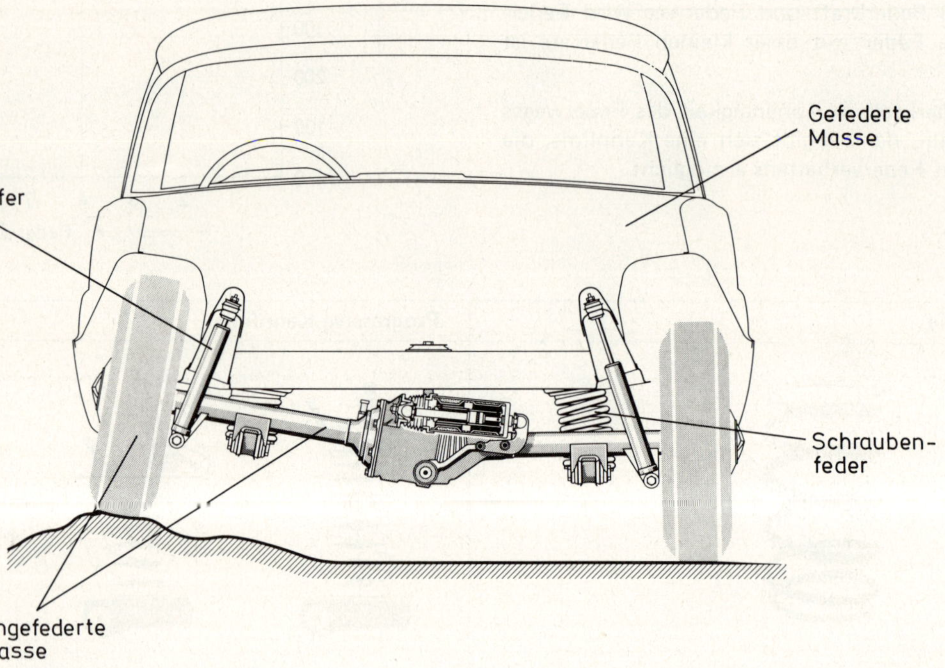

Gefederte Masse	Ungefederte Masse
• Sie besteht u.a. aus Aufbau, Motor, Wechselgetriebe und der Zuladung. • Je größer die gefederte Masse, desto ruhiger fährt das Fahrzeug. • Die Frequenz beträgt etwa 1 ... 2 Schwingungen pro Sekunde.	• Sie besteht aus Radaufhängung (Achsen) und Rädern. • Eine große ungefederte Masse würde durch die Fahrbahnstöße eine große Bewegungsenergie aufnehmen. Die Räder würden leichter und höher springen. Deshalb soll die ungefederte Masse möglichst klein sein. • Die Frequenz beträgt etwa 10 ... 15 Schwingungen pro Sekunde.

Die Wirkung der Fahrzeugfederung wird durch die

- Elastizität des Federwerkstoffes (Stahl, selten Gummi) bzw.
- Kompression der Gase (Luft, Stickstoff)

erreicht. Sie wird unterstützt durch elastische Aufhängungen und die Federwirkung der Bereifung und der Sitze (Polster).

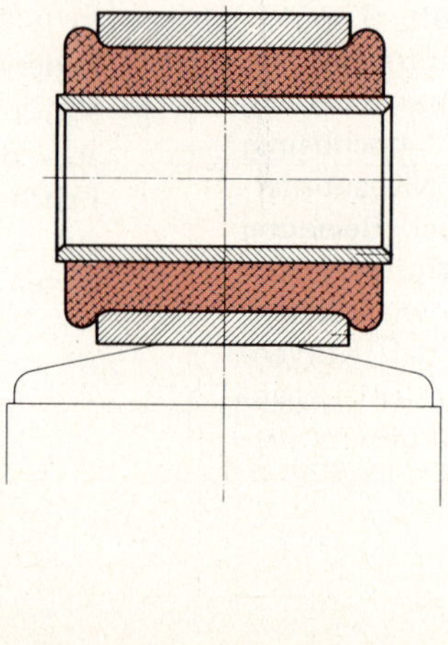

11.2.1 Stahlfederung

Blattfeder

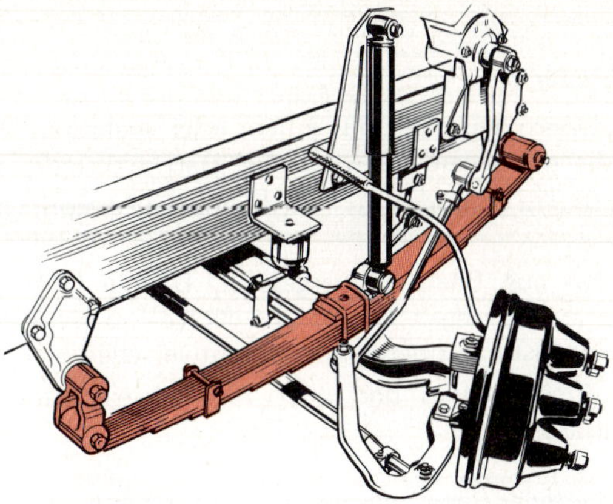

Die Blattfeder wird durch die Federbügel mit der Radachse verbunden. Der Längenausgleich beim Einfedern wird durch die Befestigung an einer beweglichen Federlasche gewährleistet.

Blattfedern werden auf Biegung beansprucht. Für geschichtete Trapezfedern werden vorwiegend Siliziumstähle, für Parabelfedern Edelstähle verwendet.

Einsatz: Meist als Halbfedern (Halbelliptikfedern) verwendet. Anwendung als Längsfedern an Vorder- und Hinterachse von Nutzfahrzeugen und als Federung bei Pkw mit starrer Hinterachse.

Geschichtete Trapezfeder (mit Zusatzfeder)	Parabelfeder	Blattfeder (Sonderausführung)
 Die geschichtete Trapezfeder besteht aus gleich dicken und gleich breiten, aber unterschiedlich langen Federblättern. Zwischen den einzelnen Blättern entsteht durch die Relativbewegung Reibung. Die dadurch entstehende Eigendämpfung soll durch • Schmieren zwischen den Federblättern, • Schleifen der Blätter oder • Zwischenlagen aus Kunststoff möglichst gering gehalten werden. Bei geringer Durchbiegung entsteht eine lineare Kennlinie.	 Die Parabelfeder besteht aus Federblättern, die einen Körper gleicher Festigkeit darstellen, d.h. der Querschnitt jedes Blattes wird in Richtung der Federenden kleiner. Dadurch tritt bei Belastung in jedem Querschnitt die gleiche Spannung auf. Bei geringer Durchbiegung entsteht eine lineare Kennlinie. ⊕ Gegenüber der Trapezfeder ergibt sich eine Werkstoffersparnis von 30 ... 50 %.	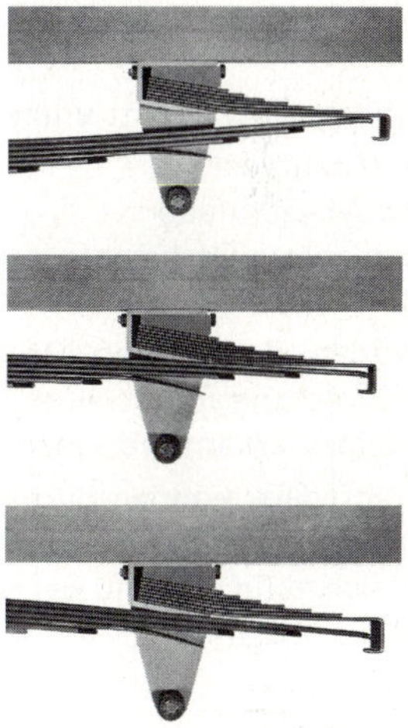 Diese Blattfeder wird bei Belastung immer härter, da die Federlänge mit zunehmender Einfederung kürzer wird. Es entsteht eine stark progressiv gekrümmte Kennlinie.

Schraubenfeder

Schraubenfedern werden aus Draht gewickelt. Der freie Raum in der Mitte der Feder wird oft zum Einbau eines Stoßdämpfers genutzt (Federbein).

Schraubenfedern werden als Zug- oder Druckfedern ausgeführt, die jedoch auf Verdrehung (Torsion) beansprucht werden (aufgewickelte Drehstabfeder).

Einsatz: Hauptsächlich bei Einzelradaufhängungen

Zylinderfeder	Kegelfeder	Tonnenfeder	Federpaket
 Kennlinie linear, wenn Drahtdicke und Steigung konstant. Kennlinie progressiv gekrümmt, wenn Drahtdicke und Steigung unterschiedlich.	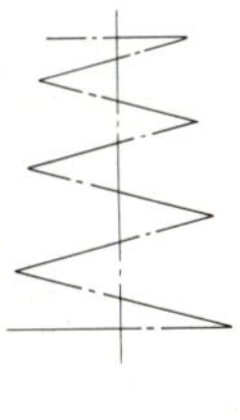 Außer dem Windungsdurchmesser können auch die Drahtdicke und die Steigung unterschiedlich sein. Kennlinie progressiv gekrümmt.	 Außer dem Windungsdurchmesser können auch die Drahtdicke und die Steigung unterschiedlich sein. Kennlinie progressiv gekrümmt.	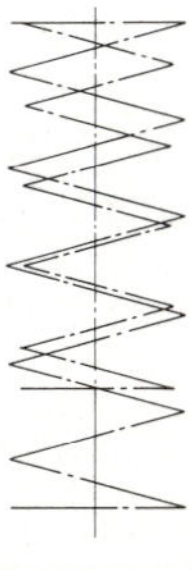 Verschieden lange Schraubenfedern werden ineinandergebaut. Kennlinie progressiv gestuft.

Drehstabfeder

Drehstabfedern bestehen aus einem oder mehreren Stahlstäben, die mit einem Schwinghebel starr verbunden sind.

Drehstabfedern werden auf Verdrehung (Torsion) beansprucht.

Sie werden aus Edelstahl hergestellt. Da die Oberfläche sehr empfindlich gegen Riefen und Korrosion ist, werden Drehstäbe meist mit einer Schutzschicht versehen.

Einsatz: Einbau längs und quer zur Fahrtrichtung und als Stabilisator

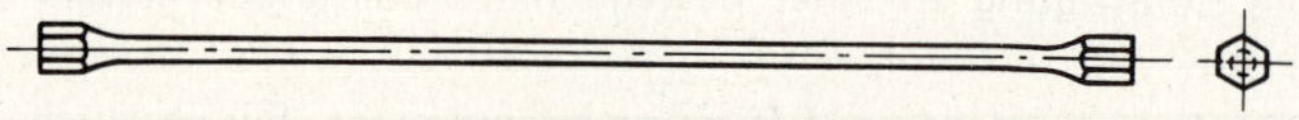

Drehstabfeder (längs oder quer zur Fahrtrichtung)

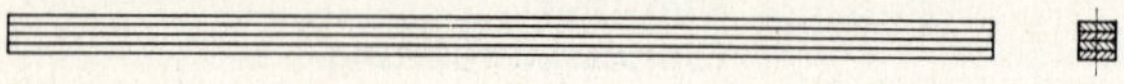

Nach ihrem Querschnitt unterscheiden wir:

- Rundstabfeder
- Rechteckstabfeder
- geschichtete Drehstabfeder
- gebündelte Drehstabfeder

Die Enden der runden Drehstabfedern sind angestaucht und meist mit einer Kerbverzahnung (selten mit einem Vierkant) versehen.

Drehstabfedern können durch ein Hüllrohr gegen Beschädigung geschützt werden. Dabei kann das Hüllrohr gleichzeitig federnd gestaltet werden, so daß ein Federpaket entsteht.

Kennlinie linear, bei Verwendung eines Hüllrohres progressiv.

Stabilisator

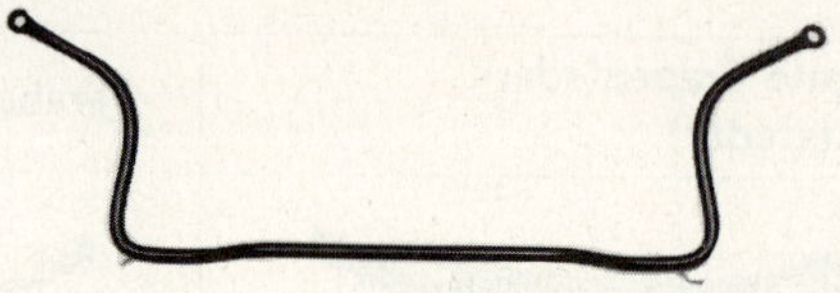

Stabilisatoren verbinden die beiden Räder einer Achse, um so bei Kurvenfahrt die Neigung des Fahrzeugaufbaus zu verringern.

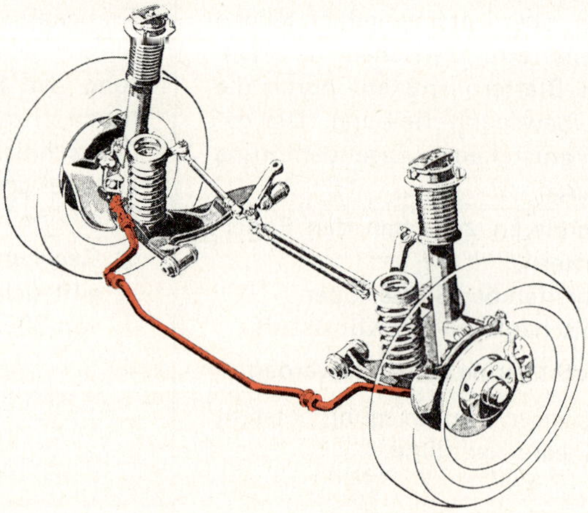

Vergleich zwischen Blattfeder, Schraubenfeder und Drehstabfeder

Merkmale	Blattfeder	Schraubenfeder	Drehstabfeder
			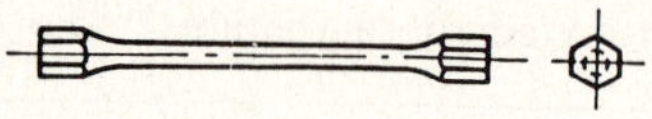
• Bauweise	⊖ schwer	⊕ leicht	⊕ leicht
• Platzbedarf	⊖ groß	⊕ gering	⊕ gering
• zur Übertragung von Schubkräften geeignet	⊕ geeignet	⊖ nicht geeignet	⊖ nicht geeignet
• wartungsfrei	⊕ ja, wenn Zwischenlage aus Kunststoff und Lagerung in Gummi	⊕ ja	⊕ ja
• Eigendämpfung	⊖ ja (aber unkontrollierbar)	⊕ fast keine	⊕ fast keine

11.2.2 Luftfederung

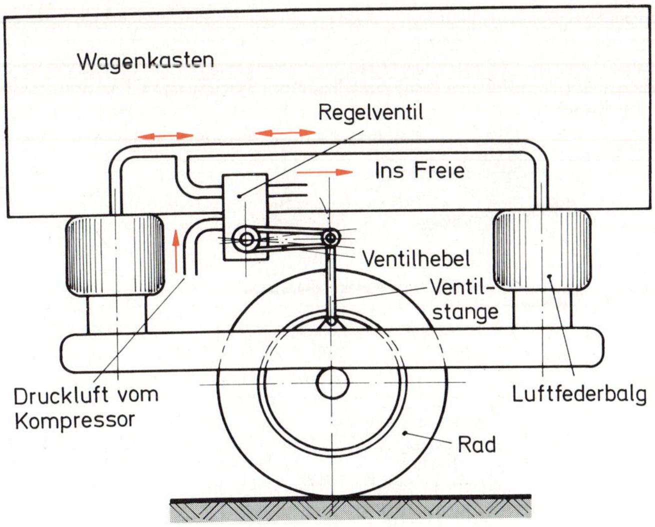

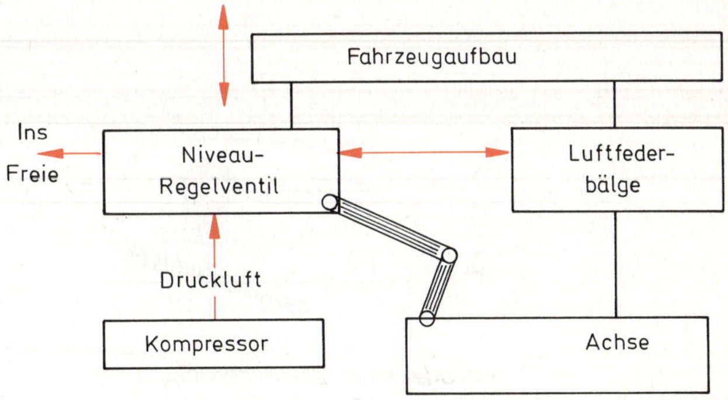

Beim Überfahren eines Hindernisses wirkt die Luftfüllung in den Federbälgen als pneumatische Feder. Dabei wird das elastische Verhalten der eingeschlossenen Luft ausgenutzt.

Eine wichtige Baueinheit ist das Niveau-Regelventil. Bei Veränderung der Fahrzeugbelastung läuft folgender Vorgang ab.

Belastung

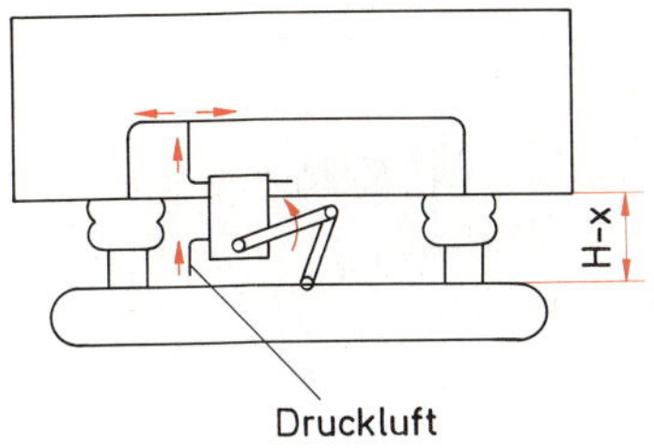

Die Luftfederbälge werden zusammengedrückt.

Dadurch wird der Abstand zwischen Aufbau und Achse (Federträger) verringert ($H - x$), so daß die Ventilstange den Ventilhebel nach oben verdreht.

Das Ventil wird betätigt.

Nun strömt Druckluft vom Kompressor (bzw. dem Vorrätsbehälter) über das Ventil zu den Federbälgen, bis die ursprüngliche Höhe H wieder erreicht ist.

Entlastung

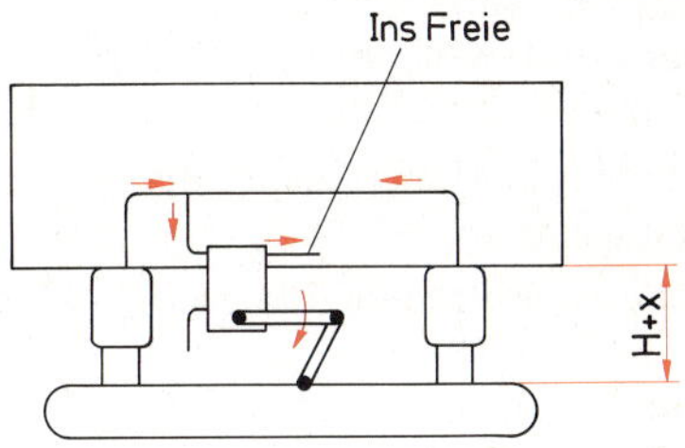

Die Luftfederbälge werden entlastet.

Dadurch wird der Abstand zwischen Aufbau und Achse (Federträger) vergrößert ($H + x$), so daß die Ventilstange den Ventilhebel nach unten verdreht.

Das Ventil wird betätigt.

Nun strömt die Luft aus den Federbälgen über das Ventil ins Freie, bis die ursprüngliche Höhe H erreicht ist.

Damit bei kurzzeitigen Schwingungen keine unerwünschte Regelung erfolgt, ist oft ein Dämpfungsglied zwischengeschaltet, welches erst nach einer gewissen Ansprechzeit (ca. 8 s) die Regelung einsetzen läßt.

⊕ Fahrzeugniveau regelbar
⊕ Beladungs- und Einstieghöhe konstant
⊕ Federkennlinie progressiv
⊕ keine Eigendämpfung
⊖ Luftfedern können keine Schubkräfte übertragen

Einsatz: Vorwiegend in Omnibussen und Lastkraftwagen, da diese bereits eine Druckluftanlage besitzen. Es gibt aber auch Luftfederungssysteme für Pkw.

11.2.3 Hydropneumatische Federung

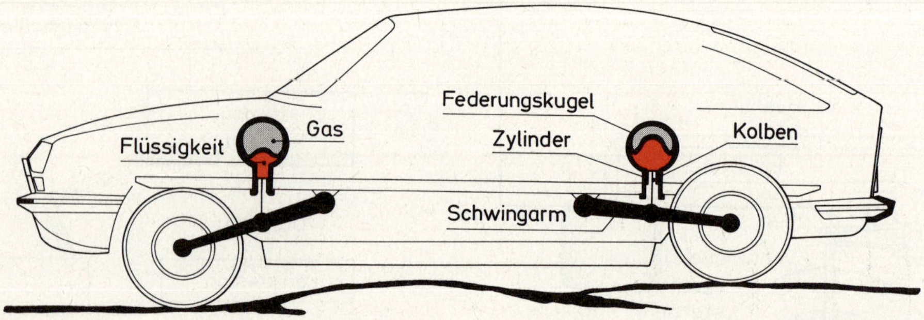

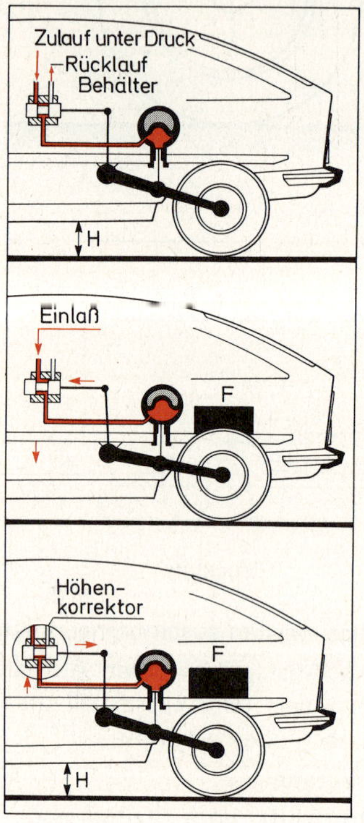

Beim Überfahren eines Hindernisses (unebene Fahrbahn) wirkt die Gasfüllung als pneumatische Feder.

- Durch den Fahrbahnstoß wird der Schwingarm und damit der Kolben nach oben bewegt
- Die Flüssigkeit, die der Zylinder enthält, wird in die Kugel hineingedrückt.
- Die Membran wird nach oben verschoben und damit das Gas mehr oder weniger komprimiert.
- Ist das Hindernis passiert, entspannt sich das Gas bis der ursprünglich vorhandene Druck wieder erreicht ist. Membran und Kolben nehmen ihre Ausgangslage wieder ein.

Durch die eingebauten Höhenkorrektoren wird die Bodenfreiheit konstant gehalten.

- Bei zunehmender Belastung (Beladung) federt der Aufbau ein.
- Über das entsprechende Steuergestänge wird der Schieber des zugehörigen Höhenkorrektors so bewegt, daß der Einlaß freigegeben wird.
- Das Flüssigkeitsvolumen in den Zylindern nimmt um den gleichen Betrag zu, um den das Gasvolumen abgenommen hat.
- Der Aufbau wird wieder auf seine ursprüngliche Höhe *H* angehoben.
- Durch Anheben des Aufbaus wird über das Steuergestänge der Schieber des Höhenkorrektors in die Neutralstellung zurückbewegt.

Bei Entlastung des Fahrzeugs läuft der umgekehrte Vorgang ab.

Die Flüssigkeitsmenge kann zusätzlich durch einen Höhenverstellhebel vom Fahrersitz aus geregelt werden.

Um der Achslastverlagerung des Fahrzeugs während des Bremsvorgangs entgegen zu wirken, wird den Federelementen der Hinterachse Flüssigkeit entnommen. Dadurch sinkt das Heck ab.

⊕ große Elastizität
⊕ keine Verschäumung der Flüssigkeit
⊕ Fahrzeugniveau regelbar
⊕ Federkennlinie progressiv

Einsatz: Verwendung in Pkws der oberen Preisklasse. In Omnibussen werden ähnliche Anlagen eingebaut, die nach dem gleichen Prinzip funktionieren.

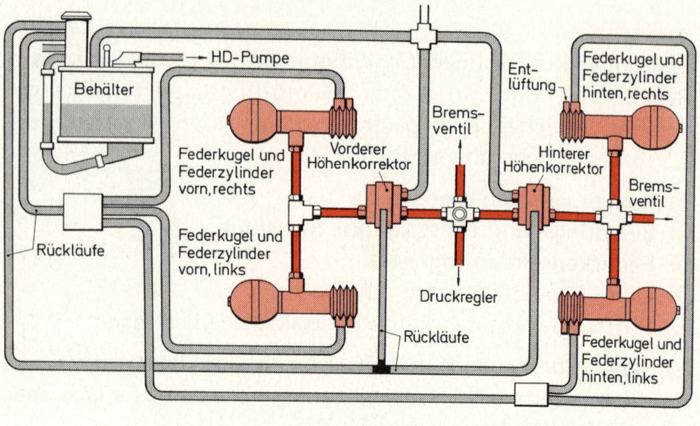

ZUSAMMENFASSUNG Federung

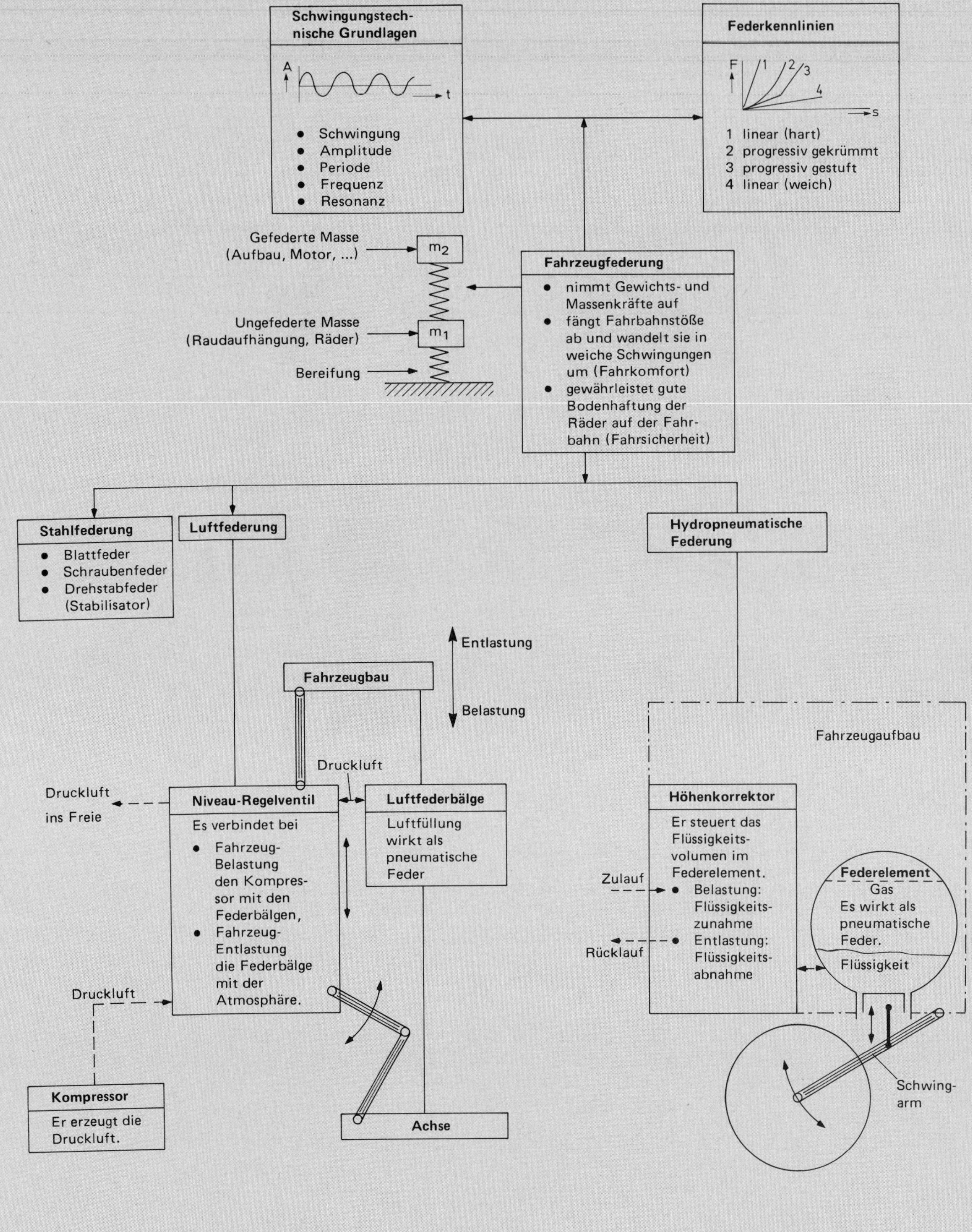

ANALYSE Federung

Bestimmen Sie

- die Federungsart und
- die Kennlinienart.

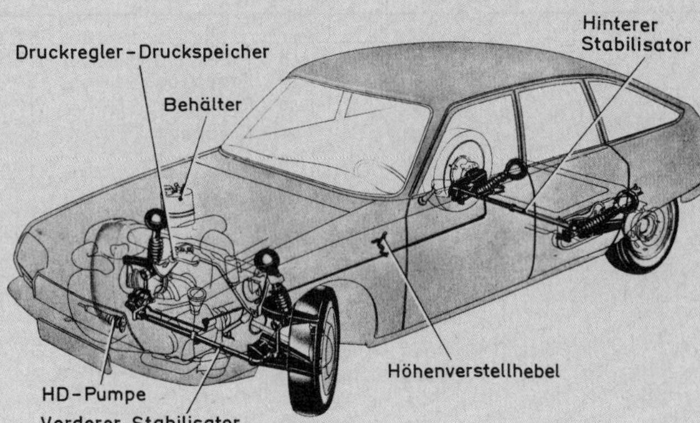

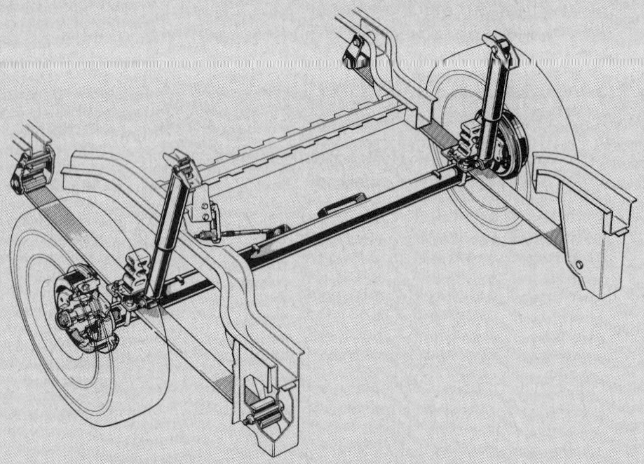

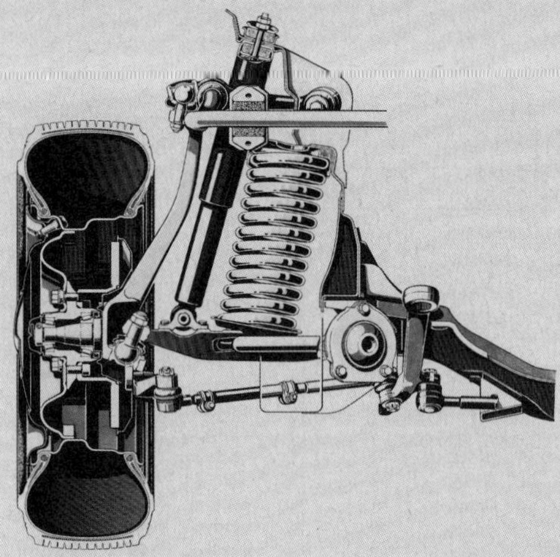

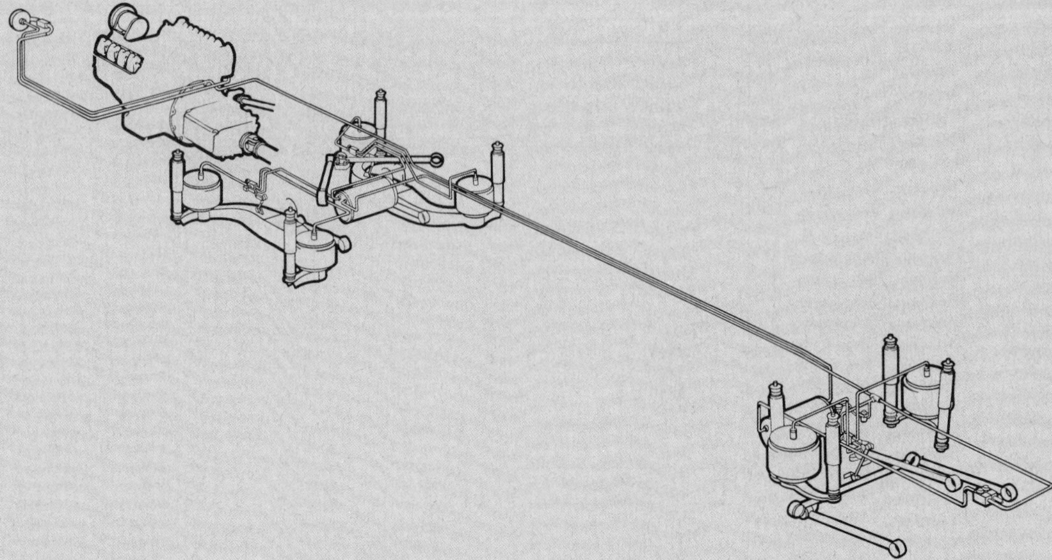

ARBEITSPLANUNG Federung

Entwickeln Sie den Arbeitsplan für die dargestellten Instandsetzungsarbeiten, indem Sie

- die Reihenfolge der Arbeitsschritte,
- die Auswahl der Werkzeuge und Ersatzteile,
- die zu beachtenden Arbeitsregeln/Sicherheitsvorschriften

angeben und begründen.

Federn ersetzen

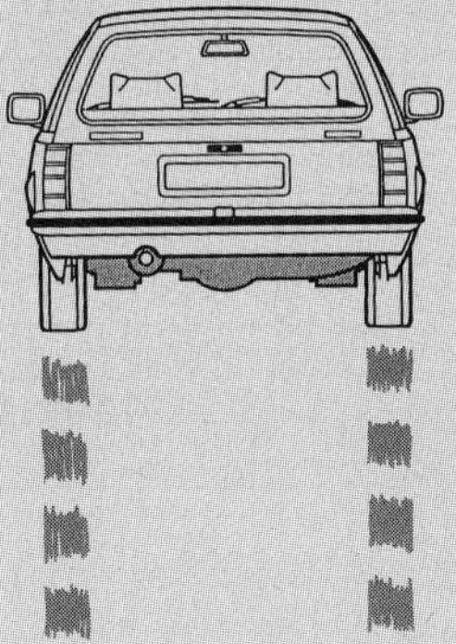

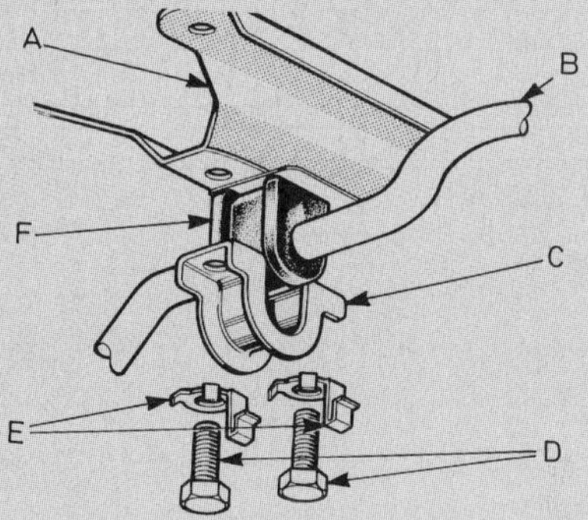

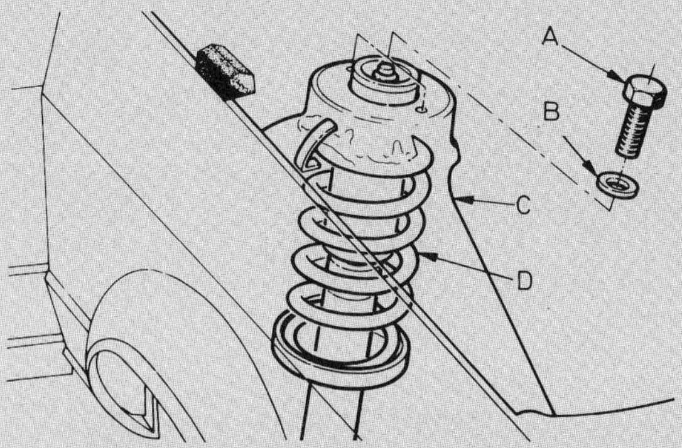

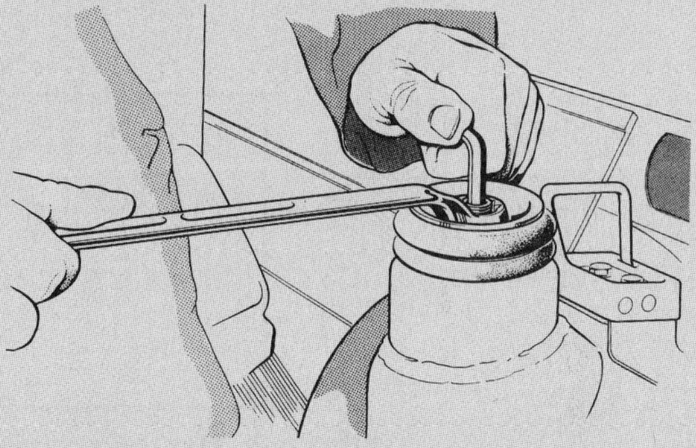

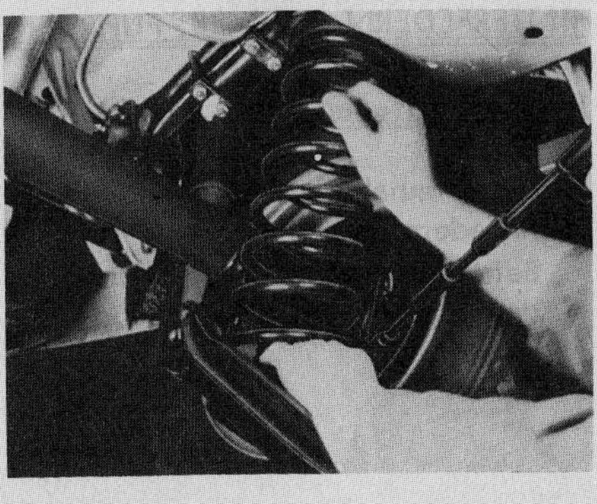

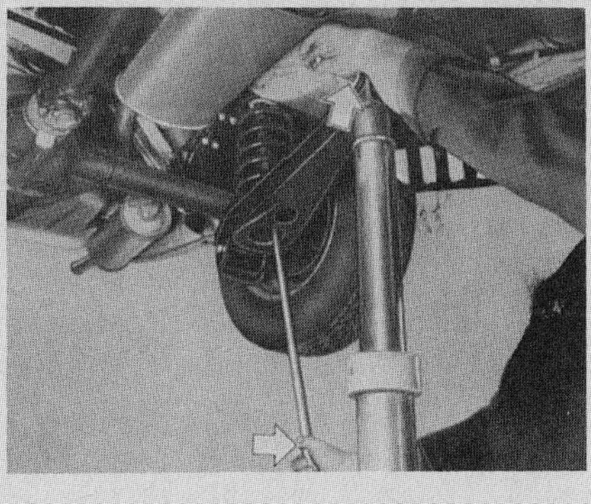

12 Schwingungsdämpfung

Eine Überprüfung der Stoßdämpfer ergibt die auf der Diagrammscheibe gezeichneten Meßwerte.

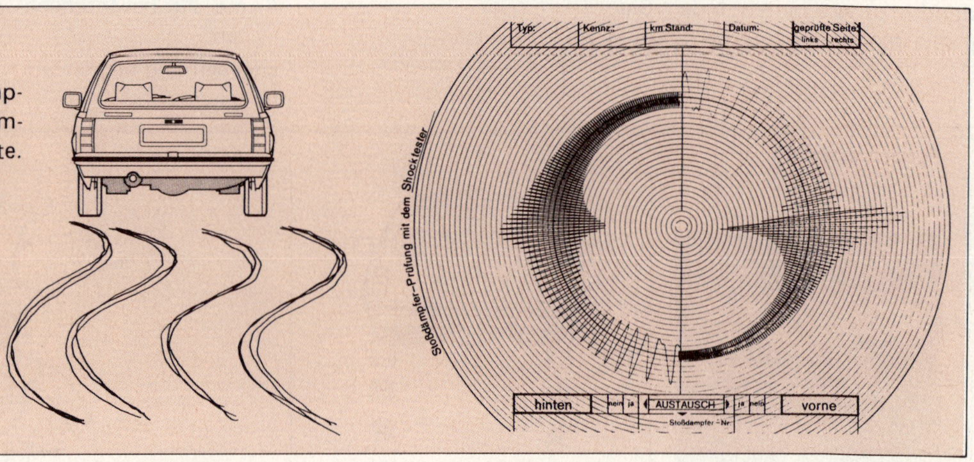

12.1 Stoßdämpfer

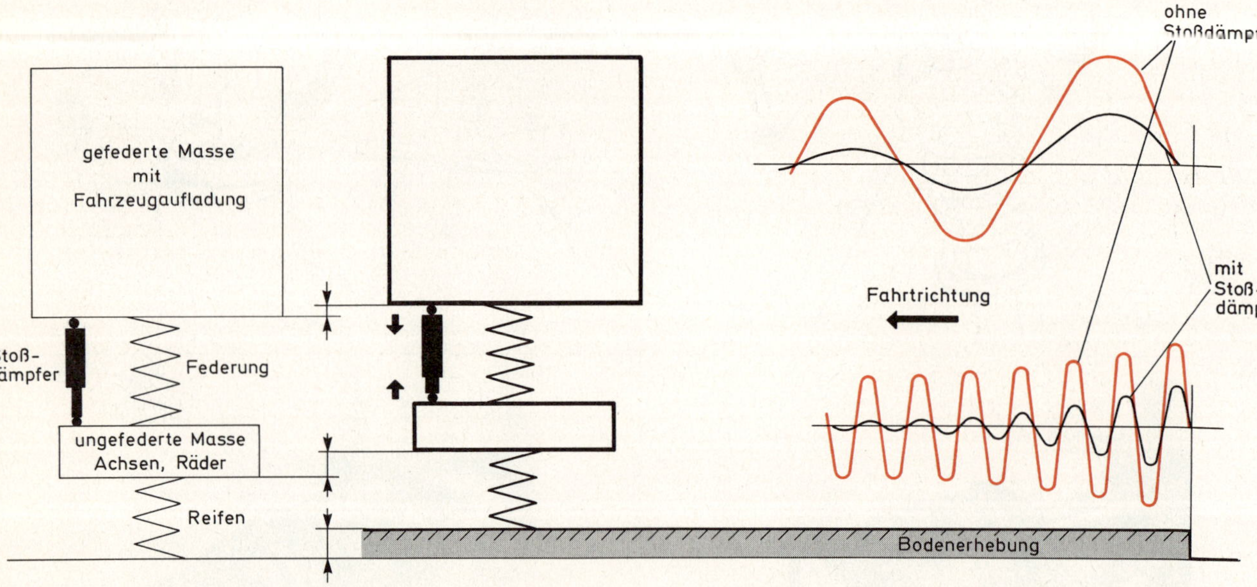

Die zur Fahrzeugfederung parallel geschalteten Stoßdämpfer haben folgende Aufgaben:

Sie sollen

- die von der Fahrbahn (Bodenerhebung) angeregten Schwingungen der Räder und der Achsen schnell zum Abklingen bringen (Fahrsicherheit) und
- das Aufschaukeln und das zu lange Nachschwingen des Fahrzeugaufbaus verhindern bzw. verringern (Fahrkomfort).

Die Bezeichnung „Stoßdämpfer" ist irreführend, da sie nicht funktionsgerecht ist. Besser wäre die Bezeichnung „Schwingungsdämpfer".

Zweirohr-Stoßdämpfer

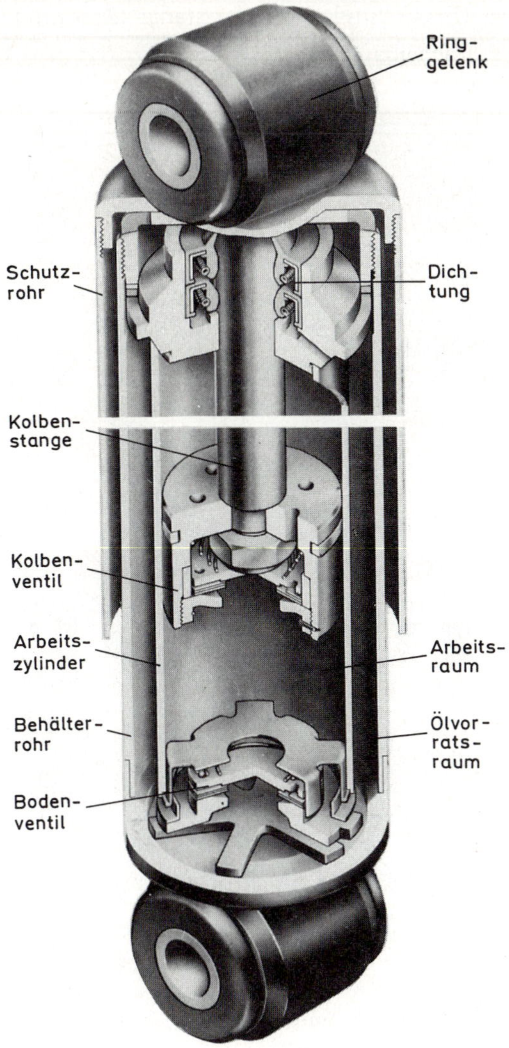

Zwei Rohre mit unterschiedlich großen Durchmessern sind ineinandergeschoben. Sie bilden zwei mit Öl gefüllte Räume:

- den Arbeitsraum, in dem sich der Kolben bewegt, und
- den Ölvorratsraum.

Der Stoßdämpfer muß mit der Kolbenstange nach oben eingebaut werden. Eine Neigung bis 45° ist noch zulässig.

Einrohr-Stoßdämpfer (Gasdruck-Stoßdämpfer)

mit Prallscheibe

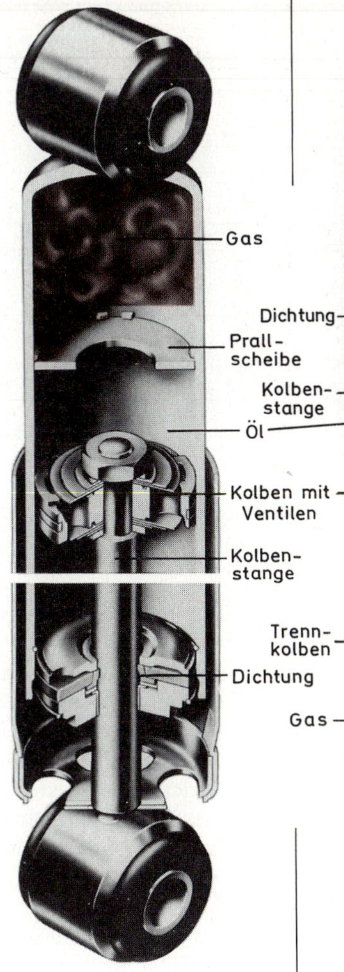

Öl und Gas sind nicht voneinander getrennt. Eine Prallscheibe ist so angeordnet, daß sie sich unterhalb des Ölspiegels befindet.

Der Einbau muß mit der Kolbenstange nach unten erfolgen.

mit Trennkolben

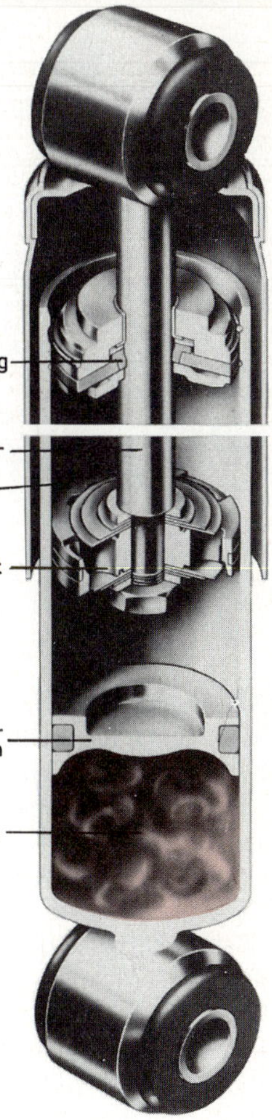

Öl und Gas werden durch einen beweglichen Trennkolben getrennt.

Die Einbaulage ist beliebig.

Der Kolben gleitet in einem dickwandigen Rohr. Das Gas (Stickstoff) steht unter einem

- statischen (in Ruhe) Druck von 20 ... 30 bar
- dynamischen (in Bewegung) Druck bis 120 bar.

Das Dämpfungsverhältnis eines Stoßdämpfers kennzeichnet das Verhältnis von Zugstufe (Ausfahren der Kolbenstange) zu Druckstufe (Einfahren der Kolbenstange). Es beträgt ca. 3 : 1.

<table>
<tr><th colspan="2">Zweirohr-Stoßdämpfer</th><th colspan="2">Einrohr-Stoßdämpfer</th></tr>
<tr><td>Einfahren der Kolbenstange (Druckstufe)</td><td>Ausfahren der Kolbenstange (Zugstufe)</td><td>Einfahren der Kolbenstange (Druckstufe)</td><td>Ausfahren der Kolbenstange (Zugstufe)</td></tr>
<tr><td>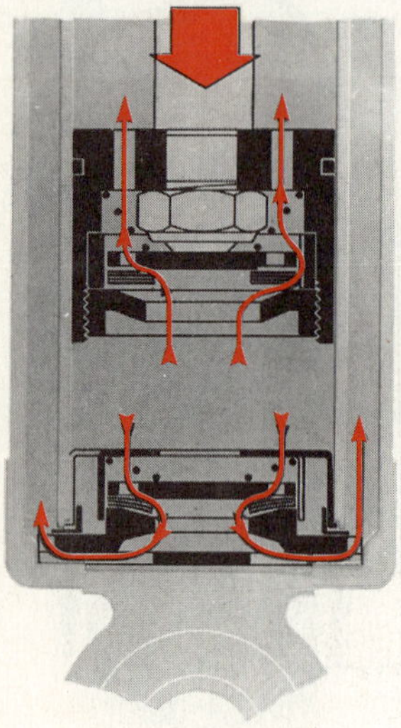</td><td>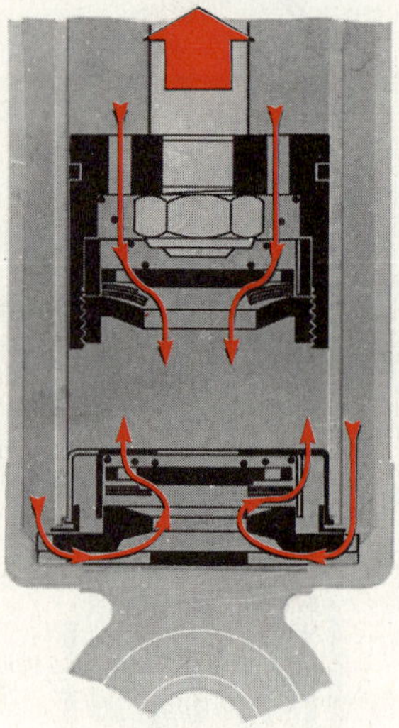</td><td>mit Prallscheibe
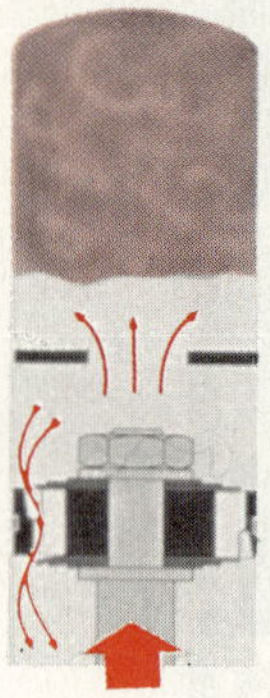
mit Trennkolben
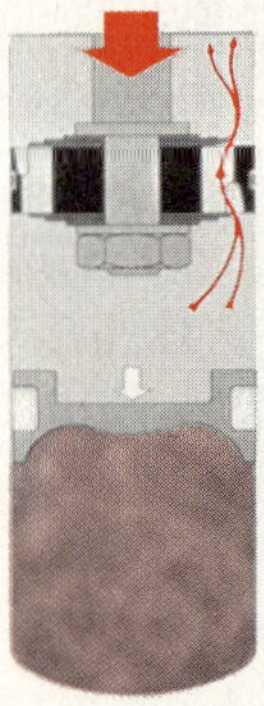</td><td>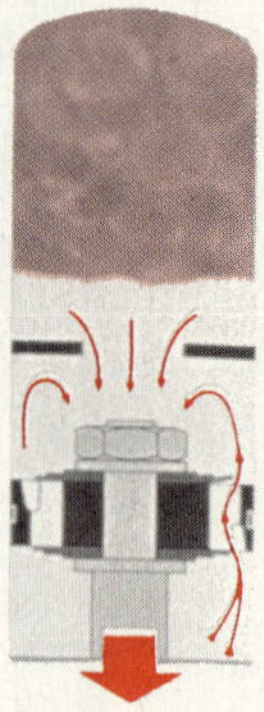
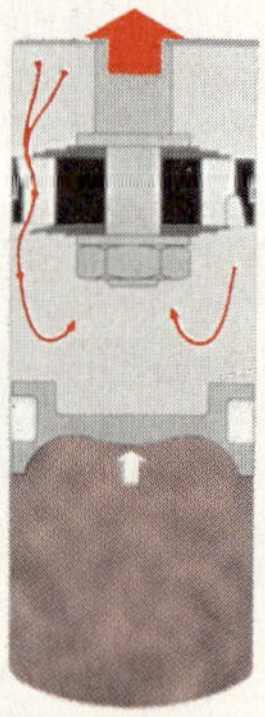</td></tr>
<tr><td>● Die Kolbenstange mit dem Kolbenventil bewegt sich nach unten (in Richtung Bodenventil).
● Über das geöffnete Kolbenventil strömt Öl in den Raum oberhalb des Kolbens.
● Gleichzeitig strömt das von der Kolbenstange verdrängte Öl über das Bodenventil in den Ölvorratsraum.
Durch den Widerstand, den das Bodenventil der Ölströmung entgegensetzt, wird die Dämpfung bestimmt.</td><td>● Die Kolbenstange mit dem Kolbenventil bewegt sich nach oben (vom Bodenventil weg).
● Über das geöffnete Bodenventil strömt das Öl aus dem Ölvorratsraum ungehindert in den Arbeitsraum.
● Gleichzeitig wird Öl aus dem Raum oberhalb des Kolbens über das Kolbenventil in den Arbeitsraum verdrängt.
Durch den Widerstand, den das Kolbenventil der Ölströmung entgegensetzt, wird die Dämpfung bestimmt.</td><td>● Der Raum im Arbeitszylinder wird verkleinert.
● Das Gaspolster wird auf mehr als 30 bar verdichtet.
● Das Öl strömt über die Kolbenventile zur Kolbenstangenseite.
Das Federscheibenpaket auf der Kolbenstangenseite bestimmt das Maß der Dämpfung.</td><td>● Der Raum im Arbeitszylinder wird vergrößert.
● Das Gaspolster wird entspannt (der Überdruck sinkt).
● Das Öl strömt über die Kolbenventile zur Gasraumseite.
Das Federscheibenpaket auf der Gasraumseite bestimmt das Maß der Dämpfung.</td></tr>
<tr><td colspan="2">⊕ billige Bauart
⊖ bei starker Beanspruchung tritt Ölverschäumung auf (Kavitation).
⊖ Wärmeabfuhr indirekt
Einsatz: in Pkw, Lkw und Sonderfahrzeugen</td><td colspan="2">⊕ Durch den Überdruck sprechen die Ventile bei der geringsten Hubbewegung an.
⊕ Selbst bei starker Beanspruchung tritt keine Ölverschäumung ein. Deshalb bleibt die Dämpfkraftwirkung voll erhalten.
⊕ größeres Ölvolumen, da der ganze Querschnitt zur Verfügung steht
⊕ direkte Wärmeabfuhr
⊖ teuer, wegen hoher Fertigungsgenauigkeit und Werkstoffqualität
Einsatz: Pkw</td></tr>
</table>

Beim Austausch eines Gasdruck-Stoßdämpfers darf der defekte Stoßdämpfer nicht achtlos weggeworfen werden, da die Gasfüllung bei Erhitzung explodieren kann.

Vor der Verschrottung muß der Druck abgelassen werden.

Wenn hierfür keine besonderen Vorrichtungen zur Verfügung stehen, dann kann der Stoßdämpfer im Bereich des Gasraumes mit einem dünnen Bohrer angebohrt werden, um so den Druck abzulassen.

12.2 Kombination von Stoßdämpfern mit anderen Bauteilen

12.2.1 Mc Pherson-Federbein

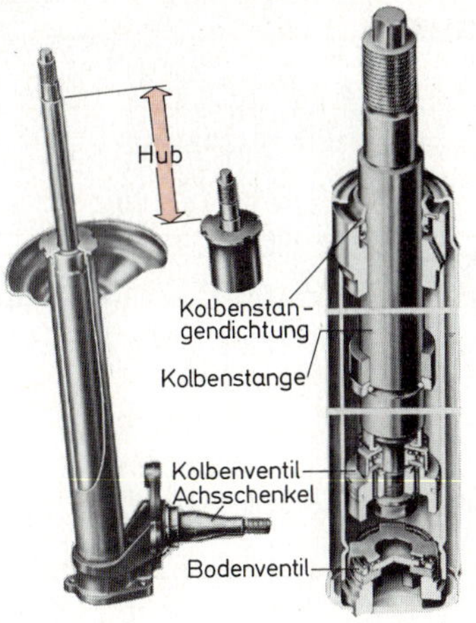

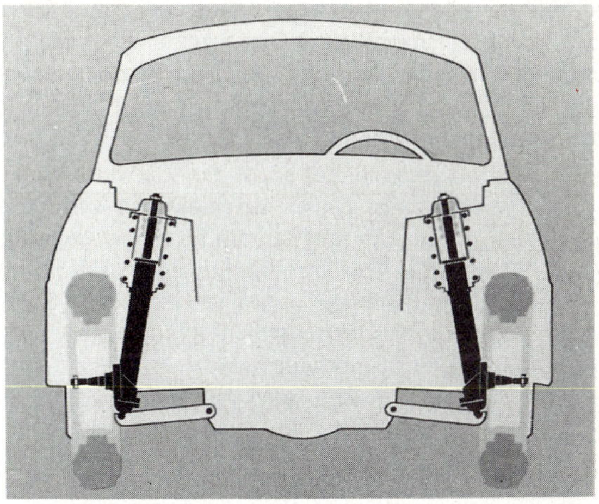

Das Federbein soll

- das Rad führen,
- das Fahrzeug federn,
- die Schwingungen dämpfen,
- die Lenkbewegung aufnehmen.

⊕ einfache Achskonstruktion mit guten Fahreigenschaften
⊖ schwierige Geräuschisolierung

12.2.2 Niveaulift

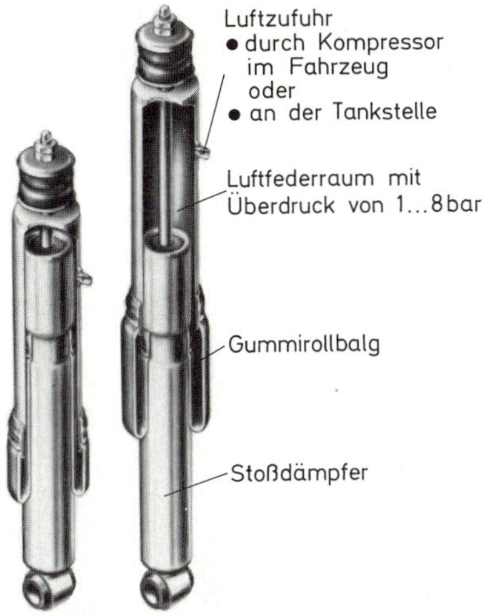

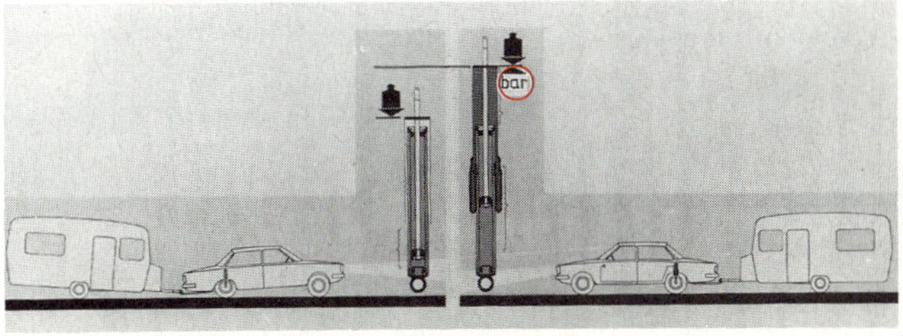

Der Niveaulift soll

- die Schwingungen dämpfen,
- die Niveauhöhe des Fahrzeugs unabhängig von der Belastung konstant halten.

⊕ kein Blenden des Gegenverkehrs
⊕ Die Bodenfreiheit des Fahrzeugs bleibt erhalten.
⊕ Fahrverhalten und Fahrkomfort bleiben erhalten.

Kfz-Meßtechnik

Stoßdämpferprüfung

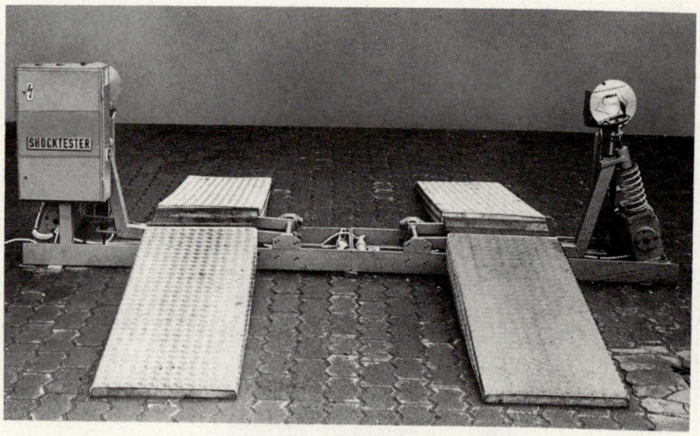

Mit dem Shocktester (Stoßdämpferprüfstand) werden die Stoßdämpfer im eingebauten Zustand geprüft. Dazu wird das Fahrzeug mit den Rädern einer Achse auf die Radauflagen des Shocktesters gefahren. Diese Radauflagen werden durch einen Elektromotor angetrieben, so daß sie senkrechte Schwingbewegungen ausführen. Diese Schwingbewegungen werden auf Rad, Radaufhängung, Federung und Stoßdämpfer übertragen. Die Frequenz (Anzahl der Schwingungen in einer Sekunde) ist dabei so hoch gewählt, daß die Masse des Fahrzeugaufbaus aufgrund ihrer Trägheit den Schwingungen nicht folgen kann.

Wenn der Antrieb abgeschaltet wird, dann läuft die Schwingung der Achse frei aus. Dabei durchläuft sie ihren Resonanzbereich. In diesem Bereich treten für einen Augenblick sehr große Auf- und Abwärtsbewegungen, das heißt sehr große Schwingungsausschläge auf. Die Größe der Schwingungsausschläge im Resonanzbereich ist ein Maß für die Dämpfungsleistung des Stoßdämpfers.

Der gesamte Ausschwingungsvorgang wird über ein Schreibgerät auf einer Diagrammscheibe aufgezeichnet.

Auswertung der Diagrammscheibe:

- Der größte Schwingungsausschlag wird gemessen (in Millimeter).
- Der gemessene Wert wird mit den für den jeweiligen Fahrzeugtyp festgelegten Grenzwerten des Fahrzeugs verglichen.

  Ist der gemessene Schwingungsausschlag kleiner als der für das Fahrzeug festgelegte Grenzwert, dann ist der Stoßdämpfer in Ordnung.

  Ist der gemessene Schwingungsausschlag größer als der festgelegte Grenzwert, dann erfüllt der Stoßdämpfer nicht mehr voll seine Aufgabe. Er muß ausgewechselt werden.

Bei einer anderen Shocktesterbauart werden die Meßwerte elektronisch ermittelt und digital angezeigt.

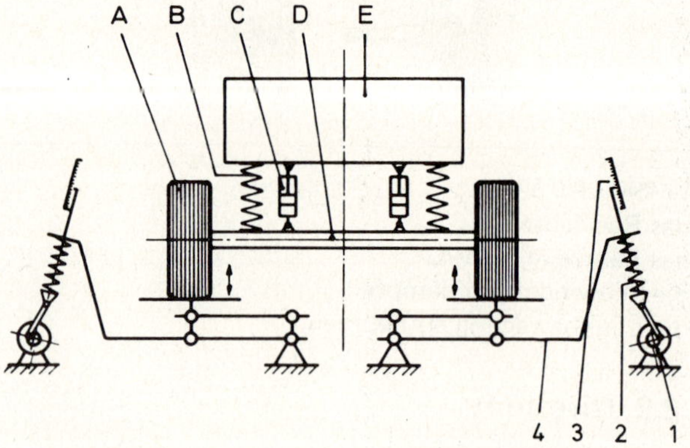

1 Antrieb
2 Druckfeder
3 Meßeinrichtung
4 Schwingung (senkrecht schwingende Radauflage)

A Rad
B Fahrzeugfeder
C Stoßdämpfer
D Achse
E Aufbau

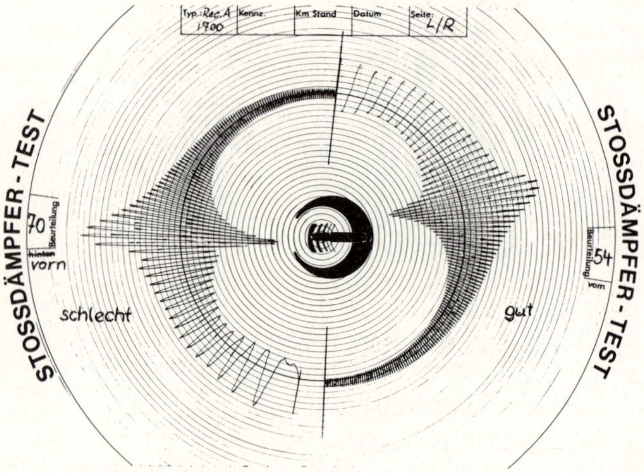

ZUSAMMENFASSUNG Schwingungsdämpfung

Stoßdämpfer

dämpfen die auftretenden Schwingungen

- Umwandlung der Schwingungsenergie in Wärme
- Dämpfungsverhältnis ≈ 3 : 1

Fahrsicherheit

Schwingungen der Räder und Achsen werden schnell zum Abklingen gebracht

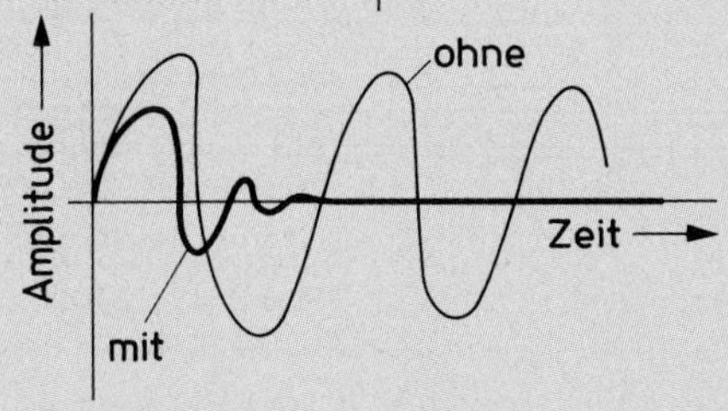

Fahrkomfort

Aufschaukeln und zu langes Nachschwingen des Fahrzeugaufbaus wird verhindert

Zweirohr-Stoßdämpfer

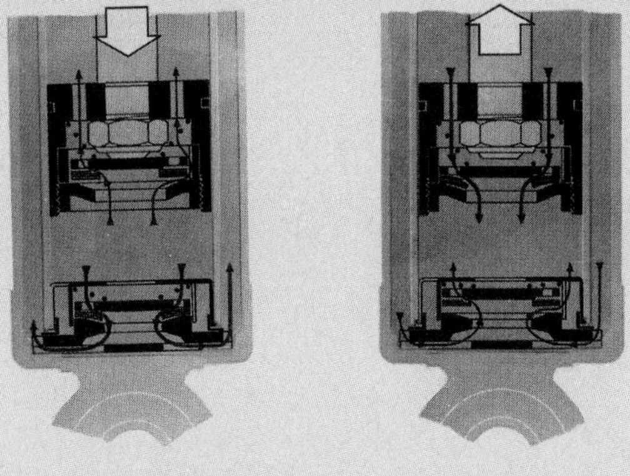

- Innenrohr ganz, Außenrohr teilweise mit Öl gefüllt
- Bei starker Beanspruchung tritt Ölverschäumung auf

Einrohr-(Gasdruck-)Stoßdämpfer

mit Prallscheibe | mit Trennkolben

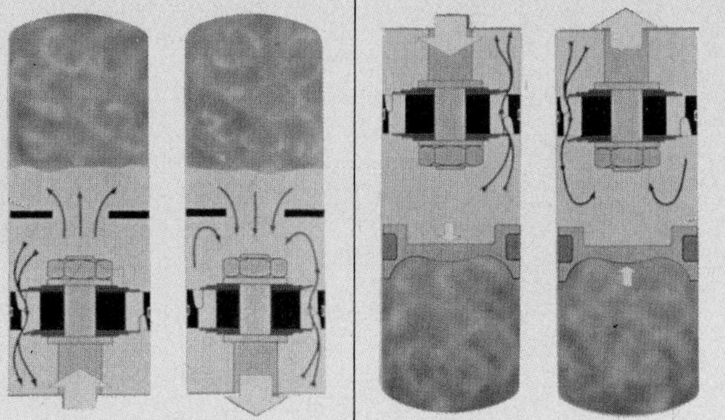

- Arbeitszylinder mit Öl und Gas gefüllt; Druck im Arbeitszylinder: $p_{ü} \approx 20 \ldots 30$ bar
- keine Ölverschäumung

Kombinationen mit anderen Bauteilen

Niveaulift

- Schwingungsdämpfung
- Konstante Niveauhöhe des Fahrzeugs

Federbein

- Radführung
- Fahrzeugfederung
- Schwingungsdämpfung
- Lenkbewegung

ANALYSE Schwingungsdämpfung

1. Bestimmen Sie die Art der Schwingungsdämpfung.

2. Beurteilen Sie das Zusammenwirken von Schwingungsdämpfung, Federung und Radaufhängung.

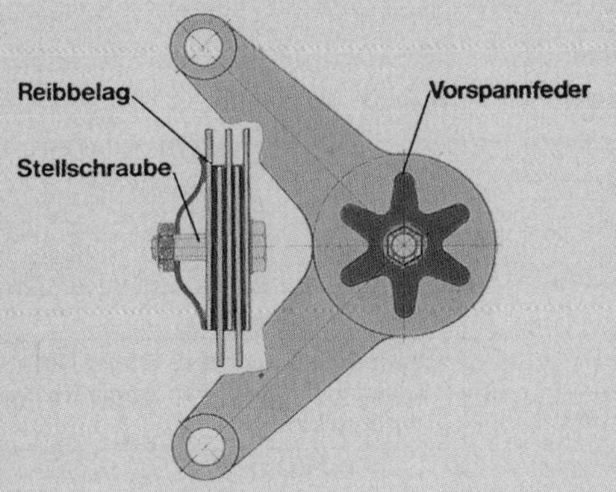

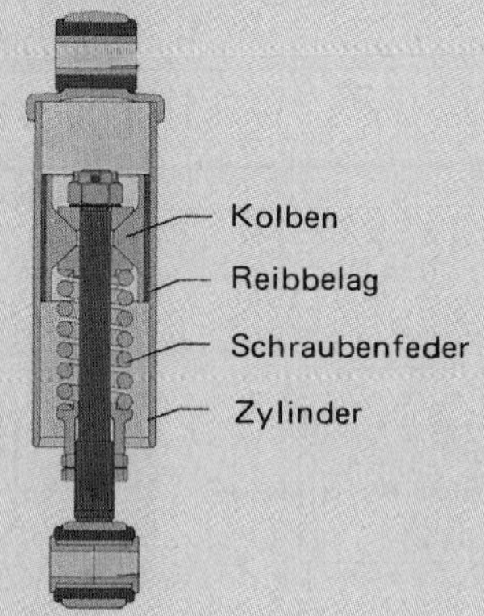

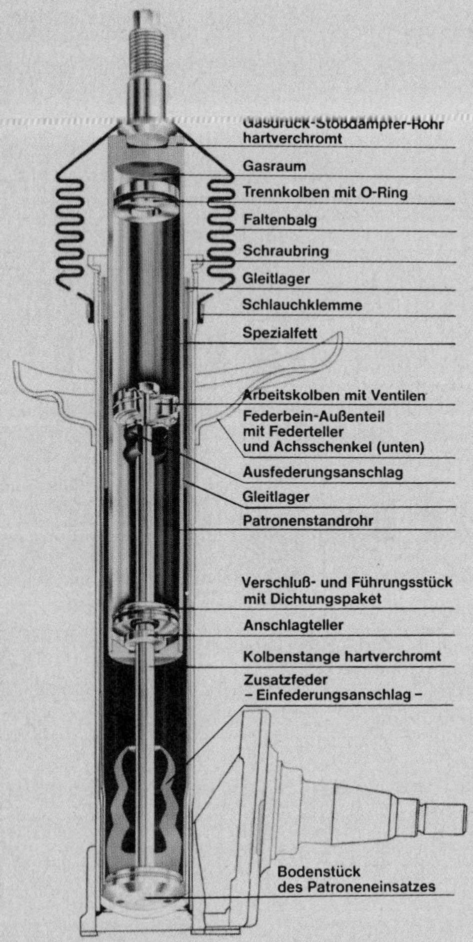

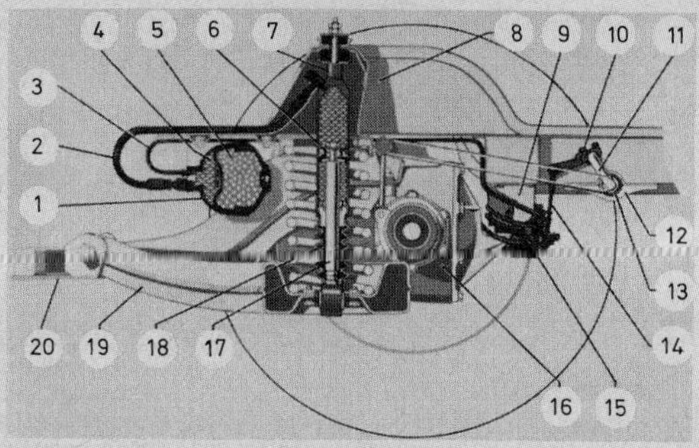

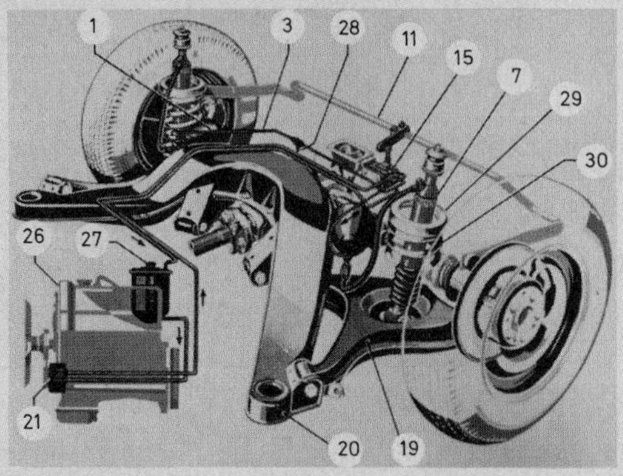

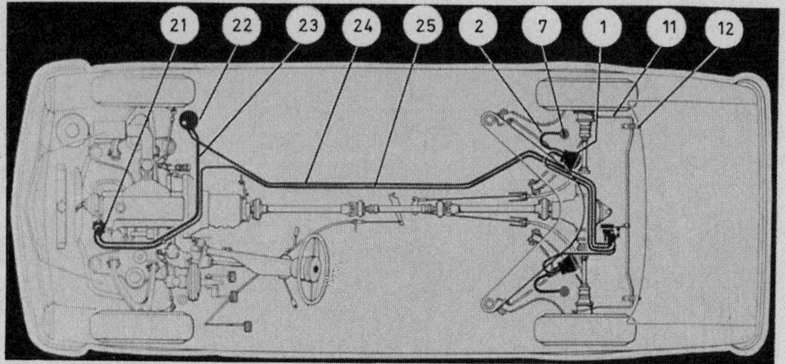

1 Federspeicher
2 Druckölleitung (Federspeicher-Federbein)
3 Druckölleitung (Federspeicher-Niveauregelventil)
4 Membran (Trennung von Öl- und Gasraum)
5 Gasraum
6 Dämpferkolben
7 Federbein
8 Längsträger
9 Halter (Niveauregelventil)
10 Hebel am Drehstab
11 Drehstab
12 Haltebügel (Drehstablagerung)
13 Gummilager
14 Verbindungsstange
15 Niveauregelventil
16 Hinterachsgehäuse
17 Kolbenstange
18 Gummimanschette
19 Schräglenker
20 Hinterachsträger
21 Druckölpumpe
22 Ölvorratsbehälter
23 Saugleitung (Ölvorratsbehälter-Druckölpumpe)
24 Rückströmleitung (Niveauregelventil-Ölvorratsbehälter)
25 Druckölleitung (Druckölpumpe-Niveauregelventil)
26 Motor
27 Ölmeßstab (Vorratsbehälter)
28 Entlüfterschraube
29 Gummilager
30 Schraubenfeder

ARBEITSPLANUNG Schwingungsdämpfung

Entwickeln Sie den Arbeitsplan für die dargestellten Prüf- und Instandsetzungsarbeiten, indem Sie

- die Reihenfolge der Prüf- bzw. Instandsetzungsarbeiten,
- die Auswahl der Prüfmittel bzw. Werkzeuge,
- die zu beachtenden Prüf- bzw. Arbeitsregeln/Sicherheitsvorschriften,
- die Auswertung der Prüfergebnisse

angeben und begründen.

Stoßdämpfer prüfen

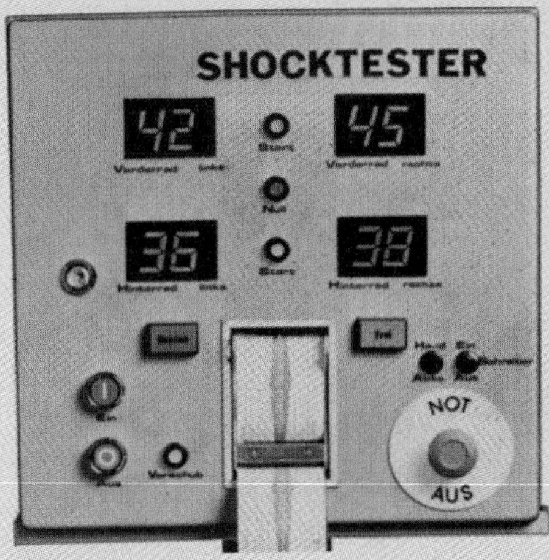

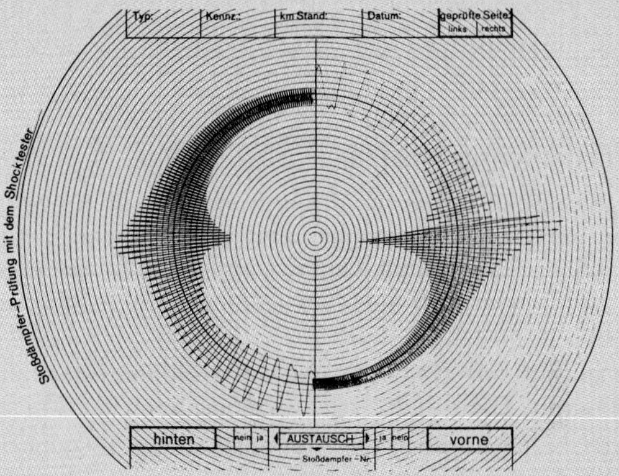

Federbein-Patrone ersetzen

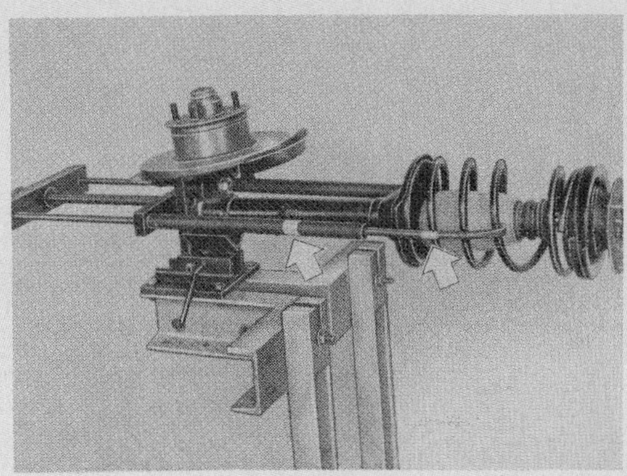

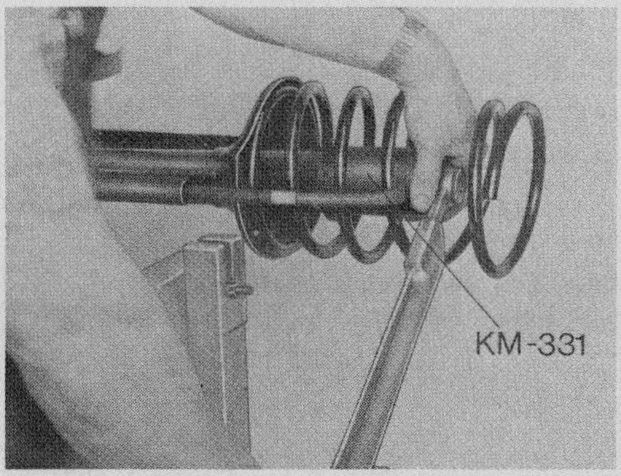

13 Lenkung

Beim Drehen des Lenkrades reagieren die Räder erst nach einem Lenkradeinschlag von 18°.

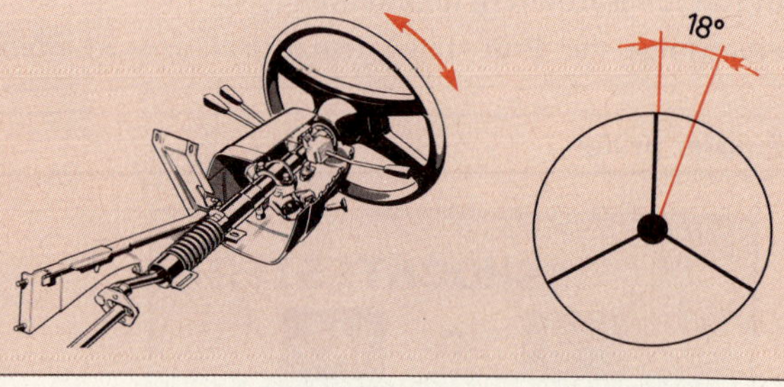

13.1 Vorderachsgeometrie

Die Fahrsicherheit eines Kraftfahrzeuges ist in großem Maße von der Lenkung abhängig. Das Fahrzeug soll nicht nur bei hohen Geschwindigkeiten sicher gelenkt werden können, sondern es soll auch im Stadtverkehr möglichst wendig sein.

Ausschlaggebend für die Wendigkeit eines Fahrzeuges ist der Wendekreis. Dieser ist direkt abhängig vom Spurkreis. Die Kraftfahrzeugkonstrukteure streben einen möglichst kleinen Spur- und Wendekreis an. Doch diesem Wunsch sind enge Grenzen gesetzt, da der Spurkreis von der Konstruktion des Lenkgestänges und der Größe des Radkastens abhängig ist. Während einerseits der Radkasten möglichst eng die Räder umhüllen soll, muß andererseits so viel Spielraum vorhanden sein, daß die Reifen beim Schwenken der Räder nicht schleifen.

Die ersten Kraftwagen waren mit einer Drehschemellenkung ausgestattet, die heutigen Kraftfahrzeuge besitzen eine Achsschenkellenkung.

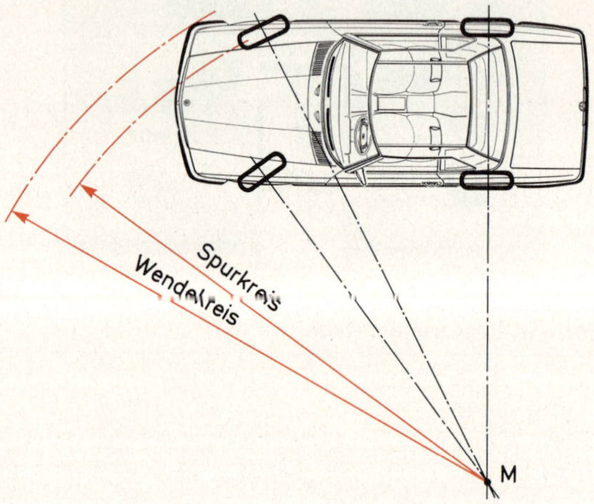

Drehschemellenkung	Achsschenkellenkung
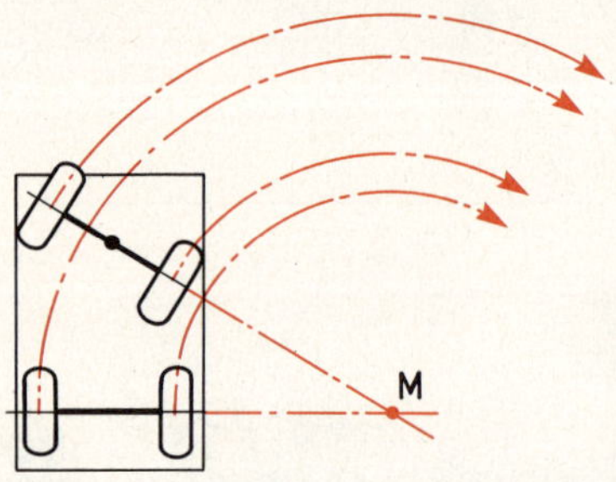	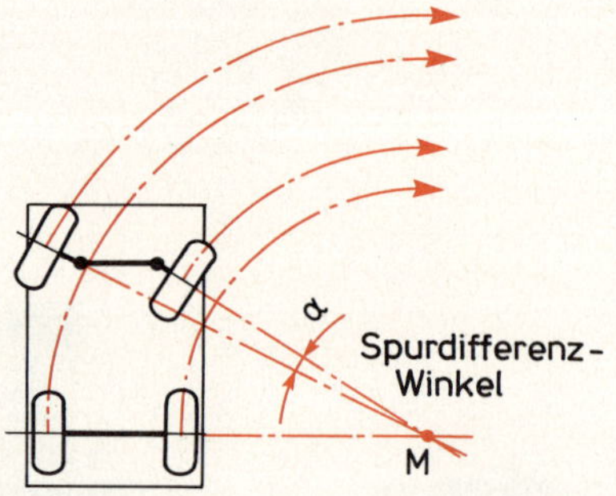
Bei Kurvenfahrt wird die ganze Achse um den Königszapfen eingeschlagen. ⊕ einfache Ausführung ⊖ geringe Standfestigkeit Einsatz: Nur noch bei Anhängern	Bei Kurvenfahrt werden nur die Achsschenkel eingeschlagen. Das kurveninnere Rad muß stärker eingeschlagen werden als das kurvenäußere Rad. ⊕ gute Standfestigkeit durch geringe Veränderung des Radstandes ⊕ gute Fahreigenschaften durch tief liegenden Schwerpunkt ⊖ teurer als Drehschemellenkung Einsatz: Bei allen Kraftfahrzeugen

13.2 Achsschenkellenkung

Die Lenkbewegung soll vom Lenkrad bis zu den Achsschenkeln leichtgängig übertragen werden.

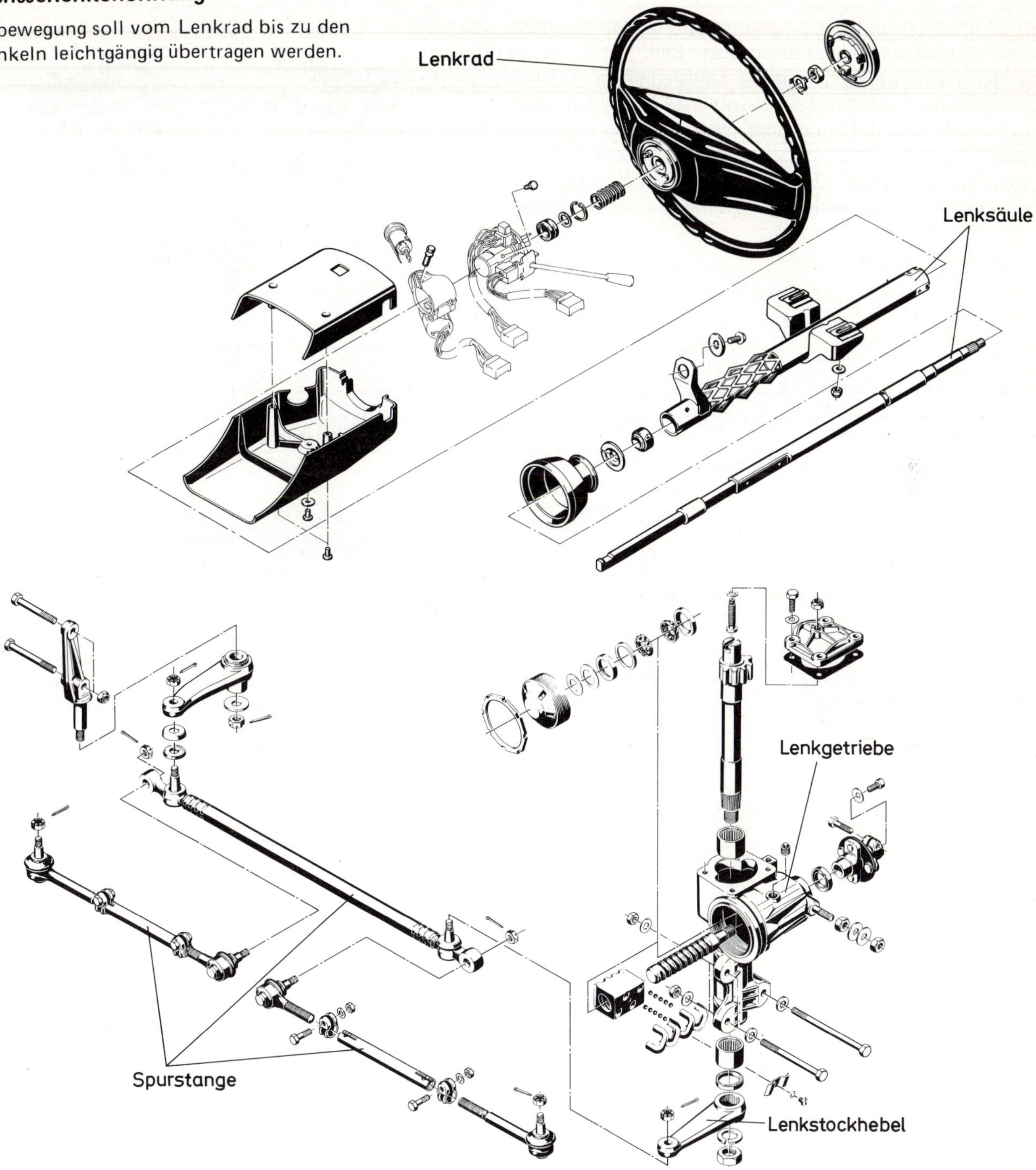

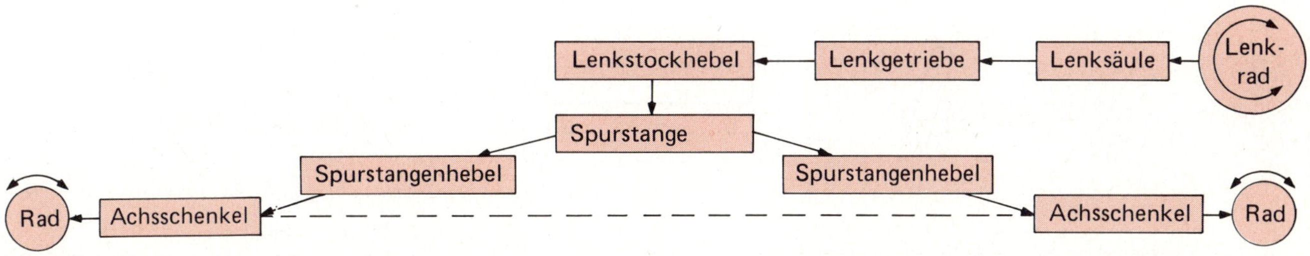

13.2.1 Lenktrapez

Das Lenktrapez soll bei Kurvenfahrt das kurveninnere Rad stärker einschlagen als das kurvenäußere Rad.

Der Name Lenktrapez ist auf die Anordnung der Bauteile zurückzuführen. Bei Geradeausfahrt bilden die beiden Spurstangenhebel und die Spurstange mit dem Achskörper ein Trapez.

Spurstange und Spurstangenhebel sind durch Kugelgelenke oder durch Gummigelenke gelenkig miteinander verbunden.

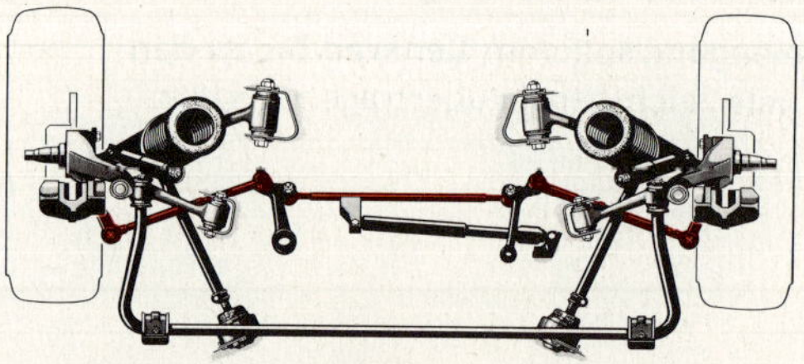

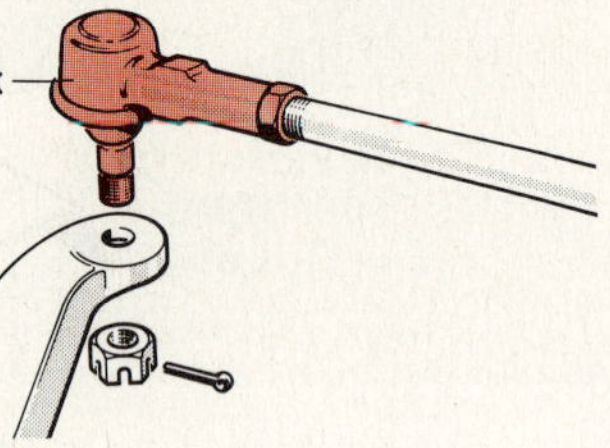

Einteilige Spurstange	Mehrteilige Spurstange
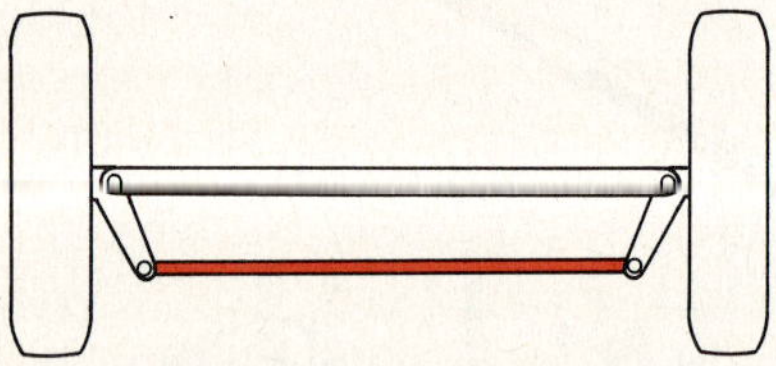	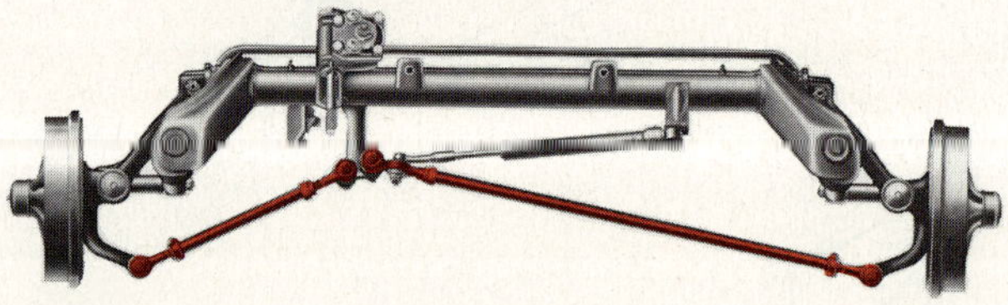
Die Spurstange besteht aus einem Bauteil. Beim Einfedern eines Rades schwingt die ganze Achse (mit dem Lenktrapez). ⊕ billig, da einfache Konstruktion Einsatz: Nur bei Starrachsen	Die Spurstange besteht aus mehreren gelenkig miteinander verbundenen Spurstangen(-teilen). Es gibt folgende Ausführungen: ● zweiteilig, mittig geteilt ● zweiteilig, seitlich geteilt ● dreiteilig Beim Einfedern eines Rades schwingt nur das angestoßene Rad. ⊕ günstige Radführung ⊖ teurer als einteilige Ausführung Einsatz: Bei Einzelradaufhängung

Bei Kurvenfahrt rollen beide Räder um den gleichen Punkt (den Kurvenmittelpunkt) ab.

Linkskurve	Geradeausfahrt	Rechtskurve
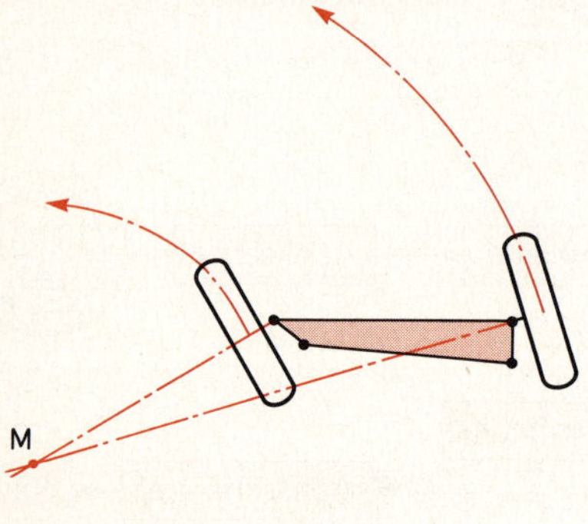	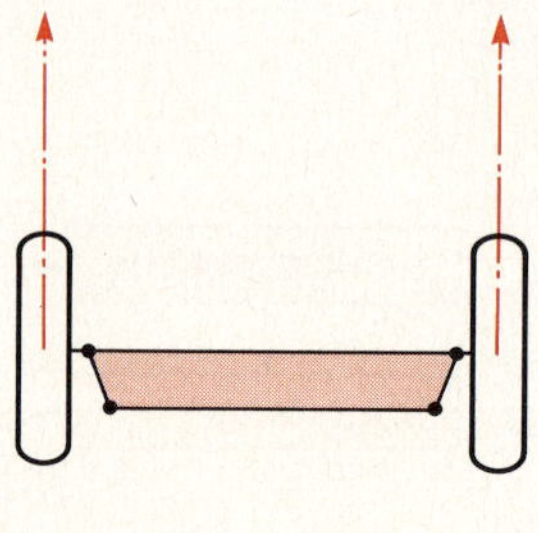	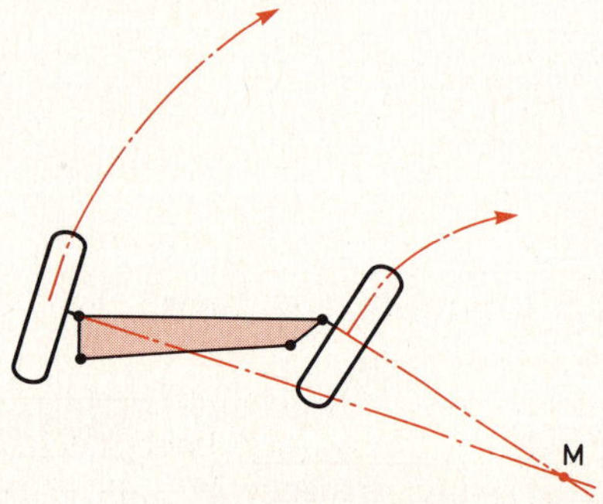

13.2.2 Lenkungsdämpfer

Der Lenkungsdämpfer soll die Fahrbahnstöße vom Lenkgetriebe und damit auch vom Lenkrad fernhalten.

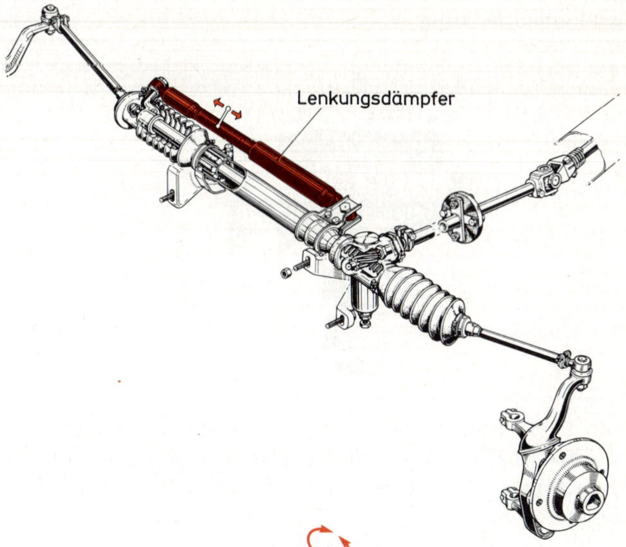

13.2.3 Lenkgetriebe

Lenkgetriebe sollen

- die kreisförmige Bewegung des Lenkrades in eine Schwenkbewegung des Lenkstockhebels umwandeln,
- durch die Übersetzung ins Langsame das Lenken erleichtern,
- die auf das Lenkrad gerichteten Fahrbahnstöße dämpfen.

Durch Drehen der Lenkschraube bewegt sich die Lenkmutter in axialer Richtung. Dabei wird über die Lenkgabel die Bewegung auf den Lenkstockhebel übertragen. Der Lenkstockhebel führt eine Schwenkbewegung aus.

Mit Übersetzungsverhältnis i eines Lenkgetriebes wird das Verhältnis zwischen dem Drehwinkel des Lenkrades α_1 und dem Einschlagwinkel der Räder α_2 bezeichnet.

$$i = \frac{\alpha_1}{\alpha_2}$$

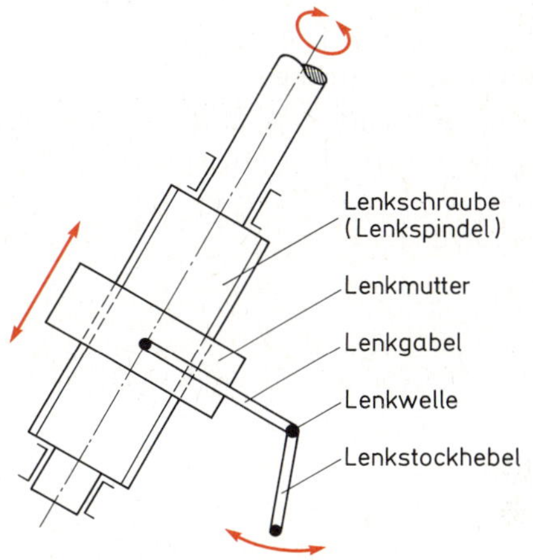

Es beträgt bei modernen Lenkgetrieben für

- Pkw zwischen 12 : 1 und 22 : 1,
- Lkw und Busse bis 35 : 1.

Lineare Übersetzung	Progressive Übersetzung
Das Verhältnis zwischen dem Drehwinkel des Lenkrades und dem Einschlagwinkel der Räder ist immer gleich groß, d.h. zu jeder Lenkradumdrehung gehört ein konstanter Radeinschlag. $\frac{\alpha_1}{\alpha_2} = \text{konst}$	Das Verhältnis zwischen dem Drehwinkel des Lenkrades und dem Lenkeinschlag der Räder verändert sich, und zwar werden die Räder mit zunehmendem Lenkeinschlag „schneller" eingeschlagen. $\frac{\alpha_1}{\alpha_2} \neq \text{konst}$

Zum Einschlagen der Räder (vom rechten bis zum linken Anschlag) werden benötigt:

- Pkw etwa 3 Umdrehungen
- Lkw und Busse bis 6 Umdrehungen

Das Lenkspiel soll 10°-Lenkradumdrehung nicht überschreiten.

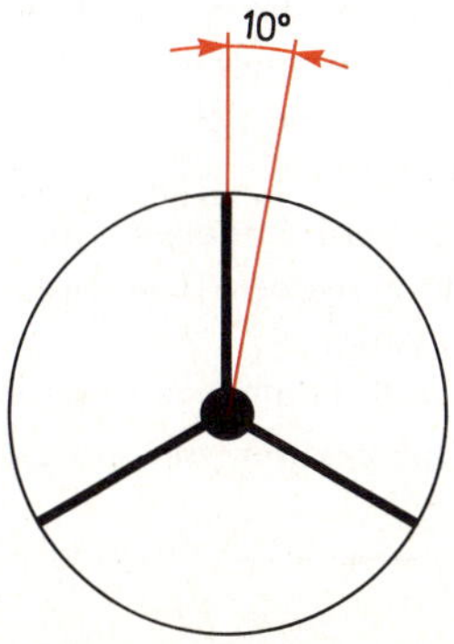

Schraubenlenkgetriebe

Kugelumlauflenkung

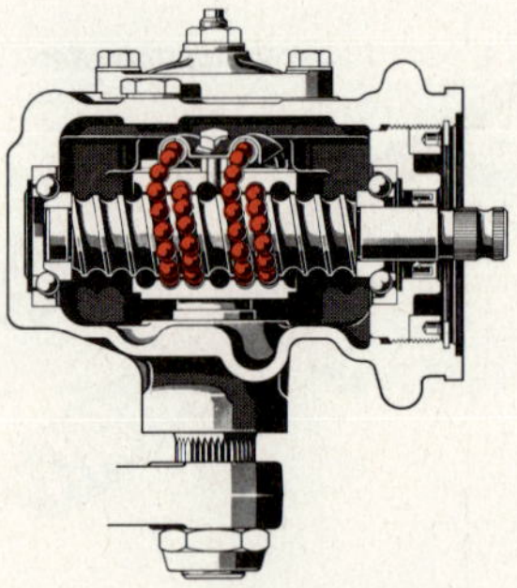

Beim Lenkeinschlag werden durch Drehen der Lenkspindel (-schraube) die Stahlkugeln in Umlauf gebracht. Über die Kugeln wird die Lenkmutter in axialer Richtung verschoben.

Die Lenkmutter verdreht über ein Zahnsegment die Lenkwelle mit dem Lenkstockhebel.

⊕ Längsspiel der Lenkschraube und der Lenkwelle sind nachstellbar.

⊕ leichtes Lenken durch Rollreibung

- Lineare Übersetzung

Einsatz: Bei Pkw

Zahnstangenlenkgetriebe

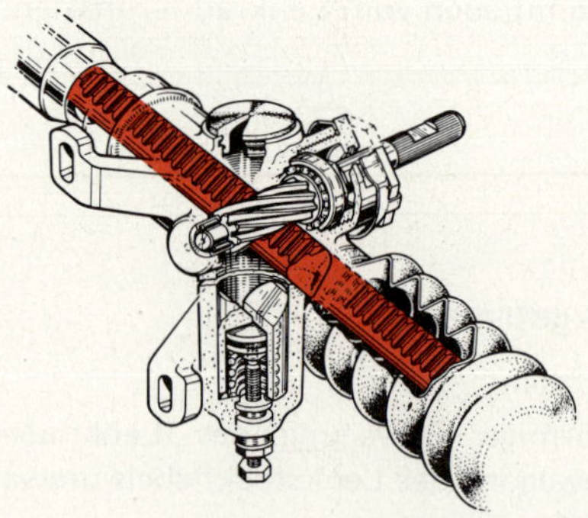

Durch Drehen der Lenkspindel und damit des Ritzels wird die Zahnstange quer zur Fahrtrichtung verschoben. Diese Bewegung wird von der Zahnstange auf die geteilte Spurstange übertragen.

⊕ einfache Ausführung, da zur Verbindung von Lenkgetriebe und Rädern wenig Teile erforderlich sind.

⊕ Das Längsspiel des Ritzels ist nachstellbar.

⊖ Die Zahnstange nutzt sich hauptsächlich in der Mitte ab. Um dadurch entstehendes Flattern zu verhindern, wird die Zahnstange durch ein gefedertes Druckstück (Flatterbremse) gegen das Ritzel gedrückt.

- Lineare Übersetzung

Einsatz: Bei Pkw

Schneckenlenkgetriebe

Rollfingerlenkung

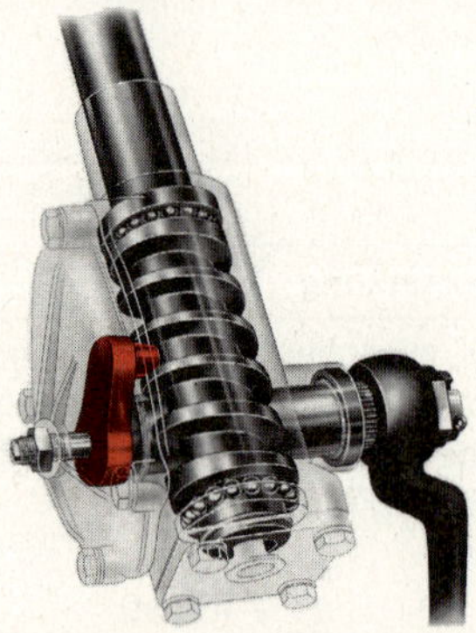

Durch Drehen der Lenkschnecke rollt der kegelige Rollfinger auf den Flanken der Lenkschnecke ab. Dadurch wird der Rollfinger verschoben. Diese Bewegung wird über die Lenkwelle in eine Schwenkbewegung des Lenkstockhebels umgesetzt.

⊕ Längsspiel der Lenkschnecke und der Lenkwelle, sowie das Spiel zwischen Rollfinger und Schneckengang sind nachstellbar.

⊕ geringe Reibung und damit geringer Verschleiß

- Progressive Übersetzung bei unterschiedlicher Gewindesteigung

Schneckenrollenlenkung

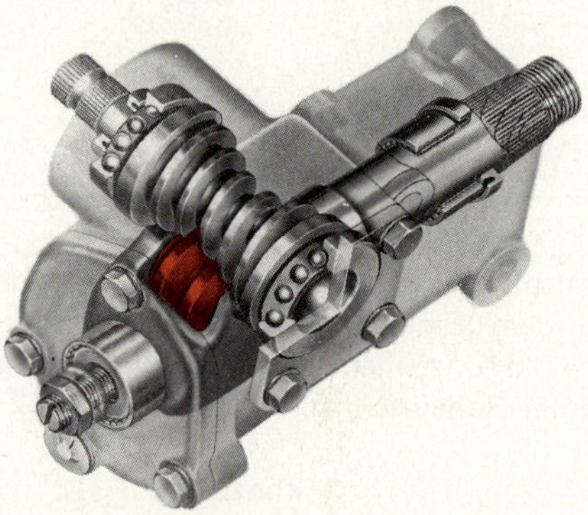

Durch Drehen der Lenkschnecke (Globoidschnecke) wird die Schneckenrolle angetrieben. Außer der Drehbewegung um ihre Längsachse führt sie eine Schwenkbewegung um den Mittelpunkt aus. Diese Schwenkbewegung wird über die Lenkwelle auf den Lenkstockhebel übertragen.

⊕ nachstellbar

⊕ geringe Reibung (leichtgängig) und damit geringer Verschleiß

- Lineare Übersetzung

13.3 Hilfskraftlenkung

Hilfskraftlenkungen sollen den erforderlichen Kraftaufwand des Fahrers beim Lenken verringern.

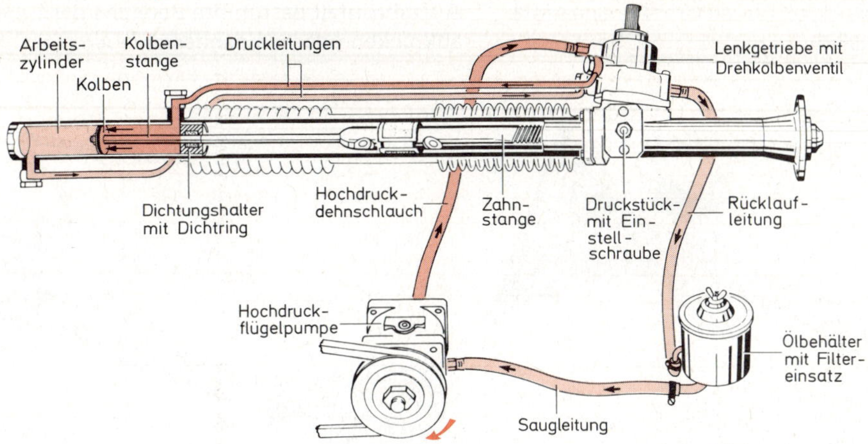

Hilfskraftlenkung in

Blockbauweise

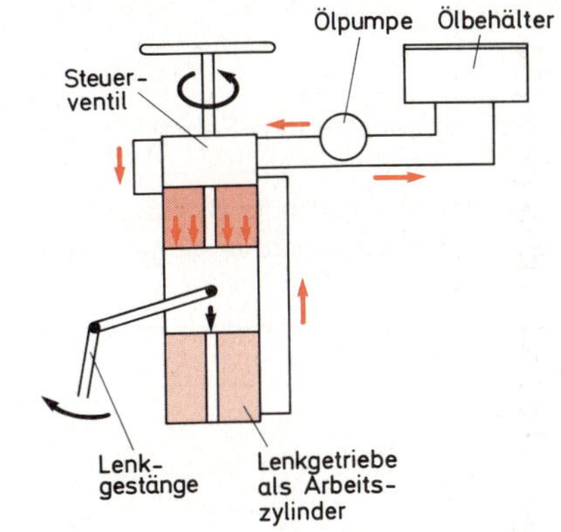

Halbblockbauweise

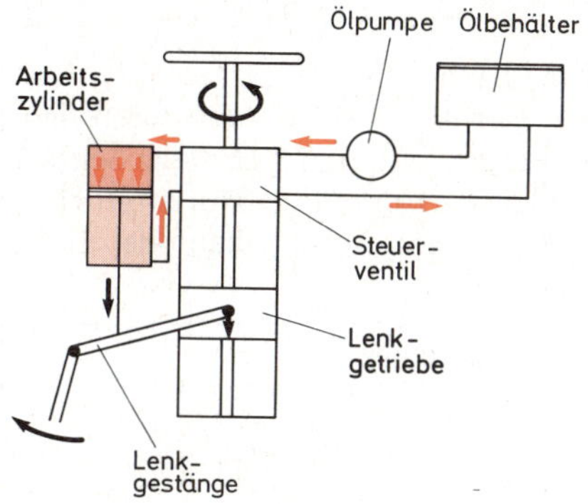

Beim Drehen des Lenkrades wird der Kolben eines Steuerventils verschoben. Dadurch werden Einlaß und Auslaß des Arbeitszylinders geöffnet.

- Drucköl strömt über den Einlaß in den Arbeitszylinder.
- Rücklauföl fließt von der anderen Seite des Arbeitskolbens in den Ölvorratsbehälter.
- Die Lenkkraft wird unterstützt.

Wird das Lenkrad losgelassen (bzw. die Lenkbewegung unterbrochen), nimmt der Steuerkolben eine Neutralstellung ein. Dadurch wird der einseitige Druck im Arbeitszylinder aufgehoben.

⊕ Fällt die hydraulische Hilfskraft aus, dann kann das Fahrzeug rein mechanisch gelenkt werden (mit größerem Kraftaufwand).

Vollhydraulische Hilfskraftlenkung

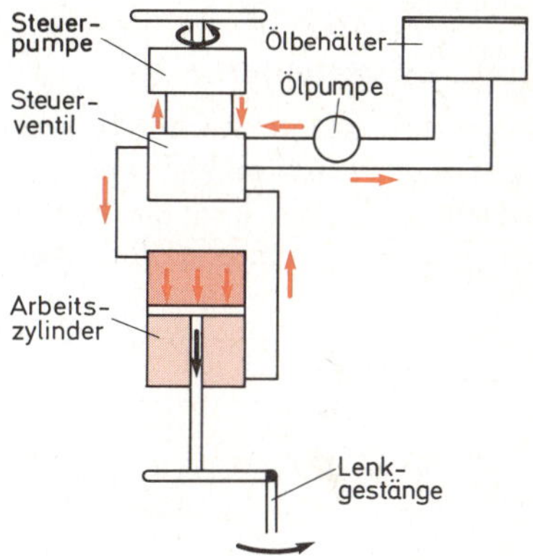

Durch Verdrehen des Lenkrades wird die Steuerpumpe bewegt. Das Öl der Steuerpumpe beaufschlagt dadurch das Steuerventil. Dabei

- wird der Steuerkolben verschoben, so daß Drucköl zur einen Seite des Arbeitszylinders strömen kann;
- fließt Rücklauföl von der anderen Seite des Arbeitszylinders zum Ölvorratsbehälter;
- wird der Kolben des Arbeitszylinders und damit das Lenkgestänge verschoben.

Bei Geradeausfahrt fördert die Ölpumpe unmittelbar in den Ölvorratsbehälter.

⊕ Bei Ausfall der Ölpumpe kann das Fahrzeug nur durch die Kraft des Fahrers gelenkt werden (Notlenkung).

13.4 Sicherheitslenkung

Damit der Fahrer bei Verkehrsunfällen nicht von der Lenksäule durchbohrt wird, haben die Konstrukteure sogenannte Sicherheitslenkungen entwickelt.

Sicherheitslenkungen sind so aufgebaut, daß sich bei einem Auffahrunfall bestimmte Bereiche der Lenksäule verformen, abknicken oder ineinanderschieben.

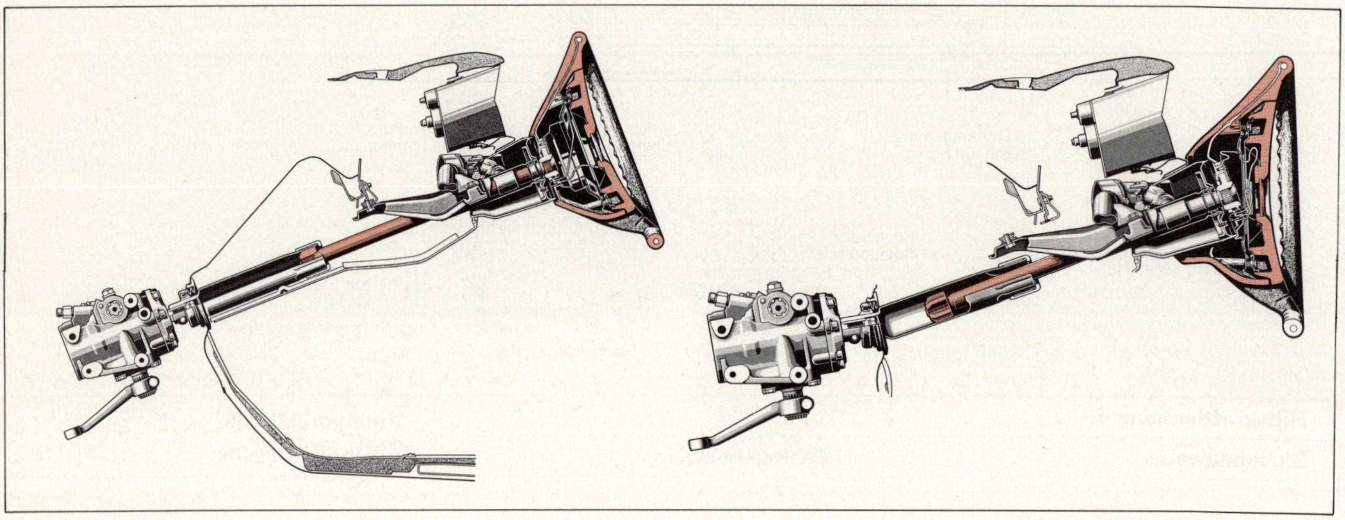

13.5 Lenkverhalten

Die am Fahrzeugschwerpunkt angreifende Fliehkraft F_F verteilt sich entsprechend der Schwerpunktslage auf die Vorderachse(-räder) und die Hinterachse(-räder). Dadurch kann eine Fahrtrichtung entstehen, die abweichend von der durch den Lenkeinschlag angetrebten Fahrtrichtung ist. Es tritt Schräglauf ein.

Durch entsprechende Lenkmaßnahmen (z.B. Gegenlenken) kann der Einfluß des Schräglaufwinkels α verringert werden.

Übersteuernd	**Untersteuernd**	**Neutral**
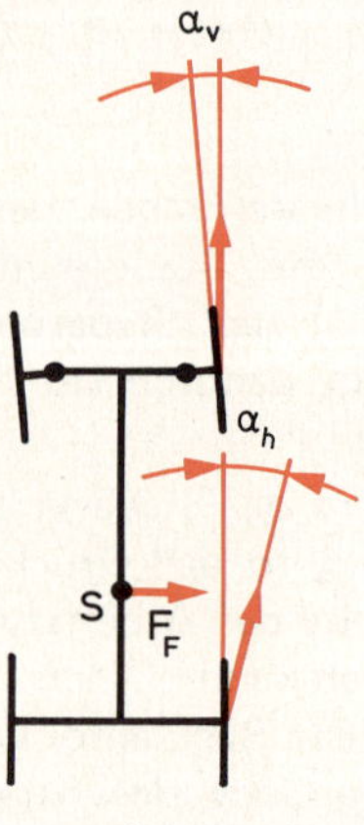	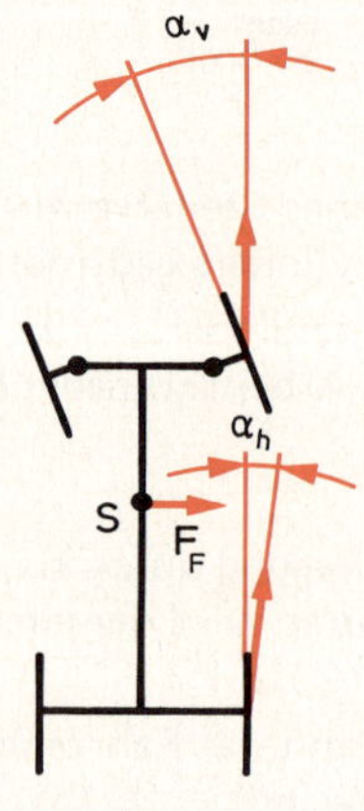	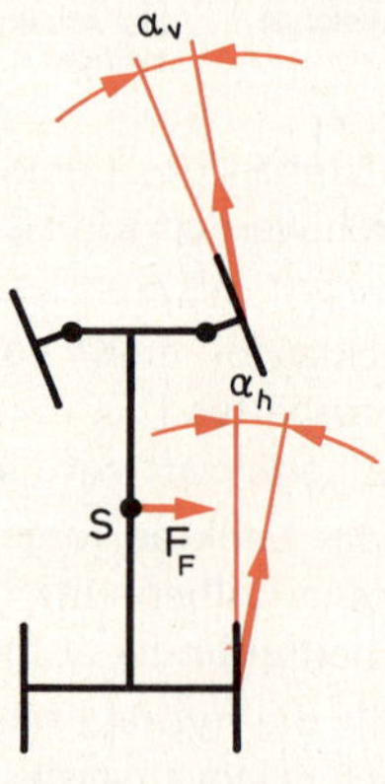
$\alpha_v < \alpha_h$	$\alpha_v > \alpha_h$	$\alpha_v = \alpha_h$
Der Schwerpunkt liegt im hinteren Fahrzeugbereich. Das Fahrzeug ist hecklastig. Es ist kurvenwillig. ⊖ Die Hinterräder brechen zuerst aus.	Der Schwerpunkt liegt im vorderen Fahrzeugbereich. Das Fahrzeug ist frontlastig. Es ist kurvenunwillig. ⊖ Die Vorderräder brechen zuerst aus.	Der Schwerpunkt liegt in der Fahrzeugmitte. Die Radbelastung ist für alle Räder gleich groß. ⊕ beste Ausnutzung der Seitenführungskräfte ⊖ Bei Änderung der Seitenführungsverhältnisse kann übersteuerndes oder untersteuerndes Lenkverhalten eintreten.

ZUSAMMENFASSUNG Lenkung

Lenkung

Drehschemellenkung

Nur bei Anhängern

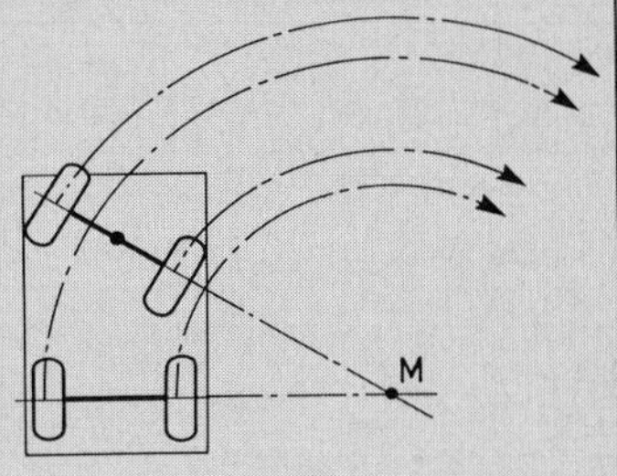

Achsschenkellenkung

Nur die Achsschenkel werden eingeschlagen

- Geringe Radstandsänderung
- Tief liegender Schwerpunkt

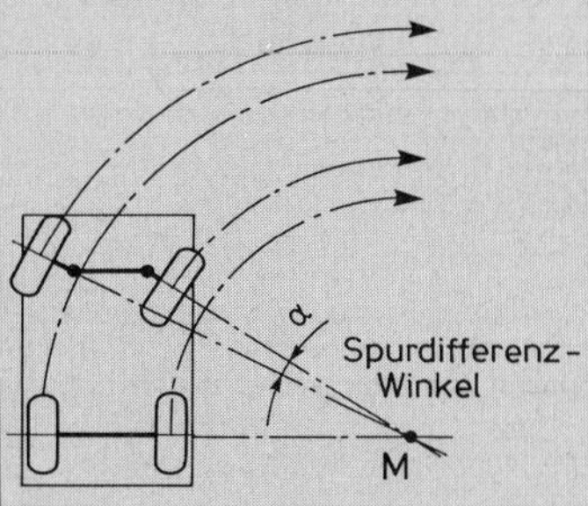

Lenkverhalten bei Kurvenfahrt

- Übersteuernd: $\alpha_v < \alpha_h$
- Untersteuernd: $\alpha_v > \alpha_h$
- Neutral: $\alpha_v = \alpha_h$

Achsschenkel

Lenktrapez

schlägt kurveninneres Rad stärker ein als kurvenäußeres Rad

- Achskörper
- Spurstange
- 2 Spurstangenhebel

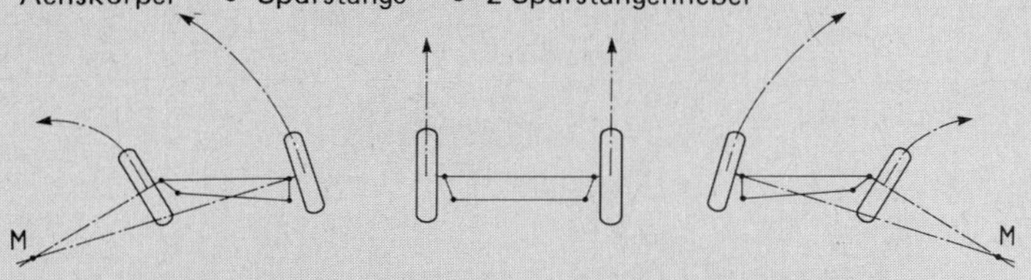

Lenkstockhebel

Hilfskraftlenkung

unterstützt die Muskelkraft des Fahrers

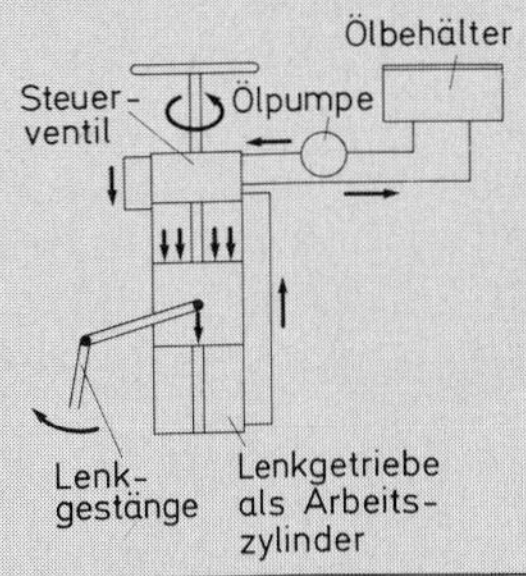

Lenkgetriebe

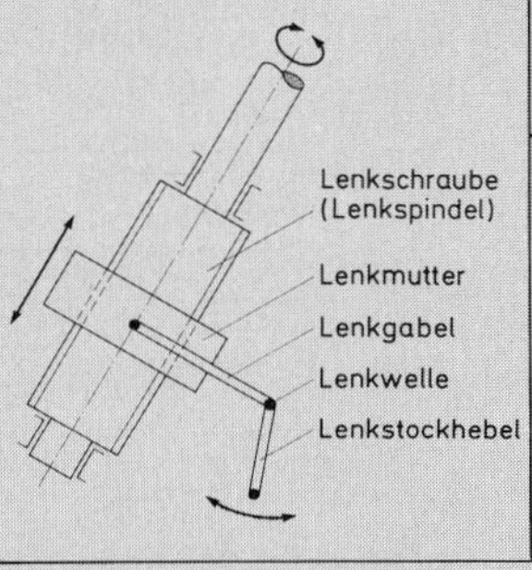

- Schraubenlenkgetriebe
- Schneckenlenkgetriebe
- Zahnstangenlenkgetriebe

- wandelt die kreisförmige Bewegung des Lenkrades in eine Schwenkbewegung des Lenkstockhebels um
- erleichtert das Lenken durch Übersetzung ins Langsame
- dämpft die auf die Lenkung gerichteten Fahrbahnstöße

Lenksäule

Lenkrad

Sicherheitslenkung

verringert die Verletzungsgefahr

Bestimmte Bereiche verformen sich bei einem Aufprall

ANALYSE Lenkung

1. Bestimmen Sie die Art der Lenkung.
2. Erklären Sie den Aufbau des Lenktrapezes.

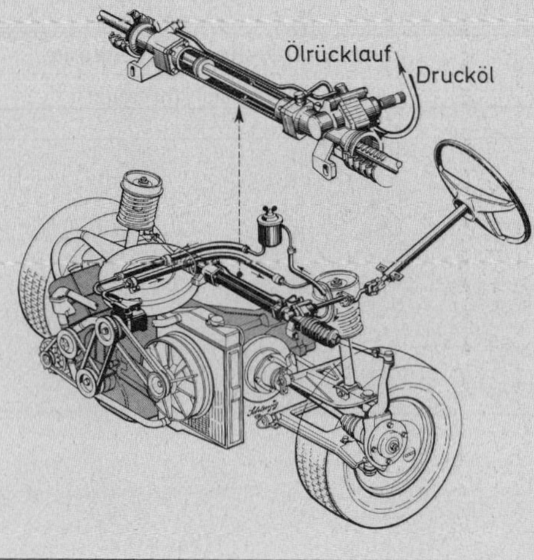

ANALYSE Sicherheitslenkung

Erklären Sie den Aufbau und die Funktion der Sicherheitslenksäulen.

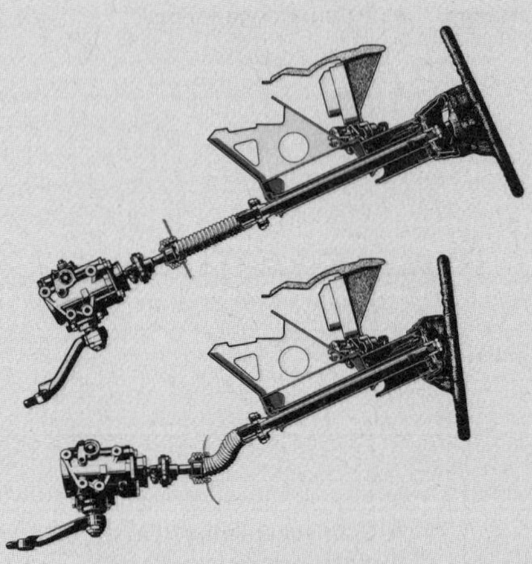

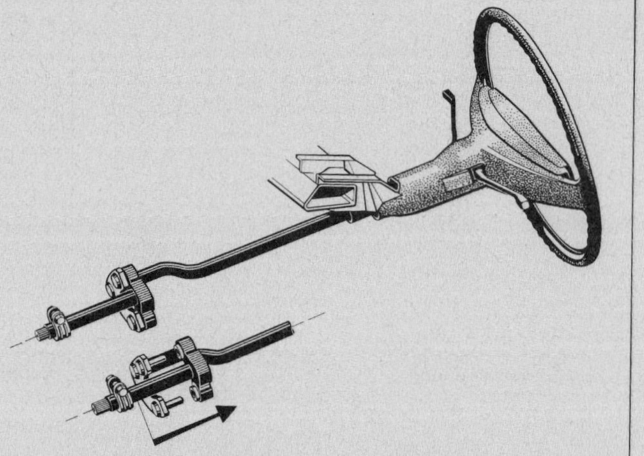

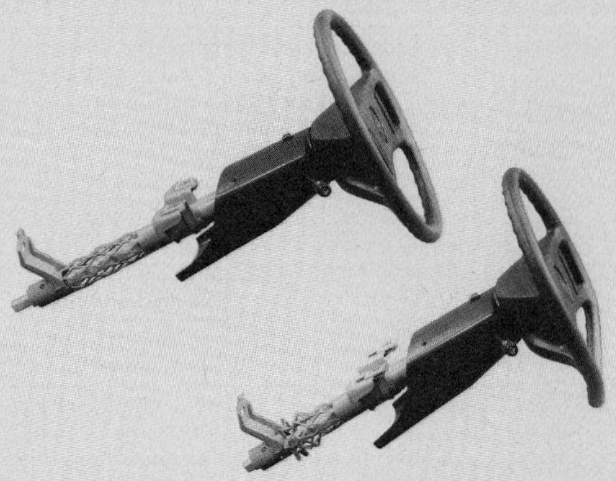

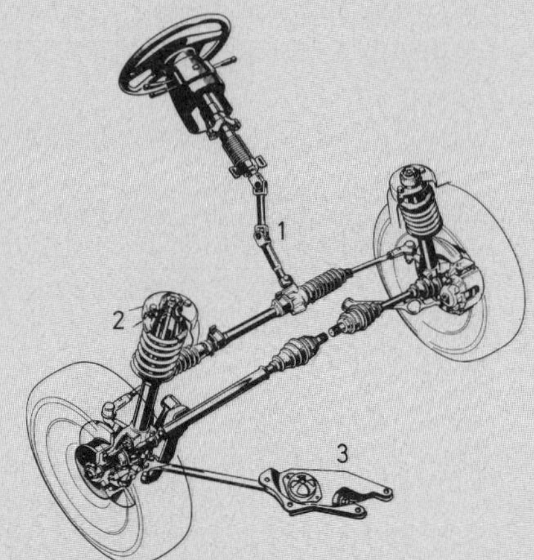

ANALYSE Hilfskraftlenkung-Lenkgetriebe

1. Bestimmen Sie die Bauart der (Hilfskraft-)Lenkgetriebe.
2. Erklären Sie die Funktion der Lenkgetriebe.

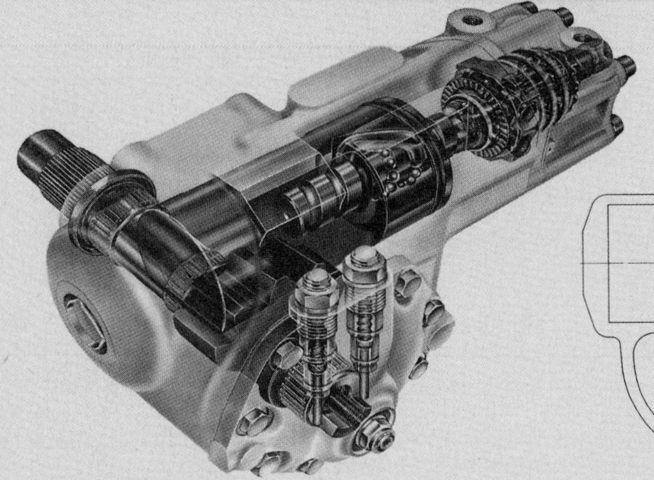

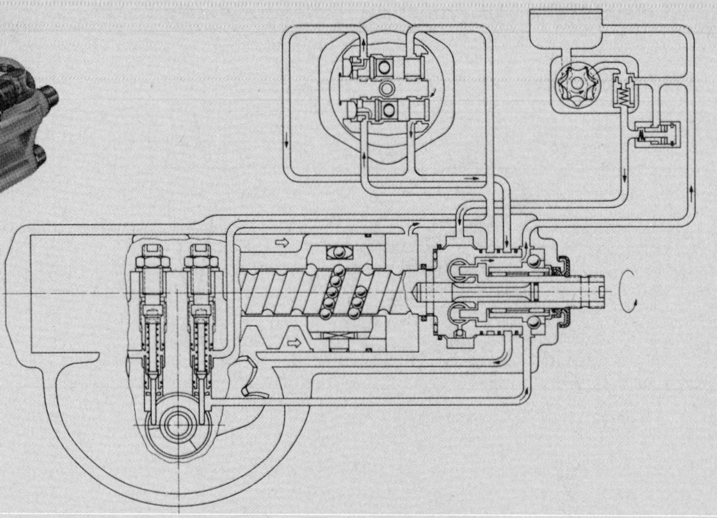

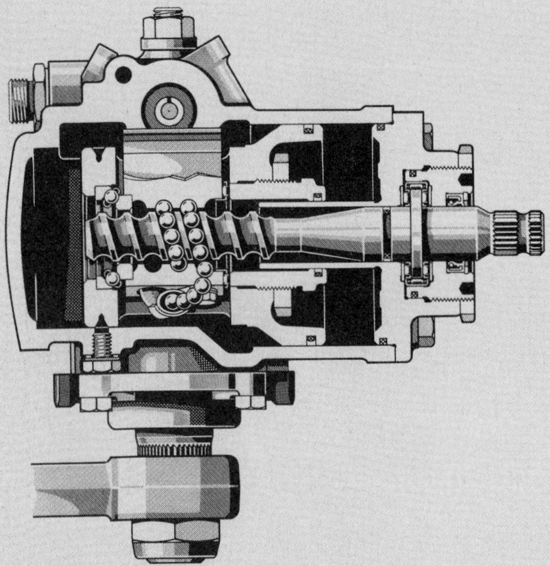

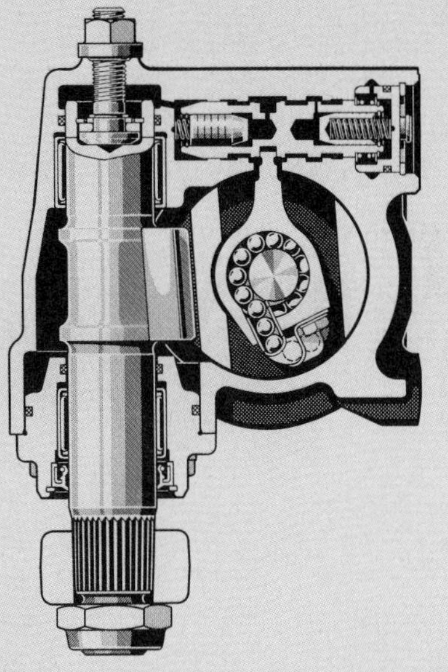

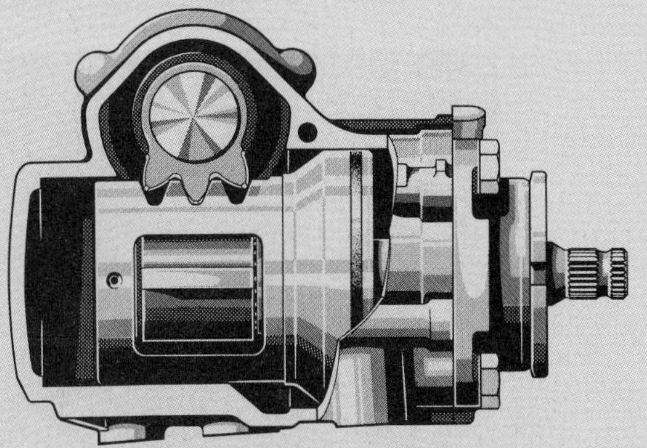

ARBEITSPLANUNG Lenkung

Entwickeln Sie den Arbeitsplan für die dargestellten Prüf- und Instandsetzungsarbeiten, indem Sie

- die Reihenfolge der Prüf- bzw. Instandsetzungsarbeiten,
- die Auswahl der Prüfmittel bzw. Werkzeuge,
- die zu beachtenden Prüf- bzw. Arbeitsregeln/Sicherheitsvorschriften,
- die Auswertung der Prüfergebnisse

angeben und begründen.

Lenkspiel prüfen	Vorspannung Kugelkopf-Spurstange messen
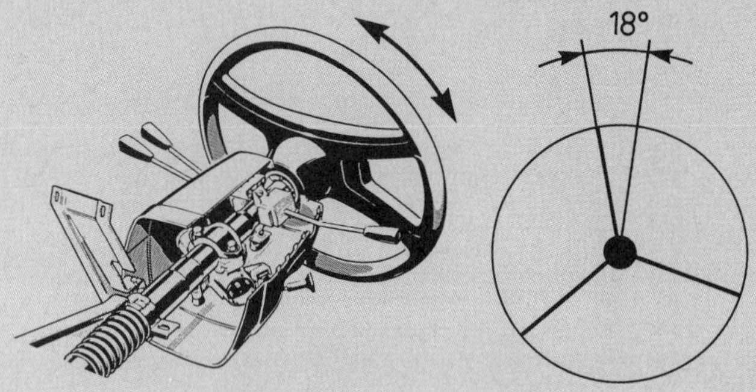	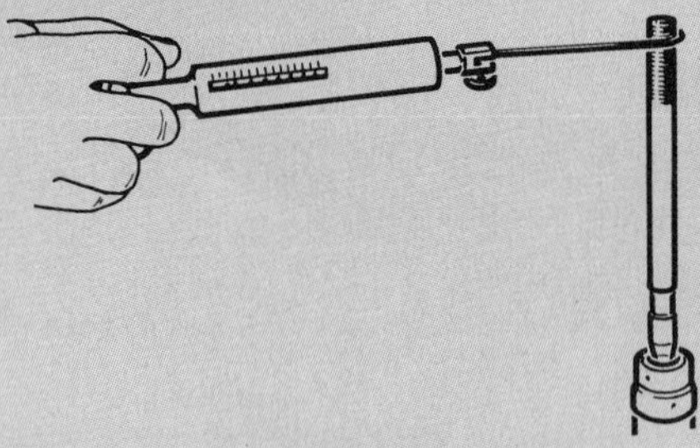
Gleitsteinhöhe des Lenkgetriebes messen	**Ritzeldrehmoment prüfen**
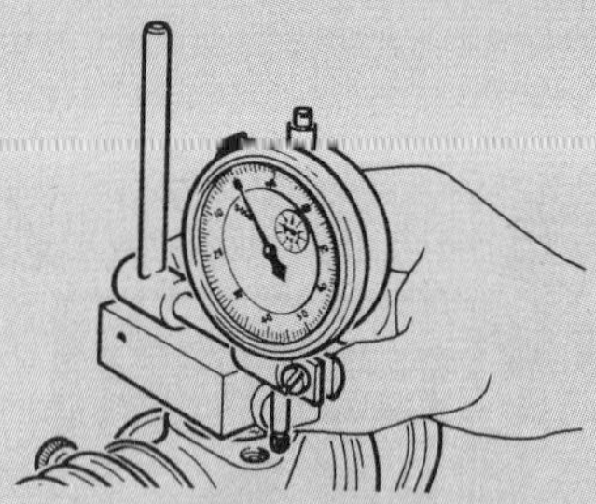	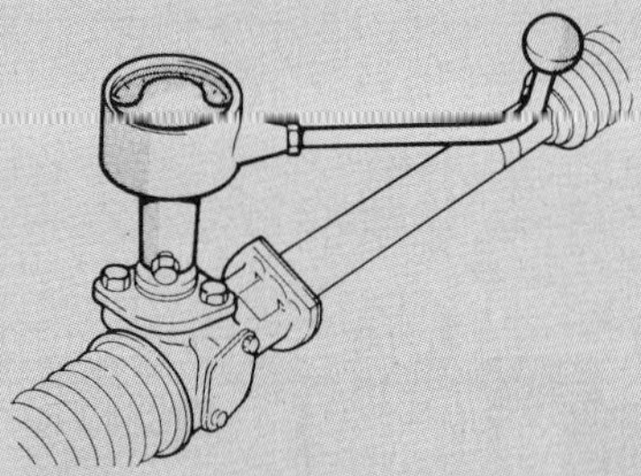
Lenkgetriebe ausbauen	
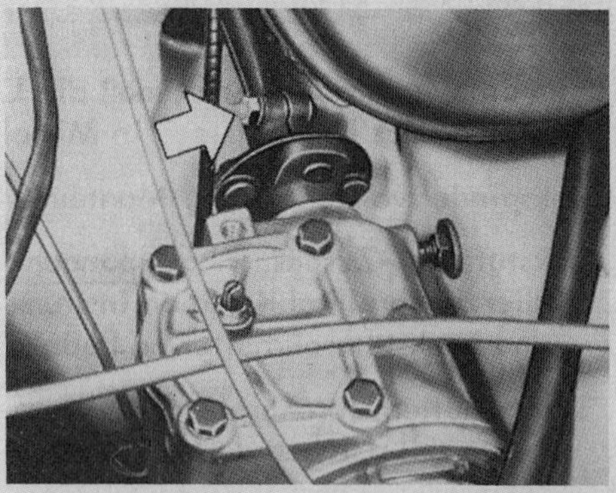	
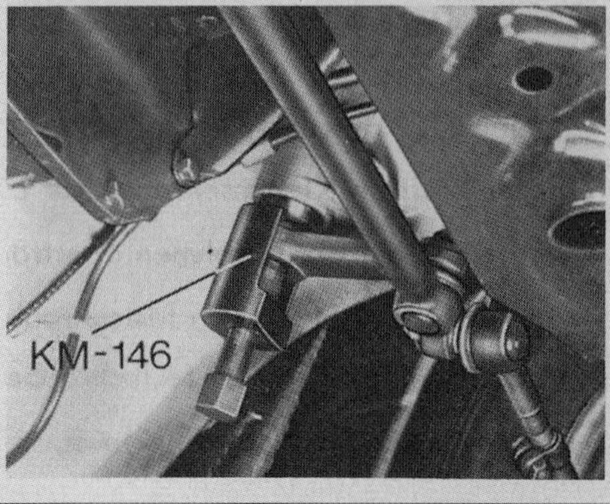	

14 Rahmen und Aufbau

Bei einem Auffahrunfall wird die Frontpartie des Fahrzeugs stark beschädigt.

14.1 Rahmen

Der Rahmen hat die Aufgabe, die verschiedenen Baugruppen des Fahrwerks aufzunehmen und den Aufbau zu tragen.

Rahmenbauarten

Rahmenbauweise (Getrennte Bauweise)	**Selbsttragende Bauweise**	**Bodenrahmenbauweise**
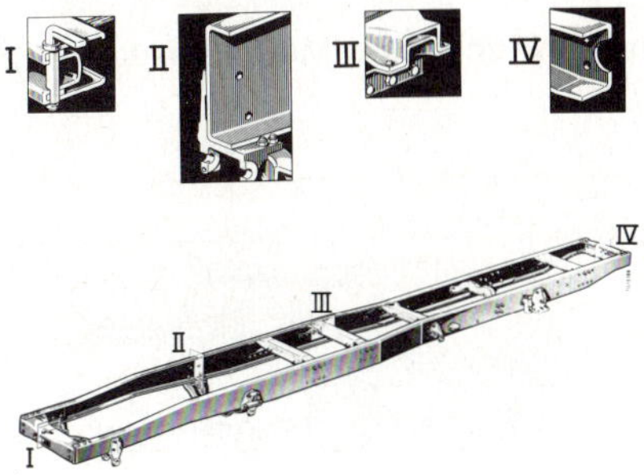 Bei der Rahmenbauweise bilden Rahmen und Aufbau getrennte Baugruppen. Der Rahmen ist meist leiterförmig (Leiterrahmen) ausgebildet. Die Träger besitzen unterschiedliche Querschnitte, die oft aus Walzprofilen (U- oder L-Profile) gebildet werden. Die Längsträger werden mit den Querträgern (Traversen) zusammengeschweißt, -genietet oder -geschraubt. ⊕ große Verwindungssteifigkeit ⊕ große Biegefestigkeit ⊕ hohe Tragfähigkeit ⊕ Auf den gleichen Rahmen können verschiedene Aufbauten aufgesetzt werden. ⊕ Der Aufbau wird wenig beansprucht. ⊖ hohes Leergewicht Einsatz: Heute fast nur noch bei Lkw. Teilweise bei Omnibussen.	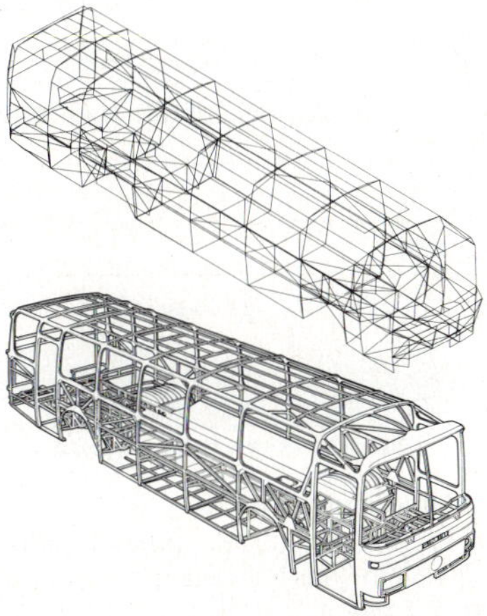 Bei der selbsttragenden Bauweise ist kein Rahmen vorhanden. Der Aufbau selbst ist tragender Teil des Fahrzeugs. Die einzelnen Aufbauteile werden aus Stahlprofilen und gepreßten Stahlblechen hergestellt. Durch Elektroschweißen (Punktschweißen) werden die einzelnen Profile zu dem selbsttragenden Aufbau zusammengefügt. ⊕ hohe Steifigkeit ⊕ geringes Gewicht (etwa 5 % weniger als bei der getrennten Bauweise) ⊕ günstig bei geschlossenem Wagen ⊖ teure Fertigung, deshalb nur bei Serienfertigung Einsatz: Vorwiegend bei geschlossenen Pkw (Limousinen). Neuerdings auch in stärkerem Maße bei Omnibussen.	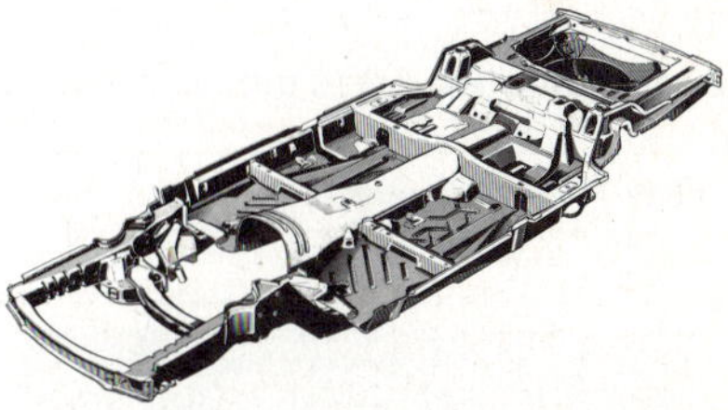 Die Bodenrahmen-Bauweise stellt eine Kombination zwischen getrennter Bauweise und selbsttragender Bauweise dar. Der Rahmen und der Boden des Aufbaus bilden eine neue Baueinheit, den Bodenrahmen. Der Bodenrahmen trägt entweder alleine oder mit dem Aufbau zusammen. Auf den Bodenrahmen wird der nicht mehr geschlossene Aufbau geschweißt. ⊕ höhere Festigkeit und Stabilität als bei der selbsttragenden Bauweise. ⊕ Wenn der Aufbau nicht mitträgt, dann wird die Steifigkeit durch große Fenster, Schiebedach bzw. offene Bauweise nicht beeinflußt. ⊕ billig bei Veränderung des Aufbaus, da der gleiche Bodenrahmen verwendet werden kann. ⊖ größeres Gewicht als bei selbsttragender Bauweise Einsatz: Pkw und Omninbusse

14.2 Aufbau (Karosserie)

Der Aufbau soll

- die zu befördernden Personen und Lasten aufnehmen,
- vor Witterungseinflüssen schützen und
- bei selbsttragender Bauweise den tragenden Teil des Fahrzeugs bilden.

Lkw-Aufbau-Bauarten

Pritschenaufbau

Fahrzeuge mit Pritschenaufbau werden heute als Frontlenker oder Kurzhauber ausgeführt. Pritsche und Fahrerhaus sind getrennt angeordnet.

Kipper

Zwischen Rahmen und Ladebrücke ist eine meist hydraulische Kippvorrichtung eingebaut, mit deren Hilfe die Ladebrücke nach zwei oder drei Seiten gekippt werden kann.

Kastenaufbau

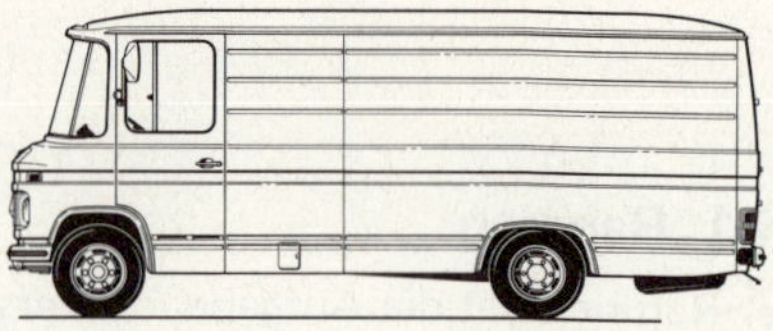

Der Aufbau wird in Schalen- oder Segmentbauweise hergestellt. Er besteht häufig aus Leichtmetall, neuerdings auch aus Kunststoff.

Außer diesen Bauarten gibt es noch eine große Zahl an Sonderausführungen (z.B. Feuerwehrfahrzeuge, Müllfahrzeuge, ...).

Pkw-Aufbau-Bauarten

Limousine

Geschlossener Pkw mit

- 4 oder mehr Sitzen
- 2 oder 4 Türen
- 4 oder mehr Seitenfenstern mit feststehendem Rahmen und Mittelsäulen

Coupé

Geschlossener Pkw mit

- 2 oder 4 Sitzen (hinten befinden sich oft nur Notsitze)
- 2 Türen
- 2 oder 4 Seitenfenstern

Cabriolet

Offen oder geschlossen verwendbarer Pkw mit

- 2 oder mehr Sitzen (hinten Notsitz)
- 2 oder 4 Türen
- 2 oder 4 Seitenfenstern (mit dem Rahmen voll versenkbar)
- wetterfestem Klappverdeck (zurücklegbar oder versenkbar)

Roadster

Offener Pkw mit

- 2 oder 3 Sitzen nebeneinander (im Heck eventuell Notsitz)
- einer, zwei oder ohne Türen
- losen Seitenteilen (aufgesteckt oder eingeknöpft) oder Kurbelfenster
- Scherenverdeck (zurücklegbar oder versenkbar) oder Klappverdeck (zurücklegbar oder abnehmbar)

Kobinationswagen (Kombi)

Geschlossenes Fahrzeug, das eine Kombination von Pkw und Lieferwagen darstellt, mit

- 4 oder mehr Sitzen (Rücksitze umlegbar)
- 3 bis 5 Türen
- 4 oder mehr Seitenfenstern mit festehendem Rahmen und Mittelsäulen

14.2.1 Sicherheitsfahrzeug

Durch Maßnahmen der aktiven und der passiven Sicherheit soll der Fahrgast vor Verletzungen durch Unfälle geschützt werden.

Bei einem Zusammenstoß wird der Vorbau des Fahrzeugs (bei einem Auffahrunfall auch das Heck) zusammengedrückt. Dadurch wird die kinetische Energie (Bewegungsenergie) in Verformungsarbeit umgewandelt.

Die Verletzungsgefahr für die Fahrzeuginsassen wird durch die besonders formsteif ausgebildete Fahrgast-Zelle auf ein Minimum herabgesetzt (passive Sicherheit!).

Durch weitere konstruktive Maßnahmen wird bei heutigen Serienfahrzeugen die aktive und die passive Sicherheit erhöht.

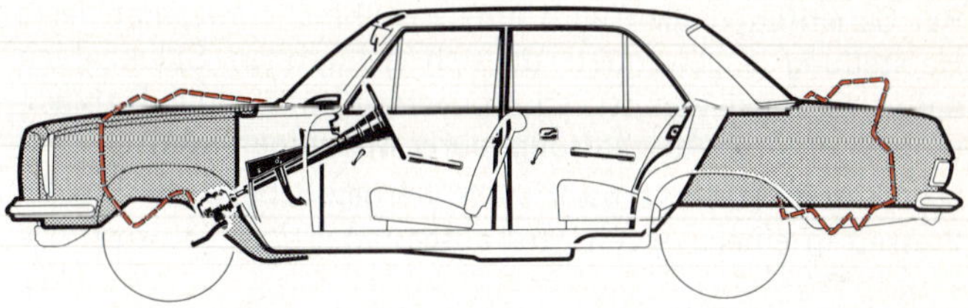

Fahrgastraum besitzt größtmögliche Kollisionsfestigkeit

Front- und Heckpartie energieverzehrend

Aktive Sicherheit	Passive Sicherheit
Aktive Sicherheit bieten technische Hilfsmittel bzw. Konstruktionen, die dazu beitragen, einen Unfall zu verhindern. Dazu gehören u.a. ● Zweikreis-Bremssystem ● Leistungsstarker Motor ● Fahrsichere Bereifung (Profil) ● Lichtstarke Scheinwerfer (ohne Blenden des Gegenverkehrs) ● Heizbare Heckscheibe	Passive Sicherheit bieten Hilfsmittel bzw. Konstruktionen, die bei einem Unfall, die Unfallfolgen für die Menschen so gering wie möglich halten. Dazu gehören u.a. ● Sicherheitsgurte ● Kopfstützen ● Sicherheitslenkung ● Sicherheitsglas ● Glatte Radkappen

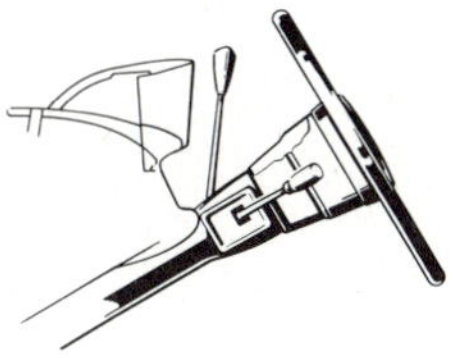

Pralltopf unbeschädigt

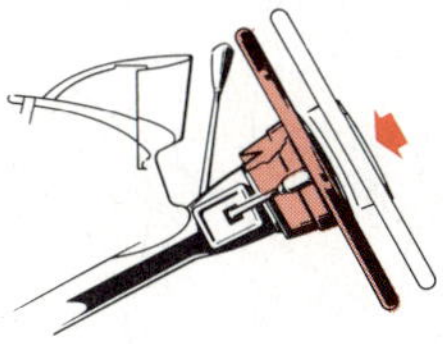

Verformung bei Aufprall auf der gesamten Lenkradfläche

Verformung bei Aufprall auf die untere Kante des Lenkrades

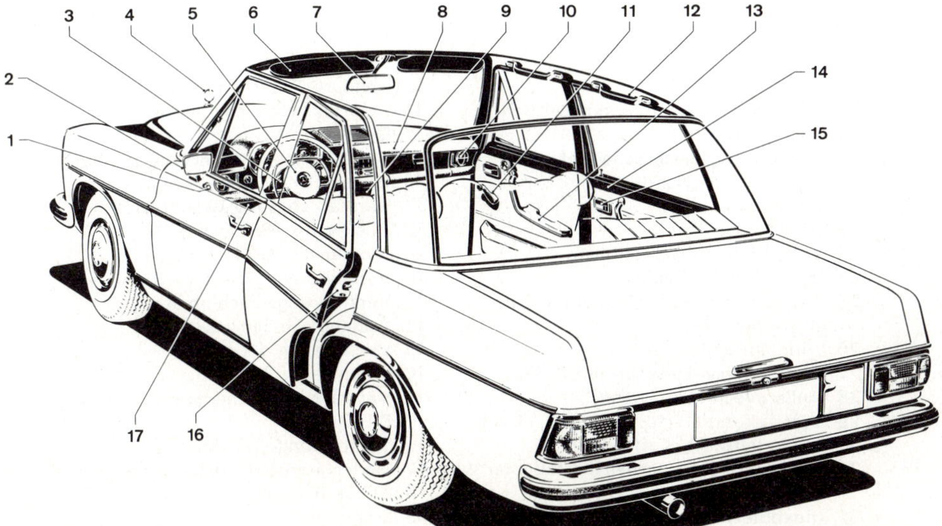

1 Betätigungsknöpfe elastisch
2 Außenrückspiegel schwenkbar
3 Pralltopf stoßaufzehrend
4 Kühlerfigur umklappbar
5 Lenkrad mit großflächiger Polsterplatte
6 Sonnenblenden gepolstert
7 Innenrückblickspiegel abspringend
8 Instrumentenanlage gepolstert
9 Heizungs- und Klimaanlagenverkleidung gepolstert
10 Luftdüsen zurückweichend
11 Fensterkurbel gepolstert, Knöpfe elastisch
12 Haltegriffe elastisch
13 Armlehnen und Haltegriffe stoßnachgiebig
14 Tür- und Fensterleisten gepolstert
15 Türinnenbetätigung versenkt
16 Sicherheitszapfenschlösser mit Kindersicherung an den Fondtüren
17 Lenksäule teleskopartig zusammenschiebbar

14.2.2 Herstellung eines Pkw-Aufbaus

Bei Serienfahrzeugen wird eine maschinelle automatisierte Herstellung angewendet, da sich bei großen Stückzahlen das Anfertigen von teuren Vorrichtungen für die Tiefziehpressen und die Anschaffung teurer Maschinen lohnt.

Große und kleine Karosserieteile werden dabei unter großen Pressen in einem Arbeitsgang ausgestanzt bzw. geformt. Die Einzelteile werden anschließend in einer Fertigungsstraße (Transferstraße) zum Rohaufbau durch Punktschweißen zusammengefügt. Diese Arbeit wird heute von sogenannten „Industrierobotern" durchgeführt.

Pkw-Aufbauten werden auch heute noch fast ausschließlich aus Stahlblech hergestellt. Nur bei einzelnen Fahrzeugtypen besteht der Aufbau aus Kunststoff.

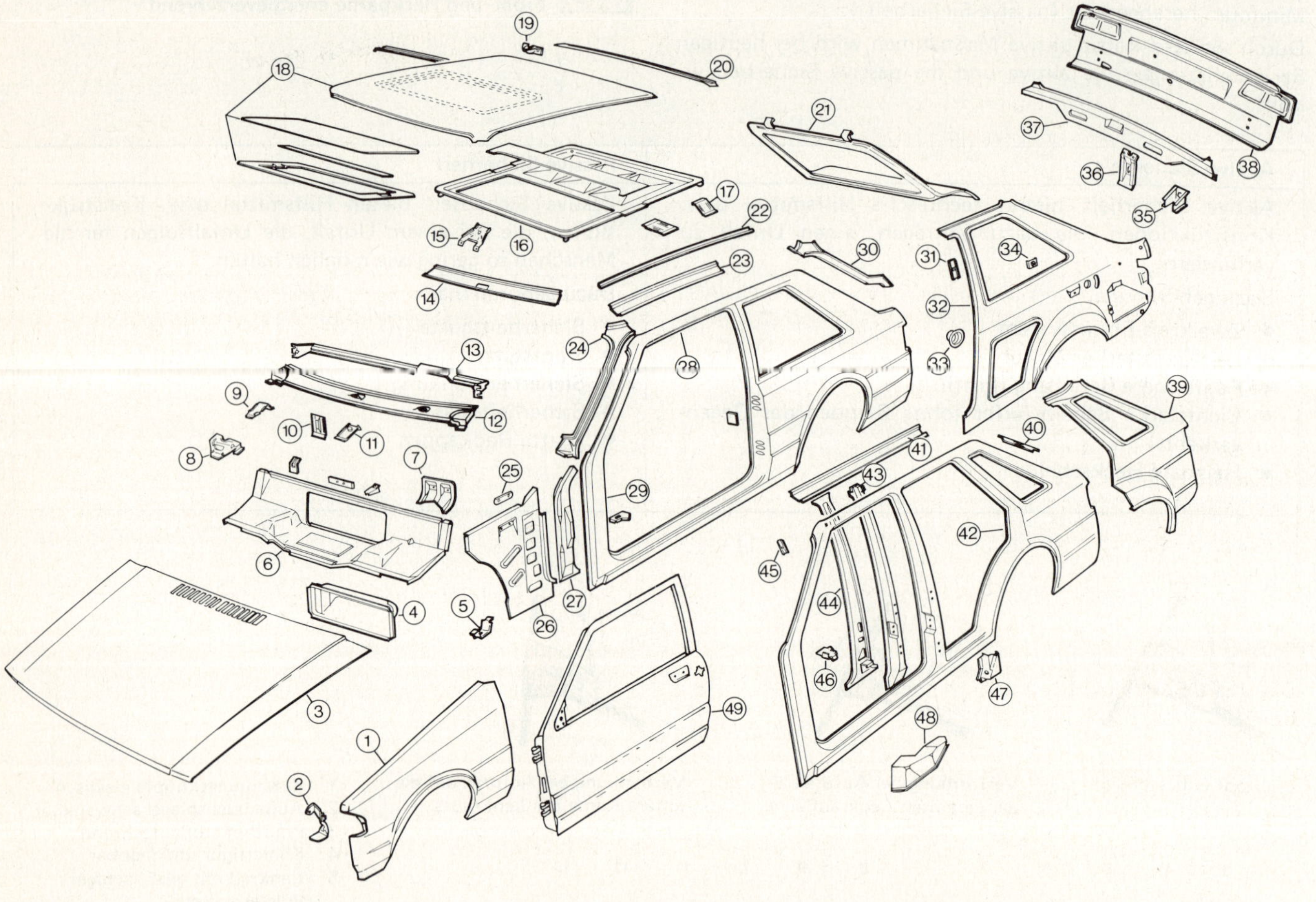

1 Vorderkotflügel
2 Schließblech-Vorderkotflügel, vorn
3 Motorhaube
4 Schließblech-Unterteil, Luftkammer
5 Halter, Pedalbockbefestigung-Windlauf
6 Windlauf-Unterteil
7 Haltebock, Stütze-Lenksäule
8 Halteblech-Wischermotor
9 Verstärkungs-Windlauf-Oberteil, Tandemlager außen
10 Innenblech, Windlauf-Oberteil
11 Verstärkungs-Instrumententafel, unten
12 Außenblech, Windlauf-Oberteil
13 Verstärkungs-Instrumententafel, unten „L"
14 Kopfschiene
15 Aufnahmeblech, Kurbelmech.-Schiebedach
16 Rahmen-Sonnendach
17 Halter-Sonnendach hinten, seitlich
18 Sonnendach
19 Verstärkungsblech-Scharnier
20 Rahmen-Rückwandfenster, oben
21 Rückwand
22 Regenrinne
23 Verstärkungs-Dachrahmen
24 Innenblech, A-Säule
25 Verstärkungs-Motorhaubenscharnier an Karosserie
26 Windlauf-Seitenteil
27 Verstärkungs-Türscharnier, A-Säule
28 Außenblech-Seitenwand
29 Verstärkungs-Türfeststeller an A-Säule
30 Wasserleitblech-Kofferraum
31 Verstärkungs-Sicherheitsbefestigung B-Säule
32 Innenblech-Seitenwand
33 Gehäuse-Tankstutzen
34 Verstärkungs-Sicherheitsgurtbefestigung, C-Säule
35 Befestigungsplatte-Stoßfänger, hinten
36 Halter, Schloß-Rückwandklappe
37 Verstärkungs-Rückwandblech
38 Rückwandblech
39 Innenblech, C-Säule
40 Verstärkungs-Zusatz, D- Säule
41 Verstärkungs-Dachrahmen
42 Außenblech-Seitenwand
43 Verstärkung, B-Säule
44 Innenblech, B-Säule
45 Verstärkungs-Sicherheitsgurtbefestigung, B-Säule
46 Verstärkungs-Türfeststeller
47 Verlängerung-Radhaus, außen
48 Stütze-Rücksitzkissen
49 Seitentür

14.2.3 Lackierung eines Pkw-Aufbaus

Die Lackierung hat die Aufgabe,

- den Aufbau vor Beschädigungen bzw. Zerstörung zu schützen,
- dem Aufbau ein ansprechendes Aussehen zu geben.

Dabei werden folgende Anforderungen an die Lackierung gestellt:

- Wetterbeständig
- Chemisch neutral
- Abriebfest
- Wasserunlöslich
- Gut haftend

Eine Lackierung besteht je nach Fahrzeug aus mehreren Lackschichten. Die verschiedenen Schichten ergeben eine Gesamtdicke von 0,1 bis 0,15 mm.

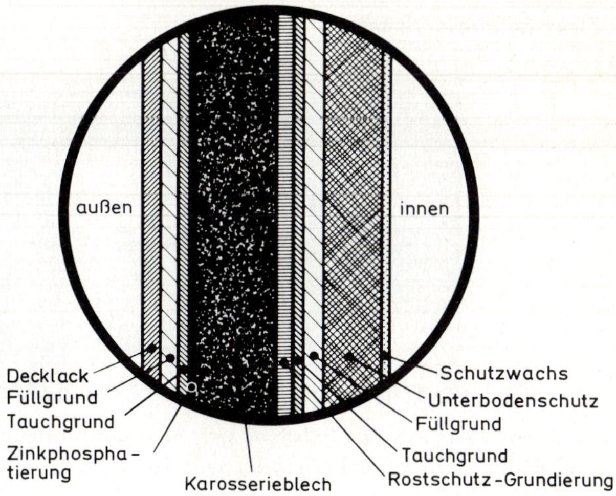

Lackarten	
Nitrolacke	**Kunstharzlacke**
Sie trocknen durch Verdunstung des Lösungsmittels. Nach dem Aufbringen des Lackes muß dieser aufpoliert werden. Da der Lack mit der Zeit blind wird, muß er in gewissen Abständen durch Abtragen der äußeren Schicht aufgefrischt (erneut aufpoliert) werden. ⊕ schnell trocknend ⊖ häufige Pflege (Aufpolieren!) ⊖ empfindlich gegen Alkohol und Kraftstoffe Einsatz: Nitrolacke sind heute nur noch von geringer Bedeutung	Mit lufttrocknenden und ofentrocknenden Kunstharzlacken wird eine sofort glänzende Oberfläche erzielt. Lufttrocknende Lacke, die vorwiegend bei Reparaturen Verwendung finden, werden erst nach mehreren Stunden hart. ⊕ kein Aufpolieren ⊕ nicht so empfindlich gegen Lösungsmittel ⊖ sehr hart (dadurch Haarrisse) Einsatz: Als Grundierungslacke und als Decklacke

Das Auftragen der Lacke erfolgt durch Spritzen, Tauchen bzw. elektrische Spritzverfahren.

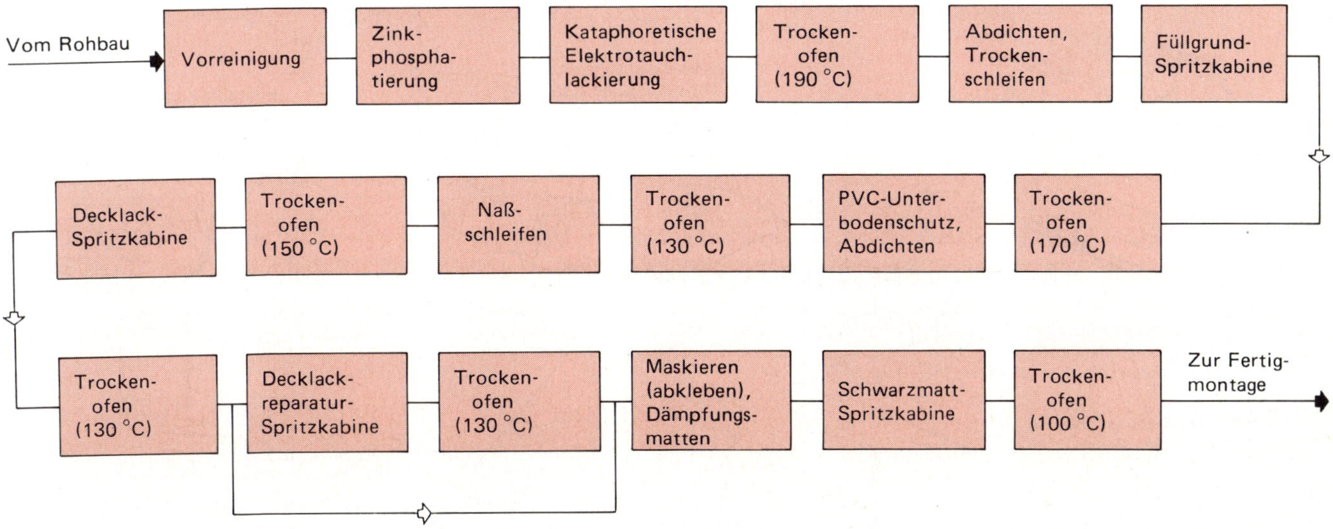

Elektrophorese-Verfahren

In einem Tauchbecken befindet sich eine Mischung aus vollentsalztem Wasser (85 ... 90 %) und Lackteilchen (10 ... 15 %).

Zum Grundieren durchlaufen die Aufbauten diese Tauchanlage. Dabei wird der gesamte Aufbau eingetaucht.

Durch Einwirkung eines elektrischen Feldes (U = 50 bis 150 V) wandern die Lackteilchen zum Aufbau (Karosserie). Der Aufbau, der mit der Stromschiene verbunden ist, bildet dabei die Anode (positive Elektrode). Das Tauchbecken bildet die Kathode (negative Elektrode).

Die Lackteilchen schlagen sich in einer gleichmäßigen Schicht (auch an unzugänglichen Stellen) am Aufbau nieder.

Neben die Elektrotauchlackierung mit anodischer Abscheidung (Anaphorose-Verfahren) tritt als Weiterentwicklung die kathodische Abscheidung (Kataphorese-Verfahren). Dabei wird der Aufbau als Kathode geschaltet.

Einsatz: In der Serienproduktion hauptsächlich für die Aufbringung der Grundierung

Elektrostatische Verfahren

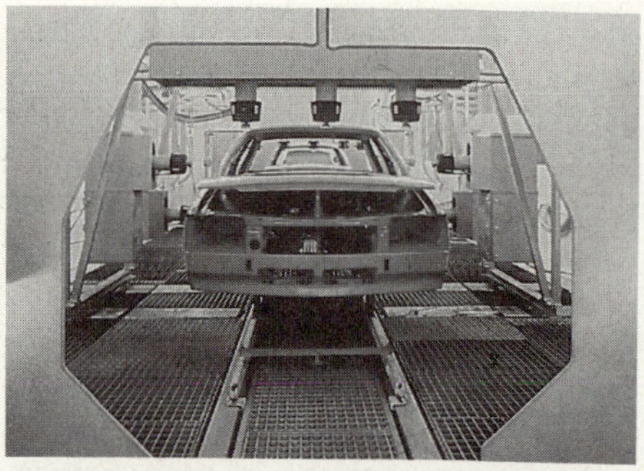

Durch den Einfluß eines Hochspannungsfeldes (U = 100 bis 150 kV) werden die Lackteilchen auf den Aufbau gelenkt.

Der Aufbau bildet den Pluspol, so daß die Lackteilchen von ihm angezogen werden. Die Lackteilchen folgen dabei den elektrischen Kraftlinien, so daß auch die Rückseite des Aufbaus einwandfrei lackiert wird. Um den Lackverlust zu verringern, werden die Spritzdüsen automatisch (von Industrierobotern) innerhalb und außerhalb des Aufbaus bewegt.

Einsatz: In der Serienproduktion für die Aufbringung der Zwischen- und Decklacke

Durch weitere Maßnahmen wird bei heutigen Serienfahrzeugen der Korrosionsschutz verbessert.

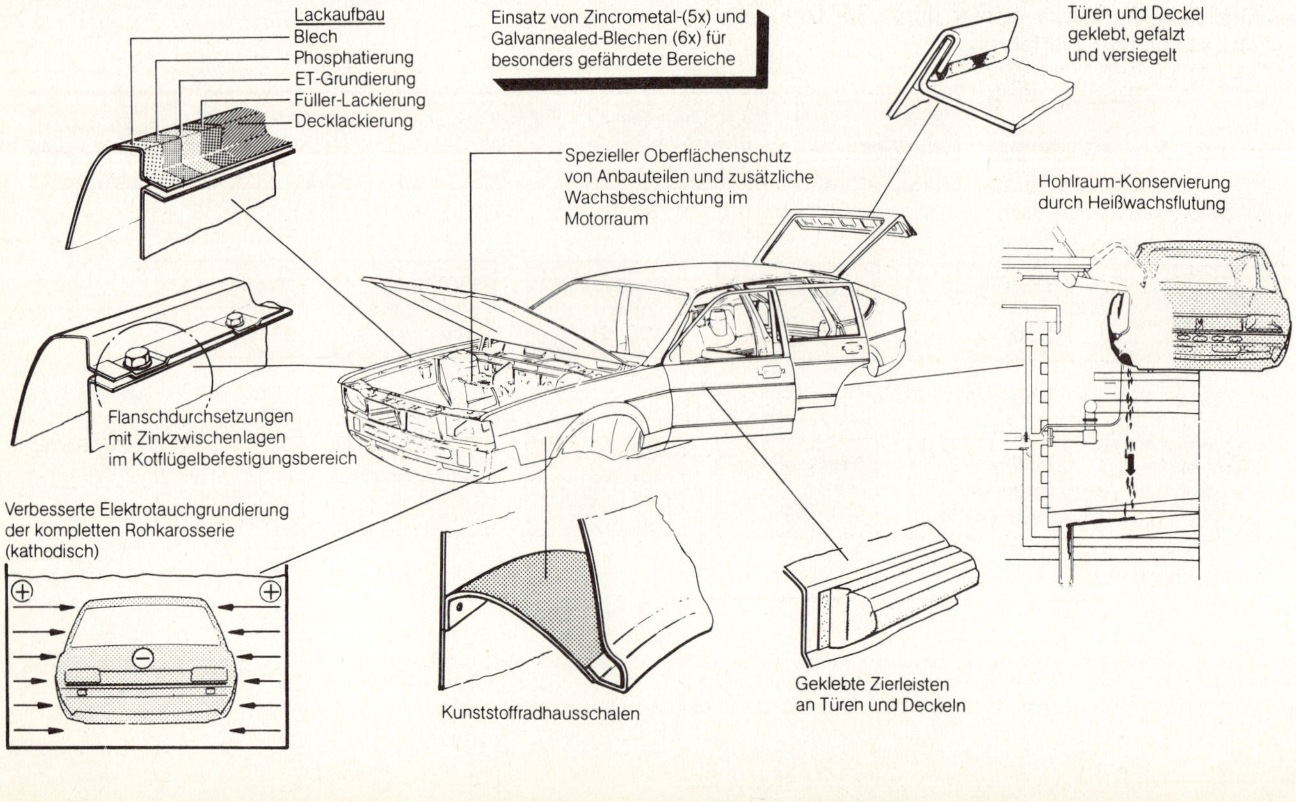

14.2.4 Verglasung

Die Verglasung soll eine gute Rundumsicht des Fahrers gewährleisten.

Dabei werden folgende Anforderungen an die Verglasung gestellt:

Bei einem Unfall

- sollen die Fahrzeuginsassen nicht verletzt werden,
- soll dem Fahrer die Sicht nicht versperrt werden.

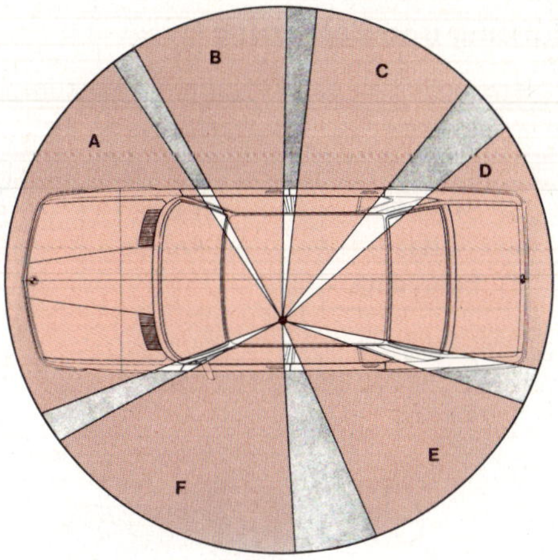

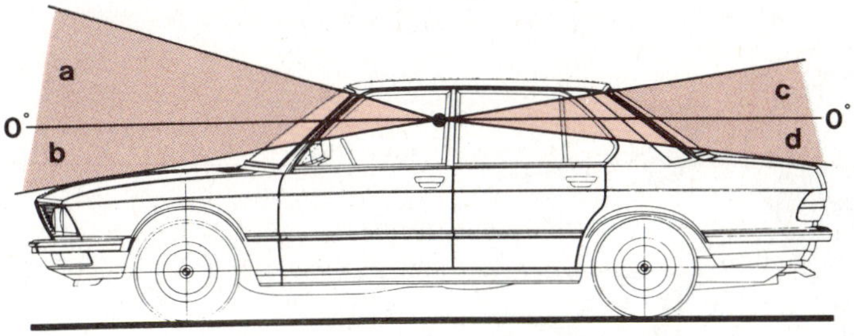

Sicht auf Straße und Horizont			
a	b	c	d
17,5°	8,5°	9°	7°

Rundumsicht					
84 %					
A	B	C	D	E	F
21,2	8	8,3	16,2	13	17,3

Glasarten	
Einschicht-Sicherheitsglas	**Verbund-Sicherheitsglas (Mehrschichtenglas)**
	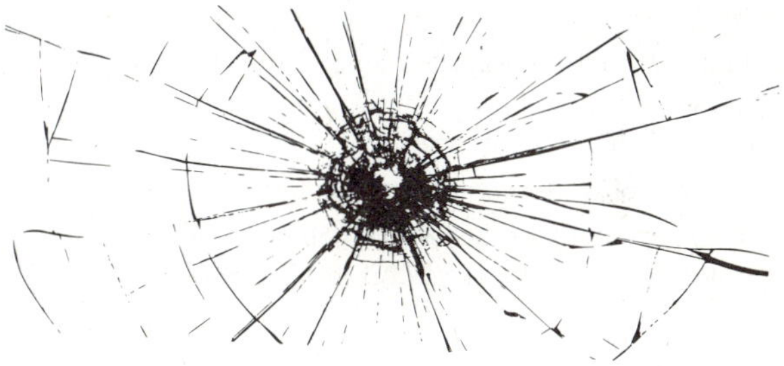
Das Glas besteht aus einer Scheibe. Nach der Formgebung wird durch eine Wärmebehandlung (Erwärmung mit nachfolgendem Abschrecken) das Glas vorgespannt. An der Glasoberfläche treten dadurch Druckspannungen auf, während im Innern Zugspannungen herrschen. Beim Zerstören der Scheibe zerfällt durch diese entgegengesetzt gerichteten Spannungen die Scheibe in viele kleine Körnchen. Im Gesichtsfeld des Fahrers bilden sich größere Körner oder es bildet sich ein „Loch" (Klarsichtzone). ⊕ Die Scheibe zerspringt in viele kleine Glaskörnchen, so daß ein „Aufspießen" nicht möglich ist. ⊖ starke Sichtbehinderung ⊖ Glaskörnchen können Gesicht treffen (Augenverletzungen)	Das Glas besteht aus zwei (oder mehreren) Scheiben. Die Scheiben sind mit einer durchsichtigen Folie als Zwischenlage zusammengeklebt (verbunden). Beim Zerstören der Scheibe werden die Glasstücke durch die elastischen Folien zusammengehalten. Es bilden sich scharfe messerförmige Glasstücke (Spinnennetz). ⊕ Die Sicht wird durch das „Spinnennetz" nur wenig behindert. ⊖ Durch die messerförmigen Glasstücke können gefährliche Verletzungen auftreten, wenn ein Fahrzeuginsasse durch die Windschutzscheibe geschleudert wird.

Beide Glasarten werden auch miteinander kombiniert. Die innere Scheibe ist dann aus Einschicht-Sicherheitsglas und die äußere aus Verbund-Sicherheitslgas hergestellt.

14.2.5 Belüftung und Beheizung

Lüftung und Heizung haben die Aufgabe die Luft im Fahrzeuginnern zu erneuern und zu erwärmen und damit die Fahrannehmlichkeit zu verbessern.

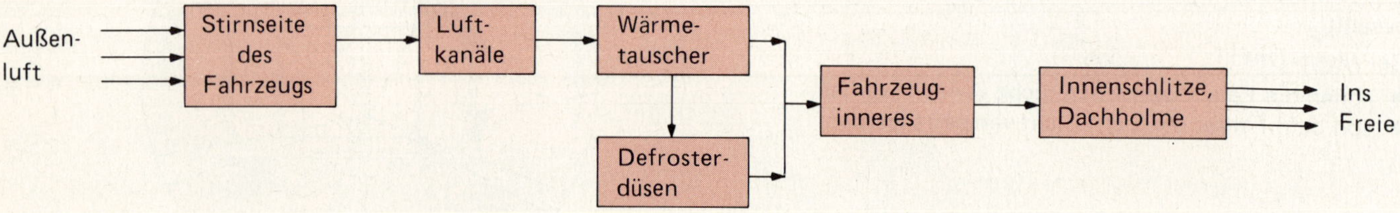

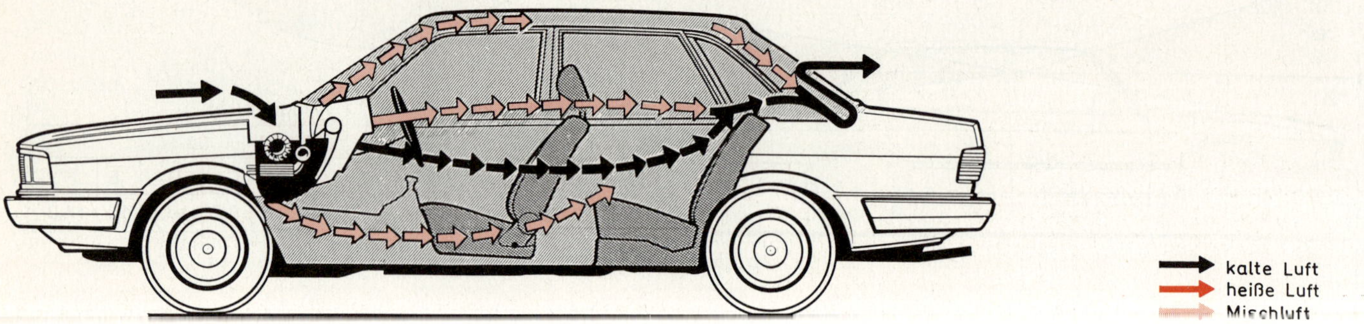

Lüftung und Heizung bilden meist eine Anlage. Von der Stirnseite des Fahrzeugs führen Luftkanäle zu einem Wärmetauscher und von dort in das Fahrzeuginnere. Die einzelnen Luftströme werden so geführt, daß

- für die Fahrzeuginsassen möglichst geringe Zugluft entsteht,
- die Fenster nicht beschlagen.

Zur Erwärmung der Frischluft verwendet man

- Kühlwasserheizungen bei wassergekühlten Motoren,
- Abgasheizungen bei luftgekühlten Motoren.

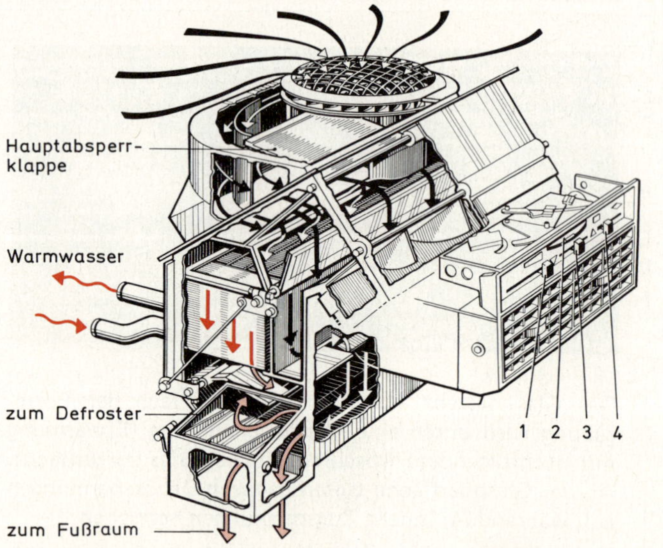

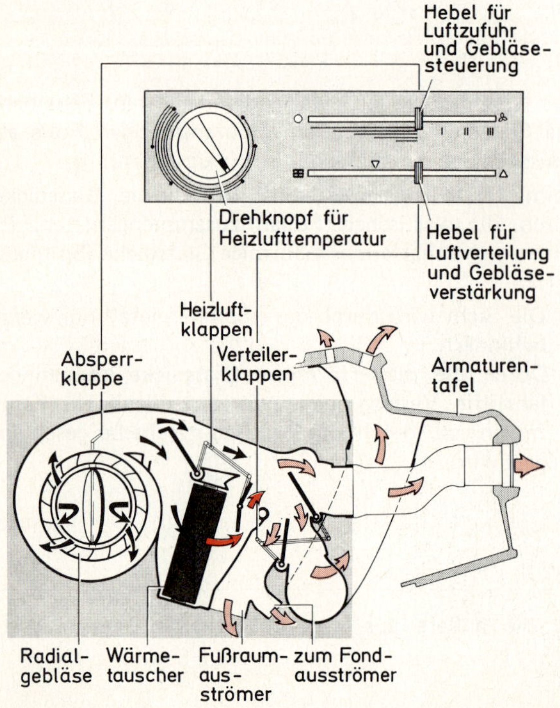

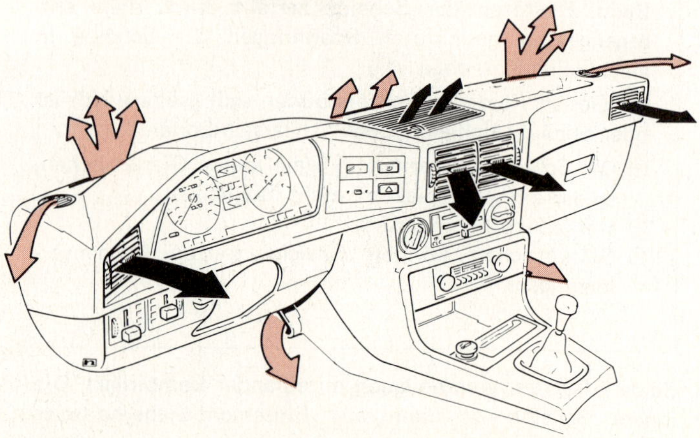

Belüftung

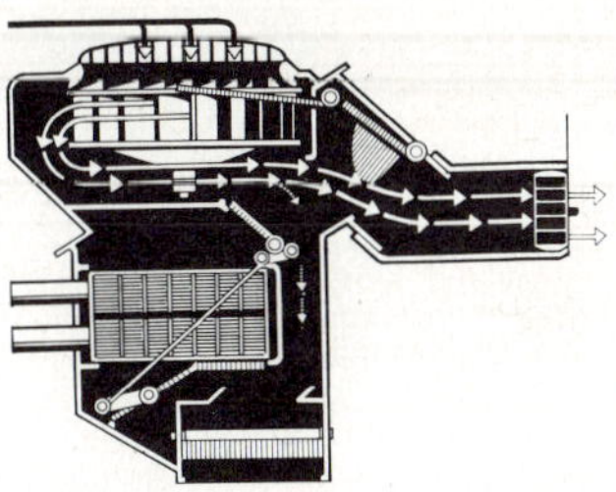

Die Frischluft wird durch die Klappenstellung direkt in den Fahrzeuginnenraum gelenkt.

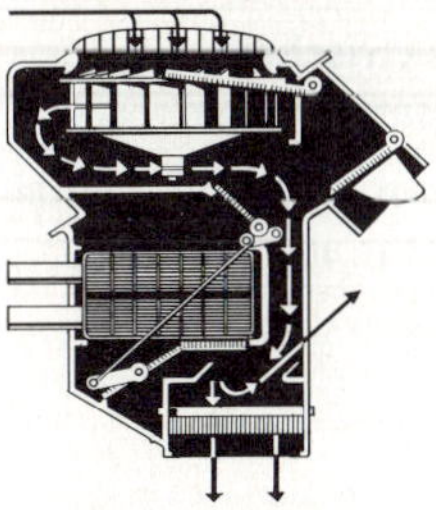

Die Frischluft wird durch die Klappenstellung zu den Defrosterdüsen und dem Fußraum geleitet.

Die Belüftung durch den Staudruck des Fahrtwindes erfolgt erst bei Geschwindigkeiten von ca. 50 km/h. Bei geringeren Geschwindigkeiten muß ein elektrisch angetriebenes Gebläse für die erforderliche Luftzufuhr sorgen. Die Frischluft wird dabei meist durch ein Radialgebläse angesaugt.

Zur Regulierung der Frischluftmenge werden über einen Hebel besondere Leitklappen verstellt. Außerdem ist die Gebläsedrehzahl in 2 oder 3 Stufen oder stufenlos regelbar.

Beheizung

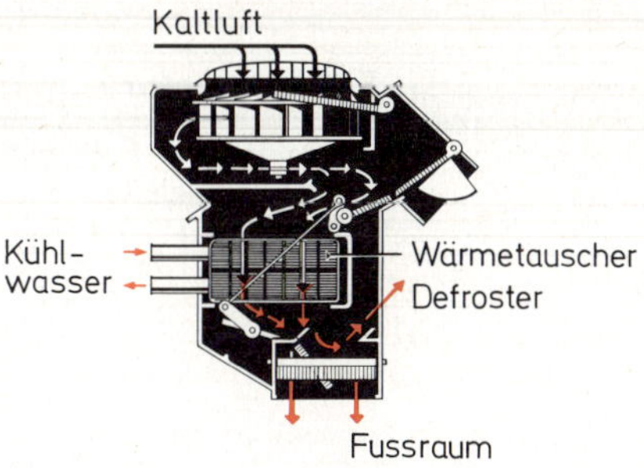

Der Wärmetauscher wird ständig vom Kühlwasser durchflossen.

Die Lufttemperatur wird geregelt, indem der Frischluft der Weg zum Wärmetauscher durch Klappen ganz oder teilweise versperrt bzw. freigegeben wird.

Wird der Weg nur teilweise versperrt, dann strömt ein Teil der Frischluft über den Wärmetauscher (wird erwärmt), der andere Teil strömt nicht über den Wärmetauscher (wird nicht erwärmt). Anschließend wird die Warmluft mit der Kaltluft gemischt.

Die Änderung der Lufttemperatur erfolgt sofort nach Betätigung der Klappen.

Die Abführung der verbrauchten Luft geschieht meist über Innenschlitze oberhalb der Heckscheibe und durch die Dachholme.

14.2.6 Kühlung

Die Klimaanlage soll die Temperatur und die Luftfeuchtigkeit im Fahrzeuginnenraum unabhängig von der Außentemperatur regeln.

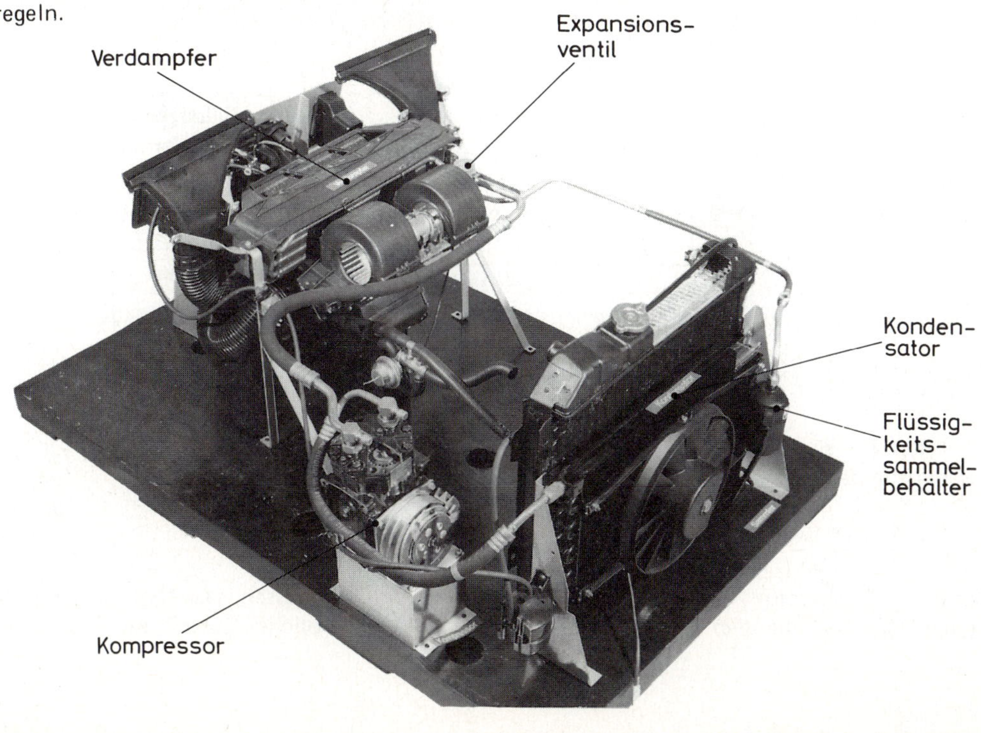

Klimaanlagen funktionieren nach dem Prinzip des Kühlschrankes!

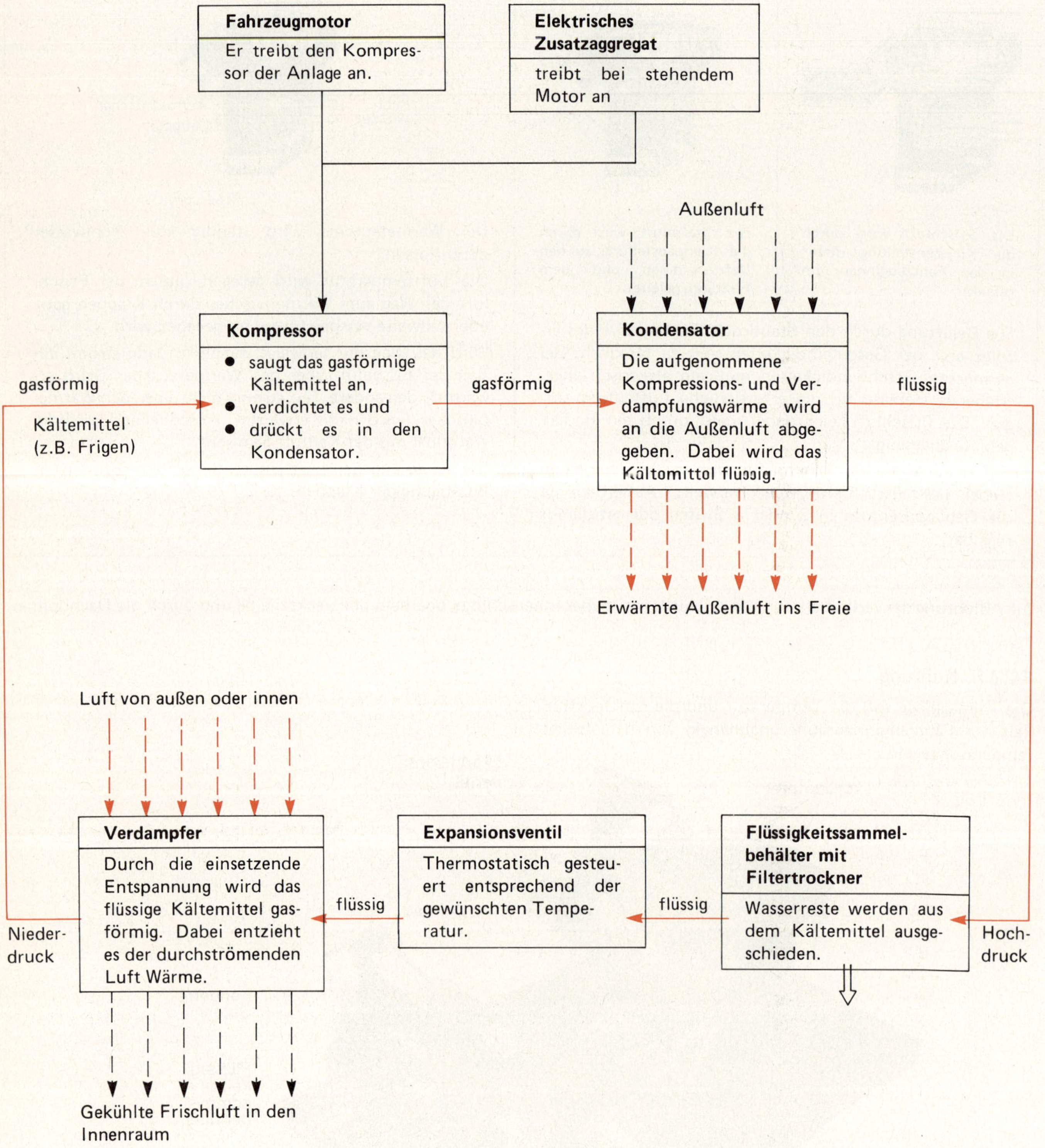

⊕ verhältnismäßig konstante Temperatur
⊖ verhältnismäßig hohe Leistung für den Antrieb des Kompressors

Einsatz: In Omnibussen, Kühlfahrzeugen (Transportfahrzeuge für verderbliche Güter) und Pkw der gehobenen Preisklasse

ZUSAMMENFASSUNG Rahmen und Aufbau

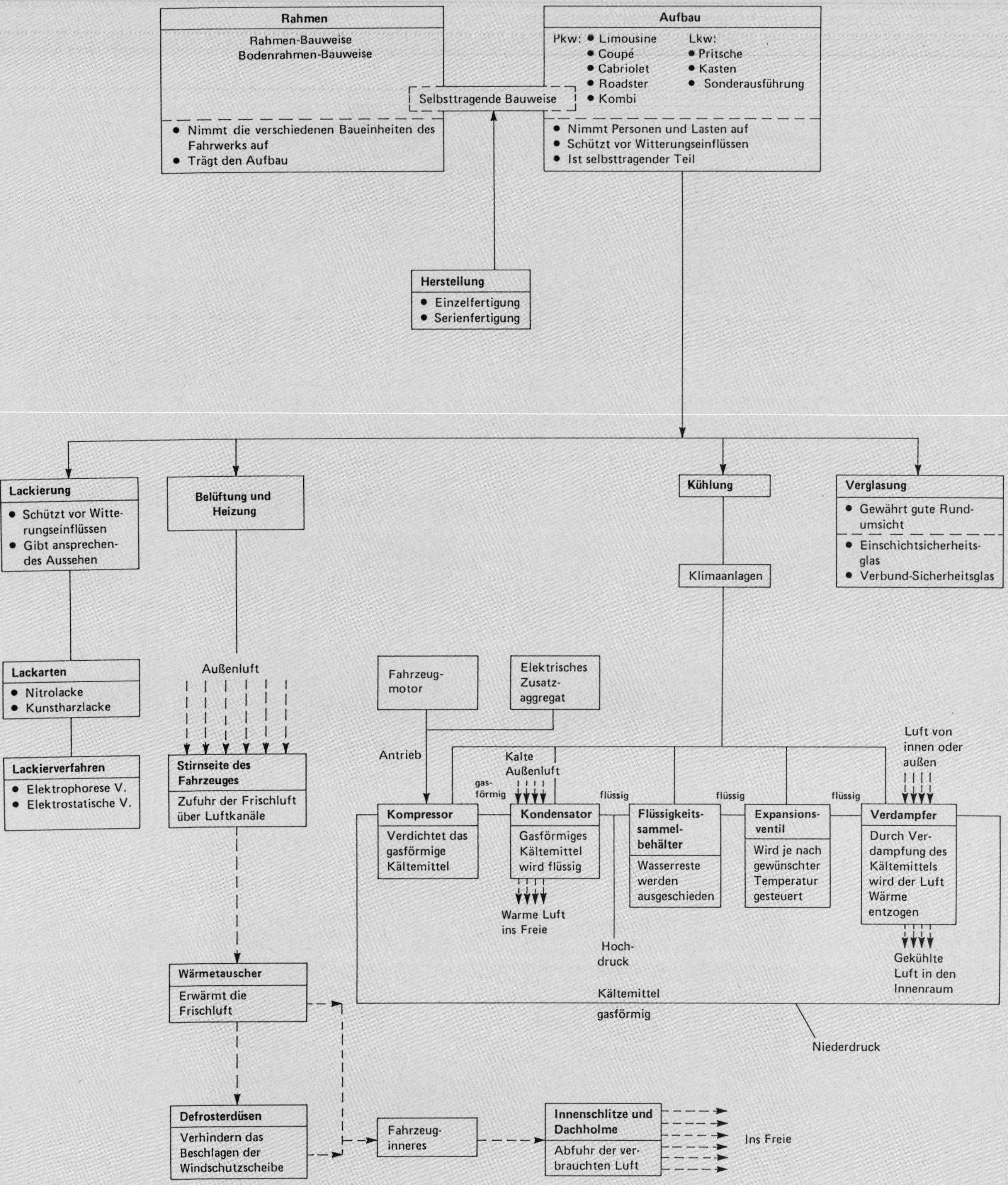

ANALYSE Rahmen und Aufbau

1. Erklären Sie die Bauart von Rahmen und Aufbau
2. Erklären Sie den Zusammenhang zwischen einer Computer-Zeichnung und einer Rohbaukarosserie (Aufbau)
3. Beschreiben Sie die aerodynamischen Details und deren Vorteile

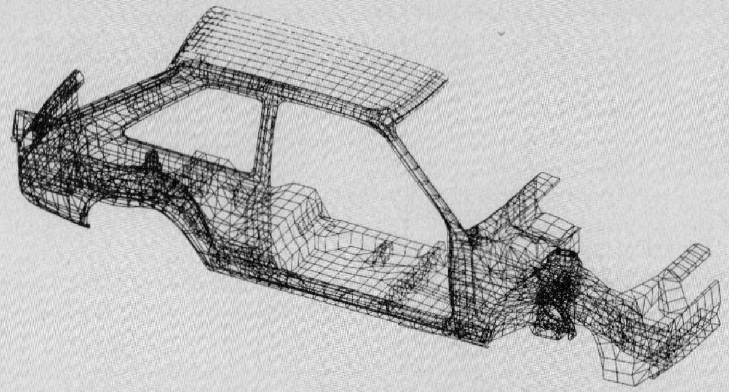

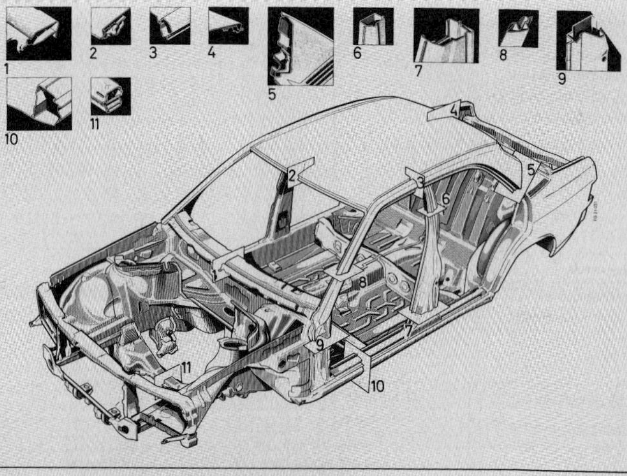

ARBEITSPLANUNG Rahmen und Aufbau

Entwickeln Sie den Arbeitsplan für die dargestellten Instandsetzungsarbeiten, indem Sie

- die Reihenfolge der Instandsetzungsarbeiten,
- die Auswahl der Werkzeuge,
- die zu beachtenden Arbeitsregeln/Sicherheitsvorschriften,
- die erforderlichen Ersatzteile

angeben und begründen.

Richten mit hydraulischen Druck- oder Ziehwerkzeugen

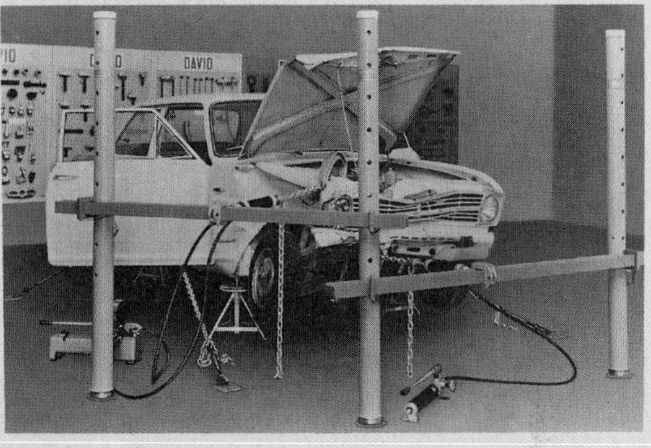

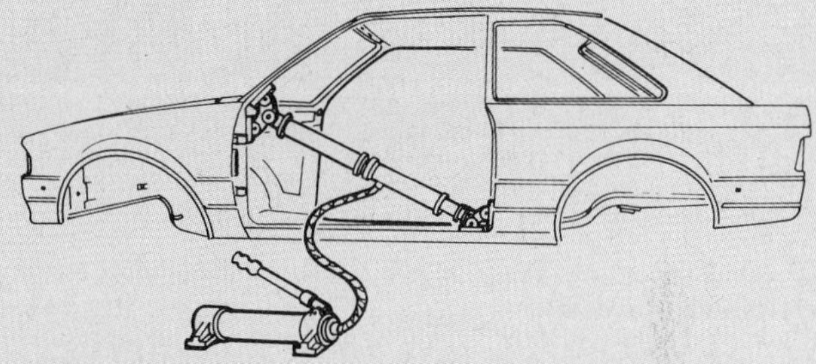

Seitenwand ausbeulen

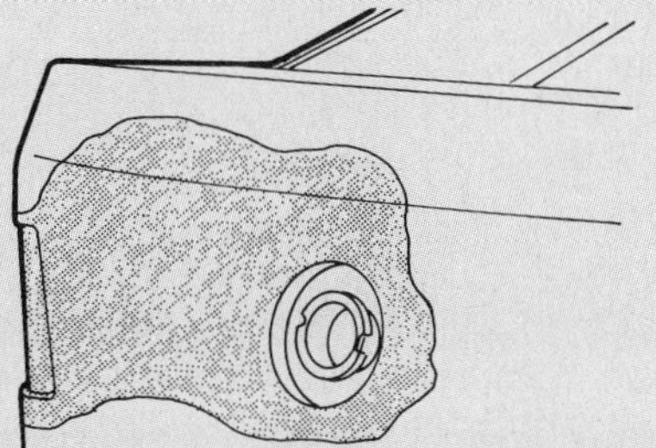

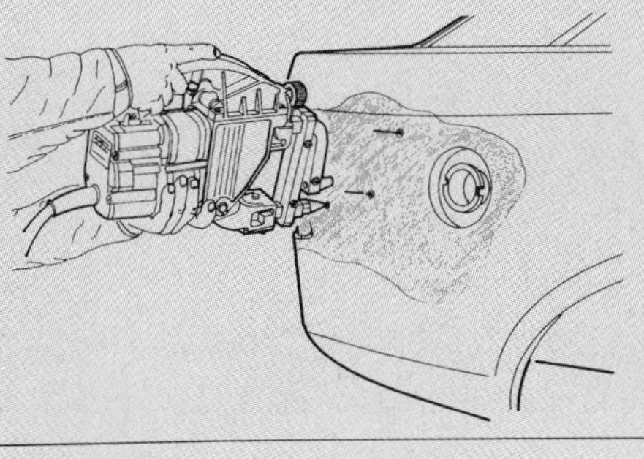

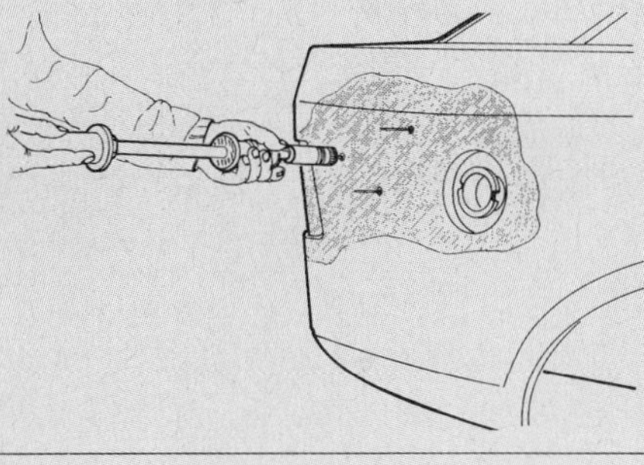

Abschnittsreparaturen durchführen

Seitenwand einsetzen

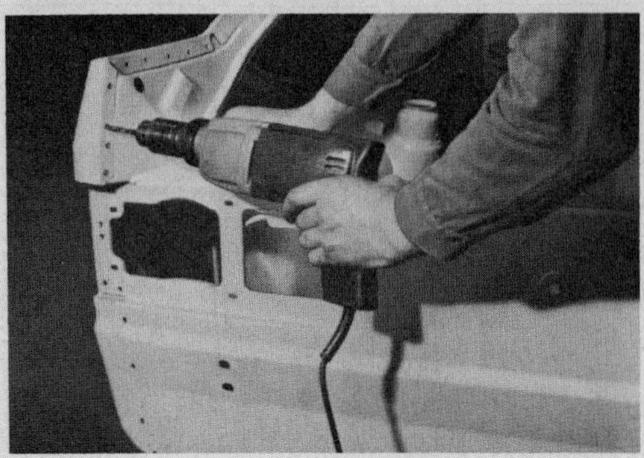

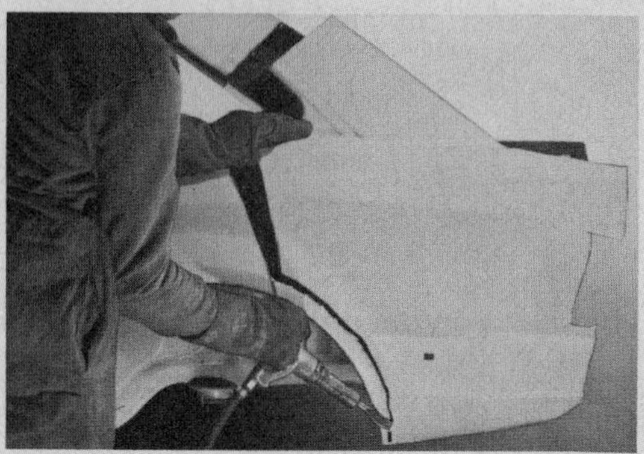

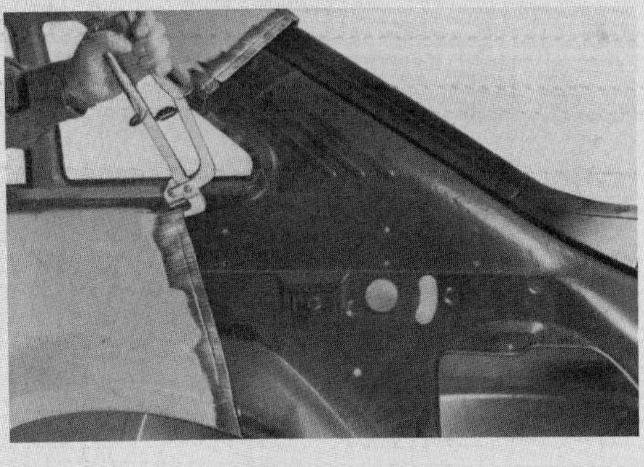
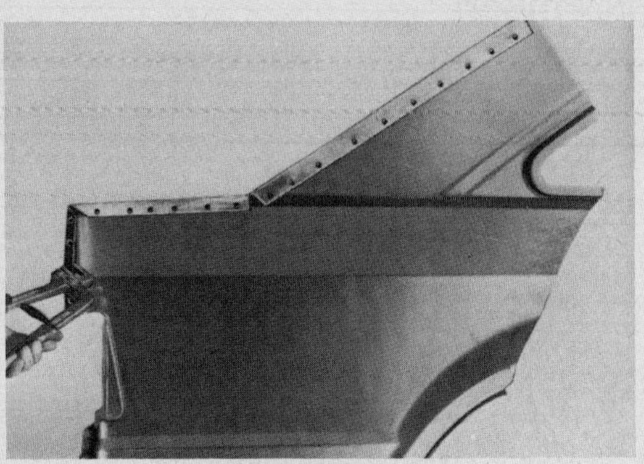
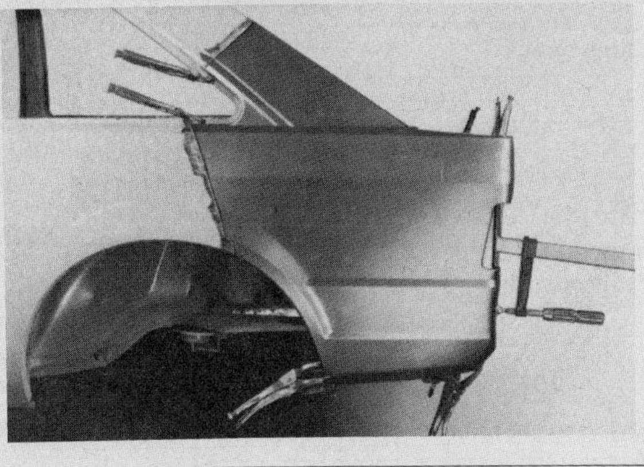
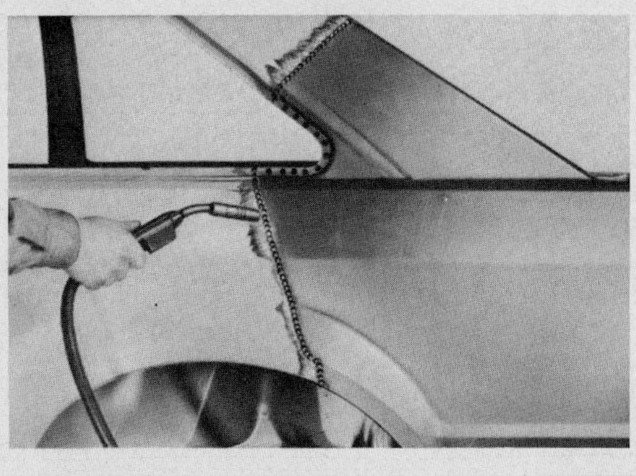
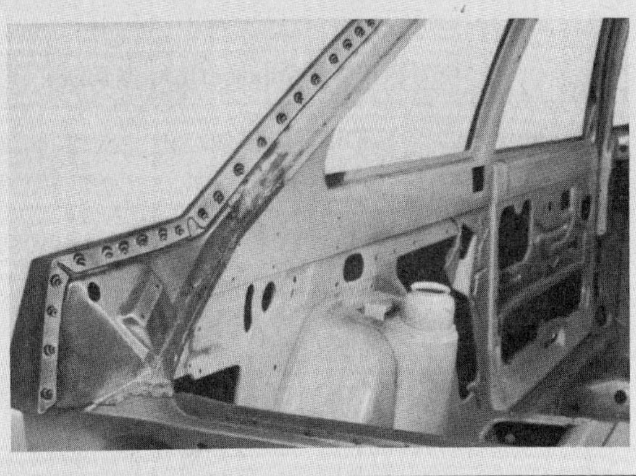
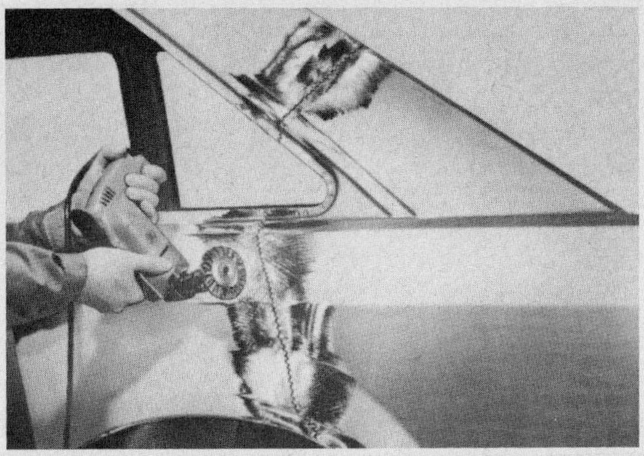
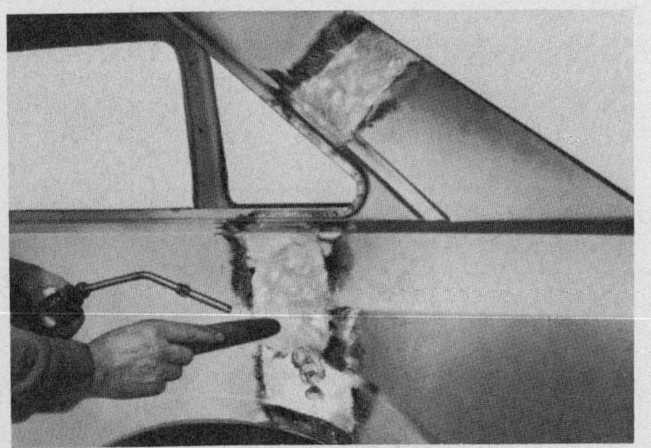
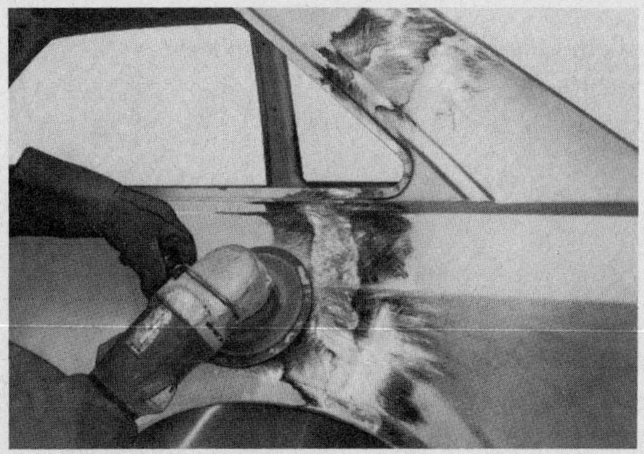

15 Bremsen

Trotz wiederholter Betätigung des Bremspedals stellt sich bei einer hydraulischen Bremsanlage keine Bremswirkung ein.

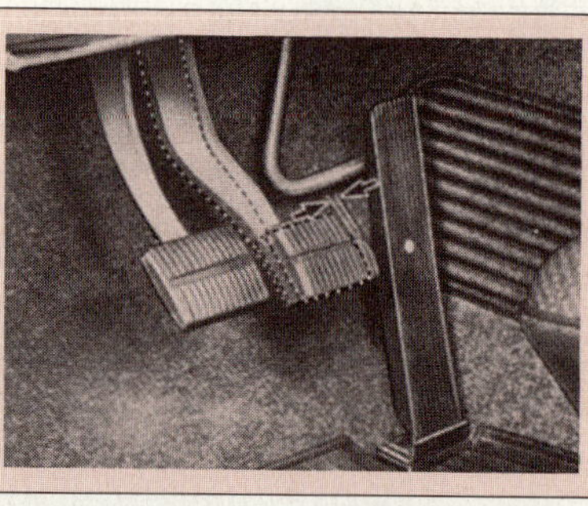

15.1 Einteilung der Bremsanlagen

Nach dem Verwendungszweck

Betriebsbremsanlage (BBA)

„Fußbremse"! Sie wird bei normalem Betrieb verwendet.

Hilfsbremsanlage (HBA)

Sie erfüllt die Aufgabe der BBA mit geringerer Wirkung (z.B. ein „Bremskreis" einer Zweikreisbremsanlage).

Feststellbremsanlage (FBA)

„Handbremse"! Sie muß das Fahrzeug im Stand festhalten.

Nach der Art der verwendeten Energie

Muskelkraftbremsanlage

Die Muskelkraft am Bremspedal erzeugt die Bremskraft.

Hilfskraftbremsanlage

Die Muskelkraft wird durch eine Hilfskraft verstärkt.

Fremdkraftbremsanlage

Die Muskelkraft wird nur zur Steuerung der Anlage verwendet. Das Fahrzeug wird ausschließlich durch die Fremdkraft gebremst.

Nach der Art der Übertragungseinrichtung

Einkreisbremsanlage

Bei einem Defekt ist die gesamte Anlage wirkungslos.

Zweikreisbremsanlage

Bei einem Defekt in einem Kreis bleibt der andere Kreis intakt.

Nach der Anzahl der Verbindungsleitungen zwischen Motorwagen und Anhänger

Einleitungsbremsanlagen

Motorwagen und Anhänger sind nur durch eine Leitung verbunden. Die Bremsanlage ist erschöpfbar.

Zweileitungsbremsanlagen

Motorwagen und Anhänger sind durch zwei Leitungen verbunden. Die Bremsanlage ist nicht erschöpfbar.

15.2 Gesetzliche Bestimmungen

Alle für den Straßenverkehr zugelassenen Fahrzeuge müssen den Vorschriften der Straßenverkehrs-Zulassungs-Ordnung (StVZO) bzw. der Verordnung über den Betrieb von Kraftfahrunternehmen im Personenverkehr (BOKraft) entsprechen.

Verbindlich sind alleine die jeweils neuesten Fassungen dieser gesetzlichen Vorschriften sowie die Veröffentlichungen im Amtsblatt des Bundesministers für Verkehr (Verkehrsblatt).

Im folgenden sind einige Angaben aus der StVZO auszugsweise (bzw. sinngemäß) wiedergegeben.

- Die Halter von Fahrzeugen haben ihre Fahrzeuge auf ihre Kosten in regelmäßigen Zeitabständen untersuchen zu lassen (§ 29 StVZO).

Aus der Anlage VIII zur StVZO sind drei Untersuchungsarten ersichtlich:

- Hauptuntersuchung (HU)
- Zwischenuntersuchung (ZU)
- Bremsensonderuntersuchung (BSU)

Gegenstand der Untersuchung

Untersuchungsart	**Gegenstand**
HU	• Überprüfung, ob das Fahrzeug der StVZO entspricht (z.B. Ausrüstung, Bremsen, Beleuchtung, Feuersicherheit usw.)
ZU	• Alle für die Verkehrssicherheit erforderlichen Einrichtungen (z.B. Bremsen, Lenkung usw.) • Geräuschentwicklung • Abgasverhalten
BSU	• Sichtprüfung • Feststellung der Wirkung und der Funktion der Bremsanlage • Innere Untersuchung der Radbremsen (falls erforderlich auch anderer Bauteile der Bremsanlage)

Zeitabstand der Untersuchung

Fahrzeugart (Auszug)	**Regelmäßiger Zeitabstand der Untersuchungen in Monaten**		
	HU	ZU	BSU
Kraftrad und Pkw (allgemein)	24 (36)	–	–
Kraftrad und Pkw zur gewerbsmäßigen Vermietung	12	3	–
Mietwagen, Kraftdroschken, Krankenwagen	12	–	–
Kraftomnibus (Personenbeförderung mit mehr als 8 Fahrgastplätzen)	12	3	12
Lastkraftwagen und Anhänger mit einer zulässigen Gesamtmasse bis 6 t über 6 t bis 9 t über 9 t	 12 12 12	 – 6	 12 12
Einachsige Anhänger mit einer zulässigen Gesamtmasse bis 2 t und Wohnanhänger	24	–	–
Zugmaschinen mit einer Höchstgeschwindigkeit • bis 40 km/h • über 40 km/h und einer zulässigen Gesamtmasse bis 6 t über 6 t	 24 12 12	 – – 6	 – – 12

Für alle Kraftfahrzeuge, an denen ZU und BSU durchgeführt werden müssen, sind Prüfbücher zu führen. Ebenso für Fahrzeuge, die im eigenen Betrieb untersucht werden.

- Kraftfahrzeuge müssen zwei voneinander unabhängige Bremsanlagen oder eine Bremsanlage mit zwei voneinander unabhängigen Betätigungseinrichtungen haben (§ 41 StVZO).

Die Betriebsbremse (Fußbremse) wirkt auf alle Räder. Mit ihr muß eine mittlere Bremsverzögerung von mindestens 2,5 m/s^2 erreicht werden.

Die mechanische Feststellbremse (Handbremse) wirkt meist auf die Hinterräder. Mit ihr muß eine mittlere Bremsverzögerung von mindestens 1,5 m/s² erreicht werden.

Bei der Bremsenprüfung wird die Abbremsung Z in Prozent ermittelt (siehe auch Kfz-Meßtechnik „Bremsenprüfung"). Sie muß bei bereits im Verkehr befindlichen (älteren) Fahrzeugen für die Betriebsbremse mindestens 40 % betragen. Dies entspricht einer Vollverzögerung von 3,92 m/s².

$$\text{Abbremsung} = \frac{\text{Summe der Bremskräfte am Radumfang}}{\text{Fahrzeuggewichtskraft}} \cdot 100$$

$$Z = \frac{F_{\text{R Rad}}}{F_{\text{G}}} \cdot 100$$

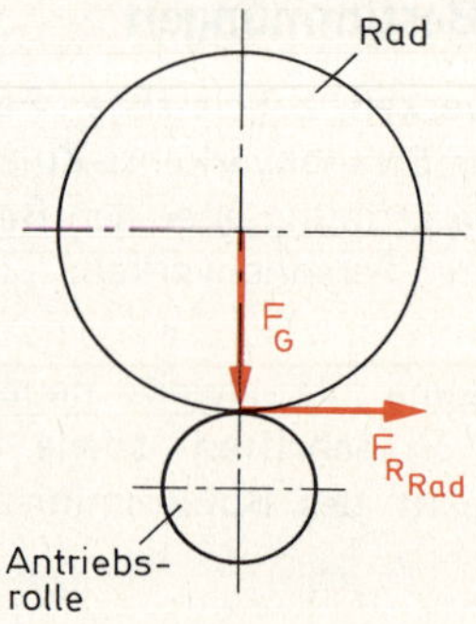

$F_{\text{R Rad}}$ = Bremskraft am Radumfang
F_{G} = Gewichtskraft

Bei Neuzulassungen werden nach den RREG (Richtlinien des Rates der Europäischen Gemeinschaften) unterschiedliche Anforderungen an die Bremsanlagen gestellt. Je nach Fahrzeugklasse und Bremsanlagenart (z.B. Betriebsbremse, Feststellbremse) sind unterschiedliche Mindestwerte für die Abbremsung festgelegt. Um diese zu erreichen, darf ein bestimmter Höchstwert der Betätigungskraft nicht überschritten werden.

Fahrzeugklasse				**Betriebsbremsanlage BBA**	
				Mindestabbremsung Z	Max. Betätigungskraft (Fußkraft) F_{F}
M	Zur Personenbeförderung bestimmte Fahrzeuge mit mindestens 4 Rädern oder mit 3 Rädern und einer Gesamtmasse, die 1 t übersteigt.	M_1	Außer dem Führersitz höchstens 8 Sitzplätze	60 %	500 N
		M_2	Außer dem Führersitz mehr als 8 Sitzplätze, höchste zulässige Gesamtmasse 5 t	51 %	700 N
		M_3	Außer dem Führersitz mehr als 8 Sitzplätze, zulässige Gesamtmasse > 5 t	51 %	700 N
N	Zur Güterbeförderung bestimmte Kraftfahrzeuge mit mindestens 4 Rädern oder 3 Rädern und einer Gesamtmasse, die 1 t übersteigt	N_1	Höchste zulässige Gesamtmasse 3,5 t	45 %	700 N
		N_2	Zulässige Gesamtmasse > 3,5 t bis max. 12 t	45 %	700 N
		N_3	Zulässige Gesamtmasse > 12 t	45 %	700 N
O	Anhänger (einschließlich Sattelanhänger)	O_1	Höchste zulässige Gesamtmasse 0,75 t (wenn Bremsanlage vorhanden)	45 %	–
		O_2	Zulässige Gesamtmasse > 0,75 t bis max. 3,5 t	45 %	–
		O_3	Zulässige Gesamtmasse > 3,5 t bis max. 10 t	45 %	–
		O_4	Zulässige Gesamtmasse > 10 t	45 %	–

- Für Lkw und Lastzüge ab 9 t und Kraftomnibusse ab 5,5 t zul. Gesamtmasse sowie bei anderen Kraftfahrzeugen und Anhängern mit einer zulässigen Gesamtmasse von über 9 t ist eine dritte Bremse (Dauerbremse) erforderlich (§ 41 StVZO).
- Die Betätigung der Betriebsbremse muß durch rote oder gelbe Bremsleuchten nach hinten angezeigt werden (§ 53 StVZO).

15.3 Bremsvorgang

Beim Bremsen wird dem Fahrzeug Bewegungsenergie entzogen. Diese Bewegungsenergie (kinetische Energie) wird in Wärme umgewandelt. Wärme ist eine andere Energieform.

15.3.1 Phasen des Bremsvorganges

Die Zeit, die vom Erkennen der Gefahr bis zum Stillstand des Fahrzeugs verstreicht, läßt sich in zwei Phasen einteilen:

- Zeitverlust durch den Fahrer
  Er besteht aus der Reaktionszeit (einschließlich Schreckzeit).
- Zeitverlust durch die Technik
  Er besteht aus der Bremsenansprechzeit und der Bremszeit (einschließlich Schwellzeit).

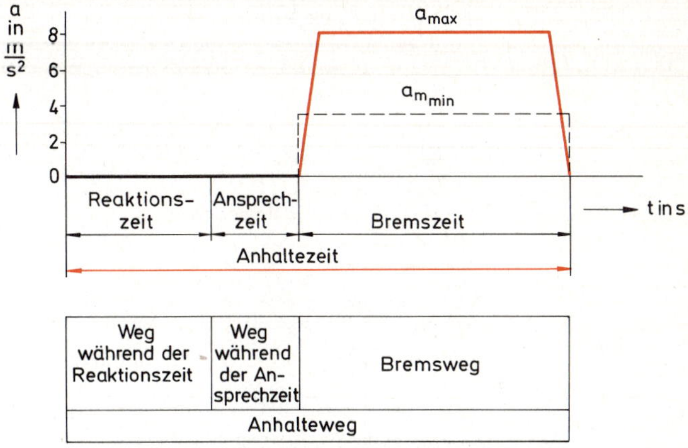

Begriffsbestimmungen

Begriff	Erläuterung	Hinweis
Bremsverzögerung a	Geschwindigkeitsänderung pro Zeiteinheit z.B.: $a = 5\ m/s^2$ Die Geschwindigkeit wird in einer Sekunde um 5 m/s verringert.	Mit der Bremsverzögerung a kann die Abbremsung Z errechnet werden.
Weg während der Reaktionszeit s_R	• Weg, den das Fahrzeug von der Wahrnehmung eines Hindernisses bis zur Bremsenbetätigung zurücklegt • Das Fahrzeug fährt ungebremst.	Der Weg während der Reaktionszeit ist abhängig vom jeweiligen Fahrer und dessen Verfassung • ausgeruht: kurzer Weg • müde: langer Weg Reaktionszeit für einen guten ausgeruhten Fahrer: $t_R \approx 0{,}5 \dots 0{,}7$ s
Weg während der Bremsenansprechzeit s_A	• Weg, den das Fahrzeug vom Zeitpunkt der Bremsenbetätigung bis zum Ansprechen der Bremsen zurücklegt • Das Fahrzeug fährt ungebremst.	Der Weg während der Bremsenansprechzeit ist abhängig von der Art der Bremsenbetätigung. Die Bremsenansprechzeit beträgt bei • hydraulischen Bremsen $t_A \approx 0{,}3$ s • Druckluftbremsen $t_A \approx 0{,}5$ s
Bremsweg s	Weg, den das Fahrzeug vom Einsetzen der Bremswirkung bis zum Stillstand zurücklegt	Überschlägig kann der Bremsweg nach der Faustformel $s = \left(\frac{v}{10}\right)^2$ ermittelt werden (v in km/h einsetzen). Der Bremsweg nimmt mit dem Quadrat der Geschwindigkeit zu. • Doppelte Geschwindigkeit ergibt vierfachen Bremsweg!
Anhalteweg s_{ges}	Weg während der Reaktionszeit plus Weg während der Bremsenansprechzeit plus Bremsweg	Als Durchschnittswert verwendet man für die Reaktionszeit und die Bremsenansprechzeit zusammen eine Sekunde.

15.3.2 Kräfte am Rad

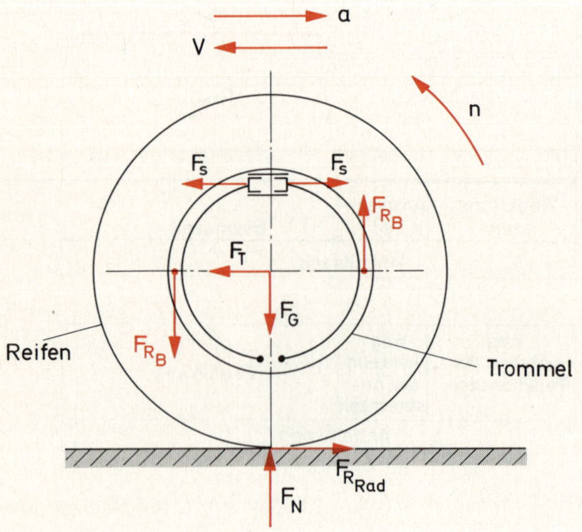

F_S	=	Spannkraft
F_{R_B}	=	Reibkraft in der Bremse (an der Bremstrommel bzw. Bremsscheibe)
$F_{R_{Rad}}$	=	Reibkraft am Radumfang
F_G	=	Gewichtskraft
F_T	=	Trägheitskraft (Massenkraft)
F_N	=	Normalkraft
a	=	Bremsverzögerung
v	=	Geschwindigkeit
n	=	Drehzahl (Drehrichtung)

Reibkraft in der Bremse

Zwischen Bremsbelag und Bremstrommel (bzw. Bremsscheibe) wird die Reibkraft F_{R_B} erzeugt. Sie ist abhängig von:

- der Spannkraft F_S
- dem Reibungsbeiwert μ (Er ist abhängig von der Art der Werkstoffe und deren Oberflächenbeschaffenheit.)
- der Bauart der Bremse (Trommelbremse, Scheibenbremse)

Ohne Einfluß auf die Größe der übertragbaren Reibungskraft ist die Fläche. Trotzdem werden die Reibflächen möglichst groß ausgebildet, damit

- die Flächenpressung klein gehalten werden kann ($p \approx 120 \ldots 150$ N/cm^2),
- die Wärme gut abgeleitet werden kann.

15.3.3 Selbstverstärkung bei Trommelbremsen

Die Reibkraft in der Bremse F_{R_B} versucht die Bremsbacken in Drehrichtung mitzunehmen. Dabei sind die Bremsbacken bestrebt, sich um das Stützlager (Drehpunkt) zu drehen. Es entsteht ein Reibmoment (Drehmoment) M, das je nach Bauart unterschiedliche Wirkungen hervorruft.

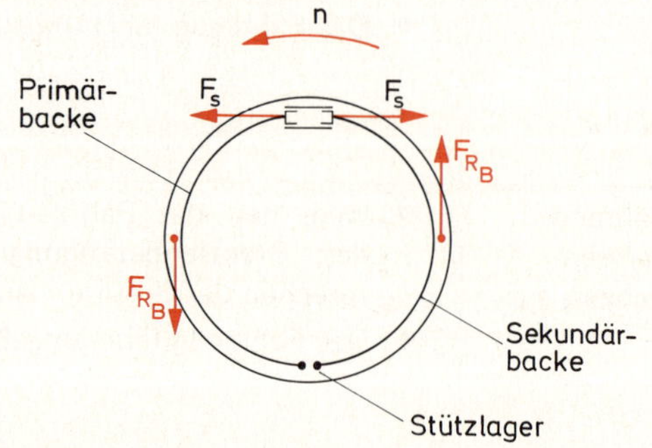

Primärbacke	**Sekundärbacke**
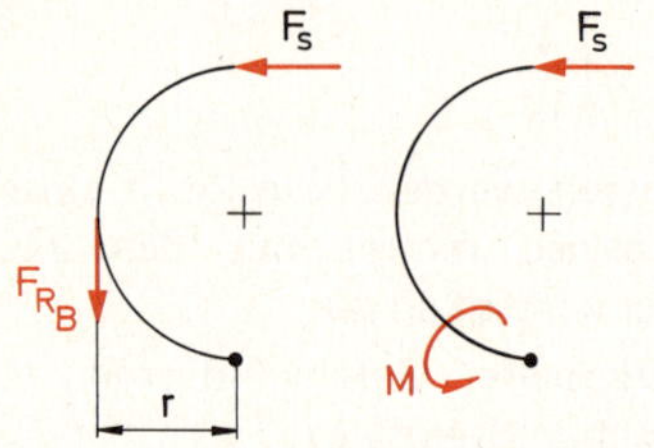	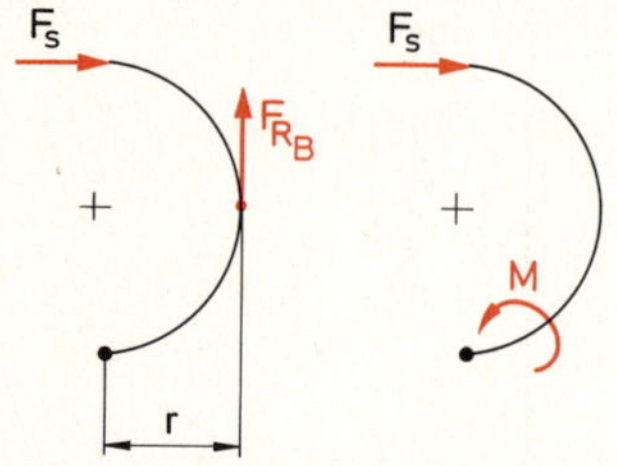
Sie wird an die Bremstrommel gedrückt. ● Die Reibkraft verstärkt sich selbst (Selbstverstärkung). ● Es entsteht eine auflaufende Bremsbacke.	Sie wird von der Bremstrommel weggezogen. ● Die Reibkraft schwächt sich selbst (Sie wird verrringert!). ● Es entsteht eine ablaufende Bremsbacke.

Bei Trommelbremsen ohne festen Drehpunkt (schwimmende Lagerung) wird die Stützkraft der Primärbacke auf die Sekundärbacke übertragen, so daß diese zusätzlich an die Bremstrommel gepreßt wird.

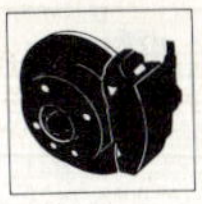

Innere Übersetzung

Als innere Übersetzung (Kennwert C^*) bezeichnet man das Verhältnis aus der Reibkraft F_{R_B} in der Bremse und der Spannkraft F_S am Radzylinder.

$$\text{Innere Übersetzung} = \frac{\text{Reibkraft in der Bremse}}{\text{Spannkraft am Radzylinder}}$$

$$C^* = \frac{F_{R_B}}{F_S}$$

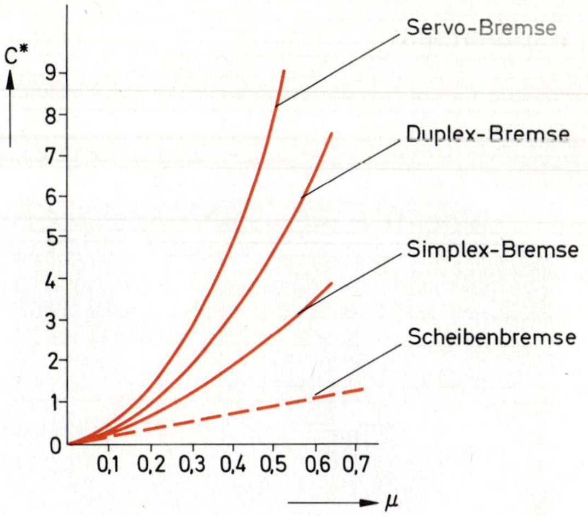

Der Kennwert C^* ist

- ein Maß für die auftretende Selbstverstärkung in der Bremse,
- abhängig von dem Reibungsbeiwert und der Bauart der Bremse.

15.3.4 Kraftschluß zwischen Reifen und Fahrbahn

Die maximale Bremswirkung ist von der übertragbaren Reibungskraft $F_{R_{Rad}}$ zwischen Reifen und Fahrbahn abhängig. Sie wird beeinflußt durch:

- die Anpreßkraft der Räder
  Die Anpreßkraft setzt sich zusammen aus der Gewichtskraft F_G plus oder minus einer zusätzlichen Kraft F, die durch die Radlastverlagerung entsteht.
- den Reibbeiwert μ_0
  Er ist abhängig von der Art der Reifen- und Fahrbahnwerkstoffe und deren Oberflächenbeschaffenheit (trocken, naß, vereist, sandig, ...).

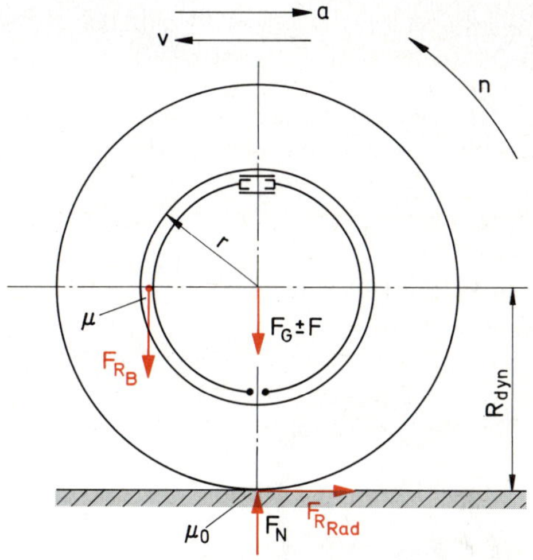

Bremswirkung

Maßgebend für die Bremswirkung sind die Bremsmomente in den Radbremsen und an den Rädern. Die Bremswirkung ist am größten, wenn das Bremsmoment in der Bremse M_B nur wenig kleiner ist als das Bremsmoment an den Rädern M_{Rad}, d.h. wenn sich die Räder beim Bremsen gerade noch drehen.

$$M_B = F_{R_B} \cdot r \qquad M_{Rad} = F_{R_{Rad}} \cdot R_{dyn}$$

Räder drehen sich gerade noch	Räder blockieren
$M_B < M_{Rad}$ ● Gleitreibung in der Bremse ● Haftreibung zwischen Rädern und Fahrbahn ⊕ kurzer Bremsweg	$M_B > M_{Rad}$ ● Haftreibung in der Bremse ● Gleitreibung zwischen Rädern und Fahrbahn ⊖ längerer Bremsweg

Radlastverlagerung

Aufgrund der Massenträgheit (Trägheitskraft F_T) treten beim Bremsen unterschiedliche Radbelastungen auf. Dadurch werden bei Vorwärtsfahrt

- die Vorderräder zusätzlich belastet,
- die Hinterräder entlastet.

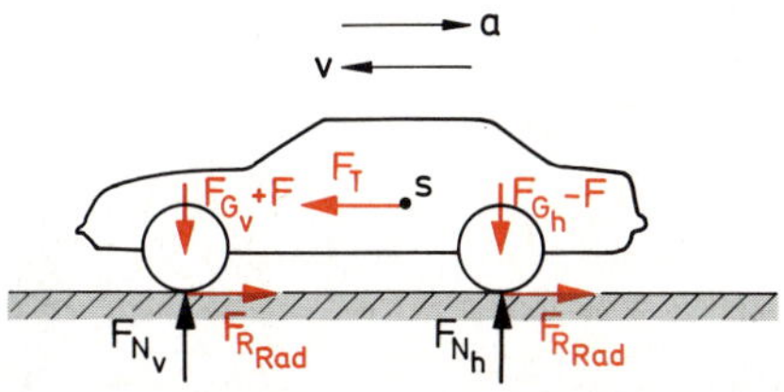

Räder	Normalkraft (Anpreßkraft) zwischen Reifen und Fahrbahn $F_G \pm F$	Mögliche Bremskraft	Mögliche Bauart der Radbremse
vorne	hoch	groß	Scheibenbremse
hinten	gering	klein	Trommelbremse (z.B. Simplex-)

15.4 Radbremsen

Die Radbremsen sollen die Bewegungsenergie durch Reibung in Wärme umwandeln.

Trommelbremsen	**Scheibenbremsen**
	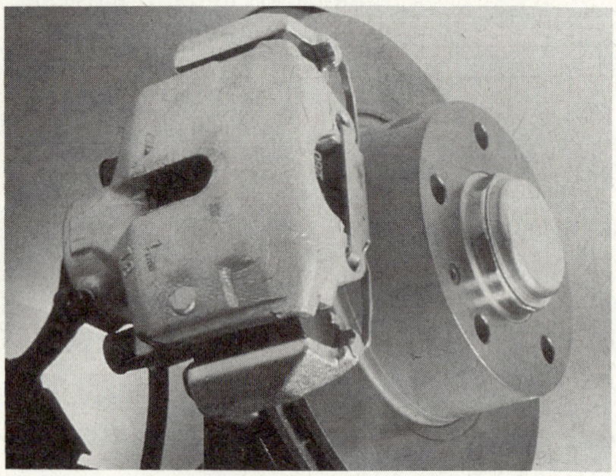
Einsatz: Bei Nutzfahrzeugen an Vorder- und Hinterachse. Bei Pkw meistens nur noch an der Hinterachse	Einsatz: Bei Pkw an Vorder- und Hinterachsen. Bei Nutzfahrzeugen selten

15.4.1 Trommelbremsen

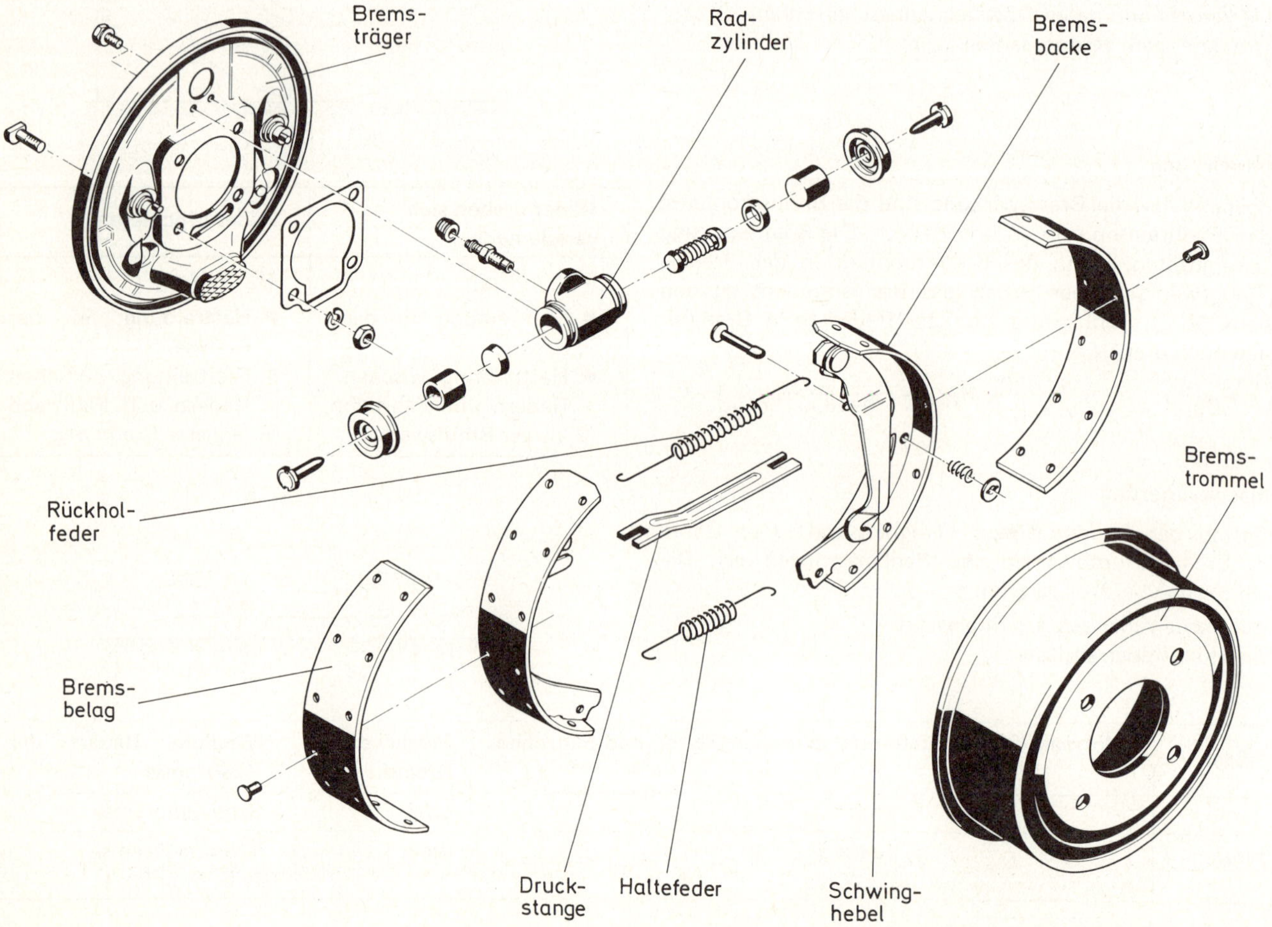

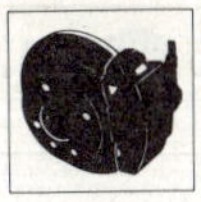

Bremstrommel

Bremstrommeln werden gegossen und für geringe Ansprüche aus Stahlblech gepreßt.

Gegossene Bremstrommeln werden in Verbundguß bzw. aus Leichtmetall mit eingeschrumpftem Gußring hergestellt.

Als Werkstoff wird Gußeisen mit Kugelgraphit oder Temperguß verwendet.

⊕ Ausführungen mit Kühlrippen besitzen höhere Steifigkeit und bessere Wärmeableitung.

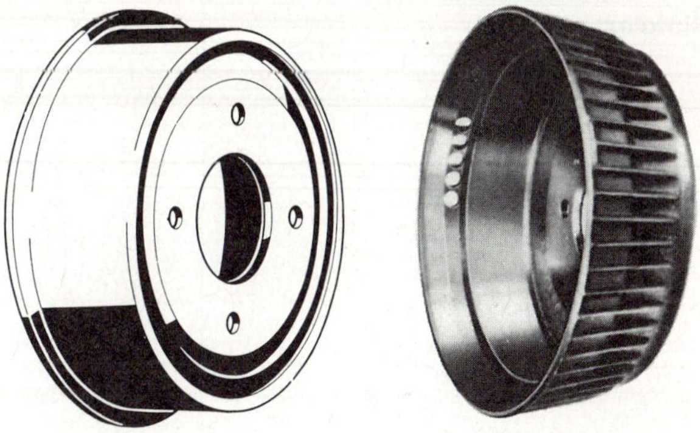

Bremsbacken

Die Bremsbacken werden

- aus Stahlblech gepreßt und zusammengeschweißt oder
- aus Leichtmetall gegossen.

⊕ Durch das T-Profil besitzen sie hohe Steifigkeit.

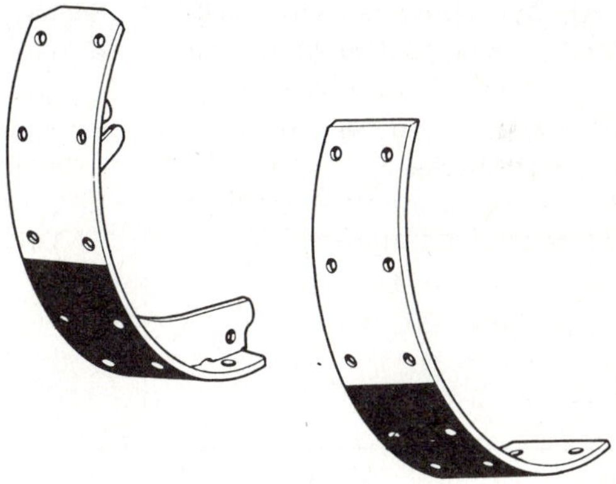

Bremsbeläge	
Bestandteile	**Eigenschaften bzw. Aufgabe**
• Asbest	hitzebeständig
• Kunststoffe (z.B. Duroplaste)	Bindemittel
• Metallfasern (z.B. Stahl, Messing)	gute Wärmeleitfähigkeit, Erhöhung der Festigkeit
• Graphit, Zellulose	Füllstoffe

Da Asbest gesundheitsschädigend ist (Asbestose), wird heute der Asbestanteil verringert bzw. es wird ganz darauf verzichtet. Statt dessen werden Metallfasern, Kunststoffe oder mineralische Stoffe verwendet.

Die Bremsbeläge werden auf den Bremsbacken befestigt durch:

- Kleben
  Bei Verschleiß des Belages müssen die ganzen Bremsbacken ausgetauscht werden.
- Nieten
  Neue Beläge werden in der Kfz-Werkstatt mit Hohlnieten aufgenietet. Die Niete bestehen aus Messing, Aluminium oder Kupfer.

Spannelemente zum Andrücken der Bremsbacken		
Bremsnocken	**Schwinghebel**	**Radzylinder**
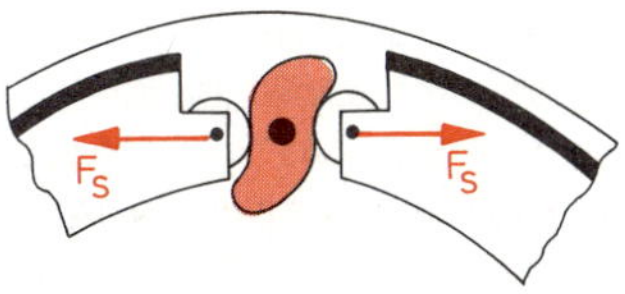	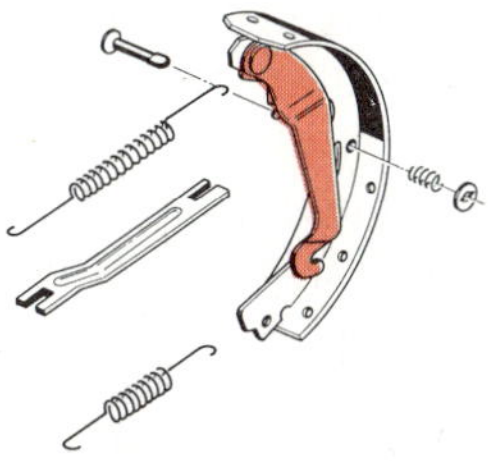	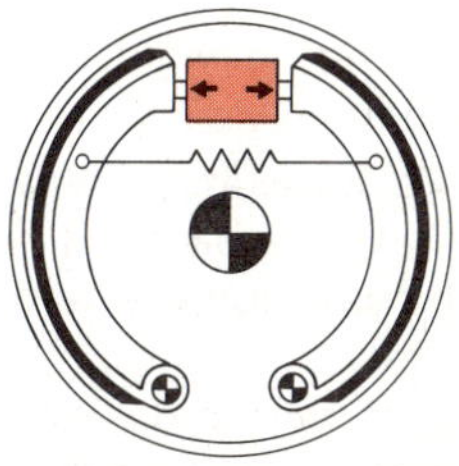
Die Bremsnocken sind meist in S-Form ausgeführt. Dadurch • bleibt das Übersetzungsverhältnis konstant, • wirkt die Kraft immer senkrecht auf die Rollen.	Die Schwinghebel werden meist als zusätzliches Spannelement bei hydraulischen Bremsen für die Feststellbremse verwendet.	Radzylinder werden bei hydraulischen Bremsen für die Betriebsbremse verwendet.

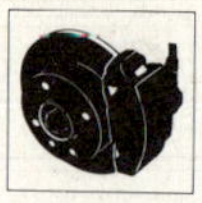

Trommelbremsenbauarten

Simplex

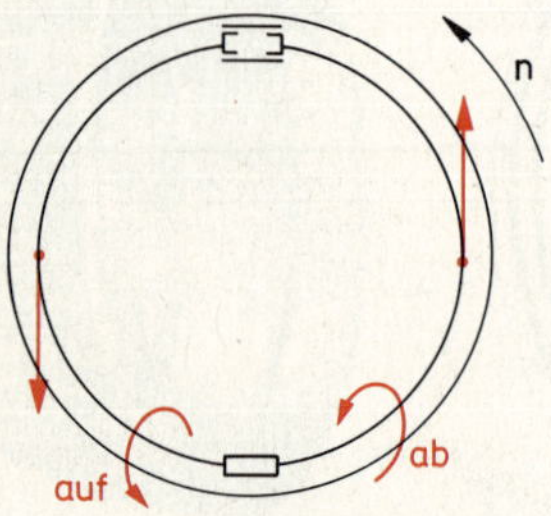

Die Simplex-Bremse besitzt einen Radzylinder mit zwei Kolben.

Sie hat bei Vorwärts- und Rückwärtsfahrt eine auflaufende und eine ablaufende Bremsbacke.

⊕ Selbstverstärkung der auflaufenden Bremsbacke

⊖ Bremskraftverlust (Bremsfading) bei steigender Temperatur (Reibbeiwert sinkt)

Duplex

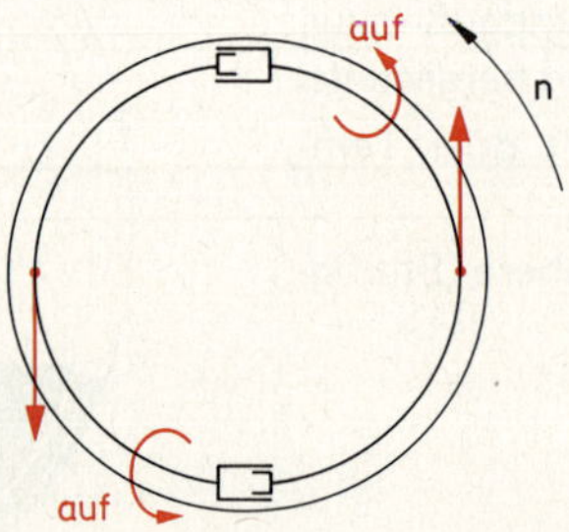

Die Duplex-Bremse besitzt zwei Radzylinder mit je einem Kolben.

Sie hat

- bei Vorwärtsfahrt zwei auflaufende Backen,
- bei Rückwärtsfahrt zwei ablaufende Backen.

⊕ starke Selbstverstärkung bei Vorwärtsfahrt

⊖ hoher Bremskraftverlust bei steigender Temperatur

⊖ äußerst geringe Bremskraft bei Rückwärtsfahrt

Duo-Duplex

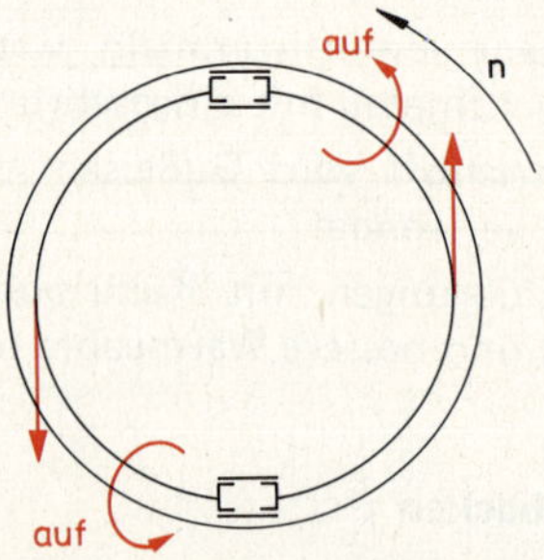

Die Duo-Duplex-Bremse besitzt zwei Radzylinder mit je zwei Kolben.

Sie hat bei Vorwärts- und Rückwärtsfahrt zwei auflaufende Backen.

⊕ starke Selbstverstärkung bei Vorwärts- und Rückwärtsfahrt

⊖ hoher Bremskraftverlust bei steigender Temperatur

Servo

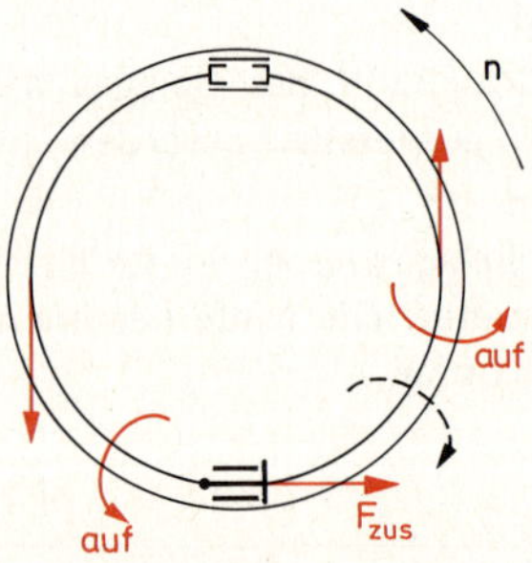

Die Servo-Bremse besitzt einen Radzylinder mit zwei Kolben. Das Stützlager ist in Richtung der Sekundärbacke beweglich. Die Servo-Bremse hat:

- bei Vorwärtsfahrt zwei auflaufende Backen
  Die Sekundärbacke, die bei festem Stützlager eine ablaufende Backe wäre, wird durch eine zusätzliche Anpreßkraft F_{zus} an die Trommel gedrückt.
  F_{zus} ist die Kraft, mit der sich die Primärbacke am beweglichen Stützlager abstützen will.
- bei Rückwärtsfahrt eine auflaufende und eine ablaufende Backe

⊕ bei Vorwärtsfahrt höchste Bremswirkung durch zusätzliche Anpreßkraft F_{zus}

⊖ bei Vorwärtsfahrt höchster Bremskraftverlust bei steigender Temperatur

⊖ bei Rückwärtsfahrt wie Simplex-Bremse

Duo-Servo

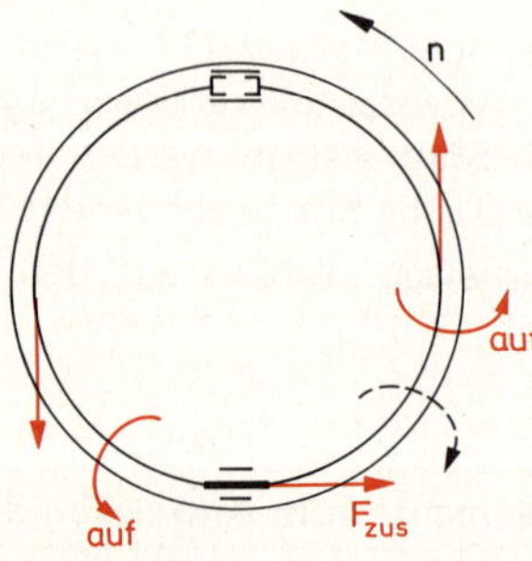

Die Duo-Servo-Bremse besitzt einen Radzylinder mit zwei Kolben. Das Stützlager ist in beiden Richtungen beweglich (schwimmende Backen). Die Duo-Servo-Bremse hat bei Vorwärts- und Rückwärtsfahrt zwei auflaufende Backen. Dabei wirkt eine zusätzliche Anpreßkraft F_{zus} von der Primär- auf die Sekundärbacke.

⊕ bei Vorwärts- und Rückwärtsfahrt höchste Bremswirkung

⊖ höchster Bremskraftverlust bei steigender Temperatur

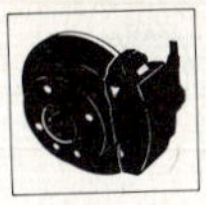

15.4.2 Scheibenbremsen

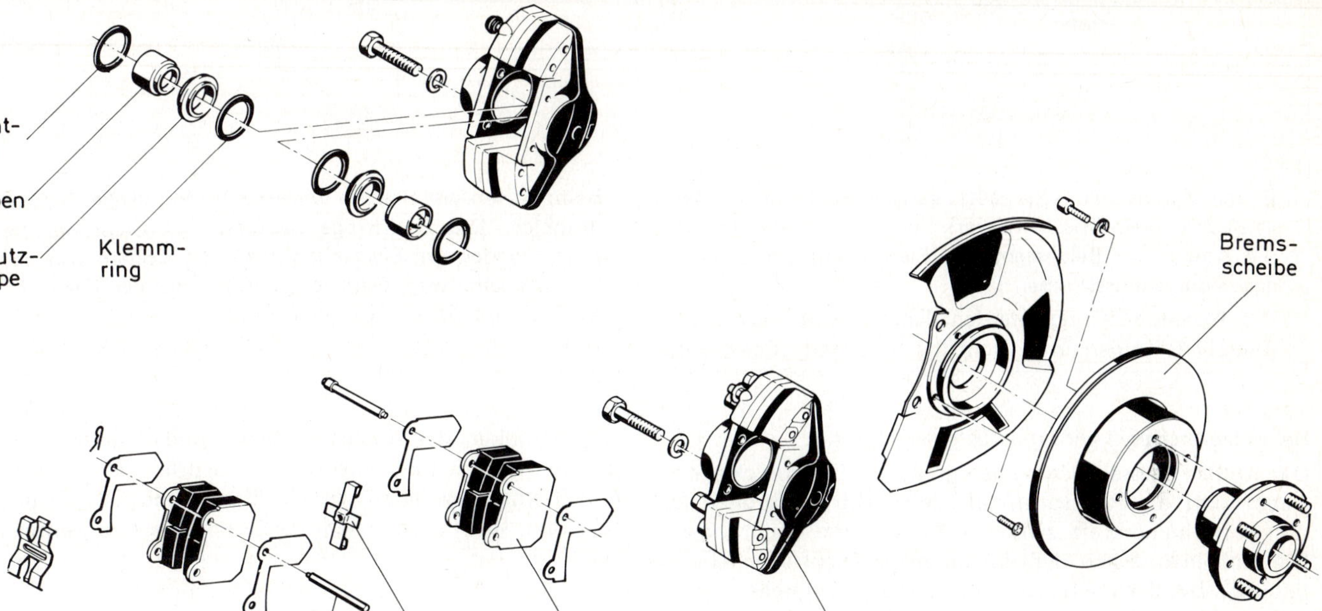

Festsattel	Schwimmsattel
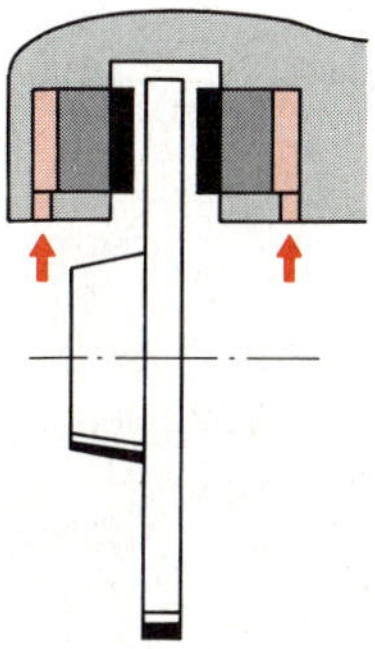	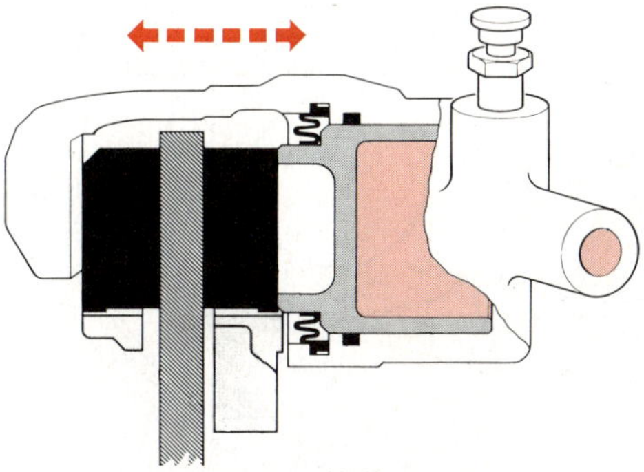
Ein feststehender Sattel umfaßt einen Teil der Scheibe. Die Belagsegmente werden von beiden Seiten durch Kolben an die Bremsscheibe gedrückt. ⊖ größerer Platzbedarf als Schwimmsattelscheibenbremse	Ein axial verschiebbarer Sattel umfaßt einen Teil der Scheibe. Ein Kolben drückt nur auf einer Seite das Belagsegment gegen die Scheibe. Das andere Belagsegment wird durch die Reaktionskraft auf den verschiebbaren Sattel gegen die Scheibe gedrückt. ⊕ geringerer Platzbedarf als Festsattelscheibenbremse

Funktion der Festsattelbremse	
Bremsstellung	**Lösestellung**
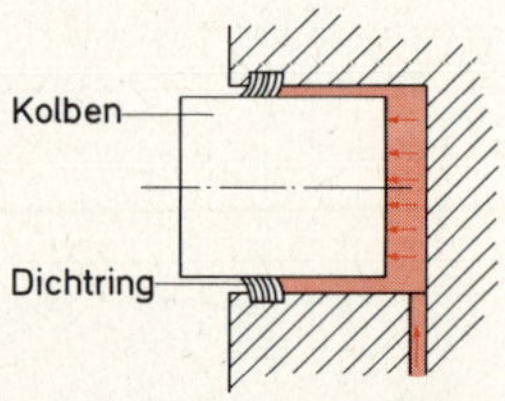	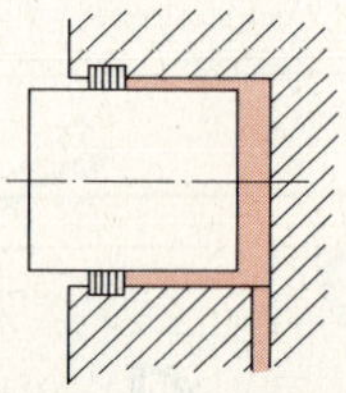
Durch die hydraulische Betätigung werden die Kolben in Richtung Bremsscheibe verschoben. Dadurch drücken die Kolben die Belagsegmente (Platten mit Bremsbelag) gegen die Bremsscheibe. Die Gummidichtringe werden dabei elastisch verformt. Zwischen Kolben und Dichtring tritt Haftreibung auf.	Beim Lösen der Bremse wird das hydraulische System drucklos. Die Dichtringe nehmen ihre ursprüngliche Form wieder ein. Sie ziehen dabei die Kolben von der Bremsscheibe weg. Dadurch wird das notwendige Lüftspiel von maximal 0,15 mm erreicht.

Bei Belagverschleiß wird das Lüftspiel größer.

Die Kolben müssen dann einen größeren Weg zurücklegen. Dabei wird die Rückspannkraft der Dichtringe größer als die Haftreibungskraft zwischen Kolben und Dichtringen. Die Kolben rutschen deshalb durch die Dichtringe (Gleitreibung). Die Bremse hat sich selbsttätig nachgestellt.

Das Absinken des Bremsflüssigkeitsstandes im Ausgleichsbehälter zeigt bei Scheibenbremsen deutlich den Verschleiß der Bremsbeläge an. Wird die Markierung „MIN" unterschritten, so sind unbedingt die Bremsbeläge zu kontrollieren.

15.4.3 Feststellbremse

Die Feststellbremse hat die Aufgabe, ein abgestelltes Fahrzeug gegen unbeabsichtigte Fortbewegung zu sichern. Sie muß mechanisch betätigt werden und auf mindestens zwei Räder wirken.

Die Konstruktion der Feststellbremse wird durch die Radbremsenbauart bestimmt und zwar

bei Trommelbremsen	bei Scheibenbremsen
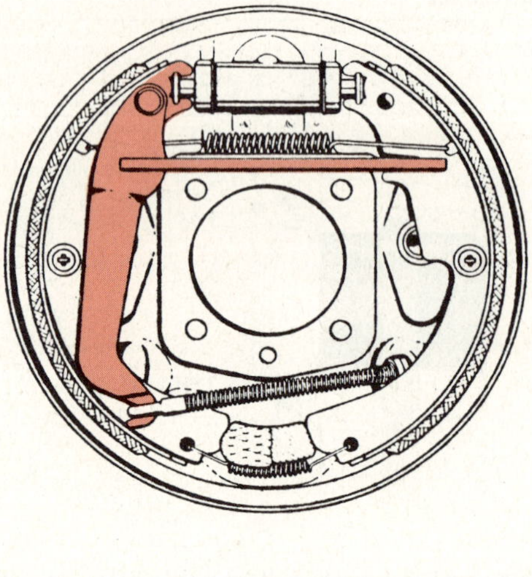	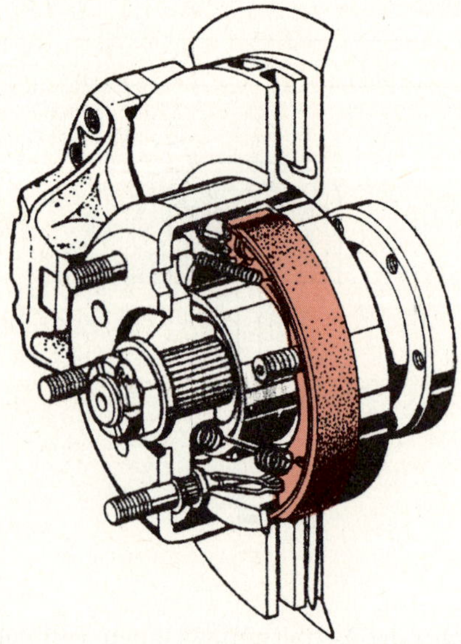
Der Einbau der Feststellbremse bereitet keine Schwierigkeiten, da nur ein Hebel und die Druckstange zusätzlich in die Trommelbremse eingebaut werden müssen. ⊕ billig	Der Einbau der Feststellbremse erfordert einen größeren konstruktiven Aufwand. Im Scheibentopf muß zusätzlich eine Trommelbremse eingebaut werden. ⊖ teuer

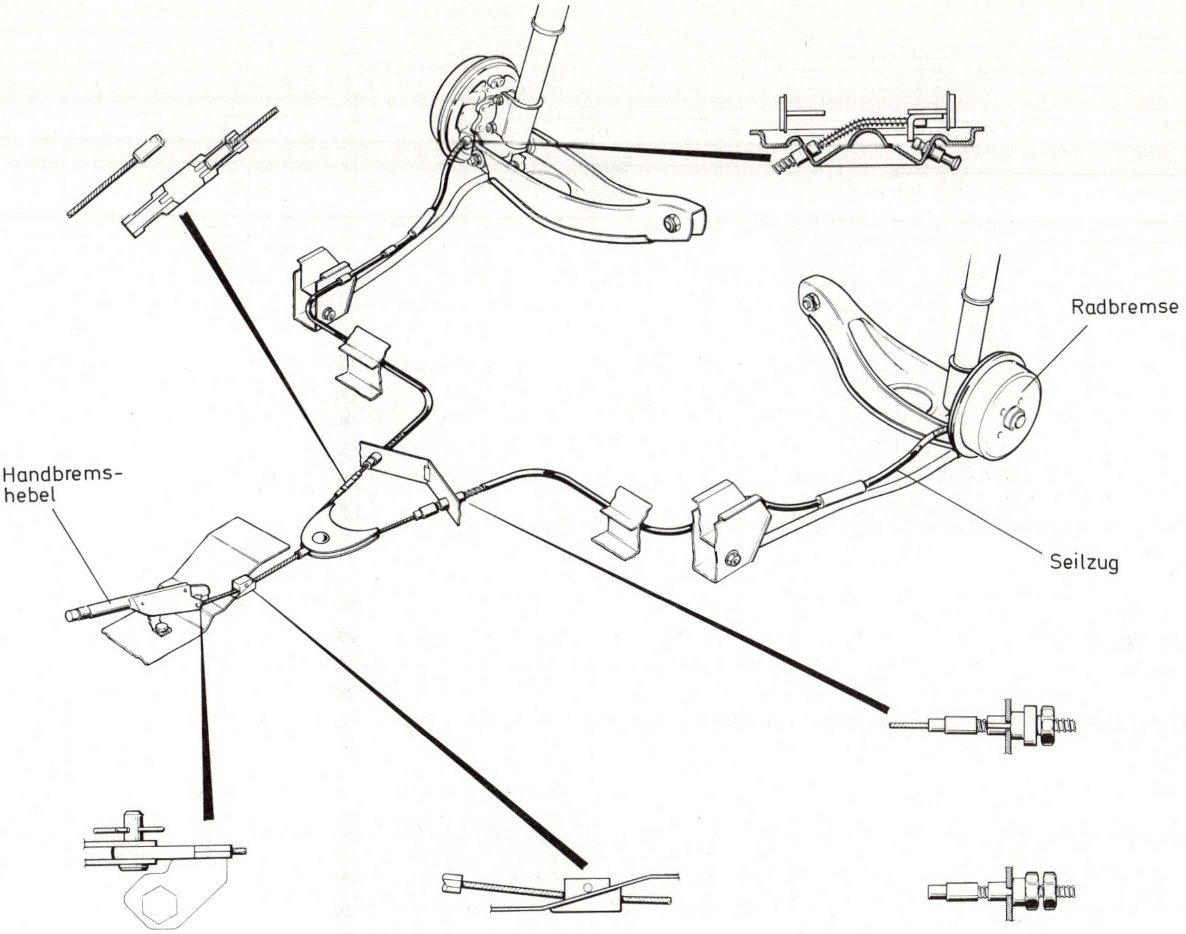

Die Kraftübertragung erfolgt bei der Feststellbremse vom Handbremshebel über Seilzüge zu den Radbremsen der Hinterachse.

15.4.4 Vergleich zwischen Trommel- und Scheibenbremse

Merkmale	**Trommelbremse**	**Scheibenbremse**
• Spannkraft	⊕ klein	⊖ groß
• Innere Übersetzung (Kennwert C^*) bei $\mu = 0{,}4$	⊕ 2 ... 5	⊖ 0,8
• Bremswirkung bei Schwankungen des Reibungsbeiwertes	⊖ ungleichmäßig	⊕ gleichmäßig
• Bremsschwund(-fading)	⊖ groß	⊕ gering
• Gegen Verschmutzung	⊕ unempfindlich	⊖ empfindlich
• Selbstreinigung	⊖ nein	⊕ ja
• Wärmeabfuhr	⊖ ungünstig	⊕ günstig
• Lüftspiel	⊖ 0,3 ... 0,5 mm	⊕ 0,15 mm
• Feststellbremse	⊕ einfach	⊖ aufwendig
• Nachstellung	⊖ mechanisch von Hand oder ⊕ mechanisch automatisch	⊕ selbsttätig
• Lösen	⊕ durch Feder	⊕ durch Dichtringe
• Vordruck (Überdruck)	⊖ 0,5 ... 1,2 bar	⊕ 0 bar
• Leitungsdruck	⊕ 25 ... 50 bar	⊖ 50 ... 80 bar

ZUSAMMENFASSUNG Radbremsen

Radbremsen

Sie wandeln die Bewegungsenergie durch Reibung in Wärme um.

Trommelbremsen

- Die Spannelemente drücken die Bremsbacken gegen die Bremstrommel.
- Beim Lösen zieht die Rückholfeder die Bremsbacken von der Bremstrommel weg (Herstellung des Lüftspiels!).
- Nachstellung der Bremse automatisch oder von Hand

Simplex

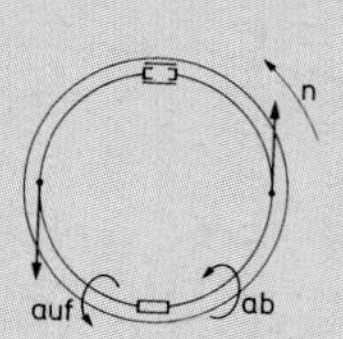

- Ein Radzylinder mit zwei Kolben
- Bei Vorwärts- und Rückwärtsfahrt je eine auflaufende und eine ablaufende Bremsbacke

Duplex

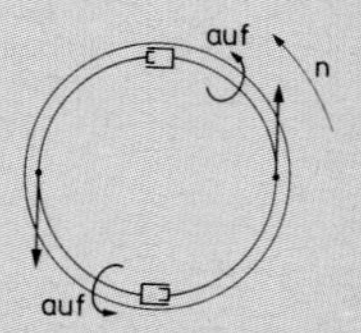

- Zwei Radzylinder mit je einem Kolben
- Bei Vorwärtsfahrt zwei auflaufende, bei Rückwärtsfahrt zwei ablaufende Bremsbacken

Duo-Duplex

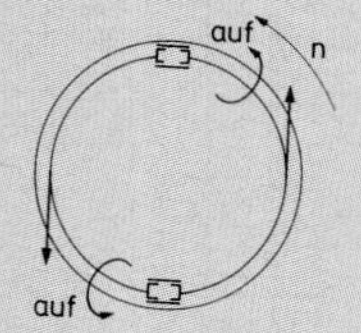

- Zwei Radzylinder mit je zwei Kolben
- Bei Vorwärts- und Rückwärtsfahrt zwei auflaufende Bremsbacken

Servo

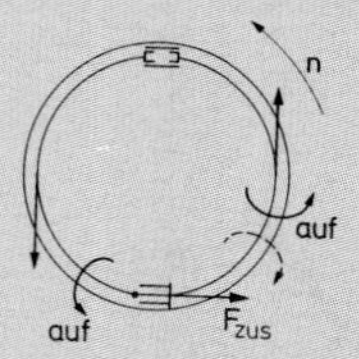

- Ein Radzylinder mit zwei Kolben
  Stützlager in Richtung Sekundärbacke beweglich
- Durch zusätzliche Anpreßkraft zwei auflaufende Backen bei Vorwärtsfahrt, bei Rückwärtsfahrt eine auflaufende und eine ablaufende Backe

Duo-Servo

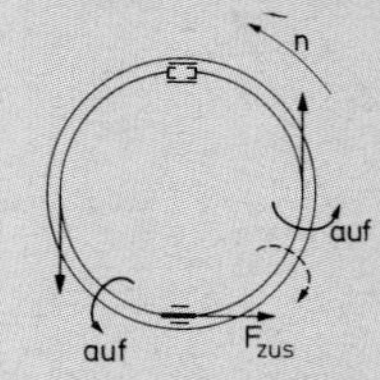

- Ein Radzylinder mit zwei Kolben
  Stützlager in beiden Richtungen beweglich (schwimmend)
- Bei Vorwärts- und Rückwärtsfahrt zwei auflaufende Backen durch die zusätzliche Anpreßkraft

Scheibenbremsen

- Durch den hydraulischen Druck drücken die Kolben die Belagsegmente gegen die Bremsscheibe. Dabei werden die Dichtringe verformt.
  Beim Lösen nehmen die Dichtringe ihre ursprüngliche Form wieder ein. Sie ziehen dabei die Kolben von der Bremsscheibe weg (Herstellung des Lüftspiels!).
- Selbsttätige Nachstellung der Bremse

Festsattel

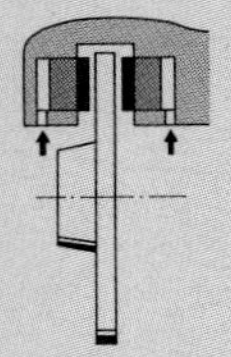

Die Belagsegmente werden von beiden Seiten durch die Kolben gegen die Bremsscheibe gedrückt.
Der Sattel steht fest.

Schwimmsattel

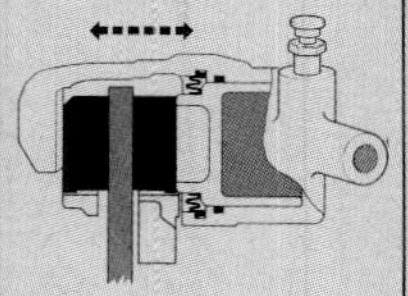

Ein Kolben drückt nur auf einer Seite das Belagsegment gegen die Scheibe. Das andere Belagsegment wird durch die Reaktionskraft auf den axial verschiebbaren Sattel gegen die Scheibe gedrückt.

Feststellbremse

Mechanische Betätigung

- Trommelbremsen: Billige Ausführung, da nur ein Schwinghebel und eine Druckstange in die Trommelbremse eingebaut werden müssen
- Scheibenbremsen: Großer konstruktiver Aufwand, da im Scheibentopf zusätzlich eine komplette Trommelbremse eingebaut werden muß

ANALYSE Radbremsen

1. Bestimmen Sie die Bauart der Radbremsen.
2. Erklären Sie die Funktion der Radbremsen.

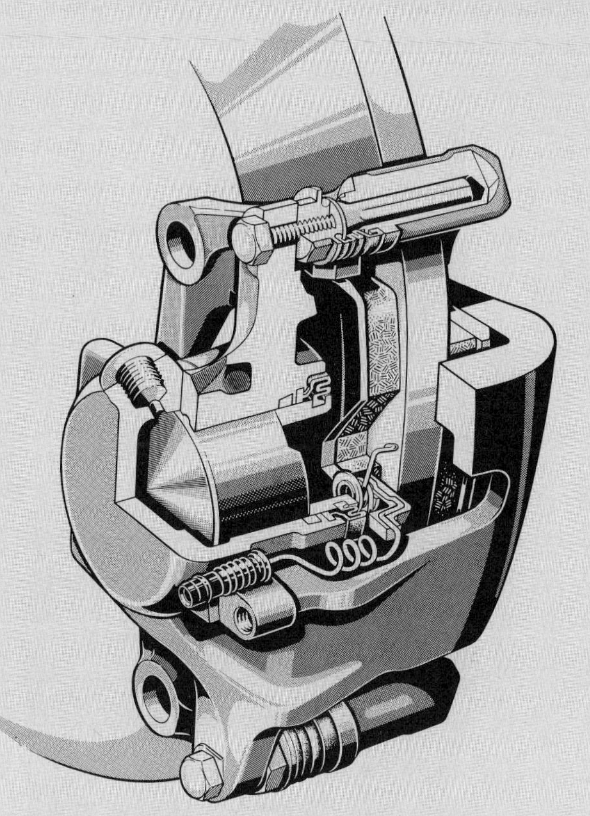

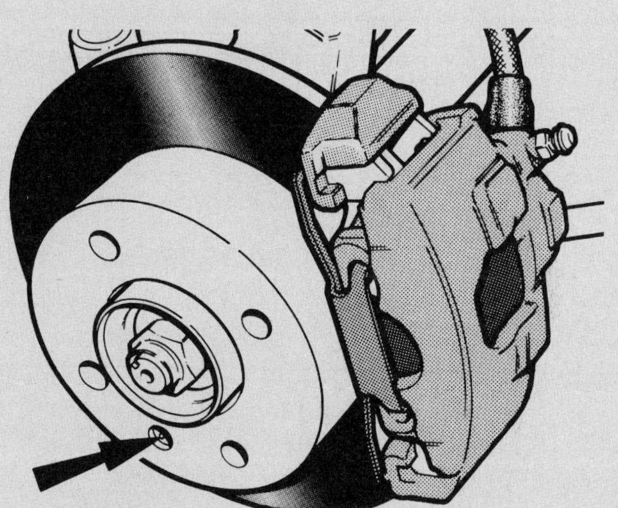

ARBEITSPLANUNG Radbremsen

Entwickeln Sie den Arbeitsplan für die dargestellten Prüf- und Instandsetzungsarbeiten, indem Sie

- die Reihenfolge der Prüf- und Instandsetzungsarbeiten,
- die Auswahl der Prüfmittel bzw. Werkzeuge,
- die zu beachtenden Prüf- bzw. Arbeitsregeln/Sicherheitsvorschriften,
- die Auswertung der Prüfergebnisse,
- die erforderlichen Ersatzteile

angeben und begründen.

Bremsbelag erneuern

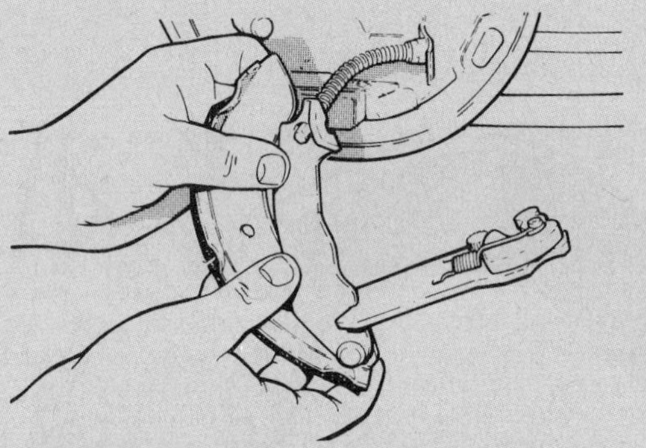

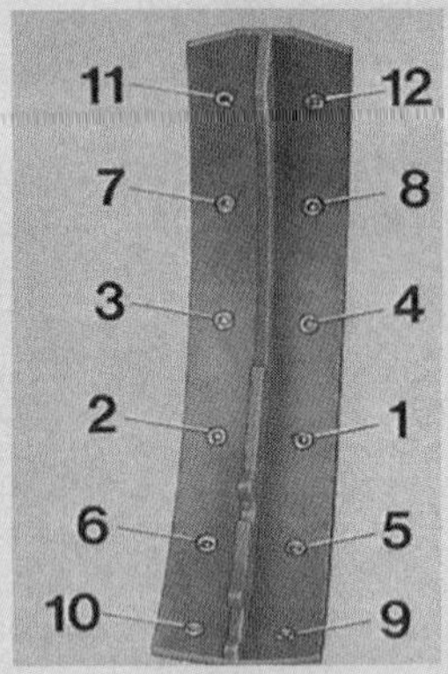

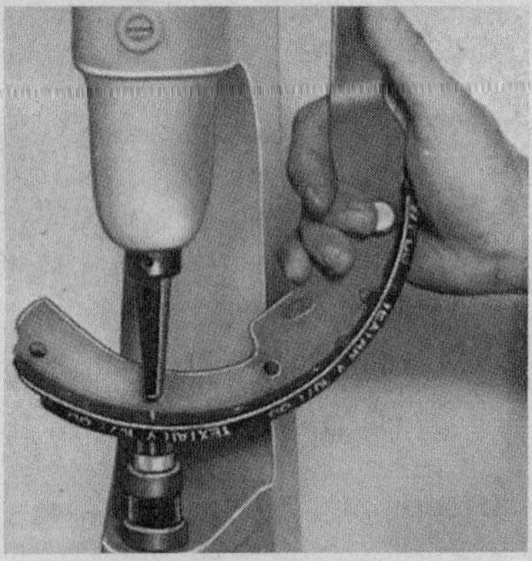

Bremsbelag bearbeiten

Bremstrommel drehen und schleifen

Scheibenbremse prüfen und instandsetzen

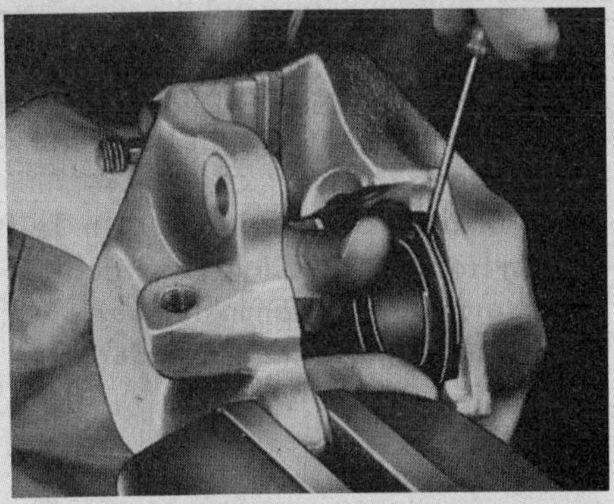

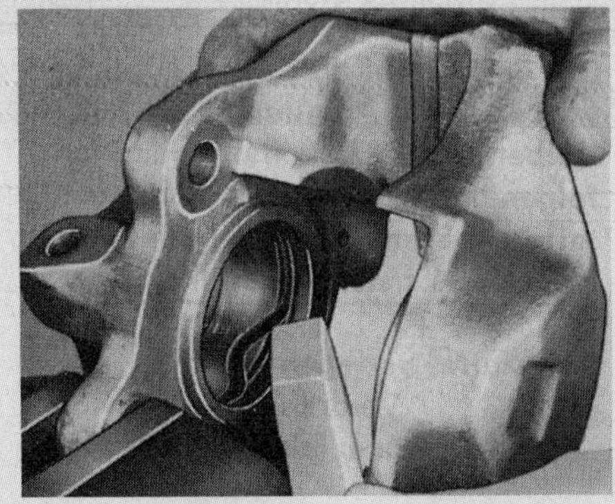

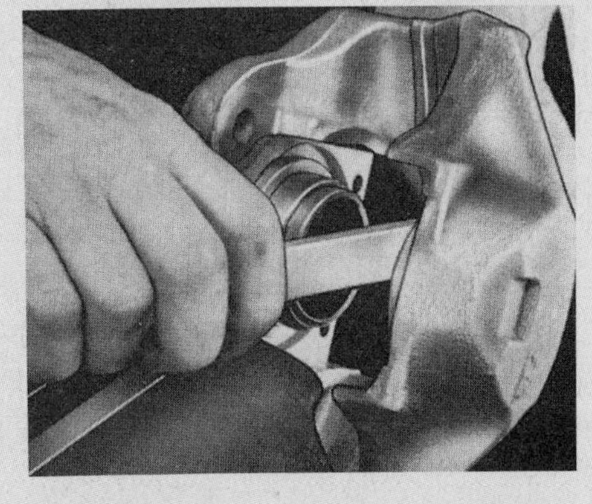

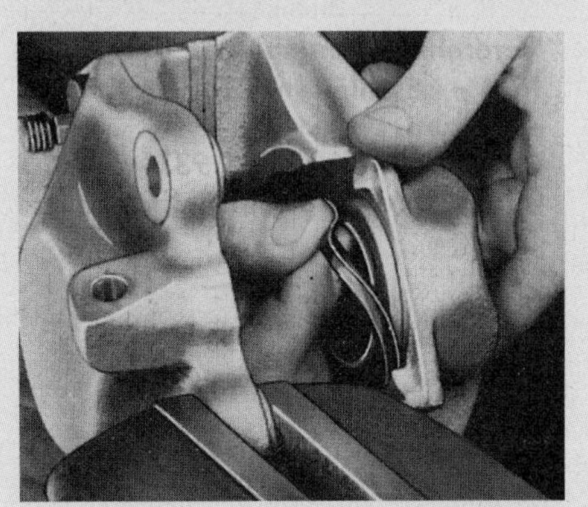

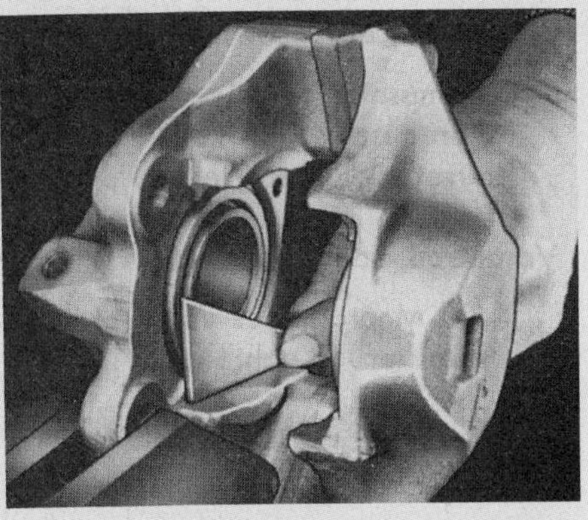

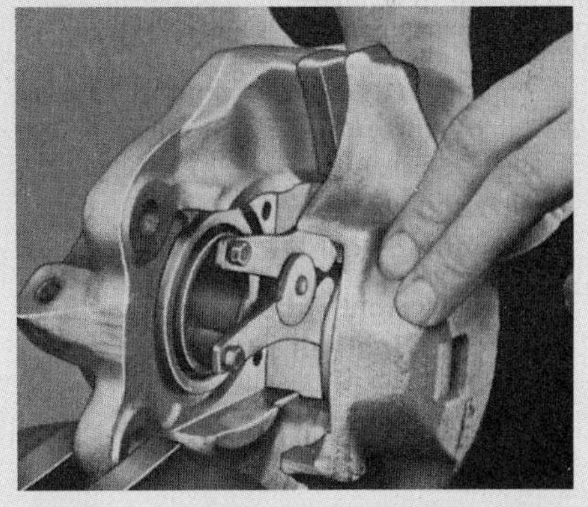

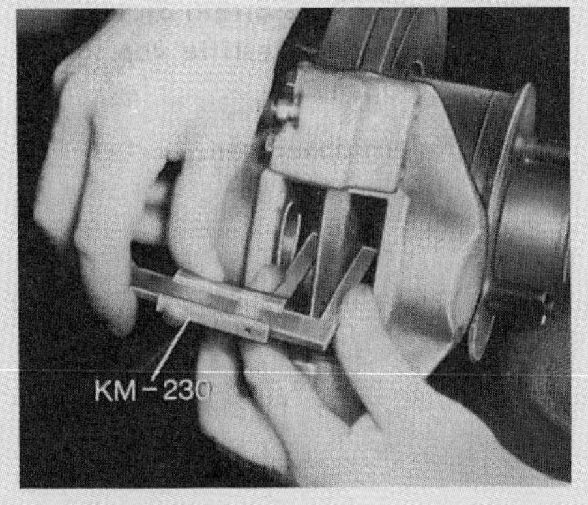

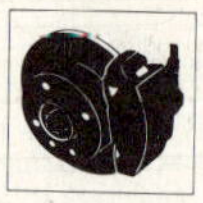

15.5 Hydraulische Bremsanlage

Mit Hilfe der hydraulischen Bremsanlage soll der Fahrer in der Lage sein,

- eine ungewollte Beschleunigung des Fahrzeugs zu verhindern,
- die Geschwindigkeit des Fahrzeugs zu verringern,
- das Fahrzeug anzuhalten.

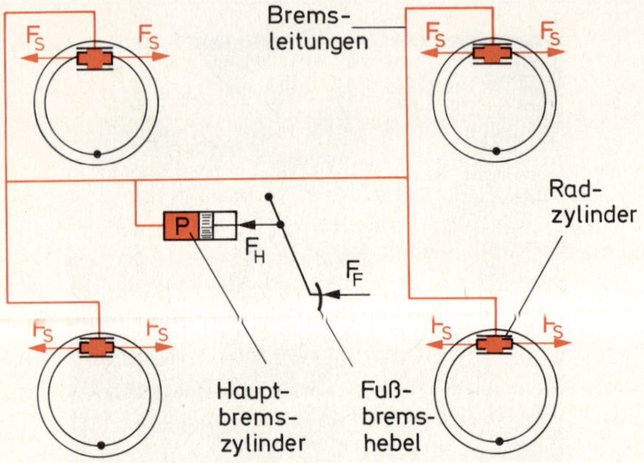

15.5.1 Prinzip der hydraulischen Bremsanlage

Das Prinzip der hydraulischen Bremsanlage beruht auf der Grundlage des Pascalschen Gesetzes. Es besagt:

In einer eingeschlossenen Flüssigkeit pflanzt sich der Druck nach allen Seiten gleichmäßig fort.

Betätigt man den Fußbremshebel (Bremspedal) mit der Fußkraft F_F, so wird im Hauptbremszylinder ein hydraulischer Druck erzeugt. Dieser Druck pflanzt sich über die Bremsleitungen und -schläuche bis in die Radzylinder gleichmäßig fort. Dort wird der hydraulische Druck in die Spannkraft F_S umgewandelt, durch die die Bremsbacken an die Bremstrommeln angepreßt werden.

Durch unterschiedliche Kolbenquerschnitte und ein entsprechendes Übersetzungsverhältnis des Bremspedals kann die Fußkraft F_F klein gehalten werden.

⊕ einfache Kraftübertragung
⊕ einfühlige Betätigung und schnelles Ansprechen der Bremse
⊕ gleichmäßige Spannkraft
⊕ gleichzeitiges Bremsen aller Räder
⊕ guter Wirkungsgrad (≈ 90 %)
⊕ geringes Gewicht, da kleine Aggregate
⊖ hohe Betriebsdrücke (30 ... 80 bar)

Einsatz: Hydraulische Bremsanlagen werden heute bei allen Personenkraftfahrzeugen verwendet. Sie kommen aber auch kombiniert mit Druckluftbremsanlagen in Lastkraftwagen vor.

Hydraulische Bremssysteme

Einkreisbremsanlage

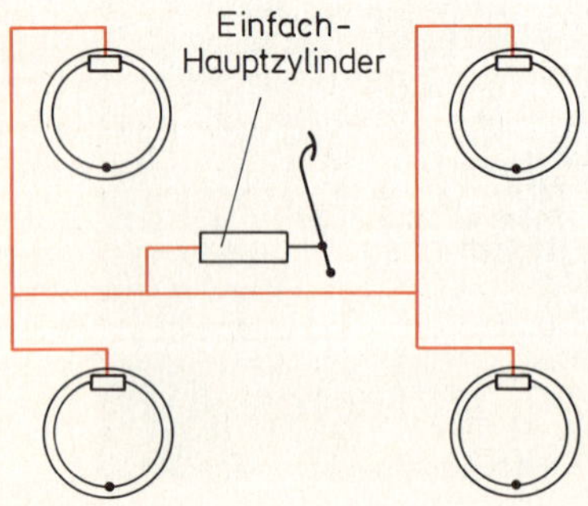

Die Radbremsen der Vorder- und Hinterachse bilden über das Leitungssystem einen Druckraum.

Bei Betätigung des Fußbremshebels werden alle Räder gemeinsam abgebremst.

⊕ billiger als Zweikreisbremse
⊖ Die Einkreisbremse ist nicht so sicher wie die Zweikreisbremse, da durch eine undichte Stelle die gesamte Bremsanlage ausfällt.

Zweikreisbremsanlage

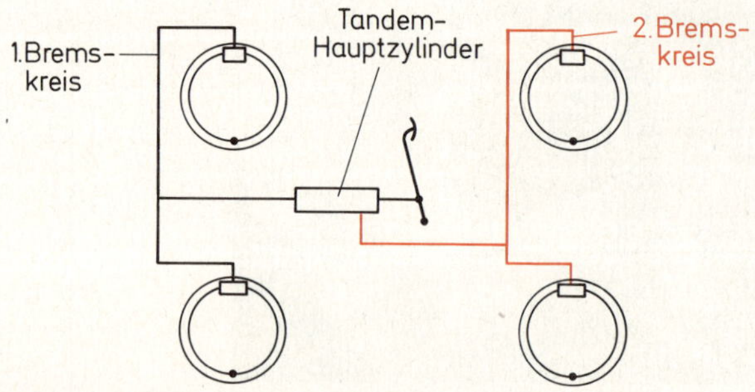

Das gesamte Bremssystem ist in zwei Druckräume unterteilt, die in verschiedenen Kombinationen ausgeführt werden, z.B.:

- Vorderachse und Hinterachse bilden je einen Bremskreis (siehe Abbildung).
- Zwei diagonal gegenüberliegende Radbremsen werden zu je einem Bremskreis zusammengefaßt.
- Bei Scheibenbremsen können Bremssättel mit je zwei Kolbenpaaren eingebaut werden (im Prinzip zwei komplette Einkreisbremsen!).

Bei Betätigung des Fußbremshebels werden die Räder jedes Bremskreises getrennt von dem anderen Bremskreis abgebremst.

⊕ größere Sicherheit als bei der Einkreisbremse, da durch eine undichte Stelle nur ein Bremskreis ausfällt, während der andere Bremskreis voll funktionsfähig bleibt
⊖ teurer als Einkreisbremse

15.5.2 Bremsflüssigkeit

Die Bremsanlage ist mit einer Bremsflüssigkeit gefüllt, die aus alkohol- und glyzerinartigen Stoffen besteht. Abgelassene Bremsflüssigkeit darf nicht mehr verwendet werden, da zwar Schmutzteilchen, aber keine Wasserteilchen ausfiltriert werden können.

An die Bremsflüssigkeit werden folgende Anforderungen gestellt:

- Frei von Wasser
  Wasser führt zur Korrosionsbildung in der Bremsanlage. Außerdem sinkt der Siedepunkt (Folge: Dampfblasenbildung!).
- Hoher Siedepunkt (ca. 260 °C)
  Die Dampfblasenbildung wird verhindert. Dampfblasen setzen die Bremswirkung herab, da Dämpfe (Gase) sich zusammendrücken lassen.
- Hoher Flammpunkt
  Die Bremsflüssigkeit ist praktisch nicht entflammbar (geringe Brandgefahr).
- Tiefer Gefrierpunkt (ca. – 50 °C)
  Die Bremse bleibt funktionsmäßig (Sie kann nicht einfrieren!).
- Chemisch stabil
  Möglichst geringe Ausdehnung bei Erwärmung.
  Möglichst konstante Zähigkeit und Schmierfähigkeit der Bremsflüssigkeit im gesamten Temperatur- und Druckbereich

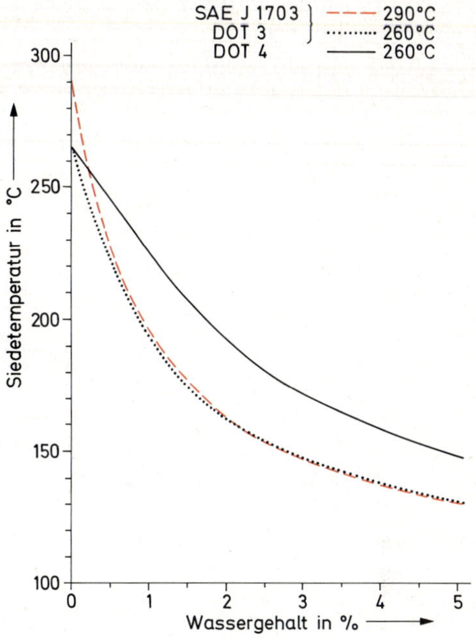

- Metall- und Gummiteile dürfen nicht angegriffen werden. Primär- und Sekundärmanschette würden zerstört. Metall würde korrodieren.

15.5.3 Geräte der hydraulischen Bremsanlage

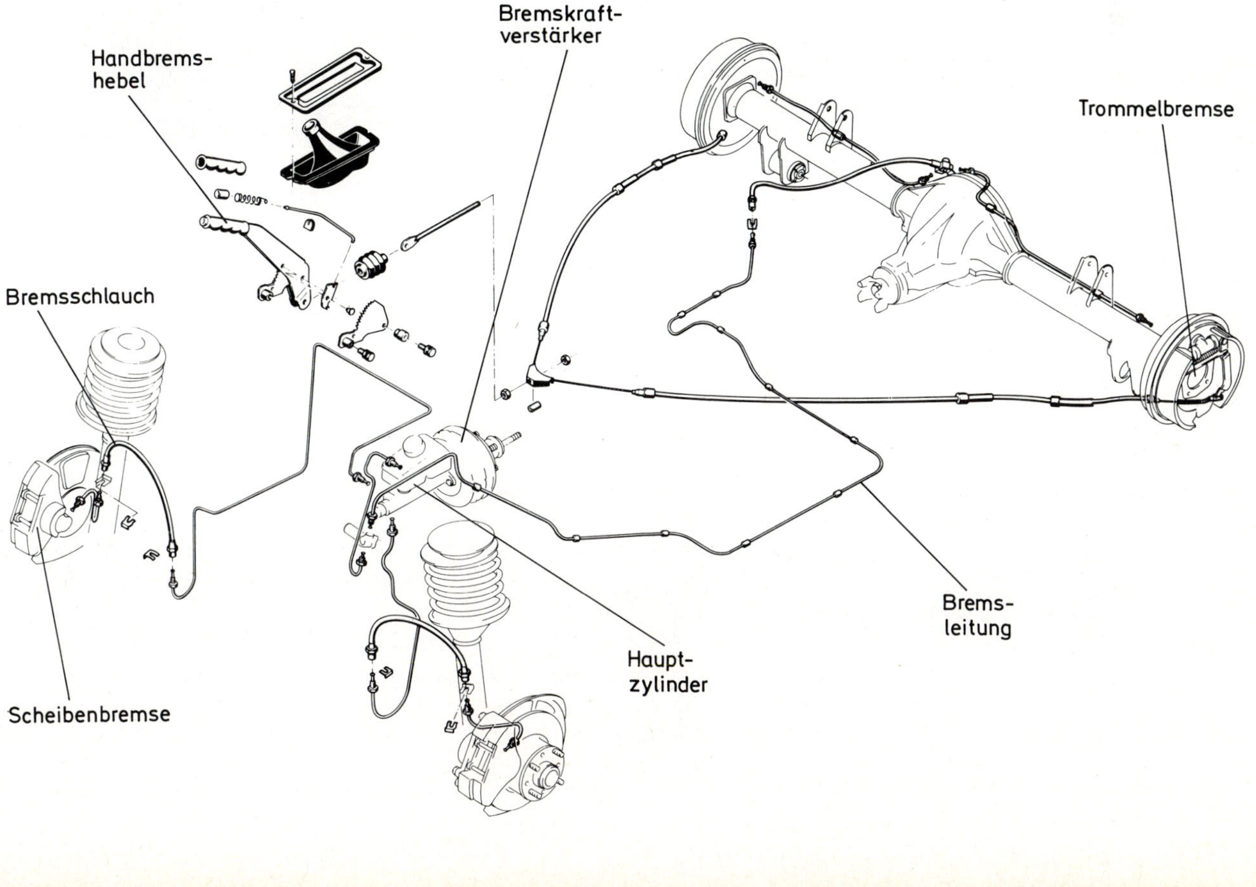

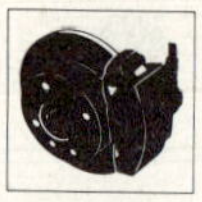

Hauptzylinder (Einfach-Hauptzylinder)

Im Einfach-Hauptzylinder wird der hydraulische Druck für die Einkreisbremsanlage erzeugt.

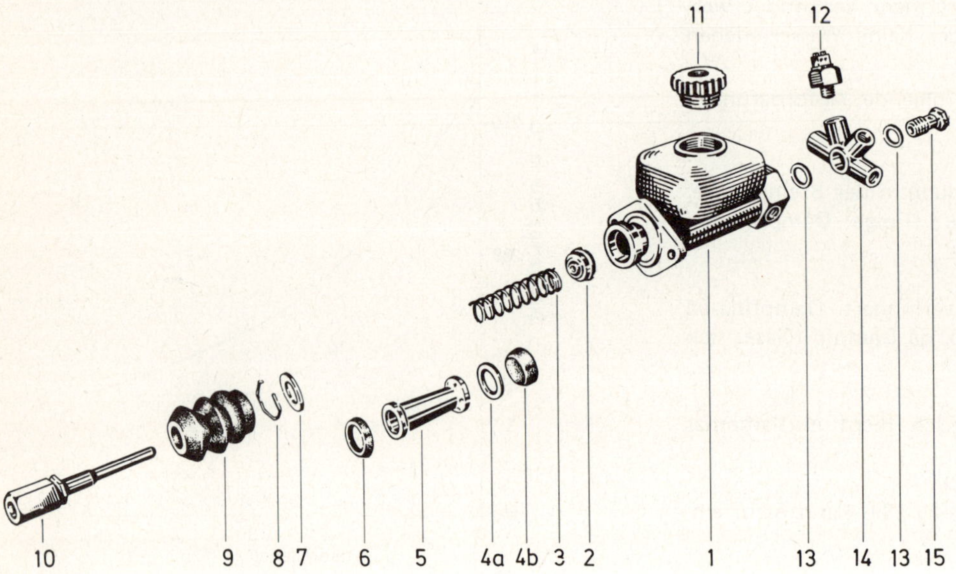

1 Hauptzylinder-Gehäuse
2 Bodenventil
3 Druckfeder
4a Füllscheibe
4b Primärmanschette
5 Doppelkolben
6 Sekundärmanschette
7 Anschlagscheibe
8 Sicherungsring
9 Schutzkappe
10 Kolbenstange
11 Behälterverschraubung
12 Bremslichtschalter
13 Dichtring
14 Ringstutzen
15 Hohlschraube

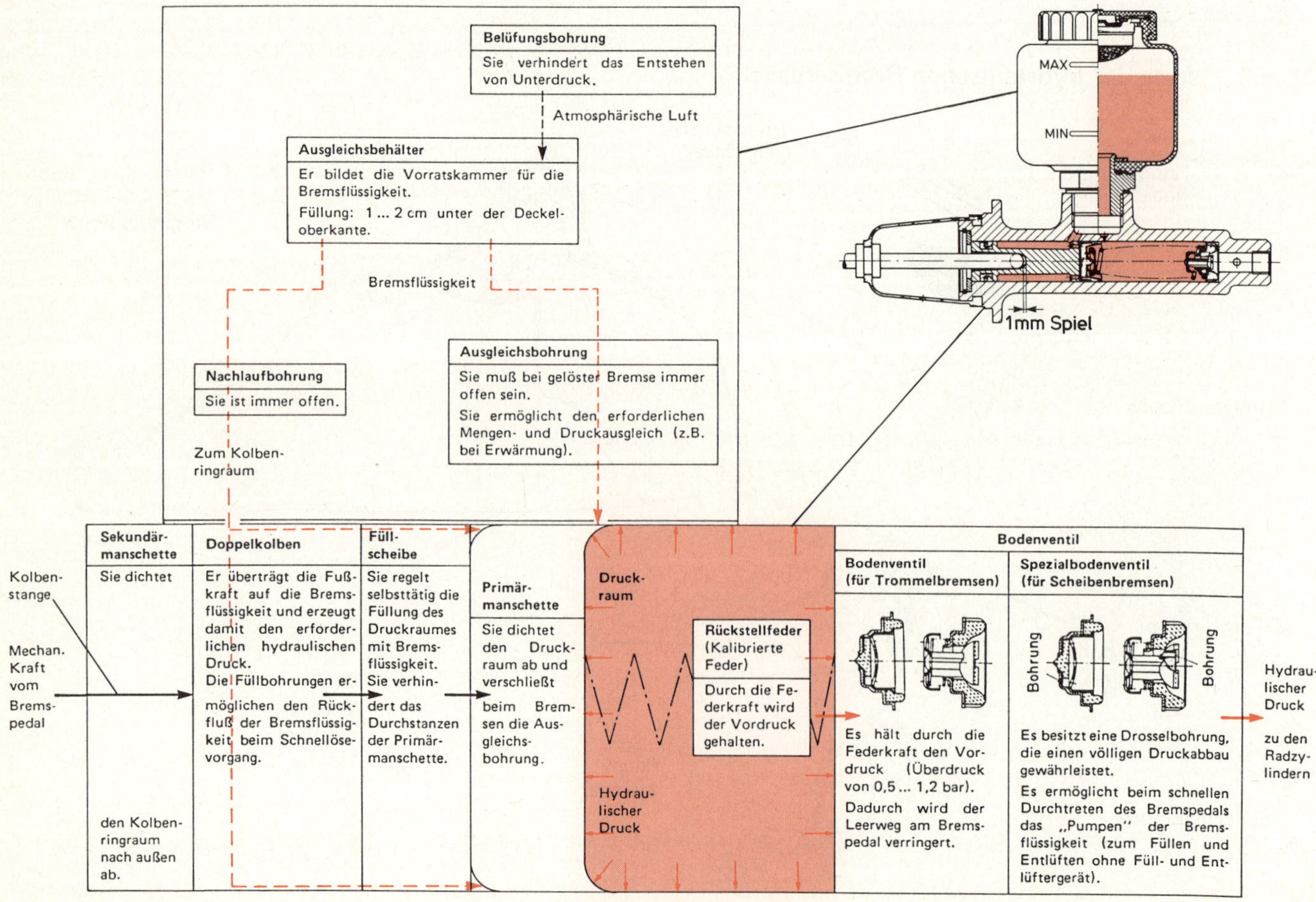

Anlegen der Bremse

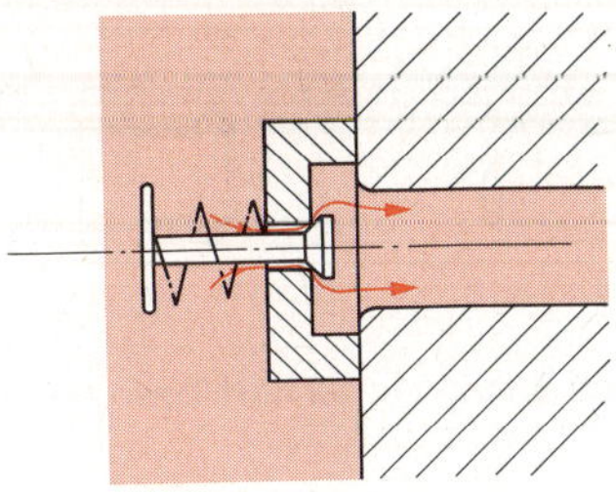

Durch die Betätigung des Bremspedals bewegt die Kolbenstange den Kolben in Richtung Bodenventil. Sobald die Primärmanschette die Ausgleichsbohrung verschließt, wird Flüssigkeitsdruck aufgebaut. Dabei überwindet die Druckkraft die Federkraft der kleinen Feder des Bodenventils.

Dadurch wird der Ventilkegel von seinem Sitz abgehoben, so daß sich der Flüssigkeitsdruck über die Leitungen zu den Radzylindern fortpflanzen kann.

Die Bremsbacken werden angelegt.

Bei Druckausgleich schließt das Ventil wieder.

Lösen der Bremse

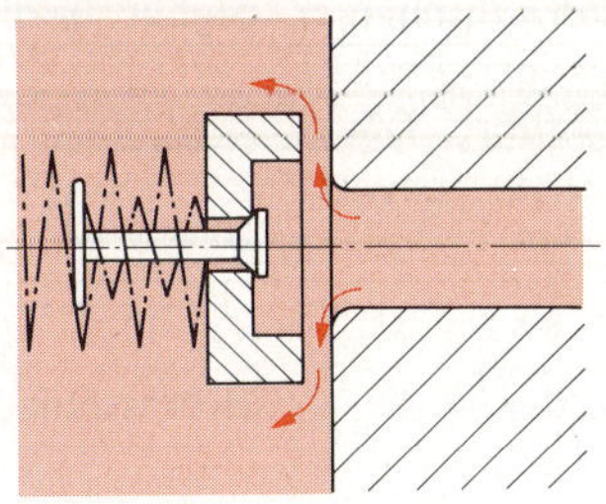

Wird die Bremse gelöst (Bremspedal in Ausgangsstellung), dann drückt die Kolbenrückstellfeder den Kolben in seine Ausgangslage zurück.

Gleichzeitig hebt die in den Leitungen stehende Bremsflüssigkeit das ganze Bodenventil von seinem Sitz ab. Die Bremsflüssigkeit strömt aus den Leitungen zurück.

Das Bodenventil schließt, wenn Druckausgleich zwischen Rückstellfeder und Bremsflüssigkeit herrscht.

(Die kalibrierte Feder bestimmt den Vordruck!)

Schnellösen der Bremse

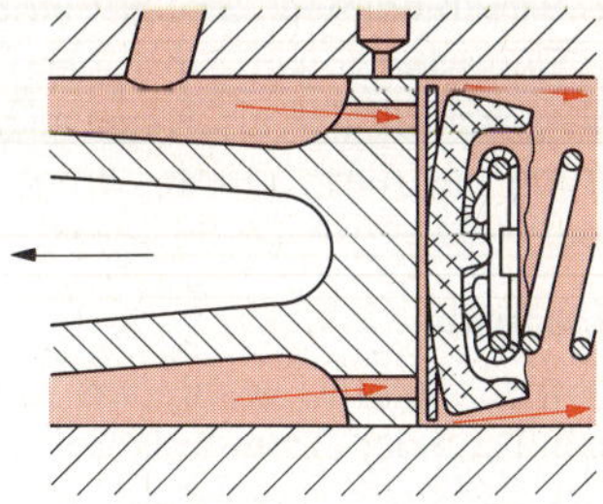

Bei schnellem Rückgang des Kolbens strömt Bremsflüssigkeit aus dem Ringraum des Kolbens über die Füllbohrungen und die Füllscheibe in den Druckraum. Dabei wird die Primärmanschette nach innen gebogen.

Damit ist gewährleistet, daß selbst bei schnellem Rückgang des Kolbens (und bei eventuell auftretendem Unterdruck) keine Luft angesaugt wird.

Radzylinder

Der Radzylinder soll

- den hydraulischen Druck in Spannkraft umwandeln,
- die Bremsbacken an die Bremstrommel anpressen.

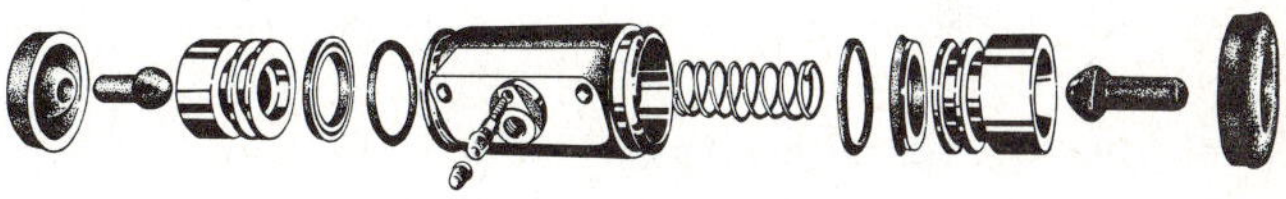

Simplex-Radzylinder

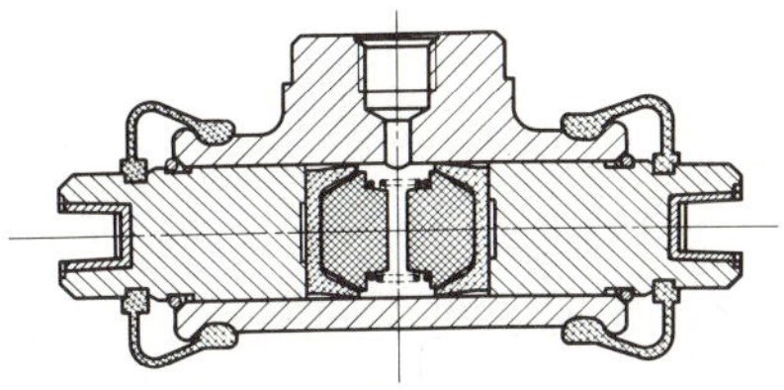

Der Zylinder hat eine durchgehende Bohrung. Die Druckfeder liegt zwischen Füllstücken.

Duplex-Radzylinder

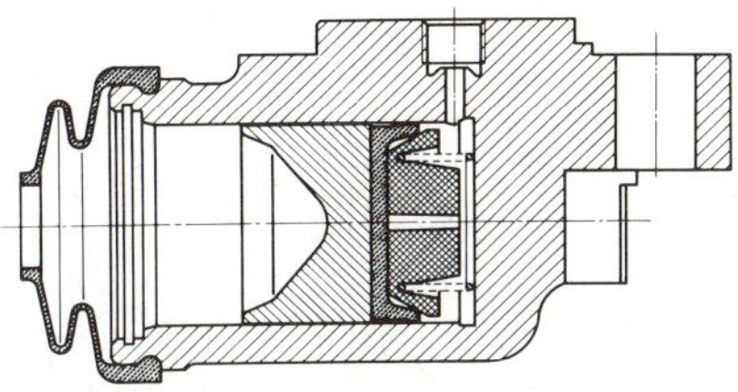

Der Radzylinder hat eine Senkloch-Bohrung. Die Bremsbacken stützen sich an der Nachstellvorrichtung ab.

Stufen-Radzylinder

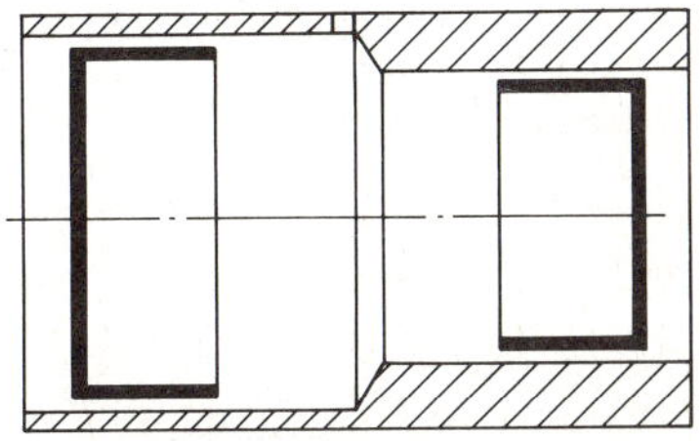

Der Zylinder hat eine durchgehende gestufte Bohrung. Durch die unterschiedlichen Querschnitte wird eine begrenzte Angleichung der Anpreßkräfte erreicht.

- Der kleine Kolben wirkt auf die auflaufende Backe.
- Der große Kolben wirkt auf die ablaufende Backe.

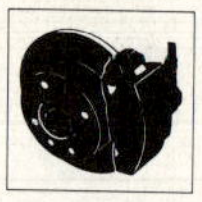

Bremsleitungen

Die Bremsleitungen verbinden die in einem Kraftfahrzeug an den verschiedenen Stellen eingebauten hydraulischen Geräte. Bremsleitungen sind nach DIN 74 234 genormt. Der Rohranschluß ist als Kegelverbindung ausgeführt. Die Verbindung erfolgt durch eine Überwurfmutter bzw. -schraube.

Bremsleitungen bestehen aus Stahl und müssen zunderfrei geglüht und rißfrei sein.

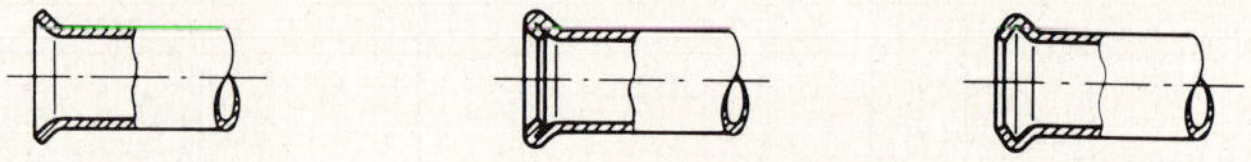

Bremsschläuche

Die Bremsschläuche verbinden die starren und die beweglichen Teile der Bremsanlage.

Die Bremsschläuche müssen allen Bewegungen der Einzelgeräte folgen können, ohne dabei mechanischen Beanspruchungen ausgesetzt zu werden.

Bremsschläuche müssen hohe Drucksicherheit besitzen.

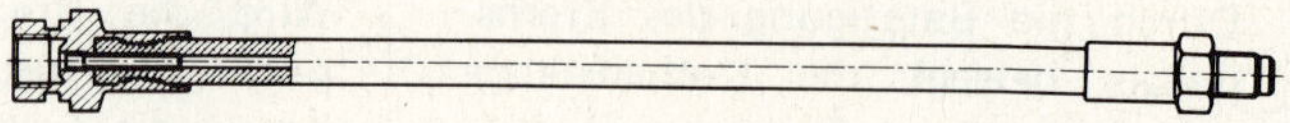

15.5.4 Sondergeräte der hydraulischen Bremse

Vordruckventil

Wenn im Hauptzylinder ein Spezialbodenventil eingebaut ist, dann hält das Vordruckventil bei Fahrzeugen mit Trommel- und Scheibenbremsen den für die Trommelbremsen erforderlichen Vordruck. Es erfüllt also die Aufgabe eines Bodenventils.

Zum Einschrauben in den Hauptzylinder

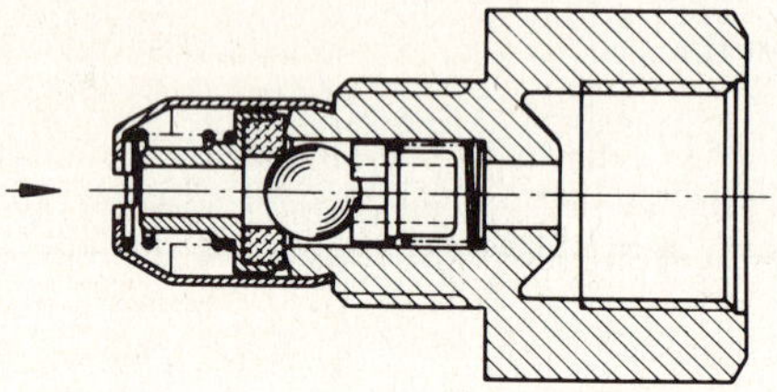

Zum Einschrauben in den Hauptzylinder oder Einbau in die Rohrleitung

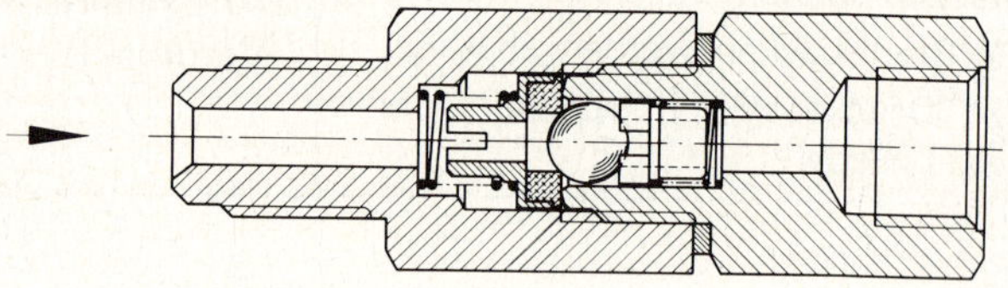

Unterdruck-Bremskraftverstärker

Der Unterdruck-Bremskraftverstärker hat die Aufgabe, den für das Bremsen nötigen Kraftaufwand zu verringern, ohne dabei das Gefühl für das Maß der Bremsung zu beeinträchtigen.

Dabei soll der Druckunterschied zwischen dem Luftdruck und dem im Ansaugrohr des Motors herrschenden Druck (Unterdruck) als Kraftquelle ausgenutzt werden.

Bei Ausfall des Unterdrucks bleibt die Bremsanlage voll funktionsfähig. Allerdings ist eine größere Fußkraft erforderlich.

Hydraulisch gesteuert

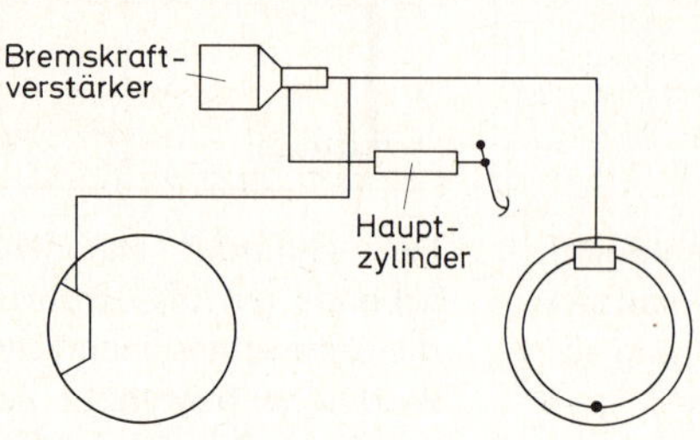

Der Bremskraftverstärker wird hydraulisch durch den Hauptzylinder gesteuert. Er kann an jeder beliebigen Stelle im Fahrzeug eingebaut werden.

⊕ nachträglicher Einbau möglich

Mechanisch gesteuert

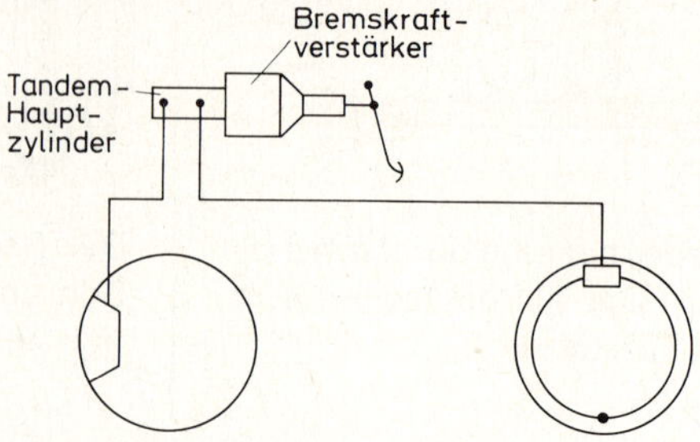

Der Bremskraftverstärker wird mechanisch durch das Bremspedal gesteuert.

⊖ nachträglicher Einbau nicht möglich

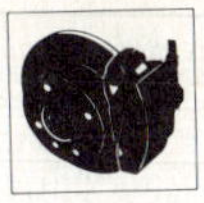

Beim mechanisch gesteuerten Unterdruck-Bremskraftverstärker ist der Unterdruckteil mit dem Hauptzylinder zusammengebaut.

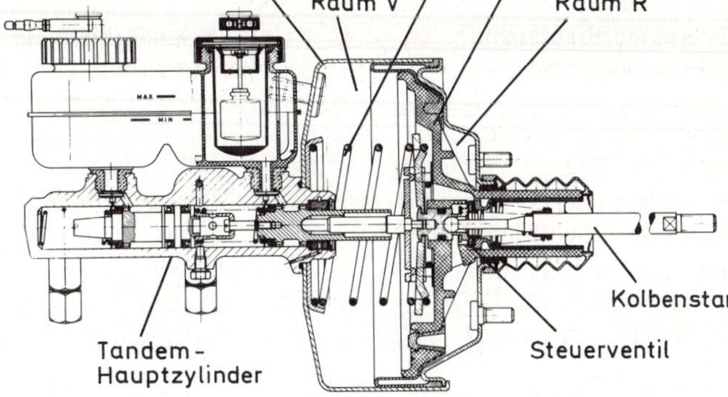

Unterdruck
Verminderter Unterdruck
Atmosphährischer Druck

Lösestellung

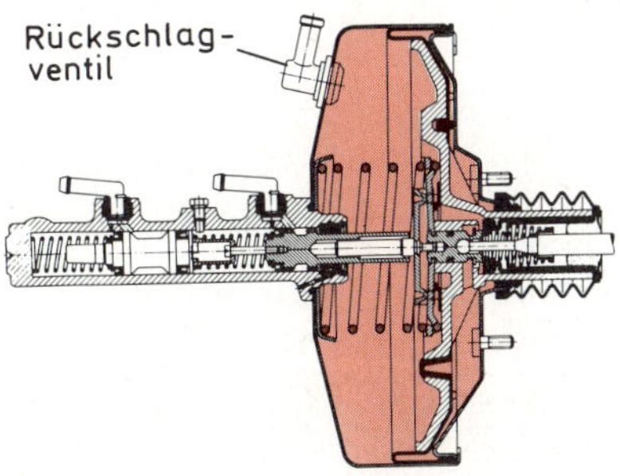

Über das Rückschlagventil steht der Ansaugrohrunterdruck auf der linken Seite des Arbeitskolbens an. Über Kanäle im Arbeitskolben gelangt dieser Druck (Unterdruck) auf die rechte Seite des Arbeitskolbens. Es herrscht Druckausgleich.

Die Kolbenrückholfeder hält den Arbeitskolben in der rechten Endlage.

Der Außenluftdurchgang im Steuerventil ist geschlossen.

Teilbremsstellung

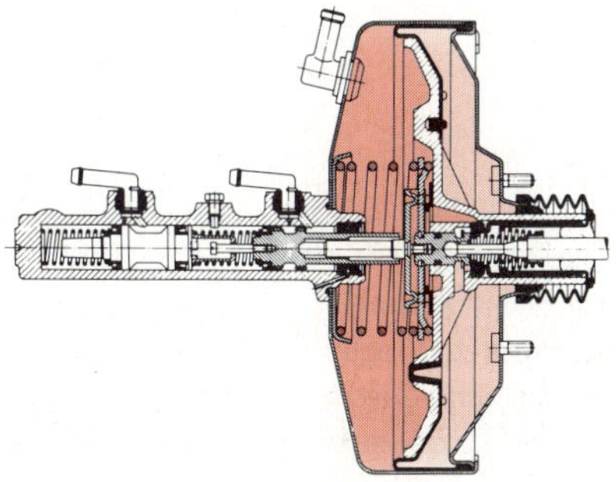

Beim Betätigen des Bremspedals wird die Kolbenstange nach links bewegt. Dadurch unterbricht das Steuerventil die Verbindung zwischen den Räumen V und R. Durch die Weiterbewegung der Kolbenstange wird der Außenluft der Weg in den Raum R freigegeben.

Damit ergibt sich eine Druckdifferenz zwischen den Räumen V und R. Die Fußkraft wird unterstützt.

Durch den Druck im Hauptzylinder entsteht eine Reaktionskraft auf das Steuerventil, so daß die Verbindung zur Außenluft geschlossen wird. Damit ist der Zustrom der Außenluft unterbrochen (Teilbremsstellung!).

Vollbremsstellung

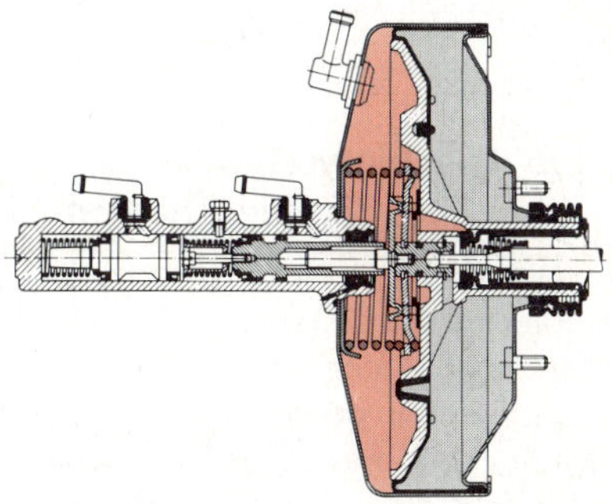

Bei Vollbremsung ist der Außenluftdurchgang in den Raum R ständig geöffnet, so daß auf der rechten Seite des Arbeitskolbens der volle Luftdruck ansteht. Die größte Druckdifferenz wirkt am Arbeitskolben (Vollbremsstellung!).

Eine höhere Bremskraft kann jetzt nur noch durch die Erhöhung der Fußkraft erreicht werden.

Bei Zurücknahme des Bremspedals schließt das Steuerventil den Außenluftdurchgang, so daß keine Außenluft nachströmen kann.

Gleichzeitig werden die Kanäle für den Unterdruck freigegeben. Auf beiden Seiten des Arbeitskolbens entsteht somit der gleiche Unterdruck (Gleichgewicht).

Die Kolbenrückholfeder kann den Arbeitskolben in seine rechte Endstellung zurückdrücken (Lösestellung!).

⊕ Ein Hauptzylinder als Steuerzylinder ist nicht erforderlich.

⊕ Die Bremskraftverstärkung kann je nach Bauart bis 1 : 4 betragen.

Einsatz: Bei Pkw. Wenn Fahrzeuge mit Zweitaktmotoren mit Unterdruck-Bremskraftverstärker ausgerüstet werden, dann ist zusätzlich eine Vakuumpumpe zur Erzeugung des Unterdrucks (p_u bis 0,8 bar) erforderlich.

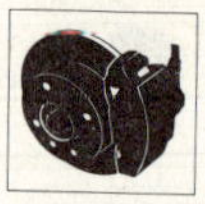

Bremskraftregelgeräte

Sie sollen durch Druckbegrenzung die Bremskraft so auf die verschiedenen Räder (Achsen) verteilen, daß ein Blockieren der Räder verhindert wird.

Bremskraftbegrenzer (Druckbegrenzer)	**Bremskraftregler (Druckminderer mit festem Umschaltpunkt)**	**Lastabhängiger Bremskraftverteiler (Druckminderer mit veränderlichem Umschaltpunkt)**
Wenn der Abschaltdruck erreicht ist (z.B. 50 bar), steigt der Druck in dem entsprechenden Bremskreis (z.B. der Hinterachse) nicht weiter an. ⊕ Das Blockieren wird verhindert. ⊖ Es wird Bremskraft verschenkt.	Der Druck steigt nach dem Erreichen eines bestimmten Druckes (dem Umschaltpunkt) weiter an, allerdings in geringerem Maße (gemindert). Der Umschaltpunkt liegt immer bei der gleichen Druckhöhe. ⊕ Das Blockieren wird verhindert. ⊖ Bei hoher Belastung des Fahrzeugs wird Bremskraft verschenkt.	Der Druck steigt nach dem Umschaltpunkt weiter an, allerdings in geringerem Maße (gemindert). Mit zunehmender Belastung wird der Umschaltpunkt automatisch höher gelegt. ⊕ Das Blockieren wird verhindert. ⊕ gute Ausnutzung der Bremskraft auch bei hoher Belastung

15.5.5 Blockierverhinderer (Anti-Blockier-System ABS)

Das Anti-Blockier-System hat die Aufgabe, das Blockieren der Räder bei zu starkem Bremsen zu verhindern. Das bedeutet: Die Räder sollen bis an die Blockiergrenze abgebremst werden, ohne daß sie zu rutschen beginnen. Diese Aufgabe soll bei allen Straßenverhältnissen (trockene Straße, Glatteis ...) gewährleistet sein.

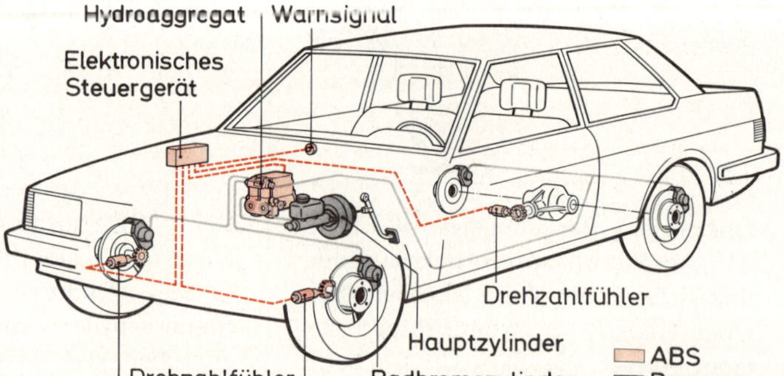

Drehzahlfühler	**Elektronisches Steuergerät**	**Hydroaggregat**
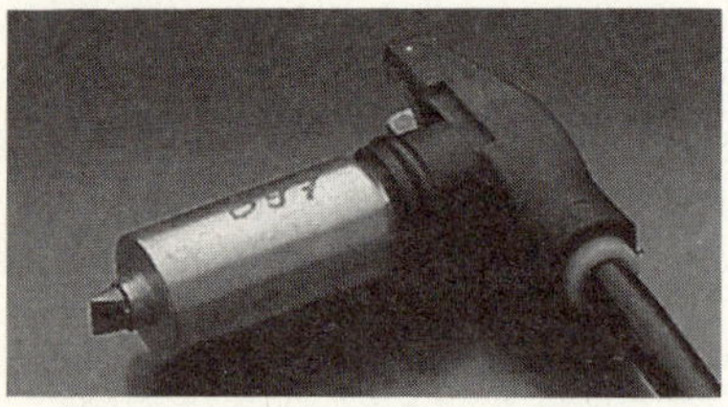		
Die Drehzahlfühler messen die Drehgeschwindigkeiten der Räder. Dabei drehen sich mit den Rädern gezahnte Scheiben, deren Zähne in den feststehenden Induktionsfühlern Wechselspannungen erzeugen. Diese Wechselspannungen werden als Signale an das elektronische Steuergerät weitergeleitet.	Das elektronische Steuergerät nimmt die Signale der Drehzahlfühler auf, wertet sie aus und errechnet den für eine optimale Bremsung erforderlichen hydraulischen Bremsdruck in den Radzylindern. Das Steuergerät übermittel dann die berechneten Werte an das Hydroaggregat.	Die Magnetventile und die Rückförderpumpe des Hydroaggregats werden von dem elektronischen Steuergerät geschaltet, so daß je nach Bedarf der Bremsdruck • gehalten, • erhöht oder • verringert wird.

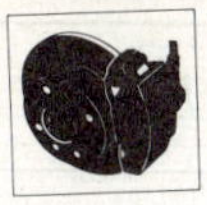

Sobald die Gefahr besteht, daß ein Rad blockiert, fällt die Drehzahl dieses Rades ab. Das elektronische Steuergerät gibt deshalb dem Hydroaggregat den Befehl: „Bremsflüssigkeit wegnehmen."

Daraufhin fördert die Rückförderpumpe Bremsflüssigkeit aus dem Radbremszylinder über den zugeordneten Speicher in den betreffenden Kreis des Hauptbremszylinders. Der Bremsdruck läßt nach, wodurch die drohende Blockade des Rades verhindert wird. Gleichzeitig wird jedoch das Rad wieder beschleunigt.

Das elektronische Steuergerät stellt erneut fest, daß das Rad wieder stärker abgebremst werden kann. Es gibt dem Hydroaggregat den Befehl: „Bremsflüssigkeit zuführen."

Daraufhin wird über die Magnetventile der Druck wieder gesteigert. Der Regelablauf beginnt erneut.

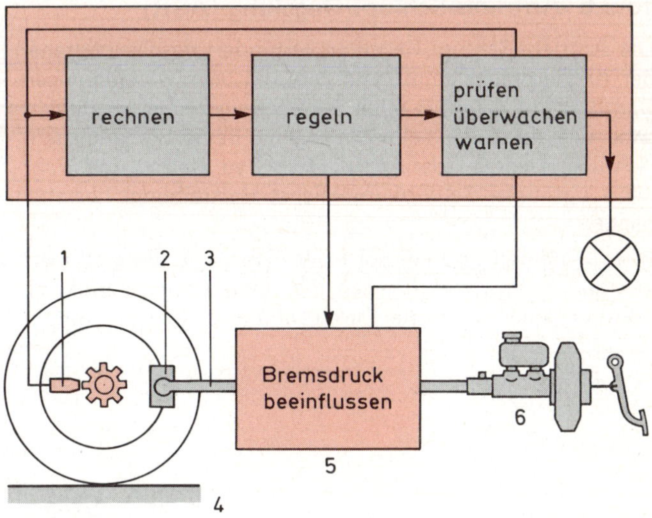

1 Drehzahlfühler
2 Radbremszylinder
3 Bremsdruck
4 Fahrbahnzustand
5 Hydroaggregat
5a Magnetventil
5b Rückförderpumpe
6 Hauptzylinder

3-Kanal-ABS	4-Kanal-ABS
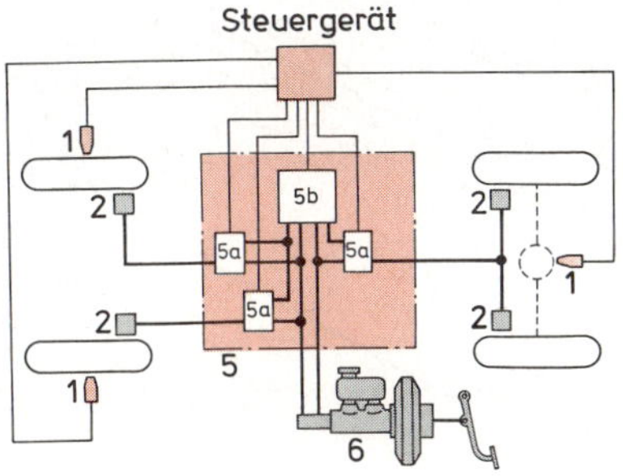 	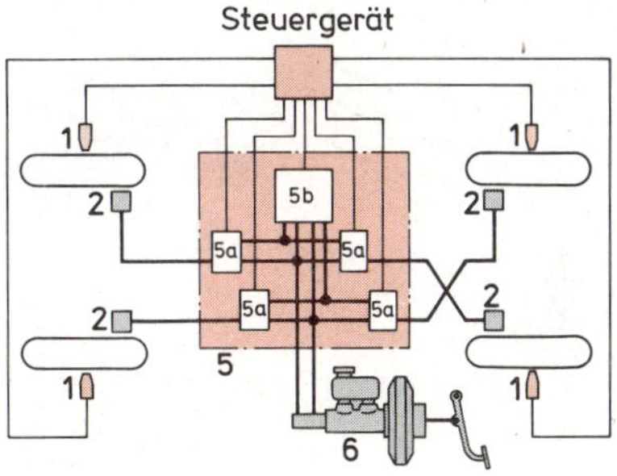
Die 3 Drehzahlfühler messen die Drehgeschwindigkeiten der beiden Vorderräder und des Tellerrades des Achsgetriebes. Die Bremskraft der Vorderräder wird über einzelne Magnetventile geregelt. Die Hinterräder werden gemeinsam über ein Magnetventil geregelt. Einsatz: Bei paralleler Bremskreisaufteilung	Die 4 Drehzahlfühler messen die Drehgeschwindigkeiten aller 4 Räder. Die Bremskraft aller Räder werden über einzelne Magnetventile geregelt. Einsatz: Bei diagonaler Bremskreisaufteilung

Sicherheitsgewinn

Das ABS ist im Prinzip eine „Stotterbremse". Das Stottern wird dabei von elektronischen und hydraulischen Geräten durchgeführt, die in der Lage sind, jedes Rad in einem anderen Rhythmus stottern zu lassen.

Zur Sicherheit wird die einwandfreie Funktion des Systems ständig geprüft und überwacht. Beim Starten des Motors erlischt eine Kontrolleuchte, wenn das System in Ordnung ist. Liegt eine Störung vor, dann leuchtet sie weiter.

Tritt während der Fahrt ein Defekt auf, dann wird automatisch das ABS abgeschaltet und die Warnleuchte (Kontrolleuchte) eingeschaltet.

⊕ Das Blockieren der Räder wird verhindert.
⊕ Das Fahrzeug bleibt auch bei „Notbremsungen" richtungsstabil und optimal lenkfähig.
⊕ kürzerer Bremsweg, da die Bremskraft optimal ausgenutzt wird.
⊕ Bei Störung im ABS bleibt das Fahrzeug „normal" bremsfähig.
⊖ teuer
⊖ Bremsspurensicherung nach Unfall ungünstig

Einsatz: Bei Pkw der hohen Preisklasse mit hydraulischer Bremsanlage und bei Nutzfahrzeugen mit Druckluftbremsanlagen

15.5.6 Antriebs-Schlupf-Regelung (ASR)

Die Antriebs-Schlupf-Regelung verhindert das Durchdrehen der Antriebsräder beim Anfahren und beim Beschleunigen. Damit erfüllt die ASR beim Beschleunigen die gleiche Aufgabe wie das ABS beim Verzögern. Beide Sicherheitseinrichtungen sorgen dafür, daß zwischen Reifen und Fahrbahn optimaler Schlupf (möglichst Haftreibung) bestehen bleibt.

Beim Anfahren und bei normaler Fahrt wird das ABS nicht verwendet. Trotzdem messen die Radsensoren ständig die Raddrehzahlen und die Elektronik vergleicht sie miteinander. Diese Situation wird ausgenutzt, indem man die Antriebs-Schlupf-Regelung teilweise auf den Komponenten (Bauteilen) des Anti-Blockier-Systems aufbaut. Beide Systeme werden deshalb nur gemeinsam im Fahrzeug eingebaut.

Die beim ABS vorhandenen Grundkomponenten werden für die ASR ergänzt durch

- eine zusätzliche Hydraulik,
- eine erweiterte Elektronik,
- das elektronische Gaspedal.

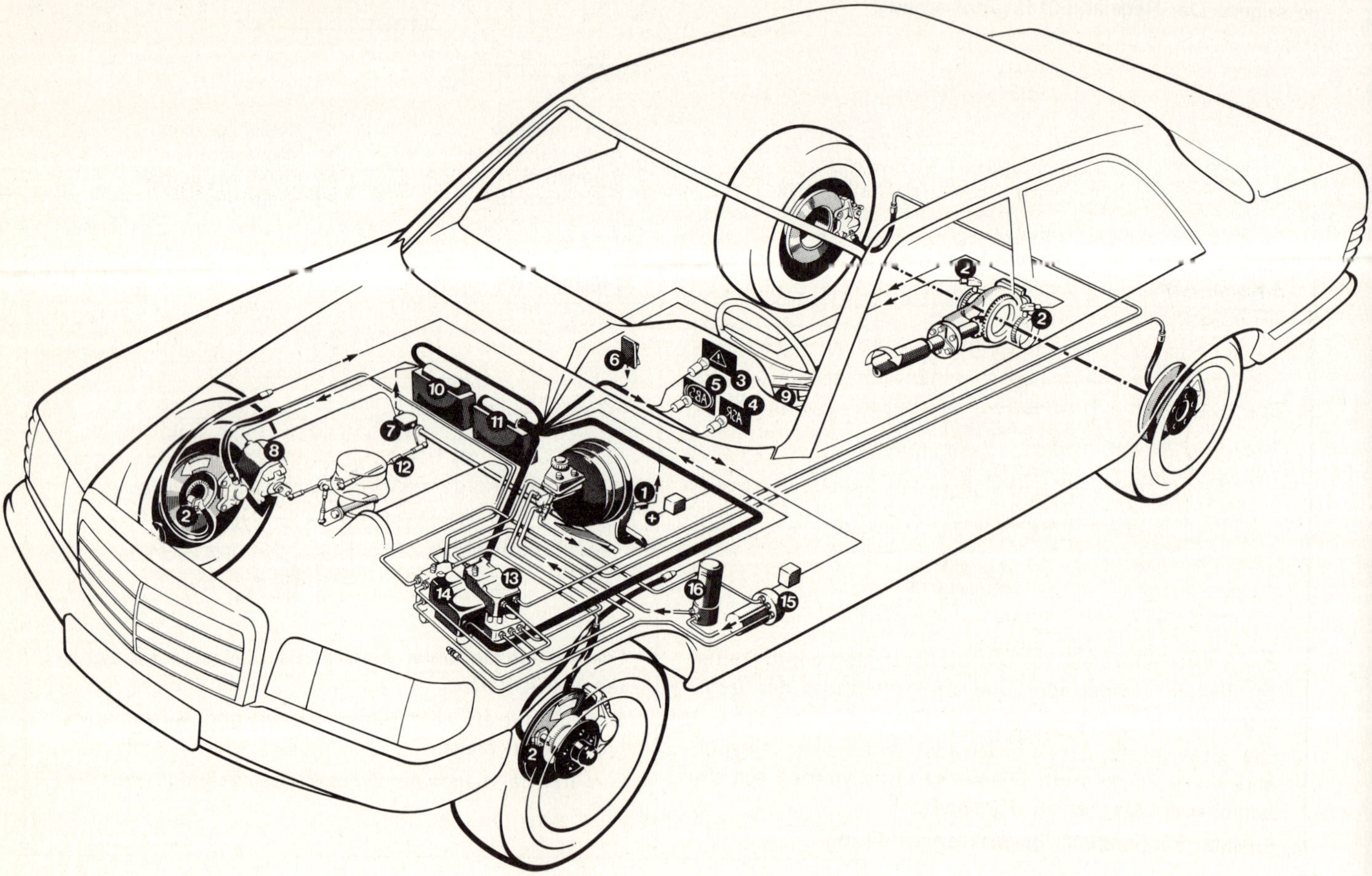

ELEKTRIK/ELEKTRONIK

1 Bremsschalter
2 Vier Drehzahlfühler (zwei Vorderrad-, zwei Hinterradfühler)
3 Funktionsanzeige ASR
4 Störungsanzeige ASR
5 Störungsanzeige ABS
6 Schlupfschwellenumschalter (Schneekettenlogik) mit Anzeige
7 Sollwertgeber E-Gas (Elektronisches Gaspedal) mit Sicherheitskontakt
8 Stellglied E-Gas mit Sicherheitskontakt
9 Tempomat
10 Elektronisches Gaspedal (E-Gas), Steuergerät
11 Steuergerät ABS/ASR
12 Notfahreinrichtung

HYDRAULIK

13 Hydraulikeinheit ASR mit zwei Magnetventilen
14 Hydraulikeinheit ABS für ASR-Anschluß mit drei Magnetventilen, Speicher und Rückförderpumpe
15 Elektromotorisch angetriebene Ladepumpe
16 Druckspeicher

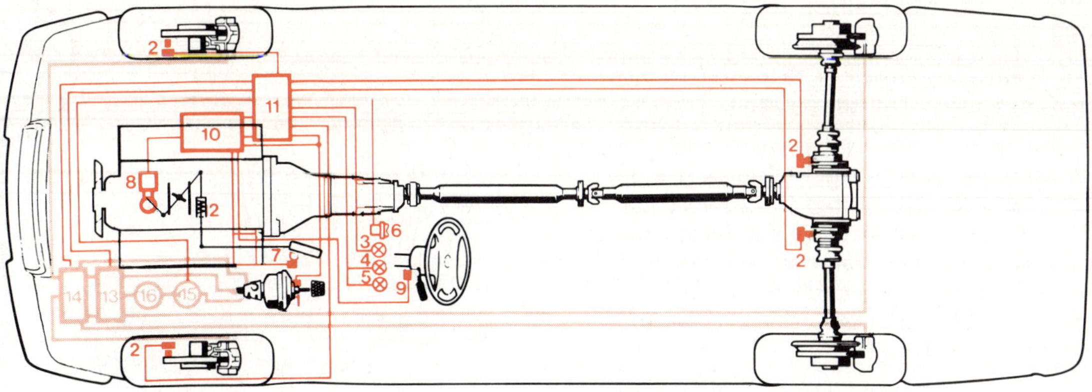

Die Drehzahlen der Räder werden über vier Drehzahlsensoren erfaßt und dem Steuergerät übermittelt. Das Steuergerät, das für das ABS und die ASR zuständig ist, verarbeitet diese Informationen.

Das Durchdrehen der Räder wird durch zwei Regelkreise der ASR verhindert.

Erster Regelkreis (Bremsmomentregelung)	**Zweiter Regelkreis (Antriebsmomentregelung)**
Wenn der Fahrer zuviel Gas gibt, so daß eines der angetriebenen Räder durchzudrehen beginnt, dann wird dieses Rad solange gebremst, bis es den günstigsten Antriebsschlupf wieder erreicht hat. Dabei wird über das Umschaltventil der Druckspeicher mit den Magnetventilen (zur Druckregelung in den Bremszangen der Antriebsräder) verbunden. Zum Abbremsen des durchdrehenden Rades wird Speicherdruck von dem entsprechenden Magnetventil in die Bremszange geleitet. Wird das durchdrehende Rad so stark abgebremst, daß seine Drehzahl nicht mehr weiter ansteigt, dann wird der Druck konstant gehalten. Nähert sich die Raddrehzahl dem optimalen Schlupf, dann wird der Druck über das Regelventil wieder abgebaut. Diese Regelung ist sowohl für ein Antriebsrad alleine, oder für beide Räder gleichzeitig möglich. Drehen beide Räder gleichzeitig durch, dann wird jedes Rad individuell abgebremst.	Wenn das Durchdrehen eines Antriebsrades zum Ansprechen der Bremsmomentregelung führt und das zweite Antriebsrad sich kurz vor dem Durchdrehen befindet, dann tritt der zweite Regelkreis in Funktion. Dabei erkennt das System, daß für die gerade vorliegende Situation die Antriebsmomente an den Antriebsrädern zu groß sind. Über das elektronische Gaspedal wird deshalb innerhalb von wenigen Millisekunden die Drosselklappenstellung so verändert, daß das Antriebsmoment geringer wird. Diese Regelung des Antriebsmomentes tritt selbst dann ein, wenn der Fahrer Vollgas geben sollte.

Die Antriebs-Schlupf-Regelung ist vom Prinzip her so aufgebaut, daß beim Durchdrehen eines Antriebsrades im niedrigen Drehzahlbereich zunächst der Bremsmomentregelkreis anspricht. Mit steigender Fahrzeuggeschwindigkeit gewinnt jedoch die Antriebsmomentregelung höhere Priorität.

Das System prüft ständig, ob die herunterregelnden Eingriffe aufgehoben werden können, um schnellstens wieder ein höheres Vortriebsmoment zuzulassen.

Der Fahrer wird über eine Funktionsanzeige informiert, ob die ASR tätig ist.

Die ASR kann sich beim Anfahren im Tiefschnee oder in lockerem Sand ungünstig auf das Anfahrverhalten auswirken. Deshalb ist für den Anfahrbereich eine spezielle Regelung einprogrammiert, die vom Fahrer nach Wunsch eingeschaltet werden kann. Beim Betätigen eines „Schneekettenschalters" wird ein höherer Schlupf an den Antriebsrädern zugelassen, damit sich die Räder „freischaufeln" können. Diese Regelung ist nur auf den niedrigen Geschwindigkeitsbereich beschränkt.

⊕ Durchdrehen der Antriebsräder beim Anfahren und Beschleunigen wird verhindert.

⊕ automatisch arbeitendes System zur Verbesserung der Traktion (optimaler Vortrieb) und der Fahrstabilität

⊕ Anfahrhilfe, insbesondere bei einseitiger Glätte (in der Wirkung einem 100 %ig gesperrten Differential mindestens ebenbürtig!)

⊕ Die Aktivierung der ASR wird optisch angezeigt.

Einsatz: Bei Pkw (hohe Preisklasse) und Lkw in Verbindung mit ABS

Kfz-Meßtechnik
Bremsenprüfung

Zur Prüfung der Bremsanlage nach § 29 StVZO werden hauptsächlich Rollenbremsenprüfstände verwendet.

Der Prüfstand besitzt in Fahrbahnhöhe zwei nebeneinanderliegende Rollenpaare, jeweils ein Rollenpaar für das rechte bzw. das linke Rad einer Achse. Zwischen diesen Rollen ist eine Testwalze angeordnet, die das Einschalten der Rollen verhindert, wenn kein Fahrzeug auf dem Prüfstand steht (Unfallschutz!). Außerdem dient die Testwalze als Blockierschutz, da bei Stillstand des Fahrzeugrades der Antriebsmotor abgeschaltet wird.

Der abgebildete Rollenbremsenprüfstand besitzt eine hydraulische Meßwertübertragung. Es gibt aber auch Ausführungen, bei denen die Meßwerte mechanisch, pneumatisch oder elektrisch übertragen werden.

Bei der Bremsenprüfung wird das Fahrzeug mit einer Achse auf den Prüfstand gefahren. Je ein Elektromotor treibt ein Rollenpaar mit einer bestimmten Drehzahl an. Das Antriebsmoment wird von den Rollen des jeweiligen Rollenpaares auf die Fahrzeugräder übertragen.

Wird nun die Fahrzeugbremse betätigt, dann wird von der jeweiligen Radbremse (z.B. linkes Vorderrad) ein Bremsmoment erzeugt, welches dem Antriebsmoment des Elektromotors entgegenwirkt. Der Elektromotor hält durch erhöhte Leistungsaufnahme seine Drehzahl nahezu konstant. Das in der Radbremse erzeugte Bremsmoment wird über die Rollen auf den pendelnd gelagerten Elektromotor übertragen. Dieser stützt sich über eine Schwinge auf einer Kraftmeßdose ab. Die Kraft, die von der Schwinge auf die Kraftmeßdose ausgeübt wird, pflanzt sich über ein Hydraulik-System auf das Bremskraft-Anzeigegerät fort. An dem Bremskraft-Anzeigegerät kann die Bremskraft (Radumfangskraft) direkt in Newton abgelesen werden. Je größer das Bremsmoment in der Radbremse ist, desto stärker drückt die Schwinge auf die Kraftmeßdose und desto größer ist die Bremskraftanzeige. Die für jedes Rad angezeigte Bremskraft wird in eine Bremsenprüfkarte eingetragen.

Die Bremskräfte zwischen dem linken und dem rechten Rad einer Achse dürfen maximal 30 % vom Höchstwert abweichen, d.h. wenn für das rechte Rad 1000 N angezeigt werden, dann muß die Anzeige für das linke Rad mindestens 700 N betragen.

Mit dem Rollenbremsenprüfstand können folgende Werte gemessen werden:

- Die Bremskraft für jedes einzelne Rad in N,
- Die Bremskraftschwankung bei unrunder Bremstrommel,
- Die Blockiergrenze für jedes Rad,
- Die Verteilung der Bremskraft auf die beiden Achsen,
- Der Rollwiderstand jedes Rades,

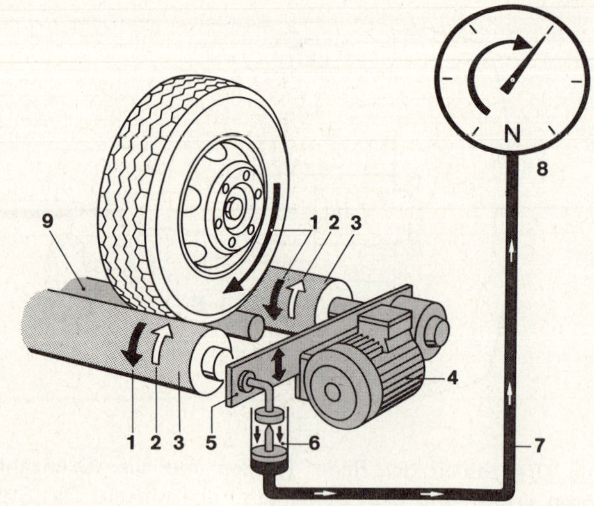

1 Bremsmoment
2 Antriebsmoment
3 Rollenpaar
4 Elektromotor mit Getriebe
5 Schwinge
6 Kraftmeßdose
7 Hydraulik-Leitung
8 Bremskraft-Anzeigegerät
9 Testwalze

Die Abbremsung Z kann nach der Formel

$$Z = \frac{F_{R\,Rad}}{F_G} \cdot 100 \quad \text{in } \%$$

ermittelt werden.
Die Bremse ist in Ordnung, wenn die vorgeschriebenen Mindestwerte für die Abbremsung erreicht werden (siehe 15.2 Gesetzliche Bestimmungen).

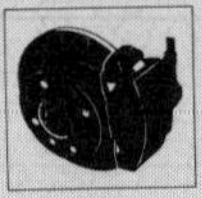

ZUSAMMENFASSUNG Hydraulische Bremsanlage

Hydraulische Bremsanlage

Einkreis-Bremsanlage

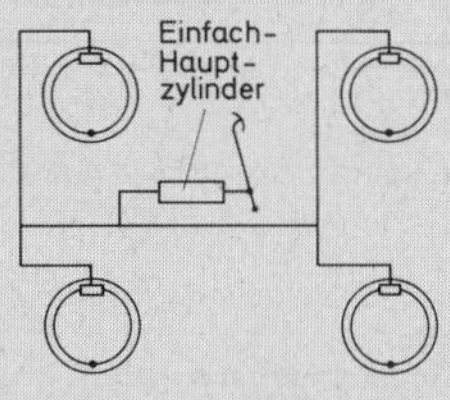

Die gesamte Bremsanlage bildet einen Druckraum.

Zweikreis-Bremsanlage

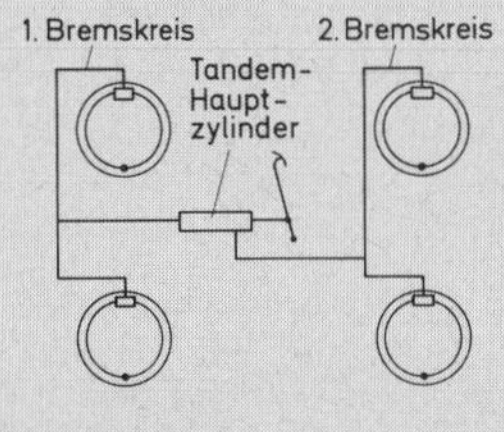

Die Bremsanlage ist in zwei Druckräume unterteilt. (Größere Sicherheit!)

Muskelkraft

Fuß-brems-hebel

Mechan. Kraft

Atmosphärischer Druck

Unterdruck-Bremskraft-verstärker

Verringert den Kraftaufwand des Fahrers, ohne das Gefühl für das Maß der Bremsung zu beeinträchtigen

Mechanische und pneumatische Kraft

Unterdruck vom Ansaugrohr

Einfach- | Tandem-

Hauptzylinder

In ihm wird der hydraulische Druck erzeugt.

Bremsflüssigkeit

- Frei von Wasser
- Hoher Siedepunkt
- Hoher Flammpunkt
- Tiefer Gefrierpunkt
- Chemisch stabil

Bodenventil (für Trommelbremsen)

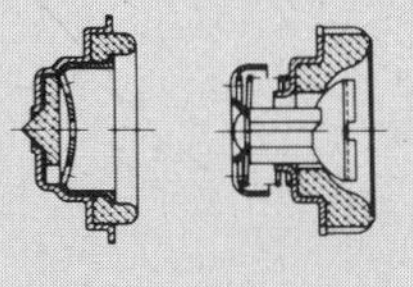

Es hält den Vordruck (Überdruck) von 0,5 ... 1,2 bar.

Spezialbodenventil (für Scheibenbremsen)

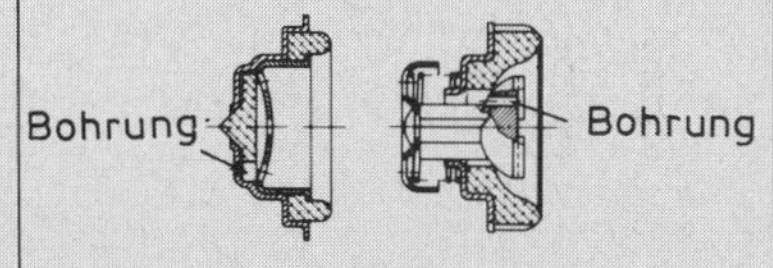

Durch eine Drosselbohrung wird ein völliger Druckabbau gewährleistet.

Hydraulischer Druck

Bremsleitungen

Sie verbinden die an verschiedenen Stellen eingebauten hydraulischen Geräte.

Bremsschläuche

Sie verbinden die starren und die beweglichen Teile der Bremsanlage.

Bremskraftregelgeräte

Sie verteilen die Bremskraft auf die verschiedenen Achsen (bzw. Räder), um ein Überbremsen und damit ein Blockieren der Räder zu verhindern.

Es wird Bremskraft verschenkt.

- Bremskraftbegrenzer
- Bremskraftregler
- Bremskraftverteiler

Blockierverhinderer (ABS)

Jedes einzelne Rad wird mit Hilfe von elektronischen und hydraulischen Geräten so stark abgebremst, daß sich die Räder gerade noch drehen.

Die Bremskraft wird optimal ausgenutzt.

Antriebs-Schlupf-Regelung (ASR)

Sie verhindert das Durchdrehen der Antriebsräder beim Anfahren und Beschleunigen.

Radzylinder

Im Radzylinder wird der hydraulische Druck in die Spannkraft umgewandelt.

Spannkraft F_S

F_S

Bremsbacken

ANALYSE Hydraulische Bremsanlage

1. Bestimmen Sie:
   - die Bauart der Radbremsen
   - die Bauart der Hauptzylinder
   - die Bremskreisaufteilung

2. Ermitteln Sie die Sondergeräte der hydraulischen Bremsanlagen und erklären Sie deren Aufgabe.

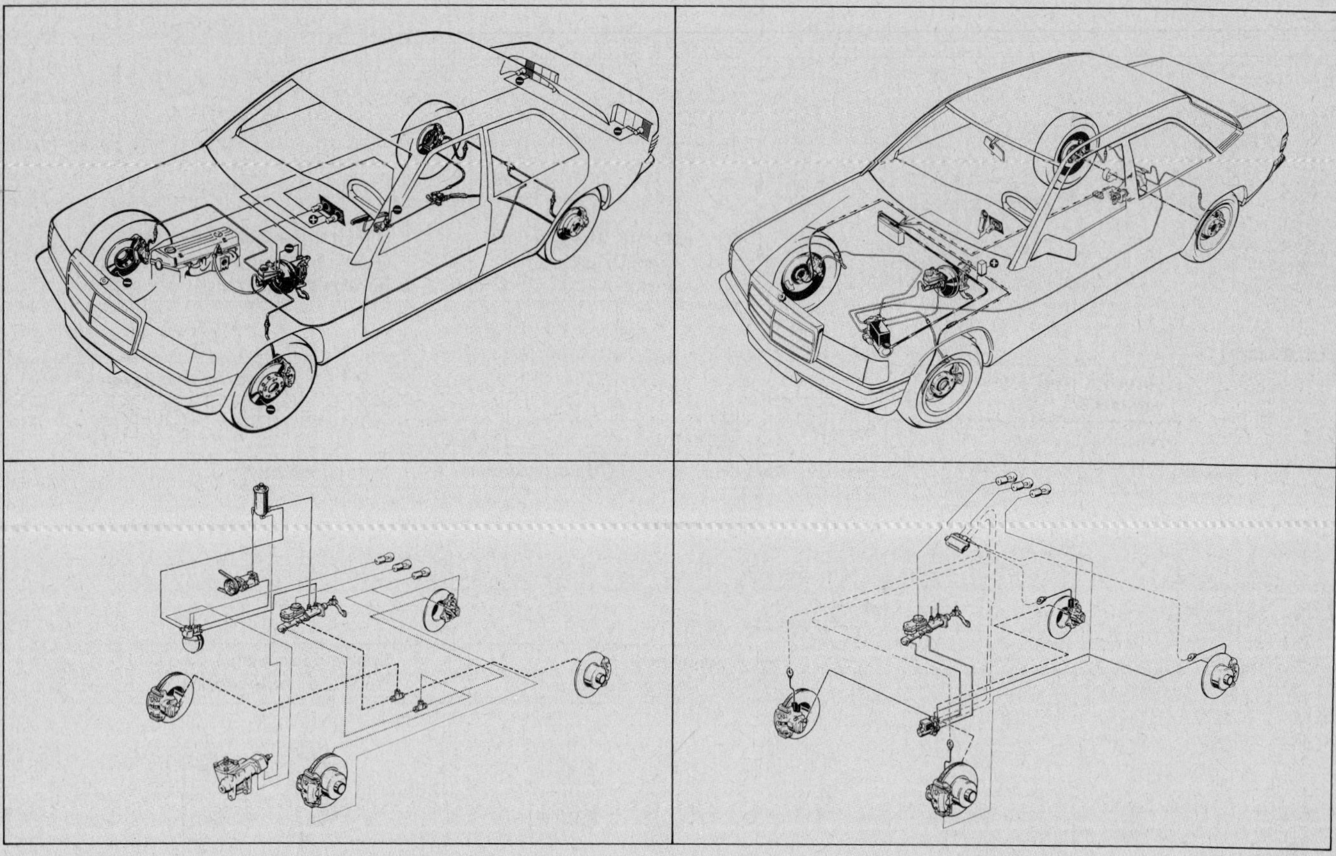

ANALYSE Tandem-Hauptzylinder

Erklären Sie Aufgabe, Aufbau und Funktion des Tandem-Hauptzylinders.

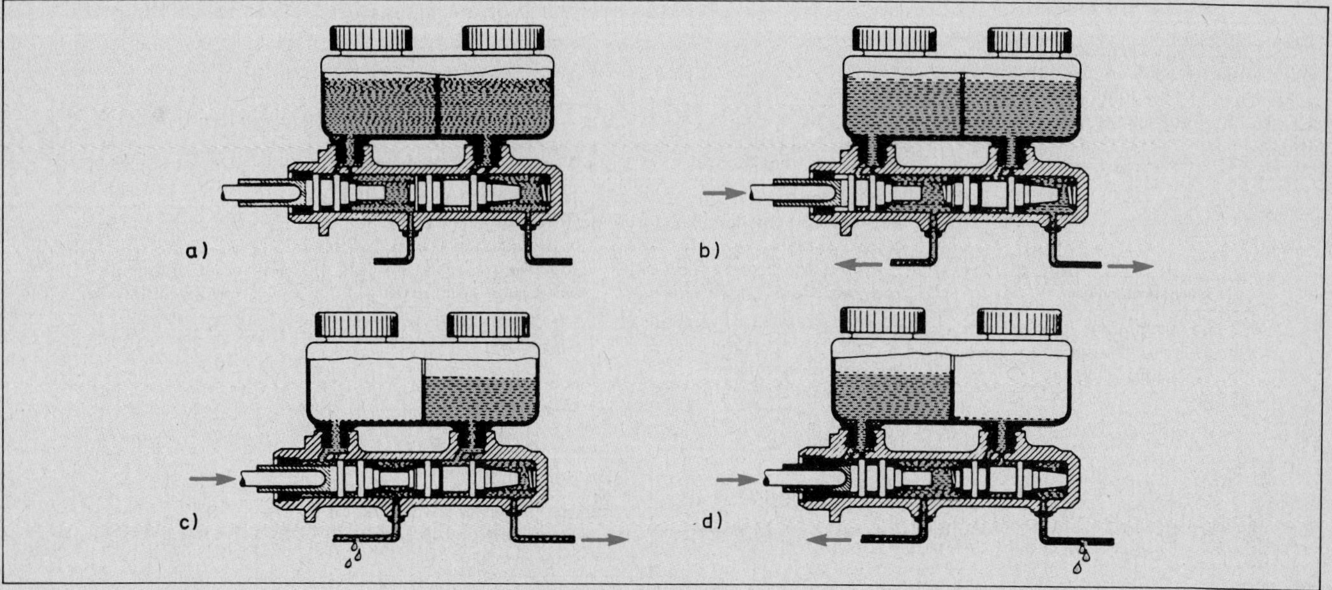

ARBEITSPLANUNG Hydraulische Bremsanlage

Entwickeln Sie den Arbeitsplan für die dargestellten Prüf- und Instandsetzungsarbeiten, indem Sie

- die Reihenfolge der Prüf- bzw. Instandsetzungsarbeiten,
- die Auswahl der Prüfmittel bzw. Werkzeuge und Ersatzteile,
- die zu beachtenden Prüf- bzw. Arbeitsregeln/Sicherheitsvorschriften,
- die Auswertung der Prüfergebnisse

angeben und begründen.

Bremsanlage prüfen und instandsetzen

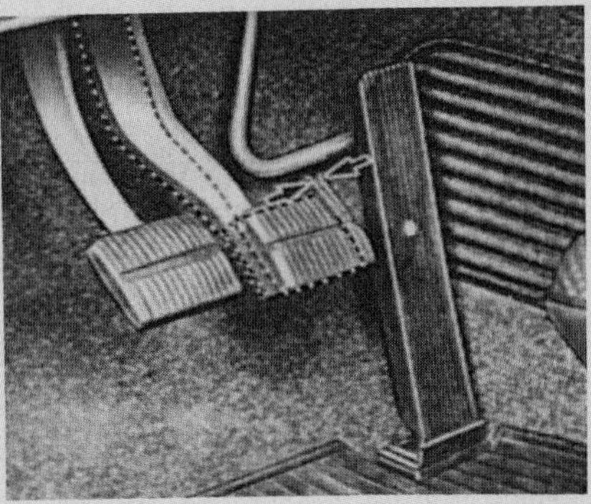

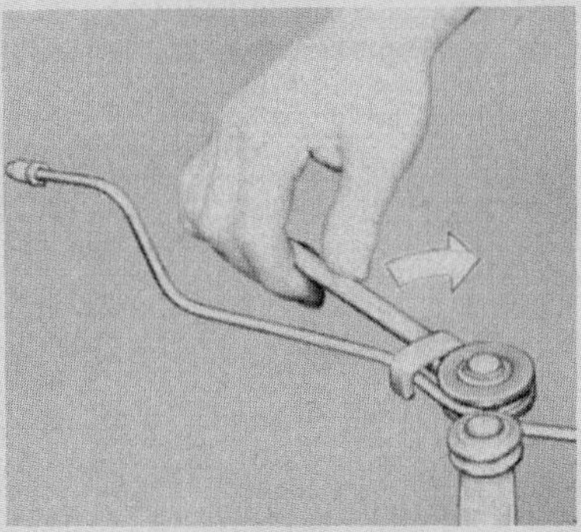

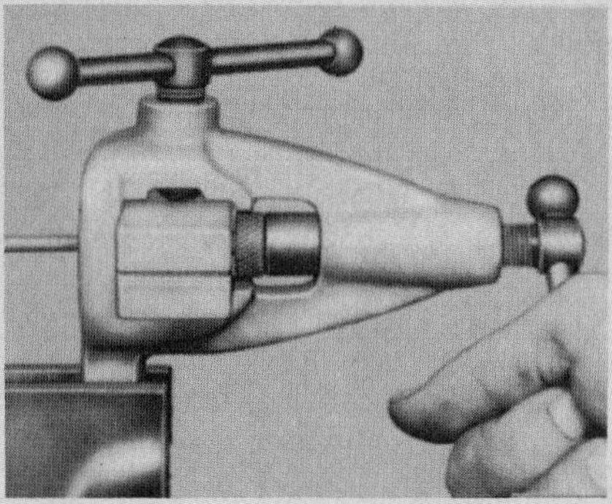

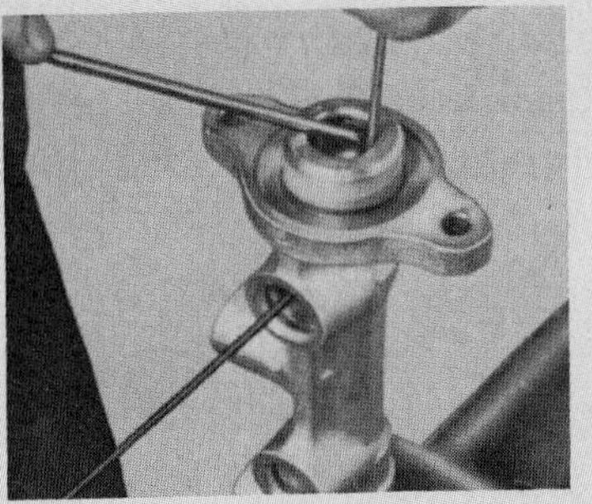

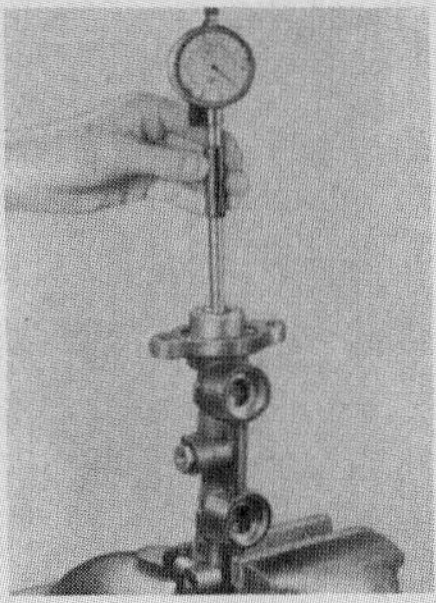

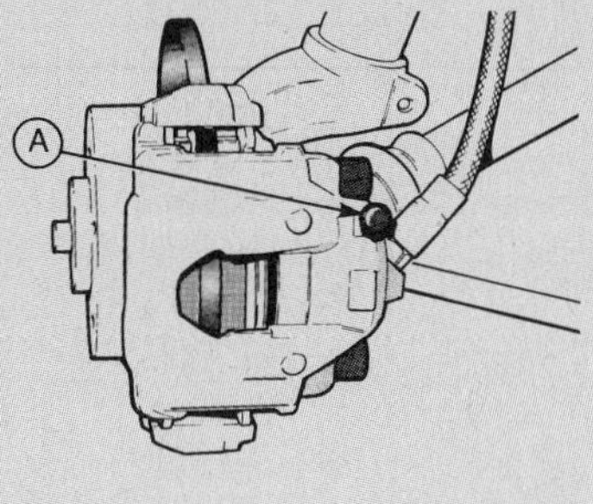

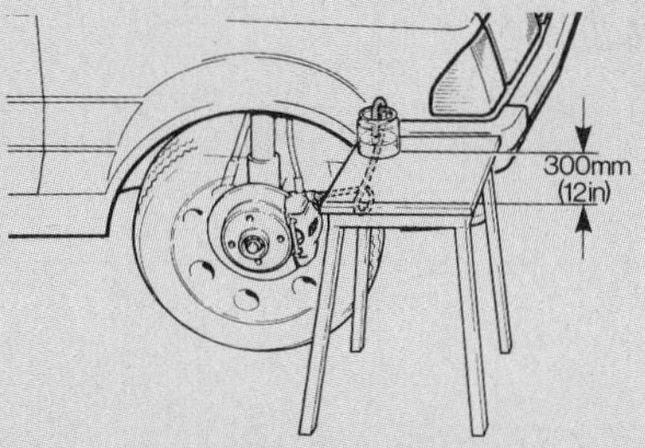

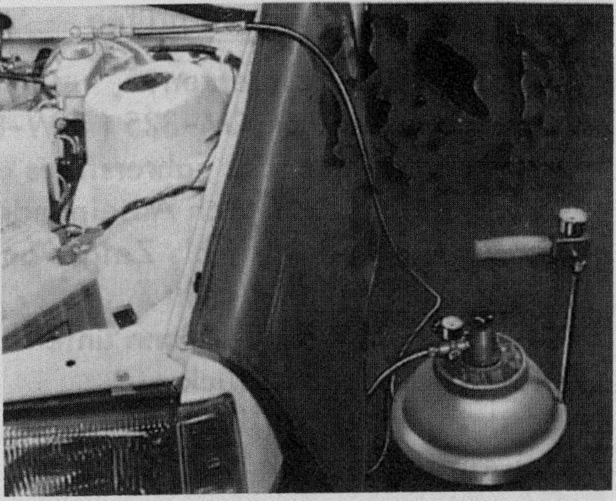

15.6 Druckluftbremsanlage

Zweikreis-Zweileitungs-Fremdkraft-Druckluftbremsanlage (Niederdruck) – Vereinfachte Darstellung

Die zweikreisige Ausführung der Bremsanlage erhöht die Betriebssicherheit des Motorwagens, während das Zweileitungssystem verhindert, daß sich der Luftvorrat im Luftbehälter des Anhängers erschöpft.

Einsatz: Bei Nutzfahrzeugen mit Anhängerbetrieb. Alle Lastkraftwagenzüge, die nach dem 1. April 1974 erstmals zum Verkehr zugelassen wurden, und deren Höchstgeschwindigkeit 25 km/h übersteigt, müssen mit Zweileitungsbremsanlagen ausgerüstet sein.

Kennzeichnung von Anschlüssen an den Geräten der Druckluftbremsanlage nach DIN 74 254

Kennzeichnung	Anwendungsbeispiel
0 Ansauganschluß 1 Energiezufluß 2 Energieabfluß 3 Anschluß Atmosphäre 4 Steueranschluß 5 frei 6 frei 7 Gefriermittelanschluß 8 Schmierölanschluß (Kompressor) 81 Schmierölzufluß 82 Schmierölabfluß 9 Kühlwasseranschluß (Kompressor) 91 Kühlwasserzufluß 92 Kühlwasserabfluß	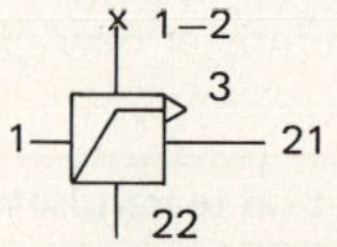 1 Energiezufluß vom Kompressor 1–2 Energiezufluß bei Verwendung eines Ventils zum Befüllen der Druckluftbremsanlage, Energieabfluß bei Verwendung eines Ventils zum Reifenfüllen 3 Anschluß Atmosphäre (Entlüftung) 21 Energieabfluß zum Energiespeicher (Druckluftbehälter) 22 Energieabfluß (Schaltanschluß)

Bei mehreren gleichartigen Anschlüssen (z.B. Mehrkreisanlagen) wird eine zweite Ziffer vorgesehen (z.B. 21, 22, 23 usw.).
Erfüllt ein Anschluß mehrere Funktionen, dann wird er durch zwei (erste) Ziffern gekennzeichnet.

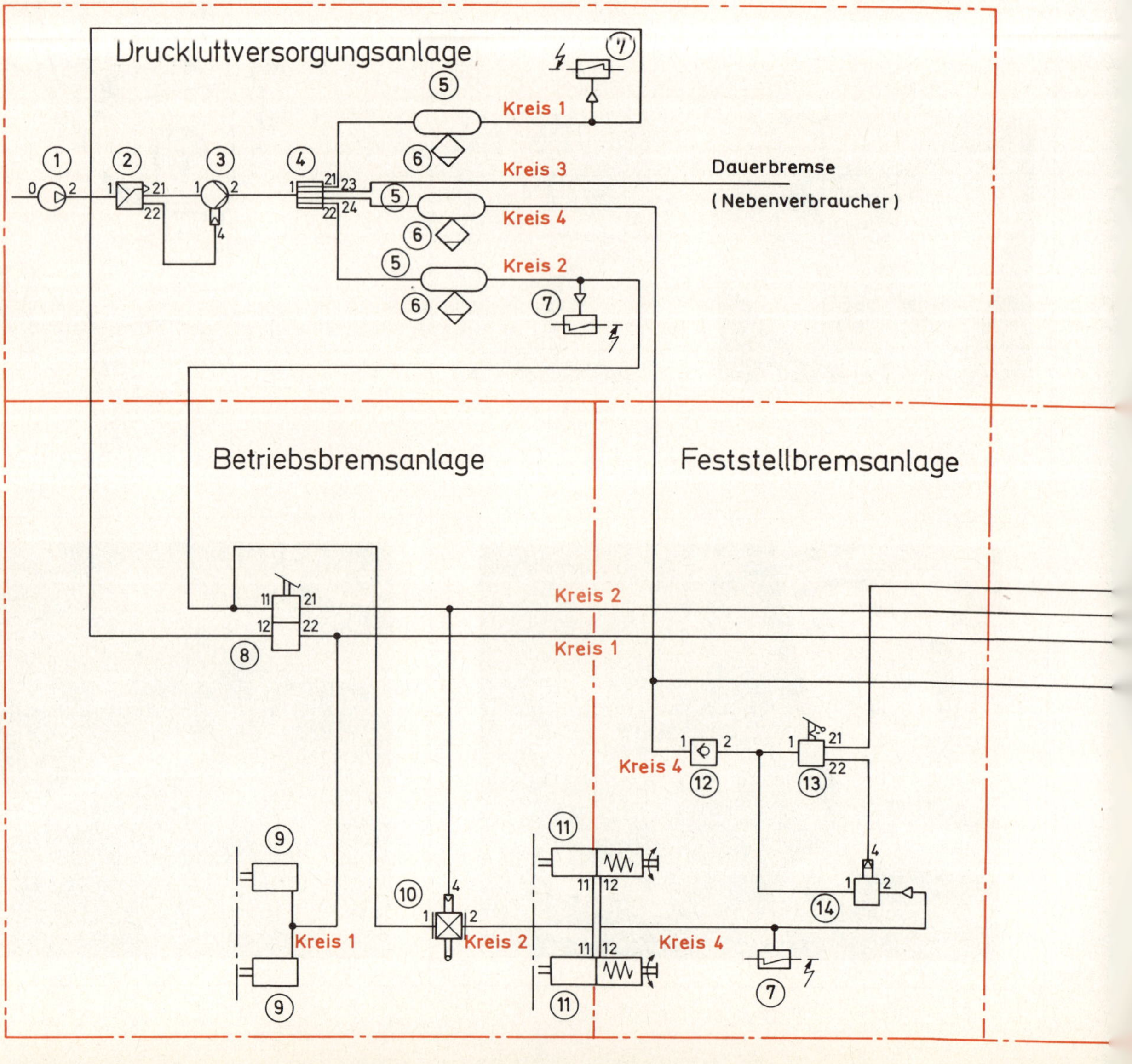

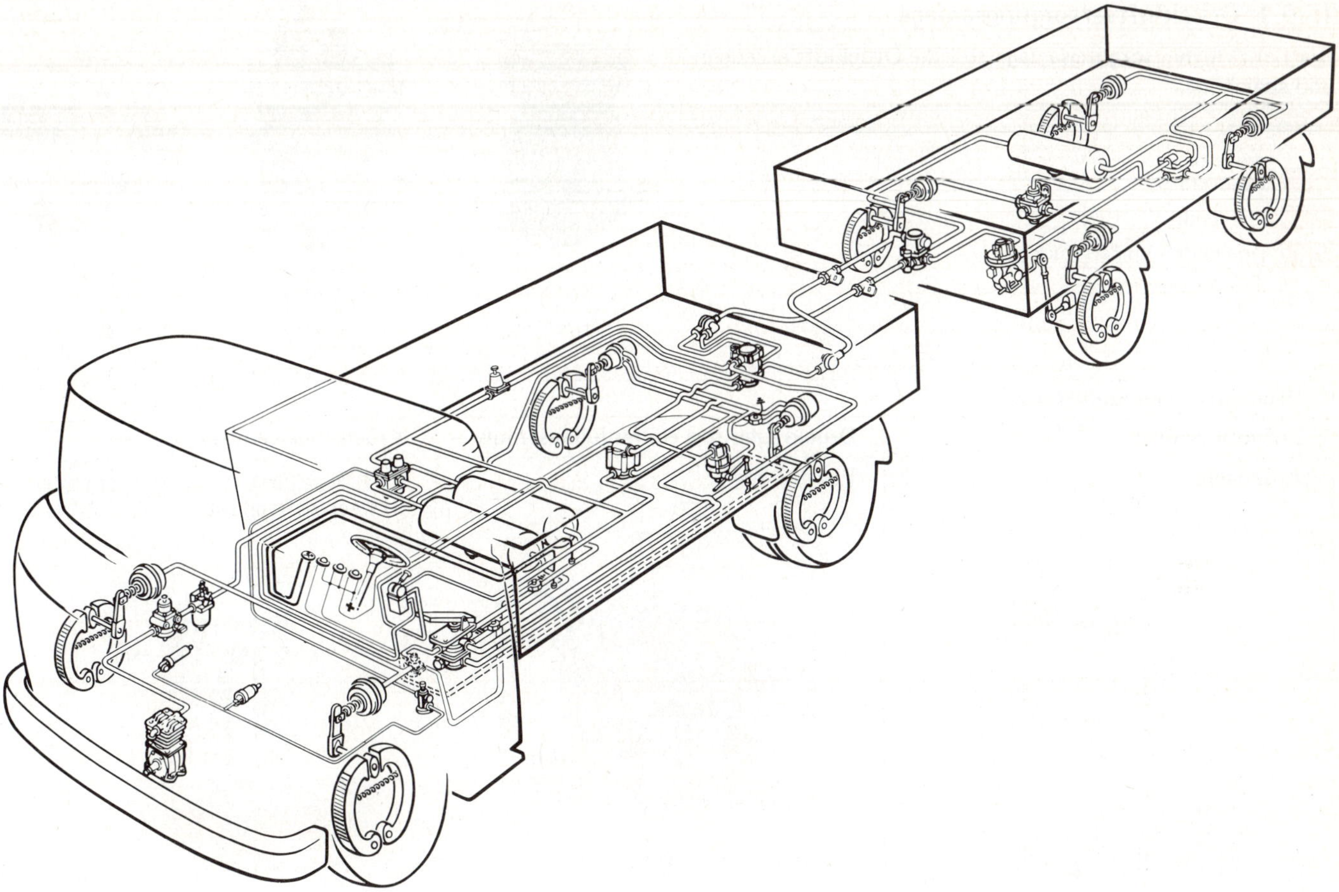

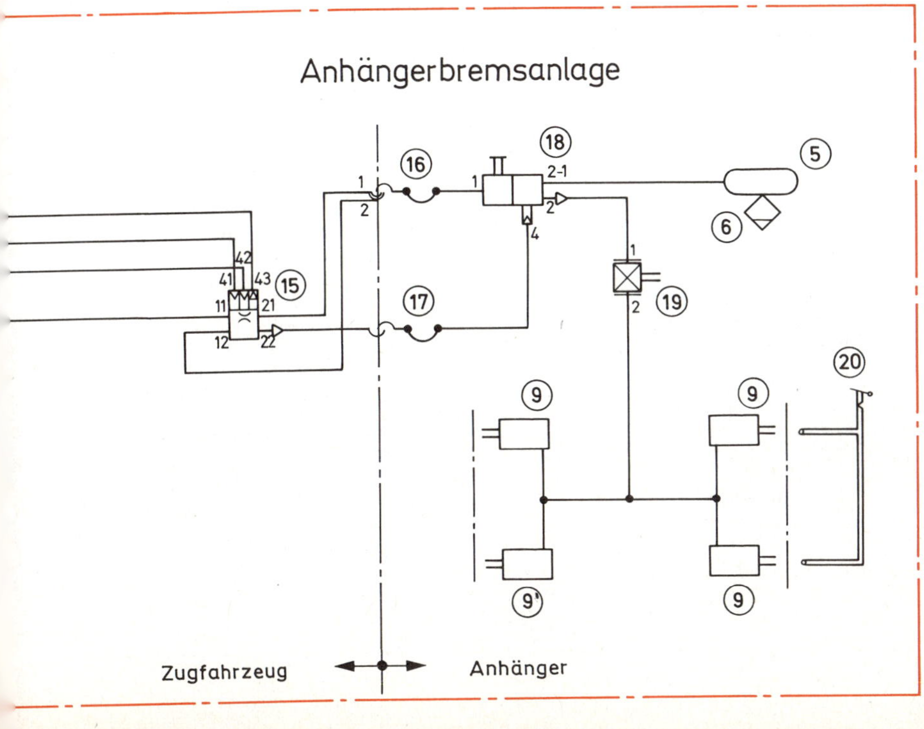

1. Luftkompressor
2. Druckregler
3. Frostschutzpumpe
4. Vierkreis-Schutzventil
5. Luftbehälter
6. Entwässerungsventil
7. Kontrollschalter
8. Zweikreis-Betriebsbremsventil
9. Membranbremszylinder
10. Pneumatischer Bremskraftregler
11. Kombibremszylinder
12. Rückschlagventil
13. Feststellbremsventil
14. Relaisventil
15. Anhängersteuerventil
16. Kupplungskopf „Vorrat"
17. Kupplungskopf „Bremse"
18. Anhängerbremsventil
19. Pneumatischer Bremskraftregler
20. Handbremshebel

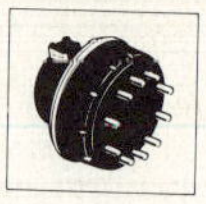

15.6.1 Druckluftversorgungsanlage

Die Druckluftversorgungsanlage soll die Druckluft erzeugen und speichern.

- drucklos (Außenluft)
- Teildruck
- Druckluft / Vorratsdruck
- Frostschutzmittel

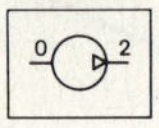

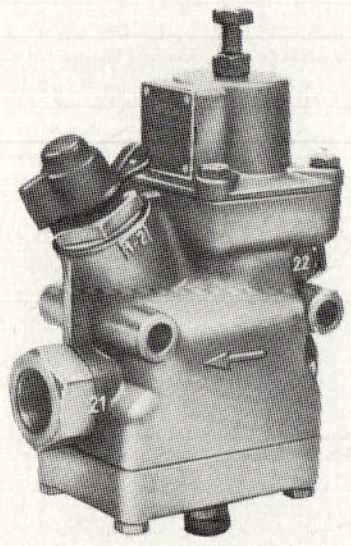

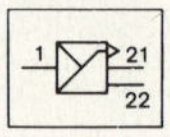

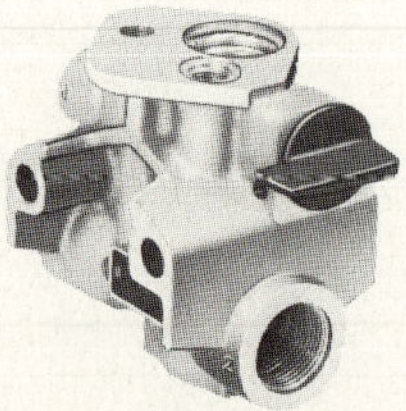

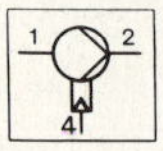

Druckluftversorgungsanlage

Luftkompressor

Ansaugen

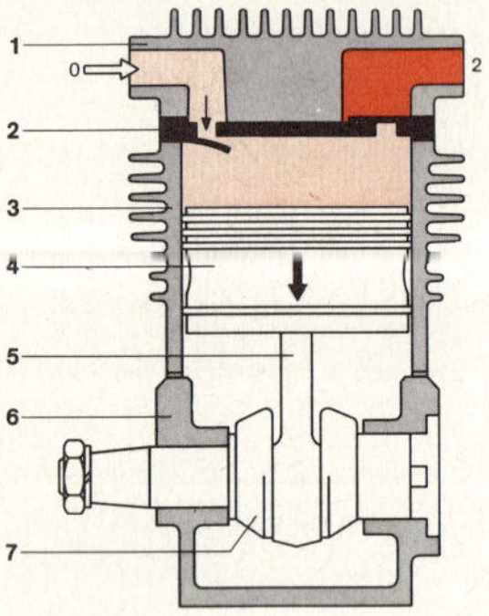

1 Zylinderkopf
2 Zwischenplatte (mit Ein- und Auslaßventil)
3 Zylinder
4 Kolben
5 Pleuelstange
6 Kurbelgehäuse
7 Kurbelwelle

Druckregler mit Reifenfüllanschluß

Füllstellung

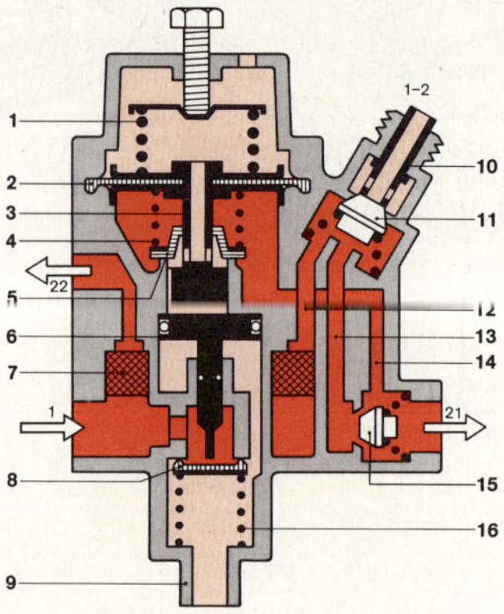

1 Druckfeder
2 Membran
3 Bolzen
4 Druckfeder
5 Manschette (Steuerventil)
6 Kolben
7 Luftfilter
8 Ventilteller (Leerlaufventil)
9 Abblasestutzen
10 Stößel
11 Ventilkegel
12 Luftkanal
13 Luftkanal
14 Luftkanal
15 Ventilkegel (Rückschlagventil)
16 Druckfeder

Frostschutzpumpe

Pumpe eingeschaltet, Druckregler in Leerlaufstellung

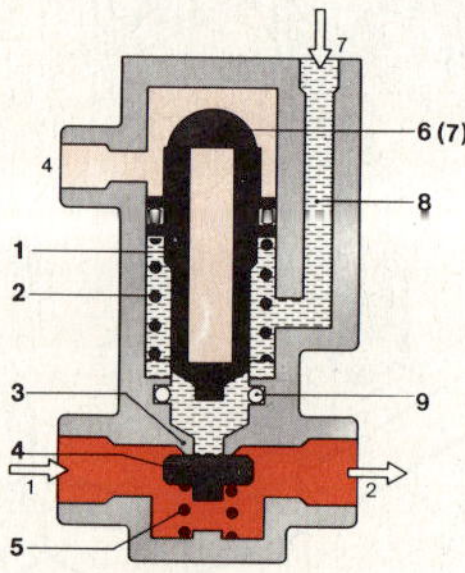

1 Kolben
2 Druckfeder
3 Ventilsitz
4 Ventilteller
5 Druckfeder
6 Welle
7 Drehknopf
8 Kanal für Frostschutzmittel
9 Dichtring

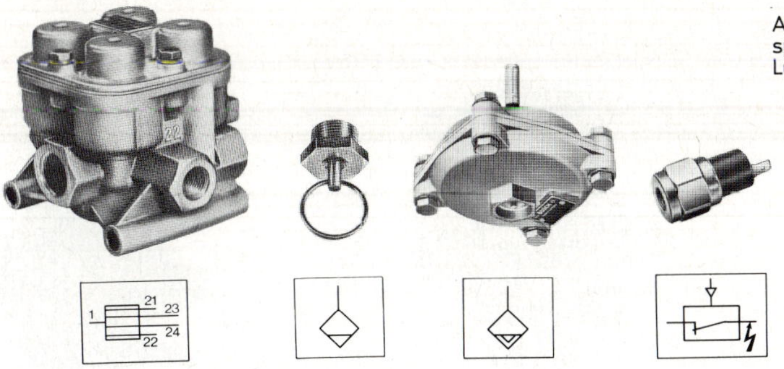

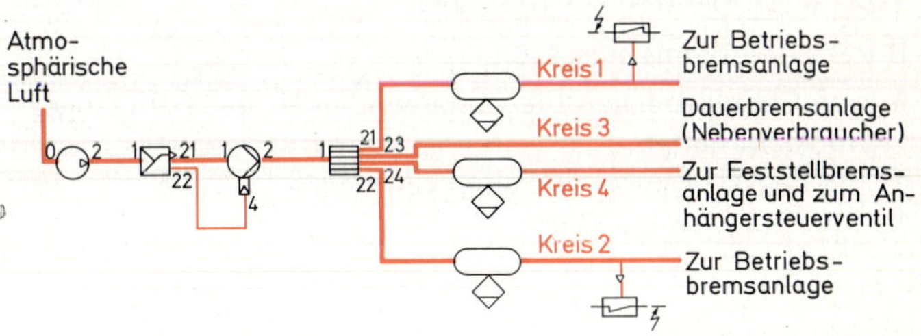

Vierkreisschutzventil

Auffüllen eines Luftbehälters

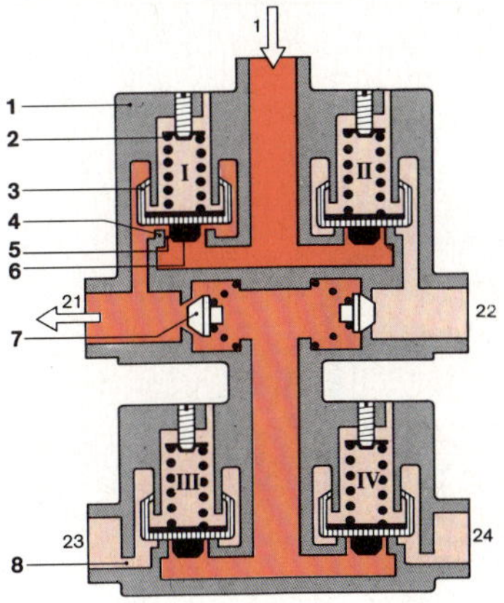

1 Gehäuse
2 Druckfeder
3 Manschettenkolben
4 Ventilsitz
5 Drosselspalt
6 Drosselzapfen
7 Rückschlagventil
8 Feste Drossel
I ... IV Überströmventile

Von der Frostschutzpumpe (1)

Alle Druckluftkreise werden mit Druckluft versorgt. Die Betriebsbremskreise 1 und 2 werden vorrangig bedient. Bei Ausfall eines Kreises werden die intakten Kreise gegen Druckverlust abgesichert.

21 Zur Betriebsbremsanlage (Kreis 1)

22 Zur Betriebsbremsanlage (Kreis 2)

23 Zu den Nebenverbrauchern (Kreis 3)

24 Zur Feststellbremsanlage und zum Anhängersteuerventil (Kreis 4)

Luftbehälter mit Entwässerungsventil

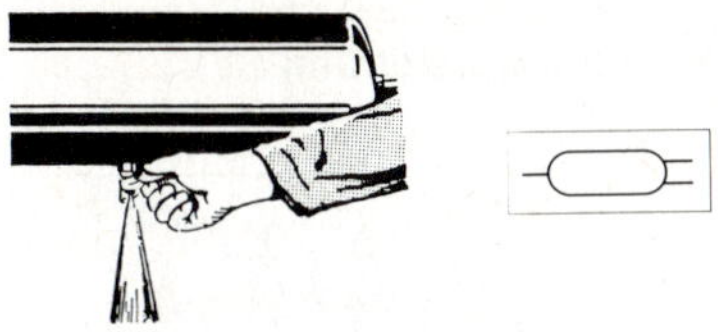

handbetätigt

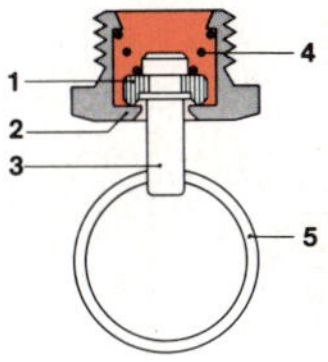

1 Ventilteller
2 Ventilsitz
3 Ventilstößel
4 Druckfeder
5 Ring

automatisch

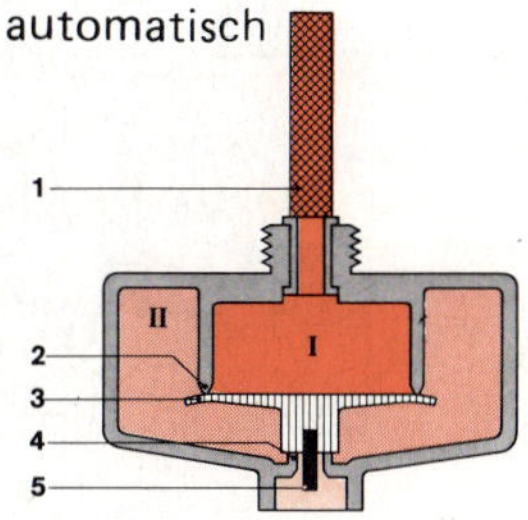

1 Filter
2 Einlaßventilsitz
3 Membran
4 Auslaßventilsitz
5 Stift
I, II Luftkammern

Vom Vierkreisschutzventil (Kreis 1 oder Kreis 2)

Luftbehälter zur Speicherung der mit dem Luftkompressor erzeugten Druckluft

Entwässerungsventil zum Ablassen des Kondenswassers

3 Ins Freie

Kontrollschalter

Fahrstellung: Kontakte unterbrochen

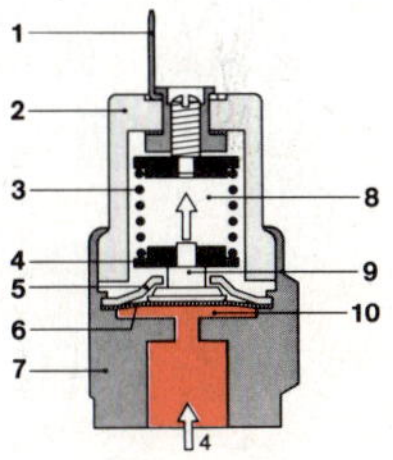

1 Flachstecker
2 Isolierkörper
3 Druckfeder
4 Kontaktscheibe
5 Druckplatte
6 Membran
7 Gehäuse
8 Kontaktraum
9 Druckbolzen
10 Druckraum

Elektr. Anschluß

Bei Unterschreiten des Mindestdruckes wird ein optisches Warnsignal ausgelöst.

Gehäuse

4

Zur Betriebsbremsanlage (Kreis 1 oder Kreis 2)

15.6.2 Betriebsbremsanlage

Die Betriebsbremsanlage soll

- auf Gefällestrecken die Geschwindigkeit des Fahrzeuges konstant halten,
- die Fahrzeuggeschwindigkeit verringern,
- das Fahrzeug anhalten.

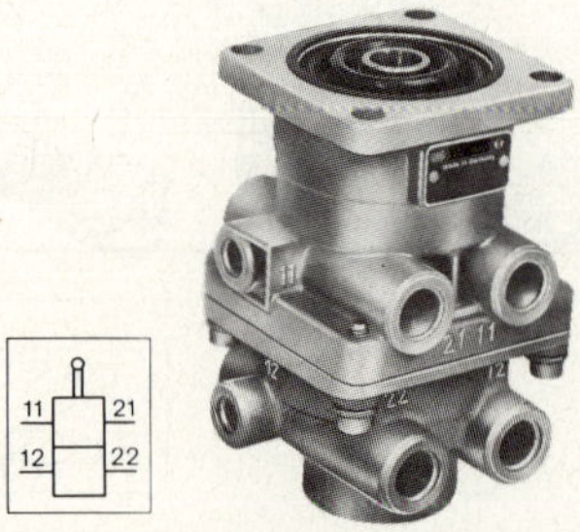

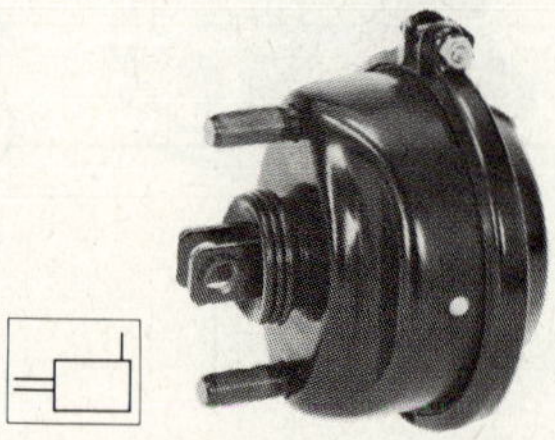

drucklos
Teildruck
Vorratsdruck

Betriebsbremsanlage

Zweikreis-Betriebsbremsventil

Fahrstellung   Vollbremsstellung

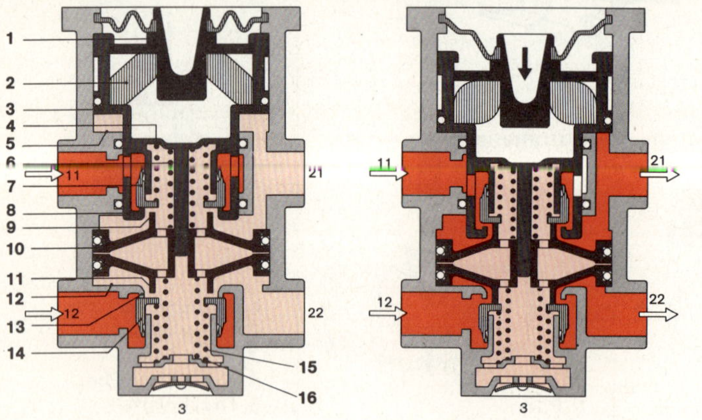

1 Stößel, 2 Wegfeder, 3 Reaktionskolben, 4 Ventilfeder, 5 Anschlag, 6 Kolbenfeder, 7 Dichtmanschette, 8 Einlaßventilsitz, 9 Auslaßventilsitz, 10 Wiegekolben, 11 Auslaßventilsitz, 12 Anschlag, 13 Einlaßventilsitz, 14 Dichtmanschette, 15 Ventilfeder, 16 Kolbenfeder

Membranbremszylinder

Fahrstellung

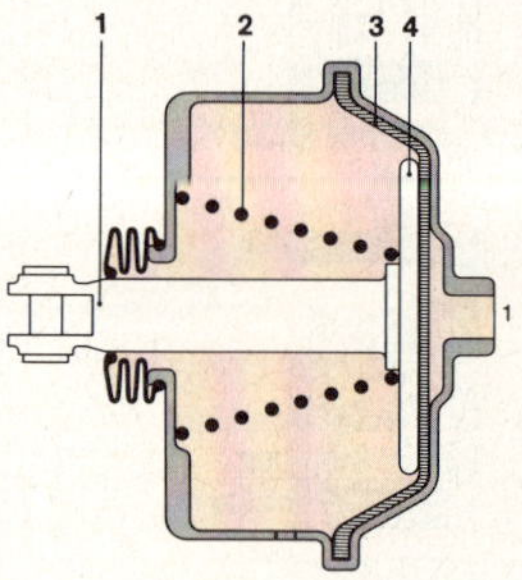

1 Druckstange
2 Druckfeder
3 Membran
4 Kolben

Von der Druckluftversorgung

11 Vorratsdruck (Kreis 2)

12 Vorratsdruck (Kreis 1)

Betätigung durch den Fahrer

Feinfühliges Be- und Entlüften der Zweikreis-Bremsanlage des Motorwagens und über das Anhängersteuerventil auch der Anhänger-Betriebsbremsanlage

Bei Ausfall eines Bremskreises bleibt der andere Bremskreis voll funktionsfähig.

3 Entlüften ins Freie

21 Bremsdruck zur Hinterachse (Bremskraftregler) und zum Anhängersteuerventil

22 Bremsdruck zur Vorderachse und zum Anhängersteuerventil

41 42 Zum Anhängersteuerventil

Mechanische Kraft zu den Radbremsen

Betätigung der Radbremsen durch Druckluftzufuhr (Belüften der Membranzylinder). Die pneumatische Kraft wird in mechanische Kraft umgewandelt.

Druckluftzufuhr vom Betriebsbremsventil (Kreis 1) 1

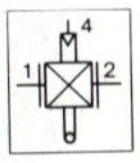

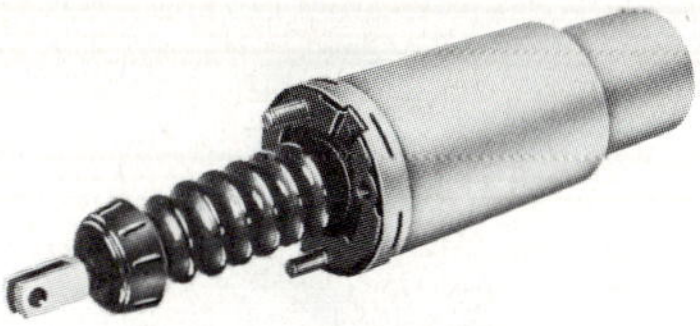

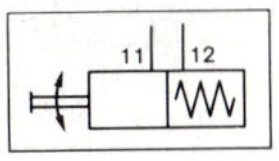

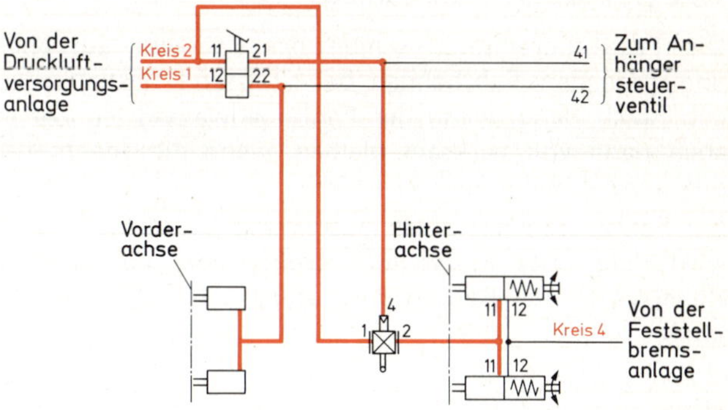

Pneumatischer Bremskraftregler

Fahrstellung bei leerem Fahrzeug

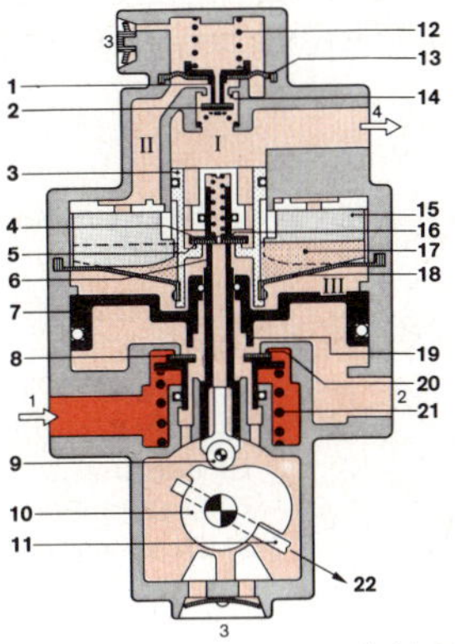

Vollbremsstellung bei vollbeladenem Fahrzeug

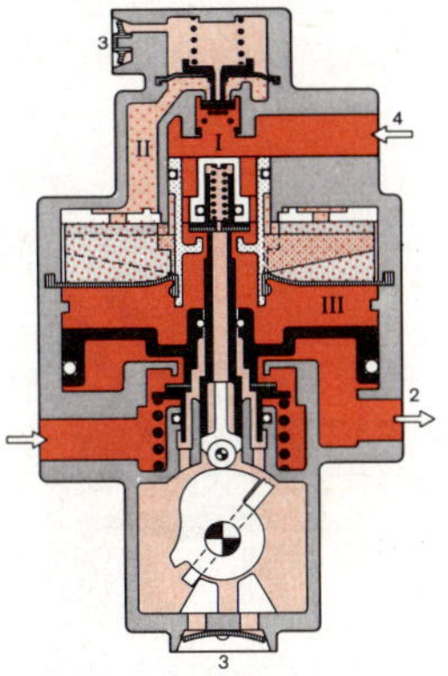

- drucklos
- Vorsteuerdruck
- Teildruck I
- Teildruck II
- Betriebsdruck

1 Ventilkolben, 2 Ventilteller, 3 Steuerkolben, 4 Ventilteller, 5 Einlaßventilsitz, 6 Stößel, 7 Relaiskolben, 8 Ventilteller, 9 Rolle, 10 Kurvenscheibe, 11 Betätigungshebel, 12 Druckfeder, 13 Membran, 14 Einlaßventilsitz, 15 Druckplatte, 16 Auslaßventilsitz, 17 Fächerkolben, 18 Wirkmembran, 19 Auslaßventilsitz, 20 Einlaßventilsitz, 21 Druckfeder, 22 zur Fahrzeugachse, I ... III Luftkammern

Eingesteuerter Bremsdruck vom Betriebsbremsventil (Kreis 2) → 4

3 ← Ins Freie

Der am Fahrzeugrahmen angebrachte Regler ist über ein Gestänge mit der Achse verbunden.

Er regelt automatisch in Abhängigkeit vom Beladungszustand des Fahrzeuges (bei Beladung senkt sich der Aufbau) den Bremsdruck.

In den Bremszylindern wirkt bei

- voll beladenem Fahrzeug der volle Bremsdruck;
- leerem oder nur teilweise beladenem Fahrzeug nur ein Teil des eingesteuerten Bremsdruckes.

Von der Druckluftversorgung (Vorratsdruck) → 1

2 → Lastabhängig geregelter Bremsdruck zu den Kombibremszylindern der Hinterachse

3 ↓ Ins Freie

Kombibremszylinder

Fahrstellung

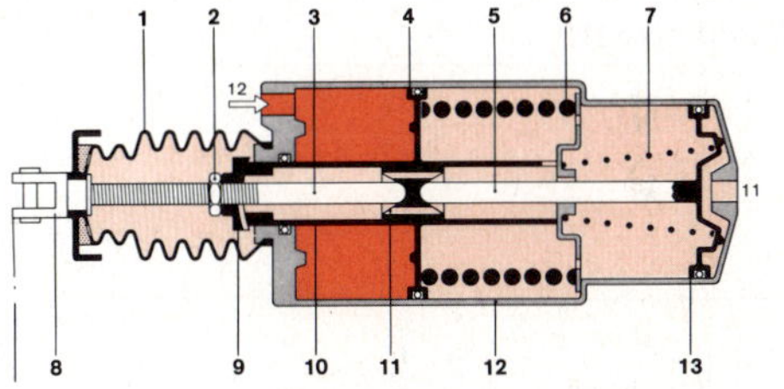

Teilbremsstellung (Betriebsbremsanlage)

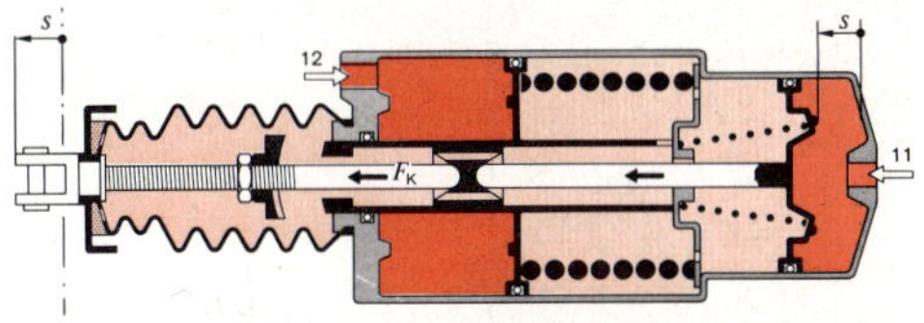

1 Faltenbalg, 2 Sechskantmutter, 3 Kolbenstange, 4 Kolben (Federspeicherzylinder), 5 Druckbolzen, 6 Druckfeder (Federspeicherzylinder), 7 Druckfeder (Kolbenzylinder), 8 Gabelkopf, 9 Bundmutter, 10 Kolbenrohr, 11 Druckstück, 12 Zylindergehäuse, 13 Kolben (Kolbenzylinder)

Vorratsdruck (Kreis 4) → 12

Der Kombibremszylinder wird von der Betriebs- und der Feststellbremsanlage betätigt.

Feststellbremsanlage außer Betrieb	**Betriebsbremsanlage**
Druckfeder des Federspeicherzylinders wird zusammengedrückt.	**Bremsen:** Druckluftzufuhr. **Lösen:** Entlüften über Bremskraftregler

Lastabhängig geregelte Druckluftzufuhr vom Bremskraftregler → 11

← Zur Radbremse (Betätigung durch Gabelkopf)

15.6.3 Feststellbremsanlage

Die Feststellbremsanlage muß das Fahrzeug auf ebenen und geneigten Fahrbahnen bei Stillstand festhalten können, auch dann, wenn der Fahrer abwesend ist. Sie muß auch dann voll wirksam bleiben, wenn die pneumatische oder hydraulische Energie ausfällt.

Bei Fahrzeugen mit einer Ausrüstung für Anhängerbetrieb wird durch das Feststellbremsventil über das Anhängersteuerventil die Betriebsbremsanlage des Anhängers betätigt.

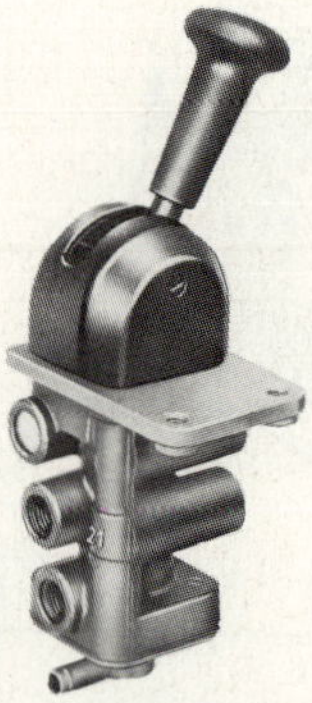

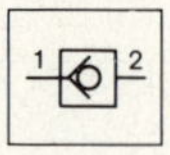

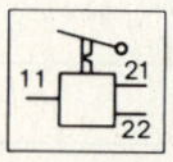

drucklos
Teildruck
Vorratsdruck

Feststellbremsanlage

Rückschlagventil

Fahrstellung

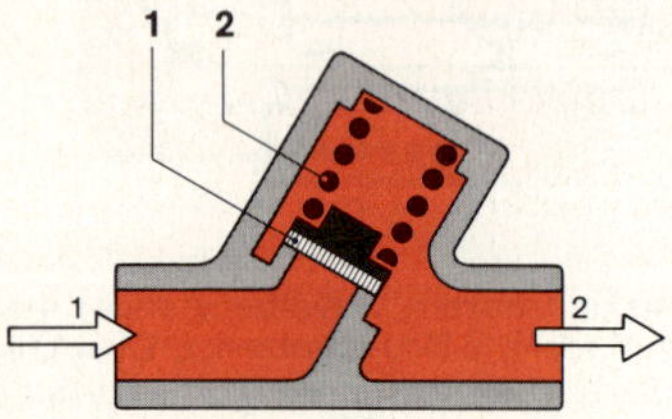

1 Ventilteller
2 Druckfeder

Feststellbremsventil (Dreistellungsventil mit Prüfventil)

Festellbremsstellung (Zugfahrzeug und Anhänger werden gebremst)

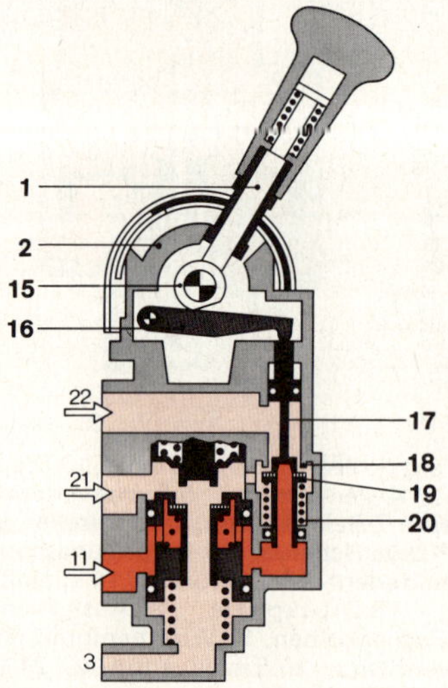

1 Betätigungshebel
2 Kulisse
15 Nocken
16 Hebel
17 Stößel
18 Einlaßventilsitz
19 Ventilteller
20 Druckfeder
21 Druckfeder

Betätigung durch den Fahrer

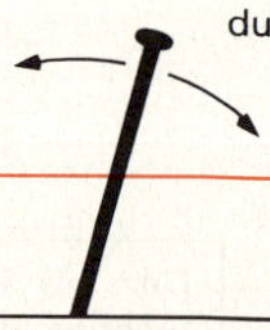

Von und zum Relaisventil (Steuerleitung) — 22

Von und zum Anhängersteuerventil — 21

11

Feinfühliges Be- und Entlüften der Hilfsbremse sowie Betätigung der Feststellbremse

Feststellbremsstellung:
Die Steuerleitung zum Relaisventil und die Leitung zum Anhängersteuerventil sind entlüftet.

Fahrstellung:
Beide Leitungen werden mit Druckluft beaufschlagt.

Prüfstellung:
Das Zugfahrzeug wird gebremst, der Anhänger ist ungebremst.

3 Ins Freie

Von der Druckluftversorgung (Kreis 4) — 1

Verhindert das Zurückströmen von Druckluft bei Druckabfall

2 Vorratsdruck zum Feststellbremsventil und zum Relaisventil

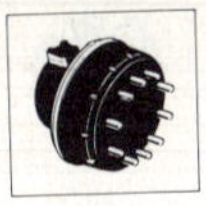

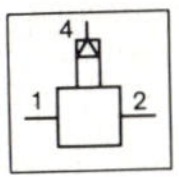

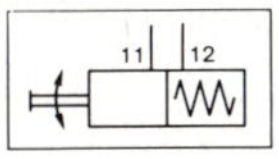

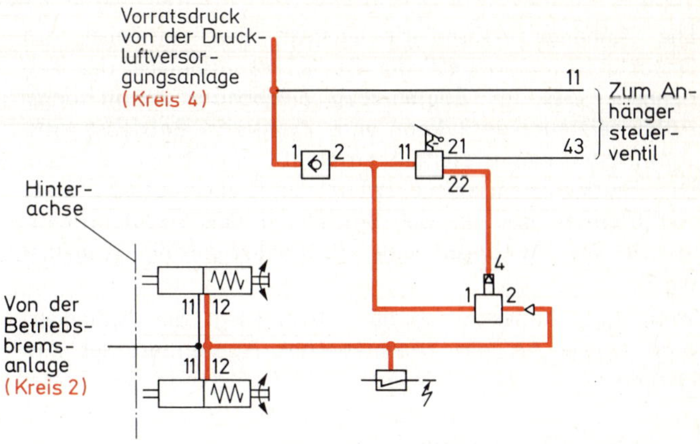

Relaisventil

Feststellbremsstellung

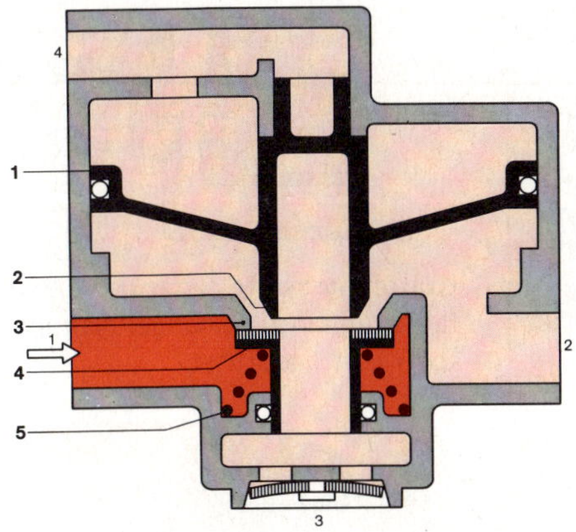

1 Steuerkolben
2 Ventilsitz am Steuerkolben
3 Ventilsitz am Gehäuse
4 Ventilteller
5 Druckfeder

Zum und vom Feststellbremsventil (Steuerleitung)

4

Zum schnellen Be- und Entlüften der Bremszylinder

Feststellbremsstellung:
Die Steuerleitung ist entlüftet. Dadurch wird die Druckluftzufuhr vom Rückschlagventil unterbrochen und die Bremszylinder entlüftet.

Fahrstellung:
Steuerleitung und Bremszylinder sind belüftet. Es besteht keine Verbindung ins Freie.

1

Vorratsdruck vom Rückschlagventil

3

Ins Freie

Belüften 2

Entlüften

Kontrollschalter

Warnsignal

Kombibremszylinder

Vollbremsstellung (Feststellbremsanlage)

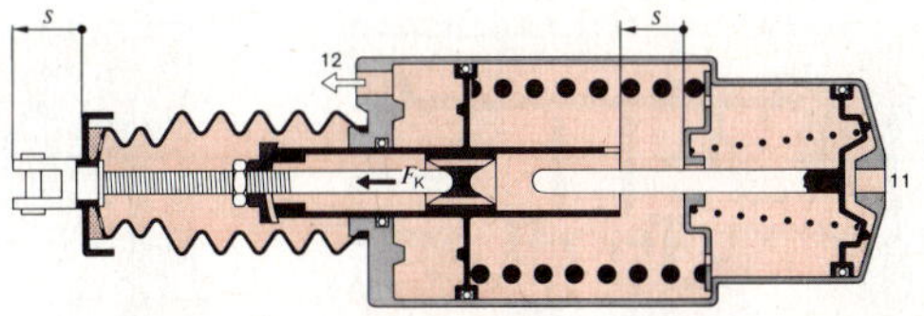

Fahrstellung

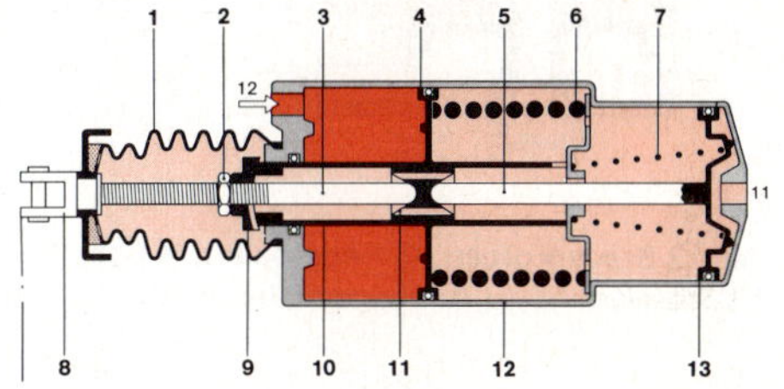

1 Faltenbalg
2 Sechskantmutter
3 Kolbenstange
4 Kolben (Federspeicherzylinder)
5 Druckbolzen
6 Druckfeder (Federspeicherzylinder)
7 Druckfeder (Kolbenzylinder)
8 Gabelkopf
9 Bundmutter
10 Kolbenrohr
11 Druckstück
12 Zylindergehäuse
13 Kolben (Kolbenzylinder)

12

Zur Radbremse (Betätigung durch Gabelkopf)

Der Kombibremszylinder kann durch die Betriebs- und die Feststellbremsanlage betätigt werden.

Feststellbremsanlage (Federspeicherzylinder)	Betriebsbremsanlage
Feststellbremsstellung: Durch Entlüften kann sich die Druckfeder entspannen. Die Kolbenstange fährt aus.	Außer Betrieb (entlüftet)
Fahrstellung: Der Zylinder wird mit Vorratsdruck beaufschlagt. Die Druckfeder wird gespannt.	

Vom und zum Bremskraftregler (Kreis 1)

11

15.6.4 Anhängerbremsanlage (mit mechanischer Feststellbremse)

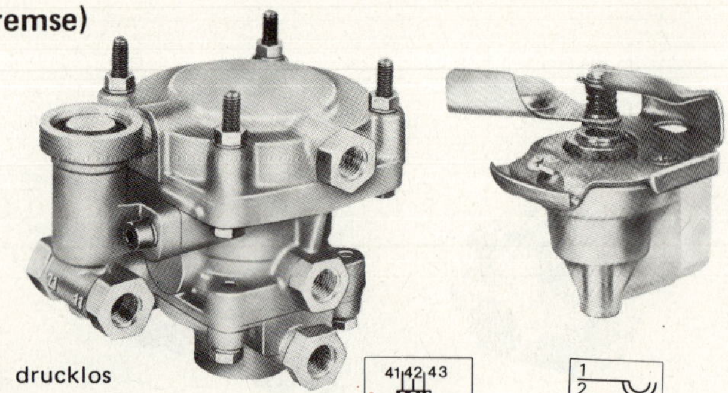

Die Anhängerbremsanlage versorgt den Anhänger mit Druckluft und steuert die Betriebsbremsanlage des Anhängers. Das im Zugfahrzeug eingebaute Zweileitungs-Anhängersteuerventil kann vom Zweikreis–Betriebsbremsventil oder vom Feststellbremsventil angesteuert werden. Die Feststellbremsanlage erfüllt damit die Aufgabe einer Hilfsbremsanlage, da bei Betätigung des Feststellbremsventils im Anhänger eine Betriebsbremsung ausgelöst wird.

Wenn der Anhänger abreißt, dann sorgt die Anhängerbremsanlage für ein automatisches Abbremsen des Anhängers.

- drucklos
- Teildruck
- Vorratsdruck

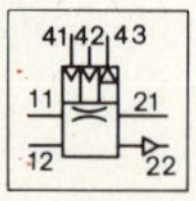

Anhängerbremsanlage

Anhängersteuerventil mit Drosselventil (nur für Lastkraftwagen)

Fahrstellung bei intakter Anlage

Bremsen mit Betriebsbremsventil bei defekter Anhängerbremsleitung

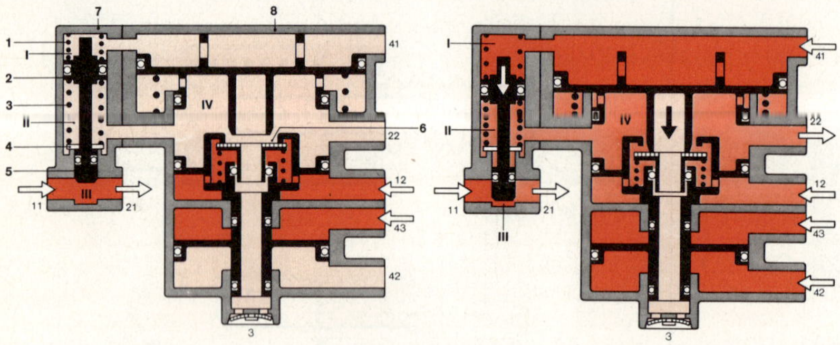

1 Druckfeder, 2 Steuerkolben, 3 Federpaket, 4 Scheibe, 5 Drosselbolzen, 6 Einlaßventil, 7 Drosselventil, 8 Anhängersteuerventil, I ... IV Luftkammern

Das **Drosselventil** drosselt den Luftdurchgang zum Kupplungskopf „Vorrat", wenn der Druck in der Steuerleitung 41 den Druck in der Bremsleitung 22 um einen bestimmten Wert übersteigt.

Das **Anhängersteuerventil** steuert die Bremsanlage des Anhängers.

Beim Bremsen

- mit der Betriebsbremsanlage werden die Anschlüsse 41 und 42 mit Druckluft beaufschlagt (Druckanstieg).
- Mit der Feststellbremsanlage entsteht am Anschluß 43 ein Druckabfall.

In beiden Fällen findet in der Bremsleitung (Anschluß 22) ein Druckanstieg statt.

Defekt in der Bremsleitung:
Beim Betätigen der Bremse fällt der Druck am Kupplungskopf „Vorrat" durch die Wirkung des Drosselventils innerhalb von 2 s auf 1,5 bar ab.

11 Vorratsdruck von der Druckluftversorgung (Kreis 4)

21 Zum Kupplungskopf „Vorrat"

3 Ins Freie

41 Vom Betriebsbremsventil (Kreis 2)

22 Zum Kupplungskopf „Bremse"

12 Vom Kupplungskopf „Vorrat"

43 Vom Feststellbremsventil (Kreis 4)

42 Vom Betriebsbremsventil (Kreis 1)

Kupplungskopf „Vorrat"

Kupplungskopf „Vorrat" des Zugfahrzeugs: Absperrventil geschlossen

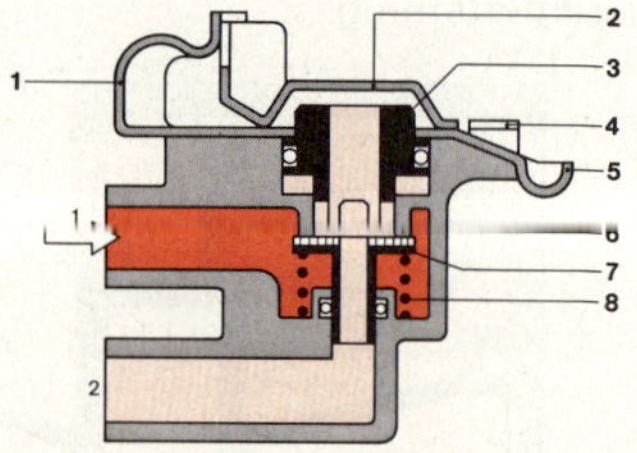

Kupplungsköpfe „Vorrat" von Zugfahrzeug und Anhänger gekuppelt: Absperrventil geöffnet

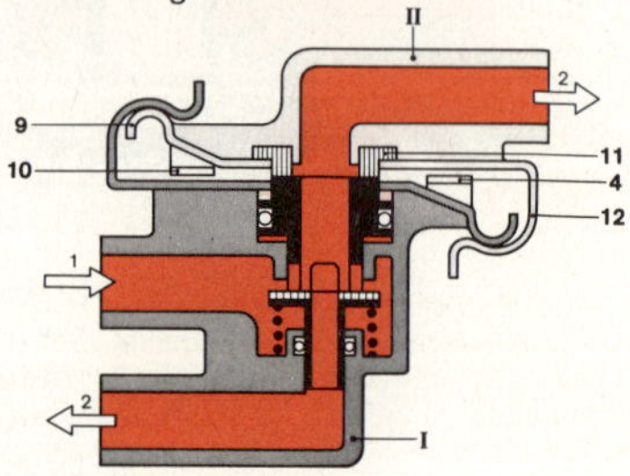

1 Klauenführung, 2 Drehdeckel, 3 Druckstück, 4 Anschlagnase, 5 Klaue, 6 Ventilsitz, 7 Ventilteller, 8 Druckfeder, 9 Klaue, 10 Anschlagnase, 11 Dichtring, 12 Klauenführung
I Kupplungskopf des Zugfahrzeugs
II Kupplungskopf des Anhängers

Verbindung der Vorratsleitung vom Zugfahrzeug zum Anhänger. Farbkennzeichnung: Rot

Anhänger

Zugfahrzeug
Eine Anschlagnase verhindert das Vertauschen von Vorrats- und Bremsleitung.

1 Vom Drosselventil

2 Zum Anhängersteuerventil

2

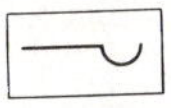

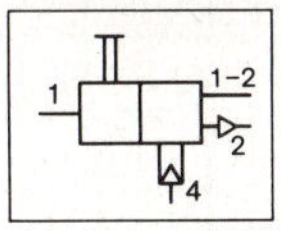

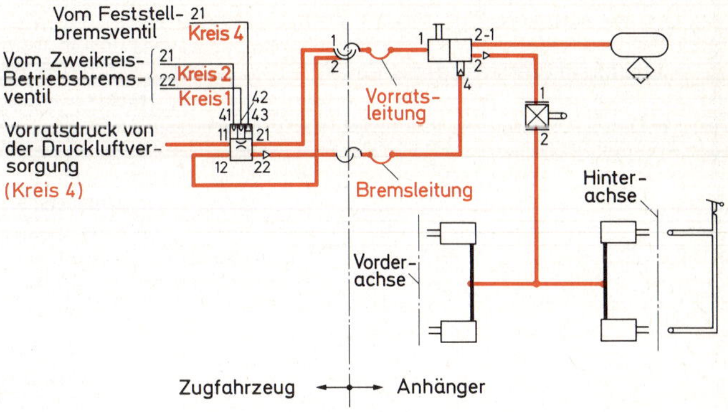

Kupplungskopf „Bremse“	Anhängerbremsventil (mit Voreilung)

Kupplungskopf „Bremse“

Kupplungskopf „Bremse“ des Zugfahrzeugs

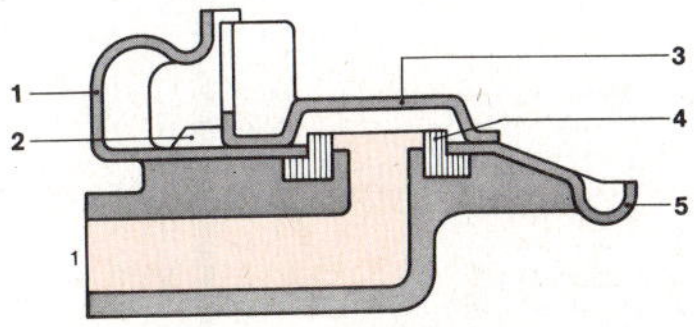

Kupplungsköpfe „Bremse“ von Zugfahrzeug und Anhänger gekuppelt

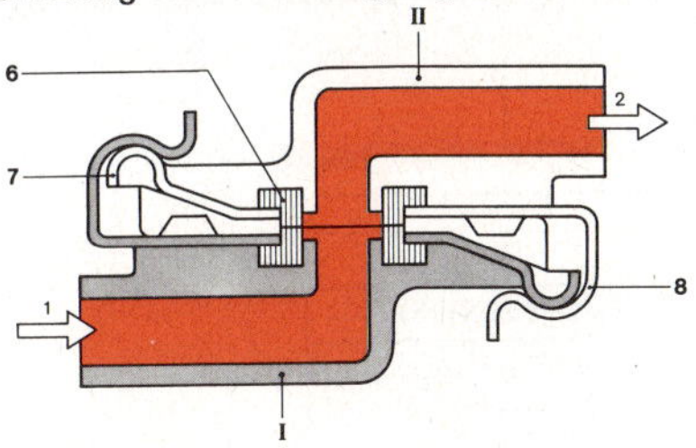

1 Klauenführung
2 Anschlagnase
3 Drehdeckel
4 Dichtring
5 Klaue
6 Dichtring
7 Klaue
8 Klauenführung
I Kupplungskopf des Zugfahrzeugs
II Kupplungskopf des Anhängers

Vom Anhänger-steuer-ventil

Verbindung der Bremsleitung vom Zugfahrzeug zum Anhänger. Farbkennzeichnung: Gelb

Anhänger

Zugfahrzeug
Vertauschsicherung durch Anschlagnase

Zum Anhänger-brems-ventil

Vorratsluft zum Anhänger-bremsventil

Anhängerbremsventil (mit Voreilung)

Fahrstellung

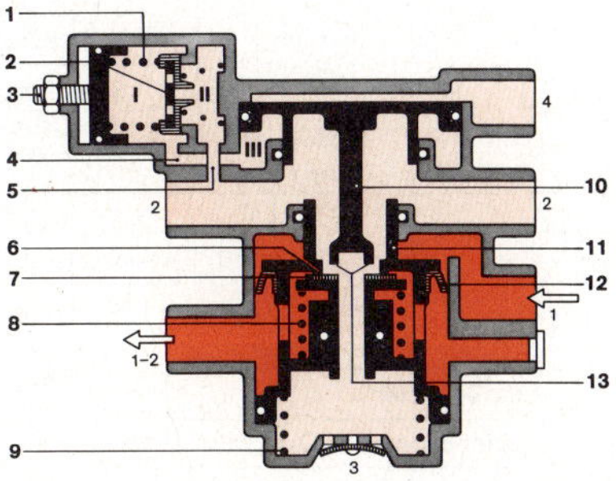

Teilbremsstellung

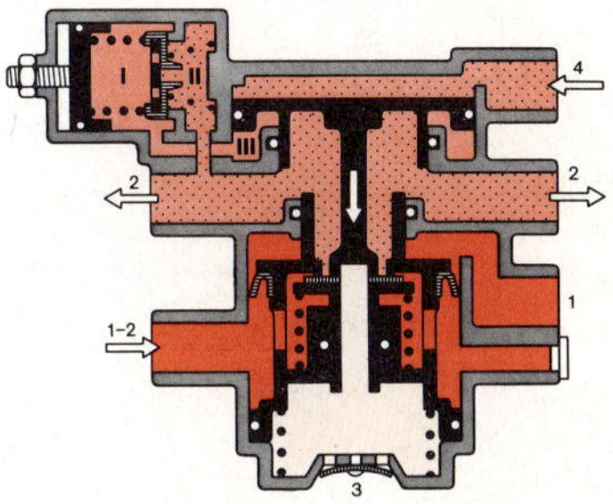

- drucklos
- Teildruck
- Teildruck + 1 bar
- Betriebsdruck

1 Druckfeder
2 Voreilungsventil
3 Gewindestift
4 Kanal
5 Kanal
6 Einlaßventilsitz
7 Ventilteller
8 Druckfeder
9 Druckfeder
10 Steuerkolben
11 Relaiskolben
12 Nutring
13 Auslaßventilsitz
I ... III Luftkammern

Durch das **Voreilungsventil** bremst der Anhänger etwas früher ab als das Zugfahrzeug. Dadurch wird der Lastzug gestreckt, d.h. der Anhänger bricht beim Bremsen nicht aus.

Die Bremsdruckvoreilung kann auf max. 1 bar eingestellt werden.

Das **Anhängerbremsventil** wird pneumatisch vom Anhängersteuerventil über die Bremsleitung angesteuert. Es betätigt die Betriebsbremsanlage des Anhängers.

Fahrstellung:
Zwischen Anschluß 2–1 und Anschluß 2 besteht keine Verbindung. Die Leitung zum Bremskraftregler ist entlüftet.

Vollbremsstellung:
Anschluß 4 wird mit Druck beaufschlagt. Dadurch wird eine Verbindung zwischen Anschluß 2–1 und Anschluß 2 hergestellt. Druckluft strömt vom Anhänger-Luftbehälter zu den Bremszylindern.

Abreißen der Vorrats- und Bremsleitung:
Durch Entlüften der Vorratsleitung entsteht eine Vollbremsung.

Abreißen der Bremsleitung:
Die Vorratsleitung wird über das Anhängersteuerventil entlüftet.

4 Vom Kupplungskopf „Bremse“

2 Zum Bremskraftregler und zu den Bremszylindern

1 Vorratsluft vom Kupplungskopf „Vorrat“

2–1 Vom und zum Anhängerluftbehälter

3 Ins Freie

ZUSAMMENFASSUNG Zweikreis-Zweileitungs-Fremdkraft-Druckbremsanlage

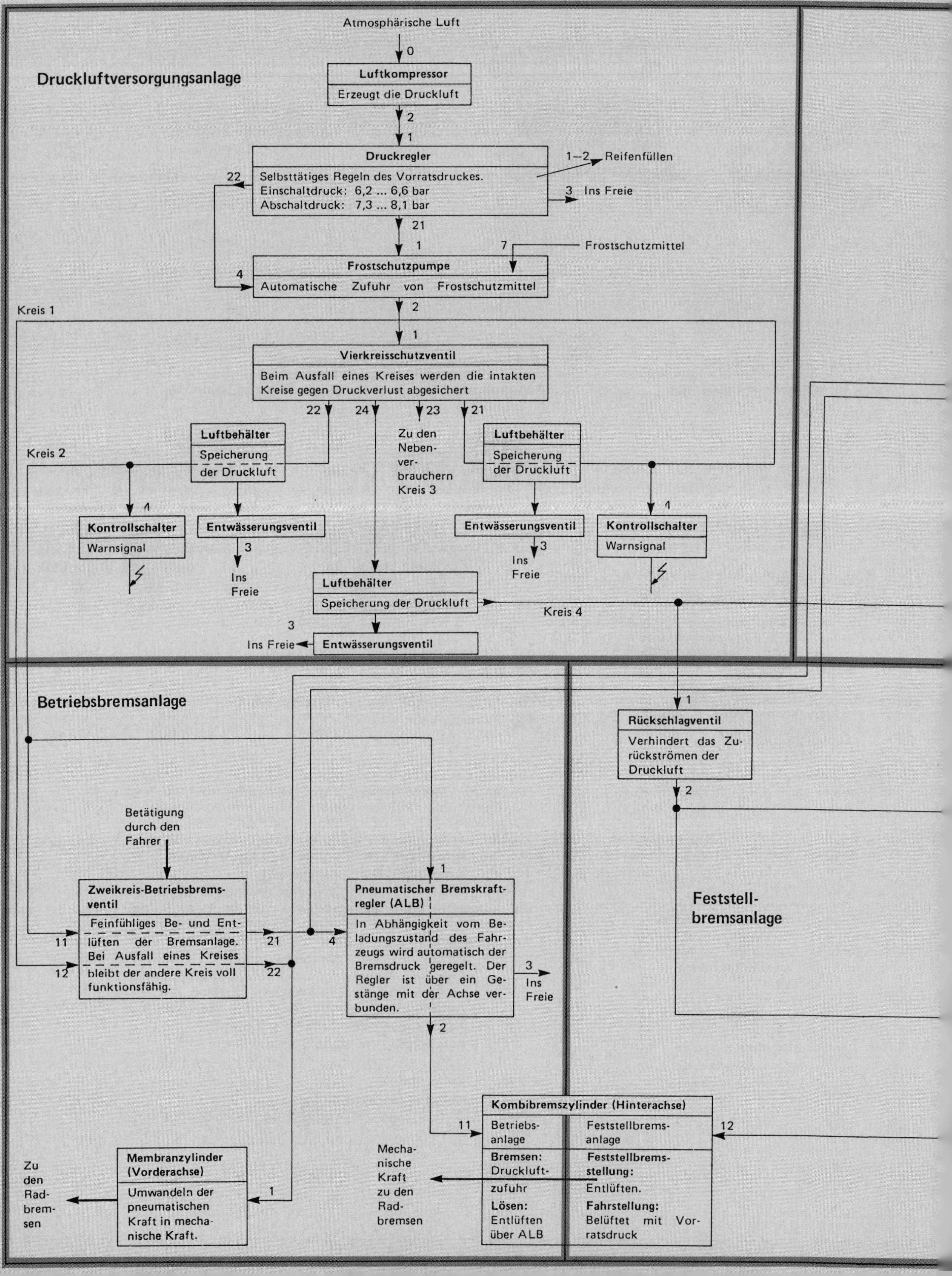

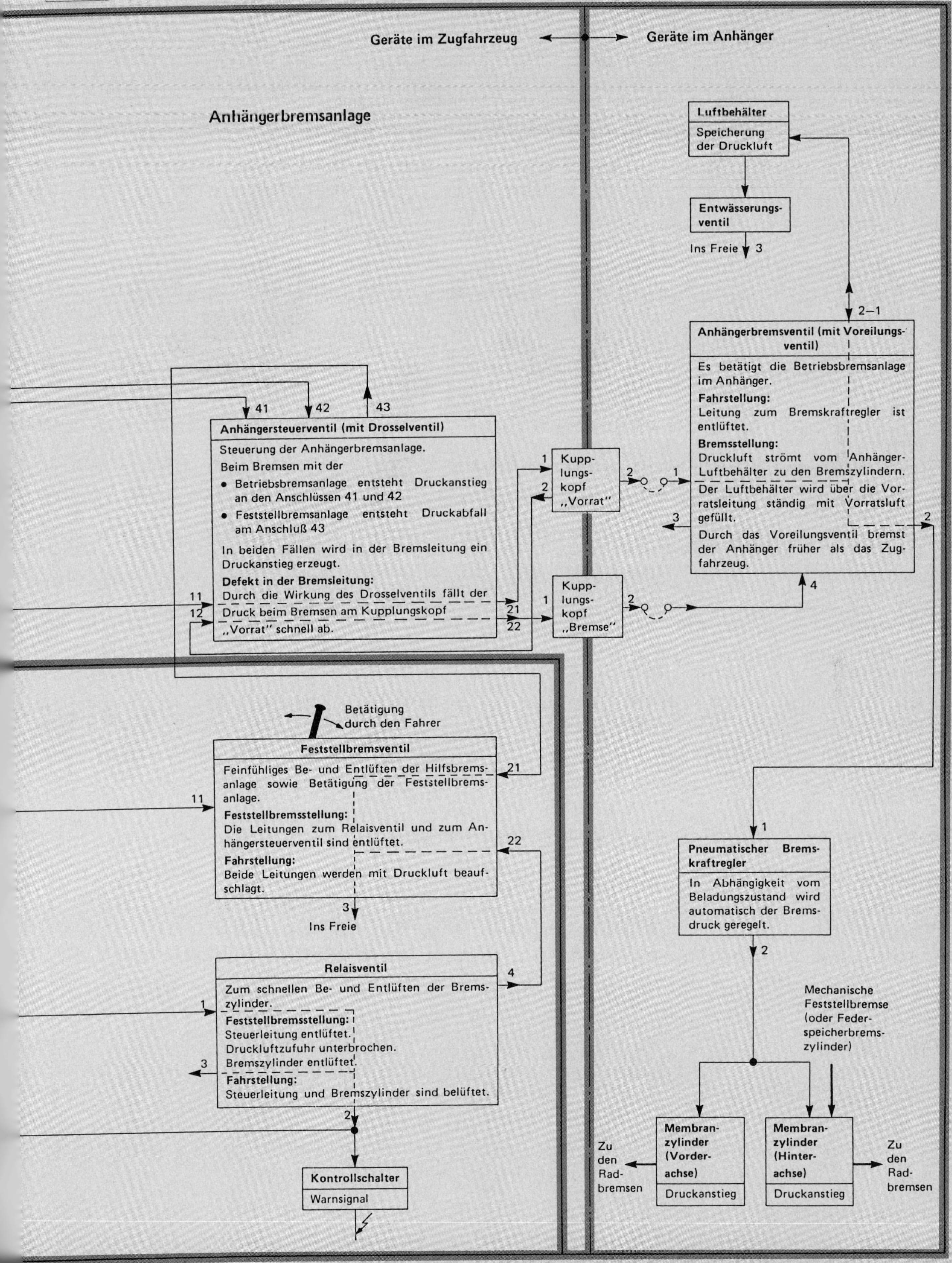
Geräte im Zugfahrzeug
Geräte im Anhänger
Anhängerbremsanlage
Luftbehälter
Speicherung der Druckluft
Entwässerungs-ventil
Ins Freie 3
2–1
Anhängerbremsventil (mit Voreilungs-ventil)
Es betätigt die Betriebsbremsanlage im Anhänger.
Fahrstellung:
Leitung zum Bremskraftregler ist entlüftet.
Bremsstellung:
Druckluft strömt vom Anhänger-Luftbehälter zu den Bremszylindern. Der Luftbehälter wird über die Vorratsleitung ständig mit Vorratsluft gefüllt.
Durch das Voreilungsventil bremst der Anhänger früher als das Zugfahrzeug.
41
42
43
Anhängersteuerventil (mit Drosselventil)
Steuerung der Anhängerbremsanlage.
Beim Bremsen mit der
• Betriebsbremsanlage entsteht Druckanstieg an den Anschlüssen 41 und 42
• Feststellbremsanlage entsteht Druckabfall am Anschluß 43
In beiden Fällen wird in der Bremsleitung ein Druckanstieg erzeugt.
Defekt in der Bremsleitung:
Durch die Wirkung des Drosselventils fällt der Druck beim Bremsen am Kupplungskopf „Vorrat" schnell ab.
11
12
21
22
Kupplungskopf „Vorrat"
Kupplungskopf „Bremse"
1
2
3
4
Betätigung durch den Fahrer
Feststellbremsventil
Feinfühliges Be- und Entlüften der Hilfsbremsanlage sowie Betätigung der Feststellbremsanlage.
Feststellbremsstellung:
Die Leitungen zum Relaisventil und zum Anhängersteuerventil sind entlüftet.
Fahrstellung:
Beide Leitungen werden mit Druckluft beaufschlagt.
3
Ins Freie
Pneumatischer Bremskraftregler
In Abhängigkeit vom Beladungszustand wird automatisch der Bremsdruck geregelt.
Relaisventil
Zum schnellen Be- und Entlüften der Bremszylinder.
Feststellbremsstellung:
Steuerleitung entlüftet.
Druckluftzufuhr unterbrochen.
Bremszylinder entlüftet.
Fahrstellung:
Steuerleitung und Bremszylinder sind belüftet.
Mechanische Feststellbremse (oder Federspeicherbremszylinder)
Membranzylinder (Vorderachse)
Druckanstieg
Membranzylinder (Hinterachse)
Druckanstieg
Zu den Radbremsen
Zu den Radbremsen
Kontrollschalter
Warnsignal

ANALYSE Druckluftbremsanlage

Erklären Sie den Aufbau und die Funktion der dargestellten Bremsanlagen.

Einkreis-Hilfskraft-Druckluftbremsanlage mit hydraulischer Übertragungseinrichtung

Bremsverstärker
1 Druckstange
2 Führungsbuchse
3 Verstärkerkolben
4 Stößelfeder
5 Ventilgehäuse
6 Ventilteller
7 Ventilfeder
8 Druckschlauch
9 Kolbenfeder
10 Druckbolzen
11 Ventilstößel (Reaktionskolben)
12 Ventilsitz
13 Ventilsitz
14 Kolbengehäuse
I, II Luftkammern

1 Bremsverstärker
2 Tandemhauptzylinder
3 Radzylinder
VA Vorderachse
HA Hinterachse

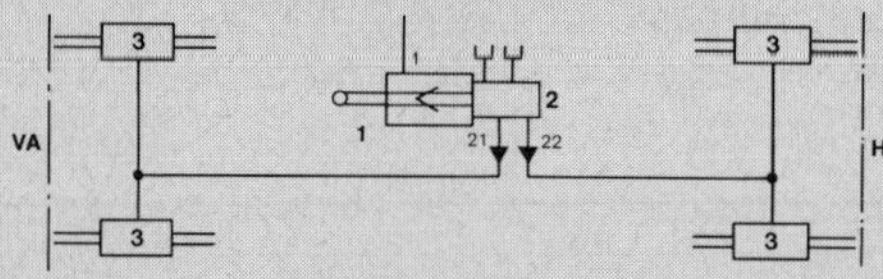

Fahrstellung

Teilbremsstellung

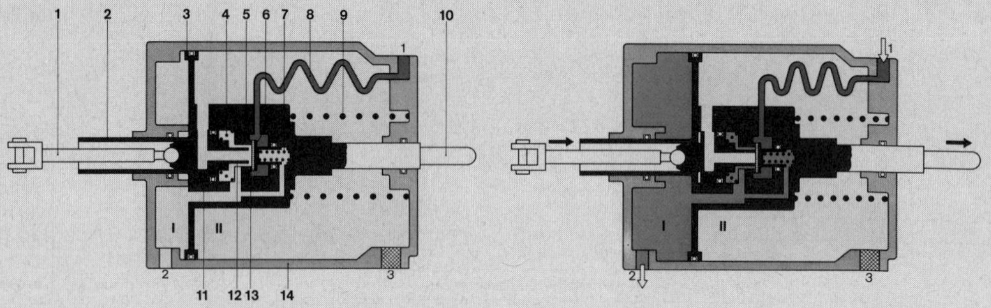

drucklos
Teildruck
Vorratsdruck

Druckluftbremsanlage für 3-Achs-Anhänger (mechanisch gefedert)

1 Kupplungskopf
2 Kupplungskopf
3 Leitungsfilter
4 Anhänger-Bremsventil m. Löseventil
5 Leerkupplung mit Befestigung
6 Prüfanschluß
7 Luftbehälter
8 Entwässerungsventil
9 Prüfanschluß
10 ALB-Regler
11 Schild „Einstellwerte ALB"
12 ALB-Regler
13 Federungskörper
14 Anlenkung f. ALB
15 Relaisventil
16 Anpassungsventil
17 Prüfanschluß
18 Zylinder
19 Zylinder
20 Zylinder

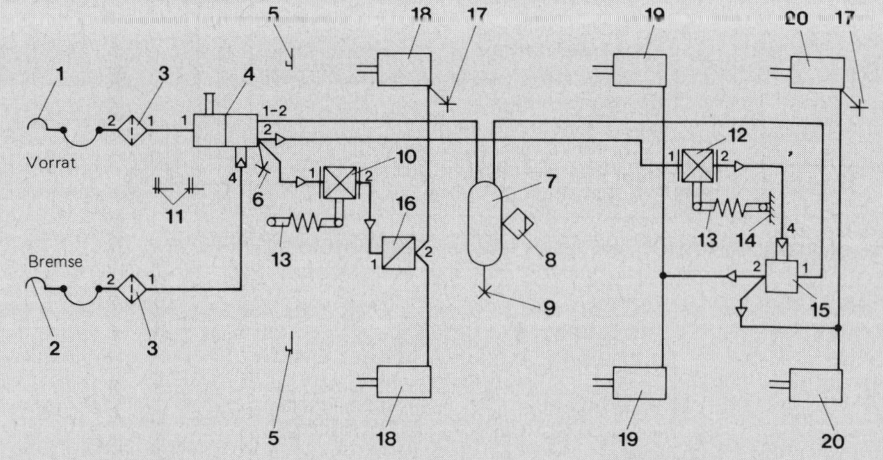

Druckluftbremsanlage für 3-Achs-Sattelanhänger (luftgefedert, lenkstabilisiert)

1 Kupplungskopf
2 Kupplungskopf
3 Leitungsfilter
4 Anhänger-Bremsventil mit Löseventil
5 Luftbehälter
6 Entwässerungsventil
7 Prüfanschluß
8 ALB-Regler
9 Schild „Einstellwerte ALB"
10 Magnet-Relaisventil 12/24 V
11 Prüfanschluß
12 Zylinder
13 Zylinder
14 Zylinder
15 Überströmventil, o.R. 6,0 bar
16 Luftbehälter 60 ℓ
17 Entwässerungsventil
18 Prüfanschluß
19 Leitungsfilter
20 Luftfederventil
21 Prüfanschluß
22 Last-Leer-Ventil
23 Magnetventil 12/24 V
24 Zylinder
25 Luftbehälter 10 ℓ
26 Zylinder

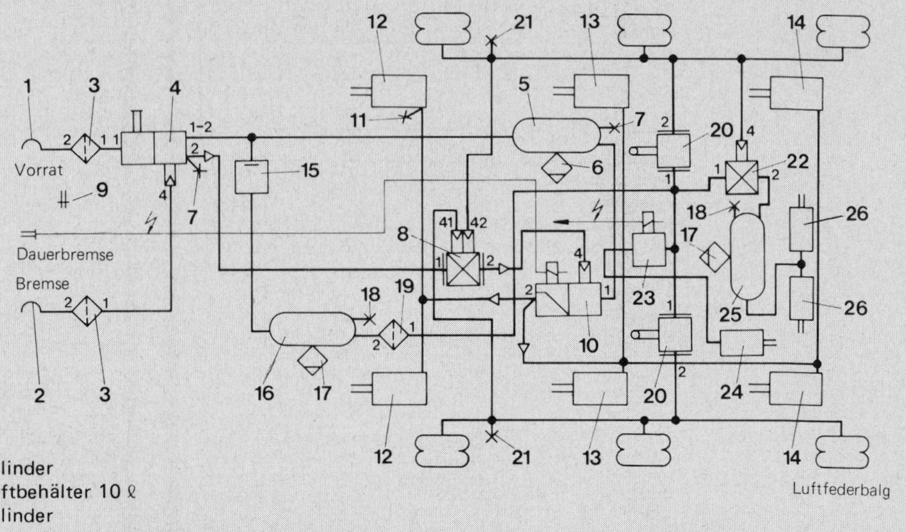

Zweikreis-Fremdkraft-Druckluftbremsanlage mit Anti-Blockier-System (ABS)

1 Drehzahlfühler
2 Impulsrad (Sensorring)
3 Elektronisches Steuergerät
4 Drucksteuerventil
5 Zweikreis-Betriebsbremsventil
6 Radbremszylinder

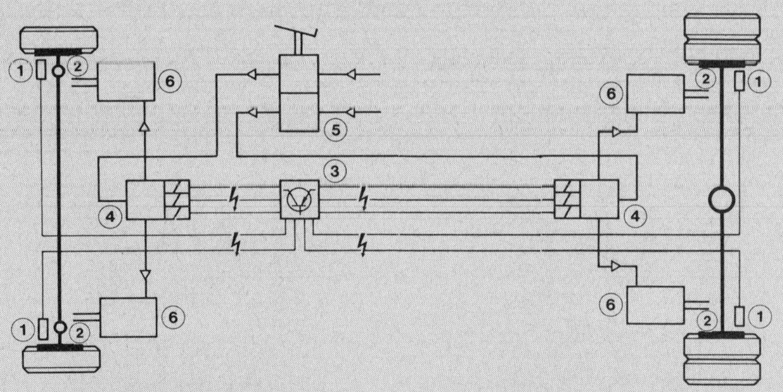

Drehzahlfühler mit Impulsrad	Elektronisches Steuergerät	Drucksteuerventil
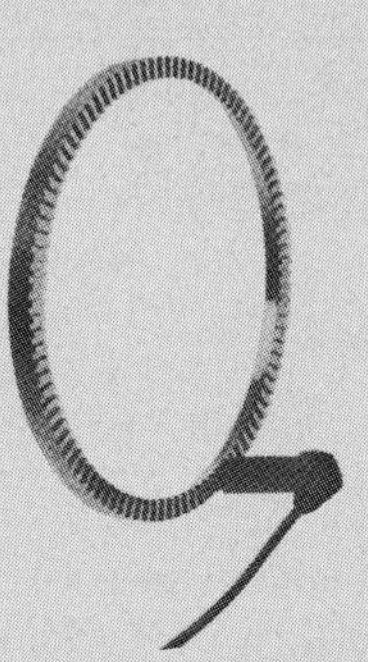	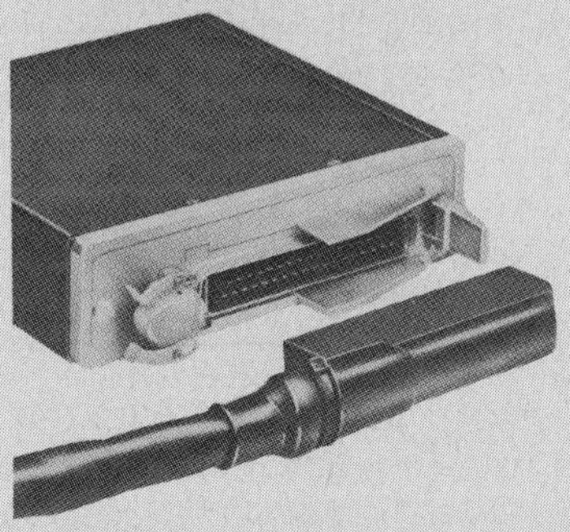	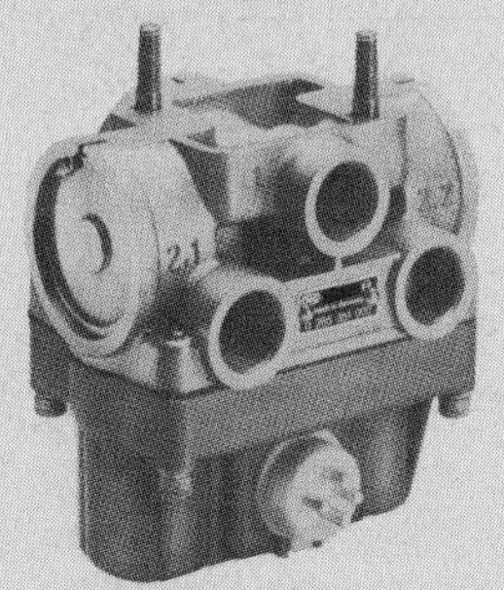

Schnittbild des Drucksteuerventils bei Vollbremsung

Druckaufbau am Anschluß 21, weil Rad 1 noch stärker abgebremst werden kann	Druckabbau am Anschluß 22 wegen Blockiergefahr bei Rad 2
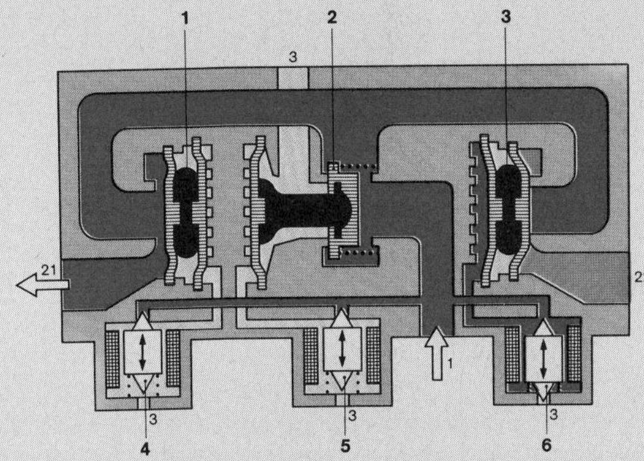	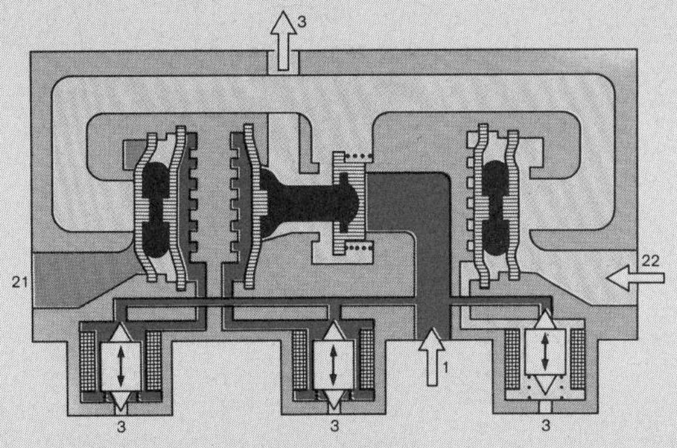

drucklos
Teildruck
Betriebsdruck

Anschlüsse
1 Druckluftzufluß (vom Betriebsbremsventil)
21 Druckluftabfluß (zum Bremszylinder von Rad 1)
22 Druckluftabfluß (zum Bremszylinder von Rad 2)
3 Entlüftung

A Membranventile:
1 Halteventil für Kanal 21
2 Zentralventil
3 Halteventil für Kanal 22

B Magnetventile:
4 Vorsteuerventil für Halteventil (1)
5 Vorsteuerventil für das Zentralventil
6 Vorsteuerventil für Halteventil (3)

Siehe auch Informationen zum ABS unter 15.5.5 Blockierverhinderer!

ANALYSE Geräte der Zweikreis-Zweileitungs-Fremdkraft-Druckluftbremsanlage

1. Benennen Sie die Geräte.
2. Ermitteln Sie die dargestellten Positionen.
3. Beschreiben Sie die Funktion.

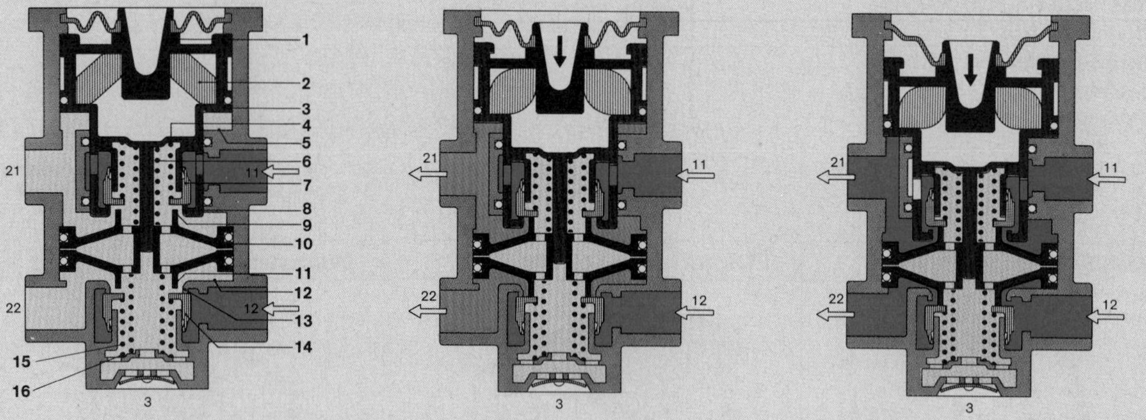

drucklos
Teildruck
Vorratsdruck

1 Stößel
2 Wegfeder
3 Reaktionskolben
4 Ventilfeder
5 Anschlag
6 Kolbenfeder
7 Dichtmanschette
8 Einlaßventilsitz
9 Auslaßventil
10 Wiegekolben
11 Auslaßventilsitz
12 Anschlag
13 Einlaßventilsitz
14 Dichtmanschette
15 Ventilfeder
16 Kolbenfeder

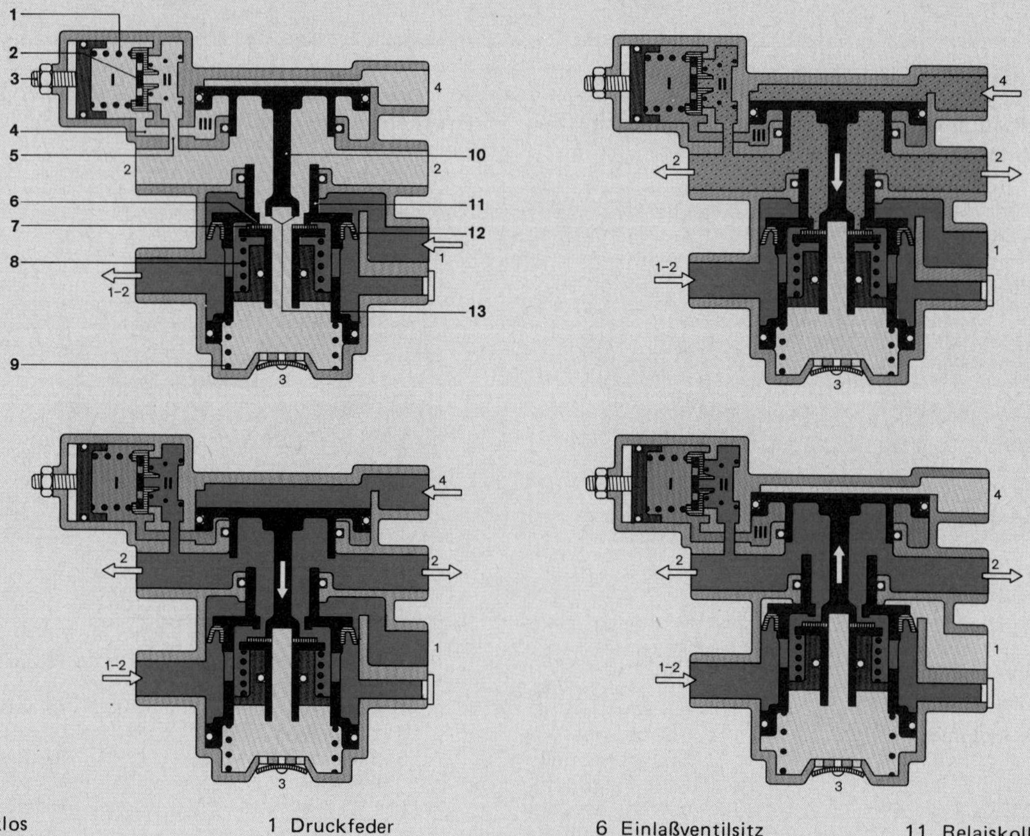

drucklos
Teildruck
Teildruck + 1 bar
Betriebsdruck

1 Druckfeder
2 Voreilungsventil
3 Gewindestift
4 Kanal
5 Kanal
6 Einlaßventilsitz
7 Ventilteller
8 Druckfeder
9 Druckfeder
10 Steuerkolben
11 Relaiskolben
12 Nutring
13 Auslaßventilsitz
I ... III Luftkammern

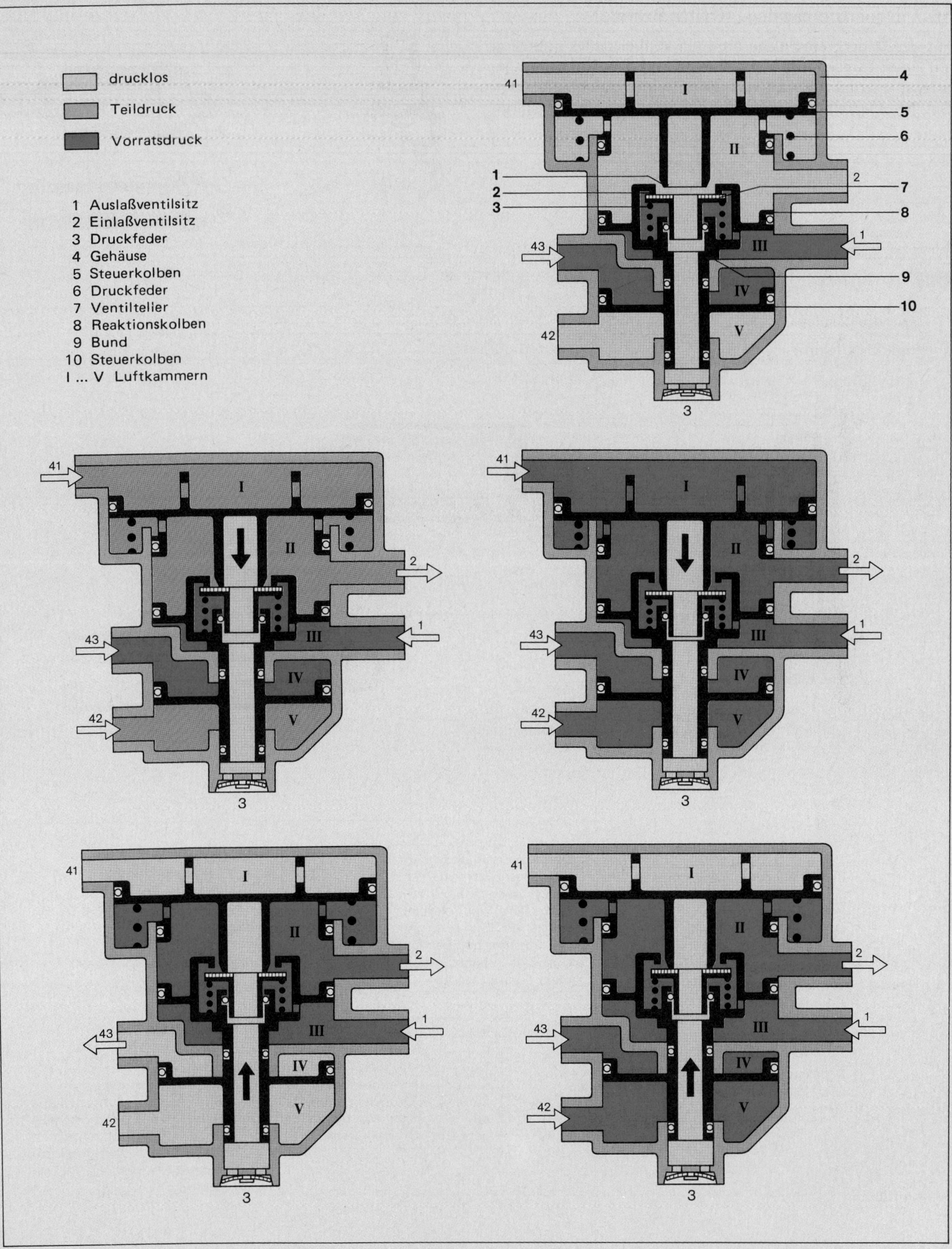
drucklos
Teildruck
Vorratsdruck
1 Auslaßventilsitz
2 Einlaßventilsitz
3 Druckfeder
4 Gehäuse
5 Steuerkolben
6 Druckfeder
7 Ventilteller
8 Reaktionskolben
9 Bund
10 Steuerkolben
I ... V Luftkammern
I
II
III
IV
V
41
42
43
1
2
3

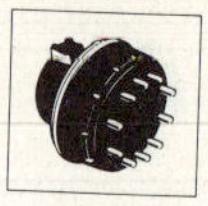

15.7 Dauerbremsanlage (Dritte Bremse)

Mit der Dauerbremsanlage muß ein vollbeladenes Fahrzeug auf einer Strecke von 6 km Länge und 7 % Gefälle so gebremst werden können, daß es mit einer gleichbleibenden Geschwindigkeit von 30 km/h die Strecke befahren kann.

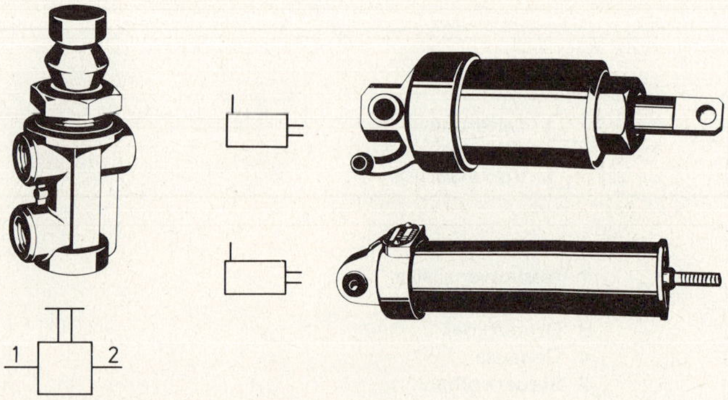

drucklos

Vorratsdruck

Dauerbremsanlage

Druckknopfventil

Fahrstellung

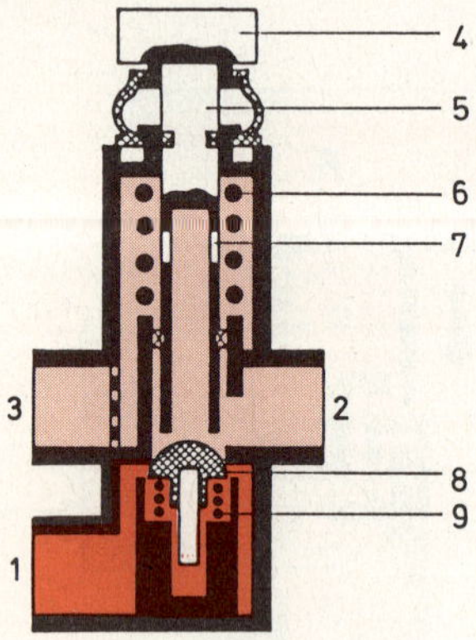

4 Betätigungsknopf
5 Stößel
6 Feder
7 Querbohrung
8 Einlaßventil
9 Feder

Arbeitszylinder

Fahrstellung

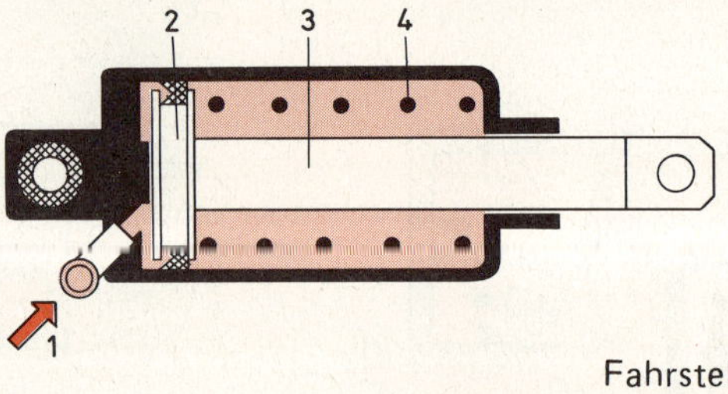

Fahrstellung

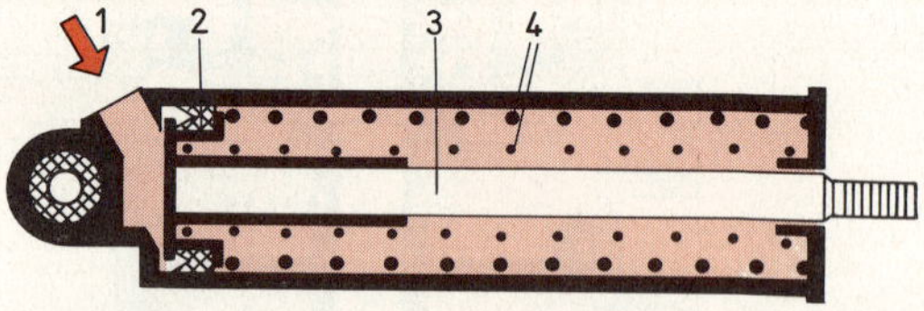

2 Kolben
3 Kolbenstange
4 Druckfeder

Fußbetätigung

Beim Niederdrücken des Betätigungsknopfes strömt Vorratsdruck zu den Arbeitszylindern und dem Druckschalter.
Beim Loslassen des Knopfes ist die Druckluftzufuhr unterbrochen. Die Arbeitszylinder und der Druckschalter werden über Anschluß 3 entlüftet.

3 Ins Freie

1 Vorratsdruck vom Vierkreisschutzventil

(Kreis 3)

2 Zu und von den Arbeitszylindern und dem Druckschalter

1

Der Arbeitszylinder stellt die Einspritzpumpe ab. Durch die Druckluftzufuhr fährt die Kolbenstange aus. Sie wirkt auf die Einspritzpumpe. Das Gaspedal kann nicht mehr betätigt werden.

→ Verstellung der Einspritzpumpe auf Nullförderung

1

Der Arbeitszylinder betätigt die Drosselklappe der Motorstaudruckbremse.
Durch die Druckluftzufuhr fährt die Kolbenstange aus. Sie wirkt auf die in der Auspuffleitung angebrachte Drosselklappe.

Drosselklappe wird geschlossen. Durch Staudruck entsteht eine Abbremsung des Motors und damit des Fahrzeugs.

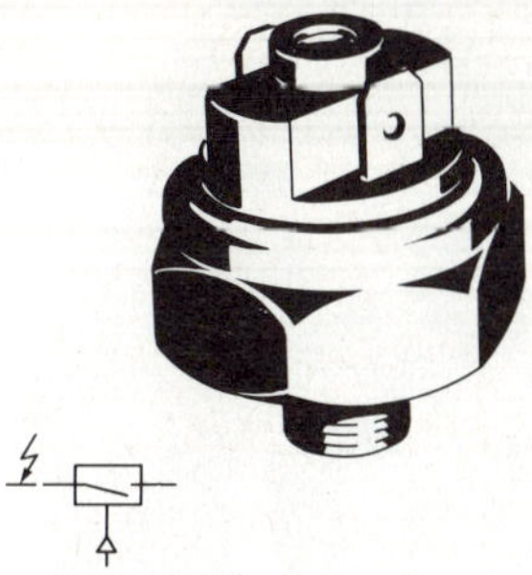

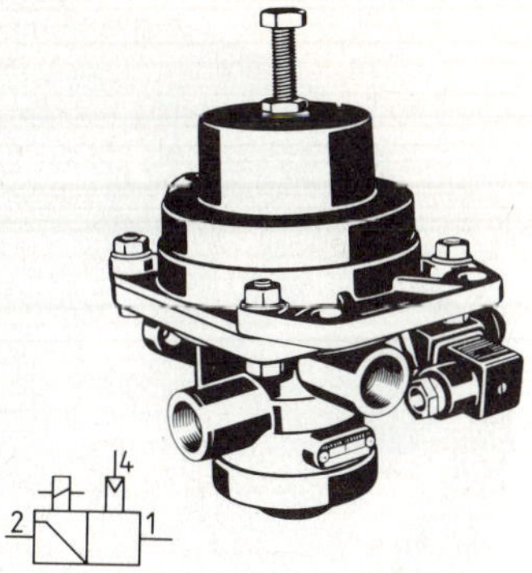

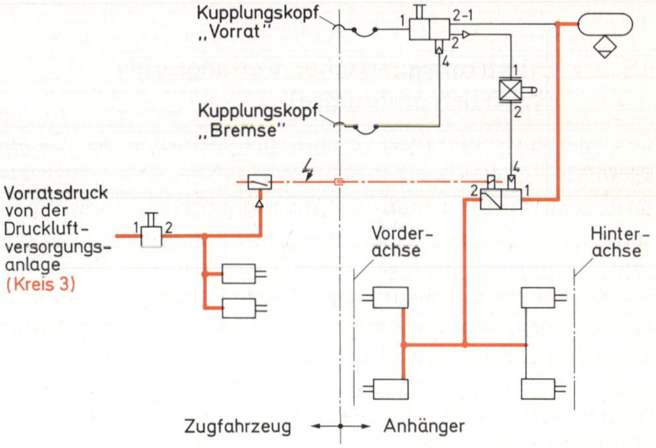

Druckschalter	**Magnet-Relais-Ventil**
Fahrstellung	Fahrstellung

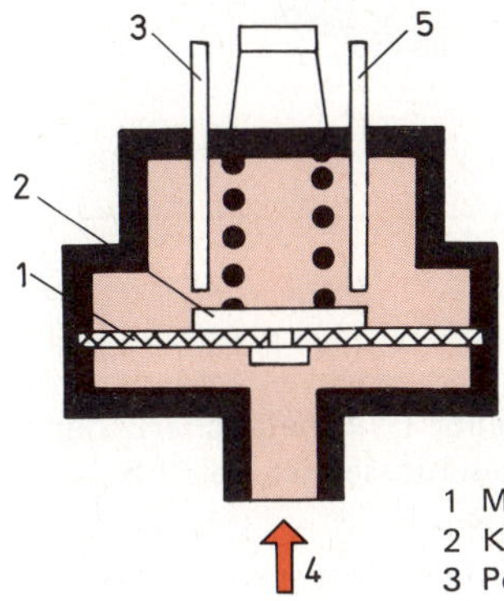

1 Membran
2 Kontaktplatte
3 Pol
5 Pol

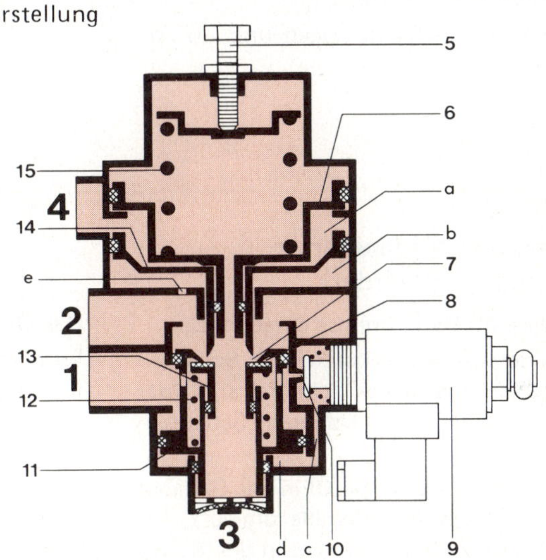

5 Einstellschraube
6 Kolben
7 Auslaß
8 Einlaß
9 Ventilmagnet
10 Einlaß
11 Kolben
12 Druckfeder
13 Ventilkörper
14 Kolben
15 Druckfeder
a Raum
b Raum
c Bohrung
d Raum
e Bohrung

Bei Druckluftzufuhr wird der Stromkreis zum Magnet-Relais-Ventil im Anhänger geschlossen. Bei Entlüftung wird der Stromkreis wieder unterbrochen.

Zum Magnet-Relais-Ventil

4

Vom und zum Druckknopfventil

4 Druckluft vom Anhängerbremsventil bzw. Bremskraftregler

2 Zu und von den Bremszylindern

1 Vorratsluft vom Anhängerluftbehälter

Das Magnet-Relais-Ventil schaltet die Dauerbremsanlage im Anhänger ein und beschleunigt das Be- und Entlüften der Radbremszylinder.

Dauerbremsanlage:
Bei geschlossenem Stromkreis öffent der Magnetanker den Einlaß, so daß Vorratsluft vom Anschluß 1 zum Anschluß 2 strömen kann.

Wird die Dauerbremsanlage des Zugfahrzeuges ausgeschaltet, dann wird der Stromkreis unterbrochen und der Magnetanker schließt den Einlaß. Die Verbindung von Anschluß 1 nach Anschluß 2 ist unterbrochen. Die Bremszylinder werden ins Freie entlüftet.

Betriebsbremsanlage:
Bei Betätigung der Betriebsbremsanlage wird der Anschluß 4 mit Druckluft beaufschlagt. Dadurch wird die Verbindung von Anschluß 1 nach Anschluß 2 hergestellt. Wird zusätzlich zur Dauerbremse auch die Betriebsbremse betätigt, dann ist der höhere Druck maßgebend.

Die Bremsdrücke addieren sich nicht.

3 Ins Freie

15.7.1 Elektromagnetischer Verlangsamer (Wirbelstrombremse)

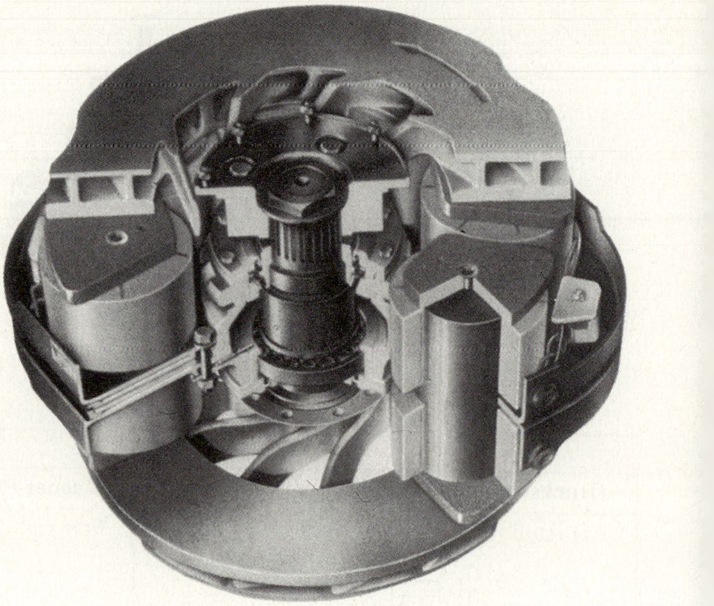

Die Wirbelstrombremse erfüllt die Aufgabe als Dauerbremse.

Der Stator mit seinen elektromagnetischen Induktionsspulen ist mit dem Fahrzeugrahmen zwischen Getriebe und Hinterachse fest verbunden, während der Rotor mit der Gelenkwelle umläuft. Der Rotor bewegt sich dabei in einem regelbaren Magnetfeld, welches durch einen Strom aus der Batterie (bzw. Lichtmaschine) in den Induktionsspulen des Stators erzeugt wird. Durch die entstehenden Wirbelströme wird der Rotor und damit das Fahrzeug abgebremst.

⊕ Schon bei geringer Drehzahl steht das maximale Bremsmoment zur Verfügung.

⊕ Die Verzögerung setzt stoßfrei ein.

⊕ Die Radbremsen werden nicht beansprucht.

Einsatz: Diese Bremse kann im Motorwagen und im Anhänger eingebaut werden.

15.7.2 Hydrodynamischer Verlangsamer (Strömungsbremse, Retarder)

Die Strömungsbremse wird als Dauerbremse eingesetzt.

In einem Gehäuse befindet sich ein feststehendes Schaufelrad 2 (der Stator) und ein bewegliches Schaufelrad 1 (der Rotor). Beide sind mit radial angeordneten Schaufeln bestückt.

Beim Bremsen wird durch eine Ölpumpe Öl in das Gehäuse gefüllt. Der Rotor, der mit der Gelenkwelle umläuft, beschleunigt das Öl radial nach außen, so daß es in den Stator umgelenkt und dort wieder abgebremst wird. Es entsteht ein innerer Ölkreislauf. Durch das Beschleunigen des Öles und durch den Strömungswiderstand entsteht die Abbremsung des Fahrzeuges.

Das Öl wird in einem Ölkühler (Wärmetaucher), der an das Kühlsystem des Motors angeschlossen ist, gekühlt.

⊕ Verzögerung setzt stoßfrei ein.

⊕ Die Radbremsen werden nicht beansprucht.

Einsatz: Die Bremse wird meist im Motorwagen eingebaut. Sie kann aber auch im Anhänger verwendet werden. Bei Einbau eines automatischen Getriebes kann die Strömungsbremse mit dem Getriebe eine Baueinheit bilden.

Gesamtwiederholung Fahrwerk

1.1 Ermitteln Sie die Bauteile des Fahrwerks!
1.2 Beschreiben Sie die Bauart der Radaufhängung!
1.3 Bestimmen Sie die Art der Federung!
1.4 Erklären Sie das Zusammenwirken von Radaufhängung, Rädern und Bereifung, Federung und Schwingungsdämpfung!
1.5 Erklären Sie den Aufbau und die Funktion des Lenktrapezes, der Sicherheitslenksäule und des Lenkgetriebes!
1.6 Beschreiben Sie die Konstruktion von Rahmen und Aufbau!
1.7 Beschreiben Sie die Bauart und die Funktion der Bremsanlage!
1.8 Erklären Sie die Bauart der Radbremse!
1.9 Bestimmen Sie die Bauart des Hauptbremszylinders und beschreiben Sie seine Funktion!
1.10 Beschreiben Sie die Art der Bremskraftverstärkung!
1.11 Erklären Sie die Art der Bremskraftverteilung und beurteilen Sie das daraus folgende Brems- und Lenkverhalten des Fahrzeugs!

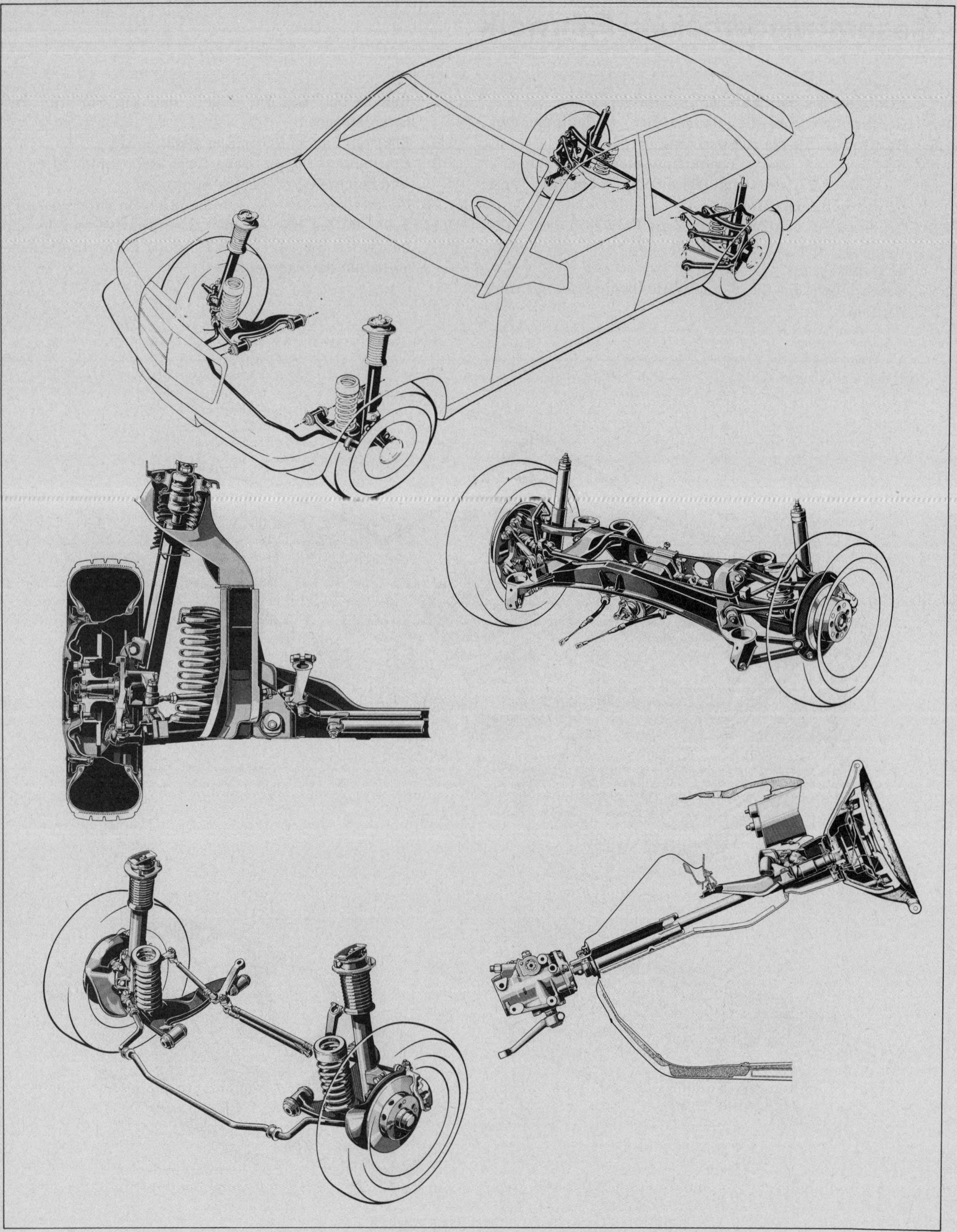

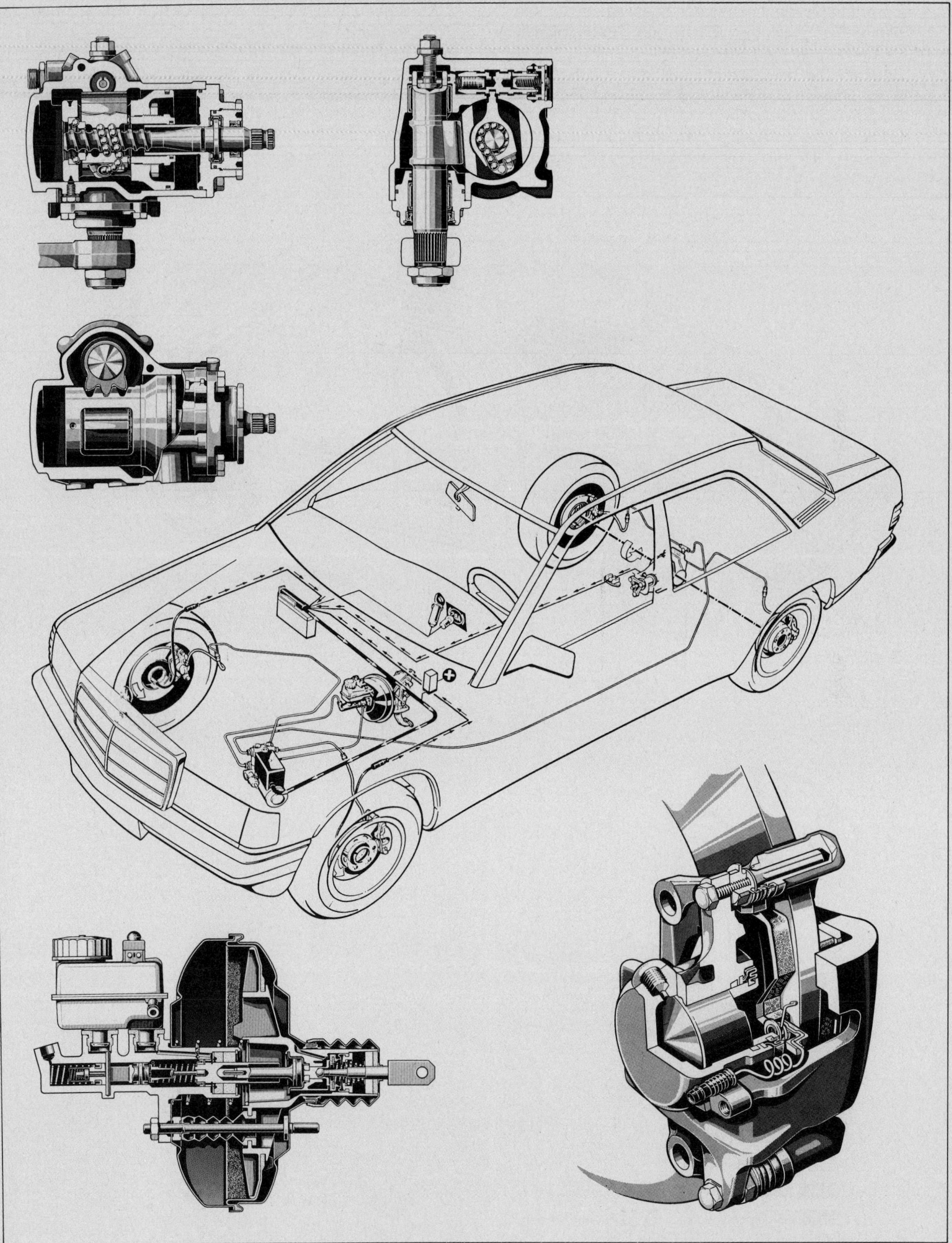

2.1 Ermitteln Sie die Bauteile des Fahrwerks!
2.2 Beschreiben Sie die Bauart der Radaufhängung!
2.3 Bestimmen Sie die Federungsart!
2.4 Erklären Sie das Zusammenwirken von Radaufhängung, Rädern und Bereifung, Federung und Schwingungsdämpfung!
2.5 Erklären Sie den Aufbau und die Funktion des Lenktrapezes, der Sicherheitslenksäule und des Lenkgetriebes!
2.6 Beschreiben Sie die Konstruktion von Rahmen und Aufbau!
2.7 Beschreiben Sie die Korrosionsschutzmaßnahmen!
2.8 Beschreiben Sie die Bauart und die Funktion der Bremsanlage!
2.9 Erklären Sie den Aufbau der Räder und der Bereifung!

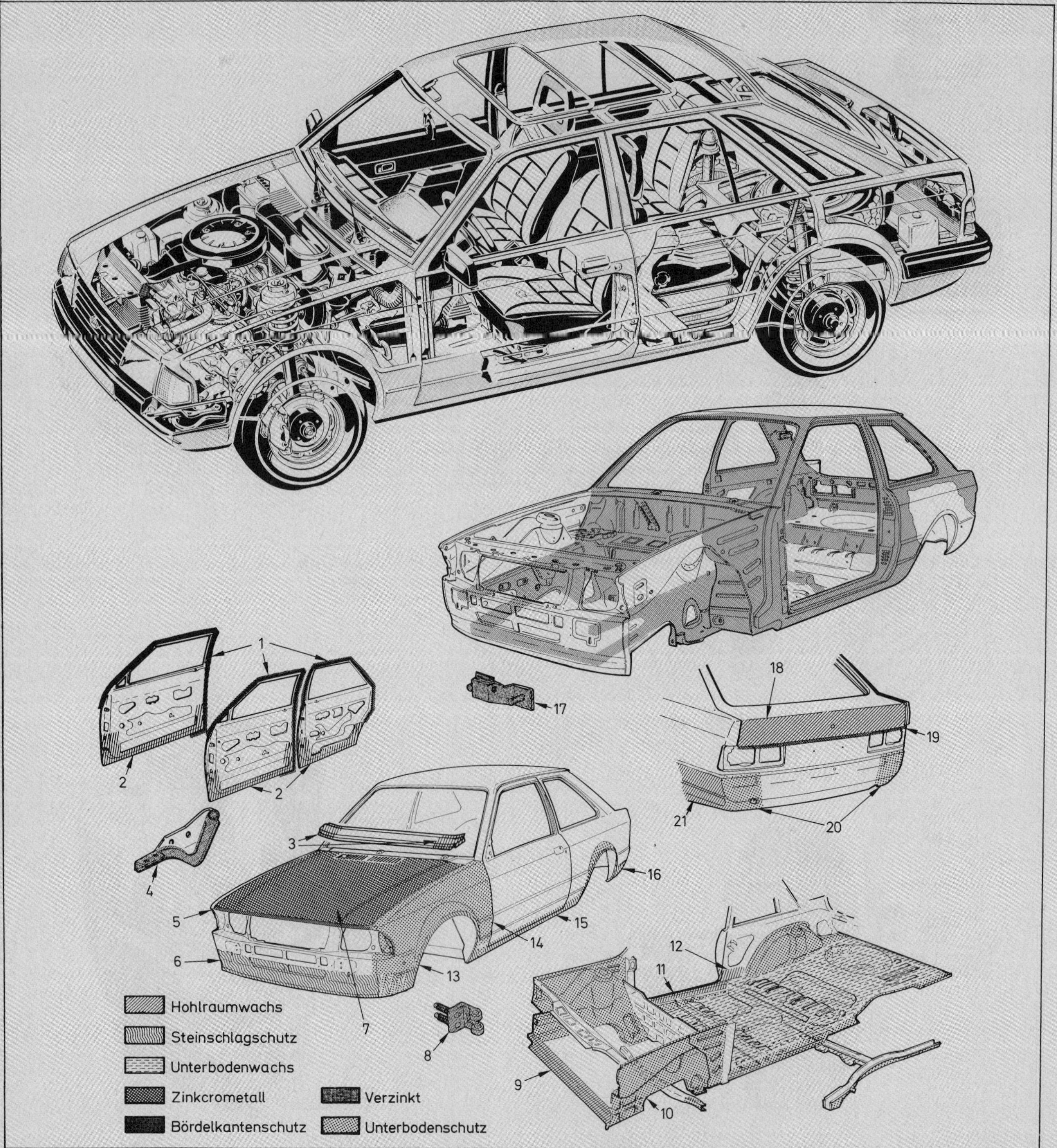

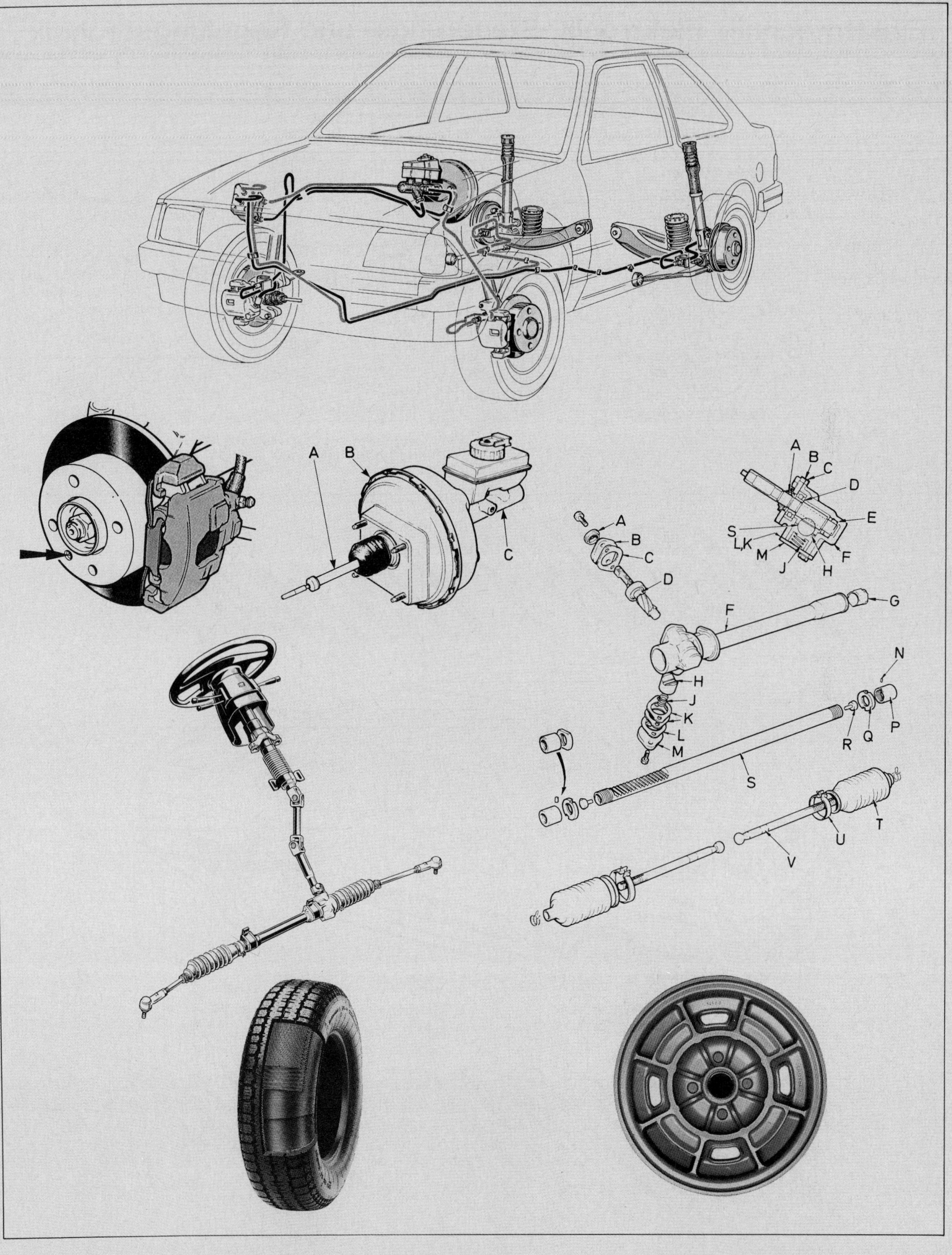
A
B
C
A
B
C
D
A
B
C
D
E
S
L,K
M
J
H
F
G
F
H
J
K
L
M
N
R
Q
P
S
T
U
V

Elektrotechnik, Elektronik, Steuerungs- und Regelungstechnik

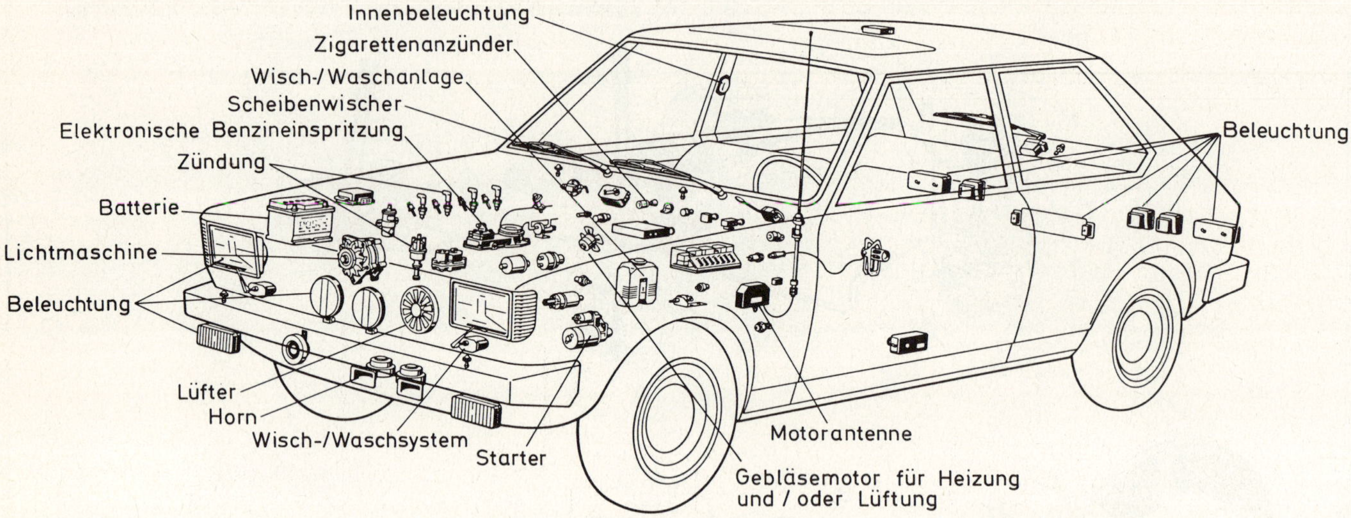

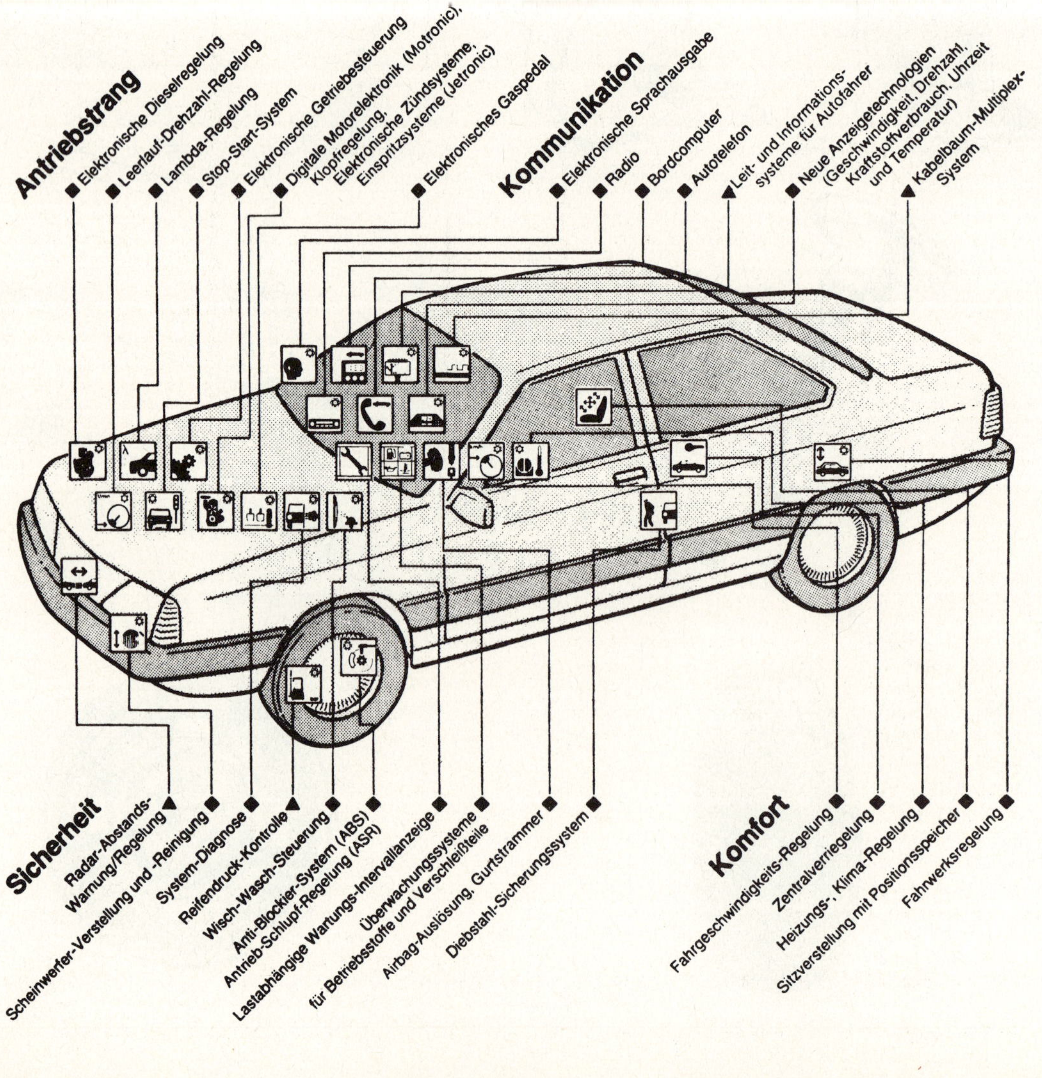

16 Energieerzeugung, Energiespeicherung, Verbraucher im Kfz

Ein Kfz soll zusätzlich mit Nebelscheinwerfern und Nebelschlußleuchten ausgestattet werden. Das Kfz verfügt über folgende Stromversorgung:

Batterie: 12 V 84 Ah 280 A

Generator: K1 – 14 V 55 A 20

12 V 84 Ah 280 A

K1 – 14 V 55 A 20

Drehstromgenerator

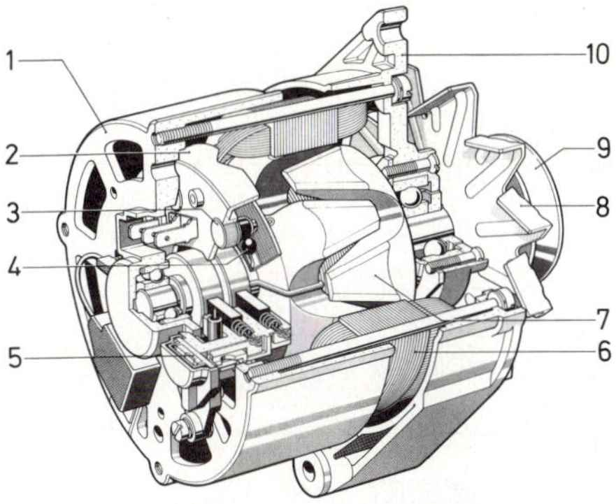

1 Schleifringlagerschild
2 Gleichrichter
3 Leistungsdiode
4 Energiediode
5 Regler, Bürstenhalter und Kohlebürsten
6 Ständer
7 Läufer
8 Lüfter
9 Riemenscheibe
10 Antriebslagerschild

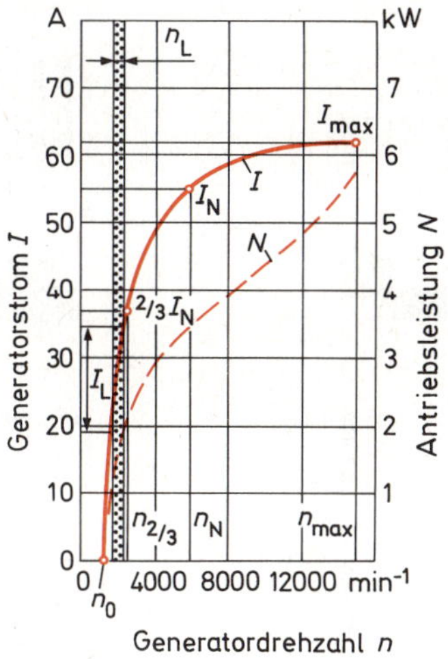

Aufgabe des Generators ist es, Strom zur Versorgung der Verbraucher und zur Speicherung in der Batterie zu liefern.

Der Generator erzeugt Drehstrom. Da alle im Kfz eingebauten Geräte und Verbraucher nur mit Gleichstrom arbeiten, muß der vom Generator gelieferte Drehstrom gleichgerichtet werden. Ein Regler hält die Generatorspannung über den gesamten Drehzahlbereich des Motors, unabhängig von der Belastung und der Drehzahl des Generators, konstant.

Kennlinien geben das charakteristische Verhalten des Generators bei verschiedenen Drehzahlen wieder. Bei der Drehzahl n_0 erreicht der Generator die Nennspannung von 7 Volt. Bei Leerlauf des Verbrennungsmotors gibt der Generator bei der Drehzahl n_L zumindest den Strom für die längere Zeit eingeschalteten Verbraucher ab. Bei der Drehzahl $n_{2/3}$ wird 2/3 des Nennstromes erreicht. Bei der Drehzahl n_N liefert der Generator den Nennstrom (siehe Typformel). Dieser Wert muß höher sein, als die Summe aller Verbraucherleistungen es erfordert.

Batterie

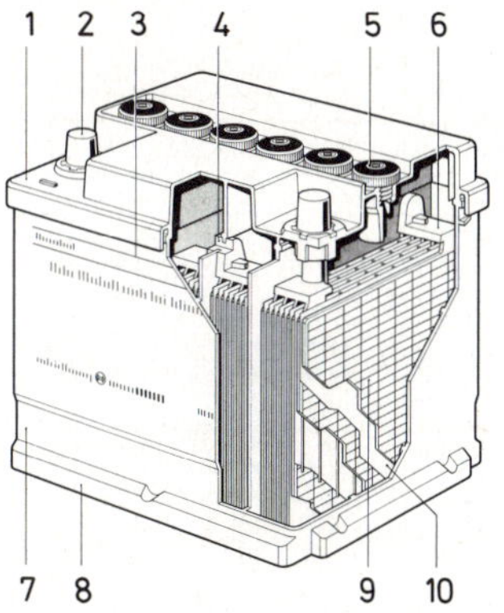

1 Blockdeckel
2 Endpole
3 Säurestandmarke
4 Direkt-Zellenverbinder
5 Verschlußstopfen
6 Polbrücken
7 Blockkasten
8 Bodenleiste
9 Plus- und Minusplatten
10 Kunststoff-Separatoren

Solange der Verbrennungsmotor mit genügend hoher Drehzahl läuft, steht die vom Drehstromgenerator gelieferte elektrische Energie zur Verfügung. Bei stillstehendem Motor oder beim Starten muß die Batterie die Stromversorgung übernehmen.

Die Starterbatterie ist ein Energiespeicher, in dem beim Laden elektrische Energie in chemische Energie umgewandelt und beim Entladen – nach Anschluß eines Stromverbrauchers – die chemische Energie in elektrische Energie zurückgewandelt wird.

Die Eigenschaften der Batterie werden durch Kennwerte angegeben. Die Aufschrift auf dem Gehäuse z.B. 12V84Ah280A bedeutet

- Nennspannung in Volt
- Nennkapazität in Amperestunden
- Kältesprüfstrom in Ampere

Die Nennspannung von Starterbatterien beträgt im allgemeinen 12 Volt.

Die Nennkapazität gibt an, wie das Speichervermögen einer Batterie ist. Sie ist das Produkt aus Strom und Zeit, wobei ein Strom zugrunde gelegt wird, den eine 12-V-Batterie bei + 27 °C über einen Zeitraum von 20 Stunden abgeben kann, ohne daß die Batteriespannung unter 10,5 V absinkt.

Die oben angegebene 84Ah-Batterie kann einen Strom von 84/20 = 4,2 A mindestens 20 Stunden lang abgeben, bis die Klemmenspannung (Entladeschlußspannung) von 10,5 Volt erreicht ist. Die Startfähigkeit der Batterie bei Kälte ist eine besonders wichtige Größe. Ein Maß für die Startfähigkeit ist der Kälteprüfstrom. Er ist ein vorgeschriebener Entladestrom (z.B. 280 A), der einer Batterie bei – 18 °C entnommen werden kann, ohne daß die Klemmenspannung einer 12-V-Batterie innerhalb von 30 Sekunden unter 9 V und innerhalb 150 Sekunden unter 6 V absinkt.

Leistungsbedarf der Stromverbraucher im Kraftfahrzeug (Durchschnittswerte)

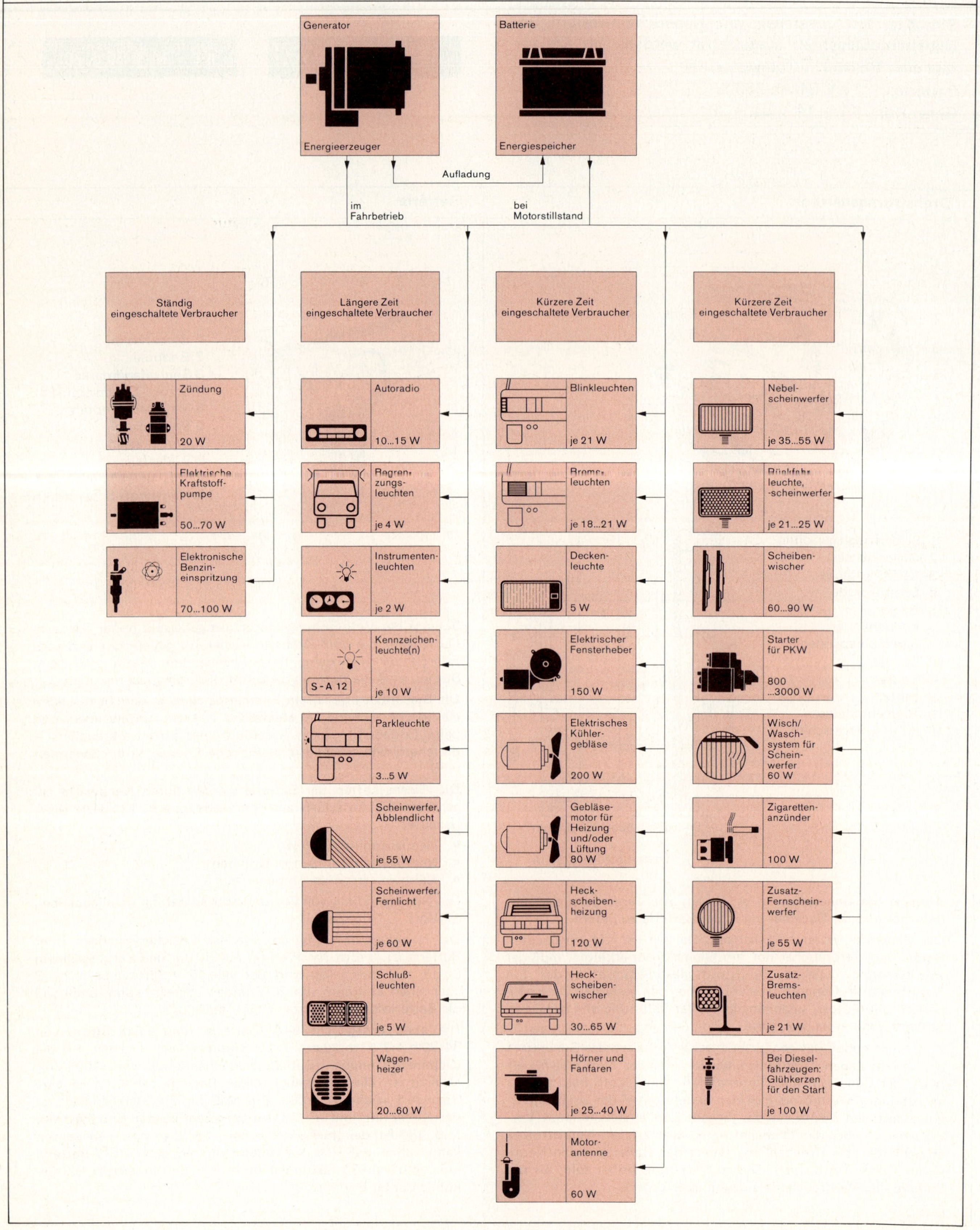

Energiehaushalt im Kfz

Generatorleistung, Batteriekapazität und Leistungsbedarf der Verbraucher müssen so aufeinander abgestimmt sein, daß auch unter erschwerten Bedingungen die Batterie neben der Versorgung aller elektrischen Verbraucher noch genügend geladen wird.

Durch den Einbau zusätzlicher Verbraucher, z.B. Nebelscheinwerfer kann ein so hoher Energiebedarf entstehen, daß der Generator überlastet wird und die Batterie nicht mehr vollständig aufladen kann.

Ein ausgewogenes Verhältnis von Energiezufluß und Energieabfluß ist anzustreben. Durch die folgende Darstellung läßt sich überprüfen, ob der Generator noch zusätzliche Verbraucher verkraften kann oder ob er durch eine leistungsfähigere Ausführung ersetzt werden muß.

Allgemein gilt:

Generatorstrom I_G = Verbraucherstrom I_V + Batteriestrom I_B

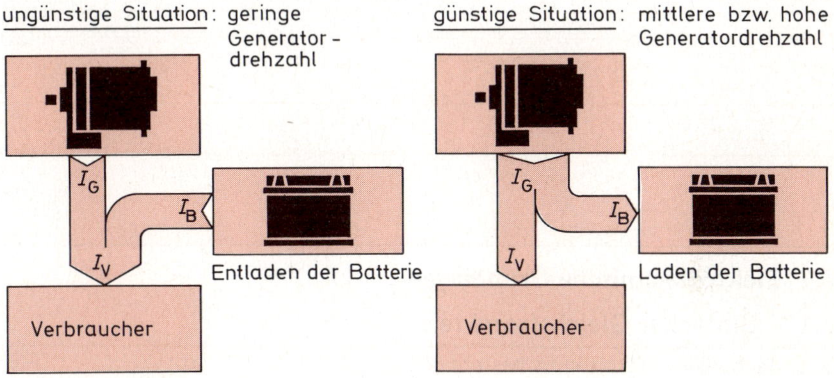

1. Leistungsbedarf (bei 14 V) aller ständig oder längere Zeit eingeschalteten Verbraucher.

Verbraucher (Faktor 1,0)	Verbraucherleistung W
Zündanlage	20
elektr. Kraftstoffpumpe	70
elektron. Benzineinspritzung	100
Autoradio	12
Abblendlicht	110
Begrenzungsleuchten	8
Schlußleuchten	10
Kennzeichenleuchten	10
Instrumentenleuchten	10
Verbraucherleistung 1	P_{V1} = **350** W

2. Leistungsbedarf (bei 14 V) aller kürzere Zeit eingeschalteten Verbraucher.

Verbraucher	Istwert W	Faktor*)	bewertete Verbraucherleistung W
Gebläse für Heizung und/oder Lüfter	80	0,5	40
Heckscheibenheizung	120	0,5	60
Scheibenwischer	60	0,25	15
elektr. Kühlergebläse		0,1	
Zusatz-Fernscheinw.		0,1	
Bremsleuchten	42	0,1	4,2
Blinkleuchten	42	0,1	4,2
Nebelscheinwerfer	70	0,1	7
Nebelschlußleuchten	35	0,1	3,5
Verbraucherleistung 2			P_{V2} = **134** W

* Istwert des Verbrauchers x Faktor = bewertete Verbraucherleistung

Gesamtverbraucherleistung $P_V = P_{V1} + P_{V2}$ P_V = **484** W

3.

P_V (bei 14 V) W	<250	250... <350	350... <450	**450... <550**	550... <675	675... <800	800... <950
I_n A	28	35	45	**55**	65	75	90

Strom aller ständig oder längere Zeit eingeschalteten Verbraucher

$I_{V1} = \frac{P_{V1}}{14\,V}$ I_{V1} = **25** A

4. $I_L \geqq 1{,}3 \cdot I_{V1}$ (Näherungsformel)

errechneter Bedarf: 33 A

Drehstromgenerator-Kennlinie (K 1 - 14 V 55 A 20)

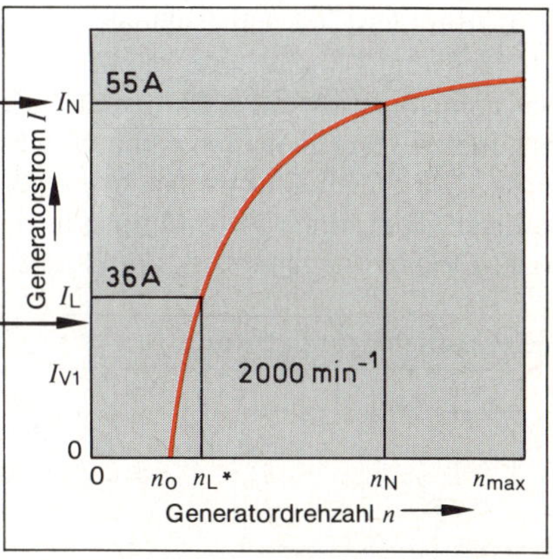

17 Elektrische Anlagen im Kfz

Bei einem Fahrzeug leuchten die Scheinwerfer sowohl für das Abblendlicht als auch für das Fernlicht zu schwach.

Zur systematischen Fehlersuche steht dem Kfz-Mechaniker der Schaltplan der Beleuchtungsanlage zur Verfügung.

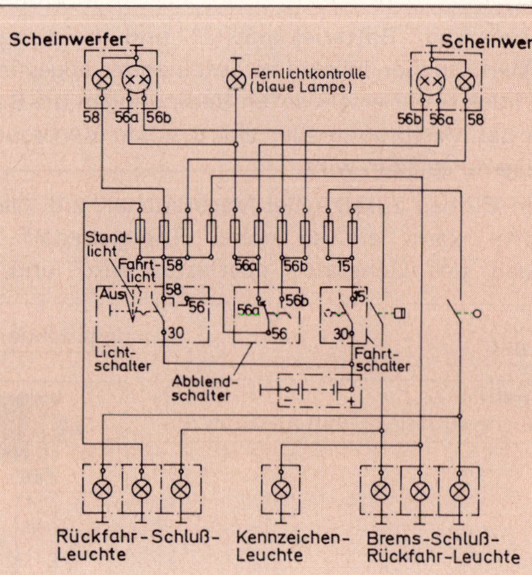

17.1 Elektrotechnische Grundlagen

17.1.1 Einfacher Gleichstromkreis

Der einfache Gleichstromkreis besteht aus:

- Spannungsquelle, z.B. Batterie
- Verbraucher, z.B. Glühlampe
- Verbindungsleitungen
- Schalter

Die einzelnen Elemente und ihr Zusammenwirken werden in einem Schaltplan durch Schaltzeichen dargestellt. Die

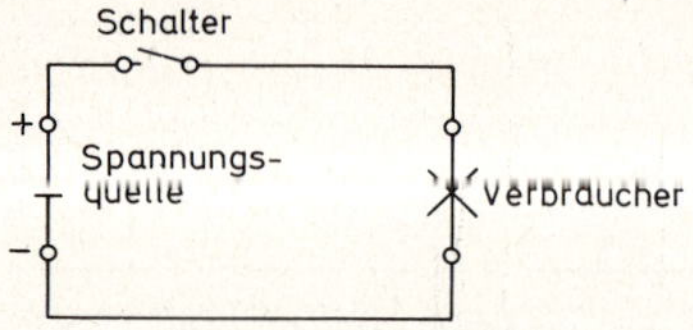

Schaltzeichen sind nach DIN genormt. Der Schaltplan wird grundsätzlich im stromlosen und mechanisch nicht betätigten Zustand gezeichnet. Die Darstellung einer Schaltung erfolgt meist in Stromlaufplänen:

Stromlaufplan in zusammenhängender Darstellung	**Stromlaufplan in aufgelöster Darstellung**
Beim Stromlaufplan in zusammenhängender Darstellung werden alle Schaltzeichen eines elektrischen Gerätes ihrer Lage entsprechend zusammenhängend gezeichnet. Die mechanische Wirkverbindung wird durch unterbrochene Verbindungslinien dargestellt.	Beim Stromlaufplan in aufgelöster Darstellung werden die Schaltzeichen getrennt und ohne Rücksicht auf die räumliche Lage und den mechanischen Zusammenhang der Schaltelemente angeordnet. Hauptzweck dieser Anordnung ist das Erkennen der Funktion einer Schaltung. Jeder Stromweg verläuft möglichst geradlinig.

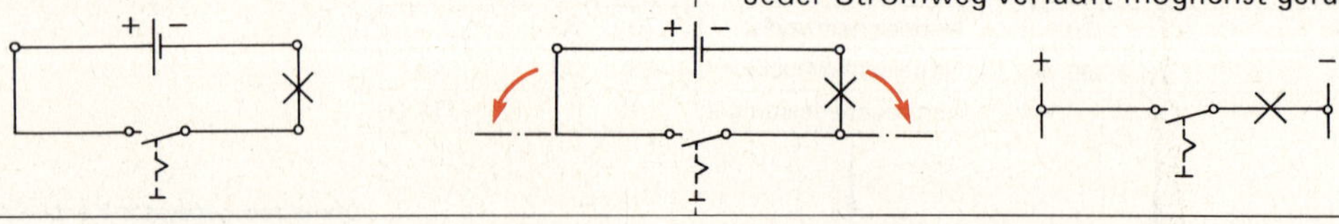

Der Strom wird in Schaltplänen durch einen Pfeil dargestellt, der vom Pluspol zum Minuspol zeigt. Die Stromrichtung vom Pluspol zum Minuspol hatte man im vorigen Jahrhundert festgelegt, bevor man die Elektronenbewegung kannte. Die freien Elektronen bewegen sich jedoch in umgekehrter Richtung. Am Minuspol der Spannungsquelle herrscht Elektronenüberfluß, am Pluspol Elektronenmangel.

Die Spannungsquelle erzeugt eine Spannung, die sich auszugleichen versucht. Bei geschlossenem Stromkreis treibt die Spannung die Elektronen vom Minuspol der Spannungsquelle über den Verbraucher zum Pluspol. Der Elektronenstrom fließt daher in einem geschlossenen Stromkreis vom Minuspol zum Pluspol.

Elektronenstromrichtung	**Technische Stromrichtung**
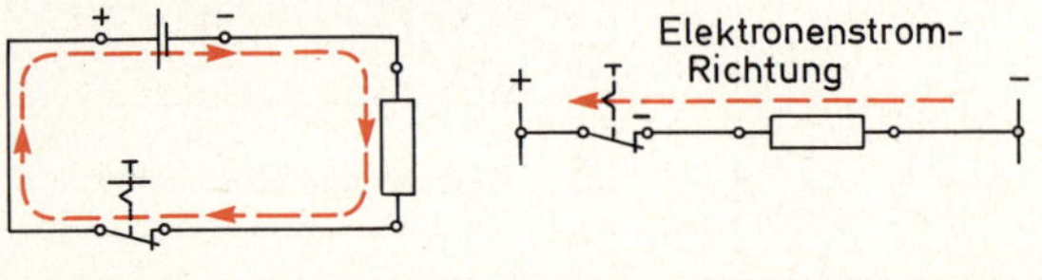	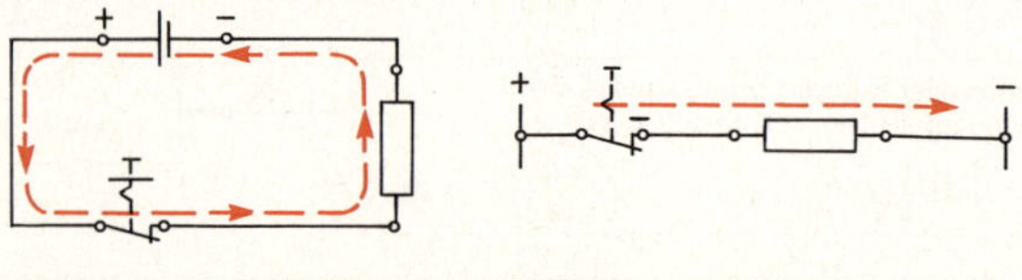

17.1.2 Gesetzmäßigkeiten im Gleichstromkreis

Ohmsches Gesetz

Der Strom in einem Stromkreis hängt von der Spannung und dem Widerstand ab. Je höher die Spannung bei konstantem Widerstand ist, desto höher ist der Strom. Je höher der Widerstand bei gleichbleibender Spannung ist, desto geringer ist der Strom.

Den Zusammenhang von Strom, Spannung und Widerstand beschreibt das Ohmsche Gesetz:

$$\text{Stromstärke } I = \frac{\text{Spannung } U}{\text{Widerstand } R}$$

I in Ampere (A), U in Volt (V), R in Ohm (Ω).

Grundschaltungen

Reihenschaltung

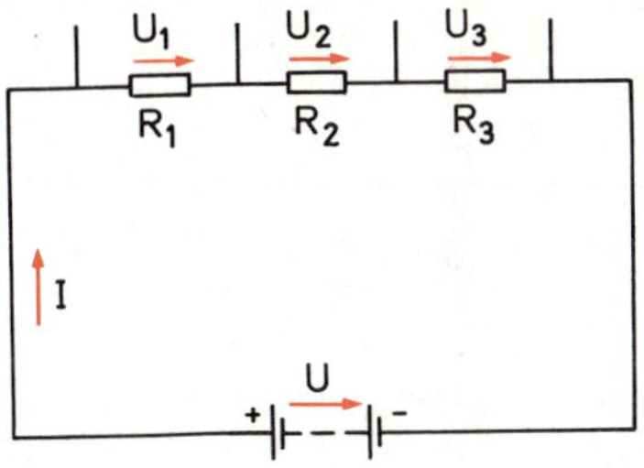

Bei einer Reihenschaltung sind mehrere Verbraucher (Widerstände) in einer Reihe an eine Spannungsquelle angeschlossen.

Es gelten folgende Gesetzmäßigkeiten:

- Durch alle Widerstände fließt der gleiche Strom $I = I_1 = I_2 = I_3$.
- Der Gesamtwiderstand ist gleich der Summe der Einzelwiderstände $R_{ges} = R_1 + R_2 + R_3$.
- Die Gesamtspannung ist gleich der Summe der Einzelspannungen an den Verbrauchern $U_{ges} = U_1 + U_2 + U_3$.

Der Gesamtstromkreis wird unterbrochen, wenn nur ein Teil defekt ist. Reihenschaltungen von Widerständen finden wir in elektronischen Geräten.

Parallelschaltung

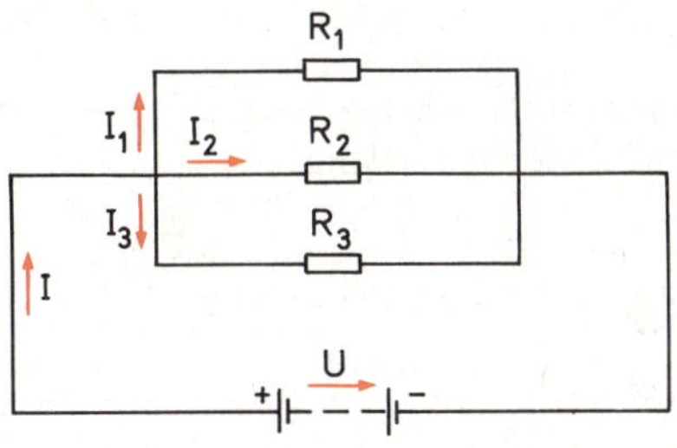

Bei einer Parallelschaltung sind mehrere Verbraucher parallel an die gleiche Spannungsquelle angeschlossen.

Es gelten folgende Gesetzmäßigkeiten:

- Der Gesamtstrom ist so groß wie die Summe der Teilströme $I_{ges} = I_1 + I_2 + I_3$.
- Der Gesamtwiderstand ist kleiner als der kleinste Einzelwiderstand $1/R_{ges} = 1/R_1 + 1/R_2 + 1/R_3$.
- An allen Verbrauchern herrscht die gleiche Spannung $U = U_1 = U_2 = U_3$.

Die Verbraucher können beliebig und unabhängig voneinander ein- und ausgeschaltet werden. Im Kfz sind alle Verbraucher parallel zur Batterie geschaltet.

17.1.3 Gleichstromkreis im Kfz

Im Kfz wird die elektrische Anlage als Einleiteranlage ausgeführt, d.h. zu den Verbrauchern führt nur eine Leitung, die Hinleitung. Als Rückleitung wird die Karosserie (Masse) als leitende Verbindung zwischen Minuspol der Spannungsquellen und dem Minuspol der Verbraucher benutzt.

Die Kennzeichnung der Masse erfolgt durch das Masseschaltzeichen (⊥). Sämtliche Teile, die ein Massezeichen enthalten, müssen elektrisch leitend auf der Fahrzeugmasse montiert sein.

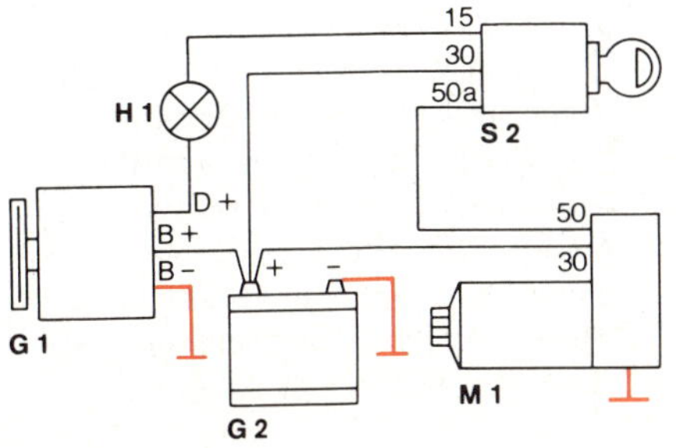

G_1: Drehstromgenerator
G_2: Batterie
H_1: Kontroll-Leuchte
M_1: Starter
S_2: Zündstartschalter

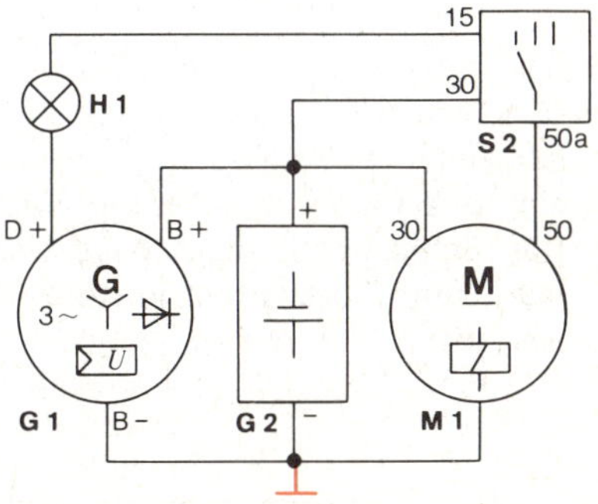

Jede Leitung kann nur mit einer bestimmten Dauerstromstärke belastet werden. Zu hohe Ströme, z.B. bei einem Kurzschluß, erwärmen die Leitungen so stark, daß Brandgefahr besteht. Zum Schutz der Leitungen werden Schmelzsicherungen eingebaut. Die Sicherung besitzt einen Schmelzleiter, der so dünn ist, daß er bei einer bestimmten Stromstärke schmilzt und dadurch den Stromkreis unterbricht. Kraftfahrzeugsicherungen gibt es für Nennströme von 5 A, 8 A, 16 A, 25 A und 40 A. Ungesicherte Leitungen sind die Lade-, Starter- und Batterieleitungen.

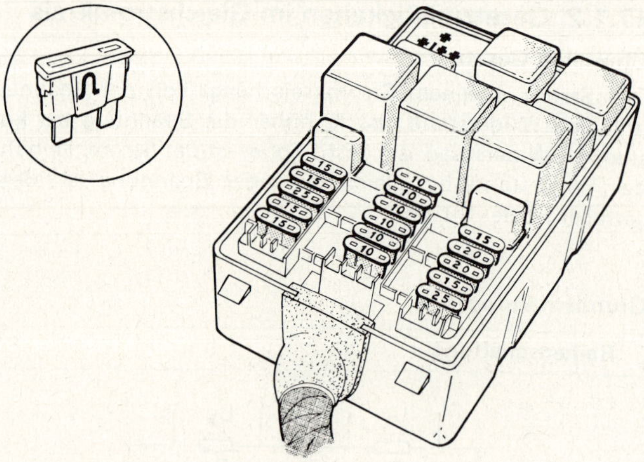

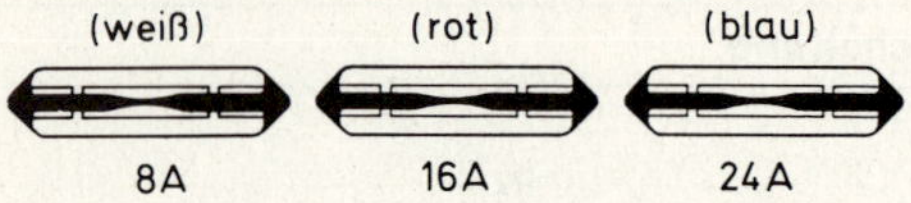

In die Leitungen werden Schalter und Relais eingebaut, die den Stromkreis öffnen und schließen.

Schalter im Kfz (mechanisch betätigt)			
Schließer	**Öffner**	**Wechsler**	**Mehrstellenschalter**
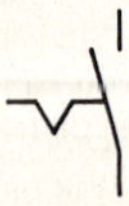	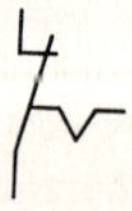	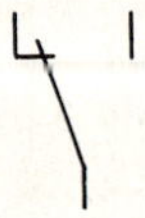	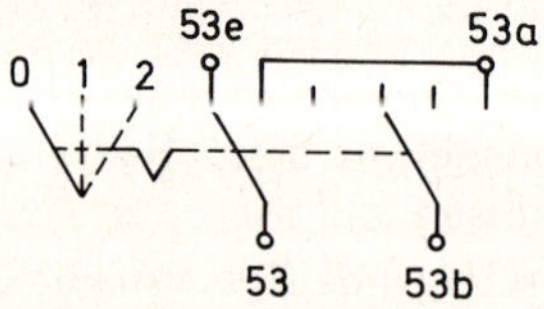

Relais sind elektromagnetisch betätigte Schalter. Sie bestehen aus einem Elektromagneten und einem Anker, der Schaltkontakte betätigt.

In einer Relaisschaltung unterscheidet man den Steuerstrom- und den Hauptstromkreis. Der Strom des Steuerstromkreises fließt durch die Spule und erzeugt ein Magnetfeld. Dadurch wird der Anker angezogen, der die Schaltkontakte des Hauptstromkreises schließt.

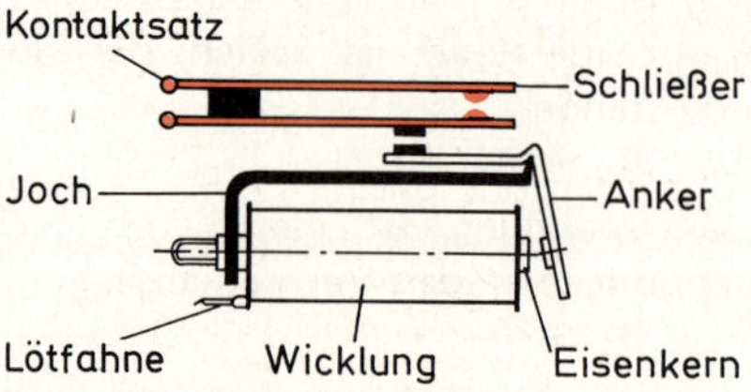

Relais im Kfz		
Schließrelais	**Wechselrelais**	**Schrittrelais**
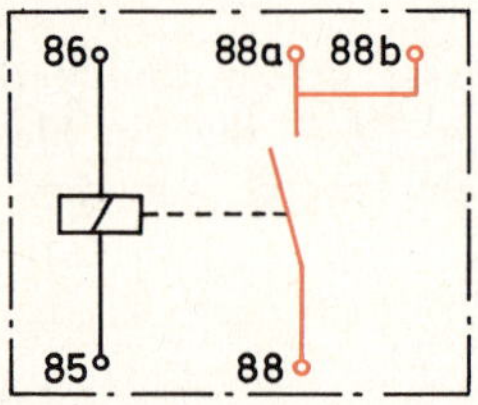	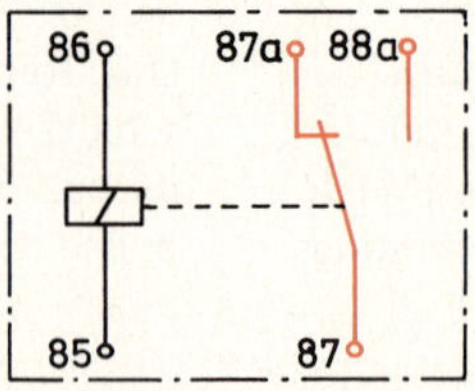	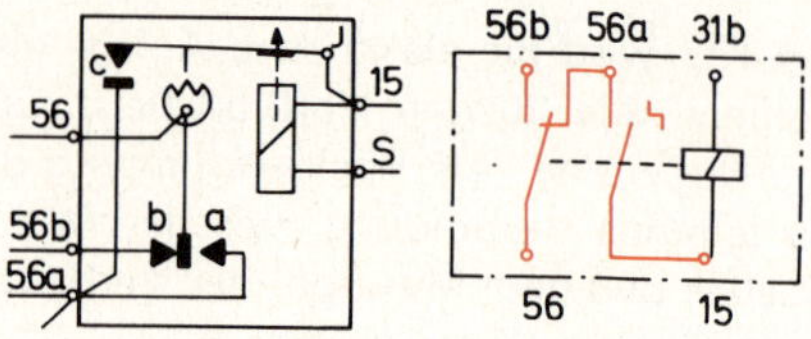
Der Arbeitskontakt des Relais legt sich beim Einschalten des Stromes auf einen festen Kontakt, wodurch ein Stromkreis geschlossen wird. Das Schließrelais dient hauptsächlich zum Einschalten von Scheinwerfern.	Das Relais besteht aus einem Öffner und Schließrelais. Der Umschaltkontakt läßt sich zwischen zwei Stromkreisen schalten. Solange kein Steuerstrom fließt, liegt der Anker am Ruhekontakt (Öffner). Nach Betätigen des Schalters legt sich der Kontakt auf den Arbeitskontakt.	Die Steuerspule erhält durch einen Druckknopf einen Stromstoß. Der Relaiskern zieht den Schaltanker mit Stößel an, der in eine Wippe eingreift. Der Kontakt an der Wippe schaltet zwischen den festen Kontakten hin und her. Das Relais wird zum Schalten des Fern-Abblendlichtes verwendet.

17.1.4 Schaltzeichen und Schaltpläne

Die Schaltpläne in der Kfz-Elektrik werden durch den Zweck und die Art der Darstellung bestimmt.

Die Norm hat weiterhin in der Kfz-Elektrik Klemmenbezeichnungen festgelegt, die ein fehlerfreies Anschließen der Leitungen an den Geräten, vor allem bei Reparaturen und Ersatzteilen, gewährleisten sollen.

Der Übersichtsplan dient der schnellen Übersicht über die Funktion der Anlage oder eines Gerätes. Er enthält nur die wesentlichen Teile und die wichtigsten Leitungen.

Der Stromlaufplan in beiden Darstellungsarten ist die ausführliche Darstellung einer Schaltung. Hauptzweck des Stromlaufplanes ist das Erkennen der Funktion einer Schaltung, um Reparaturen auszuführen.

Den Anschlußplan verwendet der Kundendienst bei Austausch oder Nachrüstung von Geräten.

Schaltpläne der Kfz-Elektrik am Beispiel Energieversorgung

Übersichtsplan

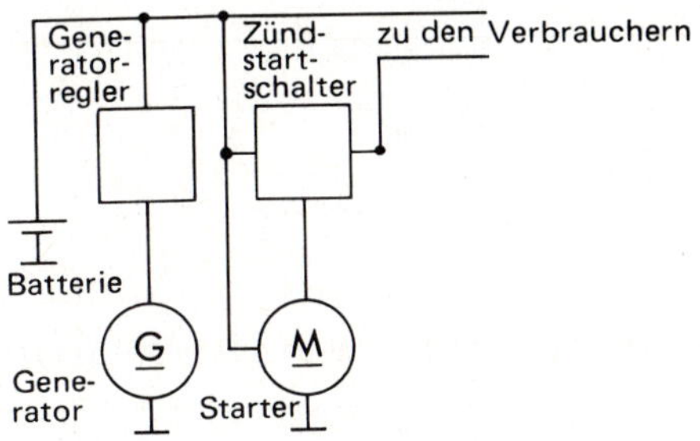

Anschlußplan

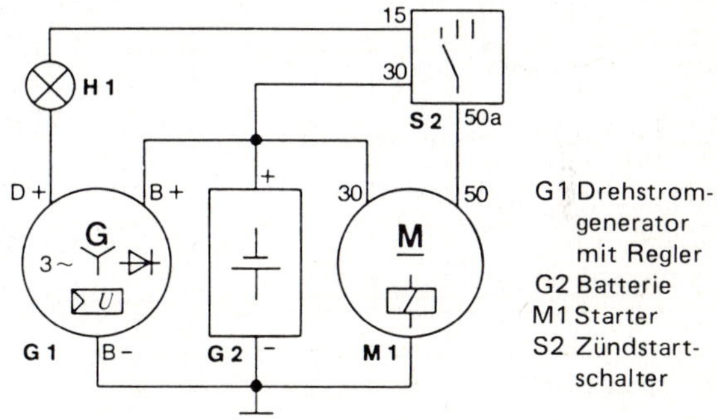

Stromlaufplan in zusammenhängender Darstellung

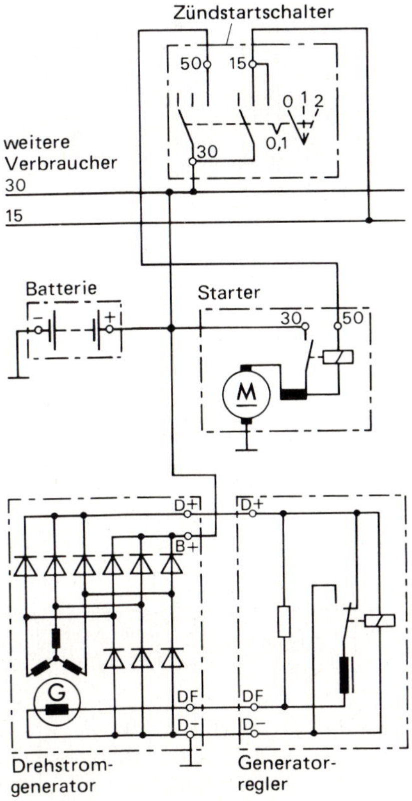

Stromlaufplan in aufgelöster Darstellung

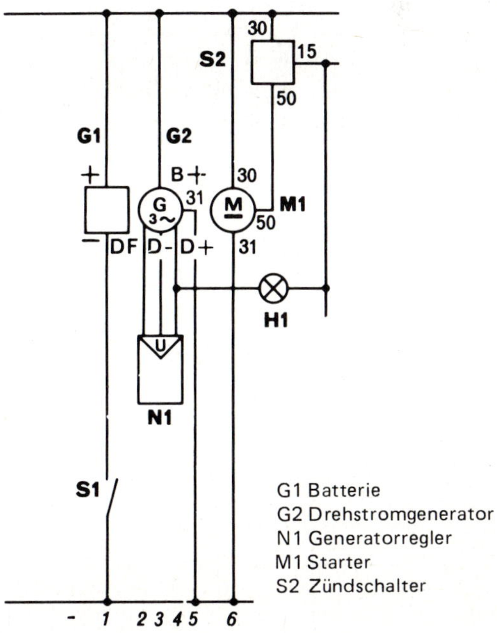

17.2 Beleuchtung

17.2.1 Beleuchtungsanlage

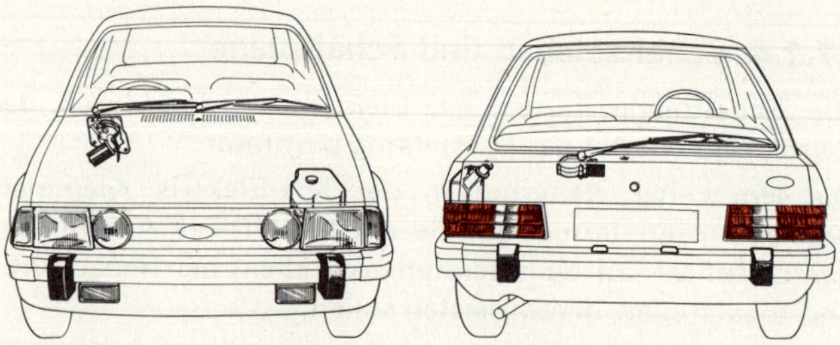

Der Gesetzgeber schreibt folgende Beleuchtungseinrichtung vor:

Scheinwerfer, Begrenzungsleuchten, Schlußleuchten, Kennzeichenbeleuchtung, Rückstrahler.

Elemente der Beleuchtungsanlage		
Gerät	**Schaltzeichen**	**Klemmenbezeichnung**
Lichtschalter	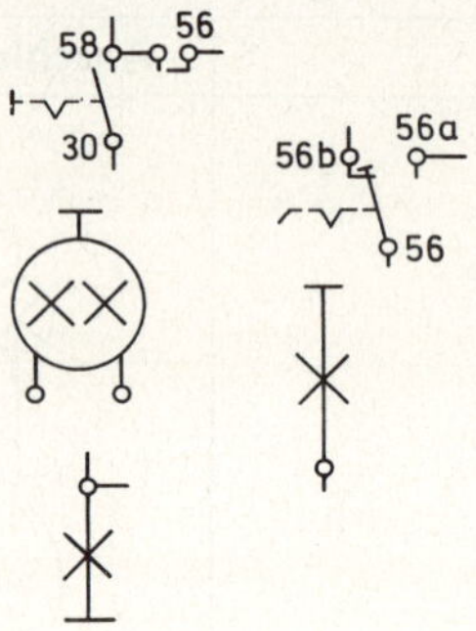	30/56/58
Abblendschalter		56/56a/56b
Fernlicht/Abblendlicht		56a/56b
Standlicht (E1, E2)		58
Rücklicht (E3, E5)		–
Kennzeichenbeleuchtung (E4)		–

Stromlaufplan

zusammenhängende Darstellung	aufgelöste Darstellung
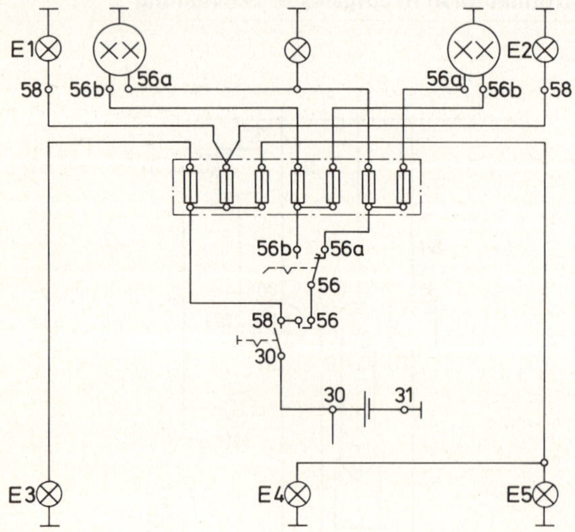	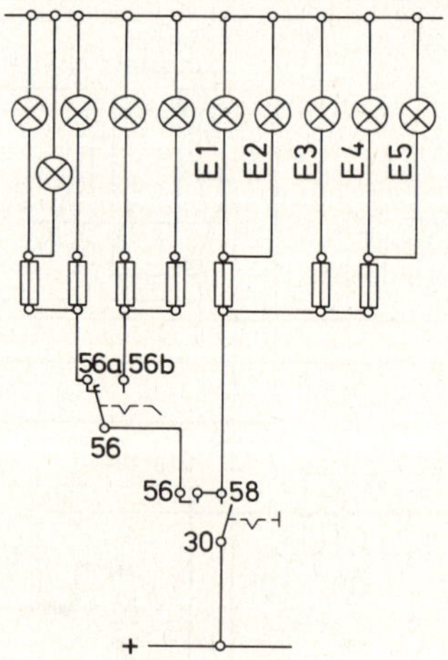

Funktionstabelle

Schalter				Leuchten			
Lichtschalter verbundene Klemmen 30/58	30/56/58	Abblendschalter verbundene Klemmen 56/56b	56/56a	Standlicht (E1, E2)	Abblendlicht	Fernlicht	Rücklicht (E3, E4, E5)
x		x		1 (≙ ein)	0 (≙ aus)	0	0
	x	x		1	1	0	1
	x		x	1	0	1	1

17.2.2 Scheinwerfer und Leuchten

Die Scheinwerfer sollen
- die Fahrbahn gut ausleuchten und dabei den Gegenverkehr nicht blenden,
- die Umrisse des Fahrzeugs kenntlich machen.

Wesentliche Teile des Scheinwerfers sind:

- **Parabolspiegel oder Reflektor**
  Der Parabolspiegel besteht aus Stahlblech oder Kunststoff, dessen Oberfläche innen geschliffen, lackiert und danach aluminiumbeschichtet wird. Er reflektiert und bündelt das Licht und erhöht die Lichtstärke.
- **Streuscheibe**
  Die Streuscheibe besteht aus optischem Spezialglas. Sie enthält Zylinderlinsen, Prismen und Parallelflächen auf der Innenseite, die das vom Reflektor kommende Licht in die gewünschte Richtung verteilen.

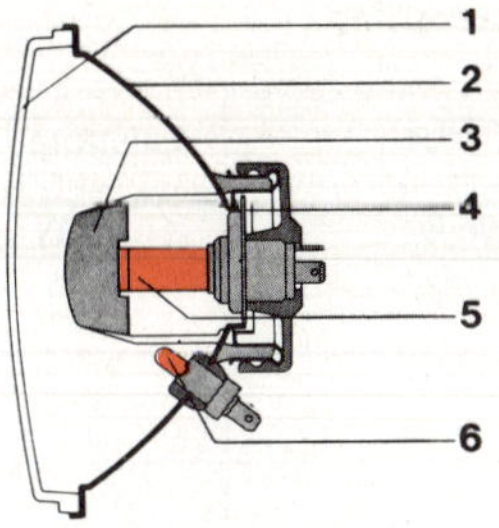

H 4-Scheinwerfer
1 Streuscheibe
2 Reflektor
3 Strahlenblende
4 Lampenfassung
5 H 4-Glühlampe
6 Begrenzungslampe

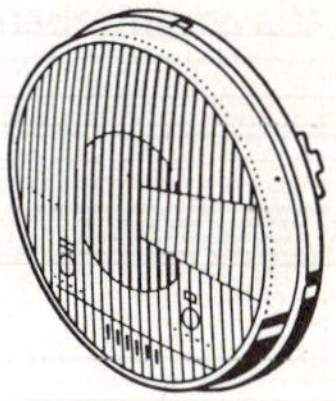

- **Lichtquelle**
  Als Lichtquelle verwendet man Zweifaden- oder Halogenlampen. Im Scheinwerfer ist weiterhin eine Begrenzungsleuchte (Standlicht) untergebracht, um das stehende Auto kenntlich zu machen. Ihre Leistung beträgt 3 ... 5 Watt. Sie brennt sowohl allein als auch bei eingeschaltetem Abblend- bzw. Fernlicht.

Glühlampen

Zweifadenlampe	Halogenlampe
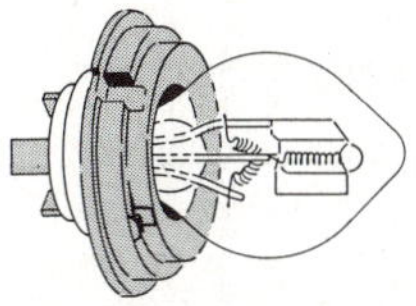	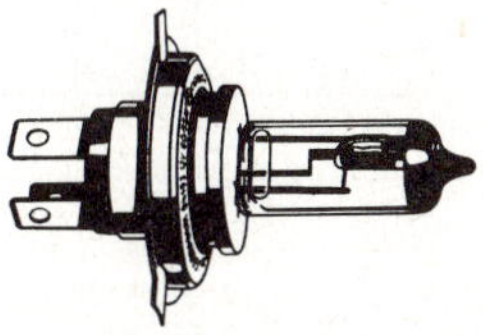
Bei der Zweifadenlampe, auch Biluxlampe genannt, ist eine Glühwendel für das Fernlicht und das Abblendlicht aus Wolfram in einem Glaskolben untergebracht. Durch einen Tellersockel wird die genaue Lage der Glühwendel im Scheinwerfer sichergestellt. Kontaktstifte dienen als Anschlüsse. Die maximale zulässige Leistungsaufnahme der Zweifadenlampe beträgt bei Fernlicht 45 Watt, bei Abblendlicht 40 Watt. ⊖ Das Wolfram verdampft und setzt sich am kälteren Glaskolben ab. Der Glaskolben schwärzt sich im Laufe der Zeit.	Die Halogenlampe (H 4) besitzt eine Abblendlicht- und eine Fernlichtwendel. Der Glaskolben besteht aus Quarzglas. Er ist mit Edelgas gefüllt, dem eine geringe Menge eines Halogens – Brom oder Jod – zugefügt ist. Das verdampfende Wolfram geht mit dem Halogen eine Verbindung ein, die in der Nähe der heißen Glühwendel aufgespalten wird. Das Wolfram setzt sich am Glühfaden an. Die Leistungsaufnahme darf bei Fernlicht 60 Watt, bei Abblendlicht 55 Watt nicht überschreiten. ⊕ Der Glaskolben bleibt klar. Höhere Lichtausbeute

Abblendlicht	Fernlicht
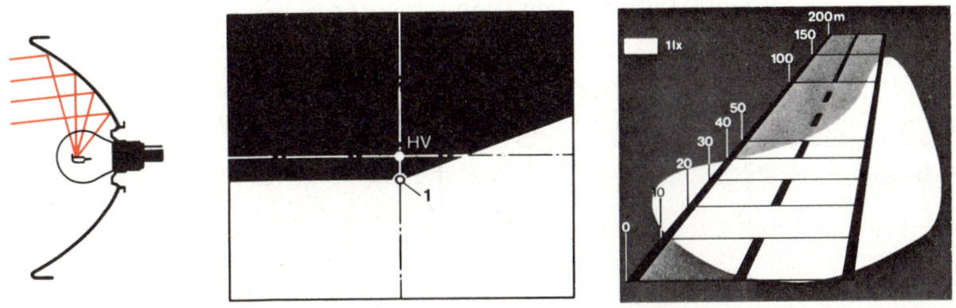	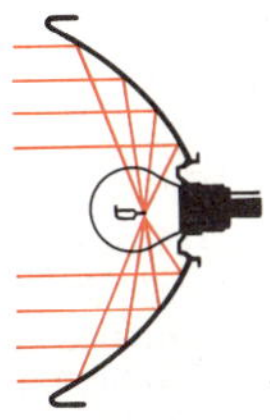
Die Glühwendel liegt vor dem Brennpunkt des Reflektors. Eine Abdeckkappe hindert den Lichtaustritt zur unteren Reflektorhälfte. Es entsteht eine scharfe Helldunkelgrenze. Durch die Abschrägung der Abdeckkappe um 15° auf der linken Seite entsteht ein Knick in der Helldunkelgrenze. Die nach oben austretenden Lichtstrahlen werden nach unten gerichtet reflektiert. Durch die Rippung der Streuscheibe wird die Fahrbahn vor dem Fahrzeug und der Fahrbahnrand gut ausgeleuchtet.	Die Glühwendel liegt im Brennpunkt des Reflektors. Das Licht wird parallel zur Reflektorachse reflektiert. Die Rippen der Streuscheibe lenken die Lichtstrahlen nur gering ab. Die Reichweite des Lichtes ist groß.

Vorgeschriebene Leuchten und Rückstrahler

Leuchten	Anzahl	Farbe	Leistung	Maße	Besonderheiten
Begrenzungs-leuchten	2	weiß	3 ... 5 W	maximal 400 mm von der breitesten Stelle des Fahrzeugs	brennen allein wie auch bei eingeschaltetem Abblend- oder Fernlicht; im Scheinwerfer untergebracht (Standlicht)
Rückstrahler	2	rot		seitlich bis 400 mm vom Fahrzeugumriß, bis 700 mm hoch angebracht	
Schlußleuchten	2	rot	5 Watt	maximal 400 mm von Fahrzeugaußenkante	getrennt abgesichert; brennen bei eingeschaltetem Fern-, Abblend- oder Begrenzungslicht mit
Bremsleuchten	2	rot oder gelb	18 Watt		getrennt oder zusammen mit Schlußleuchte in einer Kammer untergebracht. Mehrkammerleuchte: Verhältnis der Lichtstärke: Brems- zu Schlußlicht = 5:1
Kennzeichen-beleuchtung	2		10 Watt	Kennzeichen muß von 20 ... 25 m Entfernung lesbar sein	

Zulässige Zusatzbeleuchtung

Leuchten Scheinwerfer	Anzahl	Farbe	Leistung	Maße	Besonderheiten
Nebelscheinwerfer	2	weiß bis schwach gelb	35 Watt	nicht höher als die Hauptscheinwerfer	zusammen mit Abblendlicht einschaltbar, bei Fernlicht nicht gestattet
Nebelschluß-leuchte	1	rot	25 Watt	Mindestabstand zum linken Bremslicht: 100 mm vom obersten Rand, höchstens 800 mm über Fahrbahn	
Rückfahrschein-werfer	1 ... 2	weiß	25 Watt	dürfen höchstens 10 m hinter dem Fahrzeug ausleuchten	leuchten nur bei Rückwärtsfahrt, durch grüne Kontrollleuchte angezeigt
Parkleuchten	1 pro Fahrzeugseite oder eine Schluß- und Begrenzungsleuchte	nach vorn weiß, nach hinten rot	5 Watt		
Suchscheinwerfer	1	–		beliebige Anbringung	zusammen mit Schluß- und Kennzeichenleuchte einschaltbar
Fernscheinwerfer	paarweise	weiß	45 Watt	Höhe und seitlicher Abstand beliebig	einschaltbar anstelle des Fernlichts allein oder zusammen mit dem Fernlicht oder zusammen mit dem Abblendlicht

17.3 Signalanlage

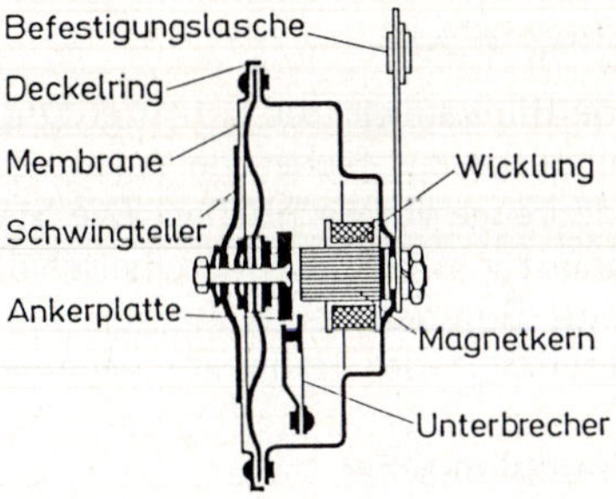

Die Straßenverkehrszulassungsordnung (StVZO) schreibt vor, daß jedes Kfz Hupen oder Hörner zum Abgeben von Warnzeichen besitzen muß.

In der Normalhornanlage wird ein Aufschlaghorn verwendet. Es besitzt ein Antriebssystem (Elektromagnet, Unterbrecher), das die Membrangruppe (Ankerplatte, Schwingteller, Membran) in Schwingungen versetzt.

Das Starktonhorn arbeitet nach dem gleichen Prinzip wie das Normalhorn. Es besitzt allerdings einen größeren Membrandurchmesser und erzielt hierdurch einen volleren Klang und eine größere Lautstärke. Es darf daher nur außerhalb geschlossener Ortschaften verwendet werden.

Elemente Signalanlage

Gerät	Schaltzeichen	Klemmenbezeichnung
Fahrtschalter	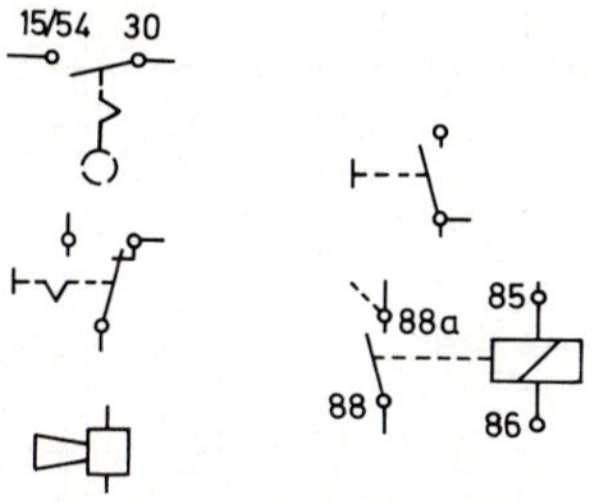	30/15/54
Horntaster		–
Umschalter		–
Relais		88/88a
Horn		–

Stromlaufplan Signalanlage

zusammenhängende Darstellung

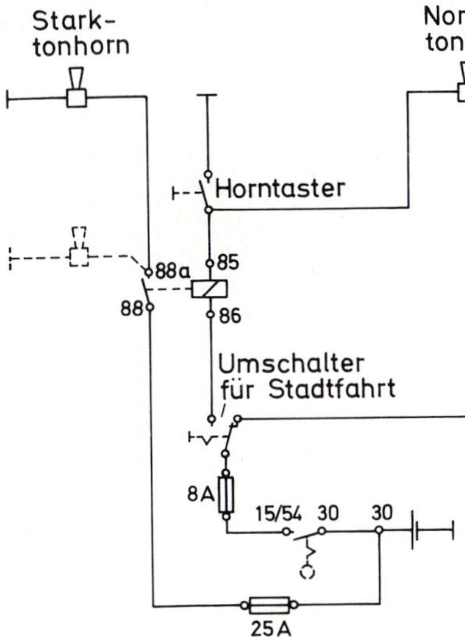

aufgelöste Darstellung

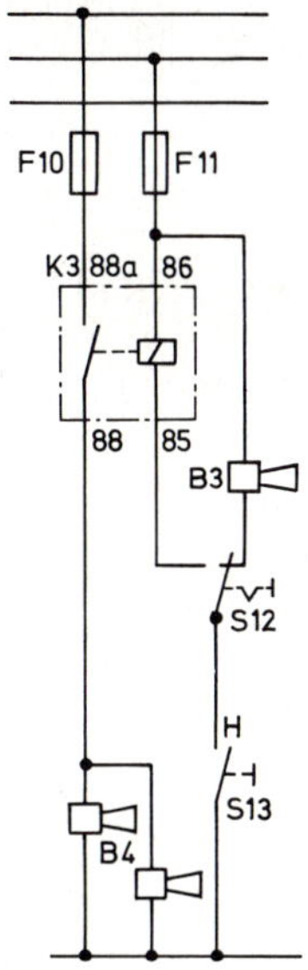

F1 ... Sicherung
K3 Hornrelais
B3 Signalhorn
B4 Starktonhorn
S12 Hornumschalter
S13 Horntaster

Funktionstabelle Signalanlage

Schalter							Horn	
Fahrschalter verb. Klemmen 30/15/54	Horntaster		Umschalter Stellung		Relais		Normalhorn	Starktonhorn
	ein	aus	Stadt	Land	ein	aus		
x		x	x			x	0	0
x	x		x			x	1	0
x	x			x	x		0	1

17.4 Warnblinkanlage

Für Kfz ist eine Blinkanlage zur Fahrtrichtungsanzeige und eine Warnblinkanlage zur Sicherung haltender oder liegengebliebener Fahrzeuge vorgeschrieben. Die StVZO schreibt eine Blinkfrequenz von 60 ... 120 Doppelschaltungen in der Minute vor. Aus Gründen der Sicherheit soll das Blinken beim Einschalten mit der Hellphase beginnen. Weiterhin muß der Ausfall einer Blinkleuchte dem Fahrer deutlich angezeigt werden, z.B. durch Verdopplung der Blinkfrequenz.

Im Fahrzeug wird ein Blinkgeber sowohl für das Warn- als auch für das Richtungsblinken verwendet. Das Aus- und Einschalten der Blinkleuchten besorgt ein Blinkrelais, das von einem elektronischen Taktgeber gesteuert wird.

Elemente Warnblinkgeber

Blockschaltplan des elektronischen Warnblinkgebers

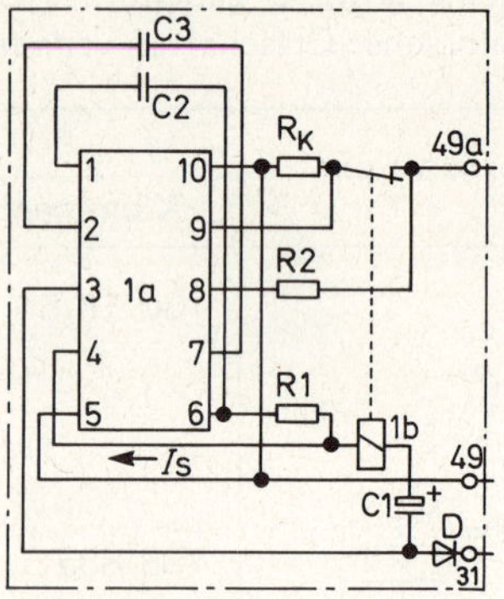

Warnlichtschalter

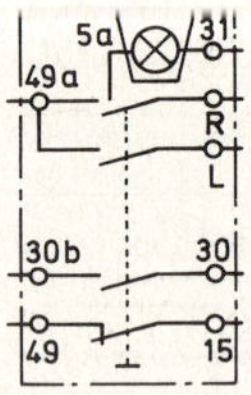

Blinkerschalter

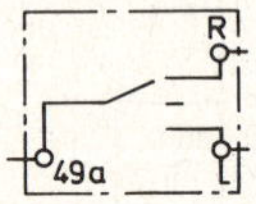

Zündschalter

Leuchten

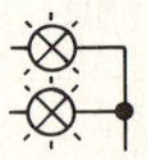

Schaltplan Warnblinkgeber

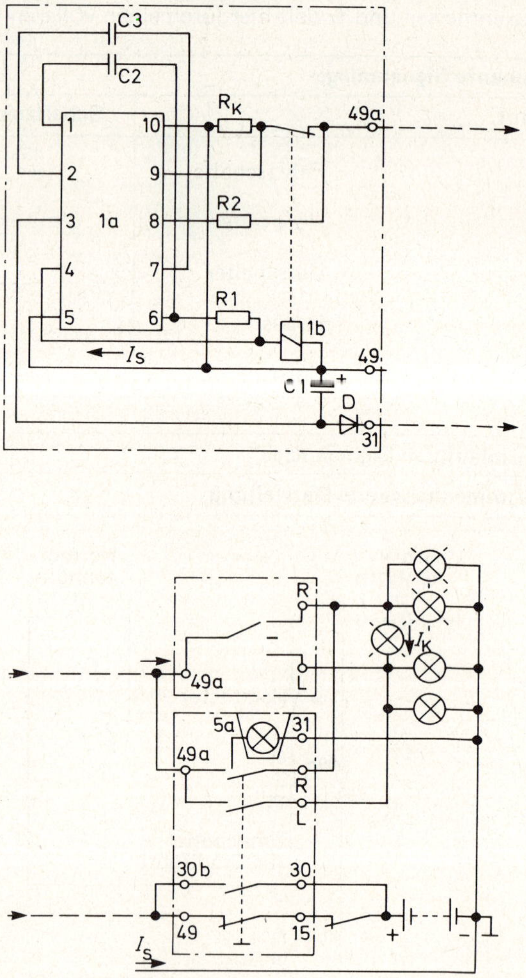

Funktionstabelle

Schalter											Blinkleuchten	
Zündschalter		Blinkerschalter			Warnlichtschalter				Relais			
ein	aus	49a/R	49a/L	49a/0	15/49	30/30b	L/49a	R/49a/31	ein	aus	links	rechts
	x	x			x				x		0	0
x		x			x				x	x	0	1/0
x			x		x				x	x	1/0	0
x				x	x				x		0	0
x				x	x	x	x	x	x	x	1/0	1/0
	x			x	x	x	x	x	x	x	1/0	1/0

ZUSAMMENFASSUNG Elektrische Anlagen

Technische Stromrichtung

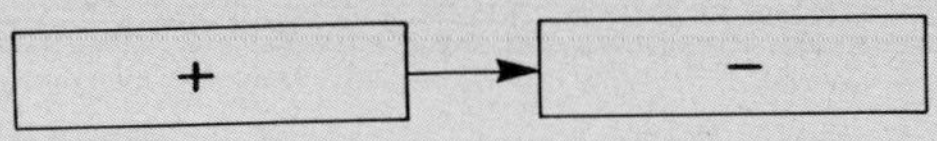

Beleuchtung

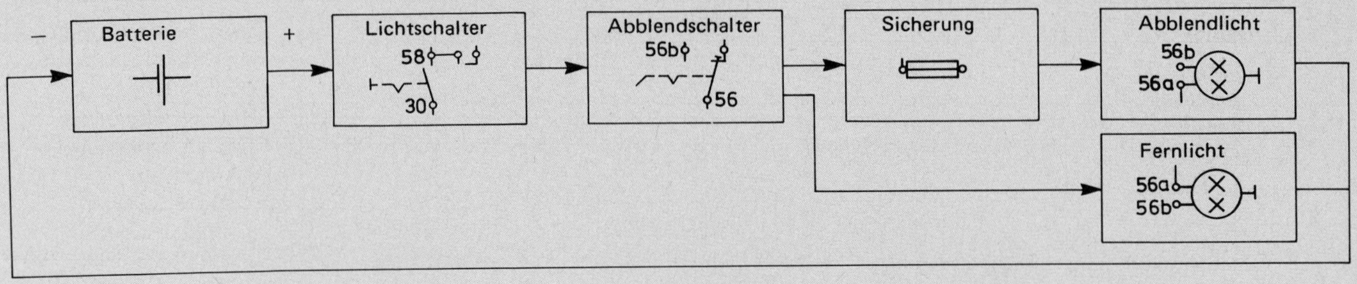

Signalanlage

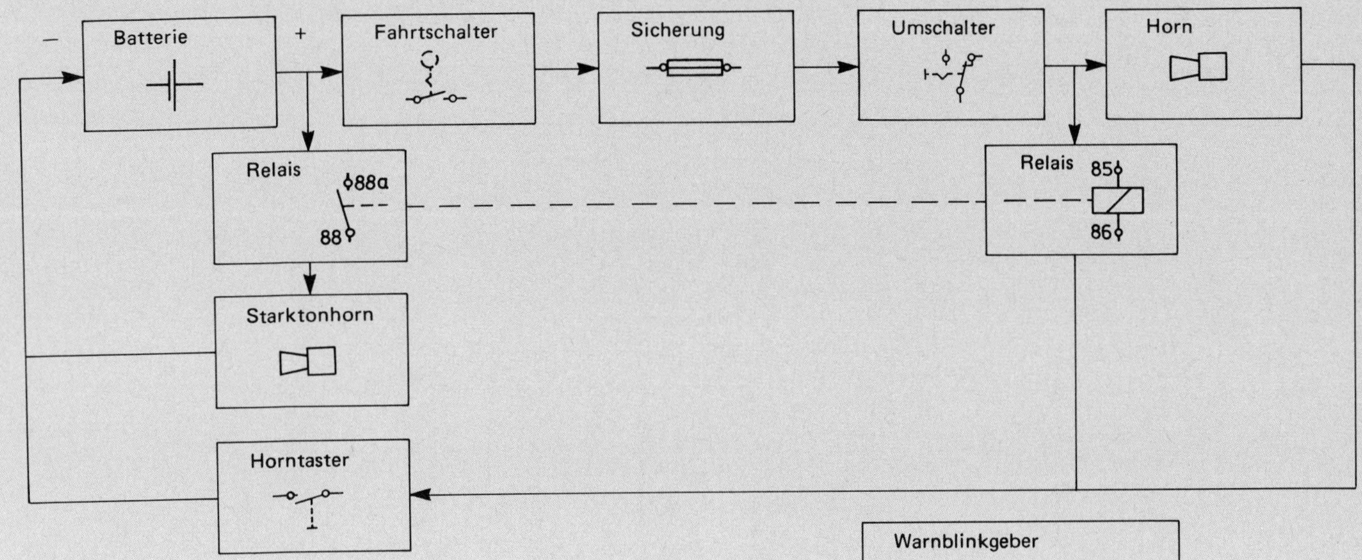

Warnblinkanlage

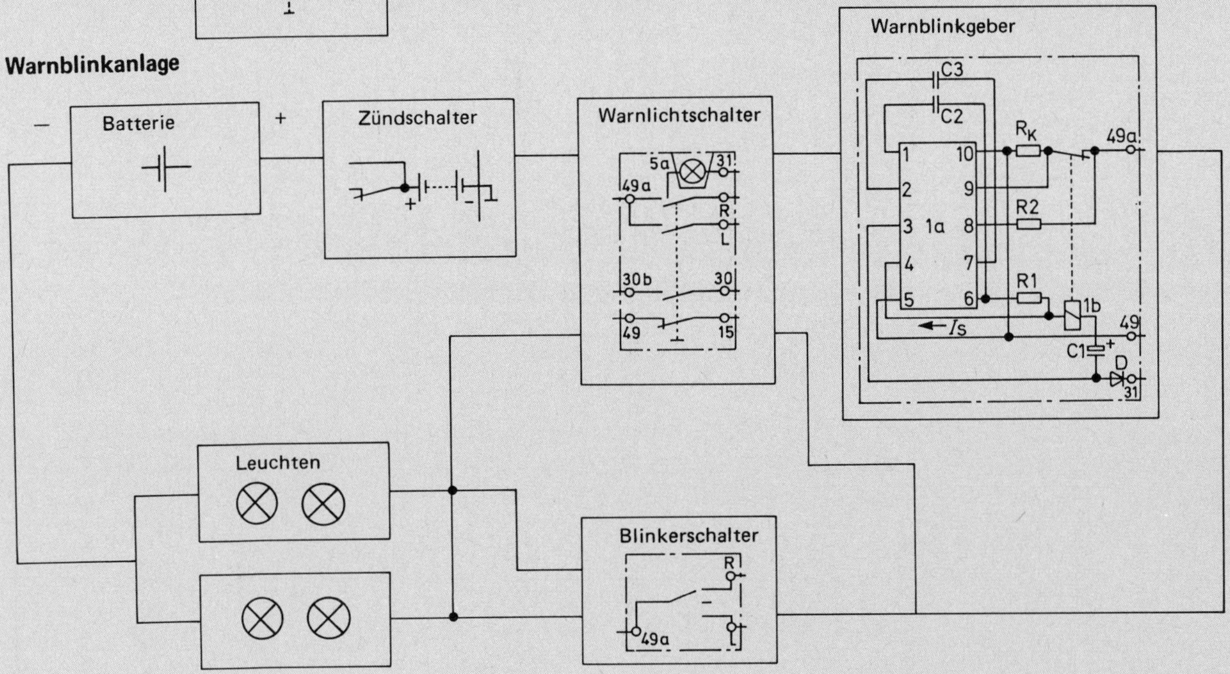

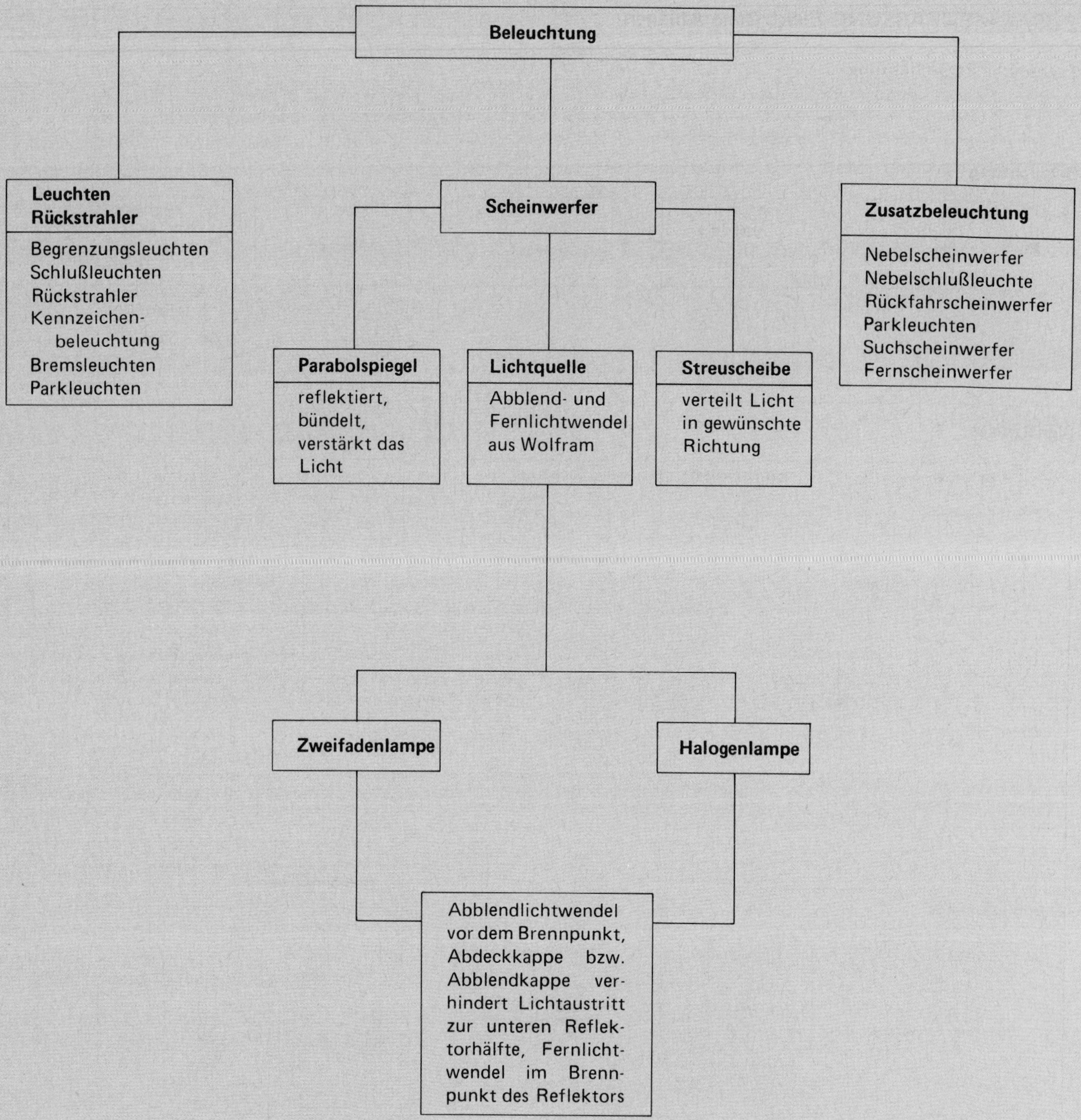
Beleuchtung
Leuchten Rückstrahler
Begrenzungsleuchten
Schlußleuchten
Rückstrahler
Kennzeichen-beleuchtung
Bremsleuchten
Parkleuchten
Scheinwerfer
Zusatzbeleuchtung
Nebelscheinwerfer
Nebelschlußleuchte
Rückfahrscheinwerfer
Parkleuchten
Suchscheinwerfer
Fernscheinwerfer
Parabolspiegel
reflektiert, bündelt, verstärkt das Licht
Lichtquelle
Abblend- und Fernlichtwendel aus Wolfram
Streuscheibe
verteilt Licht in gewünschte Richtung
Zweifadenlampe
Halogenlampe
Abblendlichtwendel vor dem Brennpunkt, Abdeckkappe bzw. Abblendkappe verhindert Lichtaustritt zur unteren Reflektorhälfte, Fernlichtwendel im Brennpunkt des Reflektors

Kfz-Meßtechnik

Zu den häufigsten Fehlerquellen in elektrischen Anlagen gehören Leitungsbrüche und Kontaktschwierigkeiten, z.B. zu hohe Übergangswiderstände in Schaltern. Solche Fehler lassen sich durch Einkreisen mit Meßgeräten bestimmen. Voraussetzung für eine erfolgreiche Fehlersuche ist, daß der Kfz-Mechaniker einmal die Wirkungsweise der einzelnen Bauteile, zum anderen ihre Funktion im Wirkungszusammenhang mit anderen Bauteilen kennt (Schaltplan).

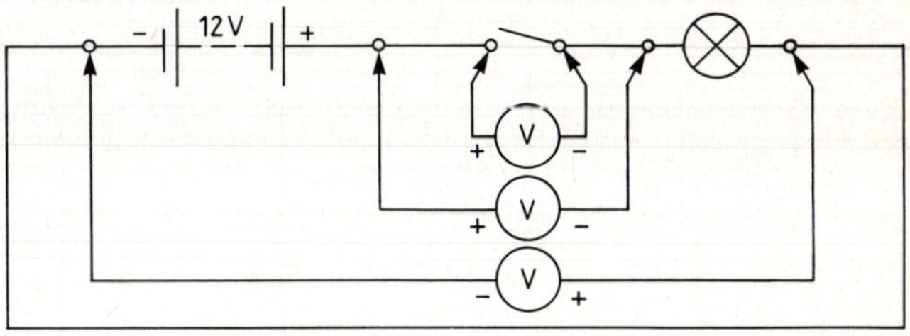

Spannungsmessung

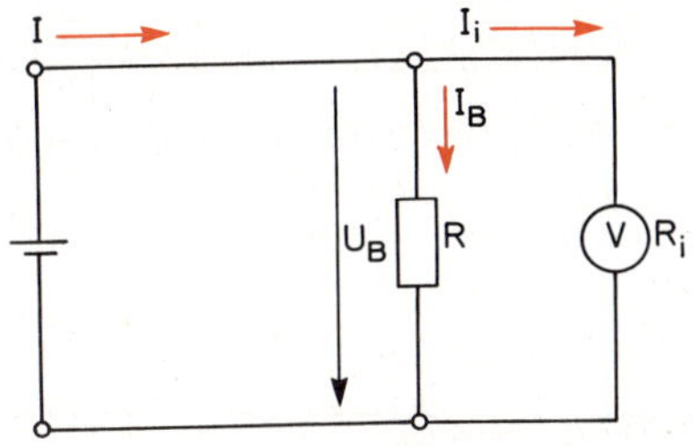

Die elektrische Spannung wird mit einem Spannungsmesser (Voltmeter) gemessen. Mit dem Spannungsmesser wird der Ladungsunterschied zwischen den Anschlußklemmen des Verbrauchers ermittelt.

Spannungsmesser und Verbraucher sind parallel geschaltet.

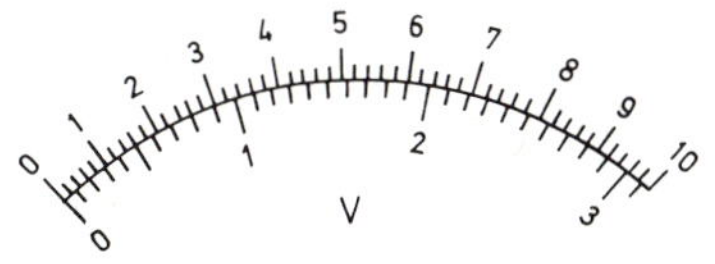

Ist die zu messende Spannung höher als der Meßbereichsendwert, kann der Meßbereich durch einen Vorwiderstand erweitert oder ein anderer Meßbereich gewählt werden.

Strommessung

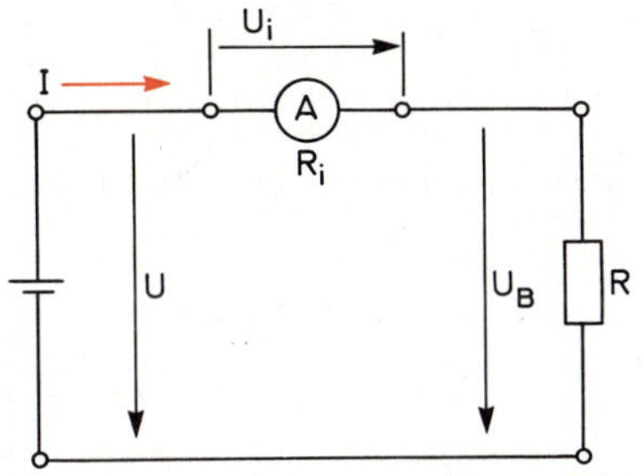

Die Stromstärke wird mit einem Strommesser (Amperemeter) gemessen. Der gesamte Strom muß durch das Meßgerät fließen.

Der Strommesser wird unmittelbar in den Stromkreis geschaltet.

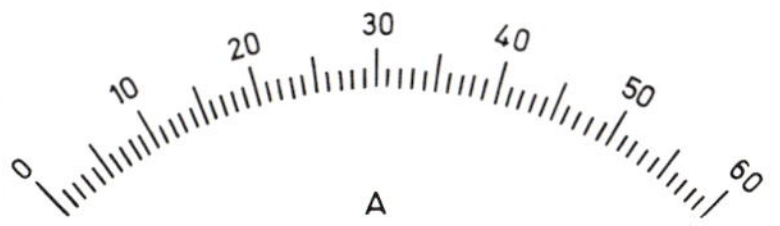

Reicht der Meßbereich des Strommessers nicht aus, muß ein Widerstand parallel geschaltet werden oder ein anderer Meßbereich gewählt werden.

Widerstandsmessung

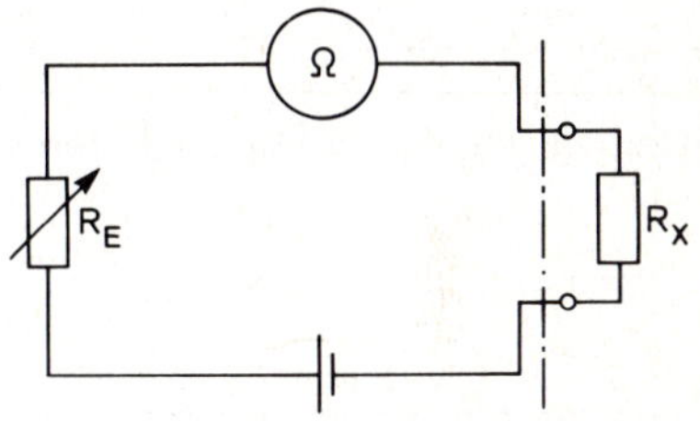

Mit dem Widerstandsmesser (Ohmmeter) läßt sich eine direkte Widerstandsmessung durchführen.

Das Gerät enthält einen in Ohm geeichten Strommesser und eine Batterie. Vor jeder Messung muß das Meßgerät geeicht werden, um Spannungsänderungen der Spannungsquelle zu berücksichtigen. Hierzu werden die Anschlußleitungen untereinander verbunden und der Zeiger auf Null eingestellt.

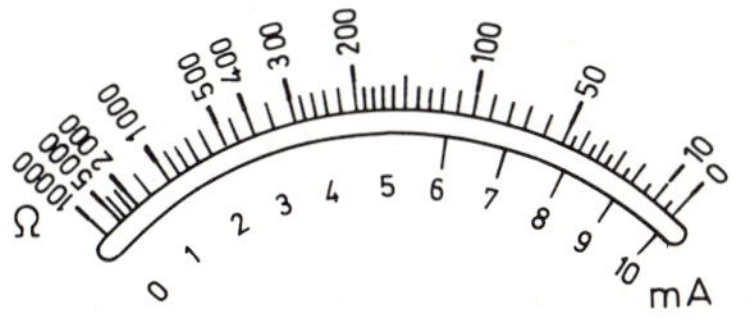

Je größer der Widerstand ist, um so schwächer ist der Strom. Bei Vollausschlag ist der Widerstand Null. Die Widerstandsskala verläuft entgegengesetzt zur Stromskala.

Spannungsabfall messen	Strom messen	Übergangswiderstand messen
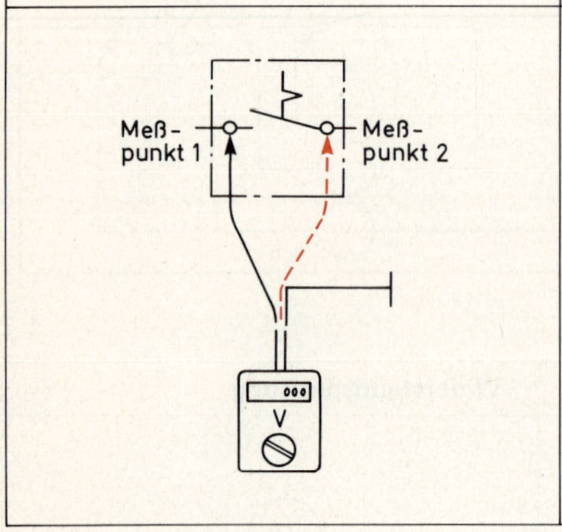	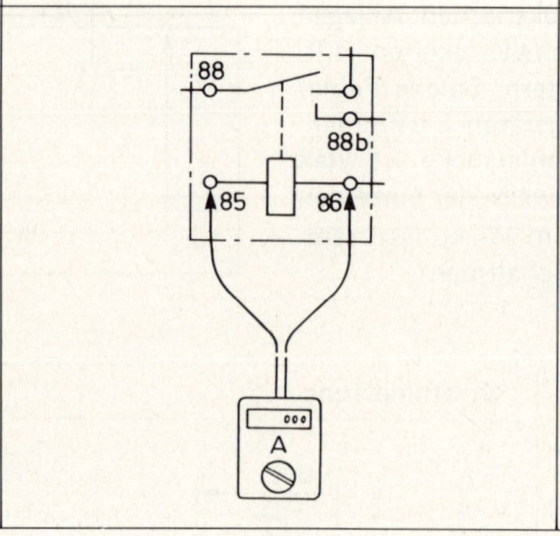	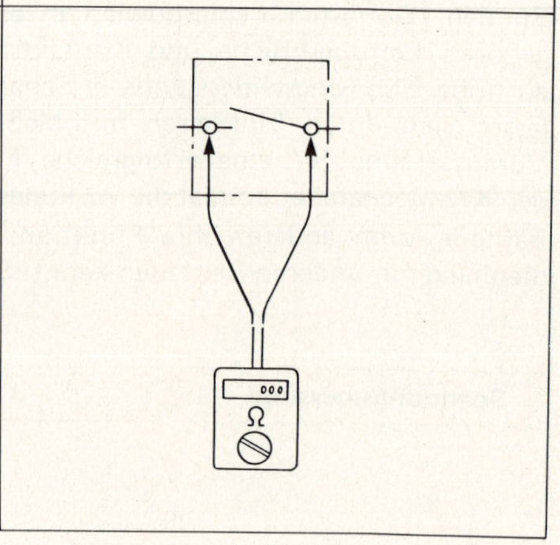

Mit einem Vielfachmeßgerät lassen sich alle drei Größen messen. Über Drucktasten wird die zu messende Größe gewählt.

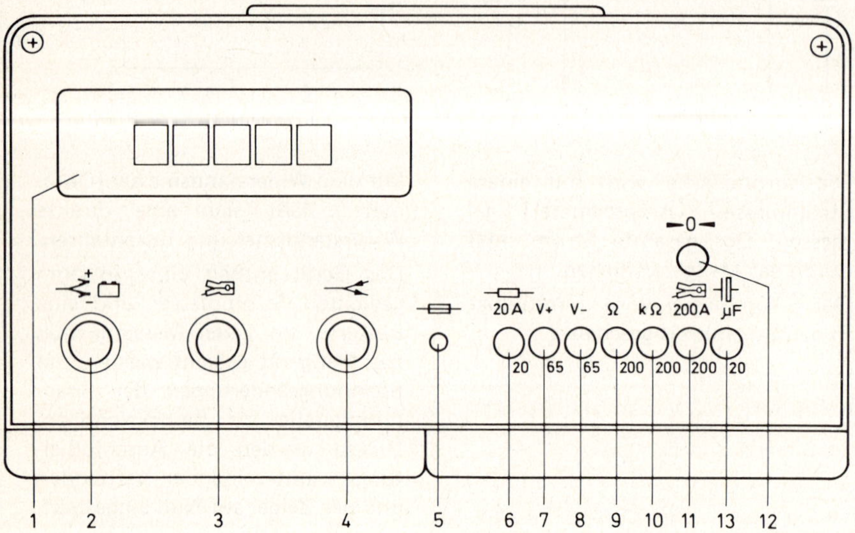

1 Digital-Anzeige
2 Anschluß des Spannungsversorgungskabels
3 Anschluß der Strommeßzange
4 Anschluß der Meßleitung
5 Sicherungsautomat
6 Strommessung über Shunt
7 Wechselspannung (0 bis zum positiven Spitzenspannungswert)
8 Gleichspannungsmessung
9 Widerstandsmessung (Ω-Bereich)
10 Widerstandsmessung (kΩ-Bereich)
11 Strommessung über Strommeßzange
12 Elektrischer Nullpunktabgleich (nur wirksam bei Strommessungen über Strommeßzange)
13 Kapazitätsmessung

Spannung messen	Strom messen	Widerstand messen
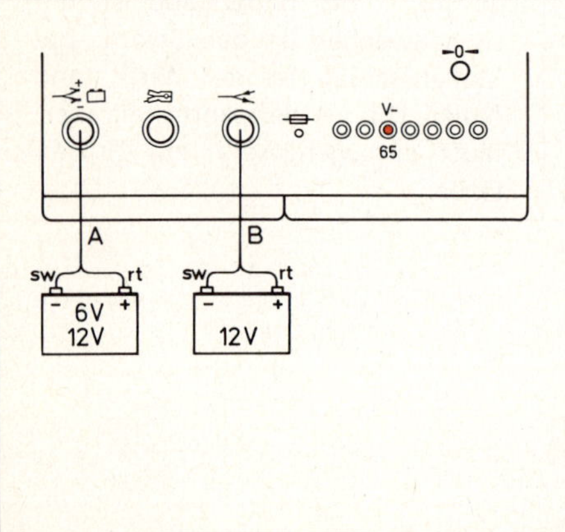	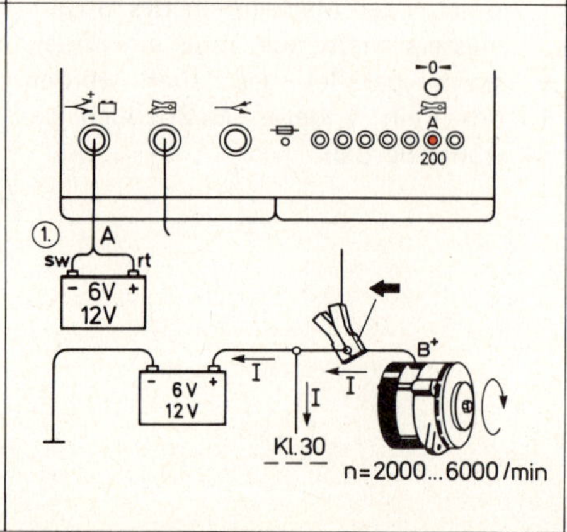	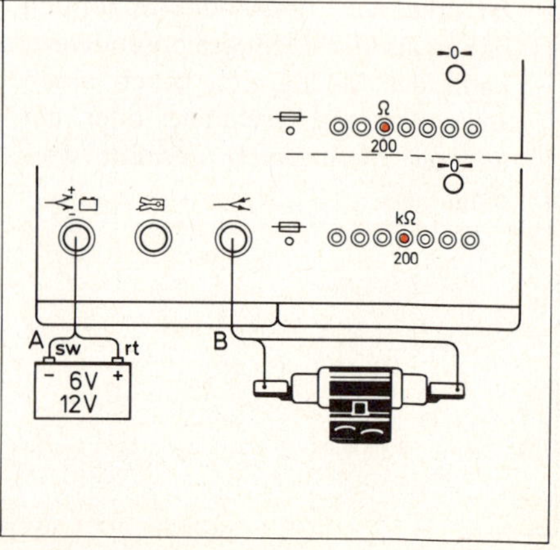

ANALYSE Beleuchtungs- und Signalanlage

Entwickeln Sie die Funktionstabelle aller beteiligten Spannungserzeuger, Verbraucher Schalter, Relais.

Schaltplan 1: Abblendlicht eingeschaltet
Schaltplan 2: Nebelscheinwerfer eingeschaltet
Schaltplan 3: Abblend- u. Nebelscheinwerfer eingeschaltet
Parklicht eingeschaltet
Warnblinkanlage eingeschaltet
Fahrtrichtungsanzeige nach links eingeschaltet

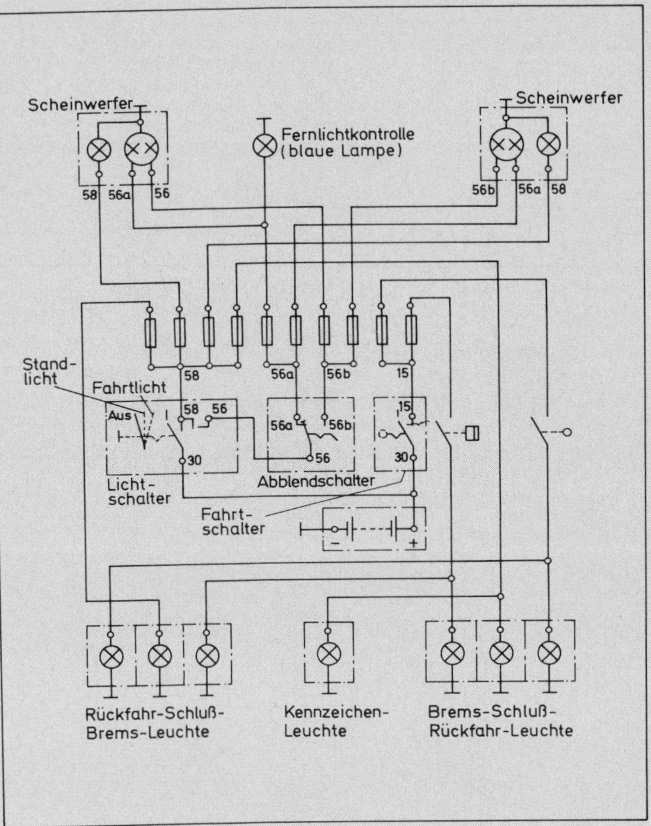

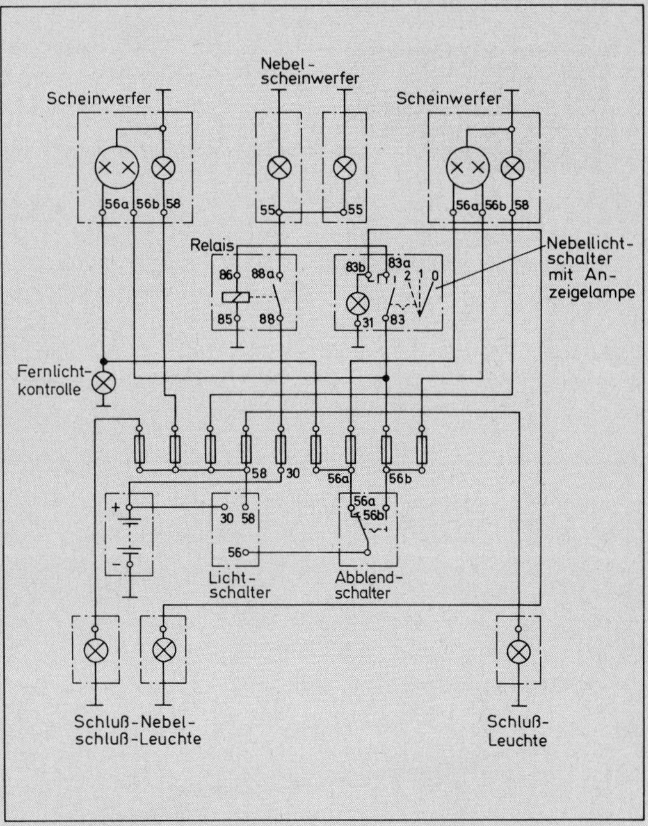

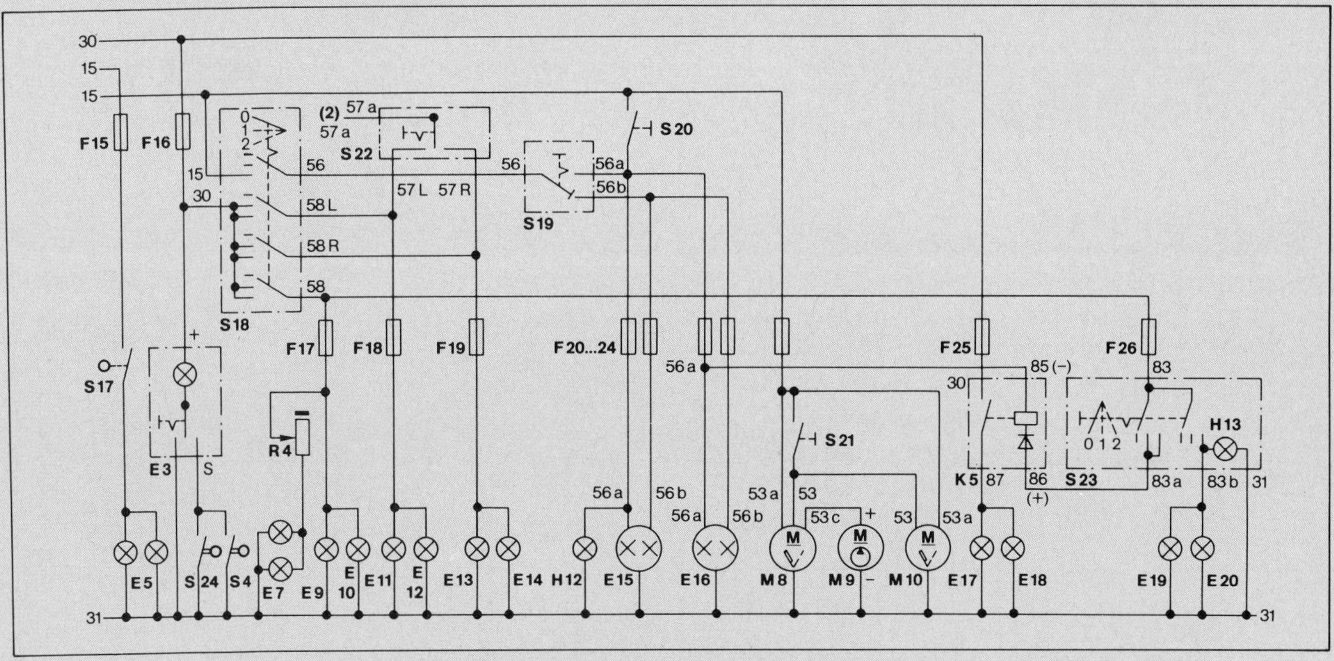

ARBEITSPLANUNG Beleuchtungsanlage

Entwickeln Sie die Arbeitspläne der dargestellten Prüf- und Einstellarbeiten für Fahrzeuge der von Ihrem Ausbildungsbetrieb vertretenen Automarke, indem Sie

- die Reihenfolge der Arbeits- bzw. Prüfgänge,
- die Auswahl der Werkzeuge bzw. Prüfmittel bzw. Ersatzteile,
- die zu beachtenden Regeln

angeben und begründen.

Scheinwerfer einstellen

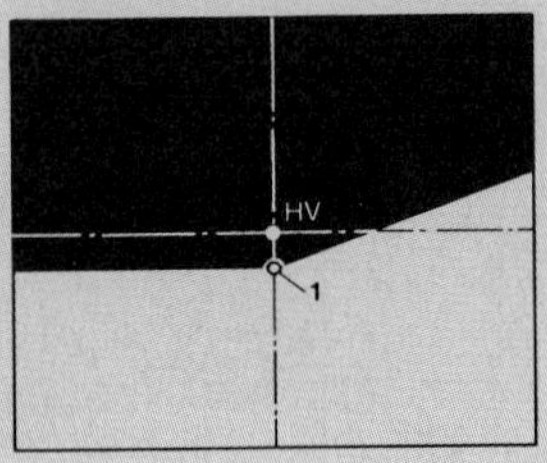

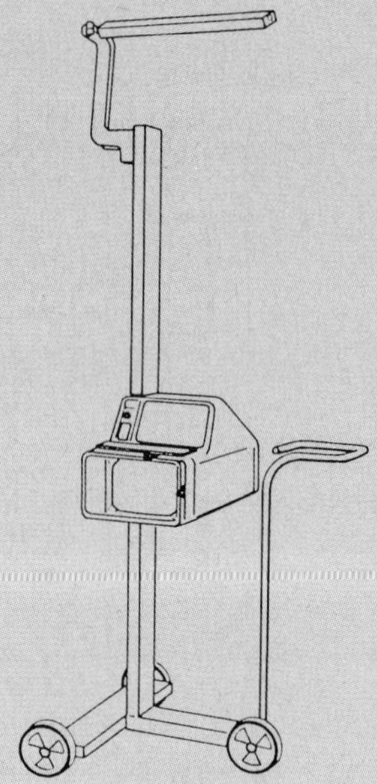

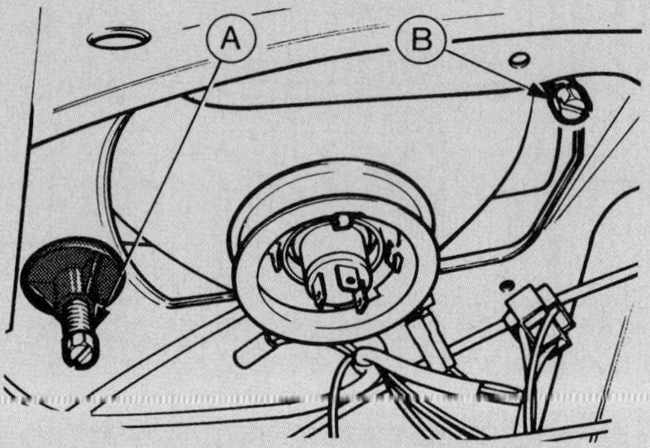

Lampen auswechseln

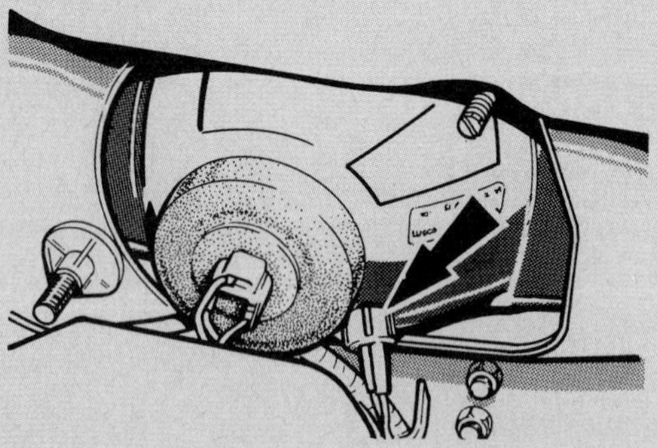

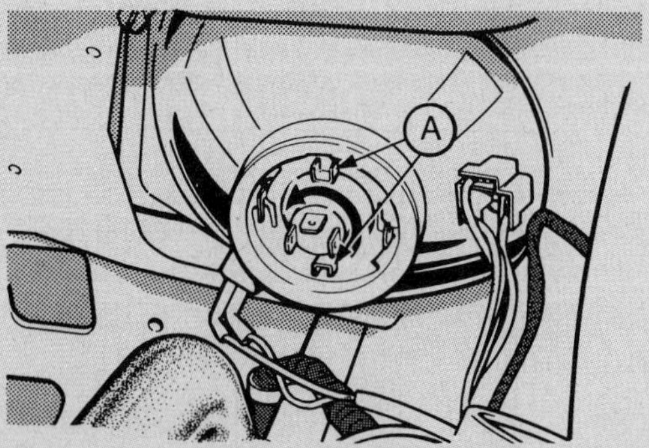

Störungssuche bei zu dunklen Scheinwerfern

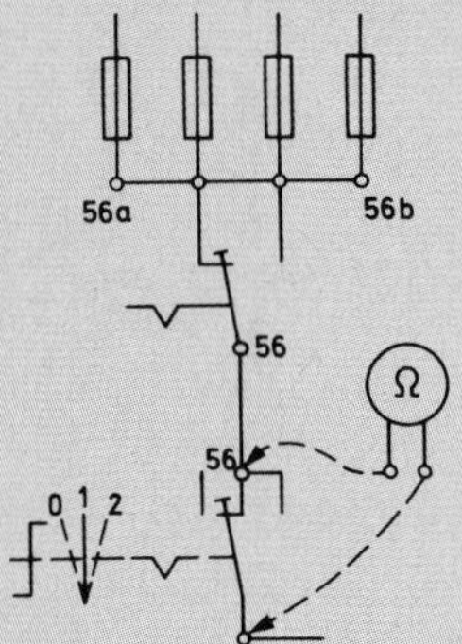

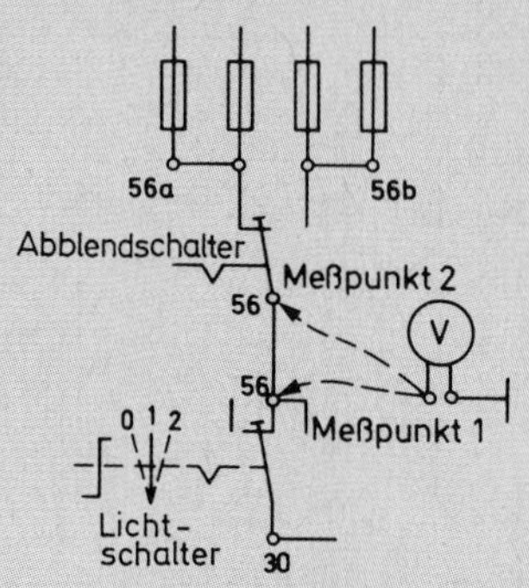

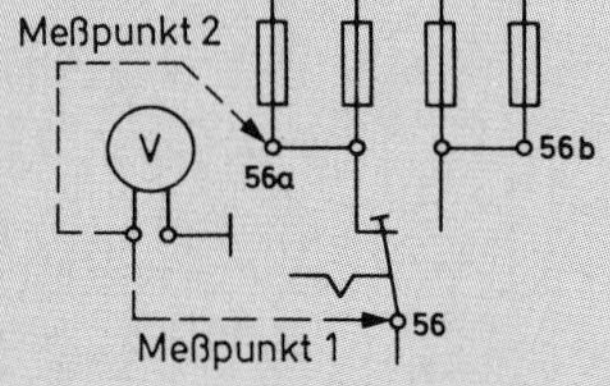

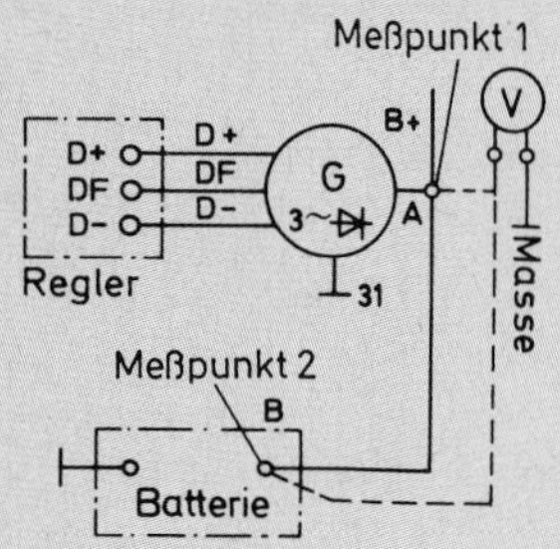

18 Elektronische Steuerungs- und Regelungssysteme im Kfz

Die Anforderungen, die Gesetzgeber und Kunden an das Kfz in bezug auf Sicherheit, Kraftstoffverbrauch, Schadstoffemission, Fahrverhalten und Fahrkomfort stellen, lassen sich nur durch den Einsatz elektronischer Systeme erfüllen. Die elektronischen Systeme ermöglichen es, die im Motor, im Antriebsstrang, beim Bremsen usw. ablaufenden Prozesse durch Steuern und Regeln zu optimieren.

Bordcomputer

Elektronische Anzeige

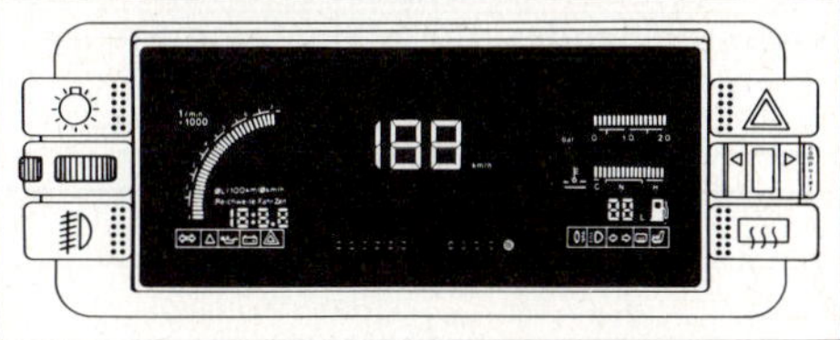

Elektronische Heizautomatik

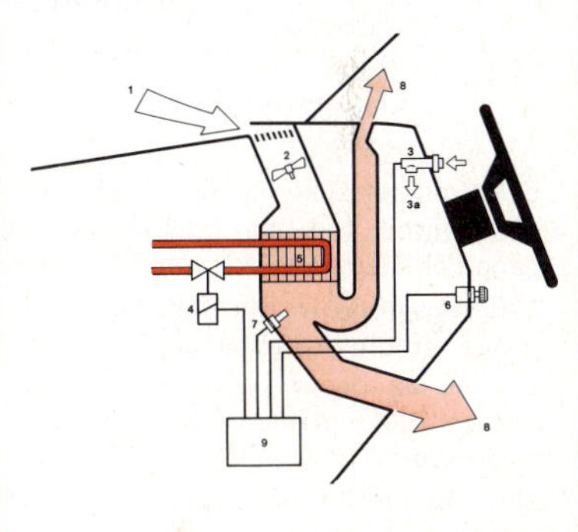

Airbag

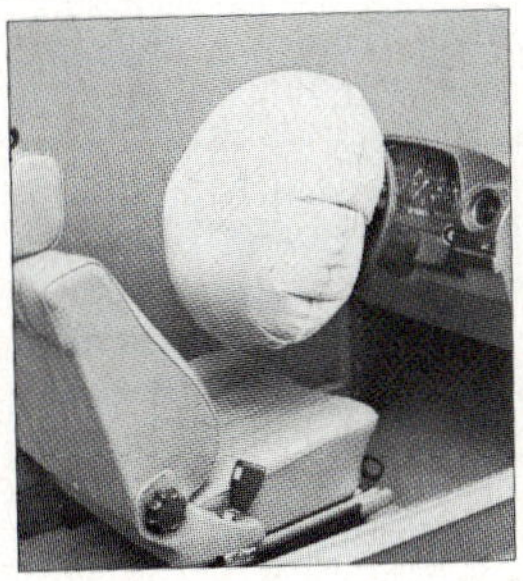

Anti-Blockier-System

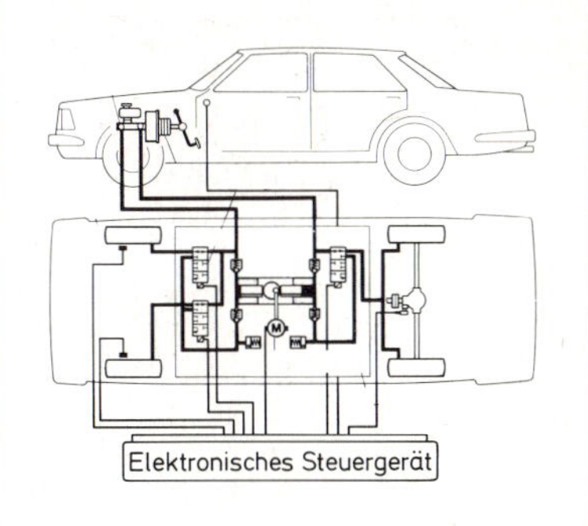

Elektronische Getriebesteuerung

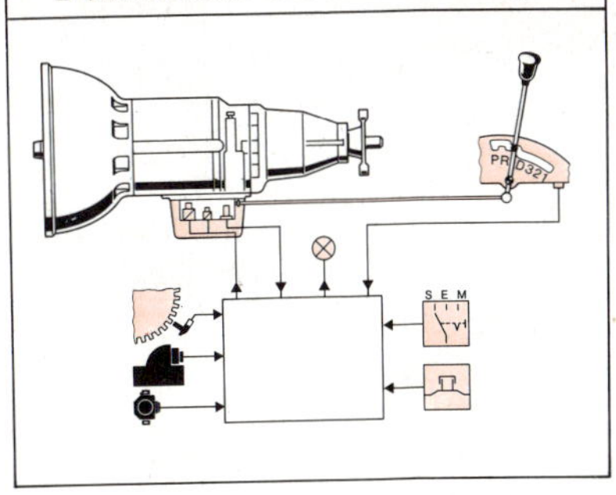

Kombiniertes Zünd- und Gemischbildungssystem

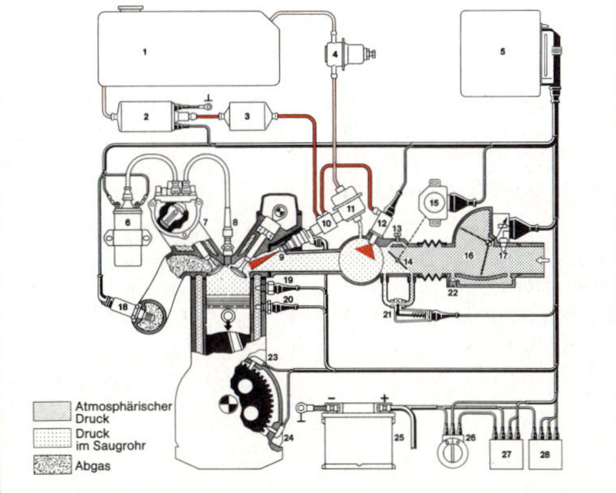

18.1 Grundlagen der Steuerungs- und Regelungstechnik

18.1.1 Steuersysteme

Das Steuern ist nach DIN 19 226 ein Vorgang in einem System, bei dem Ausgangsgrößen durch Eingangsgrößen beeinflußt werden.

Kennzeichen der Steuerung ist:

- Die Steuerungsglieder sind in Kettenstruktur aneinander gereiht und wirken aufeinander. Sie bilden eine Steuerkette.
- Der Wirkungsablauf ist offen, d.h. von der Steuerstrecke ergeht keine Rückmeldung an die Steuereinrichtung über den erreichten Zustand.
- Die Steuerung bekämpft nur die Auswirkungen der Störgrößen, die vom Steuergerät gemessen werden. Die anderen Störgrößen wirken sich ungehindert auf die Steuerstrecke aus.

Eine Steuerung besteht aus der Steuereinrichtung und der Steuerstrecke.

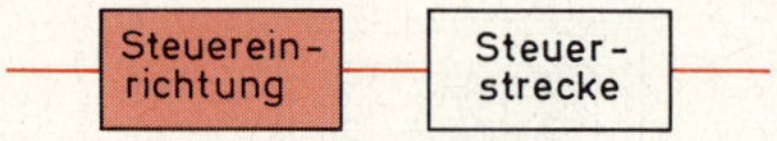

Steuerkette	**Elektronisch gesteuerte Benzineinspritzung**

Steuerkette

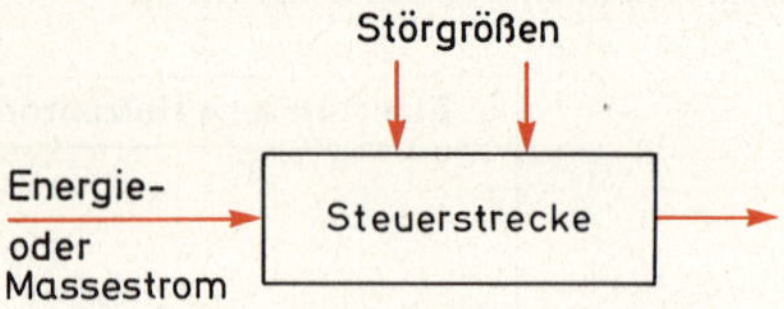

Die Steuerstrecke ist der durch die Steuerung zu beeinflussende Anlagenteil. Sie liegt im Energie- oder Massestrom, der am Eingang der Steuerstrecke vom Stellglied beeinflußt wird.

Eingangsgröße in die Steuerstrecke ist die Stellgröße, Ausgangsgröße ist die Aufgabengröße. Die Aufgabengröße ist die Größe, die die zu beeinflussende Aufgabe der Steuerung ist. Auf die Steuerstrecke wirken Störgrößen, die den Ablauf der Steuerung verändern.

Die Stellgröße wird durch eine Informationsverarbeitung ermittelt.

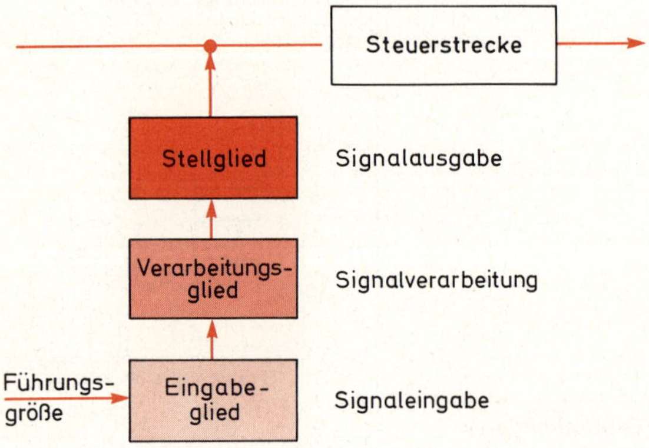

Über das Eingabeglied wird die Führungsgröße als Signal in die Steuerkette eingegeben. Die Führungsgröße wird nicht unmittelbar von der Steuerung beeinflußt, bestimmt aber die Ausgangsgröße. Die von der Steuerung gemessenen Störgrößen, die auf die Steuerstrecke einwirken, werden ebenfalls dem Eingabeglied zugeleitet.

Das Steuerglied verknüpft und verarbeitet die Signale nach bestimmten logischen Gesetzen und gibt Stellbefehle an die Stellglieder. Die Stellglieder führen die Stellbefehle aus und greifen in den Energie- oder Massestrom der Steuerstrecke ein.

Elektronisch gesteuerte Benzineinspritzung

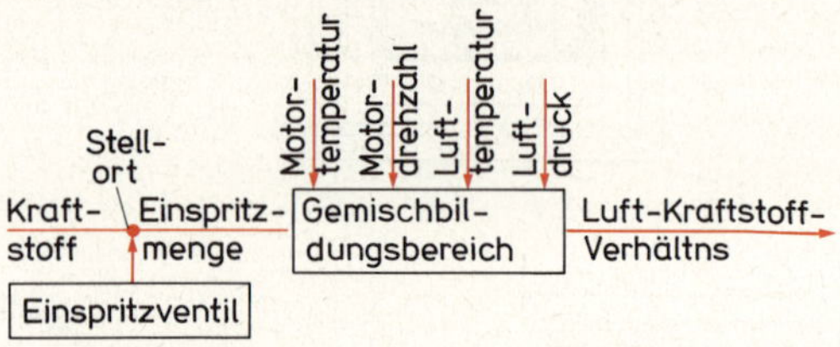

Steuerstrecke ist der Gemischbildungsbereich für die unterschiedlichen Betriebszustände des Motors.

Die Einspritzventile greifen als Stellglieder in den Kraftstofffluß des Kraftstoffsystems ein. Stellgröße ist die Einspritzmenge, Aufgabengröße das Luft-Kraftstoffverhältnis im Ansaugrohr. Unterschiedliche Betriebsbedingungen des Motors beeinflussen die Gemischzusammensetzung. Störgrößen sind Motordrehzahl (Last), Motortemperatur, Lufttemperatur, Luftdruck und Batteriespannung.

Die Einspritzimpulse werden durch eine Informationsverarbeitung gebildet.

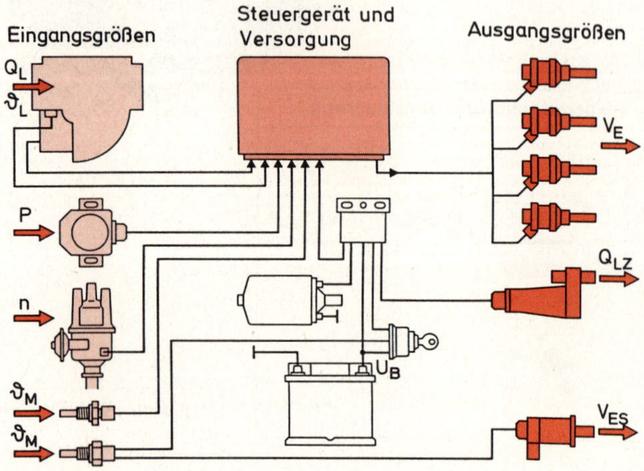

Über Sensoren werden die Eingangsgrößen ermittelt:

- Führungsgröße Luftmenge mit dem Luftmengenmesser
- die Störgrößen Drehzahl mit dem Induktionsgeber, Temperatur mit dem Temperaturfühler, Vollast und Leerlauf mit dem Drosselklappenschalter

Das elektronische Steuergerät verarbeitet die von den Sensoren gelieferten Signale und bildet daraus die Steuerimpulse für die Einspritzventile. Die Einspritzventile greifen in den Kraftstofffluß des Kraftstoffsystems ein und spritzen Kraftstoff in die Einzelsaugrohre ein. Die Dauer der Steuerimpulse bestimmen die Öffnungsdauer der Einspritzventile und damit die Einspritzmenge.

18.1.2 Regelsysteme

Das Regeln ist ein Vorgang, bei dem die zu regelnde Größe, die Regelgröße, fortlaufend erfaßt und mit der Führungsgröße verglichen und ihr entsprechend angepaßt wird.

Kennzeichen der Regelung ist:

- Der Wirkungsablauf vollzieht sich in einem geschlossenen Kreis, dem Regelkreis.
- Die Regelung bekämpft den Einfluß aller Störgrößen.

In der Regelungstechnik verwendet man für gleichartige Größen und Funktionen die gleichen Begriffe wie in der Steuerungstechnik.

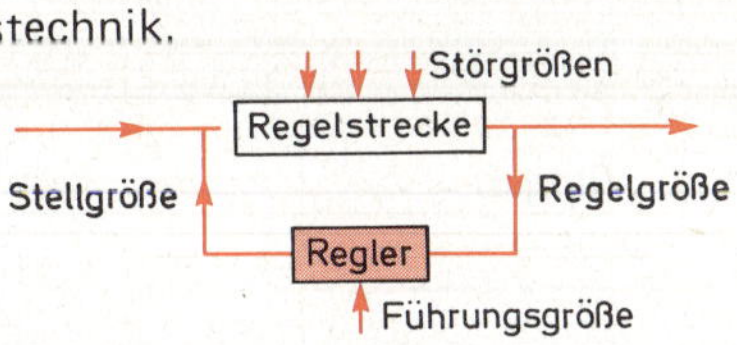

Regelkreis

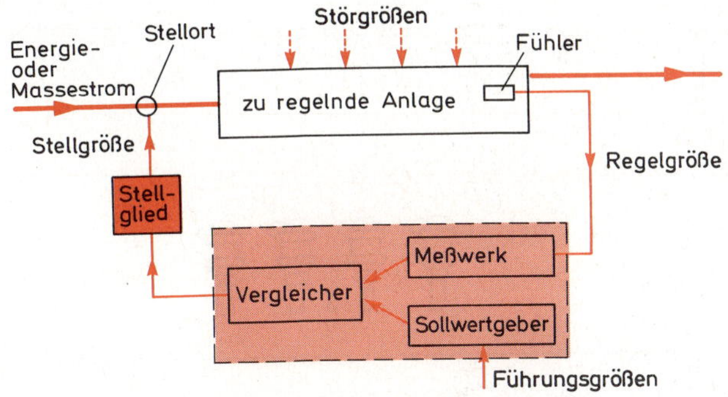

Der Regelkreis besteht aus:

- Meßfühler
- Regler
- Stellglied
- Regelstrecke

Regelstrecke ist die zu regelnde Anlage. Auf die Regelstrecke wirken Störgrößen ein.

Ausgangsgröße der Regelstrecke ist die zu regelnde Größe, die Regelgröße, die auch als Istwert der Regelgröße bezeichnet wird. Sie wird dem Regler zugeführt und hier mit der Führungsgröße (Sollwert der Regelgröße) verglichen.

Im Regler erfolgt die Informationsverarbeitung. Hierzu benötigt er mindestens 3 Schaltungsgruppen:

- Meßeinrichtung
  Sie nimmt den Istwert der Regelgröße ständig auf. Vor der Meßeinrichtung liegt meist ein Sensor, der die Ausgangsgröße der Regelstrecke in ein elektrisches Signal umwandelt, das die Meßeinrichtung des Reglers verarbeiten kann.
- Sollwerteinsteller
  Der Sollwerteinsteller wird auf den Sollwert der Regelgröße, die Führungsgröße, eingestellt.
- Soll-Istwert-Einsteller
  Im Vergleicher erfolgt ein Vergleich des über die Meßeinrichtung gelieferten Istwertes der Regelgröße und der im Sollwerteinsteller fest eingestellten Führungsgröße. Er bildet die Regelabweichung und gibt, wenn sie nicht Null ist, Spannungssignale an das Stellglied ab.

Das Stellglied greift am Stellort in den Energie- oder Massestrom der Anlage ein.

Lambda-Regelung

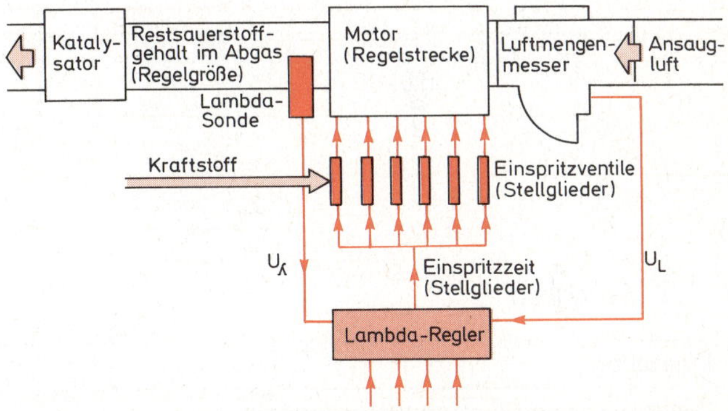

Die Lambda-Regelung setzt sich aus folgenden Elementen zusammen:

- Lambda-Sonde
- Lambda-Regler
- Einspritzventil

Regelstrecke ist der Motor.

Die Führungsgröße ist der Sollwert der Regelspannung, bei dem das Luftverhältnis $\lambda = 1$ ist. Regelgröße ist der Restsauerstoffgehalt im Abgas. Störgrößen sind z.B. die Kurbelgehäuseentlüftung, Undichtheiten oder ungenaue Vorsteuerung.

M Meßwertumformer,
SE Sollwerteinsteller,
VG Vergleicher,
SV Signalverstärker,
I Integrator,
SÜ Sondenüberwachung

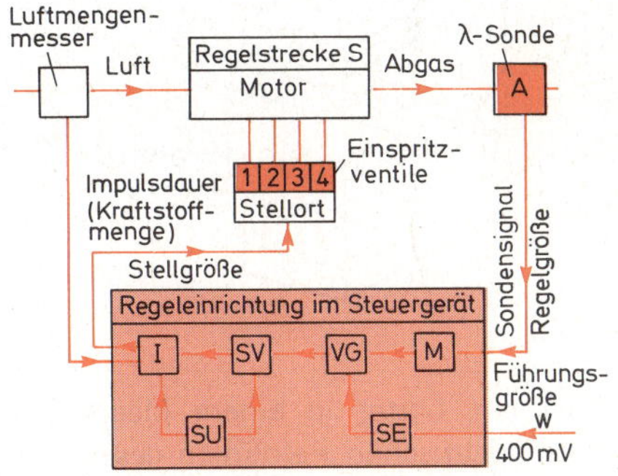

Die Lambda-Sonde liefert ein Sondensignal U_λ über den augenblicklichen Restsauerstoffgehalt im Abgas.

Im Sollwerteinsteller wird die Führungsgröße, der Sollwert der Regelspannung von 400 mV eingestellt. Im Vergleicher wird ständig die Regelabweichung zwischen Führungsgröße und Regelgröße ermittelt. Ist sie Null, liegt das Luft-Kraftstoff-Verhältnis bei $\lambda = 1$.

Bei Regelabweichungen setzt die Regelung ein. Ist die Sondenspannung größer als die Regelspannung (fettes Gemisch), gibt der Signalverstärker keine Spannung an die weiteren Reglerelemente ab. In der Impulspause wird weniger Kraftstoff eingespritzt, das Gemisch wird magerer. Ist die Sondenspannung kleiner als der Sollwert der Regelspannung, gibt der Signalverstärker Spannungsimpulse an den Integrator weiter. Er regelt die Luftzahl mit der ihm eigenen Regelgeschwindigkeit.

Das im Regler aufbereitete Signal wird zur Beeinflussung der Einspritzventile herangezogen.

18.2 Elektronische Bauelemente in Steuerungs- und Regelungssystemen

Die Informationsverarbeitung besteht im wesentlichen aus drei Grundfunktionen. Die Bauelemente der einzelnen Grundfunktionen sollen nun näher betrachtet werden.

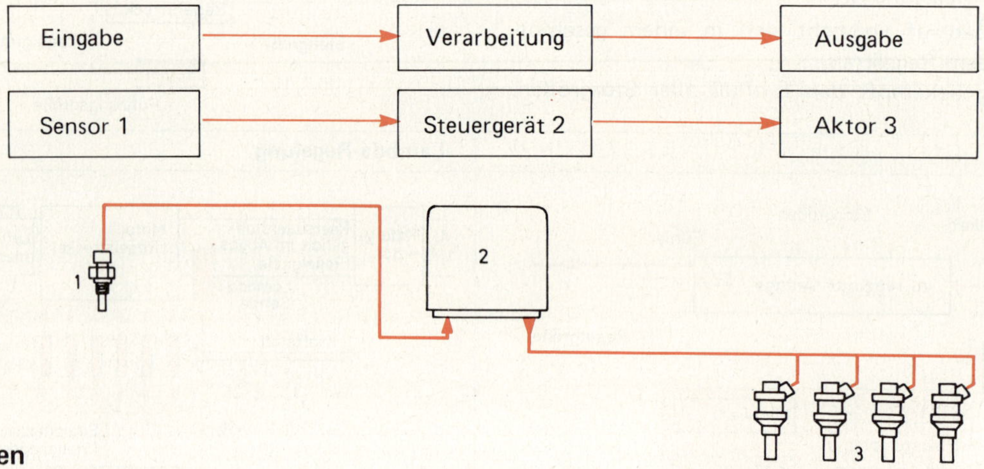

18.2.1 Sensoren

Weggeber

Weggeber nach dem Induktionsprinzip	**Weggeber nach dem Hallprinzip**

Weggeber nach dem Induktionsprinzip

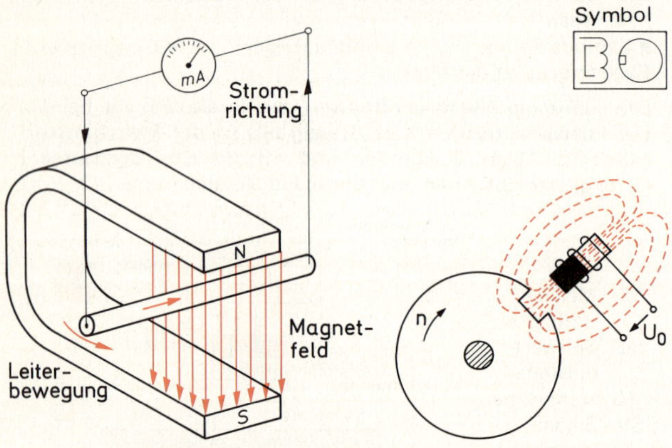

Wird ein Leiter in einem Magnetfeld so bewegt, daß die magnetischen Feldlinien geschnitten werden, so wird in ihm eine Spannung erzeugt. Sie wird als Induktionsspannung bezeichnet. Die Induktionsspannung besteht nur solange, wie die Feldlinien geschnitten werden. Sie wechselt bei Änderung der Bewegungsrichtung ebenfalls ihre Richtung. Wegen ihrer wechselnden Richtung wird die induzierte Spannung Wechselspannung genannt.

Bei der induktiven Drehzahlmessung dreht sich eine mit einer Nut versehenen Welle durch das Feld eines Dauermagneten. Bei jeder Umdrehung wird beim Durchgang der Nut die vom Magneten erzeugte Flußdichte verändert. Durch die Flußänderung wird in der den Dauermagneten umfassenden Spule eine Spannung induziert. Pro Umdrehung wird ein negativer und positiver Impuls erzeugt. Die Anzahl z.B. der positiven Impulse ist ein Maß für die Drehzahl.

Weggeber nach dem Hallprinzip

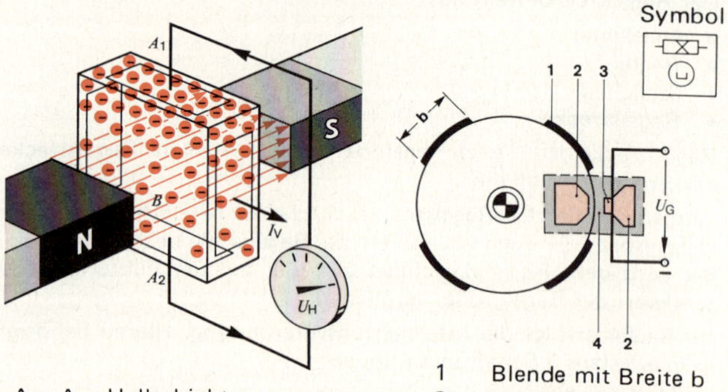

A_1, A_2 Hallschicht
U_H Hallspannung
B Magnetfeld (Flußdichte)
I_v konstanter Versorgungsstrom

1 Blende mit Breite b
2 Weichmagnetische Leitstücke
3 Hall-IC
4 Luftspalt
U_G Geberspannung

Der Hall-Effekt beruht darauf, daß man einen Versorgungsstrom I_v durch eine Halbleiterschicht (Hallschicht) schickt und diese einem Magnetfeld aussetzt. Die Elektronen werden senkrecht zur Magnetfeldrichtung und senkrecht zur Stromrichtung abgelenkt. An den Querseiten der Halbleiterschicht entsteht eine elektrische Spannung, die Hallspannung U_H.

Beim Hallgeber taucht ein Rotor mit Blenden in den Luftspalt zwischen Dauermagnet und Hall-IC ein. Der Hall-IC besteht aus der Hallschicht mit einem angeschlossenen elektronischen Schaltverstärker. Sperrt die Blende den Weg des Magnetfeldes zum Hall-IC, so entsteht keine Hallspannung. Der Hall-IC sperrt den Signalstrom. Gibt die Blende den Luftspalt frei, durchsetzt das Magnetfeld die Hallschicht, der Hall-IC schaltet den Signalstrom ein.

Temperaturgeber

Temperaturfühler

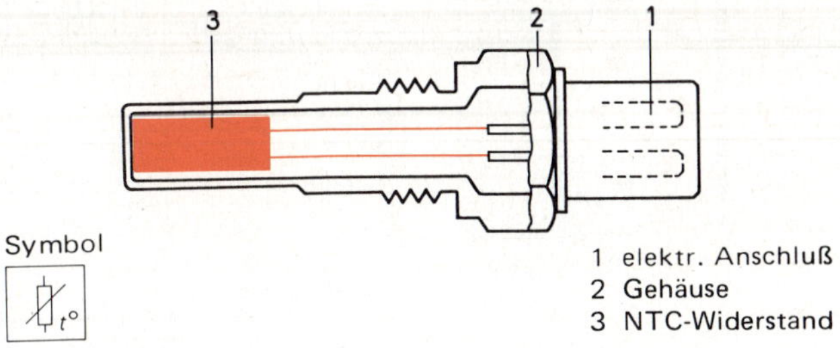

Wesentliches Element des Temperaturfühlers ist ein NTC-Widerstand. Ein NTC-Widerstand besteht aus Halbleiterwerkstoffen. Sie verrringern bei steigender Temperatur ihren elektrischen Widerstand. Die Widerstandsänderung dient zur Bestimmung der Temperatur.

Thermozeitschalter

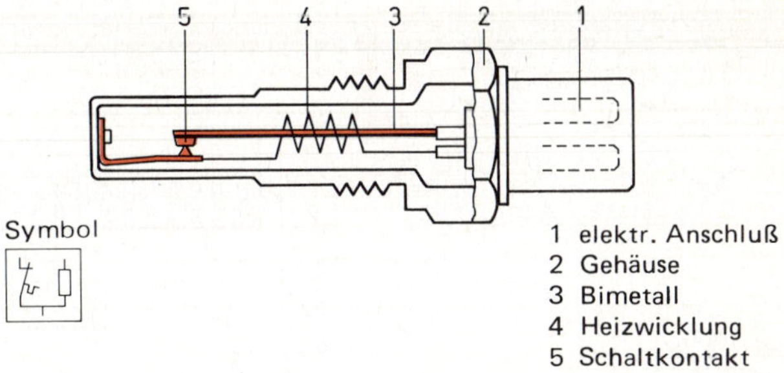

Der Thermozeitschalter besteht aus einem elektrisch beheizten Bimetallstreifen. Der Bimetallstreifen besteht aus zwei zusammengewalzten Metallen unterschiedlicher Wärmeausdehnung. Bei Erwärmung krümmt sich das Bimetall in Richtung des Metallstreifens der kleineren Wärmeausdehnung. Hierdurch öffnet der Kontakt.

Druckgeber

Saugrohrdruckfühler mit Induktionsspule

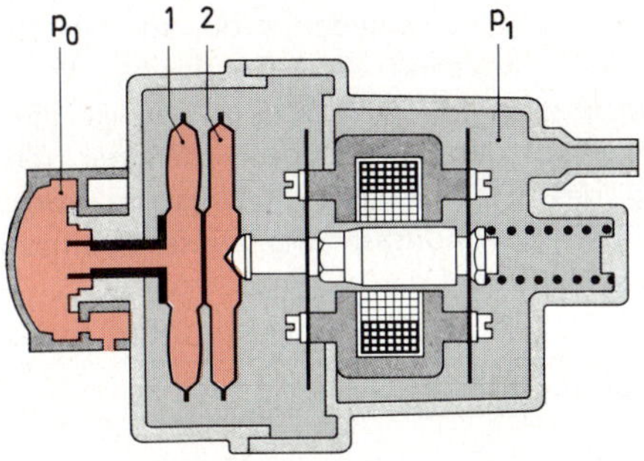

p_0 Atmosphärendruck
p_1 Saugrohrdruck

1 Membrandose 1, offen
2 Membrandose 2, geschlossen

Der Druckfühler besteht aus zwei luftleeren Membrandosen, die in einer Druckkammer angeordnet sind. Bei Druckänderungen werden die Membrandosen gedehnt bzw. zusammengedrückt. Die Längenänderungen der Membrandosen verschieben einen Anker in einer Spule. Durch die Verschiebung des Ankers ändert sich die Induktivität der Spule. Die Induktivitätsänderung wird ausgewertet.

Saugrohrdruckfühler mit Piezowiderstand

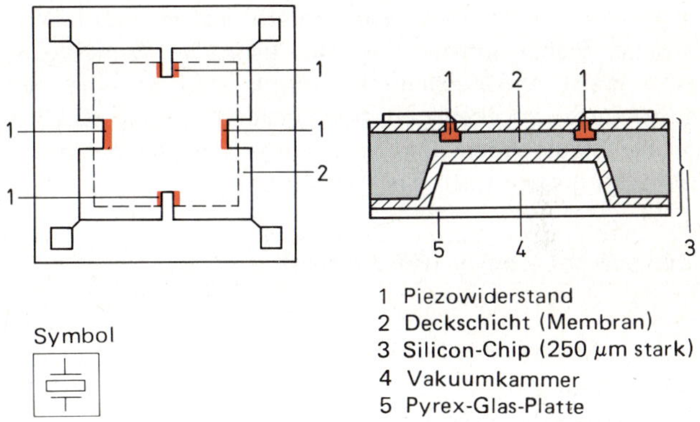

1 Piezowiderstand
2 Deckschicht (Membran)
3 Silicon-Chip (250 μm stark)
4 Vakuumkammer
5 Pyrex-Glas-Platte

Die Druckänderungen im Saugrohr werden von druckempfindlichen Piezoelementen gemessen. Ein Piezoelement besteht aus einem Kristall (z.B. Quarz), bei dem Druck oder Zug eine elektrische Spannung erzeugt. Die Piezowiderstände sind in einem 3 mm^2 großen und 250 μm starken Silikonchip eingegossen. Das Silikonchip hat auf der Saugrohrseite eine Membran und auf der Außenseite eine Glasplatte, die eine Vakuumzelle einschließt. Die Druckdifferenz zwischen Vakuumzelle und Saugrohr übt auf die Membran eine Kraft aus, die den elektrischen Widerstand der Piezoelemente verändert. Die durch die Widerstandsänderung bewirkte Spannung ist eine Meßgröße für den Saugrohrdruck.

Luftmengengeber

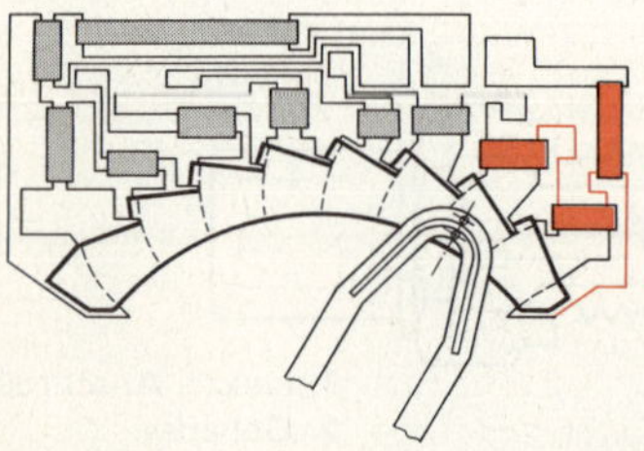

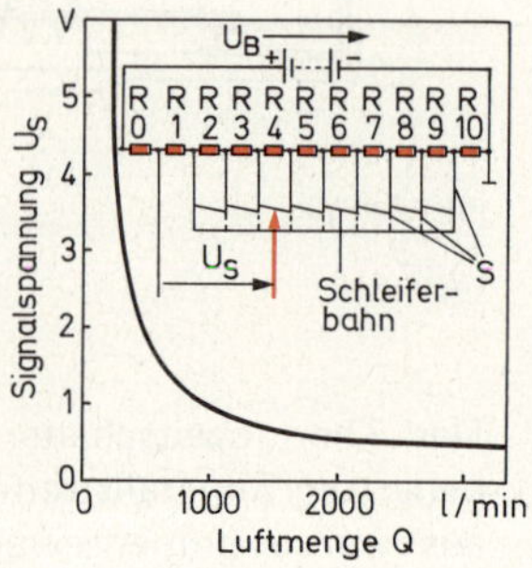

Symbol

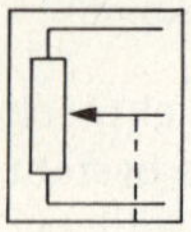

Als Luftmengengeber wird ein Potentiometer verwendet, das mit dem Luftmengenmesser gekoppelt ist. Das Potentiometer ist ein veränderbarer Widerstand. Es besitzt einen Schleifkontakt, der über eine Widerstandsbahn schleift. Der Schleifkontakt ist mit der Stauscheibe des Luftmengenmessers verbunden, so daß die Winkelstellung der Stauscheibe vom Potentiometer in ein elektrisches Signal umgesetzt werden kann. Der Schleifkontakt greift entsprechend der Winkelstellung eine der Luftmenge umgekehrt proportionale Spannung ab. Ein großer Stauklappenwinkel ergibt eine Schleiferspannung, die einer großen Luftmenge entspricht.

Lambda-Sonde

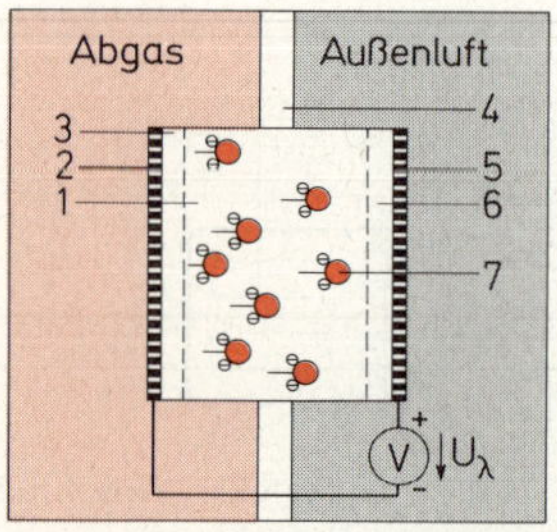

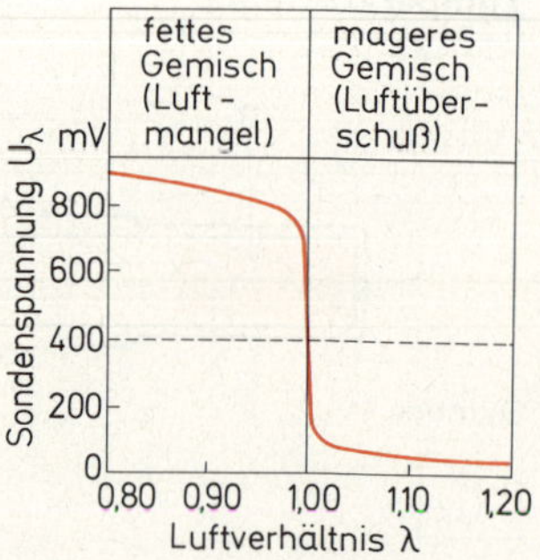

Symbol

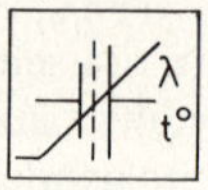

1 Festelektrolyt
2 Elektrode, abgasseitig
3 Grenzzone, abgasseitig
4 Trennwand (Abgasrohr)
5 Elektrode, luftseitig
6 Grenzzone, luftseitig
7 Sauerstoffion mit zweifach negativer Ladung

Die Lambda-Sonde besteht aus einem Keramikkörper aus Zirkondioxid, dessen Oberflächen mit Elektroden aus einer gasdurchlässigen Platinschicht versehen sind. Die Sonde ist mit einem galvanischen Element vergleichbar. Ist der Sauerstoffgehalt auf beiden Seiten der Elektroden verschieden groß, so entsteht an den Elektroden eine elektrische Spannung. Je größer der Mengenunterschied ist, desto größer ist die Sondenspannung an den Elektroden. Bei der Zusammensetzung des Luft-Kraftstoff-Gemisches von λ = 1 ergibt sich ein Spannungssprung. Dieser Spannungssprung stellt das Meßsignal dar.

Zungenkontaktrelais (Reed-Relais)

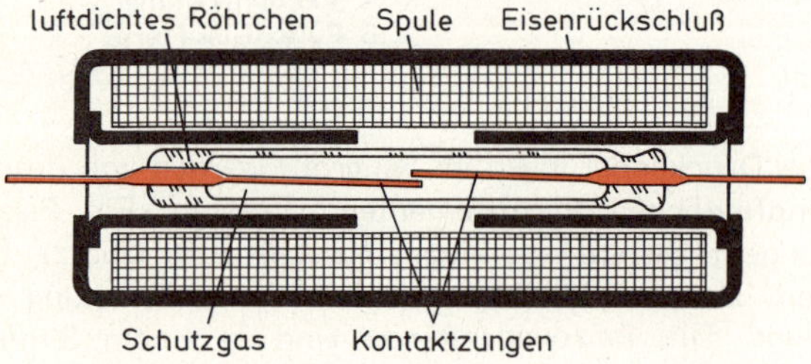

Der Zungenkontakt ist zum Schutz gegen Verunreinigungen, Feuchtigkeit und Korrosion in ein mit Gas gefülltes Glasrohr eingeschmolzen. Er ist im Kern einer Spule angeordnet.

Bei Erregung der Spule zieht das entstehende Magnetfeld die Zungen an, die den Stromkreis schließen.

Geber für den Flüssigkeitsstand

Symbol

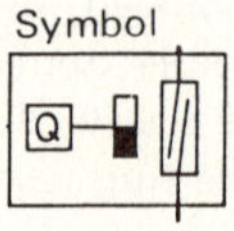

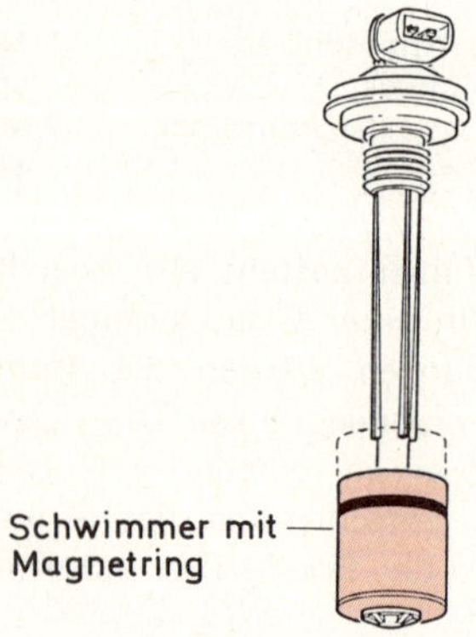

Der Geber besitzt einen Schwimmer mit Magnetring und einen im Schaft eingebauten Reedkontakt.

Liegt der Schwimmer am oberen Anschlag an, so ist der Reedkontakt geöffnet. Bei Flüssigkeitsverlust sinkt der Schwimmer, der Reedkontakt wird durch das Magnetfeld des Magnetringes geschlossen.

18.2.2 Elektronische Bauelemente in Steuergeräten und Reglern

Jedes Steuergerät und jeder Regler setzt sich aus einer Vielzahl von elektronischen Bauelementen zusammen, die in einem bestimmten Wirkungszusammenhang stehen. In den dargestellten Bauelementen des Drehstromgenerators finden wir

- Widerstände,
- Kondensatoren,
- Dioden,
- Transistoren.

Drehstromgenerator

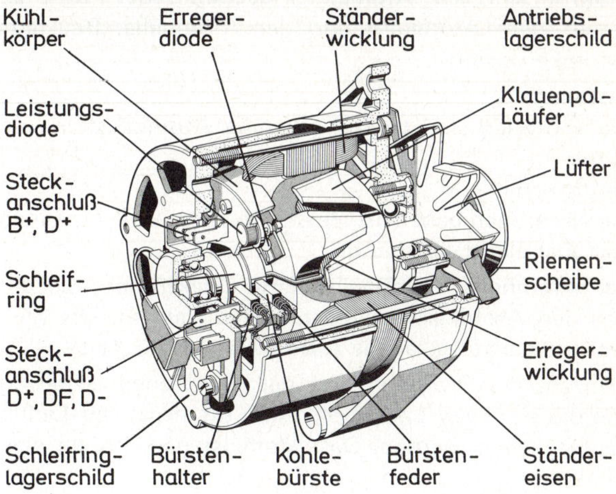

Diodenträger mit Erreger- und Leistungsdioden

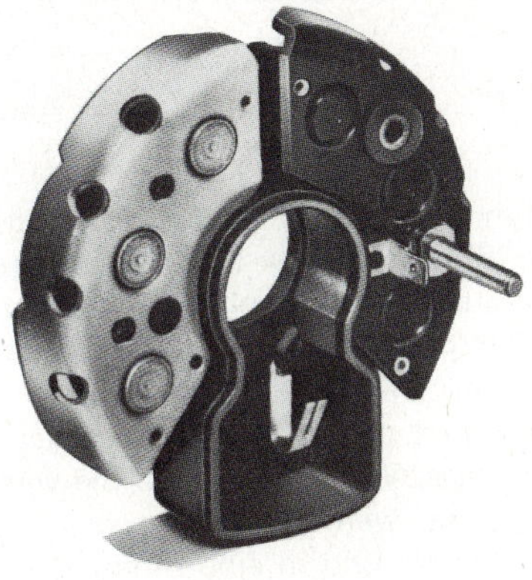

Regler

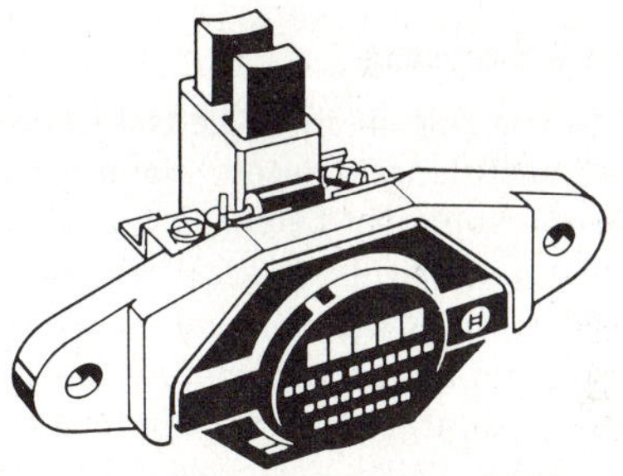

Schaltplan Drehstromgenerator und Regler

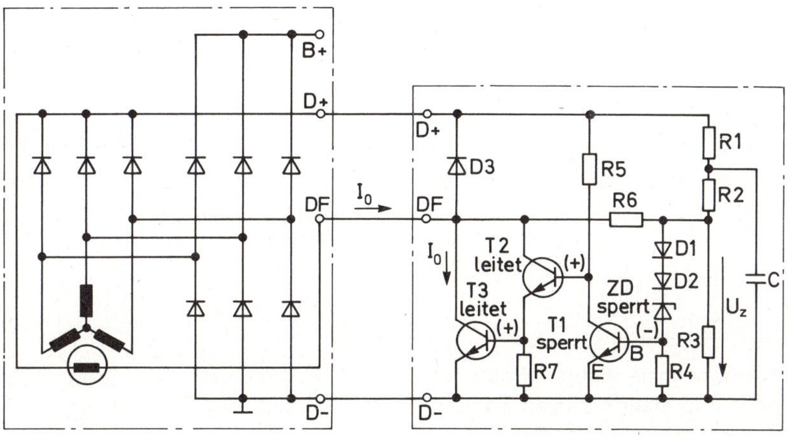

18.2.2.1 Halbleiterbauelemente

Aufbau der Materie

Alle Stoffe sind aus Atomen aufgebaut. Jedes Atom besteht aus dem Atomkern und der Atomhülle. Bausteine des Atomkerns sind:

- Protonen
  Die Protonen sind positiv geladene Atombausteine des Kerns.
- Neutronen
  Die Neutronen haben die gleiche Masse wie die Protonen, sind aber elektrisch neutral.

In der Atomhülle befinden sich die Elektronen. Sie umkreisen den Atomkern auf bestimmten Bahnen. Die Elektronen sind negativ geladene Atombausteine der Hülle.

Die Anzahl der Protonen und der Elektronen ist gleich, so daß die positiven Ladungen durch die negativen Ladungen ausgeglichen werden. Das Atom ist nach außen elektrisch neutral.

Die Stoffe unterscheiden sich durch die Anzahl der Protonen bzw. Elektronen. Die Elektronen bewegen sich auf maximal 7 Bahnen oder Schalen verteilt um den Kern. Jede Schale kann nur eine bestimmte Anzahl von Elektronen aufnehmen.

P- und N-Leiter, PN-Übergang

Halbleiter sind Stoffe, die in ihrer Leitfähigkeit zwischen den Leitern und Nichtleitern liegen. Halbleiterwerkstoffe sind Silizium, Germanium oder Selen.

Silizium wird im folgenden als Beispiel herangezogen. Das Silizium-Atom besitzt 14 Elektronen, von denen sich 4 Elektronen auf der äußeren Schale befinden. Diese Elektronen, Valenzelektronen genannt, stellen die Bindung zum jeweils benachbarten Atom her. Jedes Valenzelektron umkreist den eigenen und einen benachbarten Atomkern und hält so das Kristallgitter zusammen. Ein Si-Atom ist mit 4 benachbarten Atomen verkettet. Da alle Valenzelektronen an der Bindung beteiligt sind, gibt es bei tiefen Temperaturen im Bereich des absoluten Nullpunktes (− 273 °C) keine freien Elektronen.

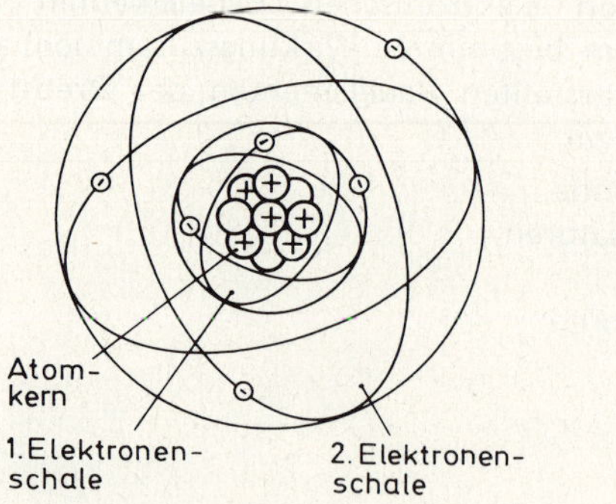

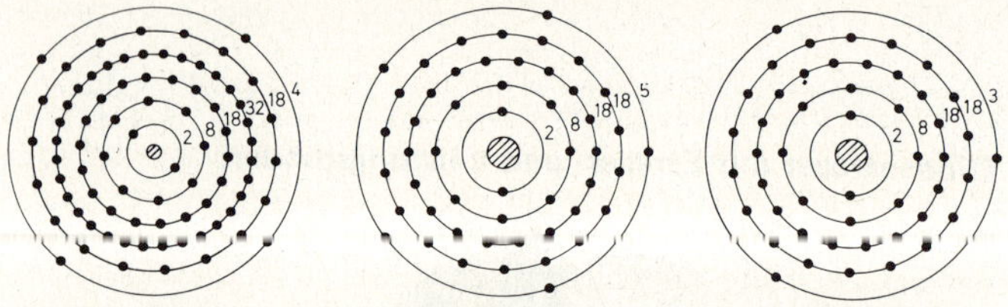

Pb - Atom   Indium   Antimon

Bei Erwärmung führen die Atome Schwingbewegungen aus. Dabei reißen die Bindungen zu den Nachbaratomen auf, Elektronen treten aus ihrer Bindung. Im Kristallgitter bildet sich eine Elektronenfehlstelle, die als ,,Loch" oder ,,Defektelektron" bezeichnet wird. Weil der positive Atomkern überwiegt, ist das Loch positiv geladen. Löcher und Elektronen sind immer paarweise vorhanden. Sie verschwinden auch wieder paarweise, wenn ein Elektron an irgendeiner Stelle auf ein Loch trifft und in eine Bindung eintritt. Diesen Vorgang nennt man Rekombination.

Silizium-Kristall	Aufbrechen der Bindungen bei Erwärmung	Rekombination
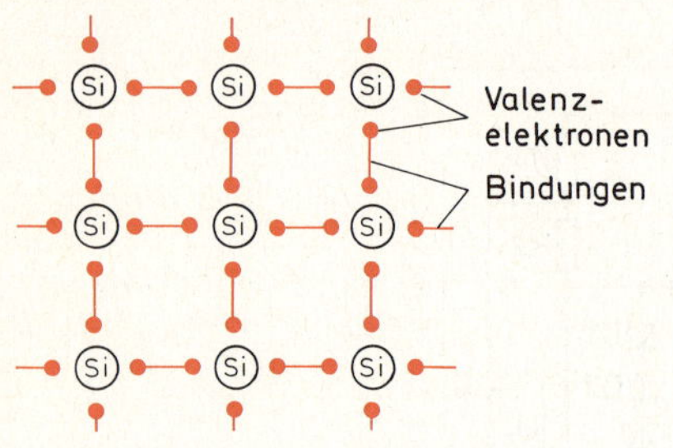	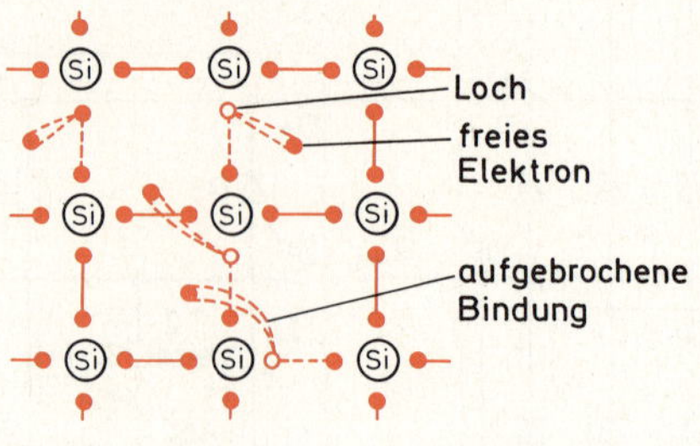	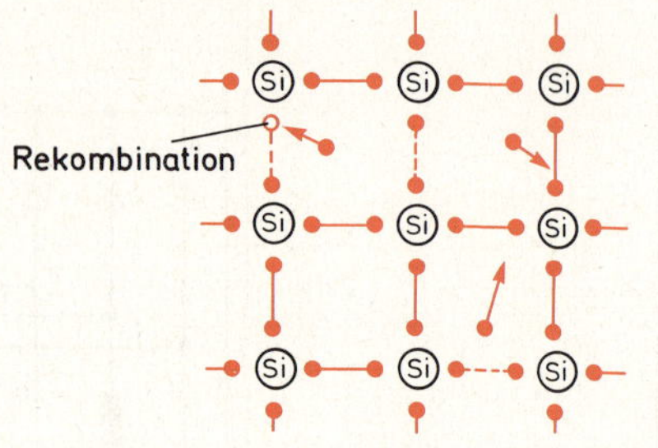

Für Halbleiterbauelemente benötigt man Halbleitermaterial mit einer höheren Leitfähigkeit und einer geringen Temperaturabhängigkeit. Durch Verunreinigung, d.h. durch Einfügen von Fremdatomen, kann die Leitfähigkeit der Halbleiterwerkstoffe wesentlich erhöht werden. Den Einbau von Fremdatomen nennt man Dotieren. Diese Fremdatome besitzen mehr oder weniger Valenzelektronen als die Atome des Halbleiterkristalls:

- 3 Valenzelektronen: Indium, Gallium, Aluminium, Bor
- 5 Valenzelektronen: Arsen, Antimon, Phosphor

Durch den Einbau der Fremdatome in das Kristallgitter wird der regelmäßige Kristallaufbau gestört. Es entsteht eine Störstelle.

Dotieren von Silizium

Siliziumkristall mit Indium dotiert (P-Leiter)

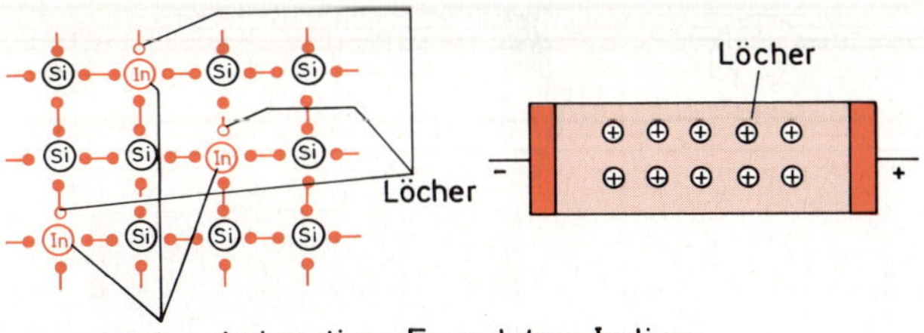

eingebautes dreiwertiges Fremdatom Indium

Indium-Atome besitzen 3 Valenzelektronen. Durch Einbau von Indium-Atomen in das Silizium-Kristallgitter entstehen überschüssige Löcher. Valenzelektronen aus anderen Bindungen können diese Löcher besetzen und hinterlassen selbst wieder neue Löcher. Die Löcher wandern durch das Kristallgitter zum Minuspol. Einen Halbleiter mit überschüssigen positiven Löchern bezeichnet man als P-Leiter (P = positiv).

Siliziumkristall mit Antimon dotiert (N-Leiter)

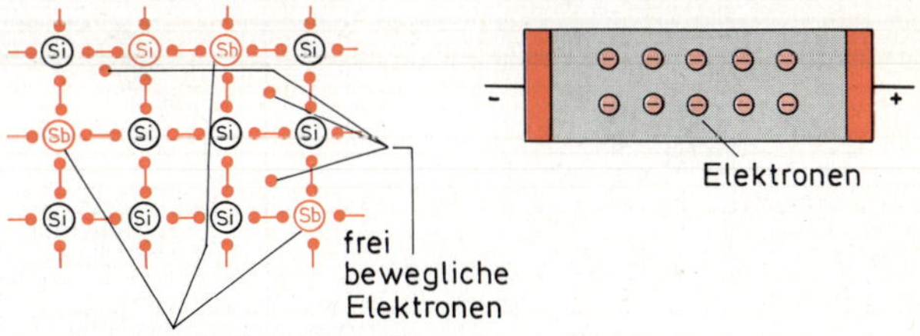

eingebautes fünfwertiges Fremdatom Antimon

Antimon-Atome besitzen 5 Valenzelektronen. Durch den Einbau in das Silizium-Kristallgitter werden nur 4 Valenzelektronen zur Bindung benötigt. Es entstehen überschüssige freie Elektronen. Unter dem Einfluß einer angelegten Spannung wandern die Elektronen im Kristall zum Pluspol. Einen Halbleiter mit überschüssigen negativen Elektronen nennt man N-Leiter (N = negativ).

Durch Zusammenfügen eines P- und eines N-Leiters entsteht ein Halbleiterbauelement. Die Kontaktfläche bezeichnet man als PN-Übergang. In einer Schicht zu beiden Seiten der Kontaktfläche haben die Ladungsträger das Bestreben, in den gegenüberliegenden Teil zu wandern. Man nennt diese Wanderung Diffusion. Elektronen füllen Löcher im P-Leiter, Löcher wandern in den N-Leiter. Es entsteht eine Zone, die frei von beweglichen Ladungsträgern ist. Diese Zone nennt man Sperrschicht. Die Sperrschicht kann durch Anlegen einer Spannung vergrößert oder verkleinert werden.

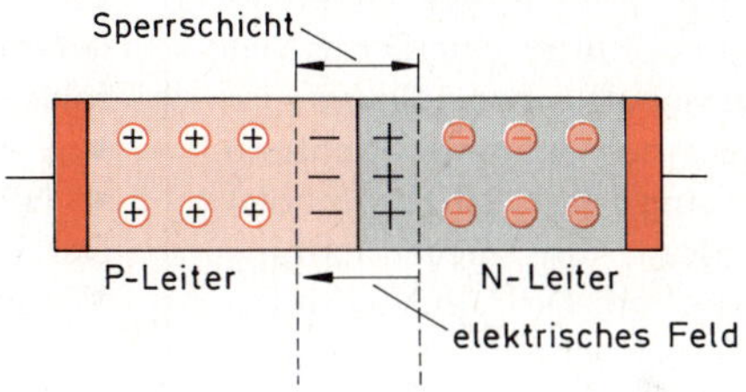

Halbleiterbauelement in Sperrichtung gepolt

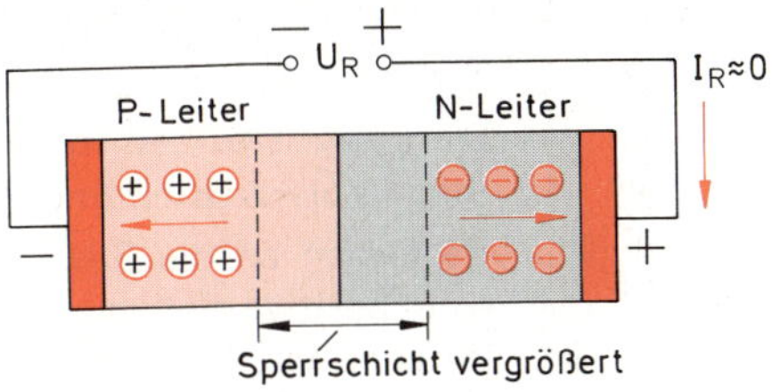

Eine Spannung – Pluspol an N-Leiter, Minuspol an P-Leiter – wird an das Halbleiterbauelement angelegt. Aufgrund der Polung werden sowohl die Elektronen als auch die Löcher vom PN-Übergang abgezogen. Die Sperrschicht verbreitert sich und erhält einen hohen Widerstand. Das Halbleiterbauelement ist in Sperrichtung gepolt.

Halbleiterbauelement in Durchlaßrichtung gepolt

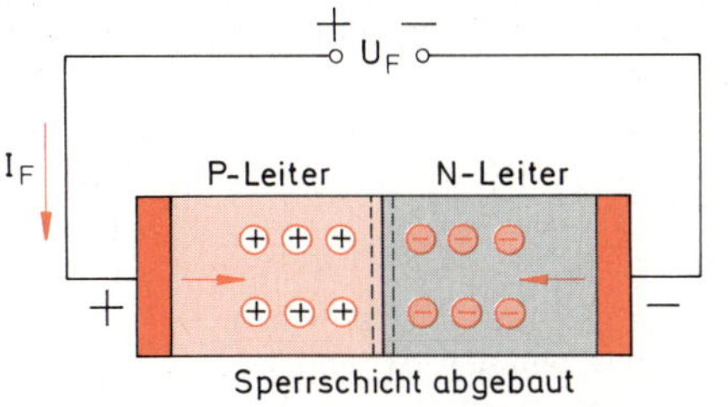

Liegt der Pluspol der Spannungsquelle am P-Leiter und der Minuspol am N-Leiter, treibt die Spannung die Elektronen und Löcher in die Sperrschicht. Die Sperrschicht wird abgebaut, der Sperrwiderstand verringert sich auf den kleinen Durchlaßwiderstand. Das Halbleiterbauelement ist in Durchlaßrichtung gepolt.

Halbleiter, Halbleiterschaltungen

Diode

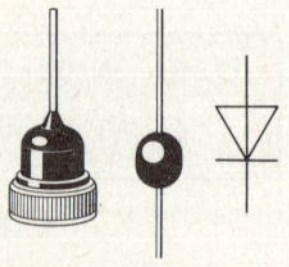

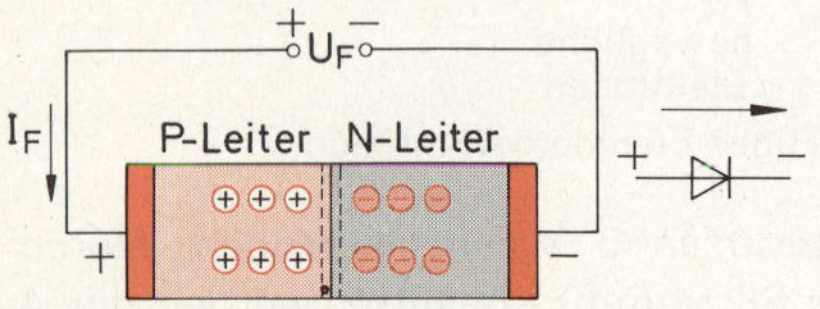

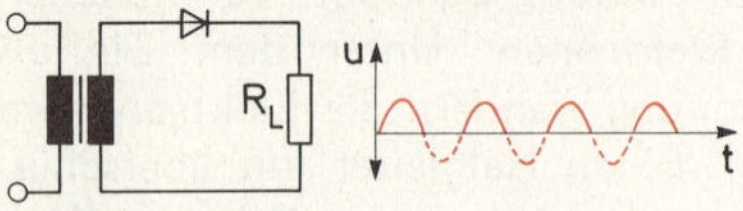

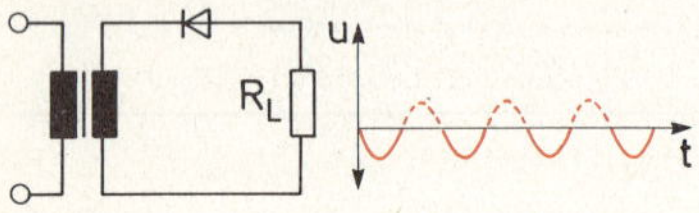

Eine Diode besteht aus einem P und einem N-Leiter. Die Diode hat die Eigenschaft, den Strom im Stromkreis nur in einer Richtung (Pfeilrichtung des Schaltsymbols) durchzulassen, in Gegenrichtung aber zu sperren. Die Diode wird daher als Gleichrichter von Wechsel- und Drehströmen eingesetzt. Von einer angelegten Wechselspannung läßt sie z.B. nur die positiven Halbwellen zum Verbraucher durch, während sie die negativen Halbwellen unterdrückt. Es entsteht ein pulsierender Gleichstrom.

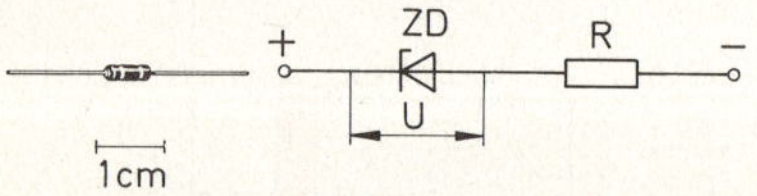

Die Z-Diode (Zener-Diode nach dem Entdecker Zener) ist eine in Sperrichtung betriebene Diode. Sie läßt ab einer bestimmten Spannung Strom in Gegenrichtung durch. Diesen Spannungswert bezeichnet man als Zenerspannung.

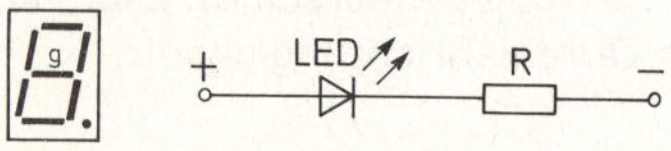

Lumineszensdioden (LED) sind lichtaussendende Halbleiterdioden. Die Farbe des Lichts hängt vom verwendeten Halbleitermaterial ab. LED werden in Anzeigeeinheiten eingesetzt.

Transistor

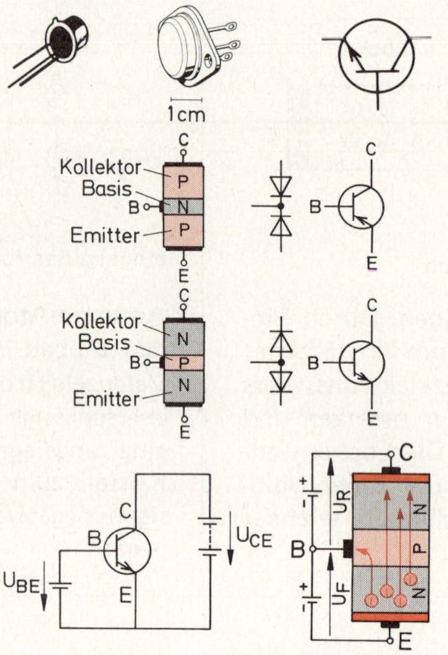

Ein Transistor besteht aus 3 Halbleiterschichten. Je nach Schichtenfolge unterscheiden wir

- PNP-Transistoren und
- NPN-Transistoren.

Der Transistor hat 3 Anschlüsse:

- Emitter E
  Er sendet Ladungsträger aus.
- Basis B
  Sie steuert die Aussendung der Ladungsträger.
- Kollektor C
  Er sammelt die Ladungsträger ein.

Zum besseren Verständnis kann man den Transistor als zwei in Reihe geschaltete Dioden auffassen. Wird eine Spannung an die Emitter-Kollektorstrecke angelegt, kommt ein Stromfluß nicht zustande, da eine Diode in Sperrrichtung arbeitet. Der Transistor verliert seine Sperrwirkung, wenn zusätzlich zwischen Emitter- und Basisanschluß eine Spannung U_{EB} wirkt. Elektronen fließen vom Emitter in die Basiszone. Sie werden so beschleunigt, daß sie die Basisanschluß eine Spannung U_{EB} wirkt. Elektronen fließen vom tiven Kollektorspannung gelangen. Sie zieht die Elektronen immer wieder ab, so daß ein kräftiger Kollektorstrom fließt.

Der Transistor wird als Schalter und als Verstärker in elektronischen Schaltungen eingesetzt.

Thyristor

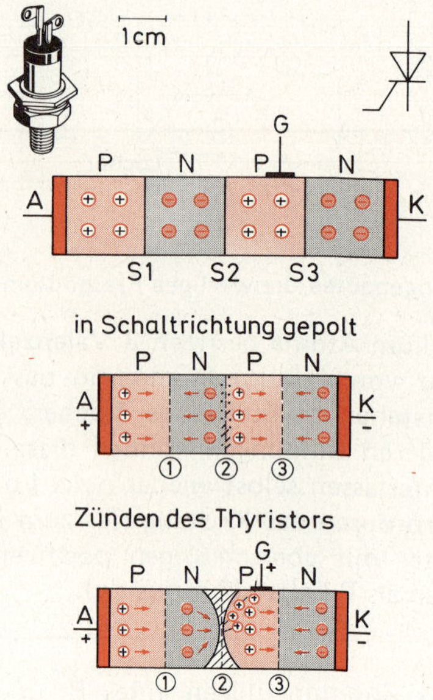

Der Thyristor ist ein Vierschicht-halbleiter mit einer PNPN-Schichtenfolge. Die Hauptanschlüsse werden mit Anode (P-Schicht) und Kathode (N-Schicht) bezeichnet. Eine Steuerelektrode ist an der zur Kathode liegenden P-Schicht angeordnet.

Ist die Anode positiv, die Kathode negativ gepolt, fließen von der Anode her Löcher und von der Kathode her Elektronen in den Thyristor. Die Sperrschichten S_1 und S_3 werden abgebaut, die Sperrschicht S_2 bleibt bestehen. Der Thyristor ist in Schaltrichtung (Vorwärtsrichtung) gepolt.

Legt man an die Steuerelektrode eine positive Spannung, wird der P-Leiter mit Ladungsträgern überflutet, so daß die Sperrschicht S_2 abgebaut wird. Der Thyristor schaltet durch, d.h. der Thyristor hat gezündet. Die Zündspannung kann dann abgeschaltet werden. Der Laststrom fließt so lange, bis er unterbrochen wird.

Der Thyristor ist dem Transistor als Schalter überlegen, da er wesentlich stärkere Ströme schalten und im Sperrzustand höhere Spannungen aushalten kann. Thyristoren finden Anwendung als elektronische Schalter und als steuerbare Gleichrichter.

Dioden in elektronischen Schaltungen des Kfz

Gleichrichterdiode

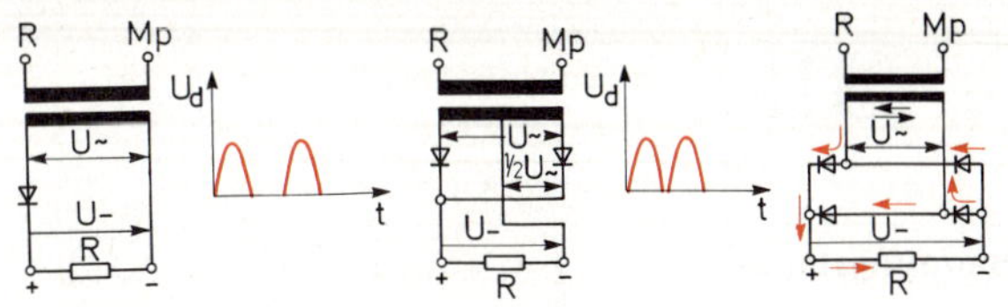

Folgende Gleichrichterschaltungen sind möglich:

- Einwegschaltung
  Es wird nur die positive Halbwelle der angelegten Spannung ausgenutzt. Es entsteht ein pulsförmiger Gleichstrom.
- Mittelpunktschaltung
  Die beiden Dioden sind abwechselnd in Durchlaß- und Sperrrichtung geschaltet. Es werden beide Halbwellen der angelegten Wechselspannung ausgenutzt. Die Welligkeit wird durch die zwei Pulse je Periode geringer.
- Brückenschaltung
  Bei der Brückenschaltung sind abwechselnd zwei Dioden in Durchlaß- und in Sperrichtung geschaltet. Es fließt sowohl während der positiven als auch während der negativen Halbwelle der angelegten Wechselspannung ein Strom durch den Verbraucher.

Freilaufdiode

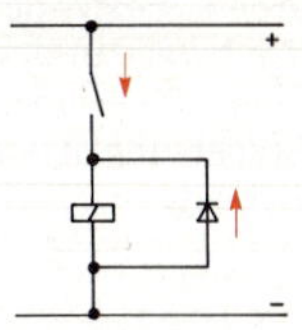

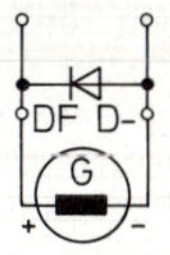

Beim Abschalten von Spulen (Relais-, Magnet-, Erregerwicklung) entstehen hohe Selbstinduktionsspannungen (s. Seite 370), die die Betriebsspannung weit übersteigen. Überspannungen gefährden die Halbleiterelemente in elektronischen Schaltungen.

Man ordnet daher parallel zur Spule eine Diode an. Mit dieser sogenannten Freilauf- oder Löschdiode werden von Spulen erzeugte Überspannungen im Wicklungswiderstand in Wärme umgesetzt und unschädlich gemacht.

Dioden zur Temperaturkompensation

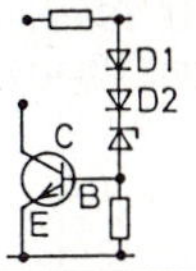

Alle Halbleiterbauelemente sind temperaturabhängig. Zur Kompensation der Temperatur schaltet man in Reihe zum Halbleiter eine in Durchlaßrichtung betriebene Diode. Die Schaltung ist nahezu temperaturunabhängig.

Z-Diode zum Begrenzen der Spannung

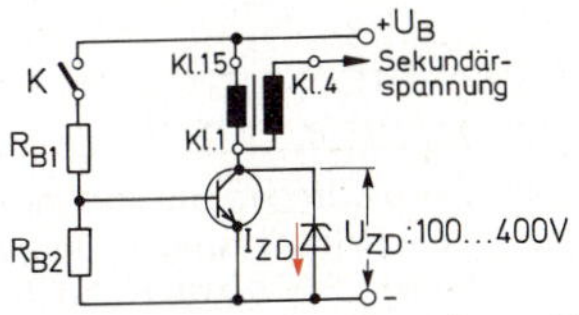

Die Z-Diode dient in Transistor-Zündanlagen zum Begrenzen der Selbstinduktionsspannung, die beim Unterbrechen des Primärstromes in der Primärwicklung der Zündspule entsteht. Sie verhindert, daß die Spannung am Kollektor des Transistors über den Wert der Zenerspannung steigen kann.

Z-Diode zur Spannungsstabilisierung

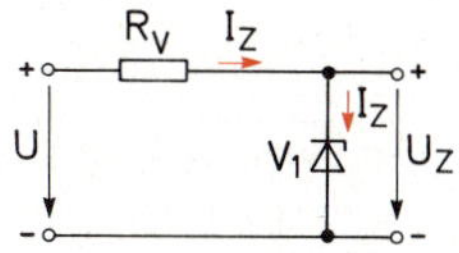

Zur Spannungsstabilisierung wird eine Z-Diode parallel zur Last geschaltet. Die Reihenschaltung von Z-Diode und Widerstand hält die Ausgangsspannung nahezu konstant. Die Verbraucherspannung ist damit unabhängig von der Änderung der Betriebsspannung oder der Last.

Z-Diode als Sollwertgeber

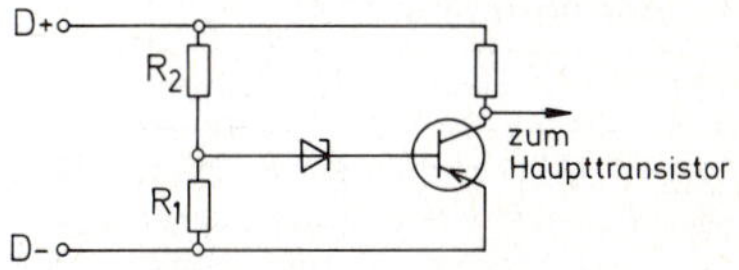

Die Z-Diode eignet sich als Sollwertgeber. Sie gibt ein Signal erst dann weiter, wenn die Zenerspannung erreicht ist. Der Wert der Zenerspannung entspricht dem Sollwert.

Transistoren in elektronischen Schaltungen des Kfz

Transistor als Schalter

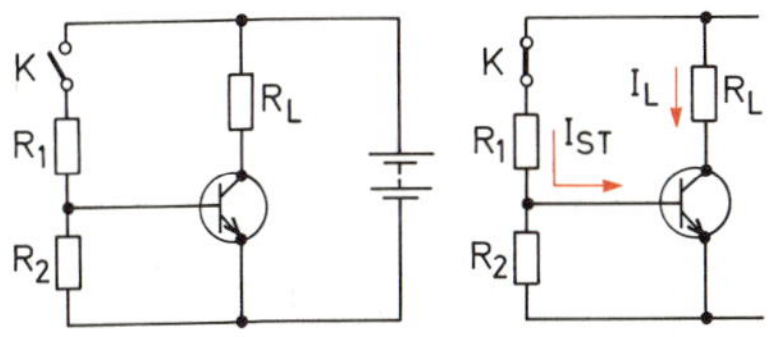

Im Kfz wird der Transistor meist als Schalter verwendet.

Bei geöffnetem Steuerkontakt *K* kann kein Strom von der Basis zum Emitter fließen. Der Transistor ist elektrisch nichtleitend, d.h. er sperrt. Zwischen Kollektor und Emitter liegt die volle Batteriespannung, durch die Last R_L fließt kein Strom. Bei geschlossenem Steuerkontakt fließt ein Strom von der Basis zum Emitter. Der Transistor wird zwischen Kollektor und Emitter leitend, d.h. er schaltet durch. Durch den Widerstand R_L fließt ein Laststrom I_L.

In dieser Schaltung bewirkt der Widerstand $R1$ einen ausreichenden Steuerstrom, während mit dem Widerstand $R2$ eine Temperaturstabilisierung erreicht wird. Damit arbeitet die Schaltung auch bei höheren Temperaturen einwandfrei.

Transistor als Verstärker

Versuch:

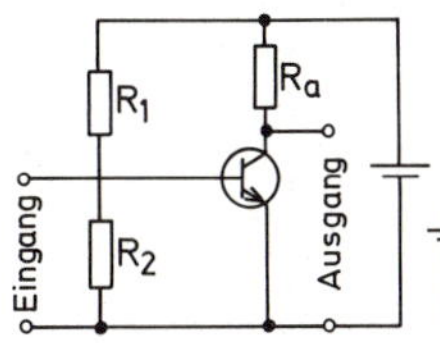

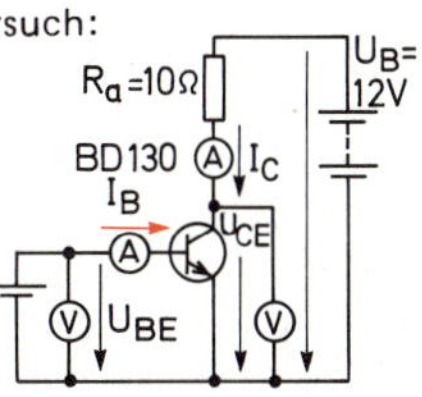

U_{BE} in V	U_{CE} in V
0,5	11,7
1	0,3

I_B in mA	I_C in mA
0,1	15
160	900

Zur Verstärkung kleiner Gleichspannungen muß der Transistor 4 Anschlüsse haben. Einer der Anschlüsse muß sowohl mit der Eingangsklemme als auch mit der Ausgangsklemme verbunden werden. Die so entstehende Emitterschaltung kommt in der Kfz-Elektronik am häufigsten vor. Die Verstärkerwirkung des Transistors zeigt der o.a. Versuch. Es gilt:

- Eine kleine Spannungsänderung von U_{EB} (Eingangsspannung) bewirkt eine große Spannungsänderung von U_{CE} (Ausgangsspannung).
- Durch eine kleine Änderung des Basisstromes I_B (Eingangsstrom) ändert sich der Kollektor-Emitter-Widerstand des Transistors von fast Null auf sehr große Werte. Entsprechend wird der Kollektorstrom I_C verstärkt.

Ein Vergleich der Änderung der Eingangsleistung (Steuerleistung) $U_{BE} \times I_B$ mit der Änderung der Ausgangsleistung $U_{CE} \times I_C$ zeigt, daß auch eine Leistungsverstärkung stattgefunden hat.
Reicht die Verstärkung eines Transistors nicht aus, werden zwei oder mehrere Stufen hintereinandergeschaltet.

18.2.2.2 Widerstände, Kondensatoren

Widerstände

In elektronischen Schaltungen werden Festwiderstände verwendet. Sie besitzen einen festen Ohmwert und werden auch als lineare Widerstände bezeichnet, da ihre Kennlinie eine Gerade ist. Festwiderstände mit kleinen Abmessungen werden durch Farbringe oder Farbpunkte gekennzeichnet.

Vorwiderstand

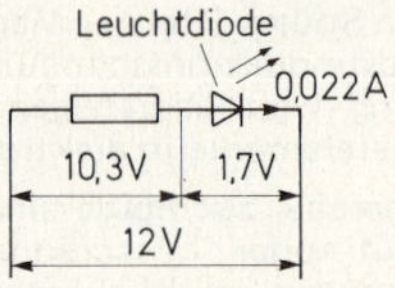

Elektronische Bauteile sind für kleinere Spannungen als die Batteriespannung im Kfz ausgelegt. Bei Anschluß an die volle Batteriespannung würden diese Bauteile zerstört. Um die hohe Stromstärke zu verringern, wird ein Vorwiderstand (Begrenzungswiderstand) in Reihe mit dem elektronischen Bauteil geschaltet.

Spannungsteiler

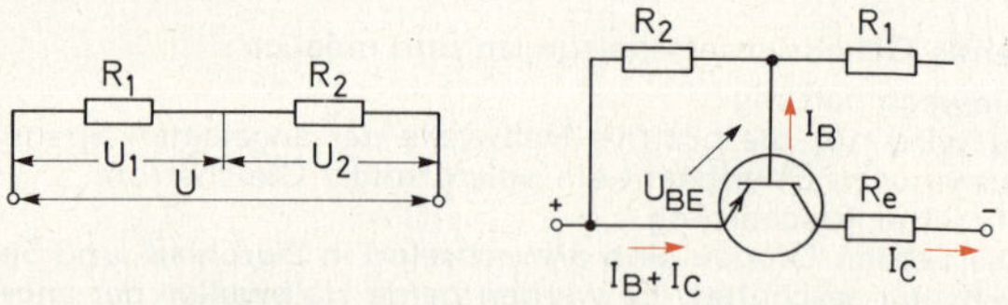

Werden zwei Widerstände in Reihe geschaltet, so wird die angelegte Gesamtspannung U in die Teilspannungen U_1 und U_2 geteilt. Die Teilspannungen verhalten sich wie ihre Widerstände. Diese Schaltungsanordnung heißt Sapnnungsteiler. Mit den Teilspannungen U_1 und U_2 kann ein Verbraucher anderer Nennspannung betrieben werden.

Der Spannungsteiler wird bei Transistorschaltungen angewendet, um eine bestimmte Basis-Emitter-Spannung zu erhalten. Der Transistor schaltet erst bei Erreichen einer bestimmten Steuerspannung durch.

Halbleiterwiderstände

NTC-Widerstand (Heißleiter)

NTC-Widerstände sind Halbleiterwiderstände, deren Widerstandswerte mit zunehmender Temperatur abnehmen.
Anwendung:
Temperaturmessung

PTC-Widerstand (Kaltleiter)

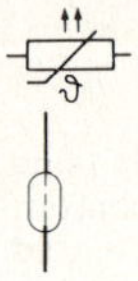

PTC-Widerstände sind Halbleiterwiderstände, deren Widerstandswerte sich mit zunehmender Temperatur stark erhöhen.

Fotowiderstand (LDR)

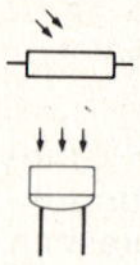

Fotowiderstände verringern bei Beleuchtung ihren Widerstand. Sie werden zur lichtabhängigen Steuerung eingesetzt.

Kondensatoren

Der Kondensator besteht aus zwei Metallplatten oder Metallfolien, die durch eine Isolierschicht (Dielektrikum) voneinander getrennt sind.

Der Kondensator speichert elektrische Ladungen. Das Speichervermögen an Ladungen wird als elektrische Kapazität bezeichnet. Die Einheit der Kapazität ist das Farad (F). Legt man eine Gleichspannung an einen Kondensator, so fließt kurzzeitig ein Ladestrom. Sobald der Kondensator geladen ist, sperrt er den Gleichstrom. Beim Entladen fließt ein Entladestrom in entgegengesetzter Richtung.

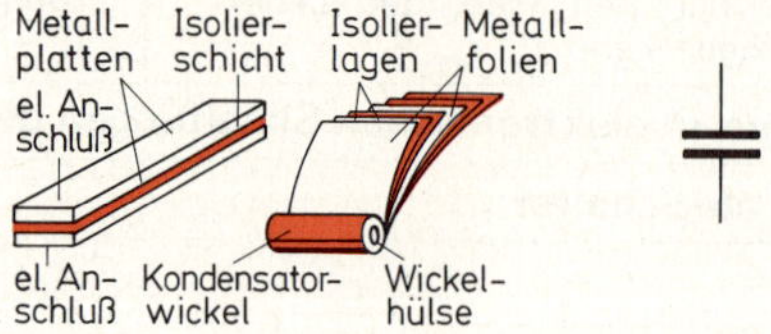

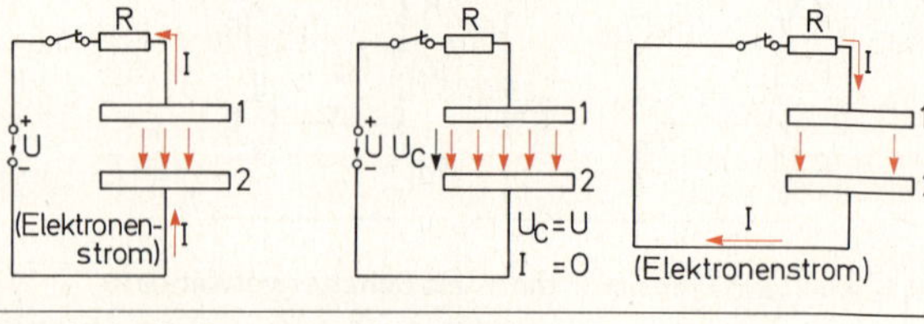

Reihenschaltung von R und C

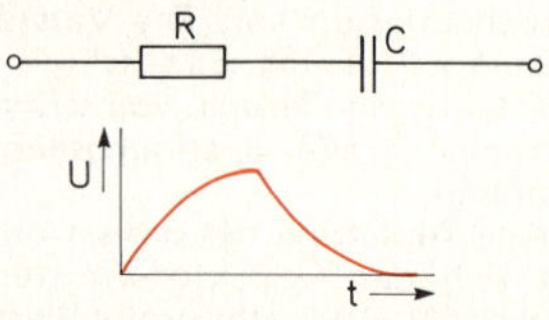

Das RC-Glied ist eine Reihenschaltung von Kondensator und Widerstand. Das RC-Glied ist ein Zeitglied. Auflade- und Entladezeit sind um so länger, je größer der Vorwiderstand und die Kapazität des Kondensators ist.

Parallelschaltung von R und C

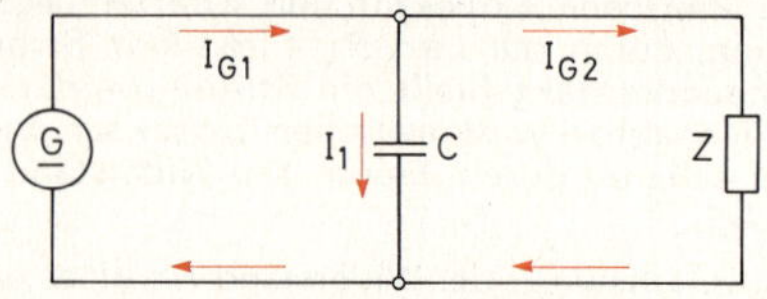

Parallel geschaltete Kondensatoren dienen

- dem Glätten einer welligen Gleichspannung,
- der Nahentstörung und
- dem Schutz empfindlicher Bauelemente gegen Spannungsspitzen.

18.2.2.3 Elektronische Bauelemente am Beispiel des Drehstromgenerators

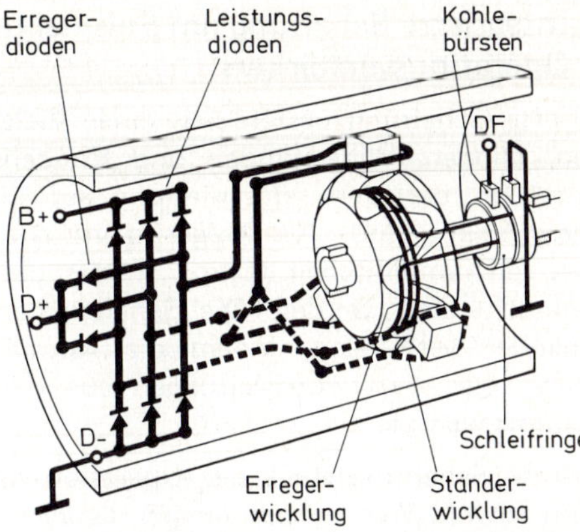

Prinzip des Drehstromgenerators

Auf dem rotierenden Teil des Generators, dem Läufer sitzt die Erregerwicklung. Fließt ein Strom durch die Erregerwicklung, der Erregerstrom, so induziert das Erregerfeld in den Ständerwicklungen eine dreiphasige Wechselspannung, die bei Netzbelastung einen dreiphasigen Wechselstrom, den Drehstrom liefert. Generatorstrom bzw. Erregerstrom werden von sechs Leistungsdioden bzw. drei Erregerdioden gleichgerichtet.

Aufgabe des Reglers ist es, die Generatorspannung auf einen vorbestimmten Wert, die Sollspannung zu begrenzen. Sobald die Generatorspannung durch abnehmende Motordrehzahl und das Hinzuschalten weiterer Verbraucher, z.B. Scheinwerfer unter die Sollspannung sinkt, wird der Erregerstrom zugeschaltet. Hierdurch steigt die Generatorspannung und der Strom an. Ist der Sollwert erreicht, wird der Erregerstrom wieder abgeschaltet.

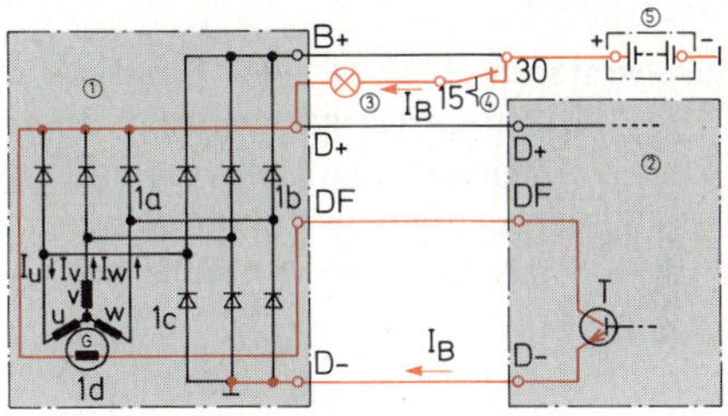

Überspannungen (Spannungsspitzen), z.B. verursacht durch Reglerausfall, Wackelkontakte, Induktionsspannungen usw., haben zur Folge, daß Bauelemente in ihrer Funktion beeinträchtigt werden oder ganz ausfallen. Die höchsten Spannungsspitzen gehen von der Zündung aus. Überspannungen entstehen auch, wenn bei laufendem Motor die Leitung zwischen Generator und Batterie unterbrochen wird. Als Spannungsschutz verwendet man eine Z-Diode. Sie begrenzt die Spannung im Bordnetz auf 20 ... 25 Volt. Bei Überspannung fließt ein starker Strom aus dem Generator über die Z-Diode zur Masse.

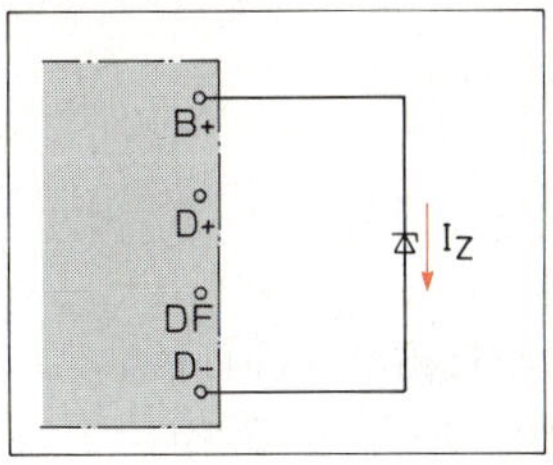

Drehstromgenerator mit Regler

Erregerstrom durch Endtransistor eingeschaltet

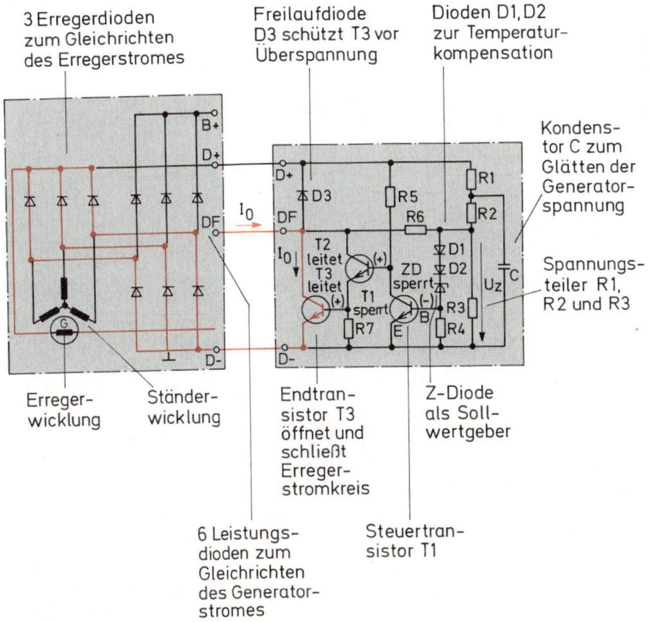

Erregerstrom durch Endtransistor ausgeschaltet

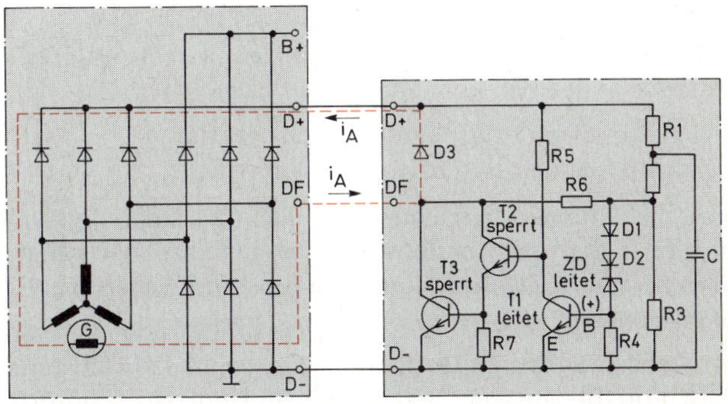

Arbeitsweise des Transistorreglers

	U_G < Sollspannung U_Z < Durchbruch-spannung	U_G > Sollspannung U_Z = Durchbruch-spannung
Z-Diode ZD	sperrt	leitet
Transistor T1	sperrt	leitet
Transistor T2	leitet	sperrt
Transistor T3	leitet	sperrt
Erregerstromkreis	geschlossen	unterbrochen
Generatorspannung U_G	steigt	sinkt

18.2.2.4 Integrierte Schaltung am Beispiel des Operationsverstärkers

Eine integrierte Schaltung besteht aus einer Vielzahl von Transistoren, Dioden, Widerständen und Kondensatoren, die einschließlich der Verbindungsleitung auf kleinstem Raum untergebracht sind. Als Träger dient ein wenige mm^2 großes Siliziumplättchen (Chip), in das die Schaltelemente eindiffundiert werden. Die Schaltelemente werden miteinander verbunden, indem die Kontaktstellen freigeätzt und die Verbindungsleitungen aus Gold oder Alu aufgedampft werden.

Eine integrierte Schaltung stellt der Operationsverstärker dar. Er kann sowohl Wechselspannungen als auch Gleichspannungen verstärken.

Der Operationsverstärker besitzt zwei Eingänge und einen Ausgang. In der Regelungstechnik werden Operationsverstärker z.B. zum Vergleichen von Sollwert und Istwert und als Verstärker eingesetzt. Anstelle der umfangreichen Innenschaltung wird nur das Symbol mit Ein- und Ausgängen dargestellt.

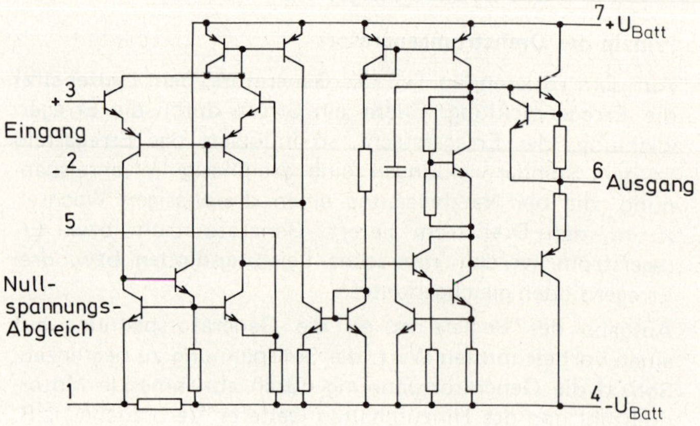

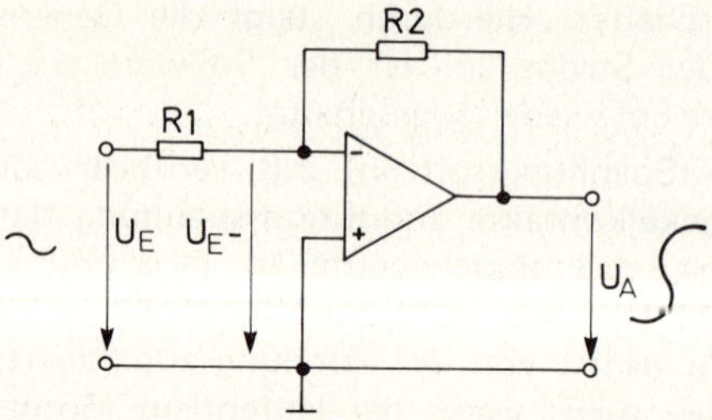

18.2.2.5 Verknüpfte Schaltungen (logische Schaltungen)

Viele Schaltvorgänge im Kfz werden in zunehmendem Maße durch elektronische Schalter durchgeführt. Bei diesen Schaltungen werden die Eingangssignale nach bestimmten logischen Funktionen miteinander verknüpft und dann zum Ausgang übertragen. Man spricht daher auch von verknüpften oder logischen Schaltungen.

In diesen Schaltungen treten Signale auf, die nur zwei Zustände annehmen können:

- Schalter offen bzw. Transistor schaltet durch
- Schalter geschlossen bzw. Transistor sperrt

Diese Schaltungen bezeichnet man auch als binäre Systeme (aus zwei Einheiten bestehend). Der binäre Schaltzustand eines Schalters läßt sich durch die binären Zeichen 0 und 1 kennzeichnen.

Der innere Schaltungsaufbau ist für den Kfz-Mechaniker nicht von Bedeutung. Viel wichtiger sind die Kenntnisse über die Eingangs- und Ausgangssignale. Er muß wissen, welche Eingangssignale anliegen müssen, damit ein bestimmtes Ausgangssignal vorliegt.

Schaltzustand	Binärzeichen
Schalter offen	0
Schalter geschlossen	1

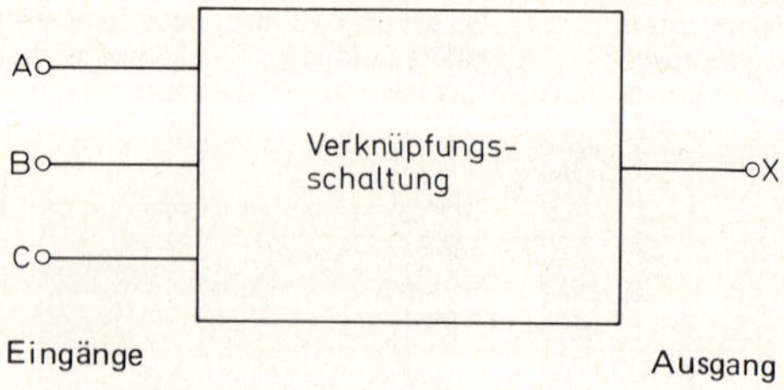

<table>
<tr><th colspan="4">Verknüpfte Schaltungen</th></tr>
<tr><th></th><th>UND-Verknüpfung</th><th>ODER-Verknüpfung</th><th>NICHT-Verknüpfung</th></tr>
<tr><td>Relais-
schaltung
als Beispiel</td>
<td>Reihenschaltung von Kontakten
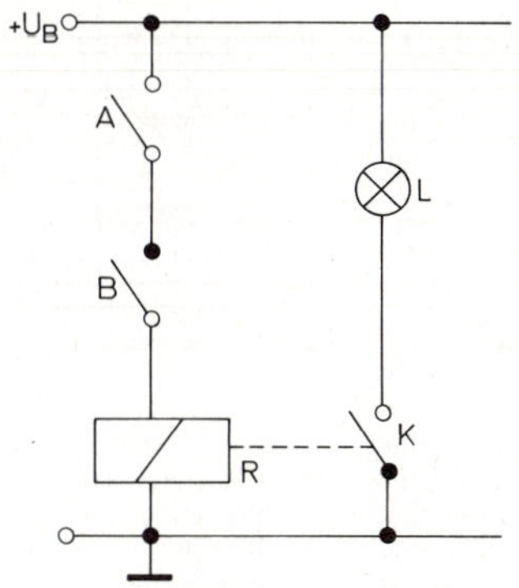
Wenn Kontakt A und Kontakt B geschlossen sind, zieht das Relais R an und schaltet über den Kontakt K die Lampe an.</td>
<td>Parallelschaltung von Kontakten
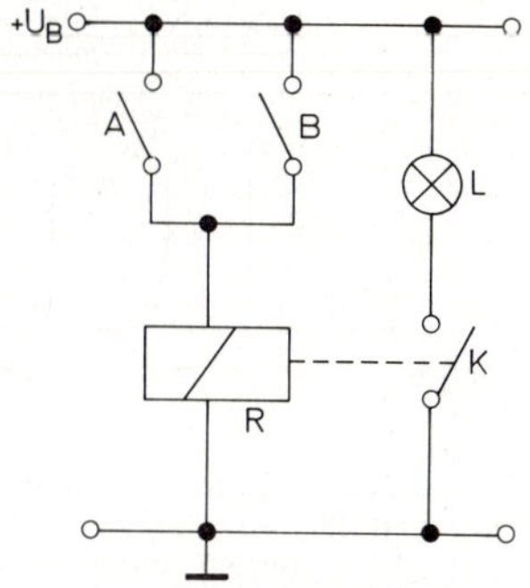
Die Lampe wird eingeschaltet, wenn Kontakt A oder Kontakt B oder beide Kontakte geschlossen sind.</td>
<td>Kontaktschaltung mit Öffner-Funktion
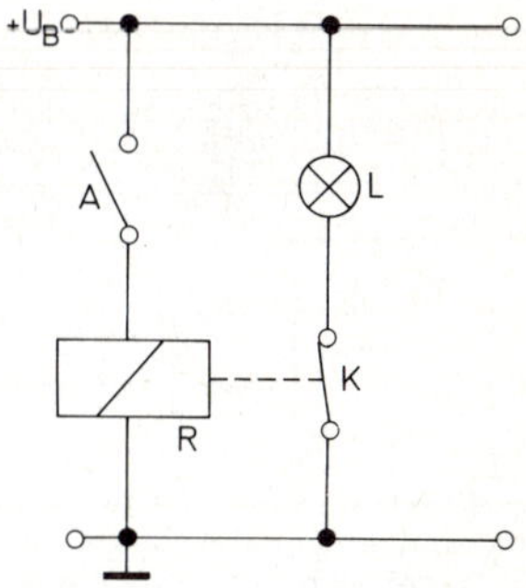
Bei nicht eingeschaltetem Kontakt A ist die Lampe eingeschaltet. Sie wird ausgeschaltet, wenn der Kontakt A geschlossen wird und das Relais den Kontakt K öffnet.</td></tr>
<tr><td>Nachbildung der Relais-schaltung in einem elektro-nischen Schaltkreis: Verknüpfte Schaltung</td>
<td>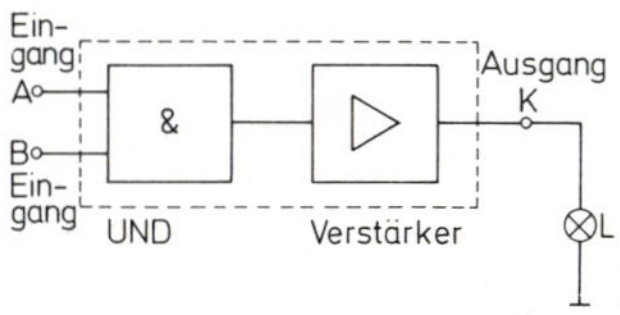
Wenn Eingang A und B das Signal „1" aufweisen, wird über den Verstärker am Ausgang K die Lampe L eingeschaltet.</td>
<td>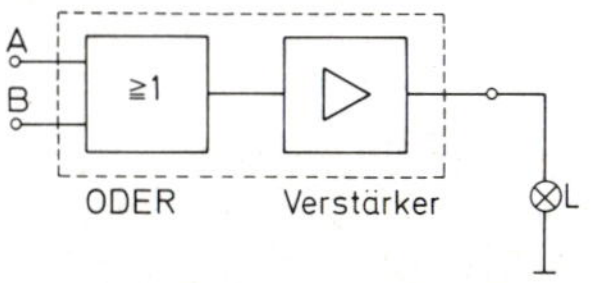
Die Lampe L wird eingeschaltet, wenn am Eingang A oder B oder an beiden Eingängen das Signal „1" anliegt.</td>
<td>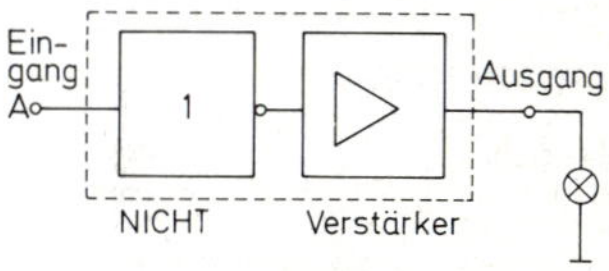
Bei Signaleingang „0" wird die Lampe eingeschaltet, bei Signaleingang „1" erlischt sie.</td></tr>
<tr><td>Wertetabelle für die Schalt-funktionen</td>
<td><table><tr><th>A</th><th>B</th><th>K</th></tr><tr><td>0</td><td>0</td><td>0</td></tr><tr><td>1</td><td>0</td><td>0</td></tr><tr><td>0</td><td>1</td><td>0</td></tr><tr><td>1</td><td>1</td><td>1</td></tr></table></td>
<td><table><tr><th>A</th><th>B</th><th>K</th></tr><tr><td>0</td><td>0</td><td>0</td></tr><tr><td>1</td><td>0</td><td>1</td></tr><tr><td>0</td><td>1</td><td>1</td></tr><tr><td>1</td><td>1</td><td>1</td></tr></table></td>
<td><table><tr><th>A</th><th>K</th></tr><tr><td>0</td><td>1</td></tr><tr><td>1</td><td>0</td></tr></table></td></tr>
<tr><td colspan="4">Durch Kombination der drei Grundschaltungen lassen sich alle elektronischen Schaltungen erreichen.</td></tr>
</table>

18.2.3 Stellglieder (Aktoren)

Grundlegende Bauelemente der Stellglieder

Elektromagnet

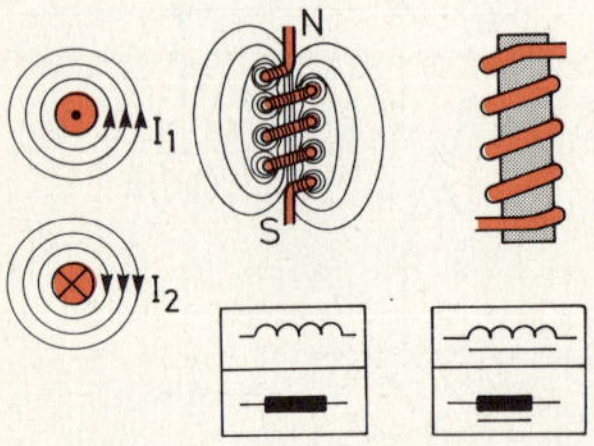

Ein Elektromagnet besteht aus einer Spule mit einem Eisenkern. Bei Stromfluß bildet sich um jeden einzelnen Leiter der Spule ein konzentrisches Magnetfeld. Durch Überlagerung entsteht ein Gesamtfeld, bei dem die magnetischen Feldlinien an einer Stirnseite gebündelt austreten und an der entgegengesetzt liegenden Seite wieder eintreten. Die Spule hat damit zwei Magnetpole. Der Nordpol liegt dort, wo die Feldlinien austreten, der Südpol wo die Feldlinien eintreten. Durch den Korn aus weichem Eisen wird das Magnetfeld verstärkt.
Die Stärke des Magnetfeldes ist von der Stromstärke und der Windungszahl abhängig.

Transformator

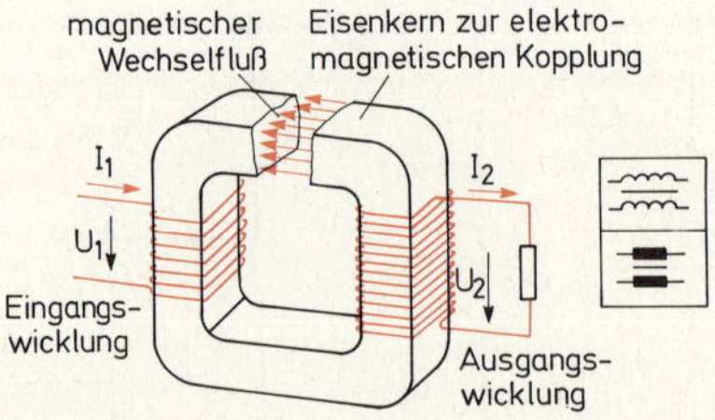

Zwei Spulen (Primär- und Sekundärspule) auf einem gemeinsamen Eisenkern bilden einen Transformator. Die Primärspule ist an eine Gleichspannungsquelle angeschlossen. Wird der Stromkreis durch einen Schalter geschlossen, baut sich in der Primärspule ein Magnetfeld auf, dessen Kraftlinien die Sekundärspule schneiden. Hier wird während des Feldaufbaus eine Spannung erzeugt, die sog. Induktionsspannung. Sie verschwindet, sobald der Feldaufbau beendet ist. Beim Öffnen des Schalters bricht das Magnetfeld zusammen. Die Änderung des magnetischen Flusses induziert ebenso in der Sekundärspule eine Spannung mit umgekehrter Polarität. Die Spannung ist umso höher, je kürzer die Zeit ist, in der sich der magnetische Fluß ändert und je größer die Windungszahl ist.

Gleichstrommotor

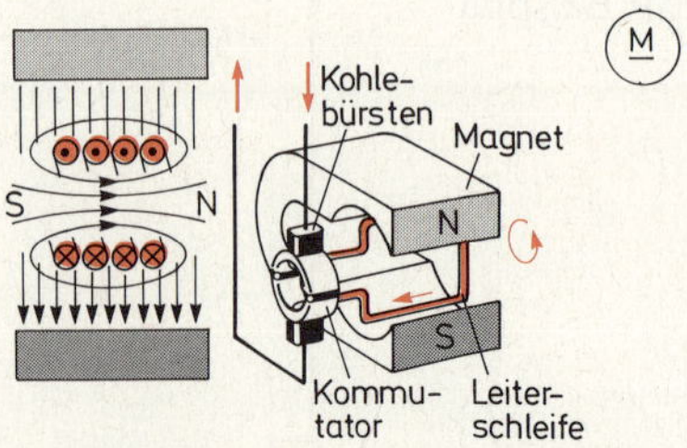

Eine stromdurchflossene Spule ist ein Elektromagnet mit Nord- und Südpol. Wird die Spule in das Magnetfeld eines Magneten gebracht, wirken Kräfte auf die Spule.
Gleichnamige Pole von Spule und Magnet stoßen sich ab, ungleichnamige Pole ziehen sich an. Die Kräfte bewirken ein Drehen der Spule. Sie dreht sich nur so lange, bis die Richtung ihres Magnetfeldes mit der des Magneten übereinstimmt. Das sind 180°. Damit sich die Spule weiterdreht, muß die Stromrichtung umgekehrt werden. Beim Gleichstrommotor übernimmt ein Stromwender (Kommutator) diese Aufgabe.

Stellglieder

Relais

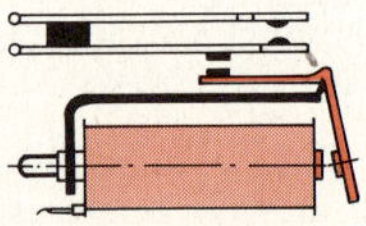

Beim Relais zieht der Elektromagnet bei Stromfluß einen Anker an, der die Schaltkontakte betätigt.

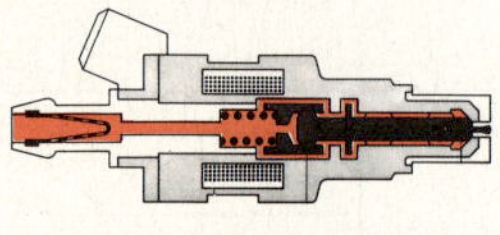

Beim Einspritzventil wird durch Steuerimpulse in der Wicklung ein Magnetfeld aufgebaut, das den Anker anzieht und die mit ihm verbundene Düsennadel von ihrem Sitz abhebt.

Zündspule

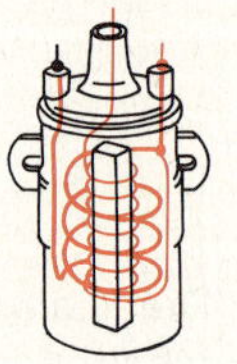

Die Zündspule besteht aus einem Eisenkern, einer Primärwicklung mit wenigen Windungen dicken Kupferdrahtes und einer Sekundärwicklung mit vielen Windungen dünnen Kupferdrahtes.
Der von der Batterie gelieferte Gleichstrom wird im Zündzeitpunkt von dem Unterbrecher abgeschaltet, so daß das Magnetfeld der Primärwicklung plötzlich zusammenbricht. In der Sekundärwicklung entsteht dabei eine Zündspannung (Hochspannung), die den Zündfunken an der Zündkerze erzeugt.

Schrittmotor

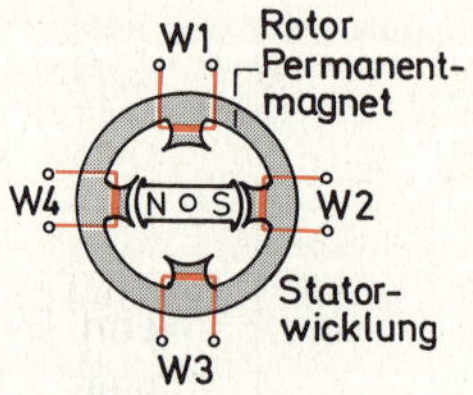

Schrittmotoren werden dort eingesetzt, wo gesteuerte Bewegungen bzw. Positionierungen verlangt werden. Der Schrittmotor besteht aus einem Stator mit vier Feldwicklungen und einem drehbar gelagerten Dauermagneten als Rotor.
Die Statorwicklung erhält Stromimpulse in einer bestimmten Reihenfolge. Die Antriebswelle des Motors dreht sich bei jedem Impuls um einen bestimmten Schritt. Die Schrittwinkel liegen je nach Bauart im Bereich von 1,8 ... 15°.

18.2.4 Steuerungs- und Regelungssysteme mit Mikrocomputer

Im Kfz werden zur Steuerung und Regelung von kompliziert ablaufenden Prozessen Mikrocomputer eingesetzt. Man bezeichnet diese Computer auch als Prozeßrechner, da sie direkt mit dem Prozeß gekoppelt sind (On-line-Betrieb).

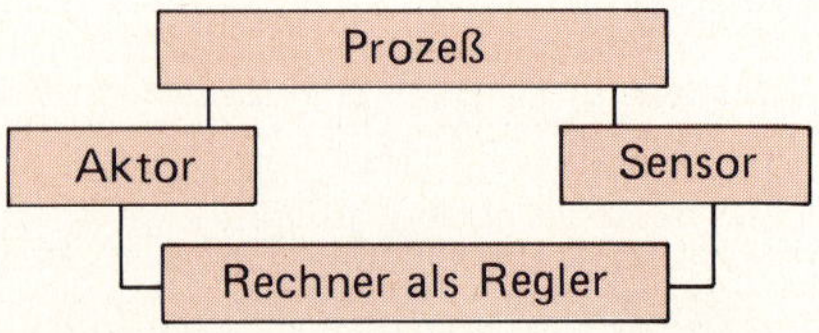

Datenverarbeitung im Mikrocomputer

SIGNALEINGABE

Sensoren und Schalter ermitteln physikalische Größen wie Drehzahl, Temperatur, Luftmenge usw. und liefern Eingangssignale.

Analoge Signale

Die Meßwerte ändern sich analog (entsprechend) einer physikalischen Größe.

Beispiel: Bei der Temperaturmessung mit NTC-Widerstand nimmt die Spannung mit steigender Temperatur zu.

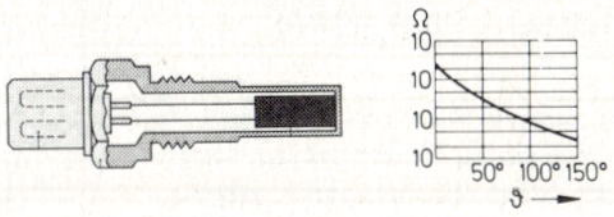

Digitale Signale

Bei digitalen Messungen wird der Meßwert durch eine Zahl angegeben.

Beispiel: Bei der Drehzahlmessung liefert ein Induktionsgeber Impulse.

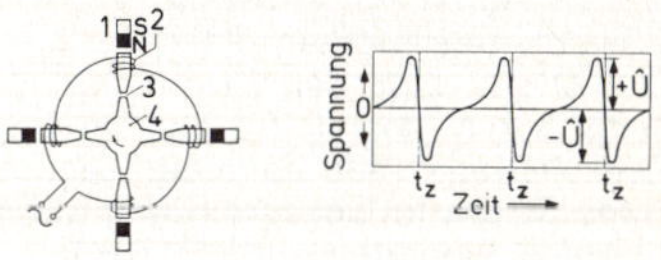

STEUERGERÄT

SIGNALAUFBEREITUNG IN DEN EINGANGSSTUFEN

Der Mikrocomputer arbeitet rechenintern mit elektronischen Schaltern, die nur die Schaltzustände „ein" oder „aus" kennen. Diesen Schaltzuständen werden die Symbole „1" und „0" zugeordnet. Für die Signalaufbereitung besteht die Hauptaufgabe darin, die Informationen und Daten in eine recheninterne Form umzuwandeln.

ANALOG-DIGITAL-WANDLER (A/D)

Analog-Digital-Wandler wandeln analoge Signale in digitale Signale um.

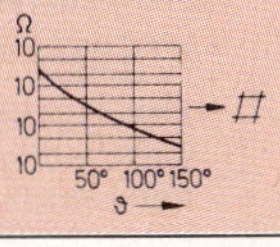

IMPULSFORMER (IF)

Impulsformer machen aus den beliebig geformten Eingangssignalen ein Rechtecksignal.

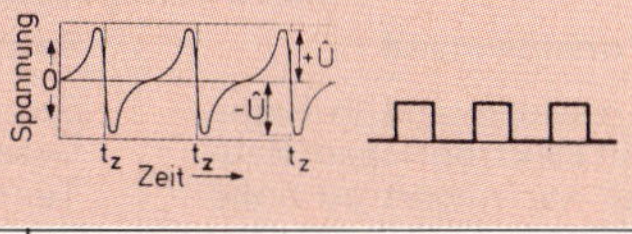

MIKROCOMPUTER

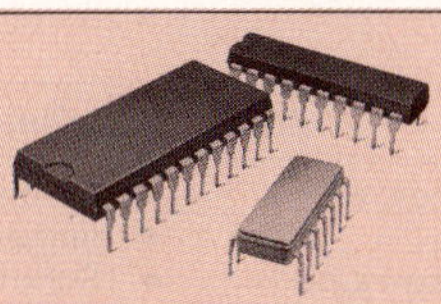

← EINGABE

MIKROPROZESSOR (CPU)
(Zentraleinheit)

Die drei Hauptbestandteile einer Zentraleinheit sind:

- Steuerwerk
  Das Steuerwerk kontrolliert und steuert alle Funktionen des Mikrocomputers:
  - ordnet den Ablauf der Arbeit
  - ruft die erforderlichen Daten ab
  - steuert die Ein- und Ausgabe
- Rechenwerk
  Das Rechenwerk führt alle logischen und arithmetischen Grundoperationen durch: Arithmetische Operationen sind Addieren, Subtrahieren, Multiplizieren, Dividieren. Die logischen Operationen werden zum Steuern des Programmablaufs verwendet. Hierzu werden die Daten miteinander logisch verknüpft.
  Die erforderlichen Programme und Solldaten liefert der Festwertspeicher, die Istwerte (Betriebsdaten) der Betriebsdatenspeicher.
- Register
  Das Register dient der kurzzeitigen Zwischenspeicherung von Ergebnissen.

Datenaustausch

FESTWERTSPEICHER (ROM)

Der Festwertspeicher speichert die vom Hersteller vorgegebenen

- Programme
- Kennlinien
- Kenndaten
- Sollwerte usw.

Die Daten lassen sich nur lesen, aber nicht verändern.

Auch nach dem Abschalten der Stromversorgung behält er seinen Inhalt.

BETRIEBSDATENSPEICHER (RAM)

Der Betriebsdatenspeicher speichert alle von den Sensoren gelieferten Daten bis sie der Mikroprozessor abruft.

Die Daten werden während des Betriebs ständig durch aktuelle Daten ersetzt. Nach dem Abschalten der Stromversorgung sind alle Daten gelöscht.

Außerdem werden Rechenergebnisse zur späteren Weiterverarbeitung zwischengespeichert.

TAKTGEBER

Der Taktgeber erzeugt Impulse, die alle elektronischen Bauelemente zwingen, im gleichen Takt zu arbeiten.

BUS

Gemeinsame Sammelleitungen (Busse) verbinden Mikroprozessor, interne Speicher und die Eingabe-Ausgabe-Einheit.

AUSGABE →

SIGNALAUFBEREITUNG IN DEN ENDSTUFEN

Die vom Mikrocomputer ausgegebenen Signale sind für die Stellglieder zu schwach. Zum Ansteuern müssen sie in der jeweiligen Endstufe verstärkt werden.

STELLGLIEDER

Stellglieder führen die Eingangsimpulse aus.

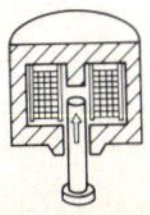

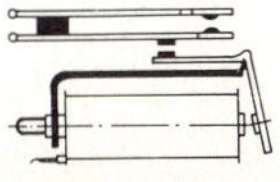

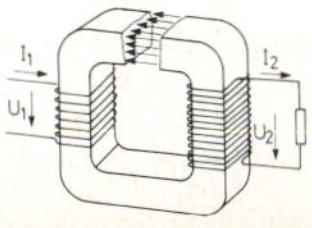

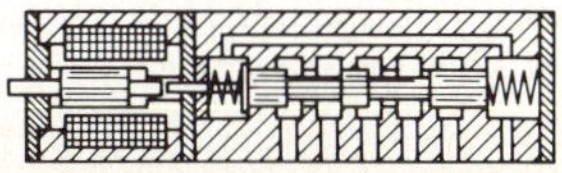

ZUSAMMENFASSUNG Elektronische Bauelemente in Steuergeräten

Bauelemente in elektronischen Schaltungen des Kfz

Halbleiterbauelemente

Dioden	Transistor	Thyristor
2 Halbleiterschichten: PN Die Diode läßt den Strom nur in einer Richtung durch, sperrt ihn aber in Gegenrichtung. Die *Z*-Diode läßt ab einer bestimmten Spannung Strom in Gegenrichtung durch. LED sind lichtaussendende Halbleiterdioden. Verwendung als Gleichrichterdioden, Freilaufdioden zum Abbau von Überspannungen, Dioden zur Temperaturkompensation. *Z*-Dioden zum Begrenzen der Spannung, zur Spannungsstabilisierung, als Sollwertgeber. LED in Anzeigeeinheiten.	3 Halbleiterschichten: PNP, NPN 3 Anschlüsse • Emitter E, • Basis B, • Kollektor C Wenn von der Basis zum Emitter kein Strom fließt, ist der Transistor nichtleitend, d.h. er sperrt. Der Transistor verliert seine Sperrwirkung, wenn zwischen Emitter- und Basisanschluß eine Spannung wirkt. Verwendung als • Schalter, • Verstärker	4 Halbleiterschichten: PNPN 2 Hauptanschlüsse (Anode, Kathode) und 1 Steuerelektrode. Durch eine positive Spannung an der Steuerelektrode wird der Thyristor zum Durchschalten veranlaßt. Der Laststrom fließt solange – auch wenn der Zündstrom ausgeschaltet ist – bis er unterbrochen wird. Verwendung als • Schalter • steuerbarer Gleichrichter

Widerstände

lineare Widerstände		Halbleiterwiderstände		
Vorwiderstand	**Spannungsteiler**	**NTC-Widerstand**	**PTC-Widerstand**	**Fotowiderstand**
Vorwiderstand in Reihe mit elektronischem Bauteil verrringert zu hohe Stromstärke	Spannungsteiler teilt Gesamtspannung U in Teilspannungen U_1 und U_2	Der Widerstandswert nimmt mit zunehmender Temperatur ab	Der Widerstandswert steigt mit zunehmender Temperatur	Fotowiderstände verringern bei Beleuchtung ihren Widerstand

Kondensator speichert elektrische Ladungen

Reihenschaltung von R und C	Parallelschaltung von R und C
Für das Laden und Entladen benötigt der Kondensator eine bestimmte Zeit. RC-Glied = Zeitglied, Vorwiderstand bestimmt Aufbau- und Entladezeit.	• glätten einer welligen Gleichspannung • Nahentstörung • Schutzempfindlicher Bauelemente gegen Spannungsspitzen

Schaltungen im Kfz

Integrierte Schaltung	**Verknüpfte Schaltung:** verknüpft Eingangssignale nach bestimmten logischen Funktionen miteinander zu einem bestimmten Ausgangssignal		
	UND-Verknüpfung	**ODER-Verknüpfung**	**NICHT-Verknüpfung**
Integrierte Schaltungen sind elektronische Bausteine mit kleinen Abmessungen, in denen viele Transistoren, Dioden, Widerstände untergebracht sind.	Bei einem UND-Glied müssen alle Eingänge gleichzeitig mit „1"-Signal angesteuert werden, damit am Ausgang „1" Signal entsteht.	Bei einem ODER-Glied entsteht am Ausgang „1"-Signal, wenn ein oder mehrere oder alle Eingänge mit „1"-Signal angesteuert werden.	Bei NICHT-Gliedern entsteht am Ausgang ein Signal, das dem Eingangssignal entgegengesetzt ist.

Stellglieder im Kfz

Relais/Einspritzventil	Zündspule	Schrittmotor
Grundbauelemente: Elektromagnet, bestehend aus Spule und Eisenkern. Prinzip: Bei Stromfluß entsteht ein magnetisches Feld, das durch den Eisenkern verstärkt wird. Beim Relais bzw. Einspritzventil zieht ein Elektromagnet einen Anker an, der Kontakt schließt bzw. hebt die Düsennadel vom Sitz ab.	Grundbauelemente: Transformator, bestehend aus Primär-, Sekundärwicklung und Eisenkern. Prinzip: während des Feldaufbaus bzw. -abbaus in der Primärspule wird in der Sekundärspule eine Spannung induziert. Die induzierte Spannung ist um so höher, je schneller sich der magnetische Fluß ändert und je größer die Windungszahl der Sekundärspule ist. Bei der Zündspule schaltet der Unterbrecher den Primärstrom aus, so daß das Magnetfeld plötzlich zusammenbricht. In der Sekundärspule entsteht eine Hochspannung.	Grundbauelemente: Gleichstrommotor, bestehend aus Magnet, Leiterschleife und Kommutator. Prinzip: Auf eine stromdurchflossene Leiterschleife wirkt in einem Magnetfeld eine Kraft und versetzt sie in eine Drehbewegung. Der Kommutator kehrt die Stromrichtung um. Der Schrittmotor wandelt Stromimpulse in Winkelschritte der Antriebswelle des Motors um.

Datenverarbeitung im Mikrocomputer

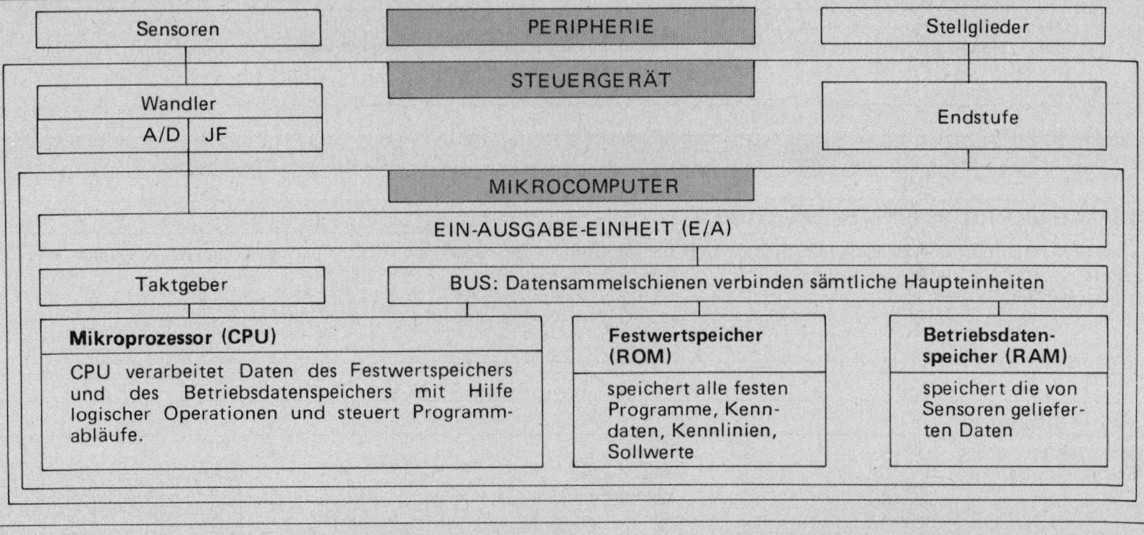

ANALYSE Steuerungen und Regelungen

Vergleichen Sie die beiden Leerlaufsysteme und stellen Sie fest, in welchem Fall eine Steuerung bzw. Regelung des Leerlaufs erfolgt. Geben Sie die Eingangs- und Ausgangsgrößen an.

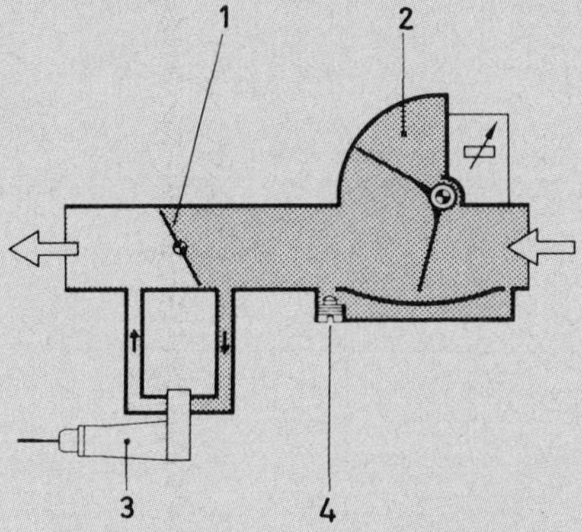

1 Drosselklappe
2 Luftmengenmesser
3 Zusatzluftschieber
4 Leerlaufgemischeinstellschraube

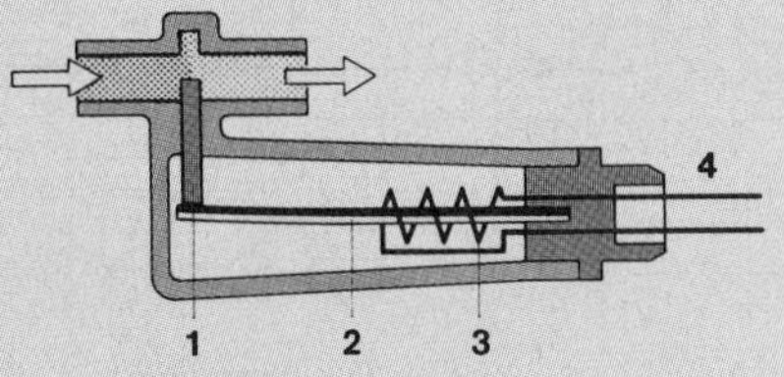

1 Lochblende
2 Bimetall
3 elektrische Heizung
4 elektrischer Anschluß

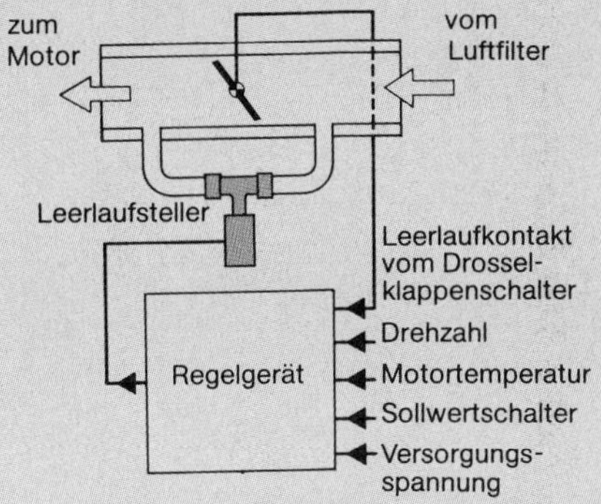

1 elektrischer Anschluß
2 Gehäuse
3 Dauermagnet
4 Anker
5 Luftkanal als Bypaß zur Drosselklappe
6 Drehschieber

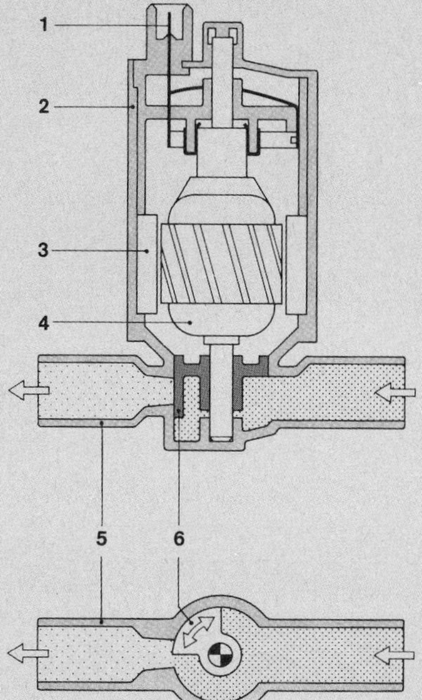

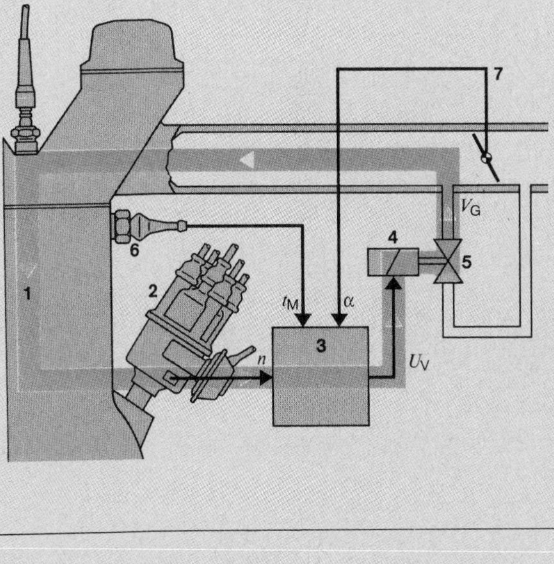

ANALYSE Elektronische Schaltungen

1. Stellen Sie fest, welche Aufgaben die elektronischen Bauelemente haben.
2. Erklären Sie den Wirkungszusammenhang der elektronischen Bauelemente.

Abblendschaltung

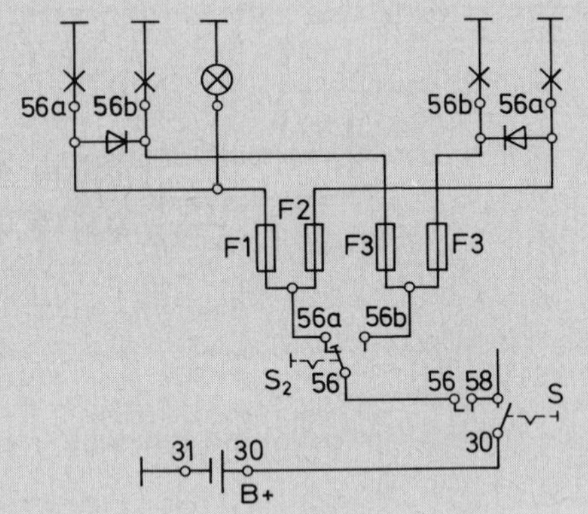

Temperaturmessung im Motor

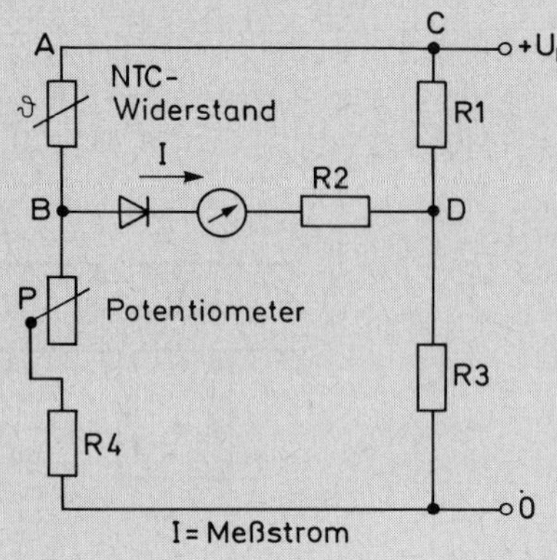

Elektronische Benzineinspritzung

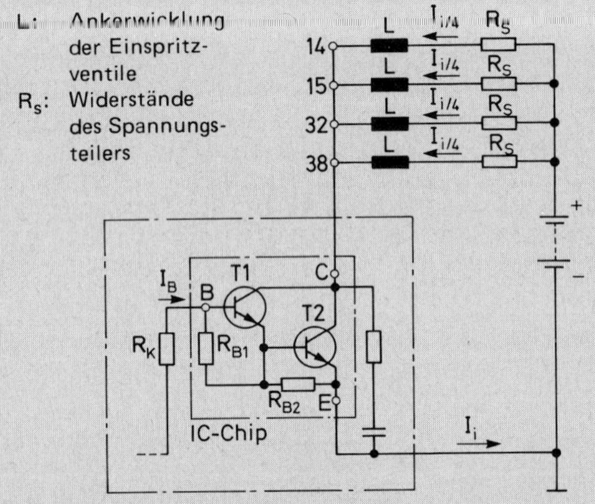

Elektronische Zündung

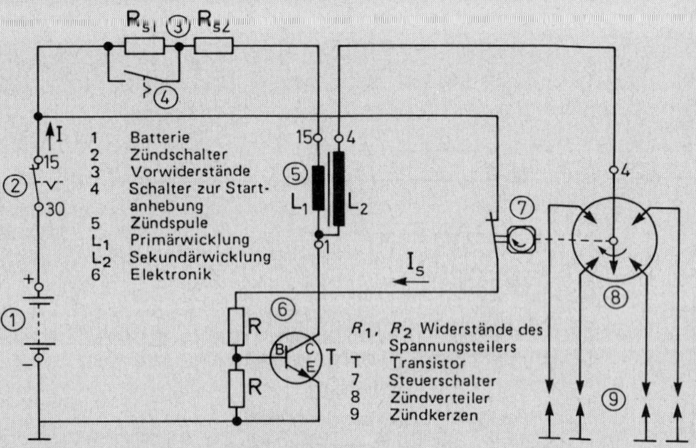

Generator-Regler

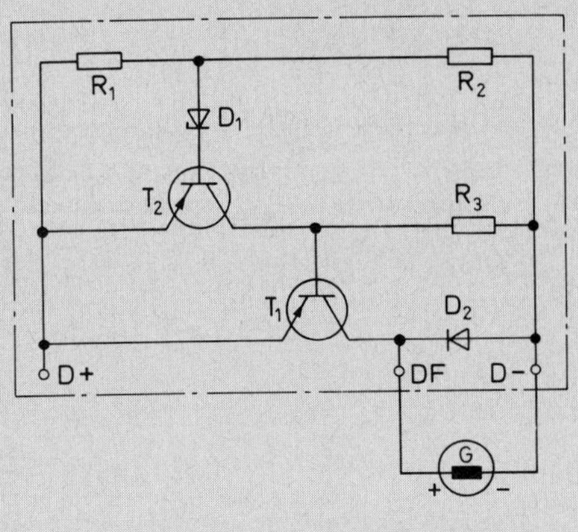

Überspannungsschutzgerät für Drehstromgenerator

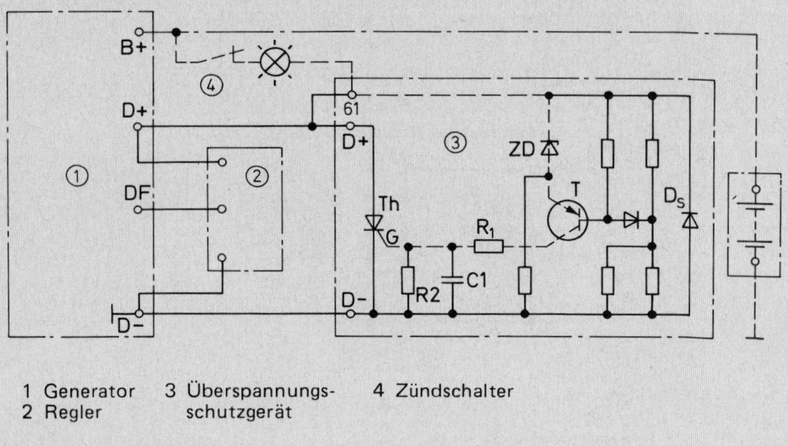

1 Generator
2 Regler
3 Überspannungsschutzgerät
4 Zündschalter

ANALYSE Verknüpfte Schaltungen

Vergleichen Sie die Wirkungsweise der Lampenstromkreisüberwachung mit Reedrelais und mit elektronischen Bauelementen.

Lampenstromkreisüberwachung mit Reedrelais

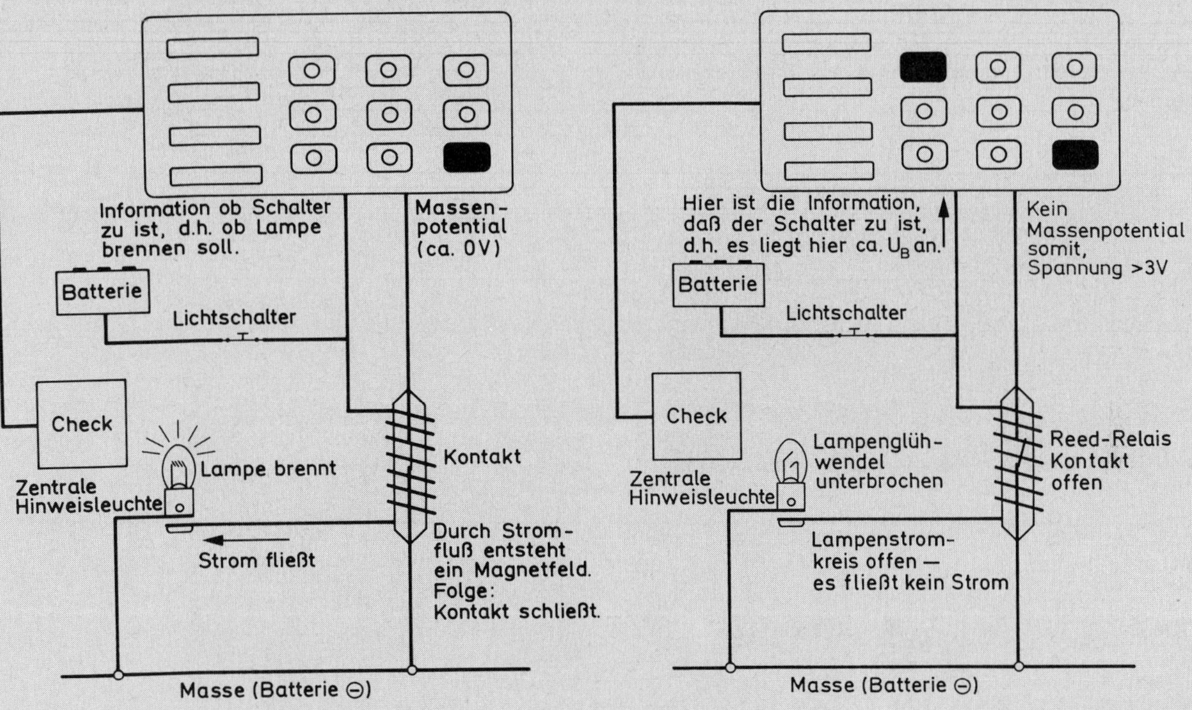

Lampenstromkreisüberwachung mit elektronischen Bauelementen

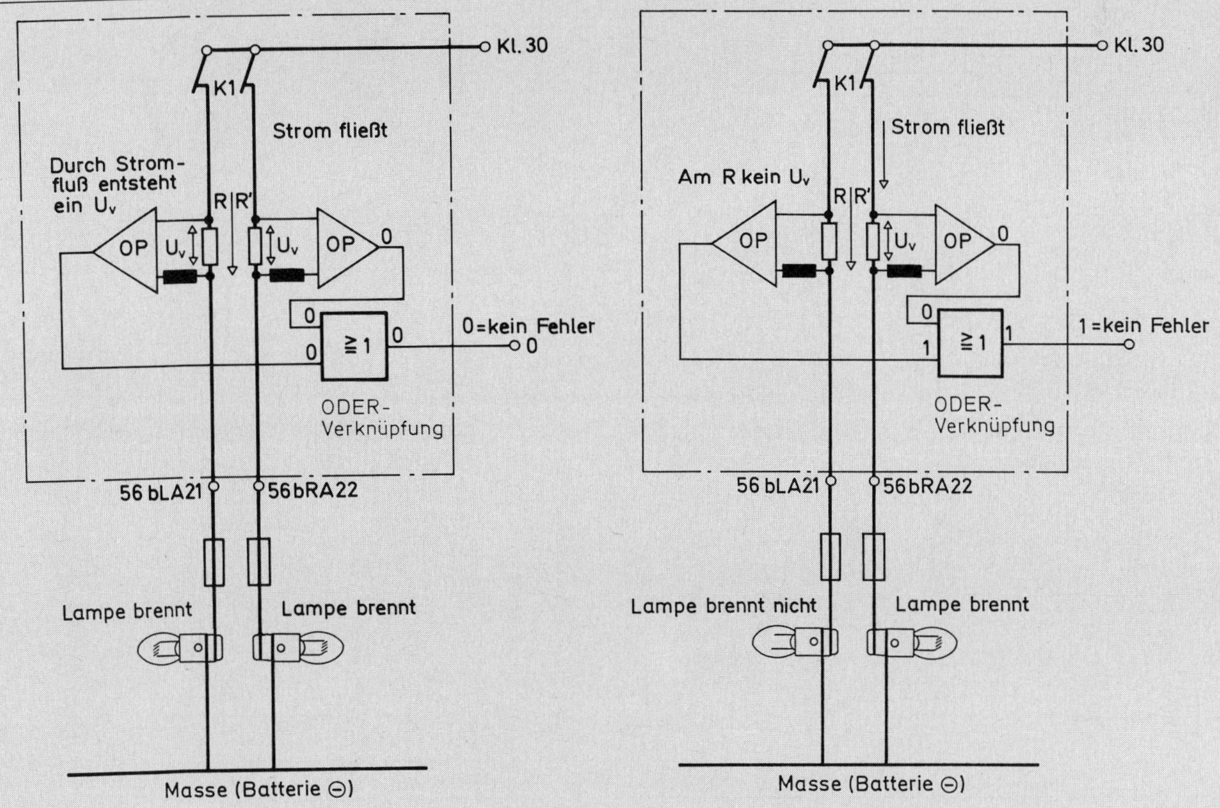

18.3 Motorelektronik, Motorelektrik

Bei einem Kfz dreht der Starter den Motor durch, der Motor springt aber nicht an.

Nach Überprüfung des Kraftstoffsystems muß die Fehlerursache in der Zündanlage liegen.

Zur Fehlersuche steht ein Motortester zur Verfügung. Weiter ist ein Stromlaufplan und ein Blockschaltplan vorhanden.

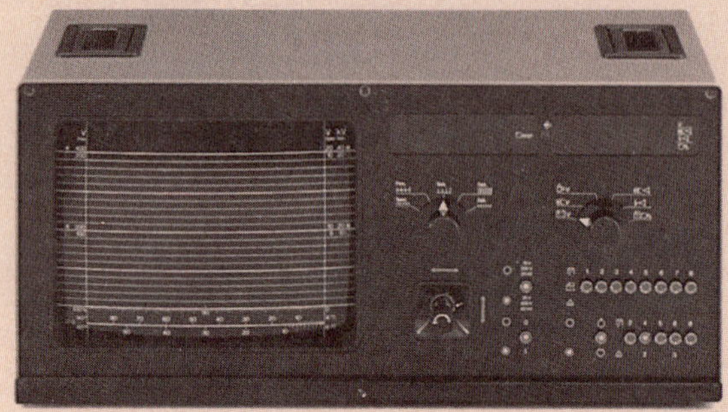

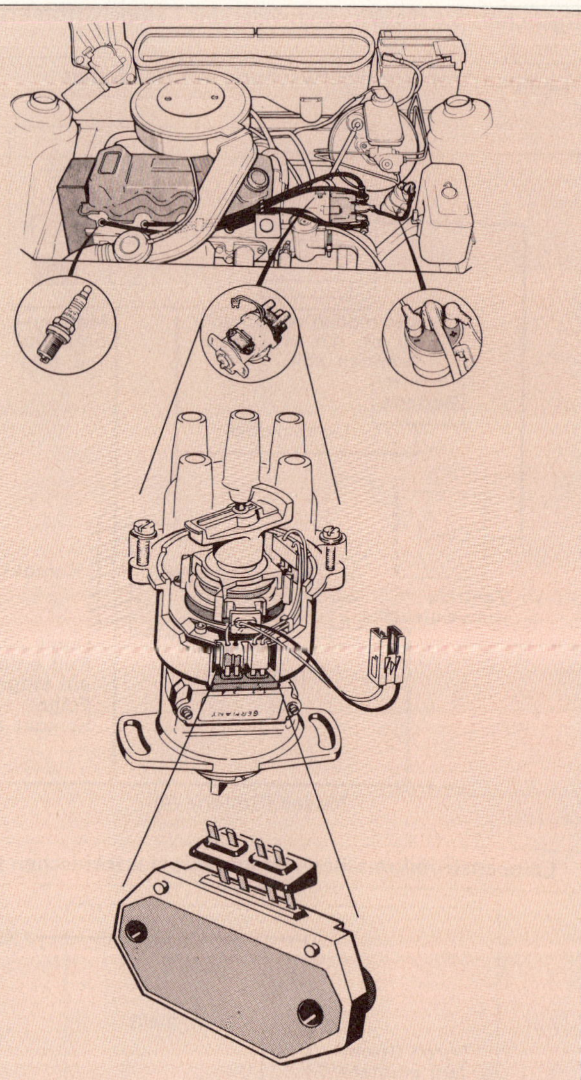

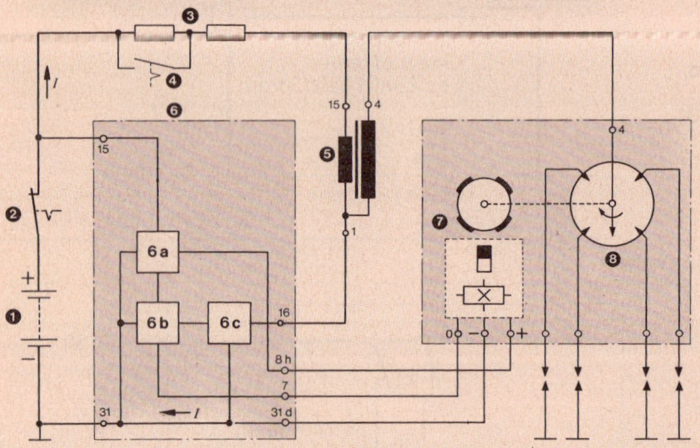

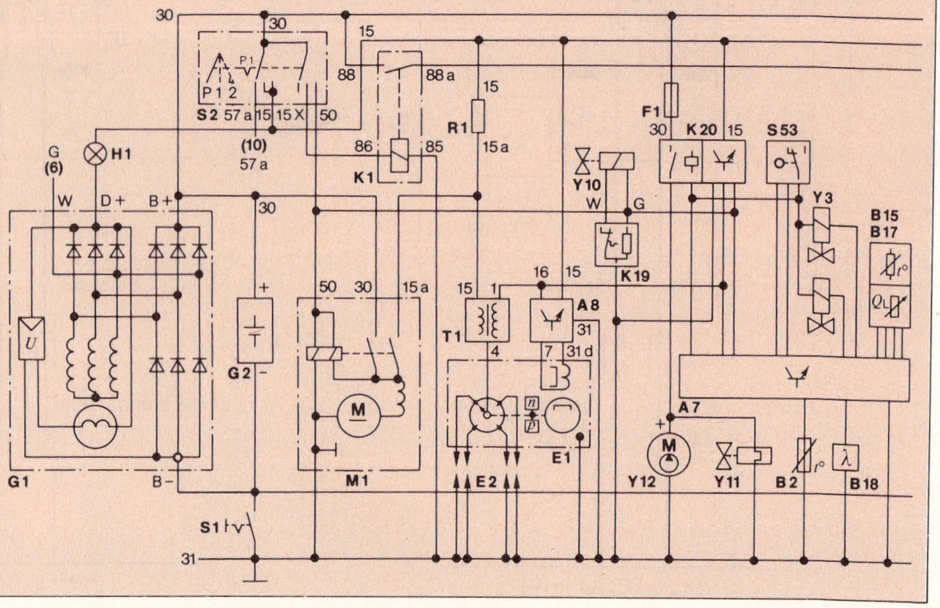

18.3.1 Elektrische und elektronische Batteriezündsysteme

Eine Batteriezündanlage besteht aus folgenden Bauelementen:

- Batterie zur Lieferung des Primärstromes
- Zündspule zur Speicherung der Zündenergie und zur Erzeugung der Hochspannung
- Schalter (Unterbrecher, Transistor, Thyristor) zur Unterbrechung des Primärstromes
- Zündkerzen zur Zündung des Luft-Kraftstoffgemischs

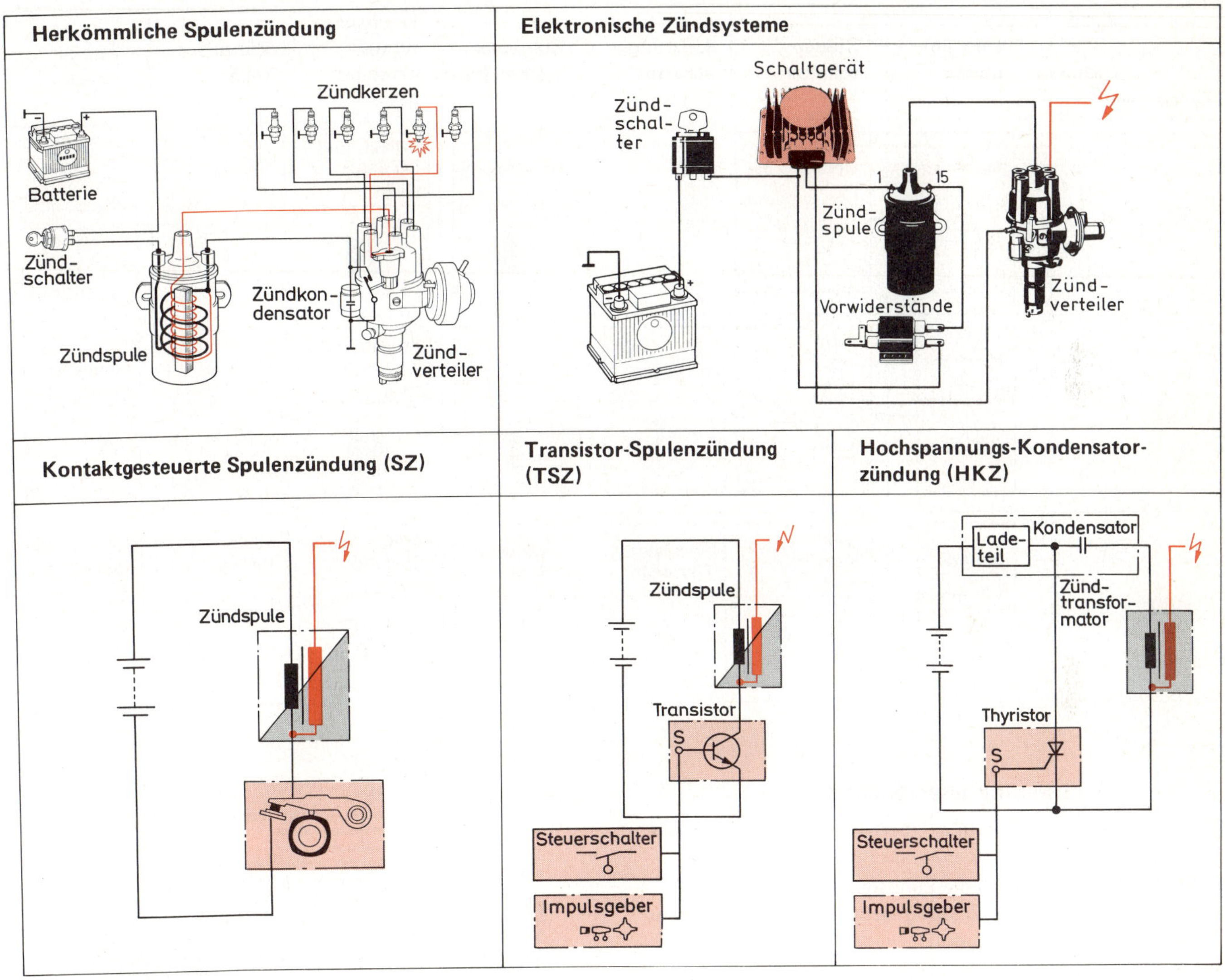

Bei einer Batteriezündanlage unterscheiden wir zwei Stromkreise, die miteinander verkettet sind:

- Primärstromkreis = Steuerstromkreis
- Sekundärstromkreis = Zündstromkreis

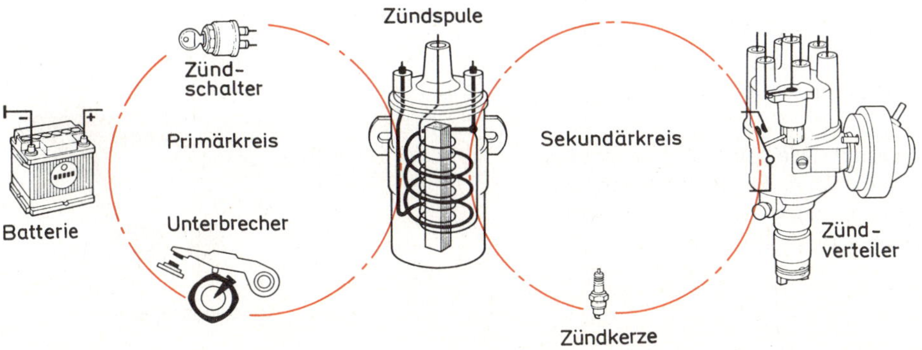

Die Erzeugung des Zündfunkens ist eine Folge sehr rasch ablaufender Vorgänge:

- Speichern der Zündenergie in der Primärspule
- Übertragen der Zündenergie auf die Sekundärspule und Erzeugen einer Hochspannung in der Sekundärspule
- Verteilen der Hochspannung durch den Zündverteiler
- Funkenüberschlag an der Zündkerze
- Entzünden des Gemisches

Zündvorgang / Zündanlage	Energiequelle	Steuerschalter	Leistungsschalter	Zündenergiespeicher	Hochspannungserzeuger	Zündverteiler	Funkenstrecke
SZ	Batterie	Unterbrecher		Primärspule	Primär- und Sekundärspule	Verteiler	Zündkerze
TSZ	Batterie	Zündimpulsgeber	Schaltgerät Transistor	Primärspule	Primär- und Sekundärspule	Verteiler	Zündkerze
HKZ	Batterie	Zündimpulsgeber	Schaltgerät Thyristor	Kondensator	Primär- und Sekundärspule	Verteiler	Zündkerze

18.3.1.1 Hochspannungserzeugung

Bauelemente zur Speicherung, Übertragung der Zündenergie und Erzeugung der Hochspannung sind

- bei der Spulenzündung die Zündspule,
- bei der Kondensatorzündung der Speicherkondensator und der Zündtransformator.

Die Zündspule besteht aus folgenden Bauelementen:

- Eisenkern
- Primärwicklung mit wenigen Windungen (100 ... 200) dicken Kupferdrahtes (0,4 ... 0,6 mm ⌀)
- Sekundärwicklung mit vielen Windungen (10 000 ... 20 000) dünnen Drahtes (0,05 .. 0,1 mm ⌀)

Der Kondensator der HKZ ist ein Wickelkondensator. Er besteht aus Metallfolien, die durch Isolierlagen voneinander getrennt sind.

Der Zündtransformator besitzt wie die Zündspule eine Primär- und eine Sekundärwicklung. Er ist elektrisch und thermisch so ausgelegt, daß er auch bei hohen Funkenzahlen bzw. Motordrehzahlen einwandfrei arbeitet.

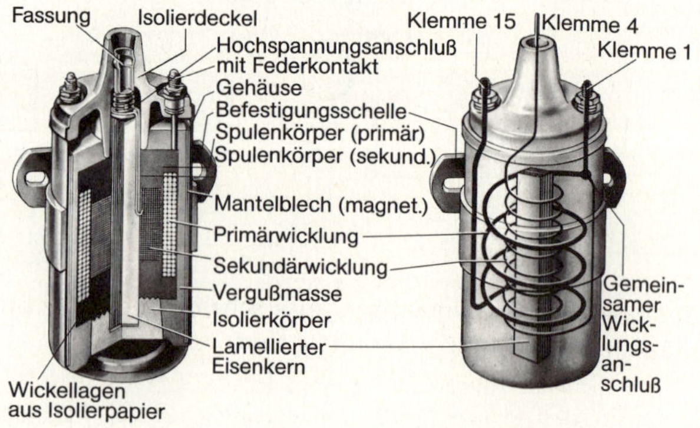

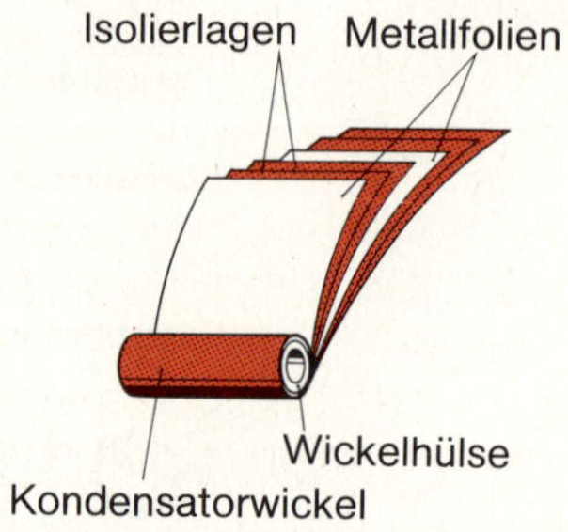

Speichern der Zündenergie

Zündspule (SZ, TSZ)

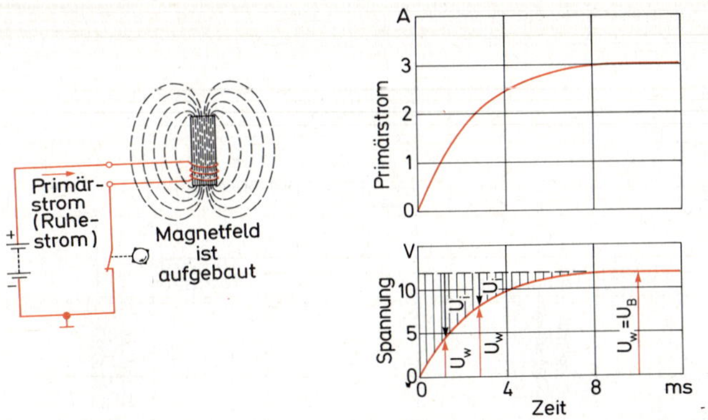

Bei geschlossenem Primärstromkreis fließt ein Primärstrom. Er erreicht nur verzögert seinen Endwert. Der verzögerte Stromanstieg kommt dadurch zustande, daß das entstehende Magnetfeld eine der Batteriespannung U_B entgegengesetzt wirkende Selbstinduktionsspannung U_i induziert. Nach beendetem Feldaufbau ist die induzierte Gegenspannung verschwunden, die volle Batteriespannung kann sich auswirken.

Speicherkondensator (HKZ)

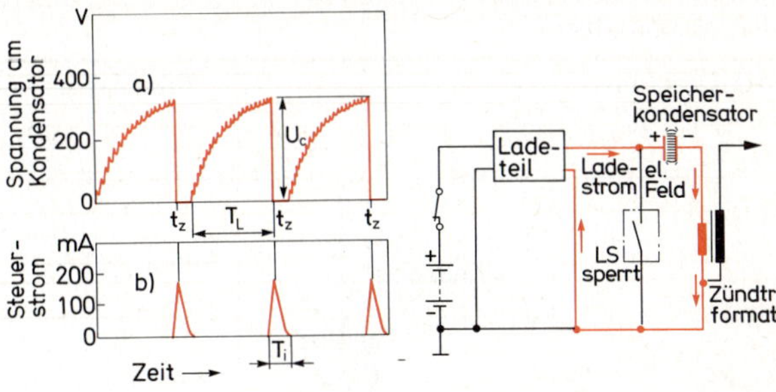

Das Ladeteil der HKZ wandelt die Batteriespannung in eine wesentlich höhere Lade-Gleichspannung um. Der Speicherkondensator wird auf eine Spannung von ca. 400 Volt aufgeladen. Eine Diode verhindert das Zurückfließen des Stromes zum Ladeteil. Der Thyristor sperrt den Stromdurchgang. Er ist in der Darstellung als einfacher Schalter (Leistungsschalter LS) gezeichnet.

Übertragen der Zündenergie und Erzeugen der Hochspannung

Zündspule

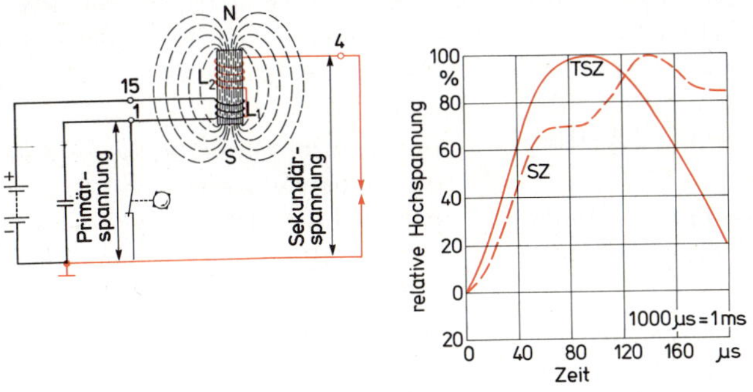

Im Zündzeitpunkt öffnet der Leistungsschalter den Primärstromkreis und unterbricht den Primärstrom. Das schlagartig zusammenbrechende Magnetfeld induziert in der Sekundärwicklung eine Spannung. Da die Sekundärwicklung etwa 100 mal mehr Windungen hat als die Primärwicklung, ist die Sekundärspannung etwa 100 mal größer als die Primärspannung. Die Sekundärspannung ist eine Hochspannung.

Die Kraftlinien des zusammenbrechenden Magnetfeldes induzieren in der Primärwicklung eine Selbstinduktionsspannung. Sie beträgt 300 bis 400 Volt und ruft beim Abheben des Unterbrecherkontaktes einen starken Funken hervor. Bei der SZ verhindert ein parallel zum Unterbrecher geschalteter Kondensator das Kontaktfeuern.

Zündtransformator

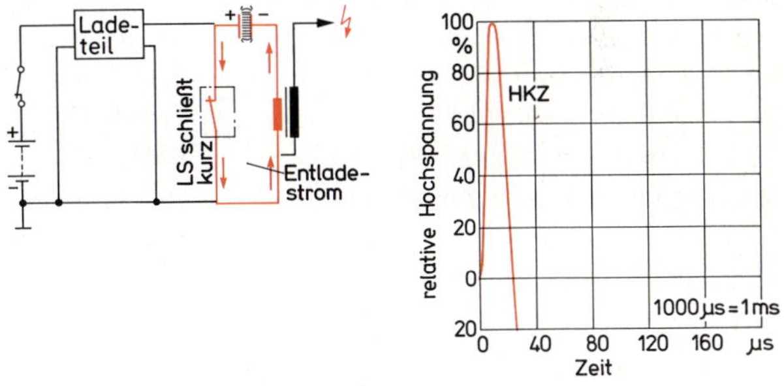

Im Zündzeitpunkt erhält der Thyristor einen Steuerimpuls. Er wird augenblicklich leitfähig. Der Kondensator entlädt sich schlagartig über die Primärwicklung des Zündtrafos. In der Sekundärwicklung entsteht eine Hochspannung.

Durch den geringen Innenwiderstand des Zündtrafos erfolgt ein sehr schneller Spannungsanstieg an der Zündkerze. Der steile Anstieg der Hochspannung bis zum Funkenüberschlag bewirkt, daß elektrische Nebenschlüsse, z.B. an verschmutzten Zündkerzen, das Zündverhalten praktisch nicht beeinträchtigen.

Zum Zweck der Energiespeicherung, Zündenergieübertragung und Hochspannungserzeugung muß ein Leistungsschalter den Primärstromkreis öffnen und unterbrechen.

Leistungsschalter

Unterbrecher

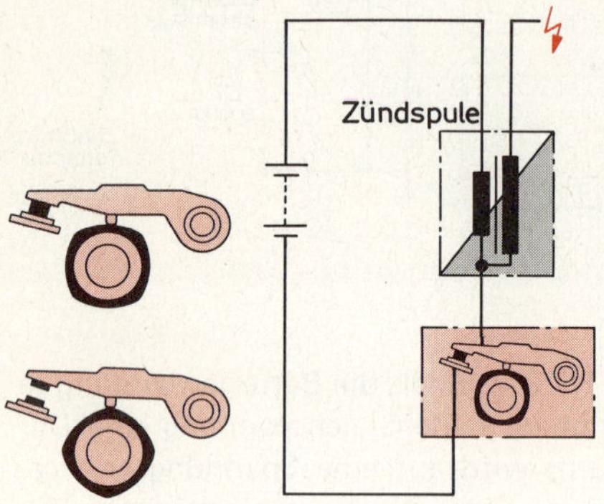

Der Zündunterbrecher ist ein nockenbetätigter Schalter der den Primärstromkreis im Takt der Motordrehzahl öffnet und schließt.

Der Unterbrecher ist Leistungs- und Steuerschalter in einem. Er wird von einem Unterbrechernocken gesteuert, der von der Nockenwelle angetrieben wird. Es gilt

Nockenwellendrehzahl = Unterbrecherdrehzahl.

Die Anzahl der Nocken stimmt mit der Anzahl der Zylinder überein.

Der Drehwinkel der Zündverteilerwelle, bei dem der Kontakt geschlossen ist, heißt Schließwinkel, bei dem der Kontakt geöffnet ist, Öffnungswinkel.

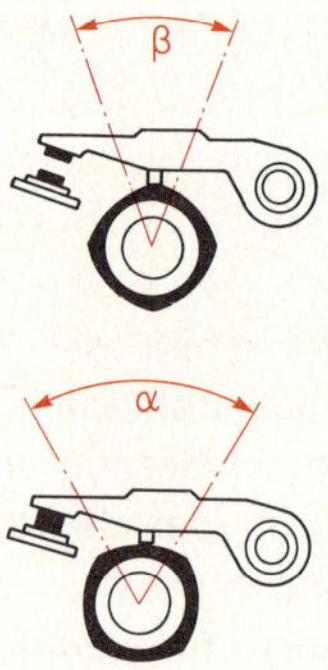

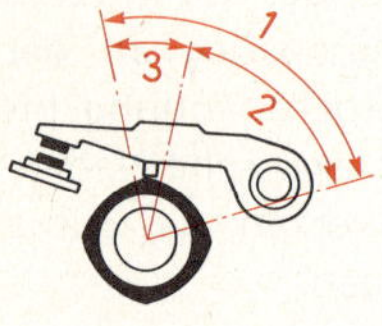

1 = Zündabstand γ
2 = Schließwinkel α
3 = Öffnungswinkel β

Transistor

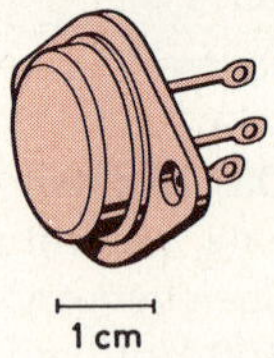

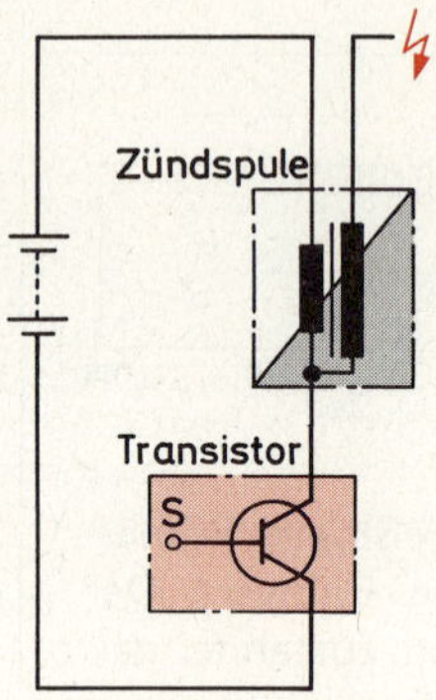

Der Transistor tritt als Leistungsschalter an die Stelle des Unterbrechers. Er muß allerdings von einem Steuerschalter mit einem Steuerstrom zum Schalten veranlaßt werden.

In der TSZ verwendet man Transistoren in Darlington-Schaltung. Sie ist die Endstufe im Schaltgerät und damit der Leistungsschalter. Der Transistor T_1 ist ein Schaltverstärker.

Die Transistoren T_2 und T_3 sind in der Darlington-Schaltung miteinander verbunden.

In die Basis des Transistors T_1 fließt ein Basisstrom I_B. T_1 schaltet daraufhin durch und es fließt ein Kollektorstrom I_C über den Widerstand in die Basis des Transistors T_2. T_2 schaltet ebenfalls durch und steuert mit seinem verstärkten Strom die Basis des Transistors T_3 an, der leitend wird. Er schaltet den Primärstrom I ein.

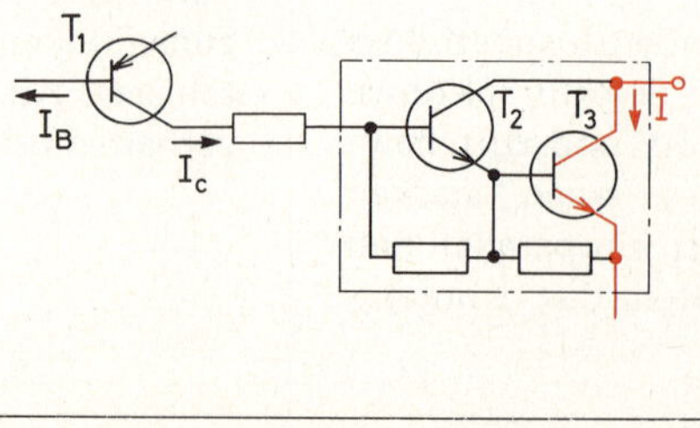

Thyristor

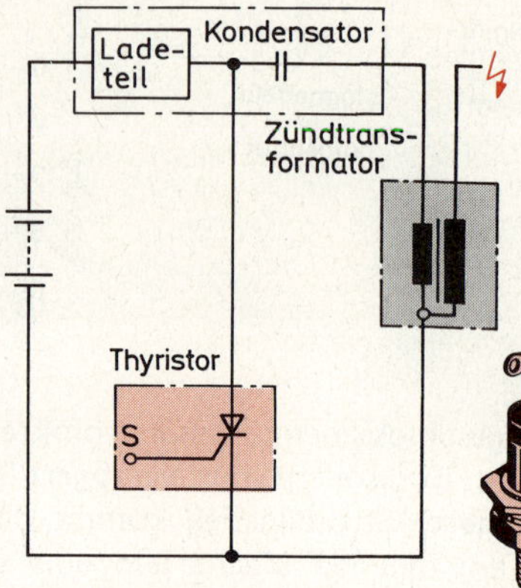

Bei der HKZ dient ein Thyristor als Leistungsschalter. Er muß durch einen kurzzeitigen Spannungsimpuls am Steueranschluß zum Schalten veranlaßt werden.

Der Thyristor liegt mit seiner Anode an der Plusseite des Kondensators, mit der Kathode an der Masse. Er ist in Schaltrichtung gepolt.

Im Zündzeitpunkt erhält er über die Steuerelektrode einen Steuerimpuls, der ihn sofort leitend macht. Auch nach Wegfall des Impulses bleibt er im Schaltzustand. Der Kondensator kann sich über die Primärwicklung des Zündtrafos entladen. Unterschreitet der Strom eine bestimmte Mindeststromstärke, kehrt der Thyristor in den Sperrzustand zurück.

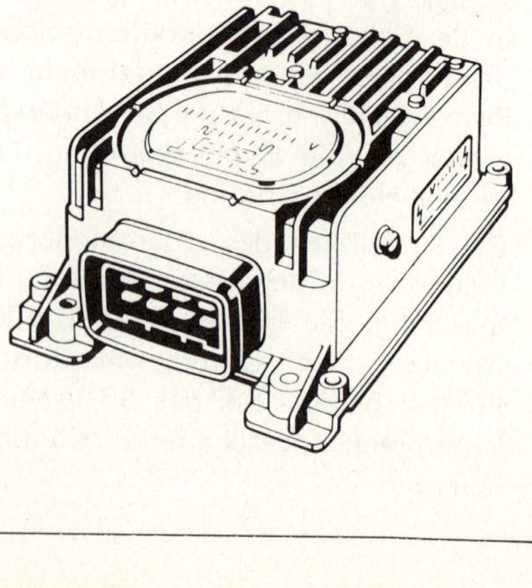

Beim mechanischen Unterbrecher entsteht an den Kontakten und am vom Nocken betätigten Gleitstück ein Verschleiß. Dies führt bei der kontaktgesteuerten Spulenzündung zu einer unerwünschten Zündzeitpunktveränderung.

Transistor und Thyristor schalten dagegen trägheitslos und absolut verschleißfrei. Sie müssen allerdings durch einen Steuerschalter bzw. eine elektronische Zündauslösung zum Schalten veranlaßt werden.

Elektronische Zündauslösung

Induktive Auslösung (TSZ-I)

im Zündverteiler

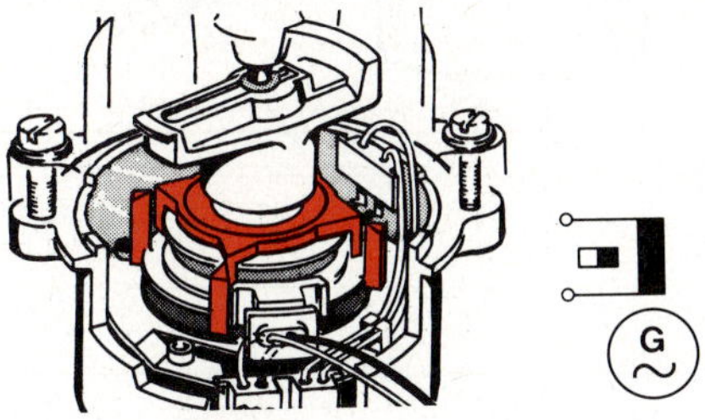

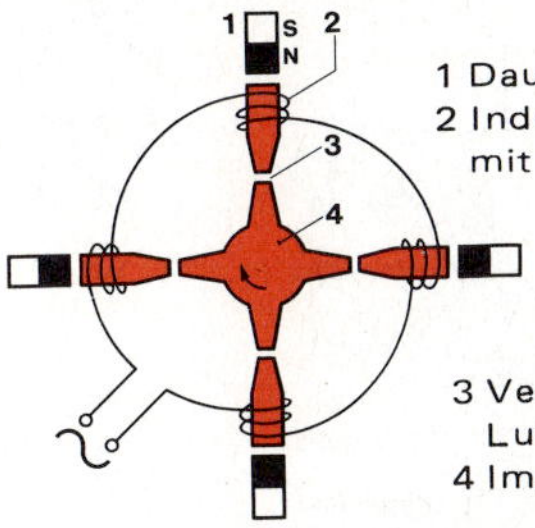

1 Dauermagnet
2 Induktionswicklung mit Kern
3 Veränderlicher Luftspalt
4 Impulsgeberrad

Verlauf der Induktionsspannung

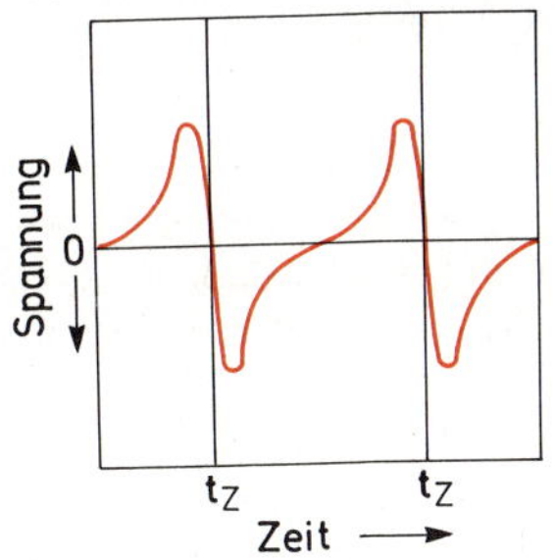

Der Induktionsgeber besteht aus dem Stator (Dauermagnet und Induktionswicklung) und dem Rotor, einem zackenförmigen Impulsgeberrad, das auf der Zündverteilerwelle sitzt.

Beim Annähern der Rotor- und Statorzacken verstärkt sich der magnetische Fluß. Diese Flußänderung erzeugt eine Induktionsspannung. Sie erreicht ihren Höchstwert, wenn beide Zacken gegenüberstehen. Entfernen sich die Zacken beim Weiterdrehen voneinander, wechselt die Induktionsspannung ihre Richtung. Die Geberspannung ist eine Wechselspannung. Die Frequenz der Wechselspannung entspricht der Funkenfrequenz.

an der Kurbelwelle

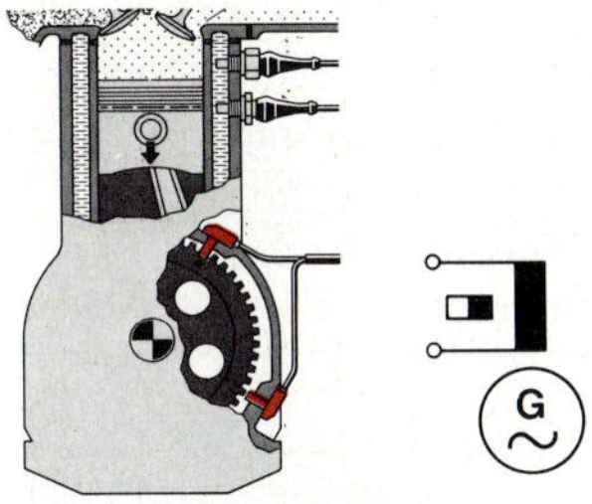

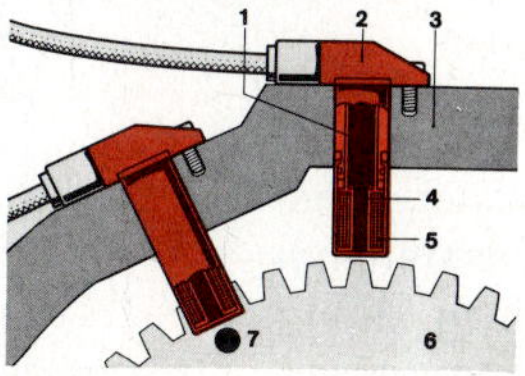

1 Dauermagnet
2 Gehäuse
3 Motorgehäuse
4 Weicheisenkern
5 Wicklung
6 Schwungradzahnkranz
7 Bezugsmarke

Verlauf der Induktionsspannung

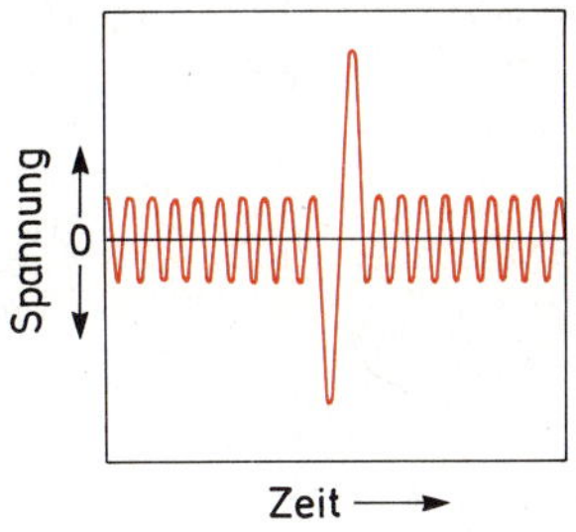

Die Induktionsgeber an der Kurbelwelle bestehen jeweils aus einem Dauermagneten, den eine Induktionswicklung umfaßt.

Zur Erfassung der Drehzahl dient ein Drehzahlgeber, der die Zähne des Schwungrad-Zahnkranzes abtastet. Er liefert pro Zahn ein Ausgangssignal.

Die eindeutige Zuordnung der Kurbelwinkelstellung übernimmt der Kurbelwinkelgeber. Er liefert ein Signal, wenn sich eine Bezugsmarke am Geber vorbeibewegt.

Die an der Kurbelwelle ermittelten Werte sind genauer als die im Zündverteiler gemessenen Werte.

Auslösung nach dem Hallprinzip (TSZ-H)

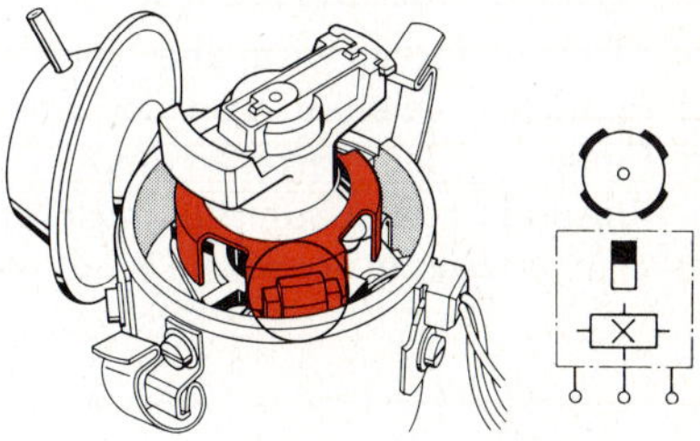

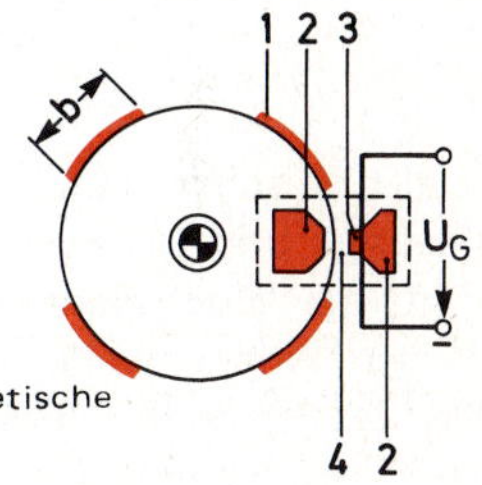

1 Blende mit Breite b
2 Weichmagnetische Leitstücke
3 Hall-IC
4 Luftspalt

U_G Geberspannung

Verlauf der Hallspannung

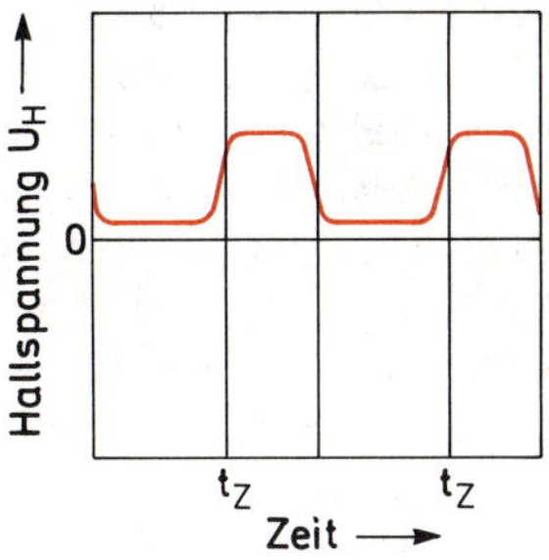

Der Hallgeber besteht aus einer fest angeordneten Magnetschranke und dem drehenden Blendenrotor. Zur Magnetschranke gehören ein Dauermagnet mit Leitstücken sowie der Hall-IC.

Taucht die Blende in den Luftspalt der Magnetschranke ein, so leitet sie das Magnetfeld am Hall-IC vorbei. Der Hall-IC ist gesperrt. Die Endstufe des Schaltgeräts ist leitend, der Primärstrom fließt durch die Zündspule. Ist die Blende außerhalb des Luftspaltes, wird der Hall-IC vom Magnetfeld durchsetzt. Die Endstufe des Schaltgerätes wird gesperrt und der Primärstrom unterbrochen.

18.3.1.2 Hochspannungsverteilung, Entstehung des Zündfunkens

Den oberen Anschluß des Zündverteilers bildet die Verteilerkappe aus Isolierstoff. In der Verteilerkappe befinden sich die Anschlüsse für die Hochspannungsleitungen und die Festelektroden. Der Verteilerläufer sitzt am Ende der Verteilerwelle über dem Nocken. Eine gefederte Schleifkohle verbindet die Zündspule mit dem Verteilerläufer. Die Läuferelektrode bewegt sich im Abstand von 0,5 mm an den Festelektroden vorbei.

Die Hochspannung wird über eine gefederte Schleifkohle zur Elektrode geleitet. Von der Verteilerelektrode springt ein Funke – der Verteilerfunke – auf die Festelektrode im Augenblick des Läuferdurchgangs über. Die kontaktlose Energieübertragung vermeidet Kontaktverschleiß.

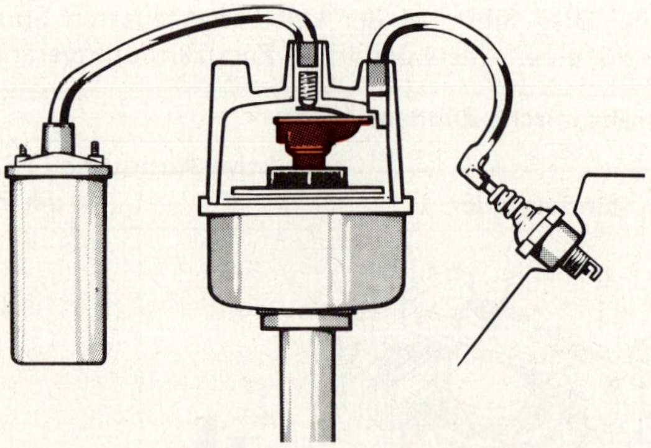

In elektronischen Zündsystemen (mit elektronischer Zündauslösung und elektronischer Zündzeitpunktverstellung) erfolgt die Hochspannungsverteilung durch einen direkt von der Nockenwelle angetriebenen Hochspannungsverteiler. Da er keine Steuerungsaufgaben hat, ist er flach gebaut. In der Regel ist er am Zylinderkopf angeordnet. Der Verteilerläufer sitzt direkt auf dem Nockenwellenende.

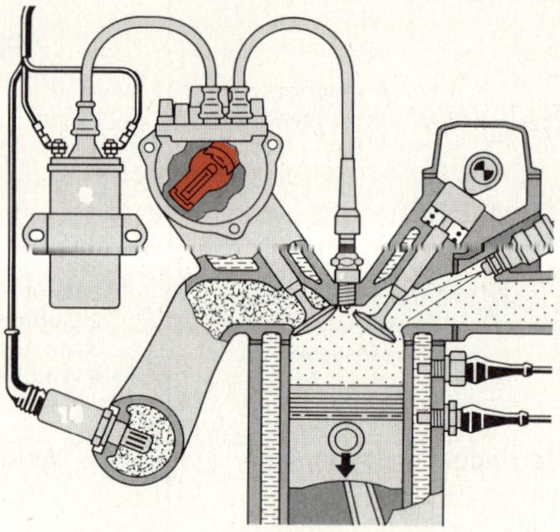

Zündkerze

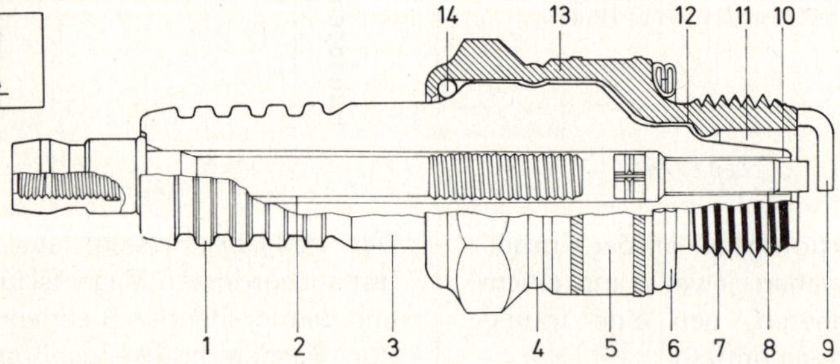

1 Kriechstrombarrieren
2 Anschlußbolzen
3 Pyranit-Isolator
4 Stauch- und Warmschrumpfzone
5 Elektrisch leitende Spezialschmelze
6 Unverlierbarer äußerer Dichtring
7 Gewinde mit Einführungsansatz
8 Abbrandfeste Cr-Spezialelektrode (Mittelelektrode)
9 Abbrandfeste Masseelektrode
10 Isolatorfluß
11 Atmungsraum
12 Innerer Dichtring
13 Zündkerzengehäuse
14 Bördelring
15 SAE-Anschlußmutter (wahlweise)

Isolator	Mittelelektrode	Gehäuse und Masseelektrode
Der Isolator ist ein Keramikkörper aus Aluminiumoxid. Haupteigenschaften des Isolators sind: • die hohe Durchschlagfestigkeit gegenüber der Zündspannung • die thermische Festigkeit gegenüber schroffen Temperaturwechseln • die hohe Wärmeleitfähigkeit, damit sich an der Isolatorspitze eine bestimmte Betriebstemperatur (Vollast 850°) einstellt.	Mittelelektrode und Anschlußbolzen sind durch eine elektrisch leitende Glasschmelze verbunden. Sie dichtet Verbrennungsraum und Mittelelektrode absolut gasdicht ab. Als Elektrodenwerkstoff verwendet man Nickel-, Silberlegierungen oder Platin.	Das Gehäuse besitzt zum Einschrauben in den Zylinderkopf ein Feingewinde: M 14 × 1,25 bei Viertaktmotoren M 18 × 1,5 bei Zweitaktmotoren Die Masseelektrode besteht ebenfalls aus einer Speziallegierung und wird am Kerzengehäuse angeschweißt.

Jede Zündkerze muß an die Betriebsverhältnisse des Motors angepaßt werden. Die Zündkerze hat den richtigen Wärmewert, wenn sich am Isolatorfuß eine Temperatur zwischen 800 und 850 °C einstellt. Der Wärmewert ist zu hoch, wenn die Temperatur wesentlich unter 800 °C liegt. Der Isolatorfuß verschmutzt durch Verbrennungsrückstände. Der Wärmewert ist zu niedrig, wenn die Temperatur über 900 °C ansteigt. Eine zu heiße Zündkerze führt zu Glühzündungen.

Über die hochspannungsisolierte Zündleitung wird der Zündimpuls an die ebenfalls isolierte Mittelelektrode der Zündkerze geleitet. Ist die Zündspannung erreicht, wird die Funkenstrecke elektrisch leitend und der Funke kann überspringen. Er besteht aus

Funkenkopf	Funkenschwanz
Nach Erreichen der Zündspannung (2) springt der Funke über. Der Funkenkopf ist stromstark, aber äußerst kurz. Sobald der Funkenschlag eingesetzt hat, sinkt die Sekundärspannung auf die niedrigere Brennspannung (3) schlagartig ab. Die bildliche Darstellung des fast senkrechten Anstiegs und Abfalls der Sekundärspannung bezeichnet man als Zündspannungsnadel. Bei der HKZ ist der Zündfunke so kurz, daß eine Brennspannungslinie nicht zu erkennen ist.	Die Brennspannung (3) hält den Funkenstrom aufrecht, bis die aus dem Speicher nachgelieferte Energie einen bestimmten Wert unterschreitet und der Zündfunke abreißt. Die Funkenstrecke ist jetzt wieder elektrisch nichtleitend. Die noch vorhandene Restenergie pendelt in Form einer gedämpften Schwingung aus. Diesen Vorgang nennt man Ausschwingvorgang. Der Funkenschwanz bestimmt die eigentliche Dauer des Zündfunkens.

Sekundärspannung

SZ

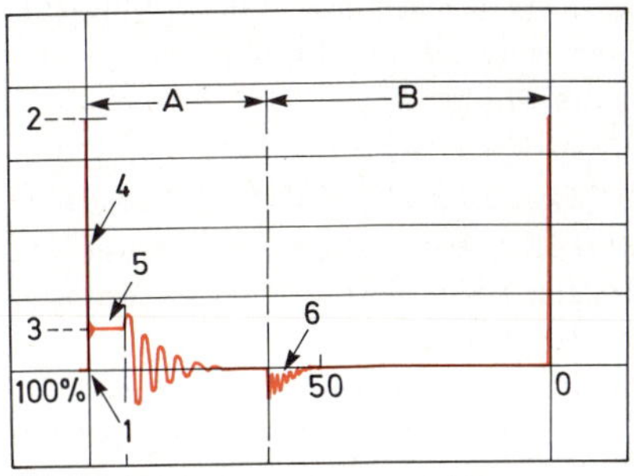

1 Unterbrecher öffnet
2 Zündspannung
3 Brennspannung
4 Zündnadel
5 Brennspannungslinie
6 Unterbrecher schließt

TSZ

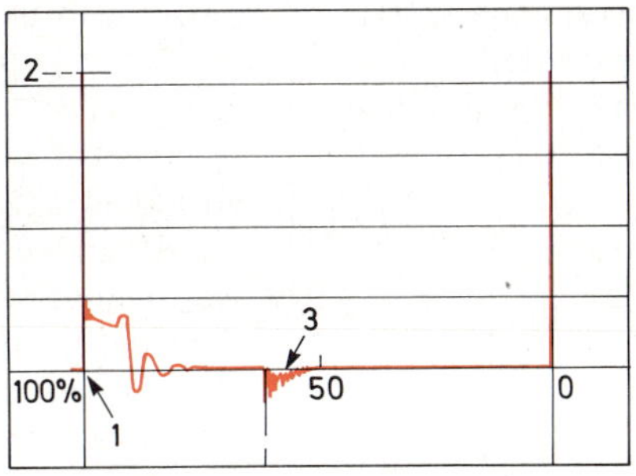

1 Transistor sperrt (Zündzeitpunkt)
2 Zündspannung
3 Transistor schaltet durch

HKZ

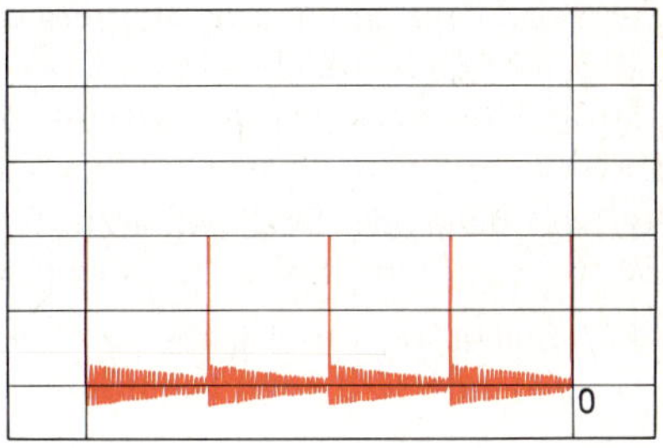

18.3.1.3 Elektronische Schließwinkelsteuerung und -regelung

Der Motor benötigt in jedem Betriebszustand eine ausreichende Hochspannung für den Funkenüberschlag. Die bereitgestellte Hochspannung ist von der in der Zündspule gespeicherten Energie abhängig. Eine größtmögliche Energie wird nur dann gespeichert, wenn der Primärstromkreis genügend lange eingeschaltet ist (Einschaltzeit = Schließzeit). Verkürzte Schließzeit führt zu verminderter Energiespeicherung. Die Verkürzung der Schließzeit wirkt sich besonders bei hohen Drehzahlen aus.

In allen kontaktgesteuerten Zündsystemen und auch bei der TSZ-H ist der Schließwinkel unabhängig von der Motordrehzahl konstant. Er ist fest vorgegeben durch die Einstellung des Unterbrecherkontaktes zum Unterbrechernocken bzw. durch die Blendenbreite des Rotors beim Hallgeber.

Transistor-Zündanlagen mit elektronischen Gebern besitzen Schaltgeräte, in die Stufen für eine Schließwinkelsteuerung bzw. Schließwinkelregelung integriert sind.

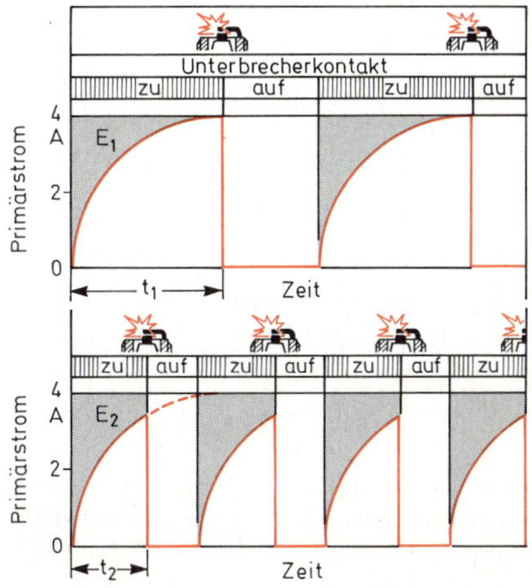

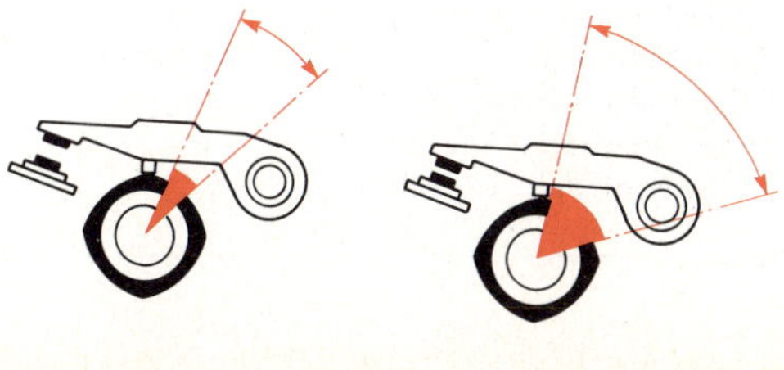

Schaltgerät mit Schließwinkelsteuerung (TSZ-I)

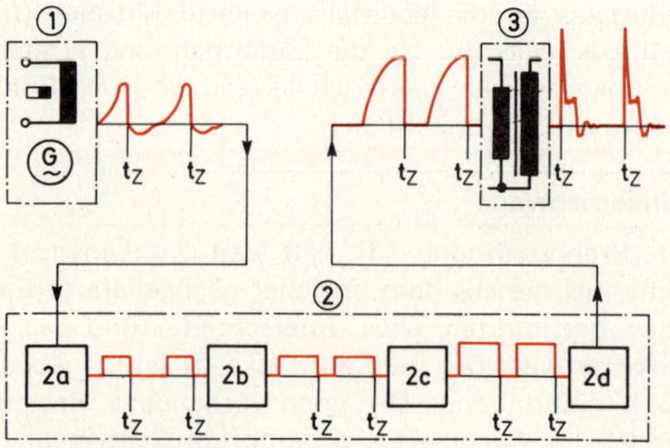

1 Induktionsgeber
2 Schaltgerät
3 Zündspule

Die Steuerwechselspannungen des Induktionsgebers werden im Impulsformer in rechteckige Stromimpulse umgewandelt. Auf die Impulsformerstufe folgt die Schließwinkelsteuerung. In dieser Stufe wird der Einschaltzeitpunkt für den Primärstrom in Abhängigkeit von der Drehzahl und der Batteriespannung so gesteuert, daß am Ende der Schließzeit der gesamte Soll-Primärstrom erreicht ist. Das Schaltgerät vergrößert den Schließwinkel

- mit steigender Drehzahl und
- bei fehlender Batteriespannung.

Die Steuerung variiert aber nur den Schließbeginn, das Schließende wird nicht beeinflußt.

Die im Treiber (2c) stromverstärkten Rechteckimpulse steuern den Endtransistor (2d) an, der den Primärstrom im Impulstakt ein- und ausschaltet.

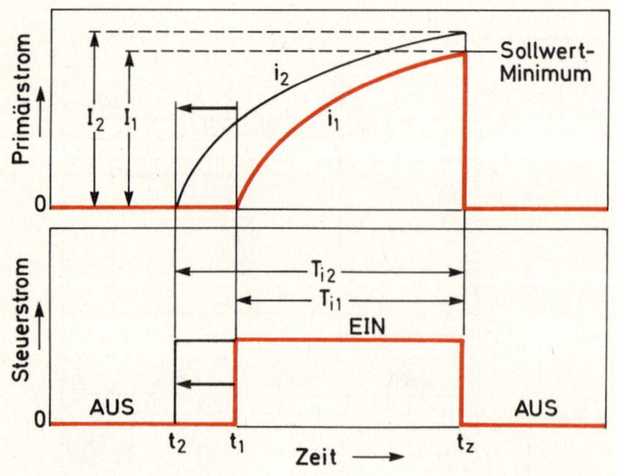

i_1, i_2	Primärstromverlauf	t_2	vorverlegter Impulsbeginn bzw. vorverlegtes Einschalten des Primärstromes.
I_1	Primärstromstärke bei Schließzeit T_{i1}	t_z	Zündzeitpunkte
I_2	erhöhte Primärstromstärke bei vergrößerter Schließzeit T_{i2}	T_i	Schließzeit
t_1	Impulsbeginn bzw. Einschalten des Primärstromes		

Schaltgerät mit Schließwinkelregelung (TSZ-I, TSZ-H)

Blockschaltbild für Schaltgerät mit Hall-oder Induktionsgeber

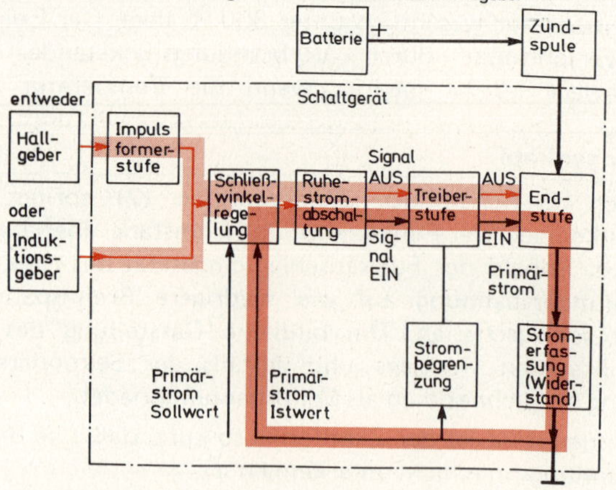

Bei dieser Ausführung wird der Schließwinkel so geregelt, daß auch bei unterschiedlicher Motordrehzahl, Temperatur und Batteriespannung immer der gleiche Primär-Abschaltstrom erreicht wird.

Die Schließwinkeländerung erfolgt im Schaltgerät. Bei zu kleinem Schließwinkel wird der Ein- und Ausschaltpunkt auf der Kurve der Geberspannung weiter ins Negative verschoben, bei zu großem Schließwinkel verläuft der Vorgang umgekehrt.

Durch eine Strombegrenzung können die Vorwiderstände entfallen. Bei Erreichen des Primärstrom-Sollwertes am Stromerfassungswiderstand bewirkt die Strombegrenzung, daß der Endtransistor wie ein elektronisch geregelter Vorwiderstand arbeitet.

Eine Ruhestromabschaltung verhindert, daß Primärstrom bei abgeschaltetem Motor fließt.

Schließwinkeländerung durch Triggerpegelverschiebung bei Induktionsgeber

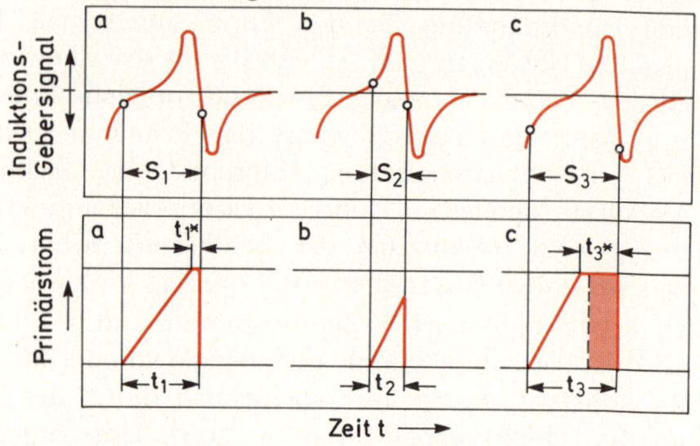

1 Induktionsgeber
2 Schaltgerät
2a Impulsformer
2b Schließwinkelsteuerung
2c Treiber
2d Darlington-Endstufe
3 Zündspule

18.3.1.4 Zündverstellung

Zündzeitpunkt

Das Kraftstoff-Luftgemisch benötigt zu seiner Verbrennung etwa 1/3000 Sekunde. Diese Zeit bleibt bei allen Betriebszuständen des Motors gleich. Damit der höchste Verbrennungsdruck kurz nach OT wirksam werden kann, muß der Zündfunke schon vor OT überspringen. Der Zündzeitpunkt kann daher nicht starr eingestellt werden. Er muß an den Betriebszustand des Motors angepaßt werden. Die Anpassung erfolgt in Abhängigkeit von Drehzahl und Motorbelastung:

- Bei steigender Drehzahl wird die Zeit bis zur vollkommenen Verbrennung immer kürzer. Der Zündzeitpunkt muß daher in Richtung „früh" verstellt werden.
- Im Teillastbereich des Motors wird weniger Gemisch angesaugt als bei Vollast. Der Verdichtungsdruck ist geringer. Da das Gemisch langsamer verbrennt, muß auch hier früher gezündet werden, damit der maximale Verbrennungsdruck kurz vor OT herrscht.
- Zur Abgasentgiftung im Nullastbereich (Leerlauf und Schiebebetrieb) wird die Zündung nach „spät" verlegt. Spätzündung entwickelt im Verbrennungsraum mehr Wärme je Arbeitshub und bewirkt eine vollkommenere Verbrennung und einen geringeren Ausstoß giftiger Gase.

Der Zündzeitpunkt wird auf die Kurbelwelle im OT bezogen und als Winkel in Grad angegeben. Dieser Winkel wird auch „Zündverstellwinkel" oder kurz „Zündwinkel" genannt.

Der Motorhersteller legt zu jedem Motor die Zündverstelllinien bzw. Zündkennfelder so fest, daß für jede Drehzahl und Belastung die günstigste Einstellung des Zündzeitpunktes erzielt wird. Günstige Einstellung bedeutet

- größtmögliche Motorleistung
- geringer Kraftstoffverbrauch
- Berücksichtigung der Klopfgrenze
- geringer Ausstoß giftiger Abgase

Druckverlauf im Brennraum bei verschiedenen Zündzeitpunkten

Richtiger Zündzeitpunkt

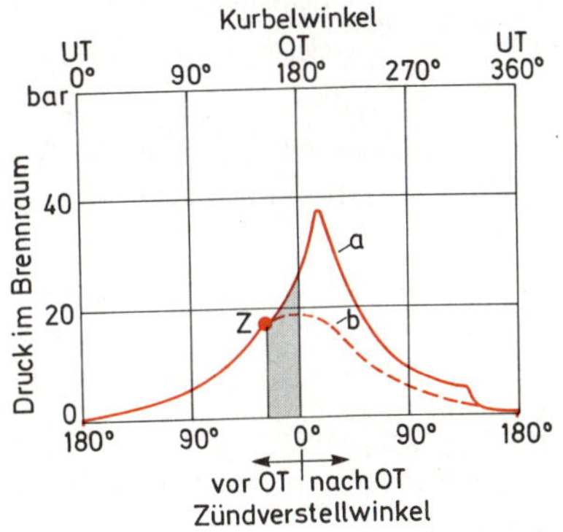

a Kompressionsdruck + Verbrennungsdruck
b Kompressionsdruck allein

Früh- und Spätzündung

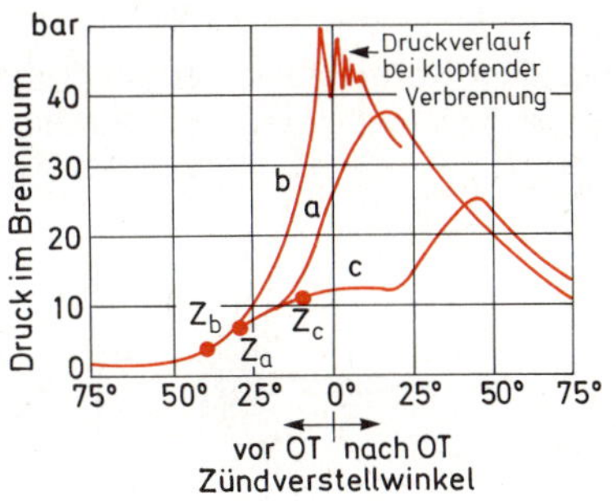

a Zündung (Z_a) im richtigen Zeitpunkt
b Zündung (Z_b) zu früh
c Zündung (Z_c) zu spät

Spezifischer Kraftstoffverbrauch und Schadstoffemission bei verschiedenen Zündwinkeln

Abhängigkeit des spezifischen Kraftstoffverbrauchs, der Kohlenwasserstoff (CH)-, der Stickoxyd (NO_x)- und der Kohlenmonoxid (CO)-Emission von der Luftzahl λ bei verschiedenen Zündzeitpunkten
α_z Zündwinkel in °KW vor OT bei einer Drehzahl = 2000 min^{-1} und Straßenteillast

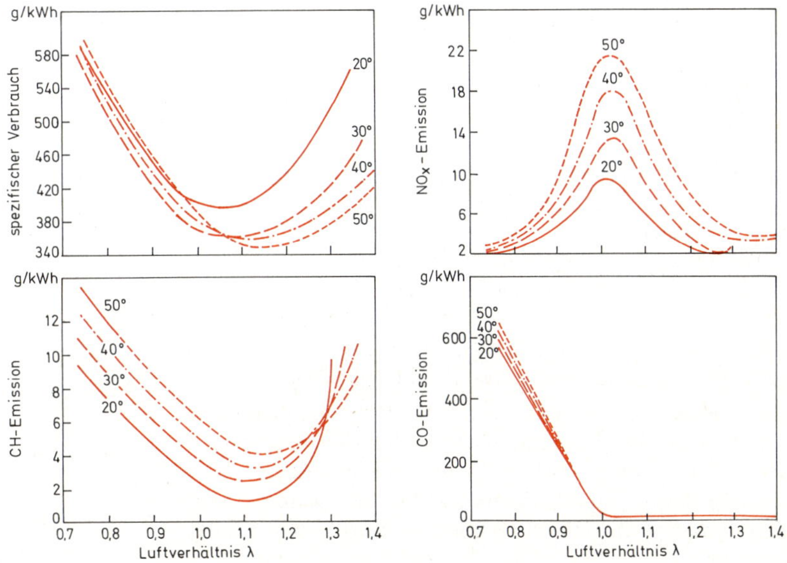

Mechanische Zündverstellung

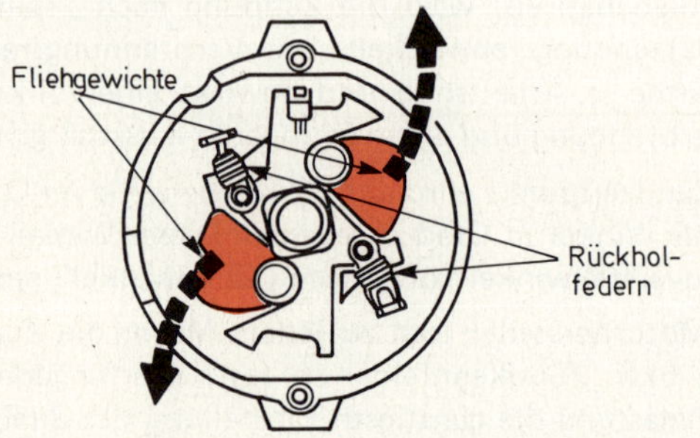

Der Fliehkraftversteller der SZ verstellt den Zündzeitpunkt in Abhängigkeit von der Drehzahl. Mit zunehmender Drehzahl wandern die Fliehgewichte durch die Fliehkraft nach außen und verstellen dabei die beweglich auf der Verteilerwelle sitzende Abschlußplatte mit dem Unterbrechernocken in Drehrichtung. Der Zündzeitpunkt wird in Richtung „früh" verstellt.

Bei der TSZ verdrehen Fliehgewichte Hohlwelle, Impulsgeberrad und Verteilerläufer relativ zur Zündverteilerwelle in Drehrichtung. Die Rotorzacken laufen früher an den Statorzacken vorbei und lösen die Zündung früher aus.

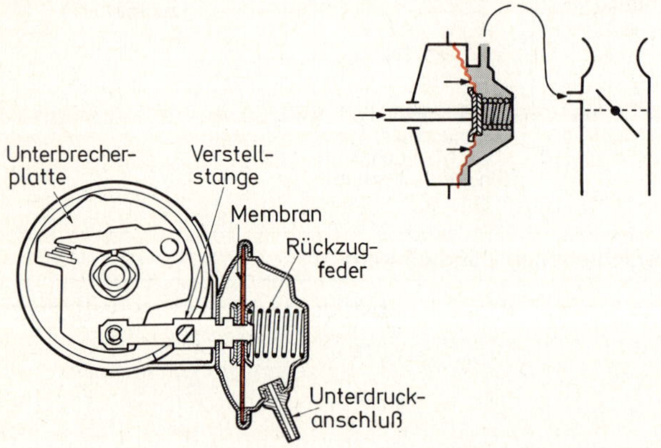

Der Unterdruckversteller verstellt den Zündzeitpunkt in Abhängigkeit von der Motorbelastung. Er arbeitet im Teillastbereich. Der Unterdruck im Saugrohr des Vergasers wirkt in eine Unterdruckdose. Der Druckunterschied zwischen Unterdruck und Luftdruck bewegt eine Membran, die über eine Zugstange die drehbare Unterbrecherplatte entgegen der Drehrichtung des Nockens verstellt. Der Unterbrecherkontakt öffnet früher.

Zur Abgasverbesserung haben Unterdruckversteller neben einer Unterdruckdose zur Teillastverstellung nach „früh" (Frühdose) eine zweite Unterdruckdose zur Verstellung nach „spät" (Spätdose). Beide Systeme sind entkoppelt, d.h. die Verstellung nach „früh" hat Vorrang.

Elektronische Zündverstellung

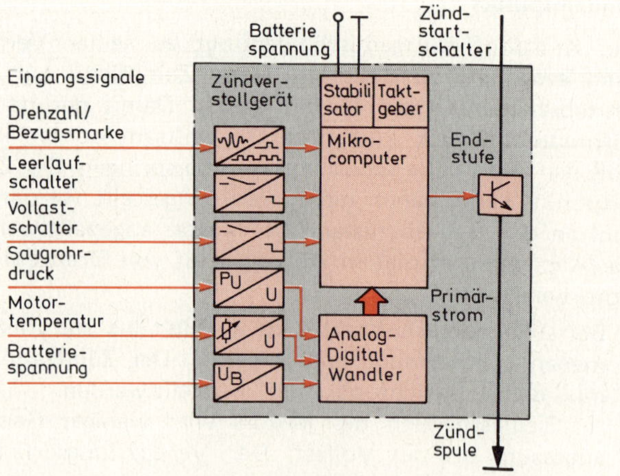

Bei einer elektronischen Zündung ermitteln Sensoren und Stellungsgeber die Arbeitsbedingungen des Motors:

- Drehzahl/Kurbelwinkel – Erfassung im Zündverteiler (Hallgeber) oder an der Kurbelwelle (Geberscheibe und Induktionsgeber)
- Saugrohrdruck/Last – Drucksensor im Steuergerät
- Leerlauf/Vollast – Drosselklappenschalter
- Ansaugluft-Temperatur – Temperatursensor im Saugrohr
- Motortemperatur – Temperatursensor am Motor
- Klopfsignal – Klopfsensor am Motor

Die Eingangssignale von analog arbeitenden Sensoren werden im Analog-Digital-Wandler in digitale Signale umgesetzt. Digitale Signale wie Drehzahl, Kurbelwellen- und Drosselklappenstellung werden dem Mikrocomputer direkt zugeführt.

Im Mikrocomputer ist das Kennfeld gespeichert, d.h. zu jeder Drehzahl und jedem Lastpunkt ist ein für Verbrauch und Abgas günstiger Zündwinkel einprogrammiert.

Der Mikrocomputer verarbeitet die Eingangssignale weiter und errechnet aufgrund des gespeicherten Zündkennfeldes den erforderlichen Zündwinkel. Das Ausgangssignal gibt er an eine Leistungsendstufe im Steuergerät weiter, die den Primärkreis der Zündspule schaltet.

Da Zündverstellung und Auslösung des Zündvorgangs durch das elektronische Steuergerät erfolgen, hat der Hochspannungsverteiler keine Steuerfunktion, sondern dient allein der Hochspannungsverteilung. Er wird von der Nockenwelle angetrieben und ist flach gebaut.

Zündverstellinien/Zündkennfeld eines mechanischen Verstellsystems

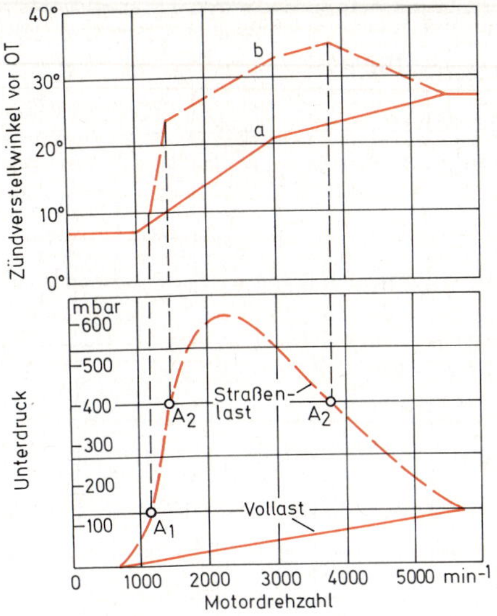

a Vollast-Verstellinie
b Teillast-Verstellinie (Straßenlast)
A_1 unterer Begrenzungs-Unterdruck
A_2 oberer Begrenzungs-Unterdruck

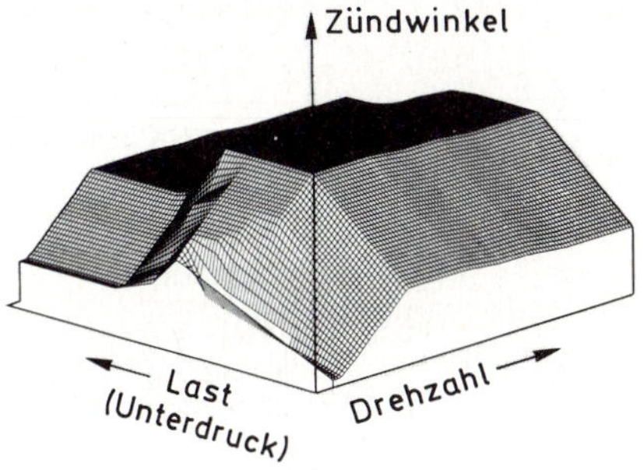

Die Vollastverstellung erfolgt durch Fliehkraftversteller. Der Verlauf der Vollastlinie wird bestimmt durch:

- Maximum der Motorleistung
- Klopfgrenze

Die Vollastlinie liegt bei hoher Drehzahl im Leistungsmaximum, bei abnehmender Drehzahl muß sie, um der Klopfgrenze nicht zu nahe zu sein, nach unten abbiegen.

Die Teillastverstellung erfolgt durch den Unterdruckversteller. Er arbeitet zwischen dem höchsten Vollastunterdruck (130 mbar) und dem maximalen Teillastunterdruck (490 mbar). Über 400 mbar ist nur der Fliehkraftversteller wirksam, wobei die konstante Zusatzfrühverstellung für 400 mbar addiert wird (Parallelverschiebung der Vollastlinie).

Durch die Zusammenfassung von Zündwinkel, Unterdruck und Drehzahl erhält man das Zündkennfeld des mechanischen Verstellsystems.

⊖ Anforderungen des Motors nur angenähert angepaßt

Zündkennfeld eines elektronischen Verstellsystems

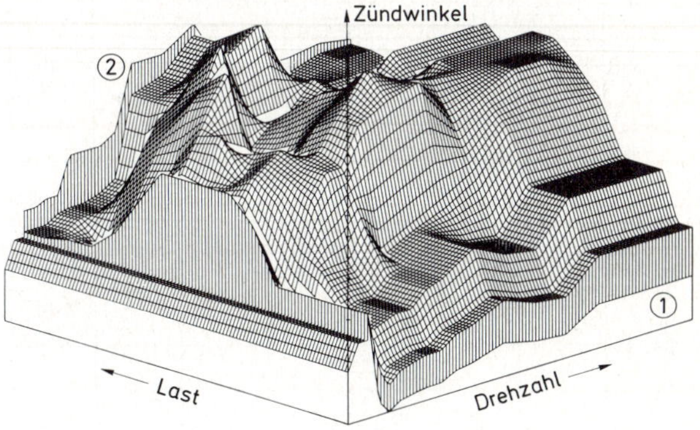

Verstellung des Zündwinkels in Abhängigkeit verschiedener Betriebszustände.

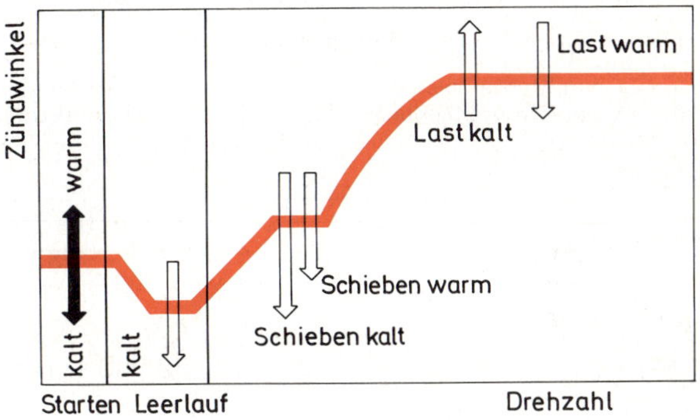

Bei einem elektronischen Verstellsystem wird zu jedem Drehzahl- und Lastpunkt ein für Verbrauch und Abgas günstiger Zündwinkel programmiert. Im Kennfeld können je nach Anforderung insgesamt 1000 ... 4000 einzeln abrufbare Zündwinkel programmiert werden.

Bei Leerlauf/Schub wählt der Mikrocomputer die unterste Zeile (1), bei Vollast die oberste Zeile des Zündkennfeldes (2) aus. Für den Startvorgang ist ein vom Zündkennfeld unabhängiger Verlauf des Zündwinkels in Abhängigkeit von Motortemperatur und Drehzahl programmiert.

⊕ Zündverstellung wird den vielfältigen Anforderungen des Motors angepaßt
⊕ gutes Startverhalten
⊕ bessere Lehrlaufsteuerung
⊕ geringerer Kraftstoffverbrauch
⊕ erweiterte Betriebsdatenerfassung
⊕ Klopfregelung möglich

18.3.1.5 Vergleich der Batteriezündsysteme

Vergleich der Zündsysteme SZ – TSZ – HKZ

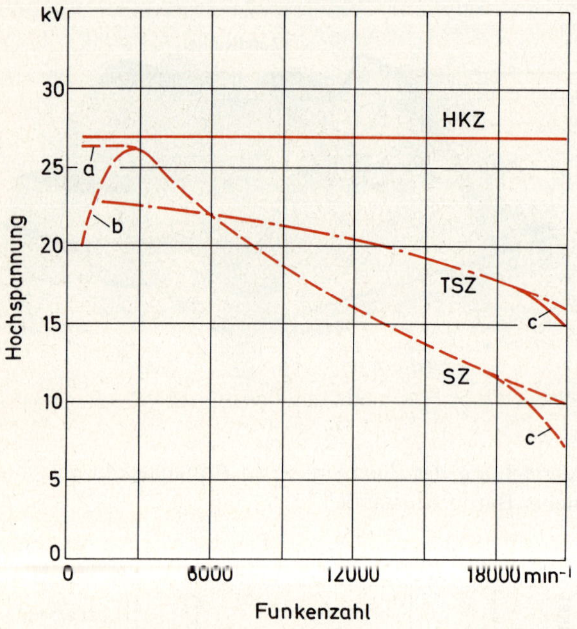

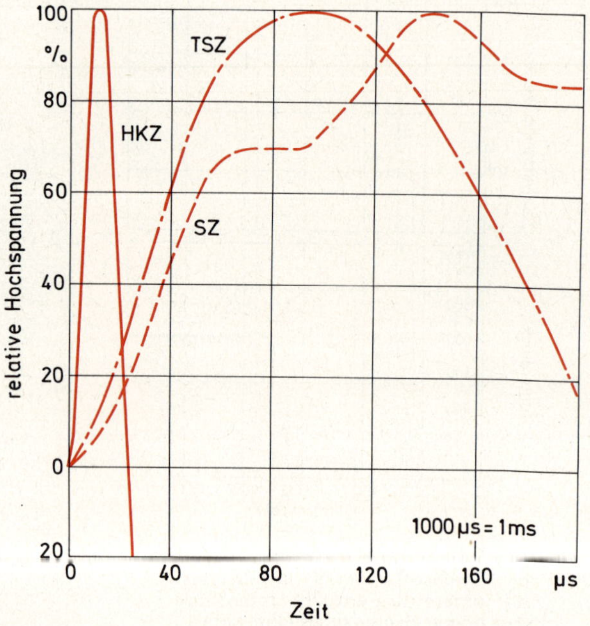

a mit Startanhebung
b ohne Startanhebung

c Spannungsabfall durch Kontaktprellen

Spulenzündung SZ	**Transistor-Spulenzündung TSZ**	**Hochspannungs-Kondensatorzündung HKZ**
Grenzfunkenzahl: 21 000 1/min Spannungsangebot: 10 000–25 000 V ⊕ gutes Zündverhalten bei Funkenzahlen bis 18 000 1/min ⊖ Spannung geht bei niedriger und hoher Funkenzahl stark zurück ⊖ Unterbrecherkontakte nutzen sich ab, der Zündzeitpunkt verändert sich ⊖ Nebenschlüsse durch Schwitzwasser, Schmutz, Verbrennungsrückstände führen zum Rückgang der Hochspannung ⊖ Kontaktprellen bei höheren Funkenzahlen	Grenzfunkenzahl: 30 000 1/min Spannungsangebot: 16 000– 23 000 V ⊕ größeres Spannungsangebot im gesamten Drehzahlbereich ⊕ gutes Zündverhalten bei sehr niedrigen Drehzahlen, wenig Startschwierigkeiten ⊕ verschleißfrei ⊕ wartungsfrei ⊕ konstanter Zündzeitpunkt	Grenzfunkenzahl: 30 000 1/min Spannungsangebot: 27 000 V ⊕ im oberen Drehzahlbereich eine höhere Spannung als TSZ ⊕ sehr rascher Spannungsanstieg, daher unempfindlich gegen elektrische Nebenschlüsse ⊖ sehr kurze Funkendauer, daher nur für bestimmte Motoren geeignet ⊕ stromstarker Zündfunke, auch bei schwacher Batteriespannung noch ausreichende Zündspannung ⊕ Zündzeitpunkt ändert sich nicht

18.3.2 Magnetzündanlagen

Die kontaktgesteuerte Magnetzündung arbeitet unabhängig von einer Spannungsquelle und liefert die zum Zünden des Kraftstoff-Luft-Gemisches erforderliche Hochspannung.

Die Magnetzündanlage besteht aus folgenden Bauteilen:

- Umlaufendes Polrad mit Dauermagneten
- Feststehende Ankerplatte
  Sie trägt den Zündanker mit der Primär- und Sekundärwicklung, den Unterbrecherkontakt und den Kondensator.
- Unterbrechernocken
  Er ist meist auf der Polradnabe aufgeschliffen.

Das Polrad stellt einen Teil der Motorschwungmasse dar und ist über einen Kegel auf der Kurbelwelle des Motors befestigt.

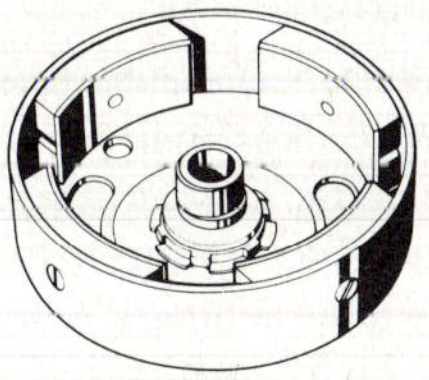

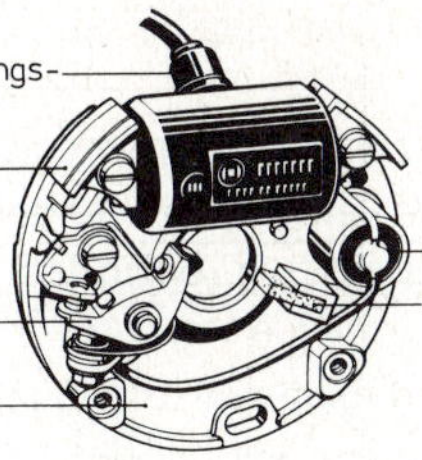

Zündvorgang der kontaktgesteuerten Magnetzündung

Unterbrecherkontakt geschlossen

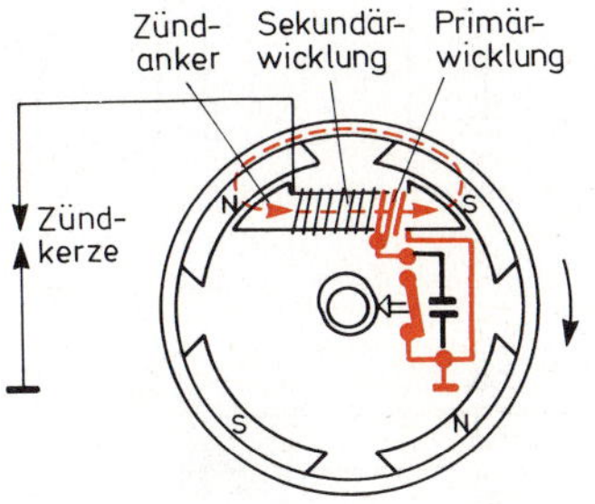

Das umlaufende Polrad induziert in der Primärwicklung des Zündankers eine Spannung. Bei geschlossenem Unterbrecherkontakt fließt in der Primärwicklung ein Strom, der ein Magnetfeld zur Folge hat. Durch die abwechselnd angeordneten Nord- und Südpole im Polrad ändert der Strom ständig seine Richtung.

Unterbrecherkontakt geöffnet

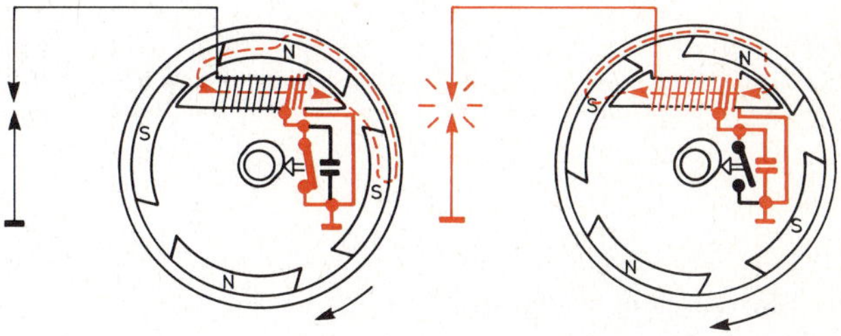

Der Unterbrecher öffnet im Augenblick des größten Primärstromes. Da der Magnetpol des Polrades in diesem Moment um ein bestimmtes Maß (Abrißmaß) am Polschuh des Zündankers vorbeigelaufen ist, ändert das Magnetfeld schlagartig seine Richtung. Durch diese plötzliche Flußänderung wird in der Sekundärwicklung die Hochspannung erzeugt.

Zündvorgang bei einer Magnet-Hochspannungs-Kondensator-Zündung (MHKZ)

Aufladen des Speicherkondensators

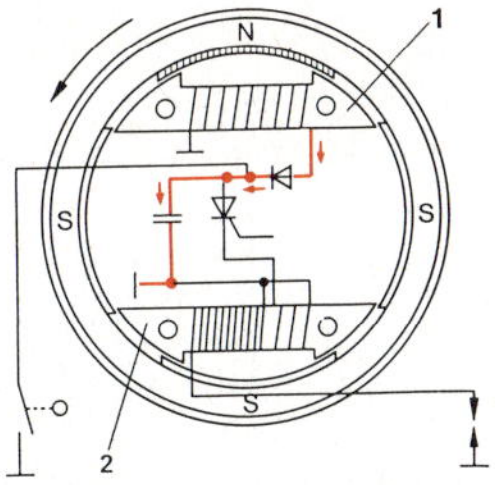

Beim Drehen des Polrades wird im Ladeanker eine Wechselspannung erzeugt, die gleichgerichtet wird. Die Gleichspannung lädt den Ladekondensator auf. Der Thyristor ist im gesperrten Zustand.

Aufsteuern des Thyristors

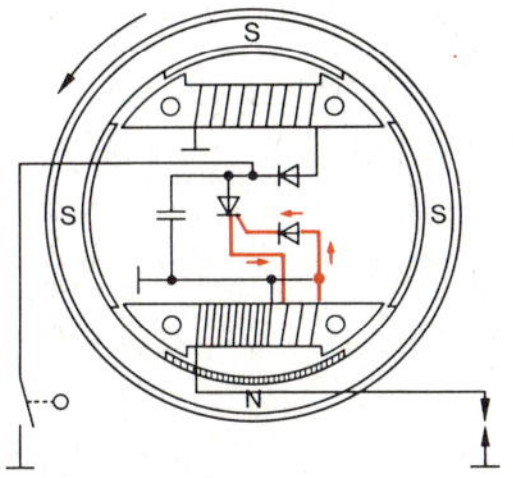

Bei jeder Umdrehung findet im Kern des Zündankers ein Flußwechsel statt. Der Flußwechsel bewirkt, daß in der Primärwicklung eine Spannung induziert wird. Mit Erreichen einer bestimmten Stromstärke wird der Thyristor über eine Diode aufgesteuert.

Entladen des Ladekondensators

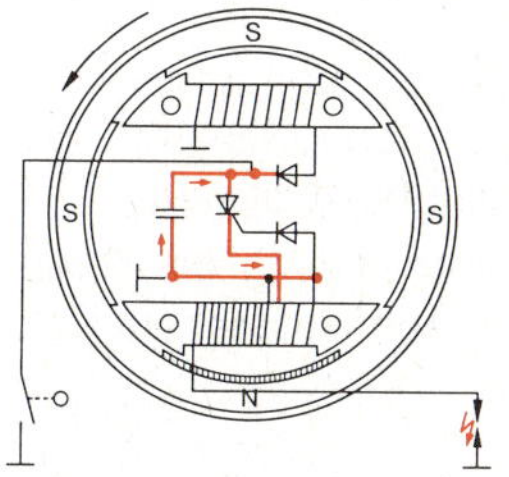

Durch das Aufsteuern des Thyristors entlädt sich der Kondensator. Der Entladestrom fließt über den Thyristor durch die Primärwicklung des Zündankers. In der Sekundärwicklung wird die zum Funkenüberschlag erforderliche Hochspannung induziert.

18.3.3 Diesel-Vorglühanlage

Beim Starten eines kalten Dieselmotors – insbesondere bei Vorkammer- und Wirbelkammermotoren – reicht die bei der Verdichtung erzielte Temperatur zur Entzündung des Kraftstoffs nicht aus. Das Gemisch muß vorgewärmt werden. Diese Aufgabe übernehmen Glühkerzen, die in den Verbrennungsraum hineinragen. Ein Teil des eingespritzten Kraftstoffs verdampft an der heißen Glühkerzenspitze und entzündet sich.

Die Glühstiftkerze besteht aus einem Rohrheizkörper, in dessen Inneren sich eine Glühwendel in einer elektrisch isolierenden Pulverpackung befindet. Die Kerzenleistung liegt zwischen 100 ... 120 Watt.

Lange Vorglühzeiten belasten die Batterie sehr stark. Um die Batterie zu schonen, verwendet man R-Glühstiftkerzen mit kurzen Vorglühzeiten in Verbindung mit einem elektronischen Steuergerät für eine exakte Zeitsteuerung.

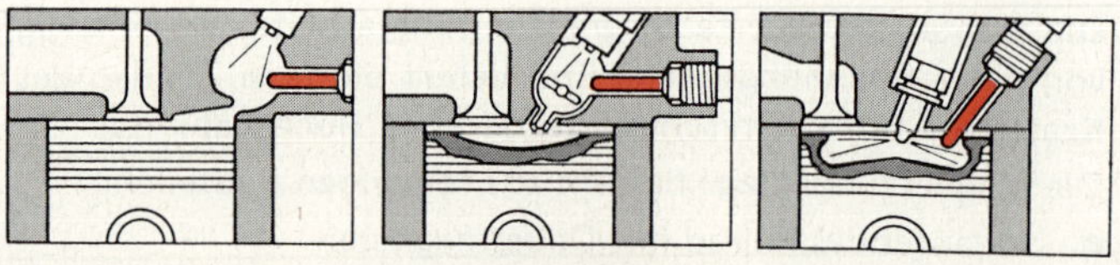

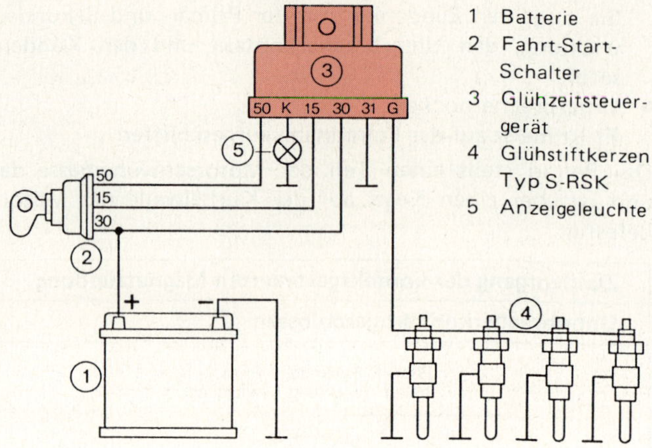

1 Batterie
2 Fahrt-Start-Schalter
3 Glühzeitsteuergerät
4 Glühstiftkerzen Typ S-RSK
5 Anzeigeleuchte

Der Startvorgang erfolgt in 2 Stufen:

- **Vorglühen**
  Mit Einschalten des Glüh-Start-Schalters werden über ein Leistungsrelais (6) die Glühstiftkerzen eingeschaltet. Der NTC-Widerstand (4) mißt die Umgebungstemperatur. Das Zeitglied (3) bestimmt in Abhängigkeit von der Umgebungstemperatur die erforderliche Vorglühzeit.
- **Starten**
  Mit Erlöschen der Start-Kontroll-Leuchte ist der Motor startbereit. An der Startstellung des Glüh-Start-Schalters wird der Starter eingeschaltet. Während des Startvorgangs stehen die Glühstiftkerzen weiterhin unter Spannung.

  Der Motor muß innerhalb von 25 Sekunden gestartet werden, sonst schaltet die Sicherheitsabschaltung (2) die gesamte Anlage ab.

  Nach Beendigung des Startvorgangs wird der Glühstiftkerzenstrom abgeschaltet.

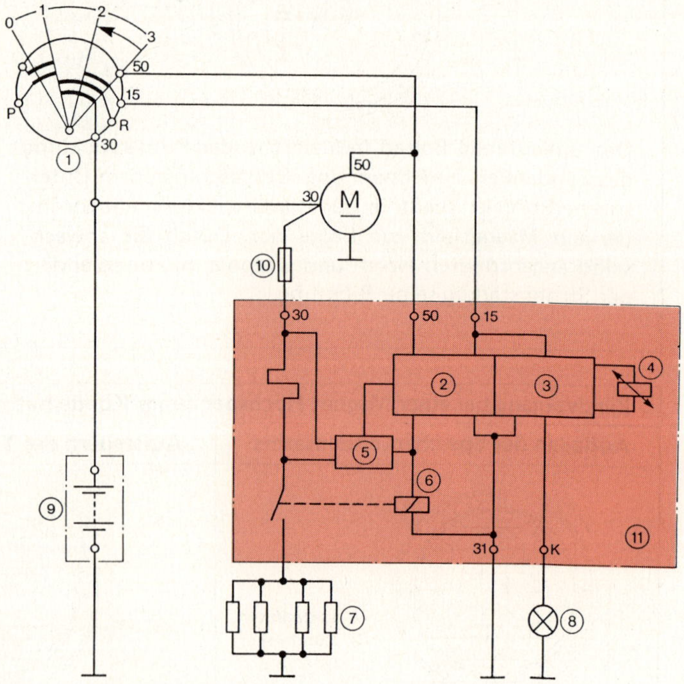

1 Glüh-Start-Schalter
2 Sicherheits- und Kurzschlußabschaltung
3 Vorglühzeit-Auswerteelektronik
4 NTC-Widerstand
5 Kurzschlußabschaltung
6 Leistungsrelais
7 Glühstiftkerzen
8 Start-Kontroll-Leuchte
9 Batterie
10 Sicherung
11 Steuergerät

Kfz-Meßtechnik

Prüfen mit dem Motortester

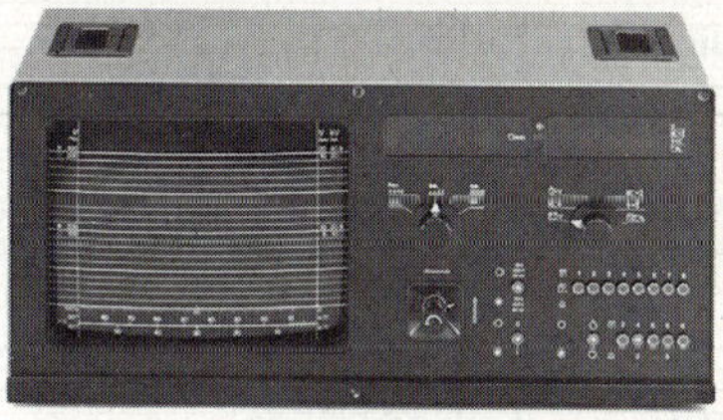

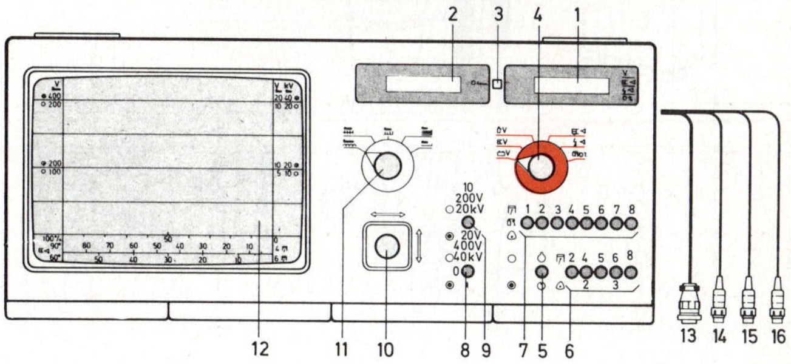

Ein Motortester besitzt zwei Funktionsgruppen:

1. Digitaler Meß- und Anzeigeteil für folgende Prüfungen:
   - Kontrolle des Unterbrecherzustandes
   - Messen der Spannung, die auf der Primärseite der Zündspule abfällt
   - Drehzahlmessungen
   - Messen des Schließwinkels
   - Messen des Zündzeitpunktes mit Zündzeitpunkt-Stroboskop oder OT-Geber
   - Zylinderkurzschluß-Prüfung zur Kontrolle des Zustands einzelner Zylinder über den Drehzahlabfall
2. Prüfen mit dem Oszilloskop
   - Zündungstest
   - Prüfen von Drehstromgeneratoren

<table>
<tr><th>Nr.</th><th>Anzeige/Schalter</th><th></th></tr>
<tr><td>1</td><td>digitale Anzeige</td><td>Schließwinkel, Verstellwinkel</td></tr>
<tr><td>2</td><td>digitale Anzeige</td><td>Spannungsabfall der Primärwicklung, Motordrehzahl</td></tr>
<tr><td>3</td><td>optische Anzeige</td><td>Meßwerte gespeichert</td></tr>
<tr><td>4</td><td>Programmschalter
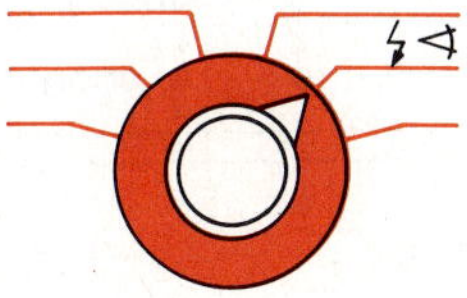</td><td>
<table>
<tr><th>Pos.</th><th>Anzeige links</th><th>Anzeige rechts</th><th>Symbol</th></tr>
<tr><td>1</td><td>Drehzahl</td><td>Spannungen der Batterie</td><td>+ − V</td></tr>
<tr><td>2</td><td>Drehzahl</td><td>Unterbrecherzustand</td><td>V</td></tr>
<tr><td>3</td><td>Drehzahl</td><td>Spannung Primärwicklung</td><td>+V</td></tr>
<tr><td>4</td><td>Drehzahl</td><td>Schließwinkel</td><td></td></tr>
<tr><td>5</td><td>Drehzahl</td><td>Verstellwinkel</td><td></td></tr>
<tr><td>6</td><td>Drehzahl</td><td>Motordrehzahlabfall in %
elektronische Kurzschlußprüfung</td><td>%</td></tr>
</table>
</td></tr>
<tr><td>5</td><td>Drucktasten</td><td>Einstellung der Zündung mit verschiedenen OT-Gebersystemen (Stift und Kerbe)</td></tr>
<tr><td>6</td><td>Drucktasten</td><td>Wahl der Zylinder für die Darstellung des jeweiligen Zündoszilogramms</td></tr>
<tr><td>7</td><td>Drucktasten</td><td>Zylinderkurzschluß-Prüfung</td></tr>
<tr><td>8</td><td>Drucktasten</td><td>EIN/AUS</td></tr>
<tr><td>9</td><td>Wahltaste</td><td>Spannungsbereiche des Oszilloskops 10 oder 20 V, 500 oder 1000 V, 20 oder 40 kV</td></tr>
<tr><td>10</td><td>Steuerknüppel</td><td>Einstellen des Oszillogramms
Dehnen, Zusammendrücken, Höhenverstellung, Breitenverstellung</td></tr>
<tr><td>11</td><td>Wahlschalter für Oszilloskop</td><td>Primärbild, Sekundärbild nebeneinander, übereinander, ineinander
Spezialeingang zur Prüfung von Drehstromgeneratoren oder Gebern kontaktloser Zündanlagen</td></tr>
<tr><td>12</td><td>Bildschirm</td><td>Vertikal: Meßlinien für V/kV
Horizontal: Meßlinien für Schließwinkel (%, Grad)</td></tr>
</table>

Anschlußplan Oszilloskop

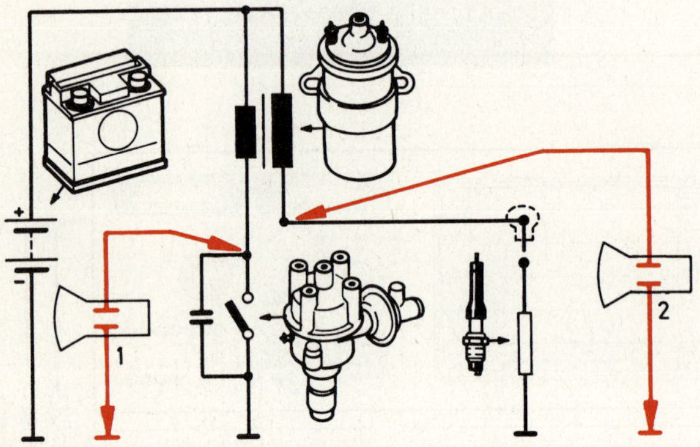

1 Primärbild
2 Sekundärbild

Anschluß für SZ, TZ

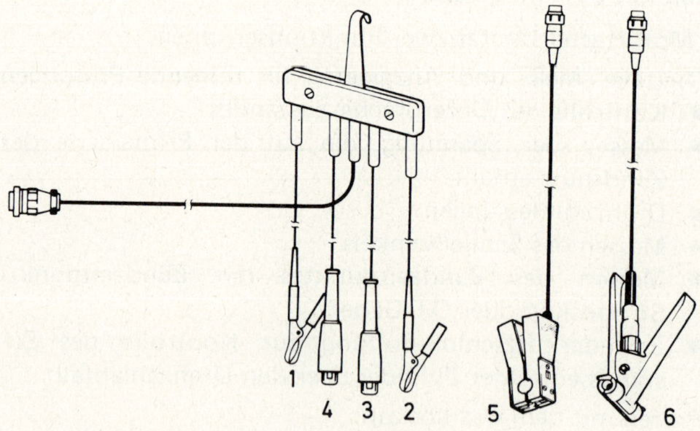

1 Schwarze Klemme an Fahrzeugmasse
2 Grüner Klip an Klemme 1 Zündspule
3 Gelber Klip an Klemme 15 Zündspule
4 Rote Klemme an Batteriespannung
5 Induktiver Zangengeber über Zündkabel des 1. Zylinders
6 Kapazitiver Zangengeber über Zündkabel von Klemme 4 zwischen Zündspule und Zündverteiler

Prüfen von Schließwinkel und Zündeinstellung bei der SZ

Schließwinkelmessung

Zur Schließwinkelmessung wird der Programmschalter auf die entsprechende Stellung geschaltet. Die Motordrehzahl wird auf ca. 1200 1/min eingestellt. Die digitale Anzeige des Motortesters gibt den Schließwinkel in Grad Verteilerwelle an.

Die Schließwinkelwerte sollen in folgenden Bereichen liegen:

Vierzylindermotor:	53 ... 63 % = 48 ... 58°
Sechszylindermotor:	60 ... 75 % = 36 ... 45°

Eingestellt wird der Schließwinkel durch Veränderung des Kontaktabstandes im Zündverteiler.

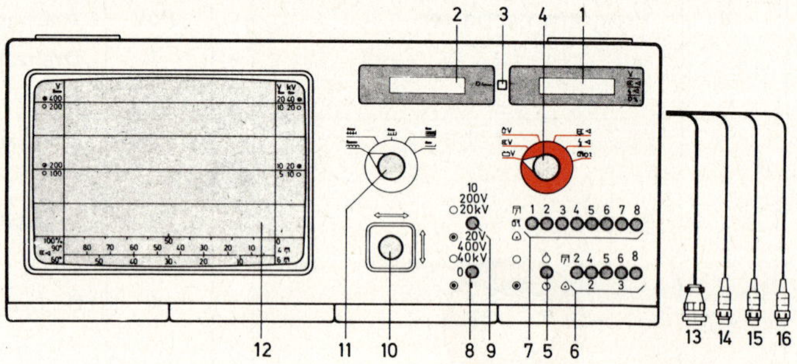

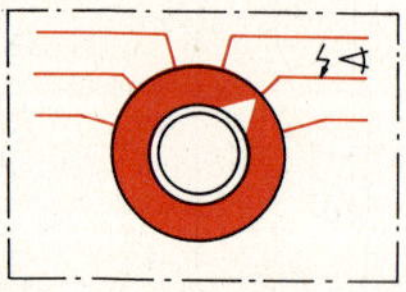

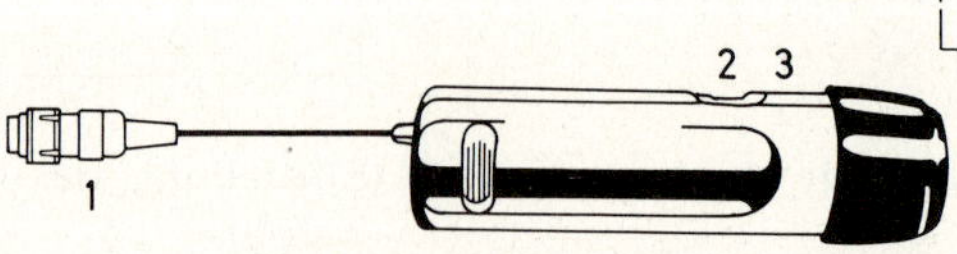

Messen der Zündeinstellung

Die Zündeinstellung wird mit Hilfe des Zündzeitpunkt-Stroboskops gemessen. Das Stroboskop besitzt eine Blitzlampe, die vom induktiven Zangengeber, der an das Zündkabel des 1. Zylinders angeschlossen ist, über den Motortester gesteuert wird. Die Blitzlampe blitzt im Augenblick der Zündung auf und läßt die auf der Schwungscheibe umlaufende Marke als stillstehend erscheinen. Damit die Winkelgrade der wandernden Marke, also der Zündverstellwinkel gemessen werden kann, besitzt der Motortester eine elektronische Verzögerungseinrichtung, die den Blitz gegenüber dem Zündfunken verzögert. Diese Verzögerungszeit wird durch Drehen des Stellrades am Zündzeitpunkt-Stroboskop so eingestellt, daß die weggewanderte Marke wieder der Festmarke gegenübersteht. Der Motortester zeigt diese Verzögerungszeit in Winkelgraden an. Sie entsprechen dem Zündverstellwinkel.

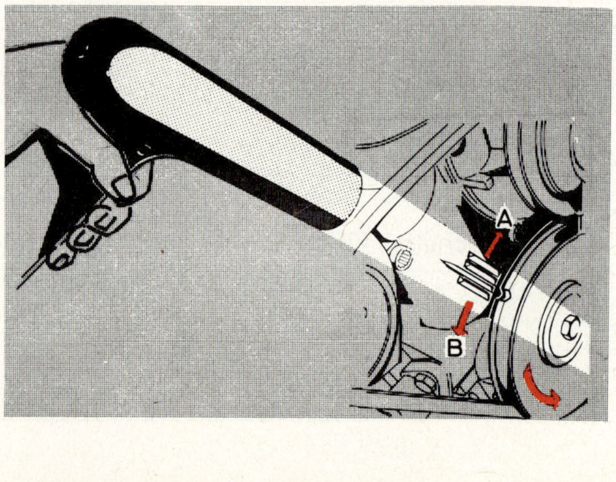

Zum Messen der Unterdruckverstellung wird neben dem Motortester ein Unterdrucktester benötigt. Mit ihm wird der maximal erreichbare Unterdruck durch Drehzahländerung ermittelt.

Der erzeugte durchlaufende Unterdruck wird an den Instrumenten angezeigt und kann durch Zufuhr von Außenluft über das Regelventil stufenlos reguliert werden.

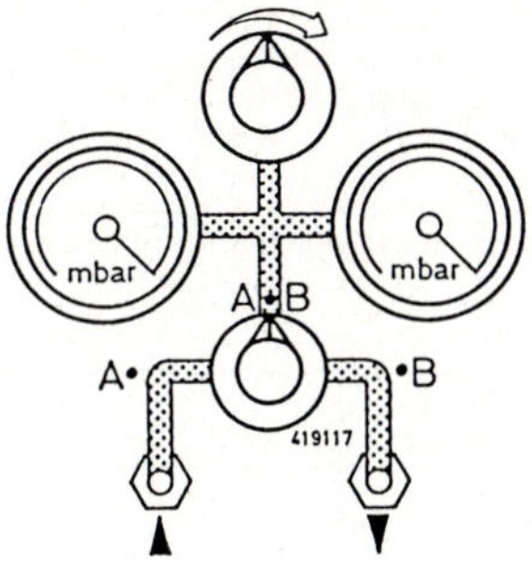

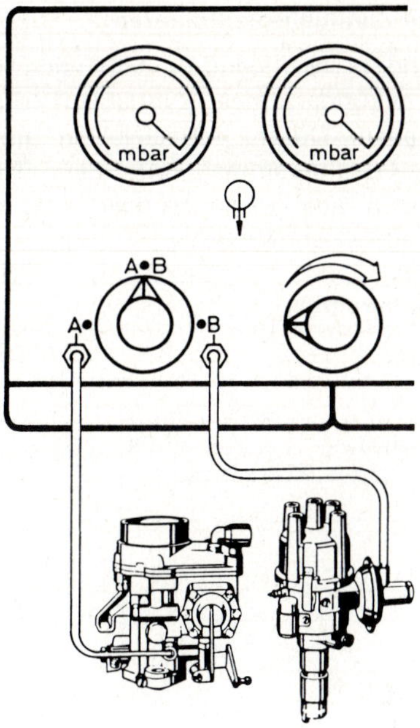

Zur Messung der Zündeinstellung wird die Zündung eingeschaltet, der Motor gestartet und auf die vorgeschriebene Drehzahl (siehe Angaben des Herstellers) gebracht.

Grundeinstellung des Zündzeitpunktes	**Fliehkraftverstellung**	**Unterdruckverstellung**
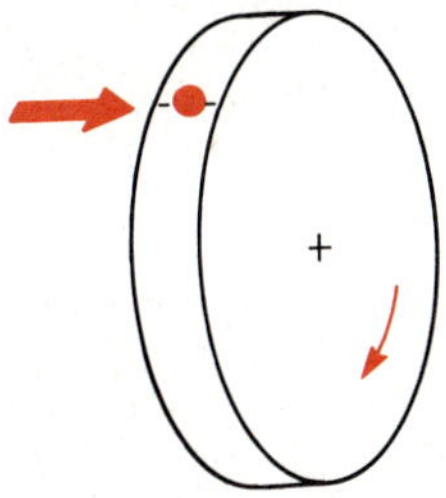	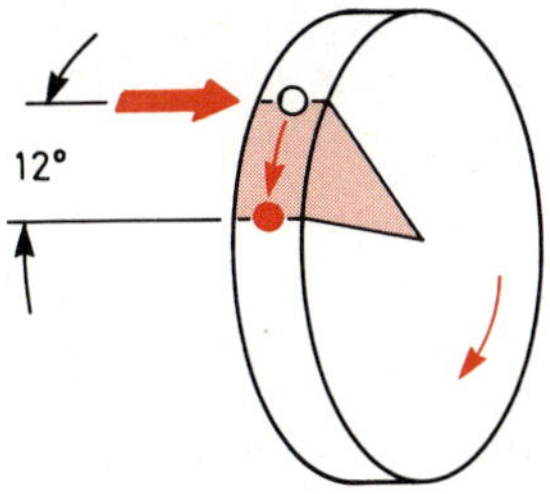	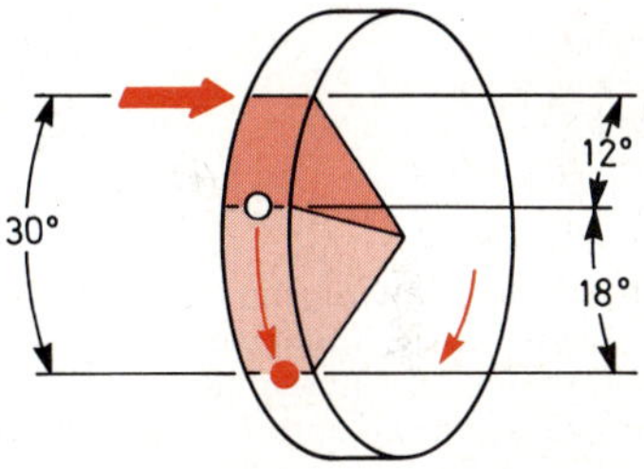
Zur Grundeinstellung wird der Unterdruckschlauch vom Zündverteiler abgezogen und der Motor mit Starterdrehzahl betrieben. Mit dem Zündzeitpunkt-Stroboskop (Stellrad in Rasterstellung) bei ausgeschalteter Verstellwinkelmeßeinrichtung wird die Zündzeitpunktmarkierung angeblitzt. Bei richtiger Grundeinstellung stimmen Festmarke und umlaufende Marke überein.	Der Unterdruckschlauch bleibt weiterhin abgezogen. Bei höherer Drehzahl wirkt die Fliehkraftverstellung, d.h. die Verstellung erfolgt in Richtung „früh". Die umlaufende Marke wandert beim Anblitzen entgegen der Drehrichtung aus. Der Winkel zur Festmarke wird als Verstellwinkel bezeichnet. Sein Wert wird nach Drehen des Stellrades am Stroboskop (bis beide Marken wieder gegenüberstehen) am Motortester in Grad Kurbelwelle angezeigt.	Zur Kontrolle der Unterdruckverstellung wird die Unterdruckverbindung wieder hergestellt, jedoch mit zwischengeschaltetem Unterdrucktester. Die umlaufende Marke wandert noch weiter aus. Bei maximalem Unterdruck erhält man den Gesamtverstellwinkel. Wird der Unterdruck am Unterdrucktester bei gleicher Drehzahl bis auf Null abgesenkt, gibt die digitale Anzeige den Verstellwinkel für die Fliehkraftverstellung an. Dieser gemessene Wert von dem Gesamtverstellwinkel abgezogen ergibt den Winkelwert für die Unterdruckverstellung.

Prüfen mit dem Zündungsoszillografen

Mit dem Zündungsoszillografen läßt sich der gesamte primär- und sekundärseitige Zündablauf durch Oszillogramme darstellen. Durch Vergleich der am Motor aufgenommenen Oszillogramme mit den Normaloszillogrammen können aus Veränderungen bestimmte Fehler in der Zündanlage erkannt werden.

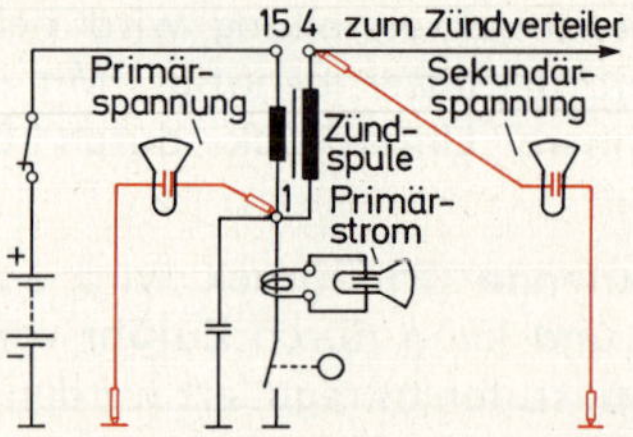

Normaloszillogramme

SZ

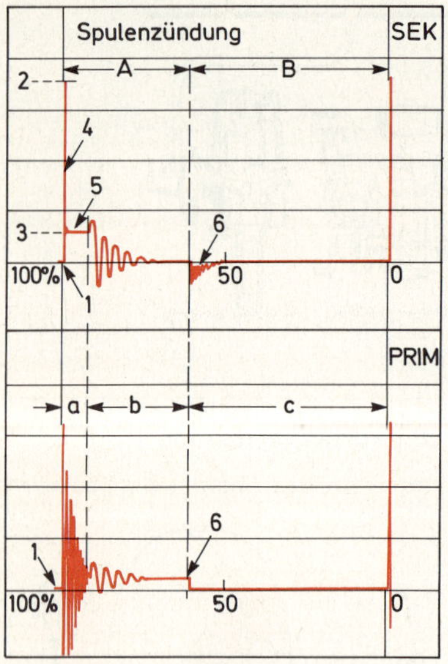

Der Schwingungsvorgang im Primärbild zu Beginn des Öffnungsabschnittes entsteht durch das Zusammenwirken von Zündkondensator und Primärwicklung.

- A Unterbrecherkontakt offen
- B Unterbrecherkontakt geschlossen
- 1 Unterbrecher öffnet
- 2 Zündspannung
- 3 Brennspannung
- 4 Zündspannungsnadel
- 5 Brennspannungslinie
- 6 Unterbrecher schließt
- a Funkendauer
- b Ausschwingvorgang
- c Schließabschnitt

TSZ

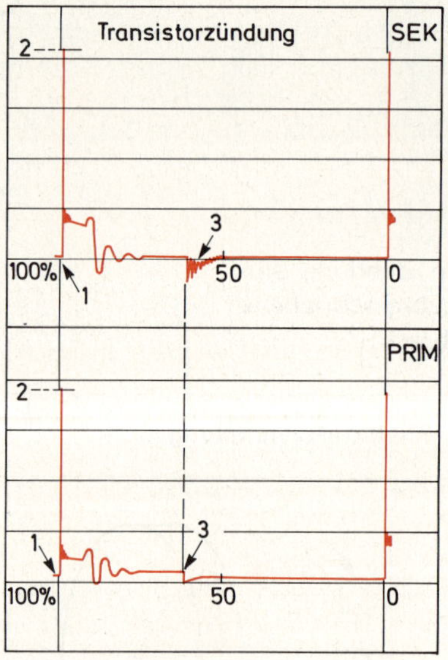

Das Sekundärbild für eine TSZ weist eine abfallende Brennspannungslinie auf. Der Ausschwingvorgang ist kürzer als bei der kontaktgesteuerten SZ.

Das Primärbild ähnelt stark dem Sekundärbild. Da die TSZ keinen Zündkondensator benötigt, fehlt die gedämpfte Schwingung zu Beginn des Öffnungsabschnittes nahezu völlig.

- 1 Transistor sperrt (Zündzeitpunkt)
- 2 Zündspannung
- 3 Transistor schaltet durch

HKZ

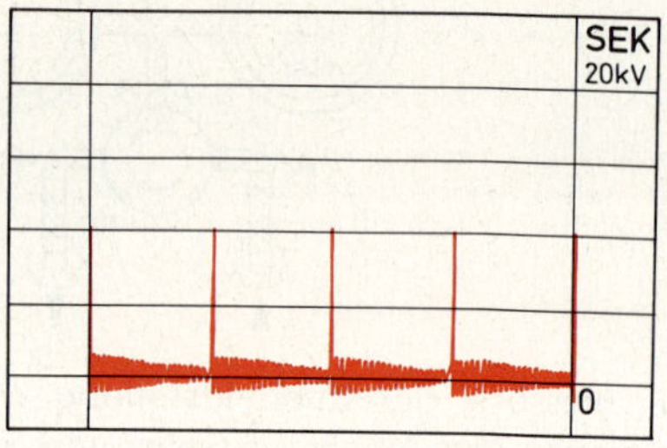

Bei der HKZ ist der Zündfunke sehr kurz. Die Brennspannungslinie ist daher nur mit starker Vergrößerung des Oszillogramms zu sehen. Das Normaloszillogramm zeigt, daß der Ausschwingvorgang langsam abklingt.

Für die HKZ gibt es kein Primärbild, da auf der Primärseite des Zündtrafos kein Oszillograf angeschlossen werden darf.

Normaloszillogramm für den Schließwinkel

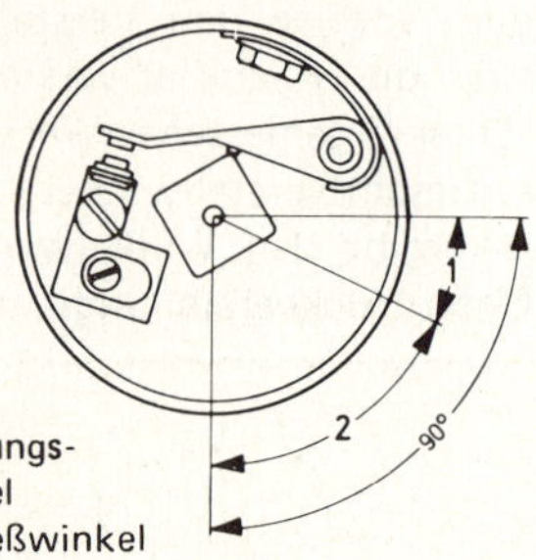

1 Öffnungswinkel
2 Schließwinkel

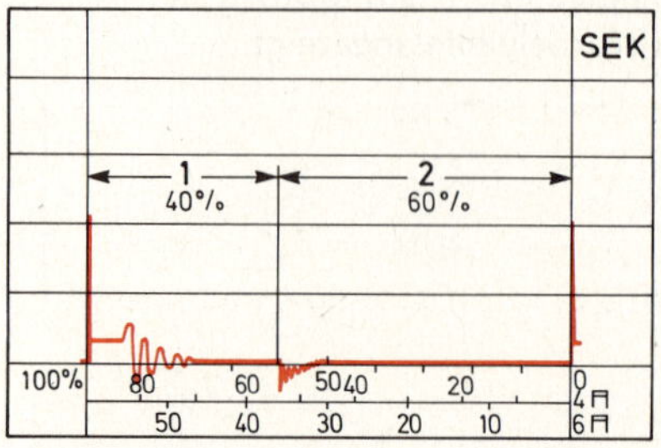

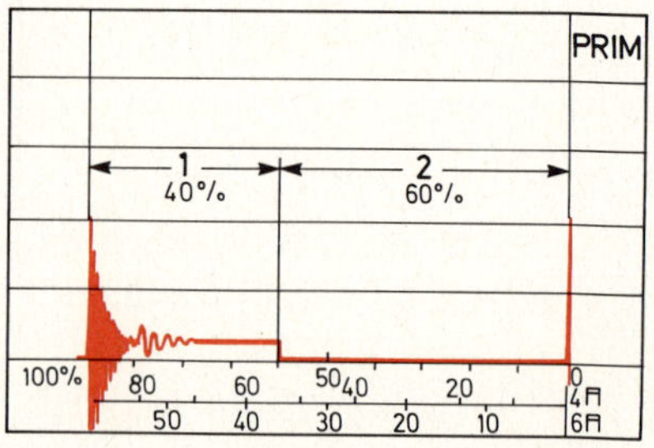

Fehleroszillogramme

Hochspannungsisolation defekt

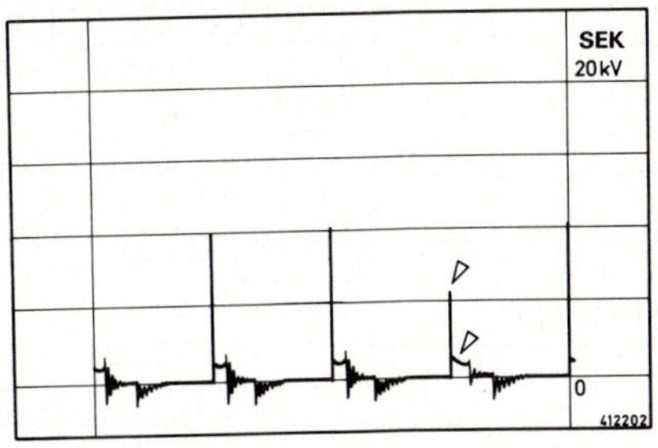

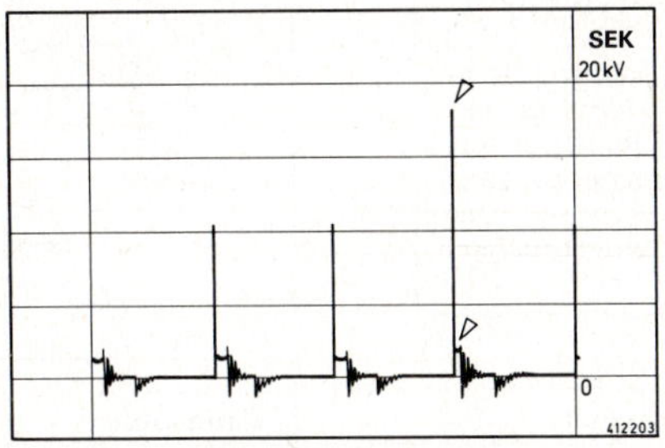

Unterbrechung in der Sekundärwicklung

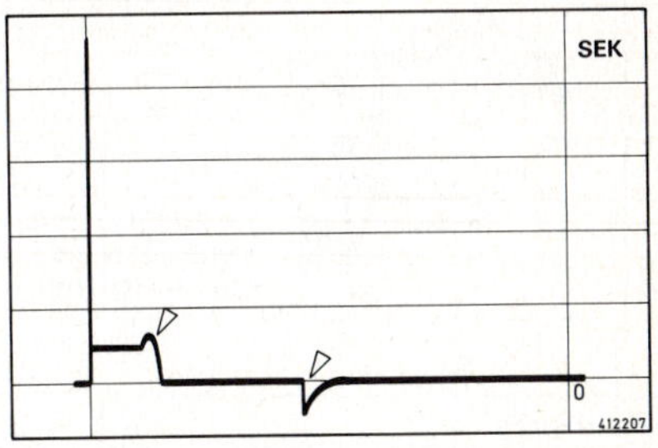

Windungsschluß in der Primärwicklung

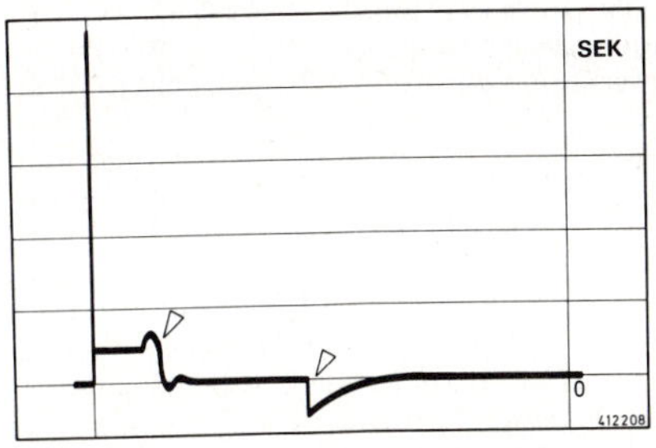

Entstörwiderstände defekt

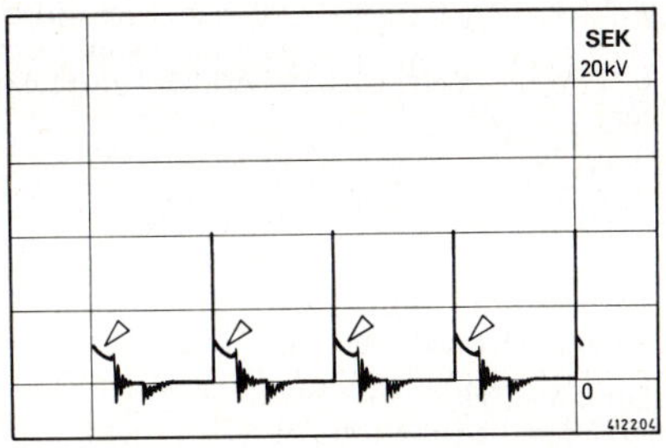

Widerstandskabel defekt zwischen Zündverteiler und Zündkerze

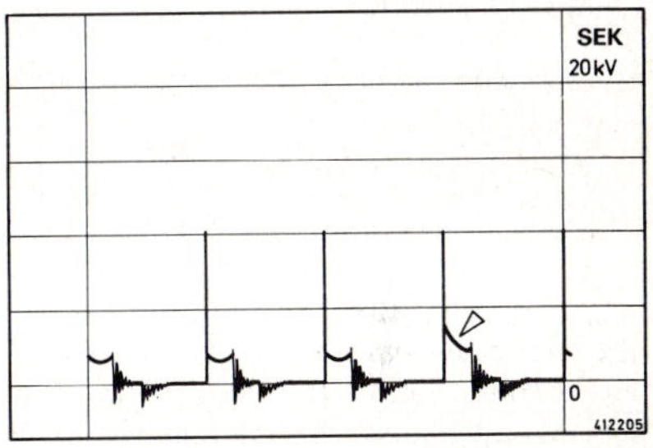

Verschmutzte Zündkerze

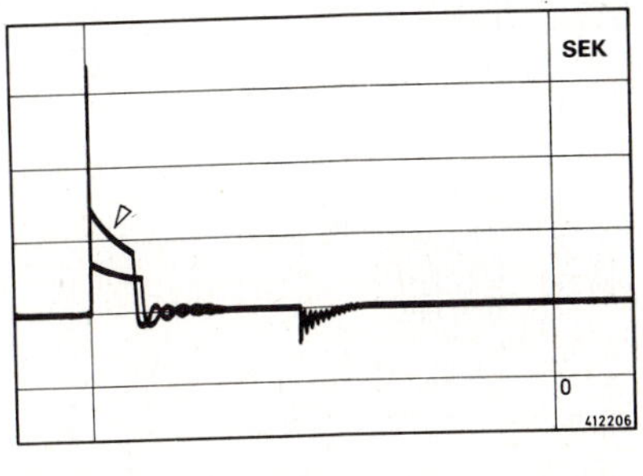

Anschlüsse des Induktionsgebers vertauscht

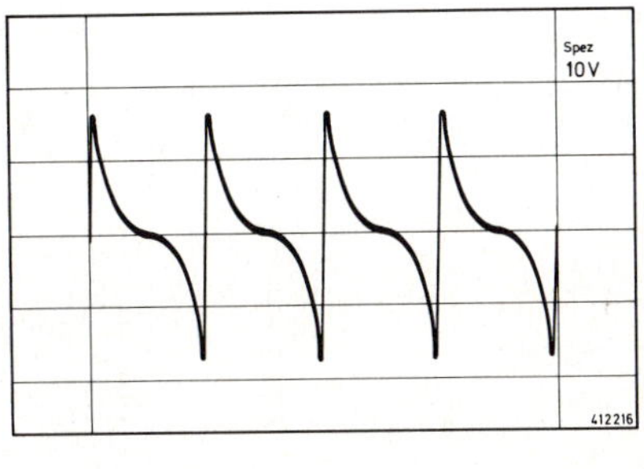

Elektrodenabstand der Zündkerzen unterschiedlich, Nebenschlüsse oder Defekte in Hochspannungsisolation, Unterbrechung im Zündkabel

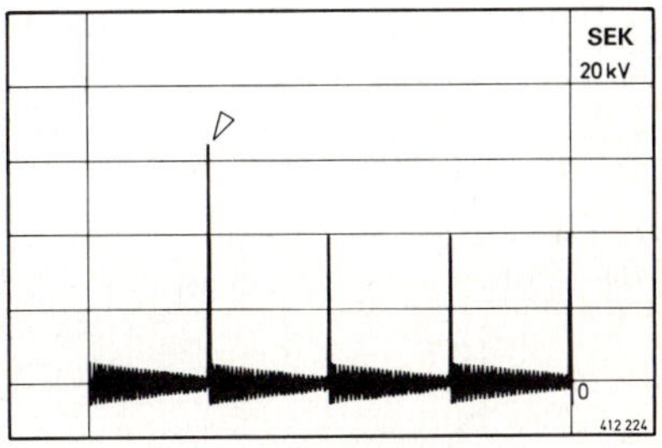

ZUSAMMENFASSUNG Motorelektronik SZ, TSZ-I, TSZ-H

Zündzeitpunktverstellung

Fliehkraftversteller

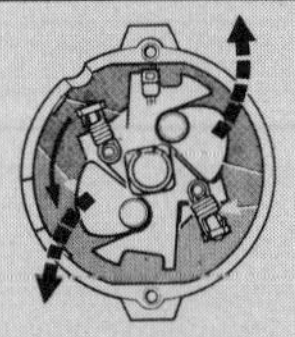

Verstellung in Abhängigkeit von der Drehzahl

Fliehgewichte verstellen den Unterbrechenocken in Drehrichtung der Verteilerwelle. Der Unterbrecherkontakt öffnet früher.

Unterdruckversteller

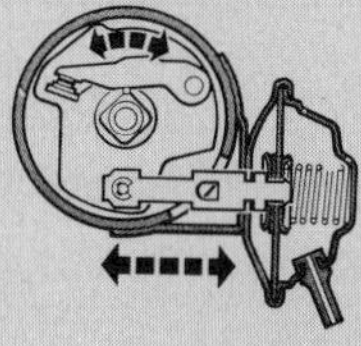

Verstellung in Abhängigkeit von der Motorbelastung.

Der im Ansaugrohr herrschende Unterdruck wirkt in die Unterdruckdose und verstellt die Unterbrecherplatte mit Unterbrecherkontakt entgegen der Drehrichtung der Verteilerwelle. Der Unterbrecherkontakt öffnet früher.

Zündunterbrecher

Der Unterbrecherkontakt öffnet und schließt den Primärstromkreis.

Unterbrecherdrehzahl = Nokkenwellendrehzahl

Unterbrechernocken sitzt auf der Verteilerwelle. Unterbrecherplatte mit Unterbrecherkontakt ist beweglich.

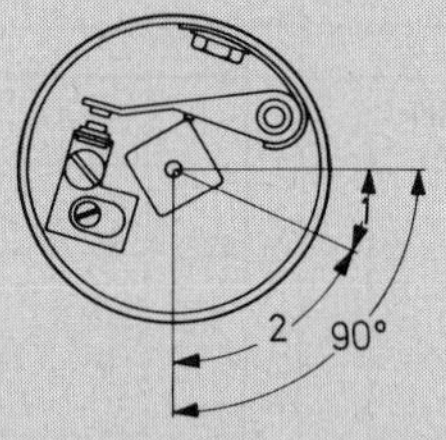

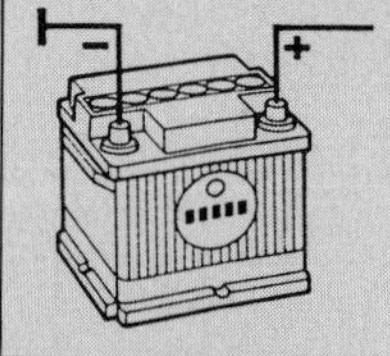

Zündkerze

Die Funkenstrecke liegt zwischen Mittel- und Masseelektrode. Der Isolierfuß soll zwischen 500 ... 800 °C warm sein, da die Selbstreinigungstemperatur über 550 °C liegt und oberhalb 800 °C Glühzündungen auftreten.

Zündfunke besteht aus

- Funkenkopf, stromstark, äußerst kurzzeitig
- Funkenschwanz, länger dauernd

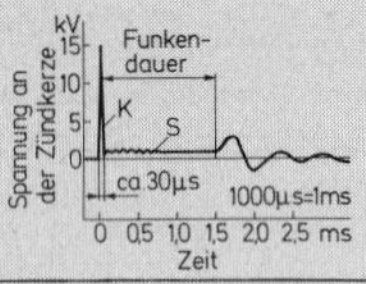

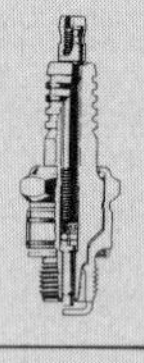

Zündverteiler

Der Zündverteiler verteilt die Zündspannung im Zündzeitpunkt in der festgelegten Reihenfolge. Die Zündenergie wird kontaktlos von der Verteilerelektrode auf die Festelektrode übertragen.

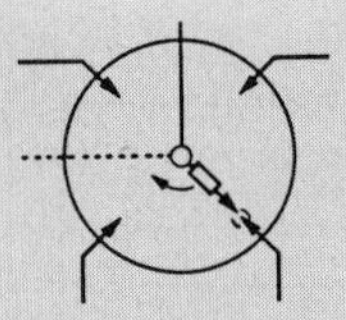

Zündspule

Primärwicklung — wenig Windungen — großer Drahtdurchmesser

Bei geschlossenen Stromkreis fließt ein Strom in der Primärspule. Er baut in der Primärwicklung ein Magnetfeld auf. Die Primärspule dient als Energiespeicher.

Sekundärwicklung — viele Windungen — kleiner Drahtdurchmesser

Durch Zusammenbruch des Magnetfeldes beim Öffnen des Primärstromkreises wird in der Sekundärwicklung eine Spannung induziert. Die Höhe der Spannung hängt vom Windungsverhältnis von Primär- und Sekundärwicklung ab.

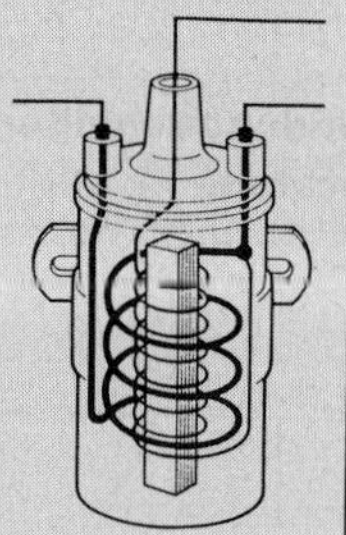

Elektronische Auflösung

Induktionsgeber

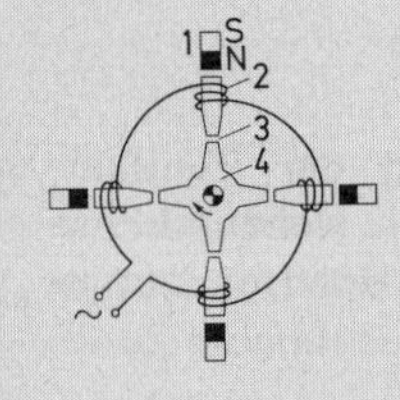

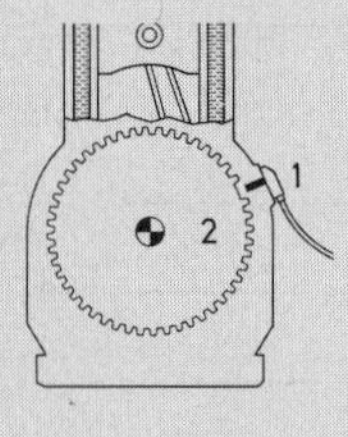

Hallgeber

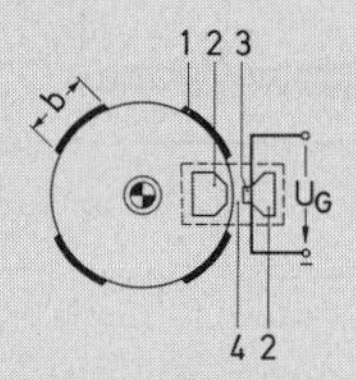

Schaltgerät mit Schließwinkelsteuerung

Die Steuerwechselspannung wird vom Impulsformer in rechteckige Stromimpulse umgewandelt. Die Impulslänge (= Schließwinkel) wird in Abhängigkeit von Drehzahl und Batteriespannung durch die Schließwinkelsteuerung festgelegt. Im Treiber werden die Rechteckimpulse verstärkt. Sie steuern den Endtransistor an.

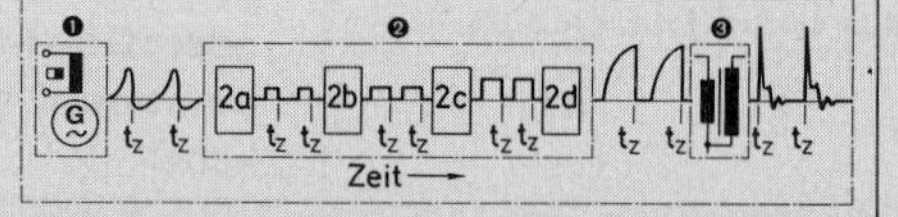

Schaltgerät mit Schließwinkelregelung

Der Schließwinkel wird so geregelt, daß auch bei unterschiedlicher Motordrehzahl, Temperatur und Batteriespannung immer der gleiche Primär-Abschaltstrom erreicht wird.

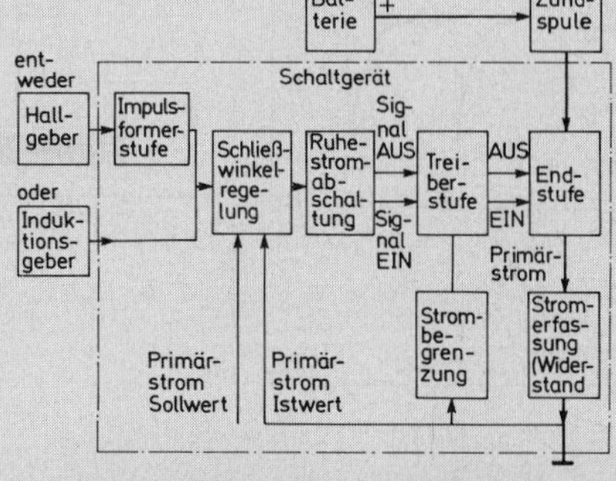

Endstufe im Schaltgerät

Die Endstufe im Schaltgerät besteht aus zwei Transistoren in Darlingtonschaltung. Der erste Transistor steuert die Basis des Endtransistors an. Der Steuerstrom veranlaßt den Endtransistor zum Schalten.

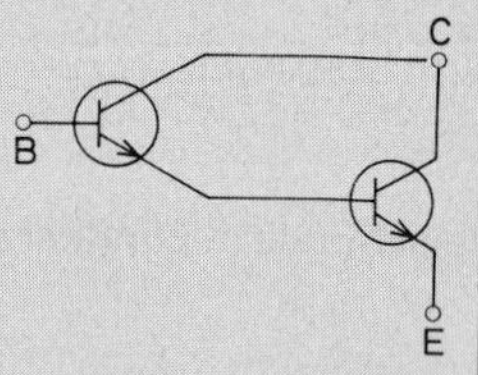

Blockschaltbild eines elektronischen Zündverstellgerätes

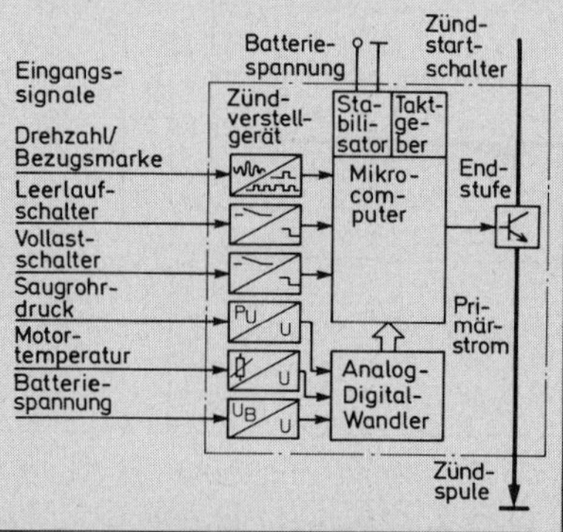

HKZ

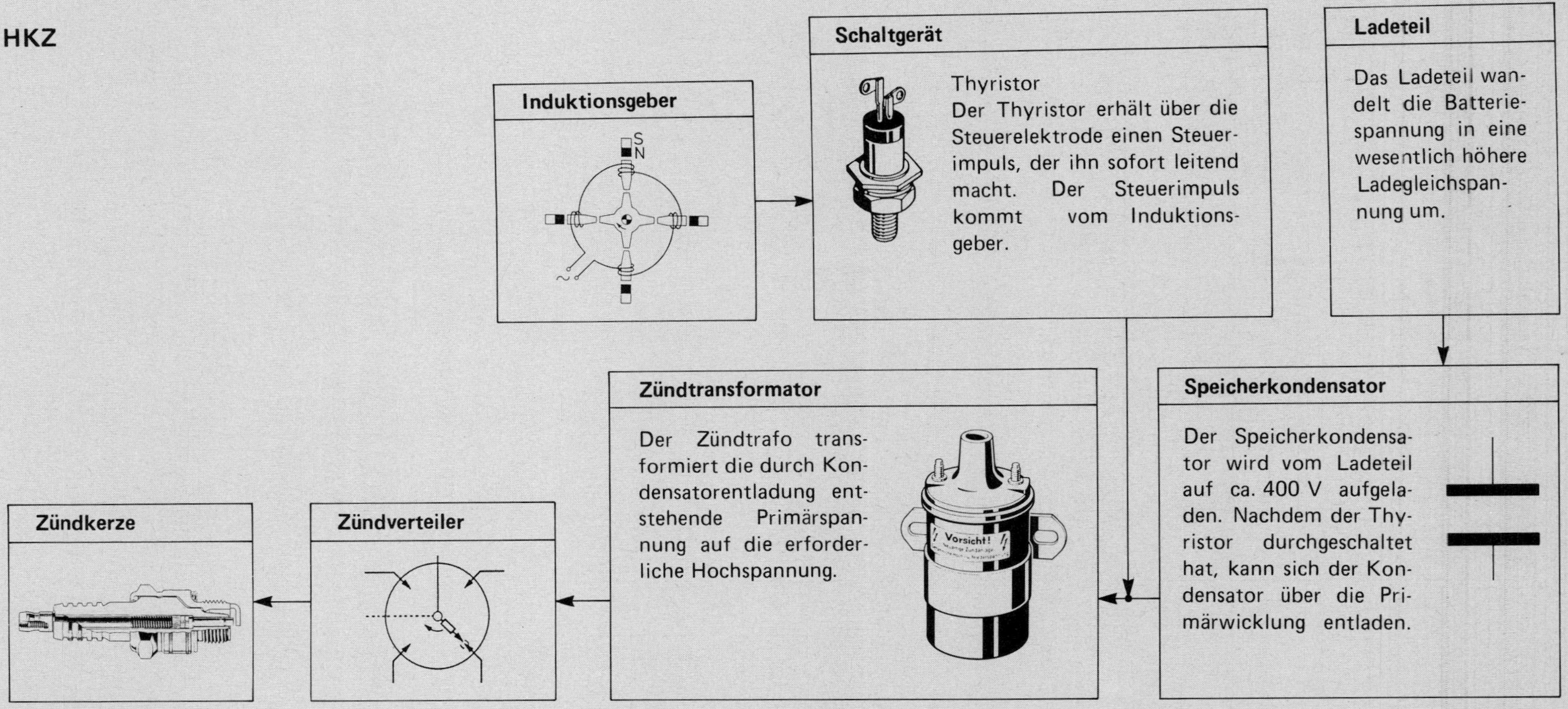

Diesel-Vorglühanlage

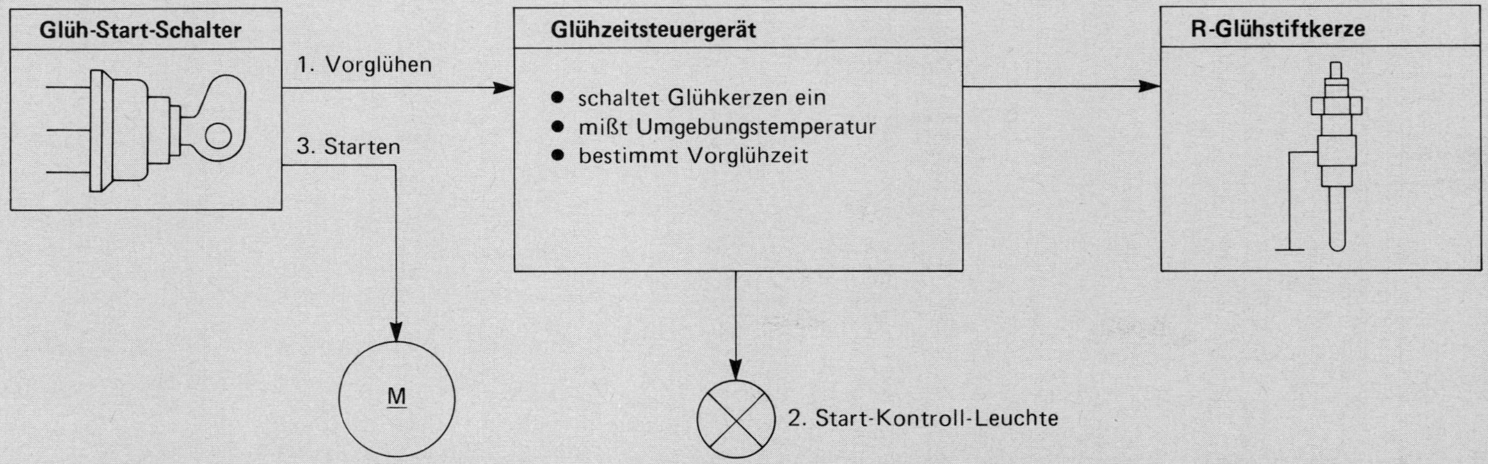

ANALYSE Batteriezündsysteme

Erklären Sie die Wirkungsweise der dargestellten Zündsysteme anhand der vereinfachten Schaltpläne.

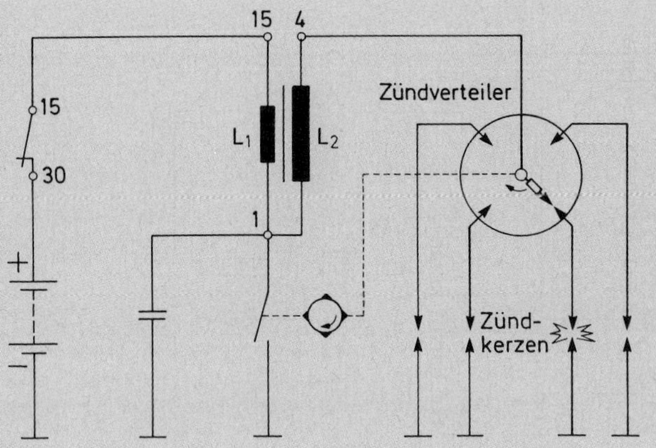

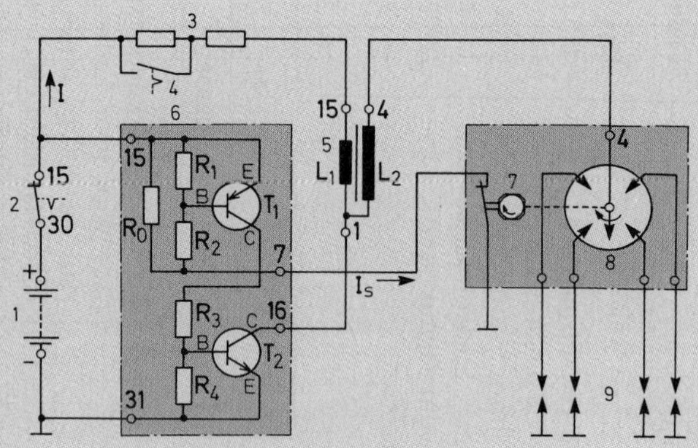

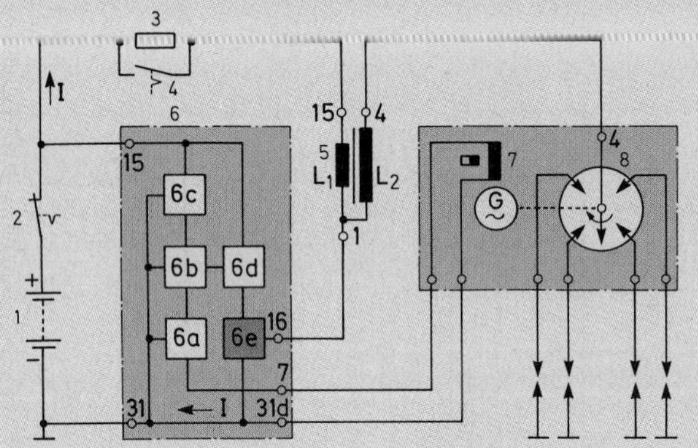

6 Schaltgerät
6a Impulsformer
6b Schließwinkelsteuerung
6c Stabilisierung
6d Treiber
6e Darlington-Endstufe

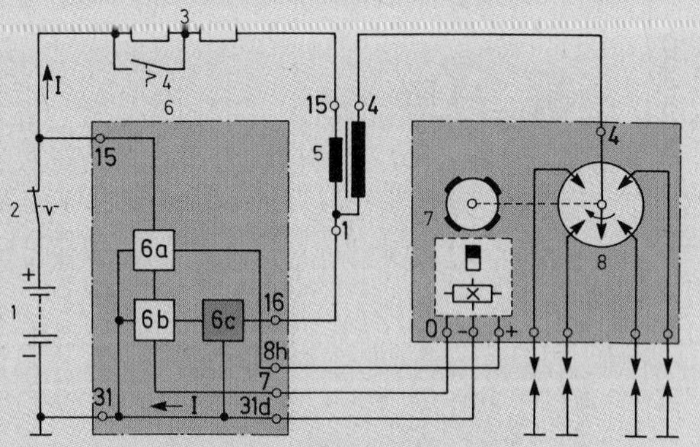

6 Schaltgerät
6a Überspannungsschutz
6b Treiber
6c Darlington-Endstufe

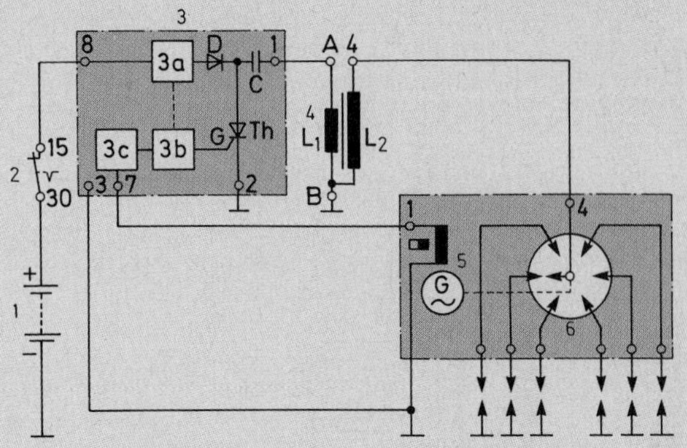

3 Schaltgerät
3a Ladeteil
3b Steuerteil
3c Impulsformer

Stellen Sie fest, an welchen Stellen einer TSZ gefährliche Spannungen auftreten können.

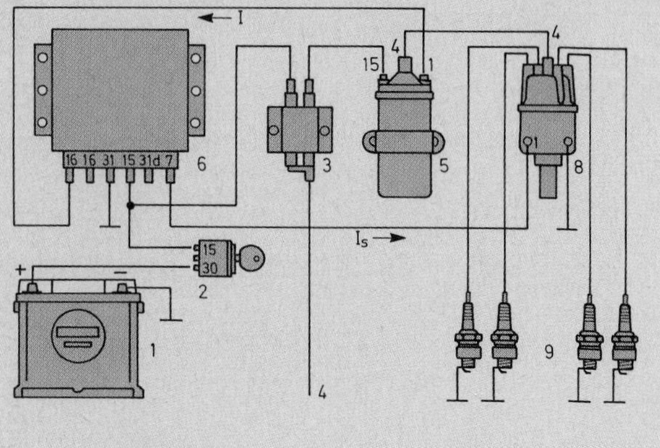

4 Leitungsanschluß zum Starter

ANALYSE Zündverstellung, Flammstartanlage

1. Erklären Sie die Wirkungsweise der mechanischen Zündverstellung der TSZ-I.

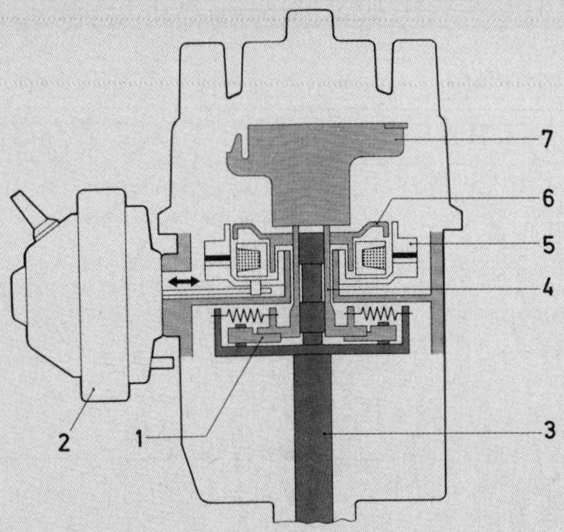

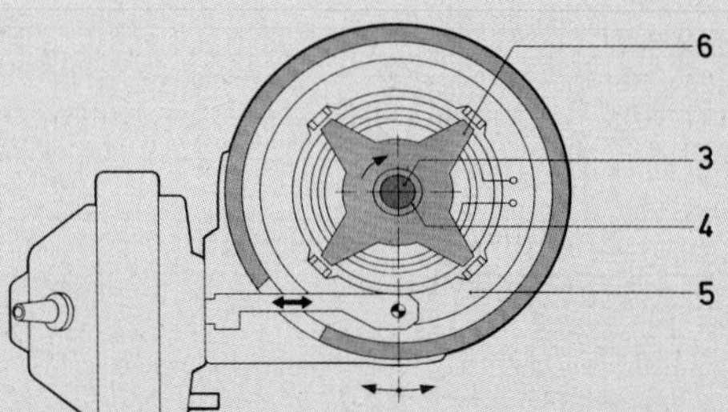

1 Fliehkraftversteller
2 Unterdruckversteller mit Unterdruckdose
3 Zündverteilerwelle
4 Hohlwelle
5 Polscheibe
6 Impulsgeberrad
7 Verteilerläufer

2. Erklären Sie die Wirkungsweise des Unterdruckverstellers mit Früh- und Spätdose.

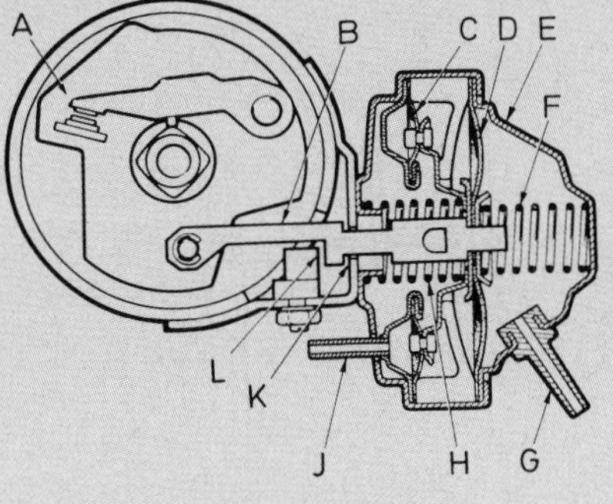

A Unterbrecherplatte
B Unterdruckverstellstange
C Sekundärmembran (Frühverstellung)
D Primärmembran (Spätverstellung)
E Unterdruckdose
F Primär-Rückstellfeder
G Primär-Vakuumanschluß
H Sekundär-Rückstellfeder
J Sekundär-Vakuumanschluß
K Anschlag für Frühverstellung
L Anschlag für Spätverstellung

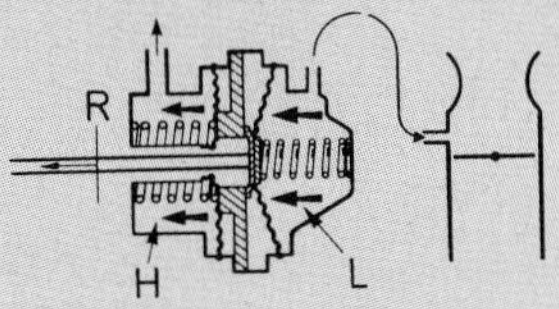

Stellung-Unterdruckmembrane bei geschlossener Drosselklappe
H Hoher Unterdruck
L Niedriger Unterdruck
R Zündung in Spätrichtung verstellt

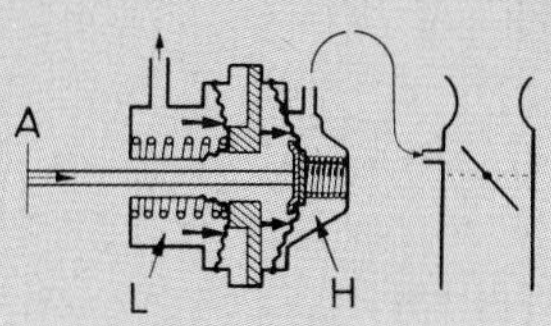

Stellung-Unterdruckmembran bei mehr als 1/4 geöffneter Drosselklappe
A Zündverstellung
M Ausreichender Unterdruck für Verstellung
L Niedriger Unterdruck

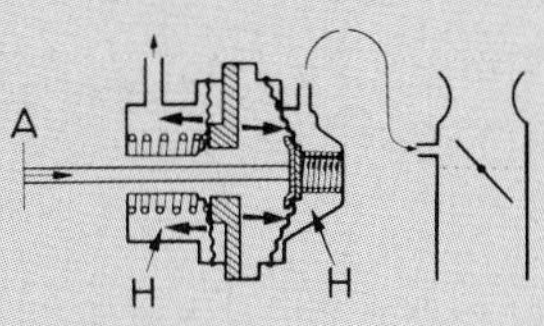

Stellung Unterdruckmembran bei gerade geöffneter Drosselklappe (bis 1/4 geöffneter Drosselklappe)
A Zündverstellung
M Hoher Unterdruck

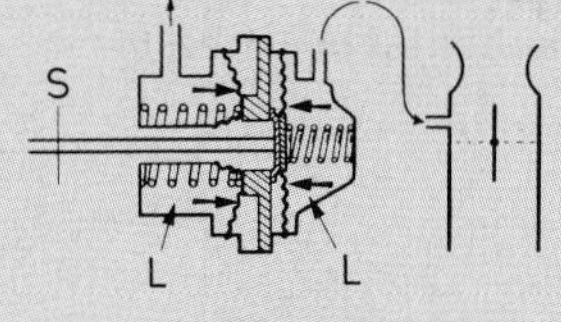

Stellung-Unterdruckmembran bei voll geöffneter Drosselklappe
L Niedriger Unterdruck
S Zugstange in Ruhestellung

3. Erklären Sie die Wirkungsweise der Flammstartanlage eines Dieselmotors.

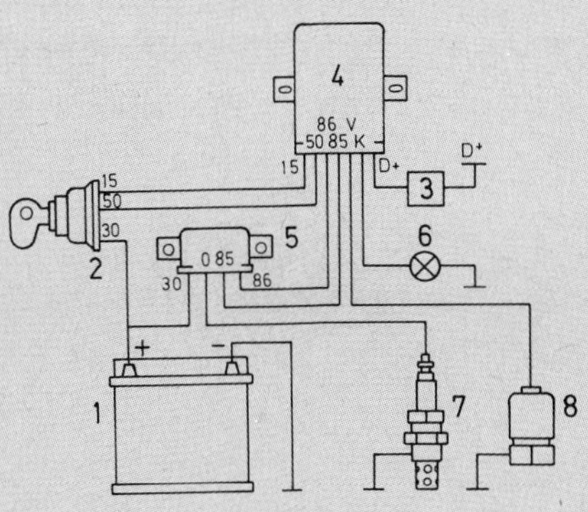

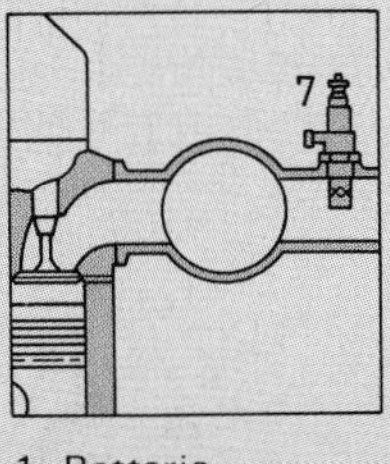

1 Batterie
2 Fahrt-Start-Schalter
3 Flammschalter
4 Flammzeitsteuergerät
5 Leistungsrelais
6 Anzeigeleuchte
7 Flammkerze
8 Magnetventil

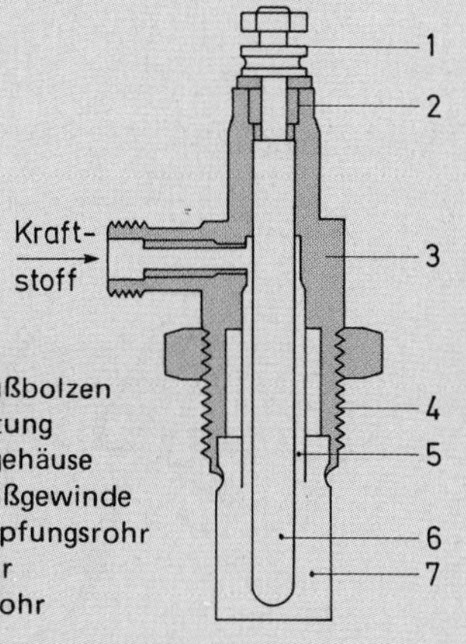

1 Anschlußbolzen
2 Abdichtung
3 Kerzengehäuse
4 Anschlußgewinde
5 Verdampfungsrohr
6 Glührohr
7 Flammrohr

ARBEITSPLANUNG Kontaktgesteuerte Spulenzündanlage

Entwickeln Sie die Arbeitspläne der dargestellten Prüf- und Wartungsarbeiten für Fahrzeuge der von Ihrem Ausbildungsbetrieb vertretenen Automarke, indem Sie

- die Reihenfolge der Arbeits- bzw. Prüfgänge,
- die Auswahl der Werkzeuge bzw. Prüfmittel bzw. Ersatzteile,
- die zu beachtenden Prüf- bzw. Arbeitsregeln/Sicherheitsvorschriften

angeben und begründen.

Zündzeitpunkt prüfen und einstellen

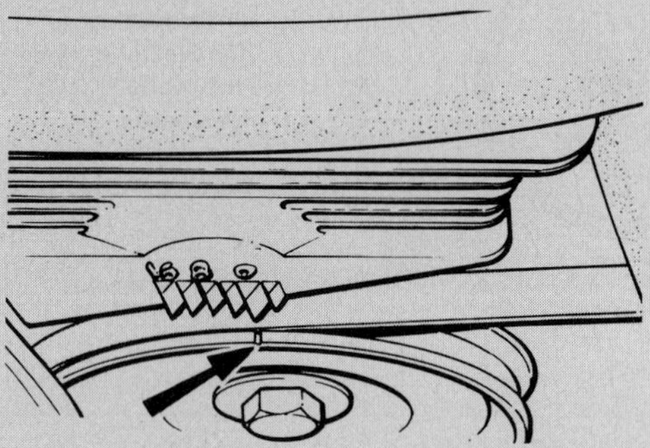

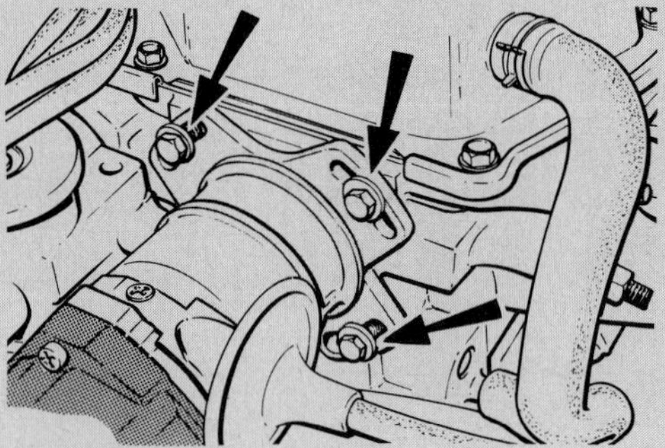

Fliehkraft- und Unterdruckverstellung prüfen

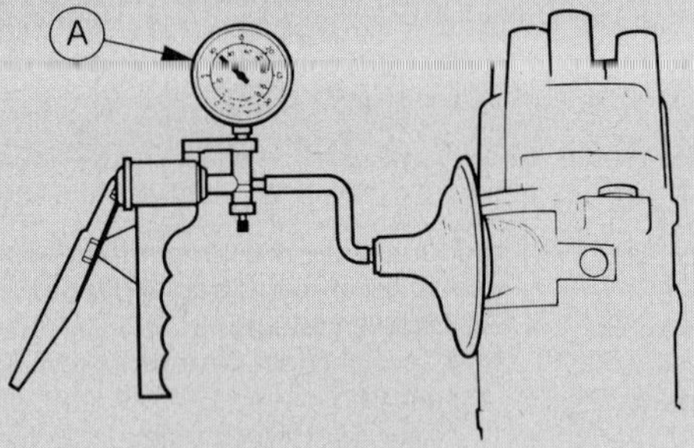

Spätverstellung prüfen

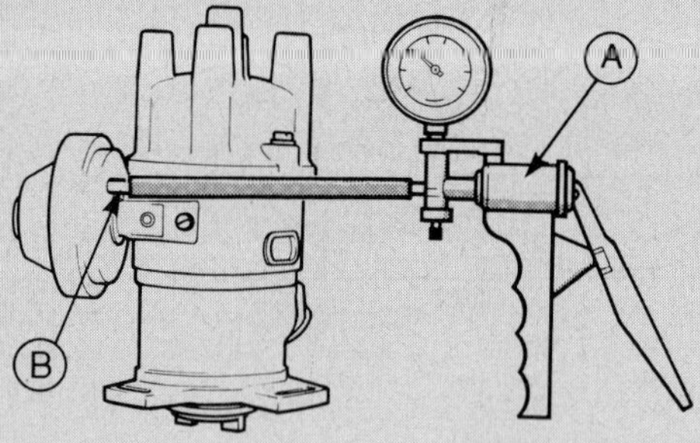

Unterbrecherkontakte wechseln

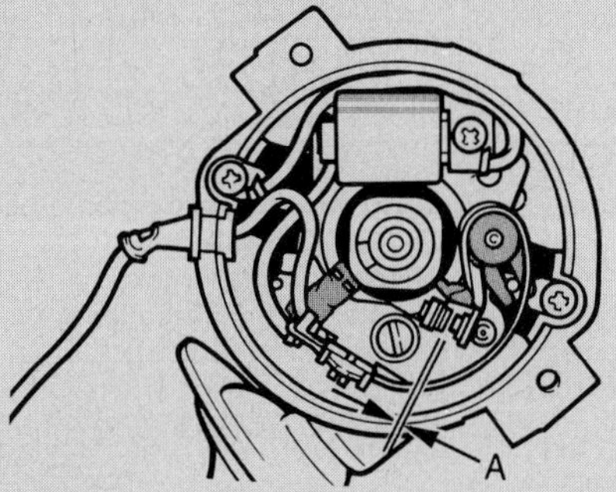

Zündkabel prüfen

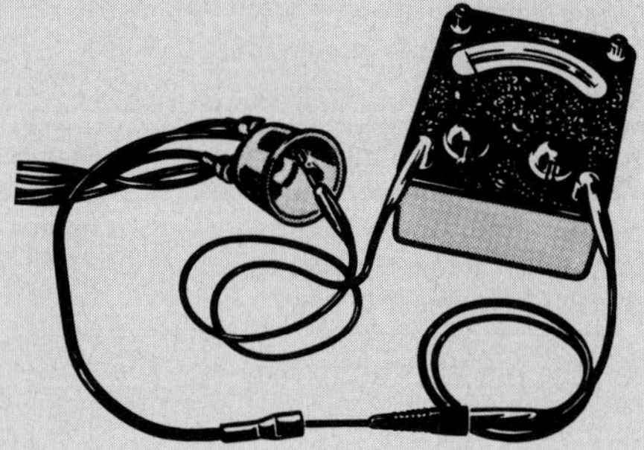

Zündspule prüfen

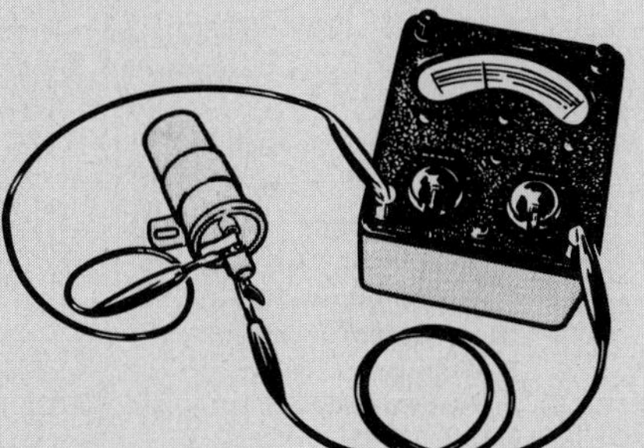

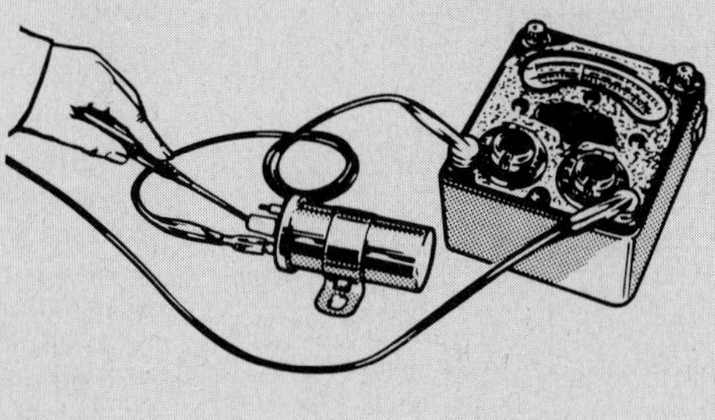

ARBEITSPLANUNG Elektronische Batteriezündanlage

Die konventionelle Spulenzündung soll durch eine TSZ-H ersetzt werden. Der Umbausatz enthält die in der Abbildung dargestellten Bauteile.

1. Benennen Sie die einzelnen Bauteile.
2. Welche Teile müssen neu eingebaut oder ausgebaut und ersetzt werden?
3. Zeichnen Sie den Anschlußplan und tragen Sie die Klemmenbezeichnungen ein.
4. Kennzeichnen Sie die Stellen, an denen gefährliche Spannungen auftreten.

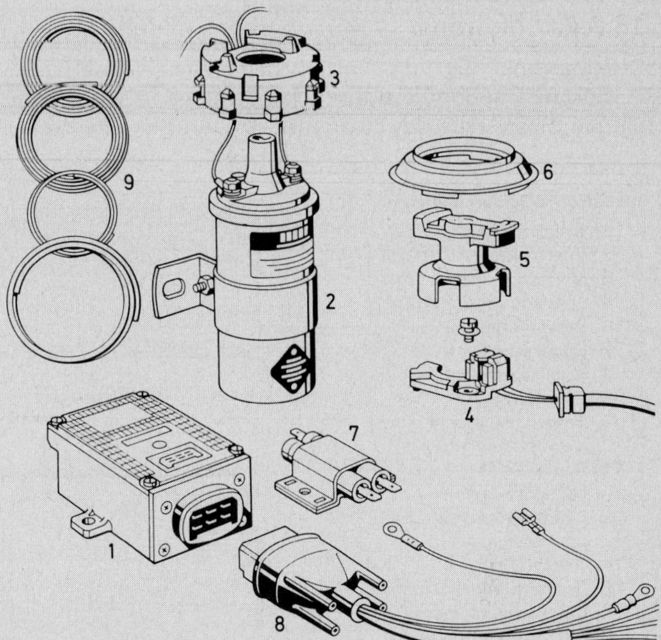

1 Schaltgerät
2 Spezial-Zündspule
3 Berührungs-Schutzkappe
4 Magnetschranke
5 Verteilerläufer
6 Staubschutzdeckel
7 Vorwiderstand
8 Mehrfachstecker
9 Zubehör

Stellen Sie die Abweichungen vom Normaloszillogramm fest und bestimmen Sie die Fehlerursache.

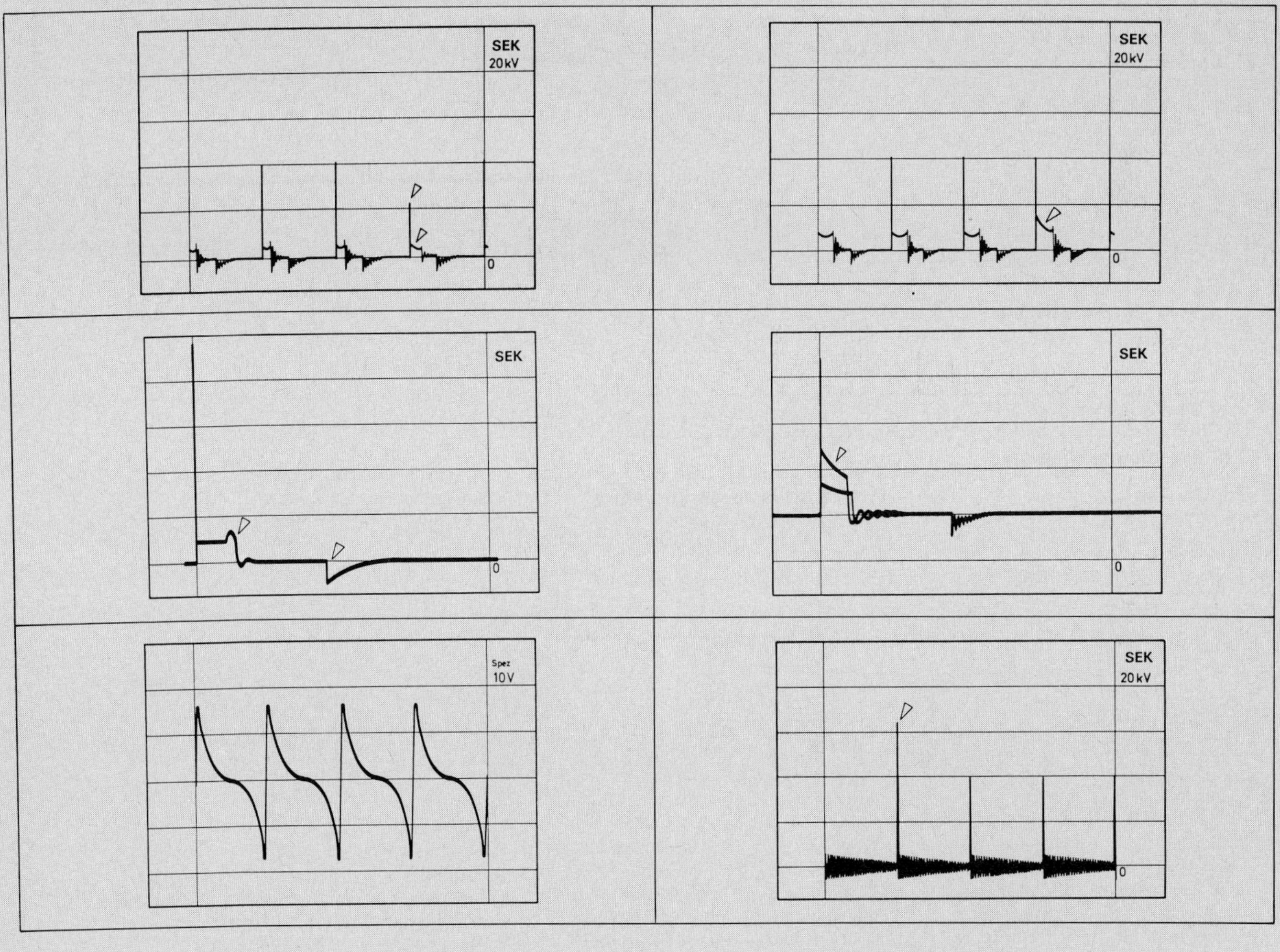

18.3.4 Kombinierte Zünd- und Gemischbildungssysteme

18.3.4.1 Motronic

Die Motronic faßt die Einzelsysteme Benzineinspritzung (L-Jetronic) und vollelektronische Zündung in einer kompletten Motorsteuerung zusammen. Die Abstimmung beider Systeme erfolgt durch ein Steuergerät, das als zentralen Baustein einen digital arbeitenden Mikrocomputer enthält. Die Sensoren werden für Zündung und Benzineinspritzung gemeinsam verwendet.

Motronic-Systemübersicht

1 Kraftstofftank
2 Elektrokraftstoffpumpe
3 Kraftstoffilter
4 Schwingungsdämpfer
5 Steuergerät
6 Zündspule
7 Hochspannungsverteiler
8 Zündkerze
9 Einspritzventil
10 Kraftstoffverteiler
11 Druckregler
12 Kaltstartventil
13 Leerlaufdrehzahl-Einstellschraube
14 Drosselklappe
15 Drosselklappenschalter
16 Luftmengenmesser
17 Lufttemperaturfühler
18 Lambda-Sonde
19 Thermozeitschalter
20 Motortemperaturfühler
21 Zusatzluftschieber
22 Leerlaufgemisch-Einstellschraube
23 Kurbelwinkelgeber
24 Drehzahlgeber
25 Batterie
26 Zünd-Start-Schalter
27 Hauptrelais
28 Pumpenrelais

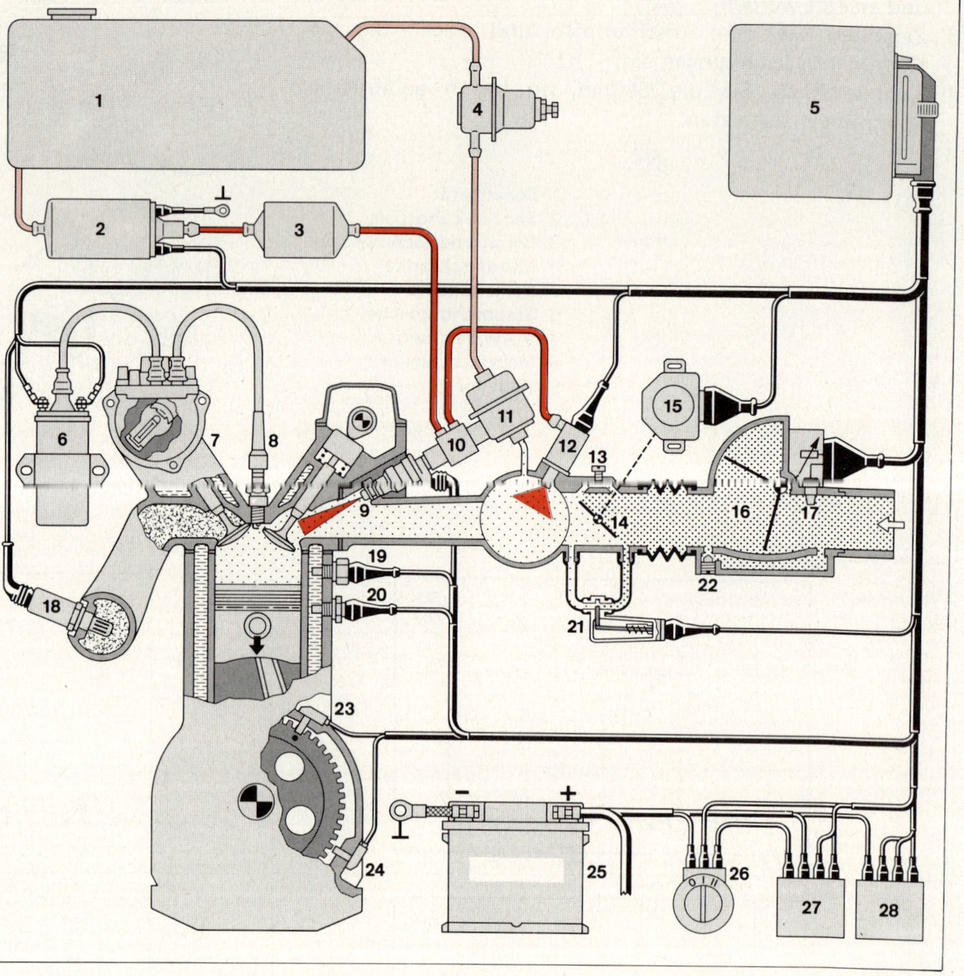

Atmosphärischer Druck

Druck im Saugrohr

Abgas

Teilsysteme der Motronic

Zündsystem

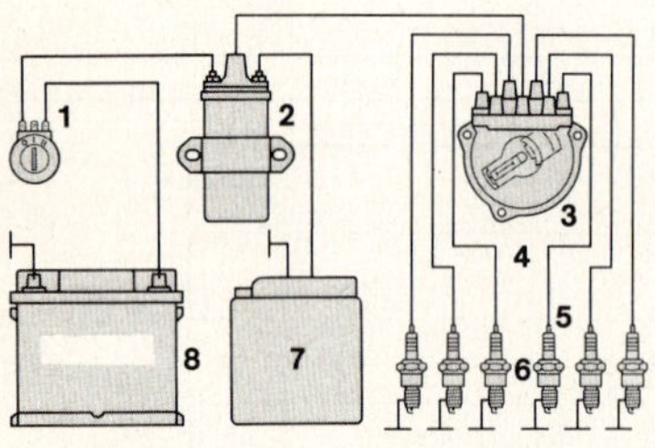

1 Zündschloß
2 Zündspule
3 Hochspannungsverteiler
4 Zündleitungen
5 Steckverbindungen
6 Zündkerzen
7 Steuergerät
8 Batterie

Kraftstoffversorgungssystem

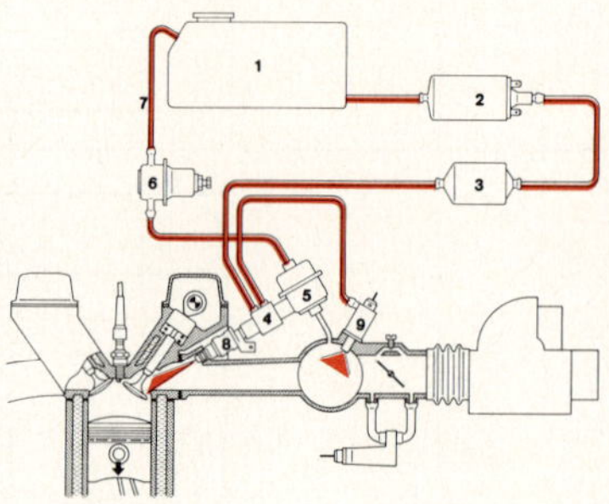

1 Tank
2 Elektropumpe
3 Filter
4 Verteilerrohr
5 Druckregler
6 Schwingungsdämpfer
7 Rücklaufteilung
8 Einspritzventil
9 Kaltstartventil

Ansaugsystem

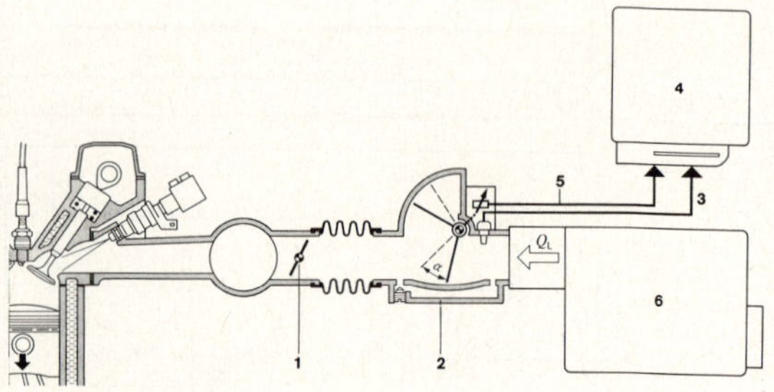

1 Drosselklappe
2 Luftmengenmesser
3 Ansaugluft-Temperatur-Signal zum Steuergerät
4 Steuergerät
5 Luftmengenmesser-Signal zum Steuergerät
6 Luftfilter

Funktionsbausteine der Motronic

Grundfunktion

Der Mikrocomputer berechnet die Grundsignale für Einspritzmenge und Zündwinkel.

Anpassungsfunktionen

Die Grundsignale werden an die Betriebsbedingungen Start, Leerlauf, Warmlauf, Vollast, Beschleunigen, Schiebebetrieb angepaßt.

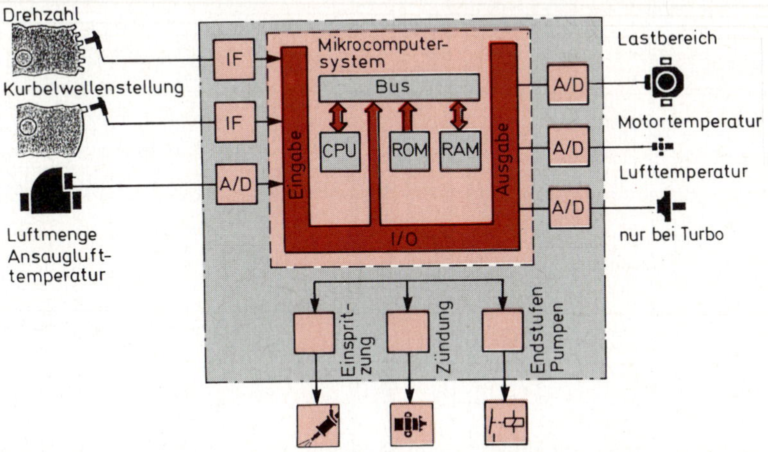

Ergänzungsfunktionen in Motronic integriert

Leerlauf-Füllungsregelung

Sie sorgt für eine Stabilisierung der Leerlaufdrehzahl.

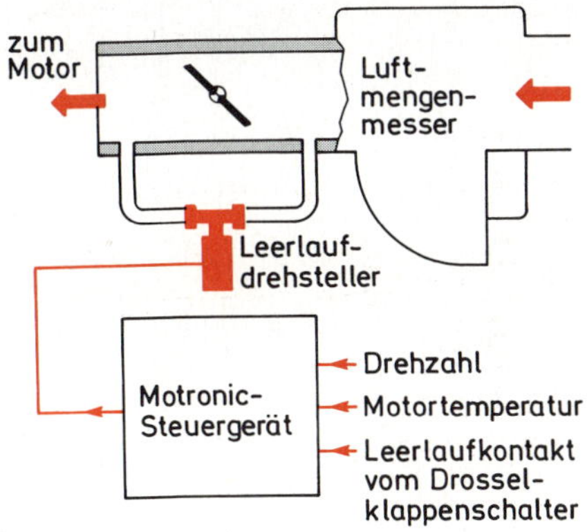

Schnittstellen für Klopfregelung

Sobald Klopfen auftritt, wird der Zündwinkel zurückgenommen und nach kurzer Zeit wieder an die Klopfgrenze herangeführt.

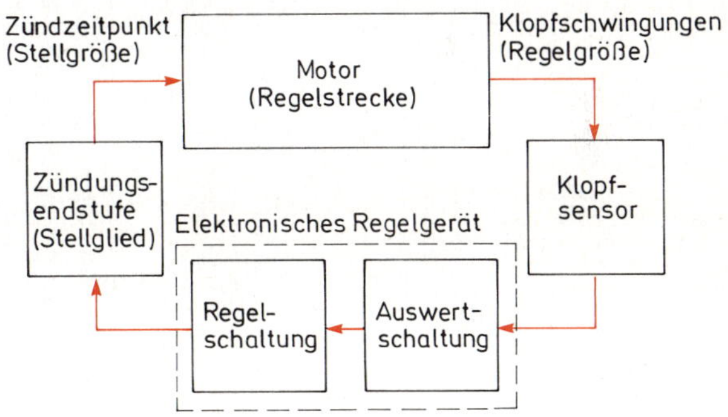

Lambda-Regelung

Die von der Gemischsteuerung vorgegebene Einspritzmenge wird verbrennungsoptimal angepaßt.

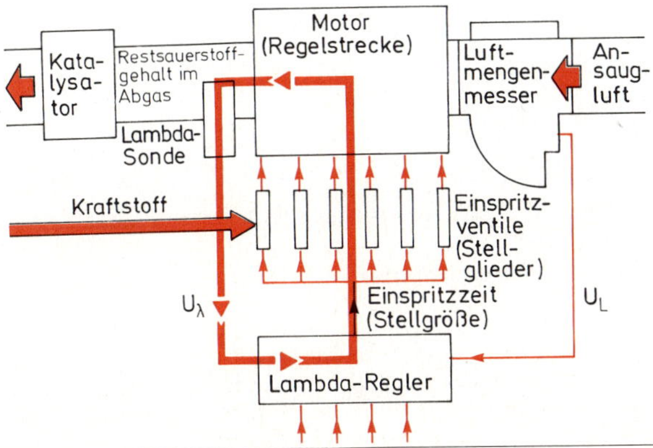

Getriebesteuerung

Die Motronic errechnet den jeweils günstigsten Gang und gibt den Schaltbefehl.

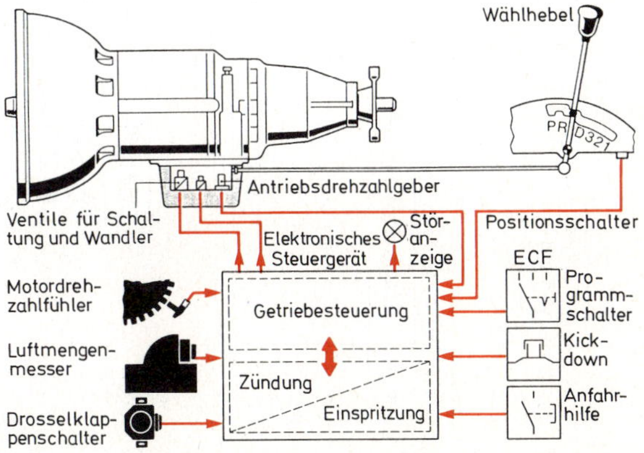

Informationsverarbeitung Motronic

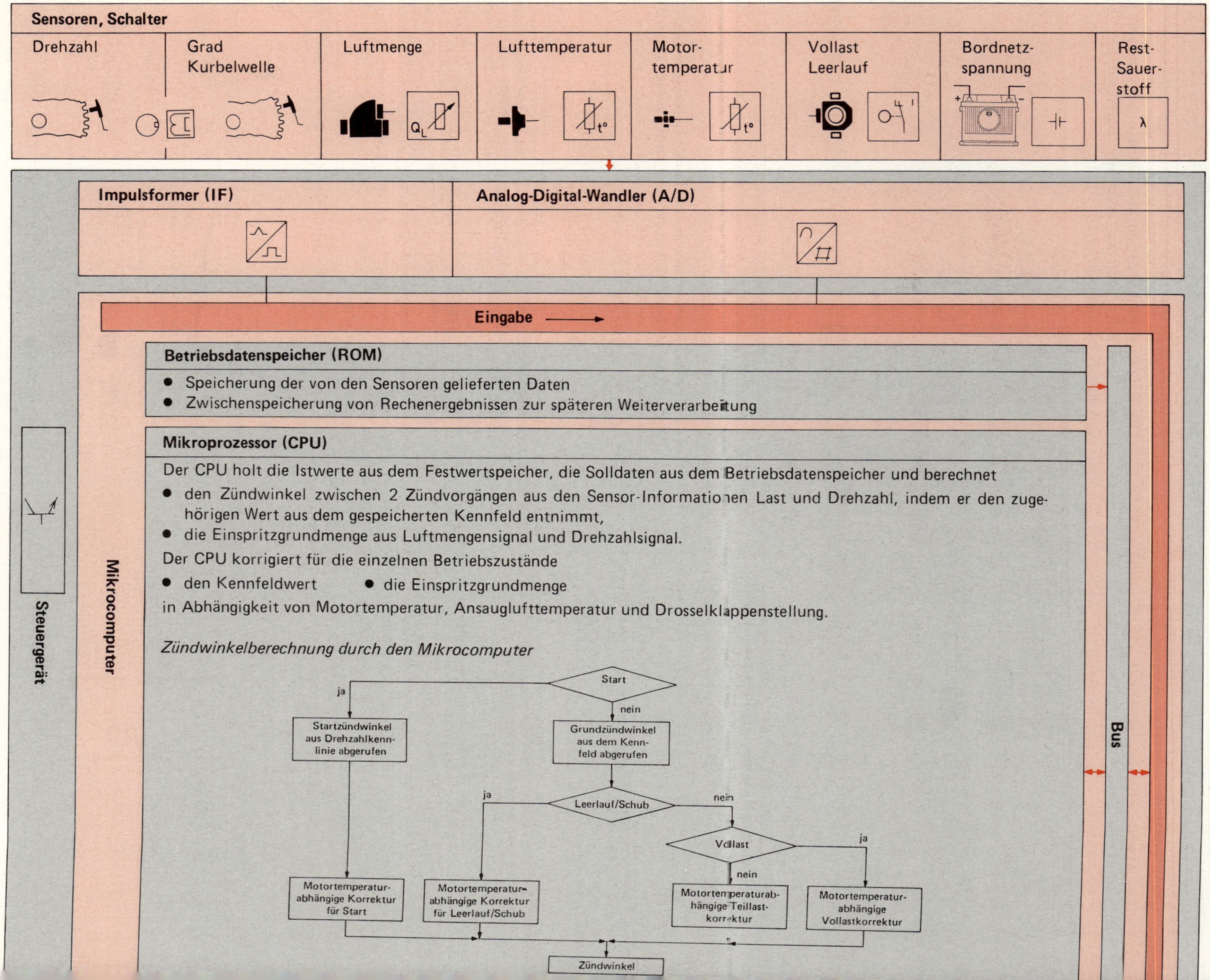

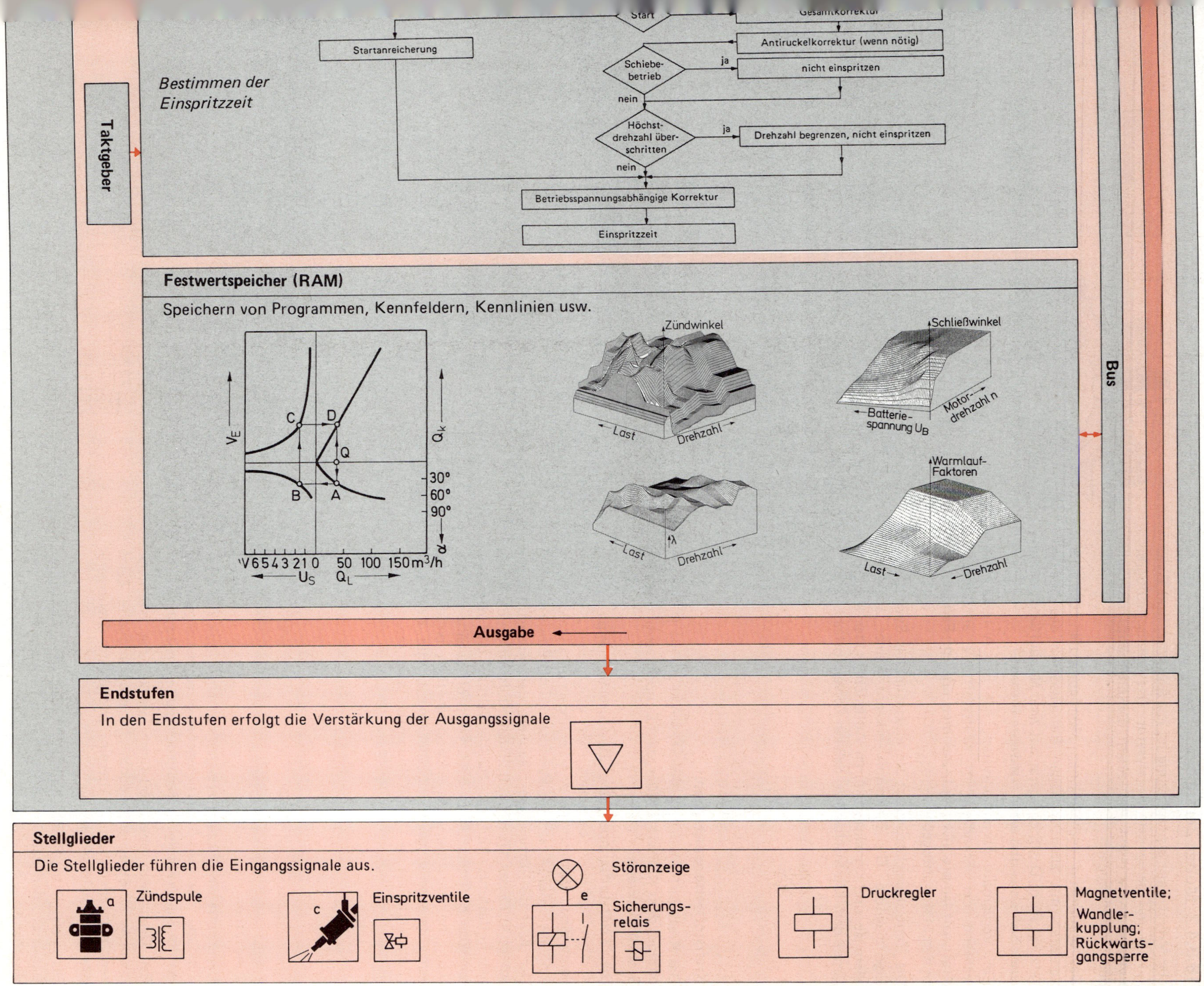
Taktgeber
Bestimmen der Einspritzzeit
Startanreicherung
Antiruckelkorrektur (wenn nötig)
Schiebe-betrieb
ja
nein
nicht einspritzen
Höchst-drehzahl über-schritten
Drehzahl begrenzen, nicht einspritzen
Betriebsspannungsabhängige Korrektur
Einspritzzeit
Festwertspeicher (RAM)
Speichern von Programmen, Kennfeldern, Kennlinien usw.
V_E
Q_k
C
D
Q
B
A
30°
60°
90°
α
V 6 5 4 3 2 1 0
U_S
50 100 150 m³/h
Q_L
Zündwinkel
Last
Drehzahl
λ
Schließwinkel
Batterie-spannung U_B
Motor-drehzahl n
Warmlauf-Faktoren
Bus
Ausgabe
Endstufen
In den Endstufen erfolgt die Verstärkung der Ausgangssignale
Stellglieder
Die Stellglieder führen die Eingangssignale aus.
a
Zündspule
c
Einspritzventile
e
Störanzeige
Sicherungs-relais
Druckregler
Magnetventile;
Wandler-kupplung;
Rückwärts-gangsperre

18.3.4.2 Multec-Zentraleinspritzung

Die Multec-Zentraleinspritzung ist ein Einspritz- und Zündsystem mit geregeltem Katalysator. Das Gemischaufbereitungssystem arbeitet mit einem Einspritzventil oberhalb der Drosselklappe.

Das Steuergerät enthält einen Mikrocomputer, der über Sensoren mit allen wichtigen Betriebsdaten des Motors versorgt wird. Das Steuergerät hat zwei Notlauffunktionen, einen Software- und einen Hardware-Notlauf.

Ein Verdampfungskontrollsystem hat die Aufgabe, die während der Standzeit im Kraftstofftank anfallenden Kraftstoffdämpfe (CH) aufzunehmen und im Fahrbetrieb an den Motor abzugeben.

Die Zentraleinspritzung ist ein elektronisches System mit Eigendiagnose. Die Elektronik erkennt Fehler, speichert diese ab und signalisiert durch Aufleuchten der Kontrolllampe dem Kfz-Mechaniker, daß ein Fehler vorliegt.

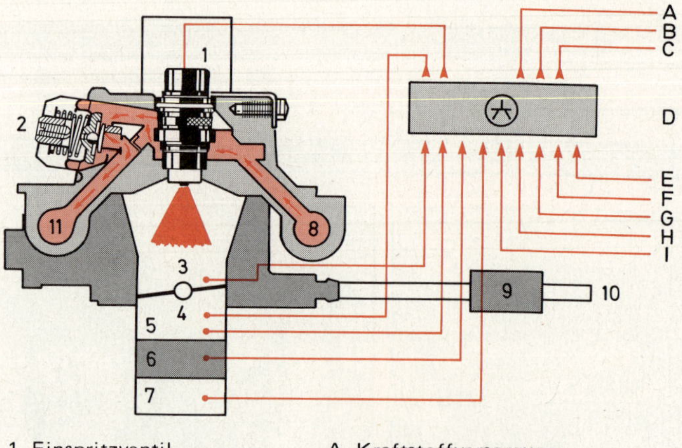

1 Einspritzventil
2 Systemdruckregler
3 Drosselklappen-Potentiometer
4 Leerlauffüllungsschrittmotor
5 Druckfühler-Saugrohr
6 Temperaturfühler – Kühlmittel
7 Lambda-Sonde
8 Kraftstoff-Zufuhr
9 Verdampfungskontrollsystem
10 Tankentlüftung
11 Kraftstoff-Rückführung zum Tank

A Kraftstoffversorgung
B Motorkontrolleuchte
C Zündverteiler
D Elektronisches Steuergerät
E Zündschloß
F Zündverteiler
G Batterie +
H Wegstrecken-Frequenzgeber
I Park/Neutral-Schalter

Kraftstoffversorgungssystem

Das Kraftstoffversorgungssystem besteht aus der Kraftstoffpumpe, dem Kraftstoff-Filter, dem Einspritzventil und dem Systemdruckregler.

Die Kraftstoffpumpe, eine Zweiturbinenpumpe, ist im Kraftstoffbehälter eingebaut. Sie saugt den Kraftstoff durch einen Vorfilter aus dem Schlingertopf an und fördert ihn über das Kraftstoff-Feinfilter zum Einspritzventil. Der Kraftstoff-Druckregler reguliert den Kraftstoffdruck auf ca. 0,75 bar. Oberhalb 0,75 bar Kraftstoffdruck öffnet das Entlastungsventil zur Rücklaufleitung und der überschüssige Kraftstoff fließt zum Kraftstoff-Behälter zurück. Das Einspritzventil wird elektromagnetisch betätigt und vom Steuergerät gesteuert. Die eingespritzte Kraftstoffmenge wird über die Ventilöffnungszeit bestimmt.

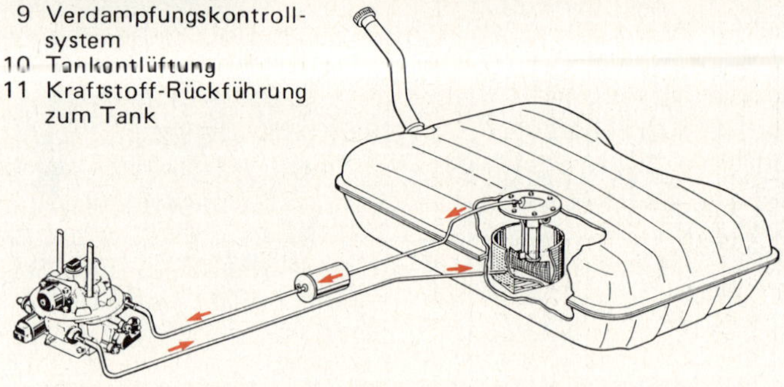

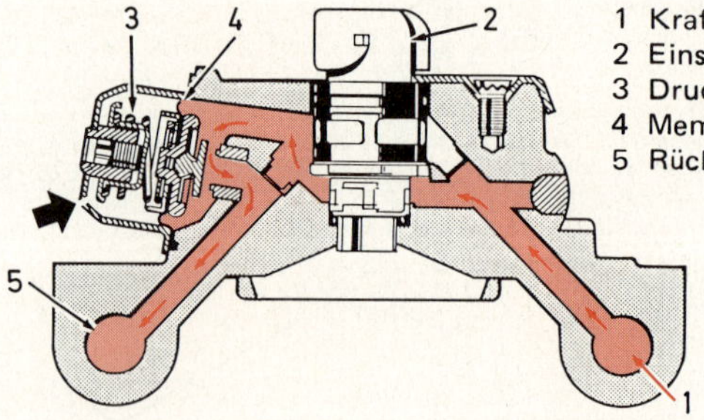

1 Kraftstoffeinlaßstutzen
2 Einspritzventil
3 Druckfeder
4 Membrane
5 Rücklaufleitung

Zündsystem

Die Zentraleinspritzung arbeitet mit einer elektronischen Zündung. Die vom Induktionsgeber erzeugten Signale werden im Signalwandler in Rechteckimpulse umgewandelt.

Bei Drehzahlen über 450 1/min werden die Rechteckimpulse im Steuergerät durch das programmierte Zündkennfeld beeinflußt. Weiterhin erfolgt im Steuergerät eine Schließwinkelregelung.

Der korrigierte Rechteckimpuls steuert den Endstufentransistor, der den Primärstrom zur Zündspule ein- und ausschaltet.

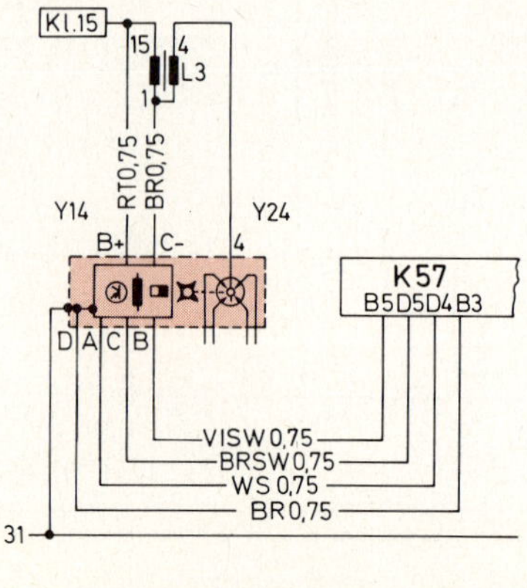

Informationsverarbeitung bei der Multec

Sensoren

- Kühlmitteltemperatur — Temperaturfühler
- Motordrehzahl/ Kurbelwellenstellung — Induktionsgeber
- Saugrohrdruck — Druckfühler
- Drosselklappenstellung — Potentiometer
- Fahrzeuggeschwindigkeit — Wegstreckenfrequenzgeber
- O_2-Gehalt — Lambda-Sonde
- Systemspannung
- Park/Neutral-Stellung — PN-Schalter

Steuergerät

Bauteile

- Mikroprozessor
- Analog-Digital-Wandler
- PROM
  Speicher für alle Fahrzeugdaten, Berechnungsformeln, Kalibrierungsdaten
- RAM
  Erfassung der Betriebsdaten und Verarbeitung mit festem Programm im PROM

Betriebsarten

- Start
- Überfettung abbauen
- Motor läuft ($n > 450$ 1/min)
  1. Lambda-Sonde kalt
     Kühlmittel $< 20\ ^\circ C$
     Ermittlung der Einspritzöffnungszeit in Abhängigkeit von Saugrohrdruck, Kühlmitteltemperatur, Drosselklappenstellung, Batteriespannung, Motordrehzahl
  2. Lambda-Sonde heiß
     Kühlmitteltemperatur $> 20\ ^\circ C$

zeitlicher Ablauf bei geschlossenem Regelkreis

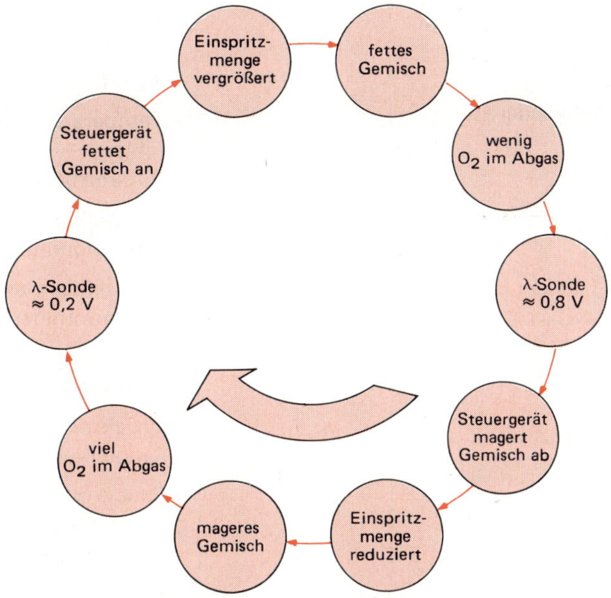

- Beschleunigungs-Anreicherung
- Schubabmagerung, Schubabschaltung
- Batteriespannungskorrektur
- Notlauf
  Software-Notlauf mit programmierten Ersatzwerten
  Hardware-Notlauf

Aktoren

- Zündung — Zündspule
- Einspritzung — Einspritzventil
- Leerlauf — Leerlaufschrittmotor
- Kraftstofffluß — Relais, Kraftstoffpumpe
- Diagnose
- Motorkontrolleuchte

Kfz-Meßtechnik

Multec-Eigendiagnose

Unter Eigendiagnose versteht man die Selbstüberwachung der Elektronik einschließlich der Peripherie.

Die Eigendiagnose

- signalisiert dem Fahrer eine Störung im System,
- speichert im Fahrbetrieb auftretende Fehler als „Fehlercodes",
- hilft dem Kfz-Mechaniker bei der Fehlersuche durch Blinkcodeausgabe.

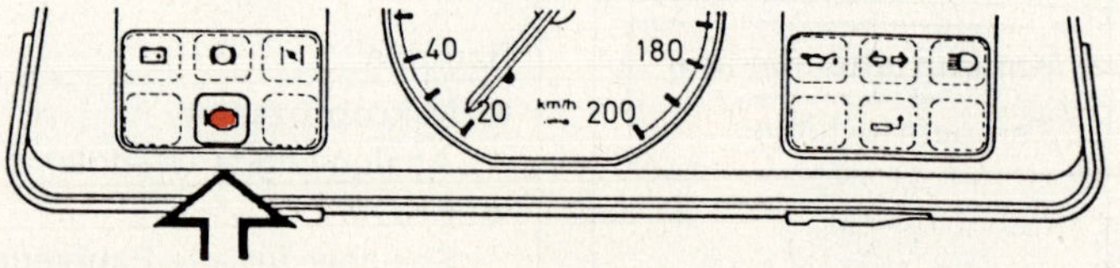

Bei eingeschalteter Zündung brennt die Motorkontrollleuchte. Sie erlischt nach dem Starten, wenn kein Fehler festgestellt wird. Treten Fehler in der Elektronik oder der Peripherie der Anlage auf, wird die Motorkontrolleuchte eingeschaltet und der entsprechende Fehlercode im Speicher abgelegt.

Durch Kurzschließen der Diagnosereiz- und Masseleitung (1) mit Hilfe eines Diagnoseschlüsssels (2) werden die gespeicherten Fehler als Blinkcode ausgegeben.

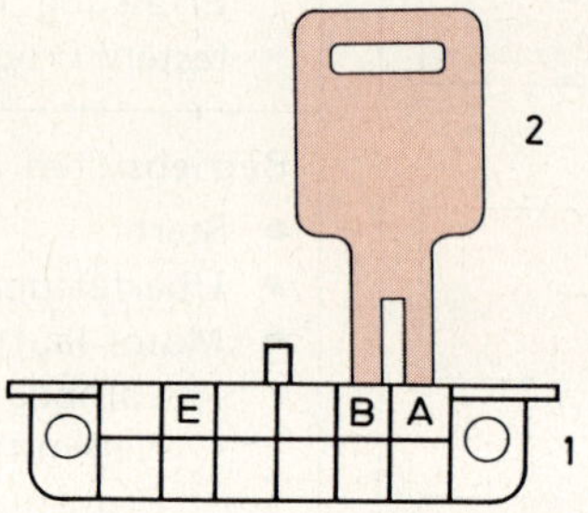

Blinkcodeausgabe

Die Fehlercodes werden in numerischer Reihenfolge angezeigt:

- Blinken der Zehnerstelle in Abständen von 0,4 s
- Pause 1,2 s
- Blinken der Einerstelle in Abständen von 0,4 s
- Pause zwischen den Codes 3,2 s
- jeder einzelne Code wird 3 mal wiederholt

Beispiel:

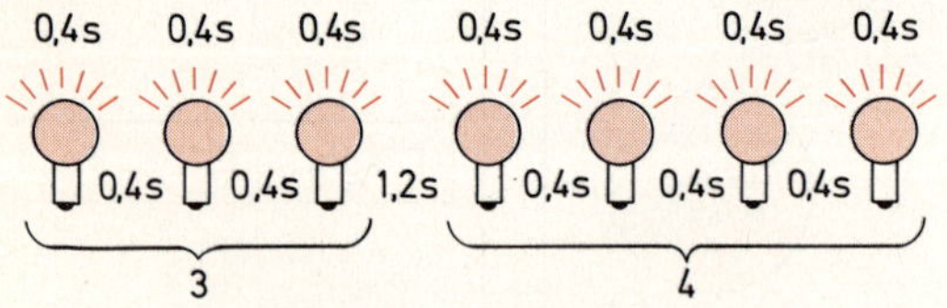

Ziffer 3 = 3 x 1 (Zehnerstelle)
Ziffer 4 = 4 x 1 (Einerstelle)
Ziffer 3 und 4 = Fehlercode 34

Fehlercode

Gespeicherter Fehlercode	Informationsgeber	Fehlerursache
13	Lambda-Sonde	kein Spannungswechsel
14	Temperaturfühler Kühlmittel	Spannung zu niedrig
15	Temperaturfühler Kühlmittel	Spannung zu hoch
21	Drosselklappen-Potentiometer	Spannung zu hoch
22	Drosselklappen-Potentiometer	Spannung zu niedrig
24	Wegstrecken-Frequenzgeber	keine Wegimpulse
33	Druckrohr-Saugfühler	Spannung zu hoch
34	Druckrohr-Saugfühler	Spannung zu niedrig
35	Leerlauffüllungsregler	keine oder schlechte Leerlaufdrehzahl-Regelung
42	Zündverstellung	keine Zündverstellung
44	Lambda-Sonde	Luft-Kraftstoffgemisch zu fett
51	Programmspeicher	Programmfehler (PROM)

18.3 Fahrerinformationselektronik: Elektronische Fehleranzeige (Check control)

Das Checksystem (Check control) dient der Überwachung wichtiger Funktionen im Fahrzeug. Hierzu werden Informationsgeber zum Prüfen von

- Drücken,
- Füllmengen,
- Lichtstromkreisen

eingesetzt. Das Steuergerät vergleicht laufend die Signale der Informationsgeber mit den gespeicherten Werten. Tritt ein Fehler auf, so schaltet es die zentrale Warnlampe ein, trennt die Lautsprecher vom Autoradio und sagt den Fehler an.

Bei einem Fehler der Priorität 1 leuchtet die zentrale Warnlampe auf, solange der Fehler vorliegt. Die Fehleransage wird automatisch alle 2 Minuten wiederholt. Bei einem Fehler der Priorität 2 wird die zentrale Warnlampe nach der Fehleransage ausgeschaltet.

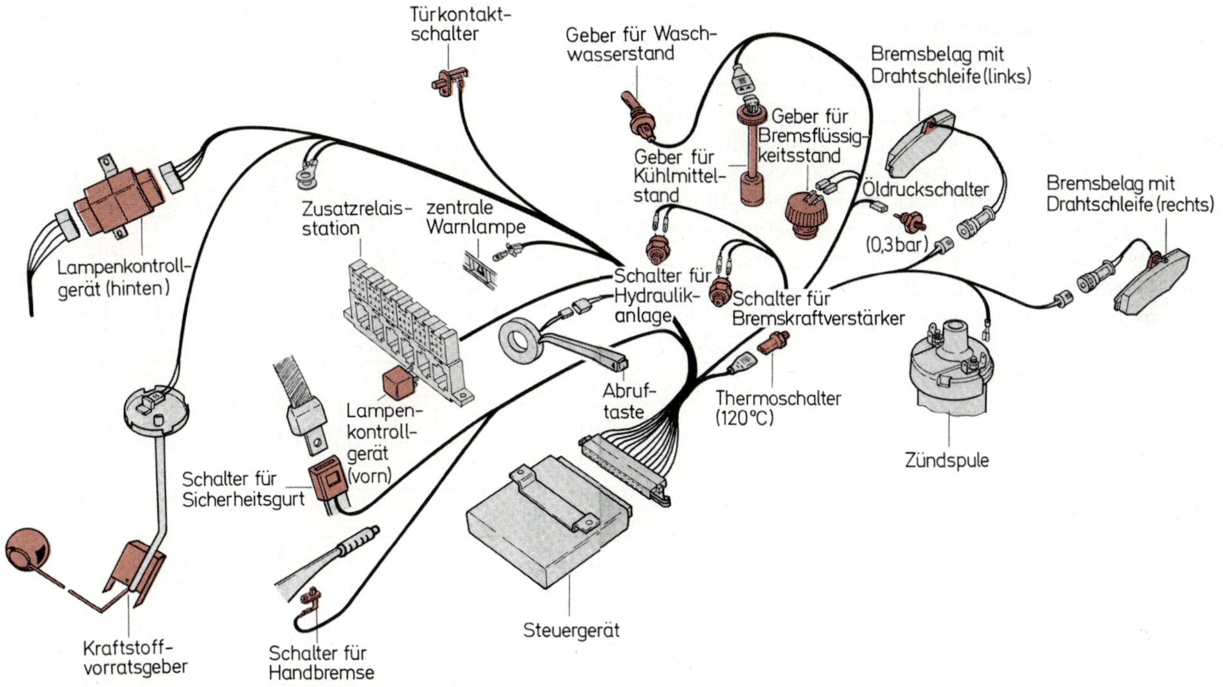

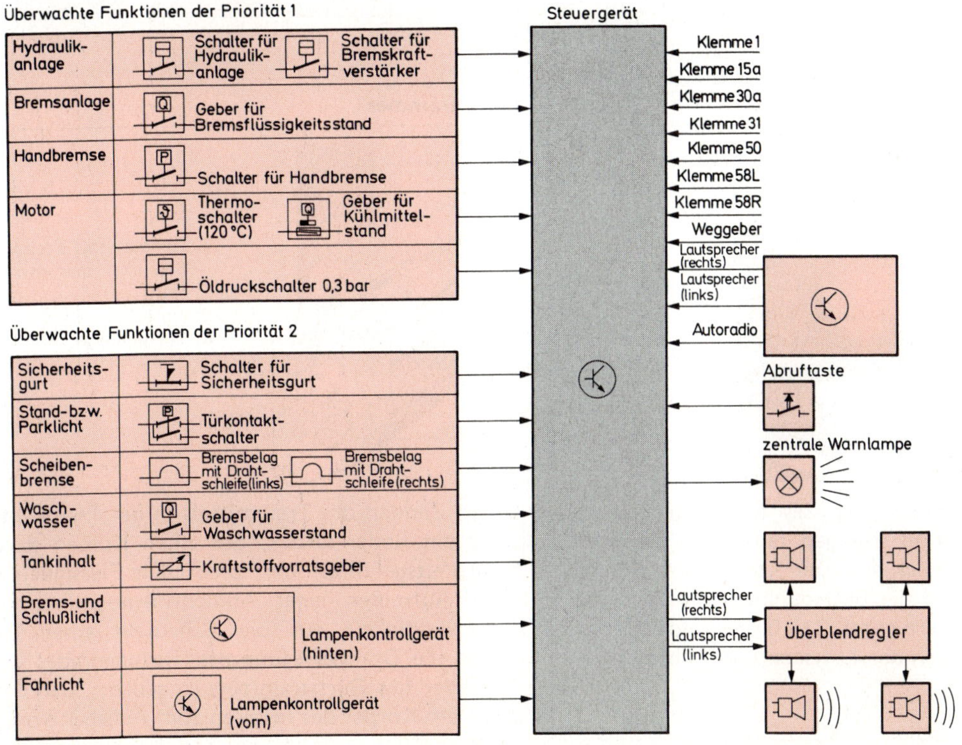

18.4 Sicherheitselektronik: Airbag und Gurtstrammer

Der Luftsack (Airbag) soll bei einem Frontalaufprall auf ein schweres Hindernis die Körper von Fahrer und Beifahrer auffangen, der Gurtstrammer den Körper des Beifahrers im Sitz zurückhalten.

Die Anlage besteht aus dem Airbag, dem Gurtstrammer, dem elektronischen Auslösegerät, dem Spannungswandler und der Energiereserve.

Ein Beschleunigungsaufnehmer im Innern des Auslösegeräts mißt die Verzögerung. Er besteht aus einem Feder-Masse-System, dessen Masse beim Aufprall die Feder verbiegt. Die auf der Feder angeordneten Dehnmeßstreifen (Widerstände) verändern beim Biegen ihren Widerstand und damit den durchfließenden Strom. Es entsteht ein der Verzögerung proportionales Spannungssignal, das im Funktions-IC des Auslösegeräts aufbereitet und mit vorher einprogrammierten Werten verglichen wird. Beim Überschreiten eines Schwellenwertes (Airbag: 25 km/h, Gurtstrammer 15 km/h) gibt die Elektronik Zündbefehle für Zündpillen. Ein zweites IC übernimmt die Überwachungsfunktion für die Elektronik und das Gesamtsystem.

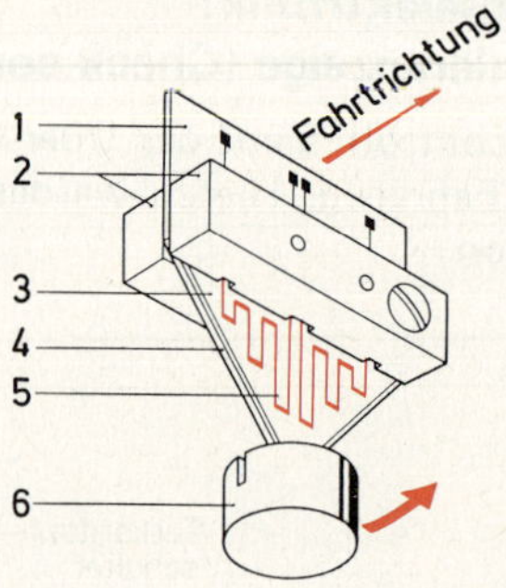

1 Kontaktierung
2 Einspannung
3 Isolation
4 Feder
5 Dehnungs-Meßstreifen
6 Masse

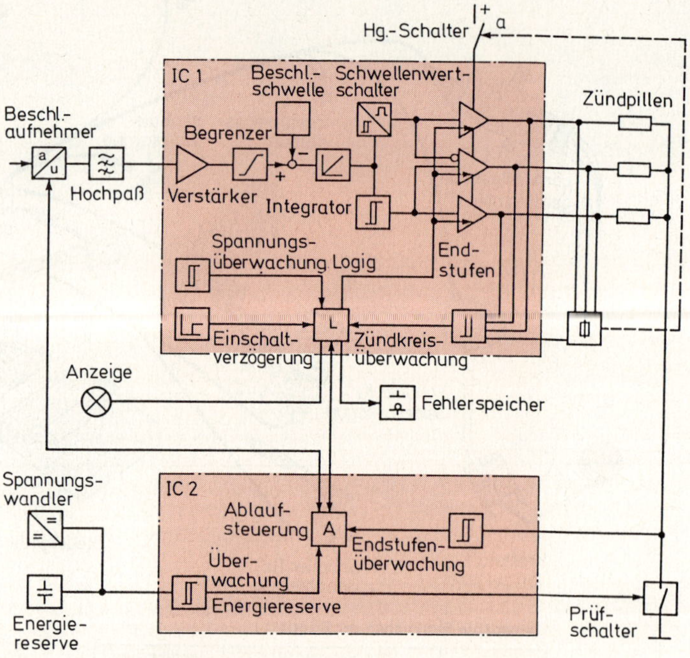

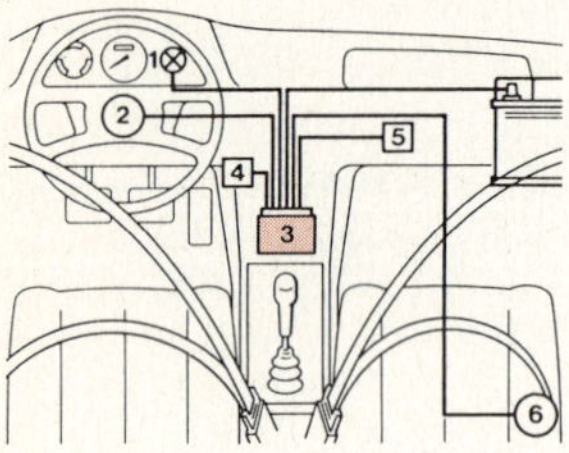

1 Kontrollampe
2 Fahrer-Airbag
3 Auslösegerät
4 Spannungswandler
5 Energiereserve
6 Gurtstrammer

Airbag	**Gurtstrammer**
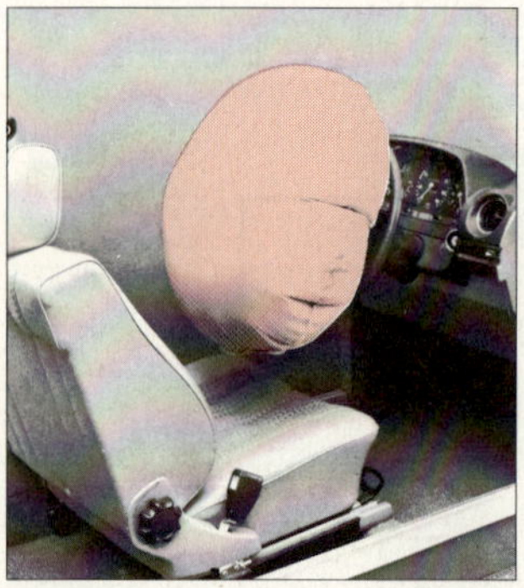 Durch Zündung des Festtreibstoffes im Gasgenerator verpufft der Treibstoff in wenigen tausendstel Sekunden und bläst den Luftsack auf. Der Körper wird weich aufgefangen. Dabei wird die Bewegungsenergie des aufprallenden Körpers vernichtet. 1/10 Sekunde nach Unfallbeginn entleert sich der Luftsack und fällt in sich zusammen.	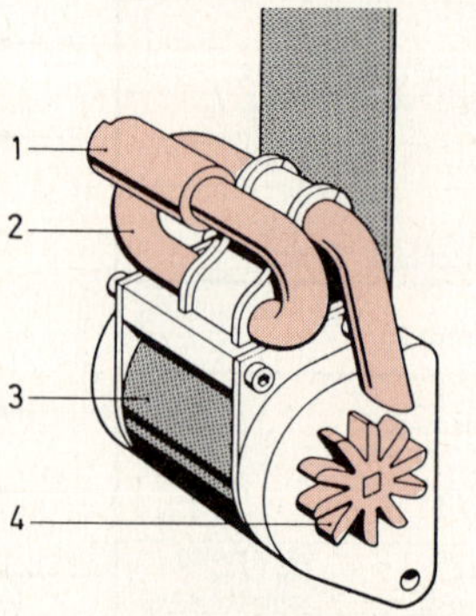 1 Gehäuse mit Treibkapsel, Brennkammer und Kolben 2 Rohr 3 Aufroller 4 Turbinenrad Durch Zünden des Treibmittels in der Treibkapsel entsteht ein hoher Druck, der einen Kolben durch ein flüssigkeitsgefülltes Rohr preßt. Die Flüssigkeit strömt nach Aufreißen einer Abdichtmembrane mit hoher Geschwindigkeit auf die Schaufeln einer Turbine. Durch die Drehbewegung des Turbinenrades wird der Aufroller des Gurtstrammers so gedreht, daß der Gurt straff am Körper des Insassen zum Anliegen kommt.

18.5 Komfortelektronik: Fahrgeschwindigkeitsregler

Der Fahrgeschwindigkeitsregler sorgt für eine konstante Fahrgeschwindigkeit, auch bei Steigungen und Gegenwind, und entlastet damit den Fahrer.

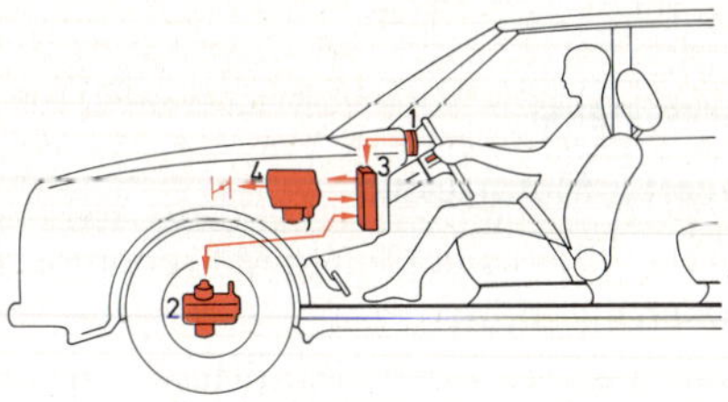

1 Bedieneinheit
2 Geschwindigkeitsgeber
3 Elektronischer Regler
4 Elektrisches Stellglied

Die Anlage besteht aus folgenden Komponenten:

Geber, Schalter	Regler	Stellglieder

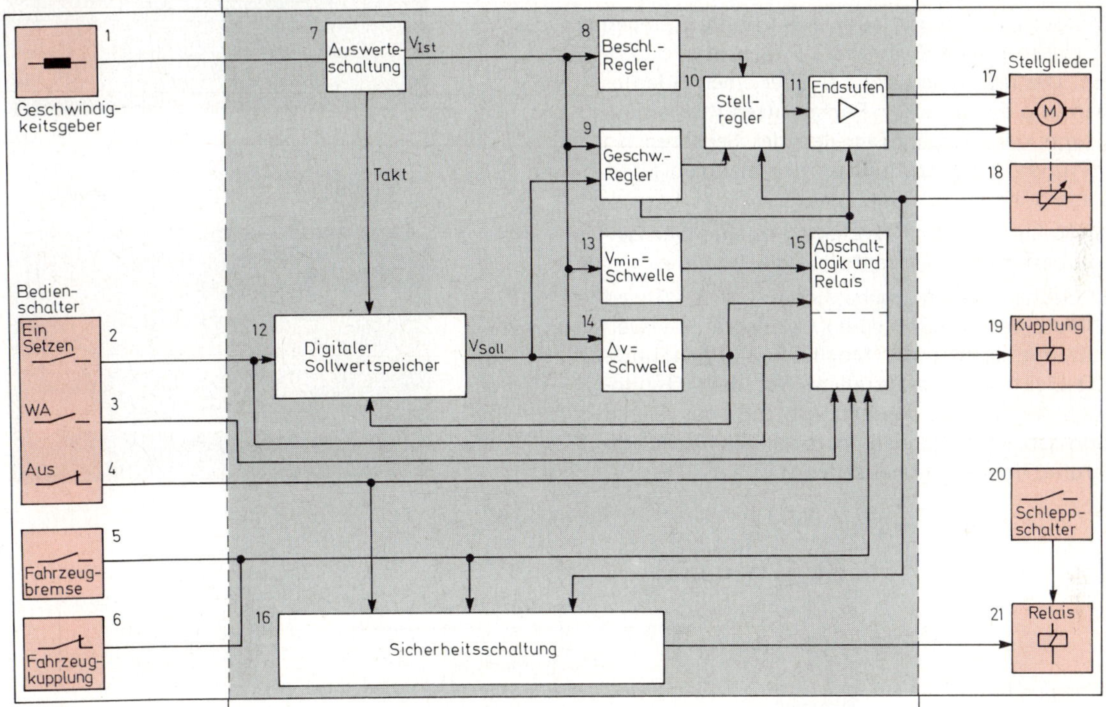

Lenkstockschalttaste

3 Taststellungen sind möglich:

- Ein/Setzen
  Taste gedrückt: geregeltes Beschleunigen
  Taste los: Geschwindigkeit gespeichert
- WA
  Wiederaufnahme der vorher gespeicherten Geschwindigkeit
- Aus
  Regelung ausgeschaltet, Geschwindigkeitssollwert bleibt gespeichert

Geschwindigkeitsgeber

Der im Tachometer angeordnete Geschwindigkeitsgeber liefert sinusförmige Spannungssignale.

Der vom Geschwindigkeitsgeber (1) gemeldete Geschwindigkeits-Istwert und der gespeicherte Sollwert werden in einer Regelschaltung (8, 9) verglichen. Der Beschleunigungsregler (8) arbeitet dann, wenn die Fahrgeschwindigkeit niedriger als der eingespeicherte Sollwert ist und das Fahrzeug beschleunigt werden soll. Der Geschwindigkeitsregler (9) wirkt sich im Regelbereich aus, d.h. wenn die Geschwindigkeit geregelt beibehalten werden soll.

Bei Regelabweichungen erhält der Stellregler (10) ein Spannungssignal. Das Ansteuern des Stellmotors erfolgt über eine Endstufe. Der Istwert der Stellgliedposition wird von einem Potentiometer dem Stellregler zurückgemeldet.

Die Anlage wird abgeschaltet

- beim Betätigen der Fahrzeugbremse oder der Kupplung bzw. beim Betätigen des Aus-Schalters,
- wenn die Sollgeschwindigkeit weit unter der Istgeschwindigkeit liegt (v-Schwelle) oder wenn die Geschwindigkeit von 30 km/h (v_{min}) unterschritten wird.

Bei allen Abschaltvorgängen bleibt der gespeicherte Sollwert erhalten.

Stellmotor

Der Stellmotor (17) betätigt über ein Gestänge die Drosselklappe.

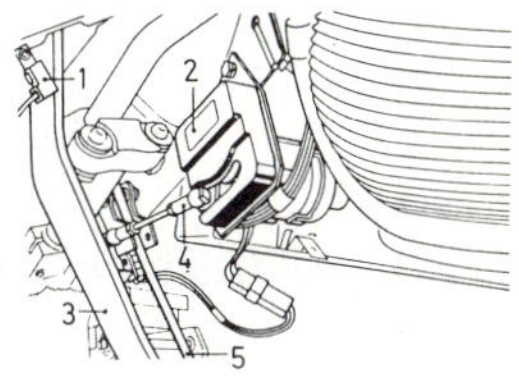

1 Kupplungsschalter für den Stellmotor
2 Stellglied mit Stellmotor
3 Bremspedalhebel
4 Gestänge vom Stellmotor zum Gaspedalhebel
5 Gaspedalhebel

Sicherheitsschalter

Die Sicherheitsschalter (5, 6) werden vom Kupplungs- und Bremspedal betätigt und schalten bei Normalbetrieb die Regelung an.

Kfz-Meßtechnik

Prüfen elektronischer Systeme

Mikroprozessorgesteuerter Motortester

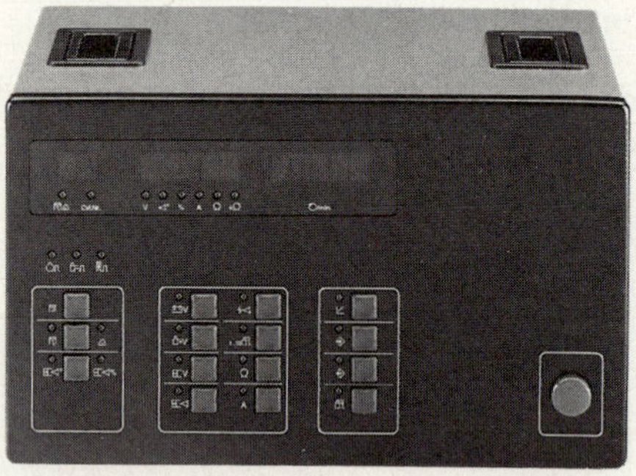

Der Motortester besitzt als Kernstück einen Mikrocomputer, der die Motorfunktionen überprüft.

Die Eingangsinformationen für den Motortest sind die Signale der Zündung, aus denen der Mikrocomputer nach einem internen Programm mit größter Genauigkeit die Meßwerte wie Drehzahl, Schließwinkel, Zündzeitpunkt, Spannungswerte und Zylindervergleichswerte berechnet.

Mit diesem Motortester können auch Funktionsprüfungen der Peripherie elektronischer Systeme, z.B. Sensoren durchgeführt werden. Die Motronic wird z.B. über einen Adapter in 29 statischen und dynamischen Prüfschritten (bei laufendem System) von den Ausgangssignalen der Sensoren bis zu den Zünd- und Einspritzimpulsen des elektronischen Steuergerätes überprüft.

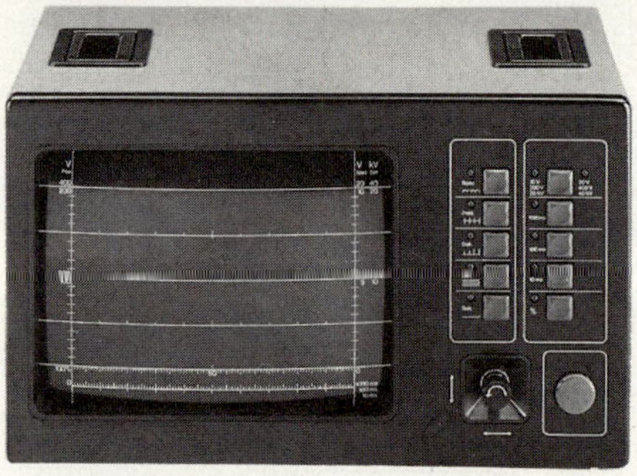

Die wichtigsten Meßgrößen der Kfz-Elektronik sind Wechselspannungen mit bestimmter Kurvenform oder Impulse.

Damit der Kfz-Mechaniker ein anschauliches Bild vor Augen hat, kann der Motortester durch einen Oszillografen erweitert werden. Damit besteht die Möglichkeit, Spannungsbilder der Kfz-Elektronik darzustellen. Mit dem Oszillografen läßt sich eindeutig erkennen, ob z.B. das Signal eines Induktionsgebers vorhanden ist oder das Einspritzventil der Motronic richtig angesteuert wird.

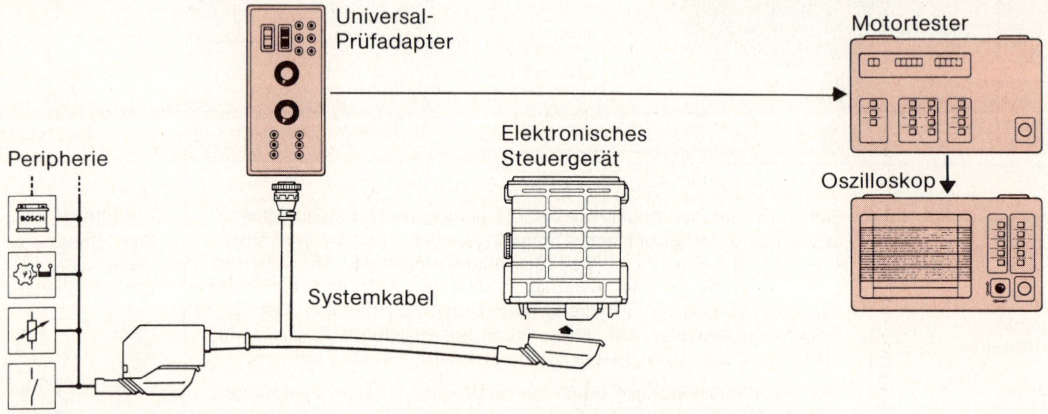

Peripherie-Test **dynamischer System-Test**

Programmierbarer Tester

Mit programmierbaren Testgeräten können nicht nur elektronische Funktionen getestet, sondern auch durch ein Programm simuliert werden.

Ein programmierbarer Tester besitzt einen Bildschirm, auf dem mit großen Zeichen ganze Texte, Ziffern und Symbole dargestellt werden. Der Bildschirm dient nicht nur der Meßwertanzeige sondern auch der Bedienerführung.

Der Tester wird von einem Mikrocomputer gesteuert und enthält alle Funktionen für den Motortest und für umfassende Systemtests elektronischer Anlagen.

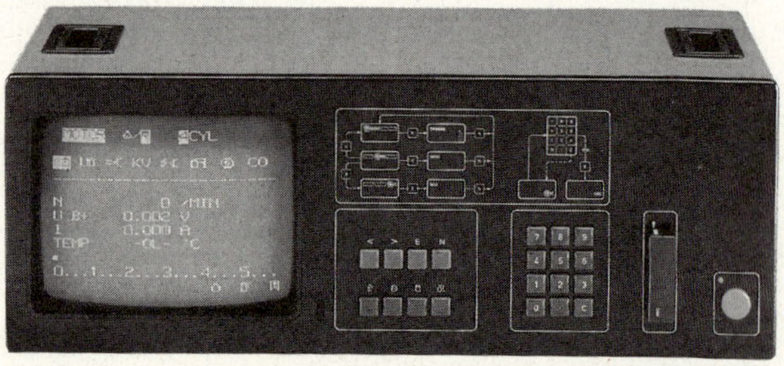

Drei Meßprogramme sind wählbar:

- Motortest (Drehzahl, Schließwinkel, Zündwinkel, Spannung, Zündspannung, Strom, Kompression über Starkstrom, Temperatur, Druck, Zylindervergleich, Welligkeit der Generatorspannung)
- Multitest (Drehzahl, Spannung, Strom, Widerstand, Druck, Frequenz, Tastverhältnis, Zeit)
- Programmtest

Beim Programmtest können spezielle Prüfprogramme vorgegeben werden. Dies folgt über von außen steckbare Programm-Module. Spezielle Prüfprogramme sind

- automatisch ablaufender Motortest,
- automatisch ablaufender Test elektronischer Systeme.

Für den Test der Peripherie durch dynamische Funktionsprüfungen am laufenden System genügt der Tester allein.

Die Überprüfung des Steuergeräts ist jedoch nur mit einem aktiven Steuergerätetest möglich. Hierzu bildet ein Simulator, der vom Programm des Testers gesteuert wird, die Peripherie des Systems elektronisch nach und simuliert bestimmte Betriebszustände am Eingang des Steuergeräts. Das Testgerät fragt die Reaktionen ab.

Peripherie-Test

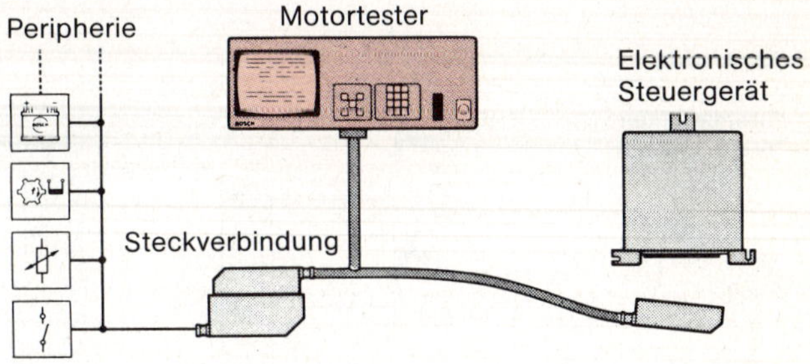

Dynamischer System-Test

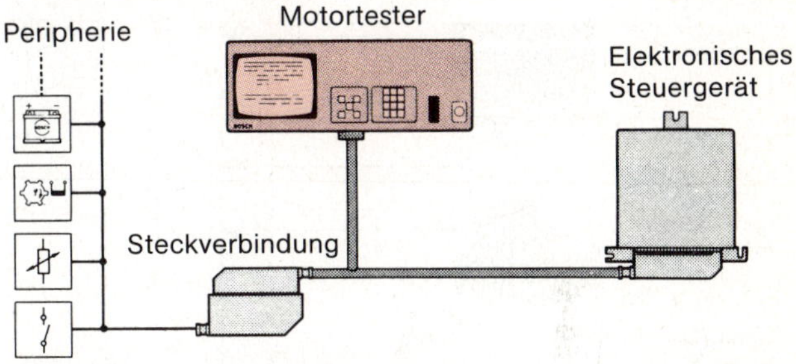

Steuergeräte-Test

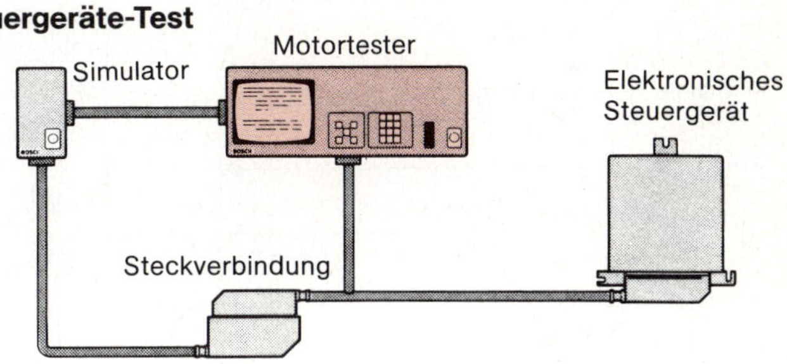

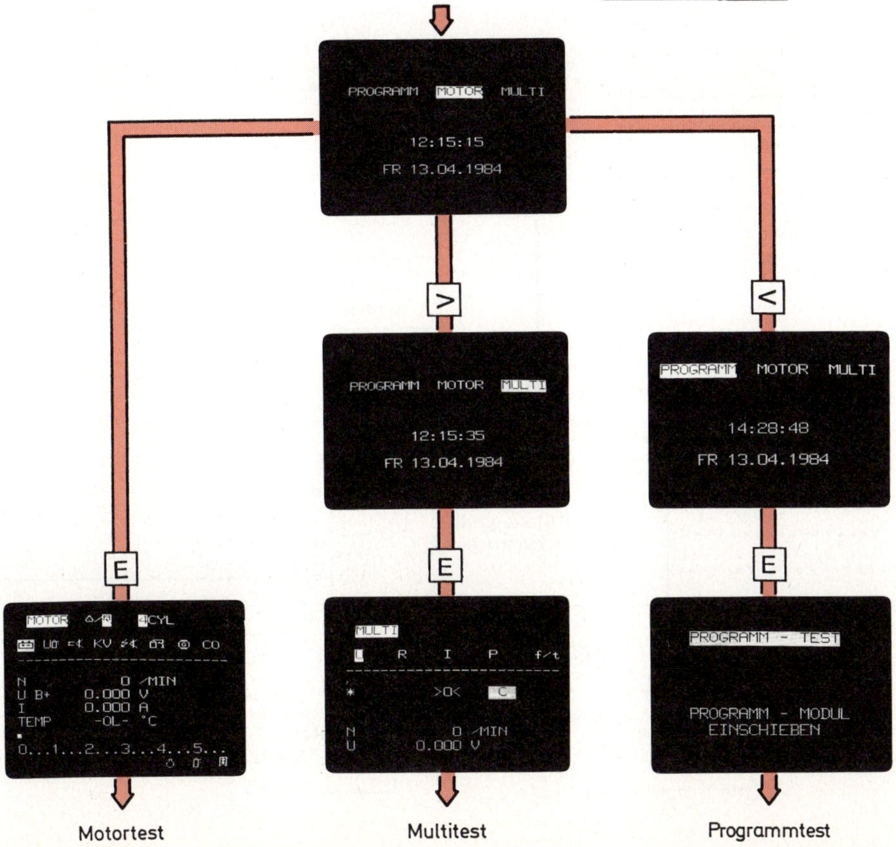

ZUSAMMENFASSUNG Motorelektronik, Fahrerinformation, Sicherheitselektronik, Komfortelektronik

Motronic

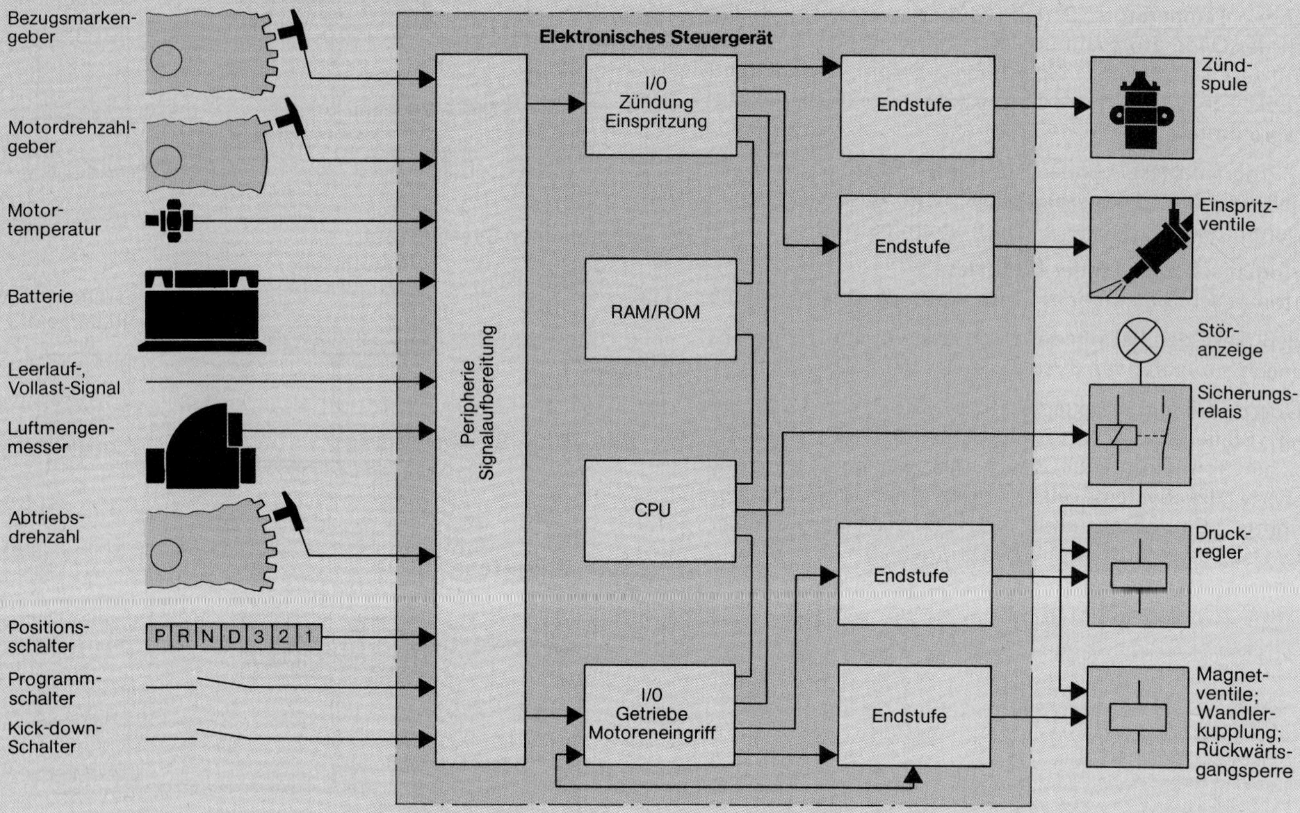

Multec

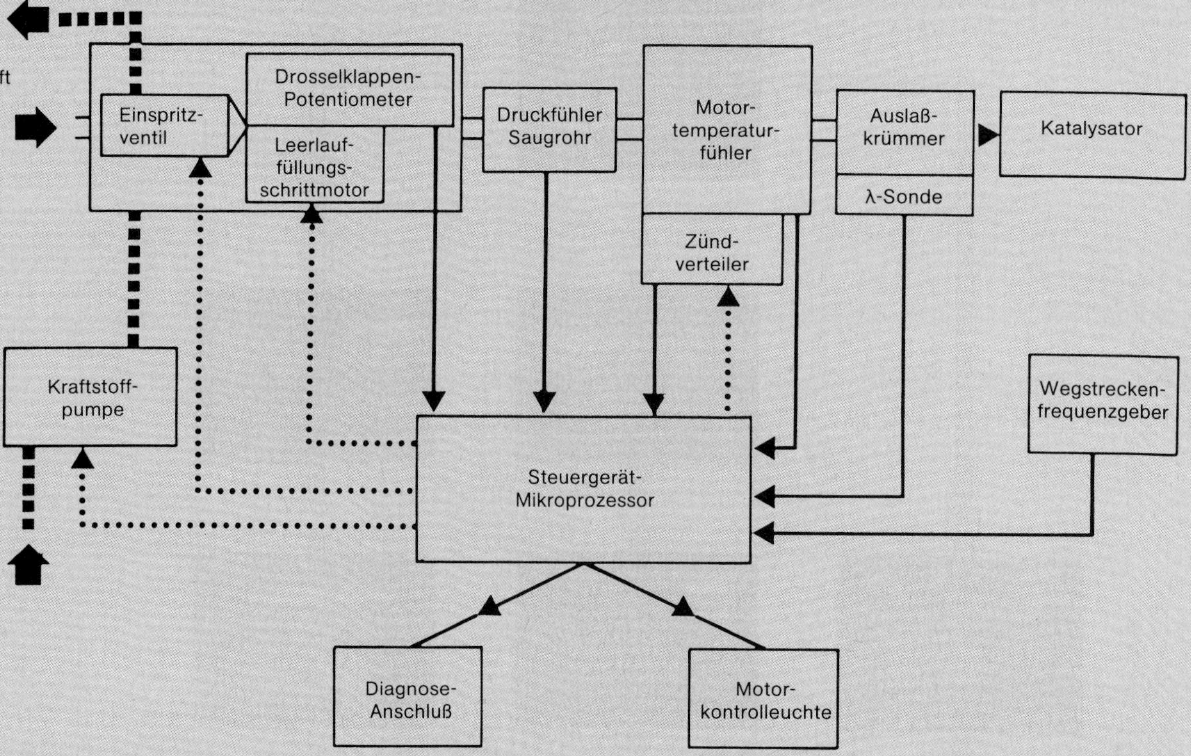

Check controll

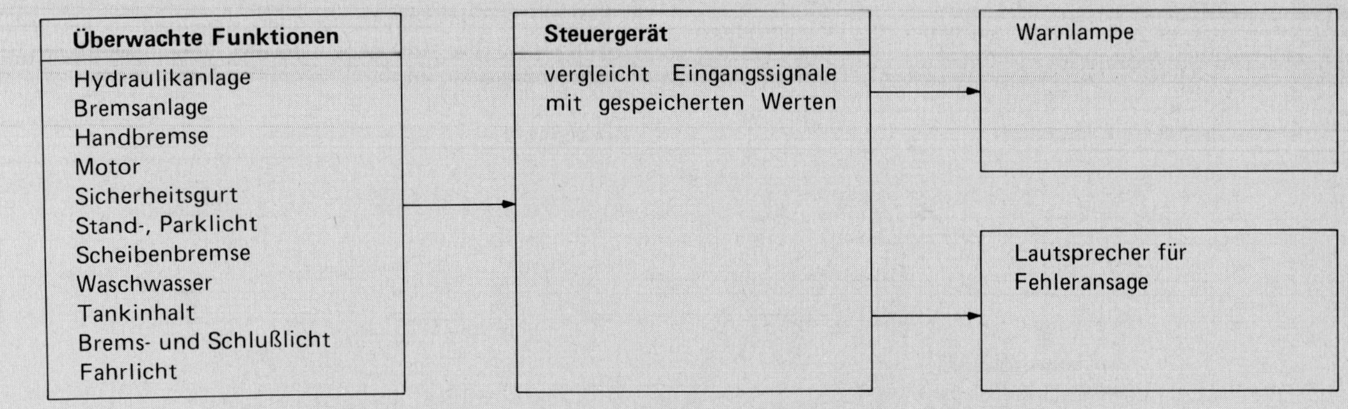

Airbag, Gurtstrammer

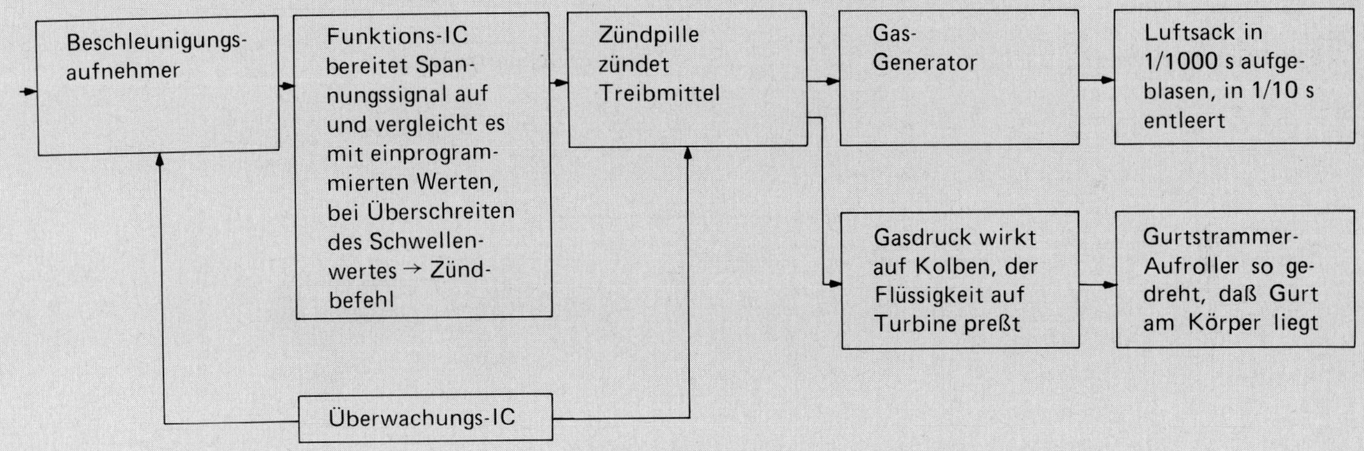

Fahrgeschwindigkeitsregler

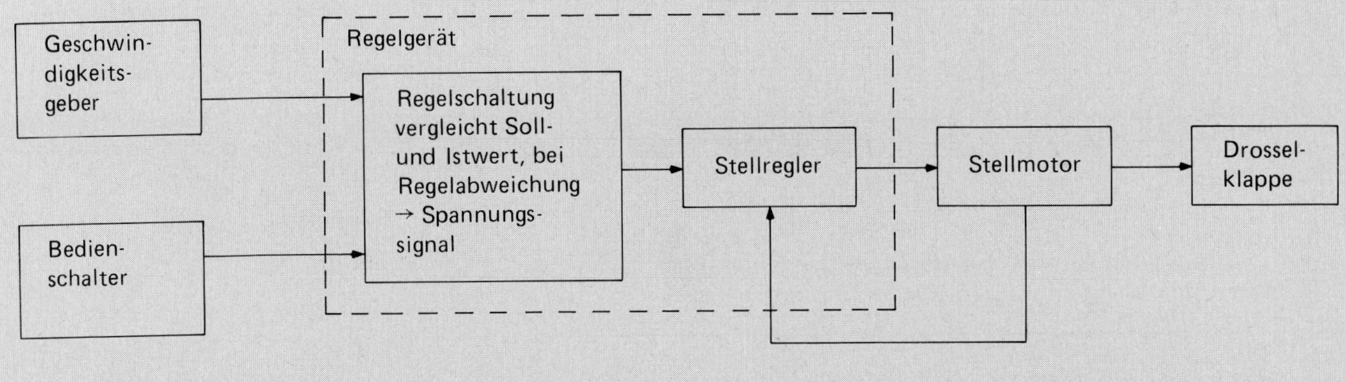

ANALYSE elektronischer Steuerungs- und Regelungssysteme

1. Erklären Sie die Blockschaltpläne der dargestellten elektronischen Systeme.
2. Bestimmen Sie, ob eine Steuerung oder Regelung vorliegt.
3. Stellen Sie die Steuerung oder Regelung in einfacher Blockform dar und geben Sie die Eingangsgrößen und Ausgangsgrößen an.

Elektronische Heizautomatik

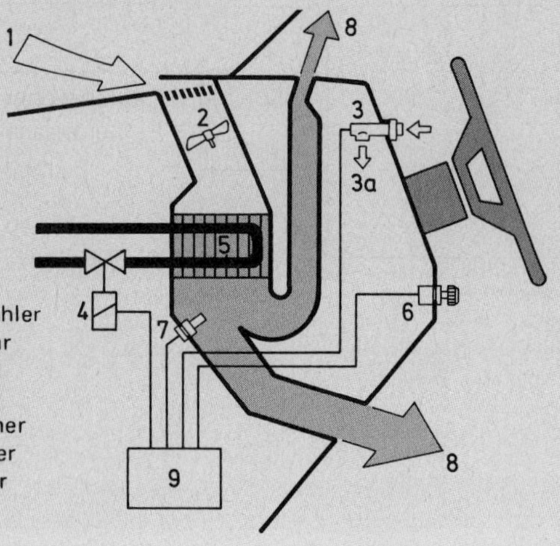

1 Kaltluft
2 Lüfter
3 Innenraumfühler
3a zum Saugrohr oder Gebläse
4 Magnetventil
5 Wärmetauscher
6 Sollwertsteller
7 Ausblasfühler
8 Warmluft
9 Regelgerät

Bordcomputer

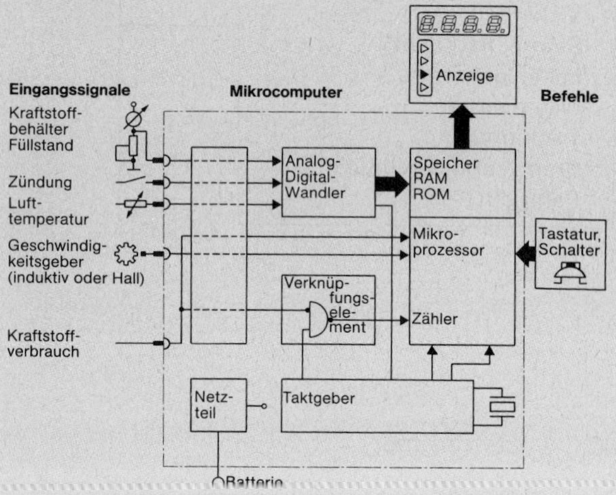

Elektronische Anzeige

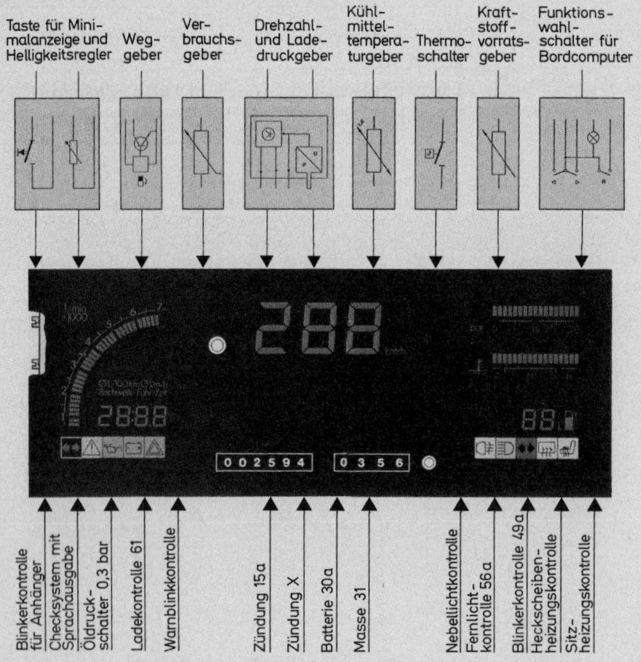

Elektronisches Gaspedal

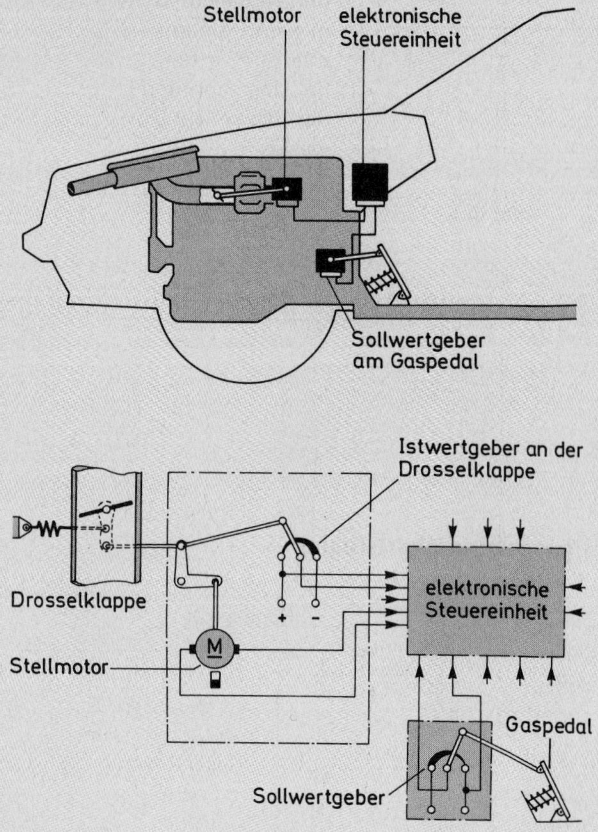

4. Zeichnen Sie das Blockschaltbild für den
- elektronischen,
- hydraulischen,
- mechanischen Teil

der dargestellten Anlage und erklären Sie die Wirkungsweise.

Automatisches Sperrdifferential – ASD

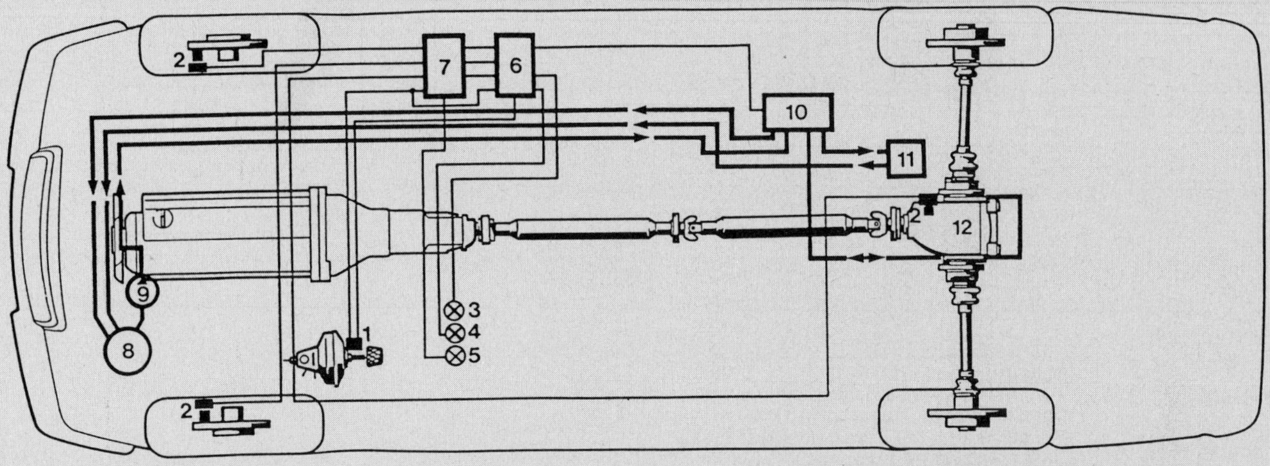

ELEKTRIK/ELEKTRONIK
1 Bremsschalter
2 Drehzahlfühler an beiden Vorderrädern, Drehzahlfühler am Hinterachsmittelstück
3 Funktionsanzeige ASD
4 Störungsanzeige ASD
5 Störungsanzeige ASB
6 Steuergerät ASD
7 Steuergerät ABS

HYDRAULIK
8 Ölbehälter
9 Hydraulikpumpe
10 Hydraulikeinheit ASB
11 Hydraulikeinheit mit Druckspeicher und Magnetventil ASD

MECHANIK
12 Differential mit hydraulisch vorspannbaren Lamellen

Automatisch schaltender Vierradantrieb – 4MATIC

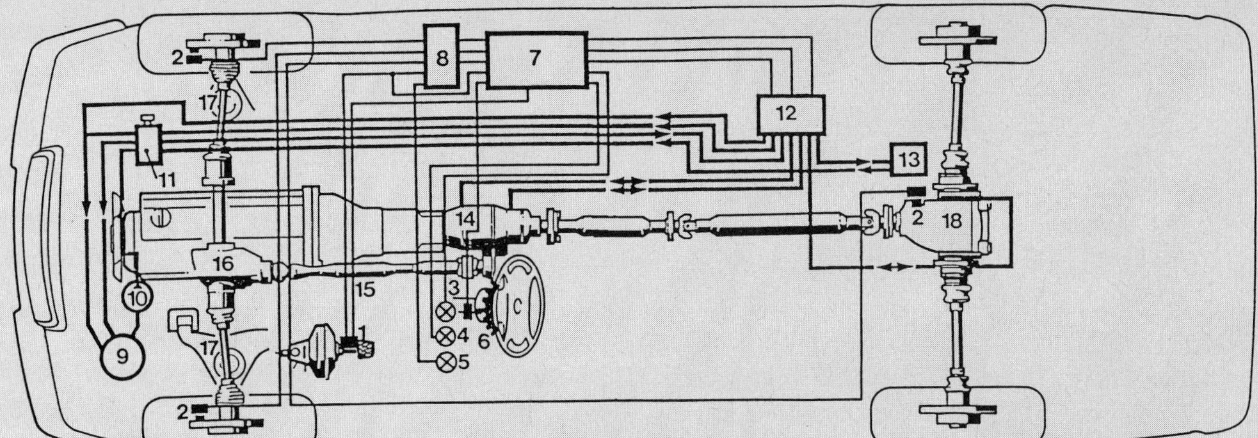

ELEKTRIK/ELEKTRONIK
1 Bremsschalter
2 Drei Drehzahlfühler (zwei Vorderrad-, ein Hinterachsfühler)
3 Funktionsanzeige
4 Störungsanzeige 4MATIC
5 Störungsanzeige ABS
6 Lenkwinkelsensor
7 Steuergerät 4MATIC
8 Steuergerät ABS

HYDRAULIK
9 Ölbehälter
10 Druckölpumpe am Motor
11 Serviceventil
12 Hydraulikeinheit mit Druckspeicher, Speicherladeventil und drei Magnetventilen 4MATIC
13 Hydraulikeinheit ABS

MECHANIK
14 Verteilergetriebe (an Handschalt- oder Automatik-Getriebe angeflanscht) mit Planetensatz und zwei Servoelementen für Vorderradantrieb und sperrbares Zentraldifferential
15–17 Vorderer Antriebsstrang mit Gelenkwelle, Differential und Antriebswellen
18 Sperrbares Hinterachsdifferential

5. Erklären Sie die Wirkungsweise einer Klopfregelung bzw. Klopf- und Ladedruckregelung und entwickeln Sie den Blockschaltplan

Klopfregelung

Klopf- und Ladedruckregelung eines Turbomotors

Klopfregelung

Regler

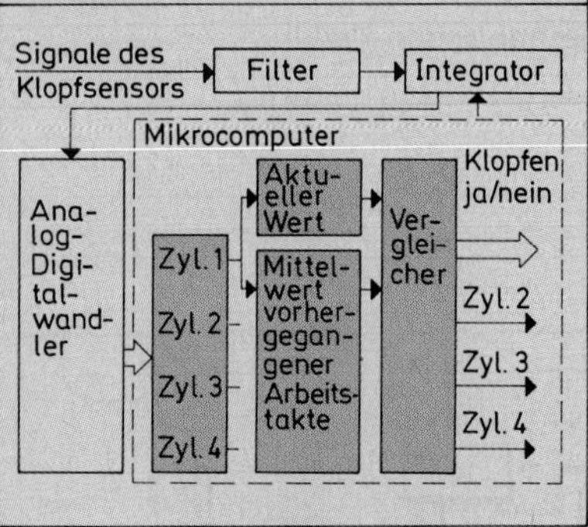

Klopfsensor

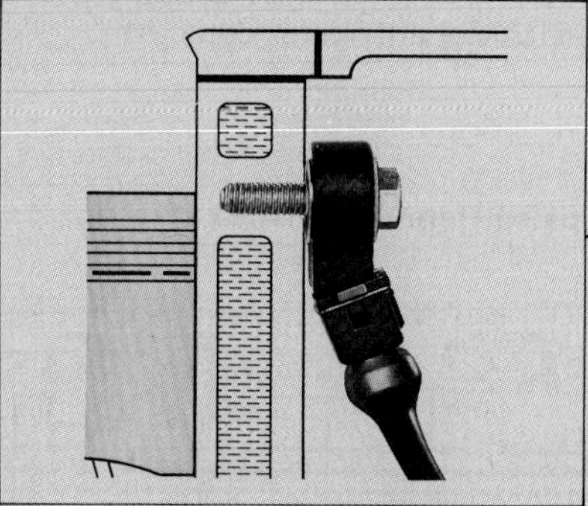

Klopfen?

nein

ja

Regelungsverlauf

Sobald Klopfen auftritt, wird der Zündwinkel zurückgenommen, doch schon nach kurzer Zeit wieder an die Klopfgrenze herangeführt.

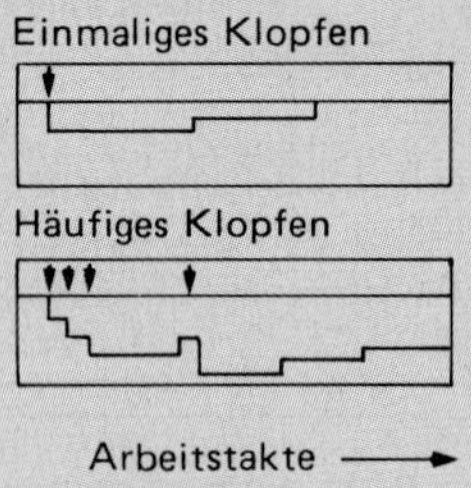

Wird bei der Spätverstellung der Zündung eine programmierte Grenze überschritten?

nein

ja

Ladedruckregelung

senkt Ladedruck ab

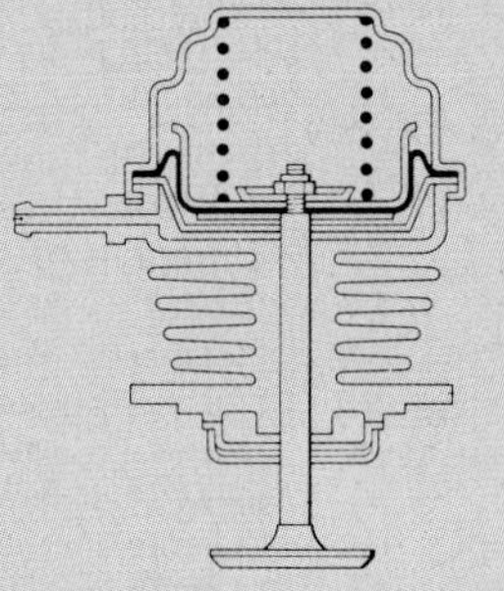

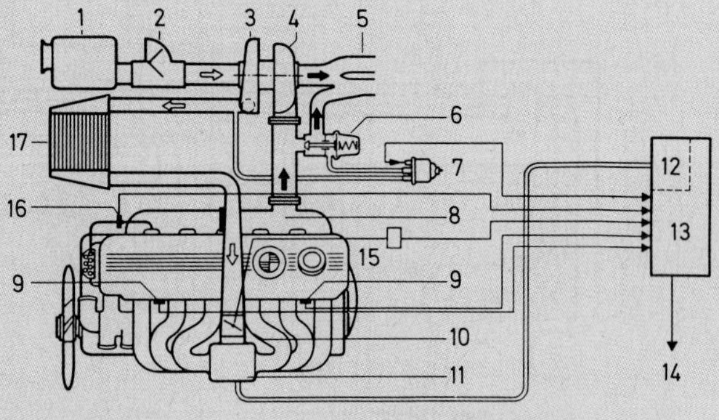

1 Luftfilter
2 Luftmengenmesser
3 Verdichter
4 Abgasturbine
5 Vordere Auspuffrohre
6 Lagedruckventil (Bypaßventil)
7 Magnetventil
8 Auspuffkrümmer
9 Klopfsensoren
10 Drosselklappe
11 Sammelsaugrohr
12 Druckfühler im Klopfregelgerät
13 Klopfregelgerät
14 zu/von Motronic/Getriebesteuergerät
Eingang: Zündwinkel-Eingang
Bezugsmarken-Signal
Drehzahl-Signal
Ausgang: Zündwinkel-Ausgang
Vollast-Signal
Klopfregel-Signal
15 Drosselklappen-Potentiometer
16 Impulsgeber für Zylindererkennung
17 Ladeluftkühler

19 Stromversorgung

19.1 Drehstromgenerator

Die Ladeanzeigelampe brennt nicht bei Stillstand des Motors und eingeschaltetem Fahrtschalter.

Anzeigelampe und Batterie sind einwandfrei. Eine Überprüfung des Generators mit dem Oszillografen ergibt nebenstehendes Oszillogramm.

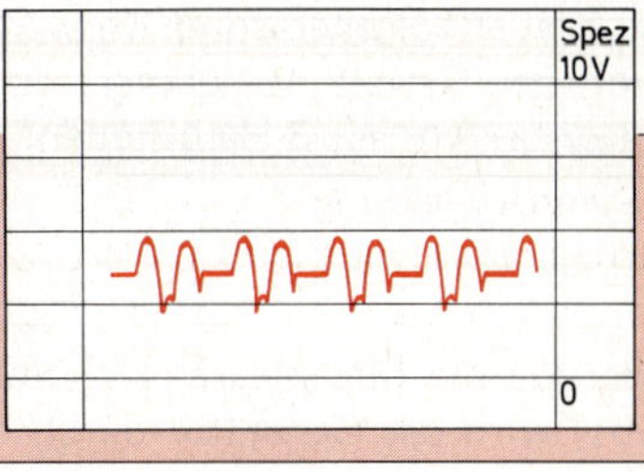

19.1.1 Elektrotechnische Grundlagen

Induktion der Bewegung (Generatorprinzip)

Bewegt man einen Leiter in einem Magnetfeld, daß die Feldlinien geschnitten werden, so wird in dem Leiter eine Spannung erzeugt. Man bezeichnet diesen Vorgang als Induktion der Bewegung. Die Richtung der induzierten Spannung hängt von der Bewegungsrichtung des Leiters und von der Richtung des Magnetfeldes ab. Die Richtung des Stromes kann mit der Rechte-Handregel festgestellt werden.

Die erzeugte Spannung ist um so größer,

- je rascher der Leiter im Magnetfeld bewegt wird,
- je größer die wirksame Länge des Leiters ist,
- je stärker das Magnetfeld (Dichte der Feldlinien) ist.

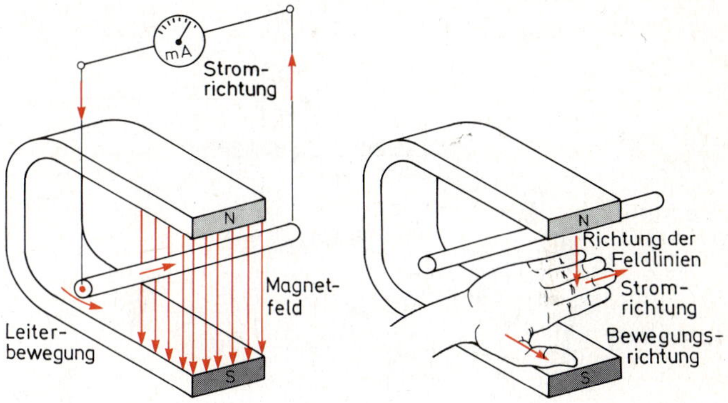

Spannungserzeugung

Erzeugen einer Wechselspannung	Erzeugen eines Drehstromes
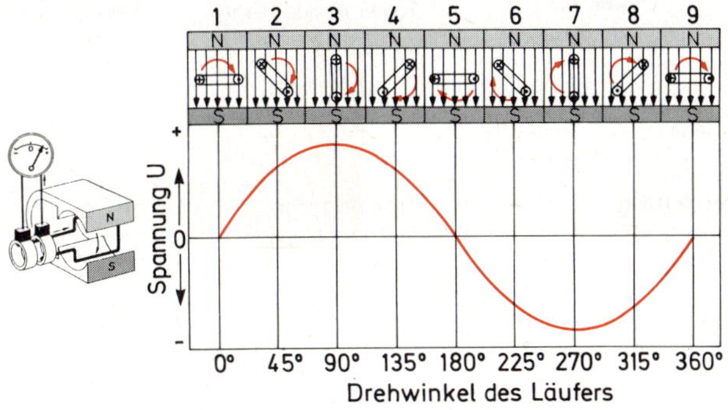	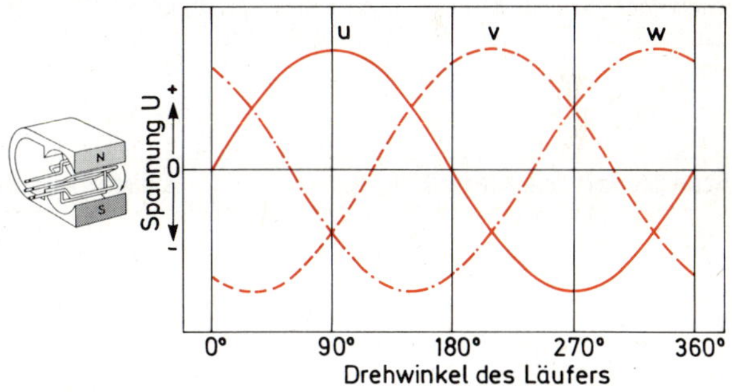

Erzeugen einer Wechselspannung

Wird eine Leiterschleife, deren Enden mit Schleifringen verbunden sind, in einem Magnetfeld gedreht, so wird eine Spannung erzeugt. Da die Hälften der Leiterschleifen bei gleichbleibender Drehung unterschiedlich viele Feldlinien schneiden, ändert sich die Größe der erzeugten Spannung ständig. Die Induktionsspannung ändert aber nicht nur ihre Größe, sondern auch ihre Richtung. Eine derart verlaufende Spannung nennt man Wechselspannung. Der zugehörige Strom heißt Wechselstrom.

Eine negative und eine positive Halbwelle stellen eine Periode der Wechselspannung dar. Die Anzahl der Perioden pro Sekunde (Schwingungen/Sekunde) bezeichnet man als Frequenz. Ihre Einheit ist

$$\frac{\text{Schwingungen}}{\text{Sekunde}} = \text{Hertz (Hz)}$$

Der Wechselstrom hat eine Frequenz von 50 Perioden/Sekunde = 50 Hz.

Erzeugen eines Drehstromes

Bei drei um 120° versetzten Wicklungen werden durch Drehung in jeder Wicklung sinusförmige Wechselspannungen erzeugt. Durch die räumliche Versetzung der Wicklungen sind auch die erzeugten Wechselspannungen um 120° gegeneinander verschoben (phasenverschoben). Die Verkettung der einzelnen Phasenspannungen ergibt eine dreiphasige Wechselspannung. Der dreiphasige Wechselstrom wird Drehstrom genannt.

Aus einem sogenannten Drehstromgenerator müßten 6 Anschlüsse herausgeführt werden. Die Zahl der sechs Leiter läßt sich verringern, wenn die drei Wicklungen in Sternschaltung verkettet werden. Jeweils ein Ende der drei Wicklungen wird miteinander verbunden. Die Strangenden bilden den Sternpunkt. Vom Generator gehen nur noch drei Leitungen aus.

Generatorspannung U und Teilspannung U_p (Phasenspannung) unterscheiden sich durch den Faktor $\sqrt{3} \approx 1{,}73$. Der Generatorstrom I ist gleich dem Phasenstrom.

19.1.2 Klauenpolgenerator

Im Pkw werden Klauenpolgeneratoren verwendet. Die Bezeichnung ist von der Gestalt des Läufers abgeleitet. Der Klauenpolgenerator besteht aus 3 Hauptteilen:

- Ständer mit Ständerwicklung
- Läufer mit Erregerwicklung
- Diodenträger

Zur Ableitung der Wärme (Eigenwärme, Wärme des Motors und des Auspuffs) wird der Generator durch einen Lüfter, der auf der Diodenseite Kühlluft ansaugt, von innen belüftet. Der Antrieb des Generators erfolgt über Keilriemen vom Verbrennungsmotor. An der Stirnseite des Generators befinden sich Steckanschlüsse:

B+: Batterie Plus
D+: Generator Plus
D−: Generator Minus
DF: Generator

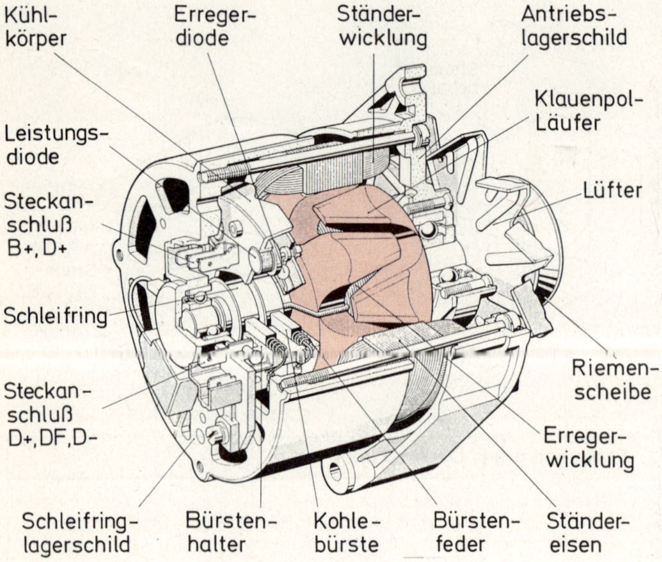

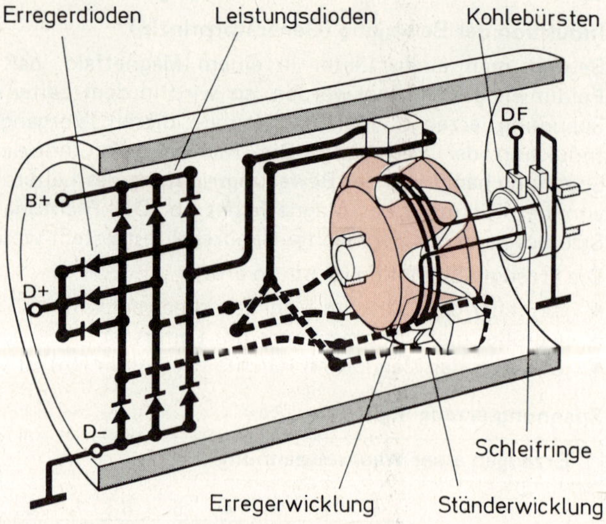

Ständer mit Ständerwicklung

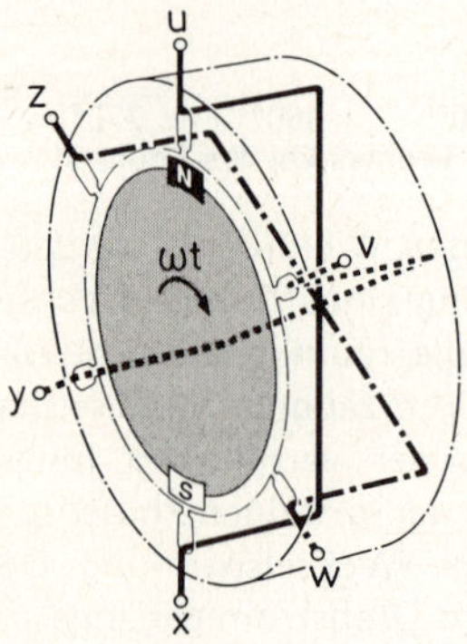

Der Ständer hat drei voneinander unabhängige Wicklungsstränge, die in Sternschaltung verkettet sind.

Läufer mit Erregerwicklung

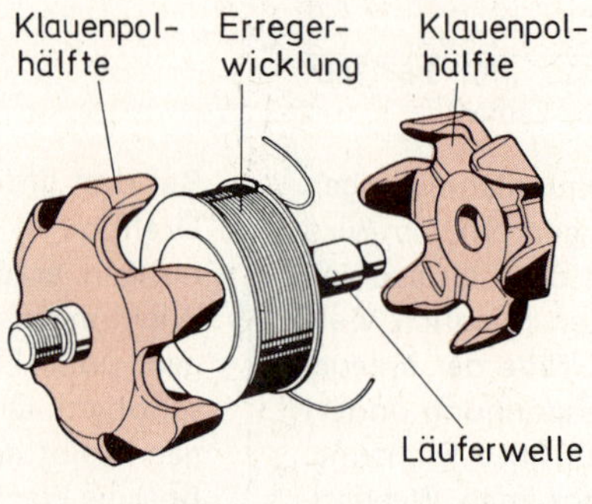

Der Läufer besteht aus zwei klauenartig gestalteten Polhälften, zwischen denen die ringspulenförmige Erregerwicklung angeordnet ist. Sie ist mit den auf der Läuferwelle sitzenden Schleifringen verbunden.

Diodenträger

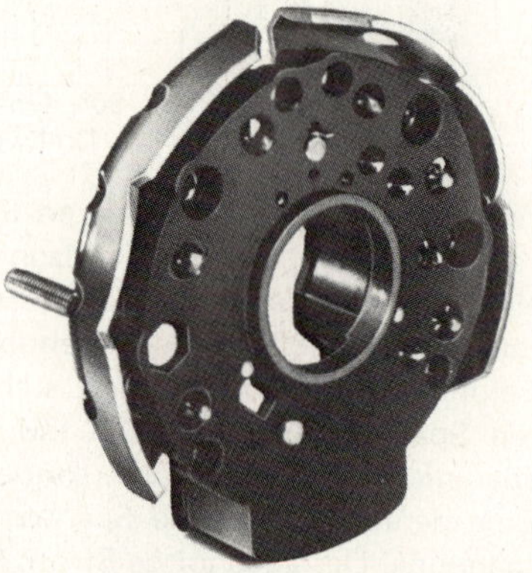

Die Dioden sind in einem Kühlkörper eingebaut, da zu hohe Temperaturen ihre Funktionsfähigkeit beeinflussen. Im Kühlkörper sitzen 6 Leistungsdioden zum Gleichrichten des Ladestroms und 3 Erregerdioden zum Gleichrichten des Erregerstromes.

Erzeugung des Drehstroms

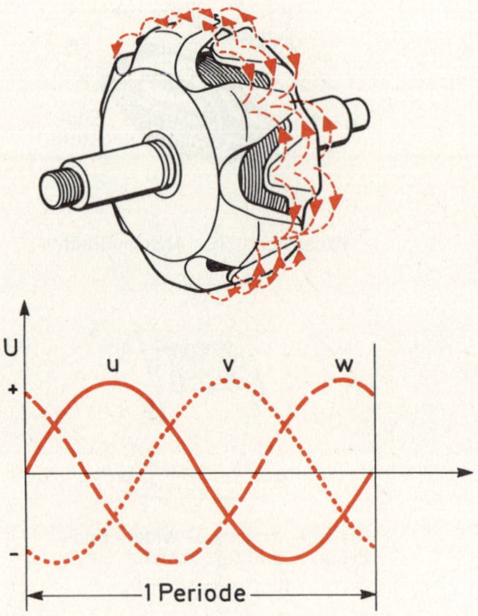

Der Erregerstrom erzeugt im Läufer das Erregerfeld. Es entsteht ein Kraftlinienfeld von Pol zu Pol. Bei Drehung schneidet das Kraftlinienfeld die drei Stränge der Ständerwicklung. Bei einer Umdrehung des Läufers finden 12 Poldurchgänge statt. In jedem Strang werden also 6 negative und 6 positive Spannungshalbwellen, in den drei Wicklungen 3 X 12 Spannungshalbwellen, induziert. Die Verkettung der in den drei Wicklungssträngen erzeugten Phasenspannungen ergibt eine dreiphasige Wechselspannung. Der zugehörige Strom heißt Drehstrom.

Erzeugung des Gleichstroms

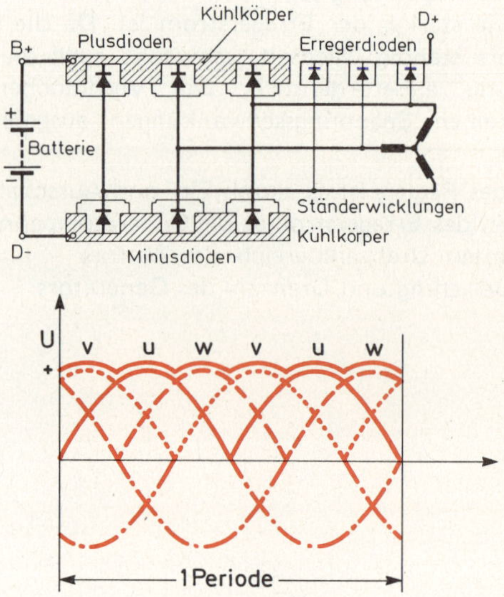

Für jede Phase wird eine Diode an der Plus- und an der Minusseite angeordnet. Die in den Phasen entstehenden positiven Spannungshalbwellen werden von den Plusdioden, die negativen Halbwellen von den Minuselektroden durchgelassen. Aus dem Drehstrom wird ein leichtwelliger Gleichstrom.
Der Erregerstrom wird von der Ständerwicklung abgezweigt und durch die drei Leistungsdioden der Minusseite und drei Erregerdioden gleichgerichtet.
Die Plusdioden verhindern einen Rückstrom, sobald die Generatorspannung unter die Batteriespannung sinkt.

Stromkreise des Drehstromgenerators

Vorerregerstromkreis

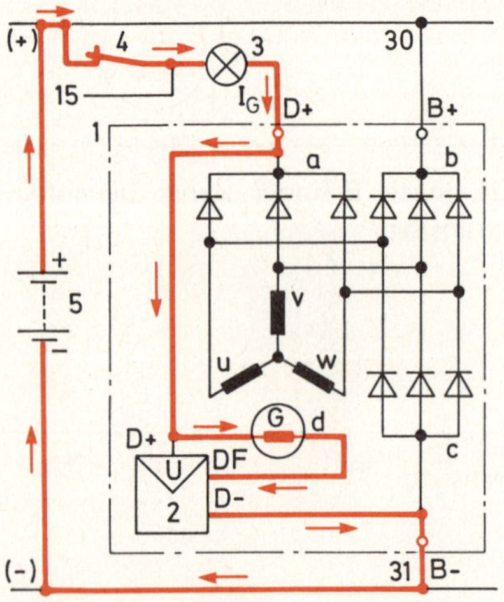

Da beim Anlaufen des Drehstromgenerators noch kein Erregerstrom fließt, muß der Generator vorerregt werden. Dies geschieht über die Ladeanzeigelampe mit Batteriestrom. Der Vorerregerstrom bewirkt, daß beim Starten ein genügend starkes Magnetfeld zur Einleitung der notwendigen Selbsterregung entsteht.

Erregerstromkreis

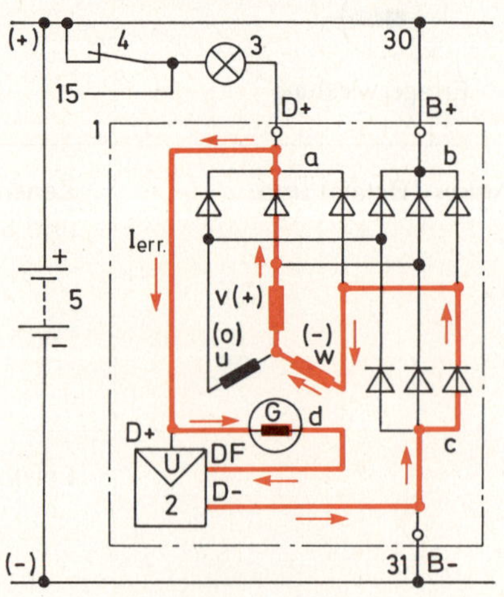

Der Erregerstrom wird von der Ständerwicklung abgezweigt, durch die drei Erregerdioden gleichgerichtet und als Erregerstrom über die Kohlebürsten und Schleifringe der Erregerwicklung und dem Regler zugeführt. Über die Klemme D- und die Leistungsdiode (Minusdiode) fließt der Strom zur Ständerwicklung zurück.

Ladestromkreis

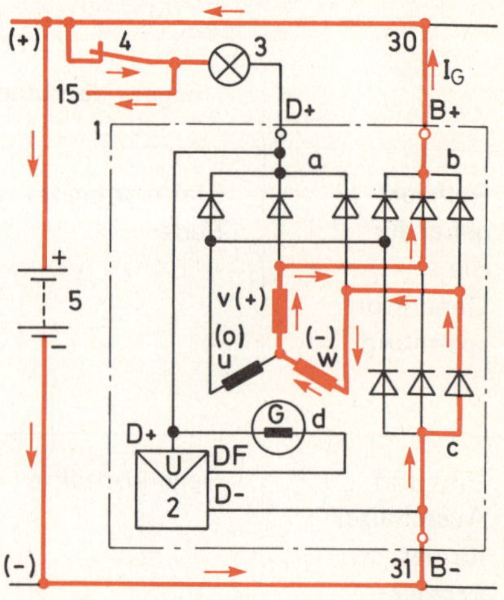

Der in den 3 Phasen induzierte Wechselstrom wird durch die Leistungsdioden gleichgerichtet und dann an Batterie und Verbraucher geleitet. Damit Strom vom Generator zur Batterie fließt, muß die Generatorspannung höher als die Batteriespannung sein.

19.1.3 Drehstromgeneratoren-Regler

Die Generatorspannung ist um so höher, je höher die Drehzahl und je stärker der Erregerstrom ist. Da die Drehzahl des Motors ständig wechselt, schwankt auch die Generatorspannung außerordentlich. Die Verbraucher dürfen jedoch keinen Spannungsschwankungen ausgesetzt werden.

Aufgabe des Reglers ist es, durch Ein- und Ausschalten bzw. Schwächen des Erregerstromes die Generatorspannung über den gesamten Drehzahlbereich des Motors – unabhängig von der Belastung und Drehzahl des Generators – konstant zu halten.

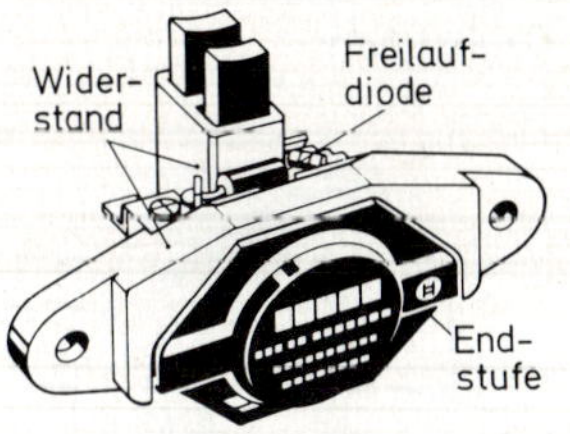

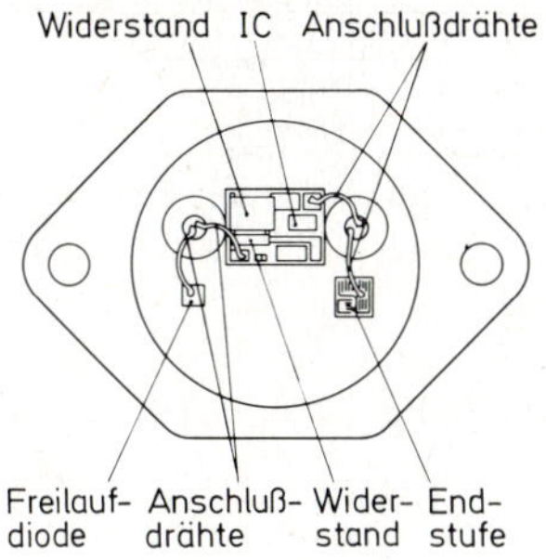

	Kontaktregler	Elektronischer Feldregler
Aufbau	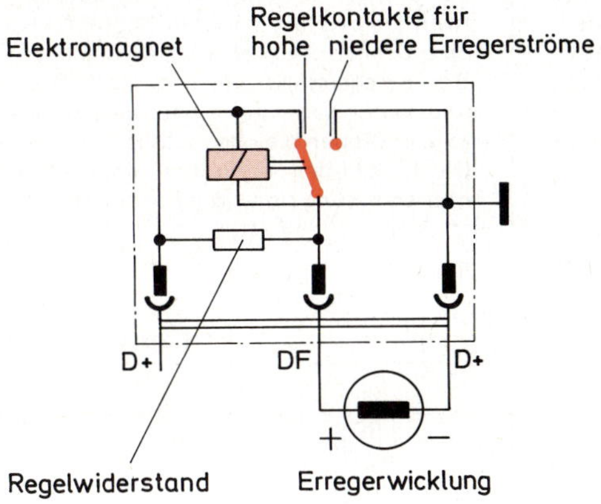	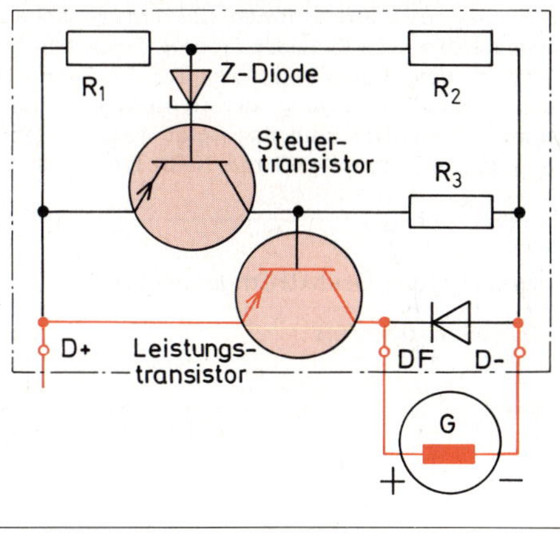
Sollwertgeber für die Generatorspannung	Elektromagnet und Anker (Relais) und Feder	Zener-Diode (nach Erfinder Zener benannt) und Steuertransistor
Ein- und Ausschalter für den Erregerstrom	Regelkontakte	Leistungstransistor
Wirkungsweise (Prinzip)	Die Regelkontakte schalten den Erregerstrom ein und aus bzw. schalten den Regelwiderstand in den Erregerstromkreis, so daß der Erregerstrom geschwächt wird. Nur noch für Ersatzzwecke verwendet	Der Leistungstransistor schaltet den Erregerstrom ein und aus. Seine Basis wird von einer Zenerdiode unter Zwischenschaltung des Steuertransistors geschaltet. Standardausstattung der Drehstromgeneratoren.

19.1.4 Vergleich Drehstromgenerator-Gleichstromgenerator

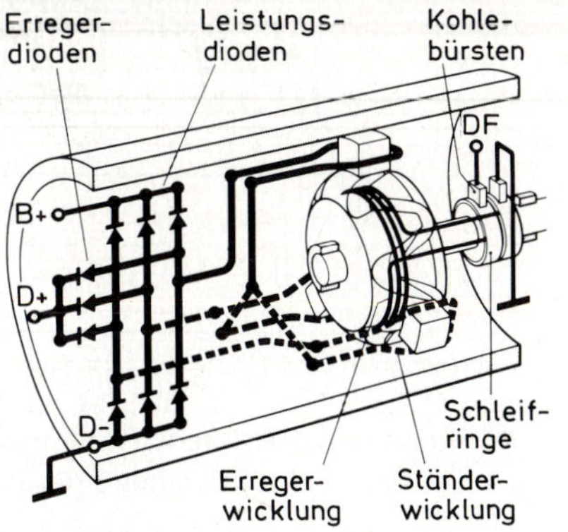

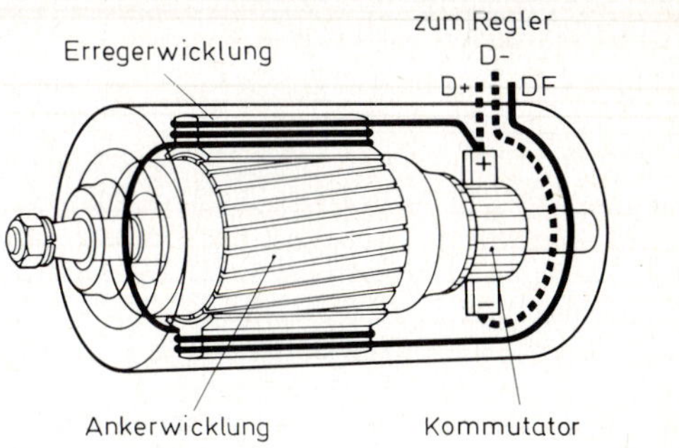

	Drehstromgenerator	Gleichstromgenerator
Spannungs-erzeugung	Die Erregerwicklung im Läufer erzeugt ein Kraftlinienfeld, das beim Umlauf die drei Ständerwicklungen schneidet. In jeder Ständerwicklung wird eine Spannung erzeugt.	Bei Drehung des Ankers schneidet die Ankerwicklung das von der Erregerwicklung erzeugte Kraftlinienfeld. In der Ankerwicklung wird eine Spannung erzeugt.
Gleich-richtung	Die Gleichrichtung der erzeugten Spannung geschieht durch Dioden.	Die Gleichrichtung erfolgt durch den Kommutator (Kollektor). Der Kommutator ist eine gegen die Ankerwelle isolierte Kupferlamelle, die mit den Enden der Ankerwicklung verbunden ist.
Strom-abnahme	Der Strom wird von der feststehenden Ständerwicklung abgenommen.	Der Strom wird über Kohlebürsten von den Kommutatorlamellen abgenommen.
Rückstrom (Strom, der bei stillstehendem Motor oder Leerlauf von der Batterie über den Generator fließt)	Durch die Sperrichtung der Dioden kann kein Rückstrom fließen und die Batterie entladen.	Der Rückstrom wird durch einen Rückstromschalter im Regler verhindert.
Drehrichtungs-änderung	Der Drehstromgenerator arbeitet unabhängig von der Drehrichtung. Eine Abhängigkeit ist nur bei Lüftern mit schräggestellten Schaufeln vorhanden.	Bei Drehrichtungsänderung müssen die Anschlüsse der Erregerwicklung vertauscht werden.
Leistungs-gewicht	kleines Gewicht im Verhältnis zur Leistung	größeres Gewicht im Verhältnis zur Leistung

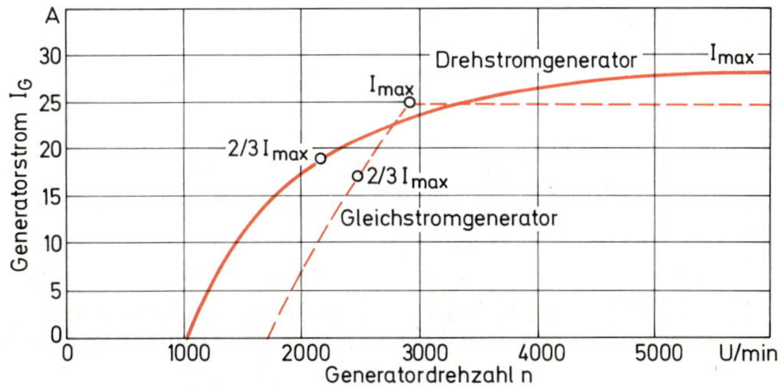

Generatorspannung in Abhängigkeit von der Drehzahl	Der Drehstromgenerator liefert schon bei niedrigen Drehzahlen einen Strom, d.h. die Batterieladung beginnt bei kleinen Drehzahlen.	Im Leerlauf gibt der Gleichstromgenerator vielfach keine Leistung ab.

19.2 Starterbatterie

Bei einer Prüfung einer Starterbatterie vor der Frostperiode mit einem Säuretester wird eine Säuredichte von 1,20 kg/dm^3 gemessen.

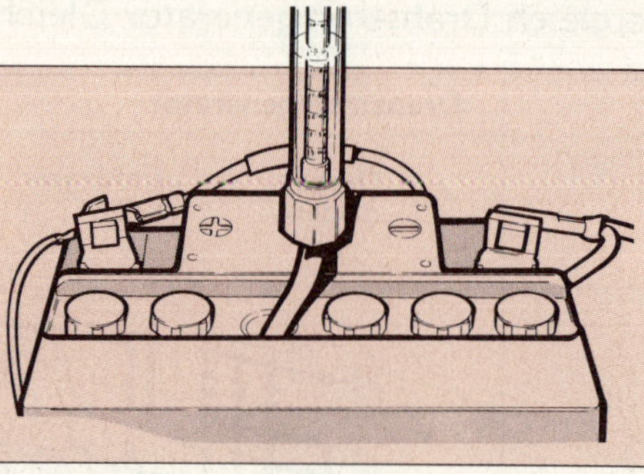

Aufgabe der Batterie ist es, bei stehendem Motor

- Anlasser und Zündanlage beim Starten und
- Standlicht, Parklicht, Innenbeleuchtung und Radio beim Parken mit elektrischer Energie zu versorgen

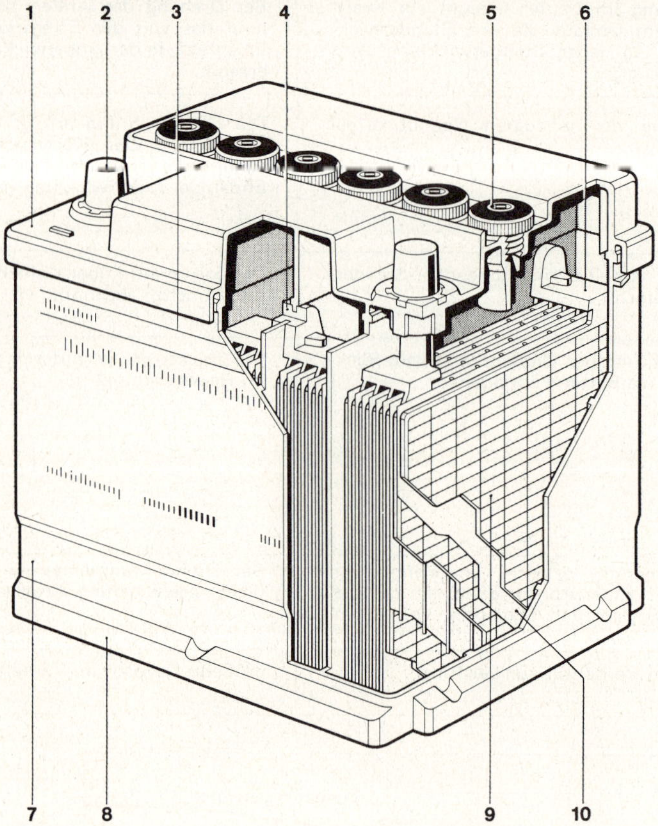

Aufbau einer Starterbatterie

1 Blockdeckel
2 Endpole
3 Säurestandmarke
4 Direkt-Zellenverbinder
5 Verschlußstopfen
6 Polbrücken
7 Blockkasten
8 Bodenleiste
9 Plus- und Minusplatten
10 Kunststoff-Separatoren

Eine Starterbatterie besteht aus mehreren hintereinandergeschalteten Zellen. Jede Zelle enthält einen Plattensatz mit 5 negativen und 4 positiven Platten, die durch Plattenverbinder untereinander verbunden sind. Die Platten bestehen aus einem Hartblei-Gitter (Blei-Antimon-Legierung), das mit einer aktiven Masse gefüllt wird:

- Plusplatten
  Die Plusplatte enthält als aktive Masse Bleidioxid (PbO_2).
- Minusplatten
  Die Minusplatte enthält als aktive Masse reines Blei

Zwischen den Plus- und Minusplatten sind Separatoren angeordnet, die die Platten elektrisch voneinander trennen. Die Separatoren bestehen aus Kunststoff und haben mikrofeine Poren, die es erlauben, daß die chemischen Vorgänge zwischen den Platten reibungslos ablaufen können.

Die Zellen sind mit einem Elektrolyt – eine leitfähige Flüssigkeit – gefüllt. Als Elektrolyt wird verdünnte Schwefelsäure (H_2SO_4) – 37,5 % konzentrierte Schwefelsäure, 62,5 % destilliertes Wasser – verwendet.

Durch Zellenverbinder zwischen den Polen der einzelnen Zellen werden sie in Reihe geschaltet. Das Batteriegehäuse besteht aus transparenten Kunststoff (Polypropylen).

Entladevorgang

Stromentnahme

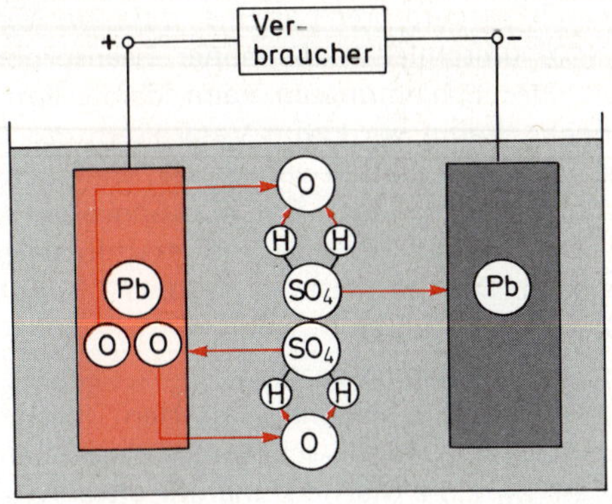

PbO_2 + $2\,H_2SO_4$ + Pb

Bleidiox + Schwefelsäure + Blei ⟶

Werden die Pole der Zelle über einen Verbraucher miteinander verbunden, so fließt ein Strom vom Minuspol über den Verbraucher zum Pluspol.

Die Schwefelsäure zersetzt sich in Wasserstoff (H_2) und einen Säurerest (SO_4). Die Plusplatten geben Sauerstoff (O_2) ab, der sich mit dem freigewordenen Wasserstoff zu Wasser (H_2O) verbindet. Der Säurerest (SO_4) verbindet sich mit dem Blei der Minus- und Plusplatten zu Bleisulfat ($PbSO_4$).

Zelle entladen

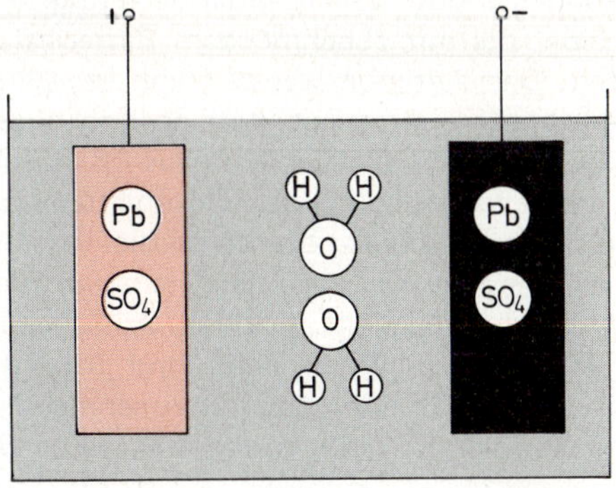

$2\,PbSO_4$ + $2\,H_2O$

Bleisulfat + Wasser

An beiden Platten ist die aktive Masse in Bleisulfat umgewandelt. Außerdem hat sich Wasser gebildet. Die Schwefelsäure des Elektrolyts wird verdünnt, d.h. es ist nicht mehr soviel Säure im Elektrolyt enthalten. Die Säuredichte ist auf 1,12 kg/*l* abgesunken. Die Spannung liegt bei 1,75 Volt.

Ladevorgang

Zelle laden

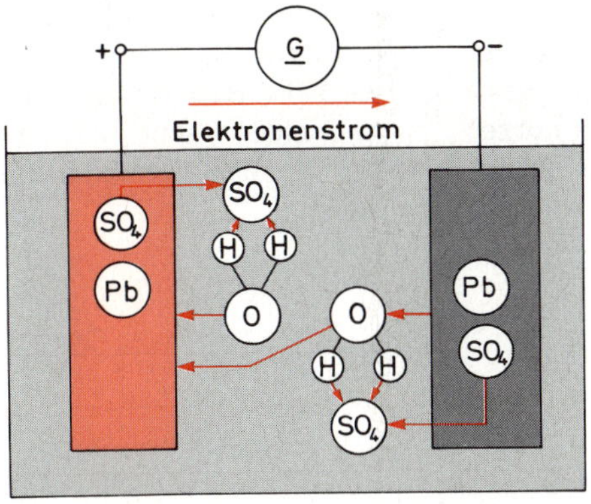

$2\,PbSO_4$ + $2\,H_2O$

Bleisulfat + Wasser ⟶

Beim Laden fließt der Strom vom Pluspol zum Minuspol. Das Bleisulfat beider Platten wird durch die angelegte Ladespannung elektrochemisch in Blei (Pb) und den Säurerest (SO_4) gespalten. Der Säurerest (SO_4) verbindet sich mit dem Wasserstoff (H) des Elektrolyten zu Schwefelsäure (H_2SO_4). An der Minus-Platte entsteht metallisches Blei (Pb). Das Blei der Plusplatte verbindet sich mit dem freiwerdenden Sauerstoff (O) zu Bleidioxid (PbO_2).

Zelle geladen

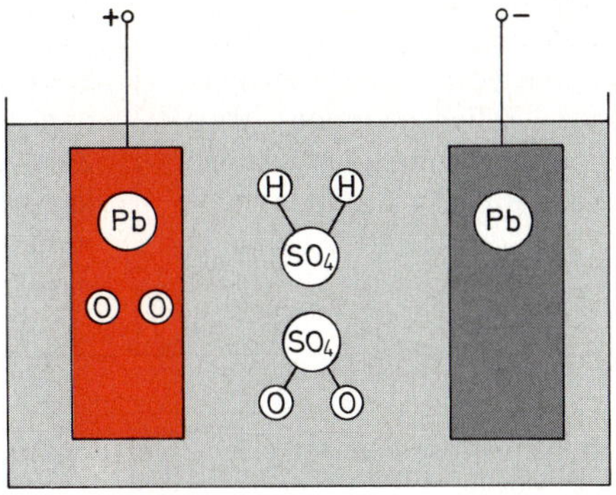

PbO_2 + $2\,H_2SO_4$ + Pb

Bleidioxid + Schwefelsäure + Blei

Die aktive Masse der Plus-Platte besteht aus Bleidioxid, die aktive Masse der Minus-Platte aus metallischem Blei.

Wenn die Zellenspannung 2,4 Volt erreicht hat, fängt die Batterie an zu gasen, d.h. es entsteht das gefährliche Knallgas (Explosionsgefahr). Die entsprechende Spannung wird als Gasungsspannung bezeichnet. Durch weiteres Laden = Überladen steigt die Zellenspannung bis 2,75 Volt. Bei einer vollgeladenen Batterie besitzt die Schwefelsäure eine Dichte von 1,28 kg/*l*.

Das Legierungsmetall Antimon verbessert die Gießbarkeit des Bleis, beschleunigt die Aushärtung und sorgt für nötige Festigkeit. Es bringt allerdings auch Nachteile mit sich. Das Elektrolyt und das positive Potential der Plusgitter begünstigt Korrosion, die mit zunehmendem Batteriealter Antimon freisetzt. Das Antimon wandert von den Plusplatten zu den Minusplatten, setzt sich dort ab und bildet galvanische Lokalelemente. Lokalelemente aus PB und Antimon verstärken die Selbstentladung der Minusplatten und setzen die Gasungsspannung herab. Damit ist die Voraussetzung für häufiges Überladen gegeben, das wiederum die Korrosion beschleunigt und die Antimon-Ausscheidung beschleunigt. Schnelles Selbstentladen und häufiges Überladen sind auch die Gründe, daß mit zunehmendem Alter immer mehr destilliertes Wasser nachgefüllt werden muß.

Bei den neuentwickelten Batterien wurde der Wasserverbrauch stark reduziert, so daß sie als wartungsfrei bezeichnet werden können. Drei Ausführungen wartungsfreier Batterien sind zur Zeit auf dem Markt:

- Wartungsfreie Batterie nach DIN
  Die wartungsfreien Batterien nach DIN werden heute als Standardbatterien bezeichnet. Das Bleigitter enthält nur noch 2 ... 2,5 % Antimon. Im Gehäuseboden befindet sich ein Schlammraum, der den Ausfall der Batterie durch Kurzschlußbrücken infolge herabgefallener Bleiteile verhindern soll. Die Batterie hat Nachfüllöffnungen, die mit Verschlußstopfen verschlossen werden. Der Elektrolytstand wird frühestens nach 2 Jahren oder 40 000 km kontrolliert.
- Absolut wartungsfreie Batterien
  Die absolut wartungsfreien Batterien besitzen ein Blei-Calzium Gitter. Anstelle der Blattseparatoren verwendet man Taschenseparatoren aus einer oxidationsbeständigen Folie. Sie umschließen die höher beanspruchten Plusplatten. Der Schlammraum kann damit entfallen. Der gewonnene Raum wird zum Vergrößern der Elektrolytmenge über den Platten verwendet. Einfüllstutzen sind meist nicht vorhanden. Ein mikroporöses Kunststoff-Sieb läßt Gase aus der ringsum verschlossenen Batterie entweichen. Die Startleistung ist etwa 7 % höher als bei den Standard-Batterien.
- Kaltstart-Hochleistungsbatterie
  Die Kaltstart-Hochleistungsbatterien besitzen Blei-Calzium-Gitter und Taschenseparatoren. Bei diesen Batterien wird die Startleistung um etwa 40 ... 50 % erhöht durch folgende Maßnahmen:
  - Die Plusplatte kann länger ausgeführt werden, da infolge der Taschenseparatoren der Schlammraum wegfällt.
  - Die Anzahl der Platten kann erhöht werden, da die Minusplatten und Separatoren dünner ausgeführt werden.

Unter normalen Bedingungen wird die Batterie durch den Generator des Fahrzeugs aufgeladen. Im Winter ist oft der Strombedarf so groß, daß die fahrzeugeigene Ladung die entnommene Energie nicht voll ersetzen kann. Eine Fremdladung ist erforderlich.

Normalladung	**Schnelladung**	**Erhaltungsladung**
Bei Normalladung beträgt der Ladestrom etwa 10 % der Nennkapazität. Die Batterie ist vollgeladen, wenn die Zellenspannung etwa 2,7 Volt beträgt. Die Ladung dauert längere Zeit (8 bis 12 Stunden).	Bei der Schnelladung wird die Batterie mit dem 5 bis 10fachen Wert des Normalladestromes geladen. Die Batterie erreicht in kurzer Zeit (1/2 Std.) 80 % ihrer Nennkapazität. Wenn die Zellenspannung 2,4 Volt erreicht, schaltet das Gerät automatisch ab.	Um die Selbstentladung bei stillgesetzten Batterien auszugleichen wird die Batterie ununterbrochen mit einem sehr kleinen Strom (0,1 % der Nennkapazität) geladen.

Vergleich konventionelle Batterie — wartungsfreie Batterie

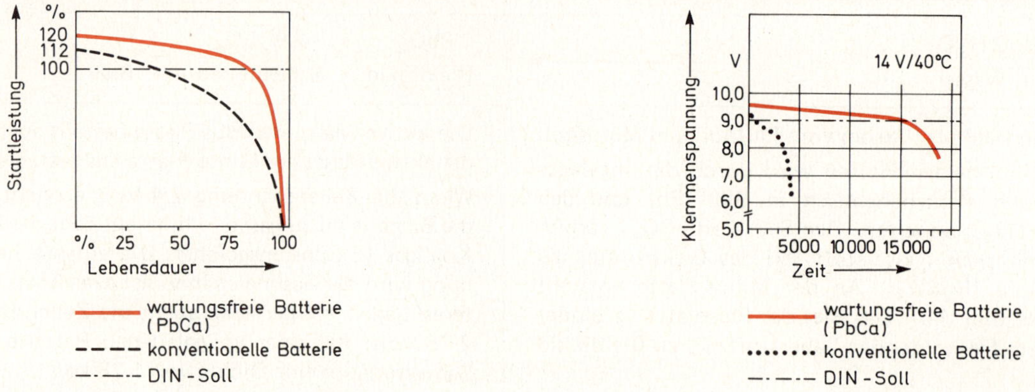

Kfz-Meßtechnik

Prüfen des Generators mit Volt-Ampere-Tester

Mit einem Volt-Ampere-Tester und Belastungswiderstand lassen sich Generatoren und ihre Regler überprüfen. Der Tester wird mit Klipsen und einer Strom-Meßzange angeschlossen. Das Gerät besitzt folgende Funktionseinheiten:

- Spannungsmesser
  Mit dem Spannungsmesser wird die Spannung und der Spannungsabfall gemessen. Die Meßbereiche werden mit einem Schalter gewählt.
- Strommesser
  Der Strom wird mittels einer Strom-Meßzange gemessen, die über das Kabel geklemmt wird. Sie enthält einen Hall-Generator, dessen Hall-Spannung proportional der Feldstärke und damit linear zum gemessenen Strom ist.
- Belastungswiderstand
  In Verbindung mit Spannungs- und Strommesser kann mit Hilfe des Belastungswiderstandes die vorgeschriebene Belastung (Belastungsstrom) von Drehstromgenerator und Regler eingestellt werden. Der Belastungswiderstand wird stufenlos im gesamten Meßbereich reguliert.

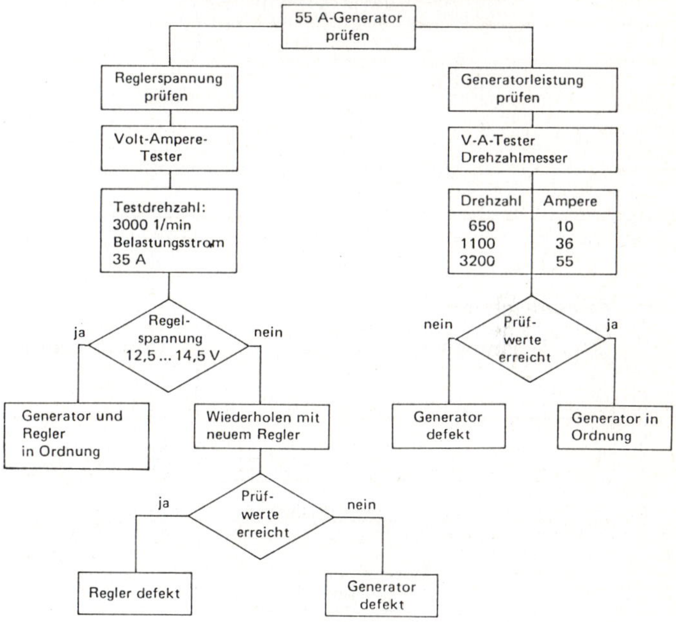

Prüfen der Dioden

Für die Isolationsprüfung der Dioden des Generators und des Transistorreglers darf nur eine Gleichspannung von maximal 40 Volt verwendet werden.

Die Dioden haben nur einen Anschluß, der mit der Ständerwicklung verbunden ist. Ihre Wirkrichtung ist aber unterschiedlich. Bei den Plusdioden sitzt das Gehäuse als Kathode im Kühlblech, das mit dem Pluspol der Batterie verbunden ist. Bei den Minusdioden ist das Gehäuse als Anode über das Kühlblech mit der Masse verbunden. Bei der Prüfung ist die Wirkrichtung zu beachten.

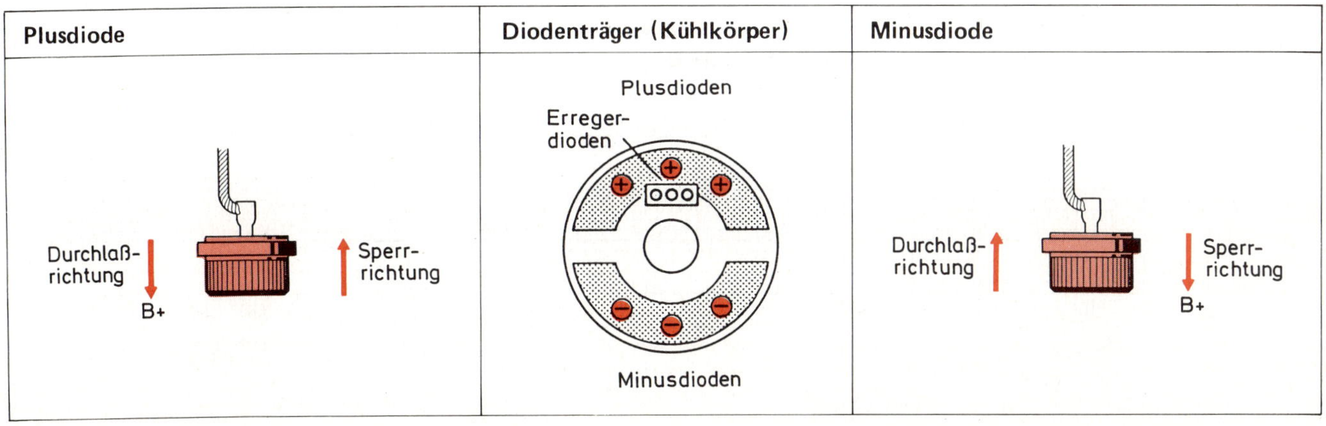

Prüfen des Drehstromgenerators mit dem Motortester

Mit dem Motortester (Oszillograf) besteht die Möglichkeit, den Spannungsverlauf an einem Drehstromgenerator bildlich darzustellen und die Dioden zu überprüfen. Bei einwandfrei arbeitendem Drehstromgenerator zeigt sich das nebenstehende Oszillogramm.

Normaloszillogramm

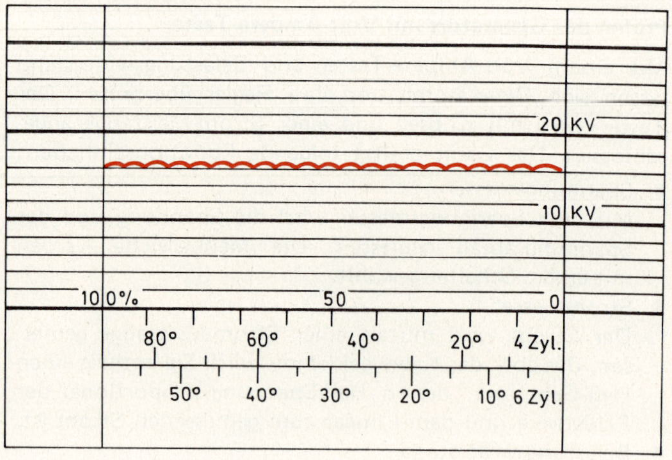

Fehlerdiagramm

Unterbrechung einer Erregerdiode

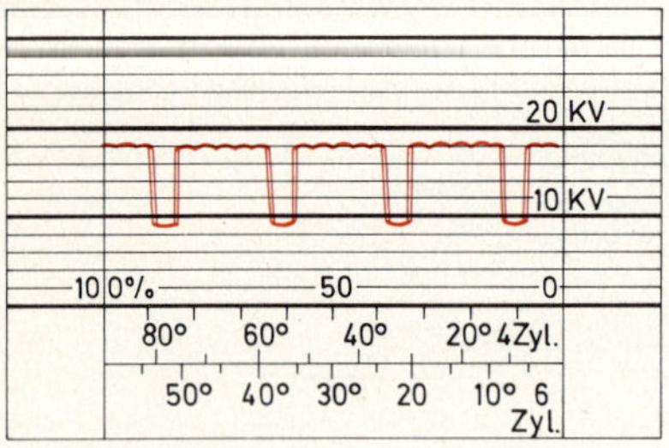

Unterbrechung einer Plusdiode

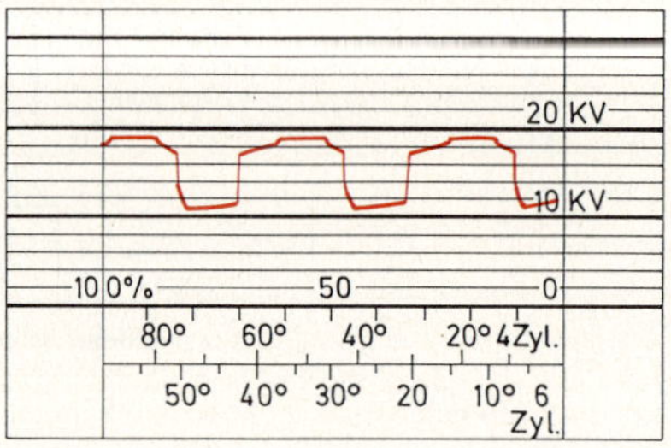

Unterbrechung einer Minusdiode

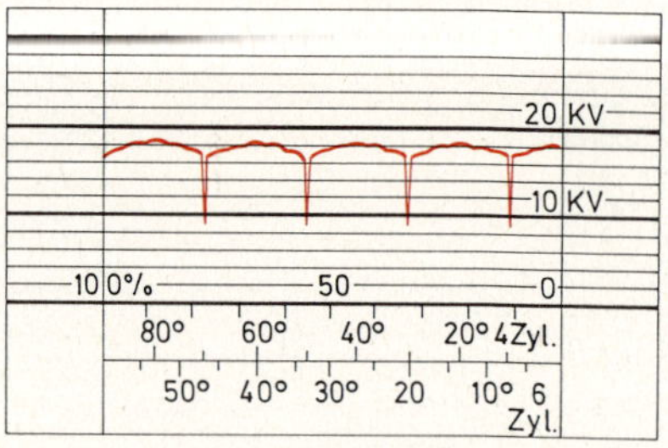

Kurzschluß einer Erregerdiode

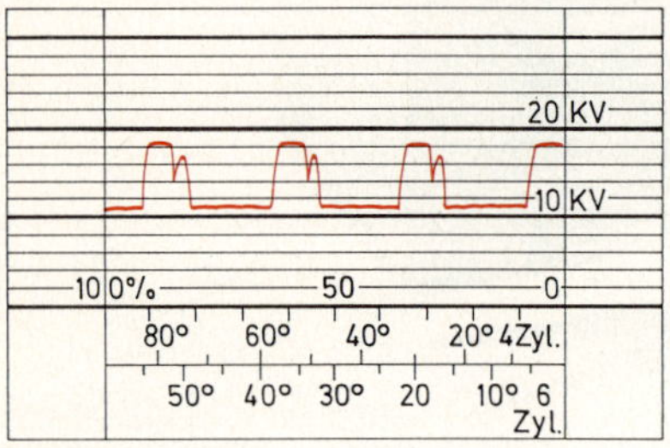

Kurzschluß einer Plusdiode

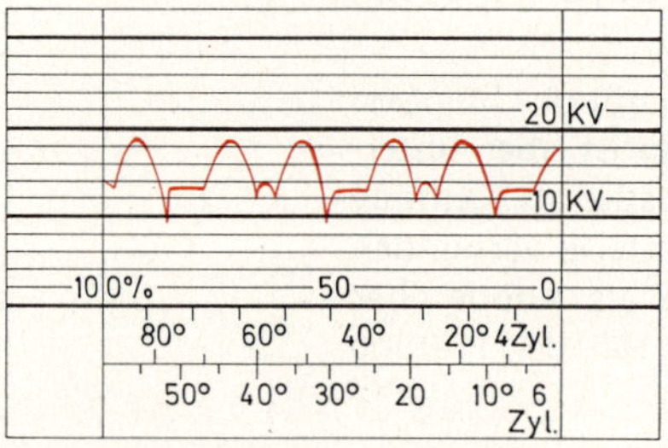

Kurzschluß einer Minusdiode

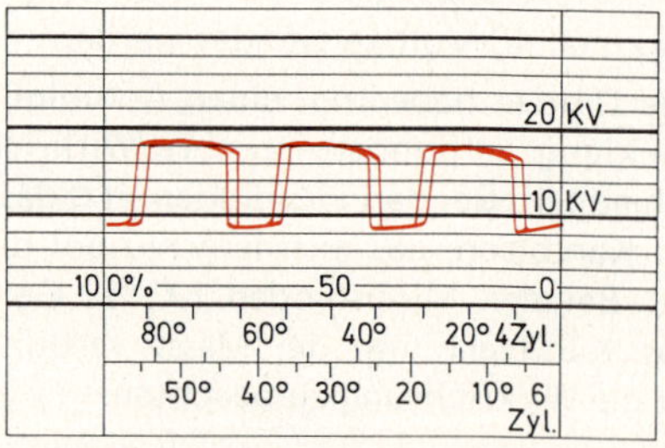

Phasenfehler

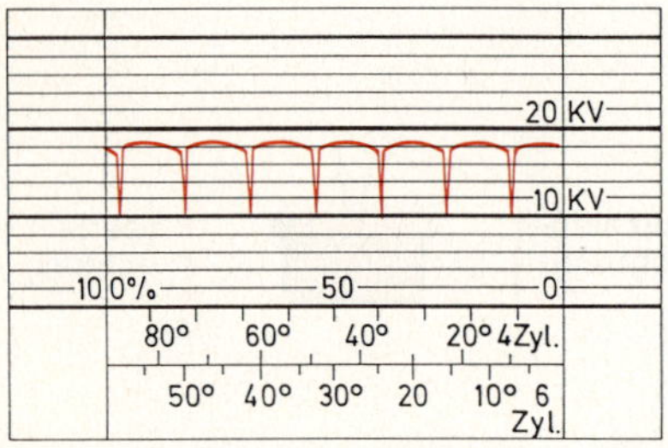

Phasenfehler und Kurzschluß einer Minusdiode

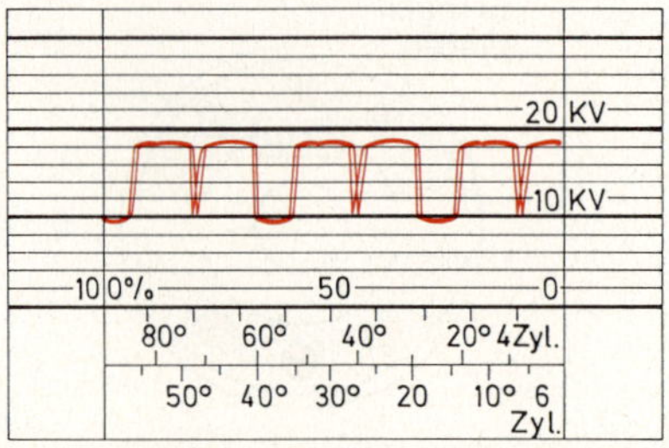

Fehlerhafte, noch nicht ausgefallene Dioden

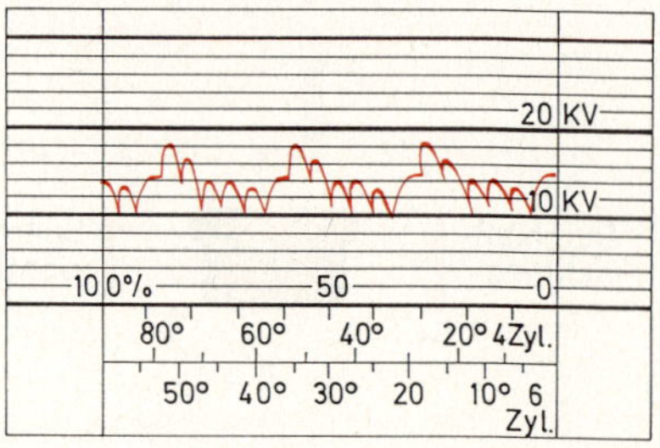

ZUSAMMENFASSUNG Drehstromgenerator, Starterbatterie

Verbraucher

Drehstromgenerator

Generator

Das Erregerfeld des Klauenpolläufers schneidet die 3 Stränge der Ständerwicklung und induziert eine dreiphasige Wechselspannung. Sie bewirkt einen dreiphasigen Wechselstrom, den Drehstrom.

Gleichrichter

Gleichrichten von Generatorspannung und Generatorstrom besorgen 6 Leistungsdioden. Es wird die positive als auch negative Halbwelle der Generatorspannung von Plus- bzw. Minusdioden gleichgerichtet. Es entsteht ein leicht welliger Gleichstrom.

Drehstromgeneratoren-Regler

Der Regler hält die abgegebene Generatorspannung bei allen Motordrehzahlen und Belastungen des Generators konstant.

Ein Leistungstransistor öffnet und schließt periodisch den Erregerstromkreis. Er wird von einer Z-Diode (Sollwertgeber) und dem Steuerstransistor gesteuert.

Erregerstrom

Der Erregerstrom wird von der Ständerwicklung abgezweigt und durch Erregerdioden gleichgerichtet.

Vorerregerstrom

Beim Anlaufen muß der Generator mit Batteriestrom über die Ladekontrollampe vorerregt werden.

Ladestrom

Der Ladestrom fließt, wenn die Spannung des Generators höher ist als die Batteriespannung.

Starterbatterie

Typaufschrift z.B. 12V 84Ah 280A

12V: Nennspannung 12 Volt

84Ah: kann 20 Stunden mit 4,2 A entladen werden, ohne daß Entladeschlußspannung 10,5 V unterschritten wird

280A: Kälteprüfstrom von 280 A bei – 18 °C

Geladene Batterie

aktive Masse:
- Plusplatte: Bleidioxid
- Minusplatte: Blei

Elektrolyt: verdünnte Schwefelsäure

Säuredichte: 1,28 kg/l

Nennspannung pro Zelle: 2,4 Volt

Laden ←

Entladen →

Entladene Batterie

aktive Masse:
- Plusplatte: Bleisulfat
- Minusplatte: Bleisulfat

Elektrolyt: Säure durch Wasser verdünnt

Säuredichte: 1,12 kg/l

Nennspannung pro Zelle: 1,75 Volt

ANALYSE Drehstromgenerator

1. Erklären Sie den Stromfluß
   a) im Vorregerstromkreis,
   b) im Erregerstromkreis,
   c) zu den Verbrauchern bzw. zur Batterie.

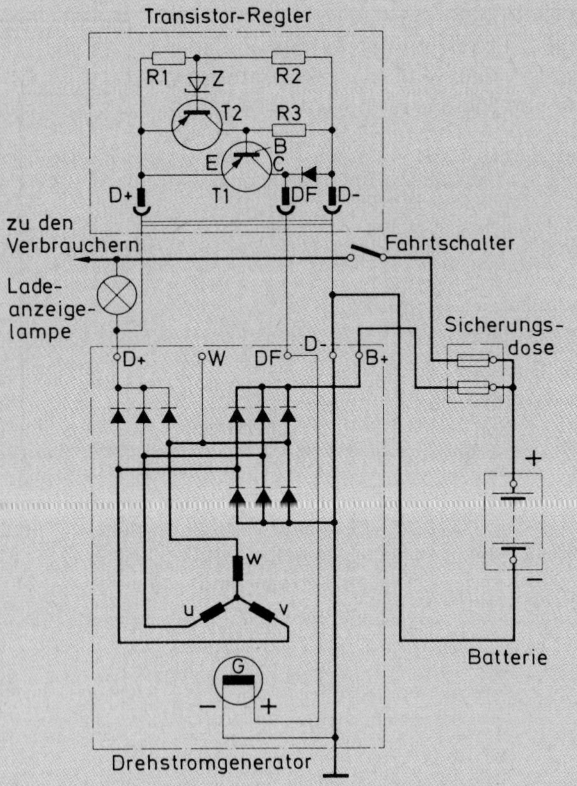

2. Erklären Sie die Einrichtungen zum Schutz gegen Spannungsspitzen bzw. Überspannungen aus dem Generator.

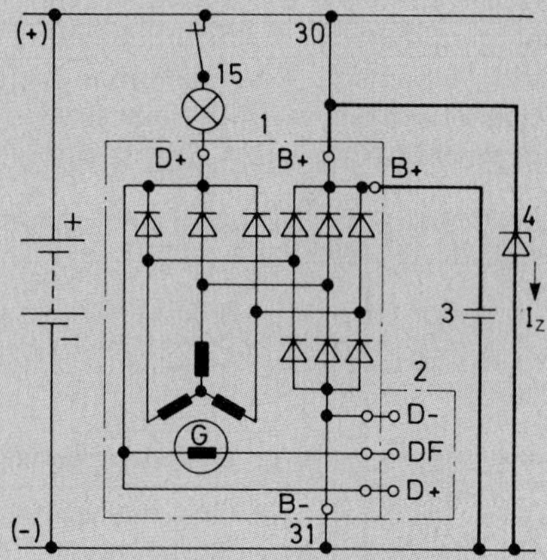

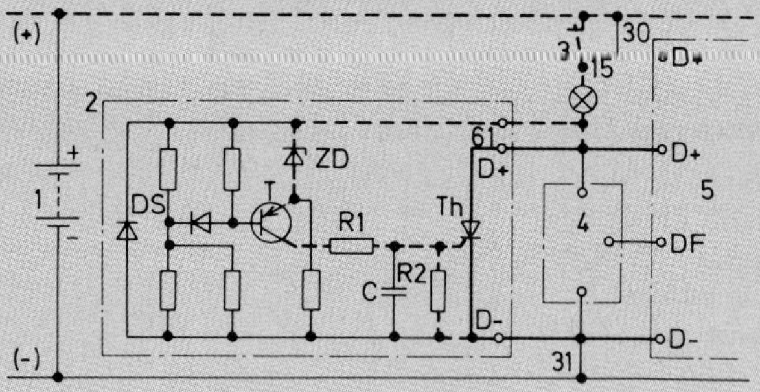

3. Geben Sie die Elemente (1–3) des Reglerkreises eines Drehstromgenerators an. Benennen Sie die Eingangs- und Ausgangsgrößen (a–d). Erklären Sie den Regelvorgang.

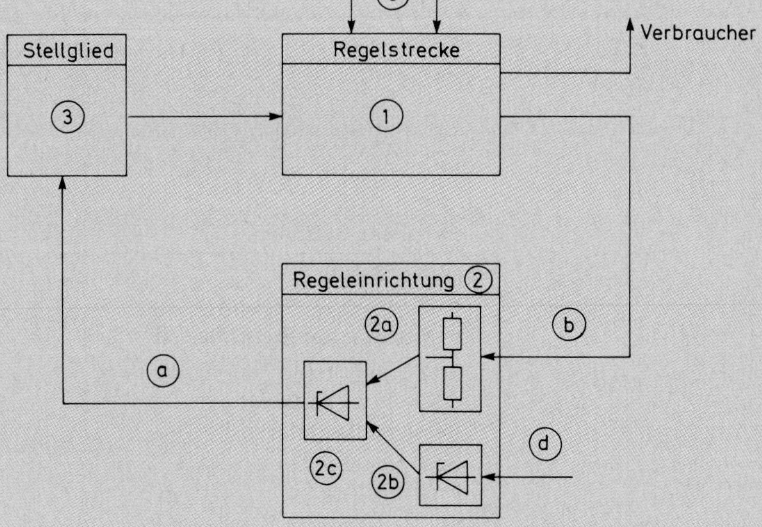

ARBEITSPLANUNG Drehstromgenerator

Entwickeln Sie die Arbeitspläne der dargestellten Wartungs- und Prüfarbeiten für Fahrzeuge der von Ihrem Ausbildungsbetrieb vertretenen Automarke, indem Sie

- die Reihenfolge der Arbeits- und Prüfgänge,
- die Auswahl der Werkzeuge bzw. Prüfmittel bzw. Ersatzteile,
- die zu beachtenden Prüf- und Arbeitsregeln

angeben und begründen.

Keilriemenspannung prüfen

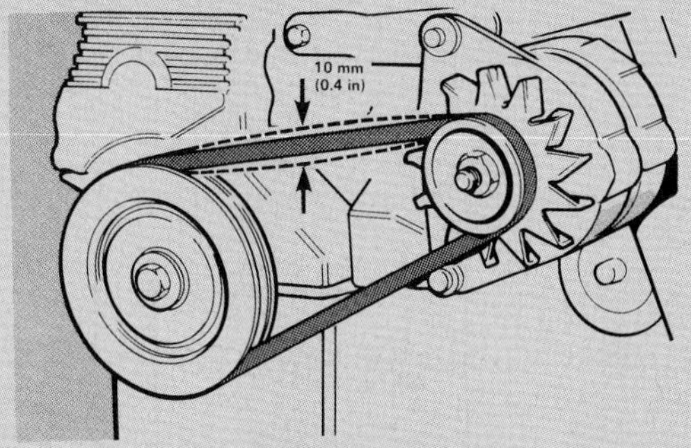

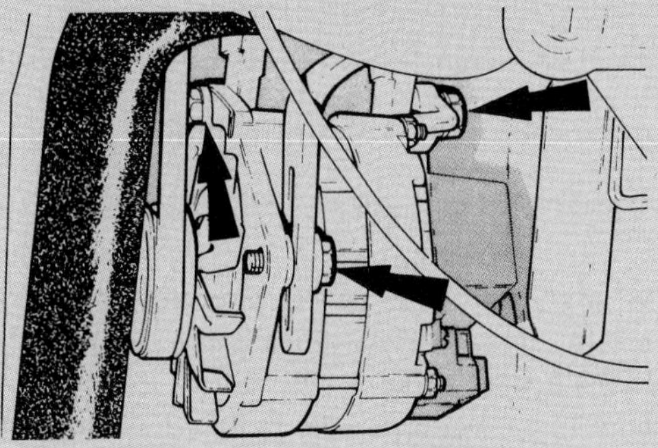

Spannung und Spannungsabfall prüfen

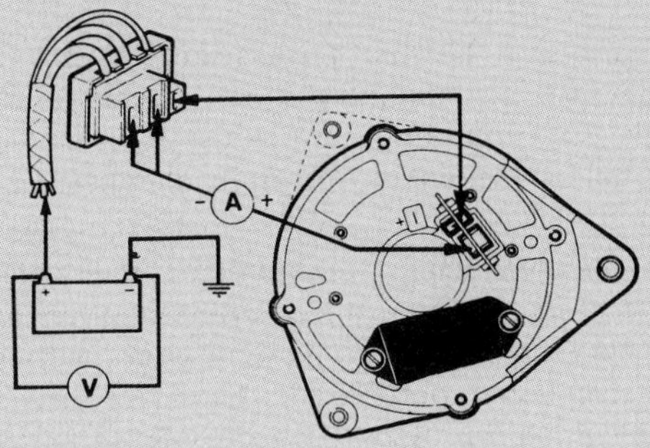

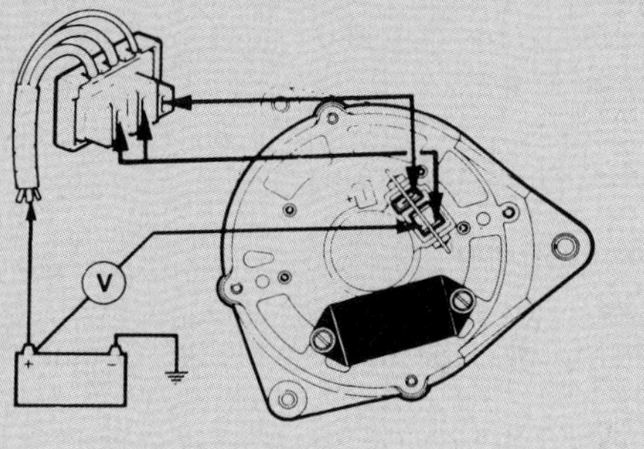

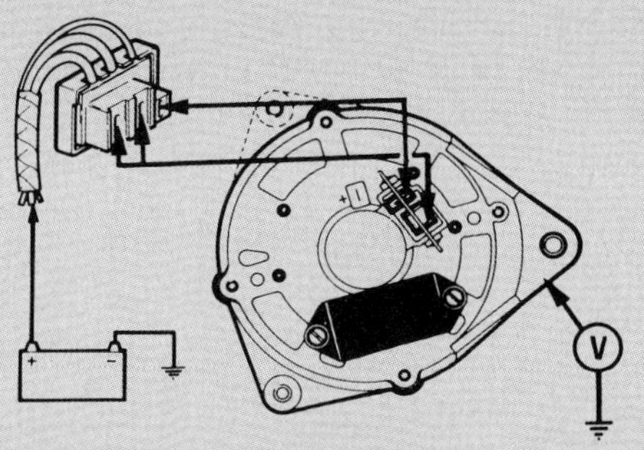

Dioden prüfen

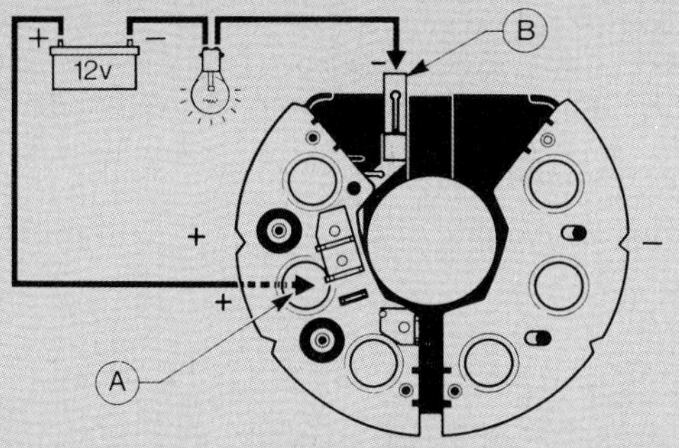

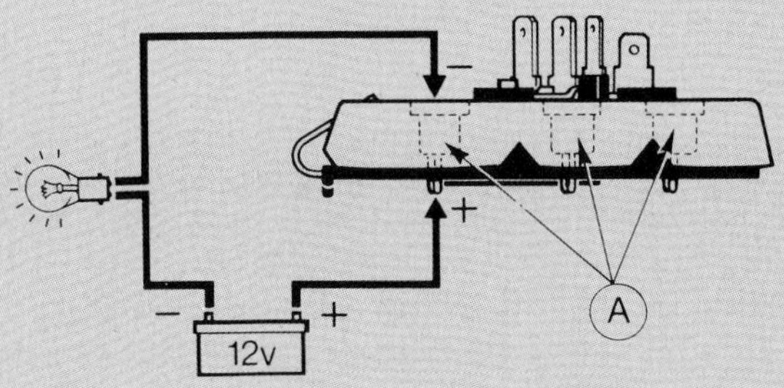

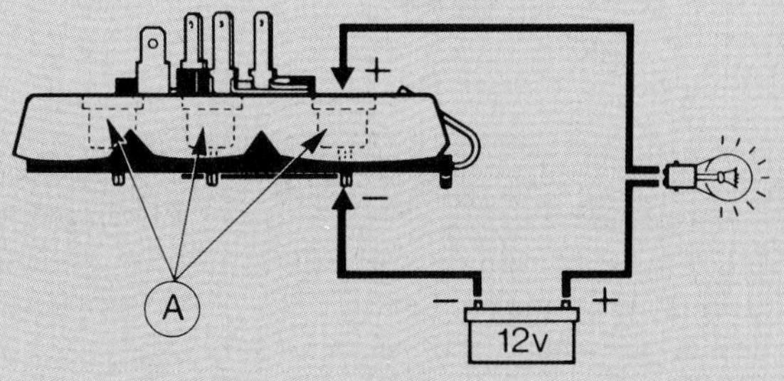

20 Startanlage

Beim Einschalten dreht sich die Starterwelle nur langsam.

Der Starter wird bei ausgeschalteter Zündung betätigt und die Spannung zwischen Starterklemme und Startergehäuse gemessen. Der gemessene Wert liegt 2 Volt unter dem an der Batterie ermittelten Wert.

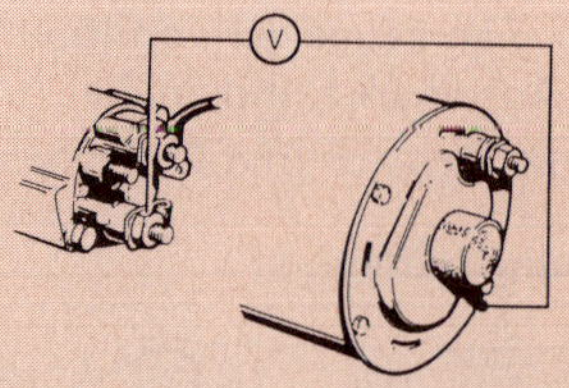

20.1 Elektrotechnische Grundlagen

Motorprinzip

Um einen stromdurchflossenen Leiter bildet sich ein Magnetfeld. Befindet sich der stromdurchflossene Leiter im Magnetfeld eines Hufeisenmagneten, so bilden beide Magnetfelder ein Gesamtfeld (siehe Abb.):

- Links vom Leiter verlaufen die Feldlinien beider Magnetfelder in entgegengesetzter Richtung. Sie heben sich teilweise auf. Es entsteht eine Feldschwächung.
- Rechts vom Leiter verlaufen die Feldlinien beider Magnetfelder in gleicher Richtung. Es entsteht eine Feldverstärkung.

Auf den Leiter wirkt eine Kraft. Sie bewegt den Leiter in Richtung der Feldschwächung.

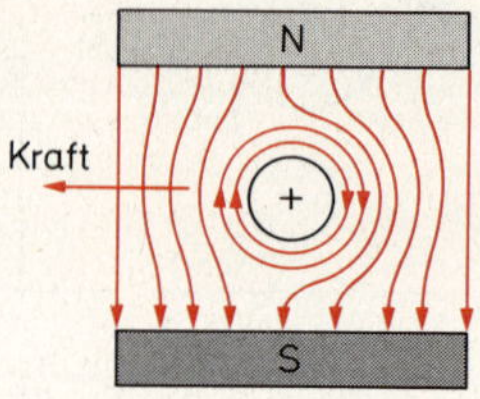

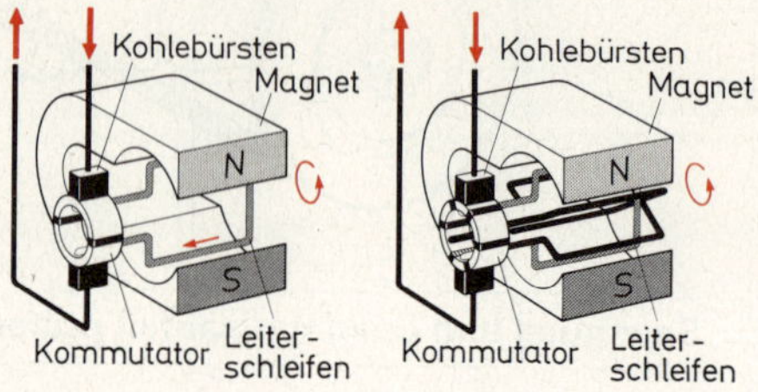

Gleichstrommotoren

Ist der Leiter als drehbare Schleife gestaltet, entsteht ein Drehmoment, das die Leiterschleife in eine waagrechte Lage dreht. Für eine volle Umdrehung muß die Stromrichtung nach 180° Drehung umgekehrt werden. Diese Aufgabe übernimmt der Stromwender, Kommutator genannt. Er besteht aus zwei halbringförmigen, voneinander isolierten Segmenten, die mit den Enden der Leiterschleife verbunden sind. Zwei Kohlebürsten schleifen auf den Segmenten und sind mit der Stromquelle verbunden.

Der Kommutator gibt den jeweils unter einem bestimmten Pol liegenden Schenkeln der Leiterschleife eine gleichbleibende Stromrichtung. Auf diese Weise wirkt die Kraft auf die beiden Schenkel immer in der gleichen Umfangsrichtung, so daß sich eine fortlaufende Drehung einstellt.

Um ein gleichmäßiges Drehmoment zu erzielen, werden beim Gleichstrommotor viele Drahtschleifen angeordnet, die mit den Lamellen des Kommutators verbunden sind. Die Leiterschleifen werden auf den Anker gewickelt. Eine Erregerwicklung zur Erzeugung des Magnetfeldes (Erregerfeld) ist im Ständer angeordnet.

Die Gleichstrommotoren unterscheiden sich durch unterschiedliche Schaltung von Anker- und Erregerwicklung. Dadurch ergibt sich auch ein unterschiedliches Betriebsverhalten der Gleichstrommotoren.

Gleichstrommotoren		
Nebenschlußmotor	**Reihenschlußmotor**	**Doppelschlußmotor**
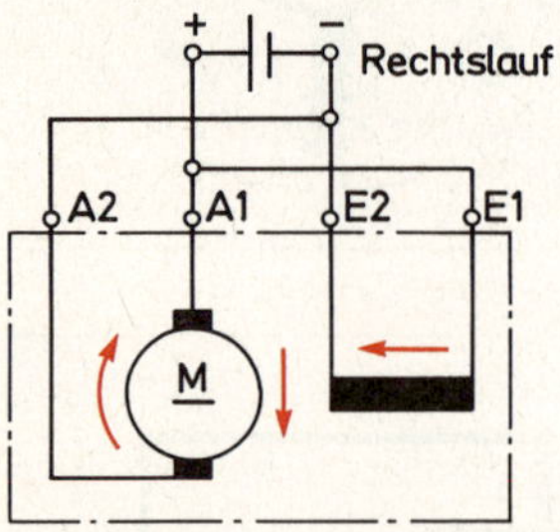	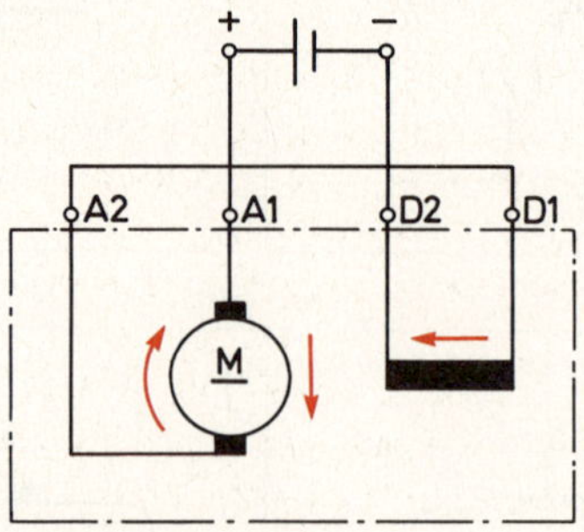	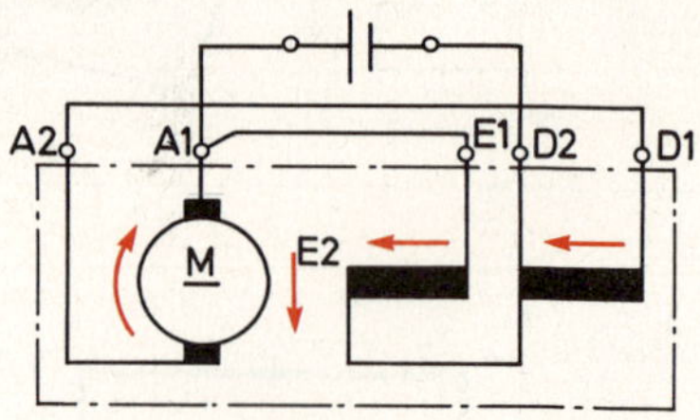
Anker- und Erregerwicklung sind parallel geschaltet. ⊕ Die Drehzahl nimmt bei Belastung nur wenig ab. Scheibenwischer-, Gebläse-, Lüfter-, Fensterhebe-, Verstellmotor	Die Erregerwicklung ist mit der Ankerwicklung in Reihe geschaltet. ⊕ großes Anzugsmoment ⊖ geht im Leerlauf durch Startermotor	Seine Erregung wird von einer Reihenschluß- und einer Nebenschlußwicklung geliefert. ⊕ kräftiges Anzugsmoment ⊖ geht im Leerlauf nicht durch Startermotor

20.2 Schub-Schraubtrieb-Starter

Aufgabe des Starters ist es, den Verbrennungsmotor mit der zum Anspringen erforderlichen Kurbelwellendrehzahl durchzudrehen. Der Schub-Schraubtrieb-Starter hat seinen Namen vom Einspurvorgang, der sich aus den Teilwegen Schubweg und Schraubweg zusammensetzt. Der Schub-Schraubtrieb-Starter wird überwiegend im Pkw eingebaut. Seine Nennleistung beträgt für Pkw bis 2,5 l Hubraum ca. 0,5 ... 1,5 kW.

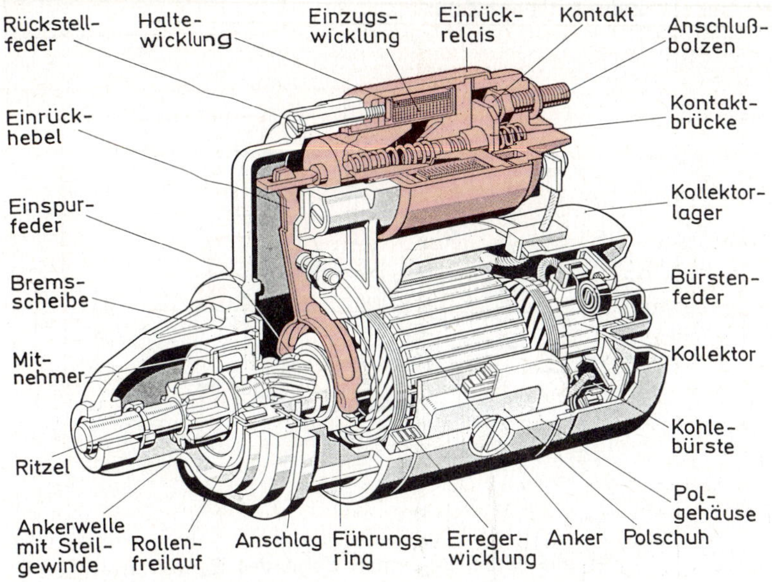

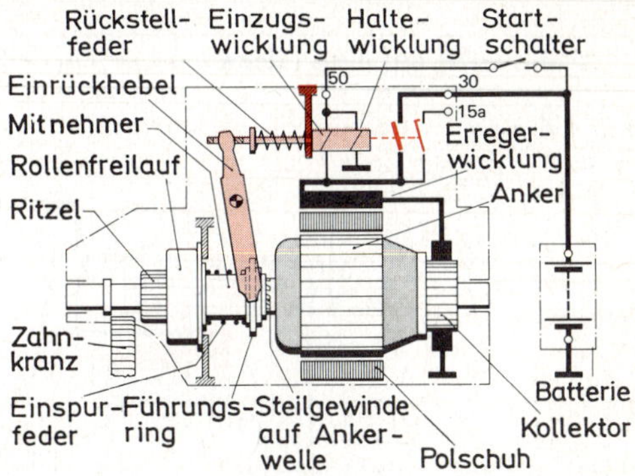

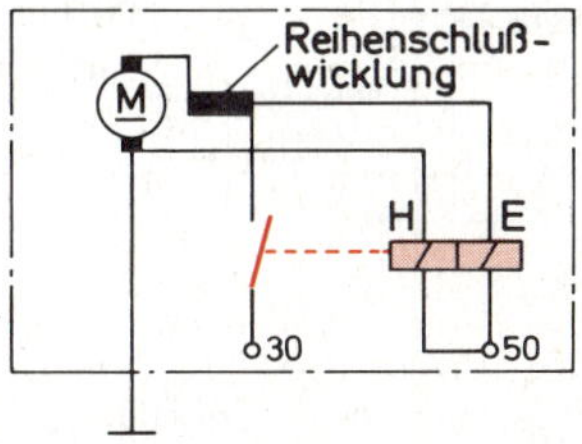

Ritzel mit Einspurvorrichtung

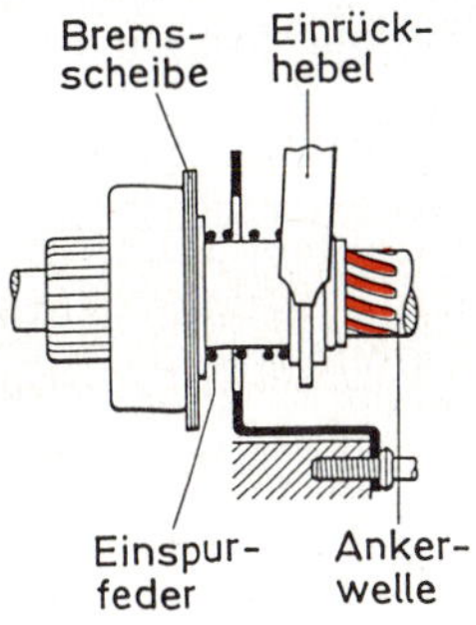

Die Ankerwelle hat an einem Ende ein Steilgewinde, auf dem ein Mitnehmer sitzt, der über einen Rollenfreilauf mit dem Ritzel verbunden ist. Ritzel und Mitnehmer werden vom Einrückhebel verschoben, der von einem Einrückmagnetschalter (Einrückrelais) betätigt wird. Die Einspurfeder dient als elastisches Glied.

Das Übersetzungsverhältnis Zahnkranz/Ritzel ist sehr groß (1 : 8 ... 1 : 20), um das notwendige Durchdrehmoment aufzubringen.

Rollenfreilauf

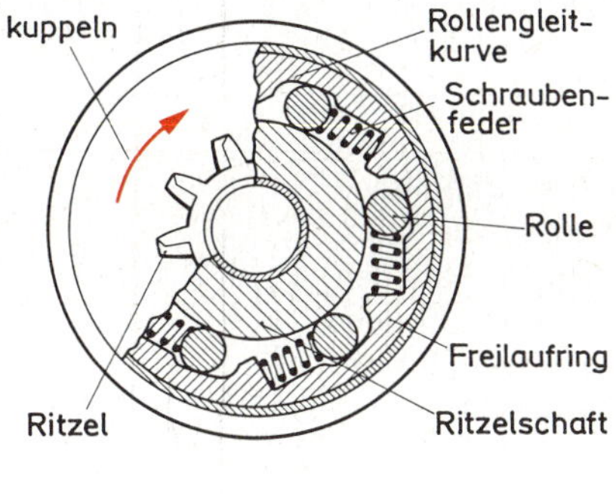

Die Rollen des Rollenfreilaufes bewegen sich auf einer sich verengenden Rollengleitkurve. Federn drükken die Rollen in den verengten Raum. Beim Durchdrehen des Motors werden die Rollen in den verengten Raum zwischen Freilaufring und zylindrischen Teil des Ritzels festgeklemmt. Läuft der Motor schneller als der Starter, werden die Rollen von dem überholenden Ritzel entgegen der Federkraft in den erweiterten Raum verschoben. Der Kraftschluß ist gelöst.

Einrückrelais

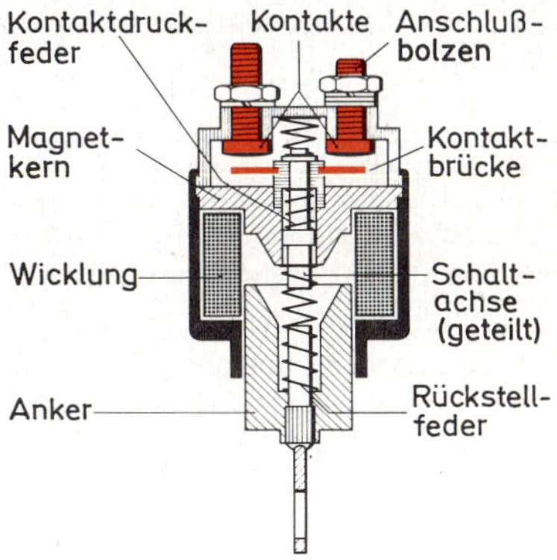

Das Einrückrelais ist ein elektromagnetisch betätigter Schalter, der einen hohen Strom, z.B. den Starterstrom, mit einem niedrigen Steuerstrom schaltet.

Das Einrückrelais hat zwei Aufgaben:

- Schalten des Starterstromes
- Verschieben des Ritzels über Hebel

Das Einrückrelais hat zwei Wicklungen:

- Einzugswicklung mit erhöhter Magnetkraft. Sie wird nach Schließen der Kontakte kurzgeschlossen.
- Haltewicklung zum Halten des eingezogenen Ankers.

Einspuren

Nach dem Einschalten des Startschalters betätigt das Einrückrelais den Einrückhebel entgegen der Kraft der Rückstellfeder. Anker- und Erregerwicklung sind nicht voll eingeschaltet. Der Einrückhebel verschiebt über den Führungsring und die Einspurfeder das Ritzel zum Zahnkranz. Durch die Schraubwirkung des Steilgewindes drehen sich alle Teile.

Zahn trifft auf eine Lücke

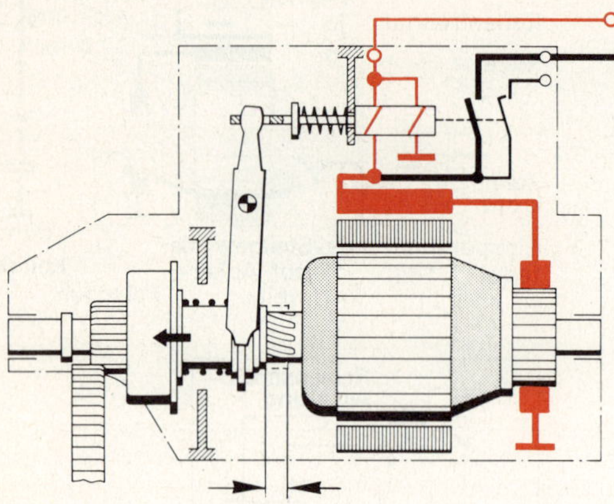

Trifft das Ritzel auf eine Zahnlücke, spurt es in die Schwungradverzahnung ein. Das Ritzel spurt soweit ein, bis die Kontaktbrücke an den Kontakten im Relais anliegt. Das Ritzel hat den Schubweg zurückgelegt. Der Starterstrom ist eingeschaltet, der Starter beginnt zu drehen.

Zahn trifft auf Zahn

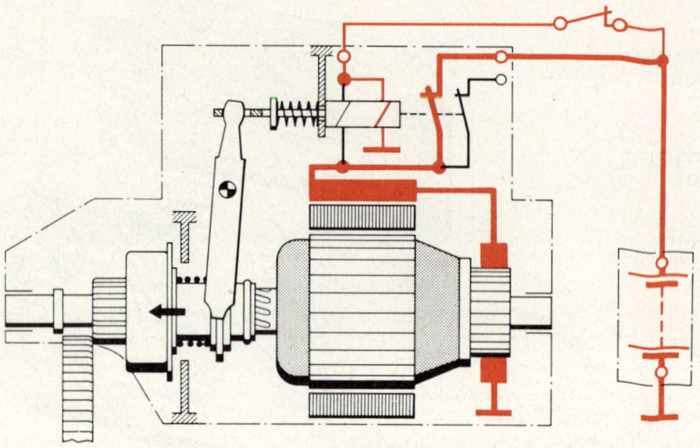

Stößt das Ritzel auf einen Zahn des Zahnkranzes, so drückt der Einrückhebel über den Führungsring die Einspurfeder zusammen und schließt den Kontaktschalter. Der Starter beginnt zu drehen. Das Ritzel sucht eine Zahnlücke und spurt in die nächstfolgende Lücke durch den Druck der Einspurfeder ein.

Motor wird durchgedreht

Der umlaufende Starter schraubt das im Zahnkranz festgehaltene Ritzel auf dem Steilgewinde bis zum Anschlag auf der Ankerwelle. Das Ritzel hat den Schraubweg zurückgelegt. Das Ritzel ist über den Rollenfreilauf und den Mitnehmer kraftschlüssig mit der Ankerwelle verbunden. Jetzt erst dreht der Starter den Motor durch.

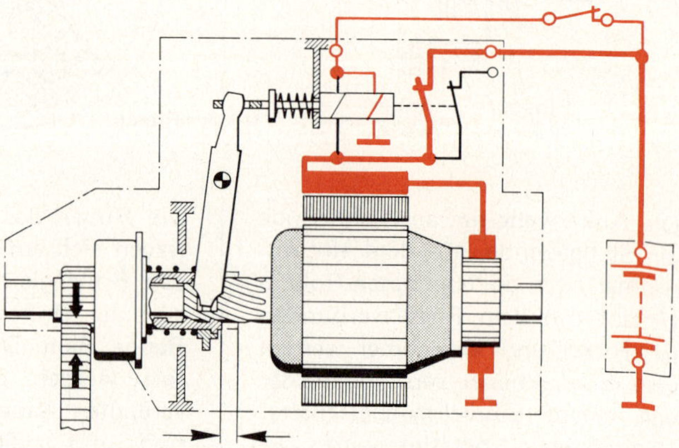

Ausspuren

Ist beim anspringenden Motor die Motordrehzahl größer als die Starterdrehzahl, löst der Rollenfreilauf die kraftschlüssige Verbindung zwischen Ritzel und Ankerwelle. Wird der Startschalter ausgeschaltet, gehen Einrückhebel, Mitnehmer und Ritzel durch die Kraftwirkung der Rückstellfeder in die Ausgangsstellung zurück. Damit der Starter nach dem Ausschalten möglichst schnell zur Ruhe kommt, ist eine Ankerbremse eingebaut.

ZUSAMMENFASSUNG Elektrische Startanlage

Startermotor = Gleichstrommotor

Prinzip: Auf einen stromdurchflossenen Leiter (Ankerwicklung) wird in einem Magnetfeld (Erregerwicklung) eine Drehkraft ausgeübt

Startermotor = Reihenschlußmotor

Erreger- und Ankerwicklung sind in Reihe geschaltet.
Großes Anzugsmoment

Startdrehzahl: n_{Otto} = 40 ... 80 1/min

Schub-Schraubtrieb-Starter

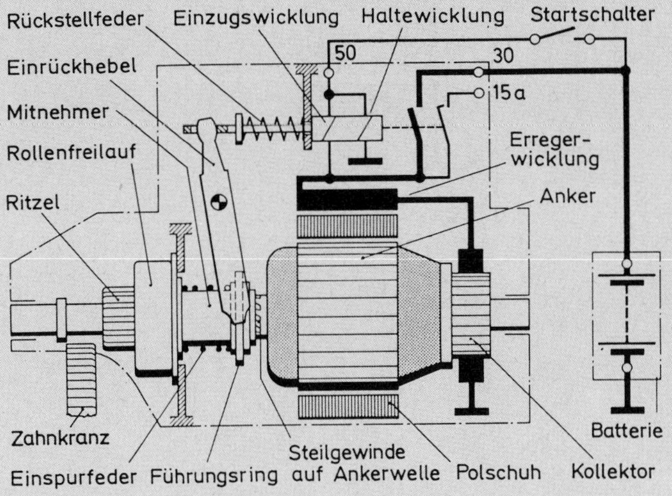

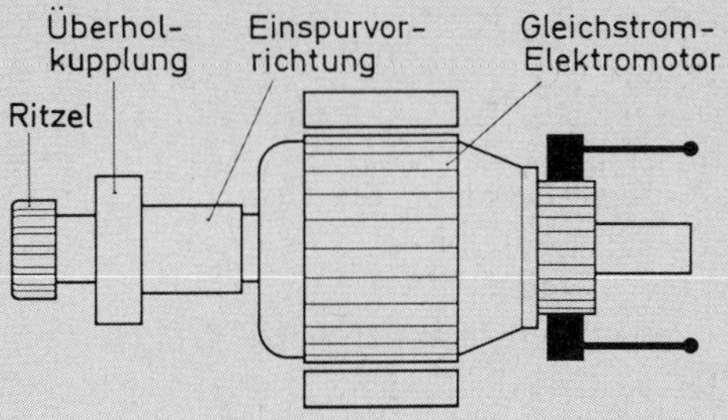

Einspurvorrichtung
- Ankerwelle mit Steilgewinde
- Mitnehmer/Führungsring/Hebel
- Ritzel/Rollenfreilauf

Einspuren		**Ausspuren**
Schubweg (Einrückrelais)	**Schraubweg (Steilgewinde)**	
• Einrückrelais verschiebt über Hebel den Mitnehmer mit Ritzel • Ritzel spurt ein • Einrückrelais schaltet Starterstrom ein. Starter läuft an.	• Mitnehmer und Ritzel schrauben sich auf Steilgewinde durch Ankerdrehung in den Zahnkranz • Kraftschluß zwischen Ankerwelle und Ritzel. Motor wird durchgedreht.	• $n_{\text{Motor}} > n_{\text{Starter}}$: Rollenfreilauf löst kraftschlüssige Verbindung zwischen Ritzel und Ankerwelle. • Nach Ausschalten des Startschalters zieht die Rückstellfeder die Einspurvorrichtung mit Ritzel in Ausgangsstellung zurück.

ANALYSE Startanlage

1. Erklären Sie das Zusammenwirken von Zündstartschalter, Starter und Zündanlage.

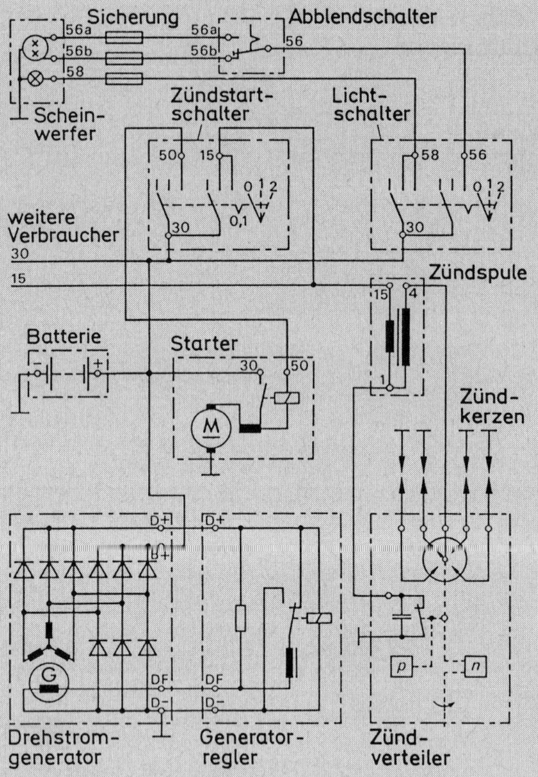

2. Erklären Sie die Wirkungsweise der Startanlage mit Batterieumschaltrelais
   a) in der Grundschaltung,
   b) in der Startstellung.

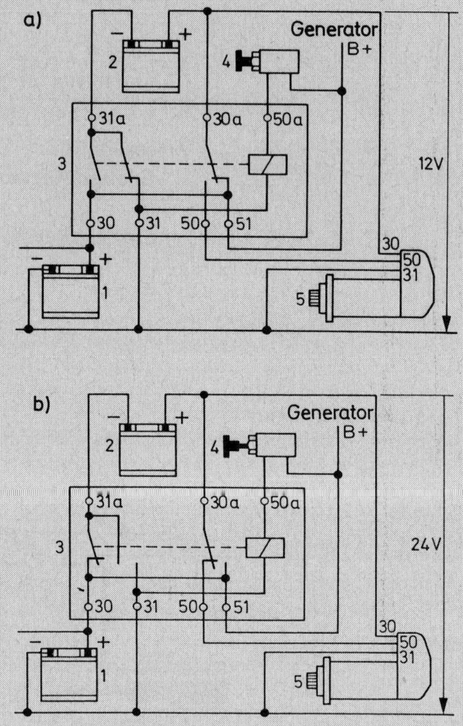

3. Erklären Sie mit Hilfe des Programmablaufplanes die Stop-Start-Einrichtung.

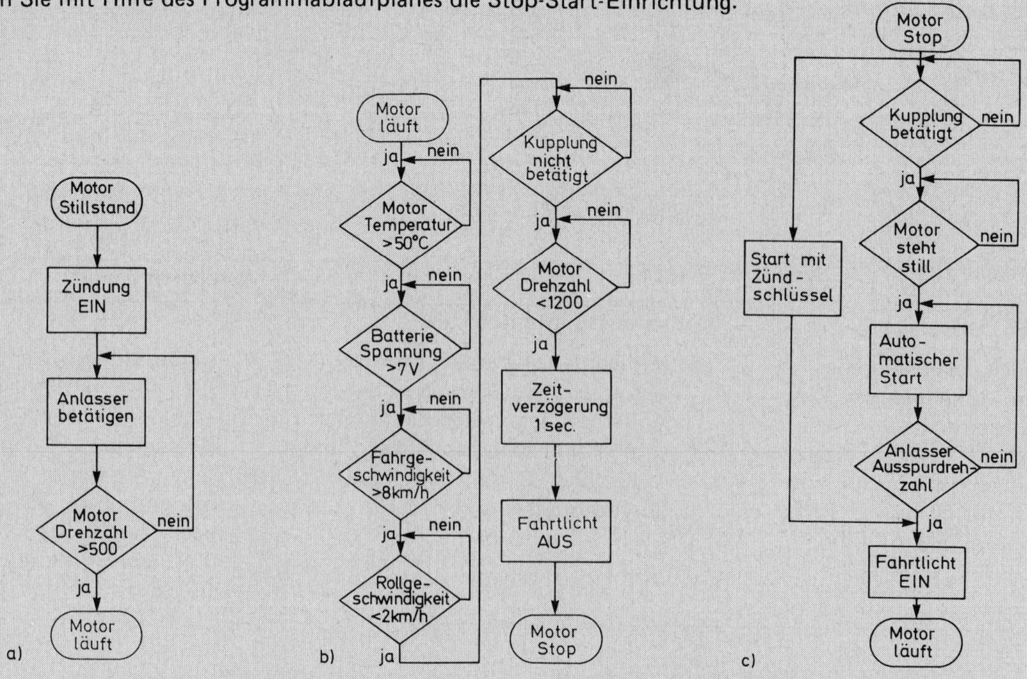

ARBEITSPLANUNG Starter

Entwickeln Sie die Arbeitspläne der dargestellten Wartungs- und Prüfarbeiten für Fahrzeuge der von Ihrem Ausbildungsbetrieb vertretenen Automarke, indem Sie

- die Reihenfolge der Arbeits- bzw. Prüfgänge,
- die Auswahl der Werkzeuge bzw. Prüfmittel bzw. Ersatzteile,
- die zu beachtenden Regeln angeben und begründen.

Elektrische Anschlüsse prüfen

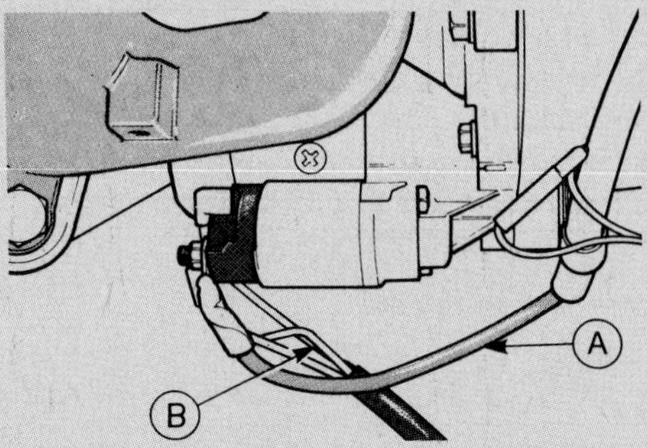

Bürsten auswechseln

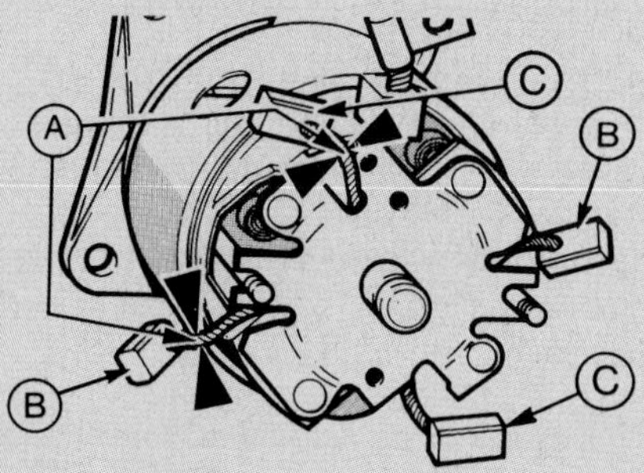

Starter-Magnetschalter prüfen

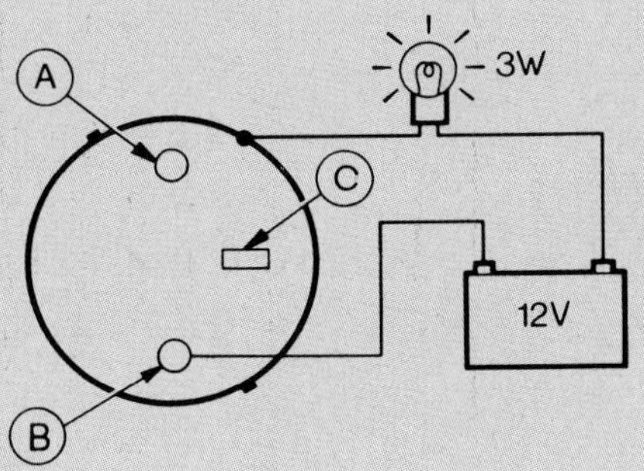

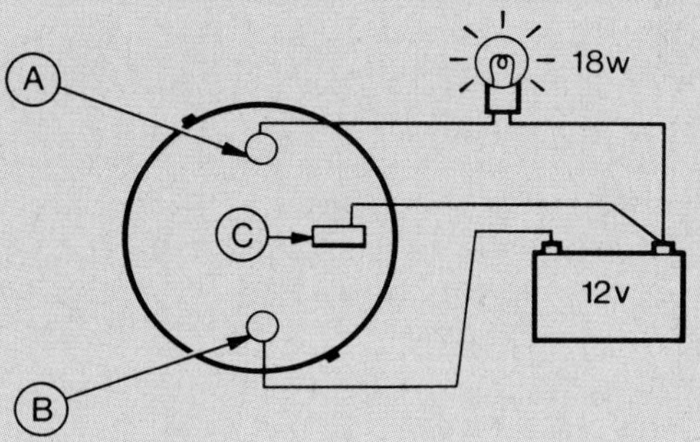

Spannungstest an Batteriepolen unter Belastung prüfen

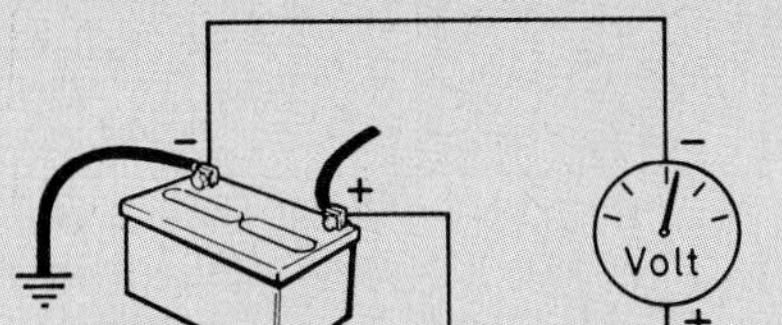

Spannung an Starterhauptklemme unter Belastung prüfen

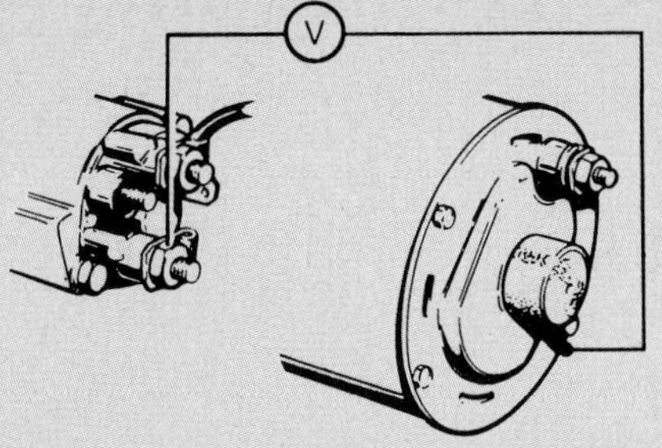

Spannungsabfall am Hauptstromkabel unter Belastung prüfen

Spannungsabfall am Starter-Magnetschalter prüfen

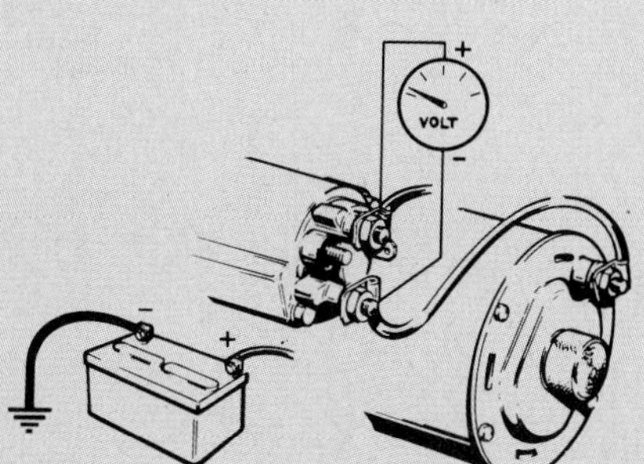

Gesamtwiederholung Elektrotechnik, Elektronik Steuerungs- und Regelungstechnik

1. Ottomotor: Bestimmen Sie den Stromweg von der Stromquelle zum Verbraucher, indem Sie Klemmenbezeichnungen, Schalterbezeichnungen der Reihe nach auflisten:
   1. beim Startvorgang
   2. Stromversorgung durch den Drehstromgenerator
   3. bei eingeschalteter Beleuchtung (laufender Motor)
   4. bei eingeschalteter Beleuchtung (stehender Motor)
   5. Betätigen der Lichthupe
   6. bei eingeschaltetem Wischermotor
   7. beim Hupen
   8. beim Bremsen

2. Dieselmotor: Bestimmen Sie den Stromweg von der Stromquelle zum Verbraucher, indem Sie Klemmenbezeichnungen, Schalterbezeichnungen der Reihe nach auflisten:
   1. beim Startvorgang
   2. Stromversorgung durch den Drehstromgenerator
   3. beim Hupen
   4. bei eingeschalteter Warnblinkanlage
   5. bei eingeschalteter Wisch- und Spülanlage

Pkw mit Ottomotor

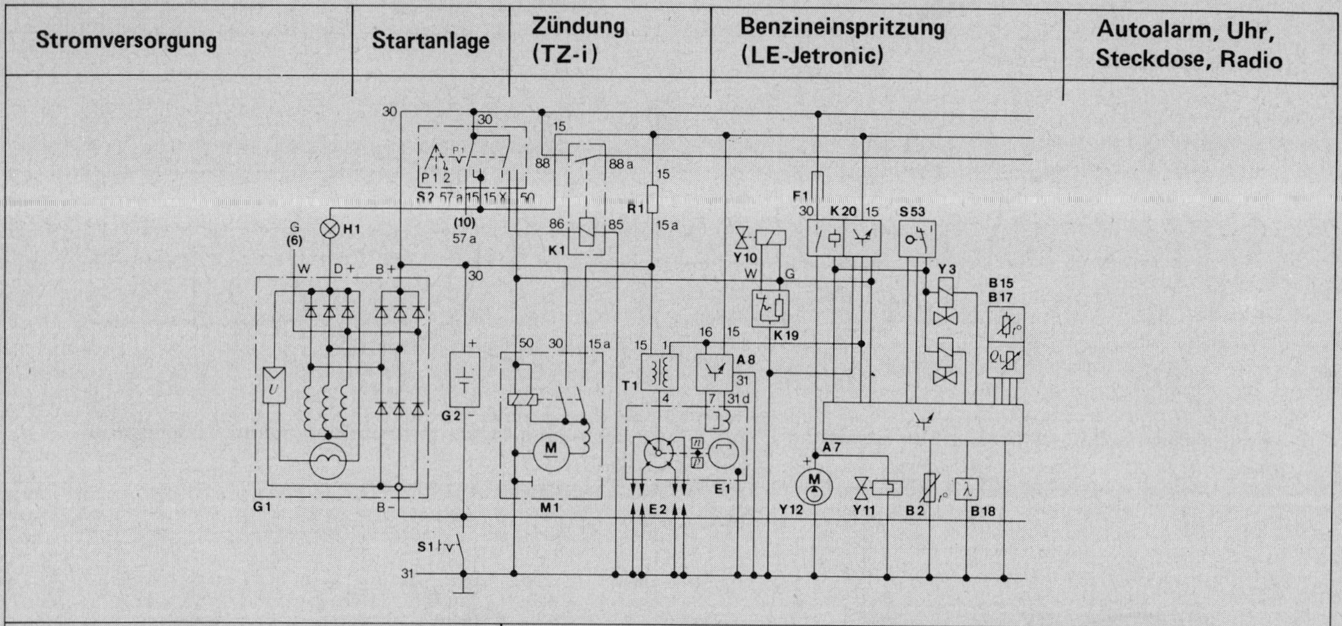

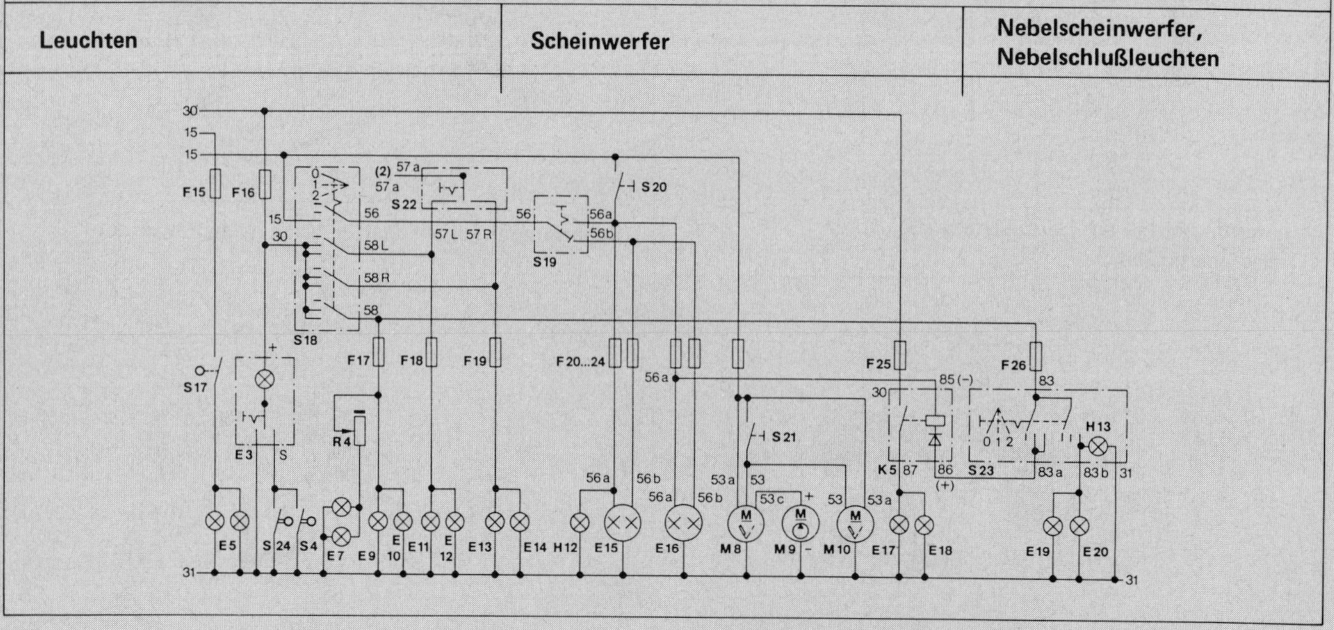

Anzeigegeräte	Gebläse, Lüftung, Heizung	Wisch- und Spülanlage	Signalanlage

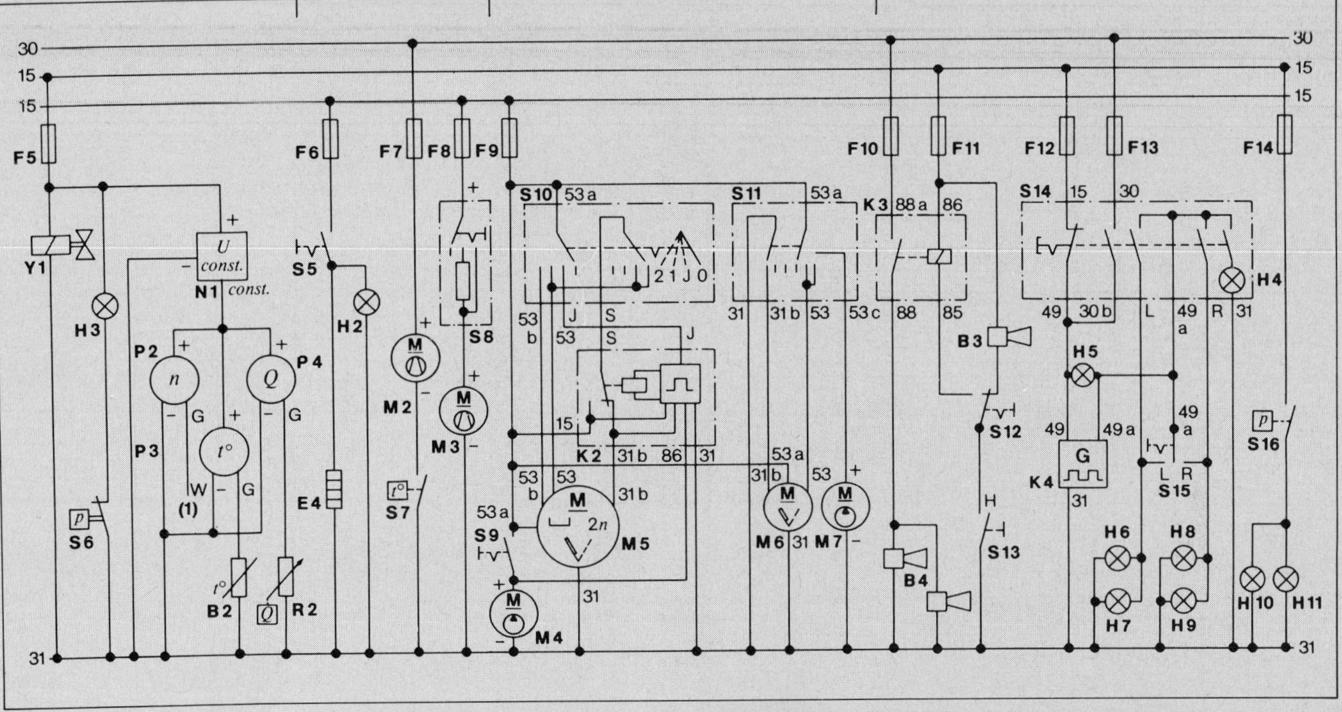

Alternative Stromlaufplanabschnitte

Zündung (Spulen-)

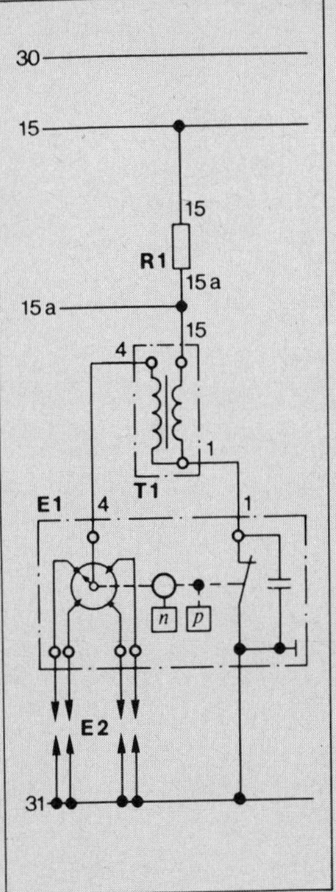

Starthilfsanlage (Diesel)

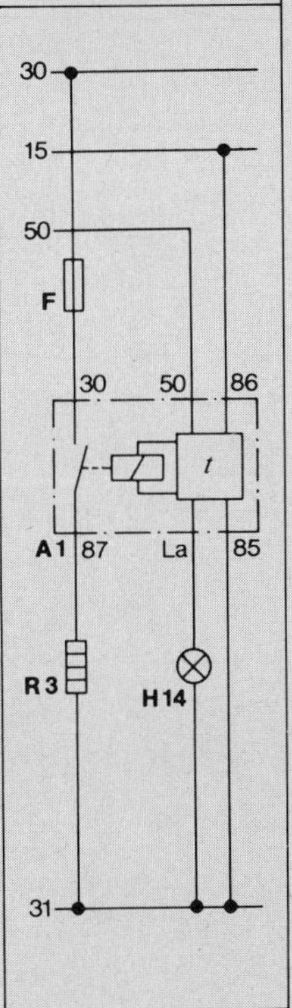

Benzineinspritzung (K-Jetronic)

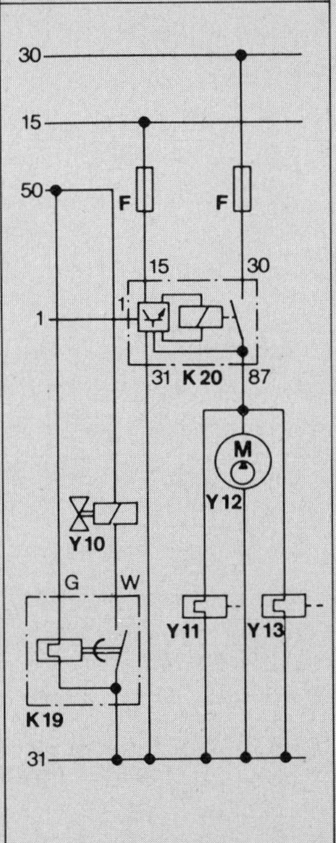

Motronic

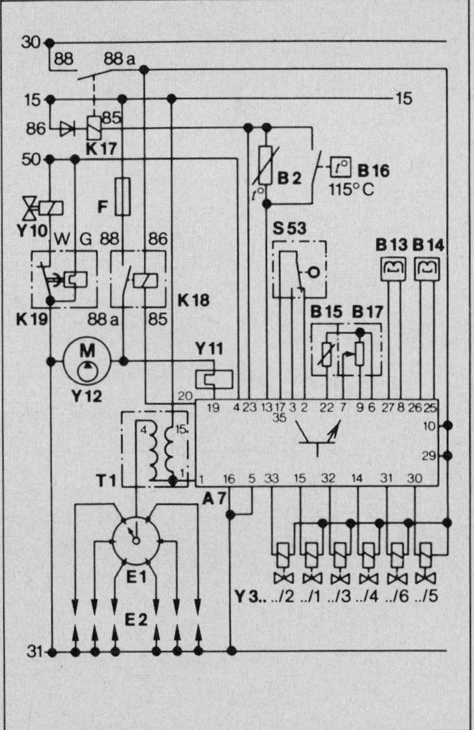

Personenwagen mit Ottomotor

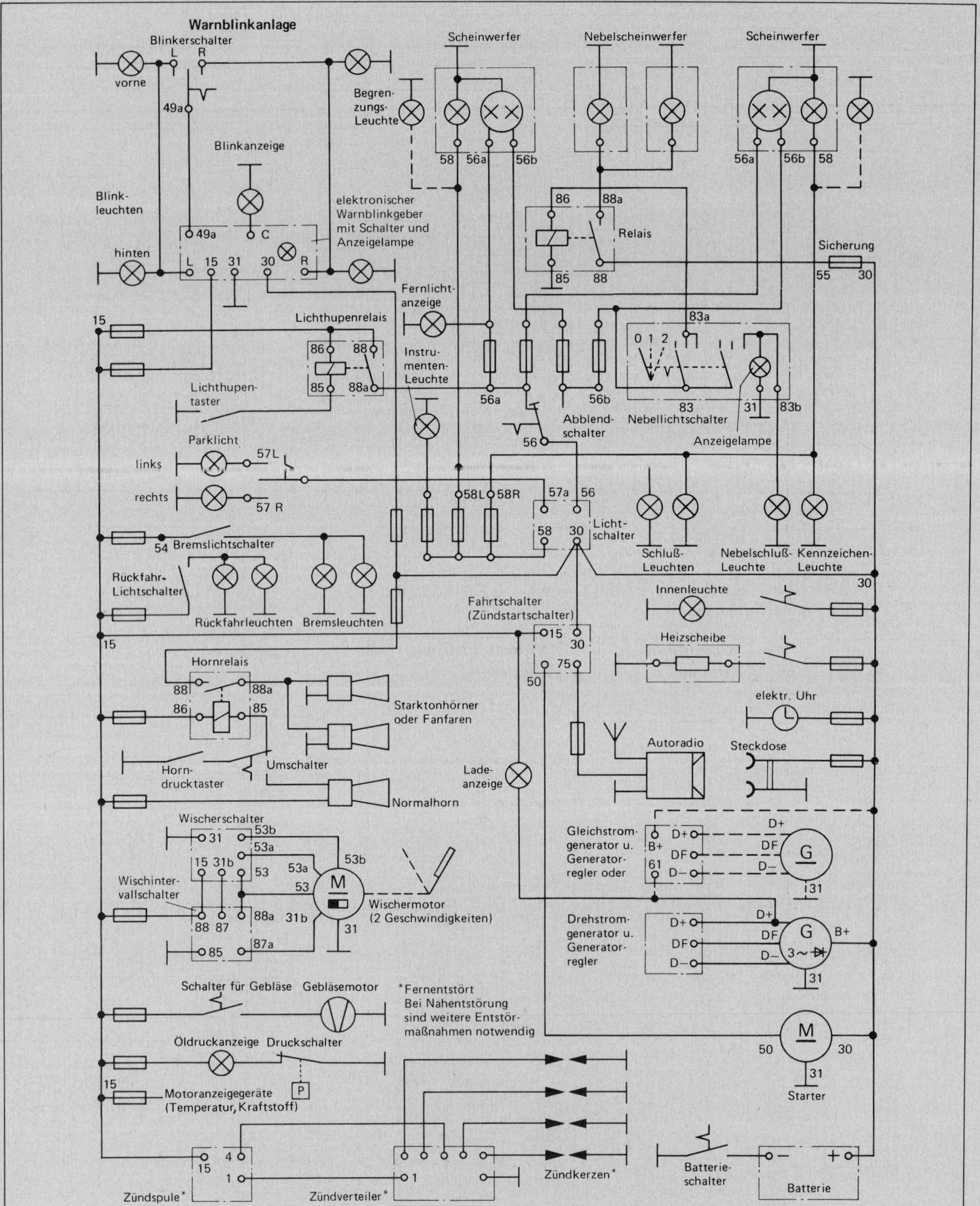

Lastzug mit Dieselmotor

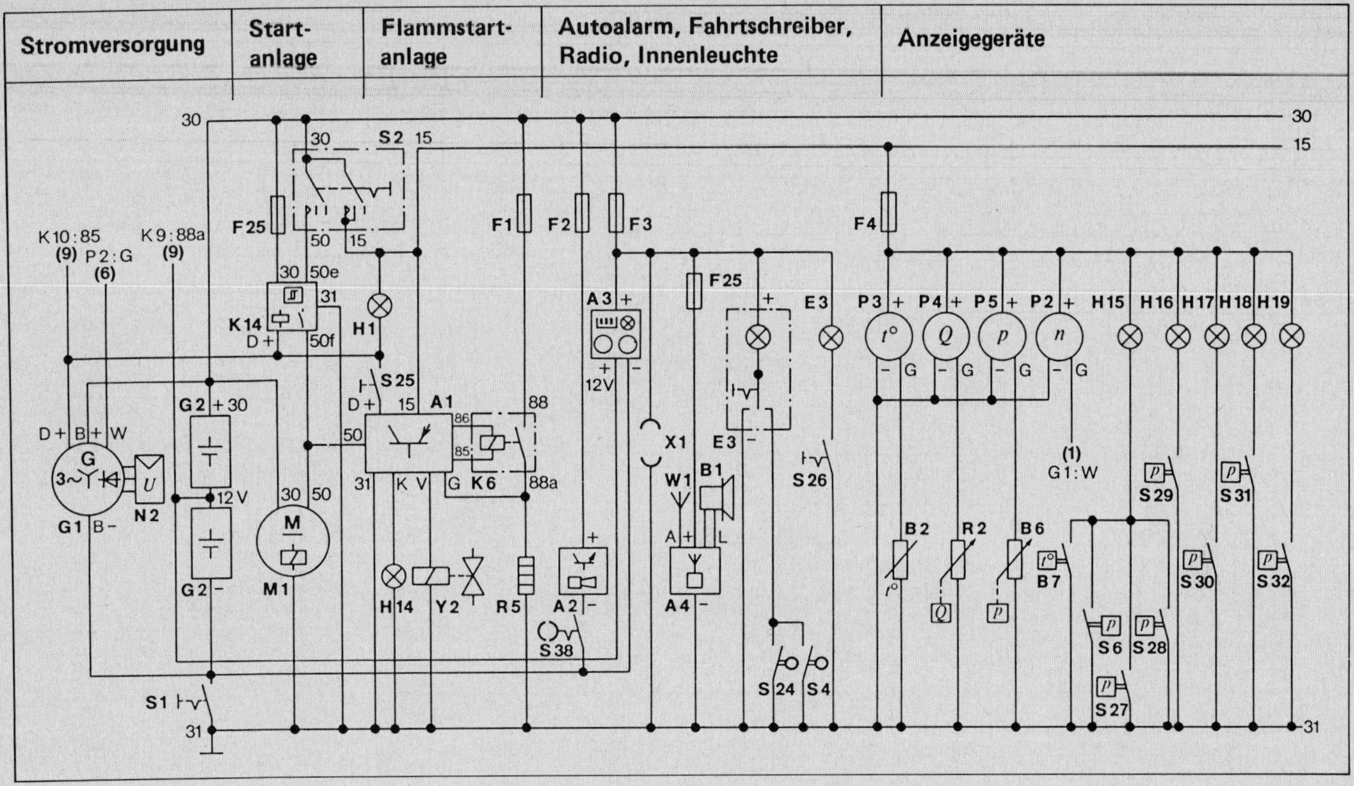

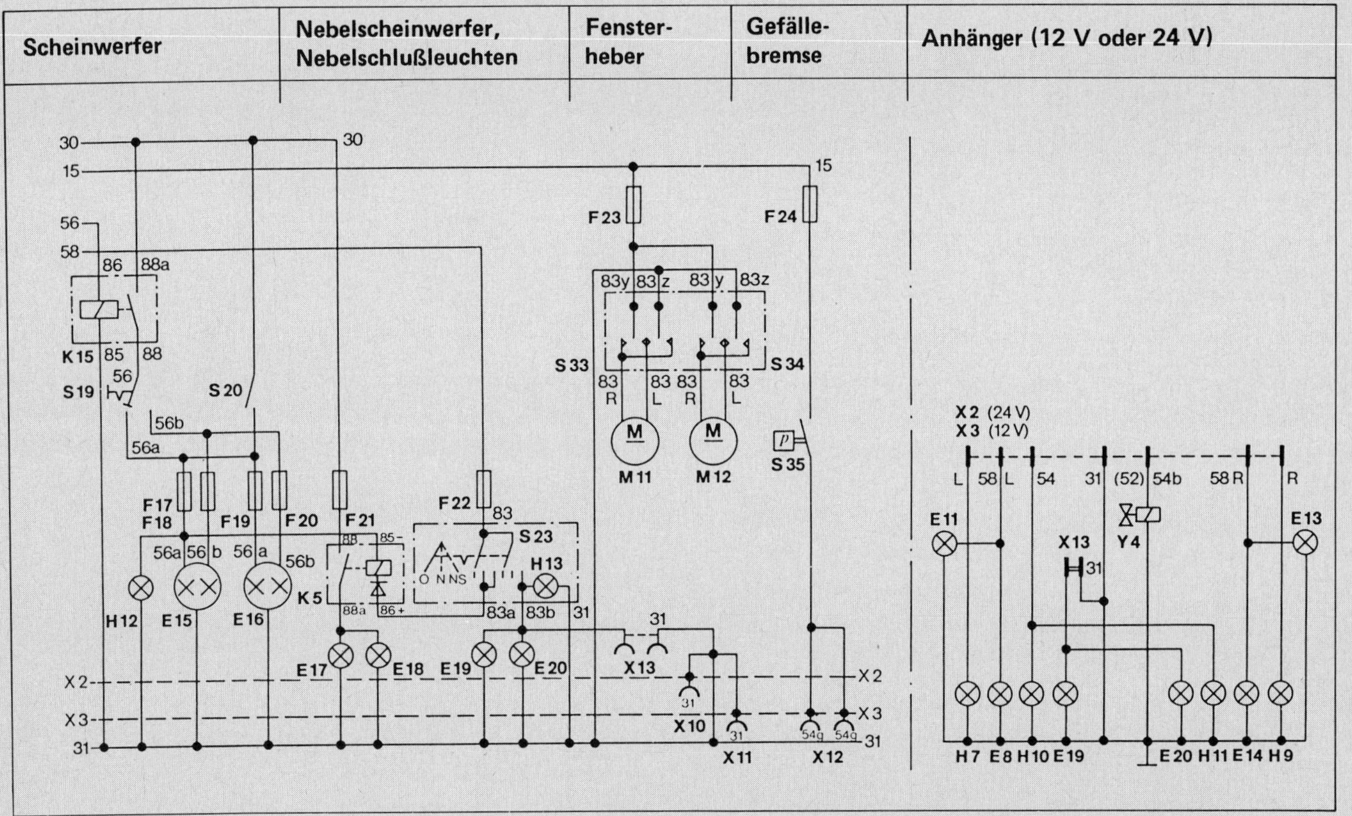

Gebläse	Wisch- und Spülanlage	Signalanlage (Horn, Warnblink- und Bremsleuchten mit Ladeausgleich bei 12-V-Anhänger)	Leuchten

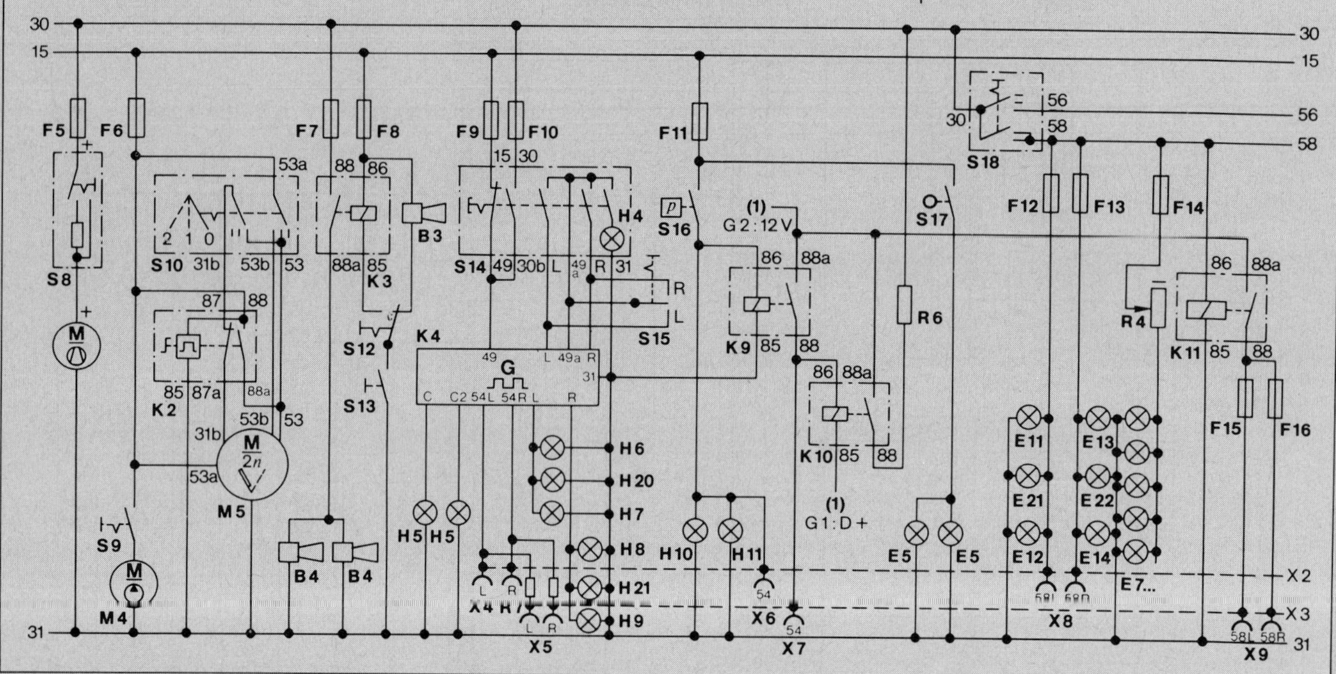

Lastwagen mit Dieselmotor für Anhänger mit oder ohne Dauerbremse

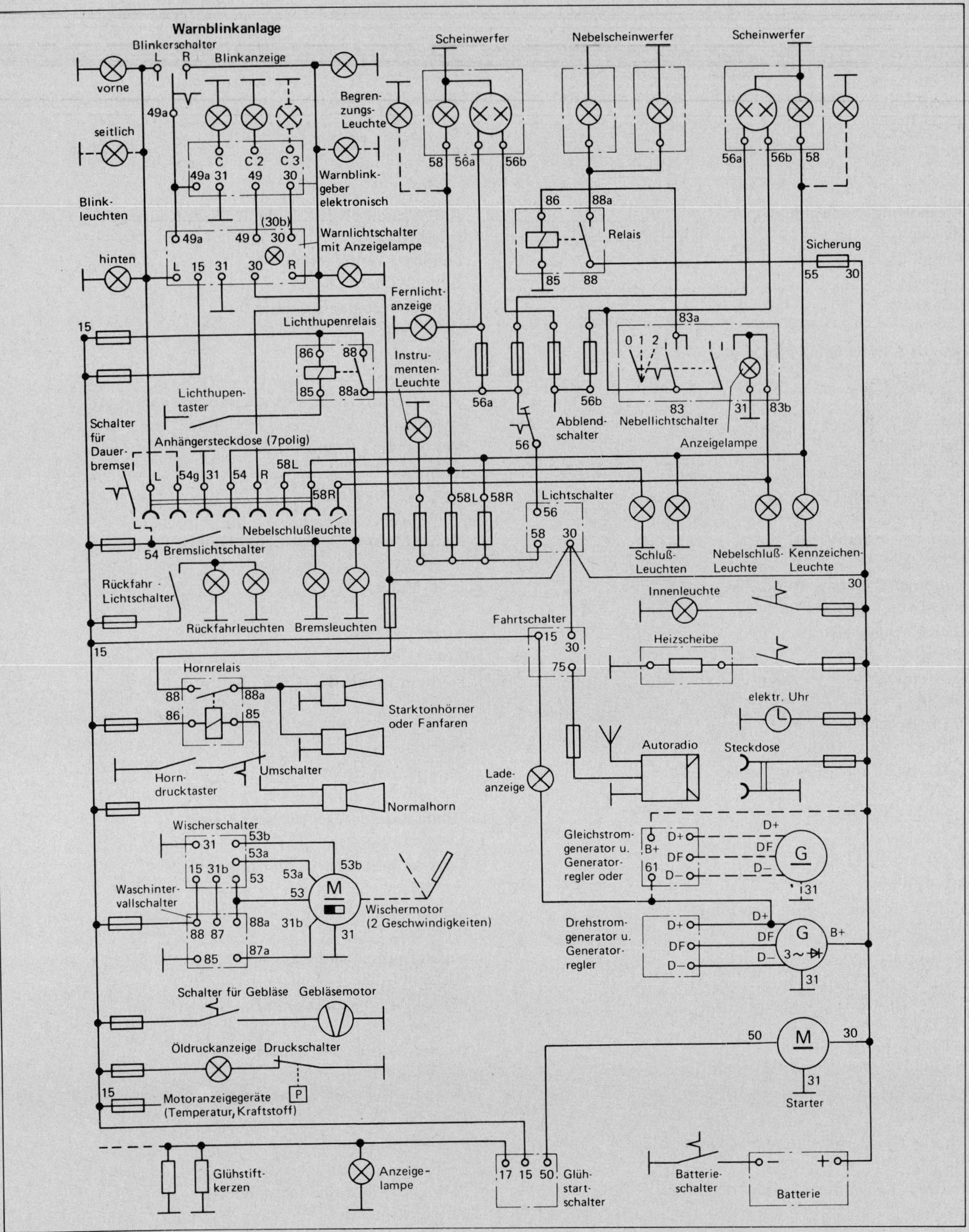

Bildquellenverzeichnis

Die Autoren danken folgenden Firmen, die ihnen für die Bearbeitung Abbildungen und erläuternde Bildtexte zur Verfügung gestellt haben:

Alcan Aluminiumwerke GmbH
Nürnberg
Audi AG
Ingolstadt
Beissbarth
München
August Bilstein GmbH & Co. KG
Ennepetal
BMW AG
München
Boge GmbH
Eitorf
Robert Bosch GmbH
Stuttgart
Citroen Automobil AG
Köln
Continental Gummi-Werke AG
Hannover
Daimler Benz AG
Stuttgart
Dunlop AG
Hanau
J. Eberspächer
Esslingen
FAG Kugelfischer Georg Schäfer & Co.
Ebern
Deutsche Fiat AG
Heilbronn
Fichtel & Sachs AG
Schweinfurt
Filterwerk Mann & Hummel GmbH
Ludwigsburg
Georg Fischer AG
Schaffhausen (Schweiz)
Ford-Werke AG
Köln
Gelenkwellen GmbH
Essen
Goetze AG
Burscheid
Hoesch Werke Hohelimburg-Schwerte AG
Hagen
Ludwig Hunger Maschinenfabrik GmbH
Kaufering

Aktiengesellschaft Kühnle, Kopp & Kausch
Frankenthal
Lemmerz-Werke KGaA
Königswinter
Löhr & Bromkamp-GmbH
Offenbach
Mahle GmbH
Stuttgart-Bad Cannstadt
M.A.N. Maschinenfabrik Augsburg-Nürnberg AG
München
Mannesmann Kronprinz AG
Solingen
Matra-Werke GmbH
Frankfurt
Mazda Motors (Deutschland) GmbH
Leverkusen
F. X. Meiller
München
Adam Opel AG
Rüsselsheim
Pierburg GmbH & Co. KG
Neuss
Dr.-Ing. h.c.F. Porsche AG
Stuttgart
Sekurit-Glas Union GmbH
Aachen
Telma Retarder Deutschland GmbH
Ludwigsburg
Thyssen Industrie AG Umformtechnik
Remscheid
Volkswagenwerk AG
Wolfsburg
Volvo Deutschland GmbH
Dietzenbach
Wabco Westinghouse GmbH
Hannover
Walker Deutschland GmbH
Viernheim
Wirtschaftsverband der deutschen Kautschukindustrie e.V.
Frankfurt
J. Wizemann GmbH & Co.
Stuttgart
Zahnradfabrik Friedrichshafen AG
Friedrichshafen

Sachwortverzeichnis

F

G

H

I

K

L

T

U

V

W

Z